U0296632

国家哲学社会科学成果文库
NATIONAL ACHIEVEMENTS LIBRARY
OF PHILOSOPHY AND SOCIAL SCIENCES

清前期重大自然灾害与救灾机制研究

周 琼 著

科学出版社

内 容 简 介

本书在前人研究的基础上，从档案、实录、会典、地方志等原始文献史料入手，系统梳理了清前期重大自然灾害及其灾赈机制的发展过程，深入论述了该机制的具体内容、实施效果及社会效应等方面的问题，对清代防灾救灾机制和社会抗灾能力进行了详细探究。提出了清代荒政制度研究的创新性观点，即入主中原的清王朝不仅通过恢复、重建中国赈灾机制稳定了社会经济秩序，而且通过救济灾民的种种措施获取了民心和统治中国的政权合法性。

此外，本书还在对清前期灾赈制度的建设及其程序、灾赈人员、机构等进行综合考察的基础上，从赈前预警机制及报灾、勘灾机制的重建开始，对清政府灾赈中的审户、勘不成灾、粥赈、以工代赈、灾赈物资、民间赈济，以及赈后的蠲免、缓征及借贷等进行分析、论证，凸显出清前期救灾机制积极与消极的社会效应，强调清王朝在灾赈中通过底层认可的方式实现天下同治。

本书可供中国古代史、中国荒政史等专业的师生阅读和参考。

图书在版编目（CIP）数据

清前期重大自然灾害与救灾机制研究 / 周琼著. —北京：科学出版社，2021.8

（国家哲学社会科学成果文库）

ISBN 978-7-03-068130-0

Ⅰ. ①清… Ⅱ. ①周… Ⅲ. ①自然灾害-救灾-研究-中国-清前期

Ⅳ. ①X43-092

中国版本图书馆 CIP 数据核字（2021）第 033792 号

责任编辑：任晓刚 / 责任校对：王晓茜
责任印制：师艳茹 / 封面设计：黄华斌

科 学 出 版 社 出版

北京东黄城根北街 16 号
邮政编码：100717
http://www.sciencep.com

北京盛通印刷股份有限公司 印刷

科学出版社发行 各地新华书店经销

*

2021 年 8 月第 一 版 开本：720×1000 1/16
2021 年 8 月第一次印刷 印张：49 3/4 插页：4
字数：950 000

定价：398.00 元

（如有印装质量问题，我社负责调换）

作者简介

周琼 女，彝族，1968 年生，云南楚雄人。云南大学特聘教授（二级）、首批"东陆学者"、博士生导师，2019 年入选云南省级人才"云岭学者"，云南大学西南环境史研究所所长，兼任中国环境科学学会环境史专业委员会副主任、中国灾害防御协会灾害史专业委员会副秘书长、云南省彝学会副会长、东亚环境史学会会员。主要从事环境史、灾荒史、西南地方文献整理校勘、区域历史人物及生态文明等领域的研究。先后主持国家社科基金6项、省部级项目9项、国际合作项目3项。出版《清代云南瘴气与生态变迁研究》等著作 6 部，在《民族研究》《清史研究》《清华大学学报》《思想战线》等核心刊物发表论文80余篇。目前担任2017年度国家社科基金重大项目"中国西南少数民族灾害文化数据库建设"首席专家。

《国家哲学社会科学成果文库》

出版说明

为充分发挥哲学社会科学研究优秀成果和优秀人才的示范带动作用，促进我国哲学社会科学繁荣发展，全国哲学社会科学工作领导小组决定自 2010 年始，设立《国家哲学社会科学成果文库》，每年评审一次。入选成果经过了同行专家严格评审，代表当前相关领域学术研究的前沿水平，体现我国哲学社会科学界的学术创造力，按照"统一标识、统一封面、统一版式、统一标准"的总体要求组织出版。

全国哲学社会科学工作办公室

2021 年 3 月

目 录

绪论……………………………………………………………………… 1

一、选题缘起………………………………………………………… 1

二、学术史回顾……………………………………………………… 4

三、目前研究的不足及本书的研究目标 ………………………… 40

四、研究思路及创新………………………………………………… 49

第一章　清前期重大自然灾害及其特点 ……………………… 56

第一节　清前期的自然、社会环境与重大灾害 ………………… 57

一、地理环境与灾荒………………………………………………… 58

二、气候与灾荒……………………………………………………… 60

三、人类生存环境的变迁与灾荒区域的延伸 …………………… 65

四、社会政治因素与灾荒…………………………………………… 68

第二节　清前期自然灾害划分的标准 …………………………… 71

一、清代灾荒划分标准述论………………………………………… 73

二、清代灾情等级的划分标准及方法 …………………………… 80

三、关于清代灾荒"初期少、中期多"的观点 ………………… 84

第三节　清前期的重大自然灾害 ………………………………… 87

一、清前期的巨型灾害（巨灾）…………………………………… 87

二、清前期的重大灾害（重灾）………………………………… 101

三、清前期的大型灾害（大灾）………………………………… 113

第四节 清前期重大自然灾害的特点 ……………………… 207

一、时间上的经常性、连续性、共时性、季节性
和周期性特点 …………………………………………… 208

二、空间上的普遍性、相对集中性、延伸性
和复杂性特点 …………………………………………… 211

三、灾荒类型上的共存性、并发性和群发性特点 ……… 216

四、灾害程度上的累积性特点 …………………………… 221

五、灾荒类型及等级的全面性特点 ……………………… 223

六、时间及区域分布上的相对集中性特点 ……………… 224

第二章 清前期官赈制度的建设及发展的基础 ……………… 227

第一节 灾赈制度建设的背景暨自然灾害的后果 ………… 228

一、农业或歉收或绝收 …………………………………… 228

二、粮价飞涨，饥荒严重 ………………………………… 231

三、人口的大量死伤及流迁 ……………………………… 232

四、公私建筑及财产的巨大损失 ………………………… 242

五、社会的动荡 …………………………………………… 248

六、对自然地理及生态环境短暂或永久性的破坏 ……… 251

七、清前期灾荒对传统社会道德及心理的消极影响 …… 254

八、清前期灾荒对社会客观补偿 ………………………… 259

第二节 清前期官赈制度的建设及程序 …………………… 266

一、清代以前官赈制度的发展 …………………………… 267

二、清代官赈机制的建设及发展 ………………………… 269

三、清代官赈的主要程序 ………………………………… 275

四、清前期官赈盛极而衰的原因 ………………………… 276

第三节 清前期官赈的人员及机构 ………………………… 278

一、清前期官赈的人员调派及其职能 …………………… 278

二、清前期官方的赈济"机构" ………………………… 281

第三章 清前期赈前机制——报灾、勘灾制度的建设与完善 ·············· 292

第一节 清前期报灾机制的建设及完善 ················· 292

一、顺治朝报灾制度的初建 ················· 293

二、康熙朝报灾制度的建设与调整 ················· 300

三、雍正朝报灾制度的初步确定 ················· 307

四、乾隆朝对报灾制度的完善 ················· 309

五、清前期灾害信息上报制度的启示 ················· 325

第二节 清前期勘灾机制的建立及完善 ················· 327

一、顺康雍时期勘灾制度的初建及调整 ················· 328

二、乾隆朝勘灾制度的完善及确立 ················· 335

三、帝制顶峰期勘灾制度的程序及措施 ················· 348

第三节 "勘不成灾"制度与制度外化 ················· 385

一、清代灾赈制度外化历程：乾隆朝"勘不成灾"

赈济制度初建 ················· 386

二、灾赈制度的外化：乾隆朝"勘不成灾"

赈济的制度化及措施 ················· 391

三、灾赈制度外化的成效：乾隆朝"勘不成灾"

制度的影响 ················· 404

第四章 清前期官方的赈中机制 ················· 411

第一节 清前期官方的钱粮灾赈机制 ················· 411

一、赈济区域的扩展及大小口赈粮标准的确定 ················· 412

二、顺康雍时期官方灾赈类型的雏形 ················· 417

三、乾隆朝钱粮赈济类型的确立及表现形式 ················· 420

第二节 清前期官方的粥赈制度 ················· 450

一、清代粥赈制度建立的背景 ················· 451

二、清代粥赈制度的恢复与建立 ················· 455

三、乾隆朝粥赈制度的完善 ················· 459

四、清前期粥赈制度的成效 ················· 465

第三节 清前期官方的"以工代赈"制度 …………………………… 476
　　一、清前期官方"以工代赈"制度的建立 ………………… 477
　　二、清前期官方"以工代赈"制度的内容 ………………… 481
　　三、清前期官方"以工代赈"的具体措施 ………………… 488
　　四、清前期官方"以工代赈"的社会效果 ………………… 496

第五章　清前期赈后机制——蠲免、缓征与借贷 …………………… 504
第一节 清前期官方的蠲免机制 …………………………………… 505
　　一、顺康雍时期蠲免机制的建立及发展 ………………… 506
　　二、乾隆时期蠲免制度的定型及完善 …………………… 519
　　三、乾隆朝流抵机制的建立及完善 ……………………… 524
　　四、清前期官方蠲免事例 ………………………………… 529
第二节 清前期的缓征机制 ………………………………………… 533
　　一、顺康雍时期缓征制度的发展 ………………………… 533
　　二、乾隆时期缓征制度的最后确立 ……………………… 536
　　三、蠲免与缓征制度的"相辅相成" …………………… 542
第三节 清前期官方灾赈中的借贷制度 …………………………… 545
　　一、清前期借贷制度的起源与初建 ……………………… 547
　　二、乾隆朝借贷制度的完善与实践 ……………………… 551
　　三、清前期官方借贷制度的社会效应 …………………… 569

第六章　清前期官方的灾赈物资 …………………………………… 579
第一节 清前期官方灾赈物资的形式及运输 ……………………… 579
　　一、官方赈济物资的形式 ………………………………… 579
　　二、官方赈济物资的筹集 ………………………………… 581
　　三、官方灾赈物资的运输 ………………………………… 583
　　四、交通影响下的赈济物资分配不均 …………………… 584
第二节 官方灾赈粮食的来源 ……………………………………… 585
　　一、仓储 …………………………………………………… 586
　　二、截漕 …………………………………………………… 589

　　三、邻省调粟协济 ·· 594

　第三节　官方灾赈银钱的来源 ·· 599

　　一、发帑 ··· 599

　　二、捐纳 ··· 604

　　三、捐输 ··· 610

　　四、捐监 ··· 617

　　五、其他捐款及闲款 ·· 619

第七章　清前期的民间灾赈机制 ··· 624

　第一节　清前期民间灾赈兴起的原因 ······························ 625

　　一、官赈缺失区需要民间赈济的补充 ···························· 626

　　二、官方对民间赈济的鼓励与支持 ······························ 627

　　三、中国传统文化中助弱扶贫、积善行义思想的影响 ········· 632

　　四、地方精英通过灾赈控制地方和展现社会责任感 ··········· 635

　　五、地方绅商富户为避免灾民暴乱抢劫而主动赈灾以自保 ··· 637

　第二节　清前期民间灾赈制度的建立与发展 ······················ 641

　　一、清前期民间灾赈制度的建立 ································· 641

　　二、清前期民间灾赈的主体 ······································ 644

　　三、清前期民间灾赈的主要形式与救灾实践 ··················· 651

　第三节　清前期民间灾赈的奖惩与成效 ···························· 659

　　一、清前期民间赈济的特点 ······································ 659

　　二、清前期民间灾赈的作用及影响 ······························ 662

　　三、清前期民间灾赈的社会效应 ································· 667

第八章　清前期灾赈机制的社会效应 ······································ 669

　第一节　清前期赈济机制的社会影响 ······························ 670

　　一、清前期赈济机制的积极影响 ································· 670

　　二、清前期赈灾机制的消极影响 ································· 683

　第二节　清前期灾赈机制的弊端 ···································· 686

　　一、清前期官赈机制导致的弊端 ································· 686

二、清前期灾赈弊端对灾民及社会的冲击 ……………………… 704

第三节　底层认可与天下同治：清代流民收容与管理 …………… 708

一、清代流民问题的解决：栖流所的起源及制度建设 ……… 710

二、流民赈济的效应：栖流所制度建设的社会影响 ………… 719

三、清代流民赈济的天下同治：栖流所的边疆共行 ………… 729

四、栖流所的社会历史影响 ………………………………… 735

结语 …………………………………………………………………… 737

一、清前期的自然灾害在中国灾害史上的普遍性及代表性 … 737

二、清前期灾赈机制的承前启后特点 ……………………… 740

三、灾赈机制是清王朝获取统治合法性的政治智慧的体现 … 746

四、号称最完善的灾赈制度的局限 ………………………… 748

五、清前期灾赈机制凸显的细致化及刻板性、人性化特点 … 754

六、清前期灾赈机制臧否并存的社会效应 ………………… 755

七、制度不是万能的，但制度保障是必需的 ……………… 760

八、清前期灾赈机制的启示 ………………………………… 763

参考文献 …………………………………………………………… 765

索引 ………………………………………………………………… 773

后记 ………………………………………………………………… 776

Contents

Introduction ·· 1

    1. Background ··· 1

    2. Literature Review ·· 4

    3. Research Deficiencies and the Research Goals of the Book ········· 40

    4. Reseach Route and Innovation ······································ 49

Chapter One   **Introduction of Major Natural Disasters and the**
                      Characteristics of Natural Disasters in the Early
                      Qing Dynasty ······································· 56

  1.1   Natural，Social Environment and Major Disasters in the Early

         Qing Dynasty ·· 57

      1.1.1 Geographical Environment and Disaster ····················· 58

      1.1.2 Climate and Disaster ··································· 60

      1.1.3 Changes in the Human Living Environment and the

           Extension of Disaster Areas ······························· 65

      1.1.4 Famine Caused by Social and Political Factors ··············· 68

  1.2   Division Standard of Natural Disasters in Early Qing Dynasty ········ 71

      1.2.1 Standard of Disaster Division in Qing Dynasty ·············· 73

      1.2.2 The Standard and Method of Disaster Classification in

           Qing Dynasty ··· 80

1.2.3　Disscussion on the Viewpoint of "Less in the Early Stage and More in the Middle Stage" of Disaster in Qing Dynasty ······ 84

1.3　Major Natural Disasters in the Early Qing Dynasty ··················· 87

1.3.1　Huge Disasters in the Early Qing Dynasty
（Catastrophes）··· 87

1.3.2　Devastaing Disasters in the Early Qing Dynasty
（Devastaing）··· 101

1.3.3　Large-scale Disasters in the Early Qing Dynasty
（Large-scale）··· 113

1.4　Characteristics of Major Natural Disasters in the Early
Qing Dynasty ··· 207

1.4.1　The Regularity，Continuity，Synchronicity，Seasonality
and Dynastyicity of Time ····································· 208

1.4.2　Spatial Universality，Relative Concentration，Extension
and Complexity ··· 211

1.4.3　The Characteristics of Coexistence，Concurrency and Mass
Occurrence of Disaster Types ······························· 216

1.4.4　Cumulative Characteristics of Disaster Degree ··············· 221

1.4.5　Comprehensive Characteristics of Types and Grades of
Disaster··· 223

1.4.6　The Characteristics of Relative Concentration in Time and
Area Distribution ··· 224

Chapter Two　Foundation of the Construction and Development of the
Government Relief System in the Early Qing Dynasty ····· 227

2.1　The Background of the Construction of Section one Disaster
Relief System and the Consequences of Natural Disasters ··········· 228

2.1.1　Harvest Failtures in Agriculture··································· 228

2.1.2　Soaring Rice Price Intensified Disaster ························· 231

2.1.3　Mass Casualties，Injuries and Displacement of the
Population ·· 232

2.1.4　Huge Losses of Public and Private Buildings and
Property ·· 242

2.1.5　Uncertainty of the Society ····································· 248

2.1.6　Temporary or Permanent Damage to the Natural Geography
and Ecological Environment ·································· 251

2.1.7　The Negative Impact of the Disaster in the Early Qing
Dynasty on Traditional Social Morality and Psychology ······ 254

2.1.8　Social Objective Compensation for Disaster in Early
Qing Dynasty ·· 259

2.2　The Construction and Procedure of Government Relief System
in the Early Qing Dynasty ··· 266

2.2.1　The Development of Government Relief System Before
Qing Dynasty ·· 267

2.2.2　The Construction and Development of Government Relief
Mechanism in Qing Dynasty ·································· 269

2.2.3　The Main Procedure of Government Relief in
Qing Dynasty ·· 275

2.2.4　Reasons for the Decline of Government Relief in the Early
Qing Dynasty ·· 276

2.3　Government Relief Personnel and Institutions in the Early
Qing Dynasty ·· 278

2.3.1　The Personnel Deployment and Functions of Government
Relief in the Early Qing dynasty ······························ 278

2.3.2　The Government Relief "Institutions" in the Early
Qing Dynasty ·· 281

**Chapter Three   Early Qing Dynasty Relief Mechanism-Construction
and Improvement of Disaster Reporting and Disaster
Reconnaissance System** ·· 292

3.1   Construction and Improvement of Disaster Reporting Mechanism
in the Early Qing Dynasty ·· 292

    3.1.1   The Initial Building of the Disaster Reporting System
in the Shunzhi Dynasty ··· 293

    3.1.2   The Construction and Adjustment of the Disaster Reporting
System in the Kangxi Dynasty ································· 300

    3.1.3   The preliminary Determination of the Disaster Reporting
System in the Yongzheng Dynasty ··························· 307

    3.1.4   Improvement of the Disaster Reporting System in
Qianlong Dynasty·· 309

    3.1.5   Enlightenment from the Disaster Information Reporting
System in the Early Qing Dynasty ··························· 325

3.2   The Building and Improvement of the Disaster Investigation
Mechanism in the Early Qing Dynasty······························ 327

    3.2.1   The Initial Building and Adjustment of the Disaster
Investigation System During the Shun Kang and
Yong dynasties ··· 328

    3.2.2   The Improvement and Building of the Disaster
Investigation System in the Qianlong dynasty ··············· 335

    3.2.3   Procedures and Measures of the Disaster Investigation
System at the Peak of Monarchy ······························ 348

3.3   The System of "Disaster Prediction and Evuluation" and
Its Externalization ·· 385

    3.3.1   The Externalization of Disaster Relief System in
Qing Dynasty：The Initial Building of Disaster Relief
System in Qianlong Dynasty ··································· 386

3.3.2 Externalization of Disaster Relief System: Institutionalization
and Measures of Disaster Relief in Qianlong Dynasty ········ 391

3.3.3 The Effect of Externalization of Disaster Relief System:
The Influence of the System of "No Disaster Caused by
Exploration" in Qianlong Dynasty ···························· 404

**Chapter Four Government Relief Mechanism in the Early
Qing Dynasty** ·· 411

4.1 Financial Disaster Relief Mechanism in the Early Qing Dynasty ···· 411

4.1.1 The Expansion of the Relief Area and the Determination
of the Amount of Food Relief ································· 412

4.1.2 The Protype of Government Disaster Relief in Shun kang
Yong Dynasty ·· 417

4.1.3 The Building and Manifestation of the Types of Money
and Grain Relief in Qianlong Dynasty ····················· 420

4.2 The Government System of Gruel Relief in the Early
Qing Dynasty ·· 450

4.2.1 The Background of the Building of porridge Relief
System in Qing Dynasty ································· 451

4.2.2 The Restoration and Building of Porridge Relief System
in Qing Dynasty ·· 455

4.2.3 The Improvement of the System of Porridge Relief
in Qianlong Dynasty ································· 459

4.2.4 The Effect of Porridge Relief System in the Early
Qing Dynasty ·· 465

4.3 The Government System of "Work Relief" in the Early
Qing Dynasty ·· 476

4.3.1 The Building of the Government System of
"Work for Relief" in the Early Qing Dynasty ·············· 477

4.3.2　The Content of the Government System of "Work Relief"

　　　in the Early Qing Dynasty ·· 481

4.3.3　The Specific Measures of the Government's "Work Relief"

　　　in the Early Qing Dynasty ·· 488

4.3.4　The Social Effect of the Government "Work Relief"

　　　in the Early Qing Dynasty ·· 496

Chapter Five　The Post Relief Mechanism（Exemption，Payment

　　　　　　　Postponement and Lengding）in the Early

　　　　　　　Qing Dynasty ·· 504

5.1　The Exemption Relief Mechanism in the Early Qing Dynasty ······· 505

5.1.1　The Building and Development of the Immunity

　　　Mechanism in Shun Kang Yong Dynasty ························· 506

5.1.2　The Finalization and Improvement of the System of

　　　Exemption in Qianlong Dynasty ·································· 519

5.1.3　The Building and Improvement of the Mechanism of Flow

　　　and Arrival in Qianlong Dynasty ································· 524

5.1.4　Cases of Exemption in Early Qing Dynasty ··················· 529

5.2　Payment Postponement Relief in the Early Qing Dynasty ··········· 533

5.2.1　The Development of the System of Payment Postponement

　　　in Shun Kang Yong Dynasty ···································· 533

5.2.2　The Final Building of the System of Payment Postponement

　　　in Qianlong Dynasty ·· 536

5.2.3　Exemption Works with Payment Postponement ················ 542

5.3　Loan Relief in the Early Qing Dynasty ····························· 545

5.3.1　The Origin and Building of Loan System in the Early

　　　Qing Dynasty ··· 547

5.3.2　The Improvement and Practice of Loan System in

　　　Qianlong Dynasty ··· 551

5.3.3   The Social Effects of the Government Loan System in the
Early Qing Dynasty·· 569

**Chapter Six   The Government Relief Materials in the Early
Qing Dynasty** ·· 579
6.1   The Form and Transportation of Government Disaster Relief
Materials in the Early Qing Dynasty ··························· 579
6.1.1   Forms of Government Relief Materials ···················· 579
6.1.2   The Collection of Government Relief Materials··········· 581
6.1.3   Transportation of Government Disaster Relief Materials ····· 583
6.1.4   Uneven Distribution of Relief Materials under the
Influence of Traffic ··· 584
6.2   Sources of Government Relief ································· 585
6.2.1   Warehouse ·· 586
6.2.2   Freight Transport·· 589
6.2.3   Assistance from Neighboring Provinces··················· 594
6.3   Methods of Government Relief ································ 599
6.3.1   Release of Relief··· 599
6.3.2   Donation ·· 604
6.3.3   Juan Shu·· 610
6.3.4   Juan Jian ··· 617
6.3.5   Other Donations and Disposable Funds ··················· 619

Chapter Seven   Folk Disaster Relief in the Early Qing Dynasty ············ 624
7.1   Reasons for the Raise of Folk Disaster Relief in the Early
Qing Dynasty ·· 625
7.1.1   The Lack of Government Relief Requires the Supplement of
Folk Relief ··· 626
7.1.2   The Government's Encouragement and Support for Non
Governmental Relief ·· 627

7.1.3　The Influence of Helping the Weak and Helping the Poor,

　　　　being Kind in Traditional Chinese Culture ·················· 632

7.1.4　Local Elites Control Local Governments and the Sense of

　　　　Social Responsibility through Disaster Relief ·············· 635

7.1.5　Local Businessmen and Rich Families Made Great Efforts

　　　　to Avoid Riot and Robbery ································· 637

7.2　The Building and Development of Folk Disaster Relief System

　　in the Early Qing Dynasty ···································· 641

7.2.1　The Building of Folk Disaster Relief System in the Early

　　　　Qing Dynasty ··· 641

7.2.2　The Main Body of Folk Disaster Relief in the Early

　　　　Qing Dynasty ··· 644

7.2.3　The Main Forms and Practice of Folk Disaster Relief

　　　　in the Early Qing Dynasty ································· 651

7.3　Rewards, Punishments and Achievements of Folk Disaster Relief

　　in the Early Qing Dynasty ···································· 659

7.3.1　Characteristics of Folk Disaster Relief in the Early

　　　　Qing Dynasty ··· 659

7.3.2　The Function and Influence of Folk Disaster Relief in the

　　　　Early Qing Dynasty ·· 662

7.3.3　Social Impact of Folk Disaster Relief in the Early

　　　　Qing Dynasty ··· 667

Chapter Eight　Social Effects of Disaster Relief Mechanism in Early

　　　　　　　　 Qing Dynasty ·· 669

8.1　Social Influence of Relief Mechanism in Early Qing Dynasty ······· 670

8.1.1　The Positive Influence of Relief Mechanism in Early

　　　　Qing Dynasty ··· 670

8.1.2　The Negative Influence of Relief in Qianlong Dynasty ······· 683

8.2 Disadvantages of Disaster Relief Mechanism in Early

　　Qing Dynasty ·· 686

　　8.2.1 The Malpractice Caused by the Government Relief

　　　　　Mechanism in the Early Qing Dynasty ······························· 686

　　8.2.2 The Impact of Disaster Relief on the Victims and Society

　　　　　in the Early Qing Dynasty ··· 704

8.3 Recognition of Ordernary People in the Society: Refugees Shelter

　　and Management in the Qing Dynasty ····································· 708

　　8.3.1 The Solution to the Problem of Refugees in Qing Dynasty:

　　　　　The Origin and System Construction of Habitat ··············· 710

　　8.3.2 The Effect of Refugee Relief: The Social Influence of the

　　　　　Construction of Habitat System ······································· 719

　　8.3.3 Application of the Same Refugee Relief Solution in

　　　　　Qing Dynasty ·· 729

　　8.3.4 The Social and Historical Influence of Habitat ··············· 735

Conclusion ·· 737

　　1. The Universality and Representativeness of Natural Disasters

　　　 in the Early Qing Dynasty in the History of Disasters in China ···· 737

　　2. Characteristics of Disaster Relief Mechanism in Early

　　　 Qing Dynasty ·· 740

　　3. Disaster Relief Mechanism is the Embodiment of the Political

　　　 Wisdom of the Qing Dynasty to Obtain the Legitimacy of the

　　　 Rule ··· 746

　　4. Limitation of the Most Perfect Disaster Relief System ············· 748

　　5. The Mechanism of Disaster Relief in the Early Qing Dynasty

　　　 is Characterized by Delicacy, Rigidity and Humanization ········ 754

　　6. Disaggrement on the Social Effect of the Coexistence in the

　　　 Disaster Relief Mechanism in the Early Qing Dynasty ············· 755

　　7. The Necessity of Providing System Guarantee ····················· 760

8. Enlightenment of Disaster Relief Mechanism from Early
　　Qing Dynasty ··· 763

Reference ·· 765

Index ·· 773

Postscript ·· 776

绪　　论

一、选题缘起

灾荒是自人类诞生以来无法回避和克服的、永恒而又无奈的话题，对不同时代的社会都构成了严重威胁，成为悬在官府及民众头上的一把剑，救灾及其成效检验成为传统社会治理最为重要的标志。在应对不同灾害的过程中，人们积累了丰富的救灾经验。随着人类与自然接触层面的日益扩大，因自然或人为原因导致的灾荒，其类型、程度、分布空间、发生次数及暴发频率各有不同，并在灾害记录及灾情表现上呈现出愈演愈烈之势，灾荒范围越来越大，影响也日益深广。防灾、抗灾及救灾经验也在此过程中日渐丰富，但在很多强大的、迥异于往常的重大灾荒面前，前代积累的经验及有效措施，往往只能在某个层面或某些区域发挥作用，不能全方位地应对灾荒的袭击。

在历史经验的基础上，不断改进、完善防灾救灾机制，增强社会的抗灾能力，就成为历代王朝和当代社会关注的重要问题。因此，对历史时期灾荒及其救济机制、具体措施，尤其是物资及人员调拨、成败经验的总结和反思，就成为史学研究中的重要任务，具有较高的学术价值及较强的现实意义。

中国历史学家一直重视对灾荒及其赈济的记载，一些典制文献对荒政制度及措施的记载更为集中，使中国灾荒史学成为起步较早的史学分支。

20世纪二三十年代，中国遭遇的内忧外患及严重的天灾人祸，促使很多忧患意识较强的学者对中国灾荒制度及其措施进行研究，中国近代灾荒史学开始崭露头角。1927年，竺可桢发表了第一篇论述清代灾荒史的论文《直隶地理的环境和水灾》①，开启了中国灾荒史研究之滥觞。此后，灾荒史研究成果便络绎不绝。如徐钟渭《中国历代之荒政制度》对中国古代荒政进行了总体论述，认为荒政乃"一国兴亡之所系"，并从赈贷、平粜、蠲减、鬻爵、移民等方面简要概括了历代荒政制度的发展状况②。1937年，邓拓（邓云特）出版了《中国救荒史》，首次从唯物史观的视角对灾荒史进行了深入研究。此书所确立的理论框架及研究思路，引领和影响了之后七八十年间中国灾荒史研究的方向。抗日战争全面爆发后，灾荒史研究进展缓慢；解放战争期间，大部分学者投入到反内战、反饥饿的群众运动中，灾荒史研究成果寥寥无几。20世纪50—80年代，自然科学工作者成为灾荒史研究的主力，他们从气候、河流、地理、生物等视角入手，对历史灾荒的成因、类型等进行了深入探讨。20世纪80年代以后，灾荒史受到了人文社会科学研究者的重视，李文海先生对中国近代灾荒史，从理论、方法和意义上进行了系统阐述③，奠定了中国近代灾荒史研究的基础，在中国灾荒史研究的理论及方法、史料整理及其研究中发挥了引领作用，其他历史时段的灾荒史研究随后也受到许多学者关注，渐渐呈现繁荣景象。此后，对历代灾荒及历史时段赈济的研究成果不断涌现，灾荒史研究成为历史学领域与现实联系最为密切的分支学科之一。

清代是专制主义中央集权统治的最后一个王朝，也是离我们最近的一个王朝，很多灾赈史料完好地保存至今，尤其是荒政档案文献的开放，为灾赈史研究奠定了坚实的基础。清代荒政是历代荒政制度及经验总结、集萃的结果，其灾赈机制堪称中国古代荒政最完备者，历代荒政的成败得失，均可在清代找到相关线索。因此，系统探究清代荒政机制，可以更深入了解和把握中国传统荒政的核心和实质，不仅对中国荒政史研究的拓展及深入有极为重要的学术价值，而且对现实救灾、防灾、抗灾、减灾等工作，以及相关政策的制定和执行也有更重要的借鉴意义。

在学术研究中，清代荒政的成果最为丰富，在区域灾赈、灾荒类型、荒政思想、灾赈个案及其弊端等领域的研究较为突出。其中，李文海先生

---

① 《竺可桢文集》，科学出版社1979年版，第108—115页。

② 徐钟渭：《中国历代之荒政制度》，《经理月刊》1936年第1期，第71—86页。

③ 李文海：《论中国近代灾荒史研究》，《中国人民大学学报》1988年第6期，第84—91页。

开创的近代灾荒史研究取得了重大突破和进展，李向军、魏丕信等学者对清代荒政制度的研究，成为清代荒政史研究的奠基之作。但清代灾荒史依然还有很多可以填补的空白和亟待创新的领域等待来者，如相对于清晚期暨近代灾荒史研究的丰富成果而言，清前、中期灾荒史的研究就相对薄弱，对清代各朝灾赈缺乏专门而深入的研究；对虽非赈济主流，却发挥过一定作用的民间赈济的研究尚待深入；即便是对重大灾荒及官方赈济、重大赈案等，亦缺乏详细而深入的学术成果。

清代的救灾机制是一个可以从不同视角进行系统的研究，并对现当代救灾机制的制定及完善起到积极资鉴作用的内容，但清代救灾机制的原则及基础，是清前期（顺康雍乾四朝）确立及奠定的，学界对此尚无深入、系统的研究成果。虽然目前清代荒政研究成果逐渐增多，但清代荒政的确立历程、重要制度的实施及其社会影响，仍然缺乏系统的研究。把不同时期灾赈制度的建立及变迁放到灾荒发生的时空范畴下进行研究，那清代灾赈机制的形成、建立及重要内容、社会影响，将有更客观、细致、精准的呈现。因此，清前期重大自然灾害灾赈机制与社会效应，值得再进行深入、系统地思考及探究。

2006年9月，我进入中国人民大学清史研究所博士后流动站跟随李文海先生从事灾荒史研究，一开始在选题方向上有些彷徨。清代灾荒史料极为丰富，灾荒呈现的内容及场景也多种多样，在左冲右突中不得要领，多次向李先生请教。鉴于进站后参与了李先生主持的"清史·灾赈志"项目子项目"官赈"研究的工作。李先生希望我的出站报告最好能与"清史·灾赈志"项目的研究结合起来进行，既能推动项目的工作，又能顺利完成在站研究的任务。在李先生指导性，"乾隆朝官赈研究"这个充满挑战及魅力的选题，就成为我博士后出站报告的研究方向。

面对丰富的档案史料，我由衷地觉得，研究清代由乱到治再到盛世时期赈济制度的产生及运转、具体措施及其社会成效，由此探究康乾盛世产生的深层原因及其相关历史面向，是一件虽然辛苦但是很有意义的事，它能够让我看到不一样的历史阐释方式及解读路径。十余年后，我依然清晰地记得当时和项目组的几个博士生一起，在清史研究所夏明方老师的办公室里进行灾赈史料的搜集与梳理的情景，在录入档案资料的过程中，自己的灾荒史基础和认识也得到了丰富和提高。虽然出站报告疏漏很多，思考也有不尽完善和成熟之处，但被评为中国人民大学优秀博士后出站报告的结果，无疑是鼓励我继续从事灾荒史研究的动力之一。

此后，基于"灾赈志·官赈"项目组工作的感悟及思考，在李文海先生和夏明方教授的指导、建议之下，我开始对清前期赈济机制的发展脉络进行梳理。

二、学术史回顾

中国古代灾荒及荒政的研究状况，已有很多学者进行了系统梳理，并撰写了研究综述，既反映了灾荒史研究成果辈出、欣欣向荣的景象，也反映了学界及社会各界者对灾荒史研究和防灾减灾经验的重视，以及学术研究与现实需要紧密结合的研究态势，为后来者快速了解前人研究、把握研究动态提供了方便。其中，朱浒[1]、阎永增和池子华[2]、邵永忠[3]、苏全有和王宏英[4]、武艳敏[5]、余新忠[6]、张丽芬[7]、曾桂林[8]、吴滔[9]、卜风

---

[1] 朱浒：《二十世纪清代灾荒史研究述评》，《清史研究》2003 年第 2 期，第 104—119 页。

[2] 阎永增、池子华：《近十年来中国近代灾荒史研究综述》，《唐山师范学院学报》2001 年第 1 期，第 70—74 页。

[3] 邵永忠：《二十世纪以来荒政史研究综述》，《中国史研究动态》2004 年第 3 期，第 2—10 页。

[4] 苏全有、王宏英：《民国初年灾荒史研究综述》，《防灾技术高等专科学校学报》2006 年第 1 期，第 25—31 页。

[5] 武艳敏：《五十年来民国救灾史研究的回顾与展望》，《郑州大学学报》（哲学社会科学版）2007 年第 3 期，第 120—124 页。

[6] 余新忠：《1980 年以来国内明清社会救济史研究综述》，《中国史研究动态》1996 年第 9 期，第 18—24 页。

[7] 张丽芬：《近十年来国内明清社会救济史研究综述》，《历史教学问题》2006 年第 5 期，第 85—89 页。

[8] 曾桂林：《20 世纪国内外中国慈善事业史研究综述》，《中国史研究动态》2003 年第 3 期，第 2—7 页。

[9] 吴滔：《建国以来明清农业自然灾害研究综述》，《中国农史》1992 年第 4 期，第 42—49 页。

贤①、赵艳萍②、包庆德③、奚丽芳④等学者，从不同角度对 20 世纪中国灾荒、赈济史研究的状况进行了综合论述，对现有成绩及不足、未来研究方向、方法等进行了深入分析，是灾赈史研究之入门、必读成果。鉴于主要灾赈史研究成果在各综述里已有论及，此处仅列与本书研究直接相关的成果及新近出版的研究论文与论著，余不赘述。

（一）研究清代荒政的主要著作

邓拓（邓云特）《中国救荒史》是第一部运用马克思主义历史观和方法论系统论述中国传统救荒经验、救灾措施的专著，是中国 20 世纪三四十年代灾荒史研究集大成的成果，"为后世相当长一段历史时期内的中国救荒史研究铸定了最基本的理论框架"⑤，首次系统地对中国历史上的灾荒及其影响、历代救荒思想和赈济情况进行归纳、分析和总结，其确立的研究框架和理论成为灾荒史研究的范例，尤其是将救荒政策分为积极和消极两种类型的划分法具有重要的理论价值，成为此后四十余年内无人超越的代表性作品，"以其翔实的史料、缜密的分析、科学的历史观和现实主义的批判精神，成为其中的'扛鼎之作'，并将中国救荒史的研究推进到一个全新的阶段"⑥。

李向军对清代荒政进行了系统研究。其《清代荒政研究》⑦一书是对清

---

① 卜风贤：《中国农业灾害史研究综论》，《中国史研究动态》2001 年第 1 期，第 2—9 页。

② 赵艳萍：《中国历代蝗灾与治蝗研究述评》，《中国史研究动态》2005 年第 2 期，第 2—9 页。

③ 包庆德：《清代内蒙古地区灾荒研究状况之述评》，《中央民族大学学报》（哲学社会科学版）2003 年第 5 期，第 87—93 页。

④ 奚丽芳：《清乾隆朝荒政研究述析》，《安徽农业科学》2010 年第 27 期，第 15411—15413 页。

⑤ 李文海、夏明方：《邓拓与〈中国救荒史〉》，《中国社会工作》1998 年第 4 期，第 41—42 页。

⑥ 李文海、夏明方：《邓拓与〈中国救荒史〉》，《中国社会工作》1998 年第 4 期，第 41—42 页。

⑦ 李向军：《清代荒政研究》，中国农业出版社 1995 年版。

代荒政史进行深入系统研究的代表性专著，随后他在专著基础上推出的系列论文，促进了清代荒政制度史的研究①。作者在对清代灾荒进行总体梳理和统计的基础上，简明扼要、提纲挈领地从救荒基本程序及救荒备荒措施、荒政与财政、荒政与吏治等方面，论述了清代荒政的状况。他认为清代是传统荒政发展的鼎盛阶段、集历代荒政之大成，但乾隆后诸弊丛生，道光后收效甚微；清初灾蠲多而灾赈少，康熙中期后灾赈次数逐渐增多，救荒政策得到了全面实施，乾隆时达到高峰，吏治是影响救荒成效的重要因素。此外，他还认为清代形成了严密的救灾组织体系，朝廷派官员督办监察，将荒政成效与官员陟黜相联系来考察，对贪官起到了一定的震慑作用；荒政在惠济灾民、保持国家稳定、维护社会再生产正常进行、缓和阶级矛盾等方面发挥了重大作用。

另一部在清代荒政研究中较为重要的著作，是法国中国社会经济史学家、汉学家魏丕信的《十八世纪中国的官僚制度与荒政》②，他在赈灾手册、行政法规汇编、地方志、文集等资料的基础上，对乾隆八年（1743 年）至乾隆九年（1744 年）直隶尤其是河间、天津两府旱灾期间官府大规模、成效较好的赈灾活动进行了系统的考察研究，认为集权体制下的清王朝拥有一个成熟稳定的官僚制度，国家组织的救灾活动周密详尽且已制度化，在赈灾资源的调动与赈灾动员方面都取得了较好成效；在清代鼎盛时期，官僚制度在防灾救灾方面起着决定性作用，地方精英（特别是士绅）在救灾中起了重要作用，国家机构与社会群体紧密联系，国家在赈

① 李向军：《清代救灾的基本程序》，《中国社会经济史研究》1992 年第 4 期，第154—156 页；李向军：《清代救荒措施述要》，《社会科学辑刊》1992 年第 4 期，第 83—89页；李向军：《清代前期的荒政与吏治》，《中国社会科学院研究生院学报》1993 年第 3期，第57—62 页；李向军：《清代前期荒政评价》，《首都师范大学学报》（社会科学版）1993 年第 5 期，第69—75、82 页；李向军：《清前期的灾况、灾蠲与灾赈》，《中国经济史研究》1993 年第 3 期，第 62—81 页；李向军：《试论中国古代荒政的产生与发展历程》，《中国社会经济史研究》1994 年第 2 期，第 7—12、18 页；李向军：《清代荒政研究》，《文献》1994 年第 2 期，第 131—143 页；李向军：《清代救灾的制度建设与社会效果》，《历史研究》1995 年第 5 期，第 71—87 页。

② ［法］魏丕信：《十八世纪中国的官僚制度与荒政》，徐建青译，江苏人民出版社2006 年版。

灾中占有主要地位，私人及社会团体的赈灾处于从属地位；官僚机构能进行粮食、资金的跨地区调运，承担大规模、长时期的救灾活动，大大减轻了自然灾害的打击。

陈桦、刘宗志的《救灾与济贫：中国封建时代的社会救助活动（1750—1911）》一书，从社会救助的角度对清代自乾隆十五年（1750年）至清末160多年间的灾荒与贫困救济进行了研究，总结了清代社会救助活动的基本特征，论述了以"荒政"为主要形式的国家救灾体制、抵御防范"荒歉"的粮食储备制度、防灾减灾的工程与措施、对特殊社会群体的扶持与救济、政府倡导下的民间救助活动，以及社会救助中国家作用的下降、政府政策的调整、民间救助及官商群体的互助互救活动，讨论了赈济的方式及措施，对清代荒政的研究具有较大的借鉴意义①。

张崇旺的《明清时期江淮地区的自然灾害与社会经济》一书，以明清时期江淮地区的自然灾害与社会经济为研究对象，探讨江淮地区的水灾、旱灾、蝗灾、潮灾及瘟疫、地震、风灾、雹灾等自然灾害及其对农耕社会的深刻影响。他对官府和民间力量在抗灾救灾中的作用进行了论述，分析了江淮地区的禳灾活动，认为灾害是造成江淮地区经济滞后的重要原因，这是清代区域灾荒研究中较有分量的研究成果②。

张祥稳的《清代乾隆时期自然灾害与荒政研究》一书，对乾隆朝八类灾害进行了全面介绍，探讨了乾隆时期自然灾害的特点及人为原因。他对乾隆朝的荒政程序、灾赈措施及荒政特点等进行了论述，探讨了自然灾害、荒政与康乾盛世衰弱的关系。这是对乾隆朝的灾荒及荒政情况进行系统研究的成果，既有史实论述，又有理论分析。用图表的方式表现内容是其书稿突出的特点，如其书以州县为基本统计标准，对清前期的自然灾害进行了详细的统计，使用示意图进行了标示；并对清前期或其中某年的单类灾害进行了统计，认为乾隆时期自然灾害具有种类繁多但以水旱雹灾害为主，灾害发生频繁、地区差异大，时间上呈现连续性及集中性，主要灾

---

① 陈桦、刘宗志：《救灾与济贫：中国封建时代的社会救助活动（1750—1911）》，中国人民大学出版社 2005 年版。

② 张崇旺：《明清时期江淮地区的自然灾害与社会经济》，福建人民出版社 2006 年版。

种与地形、纬度有密切关系等特点。此外，他还对康乾盛世的衰落与乾隆朝自然灾害和荒政之间的关系进行了研究[①]。

包庆德的《清代内蒙古地区灾荒研究》认为内蒙古灾荒的成因主要有天文、地理、气候等自然因素，但水利工程不健全、社会秩序不稳定等社会因素，特别是明清以来大规模无序滥垦造成的生态退化、环境恶化是灾荒加剧的主要因素；灾荒对内蒙古地区经济社会、生态环境和人口变迁产生了广泛深刻的影响，救灾救荒政策的落实取决于当地社会生产力的发展状况[②]。

此外，其他著作也涉及清代灾荒及荒政状况，孟昭华编著的《中国灾荒史记》论述了各朝发生的各种自然灾害及具体的灾害史料，在阐述各朝救荒措施时，对清代的救灾措施也有阐述[③]。袁林的《西北灾荒史》是集研究及资料于一体的专著，是西北灾荒史研究的重要著作，对西北地区的干旱、水涝、冰雹、霜冻、风沙、地震、滑坡、虫类及鼠类灾害、瘟疫、禾病灾害等进行了专门研究，辑录了各类文献对西北各类灾荒的史料，其中清代的灾荒情况及史料占了大部分，在清代西北灾荒及荒政的研究中有重要价值[④]。夏明方的《民国时期自然灾害与乡村社会》对近代灾荒及其影响、灾荒与自然环境、社会状况及救济关系的研究理论、方法，以及对受灾县数、受灾人口总数的统计方法、计量标准论述较深，在近代灾荒的计量研究中具有极大的价值[⑤]，更重要的是，该书在 20 世纪 90 年代，就率先提出了跨学科研究的理念并在作品进行实践，将灾荒史的学术研究放到了人类命运和社会进步的客观高度去思考，用动态理性的眼光去看待分析灾荒，探讨的面不仅涉及传统的政治、经济、文化，还从自然，生态的视角分析民国灾害的原因及影响，难能可贵的是，作者还加入了技术史、心理史的思考及研究视野，使该书成为中国灾荒史学界集研究范式、路径创新、理性及实证于一体的不朽著作。此外，魏光兴、孙昭民主编的《山东省自然

---

① 张祥稳：《清代乾隆时期自然灾害与荒政研究》，中国三峡出版社 2010 年版，该书是在其 2007 年博士学位论文基础上出版的。

② 包庆德：《清代内蒙古地区灾荒研究》，人民出版社 2015 年版。

③ 孟昭华编著：《中国灾荒史记》，中国社会出版社 1999 年版。

④ 袁林：《西北灾荒史》，甘肃人民出版社 1994 年版。

⑤ 夏明方：《民国时期自然灾害与乡村社会》，中华书局 2000 年版。

灾害史》①、谢永刚的《中国近五百年重大水旱灾害——灾害的社会影响及减灾对策研究》②等著作，也涉及了清代的自然灾害及其防治，在清代灾荒史研究中具有一定的参考作用。

2008 年汶川地震后，由于现实灾害应对需求的促动，灾荒史受到了学术界的关注，从不同类型的专题式灾荒研究，到不同区域的灾荒及影响、救济的研究，不仅充实、丰富了灾荒史研究的内容，也拓展了灾害与历史互动的视域和立体维度。灾荒史研究蓬勃发展起来，一度被称为"学域新秀"或"显学"，学术研究成果也如雨后春笋般问世。无论是研究时段或地域范围，还是研究的问题导向意识或研究的视域、学科的交叉度等，都让人感受到了这个学科正生逢其时地彰显出了其本身具有的学术意义及现实资鉴价值，相关成果不仅在各区域、各时代的灾害史、荒政史研究综述中可见一斑③，在各高校的硕士研究生、博士研究生学位论文，乃至博士后出站报告的研究中，清代灾荒史的研究成果，数量也很可观。甚至很多高校的研究团队，还因为得到了国家社科基金或省部级科研项目的支持，形成了以灾荒史为主要研究方向的学术团队，学术界出现了灾荒史研究团队不断扩展、研究问题不断深化、研究维度不断丰富的可喜局面。

目前很多研究成果突破了人文社会科学的视域，多学科交叉的趋势日益明显。既显示了灾荒史研究范式的转换及其彰显的生命力，也终于把自然灾害放回到了其在历史自然中应有的位置，让灾害回归其历史本来面目，也让人们看到了灾害史的多重面相及其与多种历史发展动向密不可分的丰富触角，尤其是注意到了灾赈史及其社会效应在国家治理体系及治理能力的综合评价中，所占有的举足轻重的地位及影响力，从而将灾荒史研

---

① 魏光兴、孙昭民主编：《山东省自然灾害史》，地震出版社 2000 年版。

② 谢永刚：《中国近五百年重大水旱灾害——灾害的社会影响及减灾对策研究》，黑龙江科学技术出版社 2001 年版。

③ 此类综述成果较多，如胡刚：《清代民国灾害史研究综述》，《防灾科技学院学报》2015 年第 4 期，第 97—103 页；王斐、王新刚：《清代自然灾害与粮食价格相关性的研究综述》，《经济研究导刊》2015 年第 27 期，第 44、157 页；阿利亚·艾尼瓦尔：《清代新疆自然灾害研究综述》，《中国史研究动态》2011 年第 6 期，第 49—57 页；闫石：《清代青海湟水流域的灾害研究综述》，《商》2015 年第 52 期，第 56—57 页；刘瑜：《近 30 年西藏自然灾害研究综述》，《红河学院学报》2015 年第 5 期，第 83—86 页等。

究的学术本体性价值、经世致用的镜鉴作用，提高到了极为重要的位置。

（二）研究清代荒政的学术论文

20世纪90年代以后，对清代荒政进行研究的学者日益增多，成果日益丰富，以对某个具体问题进行研究的论文数量为最多，类型也很丰富。

第一，从宏观上对荒政不同侧面进行了论述和评价。大部分研究者均认为清代荒政是中国传统荒政发展的最高峰，其制度及措施也是历代荒政措施集大成者。如杨明从救灾、发赈、减粜等十个方面分析了清代的救荒措施，认为劝输于赈务有济，在灾荒中起了一定的救急作用，对世风民心的改善大有裨益[①]。叶依能论述了清代荒政的特点、救荒措施、荒政评价等，认为统治阶级高度重视、救灾措施制度化、救灾支出浩繁、办理赈务组织周密、立法严格、陟黜分明是清代荒政的特点，提出清代是中国古代荒政发展的最高阶段[②]。

倪玉平认为清代荒政是历代荒政的集大成者，发挥了很好的社会作用，但受到国力强弱和吏治好坏的影响；清代水旱灾害之频繁堪称历代之最，除地理因素外，人为因素对自然环境的破坏及漕运政策、吏治原因造成的损失尤为严重[③]。刘永刚、胡鹏认为清代是中国古代灾荒最频最烈、荒政最发达的时期，清前期与后期灾荒频度无大的差别，但灾荒危害程度明显加深，政府的备灾救灾思想、救灾政策、制度运行、吏治情况等政府行为是灾荒现象的合理解释[④]。方潇认为清代在吸取前面各代救灾立法经验的基础上，把中国古代的救灾制度推向了一个鼎盛阶段[⑤]。康沛竹认为晚清仓

① 杨明：《清朝救荒政策述评》，《四川师范大学学报》（社会科学版）1988年第3期，第94—98页。

② 叶依能：《清代荒政述论》，《中国农史》1998年第4期，第59—68页。

③ 倪玉平：《试论清代的荒政》，《东方论坛》2002年第4期，第44—49页；倪玉平：《水旱灾害与清代政府行为》，《南京社会科学》2002年第6期，第40—45页；倪玉平：《清代水旱灾原因初探》，《学海》2002年第5期，第126—129页。

④ 刘永刚、胡鹏：《浅论清代灾荒与政府行为》，《哈尔滨学院学报》2005年第3期，第106—109页。

⑤ 方潇：《清代救灾法律制度述评》，王先林主编：《安徽大学法律评论》第1期，安徽大学出版社2002年版，第111—118页。

储制度的衰败是导致灾荒频繁严重的重要原因①。

陈桦对清代粮食储备、治河修塘、灭蝗捕蝗、信息奏报等做了综合考察，认为清代形成了以政府为主体、民间力量为辅的赈灾格局②。张杰从豁免捏垦的蠲荒政策、稳定民心的蠲灾政策、休养民力的蠲积欠政策、厚生裕民的恩蠲政策、藏富于民的普免政策等方面出发，认为康熙朝大规模蠲免活动中形成的政策纠正了顺治朝垦荒政策的弊端③。王卫平、黄鸿山、康丽跃认为清代在灾荒救济、养老抚幼、救助鳏寡孤独等社会弱者诸多方面都颁布了制度法令，保障措施较为系统全面，达到封建社会的顶峰④。宋湛庆认为宋元明清时期是中国历史上自然灾害最频繁和严重的时期，在备荒救灾过程中积累了不少经验，并从有关政策及其经济性、生产技术性两个方面进行了论述⑤。

谢义炳从气候及气候周期变迁的角度，对清代发生的水旱灾害的周期进行了全面探讨⑥。王树林依据方志资料对清代 1644—1908 年十八省受灾州县进行了研究，如对直隶、山东、江苏、浙江、湖北、安徽、云南灾区钱粮蠲免及赈济，以及甘肃、云南光绪十八年（1892 年）至光绪三十四年（1908 年）灾田数量等进行了统计及研究⑦。阚红柳、张万杰对雍正时期治理水灾的方略、具体措施、成效及其缺失进行了研究⑧。

吴滔对明清时期雹灾记录及不同气候带的雹灾进行了分析，认为明清

---

① 康沛竹：《清代仓储制度的衰败与饥荒》，《社会科学战线》1996 年第 3 期，第 186—191 页。

② 陈桦：《清代防灾减灾的政策与措施》，《清史研究》2004 第 3 期，第 41—52 页。

③ 张杰：《清代康熙朝蠲免政策浅析》，《古今农业》1999 年第 1 期，第 54—59 页。

④ 王卫平、黄鸿山、康丽跃：《清代社会保障政策研究》，《徐州师范大学学报》（哲学社会科学版）2005 年第 4 期，第 77—82 页。

⑤ 宋湛庆：《宋元明清时期备荒救灾的主要措施》，《中国农史》1990 年第 2 期，第 14—22 页。

⑥ 谢义炳：《清代水旱灾之周期研究》，《气象学报》1943 年第 1—4 期合刊，第 67—74 页。

⑦ 王树林：《清代灾荒：一个统计的研究》，《社会学界》1932 年第 6 期，第 123—227 页。

⑧ 阚红柳、张万杰：《试论雍正时期的水灾治理方略》，《辽宁大学学报》（哲学社会科学版）1999 年第 1 期，第 34—37 页。

时期雹灾在地域及时间分布上具有不平衡性及季节变化、日变化的特点①。马万明认为我国蝗灾历史悠久，明清时期蝗灾空间分布广，灾情严重，治蝗对策多种多样，如发动群众根治蝗虫滋生地，有农业、生物、人工等防治方法及治蝗法规，并化害为利②。

另外，粥厂在救灾过程中发挥了积极作用。王林认为粥厂是清代赈灾的常用方式之一，有日常的隆冬煮粥及灾后的粥厂两类，有救死和防止灾民流动的双重功能，其开设和管理要经过报批、择地、发筹、领粥、稽查和弹压、安置或遣散等程序。经费源于官府拨付、官员捐廉和绅商富户捐输及动用仓谷，在清代救荒中发挥了不可替代的作用③。

赵晓华认为清代因灾恤刑制度是建立在儒家"天人合一"观念的基础上，包括清理积案重案、因灾赦免、因灾缓刑、停止词讼等，旱灾成为因灾恤刑的重要因素，对政治、社会生活有着积极意义，但实际运作中存在诸多矛盾和缺陷④。张建民认为清代对灾荒时期的生员实行单独、封闭性的赈济，标准与普通贫民基本相同，其操守遭遇严峻挑战，捏报、虚开贫生户数、口数、多领赈票，甚至"以不得赈为无能"、闹赈等现象不时发生，反映明清生员群体增多，功名出路壅滞及荒政制度存在的深层次问题⑤。刘峰、王庆峰认为清代自然灾害加剧、人口增加、耕作栽培技术完善，玉米的广泛种植在清代早期对救荒事业产生了积极影响，而在清代中后期增加了救荒的难度⑥。夏明方对清代的报灾体制、赈灾手段、民间义赈参与救灾、政府主导的救灾模式的重要性进行了探讨⑦。

---

① 吴滔：《明清雹灾概述》，《古今农业》1997 年第 4 期，第 17—24 页。

② 马万明：《明清时期防治蝗灾的对策》，《南京农业大学学报》（社会科学版）2002 年第 2 期，第 47—55 页。

③ 王林：《清代粥厂述论》，《理论学刊》2007 年第 4 期，第 111—115 页。

④ 赵晓华：《清代的因灾恤刑制度》，《学术研究》2006 年第 10 期，第 98—104 页。

⑤ 张建民：《饥荒与斯文：清代荒政中的生员赈济》，《武汉大学学报》（人文科学版）2006 年第 1 期，第 47—55 页。

⑥ 刘峰、王庆峰：《论清代玉米种植对救荒事业的影响》，《安徽农业科学》2006 年第 13 期，第 3246—3247、3250 页。

⑦ 阳敏：《古今救灾制度的差距与变迁——专访中国人民大学清史研究所副所长夏明方教授》，《南风窗》2006 年第 19 期，第 48—50 页。

对清代备荒救灾发挥重要作用的仓储也有很多学者做了研究，区域灾荒史研究内容丰富，从目前研究的区域来说，主要集中在直隶、河南、湖南、江苏、安徽等地，灾荒类型包括了水、旱、雹、蝗等灾害，研究内容涉及各地灾害及其赈济措施、灾害后果及影响等方面[①]。

在直隶灾荒的研究中，王彩红认为康雍乾时期洪涝灾害频繁，农民或生产自救、灾后补种，或等待政府救济，一般不会离开本乡本土[②]。池子华、李红英认为晚清减灾在传统备荒救灾的基础上又有新发展，也取得了一定成效[③]。尹钧科对发生在清代北京地区的特大水灾、旱灾、特大地震及冰雹、风灾、蝗灾、泥石流、瘟疫、霜灾等进行了研究，分析了致灾原因，认为应注意历史经验，提高对北京地区各种自然灾害进行短期和中长期预报的水平[④]。李辅斌研究了清代直隶地区的水患和治水成就、特点，认为清代统治者对直隶水患治理较为重视，水利事业较为兴盛，对于防治水患产生了积极作用[⑤]。王建革从政府控制体系的运作、灭蝗过程中的国家与乡村、治蝗的变迁与集权政治等方面出发，论述了清代华北地区官方及民间治理蝗灾的具体措施[⑥]。韩光辉探讨了外城饥贫人口的赈恤设施及其时空的变化等内容，认为清代广泛实行的赈恤举措无论在京师、还是在州县城乡均起到了稳定社会、增殖人口的作用，是清代人口增殖加快不可忽视的原因之一[⑦]。王跃生对灾荒中逃难来京的人口、政府关于流动人口的政策及

---

① 余新忠：《1980 年以来国内明清社会救济史研究综述》，《中国史研究动态》1996年第9期，第18—24页；张丽芬：《近十年来国内明清社会救济史研究综述》，《历史教学问题》2006 年第 5 期，第 85—89 页。

② 王彩红：《清代康雍乾时期洪涝灾荒研究——以直隶地区为例》，《陕西师范大学学报》（哲学社会科学版）2002 年专辑，第 154—156 页。

③ 池子华、李红英：《晚清直隶灾荒及减灾措施的探讨》，《清史研究》2001 年第 2 期，第 72—92 页。

④ 尹钧科：《清代北京地区特大自然灾害》，《北京社会科学》1996 年第 3 期，第 48—57 页。

⑤ 李辅斌：《清代直隶地区的水患和治理》，《中国农史》1994 年第 4 期，第 94—99 页。

⑥ 王建革：《清代华北的蝗灾与社会控制》，《清史研究》2000 年第 2 期，第 100—107 页。

⑦ 韩光辉：《清代北京赈恤机构时空分布研究》，《清史研究》1996 年第 4 期，第 20—31 页。

其社会影响等方面进行了研究①。吕小鲜分析了京畿官员在嘉庆二十四年
（1819 年）永定河水灾后京畿赈灾的一些奏折，认为清代统治者一直重视
对灾民的救济，将其视作维护社会稳定、巩固统治的重要措施，对京畿地
区更是如此，有时甚至皇帝亲自筹划并居中指挥②。

　　于志勇认为清王朝针对内蒙古西部地区的特殊条件建立了养赡制，
清王朝对内蒙古西部地区的荒政虽然成功有效，但在荒政实施过程中，
吏治腐败，赈济失效；清代内蒙古西部地区的生态环境脆弱，人为因素
加速了自然生态的恶化，自然灾害的频发，进一步影响着内蒙古西部地
区的整体环境③。包红梅对清代内蒙古地区频繁发生的灾荒成因进行了剖
析④。包庆得分析了国际、国内的灾害背景，认为内蒙古灾荒研究有利于
开拓研究领域、探讨灾荒状况，加大系统研究力度，也有利于探求灾荒
形成原因、发生和运行的时空规律，加强环保生态建设⑤。李铮认为清代
在鄂尔多斯地区制定了完备的赈济政策，《理藩院则例》将清代蒙古族
居住地区的赈济政策用法律条文的形式加以说明和完善，赈济形式多
样，以受灾旗牧民自救为主体，赈济政策的积极影响在康乾时期占主
导，嘉道以后弊端日益突出，政策背后的隐患逐渐浮出水面⑥。乌仁其其
格认为清代呼和浩特地区因政治、经济和自然灾害等原因，出现了鳏寡
孤独者和大量灾民，朝廷通过建立仓储、蠲免赋税、分配土地、建立养

　　① 王跃生：《清代北京流动人口初探》，《人口与经济》1989 年第 6 期，第 44—
48 页。

　　② 吕小鲜：《嘉庆二十四年京畿赈灾史料》，《历史档案》1996 年第 2 期，第 25—
34 页。

　　③ 于志勇：《清代内蒙古西部地区的荒政初探》，《内蒙古师范大学学报》（哲学社
会科学版）2004 年第 1 期，第 32—36 页；于志勇：《清代内蒙古西部地区的自然灾害浅
析》，《内蒙古师范大学学报》（哲学社会科学版）2004 年第 4 期，第 35—40 页。作者 2003
年完成硕士学位论文《清代内蒙古西部地区的自然灾害与荒政初探》。

　　④ 包红梅：《清代内蒙古地区灾荒成因分析》，《前沿》2004 年第 4 期，第 175—177 页。

　　⑤ 包庆德：《内蒙古地区灾荒研究的背景及其意义》，《黑龙江民族丛刊》2003 年第
4 期，第 54—58 页。

　　⑥ 李铮：《清代鄂尔多斯地区赈济政策的实施与影响》，《内蒙古民族大学学报》
（社会科学版）2007 年第 5 期，第 29—32 页。

济院等措施，防范和化解了土默特蒙古族的生存危机，维护了社会的稳定与发展①。

　　姚兆余认为明清时期甘肃采取了建仓存储、兴水利、赈灾民、蠲免赋税、借贷、施粥、工赈和抚恤等措施，重视灾前预防、临灾赈救及灾后恢复生产，提高了抗灾能力②。

　　黄河流域是水旱灾害最为严重的区域，很多学者对此进行了研究，王日根认为黄河的变迁和黄河流域森林的破坏、战乱是明清时期苏北水灾频繁的重要祸源，水利工程频繁遭到破坏、统治阶级执行消极治河和积极护运政策及贪官污吏营私舞弊、治河漏洞百出等也是水灾频繁的原因③。张玉法对清代山东地区的灾害及其救济情况进行了研究，并对灾荒情况进行了统计④。魏思艳认为山东沂沭河流域是历史上有名的水灾多发地区，与当地的自然环境、地势、水道分布以及人为原因都存在密切联系⑤。王晓艳对清代河南自然灾害的概况、特征、原因等进行了分析⑥。马雪芹从旱、涝、蝗、盐碱、风、沙、雹、地震等方面分析了明清时期河南自然灾害的情况、原因及对策，认为森林植被的破坏和水利事业的衰落是当时自然灾害频繁的主要原因⑦。张文安、高伟洁认为明清时期郑州地区水患严

① 乌仁其其格：《清代呼和浩特地区社会救济事业初探》，《内蒙古大学学报》（人文社会科学版）2007 年第 3 期，第 9—14 页。

② 姚兆余：《明清时期甘肃抗灾、减灾措施及其启示》，《开发研究》2000 年第 4 期，第 64—65 页。

③ 王日根：《明清时期苏北水灾原因初探》，《中国社会经济史研究》1994 年第 2 期，第 22—28 页。

④ 张玉法：《清代山东的灾荒与救济》，"中华民国"史料研究中心：《"中华民国"史料研究中心十周年纪念论文集》，"中华民国"史料研究中心 1979 年版，第 133—158 页。

⑤ 魏思艳：《清代前期山东沂沭河流域水灾初探》，《重庆科技学院学报》（社会科学版）2008 年第 1 期，第 154—155、160 页。

⑥ 王晓艳：《清代河南的自然灾害述论》，《河南理工大学学报》（社会科学版）2005 年第 4 期，第 280—283 页。作者硕士学位论文《清代河南自然灾害研究》于 2006 年 6 月答辩。

⑦ 马雪芹：《明清河南自然灾害研究》，《中国历史地理论丛》1998 年第 1 辑，第 19—32 页。

重，严重制约、破坏了当地的社会经济发展，明清两朝政府采取的防水措施总体上是失败的，在今天有一定的借鉴意义①。萧廷奎等人搜集了河南省历史时期干旱、气候、物候等记载，加以分析整理、归类排列，找出了干旱类型、地域分布和出现周期等方面的规律②。陶用舒论述了陶澍在苏皖任职期间对水灾的赈济活动③。杨松水、朱定秀、孙玮认为面对嘉庆十九年（1814 年）皖中地区罕见的旱灾，皖中官商和绅士纷纷参与社会救助，成为重要的社会保障力量，社会救助至此出现了较明显的转型④。叶瑜等人认为 1800—1850 年的山东动乱与干旱在时空分布上呈现较好的对应关系，动乱是封建社会农民对气候变化所采取的一种极端响应方式；随着人地矛盾深化和赋税的日益加重，1870 年后动乱与干旱的对应关系不再显著，移民作为一种新的适应方式改变了山东省对气候变化的适应机制，减缓了气候变化对动乱的影响⑤。

王曙明认为清乾隆三年（1738 年）甘肃省宁夏府大地震是宁夏有史以来最惨重的灾害之一，数以万计的人死亡，房屋、城镇大面积毁坏。通过震后的赈济救荒可探究清乾隆荒政之特点与功效⑥。

魏章柱认为清代台湾的自然灾害主要有风灾、水灾、震灾和旱灾，清朝统治者及地方官员采取的一些救灾措施，对恢复生产、缓解灾害损失及

---

① 张文安、高伟洁：《管窥明清时期郑州水患》，《中州今古》2003 年第 3 期，第 18—20 页。

② 萧廷奎等：《河南省历史时期干旱的分析》，《地理学报》1964 年第 3 期，第 259—271 页；萧廷奎等：《河南省历史时期干旱规律的初步探讨》，《开封师院学报》1961 年第 11 期，第 81—100 页。

③ 陶用舒：《陶澍对苏、皖水灾的处理》，《镇江师专学报》（社会科学版）1993 年第 1 期，第 38—42、87 页。

④ 杨松水、朱定秀、孙玮：《从嘉庆甲戌年旱灾赈济看清代社会救助的特点》，《淮北煤炭师范学院学报》（哲学社会科学版）2007 年第 3 期，第 1—4 页。

⑤ 叶瑜等：《从动乱与水旱灾害的关系看清代山东气候变化的区域社会响应与适应》，《地理科学》2004 年第 6 期，第 680—686 页。

⑥ 王曙明：《试论乾隆三年宁夏府大地震的荒政实施》，《西安电子科技大学》（社会科学版）2007 年第 4 期，第 121—126 页。

抗灾防灾起了一定作用[1]。徐心希认为清朝闽台的常见灾害有洪水、干旱、台风、地震与瘟疫等，地方政府采取如蠲免、赈粮、捐赀等方式救济，并赋予台湾官员独断财权以应付突发灾情等[2]。魏珂、刘正刚认为台湾疫灾经历了由瘴气到瘟疫的转变，在开发初期以瘴气为主，随着开发的深入，瘟疫逐渐成为主要疫灾，台湾民众对疫灾的抗击与防御，既与大陆传统社会的防灾方式相同，也有自己的一些特色[3]。马波对清代闽台地区的寒害、水、风、旱、雹等灾害的时空分布、人类活动与灾害关系等进行了研究，认为灾害既是自然现象变化失调的结果，更与人类不合理的生产生活活动密切相关[4]。林耀泉对漳州一千年来重大气象灾害、特大灾年的周期、重大风灾及出现月份、水灾原因及分布月份、干旱原因及出现季节、水旱灾害的人为原因及寒潮、霜、雪、冰雹等灾害规律进行了研究[5]。

卞利对清初淮河流域自然灾害的治理对策进行了分析和评价[6]。高升荣认为淮河流域的旱涝灾害有的是纯自然力所为，更多的是人们利用自然失当所致[7]。徐国利认为清代中叶安徽省淮河流域的自然灾害有四个基本特点，长期且频繁的、深重且普遍的自然灾害成为捻军起义的直接和基本原

---

① 魏章柱：《清代台湾自然灾害对农业的影响和救灾措施》，《中国农史》2002 年第 3 期，第 60—67 页；魏章柱：《清代台湾自然灾害对社会发展的影响》，《西南师范大学学报》（人文社会科学版）2002 年第 5 期，第 121—124 页。

② 徐心希：《清代闽台地区自然灾害及其救治办法研究》，《自然灾害学报》2004 年第 6 期，第 53—58 页。

③ 魏珂、刘正刚：《清代台湾疫灾及社会对策》，《中国地方志》2006 年第 5 期，第 46—49 页。

④ 马波：《清代闽台地区主要灾种的时空特征及其与人类活动的关系述论》，《中国历史地理论丛》1997 年第 2 辑，第 45—60 页。

⑤ 林耀泉：《漳州一千年来气象灾害规律探讨》，《中国农史》1987 年第 3 期，第 8—14 页。

⑥ 卞利：《论清初淮河流域的自然灾害及其治理对策》，《安徽史学》2001 年第 1 期，第 20—27 页；卞利：《清初淮河流域的自然灾害及其社会治理》，复旦大学历史地理研究中心主编：《自然灾害与中国社会历史结构》，复旦大学出版社 2001 年版，第 66—90 页。

⑦ 高升荣：《清代淮河流域旱涝灾害的人为因素分析》，《中国历史地理论丛》2005 年第 3 辑，第 80—86 页。

因之一①。闵宗殿根据苏浙皖三省198种方志资料，研究了该地区清代的蝗灾情况，弥补了《清史稿》和《清实录》记载的不足，讨论清代苏浙皖的蝗灾记载、蝗灾的分布和特点，以及三省的治蝗措施②。储庆、张晓纪认为安徽是清代水灾的重灾区之一，水灾频发周期缩短，流布范围极广，给清代安徽农业生产造成了极为严重的破坏③。赵崔莉认为清代皖江流域灾害多发，受灾面积大、受灾程度不同、水旱灾害交替发生，引起移民流民增加、抗粮抢粮行为发生、粮价上涨等社会问题④。

　　长江流域的灾害尤受关注，华林甫依据清代地方官员关于洪涝灾情的奏疏、清代方志及洪水题刻等史料，分析了长江三峡地区水旱灾害的规律，认为水灾更为严重，危害最大⑤。阮明道认为清代长江洪灾仅次于黄河，涉及范围很广，主要研究了洪灾概况、洪灾成因、清人防洪治灾之议的盲目垦荒与占耕江湖淤地、修筑江堤与疏浚江流、毁林垦荒与封山育林、治江重心等问题⑥。张崇旺认为明清时期江淮地区水旱灾害的频繁发生是多种复杂因素共同作用的结果，江淮地区生态环境脆弱，自然孕灾概率很高，不合理的经济开发使生态环境更加恶化，诱发和催化了水旱灾害的频繁发生⑦。黄忠恕认为长江流域水灾重于旱灾，存在显著的灾害多发和少发地带，与自然地理环境、水系特征、气候条件和社会经济条件有关⑧。

---

　　① 徐国利：《清代中叶安徽省淮河流域的自然灾害及其危害》，《安徽大学学报》（哲学社会科学版）2003年第6期，第20—26页。

　　② 闵宗殿：《清代苏浙皖蝗灾研究》，《中国农史》2004年第2期，第55—62页。

　　③ 储庆、张晓纪：《清代安徽水灾对农业的影响》，《农业考古》2007年第6期，第19—21页。

　　④ 赵崔莉：《清代皖江圩区自然灾害论略》，《安庆师范学院学报》（社会科学版）2007年第3期，第53—56页。

　　⑤ 华林甫：《清代以来三峡地区水旱灾害的初步研究》，《中国社会科学》1999年第1期，第168—179页。

　　⑥ 阮明道：《清代长江流域中上游地区洪灾研究》，《四川师范学院学报》（哲学社会科学版）1991年第2期，第22—29页。

　　⑦ 张崇旺：《明清时期江淮地区频发水旱灾害的原因探析》，《安徽大学学报》（哲学社会科学版）2006年第6期，第107—113页。

　　⑧ 黄忠恕：《长江流域历史水旱灾害分析》，《人民长江》2003年第2期，第1—3页。

在长江流域灾荒研究中，对灾害频发地的江汉平原研究较集中，张家炎深入研究了洪涝灾害程度的划分标准、灾荒频率与周期、清廷对洪涝灾荒的赈济、蠲免标准与措施、对灾害的心理承受能力及适应性等问题①。宋平安对史料处理及水患标准之确定，水患的递增性、积累性和不平衡性、周期性，以及堤垸失控等问题进行了研究，认为江汉平原水患之实现是自然选择与社会选择的综合②；宋平安还认为，江汉平原在开发之初因生态平衡的不断破坏导致了水患的频繁出现，日益增长的水患明显抑制着江汉平原经济发展的速度③。张国雄认为清代江汉平原旱少涝多，集中在夏秋两季，嘉庆前水旱变化平缓趋弱，道光后加深加重，在水旱灾害困扰下，江汉平原人口大量外流，清后期丰年减少灾年增多，垸田经济进入停滞状态④。左鹏、张修桂认为明清时期江汉平原的水灾是江湖自然演变与人类活动共同作用的结果，既为人们提供了开荒垦田的淤地，也引发了种种社会矛盾与冲突，并促进了赋役制度的变革；作为一种御患措施，堤垸的修守制度虽然经历了由自修到协修再到自修的演变，因其单一化使江汉地区的人地关系日趋恶化⑤。张建民对明清时期江汉平原的洪涝灾害对农村生活的影响进行了研究⑥。冯贤亮认为在灾难性天气系统中，对东南沿海乡村最大的破坏当属风暴潮，其产生的影响是灾难性的，中央政府的救赈对受灾乡村而言十分不够，在潮汐和潮灾的影响下，沿海乡村生态环境发生了重

---

① 张家炎：《江汉平原清代中后期洪涝灾害研究中若干问题刍议》，《中国农史》1993 年第 3 期，第 75—83 页。

② 宋平安：《清代江汉平原水灾害多元化特征剖析》，《农业考古》1989 年第 2 期，第 249—254 页。

③ 宋平安：《清代江汉平原水灾害与经济开发探析》，《中国社会经济史研究》1990年第 2 期，第 62—66 页。

④ 张国雄：《清代江汉平原水旱灾害的变化与垸田生产的关系》，《中国农史》1990年第 3 期，第 91—102 页。

⑤ 左鹏、张修桂：《明清水患与江汉社会》，《复旦学报》（社会科学版）2000 年第 6 期，第 36—40 页。

⑥ 张建民：《明清时期的洪涝灾害与江汉平原农村生活》，复旦大学历史地理研究中心主编：《自然灾害与中国社会历史结构》，复旦大学出版社 2001 年版，第 355—378 页。

要变迁，民众生活也随之产生诸多变化①。岑松认为清代岷江流域洪灾发生的原因主要是气候、地理环境、地质地貌等自然因素，以及战争破坏、人口增加所导致的生态破坏及荒政的废弛等人为因素②。

在省级政区为单位的区域灾荒史研究中，湖南、江西、广西的成果较多。张颖华把湖南的赈粜、赈贷等十余种赈灾措施划分为道义性、商业性和工役性三大类③。杨鹏程认为古代赈灾类型从灾因上分为水灾赈济、旱灾赈济、虫灾赈济、疫灾赈济，从赈源上分为朝赈、官赈、民赈，从施赈方式上分为急赈、蠲缓、平粜、工赈；尽管各种赈济方式均存在弊端，但对救民于垂危还是颇有成效的④。徐新创、刘成武认为湖北省明清时期的蝗虫灾害频繁，经历了无灾、多灾两个阶段，蝗灾夏秋多、冬春少，丘陵山地发生少，沿江平原及岗地发生多，具有连发性特征，呈现出 80—100 年的振荡周期，深受河南、安徽蝗灾影响的特征，与旱灾相伴而行，常导致饥疫的发生⑤。

施由民认为，明清时期江西农业自然灾害的特点是多样性、高频性、连续性和严重性，气候变化是成灾的主要原因，地理特点及自然环境的破坏也是形成农业自然灾害的重要因素，救荒经验是兴修水利、设仓积谷、储粮备荒⑥。文晓燕认为江西水旱灾害从唐代至清代呈日趋频繁之势，除政治、气候和自然地理等因素外，主要是垦辟山地导致天然植被严重破坏，

---

① 冯贤亮：《清代江南沿海的潮灾与乡村社会》，《史林》2005年第1期，第30—39页。

② 岑松：《清代岷江流域洪灾成因略论》，《乐山师范学院学报》2005 年第 4 期，第84—88 页。

③ 张颖华：《清朝前期湖南赈灾初探》，《船山学刊》2001 年第 3 期，第 51—54、62 页。

④ 杨鹏程：《古代湖南荒政之赈源研究》，《湖南城市学院学报》（人文社会科学版）2003 年第 1 期，第 75—78 页；杨鹏程：《中国古代赈灾研究——以湖南为例》，《阴山学刊》2003 年第 4 期，第 70—74 页。

⑤ 徐新创、刘成武：《湖北省明清时期蝗虫灾害统计特征分析》，《咸宁学院学报》2006 年第 5 期，第 60—63 页。

⑥ 施由民：《东汉至清江西农业自然灾害探析》，《中国农史》2000 年第 1 期，第15—21 页。

以及各种水利设施严重损毁等原因造成的①。赵建群认为清代在总结历代做法的基础上进一步完善各项慈善性措施，各地方政府把实施恤政作为地方政务的内容之一②。衷海燕论述了灾害与疫病流行的关系，认为明清时期因人口高速增长，加大了环境承载量，产生了严重的水旱灾害，加大了传染病发生、流行的可能性③。陈书云对清代江西的水旱灾害及灾害特点、灾害频发的原因、灾害的影响进行了研究④。

鲁克亮考察了清代广西两次蝗灾多发期、蝗灾区域分布和成因，以及广西的治蝗措施等问题⑤。周炜分析了西藏历史档案中的灾异档案，除记载水灾、旱灾、雹灾、虫灾外，还涉及西藏的政治、经济、文化等内容，记载了清代以来中央政府对西藏灾区的大力援助，反映了中央政府和西藏地方政府的友好关系⑥。

第二，在救灾中发挥了重要作用的民间（社区）赈济的也受到研究者的重视，但范围仅局限在江南和山东等地。吴滔是民间赈济研究中最出类拔萃的代表，他对清代江南地区的民间赈济进行了深入研究，认为清前期（顺治至乾隆中期），以社区为单位的赈济已广泛存在，但官方介入较多；乾嘉时期，社区赈济民间化的倾向渐趋明显，由地方力量倡率的"小社区"赈济不断兴起，并担负起重要责任；咸丰后社区赈济向多元化发展，但仍以民间力量为主导，展现了江南地方社会职能的多元化倾向及基层社会组织的重新整合，社区赈济在江南长期存在的原因是它能与地方社会各种资源相互融合，历代帝王、封建士大夫是古代社会荒政活动的主持

---

① 文晓燕：《江西古代水旱灾害频繁原因的初探》，《江西农业学报》1998 年第 4 期，第 65—71 页。

② 赵建群：《清代江西恤政述略》，《江西社会科学》1993 年第 2 期，第 58—63、66 页。

③ 衷海燕：《明清时期江西水旱灾害与疫病流行》，《抚州师专学报》1999 年第 4 期，第 92—96 页。

④ 陈书云：《清代江西灾害探略》，《南方文物》2007 年第 4 期，第 194—195 页。

⑤ 鲁克亮：《清代广西蝗灾研究》，《广西民族研究》2005 年第 1 期，第 193—200 页。

⑥ 周炜：《从西藏灾异档案看清代以来中央政府对西藏的援助——兼论藏汉官道所反映的藏汉关系》，《民族研究》1991 年第 6 期，第 4—7 页。

者和倡行人；灾后设立粥厂赈饥是传统社会中最常见的救济方式之一，嘉定、宝山两县在清代以"粥厂"这一赈济形式的设置为契机，形成了本地所特有的社区发展模式①。

赵家才论述了清代山东灾害发生规律与趋势、清代山东灾害拯救类型、多元的民间自救，认为清代山东地区灾害频繁，逐渐在民间社会形成了一套非官方制度化倾向的救灾系统，有地方精英和富户为求社会声望而主动救灾，也有明哲保身而被动救灾，有乡族势力凭已有族田和义田而救灾，亦有下层民众的真情互救，共同构成了民间的非官方制度化救灾网络结构②。周致元认为明清时期徽州有较完备的救助系统，明初由官府实施备荒和救荒措施，明中叶后官方备荒和救荒系统趋于式微，民间的社会救助系统逐渐发挥越来越大的社会作用，并持续到清末民初；民间备荒行为在平时以建设义田和社仓、义仓为主，而救荒措施则包括散粮赈济、施药、施棺等；明清徽州能有效地实施民间社会救助，是由于官府的奖劝作用和宗族的有效组织③。祁磊认为平民的救荒意识是平民在救荒过程中对社会的认识，建立在平民的生存与环境、人口冲突之上，包括对官民关系、绅民关系、儒家思想、宗（家）族关系、风俗信仰的认识；明清时期平民的救荒意识和其生存状态、生产能力、生活水平紧密相连；明清时期平民占了社会的绝大多数，其救荒意识在当时较为普遍，不仅维持在饥荒的特定历史时刻，在未荒时期也保留了这种忧患意识④。刘泽煊以水灾为典型案例，对清代潮州民间救济体系进行了

---

① 吴滔：《清代江南地区社区赈济发展简况》，《中国农史》2001 年第 1 期，第 45—50、90 页；吴滔：《清代江南社区赈济与地方社会》，《中国社会科学》2001 年第 4 期，第 181—191 页；吴滔：《清代嘉定宝山地区的乡镇赈济与社区发展模式》，《中国社会经济史研究》1998 年第 4 期，第 41—51 页。

② 赵家才：《清代山东民间社会的灾害救济》，《内蒙古农业大学学报》（社会科学版）2006 年第 3 期，第 311—314 页。

③ 周致元：《徽州乡镇志中所见明清民间救荒措施》，《安徽大学学报》（哲学社会科学版）2008 年第 1 期，第 95—101 页。

④ 祁磊：《明清时期平民的救荒意识》，《宝鸡文理学院学报》（社会科学版）2007 年第 2 期，第 40—43 页。

研究①。

张崇旺认为明清时期江淮曾分别在 1523—1524 年、1588—1590 年、1603 年、1638—1644 年、1709 年、1756 年、1785—1786 年、1821 年、1856—1858 年暴发了极为严重的大疫灾，多集中于春、夏、秋季节，往往和大的水、旱、蝗灾害相伴生，在空间上没有像水、旱、蝗灾害一样有较明显的地域差异，多属于江淮同灾的情形，在国家救治力量相对薄弱的情况下，民间社会自发的救治力量得到了极大发展②。

但从总体上看，学界对民间赈济进行的研究，无论是宏观的把握或是区域性的研究，都还十分薄弱。

第三，清代荒政弊端也受到学者的关注。上述很多文章在论述清代荒政的同时，也分析了其间的弊端。很多学者认为赈济弊端存在阶级、种族、地区的差别，不同的荒政措施，受益的对象也不同；国力的强弱和吏治的腐败影响了荒政作用的发挥，清朝的覆灭与后期自然灾害频发和驾驭灾害能力的失控有很大关系，但这些论文对荒政弊端的论述都有泛论倾向。但也有一些学者注意到了荒政弊端的危害性，专门对清代荒政的弊端进行了深入研究。如谷文峰、郭文佳指出，清代荒政弊端是由社会政治因素及救荒政策本身的漏洞所致，清前期荒政执行比较认真，道光后弊端丛生，有名无实③。吕美颐列举了清代灾赈中存在的弊端，以及清廷自上而下采取的防弊措施，认为清代实现了赈灾的制度化、程序化、法规化，加强了督察和对各种违规行为的惩治，但由于制度本身的不完善、吏治腐败和社会风气败坏等因素，始终无法避免赈灾中弊病的滋生与蔓延④。余新忠、杭黎方认为，道光前期江苏水灾频仍，官府救灾

---

① 刘泽煊：《清代潮州民间救济体系初探——以水灾为例》，《韩山师范学院学报》2013 年第 4 期，第 68—74 页。

② 张崇旺：《明清时期江淮地区的疫灾及救治》，《中国地方志》2008 年第 2 期，第 44—53 页。

③ 谷文峰、郭文佳：《清代荒政弊端初探》，《黄淮学刊》（社会科学版）1992 年第 4 期，第 58—64 页。

④ 吕美颐：《略论清代赈灾制度中的弊端与防弊措施》，《郑州大学学报》（哲学社会科学版）1995 年第 4 期，第 100—105 页。

任务较重，虽然官方救济在总体上富有成效，但嘉道时期国家荒政整体上趋于衰败，江苏的灾赈也显现出众多弊端，主要是因为社会尚未找到一个合适的机制来有效遏制官员贪图私利的本性，应从管理和技术上作深入分析①。经君健认为，免征灾区赋粮的"灾蠲"是清政府荒政十二项措施之一，《大清会典》规定了民田、屯田、八旗官地、公田等各类田地遇灾时蠲免地丁正耗和漕粮等的比例，朝廷施行的"灾蠲"往往弊端惊人②。尽管有部分学者对荒政弊端进行了研究，但从总体上看，研究的力量显得十分薄弱，研究的广度及深度都亟待加强。

第四，环境灾害的研究，是灾荒史研究的重要领域。灾荒往往与生态环境有密不可分的联系，两者在很多时候是互为因果的，生态环境的恶性变迁，常导致灾荒的发生或加大灾荒的程度；而灾荒尤其是大面积或程度剧烈的灾荒，也能够对生态环境造成巨大的甚至是毁灭性的破坏。近年来，很多学者尤其是灾荒史、环境史研究者，已经关注到并且对灾荒与生态环境变迁之间的关系进行了广泛研究。很多灾荒史研究者在其相关成果中涉及了这一问题，一些学者对此进行了专门研究。马雪芹对明清时期黄河水患发生的情况、原因、后果、未来形势等进行论述分析，认为明清时期黄河水患严重的原因，主要是当时黄河中游流域黄土高原地区的森林草原植被遭到毁灭性的破坏，造成严重水土流失，致使中游支流挟带泥沙骤然增多所致；水患的加重又使下游地区的自然环境受到严重破坏，极大地影响了当时社会经济的发展。他还分析了前些年黄河断流问题，认为如不采取有效措施积极应对，黄河的重新改道或在地球上消失都将不再是危言耸听③。

阮明道认为清代长江洪灾仅次于黄河，地质、地貌、气候、土壤等因素及人口增长过快、盲目开垦是造成清代中后期洪灾频繁的原因；耕种江

---

① 余新忠、杭黎方：《道光前期江苏的荒政积弊及其整治》，《中国农史》1999 年第 4 期，第 67—70 页。

② 经君健：《论清代蠲免政策中减租规定的变化——清代民田主佃关系政策的探讨之二》，《中国经济史研究》1986 年第 1 期，第 67—79 页。

③ 马雪芹：《明清黄河水患与下游地区的生态环境变迁》，《江海学刊》2001 年第 5 期，第 128—133 页。

汉沿岸与洞庭湖水系淤地、靠修筑江堤来防洪是长江中游洪灾日益严重的直接原因[①]。刘沛林认为从历史时期长江水灾发生的规律来看，长江水灾越到近期越频繁，水灾频率的增强与开发进程同步，过度垦荒引起严重的生态失控，引发和加剧了河湖流域区的洪涝灾害[②]。

吴滔认为明清时期人口无节制增长，超过了自然界稳定的支付能力，为弥补粮食供给和需求之间的缺口，人们只能通过围淤促田、毁林开荒、掠夺性使用地力来追求生活资料，却破坏了环境功能，导致环境质量恶化，造成了严重的水土流失，削弱了江河的宣泄调节能力，最终导致水旱灾害频繁[③]。李自华研究了清代婺源的水旱灾害、地方社会对水旱灾害的遏制、地方社会的自救效果等，认为婺源水灾多于旱灾，但旱灾持续时间长、影响大；地方社会在灾前预防、植木禁山、临灾救济等方面做出了许多努力，成功地遏制了水旱灾害的肆虐，人口持续增长[④]。

夏明方认为自然灾害对人类社会破坏和影响的程度，既取决于各种自然系统变异的性质和程度，又取决于人类系统内部的条件和变动状况；既是自然变异过程和社会变动过程彼此之间共同作用的产物，又是该地区自然环境和人类社会对自然变异的承受能力的综合反映。换言之，自然变异的强度与其对社会的影响和破坏的程度并不一定是正比例的关系。如果以之作为判定自然变异强度的标准，肯定会造成很大的偏差。故如何借鉴自然科学的研究成果，更深入地探讨人与自然之间的互动关系，将是未来中国环境史研究的一项重要内容[⑤]。

蓝勇认为宋代以后尤其是明清以来，长江上游地区的水土流失不仅影

---

① 阮明道：《清代长江流域中上游地区的洪灾研究》，《四川师范学院学报》（哲学社会科学版）1991 年第 2 期，第 22—29 页。

② 刘沛林：《历史上人类活动对长江流域水灾的影响》，《北京大学学报》（哲学社会科学版）1998 年第 6 期，第 144—151 页。

③ 吴滔：《关于明清生态环境变化和农业灾害发生的初步研究》，《农业考古》1999 年第 3 期，第 285—288、308 页。

④ 李自华：《清代婺源的水旱灾害与地方社会自救》，《农业考古》2003 年第 1 期，第 195—202 页。

⑤ 夏明方：《中国灾害史研究的非人文化倾向》，《史学月刊》2004 年第 3 期，第 16—18 页。

响了上游的生态环境，由于沿岸植被及土壤的水源涵养功能削弱，洪峰增大，含沙量急增，使中游河道日渐淤升，形成悬河，堤防危急，加重了洪涝灾害①。李文海、康沛竹认为灾害的发生与生态环境变迁之间存在密切联系，常出现恶性循环，即生态环境失衡—灾害频发—生态环境恶化—自然灾害进一步加剧②。刘成武、黄利民、吴斌祥认为人地关系演变的结果是人、土、水等关系严重恶化，引发并加重一系列自然灾害，导致了湖北省灾种增多、频率加快、灾情趋重③。

尽管历史时期尤其是清代生态环境的破坏所致的环境灾害，在各地都应当是普遍存在的，但相应的研究成果还不多。

第五，清代灾赈思想及研究趋势的研究受到关注。其中，李文海先生无疑是最有成就的学者，其《〈康济录〉的思想价值与社会作用》一文论述和总结了《康济录》的思想价值与社会作用，他认为《康济录》的作者在对民本思想的发展、重视检讨现实政治、强调"防"灾重于"救"灾等方面具有积极意义，在总结和推广迅速及时的救荒要义、组织一支得力的骨干队伍、大力提倡以工代赈及破除封建迷信等救荒实务方面都有可称道处④。其《进一步加深和拓展清代灾荒史研究》一文对中国学术界在灾荒史研究的新进展及其发展机遇、加深和拓展灾荒史研究要重视自然科学工作者和社会科学工作者相结合等方面进行深入论述，提出清代灾荒问题是中国灾荒史研究的重点，当代中国的经济、政治、军事、外交、民族关系等诸多方面的问题，大都由清朝演化、延伸而来，清代人民群众在抗灾斗争中积累了丰富的经验，政府的救荒机制及实际运作也集古代荒政之大成，更加完备和系统，迄今留下的有关灾荒的史料也以清代为最多，研究清代的

---

① 蓝勇：《历史上长江上游流失及其危害》，《光明日报》1998年9月25日，第7版。
② 李文海、康沛竹：《生态破坏与灾荒频发的恶性循环——近代中国灾荒的一个历史教训》，《人民日报》1996年6月29日，第6版。
③ 刘成武、黄利民、吴斌祥：《论人地关系对湖北省自然灾害的影响》，《水土保持研究》2004年第1期，第177—181页。
④ 李文海：《〈康济录〉的思想价值与社会作用》，《清史研究》2003年第1期，第20—26页。

灾荒对今天有着最直接的借鉴意义①。他在《劝善与募赈》一文中论述了清代发生较大灾荒时，地方官员一方面请求蠲免钱粮以减轻百姓负担；另一方面要求朝廷发帑截漕以赈济灾民，还向殷富之家募赈，筹集救灾物资以补官府赈济之不足；晚清义赈兴起，向社会各界募集赈款更成为义赈活动的重要环节，不论官家民间，募赈又总是从劝善入手，并对其利弊进行了深入分析②。这些成果在研究方法、理论深度及研究视角方面，都是灾荒史研究中高瞻远瞩、具有指导性的经典之作，为本书研究奠定了宏富、坚实的理论基础。

此外，一些论文集中有关灾荒的研究成果，在理论、思想、观点对本书的研究起到有益的借鉴。论文集首推李文海、夏明方主编《天有凶年——清代灾荒与中国社会》，收录了对清代灾荒及荒政进行研究的代表性论文，如邓海伦的《试论留养资送制度在清前期的一时废除》、倪根金和陈志国的《清代西藏地方政府救灾制度探析——以西藏地方历史档案资料为中心考察》、冯贤亮的《旱魃为虐——清代江南的灾害与社会》、吴滔的《赈饥与政区：明清嘉定宝山基层行政之运作》、王日根的《清代苏北水灾民间救助机制及其效果》等论文③。郝治清主编《中国古代灾害史研究》收录了郭松义的《清代的灾害和农业——兼及农业外延式发展与生态的关系》、梁俊艳的《顺治道光年间的潮灾与清朝政府对策》、刘景莲的《清朝地震灾害及康熙年间的赈灾对策》等论文④。复旦大学历史地理研究中心主编的《自然灾害与中国社会历史结构》也是灾荒史研究的重要论文集⑤。曹树基主编的《田祖有神——明清以来的自然灾害及其社会应对机制》⑥。其他相关学术会议论文集，也集中反映和体现了不同历史时期包括

---

① 李文海：《进一步加深和拓展清代灾荒史研究》，《安徽大学学报》（哲学社会科学版）2005 年第 6 期，第 1—5 页。

② 李文海：《劝善与募赈》，《光明日报》2005 年 9 月 20 日，第 7 版。

③ 李文海、夏明方主编：《天有凶年——清代灾荒与中国社会》，生活·读书·新知三联书店 2007 年版。

④ 郝治清主编：《中国古代灾害史研究》，中国社会科学出版社 2007 年版。

⑤ 复旦大学历史地理研究中心主编：《自然灾害与中国社会历史结构》，复旦大学出版社 2001 年版。

⑥ 曹树基主编：《田祖有神——明清以来的自然灾害及其社会应对机制》，上海交通大学出版社 2007 年版。

清代及近现代灾荒及荒政史研究中的最新成果。

（三）清前期灾赈研究成果

在清代灾荒赈济的研究中，很多学者也专门对清前期的灾荒赈济及其相关问题进行了研究。

戴逸先生分析了清前期黄河、淮河、长江流域的水灾情况及水灾原因、灾后的赈济等①。张天周从乾隆朝的防灾、治灾、救治等角度，对乾隆帝防治灾荒的思想和实践进行了考察，认为强调灾荒前做好赈灾准备、灾荒时重视赈济是乾隆力抓荒政建设的突出表现，取得了相当大的成效②。王金香论述了清前期的水旱灾害及其赈济，认为乾隆年间尽管自然灾害频发，但乾隆帝重视报灾赈灾工作，取得了积极成效，灾荒未影响社会经济的发展和政局的稳定③。张莉从清代乾隆时期的档案史料入手，考察了陕西自然灾害的时空分布、灾后社会状况、灾情程度及清政府的救灾政策等④。

张祥稳认为清代乾隆时期中央政府高度重视灾后赈济事宜，制定了较完善的赈济政策，在乾隆十一年（1746年）江苏邳州、宿迁和桃源三州县的水灾赈济中，灾民得到救济，但因地方官员未能"因时就事"确定赈灾事宜，或未认真履行职责，赈济政策未能落到实处⑤。高升荣认为乾隆时期黄泛平原的农业灾害是涝灾多于旱灾，主要原因是气候和地理两大因素的变迁、人口的增加导致生态环境的破坏，以及水利工程收效甚微及社会管理制度的效率低下⑥；张祥稳、余林媛还对乾隆朝灾赈类型进行了考证及论

---

① 戴逸：《皓首学术随笔·戴逸卷》，中华书局 2006 年版，第 72—75 页。

② 张天周：《乾隆防灾救荒论》，《中州学刊》1993 年第 6 期，第 104—108 页。

③ 王金香：《乾隆年间灾荒述略》，《清史研究》1996 年第 4 期，第 93—99 页。

④ 张莉：《乾隆朝陕西灾荒及救灾政策》，《历史档案》2004 年第 3 期，第 81—87 页。

⑤ 张祥稳：《试论清代乾隆朝中央政府赈济灾民政策的具体实施——以乾隆十一年江苏邳州、宿迁、桃源三州县水灾赈济为例》，《清史研究》2007 年第 1 期，第 49—56 页。

⑥ 高升荣：《清中期黄泛平原地区环境与农业灾害研究——以乾隆朝为例》，《陕西师范大学学报》（哲学社会科学版）2006 年第 4 期，第 78—84 页。

述①。吴晓玲、张杨初步讨论了清代灾后赈济制度及其成效②。

清前期荒政研究成果也较为丰富，邓海伦从清代高级官员奏折中涉及囤户的资料入手，分析了 18 世纪与赈灾有关的政治、法律等官方因素与地方民情的关系，以及治蝗期间官府对市场作用的认识③。晏路认为清王朝形成了一套完整的救荒机制，由仓储政策、灾情呈报、调查及赈济组成，产生于康熙朝，完善、定型于雍正朝，沿用至清晚期，对恢复和发展生产、稳定社会起过积极作用④。牛淑贞认为 18 世纪的中国政府在灾害较集中的地区多次大规模实施工赈救荒，以补充其他赈济方式的不足，满足更多待赈者的需求，使政府获得更多的经济收益，并能兼顾到抑制社会动乱、发展农业经济和培育民风等深层次目的⑤。杨振姣认为康雍乾时期的蠲免政策达到了中国古代蠲免发展的鼎盛阶段，缓和了国家、地主与农民在财富分配上的矛盾，对维护康乾时期的社会稳定起着重要作用；清代皇权政治的巩固和发展是蠲免政策实行的首要条件，蠲免政策是当时皇权政治深刻而真实的反映，也是维护皇权政治的工具和手段，两者相辅相成、互相促进，有力地维护着清王朝的统治⑥。徐建青对康乾时期江苏的普免、灾蠲、欠免数量做了定量分析，认为康乾两朝该省三项蠲免之和平均约占应纳赋税总额的 20%—30%，其中灾蠲约为 5%；康熙朝普免少、欠免多，清

---

① 张祥稳、余林媛：《乾隆朝灾赈类型考论》，《南京农业大学学报》（社会科学版）2012 年第 4 期，第 112—118 页。

② 吴晓玲、张杨：《论清代灾后赈济制度及其成效》，《南昌大学学报》（人文社会科学版）2010 年第 5 期，第 135—141 页。

③ 邓海伦：《囤户与饥荒——18 世纪高级官僚奏折中所反映囤户的角色》，复旦大学历史地理研究中心主编：《自然灾害与中国社会历史结构》，复旦大学出版社 2001 年版，第 211—233 页。

④ 晏路：《康熙、雍正及乾隆朝的蠲免》，《满族研究》1999 年第 1 期，第 46—51 页；晏路：《康熙、雍正、乾隆时期的赈灾》，《满族研究》1998 年第 3 期，第 49—54 页。

⑤ 牛淑贞：《试析 18 世纪中国实施工赈救荒的原因》，《内蒙古大学学报》（人文社会科学版）2005 年第 4 期，第 68—72 页。

⑥ 杨振姣：《蠲免政策与康雍乾时期社会稳定》，《安徽教育学院学报》2006 年第 1 期，第 16—19 页；杨振姣：《皇权政治与康雍乾时期蠲免政策》，《辽宁大学学报》（哲学社会科学版）2006 年第 2 期，第 81—84 页。

前期反之；江苏在三类蠲免中从欠免中受益最多①。王曙明对乾隆三年（1738 年）甘肃省宁夏府的大地震及灾情、赈济进行了论述，认为清前期的荒政具有承前启后、完善制度、高度重视、全力以赴、奖罚分明、廉洁官吏、协同互助、管理到位等特点，具备规章有制度、有组织、有成效，集历代成果之大成的特点，工赈、借贷的大力提倡和实施为荒政事业的发展创造了良好条件；乾隆时期荒政之成功仰仗于其财力的雄厚、吏治的清明和制度的不断完善，但清后期政治腐败、国力衰退，荒政事业走入低谷，民间义赈悄然兴起并发展壮大②。余新忠对乾隆二十一年（1756 年）发生于江南的大疫展开了多视角的系统研究，用详尽的史料近乎完整地回溯了历史场景，揭示大灾与大疫之间的关系，检讨传统国家和社会在医疗卫生事业中的作为，从而全面认识"盛世"和江南富庶的真实意涵③。

部分学者对清代灾赈史料进行了整理及研究。叶志如从军机处录副奏折中选出江浙、福建、河南及山陕等地米粮买卖转运情况的史料，说明乾隆时期灾害频仍，粮食问题突出，为保证粮食供给、抗御自然灾害，采取了禁止大米出口、酿酒、奸商囤积，鼓励外洋贩米来华、粮食流通买卖、开仓平籴、运丰补欠等措施，对稳定社会秩序、维护统治起到了一定作用④。叶志如辑录了乾隆二十六年（1761 年）前各地官员因灾请求蠲缓漕粮赋税的奏章⑤。郑小春对道光六年（1826 年）詹考祥的《灾赈刍言》进行了论述⑥。吕小鲜选拼了军机处录副奏折及上谕档纳谷捐监的史料，认为纳谷

---

① 徐建青：《清代康乾时期江苏省的蠲免》，《中国经济史研究》1990 年第 4 期，第 85—96 页。

② 王曙明：《试论乾隆三年宁夏府大地震的荒政实施》，《西安电子科技大学学报》（社会科学版）2007 年第 4 期，第 121—126 页。

③ 余新忠：《大疫探论：以乾隆丙子江南大疫为例》，《江海学刊》2005 年第 4 期，第 146—154 页。

④ 叶志如：《乾隆朝米粮买卖史料（上）》，《历史档案》1990 年第 3 期，第 23—30 页；叶志如：《乾隆朝米粮买卖史料（下）》，《历史档案》1990 年第 4 期，第 29—37、53 页。

⑤ 叶志如：《乾隆前期蠲缓漕赋史料选》，《历史档案》1986 年第 2 期，第 18—31 页。

⑥ 郑小春：《道光六年詹考祥著〈灾赈刍言〉》，《历史档案》2013 年第 2 期，第 86—94 页。

捐监的本意是增加国家粮食储备，以利赈灾平粜、抑制粮价，与乾隆帝为巩固统治而采取的系列经济措施密切相关，乾嘉时期很多府州县官出身捐监，但在一定程度上遭到地方官的抵制，从中可考察清代错综复杂的权力结构及清中期的政治状况①。

　　清前期灾害赈济频繁，弊端屡现，以贪污案件为多，尤以乾隆三十九年（1774 年）至乾隆四十六年（1781 年）陕甘总督勒尔谨与甘肃布政使王亶望等通省官员共谋作弊的甘肃冒赈案最为严重，全省众多官员侵冒、贪污白银 1500 余万两，被称为"清代第一大贪污案"，学界对此案的研究成果也比较多。卢经对始于乾隆三十九年（1774 年）四月、止于乾隆四十七年（1782 年）的甘肃捐监冒赈案的开始、处理及结果进行了分析，认为此案不仅是清前期吏治腐败的结果，也是清朝衰败的开始②。屈春海据中国第一历史档案馆珍藏的军机处上谕档及清前期朝朱批奏折中有关史料，编制了乾隆四十六年（1781 年）勒尔谨与王亶望利用捐监捏灾冒赈、共谋作弊、大肆侵贪的特大贪污案的相关表格，列举了官员名单、任所、职务、罪名、侵冒钱粮数目、惩处结果、家属处理结果等，并对案情、乾隆帝追查惩办的经过进行了论述③。姜洪源④、王雄军⑤分别从社会性质、历史传统、制度架构、政策失误四个方面对此案进行了分析。任德起对乾隆五十六年（1791 年）福建赈济仓粮亏空的情况进行了论述⑥。哈恩忠对乾隆五

　　① 吕小鲜：《乾隆三年至三十一年纳谷捐监史料（上）》，《历史档案》1991 年第 4 期，第 3—17 页；吕小鲜：《乾隆三年至三十一年纳谷捐监史料（下）》，《历史档案》1992 年第 1 期，第 12—27 页。

　　② 卢经：《乾隆朝甘肃捐监冒赈众贪案》，《历史档案》2001 年第 3 期，第 80—88 页。

　　③ 屈春海：《乾隆朝甘肃冒赈案惩处官员一览表》，《历史档案》1996 年第 2 期，第 74—78 页；屈春海：《乾隆帝严办甘肃贪污大案》，《档案》2003 年第 4 期，第 20—23 页。

　　④ 姜洪源：《乾隆四十六年"甘肃冒赈案"》，《档案》2000 年第 2 期，第 26—27 页；姜洪源：《甘肃冒赈案》，《政府法制》2004 年第 24 期，第 35 页；姜洪源：《"甘肃冒赈案"：清代第一大贪污案》，《档案春秋》2006 年第 1 期，第 40—42 页。

　　⑤ 王雄军：《从甘肃捐监冒赈案反思清朝乾隆时期的吏治腐败成因》，《巢湖学院学报》2004 年第 5 期，第 34—37 页。

　　⑥ 任德起：《乾隆朝福建仓库亏空案》，《审计理论与实践》2002 年第 5 期，第 52 页。

十一年（1786 年）湖北孝感久旱成灾，官府赈灾但灾民却无粮果腹，被迫抢粮而被富户活埋的情况进行了论述，认为这是乾隆末期社会矛盾尖锐、统治腐败的表现①。梁希哲通过剖析清前期的贪污大案和乾隆帝的法治思想及惩贪措施，指出贪官污吏的猖獗是清前期由盛转衰的一个重要原因，其恶性发展也是清王朝走向衰世的重要标志；乾隆帝为遏制贪风殚精竭虑却收效甚微，乾隆本人的奢侈挥霍是贪风屡禁不止的重要原因之一②。

此外，近年来的清代荒政论文，如朱凤祥对清代的灾蠲、赈济及其对财政收支的影响进行了论述③，王洪兵、张松梅以乾隆朝顺天府通州告赈案为案例，对清代京畿灾荒与秩序控制进行了研究④。王保宁对乾隆年间山东的灾荒与番薯引种、救灾效果等进行了梳理及研究⑤。田戈、吴松弟以《余姚捐赈事宜》为例，对中国古代地方社会捐赈进行了研究⑥。程方、马晓雪以山东为例，对清代的荒政措施及效果进行研究⑦。刘志刚认为灾荒是传统中国社会发展极其强大的驱动力，中国社会的政治、经济、思想文化、大众心理都是几千年以来人们在应对灾荒的过程中逐步形成与演变出来的，同时它们之间也相互作用、相互影响，一同构筑起传统中国的社会结构，因此，破解中国历史发展疑云的密钥之一正是"灾荒"⑧。上述成果，为进一步开展深入系统的清代荒政研究奠定了坚实的基

① 哈恩忠：《乾隆朝富户活埋抢粮农民案》，《紫禁城》2002 年第 1 期，第 20—22 页。

② 梁希哲：《乾隆朝贪污案与惩贪措施》，《吉林大学社会科学学报》1991 年第 4 期，第 67—75 页。

③ 朱凤祥：《略论清代的灾蠲、赈济对财政收支的影响》，《北方文物》2013 年第 3 期，第 89—92 页。

④ 王洪兵、张松梅：《清代京畿灾荒与秩序控制——以乾隆朝顺天府通州告赈案为例》，《齐鲁学刊》2011 年第 2 期，第 42—47 页。

⑤ 王保宁：《乾隆年间山东的灾荒与番薯引种——对番薯种植史的再讨论》，《中国农史》2013 年第 3 期，第 9—26 页。

⑥ 田戈、吴松弟：《中国古代地方社会捐赈——以〈余姚捐赈事宜〉为中心》，《江西社会科学》2012 年第 5 期，第 116—122 页。

⑦ 程方、马晓雪：《论清代的荒政举措——以山东省为例的考察》，《济南大学学报》（社会科学版）2012 年第 2 期，第 53—57 页。

⑧ 刘志刚：《历史中的灾荒与灾荒中的历史》，《中国图书评论》2011 年第 10 期，第 12—17 页。

础，也启迪了本书的思考及研究。

（四）清代荒政史料整理成果

在清代及其他朝代荒政的古籍史料整理中，很多学者已经做了积极有益的工作，为灾荒史的研究奠定了雄厚的史料基础，已经发挥了积极的作用。

第一，李文海、夏明方主编的荒政史料整理成果。其中最重要的是《中国荒政全书》和《中国荒政书集成》①，辑录了宋代至清末出版的各类荒政著作及荒政论文，为人们了解历史时期特别是清代重大灾难的实况及其对社会的影响提供了极为详尽的珍贵资料，如万维翰《荒政琐言》记载了乾隆前期的荒政状况，方观承《赈纪》记载了乾隆八年（1743 年）至乾隆九年（1744 年）直隶的救灾状况，展示了乾隆统治初年的救荒政策措施，吴元炜《赈略》和姚碧《荒政辑要》则是清前期荒政的汇编，汪志伊《荒政辑要》是整个乾隆时期救荒政策的汇总。此外，李文海等人编著的《近代中国灾荒纪年》，按编年体形式，对 1840—1919 年发生的各类重大灾荒史事进行了详细说明，资料翔实全面②。

第二，洪涝档案史料的整理成果。主要是对清代中国主要河流区的洪涝档案进行整理出版，有《清代海河滦河洪涝档案史料》《清代淮河流域洪涝档案史料》《清代珠江韩江洪涝档案史料》《清代长江流域西南国际河流洪涝档案史料》《清代黄河流域洪涝档案史料》③，以及河北省旱涝预报课题组编写的《海河流域历代自然灾害史料》④等。

第三，各类灾害的史料汇编。如张德二主编《中国三千年气象记录总集》是集大成的气象灾害史料集，收集了自甲骨文诞生以来到 1911 年三千年间的各种有关气象的文字记载，全书共四卷，依年序辑集，第一卷为远

---

① 北京古籍出版社在 2002—2004 年出版了第一、二辑，共 5 册近 300 万字，第三、四辑尚未出版。目前在原有第一、二辑的基础上，经过调整，并增加了清末至民国年间的荒政著作，辑为 12 册的荒政文献《中国荒政书集成》，于 2010 年由天津古籍出版社出版。

② 李文海等：《近代中国灾荒纪年》，湖南教育出版社 1990 年版。

③ 水利电力部水管司、科技司，水利水电科学研究院：《清代黄河流域洪涝档案史料》，中华书局 1993 年版。

④ 河北省旱涝预报课题组：《海河流域历代自然灾害史料》，气象出版社 1985 年版。

古至元代的气象记录，第二卷为明代气象记录，第三、四卷为清代气象记录（上、下），全书涵盖了我国历史上各地天气、气候状况、大气物理现象，以及与气象条件有关的病虫害、疫病、饥荒、赈济及其相关事件的记述，跨越时间长、覆盖地域广、内容齐全、考订认真，是一部具有较高学术水平的气象科学基础资料[1]。此外，还有张剑光的《三千年疫情》[2]、胡明思和骆承政主编的《中国历史大洪水》[3]、宋正海总主编的《中国古代重大自然灾害和异常年表总集》[4]、中国社会科学院历史研究所资料编纂组编的《中国历代自然灾害及历代盛世农业政策资料》[5]、张波等人编的《中国农业自然灾害史料集》[6]、陈振汉等人编的《清实录经济史资料（顺治—嘉庆朝）》农业编[7]等。

第四，区域灾害史料集。如朱焕尧的《江苏各县清代水旱灾表》[8]，四川文史馆编的《四川省历代灾异记》[9]，水利部长江水利委员会、重庆市文化局、重庆市博物馆编的《四川两千年洪灾史料汇编》[10]，贵州省图书馆编的《贵州历代自然灾害年表》[11]，湖南历史考古研究所编的《湖南

---

① 张德二主编：《中国三千年气象记录总集》，凤凰出版社、江苏教育出版社 2004年版。

② 张剑光：《三千年疫情》，江西高校出版社 1998 年版。

③ 胡明思、骆承政主编：《中国历史大洪水》上卷，中国书店 1989 年版；胡明思、骆承政主编：《中国历史大洪水》下卷，中国书店 1992 年版。

④ 宋正海总主编：《中国古代重大自然灾害和异常年表总集》，广东教育出版社 1992年版。

⑤ 中国社会科学院历史研究所资料编纂组：《中国历代自然灾害及历代盛世农业政策资料》，农业出版社 1988 年版。

⑥ 张波等：《中国农业自然灾害史料集》，陕西科学技术出版社 1994 年版。

⑦ 陈振汉等：《清实录经济史资料（顺治—嘉庆朝）》农业编，北京大学出版社 1989年版。

⑧ 朱焕尧：《江苏各县清代水旱灾表》，江苏省立国学图书馆：《江苏省立国学图书馆第七年刊》，1934 年版。

⑨ 《四川文史馆编成一部"四川省历代灾异记"》，《人民日报》1956 年 9 月 2 日，第7 版。

⑩ 水利部长江水利委员会、重庆市文化局、重庆市博物馆：《四川两千年洪灾史料汇编》，文物出版社 1993 年版。

⑪ 贵州省图书馆：《贵州历代自然灾害年表》，贵州人民出版社 1982 年版。

自然灾害年表》①，广东省文史研究馆编的《广东省自然灾害史料》②，
中央气象局研究所和华北东北十省（市、区）气象局、北京大学地球物
理系编的《华北、东北近五百年旱涝史料》③，广西壮族自治区第二图书
馆 1978 年编的《广西自然灾害史料》，广西壮族自治区气象台资料室
1979 年编的《广西壮族自治区近五百年气候历史资料》，《内蒙古历代
自然灾害史料》编辑组 1982 年编印的《内蒙古历代自然灾害史料》，湖
南省气象局气候资料室1982年编写的《湖南省气候灾害史料（公元前611
年至公元 1949 年）》、火恩杰和刘昌森主编的《上海地区自然灾害史料
汇编（公元 751—1949 年）》④，天津市档案馆编的《天津地区重大自然
灾害实录》⑤，山东省农业科学院情报资料室的《山东历代自然灾害志》⑥，
李登弟和朱凯的《史籍方志中关于陕西水、旱灾情的记述》⑦，张杰编的
《山西自然灾害史年表》⑧，山西省文史研究馆编印的《山西省近四百年
自然灾害分县统计》⑨，沧州地区行政公署农林局植物保护站于1985年编印
的《河北历代蝗灾志》，于德源编著的《北京历史灾荒灾害纪年：公元前
80 年—公元 1948 年》⑩，陈桥驿编的《浙江灾异简志》⑪等。

　　第五，地震灾害史料。中华人民共和国成立后，地震史料的整理及编
纂受到极大关注，成为中国灾害史料中内容及类型最为丰富者，主要有国

----

① 湖南历史考古研究所：《湖南自然灾害年表》，湖南人民出版社 1961 年版。

② 广东省文史研究馆：《广东省自然灾害史料》，广东科技出版社 1999 年版。

③ 中央气象局研究所、华北东北十省（市、区）气象局、北京大学地球物理系：《华
北、东北近五百年旱涝史料》，内部资料，1975 年版。

④ 火恩杰、刘昌森主编：《上海地区自然灾害史料汇编（公元 751—1949 年）》，地震
出版社 2002 年版。

⑤ 天津市档案馆：《天津地区重大自然灾害实录》，天津人民出版社 2005 年版。

⑥ 山东省农业科学院情报资料室：《山东历代自然灾害志》，1978—1980 年版。

⑦ 李登弟、朱凯：《史籍方志中关于陕西水、旱灾情的记述》《人文杂志》1982 年第
5 期，第 93—97 页。

⑧ 张杰：《山西自然灾害史年表》，山西地方志编纂委员会办公室 1988 年版。

⑨ 山西省文史研究馆：《山西省近四百年自然灾害分县统计》，1983 年版。

⑩ 于德源编著：《北京历史灾荒灾害纪年：公元前 80 年—公元 1948 年》，学苑出版社
2004 年版。

⑪ 陈桥驿：《浙江灾异简志》，浙江人民出版社 1991 年版。

家档案局明清档案馆编的《清代地震档案史料》[1]、顾功叙主编的《中国地震目录（公元前 1831—公元 1969 年）》[2]、李善邦主编的《中国地震目录》[3]、王嘉荫编著的《中国地质史料》[4]、中国科学院地震工作委员会历史组编辑的《中国地震资料年表》[5]、国家地震局震害防御司编的《中国历史强震目录（公元前 23 世纪—公元 1911 年）》[6]等。

第六，民国年间的学者整理的资料。这是中国灾荒史研究起步阶段的资料整理及研究成果。如陈高佣等人编的《中国历代天灾人祸表》[7]，将秦王朝以降至清代 2000 余年间的天灾人祸分为水灾、旱灾、内乱、外患等内容，用中西历对照，以年表形式予以记载，并附有各代灾祸统计图表 30 余幅。还有王龙章编著的《中国历代灾况与赈救政策》[8]、冯柳堂的《中国历代民食政策史》[9]等。

这些经过众多学者辛勤努力多年整理的资料成果，为后人的相关研究奠定了基础，提供了极大的便捷，不论后来的研究者如何看待和对待这些成果，但这些成果对研究者的助力是客观存在并且是毋庸置疑的。本书在资料的收集及写作过程中，应用到的很多资料，均受惠于这些成果的指引，很多查找不便的史料，多转引于这些成果。

（五）硕博学位论文对灾害及荒政的研究

近年来，区域灾荒尤其是边疆民族地区的灾荒问题受到了研究者的关注。很多灾害史问题成为各高校硕士、博士研究生学位论文的研究方向，

---

① 国家档案局明清档案馆：《清代地震档案史料》，中华书局 1959 年版。

② 顾功叙主编：《中国地震目录（公元前 1831—公元 1969 年）》，科学出版社 1983 年版。

③ 李善邦主编：《中国地震目录》，科学出版社 1960 年版。

④ 王嘉荫编著：《中国地质史料》，科学出版社 1963 年版。

⑤ 中国科学院地震工作委员会历史组：《中国地震资料年表》，科学出版社 1956 年版。

⑥ 国家地震局震害防御司：《中国历史强震目录（公元前 23 世纪—公元 1911 年）》，地震出版社 1995 年版。

⑦陈高佣等：《中国历代天灾人祸表》，上海书店 1986 年版。

⑧ 王龙章编著：《中国历代灾况与振济政策》，独立出版社 1942 年版。

⑨ 冯柳堂：《中国历代民食政策史》，商务印书馆 1934 年版。

并取得了丰富的成果。

复旦大学历史地理研究中心吴媛媛 2007 年的博士论文《明清时期徽州的灾害及其社会应对》，对徽州一府六县范围内明清以来的水灾、旱灾、火灾、虎患、蝗灾、虫灾、冷灾、风灾、雹灾和地震诸种灾害分别进行了数量统计，并对其表现形式、危害程度和社会应对措施等进行了分析，认为水、旱灾害对徽州地区的农业和社会影响最大，此外，她还探讨了明清灾荒时期的米价变动及徽州仓储体系的变迁、官私仓储的发展历程，认为徽州仓储的发展具有连续性、阶段性的特点，转折明显，重大事件及关键人物对仓储发展影响巨大，其中，地方政治对官仓的影响尤为明显，民间力量对仓储体系的发展影响也很明显。

东北师范大学于春英 2012 年的博士学位论文《清代东北地区水灾与社会应对研究（1644 年—1911 年）》从区域经济史和区域社会史的视角，探讨了有清一代东北地区水灾及其打击下的小农经济、灾民生活、社会冲突、政府与民间的救灾应对措施，探讨了水灾与区域经济、社会之间的互动关系，以及清代东北地区的水灾与其影响下的经济、社会。同时，他也分析了政府的荒政、民间救助等，力图揭示水灾影响下的东北政治、经济，以及社会生活的变化及其规律。

陕西师范大学王彩虹 2003 年的硕士学位论文《康雍乾时期河北地区的农业灾害与农民的经济生活》，对康雍乾三朝河北地区农业灾害的基本特征、灾害影响下的农民经济、农民的贫困化及其程度等进行了分析，认为康雍乾时期河北地区农业灾害暴发频繁，影响了农民正常的经济生活，加剧了农民贫困化的趋势。但由于政府政策的支持，使传统农民具有了一定的抗灾能力。陕西师范大学孙百亮 2004 年的硕士学位论文《清代山东地区的灾荒与人口变迁》，从灾害频发与饥荒的发生、人口增长与社会经济脆弱性的加剧、灾荒对经济社会及人口变迁的影响等方面进行了研究。陕西师范大学郭文娟 2005 年的硕士学位论文《清代地方官员捏灾冒赈的形式、特点与影响探究》，通过对清代地方官员捏灾冒赈的形式、特点与影响的探究，认为清代形成了完善的赈灾制度，地方官员的捏灾冒赈是在执行国家救济政策、实施赈济的过程中实现的，从清初到清末，捏灾冒赈问题日益严重，贪污比例越来越大，以致捏灾成风、冒赈成习，赈灾效果与政策初衷日益背离，这缘于捏灾冒赈具有的普遍性、集团性、隐蔽性等特点，相对于其他形式的贪污犯罪更不易防范，在清代相对完善的赈灾制度体系下，捏灾冒赈成为中国传统人治社会中政治行为缺乏规范化的必然产物，这是捏灾冒赈行为日益猖獗、危害日趋严重的制度根源。

河海大学尹万东 2006 年的硕士学位论文《中国古代赈济研究》，从古代灾荒、荒政与赈济及其措施、赈济的评价出发，对当今灾害救助的启示方面进行了研究。福建师范大学华桂玲 2007 年的硕士学位论文《清代蠲恤则例研究》，对清代蠲恤则例中的灾情勘察、奏报时限、救灾、赈饥、缓征、蠲赋、蠲恤特殊人群、平粜与借贷，以及蠲恤则例的社会意义和局限性进行了研究。她认为清代的蠲恤则例是几千年封建社会救济贫困阶层相关法规的集大成者，在清前期的经济恢复和发展中起了重要作用，是"康乾盛世"得以开创的重要法制基础，其实施状况与清代的国力成正比，但蠲恤则例的规定与实施存在脱节，有些条例名实不符，官吏的贪污腐败使蠲恤则例在实施过程中恤民的效果大打折扣。

内蒙古大学尚振山 2006 年的硕士学位论文《乾隆二十六年山东黄河运河水灾及其救治》，以乾隆二十六年（1761 年）发生于山东的黄河、运河水灾为论题，研究了水灾原因、概况、危害、对灾民的救济，以及对黄河、运河的治理等问题，探讨了面临灾荒时官府、民间的应对能力，以及乾隆帝的用人、行政，对历史上对黄河、运河治理的弊端，尤其是治黄、治运的关系进行了探讨。云南师范大学田千来 2006 年的硕士学位论文《清康雍乾时期云南自然灾害及其应对机制》，从清康雍乾时期云南发生的自然灾害情况及对灾害的分析、灾害的自然和人为原因、应对灾害的机制及赈灾取得的实效等方面，对清朝康雍乾时期云南的自然灾害状况及其原因和预灾防灾机制进行了研究。兰州大学权琦 2006 年的硕士学位论文《明清时期定西自然灾害研究》，对明清时期定西的灾害状况、灾害产生的自然和人为原因、改善环境及预防救助灾害的措施等进行了论述。西北师范大学姚延玲 2009 年的硕士学位论文《清代道咸同光时期的灾荒与救助——以山西省为例》、内蒙古大学刘洪洋 2010 年的硕士学位论文《嘉道时期皖北地区灾荒研究》、陕西师范大学张银娜 2011 年的硕士学位论文《光绪"丁戊奇荒"与地方政府应对——以陕西

渭北诸县为例》、西藏民族学院米婷 2012 年的硕士学位论文《清代西藏
蠲恤政策研究》等，也是近年来区域灾荒史研究中一些较为新颖的学术
成果。

从目前的研究态势来看，研究区域荒政的成果虽然很多，但仔细分析
后就会发现，除灾害较集中或有重大自然灾害的黄河流域、淮河流域、长
江流域区外，很多地区尤其是边疆民族地区的灾荒研究较少或没有成果问
世。同时，很多成果在理论及方法上还存在进一步拓展及提高的必要，这
与清代灾荒次数的频繁及分布区域的广泛、各地赈济存在的共性及差异等
历史事实极不协调，清代区域灾荒史的研究亟须拓展及深入。

但在梳理清代尤其是清前期灾荒及荒政的学术状况时，笔者对灾荒史
研究的蓬勃生机甚为欣慰。对本书研究具有借鉴及参考价值的论著还有很
多，其他时代的灾荒史、社会保障史、救济史、社会史、制度史、环境
史、历史地理学等方面的论著，其思路或结构、论点都能为本书的写作提
供有益的借鉴，限于主题及篇幅，此不赘述。挂一漏万亦在所难免，祈贤
哲指正。

总之，中国灾荒史研究在史料整理及研究、荒政制度、区域灾害史、
灾赈实践等领域硕果累累[①]。但随着研究的推进及现实价值的凸显，近几
年来灾害史研究似乎陷入了瓶颈，大多数研究都是就灾害说灾害，集中
在灾害个案及赈济史实梳理的层域，主要对灾害背景（原因）及影响、
官民救灾及其机制和措施、思想、灾后重建进行论述，或在断代、区
域、特别案例的探讨中，对具体路径及方法等问题修修补补，研究思路
及叙事框架在无意识中形成了固有的路径及模式，重要创新及突破成果
不多，理论及跨学科视域的创新性研究也极为不够。因此，笔者提出了
灾害史研究必须打破对固有路径的依赖及思维惯性，从文化层域重新审
视历史灾害的思考[②]。

---

① 详见 2010 年后发表的各朝代、各区域的灾害史、灾荒史研究综述、述评及回顾等，
限于篇幅，此处不再一一赘引。

② 周琼：《灾害史研究的文化转向》，《史学集刊》2021 年第 2 期，第 4—10 页。

三、目前研究的不足及本书的研究目标

（一）目前清代荒政史研究存在的不足

与20世纪八九十年代相比，灾荒史研究已经取得喜人的成绩，不论是研究的领域，还是研究的深度，都往前推进了一大步，灾荒史已经成为史学研究中的重要领域，受到了众多学者的关注，其研究成果的现实借鉴意义也日益深广地显示了出来。与此相应，灾荒史研究的学者群体、团队也已形成，众多专著、论文所营造的学术氛围让学界侧目。各研究者及研究机构整理的灾荒及赈济史料，尤其是档案史料的整理，也为灾荒史的研究提供了坚实的基础。纵观清代灾荒史研究的成果，其研究主要集中在荒政制度的发展变迁及其弊端、灾荒情况及其社会影响、某类灾种的危害及应当等方面，在区域灾荒史的研究上也显示出了极大的潜力，但也存在一些有待于深入、拓展及改善之处。其不足之处主要表现在以下七个方面：

第一，灾荒统计数据及标准不一致，新的、能够得到的一致认同的计量标准尚不多见。此前，很多研究者已经做了不同标准和途径的统计，但因统计方法不一，导致各朝代的灾荒数据在不同学者的论著中各不相同。概言之，主要有三种灾情计量统计标准：

（1）按"次"来统计的方法，我们将其称作"灾次"统计法。这种方法主要以邓拓《中国救荒史》为代表，"凡见于记载的各种灾害，不论其灾情的轻重及灾区的广狭，也不论是期是否在同一行政区，只要是在一年中所发生的，都作为一次计算"，竺可桢、陈高佣等学者也采用了这个方法。这对了解灾荒的大致情况及对研究结论、观点的形成有一定的参考作用，但灾荒的具体状况及规模、程度等情况，都不能客观反映出来，故受到后来者的质疑。最典型的要数著名的清代荒政史研究学者李向军，他说："显然，按这一标准来统计灾况是不够准确的。……以次统计，不能更具体、准确和直观地反映灾况。"[1]这使得一些模糊笼统的记载未能进入灾荒次数的统计范围，"史籍中笼统记载几省或一省大水、大旱而未能指名

---

[1] 李向军：《清代荒政研究》第二章"清代灾荒概述"，中国农业出版社1995年版，第14页。

几府、几州县者，笼统言及地震、风雪、蝗蝻而未有具体成灾状况描述或指明已成灾者，一般未加收录。清代规定失收五分以下为不成灾，或仅云歉收，表中亦不做灾况计入。某处之饥馑，虽绝大多数是由灾荒引起的，若未明言具体原因，也不做灾况处理"①。当然，这种以灾次计量灾荒情况的方法，虽存在诸多不足，但在灾荒史研究的早期阶段，其在研究方法上的开拓之功，对后来者产生了积极的参考和资鉴作用。然而，在灾荒的具体情况、灾情程度、灾荒范围等方面，这种计量方法的粗略及模糊性是显而易见的。

（2）以受灾州县数为标准的统计方法，我们可以将其称作"灾情行政区划"统计法，或"灾情区域"统计法。鉴于第一种方法的不准确，很多学者创造了一套计量灾荒数据的标准，较早使用的学者是夏越炯，其《浙江省宋至清时期旱涝灾害的研究》②以研究时期内每次旱涝灾害的平均县数作为全省旱涝的标准；袁林《陕西历史旱灾发生规律研究》以灾区大小为基本依据，按百分制对各灾区进行适当评分，以分数确定等级，灾情倚重者适当加等③。

在清代荒政史研究中，以受灾区域多少为计量标准进行灾情统计的较典型的学者是李向军。他在大量史料的基础上，将灾荒分为水、旱、雹、虫、霜雪、地震、疾疫等八个灾种，以受灾州县数为单位，编制了"清代诸省区灾况年表"来统计清代灾荒的情况。这种对灾荒规模及灾情的量化方法，是以灾区范围的大小及区域单位的多少为基本评判标准的，在某种程度上是"灾次"法的延伸，但灾次的计量方法更精确、更形象一些。因此，这种以受灾州县数量为统计标准的计量方法，在一定程度上也具有很大的参照价值，为后来很多研究者所沿用，清代灾荒史的研究论著多用州县数进行灾况统计。张祥稳博士论文《清代乾隆时期自然灾害与荒政研

---

① 李向军：《清代荒政研究》第二章"清代灾荒概述"，中国农业出版社 1995 年版，第 15 页。

② 夏越炯：《浙江省宋至清时期旱涝灾害的研究》，中国地理学会历史地理专业委员会《历史地理》编辑委员会：《历史地理》创刊号，上海人民出版社 1981 年版，第 140—147 页。

③ 袁林：《陕西历史旱灾发生规律研究》，《灾害学》1993 年第 4 期，第 26—31 页。

究》的很多涉及灾荒次数统计的数据及表格多用"州县（厅）"为计量标准："无论是对自然灾害发生的情况进行统计，还是对荒政落实过程中有关空间范围的统计，均以州县厅次为单位。"

但以行政区划为标准统计出来的数据，也不是准确而全面的灾荒数据。从严格的学术意义及灾荒的实际层面上看，这些数据反映的只是受灾州县的数量。但各个州县受灾的具体程度，即灾害等级也不一定是相同的，各县受灾范围的大小、受灾田地及人口的数量也不可能相同，故受灾区划统计法依然是一种模糊的、不完善的统计方法，不可能准确而全面、系统地反映清代灾荒的具体情况。因此，与"灾次"计量法类似的是，州县区域计量的数据也只是在一定程度及层面上有意义，即在考察受灾区域的层面有参考及参照价值。

由于中国史料记载具有偏重文字叙述而忽略数据的统计及记录的特点，即便个别时代、个别方面有数据记载，但极不全面，或记载数据模棱两可、极其模糊；受记录者了解灾情的渠道及对灾情了解程度的影响，有很多灾荒未能进入记载或计量的范围，记录下来的灾荒不可能是历史灾荒的全貌；受统计者主观影响的制约，要得到准确而全面的灾荒数据，就存在着极大的困难，使得统计数据在一定程度上失真，结论难免受到质疑。

（3）以受灾人口数为标准的统计方法，我们可以将其称作"人口量化"统计法，又被其他学者称为程度量化法[1]。与以上两种划分法相比，这种方法得出的数据更为精细，较易对灾情的状况进行估量，是相对合理并得到大部分学者认同的统计方法，以马宗晋及夏明方为代表。马宗晋在1988年提出了以受灾人口及直接经济损失为标准的划分方法，以死亡10万人、直接经济损失100亿元以上为巨灾；死亡1万—10万人、直接经济损失10亿—100亿元为大灾，以此类推，分为巨、大、中、小、微五个等级[2]。

这种等级划分方法能够让读者对灾荒程度有较为清晰的把握及了解，有较大的学术价值及借鉴作用。但因为史料记载者没有这种学术意识，也

---

① 张建民、宋俭：《灾害历史学·灾害历史资料及其整理》，湖南人民出版社1998年版，第94—96页。
② 马宗晋主编：《自然灾害与减灾600？》，地震出版社1990年版，第7页。

不可能对死亡人口数及相应的经济损失进行量化记载。并且从历次灾荒赈济的档案资料来看，受灾人口的统计多为极贫、次贫的人口数及需要赈济的人口数，虽然这些数据可以在一定程度上反映灾情的严重程度及具体状况，但很多不进入赈济等级的灾荒及人口数就得不到统计，很多不享受赈济的灾害等级及人口虽然也在遭受不同程度的影响，却无法被作为灾荒看待。因此，以受灾人口作为标准研究中国古代的灾荒，存在较大的难度，可行性也不大。

当然，这种方法一般适用于有大量数据记载的近现代灾荒史的研究，在计量史学兴起以后，很多史料的记载者都认识到了数据对历史研究的重要性，加之政府主持并参与了社会、经济、民生等方面的调查及统计工作，留下了丰富的资料，使得近现代史料中的数据相对详细，为这种方法的应用奠定了基础。夏明方《民国时期自然灾害与乡村社会》一书就用这种方法，在具体研究中做了较好的灾害计量尝试，该书共附了五个统计表，表Ⅰ沿用了州县数的计量标准，统计了 1912—1948 年各省历年受灾县数，表Ⅱ—表Ⅲ则用了马宗晋的死亡人口数为统计标准，即将 1840—1949 年各省受灾人口十万人为一次巨灾、死亡人口数达万人为一次"重大灾害"的标准来进行统计，表Ⅳ则在统计标准上做了一次创新，即把 1840—1949 灾荒中出现人吃人的惨象作为灾荒程度极为严重的标准来统计，让人们在了解灾荒程度的时候，也了解到各地重灾的具体情况。这种方法将近代灾荒史研究中的灾荒计量向前推进了一大步，这无疑是目前较易接受的方法。

尽管不同的学者使用了不同的计量标准来研究历史时期的灾荒，一些跨学科的研究方法在不同层面上也为不同的研究者所使用，其研究思路及方法取得了较好的创新性突破①。但是，无论是哪种计量方法，都有学者对

---

① 其最具代表性的是陈业新：《历史时期水旱灾害资料等级量化方法述论——以〈中国近五百年旱涝分布图集〉为例》，《上海交通大学学报》（哲学社会科学版）2020 年第 1 期，第 107—115、128 页；陈业新：《历史时期荒政成效评估的思考与探索——以明代凤阳府的官赈为例》，《学术界》2018 年第 7 期，第 173—184 页；陈业新：《1960 年代以来有关水旱灾害史料等级化工作进展及其述评》，《社会科学动态》2017 年第 2 期，第 37—57 页；陈业新：《清代皖北地区洪涝灾害初步研究——兼及历史洪涝灾害等级划分的问题》，《中国历史地理论丛》2009 年第 2 辑，第 14—29 页。

其数据的准确性，以及在地区和时段上的通用性而提出怀疑和质疑，也有学者力图用新的方法和标准取代。然而，由于受到中国史料记载的特点，以及研究者思考视角的限制的影响等原因，至今没有出现一种新的、能够全面准确反映灾情实际状况的统计方法。

第二，灾荒区域及时段研究的不均衡。目前清代灾荒史研究的区域，多集中在水旱灾荒、蝗灾等严重或多发的黄河、淮河、海河流域及长江中下游地区，台风、海潮多发的台湾、广西、广东、福建等地区，以及雹灾、霜冻、地震、水旱灾害多发的内蒙古、甘肃、云南等边疆民族地区。这些地区的研究成果也显示出厚薄不均的状况，其余一些灾害记载少或是灾害强度不大的地区，如东北、西藏、新疆等地区灾荒的研究成果较少。

此外，对清代灾害时段的研究也不均匀，早在20世纪80年代，李文海先生就创立了近代灾荒史学的研究，近代灾荒史的研究成果及其理论深度、学术质量都达到了国内外较高的水平，但对于清代前期如顺治、康熙、雍正、乾隆朝的灾荒史研究就显得较少。

第三，灾荒种类研究及区域灾种研究的不均匀。在灾荒史研究中，学界关注的重点大多集中在频发的水、旱、蝗、地震、疫等灾害的研究上，对雪灾、风灾、霜灾、海啸等灾害的研究成果较少，或是某个地区某类较突出的灾害受到关注才得到了广泛研究，但其他中小灾害或邻近区域的同类灾害没有受到关注的情况也较为普遍。

第四，对赈济类型研究的力量悬殊较大。中国古代的灾荒赈济，主要有由政府组织进行的官赈及民间力量组织进行的民间赈济两大类，其中，官赈是赈济的主流及主要力量，在赈济人员、物资等方面占有极大的优势，其成效极为显著，有关记载较多，研究者也多，其成果也较为丰富。

但在一些官赈力量不能涉及的地区，或因种种原因未能进入官赈等级，但需要赈济才能度过荒年的地区；一些灾情虽重但官吏因考虑自己升职或收入而隐瞒不报的地区，或勘定灾情等级时官吏舞弊或情况不明，在灾害等级判定上发生错漏，使一些原本可以到赈济的六分、五分灾标准的地区错判为五分或四分，因而得不到政府的任何赈济；或是受灾程度不均匀，达不到赈济的标准，大部分民众生活可以无虞，但少部分民众却生活无着落而需继续赈济，灾民的生活及社会生产因之受到了极大影响，对因以上各种原因造成的赈济"盲区"，民间赈济就发挥了重要作用。这些地区的大部分灾民，几乎都是依赖民间赈济才得以渡过难关。在上述各类地区，民间赈济的方式、措施及其成效各有不同，但学界的研究成果却寥寥无几，研究力量极为薄弱。因此，民间赈济的研究亟须深入和拓展。

第五，研究成果专著少、论文多。大多数灾荒史研究者曾认为，灾荒史研究早期的成果多是对灾荒资料进行整理，与之相关的专著较少。20 世纪八九十年代，出现了几部专著，但与灾荒史的实际状况及影响相比，数量依然很少，且大部分研究成果是针对一个具体问题进行探讨的论文，很多论文虽然在理论上进行了深入的阐发、在研究方法上进行了拓展，但研究结论，以及研究方法、理论等离准确而全面地把握清代灾荒史的主线和全貌还有很大距离，尚不能全面、深刻地反映和揭示清代灾荒、荒政的脉络及其社会影响。

第六，灾荒及赈济的特点较少有学者进行专门研究。对清代灾荒，以及官府或民间对灾荒进行赈济的特点、存在的不足等方面，尚未有学者进行专门的研究。此外，对赈济的机构及物资的来源调拨、人员组成等荒政中关键的问题，由于史料及当时行政设置的局限，而鲜有学者进行专门的探讨。

当然，对赈济立法的研究也显得极为不足，很多学者尚未从法制史视角对其进行研究，也未探究过清代的赈济法规对后代立法的借鉴作用。学术研究是个艰苦细致的工作，任重道远，往往旧的领域不能穷尽或完成使命之时，新领域会随着社会的发展及需求而出现，这既是学术研究的使命和价值之所在，也是学术研究具有生命力的重要原因。灾荒史研究也是如此。

第七，灾荒史研究模式渐渐固化，即大多数灾荒史学者集中关注的主要着眼点，都在不同区域、时段的灾害原因、灾害损失的具体情况、灾赈措施落实及其物资调运、灾赈社会影响，或者是单一制度建设、灾后恢复重建等层面上，很多成果的"套路"极为一致，从题目就能清楚地凸显其内容及思路，使灾害史逐渐陷入固定模式的藩篱中。

因此，灾害史尤其是清代灾荒史研究，亟需路径、范式的突破及创新。我们需要从宏观、整体的视域出发，把灾荒放在一个时代的整体发展脉络中，看到灾荒的社会属性、国家属性及其在国家治理层面的宏观维度，通过对灾赈机制的探讨去透视历史时期的社会、政治乃至传统政治合法性、正统性获取的深层意蕴，无疑是灾害史研究实现模式及路径创新的一个值得实践的微观层域。

（二）研究目标

清前期的灾荒及其具体状况是首先要面对的问题。如不进行量化统计及分析，很难让人在短期内一目了然地了解灾荒概况。而要反映灾荒的状况，统计数据无疑是最有说服力的证据，"灾次多少、规模大小、灾情轻重是评估一个地区一定时期内灾害的三个指标"[①]。如何计量灾荒，也就成为笔者长期以来考虑的问题。

笔者一直希望有一套较全面、客观的计量标准反映灾荒情况，或是以不同的标准和方法来计量不同的灾种或地区的灾荒数据。张建民、宋俭在《灾害历史学》中提出的"综合量化法"应该是理论上量化灾荒的较好办法，"研究单次灾害也好，一个地区的灾害也好，仅从一个方面着眼显然是不够的……一个能够完整反映灾害等级的量化指标应该是综合性的"[②]。显然，这个办法在理论上是较为可行的，但在实际操作中，也面临一个难题，即灾次的量化是一个难以准确、全面的指标。无论用何种统计方法和标准，都会受限于史料记载的不完整、数据不全面、灾情及状况记载模糊等限制，如对一次严重灾情的记录，很多史籍仅以"大水""大旱"等模糊性很强而不能区分出程度的词语进行记载，或是某府、某州的灾情也只是以"旱""水"等文字方式记载，甚至很多灾区没有史料记载。即便有记载的地区，各地史料也多寡不一，更因为各地官员或相关记录者观察和记录灾荒的侧重点不一样，即对灾荒的目击范围及了解程度的不同，以及不同人员对灾情的评判标准不一致，这些主观因素的影响会使灾情程度相同或损失情况类似的灾荒，在我们面前呈现千差万别的灾况。这使历史时

---

① 张建民、宋俭：《灾害历史学》第二章"灾害历史资料及其整理"，湖南人民出版社1998年版，第98页。

② 张建民、宋俭：《灾害历史学》第二章"灾害历史资料及其整理"，湖南人民出版社1998年版，第98—99页。

期灾荒面貌的准确性、完整性受到极大限制，最后得出来的，依然是一些只能对自己的论据和结论有参考作用，而不能广泛运用且被普遍认同和接受的数据。

在统计中，还会受到如灾荒持续时间长短不同，灾荒类型相同但受灾区域不同，或受灾区域相同但灾荒类型不一，或是灾荒虽然遍及数百州县但各地灾情程度不相同等诸多因素的困扰，即便勉强使用一些标新立异的方法做出数据统计，其全面性、准确性也不能让自己信服。

此外，研究者个人的主观因素，即对史料的理解、判断及价值取向等，都对灾荒的量化起着非常重要的影响。因此，量化结论的真实可靠性及客观性无法得到保障，更别说得到学界的一致认可了。同时，对数据进行统计分析，需要交叉学科的知识，以自己单纯社会科学的学术背景，以及在灾荒史研究领域的粗浅学力和对灾荒史量化的简单思考，要在灾荒史研究中找到一个在研究途径上公认的量化范式，得出一个符合或接近灾荒实况、大家都能够接受和认同的数据，不仅非常困难，在短期内也不容易做到。

但客观、准确地反映清前期的灾荒赈济状况，总结出较为切合实际而又实用的历史经验，却是本书需要解决的主要问题。因此，如何反映清前期的灾荒、赈济状况，成为长期以来悬疑难决而又回避不了的难题。在辗转思考中，笔者悟到一个灾荒研究者们都已经熟悉却在不经意间忽视了的关键点，即历史研究的一个重要任务是对历史准确性及客观性的揭示和把握，对现实的资鉴作用是其最为重要的目的。2007—2008 年春节期间发生在中国南方大部分省区的低温冰雪冷冻灾害，2008 年 5 月 12 日四川汶川大地震，2010 年舟曲的泥石流灾害等，均使人们的生命、财产蒙受了巨大损失，社会生活也受到了严重影响，客观上也强调了灾荒史研究的实际价值。在客观史实及理论研究的基础上，总结赈济政策及实践的经验教训，对当今的救灾及灾后重建工作发挥积极有益的借鉴作用，成了本书研究的现实意义及目的。历史时期的任何一个事件或现象，都有一定的时空背景，不可能是孤立地发生和存在的，其发生和存在既有偶然性，也有必然性。历史研究者也就不能只从单一和孤立的视角看待历史问题，应当关注与之相关的其他历史现象，这些现象在很多情况下往往是该事件发生或变化的重要诱因。把所研究的问题放入一个较长的历史时段进行分析，得出的结论才有可能更客观、更准确。

因此，要对清前期重大自然灾害进行统计、分析等层面的研究，应根据传统史料记事的方式对各种资料进行分析，以灾荒程度及灾区大小等作为综合衡量的原则①，借鉴其他学者的研究方法，充分考虑史料以文字叙述为主的特点，依据史料对灾荒规模大小、灾情轻重的记载，参考当时灾情分数划分的标准，综合灾害等级（灾荒程度）、受灾州县数（灾区范围）、受灾人口数、死亡人口数等几项标准，将其放到不同的灾荒中综合考察，采用叙事史学的研究方法，在对清前期灾荒进行等级划分的基础上，分析和描述灾荒的具体状况，尽可能客观地呈现清前期灾荒的全貌。在此基础上再深入研究清前期灾赈制度、措施、执行情况，探究物资调拨、人员分派、中央及地方政府的职能发挥等情况，剥析出赈济中的重大贪污案件和其他赈济弊端，总结其经验教训。

在进行灾赈机制研究时，也不能只是针对灾荒主题进行单一性的研究，应当有全局的、长远的眼光和视角，具备纵向和横向的视野，将清前期灾荒和赈济放入清代乃至中国历史长时段的发展脉络中来看待和分析，兼顾清前期甚至清代以前的历史时期的灾荒赈济情况，并以全局的视野对各地灾荒进行比较研究，在梳理清前期灾荒具体情况的基础上，将灾荒赈济与清前期区域经济的特点、政府职能的发挥、吏治、交通状况、社会文化、民众心理等因素联系起来综合考察，探究清前期大规模赈济所具备的重要基础，以及赈济在统治基础稳固中的必要性、可行性，为更深入研究清前期灾赈内容奠定基础。

随后，再从制度史的视角，在档案、实录及典章制度史料的基础上，对清前期官方及民间的赈济制度、政策、措施的制定和发展、社会效应等进行系统深入的梳理和研究，对赈济成效、赈济弊端、重大赈济贪污案件等进行剖析，对灾赈机制中的报灾、勘灾、审户、以工代赈、借贷、民间赈济、勘不成灾等问题进行系统研究；在对各类史料进行综合及分析的基

---

① 张建民、宋俭：《灾害历史学》第二章"灾害历史资料及其整理"，湖南人民出版社 1998 年版，第 100 页。

础上，据赈济时间及人群的不同，将赈济类型划分为正赈、展赈、抽赈、补赈、散赈五个程序，提出正赈又包括了摘赈、普赈（急赈、先赈）、续赈、加赈、大赈等程序的观点，对各类赈济方式进行释名或考证，并总结清前期救灾机制建立的历程、经验及教训，探究清前期灾赈成败的社会效应等，为现当代灾害救助、防震减灾抗灾工作，尤其是防灾减灾救灾体系的构建，提供切实的历史经验教训的资鉴。

更重要的是，目前国际国内新清史研究中的争议，已经从学术层面转到了意识形态领域，一些学者从思想、文化及清代政治统治治理等层面对此进行了很好的正面回应[①]。但清代统治者如何合理地、光明正大地认同并接受中国传统社会国家治理措施并通过其实践顺利获取民心，即通过获取底层民众认可进而获取了统治的合法性，辅以其他思想文化措施及政治积极制度的推行获取了正统性的问题，一直少有学者讨论。

四、研究思路及创新

（一）研究思路

从 1644 年定鼎中原至辛亥革命推翻清朝统治，清王朝的政治、经济、文化等统治模式所反映出来的、传统评价意义上的综合国力，经历了发展、繁荣、衰落到崩溃的历程。在一定程度上成为综合国力在公共社会领域及民众群体中的重要表现体的清代荒政，也经历了发展、繁荣及衰落、转型的过程。

清代的荒政措施及规章制度，是在历代荒政的基础上，经过顺治、康熙、雍正三代的恢复和发展，至乾隆朝得到了进一步的巩固与完善而趋于定型，各项制度及措施发展到了最完备的程度，清代荒政进入了繁荣时期，成为清王朝乃至中国历史时期荒政的集大成者，发展到了最为完备的

[①] 杨念群：《"天命"如何转移：清朝"大一统"观再诠释》，《清华大学学报》（哲学社会科学版）2020 年第 6 期，第 21—46 页；杨念群：《清朝"正统性"再认识——超越"汉化论""内亚论"的新视角》，《清史研究》2020 年第 4 期，第 1—42 页；杨念群：《清朝统治的合法性、"大一统"与全球化以及政治能力》，《中华读书报》2011 年 9 月 21 日，第 13 版。

程度。但历史发展的经验往往证实着历史唯物主义的客观性及正确性，即任何历史事物的发展常常是盛极而衰的，清王朝的荒政在乾隆中后期达到顶盛阶段时也孕育着衰落的危机，赈济积弊均在清前期的多次赈济活动及后果中表现了出来，赈济案件涉及的官员人数、经费数额、舞弊行为等都大大超过了以往朝代。

随着国力的衰退及各项制度的弊坏，嘉道以后，清代荒政逐渐走向了衰落，尤其是道光以后，国力进一步衰败，资金及财力的匮乏、吏治的败坏日趋突出，中国的国际地位也迅速下降，随着国际力量的介入，长期以来占主导地位的官赈日趋没落，在中国各历史时期都存在，但处于辅助地位及弱势力量的民间赈济力量开始壮大，义赈逐渐在清末灾荒中发挥了主要的赈济作用，尽管义赈在发展中也滋生了各种弊端，浸染到官赈的腐败行为，但在近代灾荒赈济中，尤其是在政府力量薄弱的地区或政府瘫痪的时候，义赈还是发挥了积极而重要的作用。

因此，本书旨在探讨清前期重大自然灾害的具体情况、时空分布、社会影响及灾情特点。真实、客观地反映清前期重大自然灾害的全貌及其特点，展现灾赈制度建设的必要性。在全面了解重大自然灾害的基础上，对清前期的赈灾制度、政策及具体措施、赈济成效、社会影响等方面进行深入细致的研究。对清前期灾赈制度的建立（恢复）、发展及逐渐完善到衰落的过程进行梳理和论述，探究并研究赈济的具体过程、步骤的梳理和措施的实施情况；初步梳理清代的赈济机构和人员组成，以及赈灾物资的来源等；关注清前期重要而典形的灾赈制度及措施发生的变化及其特点，探究变化的深层原因。研究灾赈结果包括赈济产生的社会后果及影响、赈济弊端，分析弊端产生的政治、经济及社会原因，总结清前期灾赈机制的经验教训等，透视清前期政治统治合法性获取的途径，以及清前期统治集团继承并运用中国传统统治中的集体智慧，通过灾赈救济及制度建设，解决了其最头痛的统治合法性问题，就成为本书的主要任务。

乾隆朝以后官赈力量开始减弱，民间赈济的比例及作用逐渐增强的迹象及趋势，尽管原因众多，历史内相错综复杂，但官赈弊端日重、吏治日趋腐败，经济逐渐衰落，以及中国传统专制体制无法避免的循环逻辑，最终导致了清代完备的灾赈机制的衰落。尤其是嘉道后人地矛盾的加剧，人口聚居区农业垦殖的深入，高产农作物传入后，山区半山区的农业及矿冶业开发，生态环境逐步恶化。加上明清小冰期的影响，各地自然灾害出现日益增多、灾情影响后果日益加重的趋势。清政府在财力、物力等方面已无力完成灾后的赈济及重建，赈济官员执行不力、中饱私囊、敷衍了事甚至是鱼肉灾民的情况比比皆是，加重了政治统治的危机。同时，此期国际局势逐渐发生了迥异于传统中国统治时期的重大变化，工业革命后西方社会经济迅速发展，在完成了资本的原始积累后，对外扩张掠夺土地及资源、建立霸权成为各列强的主要目的，帝国主义势力逐渐强化，中国成了列强的主要争夺及瓜分目标，外患日重。

多重原因交织在一起，促使了官赈作用及地位的降低，而民间赈济力量则逐渐加强，主要表现在士绅在区域社会中政治、经济地位的上升及其在地方事务中的影响力日益增强，其影响力随着民间赈济跨地域的实施而逐渐跨越了其生活的地区，民间资本在此过程中逐渐积累，同时，由于外来宗教及其救灾团队的介入，官赈的作用和影响更加江河日下。

对清前期赈济的特点及弊端的关注及研究，探究清王朝运营机制崩溃的原因，是本书的重要目的之一。乾隆中后期以后，荒政日趋弊坏，赈济中的贪污案件较多，本书选取当时几次重大的赈济案件为切入点，分析清前期荒政中的弊端类型及其原因、特点，以及这些弊端对嘉道以后的荒政乃至对清王朝统治造成的消极影响。因此，探索赈济在不同层面上产生的影响很有必要，无论是官方的赈济，还是民间的赈济，都对社会产生了不同的影响，既有积极的方面，也有消极的方面。从积极的方面来说，其对社会政治、经济的稳定及社会制度继续有序地发展有极为重要的意义。但由于官赈弊端的存在，削弱了统治基础，促使非政府赈济力量兴起，地方士绅的社会影响增强，削弱了官府在民众中的影响力。

总之，本书计划梳理清前期灾赈机制的建立、完善及具体措施、成效、赈济款项的来源、赈济机构及人员的组成等内容，分析清前期灾赈弊端和赈济案件，总结其成败经验，既有学术创新价值，又能资鉴于当下。

（二）研究体会和研究方法

史学界一般认为，清代是中国历史上灾荒最多的朝代。对此应客观地看待。不能简单地说其他朝代灾荒不多，这与当时的记载及史料记载者的选择、相关史料的留存有密切关系。清代之所以灾荒的数量较大，与史籍的丰富及记载的完备有关，记载各类灾荒的史籍大多保存至今；也与清代邮传通信体系及奏折呈报制度的发展有密切关系，更与清代专制统治的深入有关，各地发生的不同类型的灾荒能迅速、及时地通过各级官员呈报到朝廷。更重要的是，清代生态环境恶化的速度和程度都超过了以往的历史时期，由此导致的各种环境灾害日益频繁，从而使清代成为中国历史上灾荒最多的朝代。但与此同时，清代的政治、经济、文化也发展到了较高程度，为灾后的及时赈济提供了前提条件，在借鉴历朝赈济经验教训的基础上，清代荒政才发展成中国历史上荒政之集大成者，才被公认为中国传统荒政中最完备者。不可否认的是，其制度及措施也由此成了中国古代荒政之最烦琐者。

在梳理清代灾荒及荒政史料的初期，我们对灾荒次数的频繁、受灾区域的广大、灾情程度的差异及其详细情况有了深刻体会和感性认识，从文献尤其是典章制度的记载及官员的奏章中，确实觉得清代对灾荒的赈济，无论是制度还是具体措施，都达到了历史以来最完备的程度，尤其在一些区域性的政治、经济中心更是如此，这也是魏丕信根据方观承《赈纪》和乾隆八年（1743 年）至乾隆九年（1744 年）直隶旱灾期间的具体救灾实践，得出了"中国政府在自然灾害期间为维持人民生产和生活所发挥的巨大作用"等观点的原因。

随着对史料了解的深入，我们才发现这只是一个粗略的看法。这个观点应当是分时间及区域来说的，并非清帝国所有地区、所有时段的赈济都是如此。因此，魏丕信的看法和结论在时间和空间上缺乏历史研究所要求的准确性；同时，不能仅仅只是依据一些官员及民众对"皇恩"的称颂及赈济的制度规定，就断言官僚政府的管理才能和实际运作是高效的，因为制度层面的内容，与实际执行的方式和执行的力度、效果之间，还存在极大的差距。这就使得清代荒政的研究有了更为广阔的空间，有了众多亟待完成的选题。

有鉴于此，本书计划采用多学科的研究方法，广泛梳理清前期灾荒及荒政的有关文献，从档案、实录、奏折、方志、文集等史料中搜集相关资料，在前人研究的基础上对资料进行分析、整理和归类，形成自己的观点。

（1）根据史料记载的特点，综合目前灾荒研究的分类方法，采用叙事史学的方法，在对清前期灾荒进行分类研究的基础上，再现各地重大自然灾害的具体情况，在分析灾荒后果及社会影响、赈济情况及社会影响的基础上，凸显清前期传统灾赈机制恢复重建并完善法制的内在动因。

（2）系统深入地分析清前期赈济制度建设、完善的过程及其主要内容，展现一个个既相似又不同的实践案例，探析其中的弊端及其社会影响，分析灾赈腐败案件产生的深刻根源及对清王朝统治造成的不可逆转的恶劣后果，提出清王朝通过灾赈建立起统治合法性，也通过灾赈腐败及制度逐渐衰落，埋下了统治危机的祸根，最终又因为灾民变乱引发了更深刻的社会危机，完成了其因灾而兴、亦因灾而亡的历史宿命结局的观点。

（3）总结清前期即中国传统盛世时期的赈济经验及教训，更好地发挥历史研究的资鉴作用，尤其发掘出官赈的法制内涵，为目前国家的社会救济、慈善立法提供积极有益的资鉴。更重要的是，为当前国家致力于的防灾减灾救灾体系建设，提供历史经验的支撑。

（4）对灾荒等级的划分问题，不同意学界大多学者用"次"这样模糊、不考虑灾荒延续时间及范围的方式来统计灾荒，试图用灾害持续时间、范围、后果等因素，进行灾害的分等。因此，据灾情分数、受灾区域、受灾时间、受灾人口数及灾害损失情况等因素，将灾荒划分为巨灾、重灾、大灾、常灾、轻灾、微灾六个等级。如乾隆朝发生了三次巨灾、五次重灾、十四次（年）大灾、二十四次（年）常灾、三次（年）轻灾。并据此确定了清前期不同等级的重大自然灾害，对灾害的详细情况进行梳理及分析，作为灾赈机制建立及实施的基础背景。

（三）研究意义

清代的赈济制度及措施，经历了从前期的粗疏、恢复，到中期的定型、完善，再到末期的从僵化逐渐走向衰落的历程。其制度及措施最完备、执行效果最好的时段，与清王朝政治、经济、军事、文化等逐渐发展到鼎盛、持续时间最长的阶段相一致。此前的顺治、康熙、雍正时期是赈济制度的恢复及确立、赈济经验的逐渐积累和改进的时期，这与清王朝国

力的逐渐发展及走向强盛的趋势也相一致；嘉道以降，荒政逐渐衰微，赈
济从完善逐渐走向烦琐和僵化，也与清王朝历史盛极而衰的发展历程相符
合；咸同以后，在清王朝国力及国际地位的衰退中，官方赈济的主导作用
和优势地位逐渐降低，最终随清王朝的衰败而走向没落。

　　清代对灾荒的赈济，无论是制度、措施、效果或特点、规律，都可以
从清前期的灾荒赈济中得到体现。中国古代灾赈的经验和教训也可以从清
前期灾赈找到例证或影子，故清前期的荒政机制具有承上启下的性质。本
书在对清王朝灾荒情况、赈济制度的发展过程进行梳理的基础上，全面展
现清前期重大灾荒的具体情况，以及赈济制度的主要内容和具体的赈济行
为，对赈济程序及其具体措施、人员调派、官方及民间赈济盛衰的原因、
赈济款项的来源及其使用调拨、赈济效果和弊端进行深入研究，选择性地
对官方赈济中出现的一些重大案件进行深入分析，进而探究嘉道后官赈逐
渐衰落、民间赈济加强的原因，揭示清王朝的灾荒赈济由盛转衰的根本原
因，总结其经验教训，全面呈现清前期灾赈机制发展演变的原因及过程、
结果，推进清代灾赈制度史研究的进程。

　　盛极转衰的清前期灾荒赈济的成败得失，固然受到各种因素的制约，
但很多因素在今天的灾荒及其救济中依然以不同的形式及面目存在，我们
可以借鉴清前期灾赈的经验教训，在现实工作中趋利避害，为国家及地方
政府的抗灾减灾工作，以及环境决策提供切实有效的例证，发挥历史的资
鉴作用，"对当18世纪的各种有利条件消失之后，那些由雍正和乾隆皇帝所
创造的国家救荒制度所发生的变化及其运作进行更恰当的评价……18 世纪
所创造的那些制度和程序当然已不再起有同以往一样的作用，但它们并没
有被忘记，它们仍可利用。实际上，直到今天，在保护国民免受或减少自
然灾害侵袭的活动中，它们仍代表着一种有效的政府行为模式———一种值
得认真研究的模式"[1]，这就赋予了清前期灾荒赈济的研究以极强的现实意
义，正如习近平总书记所说："加强自然灾害防治关系国计民生，要建立高
效科学的自然灾害防治体系，提高全社会自然灾害防治能力，为保护人民

---

　　[1]［法］魏丕信：《十八世纪中国的官僚制度与荒政·前言》，徐建青译，江苏人民出
版社2006 年版，第6 页。

群众生命财产安全和国家安全提供有力保障。"①

　　清前期大量灾荒及赈济的论述,为国家现行政策法规的制定提供借鉴和参考。2008 年初发生在中国南方省区罕见的雨雪冰冻天气,造成了 1000 多亿元人民币的巨额经济损失;2008 年 5 月 12 日,四川汶川大地震,死亡、失踪人数达十余万人,虽然抗灾救灾工作取得了较大成绩,但在灾荒开始时部分地区显示出了准备不足和应对措施迟缓、失当的现象,充分表明了历史时期的灾荒应对措施及其经验必将在现实生活及政策导向中发挥极其重要的资鉴作用。

　　因此,多层面深入地研究清前期的灾赈机制,对现行防灾、抗灾、救灾等工作的开展,对救济法规、政策、措施的制定,对灾害袭来时的资金调配、人员调派,以及应急机制建设与完善、灾害中及时对灾民的实施救济及安抚等措施的执行和实施,建立全国性乃至国际性的防灾减灾救灾体系,实现"以防为主、防抗救相结合,坚持常态减灾和非常态救灾相统一,努力实现从注重灾后救助向注重灾前预防转变,从应对单一灾种向综合减灾转变,从减少灾害损失向减轻灾害风险转变,全面提高全社会抵御自然灾害的综合防范能力。提高防灾减灾救灾能力,必须构建统筹应对各灾种、有效覆盖防灾减灾救灾各环节、全方位、全过程、多层次的自然灾害防治体系"②等目标,都具有极其重要的现实借鉴意义。

---

　　① 习近平:《大力提高我国自然灾害防治能力　全面启动川藏铁路规划建设　李克强王沪宁韩正出席》,《人民日报》2018 年 10 月 11 日,第 1 版。
　　② 郑国光:《深入学习贯彻习近平总书记防灾减灾救灾重要论述　全面提高我国自然灾害防治能力》,《旗帜》2020 年第 5 期,第 14—16 页。

第　一　章

清前期重大自然灾害及其特点

　　中国古代大部分统治者往往比较注重灾异所预示的警戒意义，史家也因此极为重视对历次灾异的记载，中国是世界上修史传统最悠久，史籍内容最丰富、保存最完整的国家之一，各种自然灾害在史籍中都有不同程度的记载。故灾荒成为史籍中记载较多、较详细的非正常事件，这是导致国内外一些学者认为中国是"灾荒的国度"和"历史上自然灾害发生频率和强度居世界首位"的重要原因。

　　史籍保存数量至今者，清代为历代之最，灾荒记载也相对全面、详细，故很多研究者认为清代是中国历史上灾荒最多的朝代。一些学者也认为乾隆朝是清代灾荒最多的朝代，这有一定的合理性。乾隆朝灾荒次数确实比较多，灾情种类也较多，但这是清代统治时间最长的朝代之一，六十年间的灾荒次数当然较多。经过顺康雍时期九十余年的开发垦殖，乾隆时期的开拓、垦殖较为频繁，各种生态灾害频繁暴发，很多时候自然灾害往往与环境灾害同时、交替发生，人与自然关系严重失调，各类灾害带给当时人最强烈的心理震撼，加重了其灾害印象，也加重了研究者的印象。从总的发展趋势及理论上来说，这种因自然环境破坏导致的灾荒具有累积性效应，即越往后灾荒次数越频繁、强度越大，但也会因人口数量及开发程度的变化而发生改变，同一地区在不同时期，灾荒的强度也会发生变化。此外，清朝奏折制度经雍正时期的发展及完善，乾隆时更为成熟，国家纲纪严明，政治清平，各地官员大多对当地各类灾害能够及时准确地奏报，相关档案及史料中保存下来的灾荒案例也就较多；乾隆朝官修及私修的史志都极为发达，不仅国家主持纂修各种大型丛书、类书，其间大量征用各地方志的行为，激励了各地方志纂修工作的蓬勃展开，使大部分灾荒在方志中得到了详细记载。这是乾隆朝成为清代灾荒最多印象的原因。

但灾害的发生及其暴发频率的高低，与自然环境、人为作用及人们对灾情的评价体系或认定标准，有着极为重要的关系，"灾害的发生是一个复杂的过程，一种灾害与其环境之间、各种灾害之间都存在相互联系和相互作用……灾害的成灾因素难以预测，其发生具有很强的随机性"[1]。同时，自然生态环境与社会经济系统之间的互动关系也对灾荒的产生及其程度、后果产生重要影响，"自然灾害的发生过程及其不利影响的方式与程度总是与所在地区的自然、社会经济系统的响应方式有密切关系"[2]。

第一节　清前期的自然、社会环境与重大灾害[3]

灾荒是多重原因综合作用的结果，自然环境及其变迁是最为重要的原因，"灾害特别是自然灾害的发生是自然界物质能量运动过程中的非正常或者说是变异性质的突发现象"[4]，清代灾荒的发生与中国及当时自然环境的结构及其变迁有密切关系。清代的中国幅员辽阔，地形复杂多样，形成了多种温度带和多样的干湿地区，各地气候千差万别，复杂多样，季风气候显著，农作物和动植物资源十分丰富，不过这种独特的地理及气候因素也

---

① 张建民、宋俭：《灾害历史学·绪论》，湖南人民出版社 1998 年版，第 10 页。

② 胡鞍钢等：《中国自然灾害与经济发展》，湖北科学技术出版社 1997 年版，第 1 页。

③ 此部分内容参考众多学者在自然地理和历史地理等方面的研究成果，如邹逸麟编著：《中国历史地理概述》，上海教育出版社 2007 年版；任美锷主编：《中国自然地理纲要》第三版，商务印书馆 1992 年版；张全明、张翼之：《中国历史地理论纲》，华中师范大学出版社 1995 年版；张全明：《中国历史地理学导论》，华中师范大学出版社 2006 年版；春长：《环境变迁》，科学出版社 1998 年版；周立三主编：《中国农业地理》，科学出版社 2000 年版；吴传钧主编：《中国经济地理》，科学出版社 1998 年版；张研：《清代自然环境研究》，《史苑》2005 年第 8 期等。

④ 张建民、宋俭：《灾害历史学·绪论》，湖南人民出版社 1998 年版，第 10 页。

带来了不利的影响，常发生灾害性天气，如夏季风带来洪涝、台风灾害，冬季风往往带来旱灾和寒冻。

一、地理环境与灾荒

清代是当时世界上屈指可数的本土疆域面积最广大的帝国之一，乾隆朝是清代疆域最大的时期。据《乾隆内府舆图》（又名《乾隆十三排图》《乾隆皇舆全图》）、乾隆二十年（1755年）刊行的《皇清和直省份图·天下总舆图》、乾隆三十二年（1767年）印行的黄正孙《大清万年一统天下全图》及乾隆三十二年（1767年）后印行的朱锡龄《大清万年一统全图》，清代疆域东至库页岛，东南至台湾，北至北冰洋，南至海南岛及西沙群岛、南沙群岛，西至波罗的海、地中海及红海，西南抵印度洋，这就是这幅中国历史上疆域最明确、最完整的国家地图[①]反映的疆域。

境内地形结构复杂，山脉和河流众多。山脉走向各不相同，在昆仑山以北地区的山脉主要呈北西西或北东东走向，以南的青藏高原北面的山脉呈北西西转为南东东的走向，青藏高原南面的山脉呈北西西转向北东东走向。东部山脉的走向与主要呈东西向与北东向或北北东向的相交，间或有北西向的山脉。东部地区呈东西走向的山脉是地理上的重要分界线，如燕山隔开了东北平原与华北平原，阴山成为内蒙古高原的南缘，秦岭则是黄河与长江的分水岭、南岭是长江与珠江的分水岭，习惯上所称的东北、华北、华中、华南就依次是以燕山、秦岭、南岭作为分界线的。但东部山脉大多呈北东或北北东的走向，分布地域最广，沿此构造方向在地质上形成一系列的坳陷带与隆起带。表现在地貌上，前者多为盆地和平原；后者多为高原和山地。自西而东看，呈现出坳陷带与隆起带交替分布的状态。

这些细微的地理及地貌分布上的差别，使中国在气候尤其是区域气候及降雨量的分布上或生物分布上出现了众多差别，即便是在同一纬度或是同一阶梯位置上，气候和灾荒种类及其分布也会呈现出巨大的差异，这就是不同山脉之间的盆地、不同的坳陷带与隆起带之间在不同历史时期、不

---

① 郭成康等：《康乾盛世历史报告·康乾盛世的疆域与边疆民族》，中国言实出版社2002年版，第225页。

同地区及同一地区的灾荒情况千差万别的原因之一。

如果仅是地形和地貌，还不足以完全构成完整意义上的地理内容。在山川盆地中，还有一条条奔流不息的江河。中国河流从流向上可分为两类，即内流水系和外流水系，西北内陆地区的河流多属内流水系，其余广大地区的河流几乎全为外流水系。较大的内流河流依靠冰雪融水补给，水量较大，通常从峡谷穿过两个或两个以上的盆地，当它们流经盆地时，河道分汊，在注入湖泊之处，造就了一些小型三角洲，就成为农业的中心地区，其农业的发展几乎完全倚仗自然条件，也因此常常成为水旱或风沙、霜冻、雪灾等自然灾害的发生地。

经过历史时期的开发，水土流失日趋剧烈，河水泥沙含量的增加不断抬升河床河道，河道时常淤塞壅堵，各江河的蓄洪、泄洪能力逐渐降低，洪涝灾害更容易在河流区发生。尤其黄河多次溃决，南泛入淮、会淮入海及夺淮入海后，依旧多次泛滥，携带的大量泥沙淤高了淮河河床，淮河河道及水系由此发生了极大变迁，淮河亦经常泛滥成灾，在"时雨愆期"之时，黄、淮流域区常常发生旱、涝灾害，在旱涝灾害之后，又常常遭受蝗灾、疾疫的侵袭。

除河流以外，中国西北内陆地区还有面积广大的沙漠与戈壁滩，这里气候干燥。由于沙漠周缘分散的沙丘或沙丘链常常沿着强风方向进行短距离的移动，尤其是沙漠戈壁中的细小物质如粉沙与黏土能够随风力飘扬进行长距离搬运，它们堆积下来后就形成了黄土，即所谓的风成黄土。黄土沟谷发育后，流水能够对其起到强烈的侵蚀作用。因此，自农业兴起以后，由于不合理的利用土地，破坏了原先的植被与土壤，造成了流水对黄土的加速侵蚀，大量的水土流失现象便发生，并且随着人类开发历史的演进及生态环境破坏力度的加大，其破坏速度及程度日益惊人，水旱、霜冻、蝗灾、风沙等自然灾害常常在这些地区发生。

中国位于世界两大地震带——环太平洋地震带与欧亚地震带之间，这两大地震带分别从中国东南和西南地区通过，均属板块间的地震带，故受太平洋板块、印度洋板块和菲律宾海板块的挤压，地震断裂带发育十分成熟，地震活动频率很高；但中国大部分地区属板内地震，其活动特点是散布面积广、发生频次高、最大震级也高。

由于各地地质结构的不同及差异，在内外力的作用下，在广大的山区、半山区，常常发生诸如崩塌、滑坡、泥石流、水土流失等地质灾害，尤其是暴雨引起山洪暴发而导致的规模巨大的泥石流，更是古人无法预料及预防的，对灾害发生地往往是灭顶之灾，其造成的损失及其对人们心理造成的恐惧也比地震灾害或虫灾、风灾、潮灾等自然灾害严重得多，很多泥石流灾害，被古人认为是一种人们无法预料及控制的具有神力的动物——蛟龙带来的。因此，各地山洪暴发、地下水外涌、泥石流及滑坡等地质灾害，常常被认为是"发蛟"。最初的泥石流多为地质性的，但随着人类对自然破坏力度的加大，人文因素造成和导致的"蛟灾"也越来越多、越来越严重。

二、气候与灾荒

气候是影响人类生存发展的一个重要的自然条件。从人类发展史来看，不同时期、不同地域、不同文明的进步与衰落，无不与当时的气候状况相关联，从而导致了区域性发展的差异。在古代社会，气候对农业生产的影响尤其显著。

区域气候主要取决于地理位置和地理环境。中国疆域辽阔，横跨了寒、温、热三个气候带，与海洋的距离远近差距较大，加之地势高低不同，地形类型及山脉走向多样，因而气温、降水的组合多种多样，形成了多种多样的气候。气候类型的复杂多样，形成多种多样的温度带和干湿地区。

从南至北，清朝统治区域横跨赤道带、热带、亚热带、暖温带、中温带、寒温带六个温度带，国土位于世界最大的大陆即欧亚大陆的东部，东濒世界最大的海洋太平洋，气候受大陆、大洋的影响非常显著。从气候类型上看，东部属季风气候（分为亚热带季风气候、温带季风气候和热带季风气候），西北部属温带大陆性气候，青藏高原属高寒气候，冬季盛行从大陆吹向海洋的偏北风，夏季盛行从海洋吹向陆地的偏南风。每年9月到次年4月，干寒的冬季风从高纬度的内陆即西伯利亚和蒙古高原吹来，由北向南势力逐渐减弱，形成寒冷干燥、南北温差很大的气候状况，在冬季风的影响下，中国大部分地区冬季普遍降水少、气温低，北方更为突出，南热北冷，南北温差超过了 50℃；每年的 4—9 月是夏季风影响的时间，暖湿的夏季风从东部的太平洋和西南面的印度洋吹来，气候温暖、湿润，在其影响下，降水普遍增多，形成高温多雨、南北温差很小的气候状况。因此形成了夏季高温多雨、冬季寒冷少雨、高温期与多雨期一致的季风气候特征。但西北部远离海洋，为欧亚大陆的腹地，大陆性气候特点显著。由于中国受冬、夏季风交替影响的地区广，成为世界上季风最典型、季风气候最显著的地区，和同纬度的其他国家和地区相比，中国冬季气温偏低，而夏季气温又偏高，气温年较差大，降水主要集中于夏季。

这就使中国降水的季节变化特征较为显著，即各地降水量季节分配十分不均匀，大多数地方降水量集中在 5—10 月份，此期降水量一般占全年的 80%。就南北不同地区来看，南方雨季开始早而结束晚，北方雨季开始晚而结束早。降水量的这种时间变化特征与因季风锋面移动产生的雨带推移现象密切相关。在夏季风正常活动的年份，每年四五月份，北上暖湿的夏季风气流推进到南岭及其以南的地区，与南下的冷空气在南岭一带相遇，雨带在此徘徊，广东、广西等在今天被称为华南的地区进入雨季，降水量增多；6 月份，夏季风推进到长江中下游地区，雨带随季风锋面推移到长江流域，秦岭—淮河以南的广大地区进入雨季，雨带在长江中下游地区大约徘徊一个月左右，造成阴雨连绵的梅雨天气；七八月份，夏季风推进到秦岭—淮河以北地区，雨带随锋面推进到华北、东北等地，北方降水量显著增加；9 月份，北方冷空气势力增强，暖湿的夏季风在它的推动下向南后退，雨带随季风锋面迅速撤回到长江以南，北方雨季结束，由于台风的作用，华南地区雨水仍然很多；10 月份，夏季风从中国大陆上退出，南方的雨季也随之结束。如果夏季风活动不正常，雨带移动不均，常常会导致干旱及水灾的发生，在季风锋面停留时间长的地区发生水灾，其余地区就发生旱灾。

此外，中国气候还受到北半球西风带的影响，主雨季最早出现在华南地区中部，最晚结束于华西地区，持续时间不等，雨量占年总降水的 30%—60%。主雨季在中国东部为季风雨季，自南向北推进；在西部受到西风带影响，北方略早于南方，且局地性强，中国的雨季具有明显的区域性和阶段性特征，灾荒的地域性及阶段性特征亦因之较强。

清王朝幅员广大、地形复杂，各地的气候类型复杂多样，但由于绝大部分的国土尤其是主要农业区均位于 20°—50° 的中纬度地带，属于温带、暖温带及亚热带气候区，夏季高温期与多雨期一致，为传统农业经济的发展提供了有利条件，但西南青藏高原、蒙古高原北部地区是不利于农业生产发展的高寒气候区。

同时，中国阶梯状的地形、起伏多变的地貌及其东临太平洋、西南与印度洋相望的地理位置，东南部大部分地区为热带、亚热带季风气候，决定了降雨量分布区域的不同。大致说来，降水量从东南向西北逐渐减少，各地年平均降水量差异很大，东南沿海可达 1500 毫米以上，西北内陆却不到200毫米。因此，自东北的大兴安岭经张家口、榆林、兰州至昌都一线，成了典型的湿润和半湿润地区的分界线，即大兴安岭—阴山—贺兰山—巴颜喀拉山—冈底斯山一线成为季风区和非季风区的分界线，此线以西的地区，夏季风很难到达，降水量很少，常常发生旱灾。

季风活动的影响及各区域地形的特殊性和复杂性，形成了类型丰富的降水区域，决定了区域降水量的差异性及特殊性，使中国的降水在时间及空间分布上极不均衡，降水量的季节变化和年际变化率较大是中国降水的特点之一。总的说来，降水的季节分配特征是南方雨季开始早、结束晚、雨季长，集中在5—10月；北方雨季开始晚、结束早、雨季短，集中在7—8 月，大部分地区夏秋多雨、冬春少雨，在我国北部及东北部，夏季风强的年份，降水较多，但长江及淮河流域，无论夏季风太强或太弱都不可能有大量降水，因为夏季风太强，它与北方南下的冷空气交锋的前沿（锋面）很快会移到北方，除台风带来的降水外，一般少雨，形成南旱北涝；夏季风太弱，也不会有大量降水，这是旱涝灾害发生的主要原因。由于各地降水集中的时间及程度不一，以及季风气候的不稳定性，使季风控制区年降水量的年际变化很大，尤其是少雨区的年际变化较大；沿海地区年际变化较小，内陆地区年际变化较大，内陆盆地年际变化最大。这就决定了水旱灾害发生区域的不同。

因此，地形的复杂、气候类型的多样，决定了中国气候灾害较多即灾害性天气频繁多发的特点，这是大陆性、季风性气候的不稳定性造成的。季风气候区降水年内分配极不平均，年际变化还很大，最大与最小的年降水量差别可达几倍之多。温度的年际变化也很大，冬季风势力强，大部分地区都受其威胁，冬季温度较其他同纬度地区要低，这些因素使中国的洪涝、干旱、低温、冻害、台风等自然灾害的频率高。全国近 80%乃至更多的自然灾害都与气候有关，对以农业生产为经济基础的清帝国构成了极大威胁。

此外，由于地形及气候带的复杂，决定了灾害类型的复杂性和多样性。这是因为降雨带的不同及因地形的影响，不同区域或同一区域但不同地形的地区，降雨量多寡也有极大的差异，从而使降雨量在大的降雨带下又呈现出小区域的复杂性特点，使一些原本该有充沛雨水的地区反而时常有大小不等的干旱现象出现，另一些地区却因降雨量太大而常常出现涝灾。或是同一地区因降雨量年际或年内分布不均匀，在相应时间就分别出现旱灾或涝灾，在排洪及蓄水功能尚不十分完善的古代社会，就酿成灾荒，造成巨大损失，甚至成为农民起义、战争或王朝更迭的导火线。或是造成生物种类及其分布区域、区域经济类型及其分布地带的改变，生物物种分布区域南移及经济类型在长历史时段的改变，在中国历史上已经上演了多次。比如在降雨空间分布的第二类地区，应当是常常发生水灾的，但在一些特殊年份，尤其是气候寒冷的时候，也发生了很多次规模罕见的旱灾。

历史气候的变迁，往往形成了灾荒的时空差异特点。在宇宙天体的运行变化及地球自身历史的发展演变中，在海陆、纬度、地形等内力和外力等各种因素导致的时空差异中，不同时期及区域的气候均处于不断的变迁中，这就是气候的时空差异性。与气候密切联系的自然灾害也就因此具有了时空的差异性特点。自有人类以来，气候发生的多次冷暖交替变化，是洪涝等自然灾害次数及强弱次数变动极大的重要原因。明清时期，中国进入了小冰期即方志时期（约 15 至 19 世纪中叶），自然灾害尤其是旱灾相对比以往年份为多，更因为奏折呈报、驿递制度的完善及地方志纂修的发达，各种灾害得到了相对全面的记录，清代灾害次数也相对较多。但自康熙至嘉庆年间则是小冰期中相对温暖的时期，气候的这种小幅度变化，使旱灾次数有所减少，但其他灾害却出现增加的情况。如很多地区尤其是南方省区的降雨量突然异常增加，常常造成巨大的水灾；在一些内陆地区，因为长期干旱，植物生长速度缓慢且抵抗力弱，蝗虫得以出现，而蝗虫幼虫在高温下发育强大之后，往往造成大规模的蝗灾①，或是间或出现水灾的情况。这是使部分学者得出了乾隆朝灾害为清代最多之结论的原因之一。

历史气候的变化最突出和明显的就是对降水造成了极大影响，极端的天气现象如北方的干旱、南方的洪涝等气候灾害增多，有的地方在气候变暖的情况下，或发生干旱，或发生突发性大量降水，短期的降水量在全年降水量中所占比例偏小或偏大，北方的海河、滦河、淮河、黄河等内陆河流区域干旱少雨，而南方地区又发生洪涝灾害，常常出现南方涝灾、北方旱灾同时暴发的现象，对中国乃至世界的政治、经济、军事、文化等的发展产生了强烈影响②。清代，寒冷的气候依然继续，旱灾依然是内陆地区主要的自然灾害，但这一时期的冰雹灾害及雪灾也比以往历史时期要多、灾害程度也要严重得多，但由于寒冷中出现了康乾嘉道这个相对温暖的时期，蝗灾及水灾也在此期交替出现，这就使得清代的灾害种类繁多，几乎

---

① 蝗灾的成因与气候因素有密切关系。飞蝗的卵和螟的幼虫多隐藏在地下和稻根深处，其发育生长都有赖于温度的增高。蝗虫可分为夏蝗和秋蝗，夏蝗要过冬，而秋蝗则是夏蝗产卵后在秋天孵化而成的，并不会在土中过冬，如上半年冬季严寒，蝗卵及其幼虫就会被冰雪摧残无法成虫，但如果冬天气候较暖，蝗卵和幼蝗都能在土中孵化和发育成虫；雨量过多也会使夏蝗的卵大部分被雨水冲杀，破坏虫卵，无法孵化成虫，蝗灾不易发生。反之，若夏季酷热，雨量减少，长期干旱，蝗螟幼虫处于高温之下，发育迅速，蝗灾发生的可能性就极大，灾害就更加剧烈；若连年旷旱，气候干燥，那蝗灾就会蔓延继起，灾情更加严重，受灾区域也会因之扩大。如果在蝗灾发生期间有风的话，飞蝗及其他有翅膀的害虫常常依靠风力来传播，就会加速蝗灾蔓延的速度及范围。邓云特：《中国救荒史》，商务印书馆 2011年，第 63—64 页。

② 如春秋战国时期（前 770—前 221 年）是小气候的最适期，稻谷这种华南主要作物能够在今山东、河南、河北等地区种植；东汉末期，气候又变得恶劣，公元 184 年的饥荒引发了黄巾起义，最终造成了大汉帝国的崩溃，王莽篡位的时期是中国第一次向较冷气候转变的时期，当寒冷与干旱引起大面积的饥荒时，王莽的新政还是未能阻止大规模农民起义的爆发；公元 3 世纪末期，气候变得极端寒冷和干燥，晋朝统治中心区发生了严重旱灾：281—290 年持续干旱，至晋怀帝永嘉三年（309 年）达到灾难的顶峰，长江、江汉、黄河等河流干涸，人们可以徒步涉过，大面积的旱灾引起了大量饥民的死亡，出现了人吃人的惨象，西晋王朝被饥荒和暴动削弱，被北方草原民族推翻。至 17 世纪初期即明朝末年，小冰期气候使华中地区又冷又干，明朝的最后两位皇帝即天启和崇祯统治期间，气候极其恶劣，在 40 多年的时间里（1601—1644 年）就出现了两次"八年大旱"，河南在整整三年的时间里几乎未下过一滴雨，旱灾成为明末农民大起义的导火线之一。

历史上出现过的灾害在清代不同时期、不同地区都出现过，灾荒的程度及影响也就严重得多，在应对频繁灾荒的过程中，荒政的应对制度及措施也日趋完善。

三、人类生存环境的变迁与灾荒区域的延伸

灾荒的发生及其周期性特点，主要是行星及地球自身运动变化、气候及其异常变化等原因导致。自然原因是灾害的主要因素，人为原因导致的生态变迁及其破坏也是诱发、加重灾害尤其是区域性重大灾害的重要原因，"自然条件虽为构成灾荒的原因之一，但并不是终极的唯一的原因。地理环境和气候变迁，固然随时随地有招致灾害的可能，但最后所以能够造成严重的灾害，甚至达到极其严重的境地，实与社会内部条件有极大的关系"[①]。

人类社会的生存及发展活动打破了自然界的平衡，使自然承受灾害和灾后自我恢复的脆弱性特点逐步加强，导致其自然发展及演变规律的无序和混乱，从小区域向更大范围和区域蔓延、扩展，从而使一些地区因自然运动及天体运行而导致的有一定规律和周期的灾害现象失序和失度，加重了灾害的强度，加大了灾害的影响范围，进而对人类的生存及发展构成了极大的威胁。更重要的是，随着人口数量的增加及科学技术的进步，灾害在不同历史阶段、不同区域所具有的累积性效应逐渐增加，对社会的潜在性威胁也在日益扩大。这样的例子在人类历史发展的长河中比比皆是，在中国丰富的史籍中更能够找到无数实例。

人为因素导致的环境变迁、破坏及其带来的灾害，与自然因素导致的灾害类型有很大的相似性，但人为因素导致的灾害频率随着生态环境破坏速度的增加而加快，灾害强度也随之加大，如异常的水旱灾害、泥石流、地震、冰雹等。如在对森林的利用和开发中，由于开发的无计划及无节制，使得大部分地区的森林遭到了极为严重的破坏，不仅丧失了森林的水土涵养能力，也丧失了森林对地表的保护，区域性的水旱灾害及其连带发生的虫灾、水土流失、土壤退化乃至发生大面积的沙化和盐碱化、泥石流等人为灾害就极为严重，其危害程度比自然灾害严重得多，持续时间也就

---

① 邓云特：《中国救荒史》，商务印书馆 2011 年版，第 71 页。

更长。如黄土高原的出现、西北地区隋唐以后大面积的沙漠及其沙化范围的扩展、内地山区半山区出现了不同程度的水土流失等。相关研究表明，森林覆盖率在远古时期曾达到50%以上，几千年来中国地表植被的分布也发生了很大变化，西北地区温带荒漠的范围与距今 8000—3500 年的气候最宜期相比已经大大扩展了，荒漠化的土地范围也日趋扩大，草原退化严重，目前退化草原面积已占草原总面积的 90%。由于自然和人为因素的不断变化，曾经森林茂密的地区已经逐渐变为草原，甚至沦为沙漠①。

因此，森林破坏及覆盖面积的减少所带来的一系列灾难性后果，不仅对自然界造成了巨大的损失和危害，也对人类的生存带来了不可逆转的灾难性影响，加大了水旱等自然灾害的力度及破坏强度。如明清以后新疆、甘肃、河南、河北、安徽等内陆地区水旱灾的频率及强度日益增强、灾荒影响范围日益深广、沙漠化范围扩大、泥石流灾害增多，这个理论及思考正是基于不同历史时期发生的灾害实践得出的。明清时期的生态破坏达到了历史以来的最高程度，由此导致的生态灾难在史籍中表现较为集中和突出。此后，人类对生态环境的破坏继续进行，破坏的速度日益加快、程度日益深广，生态负面后果效应也在日渐累积，生态灾难也日益严重。

此外，矿产开采也会破坏环境。矿产开发主要有地表开采和地下挖采，无论任何方式都能对生态环境造成巨大损害。地表开采往往破坏地表植被及地面覆盖、地表土壤的构成，导致水旱灾害的频发；地下开采常常破坏地质结构、地下水位，导致森林植被减少，诱发地震、滑坡、塌陷、泥石流等地质灾害。这类灾害往往会在后一个历史时期表现出来，具有后延性特征。在矿产开采密集的地区常常有较为集中的体现，如云南东北部的昭通在清代进行了长期而大量的铜矿开采，导致滇东北地区在此后常常发生水旱灾害，尤其是泥石流、滑坡较为明显，巧家、会泽等地发生的泥石流灾害较为有名，小江泥石流更是典型，其中虽然有地质结构导致的灾害因素，但矿产的开采及其导致的地表植被减少，以及地质结构的改变，无疑是其最为重要的诱因之一。

---

① 史念海：《论历史时期我国植被的分布及其变迁》，《中国历史地理论丛》1991 年第 3 辑，第 43—73 页。

人类对森林及地表植被的破坏，还与人口的增长及其对粮食大量需求导致的对土地的垦殖有密切关系。被垦殖地区几乎都是能够生长植被的土地，出现了农作物与其他原生性植物争夺地表的"战争"。在人为因素的作用下，植被常常成为战争中的失败者，而其败退的过程，往往就是地面覆盖及其地表色系从丰富向单一转化的过程，也是区域气候改变的过程，从而也就成为自然灾害加剧的重要原因。

清代是中国历史上人口最多的时期，以中原地区为中心的区域人口增长很快，人口数量的增长及人口密度的增加是清代较为突出的现象，人口对土地的需求扩大，几乎已无可垦之地，雍正以后，经常发布垦田的谕旨，雍正元年（1723 年），上谕户部：

> 念国家承平日久，生齿殷繁，地土所出，仅可赡给，偶遇荒歉，民食维艰。将来户口日滋，何以为业？惟开垦一事，于百姓最有裨益。但向来开垦之弊，自州县以至督抚，俱需索陋规，致垦荒之费浮于买价，百姓畏缩不前，往往膏腴荒弃，岂不可惜？嗣后各省凡有可垦之处，听民相度地宜，自垦自报，地方官不得勒索，胥吏亦不得阻挠……其府州县官，能劝谕百姓开垦地亩多者，准令议叙；督抚大吏能督率各属开垦地亩多者，亦准议叙。务使野无旷土，家给人足，以副朕富民阜俗之意，该部即遵谕行。①

地表植被在此过程中急剧减少，水土大量流失，生态灾难日益频繁，向边疆民族地区的移民垦殖就成为重要的手段。

但人口可以是一个不断增加的动态过程，土地的增加却是有限的，田少山多的边疆地区更是如此。雍正、乾隆年间以后，垦荒已经由荒芜未辟之地转变到对田边地角零星田土的垦辟，乾隆五年（1740 年），清政府颁布了鼓励开垦闲旷土地的谕旨："从来野无旷土，则民食益裕，即使地属奇零，亦物产所资，民间多辟尺寸之地，即多收升斗之储……各省生齿日繁，地不加广，穷民滋生无策，亦筹画（划）变通之计，向闻边省山多田少之区，其山头地角闲土尚多，或宜禾稼，或宜杂植……而民夷随所得之

---

① 《世宗宪皇帝圣训》卷二十五《重农桑》，《景印文渊阁四库全书·史部》第 412 册，商务印书馆 1986 年版，第 334 页。

多寡，皆足以资口食……听其闲弃，殊为可惜。……凡边省内地零星地土，可以开垦者，嗣后悉听该地民夷垦种，免其升科，并严禁豪强首告争夺，俾民有鼓舞之心，而野无荒芜之壤。"①田头地角的"零星"土地都派上用场，尤其是对一些低洼田地给予了以下则田或永免升科的优惠政策，是人口增多后耕地不足引起最高统治者重视后在诏令中的反映，也是人地矛盾紧张后不得不采取的措施。在这种措施下，生态环境的破坏随之推进到边疆地区，生态灾害的范围也随之延伸到边疆民族地区。

因此，随着生态环境的破坏由内地向边疆民族地区的延伸，边疆民族地区的植被也遭到了破坏，山地、丘陵地区的水土流失速度更快，水旱灾害及泥石流等生态灾难也以更快的速度、更大的强度暴发出来，人为灾害的分布区域向边疆地区扩展，河道被淤塞、良田被掩埋冲淹而最终荒芜，导致山岭童秃、地下水位下降，水旱灾害频繁发生并且程度日益严重。灾荒与生态变迁之间存在着密切的互动关系，而灾荒的发生又导致了生态失衡，加快了生态变迁的速度，生态环境进一步恶化，从而加剧了灾荒暴发的频率和速度。

更严重的是，水旱、地震等自然灾害之后，自然生态系统的平衡被彻底打破，各种疾病、瘟疫大肆蔓延，对人类造成更大程度的危害。或是气候发生反常的变化之后，也会发生大规模的疫灾。而在灾荒及疫灾中，灾民为了逃灾活命而纷纷向邻近地区逃亡和迁移，使瘟疫向更广阔的区域传播，灾荒范围在人为驱动下迅速扩大。各种灾害，均给社会经济及文化带来了难以预料和不可逆转的损失。

四、社会政治因素与灾荒

除了自然运动变化及人为破坏生态平衡促发灾荒外，社会因素如制度不完善、吏治腐败及抗灾防灾能力低下，也能在一定程度上加大、加重灾害的破坏性影响。田地荒芜、粮食歉收及因此而致的民不聊生、饥馑遍野等状况更加严重，使"灾"及"荒"在人为因素的影响下更密切地结合在

---

① 《清实录·高宗纯皇帝实录》卷一百二十三"乾隆五年七月甲午条"，中华书局1985年版，第811页。

了一起，成为灾荒蔓延的重要原因。"（在）古代中国，防灾设施和人民的抗灾能力十分薄弱，灾与荒的确有着十分密切的关系，通常有灾就有荒，而荒重的结果，则又影响甚至摧毁社会生产力，使灾荒愈加频繁，从而导致两者恶性循环。"①

首先，制度对灾荒的影响。制度是人制定出来并借以规范和制约社会发展的产物。在不同的历史时期，制度对社会的发展既能起到促进作用，也能够起到制约的作用。在灾荒期间，良好的制度往往对抗灾、救灾起到积极有益的作用；但腐败僵化的制度，往往导致救灾不力，阻碍救灾的顺利实施或加重灾荒，"灾荒固然是对自然条件失控所导致的社会物质生产和生活上的损害和破坏，但在数千年来的阶级社会里，人剥削人的社会关系实是引起灾荒的重要原因"②。清代是荒政制度最为完善的时期，其措施也相应地较为全面和细致，但过于全面和细致的制度，也往往会导致僵化刻板的程序化行动，使救灾过程冗长烦琐，延误救灾行动，最终使救灾效果受到极大影响。

其次，经济开发措施及行为对灾荒也能够造成极大的影响。发展经济的措施如果不当，如大量开垦土地、开挖矿产等，往往导致生态环境出现极大破坏，森林减少、水土流失严重、河流淤塞、土地荒芜、地面塌陷、山体滑坡等现象常常在山区半山区出现，区域性生态灾难的暴发就难以避免，加重了灾荒的灾难性后果。

再次，吏治对灾荒也能够产生重要的影响。官吏的贪婪、腐败和严苛，也能够诱发灾荒和加重灾荒的影响。比较典型的史例是黄河河道的治理及其灾害，由于治河官吏的贪污，经费不能得到保证和落实，河道不能得到有效治理和改善，常常发生淤塞和决口，泛滥成灾，成为中原地区最为严重的灾害。同时，在灾荒发生后，官吏救灾不及时和救灾不力，引起死亡人口增加，使灾荒的危害更为深重。

最后，战争也能够引发或加重灾荒。从历史上各次的重大灾荒来看，战争也是导致灾荒的一个重要的人为因素，"战争也是造成灾荒的人为条件

---

① 孟昭华编著：《中国灾荒史记》，中国社会出版社 1999 年版，第 14—15 页。
② 孟昭华编著：《中国灾荒史记》，中国社会出版社 1999 年版，第 14 页。

之一。……战争是促成灾荒发展的一个重要因素，而灾荒的不断扩大与深入，又可在一定程度上助长战争的蔓延"[1]。战争与灾荒常常是相辅相成的，战争常常引发灾荒，而灾荒又能够对战争起到推波助澜的作用，加重战争的负面影响。中国历史上很多次农民起义，大多是在灾荒的冲击下，走投无路的灾民在官府横征暴敛的逼迫下爆发的，灾荒的不断蔓延及扩大，或灾情的不断严重，往往能够壮大起义队伍；而起义又往往强化了灾荒的严峻后果，使瘟疫与饥荒相伴而生。统治者发动的掠夺战争和征服战争，也能够导致或促发灾荒，军事征伐时期或战争发生地，劳动力常常从军效力，导致农业萧条，农民不堪重负，府库无余，家无盖藏，稍遇荒歉，便能酿成大灾。灾区丧失了基本的防灾抗灾能力，疾疫盛行，民不聊生，加重了灾荒的消极影响，很多时候迫使战争后延或停止。

清王朝疆域广大，拥有亚洲东部的绝大部分领土，地势高低起伏，地形千变万化，各地乃至一地的气候亦有不一。正是这种辽阔的疆域及千差万别的地候特征，才造就了秀美壮丽的万里河山，无数为争夺其控制权的英雄豪杰在这片土地上驰骋纵横，并把他们的意旨及思想通过政治的、经济的、军事的、文化的方式，刻画在了这片的秀壤上，正是由于人为因素的加入，促使自然界的变化更加复杂，各种类型的灾难纷纷暴发。

顺着清帝国的版图自西而东，地形节级下降，山脉逶迤，江河奔腾，既有万里平川，也有在群山中的无数个大小不等的盆地，还有绵绵无尽的丘陵逶迤起伏。东南及西南来的海洋暖湿气流在攀升及盘桓中，既播撒了甘霖，孕育了万物，也因为大陆性、季风性气候的不稳定性及季风风向、强弱的不同，使降雨量在不同地区出现了极大的差别。这使得沿海地区及位于第三级阶梯的区域成为降雨量最大、最集中的地区，这些地区由于开发时间过久，森林大量被破坏，泄洪蓄水能力大大降低。福建、浙江、江苏、山东、安徽、江西、湖南、湖北、广东、广西、台湾等地常常发生洪涝灾害。这些地区因受副热带高压影响，也存在旱灾或旱涝交替、旱涝异期的现象；在淮河、汉水以南的长江中下游地区和广西、贵州、四川大部分地区，以及东北长白山地区则旱涝不常；在第二级阶梯的内陆山地高

---

[1] 孟昭华编著：《中国灾荒史记》，中国社会出版社 1999 年版，第 34 页。

原、平原区，即淮河、汉水以北大致包括秦岭山地、黄土高原、华北平原、东北平原，以及大小兴安岭山地、内蒙古高原东南边缘和山东丘陵、青藏高原东南边缘地区，降雨量不大，成为旱灾、蝗灾的主要发生区域。但这些区域也是大江大河的流经地，因河流泄水量的不同，在降雨量特殊的年份也常发生洪灾；西北的乌里雅苏台西部，陕西、甘肃、青海、西藏北部、新疆等地区是内陆干旱区，也是旱灾、蝗灾的频发区。北部的蒙古高原地处寒温带及寒带常发生风雪灾害。中国位于环太平洋地震带与欧亚地震带之间，地震灾害频繁发生，西藏、新疆、云南、四川、甘肃、宁夏、青海、河北、河南、山东、内蒙古、山西、陕西、宁夏、江苏、安徽等地，地震灾害时常发生。此外，由于环境的失调及气候反常、医疗水平的限制，一些重大的瘟疫疾病还在不同时期、不同地区肆虐过，无论是天子或是黎民都难逃厄运，无数生命为此付出过沉重的代价。

灾荒给社会生产、生活带来了严重的影响，人口大量死亡，田园荒芜，经济凋敝，饿殍塞途，社会不稳定因素增加，统治因此失序。一场灾荒及由此而致的战争发生之后，社会整体经济发展水平及文化水平往往会倒退几十年甚至上百年，使历代新王朝都要休养生息、稳定社会、发展经济文化。

历史上大部分重大灾害都在史籍中有不同程度的记载。从一定角度及层面上观察，中国的人与自然关系史也可以说是一部自然灾荒史。这些灾害目前也以不同的形式威胁着人们的生活，无论是 2003 年"非典"、2004年"禽流感"，还是 2008 年初的雨雪冰冻灾害、2008 年四川汶川的大地震、2009—2013 年西南大旱，都证实灾害存在的永恒规律。如何有效地防灾、抗灾、救灾，依然是我们迫切需要研究和解决的问题。这就使得灾荒及荒政史，尤其是灾荒类型较多、赈济机制最完善的清前期荒政研究有了极大的学术价值及现实意义。

第二节　清前期自然灾害划分的标准

如何确定灾荒等次及其划分标准，不同时期、不同的研究者及研究角度，就有不同的标准。中国古代对灾情标准的划分，实际上就是在堪灾过程中，地方官吏勘查、核实田地的受灾程度和成灾分数。但各个时代的标准不一样，大致说来，其标准经历了逐渐在实践中发展并渐趋完善的过程。先秦时期根据五谷失收情况来确定[①]，西汉成帝时开始以"受灾分数"作为蠲免田租的标准[②]。唐代开始根据受灾分数，按照田地在灾荒中的损失状况，决定免除租、调、役，即将受灾后损失四分（六分收成）、六分（四分收成）、七分（三分收成）的灾情，划定为四分、六分、七分三个等级[③]。宋朝也将灾情分为小饥、中饥、大饥三个等级[④]进行赈济。元、明的赈济标准沿用宋制，元朝按受灾情况，将灾情分为损失六分以下、七分、八分以上三个等级[⑤]；明代则将灾伤分为受灾八分至十分的极灾（重灾）和受灾五分至七分的次灾（轻灾）两类[⑥]。总的说来，对灾情标准的划分，历代各不一致，但据受灾程度（面积）大小及（农作物）受灾损失多寡来确定灾情等级，并根据等级进行相应的赈济，则几乎是一致的。

近现代以来，对灾情的划分有了更新、更细的标准和方法，如以受灾人口多少、受灾地域广狭（州县数额多少），或灾荒中死亡人口的多寡、财产损失数量、受灾地亩的数量为灾情轻重的判断标准。但这些标准都是建立在近现代的统计数据基础之上，很多统计数据在清代及以前的历史时期几乎没有。即便有，也只是某个方面或某个区域的数据，对一段时段、

---

① 《管子》卷五《八观第十三·外言四》言："其稼亡三之一者，命曰小凶；小凶三年而大凶；大凶则众有遗苞矣。"即庄稼损失三分之一者为小凶，连续三年小凶为大凶。又《管子》卷四《枢言第十二·外言三》云："一日不食比岁歉，三日不食比岁饥，五日不食比岁荒，七日不食无国土，十日不食无畴类，尽死矣。"

② 《汉书》卷10《成帝纪》记，成帝建始元年（前32年）诏："郡国被灾什四以上，毋收田租。"

③ 《旧唐书》卷48《食货志上》记，唐高祖武德七年（624年）定："凡水旱虫霜，十分损四已上免租，损六已上免调，损七已上，课役俱免。"

④ 灾伤五分至二分为小饥，灾伤五分至七分为中饥，灾伤七分以上为大饥。张文：《中国古代报灾检灾制度述论》，《中国经济史研究》2004年第1期，第60—68页。

⑤ 《元典章》卷23《户部九·水旱灾伤随时检覆》云："水旱灾伤，皆随时检覆得实……损八以上，其税全免。损七以下，止免所损分数。收及六分者，税即全征，不须申检。"

⑥ 明人叶永盛在《玉城奏疏·勘报水灾疏》中做了初步概记。

小区域的研究是可行的，但因其不具有普遍性而不能广泛使用。目前在对灾情进行的划分，研究者往往使用现当代史的研究路径和方法，或是根据现实的、读者需要了解的内容来确定标准，将历史尽可能地浓缩成简单明了的数据。这是将复杂的历史简单化后更加有助于人们了解的有效研究方法，但很多数据的准确性及客观性，又经不起仔细的推敲。这种方法用在历史的其他领域是可行的，但用在灾荒史领域就显得有些捉襟见肘，这是计量史学在灾荒史研究领域泛滥化的结果。

我们研究历史时期的灾荒，就不应当完全抛弃当时对灾荒的评定标准，否则，就会产生古、今两张皮的效果，即作者要论述的是古代灾荒，但使用的名词及标准完全脱离了当时的使用习惯，而以现当代的名称及标准直接替代古代的名词。我们显然不是带有复古主义情节的人，也不是要在这里讨论和强调古今专有名称的优劣。在研究中，我们应当充分考虑、尽可能使用当时的名称和标准，才能使研究的内容真正贴近历史的真实。此外，我们也不能不顾历史研究与现实结合、为现实服务的使命，不可能完全脱离现实的需求去就历史说历史。我们可以合理利用现当代史学的研究理论及方法，有助于更深入细致地剖析历史，展现历史的复杂性及客观性特点，让不可读的历史真正可读、可解，发挥历史对现实的资鉴作用。

一、清代灾荒划分标准述论

清代荒政是在历代荒政的基础上发展、改进而成的，其对灾情的划分与以往相比，也相对显得较为细致和完善。清代对灾情的划分标准，也是逐渐完善的，这个完善的过程，与清王朝国力的发展相一致，体现了传统的仁政爱民、恤灾眷民的统治思想。清代对灾情等级的确定及划分，大致以乾隆元年（1736年）为分界线，其区别主要是五分灾是否纳入赈济。但无论是乾隆以前还是以后，基本上是以受灾地亩收成分数为标准来判定灾情的等级。

在乾隆以前，对灾荒的划分基本上是六分以上算成灾，即受灾六分至十分者为成灾，五分及以下者为不成灾①。对此，琦善《酌拟灾赈章程疏》有记："被六分灾之次贫及五分灾，例不给赈"和"被灾六分以下，不作成灾分数。"②乾隆元年（1736 年）谕令，被灾五分亦准蠲免十分之一，即将五分灾也作为成灾对待③。此后，此标准即被沿用下来。

清代对于赈济灾等的划分，是依照田地受灾减少收成的分数来确定的，"成灾分数不可牵匀计算，应以各田地实在被灾分数为准"④，其具体划分方法是：受灾地亩完全没有收成的，作为十分灾计算；如果有一分收成的，作为九分灾计算，依次核减，即有二分收成的，作为八分灾计算；有三分收成的，作为七分灾计算；有四分收成的，作为六分灾计算；有五分收成的，作为五分灾计算，"如一村之中有田百亩，其九十亩青葱茂盛，独十亩禾稼荡然，则此十亩即为被灾十分；其中有一分收成者，即为被灾九分；二分收成，即为被灾八分；有三分、四分、五分收成，即为被灾七分、六分、五分。以此定灾核算"⑤。

目前所进行的历史研究，多以今天理解的灾荒要素进行，尤以今人需要快速了解的有关灾荒的数据为重，如受灾地区数、赈济钱粮数量、受灾及救灾人数等。但这是一种片面追求数据及准确的研究方法，忽视了中国历史史料以文字叙述为主及数据不完整性的特点。此特点决定了计量史学只适用于有完整数据记录的地区，或一个短的、重视数据记载的时段，即适用区域灾荒史及短时段灾荒史的研究，对全国性或长时段灾荒史的研究就会显得力不从心。

因此，作为史料记载以文字叙述为主的灾荒史研究，只能以历史时期官方认可并使用的标准进行研究，即以当时的公共语境及实践标准为基础

---

① （清）托津等：《钦定大清会典（嘉庆朝）》卷十二，文海出版社 1991 年版，第641 页。

② （清）盛康：《皇朝经世文续编》卷四十四《户政》十六《荒政上》，文海出版社1972 年版，第 4747 页。

③ 《钦定户部则例》卷八十四，清同治十三年（1874 年）刻本。

④ （清）万维翰：《荒政琐言》，李文海，夏明方主编：《中国荒政全书》第二辑第一卷，北京古籍出版社 2004 年版，第 466 页。

⑤ （清）万维翰：《荒政琐言》，李文海，夏明方主编：《中国荒政全书》第二辑第一卷，北京古籍出版社 2004 年版，第 466—467 页。

进行。同时，还要根据灾荒史料记载的具体情况进行，大部分描述性史料如文集、笔记、方志史料是以灾情状况及灾情程度为基础进行记载的；一些史料如官员奏稿、谕旨、实录是以受灾田地、受损或伤亡人口、损失房产数，或是赈济人口、赈济钱粮的数目，或是受灾的州县数反映灾荒的，但这些数据都只是侧重于部分地区或单个不同的角度；一些史料如方志是以"灾""水""旱""蝗""饥""大饥"等简单内容反映灾情，间或也有对灾情状况或一些地方人物在灾荒中的具体行为进行记录的。

因此，对清朝灾荒等级而言，应充分考虑到史料的叙述性特点，可采用清代对灾情等级（分数）的划分标准，综合借鉴目前灾荒史研究中使用的受灾州县数和人口数等标准，来分别判定清代的灾情。在这种划分范畴下，灾荒等级研究应包括了当时划定的灾情分数（灾等）、受灾州县数（灾区范围）、受灾时间、受灾人口数、死亡人口数等多项综合性指标。

在划分具体灾荒等级时，再将这些指标放到具体灾荒中进行考察，既要根据当时勘定的灾情分数，也要根据受灾区域、灾情持续时间等标准，同时也考虑受灾人口、伤亡人口等因素。由于灾荒史料的记载多为文章叙述，同时灾荒还存在地区和时间差异的特点，因此，本书在对灾情进行综合判断的基础上，采用传统叙事史学的方法，对灾情状况进行等次判定及划分。据此，我们把清代的灾荒分为六种类型：

（1）巨灾。这是最为严重的灾荒类型，属于最为严重的特大型灾害。这是在若干省发生的、灾害持续时间超过两年以上且灾情分数多为九分、十分灾的灾荒。无论是受灾区域，或是受灾人口，还是灾情状况，都达到了最为严重的程度，超出了人们的承受限度。

巨灾是持续时间最长的灾荒，一般来说，受灾时间往往持续两年以上，一般都在三四年左右，有的达到五六年及其以上时间。如果发生战争，灾荒持续的时间还会更长。灾区范围不只是波及数个府州县，而是跨越省府，常常是邻近数个省均遭受同样灾害的袭击，并造成严重影响，其危害程度大大超过了民众的承受范围。

同时，灾情分数通常为十分灾、九分灾，个别地区是七八分灾，才能称为巨灾。在这种灾荒的打击下，受灾地区完全没有收成，或仅有一二分收成；或虽然有三分收成，但灾区连片范围广大；或历经战乱，赈济能力低下、成效也极为有限，人们的生活及正常社会秩序受到了严重影响。

在巨灾地区，民众必须依靠赈济才能够维持生存和恢复生产，很多时候，有限的赈济也不能解决饥荒，灾民往往背井离乡、逃亡他乡。在赈济无方、物资缺乏的时候，灾民更是生存无门，史籍中"饿殍遍野"和"大饥"的记载在大部分灾区频繁出现，饥民往往以树皮、草根甚至是观音土充饥，乃至出现"人相食"的惨状，饥民死亡无数，常常出现绝户、绝村的情况。饥荒严重时就能够造成社会再次动荡，或爆发起义，或出现新的战乱。

（2）重灾。这是次严重的灾害类型，灾情程度、受灾人口及范围都比巨灾小。其灾情分数多为七八分，少部分地区达到九分或十分，灾区范围多为一两个省，或邻近省的交界处，受灾时间不超过两年的灾荒，称为重灾。

重灾的一个显著特点是大部分灾区的灾害等级一般为七八分，在这些灾区，灾民有部分收成，在赈济及时、得当的地区，流亡逃荒的饥民人数相对较少，"大饥""饥"等记载较为普遍，但"饿殍载道"的记载也相对较少，不会出现绝户、绝村的现象，灾后的重建工作见效迅速，灾民的生产、生活也能够恢复。

灾情程度参差不齐是重灾的一个显著特点，尽管大部分地区的灾害等级是七八分灾，但个别地区也能够达到九分或十分。在灾情分数达到九分或十分的个别重灾地区，也会出现"人相食"的现象，但一般仅在某个或两三个州县出现。

一般说来，重灾的灾害程度虽然极其严重，但灾区范围有限，一般为一两个省，有的仅在一省，有时灾区虽然在数个省内，但却集中在一个相对集中的各省交界区域，或几个省的灾情分数相对较低，多为七分灾。

总之，重灾持续时间短暂，一般来说灾情影响或持续时间多在两年以内。有时也能够达到三年甚至四年，但灾区范围小，仅一个省，很多时候也跨越数个省，但灾情分数多在六分到八分灾。

（3）大灾。从灾情的严重程度来说，这是属于第三种等级的灾荒。受灾地区的灾情一般为六七分，即灾区能有三四分收成，受灾时间一般在一年左右，或是一年中的几个季节，灾区范围一般在省内或邻省交界处。

大灾很少出现几个省成片受灾的现象。但很多时候，也会出现灾区跨越几个省的情况，持续时间也超过一年，但这个时候，灾情分数大多就只是停留在六分灾的程度上。大灾对民众的生活能够造成严重的影响，需要赈济才能够维持生存和正常的生产生活，此类灾荒也能够跨越府州县甚至跨越省界（各省交界区域）或连接数十府州县，但民众尚有起码的生存基础，在官府及乡绅的救助下，一般能够渡过难关，较少发生饥民大量死亡的现象，部分背井离乡、四出流移者也能够很快返回。

与巨灾、重灾相比，大灾发生的频率较高，次数相对较多，分布地域相对较广、影响也较大，民众正常的生产、生活受到了严重破坏，"饥"的记载较多，"大饥"的记载也会在部分灾区出现，但各灾区的饥民很少背井离乡、外出流亡，也不会出现绝户现象，更不会出现"人相食"的现象。

这类灾荒的后果在某种程度上具有可控性，即灾荒发生后，地方或中央政府在对饥民的救济、安置等工作中，都能够发挥积极有效的作用，灾荒不会蔓延和扩大。因此，就把六分或少部分地区七分灾情的灾荒看作大型灾荒，称之为大灾。

（4）常灾。这是较为常见、灾情级别及影响不大的灾荒。受灾地区的灾情在四、五分（有五六分收成），极个别地区能够达到六分，但受灾范围或受灾人口较少，灾区范围多在一个省内的数个府州县，灾荒时间少于一年，一般是一两个季节，如春夏、夏秋发生的水灾、旱灾、蝗灾等，或是冬春季发生的雪灾、霜灾等。

常灾对灾区的生产、灾民的生活能够造成较大影响，也需要赈济或减免赋税才能维持正常的生产生活。这类灾荒也能够跨越府州县，但不可能跨越省，至多是在同一气候条件或具有类似地理因素的邻近区域，同样的灾情可能同时交替出现。

一般而言，受灾地区不会出现数十府州县连接成片的现象。这类灾荒的影响不会很严重，其危害程度能够在普通民众的心理承受范围内，民众有一定的生存基础及自救能力，略作救济或蠲免就能克服灾情、恢复生产，这也是清代前期不把五分灾纳入赈济范畴的原因之一。

常灾是指受灾地区能有五六分收成，发生的地区也很多，是比较常见的、普通的灾荒，因此，就称其为常灾。

常灾也对社会生活造成较大影响，但灾区范围有限、受灾时间较短、灾害程度在民众的承受范围之内。常灾虽然也需要官府赈济或采取减免赋税等措施才能让民众维持正常的生产生活，但民众在灾荒中具备一定的自救能力，尤其是在政治经济稳定发展的时期，一般民众的自救能力就更强一些，不可能出现流离失所的现象，也不会出现大批饥民，更不至于到吃树皮、草根的程度。

这类灾荒在方志中记载较多，但有关灾情的记载内容较为简单，如仅仅为"旱""水""蝗"等，但没有"饥""大饥""民食草根"等内容的灾荒。这些内容简单的文字，除了记载者因灾情模糊不清或记事简略的原因外，另外一个重要的原因，就是这些地区的灾荒程度较轻，虽然对农业生产造成了一定的影响，但不会产生严重的饥荒后果。

（5）轻灾。这是较为普通、灾情级别及影响较小的灾荒，灾情一般在二三分（受灾地区能有七八分收成），部分地区的灾情也能够达到四分，但灾区范围较小，一般发生在数个州县，持续时间也较短，常常是季节性灾害。轻灾虽然也能对生产生活造成一定影响，是最为普遍和常见的灾荒，其影响较为轻微，一般情况下不需要赈济，部分灾情稍重的地区仅适当减免或缓征赋税，就能维持正常的生产生活。

一般而言，这类灾荒较少跨越府州县，不可能出现若干个府州县的灾区连接成片的情况，更不可能跨越省，至多是在同一气候条件或具有类似地理因素的邻近区域，类似灾情可能呈插花状交替出现在不同府州县或不同省，即便部分灾荒跨越府州县或省，灾区也能连接成片，但灾情程度也较为轻微，一般多为二分灾，民众有极大的自救能力，一般情况不需赈济都能克服灾情。

这类灾荒在清代方志中记载较多，但其文字内容也极为模糊，很多有关灾情的文字记载内容也较简单，如"旱，歉""水，歉""蝗，歉"等内容的灾荒，但没有"饥""饥荒"等内容，或前文记"春旱"，后就有"得雨泽，补种晚禾"或"晚禾秀发"等内容，大部分都是"轻灾"。其内容之所以简单，除灾情模糊或记事简略的原因外，另一个重要原因就是此类灾荒程度较轻，对农业生产的影响较为轻微，几乎不可能出现饥荒。

（6）微灾。这是极其普通、灾情影响十分微弱的灾荒，受灾地区能够有九分收成即清代灾荒等级划分中一分灾的地区，极个别地区出现二分灾，但基本不会对民众的生产、生活构成影响。

微灾虽然也是灾害，民众的生活会受到一些影响，由于部分田地有收成，故不会对社会生活及地方政治的稳定构成威胁，其损失和影响几乎不会引起民众或地方政府的注意，清代的官民甚至是今天的民众，也几乎不把这类灾害作为"成灾"对待。尤其是与轻灾、大灾、重灾、巨灾等对社会产生重大影响的灾荒相比，这类"灾"根本不可能带来或导致任何程度的"荒"，至多将其视作减产或歉收。在中国传统的灾害认同心理上，微灾年景与无灾年景差别不显著。在中国历史时期，能够有九分收成，在一定程度上也可以算是小丰收了，可以将其视为或等同于无灾。因此，这类不对民众生活构成影响的小灾，也是可以不计入史册的。

从中国的地理地形及气候区域、纬度带来看，这种灾害在全国各府州县几乎都会不同程度地存在，几乎随时、随地都有可能发生，没有任何灾情的年份在中国几乎是不存在的。换言之，在整个历史时期，微灾每年都在不同地区存在，即便是发生巨灾、重灾、大灾的年份，除那些遭受主要灾害的地区外，其余地区都发生着微灾，人们对其造成的轻微损失也往往忽略不计。

总之，从历史时间序列上来说，中国古代几乎年年、季季、月月都会发生灾荒，即每年每月都会在不同的地区出现不同种类的灾荒；从各区域来说，常常是轻重灾害交替、断续出现的，既有重灾年份，也有普灾、轻灾年份，没有任何灾情的年份，即通常所说的无灾年在中国几乎是不存在的。虽然在个别的、小范围的地区或生态、气候及地理条件相对较好的地区，即所谓"风调雨顺"的时候，有可能出现丰年等记载，甚至在个别地区可能出现连续多年的无灾年。

由于轻灾和微灾对农业生产未造成致命打击，通常无须赈济，无论是灾赈的法规或官员，均对其不甚重视，不愿意仔细勘察确定灾害等级，或是灾情模糊，根本无法勘定等级。因此，往往使用"堪不成灾"等言语来笼统概括。

二、清代灾情等级的划分标准及方法

（一）灾情等级划分标准的不尽完善

在各种新的史学思想和流派日新月异的今天，新的理论和研究方法尤其是西方史学理论和研究方法在历史研究中备受推崇和青睐。不使用数据和图表，而是采用叙事史学的传统方法进行灾荒史的研究，似乎有些落伍，与现实的研究取向貌似极不合拍。再加上笔者对各个灾荒等级未能条分缕析，灾情的等级划分存在诸多显而易见的不足，如以"人相食"区域的大小作为区分巨灾、重灾和大灾的标准，只是诸多标准中的一个标准，其中也就存在值得推敲的地方，如很多地区灾情普遍严重、灾区范围很广，但没有发生"人相食"的现象；但很多地区灾情范围不广、只是局部灾情严重，但却发生了"人相食"的现象；或是一些地区虽然发生了"人相食"现象，但由于诸多的原因未能记载下来……这些都会使这种标准存在极大的缺陷及可推敲的地方。

尽管有如此之多的不足，这种依据中国史料的叙述式记录特点而采取的方法，依然是一种可以思考和尝试的方法，并且也是具有一定的参考价值。就目前灾荒史的研究而言，无论是以"次"来统计灾荒，还是以"州县数"来统计灾荒，都存在不同的缺陷，任何的研究方法及结论，都是处于一种积极的尝试和探索的阶段，应当都会对目前的研究起到一定的借鉴作用；同时，基于不同研究方法得出的任何结论和理论，都应采取一个大致的标准，尽管本书"人相食"的程度、数量、规模因文献记载的模糊不能更加明晰，但饥民无以为生达到"食人"的程度，应当是灾荒的严重性达到了某种程度才出现的状况，尽管存在诸多不足，但依然不失为一个衡量灾情严重程度的标准。

因此，本书对灾情进行叙述性分类的思考，虽然在清代灾荒史研究中不可能得到一致认可，并在具体标准如"人相食"地区数量、程度上还可作一些具体的探讨和划分，才能更准确地反映出灾荒的等级和类别，但在回归传统叙事史学的研究方法及思考上应当具有一定的实用性和参考价值。

然而，由于本书对灾荒等级的划分，主要是在叙述性史料记载的基础上，采用叙事史学的方法，以清代的灾害等级、灾荒区域的大小、灾害时间延续的长短、灾情程度及后果为标准展开的，借鉴李文海、夏明方、马宗晋、张建民、宋俭等学者的研究理论及方法，以灾情分数、灾区范围、灾荒时间及"人相食"区域的多少，作为区分"巨灾""重灾""大灾"的大致标准，在无数条具体描述灾情状况的史料及对灾情的叙述中，看到了各个时期灾情的具体画面，展现了重大灾荒的悲惨、凄凉，甚至是让人悚然不已的具体场景，让我们对清代重大灾荒的历史场景有了深入的了解。但由于掌握史料的有限，尤其对一些史料未能穷尽所有，或一些灾区史料的短缺或灾荒史料记载本身可能存在的粗疏，虽然这种粗疏及短缺既是严重灾荒本身造成的，即很多灾区亲历灾荒、亲见灾荒惨景的人或死亡流移，或因文化素养低下无法准确描述也没有可能进行记载，或描述后无人记载，或记载后史籍在流传过程中发生了错漏、脱讹甚至散佚、损毁的情况；这就使本书的叙述及划分难免存在疏漏的可能，如一些原本灾情严重甚至发生"人相食"现象的地区，所引史料记载不全或未记录，而未能列入本书之"巨灾"或"重灾"中，给研究带来了极大限制，尽管可以留待日后完善，但却给灾荒史，尤其是灾害统计（计量或量化）的进一步升入及拓展，提出了质疑和任重道远的使命性任务。

（二）灾情等级划分标准与图表数据研究方法的比较

本书对灾荒等级的划分及研究方法，与一些具体、详细的统计数据及形象的图表相比，在视角及量化方面或许显得逊色。在快餐形式的读品和阅读图像化流行的今天，采取这样的方式无疑是极为保守，也是极其冒险的。因为这不仅不能让读者在较短时间内迅速了解灾灾荒情况，也缺少从视角上的明晰和震撼感。

多学科研究方法在目前备受提倡和推广，尤其在历史学中适当应用数量及统计的方法，应用电脑技术的自动合成或生成技术，就能产生很多形象的图、表，对将复杂的历史问题具体化、形象化来说，无疑很有价值和意义。但在数据不确切、不完整的情况下，贸然使用这种方法，那得出的图表在严谨的学术研究中的意义及价值就值得推敲和质疑。当然，这完全不是否认或无视灾害计量及其研究结论，很多在史料基础上做出的统计，尽管其准确性及普遍性方面的功能受到了诸多的质疑，但其在一定程度上所具有的参照价值还是显而易见的，尤其是在区域性灾荒史或其他区域史的研究中，资料及数据的相对准确性及全面性是存在的。

而在采用或选择何种研究方法的思考中，本书经过了最初对史料内容的分析和数据的搜寻整理进行比较、权衡之后，发现对全国性的灾荒史进行研究，史料及数据的全面性和准确性很难做到，与其得出一些有错漏的、偏颇的数据，还不如还原历史的本来面目。

鉴于学术界对全国各地的所有数据及资料很难穷尽和准确、全面把握，仅有的一些数据既不全面，也不完全准确，本书就放弃了数据及图表的表现方法，而以严谨求实的方法，回归并采用传统史学的基本研究方法，有多少史料说多少话、有什么史料就得出什么结论。在熟悉了大量灾荒史料后，清代重大灾荒的概貌及轮廓逐渐清晰起来，笔者更确信了叙事史学在古代灾荒史研究中的可行性和客观性。

（三）本书划分方法与学界在灾荒统计标准的思考

前文已提及，在清代灾荒史的研究中，大多数学者对受灾次数、受灾面积或受灾人口极为关注并进行了研究，但在对各地灾害类型及大小、轻重不同的灾情进行统计时，各位学者的标准多不一致[1]。以灾次统计灾情时，不能顾及灾情的轻重及灾区的广狭，将一年或多年连续发生的灾害都作为一次计算[2]，或将一个或多个连片地区发生的灾害作一次计数。按灾荒类型或地区差别统计出来的灾况，无疑具有明显的辨晰度，但不能准确、全面地反映灾荒的具体情况。

以受灾面积统计灾情时，一般将各种灾害综合起来或将灾荒划分为各个灾种的基础上，按受灾州县数为标准来统计[3]，但对于史料中笼统记载几省或一省受灾未能明确记载府州县数，或只是笼统记载遭受水旱蝗等灾

---

[1] 因绪论中已有涉及，此处涉及相似内容时只简略交代。
[2] 邓拓、竺可桢、陈高佣等学者均用此方法统计灾次。
[3] 李向军、夏明方、夏越炯、袁林等学者均用此方法统计灾次。

害，而未记成灾状况或成灾面积的灾害，都未能进入其计量范畴。由于中国历史学家记史方法及选择材料的不同，这类不能明确灾种、灾地的记载在灾荒史料中占了很大比重，很多方志往往只记载××年水、××年旱或××年蝗、××地震等，而不会准确记载水旱蝗等灾害的区域或受灾程度，这就使很多灾荒被剔除到了统计范围之外。同时，各州县受灾面积、灾情程度亦不一致，笼统以州县数计算，容易将各州县的灾情及受灾程度模糊混同。因此，这种方法计量出来的数据，也只能在一定程度及范围内有参考和指导的价值，也检验、修正了许多传统研究的偏差或谬误，在把握灾害史演变过程和发展趋势方面，保持了传统灾害史研究无法取代的独特作用。使历史研究向精密化和现实性方向前进了一大步。但此类方法，依然不能排除历史学家个人主观因素及其对史料的选择，也存在重要数据被遗漏的可能性。

以受灾人口数量统计灾情时，一般按受灾死亡人口数量或造成经济损失数量的多寡作为划分灾害等级的标准[①]，但这种标准只适用于近现代有历史数据的灾害史研究，历史时期的记史者很少对人口及经济损失进行量化记载，其准确性也值得推敲。

那么，是否存在一个更合理和可行的统计方法呢？这是大多数灾荒史研究者极为关注的问题。笔者在进行灾荒史的史料梳理及阅读的过程中发现，受灾人数、面积、灾次的统计，尽管可以投入大量的人力、物力，但结果却不一定理想。多次权衡之后，笔者最终放弃了数据统计的计划，根据中国史料以描述为主且较为模糊的基本特点，笔者在清代灾情分数等级勘定划分的基础上，用叙事史学的方法，尝试将清前期的灾荒等级粗略地分为巨灾、重灾、大灾、常灾、轻灾、微灾六个等级，力图反映清前期的灾荒状况。

（四）期待未来

学术界曾经一度以为清代灾荒史的准确计量已经陷入困境。但在史料的阅读梳理中，笔者发现了一些区域灾害史、短时段灾荒史研究中可以尝

---

① 马宗晋、夏明方、张建民等学者采用此方法。

试利用的统计数据。即清代在历次灾荒发生后，为了准确对灾民进行赈济蠲免，官府都必须经历报灾、堪灾、审户等灾后赈前必须完成的程序，而堪灾、审户就是确定受灾人口、受灾地亩，以便官府能够按时按量进行赈济的重要工作，其中的数据，虽不能完全准确反映灾情，其典型性和代表性有待进一步考证，尤其是灾赈过程中的吏治腐败使数据的真实性存在质疑，但在清前期吏治相对清明的时候，具有一定代表性，应当对灾荒史的计量研究有重大的参考价值。因此，从档案、奏章及其他相关史料中，根据各地官员堪灾、审户的奏章及赈济时发放钱粮的数量，大致可以估量出受灾人口的粗略数据及受灾田地的大致面积，从而灾荒史计量研究起到推动作用。

虽然这类统计数据也会带有官方的烙印和特点，也会因种种原因存在疏漏和作伪的可能，但其数据必然会比单纯的受灾州县数和灾荒次数要精确得多。因为这些数据是准确发放赈济钱粮的依据，关乎国家和地方财政支出，也是会经过各级官员甚至是皇帝之手进行层层核对的数据，应当有一定的准确性和可信性。

因此，根据权据的区域性、时段性、类型性的差异，进行适当的统计及计量，无疑是清代灾害史研究中灾害等级、灾情计量研究中值得尝试的统计方法，用这种方法得到的数据，将会是一组得到大家认可的相对可靠的数据。也冀望学术界出现新的统计方法，使灾害史的计量研究与传统历史叙事有机结合起来，推进灾害史的研究维度和深度，使灾害史研究更具有历史张力。

三、关于清代灾荒"初期少、中期多"的观点

在目前所进行的清代灾荒史研究中，部分学者根据史料记载的灾荒情况及各自计量数据的结果，得出了清代初期灾荒少、中期灾荒较多和灾情较严重的结论。这些按照不同计量标准得出的数据和结论，对灾荒史及相关研究尤其具有一定的参考借鉴价值。当我们梳理清前期灾荒的时候，不难发现，顺治、康熙年间也发生了很多次程度严重的灾荒，灾荒频发、灾情严重的现象也非常突出，虽然其次数及区域不能与清末相比，但由于灾

荒与战乱叠加，对社会生产及统治秩序造成的打击也是极其严重的。因此，顺治、康熙时期并非轻易就可以下"灾荒较少"的结论。

但部分学者根据史料记载来记计量和研究清初的灾荒时，之所以得出了清代灾荒初期少、中期多的结论，除了在很大程度上受到史料不足和不全面的影响外，还与顺治、康熙时期对灾荒状况记载的不全面有关，原因有四：

第一，在清代定鼎中原之初，天下尚未完全平定，与农民起义军、反清复明势力、地方割据势力的战争，成为清王朝的主要目标，战火在各地燃烧。在战乱中，文史记录之士流转移徙，并且当时很多史实，尤其是无关民族大义之事，往往不会引起士人的关注，也难入史家之笔。因此，除灾情重大的灾害外，一般的中小型灾荒较少有人关注和计量，即便是被记录下来的重灾、大灾，也多为草创及粗疏之作，或是事后补记之文，故而灾情及后果不甚全面、完整。很多地区到了康熙中后期才首次撰修志书，对顺治年间及康熙初年发生的灾荒所做的记录，往往存在遗漏的现象，大部分方志的记载也流于简略。

第二，当时赈济之法尚未完备，多处于恢复和重建中，社会经济也处于恢复和发展中，府库不足，不能对所有地区的灾荒都进行赈济。同时，官方记载的灾荒情况及相应的赈济数据很少，修史者又往往根据当时的记载或官方的赈济状况进行补记，当时的灾情常常不可能得到完整的反映，因此，史料记载的灾荒往往与实际灾情有很大距离。顺康雍三朝代均处于开国的建设和励精图治的重要时期，更重要的是，清朝统治者为了收揽民心、稳定局势，比较重视对灾荒的救治及完善赈济制度，灾荒不会因为人为原因蔓延和加重，灾荒的范围和灾情后果在一定范围内能够得到及时有效控制。

第三，当时的生态环境虽然因战乱遭受了严重破坏，但很多地区的生态却由于人口的剧减及开发的相对减少，得到了一定程度的恢复，这一时期因环境恶化而导致的灾害不是很多，环境灾害的强度也相对较轻。

第四，由于明末清初长期的战乱，田野荒芜，人口大量死亡，区域人口急剧减少，这些地区即便发生了灾害，受灾人口较少，灾荒的影响及后果不太严重，常常出现有灾但无人受荒的现象，也就无所谓灾荒了，此类灾害不可能记载。

此外，清前期是中国气候史上的小冰期时期，从理论上说，这一时期是水旱灾害频繁暴发的时期。而在事实上，这一时期水旱灾荒的次数确实也不少。因此，根据史籍对灾荒的记载进行计量，得出的结论是不全面的。这也是很多计量数据迄今未能得到认可的主要原因，许多学者只是将其作为参考数据。当然，一些学者也在力图寻找一种更合适的灾荒计量及研究方法。

康熙以降，政局稳定，经济、文化迅速发展，史籍丰富，方志纂修日益规范化、普及化，当时发生的绝大部分灾荒，无论是灾荒次数还是灾情状况、赈济情况都有相对详细的记载，数据及史料相对全面了很多。嘉庆、道光时期，中国气候进入短暂的温暖期，灾荒普遍减少，官赈机制还在很大程度上发挥着作用，巨灾及重灾的次数相对较少一些，一些地区的普灾、轻灾往往被人们忽视，记载相对就少。咸丰、同治年间以后进入了全面衰退时期，国难当头，战乱迭起，吏治腐败，官赈力量急剧削弱，在一定程度上加重了灾荒的后果，延长了灾荒恢复的时间，使一些原本可以控制的大灾逐渐演变成重灾和巨灾，对社会生产及生活造成了极其严重的影响，这是清末巨灾及重灾次数较多、程度较为严重的重要原因。在这种背景下，官赈不能及时给予赈济物资或官赈根本无力进行赈济的地区，民间力量及国内外的义赈组织逐渐在赈灾中发挥了巨大作用。

同时，清末是典型的"自然灾异群发期"[①]，灾害发生频次急剧增加，持续时间显著拉长，灾害区分布日趋扩散，成灾面积空前广大，各种特大灾害继起迭至，交相并发，具有明显的多样性、群发性和整体性、周期性集中暴发的特征[②]。事实上，从史实及目前研究结果而言，清末灾荒次数更为频繁、灾情强度更加剧烈。因此，清中期灾荒较多的观点，只是相对而

① 自然灾异群发期是指"自然灾害和异常的发生及其强度在漫长的自然史中并非均匀的，有着活跃期与平静期的相互交替，自然灾异，特别是大的灾异明显集中于少数几个时期。"宋正海等：《中国古代自然灾异群发期研究》第一编，安徽教育出版社 2002 年版，第1 页。

② 夏明方：《从清末灾害群发期看中国早期现代化的历史条件——灾荒与洋务运动研究之一》，《清史研究》1998 年第 1 期，第 70—82 页。

言的结论。

第三节　清前期的重大自然灾害

由于地理位置、气候带、纬度带的影响，以及地形复杂、地域广大等特点，导致中国成为一个灾荒频发的国度。在同一时间的不同地区，或同一地区在不同时间内，都发生着不同程度和类型的灾害，对中国来说，水、旱、雹、蝗、风、疫等是经常性发生的灾荒。清朝的大部分灾荒情况在档案、奏章朱批、实录及方志、文集、书信等史料中得到了详细的记载。

一、清前期的巨型灾害（巨灾）

巨灾是发生区域广、持续时间长、灾情分数严重（九分、十分灾）的灾荒，清前期的巨灾有一个显著的特点，即每次巨灾，其灾种都不是单一的，往往是几种灾害并发，最常见的并发性灾害，主要是水、旱、蝗、雹、霜等灾。经常是以一两种灾害为主，如以水、旱灾害或旱、蝗灾害为主，其他区域发生其他灾害。清代的巨灾主要发生在清前期及清晚期。以顺治、康熙及道光以后次数最多、灾情最严重。

清初的巨灾是明末灾荒的延续，入主中原的清朝皇帝顺治帝一即位，严重的旱、蝗灾荒便无情地考验着新王朝的统治。因此，顺治年间，不同的地区几乎都遭受了巨灾的打击。

顺治元年（1644 年），直隶、河南等地发生"人相食"的旱灾，此后，受灾范围日益扩大，水、旱、蝗、疫等灾害就不断在华北、西北、西南、江南等范围广大的区域内交相发生，"人相食"的现象也不断发生。顺治二年（1645 年），河南、湖北等地的"人相食"现象最为严重；顺治三年（1646 年），四川、直隶、陕西、江西等地的旱灾最为严重；顺治四年（1647 年）至顺治五年（1648 年），四川、湖广、浙江、江西的旱灾或水旱灾害最为严重。四川、江西出现"亲人相食"的情况，直隶、陕西、山西等地连续三年发生了严重的旱、蝗灾害，赤地千里，饥民饿死无数。灾情在顺治五年（1648年）时达到高峰，"人相食"的地区扩大。顺治十二年（1655年），山西、直隶、陕西、河南等地又发生了严重的旱蝗雹巨灾，"旱灾遍河南、山西、山东，山东兼有蝗"①，灾情一直延续到顺治十四年（1657年），山西及直隶的灾情最为严重，先后发生了"人相食"的悲惨景况。顺治十三年（1656年），旱、蝗灾害依然继续，赤地千里，死亡无计。直隶在顺治十四年（1657年）又发生了"人相食"的现象。

康熙十八年（1679年），山东、河南、安徽、直隶、山西等地发生旱、蝗交互的巨灾，以山东、安徽的灾情为最重，饿殍载道，"山东灾……十三州县饥……乐安……蒲台大饥……流移载道"②，很多灾区出现了"人相食"的现象。康熙三十年（1691年）至康熙三十二年（1693年），灾情从甘肃向东延伸到陕西、山西、直隶、山东、江苏、浙江等广大地区，发生了严重的旱、蝗灾害，以关中地区最为严重。灾情以康熙三十年（1691年）、康熙三十一年（1692年）、康熙三十二年（1693年）受灾范围最大，灾害后果最为严重，陕西、甘肃、江苏等地出现"大饥"，相继发生"人相食"现象。这场持续了四年之久的巨大灾荒，对北方的社会经济造成了严重影响。康熙四十二年（1703年）、康熙四十三年（1704年）在东自直隶、山东，西到陕西、甘肃等广大的区域内，普遍发生了严重的旱、蝗灾害，饥民流离失所，饿殍遍野，直隶、山东、江苏等地出现"人相食"。

乾隆年间的巨灾次数及规模，因史料记载及人口的增多而大大增加。最典型、最严重的灾情主要有三次：一是乾隆十一年（1746年）至乾隆十三年（1748年）山东水、旱、蝗、雹交结形成的巨灾，先是指乾隆十一年（1746年）山东发生了水旱雹混合的特大灾害，灾荒延续到乾隆十二年（1747年）、乾隆十三年（1748年）之间的特大旱、涝、雹灾害，灾荒造成了严重的后果，在各种灾害的打击下，饥荒程度日益严重，灾民生活困

---

① 光绪《雄县乡土志》卷四《耆录》，清光绪三十一年（1905年）铅印本。

② 山东省农业科学院情报资料室：《山东历代自然灾害志（初稿）》第四分册，山东省农业科学院情报资料室1979年版，第245页。

苦，饿殍遍野，无数饥民死亡，如曹州府的菏泽、钜野、郓城、城武等水灾地区的"穷黎深可悯恻"①，很多饥民不得不鬻妻卖子维持生计，在饥荒严重的地区，发生了"人相食"的现象，且记录的地区数字明显比上年增多，把灾害推向了顶峰，如泗水县"岁大减，人相食"②，"郯城旱，人相食"③，汶上县"夏旱，蝗。岁大饥，人相食"④，"人相食"的惨剧在灾区普遍发生。如泰安"春大饥，人相食，夏大疫"⑤，滕县"五月十三日，雨雹……麦被虫害，人相食"⑥。

二是乾隆四十二年（1777 年）至乾隆四十四年（1779 年）十省旱蝗巨灾，从乾隆四十二年（1777 年）至乾隆四十三年（1778 年）、乾隆四十四年（1779 年），黄河、淮河、海河、长江流域中下游地区的十个省，发生了严重的旱灾。这场旱灾从北方的甘肃、陕西、山西、直隶延伸到南方的湖北、湖南、江西、广东、广西、四川等地，很多旱灾地区并发了蝗灾。灾情在乾隆四十三年（1778 年）、乾隆四十四年（1779 年）达到极盛，以四川灾情最为严重，赤地千里，饥馑横行，饿殍载道，饥民死亡无数，发生了"人相食"的悲惨状况，如忠县"春，民大饥，斗米一千六百钱，道殣相望，人相食"⑦。湖南很多地区的旱灾依然持续，安乡县"己亥四十四年大旱"⑧，宝庆府"新化旱"⑨，乾州厅"夏秋大旱"⑩，凤凰厅"夏秋大旱"⑪，安乡县"大旱，无麦"⑫。一些地区还发生了虫灾，永州府

① 道光《钜野县志》卷首《恭纪志》，清道光二十六年（1846 年）刻本。
② 光绪《泗水县志》卷十四《灾祥志》，清光绪十八年（1892 年）刻本。
③ 乾隆《沂州府志》卷十六《记事》，清乾隆二十五年（1760 年）刻本。
④ 宣统《四续汶上县志稿·灾祥》，清宣统年间稿本。
⑤ 乾隆《泰安县志》卷末《杂稽志·祥异》，清乾隆四十七年（1782 年）刻本。
⑥ 道光《滕县志》卷五《灾祥志》，清道光二十六年（1846 年）刻本。
⑦ 道光《忠州直隶州志》卷四《祥异》，清道光六年（1826 年）刻本。
⑧ 民国《安乡县志》卷九《县纪》，民国二十五年（1936 年）石印本。
⑨ 道光《宝庆府志》卷六《大政纪》，清道光二十九年（1849 年）刻本。
⑩ 同治《乾州厅志》卷五《风俗·气候》，清光绪三年（1877 年）刻本。
⑪ 道光《凤凰厅志》卷七《风俗》，清道光四年（1824 年）刻本。
⑫ 民国《安乡县志》卷九《县纪》，民国二十五年（1936 年）石印本。

"四十四年，虫伤稼"[①]，善化、湘乡、宁乡、衡山等县粮价高昂。另一些地区还遭受了疫灾，湘潭、常德等地大疫[②]。在众多灾害中，旱灾依然是湖南的主要灾害，巴陵县"又旱，自上年大饥，民间盖藏已空，典质亦尽，荒歉较甚"[③]，湖湘大地饥馑横行，清泉、零陵、永顺等县"大饥"[④]，饥民鬻妻卖子为生。

湖北的旱灾也在持续，一些地区旱灾刚有所缓解，随即又遭受了水灾袭击，"汉阳、安陆、荆州各府属夏禾被旱，入秋汉江盛涨，又被淹浸"[⑤]，"汉阳等十八州县夏禾被旱，入秋江涨水淹"[⑥]，江夏县"夏禾被旱，入秋江涨水淹"[⑦]，武昌县"夏旱。秋水，江涨"[⑧]，宜城县"大水"[⑨]，钟祥县"汉涨入城，坏民田庐，堤决"[⑩]。一些地区入春即遭受了水灾，江陵县"春，江陵霪雨弥月……夏，江陵大水，溃泰山庙，逆流绕城，下乡田禾俱淹"[⑪]，很多地区饥民死亡无数，如枝江县"春，阴雨三月，饥民冻死无算，民掘观音土及榔树皮、葛根充食，然赖以存活者仅十之二三"[⑫]。

三是乾隆四十九年（1784 年）至乾隆五十二年（1787 年）北方旱蝗巨灾，即乾隆四十九年（1784 年）、乾隆五十年（1785 年）、乾隆五十一年（1786 年）、乾隆五十二年（1787 年），山东、河南、江苏、安徽、直隶等地发生了大面积、程度严重的旱蝗巨灾，灾情多为九分、十分灾，其

① 道光《永州府志》卷十七《事纪略》，清道光八年（1828 年）刻本。
② 光绪《湘潭县志》卷九《五行》，清光绪十五年（1889 年）刻本；嘉庆《常德府志》卷十七《武备考·灾祥》，清嘉庆十八年（1813 年）刻本。
③ 嘉庆《巴陵县志》卷二十九《事纪》，清嘉庆九年（1804 年）刻本。
④ 同治《清泉县志》卷末《事纪·祥异》，清同治八年（1869 年）刻本；嘉庆《零陵县志》卷十六《杂志·祥异》，清嘉庆十五年（1810 年）刻本；同治《永顺县志》卷六《风土志·祥异》，清同治十三年（1874 年）刻本。
⑤ 光绪《沔阳州志》卷一《圣制》，清光绪二十年（1894 年）刻本。
⑥ 光绪《孝感县志》卷七《灾祥志》，清光绪八年（1882 年）刻本。
⑦ 同治《江夏县志》卷三《赋役志·蠲恤》，清同治八年（1869 年）刻本。
⑧ 光绪《武昌县志》卷十《祥异》，清光绪十一年（1885 年）刻本。
⑨ 同治《宜城县志》卷十《杂类志·祥异》，清同治五年（1866 年）刻本。
⑩ 乾隆《钟祥县志》卷十五《祥异》，清乾隆六十年（1795 年）刻本。
⑪ 嘉庆《湖北通志》卷四十七《祥异志》，清嘉庆九年（1804 年）刻本。
⑫ 同治《枝江县志》卷二十《杂志》，清同治五年（1866 年）刻本。

中，以乾隆五十年（1785 年）、乾隆五十一年（1786 年）的灾情最为严重、涉及范围最广，饥民发生了"人相食"的惨剧。如山东单县"甲辰岁春旱，迄丙午春，民饥多疫，人相食。盖百年罕有之荒也"①。黄县"春，飓风连月，损濒海麦苗。夏六月，大热，人多渴死。秋大旱"②，泗水县"自春至六月始雨，所种田禾俱晚，经霜尚未结实，故未获一粒"③，博山、商河、肥城、宁阳、东平、平阴、邹县、沂水、长清、滕县、济宁、金乡、临邑、阳信、邹平、博兴、寿光、昌乐等地大"④，一些地区发生了旱、蝗、雹等灾害，如峄县"春大旱，无麦，大风扬尘晦冥。五月，虫害稼……是岁春夏间多怪风。……五月虫生，食禾苗殆尽。至秋乃雨，民始种滑谷、荞麦，旋为雹伤"⑤，即墨县"蝗，旱"⑥，日照县"大旱，飞蝗遍野，食及木叶"⑦，临清"春旱，秋蚜蝗生"⑧，安邱县、潍县的蝗灾极

---

① 民国《单县志》卷十八《艺文志》，民国十八年（1929 年）石印本。
② 同治《黄县志》卷五《祥异志》，清同治十二年（1873 年）刻本。
③ 光绪《泗水县志》卷十四《灾祥》，清光绪十八年（1892 年）刻本。
④ 民国《续修博山县志》卷一《大事记·水旱》，民国二十六年（1937 年）铅印本；道光《商河县志》卷三《赋役志·祥异》，清道光十六年（1836 年）刻本；嘉庆《肥城县新志》卷十六《祥异志》，清嘉庆二十年（1815 年）刻本；咸丰《宁阳县志》卷十《灾祥》，清咸丰二年（1852 年）刻本；光绪《东平州志》卷二十五《五行志》，清光绪七年（1881 年）刻本；嘉庆《平阴县志》卷四《赋役志·灾祥》，清嘉庆十三年（1808 年）刻本；光绪《邹县续志》卷一《天文志·祥异》，清光绪十八年（1892 年）刻本；道光《沂水县志》卷九《纪事·祥异》，清道光七年（1827 年）刻本；道光《长清县志》卷十六《杂事志·祥异》，清道光十五年（1835 年）刻本；道光《滕县志》卷五《灾祥志》，清道光二十六年（1846 年）刻本；道光《济宁直隶州志》卷一《五行志》，清道光二十一年（1841 年）刻本；咸丰《金乡县志略》卷十一《事纪》，清同治元年（1862 年）刻本；道光《临邑县志》卷十六《杂事志》，清道光十七年（1837 年）刻本；民国《阳信县志》卷二《祥异志》，民国十五年（1926 年）铅印本；嘉庆《邹平县志》卷十八《杂志下·灾祥》，清嘉庆八年（1803 年）刻本；道光《重修博兴县志》卷十三《杂志·祥异》，民国二十五年（1936年）铅印本；民国《寿光县志》卷十五《大事记·编年》，民国二十五年（1936 年）铅印本；嘉庆《昌乐县志》卷二《总纪下》，清嘉庆十四年（1809 年）刻本。
⑤ 光绪《峄县志》卷十五《灾祥考》，清光绪三十年（1904 年）刻本。
⑥ 同治《即墨县志》卷十一《大事志·灾祥》，清同治十二年（1873 年）刻本。
⑦ 光绪《日照县志》卷七《考鉴志·祥异》，清光绪十二年（1886 年）刻本。
⑧ 乾隆《临清直隶州志》卷十一《事类志·祥祲》，清乾隆五十年（1785 年）刻本。

其严重，蝗虫群还咬食活人，"春夏大旱，自去年九月不雨至于秋七月。大蝗，蝗飞蔽天日，每落地辄数尺，大树多压折，人有不辨路径，陷入沟渠不能自出，遂为蝗所食者，真奇灾也"①。在旱灾袭击下，菏泽、钜野、阳谷、东阿等地发生了严重饥荒②，很多饥民只能依靠"人相食"维生，如历城县"旱，大饥，人相食"③，齐河县"大旱，饥，人相食"④，一些地区发生了父子相食的残酷现象，如临朐县"大饥，父子相食"⑤，"夏，章邱、邹平、临邑、东阿、肥城饥。秋，寿光、昌乐、安邱、诸城大饥，父子相食"⑥。

　　河南长期的旱、蝗灾害加重了饥荒，粮食绝收，粮价上涨，饥民或逃或亡，舞阳县、泌阳县、唐河县、固始县、正阳县、武陟县等地都是饥馑满道、鬻妻卖子的灾区⑦。淮宁县、杞县等地还发生了雹灾、地震，无数饥民在灾荒中死亡⑧。一些重灾区的饥民求生无门，"人相食"普遍发生，如鹿邑县"岁饥，人相食"⑨，息县"大旱，四月至七月始雨，仅

---

① 道光《安邱新志》卷一《总纪》，清道光二十二年（1842 年）稿本。

② 光绪《新修菏泽县志》卷十八《杂记》，清光绪十一年（1885 年）刻本；道光《钜野县志》卷十三《人物志·义举》，清道光二十六年（1846 年）刻本；光绪《阳谷县志》卷九《灾异》，民国三十一年（1942 年）铅印本；道光《东阿县志》卷二十三《祥异志》，清道光九年（1809 年）刻本。

③ 民国《续修历城县志》卷一《总纪志》，民国十五年（1926 年）铅印本。

④ 民国《齐河县志》卷首《大事记》，民国二十二年（1933 年）铅印本。

⑤ 光绪《临朐县志》卷十《大事表》，清光绪十年（1884 年）刻本。

⑥ 赵尔巽等：《清史稿》卷四十四《灾异五》，中华书局 1977 年版，第 1652 页。

⑦ 道光《舞阳县志》卷十一《灾祥志》，清道光十五年（1835 年）刻本；道光《泌阳县志》卷八《人物传·孝义》，清道光八年（1828 年）刻本；乾隆《唐县志》卷一《地舆志·灾祥》，清乾隆五十二年（1787 年）刻本；乾隆《重修固始县志》卷十五《大事表》，清乾隆五十一年（1786 年）刻本；嘉庆《正阳县志》卷九《补遗上·祥异》，清嘉庆元年（1796 年）刻本；嘉庆《鄢陵县志》卷五《宦迹》，清嘉庆十三年（1808 年）刻本；道光《重修伊阳县志》卷六《祥异志》，清道光十八年（1838 年）刻本；道光《武陟县志》卷十二《祥异志》，清道光九年（1829 年）刻本。

⑧ 道光《淮宁县志》卷十二《五行志》，清道光六年（1826 年）刻本；乾隆《杞县志》卷二《天文志》，清乾隆五十三年（1788 年）刻本。

⑨ 光绪《鹿邑县志》卷十四《人物传》，清光绪二十二年（1896 年）刻本。

有荞麦。陈、蔡等郡饿民就食者众，斗米千文钱，人相食"[1]。

江苏的旱灾及旱蝗灾害也愈演愈烈，灾区范围扩大，饥民死亡人数达万余人，时人认为是百年未有之大灾，清人顾公燮《消夏闲记摘钞》上卷记："乾隆五十年，江南旱魃为虐，几至赤地千里，较之二十年尤甚，与康熙四十六年仿佛。二十年，不过苏属偏灾，尚有产米之区源源接济；今则两湖、山东、江西、浙江、河南俱旱，舟楫不通……米贵至四五十文一升……以致死亡相望，白日抢夺……死者日各有千人……此自康熙四十五年以来未之奇荒也，是年太湖水涸。"饥民纷纷逃荒，很多饥民在吃粥的过程中相互践踏致死，"大旱……逃至苏城吃施粥者拥挤异常，每朝一厂劫死人数有三四口、七八口之多；若逃至乡村，则三百、四百人作队，谓之吃白饭，亦络绎不绝"[2]。"东南大旱，吴下素称泽国，港底俱涸，近处常、镇诸地粒米无收……从此乞人满路，饿殍遍野，地方官力为赈济，苏郡粥厂分为六处，然每日拥挤，老幼践踏死者日以百计。何不幸而遭此一厄也"[3]。严重的旱灾使河流断流，庄稼颗粒无收，各地方志对当地的旱灾及其大致情况均有记载，如安东县"五十年，夏大旱，无麦禾"[4]，溧水县"大旱不雨"[5]，青浦县"大旱，岁歉收"[6]，六合县"乾隆五十年，秋后奇旱，龙津桥上五里河断流，桥下十五里河水亦断流"[7]，松江县、泰兴县大旱[8]，扬州府"五十年东台大旱，三月至明年二月方雨"[9]，武进县

① 嘉庆《息县志》卷八《内纪》，清嘉庆四年（1799 年）刻本。

② （清）章腾龙撰、陈勰增辑：《贞丰拟乘》卷下《杂录》，清嘉庆十五年（1810 年）聚星堂刻本。

③ （清）柳树芳：《分湖小识》卷六《别录下·灾祥》，清道光二十七年（1847 年）刻本。

④ 光绪《安东县志》卷五《民赋》，清光绪元年（1875 年）刻本。

⑤ 光绪《溧水县志》卷一《天文志》，清光绪九年（1883 年）刻本。

⑥ 乾隆《青浦县志》卷三十八《祥异》，清乾隆五十三年（1788 年）刻本。

⑦ 民国《六合县续志稿》卷十八《祥异》，民国九年（1920 年）石印本。

⑧ （清）杨学渊：《寒圩小志·祥异》，孟斐标点，上海社会科学院出版社 2005 年版，第 29 页；光绪《泰兴县志》卷末《述异》，清光绪十二年（1886 年）刻本。

⑨ 嘉庆《重修扬州府志》卷七十《事略》，清嘉庆十五年（1810 年）刻本。

"自春至秋不雨，河涸"①，宜兴县"夏大旱，太湖水涸百余里"②，高邮"上年亢旱日久，高、宝诸湖俱经干涸"③，江都县"大旱，湖水涸竭"④。各地遭受旱灾的田地面积较为广大，如江阴县"五月至八月不雨，河流涸绝，高下俱灾，民无食。勘报六分、五分灾田六十七万九千五百三亩三分"⑤。很多旱灾区还发生了蝗灾，如泰州"五十年大旱，蝗，无麦无禾，河港尽涸"⑥，溧水县"七分旱灾，有蝗，走而不飞"⑦，宝应县"五十年，大旱蝗"⑧，沭阳县"五十年，旱蝗"⑨，苏州府"大旱，河港涸。蝗蝻生"⑩，常熟"大旱，河港皆涸。蝗蝻生"⑪，吴江县"夏大旱，蝗"⑫。在旱、蝗灾害的共同打击下，粮价飞涨，饥荒严重，草根、树皮均被饥民食尽，无数饥民在饥荒中死亡，一些地区就发生了"人相食"的现象，如兴化县"大旱，自三月至次年二月始雨。斗米千钱，人相食"⑬，盐城"大旱，斗米千钱，人相食"⑭。

安徽的旱灾也与江苏一样，灾区扩大，灾情严重，如安庆、庐州等三十三州县的秋禾"被旱成灾，池州、宁国等四府州亦多有灾伤之处"⑮。此

---

① 光绪《武阳志余》卷一《古迹下》，清光绪十四年（1888 年）活字本。
② 嘉庆《新修宜兴县志》卷四《杂志·祥异》，清嘉庆二年（1797 年）刻本。
③ 嘉庆《高邮州志》卷首《恩纶》，清嘉庆十八年（1813 年）刻本。
④ （清）焦循：《北湖小志》卷五《书物异》，清嘉庆十三年（1808 年）扬州阮氏刻本。
⑤ 道光《江阴县志》卷八《祥异》，清道光二十年（1840 年）刻本。
⑥ 道光《续纂泰州志》卷一《建置沿革·祥异》，清道光七年（1827 年）刻本。
⑦ 嘉庆《溧阳县志》卷十六《杂类志·瑞异》，清嘉庆十八年（1813 年）刻本。
⑧ 民国《宝应县志》卷五《食货志·水旱》，民国二十一年（1932 年）铅印本。
⑨ 民国《重修沭阳县志》卷十三《杂类志·祥异》，民国年间抄本。
⑩ 道光《苏州府志》卷一百四十四《祥异》，清道光四年（1824 年）刻本。
⑪ 光绪《常昭合志稿》卷四十七《祥异志》，清光绪三十年（1904 年）活字本。
⑫ （清）纪磊、沈眉寿：《震泽镇志》卷三《灾祥》，清道光二十四年（1844 年）刻本。
⑬ 咸丰《重修兴化县志》卷一《舆地志·祥异》，清咸丰二年（1852 年）刻本。
⑭ 光绪《盐城县志》卷十七《杂类志·祥异》，清光绪二十一年（1895 年）刻本。
⑮ 《清实录·高宗纯皇帝实录》卷一千二百三十六"乾隆五十年八月乙未条"，中华书局 1986 年版，第 631 页。

后，遭受旱灾的州县不断增多，亳州、蒙城、太和、阜阳、霍邱、宿州、颍上、灵璧、定远、怀远、寿州、凤台、凤阳、泗州、盱眙、五河、天长、滁州、全椒、来安、庐江、巢县、合肥、舒城、无为、铜陵、贵池、东流、建德、青阳、宣城、南陵、旌德、宁国、泾县、太平、怀宁、桐城、宿松、太湖、潜山，望江、和州、含山、广德、建平、当涂、芜湖、繁昌、六安、霍山五十一州县，以及凤阳、长淮、泗州、滁州、庐州、安庆、建阳、宣州、新安九卫遭受了旱灾①，池州、颍州、广德各府州属"俱大旱"②。各地方志对当地灾情也进行了记载，如宿松县"乾隆五十年乙巳，元旦大雪。夏秋大旱"③，庐州府"郡属俱大旱"④，南陵县"乾隆五十年，大旱，蝗，自春至秋无雨"⑤，泾县、太平县等地"五十年大旱……明年继旱"⑥，和县"大旱"⑦，泗县"大旱，灾七八九分"⑧，来安县"大旱，自冬及次春，饿殍相望于道"⑨。在长期旱灾的打击下，很多地区粮食无收，如徽州府"夏旱，自五月不雨至七月……禾早晚俱不登，斗米六百六十文"⑩，舒城县"大旱，春夏雨泽短少，栽种仅半。自五月至八月不雨，禾苗枯死……九月末，雨雪。冬大荒"⑪。有的地区由于旱灾时间太长，饥民已无草无树可吃，死亡人数众多，如繁昌县、当涂县等地都出现了死者枕藉的记载⑫。有的饥民不得不吃"观音土"残喘，但随即死亡，如

---

① 《清实录·高宗纯皇帝实录》卷一千二百四十一"乾隆五十年十月辛丑条"，中华书局 1986 年版，第 696—697 页。

② 道光《安徽通志》卷二百五十七《祥异》，清道光十年（1830 年）刻本。

③ 民国《宿松县志》卷五十三《杂志·祥异》，民国十年（1921 年）活字本。

④ 嘉庆《庐州府志》卷四十九《大事志·祥异》，清嘉庆八年（1803 年）刻本。

⑤ 民国《南陵县志》卷四十八《杂志》，民国十三年（1924 年）铅印本。

⑥ 嘉庆《泾县志》卷二十七《杂识·灾祥》，清嘉庆十一年（1806 年）刻本；嘉庆《太平县志》卷八《祥异》，清嘉庆十四年（1809 年）刻本。

⑦ 光绪《直隶和州志》卷三十七《杂类志·祥异》；清光绪二十七年（1901 年）活字本。

⑧ 乾隆《泗州志》卷四《轸恤·蠲赈》，清乾隆五十三年（1788 年）抄稿本。

⑨ 道光《来安县志》卷五《食货志·祥异》，清道光十年（1830 年）刻本。

⑩ 道光《徽州府志》卷十六《杂记·祥异》，清道光七年（1827 年）刻本。

⑪ 嘉庆《舒城县志》卷三《大事志》，清嘉庆十一年（1806 年）刻本。

⑫ 道光《繁昌县志》卷十八《杂类志·祥异》，清道光六年（1826 年）刻本；民国《当涂县志稿·人物》，民国二十五年（1936 年）抄本。

广德县"自夏至秋不雨，斗米钱五百文，民食草根木皮几尽。溧阳交界山有土青白色，取和麦粉，藉以救饥，俗呼观音粉，食者或至闷死。建平蝗，所过寸草无遗"①。在这种状况下，一些地区的饥民不得不"人相食"以延命，如怀宁县"五十年，大饥，人相食"②，霍邱县"大旱，斗米一千一百有奇。人相食，民死十之四，且有阖家死者"③。

此外，直隶、湖北等地也发生了旱灾，饥荒严重，饥馑载道。直隶"大旱，饥民食草木，殍馑载道"④，湖北遭受旱灾的州县多达五十余个，"窃照湖北江夏等州县，武昌等卫所，民屯田亩，自夏徂秋，雨泽愆期，已栽禾苗及改种杂粮等项，先后均经受旱，并有未尽栽种之处……在地之禾稻杂粮已多黄萎枯槁"，"受旱之江夏等五十州县内"，各个州县的灾情分数均各不相同。

旱灾持续到乾隆五十一年（1786 年），灾情较重的山东、河南、江苏、安徽等地的旱灾还在继续，灾情达到巅峰，发生"人相食"惨剧的州县数量比上年大大增加，也把乾隆年间的灾荒后果推向了最高峰。很多省由于灾区面积广大，旱灾延续时间较长，粮价昂贵，饥荒严重，饥民只能吃树皮、草根，最后树皮都被食尽，临朐县、诸城县等地死亡饥民无可计数⑤。很多疫区由于死亡饥民较多，未及掩埋，尸体暴露，灾区又发生了瘟疫，如齐河县"五十一年春，岁凶，饿殍踵接，夏疫"⑥，淄博县"大旱，泉水涸，树木枯……瘟疫"⑦，即墨县"春大饥，秋大疫"⑧，疫灾对灾区来说，更是雪上加霜，死亡的饥民更多，莘县、菏泽、茌平县

① 乾隆《广德直隶州志》卷四十八《杂志·祥异》，清乾隆四年（1739 年）刻本。
② 民国《怀宁县志》卷三十三《祥异》，民国七年（1918 年）铅印本。
③ 道光《霍邱县志》卷十二《杂志·灾异》，清道光五年（1825 年）刻本。
④ 光绪《直隶和州志》卷三十七《杂类志·祥异》，清光绪二十七年（1901 年）活字本。
⑤ 光绪《临朐县志》卷十《大事表》，清光绪十年（1884 年）刻本；道光《诸城县续志》卷一《总纪》，清道光十四年（1834 年）刻本。
⑥ 民国《齐河县志》卷首《大事记》，民国二十二年（1933 年）铅印本。
⑦ 民国《续修博山县志》卷一《大事记·水旱》，民国二十六年（1937 年）铅印本。
⑧ 同治《即墨县志》卷十一《大事志·灾祥》，清同治十二年（1873 年）刻本。

等地的饥民死于饥饿及疫灾者不计其数①。在这种状况下，灾区继续上演着"人相食"的惨剧，并且记录"人相食"的地区日益增多，如郓城县"春，人相食"②，沂水县、肥城县、兖州县、滕县、阳谷县等地都是"春大饥，人相食"③，宁阳县"春大饥，斗米万钱，人相食"④，泗水县、东阿县"大饥，人相食"⑤，城武县"春大饥，人相食，死者无算"⑥。在瘟疫蔓延之后，因"人相食"导致的疫灾及传染而死亡的饥民人数就更多，如日照县、寿张县"五十一年春，大饥，人相食"⑦，峄县"大饥。夏四月，大疫……是岁因连年失收，斗粟万钱，人相食，至夏疫疾传染，死者无数"⑧，莒县"五十一年春，大饥，斗粟千钱，人相食。夏，大疫，死者不可胜计"⑨，寿光县"岁大饥，人相食，流亡关外者载道。四月，疫"⑩，单县"大疫。岁凶，人相食"⑪，汶上县"大饥，人相食……疫盛行，人死十六七"⑫。看着这么多的地区发生"人相食"的悲惨记载，笔者心头的震惊和骇然不能言表，也沉重感受到了灾情的严重程度，这应当是山东自清代开国以后在灾荒中发生"人相食"州县数量最

---

① 民国《莘县志》卷十二《大事志·祲异》，民国二十六年（1937 年）铅印本；光绪《新修菏泽县志》卷十八《杂记》，清光绪十一年（1885 年）刻本；道光《博平县志》卷一《天文志》，清道光十一年（1831 年）刻本。

② 光绪《郓城县志》卷九《灾祥志》，清光绪十九年（1893 年）刻本。

③ 道光《沂水县志》卷九《纪事·祥异》，清道光七年（1827 年）刻本；嘉庆《肥城县新志》卷十六《祥异志》，清嘉庆二十年（1815 年）刻本；光绪《滋阳县志》卷六《灾祥》，清光绪十四年（1888 年）续修刻本；道光《滕县志》卷五《灾祥志》，清道光二十六年（1846 年）刻本；光绪《阳谷县志》卷九《灾异》，民国三十一年（1942 年）铅印本。

④ 咸丰《宁阳县志》卷十《灾祥》，清咸丰二年（1852 年）刻本。

⑤ 光绪《泗水县志》卷十四《灾祥志》，清光绪十八年（1892 年）刻本；道光《东阿县志》卷二十三《祥异志》，清道光九年（1809 年）刻本。

⑥ 道光《城武县志》卷十三《外志》，清道光十年（1830 年）刻本。

⑦ 光绪《日照县志》卷七《考鉴志》，清光绪十二年（1886 年）刻本；光绪《寿张县志》卷十《杂志》，清光绪二十六年（1900 年）刻本。

⑧ 光绪《峄县志》卷十五《灾祥考》，清光绪三十年（1904 年）刻本。

⑨ 国《重修莒志》卷二《大事记》，民国二十五年（1936 年）铅印本。

⑩ 民国《寿光县志》卷十五《大事记·编年》，民国二十五年（1936 年）铅印本。

⑪ 民国《单县志》卷十四《灾祥志》，民国十八年（1929 年）石印本。

⑫ 宣统《四续汶上县志稿·灾祥》，清宣统年间稿本。

多的时候，把清王朝灾荒及其惨绝人寰的严重后果推向了高峰。

河南由于长期的灾荒和人口的大量死亡，很多地区也发生了瘟疫，饥民死亡更多，如太康县"麦后，闻邑患时疫"①，密县"大饥，温病。饿死者十五六"②，鄢陵县"五十一年春，斗麦千钱，夏秋之间瘟疫遍行，死者无数，蝗生蔽野，伤稼"③，新乡县"五十一年夏，飞蝗蔽日，食秋禾尽，民大饥"④，郏县"饿殍盈野，且大疫，又七月蝗自南来，群飞蔽日，禾苗尽食"⑤，淮阳县"五十一年夏，麦大熟，人多疫死，秋，飞蝗蔽日，坠地深尺余"⑥，杞县"春大饥……死者甚众。夏大疫。秋，飞蝗伤禾"⑦，祥符县"夏秋之交瘟疫遍行，死者无数，蝗生蔽野"⑧，尉氏县"瘟疫流行。蝗虫伤秋稼"⑨，许昌县、临颍县等地"春大饥，人相食。夏大疫。秋大蝗"⑩，南阳县"春大饥，人相食。夏大疫，死者无数。秋蝗，食禾殆尽"⑪。在旱、蝗灾害和瘟疫的交相打击下，灾区遭受了更大打击，饥民饥寒交迫，仰赖树皮、草根为生，饥民死者无数，"人相食"惨剧不可避免地又在很多地区上演。河南记载"人相食"地区的数量也达到了清代立国以来之最，如商水、项城等县"五十一年，大饥，人相食"⑫，禹县"岁荐饥，米麦一斗价至两千二百，人相食"⑬，西平县"乾隆五十一年丙午，岁大饥，人相食"⑭，许昌

---

① 道光《太康县志》卷五下《人物志·义行》，清道光八年（1828年）刻本。
② 嘉庆《密县志》卷十三《人物志·义行》，清嘉庆二十二年（1817年）刻本。
③ 民国《鄢陵县志》卷二十九《祥异志》，民国二十五年（1936年）铅印本。
④ 民国《新乡县续志》卷四《祥异志》，民国十二年（1923年）铅印本。
⑤ 民国《郏县志》卷十《杂事志》，民国二十一年（1932年）石印本。
⑥ 民国《淮阳县志》卷八《杂志》，民国二十三年（1934年）铅印本。
⑦ 乾隆《杞县志》卷二《天文志·祥异》，清乾隆五十三年（1788年）刻本。
⑧ 光绪《祥符县志》卷二十三《杂事志·祥异》，清光绪二十四年（1898年）刻本。
⑨ 嘉庆《洧川县志》卷八《杂志·祥异》，清嘉庆二十三年（1818年）刻本。
⑩ 道光《许州志》卷十一《祥异》，清道光十八年（1838年）刻本；民国《重修临颍县志》卷十三《杂稽志·灾祥》，民国五年（1916年）铅印本。
⑪ 光绪《南阳县志》卷十二《杂记》，清光绪三十年（1904年）刻本。
⑫ 民国《商水县志》卷二十四《杂事志》，民国七年（1918年）刻本；民国《项城县志》卷三十一《杂事志》，民国三年（1914年）石印本。
⑬ 同治《禹州志》卷十九《列传三·耆硕》，清同治九年（1870年）增刻道光本。
⑭ 民国《西平县志》卷三十四《故实志·灾异篇》，民国二十三年（1934年）刻本。

县"五十一年，春大饥，人相食，夏大疫，秋大蝗"①，郾城县"五十一年，旱，大饥疫。春斗麦钱一千四百，田地每亩无过千者，人相食，疫死太半，鬻妻女者，道路不绝"②，柘城县"春，斗米两千，糠秕入市，饿殍相枕藉，人食人"③。

江苏持续、大面积的旱灾也对社会经济及生产生活造成了严重影响，很多旱灾区发生了蝗灾，部分沿河地区遭受了水灾、疫灾，饥民陷入困境之中，诸如"旱""大旱""蝗""大饥""大疫"等类的记载，在很多地区的方志中比比皆是。如睢宁县、铜山县等地的"春大饥……夏大疫"④，江阴县"岁饥，民食草根、树皮，夏大疫"⑤，宿迁县"春谷贵……大疫"⑥等。很多灾区在旱灾、蝗灾、疫灾的交相打击下，饥荒严重，粮价飞涨，沭阳县、睢宁县等地都存在旱、蝗灾害及疫灾，饥民死亡众多⑦，很多地区如安东县、江阴县等地的饥民只能以树皮为食，死亡日众⑧，在这种状况下，饥民只能以"人相食"苟延残喘。如山阳县"大饥，人相食，夏大疫，人死于道路相枕"⑨，丰县"大饥，人相食"⑩，阜宁县"春大饥，人相食。夏大疫"⑪，盐城县"大饥，人相食。大疫，死者相枕于道"⑫，淮安府"大饥，人相食。夏大疫，人死于道路相

---

① 民国《许昌县志》卷十九《杂述上·祥异》，民国十二年（1923 年）石印本。
② 民国《郾城县记》卷五《大事篇》，民国二十三年（1934 年）刻本。
③ 光绪《柘城县志》卷十《杂志·灾祥》，清光绪二十二年（1896 年）刻本。
④ 光绪《睢宁县志稿》卷十五《祥异志》，清光绪十二年（1886 年）刻本；民国《铜山县志》卷四《纪事表》，民国十五年（1926 年）刻本。
⑤ 光绪《江阴县志》卷八《祥异》，清光绪四年（1878 年）刻本。
⑥ 民国《宿迁县志》卷七《民赋志》，民国二十四年（1935 年）铅印本。
⑦ 民国《重修沭阳县志》卷十三《杂类志·祥异》，民国年间抄本；光绪《睢宁县志稿》卷十五《祥异志》，清光绪十二年（1886 年）刻本。
⑧ 光绪《安东县志》卷五《民赋》，清光绪元年（1875 年）刻本；道光《江阴县志》卷八《祥异》，清道光二十年（1840 年）刻本。
⑨ 同治《重修山阳县志》卷二十一《杂记》，清同治十二年（1873 年）刻本。
⑩ 光绪《丰县志》卷十六《纪事类·祥异》，清光绪二十年（1894 年）刻本。
⑪ 民国《阜宁县新志》卷首《大事记》，民国二十三年（1934 年）铅印本。
⑫ 光绪《盐城县志》卷十七《杂志类》，清光绪二十一年（1895 年）刻本。

忧"①。这些惨景将江苏旱、蝗灾害推向了最高峰。

安徽的旱灾也在继续，如太平县"五十年大旱……道殣相望……明年继旱"②，灾情较重的亳州、蒙城、太和、泗州、盱眙、天长、五河、滁州、全椒、来安、和州、含山、建平、铜陵、庐江、巢县、定远、灵璧等十九州县的灾情达到了九分或十分③。旱灾持续到乾隆五十一年（1786 年），很多旱灾区还并发蝗灾、疫灾。饥民因之死亡更多，有绝户的情况出现。如霍邱县"夏大疫，民死十之六，甚至有阖家尽毙，无人收敛者。秋，蝗又为灾"④，霍山县"春，蝗蝻大作，缀树塞途，愈扑愈多"⑤。凤台县等灾区的饥民背井离乡，流离失所⑥。其余一些旱灾地区又发生了水灾，如定远等九州县因夏季雨水过多，河湖并涨，灵璧等四州县亦因山水陡发，民间田禾房舍均被淹漫，"该州县俱系积歉之区，今夏复因雨水过多，河湖并涨……以致民田庐舍，均被淹没"，致使秋收"失望"，定远、凤阳、怀远、凤台、寿州、五河、泗州、盱眙、天长九州县被灾较重，灵璧、滁州、来安、全椒、四州县遭灾较轻，"小民亦不无失所"，但各地灾情分数不一，如泗县"夏六月，大雨经旬，灾七八九分"⑦，五河县"二月二十三至二十七日，大雨倾盆，昼夜如注，濠淮二河上承六安诸山之水，汇归洪泽湖。五河临湖滨淮田地尽被淹没，房屋倒塌无算"⑧。由于饥民死亡众多，很多灾区在旱灾、蝗灾或水灾之后，又发生了瘟疫，如阜阳县"春大饥，大疫"⑨，饥民死于瘟疫者不计其数，有关记载在方志中记录较多，舒城县"春大饥……夏大疫，死又什之三。麦

① 光绪《淮安府志》卷四十《杂记》，清光绪十年（1884 年）刻本。

② 嘉庆《太平县志》卷八《祥异》，清嘉庆十四年（1809 年）刻本。

③ 《清实录·高宗纯皇帝实录》卷一千二百四十六"乾隆五十一年正月戊申条"，中华书局 1986 年版，第 742 页。

④ 道光《霍邱县志》卷十二《杂志·灾异》，清道光五年（1825 年）刻本。

⑤ 光绪《霍山县志》卷十五《杂志·祥异》，清光绪三十一年（1905 年）活字。

⑥ 光绪《凤台县志》卷十二《人物志·义行》，清光绪十八年（1892 年）活字本。

⑦ 乾隆《泗州志》卷四《轸恤志·蠲赈》，清乾隆五十三年（1788 年）刻本。

⑧ 嘉庆《五河县志》卷十一《杂志·纪事》，清嘉庆八年（1803 年）刻本。

⑨ 道光《阜阳县志》卷二十三《杂志·機祥》，清道光九年（1829 年）刻本。

熟田中，至有无人收刈者"①，怀远县"春荒……大疫……秋虫，食豆苗殆尽"②。在重重灾荒的打击下，无数饥民死亡流离，如无为"春仍旱，大饥而疫，死者弥望"③，宿松县"夏秋大旱……冬，饿殍相藉，民多远徙"④，一些地区就发生了"人相食"的现象，如六安县"春大饥，升米百钱，人相食。瘟疫死者无数"⑤。安徽"人相食"现象是乾隆五十一年（1786年）旱、蝗灾害中记录地区相对最少的省之一。

二、清前期的重大灾害（重灾）

重灾是灾害区域、灾情分数严重程度及灾害后果低于巨灾的灾害（七分、八分灾），灾害次数比巨灾多，但"人相食"的区域及时间也要远远低于巨灾。

顺治年间的灾害记录仅有一次重灾。顺治十年（1653年），在北方旱、蝗、雹巨暴发前，湖广发生了严重水旱灾荒，部分地区的饥民发生了"人相食"的惨剧。

康熙年间发生了五次重灾。康熙四年（1665年），山东、山西、直隶、河南、陕西等地发生了严重的旱、蝗、水灾害，以山东灾情最重，出现"人相食"的景况。康熙六年（1667年），河南、山东、山西、陕西等地发生了旱、蝗、雹灾害，饥民遍地，以河南最为严重，发生"人相食"的惨剧。康熙三十七年（1698年）发生在山西的严重旱灾，波及面积广，乐平、平定等县"春大饥，人相食"⑥。康熙四十八（1709年）、康熙四十九年（1710年），河南、直隶、江苏、浙江、安徽等地发生严重水、旱灾害，河南灾情最为严重，连续两年发生"人相食"惨象。康熙六十年（1721年），北方的直隶、山西、安徽、河南等地普遍发生了极为严重的

---

① 嘉庆《舒城县志》卷三《大事志》，清嘉庆十一年（1806年）刻本。
② 嘉庆《怀远县志》卷九《五行志》，清嘉庆二十四年（1819年）活字本。
③ 嘉庆《无为州志》卷三十四《集览志·祲祥》，清嘉庆八年（1803年）刻本。
④ 道光《宿松县志》卷二十八《杂志·祥异》，清道光八年（1828年）刻本。
⑤ 嘉庆《六安直隶州志》卷三十二《纪事》，清嘉庆九年（1804年）刻本。
⑥ 乾隆《乐平县志》卷二《舆地表·祥异》，清乾隆十八年（1753年）刻本；乾隆《平定州志》卷五《食货志》，清乾隆十四年（1749年）刻本。

旱、蝗灾害，继以瘟疫，人口死亡增多，以陕西灾情最为严重，山阳县"死亡殆尽"①，清涧县"死者相枕藉，南门外掘万人坑"②，葭州"死者积野，人相食，又大疫"③。

雍正年间发生了两次重灾。雍正八年（1730 年）、雍正九年（1731年），直隶、山东、河南、江苏、安徽等地发生了严重水灾，以山东最为突出，出现了"人相食"的景象。雍正十年（1732），陕西发生严重旱灾，饥民众多，咸阳"于本镇城隍庙中煮粥食人"④。

乾隆年间规模较大的重灾发生了五次。一是乾隆七年（1742 年）安徽水灾，江淮地区的大部分地区降雨极其丰富，很多地区暴雨成灾，尤其是江河沿岸地区发生了水灾，很多地区水灾延续时间较长，有的地区从乾隆六年（1741 年）就开始发生水灾，庄稼失收，安徽、江苏、山东、河南、湖北、湖南、福建、江西等地水灾较为严重，以安徽灾情最为严重，蒙城县发生了"人相食"现象。对于安徽的水灾情况，道光《安徽通志》卷首《诏谕》记："八月，奉上谕：江南上下两江，淮、徐、凤、颍等所属州县屡被水灾，今年水势更大。奉上谕，赈上江凤、颍、泗三属连年潦灾。"同书也记录了望江、东流、无为州、宿州颍州六属发生水灾的情况，"泗州河决石林口，泗、虹大水"，凤阳、临淮、怀远、定远、宿州、虹县、灵璧、凤台、寿州、阜阳、颍上、霍邱、亳州、蒙城、太和、泗州、盱眙、天长、五河十九州县出现"夏灾"和"秋灾"，这场波及范围广、延续时间长的水灾，使很多地区的灾情达到了九分、十分不等，大部分地区灾情都在六七分或七八分，从钦差侍郎周学健、调任两江总督那苏图、安徽巡抚张楷的奏章中可知，宿州、灵璧、虹县、宿州卫四处受灾六分至七八分、十分，凤阳、临淮、怀远、颍上、霍邱、泗州、五河、凤阳卫、凤中卫、长淮卫十处受灾六分至七八分、十分，定远、亳州、蒙城、太和、寿州、凤台、天长、盱眙、泗州卫九处受灾达到九分、

---

① 嘉庆《山阳县志》卷十一《事类·祥异》，清嘉庆十三年（1808 年）增刻本。
② 乾隆《清涧县续志》卷八《武备志·灾祥》，清乾隆十七年（1752 年）刻本。
③ 嘉庆《葭州志》卷下《杂记志·灾祥》，清嘉庆十五年（1810 年）刻本。
④ 乾隆《咸阳县志》卷十二《人物上·义行》，清乾隆十六年（1751 年）刻本。

十分①，《阜阳县志》记："秋大水，被灾十分"②，亳州"报被九十分灾"③，泗县"大水，灾九十分"④，凤阳县"大水，成灾九十分"⑤。

这场范围大、时间长、后果严重的灾荒，使大部分灾区庄稼无收，宿州、怀远、虹县、灵璧、凤台、阜阳、颍上、亳州、蒙城、太和、泗州、五河十二州县全境被灾，"未淹地亩为数无几，收获甚微"⑥，太和县"夏四月，雨雹伤麦"⑦。无数饥民挣扎在死亡线上，个别灾情严重地区发生了"人相食"现象，如蒙城县"大水，人相食"⑧。此外，江苏、山东、河南、湖北、湖南、福建、江西等地的水灾也较为严重，各省受灾范围较广，灾情程度较重，粮食减收，粮价高昂，饥馑横行，对当地的社会生产造成了极大打击。

二是乾隆八年（1743 年）湖北水灾，黄河、长江、淮河下游大部分地区因暴雨引发的水灾还在继续，一些地区如安徽等地的灾情得到缓解，但另一些地区如湖北等地的灾情却因长期的水灾而严重起来，发生了"人相食"的现象。湖北在乾隆七年（1742 年）时水灾就较为严重，汉川、沔阳、天门、荆门、云梦、江陵、监利、襄阳、枣阳、谷城、宜城、光化十二州县的水灾较为严重。乾隆八年（1743 年），很多地区依然持续发生了水灾，"湖北沔阳、均州、嘉鱼、汉阳、汉川、黄陂、孝感、黄梅、广济、武昌、武左、蕲州等十二州县卫水灾"⑨，江夏、嘉鱼、汉阳、汉川、黄陂、孝感、黄梅、广济、潜江、沔阳、天门、荆门、江陵、监利、光化、襄阳、枣阳、宜城十八州县，以及武昌、武左、蕲州、荆州、荆左、

① 《清实录·高宗纯皇帝实录》卷一百六十四"乾隆七年四月辛丑条"，中华书局 1985年版，第 74 页。

② 乾隆《阜阳县志》卷五《食货志·蠲赈》，清乾隆二十年（1755 年）刻本。

③ 道光《亳州志》卷二十《恤政》，清道光五年（1825 年）刻本。

④ 光绪《泗虹合志》卷五《食货志·蠲赈》，清光绪十四年（1888 年）刻本。

⑤ 乾隆《凤阳县志》卷十五《杂志·纪事》，清乾隆四十年（1775 年）刻本。

⑥ 《宫中朱批奏折内政》第 20 号，《清代灾赈档案专题史料》第 1 盘，第 315 页。

⑦ 乾隆《太和县志》卷一《舆胜志·灾祥》，清乾隆十六年（1751 年）刻本。

⑧ 同治《蒙城县志》卷十《杂类志·祥异》，清同治九年（1870 年）抄本。

⑨ 《清实录·高宗纯皇帝实录》卷一百七十八"乾隆七年十一月戊午条"，中华书局1985 年版，第 293 页。

沔阳六卫"夏秋水灾"①。水灾主要是从五月二十一二日起至六月初八九等日大雨时行，襄河汛水骤涨，荆、安、汉三府属的江陵、监利、潜江、天门、荆门、沔阳、汉川共七个州县"顶冲迎溜之处，堤垸间有决漫"，六月十日至十四日，又因连日大雨，上游山水齐发，"襄河前涨尚未消退，续又增长数尺，所有江陵等七州县前次据报溃决堤口，惟汉川一属已经堵筑完固，其余各处均难施工，低洼受冲之地，竟有水高地面，漫溢而进者。询之士民耆老，咸称今岁襄河异涨，数十年来实未经见"，并且"房舍、什物未及搬运，不无漂流坍塌"，襄阳府下属的襄阳县沿河一带低地，也因为五月二十一日至六月十三四等日雨水过多，亦被淹浸，德安府下属的云梦县由于因六月十五日洪水暴发，"堤塍又被冲决口之处"，灾情范围日渐扩大。乾隆七年（1742 年）的水灾本来已使很多地区发生了饥荒，如汉阳县"春正月，又值大雪连旬，贫民裹足不能贸易，以致乏食"②。到乾隆八年（1743 年）春季，一些水灾地区又遭受了少见的雪灾、雹灾，饥荒日益严重，如天门县"春大雪，深数尺，径没旬余"③，汉川县"春……雨雪连月，米贵。夏复苦雨"④，又"春，雪深数尺"⑤，潜江县"春，雨雪连月……夏复苦雨"⑥。很多饥民在雨雪灾害中无以为生，以食"观音土"苟延残喘，黄梅县"正月苦雨……人多掘土而食，俗云观音土"⑦，到了"七月大雨雹，积数寸，树尽秃，鸟多毙"⑧。入夏以后的暴雨，使水灾在荆湖大地继续蔓延，"五月自朔迄望，阴雨过多"，孝感、麻城、黄安、黄冈、江夏等县的低洼处所"不无淹浸，民房茅屋亦间有坍塌"；兴国州的宣教、吉口、慈口、阳辛、福庆、永福等地的沿河田墩被

---

① 嘉庆《湖北通志》卷四十七《祥异志》，清嘉庆九年（1804 年）刻本。
② 乾隆《汉阳县志》卷四《星野·恤政》，清乾隆十三年（1748 年）刻本。
③ 道光《天门县志》卷十五《祥异》，清道光元年（1821 年）刻本。
④ 同治《汉川县志》卷十四《祥祲志》，清同治十二年（1873 年）刻本。
⑤ 乾隆《汉川县志·祥祲》，清乾隆三十八年（1773 年）刻本。
⑥ 光绪《潜江县志续》卷二《天宫志·灾祥》，清光绪五年（1879 年）传经书院刻本。
⑦ 光绪《黄梅县志》卷三十七《杂志·祥异》，清光绪二年（1876 年）刻本。
⑧ 民国《宣威县志》卷五中《政治志·救灾》，民国二十三年（1934 年）铅印本。

水冲坍，"沙石壅压情形较重"①；黄冈县等地"复遭大水，下游数十里皆成巨浸，而傍河之田已为沙压，不可种植"②，到了"八年，宜都大水"③。在长期水灾的打击下，发生了饥荒，荆州府"潜、沔大饥，流民多聚江邑"④。饥荒严重的地区发生了"人相食"现象，如光化县"八年癸亥，春饥，人相食"⑤。

三是乾隆二十年（1755年）至乾隆二十二年（1757年）河南发生了水旱灾害。河南大部分地区遭受了水、旱灾害及地震灾害，主要是夏涝秋旱，夏季的水灾与地震几乎是先后相伴发生的，入秋后，一些地区又遭受了旱灾，饥荒严重，个别地区发生了"人相食"的景况。乾隆二十年（1755年）六月，河南因大雨成灾，如归德府的永城县等地，因六月十六日及二十六日等日连续大雨，上游之水汇入县境，秋禾"间有被淹"，新安县六月十四日晚上大雨如注，大水泛溢，冲决了慈涧镇，"溺死居民行商无数"⑥，杞县"夏，霖雨伤麦。秋大水"⑦，封邱县"水淹数十州县"⑧，武陟县"秋八月，大雨连旬，沁河水溢"⑨。大雨还导致了南阳府境内的唐河泛涨，沿河的泌阳、唐县、南阳、新野四县的洼地被淹，不仅灾民被淹死，其居住的瓦房和土房也"间有坍塌"，尤其是建在沿河"沙土松浮"地区的草土建筑的房屋，在大水冲荡之下陆续坍塌，如泌阳县的刘家庄、唐县的源泽庄、南阳县的青台庄、新野县的生花等处

---

① 湖北巡抚晏斯盛：《奏报各属雨水苗情事》，《军机处录副奏折·赈济灾情类》，档号：03-9723-028，中国第一历史档案馆藏。

② 道光《黄冈县志》卷十八《艺文志》，清道光二十八年（1848年）刻本。

③ 光绪《荆州府志》卷七十六《祥异志》，清光绪六年（1880年）刻本。

④ 光绪《荆州府志》卷五十四《人物志·孝义》，清光绪六年（1880年）刻本。

⑤ 光绪《光化县志》卷八《祥异》，清光绪十年（1884年）刻本；民国《光化县志》卷八《祥异》，民国二十二年（1933年）石印本。

⑥ 乾隆《新安县志》卷十四《见闻志》，清乾隆三十一年（1766年）刻本。

⑦ 乾隆《杞县志》卷二《天文志·祥异》，清乾隆五十三年（1788年）刻本。

⑧ 民国《封邱县续志》卷十五《人物略》，民国二十六年（1937年）铅印本。

⑨ 道光《武陟县志》卷十四《河防志》，清道光九年（1829年）刻本。

浸坍瓦屋共 466 间，草房 3157 间，淹毙或压毙人口 21 名①。很多地区同时遭受水灾及地震，如遂平县"夏，大雨十八昼夜。五月十三日地震"②，造成了严重饥荒，一些灾区出现"人相食"现象，如原阳县"二十年春，烈风昼晦，麦槁，秋旱，大饥，人相食"③。

乾隆二十一年（1756 年），河南、江苏、安徽、浙江等地的很多地区因雨水过多酿成了严重的水灾，其中以河南的灾情最为严重，河南巡抚图尔炳阿于乾隆二十二年（1757 年）二月三日奏报曰："上年（1756 年）夏邑被水成灾，民食短缺。"④河南布政使刘慥于乾隆二十二年（1757 年）三月初一日奏报道："上年（1756 年）……归德府属，地较低洼，因秋雨过多，夏邑、商邱、虞城、永城四县，间有数处村庄被水。"⑤由于水灾的影响，很多地区粮价腾贵，如密县、杞县、息县等地都发生了饥荒⑥，一些地区的饥民不得不以"人相食"苟延性命，如正阳县"大饥，人相食。二十二年如之"⑦。乾隆二十二年（1757 年），河南很多地区因上年（1756 年）水灾积水尚未消除，大雨又致成灾，水灾还在继续，"查夏邑县低洼各村庄，因上年七月内雨水过多，致有积水"，夏邑、商邱、虞城、永城四县上年（1756 年）"被水"⑧，乾隆二十二年（1757 年）又因雨水过多造成水灾，"归德府属之夏邑、商邱、虞城、永城并考城、陈许两属各县，五

---

① 河南巡抚图尔炳阿：《奏报永城被水不致成灾情形事》，《军机处录副奏折·赈济灾情类》，档号：03-1045-068，中国第一历史档案馆藏。

② 乾隆《遂平县志》卷十四《外纪》，清乾隆二十四年（1759 年）刻本。

③ 民国《阳武县志》卷一《通纪》，民国二十五年（1936 年）排印本。

④ 水利电力部水管司、水利水电科学研究院：《清代淮河流域洪涝档案史料》，中华书局 1988 年版，第 237 页。

⑤ 水利电力部水管司、水利水电科学研究院：《清代淮河流域洪涝档案史料》，中华书局 1988 年版，第 237—238 页。

⑥ 嘉庆《密县志》卷十五《杂录》，清嘉庆二十二年（1817 年）刻本；乾隆《杞县志》卷二《天文志·祥异》，清乾隆五十三年（1788 年）刻本；嘉庆《息县志》卷六《孝义》，清嘉庆四年（1799 年）刻本。

⑦ 嘉庆《正阳县志》卷九《补遗上·祥异》，清嘉庆元年（1796 年）刻本。

⑧ 《清实录·高宗纯皇帝实录》卷五百三十五"乾隆二十二年三月条"，中华书局 1986 年版，第 754 页。

六月间大雨连绵，以致洼地复有积水，秋禾被淹"①，"归德各属连值大雨，新种低田又复被淹"②，此外，卫辉府的汲县、淇县在六月中旬大雨连绵，山水陡发，城垣民屋都被淹塌，"并淹毙人口"③。很多地区由于自四月开始就持续大雨，到六月，终于暴发了水灾，"夏四月大雨，五月逐次雨，越六月上旬雨盛，遂大水"，黄河南北被淹的州县多达六十三个，其中，"开、归、陈三属尤甚"④，"前因漳河暴涨，骤注卫河，馆陶、冠县等县卫被水成灾，而济宁、鱼台、金乡等处已涸之地又复淹浸"，馆陶、武城、临清州、临清卫、冠县、夏津、朝城、堂邑、邱县、单县、恩县、范县、德州卫、濮州、濮州卫、曹县、寿张十七个州县卫的"嘉禾偏陇，转瞬秋成，猝被水灾，农民失望，室庐荡析，栖息无所"⑤，很多灾区庄稼无收，不仅房屋被淹没冲走，很多灾民也在水灾中毙命，"平地水数尺，屋多倾，人死过半"⑥。乾隆二十二年（1757 年）七月五日，河南巡抚胡宝泉奏报了河南灾情的具体情况："豫省呈报被水州县五十余处，而水势各有不同，如河北之水，其来甚猛，雨大难以立泄，又兼山水徒发，溢出卫源，漫堤泛涨高至一二丈，冲坏城垣民房卫署监街及各村庄，多被淹浸并伤毙人口，实属异涨，民情一时惊慌……各处所坏房屋，多者万余间，其次亦数千间……今河北三郡卫辉府之汲县、新乡县、滑县延津最重，淇县、辉县次之，彰德府之汤阴内黄亦次之，重者惟高粱尚属有收，秋禾概被淹浸，轻者收成亦减"⑦。在长期严重的灾荒中，"饿殍遍野"一词于当

---

①《清实录·高宗纯皇帝实录》卷五百四十"乾隆二十二年六月条"，中华书局 1986 年版，第 836 页。

②《清实录·高宗纯皇帝实录》卷五百三十九"乾隆二十二年五月条"，中华书局 1986 年版，第 820 页。

③《清实录·高宗纯皇帝实录》卷五百四十一"乾隆二十二年六月条"，中华书局 1986 年版，第 861 页。

④ 民国《密县志》卷十八《艺文志》，民国十二年（1923 年）铅印本。

⑤《清实录·高宗纯皇帝实录》卷五百四十二"乾隆二十二年七月条"，中华书局 1986 年版，第 874 页。

⑥ 嘉庆《洧川县志》卷八《杂志·祥异》，清嘉庆二十三年（1818 年）刻本。

⑦《宫中朱批奏折·乾隆朝二十二年》第 45 号，《清代灾赈档案专题史料》第 21 盘，第 678—679 页。

时绝非虚言，正阳县"大饥，人相食"①。

江苏等地也遭受了严重的水灾。江苏有六十四个州县发生水灾，阜宁、清河、桃源、安东、盐城、高邮、泰州、兴化、宝应、铜山、沛县、萧县、砀山、邳州、宿迁、睢宁、海州、沭阳、江浦、六合、山阳、甘泉、崇明、赣榆、上元、江宁、句容、长洲、元和、吴县、吴江、震泽、常熟、昭文、昆山、新阳、华亭、奉贤、娄县、金山、上海、南汇、青浦、武进、阳湖、无锡、金匮、江阴、宜兴、荆溪、靖江、丹徒、丹阳、金坛、溧阳、江都、丰县、太仓、镇洋、嘉定、宝山、通州、如皋、泰兴等州县遭受了水灾，苏州、太仓、镇海、镇江、淮安、扬州、大河、徐州八卫遭受了水、虫灾害。随着降雨量的增加及雨期的延长，水灾地区逐渐增多，在全省十一府州共七十六州县厅卫中，仅高淳、溧水、仪征三县无灾，其余七十三州县厅卫都受灾，其中，阜宁、清河、桃源、安东、盐城、高邮、泰州、兴化、宝应、铜山、沛县、萧县、砀山、邳州、宿迁、睢宁、海州、沭阳、大河十九州县卫为"成灾较重"之地；江浦、六合、山阳、甘泉、崇明、赣榆、淮安、徐州八县卫为"被灾次重"之区，上元、江宁、句容、长洲、元和、吴县、吴江、震泽、常熟、昭文、昆山、新阳、华亭、奉贤、娄县、金山、上海、南汇、青浦、武进、阳湖、无锡、金匮、江阴、宜兴、荆溪、靖江、丹徒、丹阳、金坛、溧阳、江都、丰县、太仓、镇洋、嘉定、宝山、通州、如皋、泰兴、太湖厅、苏州、太仓、镇海、镇江、扬州四十六州县厅卫虽然"被水较轻"，但因后来遭受了风、虫灾害，灾情也较重。此外，常熟、昭文、昆山、新阳、上海、南汇、青浦、太仓、镇洋九州县成灾，"皆属次重"，仅仅只有上元等三十七个州县厅卫"成灾较轻"②，但这些地区在水灾之后很快发生了疫灾和潮灾，饥民死亡较多，如皋县"自二月雨，至八月止。八月江溢，九月海溢。冬大雪，大饥，道殣相望"③，靖江县"夏秋霪雨，疫。麦尽死，禾豆不登，斗米三百余钱。……贫民始食糠秕，继食草根树皮石粉，病疫者

① 嘉庆《正阳县志》卷九《补遗上·祥异》，清嘉庆元年（1796年）刻本。

② 两江总督尹继善：《奏为被灾较轻及次重州县请兼收折色事》，《军机处录副奏折·财政地丁类》，档号：03-0536-106，中国第一历史档案馆藏。

③ 嘉庆《如皋县志》卷二十三《祥祲志》，清嘉庆十三年（1808年）刻本。

甚众"[①]。

四是乾隆二十四年（1759 年）河南、山西、陕西水、旱、雹、蝗灾害，该年河南发生了水灾和蝗灾，饥馑严重，个别地区发生了"人相食"的现象。山西五十六州县发生了旱灾及雹灾，受灾区域较大，灾情严重，饥馑横行，发生"人犬相食"现象。陕西遭受了旱灾，个别地区饿殍载途，饥民死亡较多。河南部分地区发生了旱灾及蝗灾，部分地区发生了水灾，如济源县"五月，旋以天旱薄收，民力艰难"[②]，禹县"春旱，七月大雨，颍水溢"[③]，项城县"七月飞蝗遍野"[④]，灾区饥荒严重，个别地区出现了"人相食"的现象，如林县"岁荒，人相食"[⑤]。山西阳曲、祁县、徐沟、文水、岚县、兴县、临汾、襄陵、洪洞、浮山、赵城、太平、岳阳、曲沃、翼城、汾西、灵石、霍州、汾阳、孝义、临县、石楼、宁县、五寨、临晋、静乐、代州、保德、河曲、解州、安邑、夏县、平陆、芮城、绛州、稷山、河津、闻喜、绛县、应州、怀仁、朔州、右玉、马邑、左云、平鲁、临武、崞县、岢岚、浑源、大同、山阴、灵邱、广宁、阳高、天镇五十六州县遭受了旱、雹、霜等灾害[⑥]。太原府的阳曲、岢岚、岚县、兴县，大同府所属的大同、应州、怀仁、山阴、灵邱，朔平府的朔州、马邑，忻州所属的静乐县，代州的墩县，保德州及其所属的河曲县等共十五个州县，"或夏秋并灾，或秋禾旱雹霜，相继成灾，较之其余州县，仅被一次偏灾者，情形自重"[⑦]。在旱灾的打击下，粮食无收，饥荒横行，如武乡县"大旱。麦苗尽槁收不过二三分，秋复起虫，岁大饥"[⑧]，以及"旱，无禾"和"大旱，无麦"等灾情方面的记载内容，在各地方志中

---

① 光绪《靖江县志》卷八《祲祥志》，清光绪五年（1879 年）刻本。

② 乾隆《济源县志》卷六《水利》，清乾隆二十六年（1761 年）刻本。

③ 民国《禹县志》卷二下《大事记》，民国二十八年（1939 年）刻本。

④ 民国《项城县志》卷三十一《杂事志》，民国三年（1914 年）石印本。

⑤ 咸丰《续林县志》卷一《祥异》，清咸丰元年（1851 年）刻本。

⑥ 《清实录·高宗纯皇帝实录》卷五百九十八"乾隆二十四年十月条"，中华书局1986 年版，第 679 - 680 页。

⑦ 《宫中朱批奏折·乾隆朝二十四年》第 48 号，《清代灾赈档案专题史料》第 21 盘，第 992—996 页。

⑧ 民国《武乡新志》卷二《灾祥》，民国十八年（1929 年）铅印本。

较为普遍，如交城县"夏，三月不雨。秋，大雨月余，民饥"①。除了遭受旱灾外，一些地区遭受了霜灾，如大同府"应州、大同、怀仁、山阴、灵邱、丰镇各属蚤霜，秋禾被灾"②，在霜灾中，"秋禾尽杀"③。在旱灾、霜灾的双重打击下，粮价昂贵，发生了严重的饥荒，饥民不得不食草根、树皮，或食泥土残喘，死亡相继，离石县"大饥，至食泥土，相传人犬相食"④。

　　陕西的旱灾区域较广，西安府的咸宁、长安、咸阳、临潼、鳌屋、鄠县、兴平、高陵、三原、泾阳、醴泉、富平、耀州、同官，同州府的潼关厅及大荔、朝邑、华阴、郃阳、韩城、蒲城、白水，商州的雒南，邠州的彬州、长武、永寿等三十个厅州县发生了旱灾。"入夏以来，虽连得雨泽，未为透足，其沿边一带之延、榆二府，鄜、绥二州所属去岁被灾之各州县，雨水亦未能沾润"⑤。乾隆二十四年（1759 年）五月二十五日，陕西巡抚钟音奏报灾情状况："窃照陕省榆林府属之榆林、葭州、怀远、延安府之定远、靖边、扶施、保安、绥德及所属之米脂、吴堡、清涧等十一州县，上年秋禾被灾……自三月后边地雨泽愆期，虽所种二麦，不过十之一二。"⑥十月二十七日，巡抚钟音奏报了灾情分数："秋成分数折内称：延安、榆林府属栽种稍迟，间有被霜被雹之处，怀远县秋禾亦以被霜收歉等语，今秋陕省雨水虽足，而栽种未尽及时，其偶被偏灾处所刈获不无歉薄……惟定边成灾五六七分不等，其安定、延州、宜川三县俱止五分偏灾，至榆林府属，惟葭州被灾较重，与定边相似，榆林、神木、府谷、怀远较轻。"⑦十一月七日，陕西布政使方世俊奏报了灾情的状况及成灾分数："窃查陕省延安府属之安定、定边、延州、宜川，榆林府属之榆林、

①　光绪《交城县志》卷一《天文门》，清光绪八年（1882 年）刻本。

②　乾隆《大同府志》卷二十五《祥异》，清乾隆四十七年（1782 年）刻本。

③　光绪《怀仁县新志》卷一《星野·祥异》，清光绪三十一年（1905 年）增补续刻本。

④　光绪《永宁州志》卷三十一《灾祥》，清光绪七年（1881 年）刻本。

⑤　《清实录·高宗纯皇帝实录》卷五百八十七"乾隆二十四年五月条"，中华书局1986 年版，第 513 页。

⑥　《宫中朱批奏折·乾隆朝二十四年》第 48 号，《清代灾赈档案专题史料》第 21 盘，第924—925 页。

⑦　《宫中朱批奏折·乾隆朝二十四年》第 48 号，《清代灾赈档案专题史料》第 21 盘，第961—964 页。

葭州、神木、府谷、怀远等九州县，本年秋禾得雨稍迟，先经受旱兼遇早霜，致成灾歉……延安府属之延川、安定二县……被灾村庄虽多，尚有薄收，勘明俱止成灾五分……榆林府属被灾之榆林、葭州、神木、府谷四州县查勘，内榆林一县成灾止四十三村庄，府谷一县被灾亦轻，惟葭州被灾较重，神木先旱后霜，灾地稍广，其成灾地亩分数各有六七八分不等。"①在大面积旱灾的打击下，饥荒较为严重，各地方志以"饥""秋旱""大饥"等内容记载了饥荒的情况，饥民流离失所，不得不鬻妻卖子为生，很多灾区如宜川、澄城县的饥民相继死亡或流离他乡②。此外，乾隆二十四年（1759 年），福建还发生了旱灾、水灾及地震，不少民众在地震中死亡，部分地区饥民卖妻鬻子为生，如铜山县"春，米贵如故，典借无门，卖妻鬻子，饿死者不可胜言"③。

　　五是乾隆五十七年（1792 年）山东、山西的大旱灾，灾情严重，发生了"人相食"的情况。尽管此次旱灾从地理区域上说是跨越了省域，也有"人相食"的情况发生，但相对而言，因旱灾区域还没有扩大，省内的旱灾区域相对较小，"人相食"的范围有限，并未造成大范围的严重影响，故将此次灾荒归入"重灾"范畴。乾隆壬子旱灾，主要是指乾隆五十七年（1792 年）发生在北方地区，主要是以山东、山西等地的大旱灾，灾情严重，发生了"人相食"的情况。山东发生了旱灾及雹灾，区域较广，济南府的济阳、陵县、临邑、淄川、德州、德平，武定府的商河、惠民、乐陵、青城、蒲台、海丰、阳信，青州府的博山，泰安府的泰安、肥城、新泰十七州县发生旱灾。很多地区如东平县、兖州县、济宁、金乡县、聊城、茌平县、临清、高唐等地的旱灾情况，方志以"旱""大旱""秋禾被旱"等形式进行了记载，如无棣县"夏大旱，焦禾稼"④，霑化县"大

① 《宫中朱批奏折·乾隆朝二十四年》第 48 号，《清代灾赈档案专题史料》第 21 盘，第 968—970 页。
② 民国《宜川县志》卷十一《社会志》，民国三十三年（1944 年）铅印本；咸丰《澄城县志》卷五《田赋》，清咸丰元年（1851 年）刻本。
③ 乾隆《铜山县志》卷九《灾祥志》，清乾隆二十五年（1760 年）刻本。
④ 民国《无棣县志》卷十六《祥异志》，民国十四年（1925 年）铅印本。

旱"①。雹灾的记载也很多,如黄县"春夏旱。秋螟。七月一日,大风,雨雹伤稼"②,寿光县"大雨雹"③,文登县"八月,大雨雹"④,莒县"夏五月,自延宾至十字路雨雹,大如鹅卵,厚三尺,伤禾"⑤,很多灾区粮食无收,一些灾情严重的地区就发生了"人相食"的现象,如阳信县"饥,人相食"⑥。山西也发生了旱灾,灾区粮价高涨,如大同"秋旱"⑦,长子县"夏旱,秋霜。斗米钱六百文"⑧,"据长麟奏,平阳等六府州属,入夏以后雨水稀少,粮价渐增"⑨。河津县、稷山县、襄汾县等灾区收成及其欠薄⑩,灾区饥馑横行,如安泽、岳阳、壶关、临汾等县"饥"⑪,汾阳县、孝义县、垣曲县等地"大饥"⑫。在这种状况下,一些地区的饥民出现了"卖子女而食"和"人相食"的现象,如沁水县"大旱,饥殍相望,民卖子女而食"⑬,阳城县"乾隆五十七年,岁大饥,人相食"⑭。此外,

---

① 民国《霑化县志》卷七《大事记》,民国二十四年(1935年)铅印本。
② 同治《黄县志》卷五《祥异志》,清同治十二年(1873年)刻本。
③ 嘉庆《寿光县志》卷九《食货志》,清嘉庆五年(1800年)刻本。
④ 道光《文登县志》卷七《灾祥》,清道光十九年(1839年)刻本。
⑤ 嘉庆《莒州志》卷十五《记事》,清嘉庆元年(1796年)刻本。
⑥ 同治《信邑志稿》卷三《灾异》,清同治三年(1864年)抄本。
⑦ 道光《大同县志》卷二《星野》,清道光十年(1830年)刻本。
⑧ 光绪《长子县志》卷十二《大事记》,清光绪八年(1882年)刻本。
⑨ 《清实录·高宗纯皇帝实录》卷一千四百九"乾隆五十七年七月丁巳条",中华书局1986年版,第942页。
⑩ 嘉庆《河津县志》卷七《孝义》,清嘉庆二十年(1815年)刻本;嘉庆《稷山县志》卷六《孝义》,清嘉庆二十年(1815年)刻本;光绪《太平县志》卷十一《人物志》,清光绪八年(1882年)刻本。
⑪ 民国《重修安泽县志》卷十四《祥异志·灾祥》,民国二十一年(1932年)铅印本;民国《新修岳阳县志》卷十四《祥异志·灾祥》,民国四年(1915年)石印本;道光《壶关县志》卷二《疆域志·纪事》,清道光十四年(1834年)刻本;民国《临汾县志续编》卷七《人物》,民国十年(1921年)增修刻补本。
⑫ 道光《汾阳县志》卷十《事考》,清咸丰元年(1851年)刻本;光绪《孝义县续志》卷下《祥异》,清光绪六年(1880年)刻本;光绪《垣曲县志》卷八《人物》,清光绪五年(1879年)刻本。
⑬ 嘉庆《沁水县志》卷十《祥异》,清嘉庆六年(1801年)刻本。
⑭ 同治《阳城县志》卷十八《灾祥》,清同治十三年(1874年)刻本。

直隶七十八个州县也发生了较严重的旱灾，"保定、文安等七十八州县，因上年被旱歉收"①，一些地区的灾情分数达到了七八分，"上年直隶顺德、广平、大名三府，并保定、河间、天津等府属，因夏秋雨泽缺少，被旱成灾"，顺天府的保定、文安、大城、武清、宝坻、宁河，河间府的河间、任邱、景州、献县、交河、阜城，天津府的青县、庆云、盐山，保定府的清苑、束鹿、满城、望都、容城，赵州的宁晋共二十一州县"成灾七八分"②。河南安阳、汤阴、临漳、林县、武安、涉县、内黄、汲县、新乡、辉县、获嘉、淇县、延津、滑县、浚县、封邱、考城、河内、济源、修武、武陟、孟县、温县、原武、阳武等二十五州县发生了旱灾③，灾情达到六七分乃至八分，"将成灾八分之林县、武安、汲县、获嘉、修武等五县……其被灾七分之安阳、汤阴、涉县、新乡、辉县、淇县、延津、滑县、原武、阳武、浚县等十一县……至被灾六分及勘不成灾之区，仍著该抚察看情形"④。

三、清前期的大型灾害（大灾）

"大灾"是按照清代对灾情勘察的分数标准来确定的，即受灾程度为六七分的灾荒，灾害面积较为广大、程度较为严重的灾荒。清前期的大灾从区域来说，一般不太可能跨越数个省；从时间来说，一般也不会连续两三年甚至更长的时间。但灾荒不可能以人为的、行政区划的划分为发生标准的，因此灾荒具有区域性及季节性的特点，即受到纬度、地形、气候带的影响，这就使"大灾"在区域性及时间性方面也存在着差别。

---

① 《清实录·高宗纯皇帝实录》卷一千四百二十四"乾隆五十八年三月癸卯条"，中华书局 1986 年版，第 50 页。

② 《清实录·高宗纯皇帝实录》卷一千四百二十"乾隆五十八年正月己亥条"，中华书局 1986 年版，第 2 页。

③ 《清实录·高宗纯皇帝实录》卷一千四百二十二"乾隆五十八年二月乙亥条"，中华书局 1986 年版，第 31—32 页。

④ 《清实录·高宗纯皇帝实录》卷一千四百二十"乾隆五十八年正月丙申条"，中华书局 1986 年版，第 1 页。

（一）清前期大灾的区域及时间差异性

清前期的"大灾"存在区域性差别，即灾荒发生的范围存在大区域及小区域的区别。从大区域来说，灾荒常常在一个较大的范围，一般是在若干个省同时或先后发生，如属于巨灾范畴的旱、蝗灾害常常在北方的河南、陕西、山西、甘肃、直隶、山东等地同时发生；大规模的水灾常常在南方诸省如浙江、湖南、湖北、江西、广东、福建等地，以及大的江河流域如黄河、长江、淮河、海河、永定河等河流区发生；海潮灾害一般是沿海的山东、浙江、江苏、福建、广东等地。从小区域来说，灾荒发生地域不大，但其区域的行政区划却属于几个省，即灾区位于几个省交接区域处，也有可能是属于一个省内的若干个府州县。因此，属于"大灾"范畴的灾荒就有两种情况：一是跨越数个省，但灾害程度在各地的分布面积不均匀，在大区域内呈插花状分布。二是省内跨府州县或邻省交界处，是属于小区域的灾荒。

清前期的"大灾"还存在时间差的特点，即存在季节性灾荒，这主要表现在两个方面，一是同类灾荒在不同地区存在春夏或夏秋的区别；清前期"大灾"的灾荒也会因灾情的发展及变化而转化。二是不同灾荒在同一地区或不同地区的发生时间是不同的，如在大规模的水灾和旱灾之后往往发生疫灾，蝗灾往往与旱灾同时或先后发生，同一个地区在一年之内的不同时间或同一时间中常常发生多种灾害，有时是水、旱、蝗等灾害同时发生在同一个区域或邻近区域等。

"大灾"的性质及程度存在转化现象。最为典型的是轻微灾荒向严重灾荒转化，如大灾持续时间超过一年，灾区从一两个省延伸到多个省，范围扩大，灾荒分布从插花状或点状逐渐扩大，各个点状的灾区连接成片以后，大灾的性质就逐渐发生了改变，就酿成了重灾甚至是巨灾。与巨灾、重灾相比，"大灾"具有以下一些特点：

一是从受灾程度来说，"大灾"的灾情比巨灾及重灾要轻，其典型的标准是灾区饥民不会出现"人相食"的现象。巨灾及重灾均会出现"人相食"，只是其灾情范围及严重程度不同，"人相食"地区数量存在差异，"大灾"灾情虽然严重，很多地区都出现"饿殍载道"和"饥馑遍地"的状况，饥民流离失所，很多地区的饥民在连续性的饥荒中不得不食草根、树皮或所谓"观音土"为生，很多饥民因灾荒死亡，尤其是在大规模、长时间的水、旱、蝗灾害中，也能够出现"死亡无数""死者枕藉"等类的记载，但一般不会出现"人相食"的现象。

二是从灾区收成来说，大灾略有收成，流民相对较少。巨灾及重灾一般是七八分灾或九分、十分灾，收成一般为零或仅有一二分，并且由于巨灾和重灾区域大多是连接成片，周围地区自顾不暇、无力接济，灾区范围的广大使官府赈济不能够周遍或救济难施，或是赈济亦不能够从根本上挽救灾情，故而才会出现不同程度的"人相食"事件。而在"大灾"地区，灾情一般为六七分灾，灾区的粮食收成一般有三四分，大部分灾区粮价飞涨，对民众生活虽然能造成严重影响，很多饥民也需要赈济才能够维持生存，但"死者枕藉"的地区不具普遍性，赈济能够发挥很大的作用，饥民通过赈济，一般都能够度过饥荒。

三是从受灾面积来说，大灾面积相对有限，一般出现在省内或几个省交界处，至多两三个省受灾，但程度不重。巨灾及重灾的面积较大，往往多类灾害并发或群发，某类灾荒或多类灾荒能够跨越府州县甚至跨越省或连接数十府州县，各地灾情程度几乎相似，大灾的区域虽然有大有小，但数个省同时遭受同类灾害且程度严重的情况较少，如果是多个省同时受灾，遭受的灾害类型一般不是单类灾害，并且受灾区域不会呈大面积集中，常常呈插花状或点状分布，各地灾情轻重不一，民众有三四份收成，尚有一定的生存基础，在官府及乡绅的救助下，一般能够渡过难关，或是灾区与邻近地区能够相互协济渡过危机，背井离乡、四出流移的饥民很快就能够返乡，恢复正常的农业生产。

四是从灾荒次及数来说，巨灾和重灾次数相对较少，大灾的次数则比较频繁、普遍，很多地区同类灾害或某几类灾害常常反复发生，有的循环发生，有的灾害甚至一年多发。这类灾害在全国各地均存在，分布地域相对较广、影响也较大，民众的生产、生活受到了严重影响。

五是从灾荒持续的时间来说，巨灾和重灾往往持续时间较长，巨灾一般为一两年或三四年甚至更长的时间，各个时段的灾荒后果在漫长的时间中逐渐累加，使原本一些程度不严重的灾荒也在这些时候严重起来，灾荒后果的长效性及累积性效应，给灾区带来的打击也异常巨大，灾区因水灾、旱灾、蝗灾的影响而长期处于缺粮饥饿的状态中，饥民长期在垂死边缘挣扎，"人相食"在灾区出现几乎不可避免。而大灾持续时间一般只有几个月，或是断断续续，即便灾荒持续一两年，灾区也不会大面积相连接，灾荒种类除了水灾、旱灾、蝗灾外，还有地震、雪灾、潮灾、霜灾、瘟疫等，灾害的后果也稍轻一些，不太可能出现"人相食"的现象。

总之，大灾灾区粮食收成一般有三四分，对民众生活虽然能造成严重影响，很多饥民也需要赈济才能维持生存，但"死者枕藉"的地区不普遍，赈济能发挥很大作用，饥民通过赈济一般都能度过饥荒；大灾持续时间相对较短，一般只有几个月或断断续续持续一两年，灾区也不会大面积相连接。

（二）清前期典型大灾的灾情及案例呈现

清前期的大灾以乾隆朝最多，共发生十四年次，主要是地震、水灾、旱灾、风灾、雹灾等。以下根据史料记载情况，梳理这几次大灾的具体状况。

1. 乾隆三年（1738 年）甘肃省宁夏府等地发生大地震及连带灾害

乾隆三年（1738 年）甘肃省宁夏府等地发生大地震及安徽出现旱灾，是年八月六日、十一月二十四日，甘肃省宁夏府等地发生了罕见的大地震，灾情严重，伤亡较多。其中以十一月二十四日的地震最为严重，震级达到八级，破坏极其严重，城垣房座倒塌，死伤数万人，并波及陕西、山西等数省，劫后余生的灾民生活极为凄惨[1]。对于此次大地震的情况，从《清实录》到档案、方志等史料，都做了不同角度的记载。《清实录》记载了地震的初步伤亡情况："谕：前据宁夏将军阿鲁奏报、宁夏地方，于十一月二十四日戌时地动……今据阿鲁续奏，是日地动甚重，官署民房倾圯，兵民被伤身毙者甚多，文武官弁亦有伤损者。朕心甚为惨切。"[2]无数

---

① 刘源：《乾隆三年宁夏府地震史料》，《历史档案》2001 年第 4 期，第 19—24 页。
② 《清实录·高宗纯皇帝实录》卷八十二"乾隆三年十二月辛卯条"，中华书局 1985 年版，第 300—301 页。

房屋、官廨、城墙等因地震塌陷，县城被毁，兵部右侍郎班第等于乾隆四年（1739 年）正月十一日奏报乾隆三年（1738 年）甘肃地震的原因时认为，由于黄河迁徙不常，常年以来，河身西徙，逼近了渠口，到十一月二十四日地震之时，河水上泛，灌注两邑，地下上涌之泉"直立丈余者不计其数"，四散奔溢，水深七八尺以至丈余不等，地土低陷数尺，城堡房屋倒塌无存，灾民被压、被溺而死者甚多，新渠县城南门下陷数尺，"北门城洞仪如月牙，而县堂脊与平地相等，仓廒亦俱陷入地中，粮石俱在水沙之内"，所有建筑几乎全已荡平，乾隆三年（1738 年）十二月，兵部右侍郎班第奏报说：

四面各堡俱成土堆，惠农、昌润两渠俱已坍塌渠底高于渠湃，白新渠而北二三十里以外，越宝丰而至石嘴子东连黄河，西达贺兰山麓，周围一二百里，竟成一片冰海。宝丰县城郭，仓廒亦半入地中，户民既无栖息之所……而新、宝二县地土洼下，原非沃壤，今遭此残毁之余，纵使冰融水退，可耕之地无多。①

镇守宁夏等处将军阿鲁于地震次日，即十一月二十五日奏报宁夏地震情况时说道，十一月二十四日戌时，"忽自西北有声，遮尔地震"，摇动了一两次后，所有满兵城中房屋，自衙署以至兵丁房室尽皆坍塌，因时值寒冬，坍塌的房屋又发生火灾，城中有几个区域的土地开裂二三寸，向外涌水，此后地动不止，直至日出之后，才稍稍安停，地震初停之后，"所有各城楼坍有数处，城垣虽未塌坍，俱皆下陷，以致城门不能开启"②。十一月三十日，阿鲁奏报了地震伤亡的人数，共压毙人一千二百五十六员名，"本日满城四房俱皆倒塌，压死人丁不能悉记。……烟焰直至三日未息，所存男妇沿街奔走，号哭不绝"③。十二月初五日，在川陕总督查郎阿奏报宁夏地震的详细过程及伤亡情况奏章中，我们可以了解到，十一月二十四日戌时宁夏府城的地震是突然发生的，地震一发生，官署、民房一齐俱倒，房

① 兵部右侍郎班第：《奏报宁夏新宝等县被灾情形并办理事宜事》，《军机处录副奏折·赈济灾情类》，档号：03-9695-046，中国第一历史档案馆藏。
② 刘源：《乾隆三年宁夏府地震史料》，《历史档案》2001 年第 4 期，第 19—24 页。
③ 刘源：《乾隆三年宁夏府地震史料》，《历史档案》2001 年第 4 期，第 19—24 页。

倒火起，彻夜延烧，"一望皆瓦砾之场，火光更甚，合城哭声振天。官弁军民马匹焚压死者甚多"，宁夏府知府顾尔昌一家全部被压在房内，出来之人甚少，城里的房屋全行倒塌，"并无存留"，灾民被伤压死者十之四五，被震之后，火势甚炽，三四日来，昼夜不熄，兵丁被焚压而死者，十中约有四五，亦有受伤者。其中，平罗、宝丰、洪广的灾情较重，"且地裂水出，较镇城涌水更大"，地震至二十六日均未停止，衙署、仓厫、兵民房屋俱已倒塌，城郭震撼，又遭火烧，兵民约计十分之中打死四五，现存者大半受伤，甲马打死一半，"旗帜、器械火烧无存"。十二月二十日，查郎阿等人又奏报地震的详细状况及伤亡情况，地震发生时：

> 竟如簸箕上下两簸。瞬息之间，阖城庙宇、衙署、兵民房屋倒塌无存……平地裂成大缝，长数十丈不等，宽或数寸或一二尺不等。地中黑水带沙上涌，亦有陷入而死者。城垣亦俱塌撼，且城根低陷尺许。……昔日繁庶之所，竟成瓦砾之场。惨目伤心，莫此为甚。而地气尚未宁静，每昼夜震动三五次。……平罗、新渠、宝丰等处，平地裂缝，涌出黑水更甚，或深三五尺、七八尺……郡城内抬埋之压死大小口一万五千三百余躯，此外，瓦砾之中存尸尚多。①

兰州巡抚元展成于乾隆四年（1739 年）正月十一日奏报了宁夏地震时城池塌陷的情况，官署兵房倒塌无存，地中泉水带沙上涌，城垣低陷，东南北三门俱不能出入，只有西门低陷尚少，仅可行走，"而由满城以至汉城道路俱成冰海……现在房屋俱已倒塌，城垣俱已坍裂"②。各地方志对地震的情况做了更细致的记载，如"乾隆三年冬十一月，靖远县地屡震有声，一月方止"③，"乾隆三年十一月二十四日，地震，香山尤甚，窑居者多死。初土人以窑覆，知不救，阅十余日，有掘窑搜物者，洞开而人犹生，问之，云：探盆中粟嚼之，不死"④，"乾隆三年十一月二十四日酉时，宁夏地震，从西北至东南，平罗郡城尤甚，东南村堡渐减。地如奋跃，土皆

---

① 刘源：《乾隆三年宁夏府地震史料》，《历史档案》2001 年第 4 期，第 19—24 页。
② 水利电力部水管司、科技司，水利水电科学研究院：《清代黄河流域洪涝档案史料》，中华书局 1993 年版，第 137 页。
③ 道光《兰州府志》卷十二《杂记》，清道光十三年（1833 年）刻本。
④ 乾隆《中卫县志》卷二《建置考·祥异》，清乾隆二十六年（1761 年）刻本。

坟起，平罗、新渠、宝丰三县城皆塌圮。地多斥裂，宽数尺或盈丈，黑水涌溢，其气皆热，村堡、堤坝、屋舍，存者寥寥。知府顾尔昌、镇标千总沈邱、把总哈义德、满城佐领佛尔屯诸古、佐领僧保、常骁骑校三海，皆与难，共压死官民男女五万余人"①，中卫县城在"康熙四十八年九月十二日地大震崩塌十之七八，楼垣尽倾……仅完葺东西二门，迄乾隆三年十一月二十三日地复大震，宁郡城垣、公廨、民房倾颓殆尽……而城垣已不复固"②。据《银川小志》记载，宁夏每年均会发生小地震，"民习为常"，大约在春冬二季居多，如果出现井水忽浑浊、炮声散长、群犬口吠等现象，就要预防地震。若秋季多雨水，冬季也常常发生地震。乾隆三年（1738年）十一月二十四日的大地震，数百年来"莫甚于此"，"甲戌夏，余赴馆宁夏署中，有刘姓老火夫并二三故老遇难幸免，备述是夜更初，太守方宴客，地忽震有声，在地下如雷，来自西北往东南，地摇荡掀簸，衙署即倾倒。太守顾尔昌，苏州人，全家死焉。宁地苦寒，冬夜家设火盆，屋倒火燃，城中如昼。地多裂，涌出黑水，高丈余。是夜动不止，城堞、官廨、屋宇无不尽倒。震后继以水火，民死伤十之八九，积尸遍野，暴风作，数十里尽成冰海"③。

青海发生了地震，伤亡众多，总理青海夷情事务副都统臣巴凌阿于八月八日奏报了灾情的伤亡情况："乾隆三年八月初六日，承准办理军机处抄寄议覆：尼牙木、错隆布二族番民，地陷被压人户。"④在宁夏等地发生大地震的时候，直隶、河南、山西、陕西、山东等大部分地区发生了旱灾或水灾，其中以安徽的旱灾灾情最为严重，影响最大。安徽遭受旱灾的区域较广，"岁夏秋亢旱，得雨后期，补种秋粮，不能畅达"，除望江等十八州县卫"已报灾伤外"，凤阳、寿州、舒城、无为、青阳、当涂、繁昌、贵池、南陵、霍邱、虹县、泾县、铜陵、桐城、太平、临淮、巢县、庐江、霍山、含山、合肥、怀远、东流、太湖、英山二十五州县，再加上凤阳、

---

① 民国《朔方道志》卷一《天文志》，民国十六年（1927年）铅印本；乾隆《宁夏府志》卷二十二《杂记》，清乾隆四十五年（1780年）刻本。

② 乾隆《中卫县志》卷二《建置考·城池》，清乾隆二十六年（1761年）刻本。

③ （清）汪绎辰：《银川小志》卷末，清乾隆二十年（1755年）稿本。

④《宫中朱批奏折·内政》第36号，《清代灾赈档案专题史料》第21盘，第275页。

凤中、泗州、庐州、建阳五卫，共计四十八处"咸皆被旱"①。安徽自四月二十八以后至五月二十八九等日，一个多月未下雨，六七两月虽间得微雨，总未沾足，自七月十七至八月二十五日，"又弥月不雨，天高日烈，泉竭草枯"，四十八州县卫遭受旱灾，滁州、六安、全椒、定远、合肥、来安、泗州、盱眙、霍邱九州和滁、泗、庐等卫受灾最重；灾情次重是地区是临淮、桐城、铜陵、和州、含山、天长、五河七州县，以及长淮卫，灾情稍轻的地区是望江、宣城、南陵、泾县、宁国、太平、贵池、庐江、巢县、凤阳、虹县、霍山、广德、建平十四州县，以及凤阳、凤中、宣州等卫；灾情稍轻的是青阳、当涂、繁昌、无为、舒城、怀远、寿州七州县与新安卫，灾情最轻的是太湖、东流、英山三县②。

在这场旱灾中，先后受灾的州县多达五十二个，根据乾隆三年（1738年）八月二十五日安徽布政使司晏斯盛奏报，在这场严重的灾荒中，饥民人数达到百余万，很多地区成灾六、七、八分乃至十分，在五十二个受灾州县卫中，除怀宁、潜山、宿松、东流、英山五县不成灾外，其余共四十七个州县卫均成灾，铜陵、凤阳、和州三州县的灾情达到五分，五河县、长淮卫的灾情六分；桐城、虹县、天长三县，以及凤中卫的灾情为七分；巢县、霍邱、六安、泗州、盱眙五州县的灾情为八分，合肥、寿州、滁州、全椒四州县，以及庐、凤、泗、滁四卫的灾情为九分；定远、临淮、来安三县的灾情为十分，"饥口共一百四十九万一千九百六十四名"③。很多方志记载了此次旱灾的情况，如太湖县"南乡秋禾被旱，灾伤七分、八分不等"④，凤阳县"旱，成灾六、七、八分"⑤，当涂县"秋大旱，东北乡被灾五分至十分"⑥。

---

① 《清实录·高宗纯皇帝实录》卷七十五"乾隆三年八月戊申条"，中华书局1985年版，第194页。

② 《安徽布政使司晏斯盛乾隆三年八月二十五日安徽旱灾奏折》，《宫中朱批奏折·内政》第36号，《清代灾赈档案专题史料》第21盘，第291—292页。

③ 《安徽布政使晏斯盛乾隆三年十二月十二日奏报安徽旱灾折》，《宫中朱批奏折·内政》第37号，《清代灾赈档案专题史料》第21盘，第353—354页。

④ 道光《太湖县志》卷八《食货志》，清道光十年（1830年）刻本。

⑤ 乾隆《凤阳县志》卷十五《杂志·纪事》，清乾隆四十年（1775年）刻本。

⑥ 乾隆《当涂县志》卷三《星野》，清乾隆十五年（1750年）刻本。

此外，陕西、山西、山东、河南、直隶等地也发生了旱灾、水灾或雹灾等。直隶大部分州县发生水灾，部分地区发生旱灾、虫灾，一些地区发生了饥荒；河南的部分地区发生水灾及严重的旱、蝗灾害，部分地区发生了瘟疫，也发生了饥荒；山东的部分地区发生旱、蝗灾害，齐河等三十二州县卫发生水灾；因受甘肃大地震的影响，山西的榆府县、天镇县、解县、芮城县、虞乡、解州、夏县、太原府、临汾、山阴、襄垣、安邑、安定、绥德州、荣河、平遥、汾州府等地发生了大地震。陕西也发生了地震，但相对而言，陕西的旱灾、雹灾的灾情较为严重，西安府之咸宁、长安、临潼、蓝田、渭南、富平、鄠县、同官，同州府的郃阳、浦城、华州、白水，凤翔府的凤翔、陇州、汧阳，直隶商州及所属的雒南，直隶邠州暨直隶鄜州的宜君等共十九州县"于三四月间发生雹灾"，很多地区发生了旱灾，乾隆三年（1738 年）十一月十四日巡视东城掌陕西道事湖广道监察御史朱凤英奏报了旱灾灾情："本年夏秋之交，上下两江雨泽稀少……臣从经过地方留心访察被灾情形而知，下江之旱，淮安为最，扬州、江南次之，上江之旱，庐、凤为最，而六安、滁、和等州，安庆之桐城、望江次之。此皆两季失收，而此外多系一季失收者也。然上江之旱，更甚于下江者。"[1]由于水旱灾害面积较广，灾情严重，发生了饥荒。

江苏下江之江、苏、常、镇、扬五府所属及上江之六安等十余州县出现旱灾，大部分地区发生旱蝗灾害，饥荒严重，哀鸿遍野，赤地数百里，饥民以石面为食；浙江的永嘉、乐清、瑞安、平阳、丽水、缙云、松阳、云和、宣平九县，杭州、嘉兴、湖州、宁波、绍兴、金华、严州、温州、处州、安吉九府一州，以及安吉、乌程、归安、长兴、孝丰、东阳、湖州七州县也都遭受旱灾，部分地区遭受雹灾，灾情六、七、八、九分不等，饥民受灾荒影响较大。此外，南方地区虽然发生了不同程度的灾害，但大部分地区的灾害程度不大，仅属于轻灾或微灾。如福建、广东的不同地区发生水灾、旱灾、飓风灾；湖南的部分地区发生水灾、旱灾、雹灾；湖北的东湖县、宜昌府等地发生地震，区域部分地区发生旱灾；广西的个别地区发生旱灾、风灾；江西的部分地区发生旱、雹、水灾害；四川发生了水

① 《宫中朱批奏折·内政》第 37 号，《清代灾赈档案专题史料》第 21 盘，第 331 页。

灾、雹灾、地震，一些地区的灾情还较为严重；云南的昆明、昆阳、晋宁、通海、南安、安宁、呈贡、建水、文山、太和十州县遭受水灾，部分地区发生饥荒；贵州的个别地区发生地震、雹灾；奉天府等地的个别地区发生涝灾。总之，从乾隆三年（1738 年）全国各地的灾情和影响来看，北方大部分地区的灾害都是大灾。

2. 乾隆六年（1741 年）江苏、安徽发生水灾及其他灾害

乾隆六年（1741 年）江苏、安徽发生水灾及广东发生水旱飓风灾害、甘肃发生旱雹灾害。是年，江苏、安徽、河南、福建、湖北、湖南等地发生了水灾，以江苏及安徽的灾情为最重。江苏由于雨水较多，河水满溢，发生水灾，江南淮安府的山阳、清河、桃源、安东、海州及沭阳等处"连年遭值水灾，闻今岁又复被潦"，凤阳府的宿州、虹县等处"亦被水歉收"[1]，苏、松、常、镇所属的地区"夏秋之间，雨多晴少，民田被水，迄今涨漫不消"[2]。对于水灾的具体情况，吏部尚书署理两江总督杨超曾于乾隆六年（1741 年）五月六日奏报曰："查今岁二三月间，雨水已为沾足，乃自四月初三至十五六等日，又连降大雨，水势一时骤涨，宣泄不及，低洼田地，积潦难消，麦根淹浸受伤，即高阜之处，因麦根淹浸受伤，即高阜之处，因麦性喜燥而不喜湿，正在含浆孕苞之时，雨淋日久，亦多秀而不实，收成分数大减。就臣由江、扬、常、镇四府地方，尚属高原沃壤，而沿途所见，在田麦穗稀疏黄萎，半系空葶。其上江之凤、庐、颍、泗等府州及下江淮、徐、海三府州，又皆滨临湖河，地势卑下，节据各州县详禀二麦被水情形。"[3]八月六日，杨超曾又奏报了具体的灾情："窃照上下两江各属，自经七月初旬得有透雨之后，已可均望有收……兹于七月十九日晚，风雨骤至，经三昼夜之久，腹里膏腴田亩，禾稻虽无伤损，而沿江沿海低洼之地，未免骤被水淹"，上江的临淮、凤台、虹县、怀远、凤

① 《清实录·高宗纯皇帝实录》卷一百四十五"乾隆六年六月乙卯条"，中华书局 1985 年版，第 1082 页。

② 《清实录·高宗纯皇帝实录》卷一百五十三"乾隆六年十月辛酉条"，中华书局 1985 年版，第 1191 页。

③ 《宫中朱批奏折·乾隆六年》第 5 号，《清代灾赈档案专题史料》第 24 盘，第 1122—1123 页。

阳、灵璧、宿州、定远、太和、亳州、阜阳、蒙城、滁州、来安、全椒、泗州、天长、盱眙、五河、和州、含山等州县，并苏州、凤阳两卫，下江的上元、江宁、句容、六合、江浦、常熟、昭文、震泽、武进、阳湖、无锡、江阴、靖江、荆溪、丹徒、丹阳、金坛、溧阳、高邮、甘泉、江都、仪征、嘉定、崇明、通州、如皋等州县，"内有因风雨而稍减分数者，有被淹十之二三者，有水退迅速仍可收获者"，但凤阳、泗州两府州所属的地区，由于夏被水灾，六、七两月霪雨不停，积潦未消，"又经此番雨水，低洼之地，几成一片汪洋"，江浦、六合两县水深丈余，灌入城市，居民奔避不及，"间有淹毙之人，被灾较重"①。

八月十八日，杨超曾又对水灾的具体情况做了奏报，江苏于七月十九等日，风雨大作，水势陡长。上江的临淮、凤台等二十四州县卫，下江之上元、江宁等二十六州县，以及沿江沿海低洼田地"骤被水淹"，下江的山阳、盐城、安东、桃源、清河、宿迁、海州、沭阳、赣榆等处也遭受了风潮灾害及水灾，"田禾受伤"，上江的宿州、灵璧、虹县等处在五六月间"已被大水，低田尚未全涸，今又叠遭淫雨，竟成一片汪洋，被灾当为最重"；滁州、全椒、来安等处山水骤涨，雨后日渐消泄；临淮、泗州等十余州县卫的低洼之地被水淹浸；下江的六合、江浦、仪征三县，以及海州沭阳、宿迁等处，"夏秋连遭大水"，灾情最重；溧阳、江都、甘泉、通州、泰兴等处灾情次之。至苏、常、太等府所属的常熟、武进等县滨临江海之沙地，"冲决圩岸，淹漫田禾、花豆，房屋亦多倒塌……实系一隅偏灾"②。

九月十日，从江苏布政使安宁奏报遭受水灾的区域及灾情程度的奏章中可知，常熟、昭文、武进、江阴、靖江、荆溪、丹徒、太仓镇洋、宝山、崇明、仪征、泰兴等十三州县均不致成灾，前次受到水灾的上元、江宁、句容、江浦、六合、溧水、丹阳、溧阳、江都、甘泉、高邮、泰州、宝应、通州、如皋、山阳、清河、桃源、盐城、铜山、丰县、沛县、砀山、宿迁、海州、沭阳、徐州卫二十七州县卫，以及继续被风雨所淹的阜

---

① 《宫中朱批奏折·乾隆六年》第 5 号，《清代灾赈档案专题史料》第 24 盘，第 1200—1201 页。

② 《宫中朱批奏折·乾隆六年》第 5 号，《清代灾赈档案专题史料》第 24 盘，第 1222—1224 页。

宁、安东、萧县、赣榆四县，淮安、大河、扬州三卫共计三十四州县卫勘实成灾，其中，江浦、六合、铜山、沛县、海州、沭阳、清河、桃源、安东九处成灾太重；邳州、睢宁虽未另报秋灾，而夏灾田地，因六七月复被水淹，亦觉颇重；徐州府收成尚在五分以上；唯海州及所属沭阳县成灾九分，"夏秋被灾俱重，秋成仅止一分"[①]。两江总督那苏图于十二月一日奏报了灾情状况，下江淮徐海等地，乾隆六年（1741 年）受灾较重，江浦、六合、海州、沭阳、清河、桃源、安东、铜山、沛县、宿迁十州县，"民情甚为艰窘"，其中江浦、六合、海州、沭阳四州县的灾情"尤为特甚"，江浦、六合因江湖山水一时陡发，冲淹最重，海州、沭阳连岁被灾，"小民饥寒交迫者颇多"[②]。在这场严重的水灾打击下，房屋坍塌，庄稼收成剧减甚至无收。

安徽遭受水灾的地区较广，上江凤阳等十六州县"夏秋被水，有伤禾稼，且彼地土瘠民贫，连年被潦"，宿州、灵璧、虹县三州县灾情较为严重，"屡年歉收，民情艰窘"，宿州、灵璧、虹县、凤阳、临淮、怀远、寿州、凤台、定远、颖上、霍邱、蒙城、亳州、阜阳、太和、五河、盱眙、天长、滁州、来安、全椒、和州、含山、无为、舒城二十五州县，以及宿州、凤阳、凤阳中、长淮、泗州、滁州六卫遭受水灾[③]，尤其是宿州等处四月发生水灾后，"复于五月望后重被涝水淹浸。迨水涸地出，居民补种秋禾，正在长茂，又于七月二十至二十二大雨三日，宿州合境被淹，虹县、灵璧地势稍高，淹者大半，其余各属州县被水者甚多。至八月初五日续遇大雨，以致积涝难消"[④]。在这场范围加大的水灾的打击下，灾区饥馑横行，饥民流离失所，一些民众在水灾中丧生。

---

① 《宫中朱批奏折·乾隆六年》第 36 号，《清代灾赈档案专题史料》第 28 盘，第 540—541 页。

② 《宫中朱批奏折·内政》第 38 号，《清代灾赈档案专题史料》第 21 盘，第 399—413 页。

③ 《清实录·高宗纯皇帝实录》卷一百五十三"乾隆六年十月戊申条"，中华书局1985 年版，第 1180—1181 页。

④ 《署安徽巡抚张楷乾隆六年八月十五日奏报了安徽水灾折》，《宫中朱批奏折·乾隆六年》第 5 号，《清代灾赈档案专题史料》第 24 盘，第 1219 页。

与此同时，湖北、湖南、广东等地的部分地区在乾隆六年（1741 年）夏季也遭受水灾，灾区也发生饥荒。广东灾情最为严重，遭受了水、旱、虫、飓风等各种灾害的袭击，受灾面积广，南海、番禺、顺德、香山、新会、三水、海丰、陆丰、龙川、海阳、丰顺、潮阳、揭阳、饶平、惠来、澄海、高要、四会、高明、鹤山、封川、茂名、电白、崖州、感恩、南澳同知二十六州县厅遭受了水、旱、虫灾①，崖州及感恩、陵水两县发生旱灾，琼州、雷州两府在八月十四五日发生风灾，"风雨大作，吹揭屋瓦"，琼、雷、广、肇、惠五府所属的琼山、澄迈、临高、儋州、万州、崖州、乐会、昌化、文昌、感恩、海康、徐闻、遂溪、番禺、新会、新安、新宁、香山、增城、高明、恩平、开平、鹤山、归善二十四州县遭受飓风袭击②。

从乾隆六年（1741 年）四月十日广东琼州总兵官武进陞的奏报中，我们可以了解到，广东琼南各州属的旱灾从乾隆五年（1740 年）十一月十日就开始，直至乾隆六年（1741 年）春季二月间，"雨水甚少"，二月二十四五日，"始得雨泽"。琼郡西路的澄迈、临高、儋州、昌化等处由于"得雨稍迟，田禾不无差等"，崖感一带地区"亢旱尤甚"，很多田地的庄稼几乎完全绝收，低洼田地也只能栽插一半禾苗，在栽插了禾苗地区，也因旱灾的影响而绝收，情况好的地区也只有半收。如崖州所属的三亚、小桥、藤桥等地，高、低田地的禾苗栽插了八分左右，但高田禾苗在旱灾中枯槁无收，低洼之田也只有半收；黄流汛所属地方全靠挖井戽水才能栽种，在旱灾中，仅有一半田地栽种；定楼地区的田地也只栽插了二分左右，高田的禾苗也全部枯槁无收，低田的禾苗只有半收③。

此外，广州、肇庆两府有州县近围地亩被水冲淹，南海县、番禺县、惠州府碣石等地"间有禾虫生发"，潮州府所属的各县因为"得雨颇

---

① 《清实录·高宗纯皇帝实录》卷一百五十"乾隆六年九月己巳条"，中华书局 1985 年版，第 1154 页。

② 《清实录·高宗纯皇帝实录》卷一百五十二"乾隆六年十月庚子条"，中华书局 1985 年版，第 1177—1178 页。

③ 广东琼州镇总兵武进升：《奏报琼南各州县雨水旱稻情形事》，《军机处录副奏折·赈济灾情类》，档号：03-9704-054，中国第一历史档案馆藏。

迟"，很多田地未及栽种，且惠来等县亦发生虫灾，所"成熟者收成亦稍歉薄"，琼州府除崖州及感恩县"收成更为歉薄"以外，其余各州县的收成"高下不等，亦在稍歉薄之列"①。

乾隆六年（1741年），甘肃遭受了旱灾、雹灾及水灾的交相袭击，受灾区域较广。这场灾害始于乾隆五年（1740年），到乾隆六年（1741年），饥荒较为严重，"（乾隆）五年，巩昌、秦州、庆阳等处饥。六年，甘肃陇右诸州县大饥"②，饥民流离失所，"饿殍载道"是当时情景的真实写照。

乾隆五年（1740年），甘肃宁夏府再次遭受地震，川陕总督尹继善于乾隆五年（1740年）五月二十六日奏报道："四月十四，十五等日，宁夏地方微动。二十七、二十八等日又复摇动，其势较重。随查满、汉城垣俱属坚整。惟满城内衙署、兵房墙垣、柱角，稍有裂缝歪陷。汉城民房亦有裂缝歪陷之处。"此后余震不断，幸无太大损伤。但水、旱灾害使甘肃遭受严重打击，很多灾区粮食歉收，灾民或在水灾中丧生，或流离失所，如通渭县"春夏大旱。秋霪淋五十日"③，秦州"夏五月二十五日，夜秦州鲁谷水涨，淹漂两岸房肆，人死者百余。是岁也，自闰六月雨至于九月，秋禾不实"④，清水县"闰六月至九月，大涝，伤秋禾"⑤。饥民成群，"是年，巩、秦、庆等处旱涝不均，岁大歉"⑥，会宁县"饥"⑦，环县"旱，大饥"⑧，伏羌县"秋涝伤稼，次年大饥"⑨。

乾隆五年（1740年），甘肃就遭受了严重的旱灾及水灾的袭击，大部分地区的灾情达到了六分至九分。甘肃地处西北，自然条件恶劣，连年遭

---

① 广东巡抚王安国：《奏报各属旱稻收成及间有禾虫生发并被水冲淹情形事》，《军机处录副奏折·赈济灾情类》，档号：03-9704-055，中国第一历史档案馆藏。

② 赵尔巽等：《清史稿》卷四十四《灾异志五》，中华书局1977年版，第1651页。

③ 乾隆《通渭县志》卷一《分野·灾祥》，清乾隆年间抄本。

④ 乾隆《直隶秦州新志》卷六《风俗·灾祥》，清乾隆二十九年（1764年）刻本。

⑤ 乾隆《清水县志》卷十一《灾祥》，清乾隆六十年（1795年）刻本。

⑥ 光绪《甘肃新通志》卷二《天文志·祥异》，清宣统元年（1909年）刻本。

⑦ 道光《会宁县志》卷十二《杂记志·灾异》，清道光十一年（1831年）刻本。

⑧ 乾隆《环县志》卷十《纪事》，清乾隆十九年（1754年）刻本。

⑨ 乾隆《伏羌县志》卷十四《祥异志》，清乾隆十四年（1749年）刻本。

受灾害的袭击，使饥民对灾荒的承受能力较为低下，凉州府所属的永昌县自入夏以来雨水稀少，加上"渠水微细"，栽种的庄稼"大半枯槁"；平番县的松山堡等地坐落口外，土地较为瘠薄，由于亢旱，田地被灾自六分至九分不等；巩昌府的会宁县也因"被旱"，灾情达到六七分，"收成约计三分有余"①。河东平凉府属的泾州、灵台、崇信、镇原等地区还发生了虫灾，"四月间夏禾忽生细小青虫"，泾、灵、崇三州县在得雨之后，"虫即消灭"，但麦苗已严重受损，"伤较重"；庆阳府所属的安化、真宁等地也有"被冻、被虫之处"，但伤损不重；秦州所属的礼县雹灾灾情较重②。乾隆六年（1741年）三月十三日，甘肃布政使司徐杞奏报上年甘肃的水旱灾情："乾隆五年夏间，凉州府属之武威、永昌、平番、古浪，巩昌府属之会宁等县，夏禾受旱，宁夏府属之平罗县，夏禾被旱而兼被水。"③

这场灾荒持续到乾隆六年（1741年），甘肃各地的灾情更为复杂，旱灾、水灾、雹灾等灾害呈插花状分布在不同区域里，大部分地区灾情更为严重，饥馑横行，饿殍载道，饥民鬻妻卖子，流离失所。水灾是由于五六月间"连绵逾月"的阴雨而导致的，水灾使庄稼绝收，"芃芃之苗，颗粒无登"，部分即将有收成的荞麦、莜麦等类，又因为"八月烈风，荄实摧落"，对灾民的影响极为严重，饥民流离失所，"大有之征，忽变而为无年之嗟。栉比之家，十室九空"。一些地方官出于种种目的，匿灾不报，饥民得不到及时有效的赈济，"止以秋苗报收，匿不敢闻"，导致平凉府所属的固原、静宁、隆德、泾州、灵台、庄浪等地，以及巩昌府所属的秦州、阶州、文县、安定、会宁、通渭等地的饥民"号寒啼饥，朝不谋夕，榆皮草根，皆为恒食，荞秸莜荄，亦以疗饥，道路之莩，后先相望。而扶老携幼，东西逃窜者，自去岁秋冬以至今，纷纷藉藉，沿途不绝"；尤其是巩昌府所属的陇西、伏羌、会宁诸处出现了公开买卖人口的市场，"民困尤

---

① 《清实录·高宗纯皇帝实录》卷一百二十一"乾隆五年闰六月戊辰条"，中华书局1985年版，第784页。

② 甘肃巡抚元展成：《奏报甘省雨水禾稼情形事》《军机处录副奏折·赈济灾情类》，档号：03-9699-046，中国第一历史档案馆藏。

③ 《宫中朱批奏折·乾隆六年》第5号，《清代灾赈档案专题史料》第24盘，第1106—1107页。

甚，通衢列为人市，每一童男，值钱不过白文，多则二三百文而止，每一童女，值钱不过二百，多则四五百而止"，同时，"夫鬻其妇，弟弃其兄，室家琐尾"的情况极为普遍，"尤甚如也"，村墟为之一空，"郊圻村落，馆肆无存，行旅之人，咸以觅食为报，草窃之徒，肆行无忌，抢夺之风，在在相闻，间有被害之家"①。此外，会宁县北乡、靖远县东北乡，"被旱受伤较重"，受灾地区长十余里，周围数十里，皋兰县西北乡也于同日"被雹"，受灾地区长二十余里，宽四五里，"禾苗受伤较重"②。平凉府盐茶厅的北乡、白套子等处发生了旱灾，"秋禾缺雨"，真宁县的南住寺等庄发生雹灾；庆阳府合水县的东华池等处发生水灾，"秋禾被水"，冲淹民户 60 户、倒塌房屋 5 间，淹毙男妇 5 口；宁州的早社镇等处也发生水灾，冲淹民户 163 户、倒塌房 73 间、窑房 129 间，淹毙男妇 9 口；兰州府金县的双店子等处发生雹灾；宁夏府宁夏、宁朔两县上报的张政、大新两渠发生水灾，灵州的同心城等九山堡发生旱灾，"秋禾被旱"③。各地方志对饥荒情况做了简略记载，如陇右诸郡"俱大饥"④，通渭县、清水县、徽县"大饥"⑤。

3. 乾隆十二年（1747 年）江苏出现飓风、风暴潮灾害

乾隆十二年（1747 年）是乾隆朝"巨灾"发生年，在山东发生水、旱、蝗巨灾时，南方很多省区发生了严重的水旱灾害，以江苏出现的飓风、风暴潮灾害最严重，房屋坍塌，数万民众死亡，成为江苏飓风、风暴潮灾害中危害最为严重的一次，宝山县是受灾最为严重的地区之一。

---

① 协理河南道事监察御史李□：《奏报甘省饥馑情形事》，《军机处录副奏折·赈济灾情类》，档号：03-9704-046，中国第一历史档案馆藏。
② 川陕总督尹继善：《奏报三省雨泽禾苗情形事》，《军机处录副奏折·赈济灾情类》，档号：03-9702-054，中国第一历史档案馆藏。
③ 护理甘肃巡抚徐杞：《奏报平庆等府雹水偏灾及赈恤情形事》，《军机处录副奏折·赈济灾情类》，档号：03-9704-048，中国第一历史档案馆藏。
④ 乾隆《直隶秦州新志》卷六《风俗·灾祥》，清乾隆二十九年（1764 年）刻本。
⑤ 乾隆《通渭县志》卷一《分野·灾祥》，清乾隆年间抄本；乾隆《清水县志》卷十一《灾祥》，清乾隆六十年（1795 年）刻本；民国《徽县新志》卷一《舆地志·灾歉》，民国十三年（1924 年）石印本。

　　江苏历史以来都是飓风、风暴潮灾害频繁的地区，沿海地区几乎每年都会遭遇程度不同的飓风灾害或风暴潮灾，沿岸民居常常淹没毁坏，人口也常常淹毙，但一次性淹毙伤亡人口达到数万口、毁坏房屋数万间的情况，还不多见。乾隆十二年（1747年）七月十四、十五等日发生的飓风、风暴潮灾害及随之发生的水灾，是乾隆年间最具代表性的一次。宝山县是受灾最严重的地区之一。在七月十四日的飓风海溢灾害中，沿海土塘损毁，"田庐漂没，溺死甚众"，杨以声作诗记述道："飓风蹴浪海堤奔，一泻洪涛万屋倾。呼吸死生人似梦，模糊陵谷鬼犹惊。灶沉水底青烟绝，尸积塘坳白骨横。十五年来逢两厄，九重保障最关情"[1]。

　　七月十四日晚，飓风再次大作，"庭树怒号，窗户如裂"，百余年来从未倾圮的昆治障墙"至是塌尽"，沿海全部遭受漂没之灾，灾情"甚于壬子"。崇川的灾情最为严重[2]，阜宁县灾情也较严重，"秋七月，海潮溢，是月十四日至十六日，大风拔木，海潮溢没人畜庐舍"[3]，昆山县在七月十四日午后"大风拔木扬沙，海水涌溢"，崇明、太仓、镇洋、宝山、常熟、昭文沿海诸州县因为风潮灾害，"人民溺死无算"[4]，淮安府"七月十五日，大风拔木发屋，海潮为患，盐城所辖之伍佑场，溣毙多人。新兴场次之，阜宁所辖之庙湾场，又次之"[5]，苏州府"七月壬寅飓风，海溢常熟、昭文二县"[6]，嘉定县"七月十四日大风雨，老树为拔"[7]，奉贤县"东北飓风，海潮溢岸七八尺，沿海摧拔"[8]，南汇县"春正月，雨木介。秋七月大风海溢"[9]。此次灾害不仅漂覆及冲没房屋田地，也使大量民众死亡，灾区发生了饥荒。

　　各地成灾分数轻重不一。宿州、灵璧、虹县、萧县、阜宁五州县成灾

①　光绪《宝山县志》卷十四《志余·祥异》，清光绪八年（1882年）刻本。

②　（清）龚炜：《巢林笔谈》卷四《飓风成灾》，中华书局1981年版，第109页。

③　民国《阜宁县新志》卷首《大事记》，民国二十三年（1934年）铅印本。

④　乾隆《昆山新阳合志》卷三十七《祥异》，清乾隆十六年（1751年）刻本。

⑤　乾隆《淮安府志》卷二十五《五行》，清乾隆十三年（1748年）刻本。

⑥　乾隆《苏州府志》卷七十七《祥异》，清乾隆十三年（1748年）刻本。

⑦　（清）陆立：《真如里志》卷四《祥异》，清乾隆三十七年（1772年）刻本。

⑧　（清）佚名：《江东志》卷一《地理志·祥异》，清光绪年间抄本。

⑨　嘉庆《松江府志》卷八十《祥异志》，清嘉庆二十三年（1818年）刻本。

七分以上①。宝山、镇洋、崇明等"逼处海滨"的州县遭受的损失及打击最为严重，仅以宝山县为例说明，风潮在夜晚来袭，石塘塘顶之土塘被冲去，由于两头土塘冲进海水，县城内积水深约二三尺至四五尺不等，部分房屋坍塌；石塘以南直抵黄浦江一带的土塘，约有五千五百八十余丈被冲损，至镇洋交界止，土塘约有七千四百丈全部被冲坍，所存留下来的不过一二分至五六分不等，且因潮水刷通内河十余处，"现俱通潮"，所有的单坝、坦坡各工程的桩木都被冲断，建坝所用的碎石全部飘乱，海水涌进二十余里，沿海五里以内的房屋"尽皆坍倒"，无数人口淹毙，沿海五里以外损失才渐渐减轻，但是大部分房屋也已倒塌，部分民众被淹毙；石塘南首的土塘虽没有全部坍塌，但黄浦江水涌入几乎达二十余里，"情形与北首相等"。在宝山县三百一十七图之内，"被潮冲浸"的达到一百五十图，坍倒的瓦草房屋大约一万余间，淹毙一千八百七十余口人。在潮水消退迅速的地区，已经结实之早稻还有一二分或三四分收成，但晚稻、木棉"俱已无望"，宝山县的受灾地亩大约十之七八。刘河镇逼近海口，潮水涌进十余里，其轻重情形与宝山相似，坍倒房屋约一万三千间，淹毙人口约二千五百口，其中还有崇明县飘淌过洋者。茜泾城垣坍塌了五处，大约一百二十多丈，出现裂缝歪斜的约七十余丈，部分沿海村镇的田禾被灾分数"亦与宝山相等"②。

除宝山县灾情严重外，崇明县也是灾情最严重的地区之一，署江苏巡抚安宁于八月二十六日奏报了各地灾情，他认为崇明县"被伤最重"，灾情达到八九分甚至十分，早稻尚有一二分收成，棉花及晚禾"通县均已失收"③；在东北沿边一带靠海地区，潮深丈余，坍坏的房屋约略不下十万余间，淹毙人民查有一万二千余口。全县的田亩"俱被水淹"，虽然潮水消落迅速，早稻已经结实者尚有一二分收成，但全省种植的稻谷不过十之二

---

① 水利电力部水管司、水利水电科学研究院：《清代淮河流域洪涝档案史料》，中华书局1988年版，第191页。

② 《署江苏巡抚安宁乾隆十二年八月十二日奏报江苏风潮灾折》，《宫中朱批奏折·乾隆十二年》第7号，《清代灾赈档案专题史料》第25盘，第907—909页。

③ 《宫中朱批奏折·乾隆十二年》第7号，《清代灾赈档案专题史料》第25盘，第917页。

三，其余田地均种花豆，"过水之后均已霉烂无望，实系通县全灾，情形甚重"[①]。赣榆县坍倒草房三四百间，淹毙妇女、小孩四口，但田禾"不致成灾"。但海州、阜宁、安定、桃源等地曾经遭受水灾的地区"复被淹浸，未免受伤加重"[②]。其余江南、江北遭受潮灾的州县共有二十三个。

宝山县、崇明县等地的灾情分数自七八分达到九十分不等，后果极其惨重，九月七日，两江总督协办河务尹继善奏报了灾情状况，宝山县治东北二面逼近海边，"因风潮甚大，水漫石塘而过，并将土塘冲缺数处，以致水漫入城，各乡民舍、田庐被淹甚广，近海边者，棉花禾稻，全然无收。去海稍远者，禾稻止有二三分收成，受灾处所，实有通县十分之六"；刘河镇"今岁风潮过盛，遂至冲漫难当"，太仓州与镇洋县"原属接壤，被灾区图，均约有通邑十分之五六，其禾稻受伤亦与宝山县大概相同"，崇明县治四面环海，"东北一带尤为潮水顶冲，室庐、人口漂没甚多。西南各区似属稍轻，然水势浩瀚，较之沿海各属被灾总重，实系通县十分全灾"[③]。

由于飓风、潮灾的影响，一些地区发生了水灾，灾情程度不一，八月十七日，两江总督协办河务尹继善奏报了各地水灾情况，"淮、徐、海三属，五六月间大雨连绵"，发生水灾的地区计有宿迁、桃源、安东、清河、海州、沭阳、沛县、邳州、铜山、睢宁、萧县、砀山、丰县十三州县，"具报受淹"，也有七月望前风雨过盛，以致前报受水之地"河滩加广"，阜宁、山阳间有被淹之处，然尚未达到"通邑全灾"的程度。约计灾情的大概情形，海州、沭阳、桃源的灾情最为严重，但较上年稍轻；安东、宿迁、邳州、睢宁、沛县、铜山等地，如果被灾情况以州县而计，受灾地区约为十分之五六或十分之四五。其余地区灾情稍轻，如萧县被灾不及十分之四，阜宁不过十分之二三，砀山、丰县、清河不及十

① 《宫中朱批奏折·乾隆十二年》第 7 号，《清代灾赈档案专题史料》第 25 盘，第 919—920 页。

② 《宫中朱批奏折·乾隆十二年》第 7 号，《清代灾赈档案专题史料》第 25 盘，第 917 页。

③ 《宫中朱批奏折·乾隆十二年》第 7 号，《清代灾赈档案专题史料》第 25 盘，第 941—942 页。

分之一二①。

此次飓风潮灾，对江苏造成了严重打击，伤亡人口及倒塌房屋，虽未有精确的统计，但根据奏章及地方志的记载，约略估计来看，在此次灾害中，沿岸居民有三万多人死于风潮灾害，约十二至十三万间房屋坍塌损毁，大部分灾区发生了严重的饥荒，但在朝廷及地方政府的赈济中渡过了难关。

4. 乾隆十四年（1749 年）至乾隆十八年（1753 年）皖、苏、赣、浙、湘出现的水、旱、蝗灾

乾隆十四年（1749 年）至乾隆十八年（1753 年），安徽、江苏、江西、浙江、湖南发生水、旱、蝗灾，是年，直隶、山东、山西、陕西、安徽、江西、江苏、浙江、福建、湖南等地发生了大面积的水灾、旱灾或蝗灾，其中以江淮流域的安徽、湖南、江苏、浙江、江西等地的灾情最为严重，每年的灾荒程度虽然不一，灾情多自五分起到六七分、八九分甚至十分不等，各地灾情及灾荒类型亦不尽一致，但主要是以水灾、旱灾或水旱灾害为主，且同类灾荒在一个地区断续地持续的时间较长，很多地区的灾情达到八、九、十分，灾区粮价高昂，发生了饥荒，饥民生活艰难，饿殍载道，很多饥民死于饥饿或瘟疫，给灾区造成了极大的影响。

乾隆十四年（1749 年）五月十七、十八、十九、二十一、二十二、二十三、二十五等日，安徽各地因暴雨昼夜不止，山水迅发，引发水灾，受灾州县达三十余个，滁州、合肥、凤台、宣城、和州、寿州、青阳、含山、全椒、巢县、南陵、太湖、贵池、舒城、怀远、凤阳、霍邱、颍上、五河、庐州卫共二十州县卫，下江所属上元、江宁、句容、六合、江浦共五县，"各乡近溪傍湖低洼田地，所种稻苗，一时宣泄不及，被水淹漫。沿河庐舍，亦有坍损"，其中，江浦、合肥、太湖、贵池四县发生水灾时"兼系发蛟"，洪水涨发，"淹漫较甚，人口躲避不及者，亦间有淹毙"②。

---

① 《宫中朱批奏折·乾隆十二年》第 39 号，《清代灾赈档案专题史料》第 28 盘，第 1018—1019 页。

② 《两江总督黄廷桂乾隆十四年六月十一日奏报江苏水灾情形折》，《宫中朱批奏折·乾隆十四年》第 36 号，《清代灾赈档案专题史料》第 28 盘，第 1144—1145 页。

庐州府五月二十一二日等"大雨如注，河水骤长"，城垣民舍"多有坍塌，人口亦有淹毙"，太湖、宣城、南陵、贵池、青阳、巢县、临淮、寿州、凤台等州县亦"各报被水"①。据两江总督黄廷桂的奏章，宿州、亳州、太和、定远、宿州卫、泗州卫等地于七月初旬"大雨不止"而发生水灾，田亩被淹。阜阳、颍上、霍邱、庐州、滁州五处"淮水泛涨，晚禾被淹"②。此外，寿州、凤阳、临淮、泗州、凤台、怀远、五河等八州县以及阳、凤中、长淮、泗州四卫"原系积欠之区，而本年六、七月间大雨叠降，被灾稍重"，宿州、虹县、灵璧三州县及宿州卫被灾虽轻，但"民力不无拮据"③。

水灾初期，灾区范围仅 22 个州县，"据纳敏奏称：安徽省合肥等二十二州县，俱报被水"④。庐州府及太湖、宣城、南陵、贵池、青阳、巢县、临淮、寿州、凤台等州县，以及石埭、舒城、怀远、阜阳、霍邱、霍山、五河、滁州、全椒、和州、含山等二十二州县"因天雨过多，山水骤发，宣泄不及"而发生水灾，淹浸宣城、南陵、青阳、合肥、巢县、舒城、寿州、凤台、阜阳、霍邱、滁州、全椒、和州、含山十五州县。太湖、贵池、石埭三县"因起蛟发水冲漫"，凤阳、临淮、怀远、五河四县"因淮河水涨被淹"⑤。下江所属的山阳、清河、阜宁、沛县、宿迁、桃源、沭阳等处也发生了水灾，但所报情形与上江相等⑥。

随着雨季的延长，灾区范围不断扩大。安庆府的太湖，宁国府的宣城、南陵，池州府的贵池、青阳、石埭、建德，庐州府的合肥、舒城、庐

① 《清实录·高宗纯皇帝实录》卷三百四十三"乾隆十四年六月戊戌条"，中华书局1986 年版，第 747—748 页。

② 《清实录·高宗纯皇帝实录》卷三百四十五"乾隆十四年七月丙子条"，中华书局1986 年版，第 777 页。

③ 光绪《宿州志》卷一《皇言纪·十月十六日上谕》，清光绪十五年（1889 年）刻本。

④ 《清实录·高宗纯皇帝实录》卷三百四十四"乾隆十四年七月己酉条"，中华书局1986 年版，第 760 页。

⑤ 《宫中朱批奏折·乾隆十四年》第 36 号，《清代灾赈档案专题史料》第 28 盘，第1151—1152 页。

⑥ 《两江总督黄廷桂乾隆十四年七月初九日奏报江苏水灾情形折》，《宫中朱批奏折·内政》第 23 号，《清代灾赈档案专题史料》第 1 盘，第 551 页。

江、巢县，凤阳府的寿州、凤阳、临淮、怀远、灵璧、凤台，颍州府的阜阳、颍上、霍邱，六安州并属之霍山，泗州属的五河，滁州并属的全椒，和州并属含山二十七州县，以及安庆、宣州、庐州、长淮、滁州五卫共三十二州县卫遭受水灾，"除各卫被水情形，随坐落州县以为轻重"。此外，太湖、贵池、石埭、合肥四县"先因水患猝至，以致冲坍房屋，淹毙人口"；滁州、全椒、和州、寿州、凤阳、临淮、怀远、灵璧、凤台、五河、虹县十一州县"时届秋后，洼地积水尚未全消，补种不及，情形稍重"①。因此，淮扬一带洼地"一时积水难以消退，田禾未免淹涝"，但淮安府所属安东县因地势最低，被淹田亩约有十之六七；阜宁、清河、桃源次之，山阳、盐城又次之，大约有十之三、四、五不等；扬州府所属兴化县被淹亦约有十之三四，高邮、宝应次之；徐州府属的沛县、萧县，丰县、邳州、宿迁、睢宁并海州、沭阳低洼之处，"亦多有被淹者"②。七月二十九日，黄廷桂奏报，江苏被水成灾州县卫共二十六处，其中高邮、兴化、邳州、丰县、铜山九处"止于沿河洼下处所稍被浸损"，但淮、徐二府并海州所属的地区，如清河、桃源、安东、沛县、宿迁、甘泉、沭阳、阜宁、海州、睢宁、萧县、宝应、盐城、山阳、大河卫、淮安卫共十六处由于地居下游，众水所归，五六月间雨水已多，迨七月初旬内外，大雨如注，连绵不止，河湖交涨，漫溢浸淹，低洼地面宣泄不及，"俱经被水"③。

各地灾情程度轻重不一，有的地区灾情较重，达到七八分或八九分，人畜伤亡较多，如贵池县"夏，烈风拔木，蛟起水溢，坏田庐，人畜有溺死者"④，泗县"秋，泗大水，灾六、七、九分"⑤，凤阳县"水，成灾七

---

① 《安徽巡抚卫哲治乾隆十四年七月初六日奏报安徽水灾情形折》，《宫中朱批奏折·乾隆十四年》第5号，《清代灾赈档案专题史料》第25盘，第1387—1388页。

② 水利电力部水管司、水利水电科学研究院：《清代淮河流域洪涝档案史料》，中华书局1988年版，第200页。

③ 水利电力部水管司、水利水电科学研究院：《清代淮河流域洪涝档案史料》，中华书局1988年版，第201页。

④ 乾隆《池州府志》卷二十《祥异志》，清乾隆四十四年（1779年）刻本。

⑤ 乾隆《泗州志》卷四《轸恤志·祥异》，清乾隆五十三年（1788年）刻本。

八分"①。但有的灾区灾情只有四五分，如阜阳县"十四年秋，水，被灾五分"②。宝应、高邮、江都、兴化、盐城、阜宁、安东、海州等处各乡村地方，"今岁虽因夏雨连绵，不无被水成灾之处，然秋收尚有四、五、六、七分不等"③。

七八分的灾情后果可想而知，在宝山县水、潮灾害中，不仅东石塘的炮台、东海神庙、东朱家宅、杨家咀、江东等处土塘、石坝、坦水等工程多被坍损，人畜也因之受到极大损伤。对江苏打击更重的是，水灾之后很多地区又发生了疫灾，"是岁民多疫疠"④，"十四年，大疫"⑤。灾荒发生之后，饥荒严重，徐州府、睢宁县、铜山县等地的方志都有饥荒的记载⑥。

江西也发生了水灾，广信府的贵溪县、建昌府的泸溪县、赣州府的会昌县、饶州府的安仁县、南安府的大庾县、南昌府宁州分汛之铜鼓营等地于四月初一、初二三等日连降大雨，山水陡涨，"近溪低田被水冲淤，房屋亦微有漂损"⑦。这些地区由于"雨急溪窄，山水冲发"，发生水灾，贵溪、泸溪两县灾情稍重，会昌、安仁灾情次之。这次水灾造成了严重后果，贵溪县、泸溪县、会昌县、安仁县共冲刷有禾田 851 亩，沙淤石压田 681 亩，冲倒瓦房 128 间、草房 281 间，淹毙男女大小 48 口。在 4 个县之中，只有泸溪县在群山环绕之中，与福建的光泽县错综交互，山水发于光泽，又因为泸溪"雨势独急"，虽然人口、房屋未有损伤，但田亩受冲较

① 乾隆《凤阳县志》卷十五《杂志·纪事》，清乾隆四十年（1775 年）刻本。

② 乾隆《阜阳县志》卷五《食货志·蠲赈》，清乾隆二十年（1755 年）刻本。

③ 水利电力部水管司、水利水电科学研究院编：《清代淮河流域洪涝档案史料》，中华书局 1988 年版，第 201 页。

④ 民国《高淳县志》卷十二《祥异志》，民国七年（1918 年）刻本。

⑤ 光绪《武进阳湖县志》卷二十九《杂事·祥异》，清光绪五年（1879 年）刻本。

⑥ 光绪《睢宁县志稿》卷十五《祥异志》，清光绪十二年（1886 年）刻本；同治《徐州府志》卷五下《纪事表》，清同治十三年（1874 年）刻本；民国《铜山县志》卷四《纪事表》，民国十五年（1926 年）刻本。

⑦ 《两江总督黄廷桂乾隆十四年五月十六日奏报江西水灾情形折》，《宫中朱批奏折·乾隆十四年》第 36 号，《清代灾赈档案专题史料》第 28 盘，第 1129 页。

多①；贵溪县"正月廿二夜，狂风发屋，大木尽拔，县堂东墙亦圮。四月初二，南乡大水，自七十一都昌平至上清高数丈，民居漂没，田亩淹塞，溺死男女无数。自万历己酉大水，至今再见"②，余江县"正月廿二酉刻，大风雨雹，发屋拔木，坏民庐舍，人多压死"③。水灾导致严重的饥荒，饥民只能以观音土充饥④。此外，浙江、福建、广东等地的水灾及风灾也造成了一定的影响。

乾隆十五年（1750年），安徽、江苏、江西、直隶等地又发生水灾，受灾面积较广，部分地区灾情较为严重，自五分灾到七八分不等。安徽是水灾较为严重的地区，有的地区灾情达到八九十分。两江总督黄廷桂于乾隆十五年（1750年）七月十二日奏报了具体灾情，安徽歙县、绩溪、南陵、蒙城、建平、广德、当涂、灵璧、凤阳、霍邱、凤台、五河、临淮、怀远、颍上、太和、虹县、定远，以及凤阳、长淮、泗州、滁州、建阳等卫于六月二十一二三等日"天雨过多，山水陡发，河水骤涨，一时宣泄不及，傍溪临河低洼地亩俱被水淹，房屋多有倒塌"。此次水灾的轻重各有不同，如先报灾的休宁、祁门、黟县，以及续报灾的歙县、绩溪、南陵、建平等地，水势一过，并不为灾；广德、当涂、灵璧、蒙城、建阳卫被水俱轻；但寿州、凤台、来安、和州、含山、滁州、全椒等处，"被淹较重，而宿州尤甚"⑤。颍州六属发生了水灾，入秋以后，铜陵、六安等地"蛟出无数，山石崩裂，冲坏田庐，民多漂没"⑥，繁昌县"六月，蛟灾大水。初，连阴累日，十一日暮雨霏微，势从西北来，响夜如注，历寅卯辰三时。城内水深数尺，民露处城巅，城啮西南隅，长二三丈，县仓儒学多倾

①《署理江西巡抚彭家屏乾隆十四年六月初一日奏报江西水灾情形折》，《宫中朱批奏折·乾隆十四年》第5号，《清代灾赈档案专题史料》第25盘，第1377—1378页。

② 乾隆《贵溪县志》卷五《祥异》，清乾隆十六年（1751年）刻本。

③ 乾隆《安仁县志》卷十《备志·祥异》，清乾隆十六年（1751年）刻本。

④ 同治《饶州府志》卷三十一《杂类志·祥异》，清同治十一年（1872年）刻本。

⑤《宫中朱批奏折·乾隆十五年》第36号，《清代灾赈档案专题史料》第28盘，第1216—1217页。

⑥ 光绪《重修安徽通志》卷二百五十七《杂类志·祥异》，清光绪七年（1881年）刻本。

倒，冲塌民房百五十余间，城垣无算"①。各地灾情均不一致，有成灾六分的，也有成灾七八分或九十分的，两江总督黄廷桂于八月十九日奏报曰："今岁六月十三四日以至二十四五等日，骤雨连绵，河湖陡涨，有附近洼地被淹者，亦有圩田缺口积水被淹者……今岁上下两江先后被水成灾之处……下江则海州、沭阳、宿迁、邳州、清河、桃源被灾较重，安东、铜山、睢宁、徐州卫次之，赣榆、萧县、砀山、江浦、大河卫被灾更轻。此下江十三州县、二卫轻重之情形也。"②黄廷桂于十二月二十一日又奏报说："臣查上江成灾州县内，最重系宿州、灵璧、虹县、五河四处，次重系凤阳、临淮、怀远、凤台、寿州、霍邱六处；下江成灾州县内，最重系宿迁、邳州、睢宁、海州、沭阳五处，次重系清河、桃源、安东三处，盖缘以上地方，或于六月被水之后，甫经补种，又值秋雨冲淹，以致颗粒无收，或地居洼下，众流汇集，连年告歉，今岁更被灾至八、九、十分者。"③方志对灾情程度的记载更为具体，如阜阳县"秋水，被灾五、七分不等"④，亳州"报灾五分"⑤，泗县"秋，黄淮泛涨。泗灾六、七、八、九、十分，虹灾七、八、九、十分"⑥。

　　江苏的水灾系因大雨及河水满溢而成，乾隆十五年（1750年）七月一日，两江总督黄廷桂奏报了江苏的水灾状况：

　　七月初一日……赴扬州途次，据淮扬道吴嗣爵、淮徐河道德伦、淮海巡道王德阶并清河、桃源、宿迁各县禀称，六月十五日以后，天雨甚大，山东上源山水陡发，所有宿迁、桃源、清河、六塘河南北两岸，于六月二十二日，河头集、小王庄漫口共十一段，其上游之徐家桃园、李家庄、张家涵洞、蔡家庄、黄泥滩漫溢五处。又中运河水势陡长，甚为危险。顺河集以上，湖河

---

① 道光《繁昌县志》卷十八《杂类志·祥异》，清道光六年（1826年）刻本。
② 《宫中朱批奏折·乾隆十五年》第36号，《清代灾赈档案专题史料》第28盘，第1297—1298页。
③ 《宫中朱批奏折·乾隆十五年》第5号，《清代灾赈档案专题史料》第26盘，第50—51页。
④ 乾隆《阜阳县志》卷五《食货志·蠲赈》，清乾隆二十年（1755年）刻本。
⑤ 光绪《亳州志》卷六《食货志》，清光绪二十年（1894年）活字本。
⑥ 乾隆《泗州志》卷四《轸恤志·祥异》，清乾隆五十三年（1788年）刻本。

仅隔一堤之处，亦漫溢通连，南岸纤道漫水二处。宿迁护城堤，亦漫溢过水。又于二十七日，清河县之豆班集北岸堤工漫溢，约宽三十余丈。各处附近低洼地亩，俱被水淹，民房积水，有移至堤顶居住者。①

七月十二日，总督黄廷桂奏报了水灾灾情的具体程度："七月初八日抵豆班集上流之三岔漫口……查得海州、沭阳、宿迁、邳州、清河、桃源被淹之地亩约十分之八九，睢宁、安东，约十分之六七，铜山、萧县约十分之四五。其被水民户，现各搭棚散处，多有赤贫之家，朝夕不继，困苦实甚者。"②八月十九日，总督黄廷桂地奏报了灾情的具体状况："今岁上下两江先后被水成灾之处……如上江则宿州、临淮、五河被灾较重，其凤阳、怀远、虹县、凤台、灵璧、凤阳卫次之，寿州……泗州、盱眙……被灾更轻。"③十月十日，江苏布政使永宁奏报江苏水灾的总体情况："（江省）自六月以来，天雨连绵，湖河泛涨，兼之山水陡发，堤堰漫溢，以致江宁府属之江浦，淮安府属之清河、桃源、安东，徐州府属之铜山、萧县、邳州、宿迁、睢宁，海州并所属之沭阳、赣榆等十二州县，及大河、徐州二卫低洼田地被淹，庐舍间有坍损。又镇江府属之溧阳县，并通州于八九月间雨水稍多，沿海近河低田亦有淹浸。"④不久水灾区就发生了严重的饥荒。

乾隆十四年（1749 年），江西水灾造成的灾情就较为严重，乾隆十五年（1750 年）水灾又在江西很多地区继续发生，九月八日，江西巡抚兼提督阿思哈奏报了水灾的具体状况："查赣县系赣州附郭首县，道府镇营同城，沿河居民稠密，七月初九日昼夜大雨，初十日方止，又兼上游水发，

①《宫中朱批奏折·乾隆十五年》第 36 号，《清代灾赈档案专题史料》第 28 盘，第 1187—1188 页。

②《宫中朱批奏折·乾隆十五年》第 36 号，《清代灾赈档案专题史料》第 28 盘，第 1219—1221 页。

③《宫中朱批奏折·乾隆十五年》第 36 号，《清代灾赈档案专题史料》第 28 盘，第 1297—1298 页。

④《宫中朱批奏折·乾隆十五年》第 36 号，《清代灾赈档案专题史料》第 28 盘，第 1331 页。

冲涌入城。附近民房，倒塌数千余间。"①此次受灾范围如此大、程度严重的灾情，几乎可以与乾隆七年（1742 年）的重灾相等，粮价昂贵，饥荒盛行，如崇仁县"大饥，民多掳掠，市鲜行人"②。

　　直隶在乾隆十五年（1750 年）也因大雨及河水满溢而遭受了水灾，受灾范围也较广。乾隆十五年（1750 年）七月十日，直隶总督方观承奏报了保定等地的灾情状况："保定省城于六月二十八至七月初一日，大雨连绵。唐、完、满城数邑，山水与平地沥水灌输，各河同时盛涨。保定府河骤长水至一丈四尺。清苑、容城、高阳、定兴等县境内洼地及下游之安州、新安滨淀村庄，晚禾间被淹浸……又唐河、沙河诸水至祁州合为潴龙河，其流益大……蠡县之滑家庄民埝，续又间段漫刷一百四十余丈。"③七月十五日，方观承又奏报了更详细的灾情：

　　直隶今年伏雨过多，各处山水灌注，河道涨发，以致近河村庄并洼地田禾多被淹浸。其附近永定河之固安、永清、武清并霸州、保定等州县，虽被淹村庄多寡不等，而大势已成偏灾。此外，如保定府属之新城、雄县、清苑、安州、新安、唐县、高阳、蠡县、祁州、博野、容城，安肃、定兴、完县、满城，霸昌道属之宛平、文安、东安、涿州，通永道之蓟州、宝坻，永平府属之乐亭、滦州，河间府属之任邱、肃宁、河间，天津府属之天津、津军厅，正定府属之阜平、行唐、灵寿，宣化府属之西宁、万全，易州并所属之涞水，定州并所属之曲阳、深泽，赵州并所属之宁晋，冀州并所属之衡水，深州所属安平，共四十二州县均报被水，自数村至数十村……除滦州、满城已据查明不致成灾，又河滩淤地一水一麦之地例不报灾外。其被水较重如新城、雄县、新安、安州、清苑、蠡县、高阳、天津、津军厅、肃宁、宝坻、文安、任邱十三处，已成偏灾。又唐县、曲阳、阜平于六月二十八、九等日，

---

　　①《宫中朱批奏折·乾隆十五年》第 5 号，《清代灾赈档案专题史料》第 26 盘，第 8—10 页。

　　②同治《崇仁县志》卷十《杂志类·祥异》，清同治十二年（1873 年）刻本。

　　③《宫中朱批奏折·乾隆十五年》第 36 号，《清代灾赈档案专题史料》第 28 盘，第 1211—1212 页。

山水陡发，居民被冲……今年直隶虽被水较大，而偏灾情形略与上年相等。[①]

八月二十八日，方观承奏报直隶水灾及雹灾的州县情况及灾情程度时说道，直隶遭受水、雹灾的州县共有六十四处，其中，顺天府所属之大兴、通州，永平府所属之滦州，保定府所属之满城、定兴、望都，天津府所属之庆云，正定府所属之正定、行唐、灵寿、藁城、阜平、平山、井陉，定州所属之深泽，冀州并所属之衡水，赵州并所属之宁晋，深州并所属之安平，易州所属之涞水等地，以及遭受雹灾的宣化府属之西宁共有二十三州县"或水过全消，或损伤无几，俱不至成灾"。被水成灾的州县情形各不一致，顺天府所属之固安、永清、霸州等地"因永定河漫口水淹"，保定府所属之唐县、易州、定州及其所属之曲阳等地"因山水陡发冲淹"，顺天府所属的宛平、涿州、文安、保定、东安、武清、大城、蓟州、宝坻、宁河，保定府所属的新城、雄县、清苑、安州、新安、完县、高阳、蠡县、祁州、博野、容城、安肃，河间府所属的河间、肃宁、任邱，天津府所属的天津、津军厅、静海、青县，遵化州所属的玉田、丰润，宣化府所属的万全并张家口等地"因雨水过多及河水泛溢被淹"；永平府所属的乐亭"被海潮成灾"，共有四十一州县厅为"偏灾"，其中遭灾较重的有固安、永清、霸州、保定、文安、宝坻、武清、新城、雄县、安州、新安、天津、津军厅、静海十四个州县厅，遭灾次重的有大城、肃宁、高阳、玉田四县，其余的二十三州县或灾分本轻，或受灾村庄甚少，如涿州二十三村、安肃十一村、博野十二村、容城三村皆只成灾五分，宛平县仅有六分灾一村。完县虽只有五村、万全只有二村，但成灾均至十分[②]。灾情达到十分的水灾，在直隶亦为多年来所未遇。

乾隆十六年（1751 年），由于东南季风锋面迅速越过长江，在黄河、淮河以北区域长期徘徊，导致南方地区发生旱灾，北方地区长期出现大降雨天气，导致黄河、淮河、永定河、滦河、滹沱河等河流泛涨，山水暴

---

① 《宫中朱批奏折·乾隆十五年》第 36 号，《清代灾赈档案专题史料》第 28 盘，第 1229—1230 页。

② 《宫中朱批奏折·乾隆十五年》第 5 号，《清代灾赈档案专题史料》第 25 盘，第 1471—1473 页。

发，五月至七月，山东、山西、直隶等省发生了水灾。灾情以江西、浙江、湖南、安徽等地的水旱灾害的后果最为严重，发生了饥荒，流移载道，很多灾区的饥民只能以草根和观音土充饥，无数饥民死亡。

江西发生水旱灾害，亦以旱灾影响最为严重。玉山县、兴安县、广丰县、瑞昌县、弋阳县、广丰县、乐平县、安仁县、分宜县、奉新县等地都遭受了较为严重的旱灾。由于江西上年（1750 年）遭受了严重的水灾，今年（1751 年）又遭旱灾，灾情较为严重，粮价大涨，饥荒频仍，饿殍载道。

浙江遭受旱灾的区域较广，根据巡抚永贵的题报，海宁等五十七州县遭灾[1]，《清实录》记："浙西杭、嘉、湖三府小暑后仍未得雨，且燥烈亢旱，金、衢、严等八府得雨终未十分沾足"[2]，很多州县地方志都以"旱""大旱""旱，大饥"等文字内容，记载了浙江各地遭受旱灾的情况。如长兴县、乐清县、临安县、淳安县、平阳县、永嘉县、永康县、海宁县、富阳县、余杭县、临安县、昌化县及杭州卫、龙游县、宣平县、镇海县、嵊县、黄岩县、常山县等地的方志就记载了类似的内容，很多地区灾情较为严重，建德县旱灾灾情在十分的田地就有八万三千四十四亩[3]，其余大部分地区灾情严重，造成了严重的饥荒。

湖南发生了旱灾和水灾，以旱灾的影响最为严重。旱灾主要是春旱及夏季初旱，湖南巡抚杨锡绂奏报了长沙、善化、湘阴、益阳、湘潭、宁乡、浏阳七县"五月雨泽愆期"[4]的旱情，很多灾区的方志也记载了旱灾的情况，如长沙县"自五月不雨，至七月乃雨，早稻无收，蓄稻孙者收半"[5]，湘阴县"大旱，自四月不雨至十二月"[6]。入夏以后，至七月间，

---

① 民国《海宁州志稿》卷四十《杂志·祥异》，民国十一年（1922 年）续修铅印本。

②《清实录·高宗纯皇帝实录》卷三百九十二"乾隆十六年六月丁未条"，中华书局 1986 年版，第 154 页。

③ 乾隆《建德县志》卷二《食货志·蠲恤》，清乾隆十九年（1754 年）刻本。

④《清实录·高宗纯皇帝实录》卷三百九十六"乾隆十六年八月己亥条"，中华书局 1986 年版，第 206 页。

⑤ 嘉庆《长沙县志》卷二十六《祥异》，清嘉庆十五年（1810 年）刻本。

⑥ 乾隆《湘阴县志》卷十六《祥异》，清乾隆二十二年（1757 年）刻本。

湖南很多地区大雨成灾，很多地区发生了水灾，八月二十日，湖南巡抚杨锡绂奏报了水灾情况：

> 本年七月中旬雨水过多，十一、十二两日更大雨如注，昼夜连绵，随自七月二十三至二十七、二十九、八月初九等日，据长沙府属之茶陵州报称，七月十二日午刻，上游酃县发水，漫入州境，二十二都、二十五都地方，十三日子时水退，查看冲浸倒塌瓦草房屋共三百四十九间，因在白日发水，居民俱避上山，止淹毙老妇一口，婴儿一名……又据衡州府属酃县报称，七月十二日天明，一都地方发水，流入二都、三都、七都地方，本日申科水退。据地保等禀报，冲浸倒塌瓦草房屋共五百一十四间，压毙幼小男女六名口……又据直隶郴州属永兴县报称，七月十二日辰刻上游兴宁县发水漫入县境，程江口、水星楼各处地方，十三日辰刻水退，倒塌瓦草房屋二百一十五间，塘房一座，田地人口无损。……又据直隶彬州属兴宁县报称，七月十二日东南二乡发水，浸圮草房十余间，沙压田地月三十余亩，民人无恙……又据直隶郴州报称，七月十二日辰刻东北两路西凤乡、永丰乡发水，十三日巳刻水退，套他草房一百五十四间，人口田禾无恙。[①]

酃县"七月，大水泛滥，近河民屋漂没数十余所，田成沙阜水壑"[②]，郴州"秋七月，大水，永兴、宜章、兴宁尤甚"[③]，永兴县"七月大水，雨数日，江流上溢，平地水高数尺，舟行街市者凡五日，濒河民舍倒者众"[④]。由于上年（1750 年）湖南遭受瘟疫及水灾，加之旱灾的打击，造成了严重的饥荒，"十六年冬至十七年夏，米价昂贵"[⑤]，湘乡县"自五月不雨，至七月乃雨，早稻无收，蓄稻孙者收半"[⑥]，祁阳县"近数十年来邑中

---

① 《宫中朱批奏折·乾隆十六年》第 33 号，《清代灾赈档案专题史料》第 28 盘，第 1343—1344 页。

② 乾隆《酃县志》卷二十二《事纪·祥异》，清乾隆三十一年（1766 年）刻本。

③ 嘉庆《郴州总志》卷四十一《事纪》，清嘉庆二十五年（1820 年）刻本。

④ 光绪《永兴县志》卷五十三《祥异志》，清光绪九年（1883 年）刻本。

⑤ 嘉庆《湘潭县志》卷四十《五行》，清嘉庆二十三年（1818 年）刻本。

⑥ 道光《湘乡县志》卷十《祥异志》，清道光五年（1825 年）刻本。

屡苦旱灾，如乾隆辛未、庚辰两岁为尤甚"[1]。旱灾造成了严重的影响，饥民死亡颇多，如沅江县"大旱，谷每石银一两"[2]。

安徽遭遇了水旱灾害，以旱灾也影响最为严重。根据两江总督尹继善的奏章，上江的绩溪、歙县、宣城、南陵、泾县、宁国、旌德、太平、贵池、青阳、铜陵、寿州、广德、建平、当涂、合肥、和州十七州县，以及宣州、新安、建阳、凤阳四卫"俱被旱灾"，"宿州、灵璧、虹县、并宿州一卫又被水灾"[3]，"十七年题准徽、宁、池、凤、和、广六府属绩溪等二十三州县卫，上年水旱偏灾田地二万八千三百四顷一亩有奇"[4]。由于安徽连年遭受水旱灾害的袭击，上年（1750 年）的水灾影响较大，此年（1751 年）旱灾影响也极为严重，饥荒严重。

此外，乾隆十六年（1751 年），直隶、河南、江苏等地遭受了水旱灾害的袭击，山东、山西遭受了水灾，云南遭受了地震的袭击。这些灾害影响较大，粮价高昂，给灾区带来重大的影响。

直隶在乾隆十六年（1751 年）遭受的灾害有水灾，旱灾、蝗灾及雹灾，"武清、宝坻、宁河、天津、青县、沧州各境内，今岁偶值偏灾"[5]，但夏季灾害主要是因大雨成灾，"夏六月雨，滦河溢，秋七月大雨，滦河复溢"[6]，武强县"六月，滹沱河溢"[7]，卢龙县"夏六月雨，滦河溢。秋七月，大水平堤"[8]。或是雨中带雹成灾，如怀来县遭受了雹灾[9]，怀安县"秋七月，雨雹"[10]。但一些降雨少的地区发生了蝗灾，如保定府"七月，

① 乾隆《祁阳县志》卷一《山川》，清乾隆三十年（1765 年）刻本。
② 嘉庆《沅江县志》卷二十二《祥异志》，清嘉庆十五年（1810 年）刻本。
③ 《清实录·高宗纯皇帝实录》卷三百九十七"乾隆十六年八月条"，中华书局 1986 年版，第 228 页。
④ 光绪《直隶和州志》卷七《食货志·蠲赈》，清光绪二十七年（1901 年）活字本。
⑤ 光绪《宁河县志》卷十一《艺文》，清光绪六年（1880 年）刻本。
⑥ 光绪《乐亭县志》卷三《地理志》，清光绪三年（1877 年）刻本。
⑦ 道光《武强县新志》卷十《杂稽志》，清道光十一年（1831 年）刻本。
⑧ 乾隆《永平府志》卷三《封域志·祥异》，清乾隆三十九年（1774 年）刻本。
⑨ 乾隆《宣化府志》卷三《灾祥志》，清乾隆二十二年（1757 年）增刻本。
⑩ 光绪《怀安县志》卷三《食货志·灾祥》，清光绪二年（1876 年）刻本。

蝻蝗伤禾"①，如获鹿县"夏麦无收，秋又亢旱"②，一些灾情严重的地区发生了饥荒，如蓟县"春，米贵如珠"③。

江苏遭受水旱灾害，遭受水灾的有二十五州县，"四月九日，赈山阳等二十四州县卫十五年被水灾民。十月二十三日，赈铜山等八州县本年水灾"④，两江总督尹继善奏报了江苏水旱灾害的情况："江南下江之铜山、邳州、宿迁、睢宁、丰县、沛县、萧县、砀山八州县，徐州一卫，或因雨水过多，或因湖河盛涨，田禾被淹。其上元、江宁、六合、江浦、高淳、溧水、金坛、溧阳、宜兴、荆溪等十县……俱被旱灾。"⑤徐州府"十六年，饥，秋，砀山水"⑥，高淳县"夏大旱，米价石三两，缺籴弥月"⑦，宿迁县"六月，河决阳武，冲张秋，东北入海，宿迁河涸"⑧。

河南六七月间雨水过多，河流泛涨，祥符、中牟、阳武、封邱、延津、滑县、浚县、河内、武陟、原阳、上蔡等十六县的田禾被淹，其中，祥符、阳武、封邱、延津、滑县、武陟等县积水长期未消，麦子不能下种⑨，温县"六月二十五日，大雨霖，平地水深数尺，河溢，漂圮田庐无数"⑩，辉县"六月，骤遇大雨倾盆，山水暴涨，双溪桥被冲塌，几乎变陵为谷，基岸无复存留者"⑪。封邱县"六月，河决阳武，趋封邱。时河决阳武所属之阳桥，灾及封邱辛口等八社"⑫。杞县、辉县等地发生春旱及蝗

① 光绪《保定府志》卷四十《前事录·灾祥》，清光绪五年（1879年）稿本。
② 乾隆《获鹿县志》卷一《事纪》，清乾隆四十六年（1781年）稿本。
③ 道光《蓟州志》卷二《方舆志·灾祥》，清道光十一年（1831年）刻本。
④ 民国《江苏备志稿》卷二《大事记》，民国三十一年（1942年）稿本。
⑤ 《清实录·高宗纯皇帝实录》卷三百九十七"乾隆十六年八月条"，中华书局1986年版，第228页。
⑥ 同治《徐州府志》卷五下《纪事表》，清同治十三年（1874年）刻本。
⑦ 民国《高淳县志》卷十二下《祥异志》，民国七年（1918年）刻本。
⑧ 同治《宿迁县志》卷十《河防志》，清同治十三年（1874年）刻本。
⑨ 水利电力部水管司、科技司，水利水电科学研究院：《清代黄河流域洪涝档案史料》，中华书局1993年，第191页。
⑩ 乾隆《温县志》卷五《天文志·灾祥》，清乾隆十一年（1746年）刻本。
⑪ 乾隆《辉县志》卷四《建置志·桥梁》，清乾隆二十二年（1757年）刻本。
⑫ 民国《封邱县续志》卷一《通纪》，民国二十六年（1937年）铅印本。

灾，如杞县"夏四月，旱"①，辉县"秋，鹳鸟来，蚜蝗生，食禾殆尽"②，遂平县"夏六月，旱，伤苗"③。

山东的水灾主要是大雨及黄河决口造成的，如寿光、掖县、平度、昌邑、潍县、利津等州县及官台、西由、永阜等地即因大雨成灾④，曹州府所属的濮州、范县等地则是因为黄河决口成灾⑤，"山东济南等府二十九州县属自七月以来，淋雨频仍，豫省黄河漫溢之水分流东趋，所有禹城等州县，前此未经淹及者，多有被淹等语，该州县属猝被水灾，大田失望，民居淹浸"⑥，平阴县"八月，黄河水溢，溃入清河，沿河民居尽被漂没，西北一带禾稼尽伤。居民附树为巢，不火食者二十余日"⑦，东明县"河决阳武县。境复遭水灾，深至三四尺，阔四十余里，庐舍田禾一望泽国"⑧，水灾对农业造成了严重的影响，"六月，莱芜霖雨，泛孝义河，坏田禾。七月，泰安水。八月，河决，冲没挂剑台，肥城、东平、东阿、平阴田庐尽坏"⑨，连续的灾荒，造成很多地区饥荒严重，如荣成县"霪雨害稼，兼雨雹。民多饥死"⑩。

山西很多地区均因河溢及决口造成水灾，如平陆县"河水大溢，河壖田崩塌"⑪，凤台县"五月三十日，丹水溢，旬日无阴雨，河水陡涨，逆流向高阜，自高都至龙门冲没田庐，淹毙人畜不可胜计"⑫，高平县"闰五月

① 乾隆《杞县志》卷二《天文志·祥异》，清乾隆五十三年（1788年）刻本。

② 道光《辉县志》卷四《地理志·祥异》，清道光十五年（1835年）刻本。

③ 乾隆《遂平县志》卷十四《外纪·機祥》，清乾隆二十四年（1759年）刻本。

④ 《清实录·高宗纯皇帝实录》卷三百九十"乾隆十六年闰五月癸酉条"，中华书局1986年版，第124页。

⑤ 水利电力部水管司、科技司，水利水电科学研究院：《清代黄河流域洪涝档案史料》，中华书局1993年版，第191页。

⑥ 《清实录·高宗纯皇帝实录》卷三百九十六"乾隆十六年八月辛丑条"，中华书局1986年版，第207页。

⑦ 嘉庆《平阴县志》卷四《赋役志·灾祥》，清嘉庆十三年（1808年）刻本。

⑧ 民国《东明县志》卷二十二《大事记》，民国二十二年（1933年）铅印本。

⑨ 乾隆《泰安府志》卷二十九《祥异志》，清乾隆二十五年（1760年）刻本。

⑩ 道光《荣成县志》卷一《疆域志·灾祥》，清道光二十年（1840年）刻本。

⑪ 乾隆《解州平陆县志》卷十一《平陆县古迹》，民国二十一年（1932年）石印本。

⑫ 乾隆《凤台县志》卷十二《纪事》，清乾隆四十九年（1784年）刻本。

朔，大雨，山水骤发，东关等五村冲没房舍人口"[①]。乾隆十六年（1751年）五月一日，云南鹤庆府所属的剑川发生大地震，城垣房屋倾倒，人口牲畜损伤甚多，鹤庆、浪穹等地受到强烈影响，邓川、丽江影响稍轻，大理、宾川影响不重，但剑川、鹤庆、浪穹等地灾情极为严重，倒塌房屋数万间，压毙居民数千人。五月初一地震发生时，剑川共有六次长震，未刻忽又大震，城垣、衙署、仓库、塘汛、兵民房屋尽皆倾倒。吏目钟秉绣被伤，训导李士琳压毙。人口、牲畜损伤甚多。又大理府所属之邓川州同时地震。衙署、仓库及远近民居，间有脱落椽瓦、坍塌墙壁之处，人口尚未损伤。又鹤庆府城同时地震。衙署、仓廒及一切庙宇俱震倒过半。城垣、城楼亦有震毁。兵民房屋倒塌不计其数。清人张泓在《滇南新语·地震》中形象而详细地记载了此次地震的经过及伤损情况：

> 五月朔日卯时，地已摇，辰刻，日蚀复明，烦热而气昏惨无风，至巳动甚。届午，有声西北来，如惊潮决障，万马奔腾，烟尘蔽空，行者立者尽颠踬，屋宇如摧槁，始犹匍匐思避，继皆昏迷仆地，莫知所以。震既定，将一时，万籁俱寂，静若长夜。更一时，哭声震天矣。万家乐土，倏变蚕丛，街衢卓塞，忘城南北，既不知何处为吾庐，且不知吾之骨肉亲戚存亡安在也。依稀检索，死态万状，不忍备述，四乡皆然。鸟巢堕散，山石飞击，虎豹亦毙，惟西南稍轻……最异震后城内外井悉涸，无点滴，而釜灶皿物全损，断火食者数朝。东北太平等村，悉为剑海所浸，海尾坟起，至今扼泄，沿湖一带町畦，皆付波臣，民编芦以栖，虽我父母来，亦无片厦以待，而地犹时摇摇也。语竟，复大恸，余亦不觉失声。嗟余去剑一年耳，何吾民之罹灾遽至此极也。乃强收泪慰藉之，因斋宿，于十三日晨兴赴任。海虹距州治二十里，途中山树犹识，村落异旧，凄凉满目，城廓俱非，葺松架棚，拜阙上任。所谓红桥碧水，台榭河房，均为乌有。乃急画民居，弛官山禁、令民伐木，开窑造砖瓦，且及农器什物。盖春秋两易，其间阎震倾之一万九千余间，焕然鳞比者，勘已一万六千余间矣。

乾隆十七年（1752年），直隶、山东、陕西、山西、安徽、河南、江

---

① 乾隆《高平县志》卷十六《祥异》，清乾隆三十九年（1774年）刻本。

苏、湖南等地发生了旱、蝗灾害，以湖南、安徽、陕西的旱灾最为严重，灾区饥馑横行，饥民死亡众多。湖南旱灾区域较广，粮价昂贵，很多灾情方志都以"饥""大饥"等内容记载了此次灾荒的情况。长期灾荒及大量人口死亡，导致一些灾区发生了疫灾，饥民在饥荒及疫灾的交相打击下，死亡无数，如醴陵县"大祲，饥疫并作，死亡枕藉"①。安徽寿州等八州县及凤阳等三卫遭受了旱灾，光绪《凤阳府志》卷四记："凤阳，旱蝗，寿州旱"，一些地区灾情达到了五分或七八分，如凤阳县"旱，蝗。成灾五分"②，泗县"秋，泗旱灾七八分"③。灾区发生了饥荒，饥民以草根、树皮为食，无数饥民死亡。陕西发生了大面积的旱灾，"西安三十七州县旱，民饥"④，陕西各地的方志中以"旱""大旱""夏旱""秋旱""大饥""秋大饥""饥"等内容记载了旱灾的情况，如大荔、朝邑、郃阳、蒲城、潼关等地"秋禾被旱"⑤，临潼县"麦后无雨，秋无收"⑥，朝邑县"秋禾被旱成灾"⑦，澄城县"秋大旱，无谷"⑧，凤翔县"秋大旱，无禾"⑨。很多地区灾情较为严重，如商县"秋禾被旱，成灾六、七、八分不等"⑩，部分地区旱灾之后不久就遭受了水灾，镇安县"陕省大旱之后，继以霪雨，各州县被灾者什居其九"⑪。

此外，直隶还发生了大面积的蝗灾。早在乾隆十六年（1751 年），清苑、祁州、河间、献县等地就发生蝗灾，出现"蝗蝻伤禾"和"飞蝗集郡境，捕不能尽"的现象，但尚未造成严重的影响。到乾隆十七年（1752 年），发生蝗灾的地区增多。根据直隶总督方观承的奏报，通州、武清、

① 民国《醴陵县志》卷一《大事记》，民国三十七年（1948 年）铅印本。
② 乾隆《凤阳县志》卷十五《杂志·纪事》，清乾隆四十年（1775 年）刻本。
③ 乾隆《泗州志》卷四《轸恤志·祥异》，清乾隆五十三年（1788 年）抄稿本。
④ 民国《续修陕西通志稿》卷一百二十七《荒政》，民国二十三年（1934 年）铅印本。
⑤ 乾隆《同州府志》卷九《食货志·蠲赈》，清乾隆四十六年（1781 年）刻本。
⑥ 乾隆《临潼县志》卷九《志余·祥异》，清乾隆四十一年（1776 年）刻本。
⑦ 乾隆《朝邑县志》卷八《赋税考》，清乾隆四十五年（1780 年）刻本。
⑧ 咸丰《澄城县志》卷五《田赋·祥异》，清乾隆四十九年（1784 年）刻本。
⑨ 乾隆《凤翔县志》卷八《外纪·祥异》，清乾隆三十二年（1767 年）刻本。
⑩ 乾隆《续商州志》卷十《杂录》，清乾隆二十三年（1758 年）刻本。
⑪ 乾隆《镇安县志》卷九《灾祥》，清乾隆二十年（1755 年）刻本。

香河、宝坻、固安、东安、安肃、新城、博野、望都、蠡县、阜城、交河、宁津、景州、东光、静海、南皮、庆云、成安、衡水、永清、祁州、献县、深州、清苑、霸州、宁河、吴桥、天津盐场、沧州、青县、盐山、定州、元城、大名、南乐、魏县、清丰、东明、开州、长垣、雄县共四十三个州县发生了蝗灾①。各地方志对旱灾及蝗灾的情况记载较为详细，如祁州"春，大旱，五月初四日大风，黄沙四塞，日为无光，二麦及秋水尽坏，七月，蝗蝻遍生，禾稼啮伤，甚于十六年"②，大名县"春三月，大雨。夏大蝗，积地盈尺，禾稼食尽"③，在官民的共同努力下，大部分州县的蝗蝻扑捕殆尽。

山东商河、惠民、阳信、无棣、博兴、邹平、莒县、兖州、定陶、聊城、莘县、东阿等县发生了蝗灾，大部分地区如邹平、定陶、商河、惠民、博兴等地由于扑灭及时未成灾害，但一些地区的蝗灾却对农业生产造成了巨大影响，部分地区如牟平县、文登县、威海等地发生了水灾，在各种灾害的打击下，一些地区发生了饥荒，如莘县"蝗蝻为灾"④，荣成县等地"大饥，米腾贵，流亡载道，死伤积野"⑤。山西也发生旱灾，沁水县、乡宁县、襄汾县、闻喜、荣河、解州、万泉、芮城、垣曲县、夏县、平陆、永济、万荣等地的旱灾，较为严重，"饥""大饥""歉收"等的记载在当地方志中较常见。安徽发生了旱灾及蝗灾，寿州等八州县及凤阳等三卫，以及凤、颍、泗等府所属州县发生了旱灾或蝗灾，灵璧、凤阳的旱蝗灾害较为严重，寿县发生旱灾，泗县"秋，泗旱灾七八分"⑥，南陵等县发生饥荒，"人食蕨根树皮"⑦，饥民死亡较多，泾县"春大饥……民掘蕨作粉食之……多殣死"⑧。河南部分地区发生了旱灾或蝗灾，杞县、密县、汲

① 《清实录·高宗纯皇帝实录》卷四百十五"乾隆十七年五月戊寅条"，中华书局1986年版，第432页。

② 乾隆《祁州志》卷八《纪事·祥异》，清乾隆二十一年（1756年）刻本。

③ 乾隆《大名县志》卷二十七《禨祥志》，清乾隆五十四年（1789年）刻本。

④ 光绪《朝城县志略·灾异门》，清光绪年间抄本。

⑤ 道光《荣成县志》卷一《疆域志·灾祥》，清道光二十年（1840年）刻本。

⑥ 乾隆《泗州志》卷四《轸恤志·祥异》，清乾隆五十三年（1788年）抄稿本。

⑦ 民国《南陵县志》卷四十八《杂志》，民国十三年（1924年）铅印本。

⑧ 乾隆《泾县志》卷十《摭遗志·灾祥》，清乾隆二十年（1755年）刻本。

县、获嘉县、范县、滑县、西华县、郾城县、唐河县、泌阳县、桐柏县等地发生了旱灾或蝗灾，当地方志中"蝗""蝗蝻"等的记载较多，但只有部分地区的灾情较为严重，如西华县"夏微旱，蝗蝻生甚炽"[①]。

江苏部分地区发生了旱灾及蝗灾，上元、江浦、铜山、丰县、砀山、句容、泰州、盐城、桃源、阜宁、萧县、邳州十二个州县发生蝗灾，上元等十九个州县发生旱灾[②]，如皋县"秋旱"[③]，无锡县"春，米石价三两。三四月之交，麦石三两三钱。……夏五月至七月不雨，岁饥"[④]，"夏旱。六月祈雨崇安寺，七月初三得三寸雨，止祈请。而诸乡多未得雨，开化乡民数百人纠合扬名乡农几至千，拥挤县庭邑"[⑤]，丹徒县"岁饥"[⑥]。

乾隆十八年（1753 年），全国各地的灾情趋向缓解，但湖南很多地区的旱灾还在延续，安徽一些地区发生了水灾，福建发生了疫灾，人口死亡众多。湖南的灾情以旱灾最为严重。如黔阳县"大旱"[⑦]，辰溪县"自夏至秋大旱，虫害稼"[⑧]，沅陵县"夏秋旱，虫。饥，民有食佛粉者，辰溪尤甚"[⑨]，溆浦县"旱，虫……入山采薇蕨食之，流民入溆者众"[⑩]，靖县"秋旱，收成歉薄，民多以蕨佐食"[⑪]，泸溪县"夏秋旱。邑民告饥，谷价踊贵"[⑫]。在大部分地区继续遭受旱灾的时候，另外一些地区却正遭受水灾，但灾情不甚严重。乾隆十八年（1753 年）六月二十二日，署理湖南巡抚范时绥奏报了水灾情况："湖南今岁四五月内雨多晴少，江水泛

①　乾隆《西华县志》卷十《补志·五行》，清乾隆十九年（1754 年）刻本。

②　民国《江苏备志稿》卷二《大事记》，民国三十一年（1942 年）稿本。

③　民国《如皋县志》卷四《民赋志·救荒》，民国十八年（1929 年）铅印本。

④　（清）黄印：《锡金识小录》卷二《备参下·祥异补》，清光绪二十二年（1896 年）活字本。

⑤　（清）王抱承纂、萧焕梁续纂：《无锡开化乡志》卷中《行义·补志》，民国五年（1916 年）活字本。

⑥　嘉庆《丹徒县志》卷二十六《人物·尚义》，清嘉庆十年（1805 年）刻本。

⑦　乾隆《黔阳县志》卷四十一《祥异》，清乾隆五十四年（1789 年）刻本。

⑧　道光《辰溪县志》卷三十八《祥异志》，清道光元年（1821 年）刻本。

⑨　乾隆《辰州府志》卷六《星野考》，清乾隆三十年（1765 年）刻本。

⑩　乾隆《溆浦县志》卷九《祥异》，清乾隆二十七年（1762 年）刻本。

⑪　光绪《靖州直隶州志》卷十一《事纪·祥异》，清光绪五年（1879 年）刻本。

⑫　乾隆《泸溪县志》卷二十一《人物》，清乾隆二十年（1755 年）刻本。

涨，沿江之长沙、湘阴、益阳、武陵等县，低洼处所……被水漫溢。随饬委道府等官勘明，俱不成灾……续于六月初六、十一、十四、十五、十七、二十等日据华容、沅江、湘阴、龙阳、巴陵、临湘等县具报……今川水长发，湖水陆续更大，沿湖一带堤垸因被冲溃，低田淹浸，庐舍亦有坍塌。"①蕲水、罗田、黄陂三县水灾较为严重，冲塌民房千余间，压毙人口数十名②。

安徽因大雨成灾，受灾区域较广，灾情较为严重，一些地区的灾情到了七八分的程度。安徽宁国府、池州府、滁州府、和州府等所属在五六月间，因雨水过多，山水骤发，凤阳府、颍州府、泗州府等所属亦因湖河水涨，低洼田地被水漫淹，"禾苗不无伤损"，未料七月内又连续大雨，积水转增，"以致涸出补种之地复被淹浸"，宁国府所属之太平，凤阳府所属之寿州、宿州、凤阳、临淮、怀远、虹县、凤台、灵璧，颍州府所属之亳州、霍邱，泗州并所属之盱眙、天长、五河，滁州并所属之全椒等州县，以及凤阳、长淮、泗州、滁州、新安等卫，"俱成偏灾"，泗州、盱眙、天长、五河，以及泗州卫等地成灾分数达到七、八、九、十分不等，灾情较为严重；太平、临淮、滁州、全椒及滁州卫等地成灾分数在五分至八分之间不等；宿州、凤阳、怀远、灵璧、虹县及长淮卫等地，成灾分数在五、六、七分之间不等，灾情稍稍次之；寿州、凤台、亳州，成灾均止五分，"情形最轻"；霍邱县及凤阳、新安两卫，以及阜阳、颍上两邑的部分地区发生水灾，但成灾分数亦不致重③。方志对灾情也有记载，如凤阳县"大水，成灾五、七、九分"④，"黄水浸入，泗灾八、九、十分，虹灾七、八、九、十分"⑤。九月二十四日，安徽巡抚卫哲治又奏报了灾情情

　　① 署理湖南巡抚范时绶：《奏为长沙等属被水情形事》，《军机处录副奏折·赈济灾情类》，档号：03-1044-027，中国第一历史档案馆藏。

　　② 水利电力部水管司科技司、水利水电科学研究院：《清代长江流域西南国际河流洪涝档案史料》，中华书局1991年版，第330页。

　　③ 护理安徽巡抚高晋：《奏明安省各属被灾轻重情形及办理缘由事》，《军机处录副奏折·赈济灾情类》，档号：03-1044-079，中国第一历史档案馆藏。

　　④ 乾隆《凤阳县志》卷十五《杂志·纪事》，清乾隆四十年（1775年）刻本。

　　⑤ 乾隆《泗州志》卷四《轸恤志·祥异》，清乾隆五十三年（1788年）抄稿本。

况，铜山县黄河南岸于九月十一日夜半漫决，"灌溢上江所属之宿州、灵璧、虹县、泗州、盱眙一带地方，均各被水……由灵璧、虹县直至泗州、盱眙界内，但见一派汪洋，数百里内皆成巨浸，田沉水底，庐舍亦多漂没……查宿、灵、泗、盱七州县，前已报偏灾，今复遭此洪水，凡在田未收之禾，及在家所余之粮，均被漂没。探验各处民田积水已深数尺不等，一时不能宣泄，二麦难以播种"①。

5. 乾隆二十一年（1756 年）安徽、江苏、浙江发生水灾

乾隆二十一年（1756 年）安徽、江苏、浙江发生水灾，这一年，除了河南遭受严重水灾发生"人相食"现象之外，江苏、安徽、浙江等地也发生严重的水灾，水灾又引发了疫灾，饥民死转流徙，饿殍遍野，饥民以草根、树皮及泥土充饥，死于饥饿及疫灾的民众较多，成为当时程度较为严重的灾荒。

江苏大部分地区因大雨成灾，据江苏巡抚庄有恭奏报，清河、桃源、铜山、沛县、萧县、邳州、宿迁、睢宁、海州、沭阳、大河、徐州十二州县卫水灾较重②，"江南淮、徐、海等属被水偏灾，下江被灾较重之清河、桃源、铜山、萧县、沛县、邳州、宿迁、睢宁、海州、沭阳、徐州、大河等十二州县卫极贫……被灾较轻之安东、丰县、砀山三县，同上江被灾之宿州、灵璧、虹县、长淮等四县卫极贫……"③。乾隆二十一年（1756 年）七月三日，江苏布政使许松佶奏报了水灾情况："惟淮安府属之山阳、清河、桃源、安东、大河，徐州府属之铜山、沛县、邳州、宿迁、睢宁，扬州府属之泰州、海州属之沭阳等州县卫，据报五月初七、八、九、十一等日，雨中带有水雹，大小不等，又桃、铜、邳、睢、海、沭等处，五月十七至二十四等日，积雨淹漫，低洼处所麦收顿减，积水一二三尺不等，栽插难施。内清河被雹与邳、海、沭被水似属较重，其余尚轻。"④由于水

---

① 安徽巡抚卫哲治：《奏明上江地方续被黄水情形事》，《军机处录副奏折·赈济灾情类》，档号：03-1044-084，中国第一历史档案馆藏。

② 《清实录·高宗纯皇帝实录》卷五百二十二"乾隆二十一年闰九月下条"，中华书局 1986 年版，第 595 页。

③ 乾隆《丰县志》卷首《圣恩》，清乾隆二十四年（1759 年）刻本。

④ 江苏布政使许松佶：《奏报麦收分数并报被雹被水情形事》，《军机处录副奏折·赈济灾情类》，档号：03-9750-029，中国第一历史档案馆藏。

灾持续时间较长，不仅饥荒严重，饥民纷纷死亡，徐州府"九月饥，是年邳州、砀山、宿迁水"①，无锡县"自春至夏及秋，连绵多雨，田多淹没"②。还引发了疫灾，饥民死亡无数，如通州"春大饥……夏大疫，比户无免者"③，山阳县"春饥，夏大疫"④，沛县"夏大旱，有青蝇结阵如密雨过，大疫"⑤，溧水、江阴、无锡等地的方志中均有"疫""大疫""春大疫"的记载⑥，在水灾及疫灾的交相打击下，粮价腾贵，饥民以草根、树皮为食，在很多草根、树皮吃尽的地区，饥民饿死众多，景象凄惨异常，如昆山县的饥民就食者病毙于道相枕藉，槥不能给，以苇席掩埋之。

安徽也因大雨及河溢酿成水灾，水灾之后又发生疫灾，饥荒严重，据时任安徽巡抚鄂乐舜的奏章，宿州、灵璧、虹县、怀远、凤台、泗州、五河、临淮、寿州、颍上、霍邱、盱眙、天长、阜阳、蒙城、太和、滁州、全椒、来安、和州、含山二十一州县卫遭受水灾，各地成灾程度轻重不一，如泗县"黄、淮交漫，虹城水深三尺。民多疫⑦，凤阳县"春大疫。夏秋水，成灾五分"⑧。但很多灾区如望江、凤阳等县发生了疫灾⑨，各灾区方志以"饥""疫"等进行了记载。浙江也发生水灾，据浙江巡抚周人骥奏报，仁和、乌程、归安、长兴、德清、武康、安吉、山阴、会稽、萧山、诸暨、余姚、上虞十三县"被水成灾"⑩，由于浙江亦长期遭受水灾，

① 同治《徐州府志》卷五下《纪事表》，清同治十三年（1874 年）刻本。

② （清）黄印：《锡金识小录》卷二《备参下·祥异补》，清光绪二十二年（1896 年）活字本。

③ 光绪《通州直隶州志》卷末《杂记·祥异》，清光绪元年（1875 年）刻本。

④ 同治《重修山阳县志》卷二十一《杂记》，清同治十二年（1873 年）刻本。

⑤ 民国《沛县志》卷二《沿革纪事表》，民国九年（1920 年）铅印本。

⑥ 光绪《溧水县志》卷一《天文志》，清光绪九年（1883 年）刻本；光绪《江阴县志》卷八《祥异》，清光绪四年（1878 年）刻本；光绪《无锡金匮县志》卷三十一《祥异》，清光绪七年（1881 年）刻本。

⑦ 乾隆《泗州志》卷四《轸恤志·祥异》，清乾隆五十三年（1788 年）抄稿本。

⑧ 乾隆《凤阳县志》卷十五《杂志·纪事》，清乾隆四十年（1775 年）刻本。

⑨ 乾隆《望江县志》卷三《民事·灾异》，清乾隆三十三年（1768 年）刻本；光绪《凤阳府志》卷四下《纪事表》，清光绪三十四年（1908 年）活字本。

⑩ 《清实录·高宗纯皇帝实录》卷五百七"乾隆二十一年二月条"，中华书局 1986 年版，第 413 页。

灾荒后果累积，饥荒严重，粮价腾贵，很多饥民只能吃草根、树皮或泥土苟延残喘[①]。

6. 乾隆二十六年（1761 年）黄河、长江流域出现七省水灾

乾隆二十六年（1761 年），北方黄河流域中下游地区的直隶、山东、山西、河南等省及长江流域下游地区的安徽、江苏、湖南等省，发生了大面积的水灾，很多水灾区域相连，形成了跨越省份的大区域水灾。

直隶的水灾因雨水过多、永定等河漫溢或民埝满溢形成，成灾州县主要有卢龙、新乐、曲阳、天津、沧州、青县、任邱、交河、武强、武邑、束鹿、望都、衡水、新河、晋州、宁晋、隆平、赵州、柏乡、邢台、沙河、任县、唐山、南和、平乡、曲周、永年、鸡泽、邯郸、怀来，以及后来报灾的宝坻、宁河、玉田等，其中，冀州、衡水、武邑"因近滹沱，被水较重"，宝坻、宁河次重，其余常灾村庄自数村至数十村，赵州、柏乡、邢台、沙河皆"勘不成灾"[②]。乾隆二十七年（1762 年）正月十四日，方观承奏进一步奏报了各地常灾的分数状况："直隶上年被水各属"，天津府所属之天津县，以及津军厅的都是遭灾最重的地区；顺天府所属的文安、大城，冀州并所属的武邑、衡水，灾分情形相似；固安、霸州、保定、安州、开州、东明、清河、新河、南宫、武强、隆平、宁晋十二州县，皆有成灾九、十分之村庄；宝坻、武清、高阳、新安、肃宁、交河、东光、沧州，大名、元城、永年、成安，广平、鸡泽、威县、深州十六州县，皆有成灾九分村庄[③]，从中可见，成灾分数已经达到了九分、十分，灾情极其严重，加上受灾区域较广，遭受水灾的厅州县达到了七十四个，由于灾情严重，到乾隆二十七年（1762 年），官府还对文安、大城、天津、津军、冀州、武邑、衡水、长垣八州县厅，以及固安、霸州、保定、安州、开州、东明、清河、新河、南宫、武强、龙平、宁晋、宝坻、武清、

---

① 光绪《重修嘉善县志》卷三十四《杂志·祥眚》，清光绪二十年（1894 年）刻本。

②《直隶总督方观承乾隆二十六年奏报直隶水灾情形折》，《宫中朱批奏折·乾隆二十六年》第 50 号，《清代灾赈档案专题史料》第 21 盘，第 1072—1073 页。

③ 水利水电科学研究院：《清代海河滦河洪涝档案史料》，中华书局 1981 年版，第 165 页。

高阳、新安、肃宁、交河、东光、沧州、大名、元城、永年、成安、广平、鸡泽、威县、深州二十八州县的水灾饥民连续加赈[1]，对固安、永清、东安、武清、霸州、保定、文安、大城、宛平、宝坻、蓟州、宁河、滦州、清苑、新城、博野、望都、蠡县、祁州、雄县、安州、高阳、新安、河间、献县、肃宁、任邱、交河、景州、东光、天津、青县、静海、沧州、南皮、盐山、庆云、津军厅、平乡、广宗、钜鹿、唐山、任县、永年、邯郸、成安、曲周、广平、鸡泽、威县、清河、磁州、开州、大名、元城、南乐、清丰、东明、长垣、西宁、尉州、丰润、玉田、冀州、南宫、新河、武邑、衡水、龙平、宁晋、深州、武强、定州、曲阳七十四州县厅的乾隆二十六年（1761 年）水灾额赋蠲免有差[2]。很多地区灾情较为严重，"直隶上年被水各属……天津府属之天津县并津军厅皆系被灾最重之区。又顺天府属之文安、大城，冀州并所属之武邑、衡水，灾分情形相似……固安、霸州、保定、安州、开州、东明、清河、新河、南宫、武强、隆平、宁晋等十二州县，皆有成灾九十分村庄。宝坻、武清、高阳、新安、肃宁、交河、东光、沧州，大名、元城、永年、成安，广平、鸡泽、威县、深州等十六州县，皆有成灾九分村庄"[3]。

山东的禹城、齐河等四十四个州县因为"六月中旬以后，大雨连绵，山水骤发"，七月三日以至六、七、八等日，"又复大雨如注"，导致河水满溢、民埝塌陷，造成了大水灾，济南府所属之禹城、齐河、济阳、长清，东昌府所属的聊城、博平、茌平、高唐、东昌卫、临清卫、堂邑，武定府所属的商河、乐陵、惠民、海丰，兖州府所属的济宁卫、阳谷，青州府所属的乐安、高苑等共二十三个州县，都是因为"雨泽过多，河已平槽，坡水汇注，宣泄不及，境内洼地积水自数寸以至一二尺不等，高粱尚

---

① 《清实录·高宗纯皇帝实录》卷六百五十二"乾隆二十七年正月条"，中华书局1986 年版，第 306 页。

② 《清实录·高宗纯皇帝实录》卷六百六十四"乾隆二十七年六月条"，中华书局1986 年版，第 429 页。

③ 直隶总督方观承：《奏为筹办涿州巨马河永济桥添筑工程请动项兴修事》，《宫中朱批奏折·乾隆乾二十七年》，档号：04-01-37-0152-012，中国第一历史档案馆藏。

属有收，秋禾不无伤损"[①]。根据山东巡抚阿尔泰的奏章，黄河在曹县十四堡、二十堡先后漫溢，河水涌入曹县和城武县，城武县突然遭受水灾，以致济宁、菏泽、定陶、钜野、金乡等州县，皆被淹浸，其中，曹、兖属地曹县、城武灾情严重；其余州县均系河水漫流入境，或十数里至六七里不等，水灾损失不甚严重；范县、濮州也被黄河水淹浸，临清州因漳、卫合汶，河流异涨，将老崖冲刷，引起民埝塌陷[②]，也发生了水灾。七月十八日，山东布政使崔应阶奏报了长期大雨及黄河蔓延导致水灾的具体情况：

> 东省二麦告丰之后……以后不时阴雨……雨势更大，山水陡发，各河盈溢，以泰安、兖州、曹州等府属之东平、宁阳、汶上、金乡……州县低洼地亩被水漫淹……又复大雨连绵，续据济南，东昌、武定及兖曹等府属州县节次禀报被水……臣即于七月初五日自省起程驰往济南、东昌二府属之齐河、禹城、平原、德州、恩县、夏津、武城、清平、临清、堂邑、博平、聊城、茌平、高唐、长清一带周历查勘……向称极洼止种一麦之地，并次洼地亩，因雨水过多，河水盈槽，不能递泄，以致被淹。……被水州县有济南府属之齐河、济阳、禹城、平原、长清、临邑、德州并卫，泰安府属之东平、平阴，武定府属之惠民、阳信、海丰、乐陵、商河、霑化，兖州府属之金乡、鱼台、嘉祥、汶上、阳谷……曹州府属之……东昌府属之聊城、堂邑、博平、茌平、清平、莘县、冠县、高唐、恩县、夏津、武城、临清州并卫、东昌卫，青州府属之高苑、乐安等四十四处，内轻重不同，亦有不致成灾者。[③]

七月二十七日，崔应阶又奏报了水灾的损失情况：

> 前据曹州府属之定陶、钜野，兖州府属之金乡、济宁等州县禀报，曹县黄河漫溢，水势分注……七月十九日黄水异常猝涨，人力难施，曹仪厅安陵

---

①　山东巡抚阿尔泰：《奏报东省被水情形事》，《军机处录副奏折·赈济灾情类》，档号：03-1047-024，中国第一历史档案馆藏。

②　《清实录·高宗纯皇帝实录》卷六百四十三"乾隆二十六年八月条"，中华书局1986年版，第199页。

③　水利电力部水管司、科技司，水利水电科学研究院：《清代黄河流域洪涝档案史料》，中华书局1993年版，第241—242页。

汛十四堡、二十堡大堤先后漫溢等情。三十日接署曹县知县……十九日黄河漫溢，水往北泄，二十日直灌城根，该县率同典史等官竭力堵御，奈水势猛射，至午刻冲入城内，一时水深丈余，府县衙门、仓廒、监狱多被泡倒……民房倒塌十分之七八，城外四面一片汪洋。二十一日水势渐杀……又据菏泽、单县及兖州府属之鱼台县各禀报，黄水入境……据曹州府属之濮州禀报，七月二十三、四等日，该州地方因豫省祥符县清河集黄水漫溢，由直隶东明县之毛相河溢入，州境各村庄多被水淹。并据下游之范县、寿张、阳谷、东阿各禀报黄水入境各缘由。臣查曹县黄河漫溢，水势四注，先后被水者系曹县、城武、定陶、菏泽、钜野、单县，金乡、鱼台、济宁，因豫省漫水由直隶入境，先后被水者系濮州、范县，寿张、阳谷、东阿。内曹县为漫工处所，城武地当顶冲及金乡、鱼台原系洼下被水之区，复遭黄水漫淹，情形均属深重，其余虽轻重不等，但似此猝被水灾居民房屋多有坍塌，存贮米粮亦多漂失……再曹县漫工因大溜南趋已经挂淤，堵筑尚易施工，被水各处水势亦有减无增。①

此次水灾的灾情极为严重，许多地区灾情分数达到七八九分，八分灾的地区居多，山东巡抚阿尔泰于乾隆二十七年（1762 年）正月十一日奏报了水灾的具体分数："东省上年被灾虽有四十三处，内惟曹县、城武、德州、济宁、鱼台等五州县被灾较重，其余滨河州县成灾八分以上者已属次重。将被灾较重之曹县、城武、德州、济宁、鱼台等五州县……其滨河次重之齐河、金乡、嘉祥、荷泽、单县、定陶，钜野、濮州、范县、临清、邱县、馆陶、恩县、夏津、武城等十五州县，成灾八分以上。"②

山西因大雨连绵，河水涨发，导致水灾，有二十个州县遭受了水灾，山西巡抚鄂弼于十月二十六日奏报了遭受水灾地区的情况："晋省本年六七月，大雨连绵，山水暴涨，省南濒临汾河、嶕峣河、涑河之文水、太原、榆次、徐沟、汾阳、孝义、平遥、介休、临汾、襄陵、赵城、灵石、岳阳、猗氏、虞乡……安邑、夏县、绛州、稷山等二十州县沿河低洼村庄，

---

① 山东布政使崔应阶：《奏报城武等猝被黄水事》，《军机处录副奏折·赈济灾情类》，档号：03-1047-053，中国第一历史档案馆藏。

② 水利电力部水管司、科技司，水利水电科学研究院：《清代黄河流域洪涝档案史料》，中华书局 1993 年版，第 244 页。

被水漫溢，民间瓦土房屋间有坍塌损坏，地亩亦有受水淹没之处。"①虽然灾情轻重不一，均不甚严重，八月六日，鄂弼又奏报了灾情状况："前后共计被水二十州县。细查一州县之内，被水者或二三村庄、或六七村庄，其多至十余村庄者……文水、临汾、赵城、猗氏、解州、安邑、夏县、绛州等八处被水稍广，情形稍重，河滩洼地居民瓦土房屋亦有坍塌之处，水长势缓，人口牲畜并无伤损。"②

　　河南亦因大暴雨及河水蔓延发生了严重的水灾，有五十二个州县遭受了水灾，乾隆二十六年（1761年）八月十一日，河南巡抚兼提督衔常钧奏报了水灾的情况："本年七月望后，豫省南北两岸，黄河异涨，诸水汇集，一时漫溢。据祥符等四十七州县俱报，猝被水灾，田禾淹没，庐舍倒塌，人口亦有损伤，甚至城垣、衙署、司庙、监仓多有坍损……又据鹿邑县报，涡河泛涨漫溢进城。太康报，黄水漫淹……淮宁报，贾鲁河淹浸洼地……以上续报者又有五县，连前通共五十二州县。"③城墙、民房、营房倒塌，很多民众在水灾中死亡④。此次水灾不仅区域广，灾情严重，持续的时间也较长，如通许县"七月，河决阳桥，泛溢及许，庐舍漂圮，禾尽没。平地水深七八尺，城门土掩，往来通舟楫，至十二月水患乃平"⑤，黄河漫溢或决口于七八月份在不同地段发生，水灾之地无数房屋倒塌、人口淹毙，人心惶惶，如项城县"二十六年，黄河决灌入沙河，南岸崩，由颍歧口直入谷河，澎湃而南，人心惶恐"⑥，武陟县"七月大淫雨，黄沁交溢，水入县城，民谣曰：南山至北山，并无一里干。水患较他年为尤

---

①《宫中朱批奏折·乾隆二十六年》第50号，《清代灾赈档案专题史料》第21盘，第1127—1129页。

② 水利电力部水管司、科技司，水利水电科学研究院：《清代黄河流域洪涝档案史料》，中华书局1993年版，第231页。

③《宫中朱批奏折·乾隆二十六年》第50号，《清代灾赈档案专题史料》第21盘，第1078—1080页。

④ 水利电力部水管司、科技司，水利水电科学研究院：《清代黄河流域洪涝档案史料》，中华书局1993年版，第234页。

⑤ 乾隆《通许县志》卷一《舆地志·祥异》，清乾隆三十五年（1770年）刻本。

⑥ 民国《项城县志》卷三十一《杂事志》，民国三年（1914年）石印本。

甚"①，沁阳、河内等漂没房舍十五六万间，溺人四千，犬马羊豕无算，清化镇漂没房舍二千余间②，修武县的房屋财产及人口也在水灾中受到了极大损伤③，获嘉县也有很多民众在水灾中溺毙，尸体未及时捞葬，顺水下流，景象惨烈④。

江苏由于风雨骤猛、河水漫决成灾，根据江苏巡抚陈宏谋的奏疏，江苏有四十六个州县遭受了程度不同的水灾，铜山、睢宁两县"本年猝被水灾"，高邮、甘泉、扬州、常熟、昭文、昆山、新阳、华宁、娄县、青浦、太仓、并卫、镇洋、苏州、镇海、镇江等十七州县的灾情较重，山阳、桃源、清河、安东、宝应、泰州、沛县七州县次重，上海、南汇、溧阳、嘉定、宝山等七县灾情"次之，系一隅偏灾"，灾情稍轻的州县有盐城、江都、兴化、丰县、萧县、砀山、宿迁、海州、耒阳、淮安、大河、徐州等十八州县卫⑤。各地灾情轻重不一，大部分地区的灾情均在五六分灾，"大涝，田成巨浸，舟行入市。……颗粒无收，水深半壁户"⑥。

安徽亦因大雨及河水漫溢成灾，寿州、凤阳、并卫、怀远、灵璧、凤台、阜阳、颍上、亳州、太和、泗州、并卫、盱眙、天长、五河、长淮十六州县卫水灾情况较为严重，十二月二十日，许松佶奏报了水灾的大致状况："查凤、颍、泗各属秋粮被淹……据各属禀报，河水逐渐消退，冬至前涸出地亩十之六七，稍高之地即可翻犁播种，次洼之地淹浸多日，尚须晒晾……极洼之处，水难宣泄，只可留种春麦秋粮。其不沿淮之颍属太和、亳州、阜阳、颍上及耿工漫溢之凤属灵璧县，俱经题报成灾七、八、九分。"⑦部分地区成灾五、七分，如凤阳县"水，成灾五、

① 道光《武陟县志》卷十二《祥异志》，清道光九年（1829 年）刻本。
② 道光《河内县志》卷十一《祥异志》，清道光五年（1825 年）刻本。
③ 乾隆《修武县志》卷九《灾祥》，清乾隆三十一年（1766 年）增补本。
④ 民国《获嘉县志》卷十七《祥异》，民国二十三年（1934 年）铅印本。
⑤ 《清实录·高宗纯皇帝实录》卷六百四十七"乾隆二十六年十月条"，中华书局 1986 年版，第 246 页。
⑥ （清）倪赐原纂、苏双翔补纂：《唐墅志》卷上《水利》，清道光十四年（1834 年）抄本。
⑦ 水利电力部水管司、水利水电科学研究院：《清代淮河流域洪涝档案史料》，中华书局 1988 年版，第 280 页。

七分"①。

　　湖南也因雨水过多及河流泛涨酿成水灾，"湖南常德府之新口桥、易家堤各岸，因雨水稍多，间有浸塌之处，庐舍田围被淹……该处得雨过多，沿堤居民田舍，猝被淹浸"②，很多房屋在水灾中倒塌，湖广总督爱必达到达武陵县后，正遇河涨，倒塌瓦房二百三十五间，草房二百五十二间③。各地灾情均有不同，部分地区成灾八九分或十分，灾情较为严重，部分地区亦止五六分灾，十月一日，湖南巡抚冯钤奏报了水灾及灾情程度的大致状况：

　　七月十五六七等日，连次大雨，河湖复涨，续据前经被水之武陵、澧州、安乡等处禀报复被淹浸……除华容县被水时田稻已经收获，并无（伤）损，勘不成灾，并澧州先后被水田地一百五十九顷九十余亩，勘系成灾五分……其余武陵县先后被水田地五百八十九顷七十余亩，成灾自六分至十分不等。应赈极次贫民大小男妇女二百六千五百余口。龙阳县被水田地，一百三十六顷六十余亩，成灾九分。应赈极次贫民大小男妇女二千余口。安乡县先后被水田地一千三百七十八顷六十余亩，成灾七八分不等④。

　　乾隆二十六年（1761年），云南澄江府所属州县两次发生地震，灾情较为严重，民房倒塌，人口伤压较多。第一次地震发生在四月十九日、二十日，地震发生区域主要是新兴州、江川县，五月四日云贵总督爱必达、云南巡抚刘藻奏报了地震的大致状况及伤亡损失的情况，新兴州在四月十九、二十等日连续多次地震，北古城一带村寨，震倒房屋，伤毙人口甚多⑤。十月七日，江川、新兴州、河阳、河西、通海、宁州等地再次地

　　① 乾隆《凤阳县志》卷十五《杂志·纪事》，清乾隆四十年（1775年）刻本。
　　②《清实录·高宗纯皇帝实录》卷六百四十"乾隆二十六年七月条"，中华书局1986年版，第149页。
　　③《清实录·高宗纯皇帝实录》卷六百四十一"乾隆二十六年七月条"，中华书局1986年版，第167页。
　　④《宫中朱批奏折·乾隆二十六年》第50号，《清代灾赈档案专题史料》第21盘，第1122—1124页。
　　⑤《宫中朱批奏折·乾隆二十六年》第50号，《清代灾赈档案专题史料》第21盘，第1061—1063页。

震，省城也发生地震但灾情不大，江川、新兴、河阳、河西、通海、宁州等州县于申刻地震，城垣、衙署、民房间有震塌之处，男妇大小人口亦有被压伤坏，其中，新兴、江川两州县稍重，河西、宁州为轻，新兴州城乡及江州县普妙乡灾情严重，震倒瓦房 798 间、草房 296 间，压毙 74 口、压伤 57 口，共受灾 909 户；宁州瓦厂、河西县白顺等村灾情稍轻，共震倒瓦房 7 间、草房 29 间，压毙 5 口，压伤 3 口，共受灾 30 户，此外，新兴州的城垣、衙役（署）、仓廒、文庙"均有被震倒坏之处"①。

7. 乾隆三十四年（1769 年）至乾隆三十六年（1771 年）江淮出现水灾与华北、西北发生水旱灾害

乾隆三十四年（1769 年）江淮发生水灾，是年，全国范围内大部分地区都遭受了水灾或旱灾，如直隶有二十七州县厅遭受了霜、雹、水灾和旱灾，山西有二十九厅州县遭受了旱灾，河南有七州县遭受了旱灾，灾情达到九分，但这些地区的灾害虽涉及数十个州县，从整体来看，灾情不重，灾害程度不重。但江淮流域之间的江苏、安徽、江西、浙江、湖北等地遭受的水灾范围较大，灾情较重一些，很多地区灾情发生达到七八分或九十分，很多灾区发生饥荒，由于此次灾荒涉及范围大，灾情稍重，故将其归入大灾的行列中。

江苏因大雨连绵、时有风暴导致了大面积的水灾，江宁、句容、溧水、高淳、江浦、六合、常州、元和、吴县、乌江、震泽、常熟、昭文、昆山、新阳、太湖、娄县、青浦、武进、阳湖、无锡、金匮、江阴、宜兴、荆溪、靖江、丹徒、丹阳、金坛、溧阳、山阳、阜宁、清河、安东、盐城、高邮、泰州、东台、江都、仪征、兴化、萧县、邳州、太仓、真阳、海州、沭阳、泰兴等四十九州县厅，以及苏州、太仓、镇海、镇江、淮安、大河、扬州、仪征八卫遭受了水灾②，灾情轻重不一，"凡低洼田地俱有积水，时已立秋补种不及，已成一隅偏灾。但一州一县中之低田，不

---

① 谢毓寿、蔡美彪主编：《中国地震历史资料汇编》第三卷下，科学出版社 1987 年版，第 620 页。

② 《清实录·高宗纯皇帝实录》卷八百四十四"乾隆三十四年十月辛亥条"，中华书局 1986 年版，第 275 页。

过十分之二三，为数无多，轻重不一。内高淳、溧水、江浦、六合、长洲、元和、吴县、吴江、震泽、常熟、昭文、新阳、青浦、宜兴、荆溪、金坛、溧阳十七县稍重，余俱次之"①，"惟高淳、溧水、江浦、六合、宜兴、荆溪、金坛、溧阳、海州等九州县被灾较重，兼系连年积歉之区……此九州县九十分灾……"②。很多水灾严重的地区，灾情达到六七分，如江阴县"雨雹伤禾。勘报七分灾田九千八十七亩四分二厘六分，五分灾田三万二千二百一十一亩六分二厘"③，宜兴县"秋被水灾较重，通县田地被水十分之六"④。一些水灾区如苏州府等地发生了饥荒⑤。

安徽由于五月二十四、五、六、七等日大雨连绵，江水暴涨漫溢，发生了水灾，沿江滨湖的怀宁、桐城、潜山、太湖、宿松、望江、贵池、青阳、铜陵、东流、当涂、芜湖、繁昌、无为、合肥、舒城、庐江、巢县、和州、含山、宣城、南陵、泾县、宁国、旌德、建平、滁州、全椒，以及安庆、庐州、宣州、建阳等州县卫先后遭受了水灾⑥，各地灾情轻灾不一，其中，怀宁、桐城、潜山、太湖、宿松、望江、贵池、东流、铜陵、当涂、芜湖、繁昌、宣城、和州、含山、无为、巢县、庐江十八州县灾情较为严重，"民情颇属困苦"⑦，其中十四个州县的灾情分数达到九十分灾⑧，其余地区达到七八分，太湖县"史蓝觜等十四保被水成灾七分"⑨。各地方志以"水""大水"等内容做了详细记载，很多地区发生了饥荒，如霍

① 水利电力部水管司科技司、水利水电科学研究院：《清代长江流域西南国际河流洪涝档案史料》，中华书局1991年版，第425页。

② 水利电力部水管司科技司、水利水电科学研究院：《清代长江流域西南国际河流洪涝档案史料》，中华书局1991年版，第434页。

③ 道光《江阴县志》卷八《祥异》，清道光二十年（1840年）刻本。

④ 嘉庆《重刊宜兴县志》卷一《田赋志·蠲赈》，清光绪八年（1882年）刻本。

⑤ 道光《苏州府志》卷一百四十四《祥异》，清道光四年（1824年）刻本。

⑥ 《宫中朱批奏折·乾隆三十四年》第53号，《清代灾赈档案专题史料》第21盘，第1309页。

⑦ 《宫中朱批奏折·乾隆三十四年》第53号，《清代灾赈档案专题史料》第21盘，第1312页。

⑧ 《宫中朱批奏折·乾隆三十四年》第53号，《清代灾赈档案专题史料》第21盘，第1353页。

⑨ 同治《太湖县志》卷八《食货志·蠲赈》，清同治十一年（1872年）刻本。

山、当涂等县饥民或食草根、树皮，或鬻妻卖子求生①，泾县等灾区的饥民被饿死②。

江西很多地区由于连年以来遭受水灾，灾情日趋严重，一些地区的灾情分数达到九分、十分，尤其是南昌、新建、进贤、鄱阳、余干、星子、建昌、德化、德安九县，自乾隆二十九年（1764 年）起，"叠被灾伤"，都昌、瑞昌、湖口、彭泽四县"亦连被偏灾，皆属积歉之区，盖藏不能充裕"，南昌、新建、进贤、鄱阳、余干、星子、建昌、德化、德安、瑞昌、湖口、彭泽、瑞昌、湖口、彭泽十五县的灾情达到九分、十分灾③，水灾致使粮价腾贵④，安远、定南等县发生了饥荒⑤。

浙江仁和、钱塘、归安、乌程、长兴、德清、武康七县及杭州、嘉湖二卫因大雨成灾，灾情较重，乾隆三十四年（1769 年）十月十二日，浙江巡抚觉罗永德奏报灾情分数："今夏雨水连绵，逼近河湖之低洼田亩被淹……仁和等八州县二卫，被水成灾五、六、七、八、九、十分民屯田地，共一万四千四百二十一顷零。"⑥水灾导致粮食无收，饥荒横行，如归安县、湖州府、长兴县等地都是秋禾无收⑦，嘉善县等地米价腾贵⑧。

湖北五月以后雨水过多，江水陡涨，黄梅、黄冈、蕲水、蕲州、广济、江夏、武昌、咸宁、嘉鱼、蒲圻、兴国、大治、汉阳、汉川、黄陂、孝感、沔阳、天门、云梦、江陵、公安、石首、监利二十三州县，以及武

---

① 乾隆《霍山县志》卷末《杂志·祥异》，清乾隆四十一年（1776 年）刻本；民国《当涂县志稿·人物》，民国二十五年（1936 年）抄本。

② 嘉庆《泾县志》卷二十七《杂识·灾祥》，清嘉庆十一年（1806 年）刻本。

③《宫中朱批奏折·乾隆三十四年》第 53 号，《清代灾赈档案专题史料》第 21 盘，第 1374 页。

④ 道光《龙南县志》卷一《天文志·禨祥》，清道光六年（1826 年）刻本。

⑤ 道光《安远县志》卷二十七《祥异》，清道光三年（1823 年）刻本；同治《定南厅志》卷六《祥异》，清同治十一年（1872 年）刻本。

⑥《宫中朱批奏折·乾隆三十四年》第 53 号，《清代灾赈档案专题史料》第 21 盘，第 1334 页。

⑦ 光绪《归安县志》卷二十七《前事略·祥异》，清光绪八年（1882 年）刻本；同治《湖州府志》卷四十四《前事略·祥异》，清同治十三年（1874 年）刻本；同治《长兴县志》卷九《灾祥》，清光绪元年（1875 年）刻本。

⑧ 嘉庆《重修嘉善县志》卷三十四《杂志·祥眚》，清嘉庆五年（1800 年）刻本。

昌、武左、沔阳、黄州、蕲州、荆州、荆右七卫地区遭受了水灾[1]，各地灾情轻重不一，黄梅灾情较重，达到九分；江夏、武昌、嘉鱼、汉阳、汉川、沔阳、广济、蕲州、蕲水、黄冈、监利十一州县次重，成灾六七分；兴国、蒲圻、大冶、咸宁、黄陂、孝感、云梦、天门、江陵、石首、公安等州县"情形俱轻"[2]，很多水灾区，如石首县、沔阳州等地发生了饥荒[3]。

乾隆三十五年（1770 年）至乾隆三十六年（1771 年），华北、江淮、西北等地发生了水旱灾害。是年，清王朝境内绝大部分地区的灾害均为轻灾或微灾，但直隶、山东、山西、浙江、广东、贵州、甘肃等地区发生大面积水旱灾害，部分地区灾情严重，持续了两年，故将其归入大灾行列。

乾隆三十五年（1770 年），直隶、山东、浙江、广东、贵州、甘肃等地区发生水旱灾害。直隶因雨水过多发生了水雹灾害，受灾州县较多，达到六十七个州县厅，武清、宝坻、宁河、香河、霸州、保定、文安、大城、固安、永清、东安、宛平、大兴、涿州、顺义、怀柔、密云、清苑、安肃、定兴、新城、高阳、安州、望都、容城、蠡县、雄县、祁州、新安、天津、静海、沧州、青县、津军厅、成安、曲周、广平、大名、南乐、清丰、元城、万全、龙门、定州、丰润、玉田均是受灾地区[4]，"直隶地方，本年被水、被雹共六十七州县厅，除勘不成灾及例不应赈之外，实共成灾应赈四十六州县"。各地的灾情轻重不等，保定等十二州县"被灾稍轻"，武清、东安、宝坻、宁河、永清、香河、霸州、固安、蓟州、天津、静海十一州县"被灾较重"，灾情自六分灾至七、八、九、十分灾；大兴、宛平、通州、青县、沧州五处"被灾较轻"[5]。乾隆帝在谕旨中说到

①《清实录·高宗纯皇帝实录》卷八百四十一"乾隆三十四年八月辛未条"，中华书局 1986 年版，第 233—234 页。

② 水利电力部水管司科技司、水利水电科学研究院：《清代长江流域西南国际河流洪涝档案史料》，中华书局 1991 年版，第 427 页。

③ 同治《石首县志》卷三《民政志》，清同治五年（1866 年）刻本；光绪《沔阳州志》卷一《天文志·祥异》，清光绪二十年（1894 年）刻本。

④《清实录·高宗纯皇帝实录》卷八百七十一"乾隆三十五年十月癸巳条"，中华书局 1986 年版，第 678 页。

⑤《杨廷璋乾隆三十五年十一月十一日奏报直隶水雹灾害情形折》，《宫中朱批奏折·乾隆三十五年》第 54 号，《清代灾赈档案专题史料》第 21 盘，第 1408—1409 页。

直隶灾情分数："直隶地方因夏间雨水过多，各州县被灾较重……被灾较重之武清、东安、宝坻、宁河、永清、香河、霸州、固安、蓟州、天津、静海等十一州县自六分灾极贫至七、八、九、十分极次贫。"①方志对水灾情况进行了记载，如"夏间，天津等处因雨水过多，被灾较重"②，文安县"又大水，堤决。全境成灾"③。

山东章邱、邹平、新成、齐河、济阳、禹城、临邑、长清、陵县、德州、平原、德州卫、商河、利津、阳谷、寿张、范县、观城、朝城、聊城、堂邑、博平、茌平、清平、莘县、高唐、东昌卫、博兴、高苑、乐安三十州县卫因大雨酿成了大范围的水灾④，各地灾情轻重不一，部分地区达到五六分，"德州、东昌二卫，秋禾间被水淹，勘成一隅偏灾五六七分不等"⑤。浙江于七月二十三四等日遭受了风潮灾害，个别地区灾情较重，"浙江萧山等处猝被风潮……其萧山一县、钱清一场所属各村庄有勘实灾系十分者，有勘实灾系九分、七分者"⑥。萧山"七月二十三日，飓风大雨，海水溢入西兴塘，至宋家溇八十余里，芦庲河北海塘大决，塘外业沙地者，男妇淹毙一万余口，尸多逆流入内河。同日，西兴三都二图西江塘亦决，淹毙人口、漂没庐舍及殡厝棺木无算，内河两日不能通舟"⑦。

广东遭受了飓风和水灾，海丰县的飓风"似从地吼出"，吹坏东门城垣二处，"计长十余丈，秋又飓，引咸潮上田，淹禾伤稼"⑧，揭阳县

---

① 《清实录·高宗纯皇帝实录》卷八百七十六"乾隆三十六年正月甲辰条"，中华书局 1986 年版，第 736 页。

② 光绪《重修天津府志》卷一《皇言·诏谕》，清光绪二十五年（1899 年）刻本。

③ 民国《文安县志》卷一《方舆志》，民国十一年（1922 年）铅印本。

④ 《清实录·高宗纯皇帝实录》卷八百六十八"乾隆三十五年九月甲辰条"，中华书局 1986 年版，第 640 页。

⑤ 水利水电科学研究院：《清代海河滦河洪涝档案史料》，中华书局 1981 年版，第 183 页。

⑥ 水利电力部水管司科技司、水利水电科学研究院：《清代浙闽台地区诸河流域洪涝档案史料》，中华书局 1998 年版，第 337—338 页。

⑦ 民国《萧山县志稿》卷五《田赋门·水旱祥异》，民国二十四年（1935 年）铅印本。

⑧ 民国《海丰县志续编·邑事》，民国二十年（1931 年）刻本。

"夏六月初十日夜，飓风大作，潮水涌坏民居无算。秋七月初三日夜，飓风作，大水至初四日午候方退。八月初五日，飓风大水，拔木伤禾稼"①，澄海县"秋七月，飓风海溢。八月，飓风连作，海潮暴溢，咸水淹城，近海村落俱殃。大水洊至，东州堤决，晚禾不登"②，海阳县"夏秋大水，沿江稻皆淹没，八月飓风"③，潮阳县"夏五六月、秋七月多大水。八月二十八日，飓风，海溢，沿江稻田淹没，谷多不登"④，对潮阳县水灾及飓风的具体情况，方志进行了详细记载："闰五月二十至二十三日夜，风雨大作，倒坏海门所东门楼门北畔马路一丈八尺，北门楼南畔马路九尺。六月初十飓风大作，至十三、十四日仍然大雨，压倒南门东畔城六丈余，北门北畔城一丈余，箭眼共一十三个。七月初三、初四连日飓风大雨，倒坏西门楼北畔垛口三个，二丈二尺；城垣六丈八尺；北门垛口三个，三丈六尺"⑤，万宁县"是月大雨，风水连绵，飓风连作，东南一带禾苗大伤，为从前所少见。秋旱，虫食秧苗，遍地皆然"⑥。

贵州发生了水灾，部分灾区饥荒极为严重，粮价腾贵，长顺县"岁大饥，斗粟银一两二钱"⑦。甘肃的狄道、河州、渭源、金县、陇西、宁远、伏羌、安定、会宁、通渭、平凉、静宁、泾州、灵台、镇源、隆德、庄浪、盐茶厅、宁州、环县、正宁、古浪、庄浪厅、平番、宁夏、宁朔、灵州、中卫、平罗、花马池、巴燕戎格厅、西宁、大通、泰州三十四厅州县遭受了雹、水、旱、霜灾害及疫灾⑧，出现大面积的灾荒，使灾区饥馑肆虐，清水县、徽县发生了饥荒⑨，皋兰、兰州、巩、秦各属疫

① 民国《揭阳县志》卷七《事纪》，民国二十六年（1937年）铅印本。

② 嘉庆《澄海县志》卷五《灾祥》，清嘉庆二十年（1815年）刻本。

③ 光绪《海阳县志》卷二十五《前事略》，清光绪二十六年（1900年）刻本。

④ 光绪《潮阳县志》卷十三《纪事》，清光绪十年（1884年）刻本。

⑤ 嘉庆《潮阳县志》卷三《城池》，清嘉庆二十四年（1819年）刻本。

⑥ 道光《万州志》卷七《前事略》，清道光八年（1828年）刻本。

⑦ 道光《广顺州志》卷十二《杂记》，清道光二十六年（1846年）刻本。

⑧ 《清实录·高宗纯皇帝实录》卷八百七十一"乾隆三十五年十一月壬子条"，中华书局1986年版，第700—701页。

⑨ 乾隆《清水县志》卷十一《灾祥》，清乾隆六十年（1795年）刻本；民国《徽县新志》卷一《舆地志·灾歉》，民国十三年（1924年）石印本。

死者众①。

乾隆三十六年（1771 年），直隶、山东、山西、江苏、浙江、贵州、甘肃等地区发生了程度不同的水旱灾害，但大部分地区的灾害都是轻灾或常灾，以华北的直隶、山东、山西等地大面积的水灾或雹灾灾情较为严重，如直隶有六十五州县厅遭受了水灾或雹灾，灾情自六分至八九分甚至十分；山东有五十七厅州县遭受了水灾，灾情五、六、七分不等；山西遭受了水灾，灾情灾五分、六分、十分不等。此外，江苏、浙江、贵州、陕西、甘肃等地都遭受了不同程度及类型的灾害，受灾地区范围广，灾情程度轻重不一，多为七八分或九十分，故将其归入大灾的行列。

直隶由于雨水过多，永定等河满溢，上年（1770 年）遭受水灾的地区再次遭灾，共有六十五州县遭受了水灾，"被灾州县除已奏大兴等四十一处外，又续据禀顺义等二十四州县，内顺义、容城、晋州、南皮、广平、邯郸、鸡泽、曲周、永年、成安、大名、开州、清丰、龙门、延清、南和、任县、赵州、隆平等十九州县较轻，盐山、青县、沧州、庆云、四处次重，宁晋一县较重，共被水六十五州县"②，各地灾情程度轻重不一，直隶总督杨廷璋于七月十三日奏报："大兴等十七州县与霸州等十二州县被淹。臣确查分数，大兴、宛平、良乡、固安、永清、东安、霸州、武清等八州县颇重，涿州、密云、怀柔、通州、昌平、雄县、安州、蠡县、新城、文安、保定、香河、宝坻等十三州县次重，三河、高阳、任邱、安肃、南乐、怀来、定州、元城等八州县较轻。"③从水灾的总体情况来看，一些地区灾情程度与上年（1770 年）不相上下，八月六日，杨廷璋奏报了灾情的轻重状况：

查上年具报被水六十七州县。今年陆续据报……大兴等四十一州县之

①　道光《兰州府志》卷十二《杂记》，清道光十三年（1833 年）刻本；光绪《甘肃新通志》卷二《天文志》，清宣统元年（1909 年）刻本。

②　《清实录·高宗纯皇帝实录》卷八百八十九"乾隆三十六年七月戊辰条"，中华书局 1986 年版，第 925 页。

③　《清实录·高宗纯皇帝实录》卷八百八十九"乾隆三十六年七月辛亥条"，中华书局 1986 年版，第 905 页。

外，又续据顺义、容城、晋州、青县、沧州、庆云、盐山、南皮、广平、邯郸、鸡泽、曲周、永年、成安、大名、开州、清丰、龙门、延庆州、南和、任县、赵州、隆平、宁晋二十四州县具报被水。内宁晋较重，盐山、青县、沧州、庆云稍重，其余被水皆轻。是今年被水六十五州县虽与去年被水之处不相上下，而去年九、十分灾居多，今年十分灾之村庄甚少。即如最重之宛平、通州等十八州县……其成灾十分之村庄，委府厅确勘亦不及十之二三，兼有不过八九村者。总因被水迟于去年，高粱早禾大半有收。……确访舆论，今年之灾尚属轻于去年。[1]

是年山东亦因大雨，江河涨漫，历城、章邱、邹平、长山、新城、齐河、齐东、济阳、禹城、临邑、陵县、德平、平原、东平、东平所、惠民、青城、阳信、海丰、乐陵、商州、滨州、利津、霑化、蒲台、滋阳、邹县、金乡、鱼台、济宁、嘉祥、汶上、阳谷、寿张、济宁卫、范县、朝城、聊城、堂邑、博平、茌平、清平、莘县、冠县、临清、邱县、高唐、夏津、武城、东昌卫、临清卫、博兴、高苑、乐安、王家冈场、寿光、官台场五十七州县、卫、所、场遭受了水灾[2]，各地灾情轻灾不一，自六七分至八九分不等，山东巡抚周元理奏报：“七月初间，各属被水臣与蕃司海成亲勘得东平、汶上、济宁、高苑、博兴、乐安、寿光、利津、霑化、滨州、惠民、青城、商河、乐陵、阳信、蒲台、海丰、邹平、长山、新城、章邱、济阳、齐河、禹城、平原、齐东、临邑、历城、陵县、德平共三十州县。……又据报范县、朝城、聊城、高唐、茌平、莘县、邱县、堂邑被水……”，根据七月二十九日山东巡抚周元理奏报的各地水灾情况，自六月二十六至七月初二、初三等日各地大雨连绵之后，汶河盛涨，河水四散漫溢，漫入坡地，将洼地之内的“晚禾谷豆淹损，房屋间有坍塌”，但遭受水灾的地区大部分均在沿河一带，仅有十分之三的地区遭受了水灾，情形尚不严重，仅济宁州情形较东汶二处稍重：

---

[1]　水利水电科学研究院：《清代海河滦河洪涝档案史料》，中华书局 1981 年版，第200 页。

[2]　《清实录·高宗纯皇帝实录》卷八百九十二“乾隆三十六年九月条”，中华书局1986 年版，第 962 页。

　　以上被水各处虽一村一乡之中轻重亦有不同,而按其早晚收成统计分数,东汶二属成灾约有五、六、七分,济宁约有七八分。此臣亲勘泰兖二属之被水情形也。其青州、武定、济南三府属,据藩司勘明青州被水仅只四县,内高苑、博兴、乐安三县为重,成灾约七、八、九分不等,寿光一县较轻,成灾六七分。武定府被水十州县,内利津、霑化、滨州被水宽广,因系大清、徒骇、马颊等河入海下游,情形较重,成灾约七、八、九分不等。惠民、青城、商河、乐陵、阳信、蒲台、海丰七县较利津等县稍轻,成灾约六、七、八分不等。济南府属被水共十五州县,内邹平、长山、新城三县为较重,成灾约六分及八九分不等。……济阳、齐河、禹城、平原、齐东、临邑……成灾约五、六、七分不等。历城、陵县、德平等三县为最轻,成灾只五六分。长清、德州二州县俱已勘不成灾。续又据曹州府之范县、朝城二县禀报,七月初一、二及初六、七等日连日大雨,上游河水沥水汇注,一时宣泄不及,致低洼地亩间有被淹,已据该道府旁往查勘……该二处成灾约有六七分不等。①

　　山西在夏秋之间因雨水过多,部分地区遭受了水灾,灾情从六七分至八九分不等,"大黑河庄头、胡显曾等地亩,夏麦被水,成灾五分、六分、十分不等,共地一百三顷四十五亩。……按照成灾五分、六分、十分核算,统计成灾八分……萨拉齐厅所属之善岱里安民等七村庄,秋禾被水,成灾八分、九分、十分不等,共地七百八十一顷六十二亩零"②。水灾使很多地区粮食歉收,一些地区发生了饥荒,如安泽县、襄汾县、古县、河津县等地均歉收③,芮城县、永济县等地发生饥荒④。

---

① 水利电力部水管司、科技司,水利水电科学研究院:《清代黄河流域洪涝档案史料》,中华书局1993年版,第285—286页。
② 水利电力部水管司、科技司,水利水电科学研究院:《清代黄河流域洪涝档案史料》,中华书局1993年版,第282页。
③ 民国《重修安泽县志》卷十四《祥异志·灾祥》,民国二十一年(1932年)铅印本;乾隆《太平县志》卷八《祥异志》,清乾隆四十年(1775年)刻本;民国《新修岳阳县志》卷十四《祥异志》,民国四年(1915年)石印本;光绪《河津县志》卷八《孝义》,清光绪六年(1880年)刻本。
④ 民国《芮城县志》卷十四《祥异考》,民国十二年(1923年)铅印本;光绪《永济县志》卷二十三《事纪》,清光绪十二年(1886年)刻本。

　　此外，江苏及浙江的个别地区于七八月间遭受了飓风及潮灾，成灾六七分。十一月十八日，江宁布政使闵鹗元奏报了江苏潮灾的具体情况："本年夏秋，河水泛涨，淹及淮安、徐州、海州所属沿河地亩，又扬州、通州所属沿江沙洲，于七八月两被风潮，继以生虫……除徐属之邳州、宿迁、睢宁三州县勘不成灾。东台、兴化、如皋三县成灾五分，例不放赈外……安东、桃源二县并淮安、大河两卫，坐落该二县屯田成灾七九分，清河……三州县七八分，山阳、阜宁、江都七分，海州六七分，泰州五七分，沭阳六分。"①奉贤县"七月四日，飓风海溢，龙门东北海塘，水高田禾二尺。岁祲"②，太仓县"夏疫。……七月初四日午后，海潮溢。八月初四日大风雨，海潮又溢"③，崇明县"秋，风雨潮溢，民饥"④。浙江也遭受了潮灾，个别地区出现数万民众死伤，如萧山县"七月一十四日子夜，萧山暴雨，大风拔木，屋瓦飞如鹰隼。……龛山一带溺死者数万人"⑤。

　　西南的贵州发生了水灾，个别地区饥荒严重，每斗米一千二百钱，饿殍相望。五月二十七日，贵州布政使三宝奏报了水灾情况：

　　施秉县、胜秉县丞所管稿胜溪地方，亦因十九日雨水过大，溪流宣泄不及，青冈山脚为水所刷，山土坍卸填塞河道，溪水陡长五丈六尺，由对面禾黎凹山腰而来，青冈山土石从上倾倒，将山腰、山脚住居民田三十九户，计冲压者三十三户，经该府亲往勘明，共冲压毙大小男妇九十三名口，内除全家被压者五户，捐棺掩埋无凭赈恤外，其余压毙男妇大口三十七名口，小口三十口，草房四十间……又沿溪被水冲压田亩，现在督令赶紧开挖补种，确

　　①《宫中朱批奏折·乾隆三十六年》第 54 号，《清代灾赈档案专题史料》第 21 盘，第 1472—1473 页。

　　②（清）佚名：《江东志》卷一《地理志·祥异》，清光绪年间抄本。

　　③（清）倪大临纂修、陶炳曾补辑：《茜泾记略·祥异》，清乾隆三十七年（1772年）抄本。

　　④光绪《崇明县志》卷五《祲祥志》，清光绪七年（1881 年）刻本。

　　⑤（清）俞蛟：《梦厂杂著》卷八《齐东妄言》，骆宝善校点，上海古籍出版社 1988年版，第 153 页。

查亩数……查该处实因水涨山土坍卸，事起仓卒，被灾较重。①

清平县"大荒，斗米千二百钱，饿殍相望。"②

西北的陕西、甘肃遭受了霜灾、旱灾及水旱灾害，饿殍盈途。陕西遭受了霜灾，泾阳县、醴泉县、乾州、宁陕县等地发生了饥荒③。甘肃由于"春间少雨，所种夏禾无几"，泾州、固原、静宁、盐茶厅、隆德、红水县丞、循化厅、安定、会宁、金县、皋兰、平凉、平番、古浪、狄道州、沙泥州判、崇信、华亭、环县、抚彝厅、张掖、山丹、东乐县丞、武威、镇番、花马池州同、河州、宁远、漳县、岷县、宁夏、宁朔、平罗、清水三十四州县厅发生了旱灾④，"六月辛巳，谕内阁：甘肃上年收成歉薄，今春雨泽又复稀少，恐不能及时播种。……甘省州县有于四月中得雨已足，业经补种。……兼以连岁歉收，与他省情形迥异，而各州县得雨较迟处所，因地气早寒不能补种"⑤。一些地区如会宁县发生了严重的饥荒⑥，通渭县、临潭县等地的饥民死亡无数⑦。

8. 乾隆三十九年（1774 年）至乾隆四十年（1775 年）直隶、山东、江苏、安徽发生水旱灾害

乾隆三十九年（1774 年）至乾隆四十年（1775 年），直隶、山东、江苏、安徽发生水旱灾害。是年，各地发生程度不同的水、旱、蝗灾害，以直隶、山东、江苏、安徽等地较重，很多地区灾情在七八分左右。

---

① 水利电力部水管司科技司、水利水电科学研究院：《清代长江流域西南国际河流洪涝档案史料》，中华书局 1991 年版，第 441 页。

② 道光《清平县志》卷六《政事部·祥异》，清道光十八年（1838 年）刻本。

③ 乾隆《泾阳县志》卷八《人物志·义行》，清乾隆四十三年（1778 年）刻本；民国《续修醴泉县志稿》卷十四《杂记》，民国二十四年（1935 年）铅印本；光绪《乾州志稿》卷十三《人物传》，清光绪十年（1884 年）刻本；道光《宁陕厅志》卷一《舆地志》，民国二十三年（1934 年）铅印本。

④《清实录·高宗纯皇帝实录》卷八百八十四"乾隆三十六年四月癸卯条"，中华书局 1986 年版，第 842 页。

⑤ 光绪《甘肃新通志》卷首《纶音》，清宣统元年（1909 年）刻本。

⑥ 光绪《甘肃新通志》卷二《天文志·祥异》，清宣统元年（1909 年）刻本。

⑦ 光绪《重修通渭县新志》卷四《灾祥》，清光绪十九年（1893 年）刻本；光绪《洮州厅志》卷十七《灾异》，清光绪三十三年（1907 年）刻本。

乾隆三十九年（1774 年），直隶、山东、江苏、安徽等地发生了水、旱、蝗灾害，"江苏之淮安一带，八月间因黄水骤涨，漫溢外河老坝口，以致山阳、清河二县及漫水下注至盐城、阜宁二县，猝被水灾。……并先经被旱之东台、泰州、兴化三属，亦有偏灾。此外，如直隶之天津、静海等十六州县，河南之信阳、光州等五州县，安徽之定远、寿州等十三州县，甘肃之皋兰、武威等七州县，湖北之汉阳、孝感等十五州县卫，或因缺雨被旱，或因水沙冲压，均间被偏灾。又山东之寿光县、沿海村庄偶被风潮，山西之永宁州、临县山水被淹"①。乾隆三十九年（1774 年）十一月二十四日，安徽巡抚裴宗锡奏报了各地的灾情："臣伏查安省之定远、寿州等十三州县因夏秋缺雨，偏被旱灾，而凤阳府所属之宿州因毛城铺黄水减泄入滩，临河地亩淹浸，经臣亲行查勘，确核轻重情形，照例题报，现在勘定成灾五、七、八、九分不等。"②

直隶也遭受了水旱灾害，霸州、文安、大城、宁河、献县、交河、东光、天津、青县、静海、沧州、南皮、盐山、庆云、武邑、武强、河间、阜城、肃宁、景州等二十五厅州县遭受了旱灾③，其中，天津、青县、静海、沧州、南皮、盐山、庆云、献县、交河、东光、武邑、武强、霸州、文安、大城、宁河十六州县的灾情达到七八分，"轻重并无悬殊"④，很多地区灾情较为严重，大城县"大旱，地皆不毛"⑤，武强等县"秋旱，饥"⑥，东光县"连旱，禾尽枯。大饥"⑦。淮安一带遭受了水灾，"淮安

①《清实录·高宗纯皇帝实录》卷九百六十八"乾隆三十九年十月庚寅条"，中华书局 1986 年版，第 1203 页。

②《宫中朱批奏折·乾隆三十九年》第 4 号，《清代灾赈档案专题史料》第 26 盘，第 209—210 页。

③《清实录·高宗纯皇帝实录》卷九百七十"乾隆三十九年十一月庚申条"，中华书局 1986 年版，第 1245 页。

④ 直隶总督周元理：《奏请于明春加赈天津等处灾地事》，《军机处录副奏折·赈济灾情类》，档号：03-0317-090，中国第一历史档案馆藏。

⑤ 光绪《大城县志》卷十《五行志》，清光绪二十三年（1897 年）刻本。

⑥ 道光《武强县志重修》卷十《杂稽志》，清道光十一年（1831 年）刻本。

⑦ 光绪《东光县志》卷十一《杂稽志》，清光绪十四年（1888 年）刻本。

被灾情形较重，而漫口至七十余丈，经理亦殊不易"①，一些地区先后遭受水旱灾害，如新城县"春旱。夏大雨，禾多漂没"②。

山东遭受了潮灾及旱蝗灾害。寿光等临海州县遭受了潮灾：

> 本年八月二十八、九及九月初一等日，寿光县之单家庄等十七村庄猝被风潮，豆麦俱被淹损，房屋间有冲塌。……利津、乐安、昌邑、潍县等四县，并坐落寿光县之官台场，昌邑县之富国场，乐安县之王家冈场，利津县之永阜场等四场，各据报于八月二十八、九及九月初一等日被潮淹损豆麦，冲塌房屋情形……寿光县原续报被潮三十八庄，内有二十九庄成灾七八分，乐安县有九庄成灾七分，潍县有三十庄成灾六、七、八分不等。官台场有二十六庄成灾七、八分，王家冈场有三十九庄成灾七、八分。③

山东巡抚徐绩在九月二十日的奏章中就奏报："臣徐绩据寿光县禀称，县境南皮、秦城二乡之单家庄等一十七庄，于八月二十八、九及九月初一日东北飓风大作，海潮上涌，以致沿海各村庄，地内未收黄黑豆、荞麦及已耕麦地俱被淹损，房屋间有冲坍，并未损伤人口。潮水旋即消退，地亩恐成咸废。"④寿光县"蝗害稼，潮水灾"⑤，济南府等地遭受了旱蝗灾害，济南府、淄川县等地"夏秋旱，蝗"⑥，宁津县、安邱县、潍县、费县等地蝗灾较为严重⑦。

---

① 《清实录·高宗纯皇帝实录》卷九百六十六"乾隆三十九年九月丙辰条"，中华书局1986年版，第1113—1114页。

② 道光《新城县志》卷十五《祥异》，清道光十八年（1838年）刻本。

③ 水利电力部水管司、科技司，水利水电科学研究院：《清代黄河流域洪涝档案史料》，中华书局1993年版，第308页。

④ 水利电力部水管司、科技司，水利水电科学研究院：《清代黄河流域洪涝档案史料》，中华书局1993年版，第308页。

⑤ 嘉庆《寿光县志》卷九《食货志》，清嘉庆五年（1800年）刻本。

⑥ 道光《济南府志》卷二十《灾祥》，清道光二十年（1840年）刻本；乾隆《淄川县志》卷三《赋役志·灾祥》，清乾隆四十一年（1776年）刻本。

⑦ 光绪《宁津县志》卷十一《杂稽志·祥异》，清光绪二十六年（1900年）刻本；道光《安邱新志》卷一《总纪》，清道光二十二年（1842年）稿本；民国《潍县志稿》卷三《通纪》，民国三十年（1941年）铅印本；光绪《费县志》卷十六《祥异》，清光绪二十二年（1896年）刻本。

　　江苏也遭受了水、旱、蝗灾害，如江阴县"麦歉收。夏旱苗槁，秋蝗"①，泰州"大旱"②，松江府"三十九年甲午秋七月初七日风潮，大雨"③，东台县在旱灾中不能栽种的田地达到三千二百三十二顷④，仪征县"六月至八月始雨，飞蝗入境"⑤。很多地区灾情较为严重，乾隆四十年（1775年）乾隆帝诏曰："昨岁江苏淮安一带，八月间因黄水骤长，漫决外河老坝口。以致山阳、清河等县，猝被水灾……第念该处此次被灾情形较重……贫民待哺犹殷……下游之东台、泰州、兴化等属先经被旱……自五分至七八分不等，皆系一隅偏灾，与山阳等处情形不同"⑥。

　　安徽合肥、定远、泗州、盱眙、全椒、凤阳、宿州、寿州、天长、滁州、怀远、霍邱、六安、霍山、巢县、五河、庐州、凤阳、长淮、泗州二十州县卫遭受水旱灾害⑦，"庐州、凤阳、颍州、滁州、六安、泗州等六府州，因七月内雨水未能一律沾足……以致高阜田亩禾苗日渐黄萎……被旱情形各不相同，内定远、合肥、泗州、盱眙、全椒等五州县较重，凤阳、宿州、滁州、天长等四州县次之，怀远、霍邱、六安、霍山等四州县较轻，巢县、五河二县不致成灾，庐州、凤阳、长淮、泗州等四卫屯田……低者与各州县情形相同"⑧，部分地区灾情达到七八分，泗县"秋旱，泗灾七、八、九分"⑨，凤阳县"旱蝗，成灾五、七、八分"⑩。

　　此外，湖北部分地区也遭受了水旱灾害，个别地区灾情较重，如"孝

----

　　① 光绪《江阴县志》卷八《祥异》，清光绪四年（1878年）刻本。

　　② 道光《泰州志》卷一《建置沿革·祥异》，清道光七年（1827年）刻本。

　　③ 嘉庆《松江府志》卷八十《祥异志》，清嘉庆二十三年（1818年）刻本。

　　④ 嘉庆《东台县志》卷七《星野》，清嘉庆二十二年（1817年）刻本。

　　⑤ 嘉庆《仪征县续志》卷六《祥祲志》，清嘉庆十三年（1808年）刻本。

　　⑥ 《清实录·高宗纯皇帝实录》卷九百七十四"乾隆四十年正月己酉条"，中华书局1986年版，第1—2页。

　　⑦ 《清实录·高宗纯皇帝实录》卷九百六十九"乾隆三十九年十月辛丑条"，中华书局1986年版，第1223页。

　　⑧ 安徽巡抚杨魁：《奏报凤阳等属被旱偏灾情形事》，《军机处录副奏折·赈济灾情类》，档号：03-1055-016，中国第一历史档案馆藏。

　　⑨ 乾隆《泗州志》卷四《轸恤志·祥异》，清乾隆五十三年（1788年）抄稿本。

　　⑩ 乾隆《凤阳县志》卷十五《杂志·纪事》，清乾隆四十年（1775年）刻本。

廉等十五州县并屯坐卫，此军田本年夏秋雨水稍缺，禾苗被旱……除汉阳、黄安、天门三府勘不成灾外，安陆、京山均成灾七分，内间有成灾八分者，孝感、应山、郧阳、钟祥、荆门、均成灾七分，云梦、应城亦成灾七分，内间有成灾五六分者，郧阳、宜城均成灾六分"[1]。

乾隆四十年（1775年），直隶、山东、江苏、安徽等地继续发生水旱灾害，各省受灾面积较多，灾情较重，很多地区灾情达到七八分。

直隶雨水过大，永定等河流漫溢决口，造成了大面积水灾，霸州、涿州、保定、文安、大城、固安、永清、东安、武清、宝坻、蓟州、宁河、香河、大兴、宛平、顺义、清苑、定兴、安肃、新城、博野、望都、容城、蠡县、雄县、祁州、安州、高阳、新安、河间、献县、任邱、天津、青县、静海、津军厅、正定、晋州、无极、藁城、新乐、鸡泽、大名、元城、玉田、武邑、衡水、赵州、隆平、宁晋、深州、武强、安平、定州共五十四个州县遭受了水灾，"周元理题报霸州等五十二州、县、厅被灾赈恤"[2]。《清实录》对此年的水灾情况记载较为详细："前因七月初旬以后，雨水稍多……又因永定河漫口，恐被水之处不免成灾……七月间各河泛涨，近淀之霸州等七处，俱有低洼村庄积水未消，成灾较重。其余宛大等十九州县，又续报之赵州等九州县，又漳河漫入之大名、元城二县被水等处……此次被潦各属计有三十余处，似较上年天津、河间二属被灾之处稍多。但上岁系旱灾，到处皆同"[3]，保定、文安四十七州县厅遭受水灾，霸州、永清、新城、雄县、安州、新安六州县被灾加重[4]。对此，乾隆帝谕："昨因周元理奏，霸州等三十余州县，被潦之处较多，已谕令确查与上年河间等处旱灾轻重若何，据实具奏。兹据奏称，霸州等七处被灾较重，

① 湖北布政使吴虎炳：《奏为复勘被灾分数并地方情形事》，《军机处录副奏折·赈济灾情类》，档号：03-0317-102，中国第一历史档案馆藏。

② 《清实录·高宗纯皇帝实录》卷九百九十三"乾隆四十年十月己丑条"，中华书局1986年版，第260页。

③ 《清实录·高宗纯皇帝实录》卷九百八十八"乾隆四十年八月丁丑条"，中华书局1986年版，第182页。

④ 《清实录·高宗纯皇帝实录》卷九百九十三"乾隆四十年十月己丑条"，中华书局1986年版，第259—260页。

约有八九分不等，其大兴等十九州县及续报之赵州等九州县，又大名、玉田、元城三县已报成灾者，大约六七分居多，稍重者不过八分等语。看来此次被潦情形似觉稍重。"①个别地区发生旱灾，广平县"旱，饥"②，很多灾区发生疫灾，新城县"立夏前，河水溢，禾多漂没"③，武强县等地"春大疫"④。

江苏句容、江浦、六合、宜兴、荆溪、丹阳、金坛、溧阳、甘泉、东台、上元、江宁、溧水、高淳、武进、阳湖、无锡、金匮、江阴、丹徒、阜宁、盐城、高邮、泰州、江都、仪征、兴化、宝应、常熟、昭文、山阳、清河、桃源、安东、海州、沭阳、如皋、镇江、扬州、苏州、太仓、淮安、大河等四十七州县卫遭受水旱灾害⑤，灾情程度轻重不一，乾隆四十年（1775 年）九月二十二日，江苏布政使闵鹗元奏道："通计被灾各属，江浦、六合、句容、甘泉、东台等县为最重，上元、江宁、高淳、溧水、仪征、江都、泰州、兴化、高邮、宝应、盐城、阜宁、如皋次之，山阳、清河、安东、桃源、海州、沭阳等处为轻，确核情形成灾，自五六分至七八分不等。"⑥一些地区灾情较为严重，达到七八分，另一些地区发生了旱灾或水旱灾害。乾隆四十年（1775 年）闰十月十六日，两江总督高晋和江苏巡抚萨载奏报了水旱灾害的原因及情况："江苏省夏秋雨泽愆期，句容等四十六州县卫被旱及萧县境内间被水偏灾……句容等州县卫本年自夏季秋雨泽愆期，高田被旱，又萧县境内，因洪河漫口，一隅被淹致成偏灾"，其中，句容、江浦、六合、宜兴、荆溪、丹阳、金坛、溧阳、甘泉、东台十县"被旱较重"，上元、江宁、溧水、高淳、武进、阳湖、无锡、金匮、江阴、丹徒、阜宁、盐城、高邮、泰州、江都、仪征、兴化、宝应十

---

① 《清实录·高宗纯皇帝实录》卷九百八十八"乾隆四十年八月戊寅条"，中华书局 1986 年版，第 185 页。

② 民国《广平县志》卷十二《大事记·灾祥》，民国二十八年（1939 年）铅印本。

③ 道光《新城县志》卷十五《祥异》，清道光十八年（1838 年）刻本。

④ 道光《武强县志重修》卷十《杂稽志·機祥》，清道光十一年（1831 年）刻本。

⑤ 《清实录·高宗纯皇帝实录》卷九百九十三"乾隆四十年十月乙未条"，中华书局 1986 年版，第 266 页。

⑥ 《宫中朱批奏折·乾隆四十年》第 38 号，《清代灾赈档案专题史料》第 28 盘，第 1471—1472 页。

八州县"被旱次重",镇江、扬州二卫"勘实成灾七八分之处"①。十一月八日,伊龄阿奏报了江苏水灾的情况:"淮安府署之阜宁、盐城以至兴化、东台、泰州、如皋、通州等处,遍历泰属勘实,成灾七八分之富安等十一场,通属勘实,成灾七分丰利等六场。"②大雨及旱灾给灾区以巨大打击,江阴县"夏蝗。秋大旱,河流绝,高下俱灾。勘报七分灾田一十万二千八百二十二亩一分七厘,六分灾田一十五万六千九百一十七亩三分"③,溧阳县"七八分旱灾不等"④,宜兴县"秋被旱灾较重,通县灾田十居其八,蠡塘河涸,东西两氿尽成陆路,岁以大祲"⑤,仪征县"夏旱,蝗,山塘竭"⑥,高邮县"夏大旱,七里湖可徒涉,民乏食"⑦。

安徽定远、泗州、盱眙、天长、五河、滁州、来安、合肥、巢县、凤阳、虹县、全椒、建平、怀宁、桐城、南陵、贵池、东流、当涂、芜湖、繁昌、庐江、寿州、宿州、怀远、灵璧、霍邱、六安、霍山、和州、含山、广德、安庆、庐州、凤阳、长淮、泗州、滁州、建阳三十九州县卫秋禾被旱⑧,宿州、灵璧两处临河地亩被淹⑨,各水灾地区灾情不一,乾隆四十年(1775年)闰十月二日,安徽巡抚李质颖奏报了安徽水旱灾害的具体情况:

> 遵旨查明安省被旱各属确切情形……惟畿南一带,六七月间偶因雨水稍多……安省本年七八月间雨泽愆期,以致庐凤等属高阜田亩间被偏灾……查安省被旱之定远等四十四州县卫及宿州、灵璧二处临河地亩被淹之处……确

---

① 《宫中朱批奏折·乾隆四十年》第4号,《清代灾赈档案专题史料》第26盘,第238—240页。

② 《宫中朱批奏折·乾隆四十年》第4号,《清代灾赈档案专题史料》第26盘,第253页。

③ 道光《江阴县志》卷八《祥异》,清道光二十年(1840年)刻本。

④ 嘉庆《溧阳县志》卷十六《杂志类·瑞异》,清嘉庆十八年(1813年)刻本。

⑤ 嘉庆《重刊宜兴县志》卷一《田赋志·蠲赈》,清嘉庆二年(1797年)刻本。

⑥ 嘉庆《仪征县续志》卷六《祥祲志》,清嘉庆十三年(1808年)刻本。

⑦ 嘉庆《高邮州志》卷十二《杂志类·灾祥》,清嘉庆十八年(1813年)刻本。

⑧ 《清实录·高宗纯皇帝实录》卷九百九十三"乾隆四十年十月乙未条",中华书局1986年版,第266页。

⑨ 《宫中朱批奏折·乾隆四十年》第4号,《清代灾赈档案专题史料》第26盘,第238—240页。

查覆实内定远、泗州、盱眙、天长、五河、滁州、来安等七州县成灾八九分不等，合肥、凤阳、寿州、宿州、灵璧、虹县、全椒等七州县成灾七八分不等，以上十四州县均系积欠之区。①

凤阳府"寿州旱，宿州黄水溢"②，南陵县"旱自夏及秋不雨，民饥且馑"③，合肥、庐江、巢县"旱"④，泗县"秋旱。泗灾八九分，虹灾五、八分"⑤。

山东济南府、淄川县、平原县、黄县等地区遭受了旱蝗灾害，方志中有"夏秋旱，蝗""夏秋复旱，蝗""秋旱，蝗"等记载⑥。此外，四川部分地区发生雨雹灾害，极个别地区发生了严重旱灾。

9. 乾隆四十六年（1781 年）山东、河南、江苏、安徽、福建、广东出现水潮灾害或飓风灾害

乾隆四十六年（1781 年），山东、河南、江苏、安徽、福建、广东等地出现水潮灾害或飓风灾害，灾害区域较广，灾情自五六分至九十分，其中山东、江苏等地黄河决口，水灾范围较大，灾情也较重。

山东因连降大雨造成水灾，根据山东巡抚国泰的奏章，山东于六月十三四等日连降大雨，加之东北暴风，河流泛滥成灾，菏泽、汶上、邹县、峄县、济宁卫、惠民、滨州、乐陵、商河、利津、阳信、青城、海丰、寿光、乐安、高苑、博兴、昌邑、潍县、平度等州县卫被淹⑦。夏秋以

---

① 《宫中朱批奏折·乾隆四十年》第 4 号，《清代灾赈档案专题史料》第 26 盘，第 230—232 页。

② 光绪《凤阳府志》卷四下《纪事表》，清光绪三十四年（1908 年）活字本。

③ 民国《南陵县志》卷四十八《杂志》，民国二十三年（1934 年）铅印本。

④ 嘉庆《庐州府志》卷四十九《大事志·祥异》，清嘉庆八年（1803 年）刻本。

⑤ 乾隆《泗州志》卷四《轸恤志·祥异》，清乾隆五十三年（1788 年）抄稿本。

⑥ 道光《济南府志》卷二十《灾祥》，清道光二十年（1840 年）刻本；乾隆《淄川县志》卷三《赋役志·续灾祥》，清乾隆四十一年（1776 年）刻本；民国《续修平原县志》卷一《疆域志·灾祥》，民国二十五年（1936 年）铅印本；同治《黄县志》卷五《祥异志》，清同治十二年（1873 年）刻本。

⑦ 《清实录·高宗纯皇帝实录》卷一千一百三十七"乾隆四十六年七月庚戌条"，中华书局 1986 年版，第 183 页。

后，山东连降大雨，很多地区发生水灾，加之黄河决口，水灾区域更大，邹平、新城、齐东、惠民、青城、阳信、海丰、商河、滨州、利津、霑化、蒲台、汶上、滕县、峄县、菏泽、单县、城武、曹县、定陶、濮州、范县、高邑、博兴、乐安、寿光、济宁、金乡、鱼台二十九州县，以及济宁、东昌、临清三卫和永阜、官台、王家冈三个盐场又发生了水灾，各地灾情轻重不一，睢宁县、崇明县、沛县三县成灾十分，邳州、宿迁县、铜山县、丰县、桃源县、清河县、海门厅、通州、海州、沭阳十州县厅成灾九分、十分，常熟县、昭文县、靖江县、江阴县、如皋县、泰兴县、太仓州、镇洋县、宝山县、安东县等地成灾五、七、八分不等，武进县、丹徒县、丹阳县、华亭县、上海县、南汇县、萧县等地则勘不成灾①。十二月十二日，山东布政使于易简奏报了山东水灾灾情的大致情况：

> 本年夏秋以来雨水过多，河湖交涨。东省地方洼下地亩，秋禾被淹。嗣又缘仪封漫口，黄水下注，菏泽、单县、曹县、城武、定陶、金乡、鱼台等七县被淹。复又连及峄县、滕县等处。经抚臣亲往查勘抚恤，并委臣逐一履勘，查得……兖州府属之滕县、峄县、汶上、济宁卫，曹州府属之菏泽、单县、定陶……被灾次重，成灾七八分。曹州府属之城武、曹县，济宁州并所属之金乡、鱼台……被灾较重，成灾六、七、八、九、十分不等。②

各地方志以"大水""水""大水害稼"等内容记载了水灾的大致情况，如峄县"黄河决水，由湖入泇，频河八社田庐漂没"③，齐河县"黄河决口，全境被水"④，临邑县"夏，霪雨连月。秋七月，虫食菽几尽"⑤，邹平县"六月，大水害稼，小清河决"⑥，安邱县"夏霪雨，汶水溢。五

① □□□：《呈江苏省本年被水各属灾情清单》，《军机处录副奏折·赈济灾情类》，档号：03-0318-058，中国第一历史档案馆藏。

② 山东布政使于易简：《奏为遵办赈恤事》，《军机处录副奏折·赈济灾情类》，档号：03-0318-055，中国第一历史档案馆藏。

③ 光绪《峄县志》卷十五《灾祥考》，清光绪三十年（1904年）刻本。

④ 民国《齐河县志》卷首《大事记》，民国二十二年（1933年）铅印本。

⑤ 道光《临邑县志》卷十六《杂事志》，清道光十七年（1837年）刻本。

⑥ 嘉庆《邹平县志》卷十八《杂志·灾祥》，清嘉庆八年（1803年）刻本。

月至六月余，不晴"①，东平县"夏大雨。秋，河决开封之考城，水淹州乡"②，滕县"黄河决考成，微湖溢，没民田舍"③，金乡县"夏大雨。秋，河决考城，大水"④，曹县"七月初八日，河决小宋，直冲黑村，经魏家湾大黄集洪福寺，东入城武。至四十八年四月中旬水涸，淤直丈余"⑤。

江苏由于大风雨、潮溢及黄河决口致使河水下溢，徐州府所属沛县、睢宁、丰县、铜山、邳州、宿迁等州县最先遭受了水灾。乾隆四十六年（1781 年）七月二十九日，江苏巡抚闵鄂元奏报了江苏的水灾情况："六月内，因邳睢厅属之魏家庄漫口，致下游睢宁、邳州、宿迁、桃源四州县被水漫淹。又松江、太仓、苏州、常州、镇江、扬州、通州、海州各属濒海州县猝被风潮，洲地沙滩均有淹及，又淮安、海州二属及徐属之铜山等州县，或因雨水过多、湖河泛涨，或因上游汇注洼地被淹。"⑥各地水灾的情况较为严重，很多灾区的方志以"大风，潮溢""大风雨""大风""飓风"等内容，对当地灾情进行了较详细的记载，如上海县"夏风雨，坏屋拔木，大潮骤长数尺"⑦，法华县、松江县、华亭县、青浦县、江阴县等地在"大风海溢"和"飓风骤雨"中，官民廨舍及石坝、土塘多被冲毁，很多灾民漂没溺死⑧，宝山县六月十八日夜子刻时分，东北风大作，"淀湖见底，逾时返风，大雨如注，倒屋声与风雨声相间，坚墙固壁皆摇撼。卧者不敢起，即起亦不能启户，窗隙透风，灯无不息，山野大木悉拔，

---

① 道光《安邱新志》卷一《总纪》，清道光二十二年（1842 年）稿本。

② 光绪《东平州志》卷二十五《五行志》，清光绪七年（1881 年）刻本。

③ 道光《滕县志》卷五《灾祥志》，清道光二十六年（1846 年）刻本。

④ 咸丰《金乡县志略》卷十一《事纪》，清同治元年（1862 年）刻本。

⑤ 光绪《曹县志》卷十八《杂稽志·灾祥》，清光绪十年（1884 年）刻本。

⑥ 《宫中朱批奏折·乾隆四十六年》第 5 号，《清代赈灾档案专题史料》第 26 盘，第 320 页。

⑦ 乾隆《上海县志》卷十二《祥异》，清乾隆十五年（1750 年）刻本。

⑧ （清）王钟篆、胡人凤续纂：《法华乡志》卷八《录异》，民国十一年（1922 年）铅印本；乾隆《华亭县志》卷三《海塘志》，清乾隆五十六年（1791 年）刻本；乾隆《华亭县志》卷十六《祥异志》，清乾隆五十六年（1791 年）刻本；乾隆《青浦县志》卷三十八《祥异》，清乾隆五十三年（1788 年）刻本；道光《江阴县志》卷八《祥异》，清道光二十年（1840 年）刻本。

秦驻峰四围石墙悉倒"①，庐舍漂没，居民溺死二百余人②。崇明县在六月十八日、十九日两日的大风潮中，淹毙居民 12 000 人，坍坏民房 18 122 间③，吴县"六月己丑，飓风大作，海潮至胥江"④，昆山县在六月十八日的大风雨中"拔木损屋，古墓华表摄去里许而坠，海水泛溢，沿海州县人畜庐舍漂没无算"⑤，南通县六月十九"飓风大作，海潮泛溢，居民溺死无数，庐舍漂没，禽兽皆亡"，邗江县"是夏，江水腾沸，洲圩崩溃。水退后，朽棺枯骨断岸"⑥，海门县"飓风陡作，江潮泛溢，漂没民居庐舍，淹坏禾棉"⑦，如皋县"立秋前一日，大风江溢，沿江郡邑伤人无算"⑧，铜山县"五月至六月，霪雨过度，微山湖水溢，坏庐舍，溺死人畜无算"⑨。在大灾打击之下，很多灾区发生严重的饥荒，如太仓县"六月十八日大风潮溢，岁饥"⑩，"夏六月十八日，大风雨，海溢，沿海漂溺室庐无算，是年饥"⑪，奉贤县"六月十八日飓风，海潮冲坍土塘五六处，折木毁屋，人有溺死者。岁大祲"⑫，靖江县"六月十九日大风雨，历三昼夜，潮涨，平地水深数尺，庐舍倒塌，溺死者无算。岁大祲"⑬。

由于黄河在山东段决口，河水下溢至江苏，很多地区遭受了水灾，十一月一日，萨载奏报曰："东省漫水下注，微山湖水势日增，丰、沛、铜山三县续被淹浸，其滨临骆马湖、六塘、砂礓等河各属地亩，先

① （清）陈至言：《二续淞南志》上卷《灾祥》，清嘉庆十八年（1813 年）活字本。
② （清）张人镜：《月浦志》卷十《天人志·祥异》，清光绪十四年（1888 年）稿本。
③ 光绪《崇明县志》卷五《祲祥志》，清光绪七年（1881 年）刻本。
④ 民国《吴县志》卷五十五《祥异志》，民国二十二年（1933 年）铅印本。
⑤ 道光《昆新两县志》卷三十九《祥异》，清道光六年（1826 年）刻本。
⑥ 民国《瓜洲续志》卷七《善堂》，民国十六年（1927 年）铅印本。
⑦ 嘉庆《海门厅志》卷二《赋役》，清嘉庆十二年（1807 年）抄本。
⑧ 嘉庆《如皋县志》卷二十三《祥祲志》，清嘉庆十三年（1808 年）刻本。
⑨ 道光《铜山县志》卷二十三《祥异》，清道光十年（1830 年）刻本。
⑩ 光绪《太仓直隶州志》卷三《祥异》，清光绪初年稿本。
⑪ （清）施若霖：《璜泾志稿》卷七《琐缀志·灾祥》，民国二十九年（1940 年）铅印本。
⑫ （清）佚名：《江东志》卷一《地理志·祥异》，清光绪年间抄本。
⑬ 光绪《靖江县志》卷八《祲祥志》，清光绪五年（1879 年）刻本。

被雨水浸漫，涸出种麦之地，继又被淹。……本年淮、徐各属沛县、睢宁、丰县、铜山，邳州、宿迁、萧县、砀山、清河、桃源、阜宁、安东、盐城……如皋……海州、沭阳等厅州县，并大河、徐州等卫，先经被水成灾，嗣因（东）省漫水下注，沛、丰、铜山、邳州、宿迁、清河、桃源、海州、沭阳等州县复被水淹。"①灾区方志对此也进行了详细记载，如沛县"八月，豫省青龙冈河决，沙淤陷沛县城"②，邳县"七月，决豫省北岸青龙冈，全河入运，下注邳"③，沭阳县"（乾隆）四十六年，蝗。六月十九日，大风，海水入沭，沭四决，禾尽没。八月黄河决，由六塘入沭，沭水四溢，东南各镇民舍漂没殆尽"④。

河南祥符、陈留、杞县、仪封、荥泽、考城、淮宁、西华、商水、项城、沈邱、太康、扶沟十三县发生了水灾⑤，由于雨水过大，黄河在青龙冈等地决口，"河大决仪封青龙冈，漫水入南阳昭阳、微山等湖"⑥，杞县"夏六月，黄水复决时河驿口溢，水及杞境，旋塞，又决仪封东北小宋寨"⑦，兰考县"夏大雨。秋，河决开封之考城，水淹州乡"⑧，沿河居民遭受了水灾，乾隆四十六年（1781年）七月二十五日，河南巡抚富勒浑奏报："曲家楼漫口夺溜，仪属小宋集等二百余村庄，并临境陈留县小寺堡等八庄，均各被水，居民先闻黄河水浸堤，及时迁避，堤上人口幸无淹死，房屋多有坍塌，秋禾亦俱伤损。"⑨很多灾区的灾情较为严重，乾隆四十六年（1781年）十一月二十日，河南布政使李承邺奏报曰："窃照本年豫省黄

①　水利电力部水管司、水利水电科学研究院：《清代淮河流域洪涝档案史料》，中华书局1988年版，第376页。

②　光绪《沛县志》卷二《沿革纪事表》，清光绪十六年（1890年）刻本。

③　同治《宿迁县志》卷十《河防志》，清同治十三年（1874年）刻本。

④　民国《重修沭阳县志》卷十三《杂类志·祥异》，民国年间抄本。

⑤　《清实录·高宗纯皇帝实录》卷一千一百四十六"乾隆四十六年十月戊子条"，中华书局1986年版，第315页。

⑥　民国《河南通志稿·水系》，民国十九年（1930年）抄本。

⑦　乾隆《杞县志》卷二《天文志》，清乾隆五十三年（1788年）刻本。

⑧　光绪《东平州志》卷二十五《五行志》，清光绪七年（1881年）刻本。

⑨　河南巡抚富勒浑：《复奏办理仪封北岸漫水被淹灾地赈济事》，《军机处录副奏折·赈济灾情类》，档号：03-9324-035，中国第一历史档案馆藏。

河南北两岸焦桥、曲家楼漫口，黄水经由祥符、陈留、杞县、仪封、考城等县，并上游漫水之蒙泽县，秋禾被淹成灾……查陈留、仪封、考城三县有九十分灾民。"[1]黄河决口还给下游地区造成了巨大的水灾，"豫省青龙冈漫口，黄水灌入东省湖河，江南之沛县正当下游，受患较甚，该处城垣经漫水淹浸，不无坍损，居民避水移徙者，田庐亦间有漂没"[2]。黄河沿岸地区遭受水灾的同时，其他地区却发生了旱灾，"豫省亢旱，赤地千里"[3]。

安徽灵璧、宿州、泗州、凤阳、五河、寿州、凤台、怀远、盱眙、怀宁、太湖、宿松、望江、东流、定远、天长、滁州等二十四州县卫遭受了水旱灾害[4]，各地灾情轻重不一，自五六分到八九分。乾隆四十六年（1781年）十一月二十二日，安徽巡抚农起奏报了安徽水旱灾害的情况：

查安省本年夏间，淮睢各河，同时泛涨，消退较迟，以致泗州、宿州、灵璧及下游之凤阳、五河、寿州、怀远、凤台、盱眙，并凤阳、长淮、泗州三卫，民屯低洼田地，俱被漫淹。嗣因六月以后，雨泽愆期。复据先经被水之盱眙，并未曾被水之怀宁、宿松、太湖、滁州、全椒、来安、天长、宁远等州县及凤阳、长淮、泗州三卫屯坐，各淮泗州之卫屯坐，各州县田地续报被旱，勘实成灾五、六、七、八、九分不等。[5]

各地方志以"大旱""旱""水"等内容记载了各地的灾害灾情，如五河县"淮、睢各水同时并涨，低地被淹成灾"[6]，一些地区先后遭受了水灾及旱灾，如潜山县"五月二十二，大水，溃堤伤稼，漂没庐舍数百家，溺死

　　① 河南布政使李承邺：《奏报查察仪封等县散赈无弊事》，《军机处录副奏折·赈济灾情类》，档号：03-9325-024，中国第一历史档案馆藏。

　　② 《清实录·高宗纯皇帝实录》卷一千一百四十六"乾隆四十六年十一月戊辰条"，中华书局1986年版，第353页。

　　③ 光绪《保定府志》卷五十六《仕绩》，清光绪十二年（1886年）刻本。

　　④ 《清实录·高宗纯皇帝实录》卷一千一百四十六"乾隆四十六年十一月癸巳条"，中华书局1986年版，第320页。

　　⑤ 安徽巡抚农起：《复奏寿州等处受灾较轻毋须加赈并凤阳五河二县灾情较重加赈事》，《军机处录副奏折·赈济灾情类》，档号：03-9325-042，中国第一历史档案馆藏。

　　⑥ 嘉庆《五河县志》卷十一《杂志·纪事》，清嘉庆八年（1803年）刻本。

居民无数。自五月至七月不雨，复告旱"①。

湖北江水盛涨漫，发生水灾，一些地区先后发生水旱灾害。如江夏、武昌、汉川、黄坡、孝感、云梦、应城、应山、钟祥、潜江、天门、荆门、江陵、监利、沔阳，并荆州、荆左十七州县卫就发生了水旱灾害②，乾隆四十六年（1781年）十月二十四日，湖北巡抚郑大进奏报了灾情的大致情况及各地成灾分数：

伏查湖北本年夏秋因襄水泛涨潜江等州、县、卫，沿河埝田庐地被水，并江夏等县卫一隅，高阜田地秋前后，雨泽愆期，中晚二禾被旱……被水之潜江县成灾十分，荆门州成灾九分，江陵临利二县各成灾八分、九分，钟祥、京山二县各成灾七分，被旱之江夏、武昌、汉川、黄陂、孝感五县各成灾五分，云梦县成灾五分，并有七分，应城县成灾五分，并有六分、七分③。

十一月二十二日，郑大进再次奏报灾情分数的具体情况：

窃照湖北潜江、应城等州县卫所，偶被旱潦偏灾，堪办轻重分数……除成灾五分各县卫，查办蠲缓钱粮外，其被旱之应城、云梦二县及被水之潜江、荆门、江陵、监利、钟祥、京山六州县，并屯坐各州县之卫所军田……内潜江、荆门、江陵、监利四州县二卫，本积歉之区，今岁夏秋连淹，两麦俱失，贫口较繁，灾分亦重。④

福建因雨雹灾害及水灾、疫灾发生，大部分灾区发生了饥荒。如南平县"四十六年五月云：盖里田地村灾。八月十七日大风雨雹，屋瓦皆飞"⑤，惠安县"六月初六日，大风雨，自卯至戌飞沙走石，偃折树木，倾圮墙

---

① 乾隆《潜山县志》卷二十四《杂类志·祥异》，清乾隆四十六年（1781年）刻本。

② 《清实录·高宗纯皇帝实录》卷一千一百四十六"乾隆四十六年十月庚寅条"，中华书局1986年版，第319页。

③ 湖北巡抚郑大进：《奏明偏灾轻重情形分别加赈借济缘由事》，《军机处录副奏折·赈济灾情类》，档号：03-0318-047，中国第一历史档案馆藏。

④ 湖北巡抚郑大进：《奏明查赈及地方情形事》，《军机处录副奏折·赈济灾情类》，档号：03-0318-051，中国第一历史档案馆藏。

⑤ 民国《南平县志》卷二《大事志》，民国十七年（1928年）铅印本。

屋，哨船、商船覆溺十之八九。……七月初七日复大风"①，晋江县"飓风大作，（开元寺）东塔金顶坠地"②，同安县"春旱。五月十八日，大水。岁歉"③，建阳县"秋疫。秋冬大旱"④，顺昌县、连江县等地米价大涨，发生了饥荒⑤。

广东很多地区由于飓风及水灾，房屋毁坏，粮价上涨，发生了饥荒，广州"夏，三水、龙门、清远大水，坏田庐无数"⑥，广宁县"夏，大水"⑦，海阳县、潮阳县等地"五月大水，谷大贵"⑧，高州府"夏六月信宜大水，淹没民房数十百间"⑨，阳江县"辛丑六月大水，漠江水长平地数尺，城西倒塌民房无算，沿河木稼被淹"⑩，潮州府"戊午夏六月大水。秋八月大飓"⑪，兴宁、清远等县发生了饥荒⑫。

广西也发生了水灾，各地方志也以"水""大水""饥"等文字记载了灾荒的情况，如灵山县"夏六月，大水，环秀桥崩，附城内外及沿江屋舍坍塌十之四五，早禾大伤"⑬，北流县"六月，大水，漂没民居无算"⑭，钦州"大水，饥"⑮。

---

① 嘉庆《惠安县志》卷三十五《祥异》，清嘉庆八年（1803 年）刻本。
② 道光《晋江县志》卷六十九《寺观志》，清道光九年（1829 年）稿本。
③ 民国《同安县志》卷三《大事记》，民国十八年（1929 年）铅印本。
④ 道光《建阳县志》卷十九《杂类志·禨祥》，清道光十二年（1832 年）刻本。
⑤ 嘉庆《顺昌县志》卷九《拾遗志·祥异》，清光绪七年（1881 年）刻本；嘉庆《连江县志》卷十《杂事·灾异》，清嘉庆十年（1805 年）刻本。
⑥ 光绪《广州府志》卷八十一《前事略》，清光绪五年（1879 年）刻本。
⑦ 光绪《广宁县志》卷十七《年表》，民国二十二年（1933 年）铅印本。
⑧ 光绪《海阳县志》卷二十五《前事略》，清光绪二十六年（1900 年）刻本；光绪《潮阳县志》卷十三《纪事·灾祥》，清光绪十年（1884 年）刻本。
⑨ 光绪《高州府志》卷四十九《纪述·事纪》，清光绪十六年（1890 年）刻本。
⑩ 道光《阳江县志》卷八《编年志》，清道光二年（1822 年）续修刻本。
⑪ 乾隆《潮州府志》卷十一《灾祥》，清光绪十九年（1893 年）重刻本。
⑫ 咸丰《兴宁县志》卷十二《外志·灾祥》，民国十八年（1929 年）铅印本；光绪《清远县志》卷十二《前事》，清光绪六年（1880 年）刻本。
⑬ 嘉庆《灵山县志》卷十三《舆地志》，清嘉庆二十五年（1820 年）刻本。
⑭ 光绪《北流县志》卷一《星野》，清光绪六年（1880 年）刻本。
⑮ 道光《钦州志》卷十《纪事志》，清道光十四年（1834 年）刻本。

10. 乾隆五十一年（1786 年）四川出现地震灾害

乾隆五十一年（1786 年）是乾隆朝灾害最严重的时期。山东、河南、江苏、安徽等地发生旱灾，并且这些旱灾区因灾情严重发生了"人相食"的惨剧。同时，四川打箭炉化林坪、泸定桥等地发生了大地震，伤亡人口数十万，涉及州县达到五十余个。虽然地震仅发生在四川，但造成的损失较为惨重。

乾隆五十一年（1786 年）五月六、七等日，四川南部自清溪县至打箭炉等大范围的地区发生了大地震，民房、公署倒塌，大山崩塌，河流因之湮塞断流，田地、房屋淹没，压死许多民众，五月二十五日，四川总督保宁奏报了地震灾情：

> 川南自清溪县至打箭炉等处……地震情形稍重。……当即由双流、新津、邛州、名山、雅安、荥经等州县前往,沿途查询情形间有城垛房屋微损之处……惟清溪县间段倒塌城身三十四丈零，垛口连墙二百二十六丈零，因该城西南两面俱于山上起建，震塌较多……自清溪县西南一百三十里过飞越岭即系沈边、冷边、咱里三土司地境。其泰宁营在沈边土司境内,高踞山半之化林坪……现住（房）三百十四间内，震塌一百九十二间。又应行估变空闲衙署兵房一百九间亦并倒塌，又倒塌药局六间。……自化林坪西南八十里为泸定桥，在冷边土司境内，查勘桥头御碑亭墙裂缝，脊瓦脱落，护岸羊圈坍卸十二丈，其余桥墩、桥亭、铁索等项尚无损坏。……
>
> 各该处被灾情形，大势系东北较轻，至西南渐重，其在山谷之间，又重于平地，而惟打箭炉为尤甚。该处于初六日午刻，地忽大动，至酉刻势方少定，初七日复动数次，以后连日小动……以致城垣全行倒塌，不存一雉，文武衙署、仓库、兵房等项……其完善者十止（之）一二。……
>
> 沈边所属之老虎崖地方，因初六日地震，大山裂坠，壅塞河流，致水停蓄泛溢，沈边等土司沿河田地多遭淹浸，积水高二十余丈……塞处冲开，奔腾迅下，田地又被冲刷……其下游经清溪县宁远府交界之处即大渡河，两岸万工堰等处营汛田庐均被水冲没[①]。

----

① 水利电力部水管司科技司、水利水电科学研究院：《清代长江流域西南国际河流洪涝档案史料》，中华书局 1991 年版，第 474—475 页。

在土司统治区，房屋多为坚固的碉楼，死亡人口不多，"其三土司穷番碉房平房，共倒塌六百七十一间，压毙男妇大小一百八十一名口"。地震涉及四川五十余个州县，以天全州、汉源县、峨眉县、岳池县、仪陇县、广安州、营山县、西充县、洪雅县、合川县、彭水县、酉阳州、龙安府、新津县、彭县、灌县、汉州、彭山县、渠县、大竹县、泸县、双流县、安岳县、重庆府、綦江县、乐山县、盐亭县、资州、资阳县、遂宁县、长宁县、嘉定府、潼南县、璧山县、荣昌县、涪州、仪陇县等地发生的地震较严重，各地方志均做了记载。

地震之后，很多灾区由于山崩及大雨，又发生了水灾，淹毙人口无数。清人张邦伸《锦里新编》卷十四《异闻》对四川的地震及因之发生的水灾进行了详细记载：

> 川省地震，人家房屋墙垣倒塌者不一其处。初震时自北而南，地中仿佛若有声，鸡犬皆鸣，缸中注水多倾侧而出，人几不能站立。震后复微微作颤，颤已移时复震，如是者数次，自午至酉方息。临息时，成都西南大响三声，合郡皆闻，不解其故，越数日传知为清溪县山崩。清溪去成都五百里而遥，其声犹响若巨炮也。山崩后，壅塞泸河（一作大渡河），断流十日。至五月十六日，泸水忽决，高数十丈，一涌（拥）而下，沿河居民悉漂以去。嘉定府城西南临水，冲塌数百丈，江中旧有铁牛，高丈许，藉以堵水者，亦随流而没，不知所向。沿河沟港，水皆倒射数十里，至湖北宜昌势始渐平，舟船遇之，无不立覆。叙泸以下，山材房料拥蔽江面，几同竹簰。涪州、黔江山亦崩塞，由山底浮流十余里始入大江。其时地震，川南尤甚，打箭炉及建昌等处数月不止，官舍民庐俱倒塌，被火延烧无一存者，至八月之后，始获宁居。

地震导致清溪县境内雅黎山倾塌，龙安府"五月初六日午刻地震，有声如雷。次日亦震，同时雅黎山倾"[①]，数十万民众受灾，"乾隆五十一年丙午五月初六日午刻地震，有声如雷，房屋有倾圮，次日亦震。同时雅黎山倾，塞河，至十四日水涌河决，嘉、叙沿岸漂没人民数十万。是年四月

---

① 道光《龙安府志》卷十《杂志·祥异》，清道光二十二年（1842年）刻本。

鱼疫浮水，人可手取"①。嘉庆《双流县志》卷四《杂识》记载了地震的详细状况："丙午中（仲）夏六日，予与客坐，二子澋、沅侍。有声如雷自东南来，稍近座侧，则气行地中，地为之起，如波涛乍兴，上下簸荡，房宇倾侧，耳目眩焉。客与二子惊而走出，予亦从容出外，则见竹树飞扬，川原反复，行者颠，坐者起，牛马犬豕皆惊走啼吠，逾时乃止，客曰：有是哉！未有如斯之地震也。"綦江"五月初六日地震，六月二十一日大水，城内头门口石梯全淹，城外淹进禹王庙山门内，南沱下排街房漂去，仅存数间，上渡以及北门外民居片瓦无存"②。

"地震""地大震"等记载在方志中较常见，部分方志记载了地震的时间及损失伤亡情况。如彭山县"五月地大震，日数十次，越日乃止"③，汉源县五月六日地大震，城墙倒塌百余丈，县署皆倾斜，民房墙垣倒塌，"大渡河上游山崩……河水断流九日夜，于十五日冲开，河水奔腾汹涌异常，将娃娃营、杨泗营、万工泛等处官署民房尽行冲没"④，仪陇县"丙午五月初五日，地震，房舍皆动，盆水溢出"⑤，营山县"丙午，旱，地震，池水摇荡，居屋几折"⑥，灌县"夏五月初六日，地大震，河水上岸，人有仆者，自是数震至六月始止"⑦，峨边县"五月初五日，地震，相继数日，忽大渡河山崩水溢，上游居民迁避不及，没者千余家，至十五日水势高至数十丈，沿河场市如归化、罗迴、沙坪、万漩等分溪一洗尽净"⑧。

11. 乾隆五十三年（1788 年）北方发生旱灾及南方八省发生水灾

乾隆五十三年（1788 年）北方发生旱灾，南方八省发生水灾。是年，南方江西、浙江、福建、湖南、湖北、广东、广西、四川等地发生了大规模、大面积的水灾或疫灾，很多灾区由此发生了饥荒。此年的灾荒形成了

① 同治《内江县志》卷十四《艺文》，清同治十年（1871 年）刻本。
② 道光《綦江县志》卷十《祥异》，清道光六年（1826 年）刻本。
③ 民国《重修彭山县志》卷八《通纪》，民国三十三年（1944 年）铅印本。
④ 民国《汉源县志·杂志》，民国三十年（1941 年）铅印本。
⑤ 同治《仪陇县志》卷六《杂类志》，清同治十年（1871 年）刻本。
⑥ 同治《营山县志》卷二十七《杂类志》，清同治九年（1870 年）刻本。
⑦ 民国《灌县志》卷十八《摭余纪》，民国二十二年（1933 年）铅印本。
⑧ 嘉庆《峨边县志》卷四《祥异志》，民国四年（1915 年）铅印本。

北方旱灾、南方水灾的显著特点。

乾隆四十九年（1784 年）至乾隆五十二年（1787 年）在大江南北广大范围内发生的旱蝗巨灾虽然落下了帷幕，但旱灾的阴霾并未马上消失，乾隆五十三年（1788 年），旱灾还在直隶、山东、山西、河南等地继续发生。

乾隆五十三年（1788 年），直隶有四十九州县发生旱灾，部分地区发生水灾。据直隶总督刘峨的奏章，顺天等府所属的四十九州县"本年春夏以来，雨泽短缺，麦收歉薄"，入夏以后，雨泽又未能"一律普沾，二麦难望有收，大田亦多未种"，顺天府所属的大城、文安、保定、武清、宝坻、蓟州，保定府所属的清苑、唐县、博野、望都、完县、祁州、束鹿，河间府所属的河间、任邱、献县、交河、阜城、景州、东光、吴桥、宁津、肃宁、故城，天津府所属的静海、青县、南皮、沧州、盐山、庆云，正定府所属的正定、井陉、新乐、行唐、晋州、无极、藁城，冀州及其所属的南宫、新河、枣强，赵州及其所属的隆平、宁晋，深州及其所属之武强、饶阳，定州及其所属之曲阳共四十九个州县，以及宣化府属的延庆、赤城、龙门三州县发生了旱灾[①]，南宫县、卢龙县、临榆县等地发生了水灾，并且还发生了饥荒，其中南宫县"夏六月初九日，大雨，漳河溢"[②]。

山东五十四个州县发生旱灾，部分地区发生水灾。乾隆五十三年（1788 年）七月十日，济南府所属历城、新城、淄川、长山、长清、禹城、德州、平原、临邑、德平，泰安府所属的东平、东阿、肥城、平阴，武定府所属的惠民、青城、利津、滨州、蒲台、阳信、海丰、霑化，东昌府所属的堂邑、庄平、馆陶、冠县、恩县，曹州府所属的范县；青州府所属的乐安、博关、临淄、临朐，清州暨所属的夏津、武城三十五州县"自三月以来仅得雨一二寸不等，实於田畴难期有济"；济南府所属的齐河、章邱、邹平、齐东、陵县、济阳，武定府所属的乐陵、商河，兖州府所属的阳谷、寿张，青州府所属的高苑，曹州府所属的观城、朝城，东昌府所

---

　　① 《清实录·高宗纯皇帝实录》卷一千三百三"乾隆五十三年四月癸丑条"，中华书局 1986 年版，第 536—537 页。

　　② 道光《南宫县志》卷七《事异志》，清道光十一年（1831 年）刻本。

属的聊城、博平、清平、莘县、高唐，临清州所属的邱县　"点滴未沾，待泽尤切，二麦难望有收，大田又多未种"。这五十四个州县在乾隆五十二年（1787 年）以前因旱蝗灾害"屡逢灾歉"[①]，灾民生活更为艰难。长麟六月二十七日奏报了山东水灾的具体情况，六月十六日由于雨势过骤，"诸坡之水一时奔注，又值海潮顶阻不能宣泄，以致漫及城关，总计冲塌民房六百六十余户，淹毙男妇二名，附近城关因街巷逼窄"，"以致水势汹涌，关厢以外地势平衍，水流散漫，高粱谷子过水不过三尺有余，是以均未伤损"，魏家庄由于紧靠丹河，受淹较重，冲塌民房百余户，粮食器具多有漂失[②]，胶县、峄县等地在水灾中漂没庐舍，人畜溺死[③]，荣成县"多雨，是岁歉收"[④]。

山西大同一带发生旱灾，"地土干燥，不能播种，民人口食无资，卖鬻子女者甚多，并有逃往口外觅食者。口外地方，因就食者多，粮价昂贵等语。山西大同一带，地土瘠薄，上年被旱成灾，今岁又复缺雨，现据福泰奏称，四月间尚未能播种，是麦收已属无望"[⑤]。部分地区旱涝交替，如长子县"夏旱，秋潦"[⑥]。河南武安、临漳、涉县、汤阴、考城、延津、温县等地发生旱灾，"节届小暑，渥泽未透，甚形干渴"[⑦]，但不久即降大雨，缓解了旱情。部分地区发生了水灾，辉县"春旱，秋大水"[⑧]，孟县"夏，河水大涨，中滩中断，遂成大小二滩"[⑨]，滑县、内黄等县发生了

---

① 山东巡抚长麟：《奏为查明缺雨地方酌请缓征事》，《军机处录副奏折·赈济灾情类》，档号：03-0568-048，中国第一历史档案馆藏。

② 山东巡抚长麟：《奏为查勘胶州寿光二处被水情形及酌给抚恤事》，《军机处录副奏折·赈济灾情类》，档号：03-1064-034，中国第一历史档案馆藏。

③ 道光《重修胶州志》卷三十五《祥异志》，清道光二十五年（1845 年）刻本；光绪《峄县志》卷十五《灾祥考》，清光绪三十年（1904 年）刻本。

④ 道光《荣成县志》卷一《疆域志·灾祥》，清道光二十年（1840 年）刻本。

⑤ 《清实录·高宗纯皇帝实录》卷一千三百三"乾隆五十三年四月壬子条"，中华书局 1986 年版，第 536 页。

⑥ 光绪《长子县志》卷十二《大事记》，清光绪八年（1882 年）刻本。

⑦ 水利水电科学研究院：《清代海河滦河洪涝档案史料》，中华书局 1981 年版，第 226—227 页。

⑧ 道光《辉县志》卷四《地理志·祥异》，清道光二十一年（1841 年）补刻本。

⑨ 乾隆《孟县志》卷十《杂记·祥异》，清乾隆五十五年（1790 年）刻本。

饥荒①。陕西也发生了旱灾，如咸宁、长安两县"（乾隆）五十三年，大旱"②，洵阳县"（乾隆）五十三年，旱，大饥"③。

乾隆五十三年（1788 年），南方的江西、浙江、福建、湖南、湖北、广东、广西、四川等地发生了大规模、大面积的水灾或疫灾，很多灾区由此发生了饥荒。江西的南昌、饶州、南康、九江等府所属区域由于雨水过多，沿江傍湖低洼田地被淹浸，德兴县山水陡发，冲失房屋，并淹毙人口④，七月十七日，江西巡抚何裕城在上报江西各地水灾情况的奏章中说道，南昌、饶州、南康、九江等府所属因五月下旬及六月上旬雨水过多，沿江傍湖低洼田地"间被淹漫"，南昌府所属的南昌、新建、进贤三县，饶州府所属的鄱阳、余干两县，南康府所属的星子、建昌、都昌三县，九江府所属的德化、德安、瑞昌、湖口、彭泽五县"沿江傍湖，均有被淹田地"，六月十九、二十等日"兼因邻省湖南、湖北迭次水发，与川水汇入长江，建瓴而下，以致鄱阳湖出口之水顶阻不行，无从疏泄，现在极低处所，尚有积水四五尺及七八尺不等"。此外，又饶州府所属之德兴县，于六月中旬，雨后山水骤发，傍河田房被水冲淹，旋即消退，"尚有存积"，上述十四县的被水田地，"除陆续退出补种之外，尚有未涸田地自数十顷至二千余顷不等，俱止一县中之一隅……惟德兴县因山水陡发，冲失瓦草房一千一百五十余间，淹毙大小男妇二百十二口。……广信府属之玉山县，山水骤涨，田亩亦有被淹"⑤。各地方志对水灾情况进行了记载，如广丰县"五十三年戊申，大水，更番四次水南沿岸，房屋多损"⑥，德化县、九江府等地"五十三年秋，大水封郭洲，堤溃。民房坍塌，田地无

---

① 民国《重修滑县志》卷十八《人物》，民国二十一年（1932 年）铅印本；光绪《内黄县志》卷八《事实志》，清光绪十八年（1892 年）刻本。

② 民国《咸宁长安两县续志》卷六《田赋考》，民国二十五年（1936 年）铅印本。

③ 光绪《洵阳县志》卷十四《杂记》，清光绪二十八年（1902 年）刻本。

④ 《清实录·高宗纯皇帝实录》卷一千三百十"乾隆五十三年八月辛卯条"，中华书局 1986 年版，第 660 页。

⑤ 水利电力部水管司科技司、水利水电科学研究院：《清代长江流域西南国际河流洪涝档案史料》，中华书局 1991 年版，第 493 页。

⑥ 同治《广丰县志》卷十《祥异》，清同治十一年（1872 年）刻本。

收"①，玉山县"五十三年戊申夏五月，大水自东城冲出西城，各圮数十丈，坏民居"②，星子县"六月初旬，大雨如注，凡三昼夜，平地水深丈余，蛟出无算，山崩如凿"③，德兴县"五十三年戊申，夏五月，淫雨浃旬我邑，自少华山下溪水骤发，上南乡数村冲坏山场、田地、庐舍、坟墓，人畜多溺死"④，南昌县"五月，洪水漫决大积圩，至八月方退，早晚绝粒"⑤，很多灾区粮食紧缺，粮价高昂，如湖口县"秋大水，米价每石三两有奇"⑥，一些灾区房屋冲毁、人口淹毙无数，如都昌县"大水入城。自六月至八月，屏墙内架木渡人。六月六日，矶山半庵地忽裂，水涓涓流，僧恐，急趋山顶避之，须臾雨，蛟出平地，水深数丈，庵崩，瓦砾无存"⑦，玉山县等地的房舍田地亦遭水冲毁，人畜溺毙⑧。

浙江发生了水灾，六月间，遂安、淳安、西安、开化等县由于雷雨交作，山水骤发，河水漫溢，引发了水灾，房屋冲塌，田地被淹没，乾隆五十三年（1788年）五月十八日，浙江巡抚琅玕奏报了水灾情况，严州府的遂安县、淳安县，衢州府的开化县、西安县等地冲塌房屋数千间，淹毙人口数百人，淹没田地无数⑨，不少灾区发生了饥荒，一些灾民在水灾中死亡，如建德县"大水漂没田庐"⑩，龙游县"五月大水，自廿一日至六月一日水进城凡五次，廿九日最大，差与城齐尺许。六月二十二日又大水，是岁饥"⑪，庆元县"夏四月大水，金溪水从西城冲入，转北城冲出，

① 同治《德化县志》卷五十三《杂类志·祥异》，清同治十一年（1872年）刻本；同治《九江府志》卷五十三《杂类志·祥异》，清同治十三年（1874年）刻本。

② 同治《玉山县志》卷十《杂类志·祥异》，清同治十二年（1873年）刻本。

③ 同治《星子县志》卷十四《杂志·祥异》，清同治十年（1871年）刻本。

④ 民国《德兴县志》卷十《杂类志·祥异》，民国八年（1919年）刻本。

⑤ 道光《南昌县志》卷二十二《人物志》，清道光六年（1826年）刻本。

⑥ 嘉庆《湖口县志》卷十七《古事记·祥异》，清嘉庆二十三年（1818年）刻本。

⑦ 同治《都昌县志》卷十六《祥异》，清同治十一年（1872年）刻本。

⑧ 道光《玉山县志》卷二十七《祥异志》，清同治十二年（1873年）刻本。

⑨ 浙江巡抚琅玕：《奏明遂安等县被水轻重情形分别办理缘由事》，《军机处录副奏折·赈济灾情类》，档号：03-1064-025，中国第一历史档案馆藏。

⑩ 道光《建德县志》卷二十《祥异志》，清道光八年（1828年）刻本。

⑪ 民国《龙游县志》卷一《通纪》，民国十四年（1925年）铅印本。

坏西城七十余丈、北城二十丈。淹塌西北隅民居，溺死者数人"①。

福建在年初就发生了雨雪灾害，夏季又因大雨发生水灾。浦城县"夏大水"②。部分地区发生瘟疫，南安县"邑大疫"③，金门县"疫"④。很多灾区粮价飞涨，发生了饥荒，如同安县"岁大疫，米腾贵"⑤，连江县"春二月初五夜，大雨雪，平地深尺有咫。自秋八月至次年正月不雨，石谷二千一百钱"⑥，新竹、苗栗等县"春二月，大雨雪。饥，斗米千钱"⑦。无数灾民在灾荒中死亡，如晋江县"春二月，雨雪，下如跳珠。是年大疫，死者无数"⑧。

安徽的望江、怀宁、桐城、宿松、铜陵、东流、贵池、芜湖、繁昌、当涂、无为、和州、潜山、太湖、青阳、建德、庐江、巢县、泗州、盱眙、五河、寿州、凤阳、怀远、定远、灵璧、凤台、霍邱、亳州、蒙城、含山，以及安庆卫、建阳卫、泗州卫、长淮卫、凤阳卫共计三十六州县卫发生了水灾⑨，很多地区灾情较为严重，如和县"秋七八月大水，过于三十四年害稼"⑩，徽州府"五月，祁门大水，溺死六千余人。初六日夜大风雨，初七日清晨东北诸乡，蛟水齐发，城中洪水陡起，长三丈余，县署前水深二丈五尺余，学宫水深二丈八尺余，冲圮醮楼、仓廒、民田、庐舍、雉堞数处，乡间梁坝皆坏，为从来未有之灾"⑪。

湖南华容、岳州卫、武陵、龙阳、澧州等地因六月下旬荆水下注，又

---

① 光绪《庆元县志》卷十一《杂事志·祥异》，清光绪三年（1877年）刻本。
② 光绪《续修浦城县志》卷四十二《杂记·祥异》，清光绪二十六年（1900年）刻本。
③ 民国《南安县志》卷三十四《人物志》，民国年间铅印本。
④ 民国《金门县志》卷十二《兵事志》，1959年油印本。
⑤ 民国《同安县志》卷三《大事记》，民国十八年（1929年）铅印本。
⑥ 嘉庆《连江县志》卷十《杂事·灾异》，清嘉庆十年（1805年）刻本，。
⑦ 同治《淡水厅志》卷十四《祥异考》，清同治十年（1871年）刻本；光绪《苗栗县志》卷八《祥异考》，民国年间抄本。
⑧ 道光《晋江县志》卷七十四《祥异志》，清道光九年（1829年）稿本。
⑨ 《清实录·高宗纯皇帝实录》卷一千三百十六"乾隆五十三年十一月辛酉条"，中华书局1986年版，第783页。
⑩ 光绪《直隶和州志》卷三十七《杂类志·祥异》，清光绪二十七年（1901年）活字本。
⑪ 道光《徽州府志》卷十六《杂记·祥异》，清道光七年（1827年）刻本。

遇湖水倒漾，田地被淹，成灾五分[1]，乾隆五十三年（1788年）六月十二日，湖南巡抚浦霖奏报了水灾及损失情况："署溆浦县知县徐元宸禀报，五月十七八两日，大雨如注，山水陡发，该县各官衙署，仓厫、监狱、民房均被水淹"，其中，东南二乡之龙槽湾、木鳌洞、分水坍、三汉溪四处小河山水骤发，汇集于附近县城四十里之桶溪地方同时合流，宣泄不及，以致泛滥漫淹，仓厫及其粮食被淹，两厢坍损，粮食随之漂失，刘家渡、大横乡等五十九村田禾黄萎，翻犁补种晚禾"共田一百四十五顷三十二亩，沙壅泥淤各业民，现在自行挑浚补种杂粮的共二百四十九顷零十亩，瓦房、草房被冲塌数千间，淹毙大男妇四五百人"，"此次被水，询之老民，皆云百余年来未有之事，事出偶然"，常德府属的武陵县"地势低洼，连年被水……本年水势比去年更有加增，低处俱已漫过堤面"[2]，各地方志以"水""大水"等内容记载了水灾情况。

湖北因大雨成灾，江陵、监利、公安、石首、松滋、枝江、汉川、汉阳、沔阳、黄梅、广济、黄冈、长阳、江夏、武昌、咸宁、嘉鱼、蒲圻、兴国、大冶、黄陂、孝感、蕲水、罗田、蕲州、天门、荆门、当阳、云梦、应城、宜都、潜江、东湖、归州、巴东、鹤峰三十六州县遭受了水灾[3]，各地灾情轻重不一，"湖广总督毕沅奏，楚北被水之区，共三十六处。江陵为最。其次公安、监利、石首、汉川、黄梅五属。又其次松滋、枝江、汉阳、沔阳、黄冈、长阳、广济、江夏八属，其余二十余处，皆不成灾"[4]，其中，荆州、汉阳、宜昌、武昌、安陆各府所属州县的水灾灾情较为严重，成灾达到九分、十分[5]，很多地区房屋被冲塌，上万名人口被淹

---

① 《清实录·高宗纯皇帝实录》卷一千三百十六"乾隆五十三年十一月己未条"，中华书局1986年版，第782页。

② 湖南巡抚浦霖：《奏为勘明溆浦县被水情形及等办抚恤事》，《军机处录副奏折·赈济灾情类》，档号：03-1064-028，中国第一历史档案馆藏。

③ 《清实录·高宗纯皇帝实录》卷一千三百十七"乾隆五十三年十一月丁丑条"，中华书局1986年版，第798页。

④ 《清实录·高宗纯皇帝实录》卷一千三百十三"乾隆五十三年九月甲申条"，中华书局1986年版，第733页。

⑤ 《清实录·高宗纯皇帝实录》卷一千三百十五"乾隆五十三年十月戊申条"，中华书局1986年版，第771页。

毙，"据图桑阿、陈淮等奏，荆江夏汛泛涨，溃决堤塍，将府城及满城淹浸，冲没人口。……至此次荆州被灾情形较重，附近村庄亦不无淹浸处所"①，光绪《荆州府志》记："五十三年六月，荆州大水，决万城堤至玉路口堤二十余处，四乡田庐尽淹，溺人畜不可胜纪，冲圮西门、水津门。城内水深丈余，官舍仓库俱没，兵民多淹毙，登城者得全活，经两月方退。公安、石首、松滋大水。十九日，枝江大水，灌城深丈余，漂流民舍无数，各洲堤垸俱溃。宜都大水，临州门石磴不没者十余级。"②乾隆五十三年（1788 年）六月二十七日，湖北巡抚姜晟奏报，湖北长阳县沿河上下受灾村庄四十二处，受灾人口一万五千七百四十一人，冲塌瓦草民房共八千二百七十七间③。七月十日，湖广总督舒常奏报湖北水灾情况，六月二十日荆江水势骤涨，漫溃堤塍，冲塌城垣，城乡内外水高一丈七八尺不等，"缘西门城楼已被冲倒，城墙连溃二处，水由溃口灌入，从北门而出，此时城与火江相通，以致水米全消"，并且"被水之初，居民多赴城上躲避，共有三万余人"，淹毙一千三百六十三人，坍塌瓦草房屋共四万零八百一十五间，墙共塌卸、沿江堤工漫溃④。严重的水灾使生产受到极大影响，粮价飞涨，饥荒严重，汉川县粮价飞涨，房屋倒塌难以数计⑤。很多方志以"水""大水"等内容记载了灾荒及其人口伤亡的具体情况，罗田县、江陵县城垣倾圮且兵民淹毙无算⑥，从中可以了解到此次水灾的悲惨景象，鹤峰县的山水泛涨，"郭外西街冲去民舍数十间，历来未有"⑦。

①《清实录·高宗纯皇帝实录》卷一千三百八"乾隆五十三年七月己巳条"，中华书局 1986 年版，第 620—621 页。

② 光绪《荆州府志》卷七十六《祥异志·灾异》，清光绪六年（1880 年）刻本。

③ 湖北巡抚姜晟：《复奏查办长阳被水情形事》，《军机处录副奏折·赈济灾情类》，档号：03-1064-037，中国第一历史档案馆藏。

④ 湖广总督舒常：《奏为荆州被水抚恤情形事》，《军机处录副奏折·赈济灾情类》，档号：03-0323-039，中国第一历史档案馆藏。

⑤ 乾隆《汉川县志·祥异》，清乾隆三十八年（1773 年）刻本。

⑥ 光绪《罗田县志》卷八《杂志·祥异》，清光绪二年（1876 年）刻本；嘉庆《湖北通志》卷四十七《祥异志》，清嘉庆九年（1804 年）刻本。

⑦ 道光《鹤峰州志》卷十四《杂述志》，清道光二年（1822 年）刻本。

广东发生了旱灾及水灾，增城县"自九月不雨至于十二月"[1]，由于灾荒的影响，很多地区粮价高昂。如潮阳等县米价大涨[2]。很多灾区如曲江等县发生了严重的饥荒，饥民死亡众多[3]。广西部分地区发生了瘟疫，死亡众多，宾阳县"大疫，春夏间谷贵"[4]，宜山县"瘟疫，贫者死多暴骨"[5]，苍梧县"复大饥"[6]，桂平县"浔郡大疫，死者甚众"[7]。

四川发生了水旱灾害及地震。万县、云阳、奉节、巫山等县因大雨引发了严重的水灾，忠州"六月，大水进城，舣舟行于下南门内，漂没沿河庐舍人畜甚众"[8]，南康府"五十三年六月初旬，大雨如注，凡三昼夜，平地水深丈余，蛟出无算，山崩如凿。是年六月六日，矶山半庵地忽裂，水涓涓流，僧急趋山顶避之。须臾，雨蛟出，平地水深数丈，庵崩瓦矶无存"[9]，灌县发生了风灾、雹灾或水灾，大水淹坍城墙、漂没人畜及田庐不可计数[10]。纳溪、仁寿等地发生了强烈的地震，纳溪县"戊申五月内地震，六月大水漂没民居多所。是秋，旱，歉收"[11]，仁寿"戊申地震，两（俩）母山裂"[12]。

12. 乾隆五十九年（1794 年）南北方十二省发生水旱灾害

乾隆五十九年（1794 年）是乾隆朝灾荒范围较大、灾情较重的时期，南北方大部分省区都遭遇了水旱灾害的袭击，灾荒范围涉及直隶、山东、山西、河南、江苏、安徽、江西、浙江、福建、湖南、湖北、广东十二个省，各地受灾区域不一，灾情或灾荒后果影响较大。从乾隆帝给军机大臣

---

① 民国《增城县志》卷三《编年》，民国十年（1921 年）刻本。
② 光绪《潮阳县志》卷十三《纪事·灾祥》，民国三十一年（1942 年）铅印本。
③ 光绪《曲江县志》卷十四《列传·义行》，清光绪元年（1875 年）刻本。
④ 光绪《宾州志》卷二十三《祥异》，清光绪十二年（1886 年）刻本。
⑤ 民国《宜山县志》卷三《纪人·先进》，民国七年（1918 年）铅印本。
⑥ 同治《苍梧县志》卷十七《外传》，清同治十三年（1874 年）续修刻本。
⑦ 道光《浔州府志》卷七十六《综纪》，清道光六年（1826 年）刻本。
⑧ 道光《忠州直隶州志》卷四《食货志·祥异》，清道光六年（1826 年）刻本。
⑨ 同治《南康府志》卷二十三《杂类·祥异》，清同治十一年（1872 年）刻本。
⑩ 民国《灌县志》卷十八《摭余纪》，民国二十二年（1933 年）铅印本。
⑪ 嘉庆《纳溪县志》卷八《人物志·祥异》，清嘉庆十八年（1813 年）刻本。
⑫ 同治《仁寿县志》卷十五《志余》，清同治五年（1866 年）刻本。

的谕旨中可见一二："本年直隶省春间被旱，夏秋之间正定、河间、天津等府属，因雨水较多，河流涨发，地亩被淹。河南之卫辉、彰德、怀庆三府属，山东之东昌、临清等属俱因卫河发水，秋禾多有淹浸。……又江苏、安徽、湖北、湖南、福建、广东等省，或因河流下注，或因山水骤发，低洼地亩间被淹浸。"①由于灾荒范围较大，各地都发生了程度不等的饥荒，"饥""大饥"等的记载在各地方志中比比皆是，故将其此年灾荒归入大灾范畴。

直隶在这一年也发生了水旱灾害。大部分州县由于降雨稀少发生了旱灾，其中，保定府所属之清苑、满城、安肃、定兴、新城、唐县、博野、望都、容城、完县、蠡县、雄县、祁州、束鹿、安州、高阳、新安，顺天府所属之涿州、房山、固安、永清、东安、文安、大城、保定、霸州、通州、武清、蓟州、香河、宁河、宝坻、昌平、顺义，河间府所属之河间、献县、阜城、肃宁、任邱、交河、宁津、景州、吴桥、故城、东光，正定府所属之正定、获鹿、井陉、阜平、栾城、行唐、灵寿、平山、元氏、赞皇、晋州、无极、藁城、新乐，顺德府所属之邢台、沙河、南和、平乡、广宗、唐山、钜鹿、内邱、任县，广平府所属之永年、曲周、肥乡、鸡泽、广平、邯郸、成安、威县、清河、磁州，大名府所属之元城、大名、南乐、清丰、东明、开州、长垣，易州及其所属之涞水、广昌，定州及其所属之曲阳、深泽，深州及其所属之武强、饶阳、安平，赵州及其所属之栢乡、隆平、高邑、临城、宁晋，冀州及其所属之南宫、新河、枣强、武邑、衡水等 107 个州县的灾情较重②，"惟济南以西至德州一带，未沾渥泽，看来直隶被旱成灾之处，约有十之七八"③，成灾分数多为六七分以上，"保定等府属，麦收仅止四分以下"④，"被灾最重之天津、景州、河

---

①《清实录·高宗纯皇帝实录》卷一千四百六十三"乾隆五十九年十月戊寅条"，中华书局 1986 年版，第 553 页。

②《清实录·高宗纯皇帝实录》卷一千四百五十一"乾隆五十九年四月甲戌条"，中华书局 1986 年版，第 343 页。

③《清实录·高宗纯皇帝实录》卷一千四百五十三"乾隆五十九年五月辛亥条"，中华书局 1986 年版，第 370 页。

④《清实录·高宗纯皇帝实录》卷一千四百五十四"乾隆五十九年六月丙辰条"，中华书局 1986 年版，第 373 页。

间、献县、任邱、武清、宝坻、蓟州、正定、藁城、清苑、清河十二州县八分极贫……次重之通州、涿州、良乡、宁河、丰润、玉田、大名、元城八州县八分灾……次重之霸州、文安、武邑、衡水八分灾……"[1]。

直隶虽然大部分州县发生旱灾，但一些地区由于夏秋间降雨过多，永定等河涨溢，正定、井陉、大名、元城、博野、卢龙、乐亭、新乐、行唐、平山、磁州、武清、保定、深州、冀州、安平、饶阳等州县发生了水灾[2]，乾隆五十九年十二月二十四日（1795 年 1 月 14 日），长芦盐政徵瑞奏报曰："本年直隶低洼地方间有被水，其成灾最重者至八分而止。"[3]一些地区先旱后涝，乾隆五十九年（1794 年）八月十二日，直隶总督梁肯堂奏报曰："本年直隶、山东、河南等省，因雨水稍多，河流涨发，漫水所注，多有淹损地亩，坍塌民居之处。而直隶之河间、天津、正定、顺德、广平、大名，山东之临清、东昌、德州，河南之卫辉、彰德、怀庆等属春间因被旱歉收，今又被水淹浸，重灾较重"[4]，"惟顺天府属之通州、涿州、蓟州、良乡、武清、宝坻、宁河，保定府属之清苑县，正定府属之正定、藁城，河间府属之河间、献县、任邱、景州，天津府属之天津县，广平府属之清河县，大名府属之大名、元城，遵化州属之丰润、玉田等共二十州县，或春间被旱，秋又被水"[5]，很多地区的居民在水灾中丧生，如正定县"六月，大雨，滹沱水溢逼城。漂没房屋，损伤秋稼，小孙村被水冲没，死者五百余家"[6]。水旱灾害使很多地区发生了饥荒，"大水，岁饥""饥""大饥"等记载在各地方志中较常见。

---

①《宫中朱批奏折·乾隆五十九年》第 36 号，《清代灾赈档案专题史料》第 22 盘，第 682 页。

②《清实录·高宗纯皇帝实录》卷一千四百五十六"乾隆五十九年七月甲午条"，中华书局 1986 年版，第 415 页。

③《宫中朱批奏折·乾隆五十九年》第 37 号，《清代灾赈档案专题史料》第 22 盘，第 684 页。

④《宫中朱批奏折·乾隆五十九年》第 46 号，《清代灾赈档案专题史料》第 1 盘，第 852 页。

⑤ 水利水电科学研究院：《清代海河滦河洪涝档案史料》，中华书局 1981 年版，第 247 页。

⑥ 光绪《正定县志》卷八《灾祥》，清光绪元年（1875 年）刻本。

山东五十一州县发生水灾，灾情等级八分左右。济南、东昌、武定、临清等府州县及暨毗连各属"麦收仅二分有余，现在大田均未播种，即间有偏得雨泽，已经播种，亦尚待雨滋长"，历城、章邱、长山、邹平、新城、长清、齐河、齐东、济阳、禹城、临邑、陵县、德平、德州、平原、淄川、惠民、青城、阳信、海丰、乐陵、商河、霑化、蒲台、滨州、利津、聊城、堂邑、博平、荏平、清平、莘县、冠县、馆陶、恩县、高堂、临清、夏津、武城、邱县、寿张、阳谷、范县、观城、朝城、博兴、乐安、高苑、临淄、东阿、平阴五十一州县的灾情，自八分至十分不等①。各地方志中"旱""大旱""二麦被旱""饥""大饥"等记载较多。十一月四日，山东巡抚毕沅奏报了山东的灾情状况："查本年东省……惟临清、德州，馆陶、冠县、恩县、邱县、夏津、武城八州县及临清、德州二卫，因七月间豫省卫河水涨，猝被漫淹，致成一隅偏灾。……应将临清、德州等十州县卫成灾九十分之极次贫民……其七八分灾之极次贫民俱展赈一个月。"②

山西部分地区发生了水灾。山西自六月二十三四日至七月七八等日，代州及其所属的五台、繁峙等县大雨连绵，山水陡发，"冲塌房屋，淹刷地亩，损伤人口"③，各地灾情大小不一，灾情自五六分至七八九分不等④，阳曲县"六月前后，北屯等六屯被水漂没禾苗"⑤。其他地区发生了不同程度的旱蝗灾及雹灾，如介休县"秋八月，蚼蚄食禾，是月复冰雹伤稼"⑥，交城县"八月，蚼蚄食禾，雹伤稼"⑦。很多灾区连遭受水旱灾害

---

　　① 《清实录·高宗纯皇帝实录》卷一千四百五十四"乾隆五十九年六月丙辰条"，中华书局 1986 年版，第 373—374 页。

　　② 水利水电科学研究院：《清代海河滦河洪涝档案史料》，中华书局 1981 年版，第238 页。

　　③ 《清实录·高宗纯皇帝实录》卷一千四百五十七"乾隆五十九年七月癸卯条"，中华书局 1986 年版，第 425—426 页。

　　④ 《宫中朱批奏折·乾隆五十九年》第 32 号，《清代灾赈档案专题史料》第 22 盘，第656 页。

　　⑤ 道光《阳曲县志》卷十六《志余》，清道光二十三年（1843 年）刻本。

　　⑥ 嘉庆《介休县志》卷一《兵祥》，清嘉庆二十四年（1819 年）刻本。

　　⑦ 光绪《交城县志》卷一《天文门·祥异》，清光绪八年（1882 年）刻本。

袭击，粮食歉收，发生了饥荒，如永济县"歉收"①，临晋县等灾区发生了
饥荒②。河南部分地区发生了水灾。河南自乾隆五十五年（1790年）至乾隆
五十八年（1793年）连续发生旱灾，至乾隆五十九年（1794年），由于雨
水较多，山水陡发，卫河泛涨，发生了水灾，六月二十四日，卫河涨至数
丈，附近居民的房屋多被淹浸，尤以彰德、卫辉及其所属的安阳、汲县一
带为重③，水灾地区涉及汲县、新乡、辉县、获嘉、淇县、浚县、河内、修
武、武陟、延津、内黄、汤阴、临漳、安阳、温县、原武、阳武、济源、
孟县、林县、武安、涉县、滑县、考城、封邱二十五个州县④，一些地区
的灾情等级是八九分甚至是十分。九月三日，河南巡抚穆和蔺奏报了水灾
的具体灾情状况，汲县、新乡、辉县、获嘉、浚县、滑县、淇县、河内、
修武、武陟十县"共计被水二千二百八十六村庄，成灾八分、九分、十分
不等，情形较重"，延津、安阳、汤阴、临漳、内黄五县"共计被水七百
四十七村庄，成灾七分、八分不等。"⑤一些九分、十分灾情的地区，几乎
全境遭灾，如修武县"五十九年，沁决卢村横流境内，秋雨连绵，山水并
发，阖境被灾"⑥。安徽有十九个州县因雨水较多、河流漫溢而发生水灾。
怀宁、桐城、潜山、宿松、望江、贵池、铜陵、东流、寿州、宿州、凤
阳、怀远、定远、灵璧、凤台、泗州、盱眙、天长、五河十九州县，以及
安庆、凤阳、长淮、泗州等四卫发生了水灾⑦，很多灾区粮食歉收，婺源县
等地发生了饥荒⑧。

---

① 光绪《永济县志》卷二十三《事纪》，清光绪十二年（1886年）刻本。

② 民国《临晋县志》卷十四《旧闻记》，民国十二年（1923年）铅印本。

③ 《清实录·高宗纯皇帝实录》卷一千四百五十六"乾隆五十九年七月丁亥条"，中华书局1986年版，第406页。

④ 《清实录·高宗纯皇帝实录》卷一千四百六十七"乾隆五十九年十二月辛未条"，中华书局1986年版，第593页。

⑤ 河南巡抚穆和蔺：《奏报被水各属节年缓征带征未完银米实数事》，《军机处录副奏折·赈济灾情类》，档号：03-0577-050，中国第一历史档案馆藏。

⑥ 民国《修武县志》卷十六《祥异》，民国二十年（1931年）铅印本。

⑦ 《清实录·高宗纯皇帝实录》卷一千四百六十二"乾隆五十九年十月庚申条"，中华书局1986年版，第536页。

⑧ 光绪《婺源县志》卷十六《食货志》，清光绪九年（1883年）刻本。

　　江西发生了水灾，灾区粮价高昂，饥荒盛行，"荒""饥""大饥"等记载大量出现在方志中，如德化县、湖口县等地米价昂贵①，德兴县发生了饥荒②。

　　江苏二十余个州县卫突降暴雨，山水暴涨及流漫溢出成灾，"砀山等县地方因曲家庄黄水盛涨由丰沛二县，顺堤下注，宣泄不及，上漾旁溢，以致附近洼地，积水数寸，其淮安、扬州、海州所属各州县，因雨水稍多，极低田亩，零星间断，亦有积水，以致豆粟间被损伤，收成不无歉薄……徐州府属之砀山、丰县、沛县、宿迁、睢宁，淮安府属之山阳、阜宁、清河、桃源、安东盐城，扬州府属之高邮、宝应、兴化、海州暨所属之沭阳等十六州县，并坐落各县境内之淮安、大河、扬州、徐州四卫"③，"松江府属之华亭、奉贤、娄县、金山、上海、南汇、青浦、太仓州，并所属之镇洋、崇明、嘉定、宝山等州县，并太仓、镇海二卫坐落各州县屯地"④也遭受水灾。各地灾情自五分至七分不等，"京山、潜江、天门、江陵、监利五县成灾较重之处，实有七分，其余成灾六分、五分不等。荆门、沔阳、汉川三州县均各成灾五分，其余俱勘不成灾"⑤。

　　江苏沿海的一些地区还遭遇了飓风灾害及风潮灾害，如江阴县"七月，大风雨拔木，沙洲岸圩冲坍"⑥，东台县"秋风雨，海涨，东台、何朵、丁溪、草堰四场借给草本"⑦，金山县"旧署为飓风所毁"⑧，吴县"五月，龙斗于空中，风雨骤至，天昏地黑，掀坍洞庭湖滨民房无数，压毙

---

　　① 同治《德化县志》卷五十三《杂类志·祥异》，清同治十一年（1872 年）刻本；嘉庆《湖口县志》卷十七《古事记·祥异》，清嘉庆二十三年（1818 年）刻本。

　　② 同治《德兴县志》卷十《杂类志·祥异》，清同治十一年（1872 年）刻本。

　　③ 《清实录·高宗纯皇帝实录》卷一千四百六十"乾隆五十九年九月丁酉条"，中华书局 1986 年版，第 507—508 页。

　　④ 《清实录·高宗纯皇帝实录》卷一千四百六十二"乾隆五十九年十月丁卯条"，中华书局 1986 年版，第 540 页。

　　⑤ 《清实录·高宗纯皇帝实录》卷一千四百六十二"乾隆五十九年十月丁卯条"，中华书局 1986 年版，第 541 页。

　　⑥ 光绪《江阴县志》卷八《祥异》，清光绪四年（1878 年）刻本。

　　⑦ 嘉庆《东台县志》卷七《星野·祥异》，清嘉庆二十一年（1816 年）刻本。

　　⑧ 咸丰《金山县志》卷七《建置志》，清咸丰八年（1858 年）稿本。

若干人。七月壬辰，大风倾屋舍，寒如冬"[①]，吴江县"秋七月壬寅，大风拔木，寒甚，一日更裘葛焉"[②]。很多地区庄稼歉收，粮价飞涨，发生了饥荒，如太仓县"春雨，无麦。秋七月七日，大风雨，木拔瓦飞。八月，连雨二十日，木棉无收，虫起，禾大坏。斗米钱三百余"[③]，松江县、上海县等地"七月七日，大风雨，海溢。八月十八日，大雨，历十昼夜"[④]，宝山县"七月七日飓风，拔木坏垣。八月霪雨，十日方止。岁大祲，人食糠秕树皮，饿殍塞道"[⑤]。

浙江也遭遇了风潮灾害和水灾，如湖州府等地发生了风灾，"七月，大风拔木，寒如冬"[⑥]，一些地区因大雨连旬发生了水灾，如嘉善县七月七日大风雨，"倾垣倒屋"[⑦]，平湖县八月"淫雨经旬"[⑧]。风潮灾害及水灾使灾区农业生产受到极大影响，萧山等县粮价飞涨[⑨]。

福建发生了水灾及飓风灾、潮灾。由于连降大雨，溪河涨发，"各处山水汇集，以致溪河骤涨"，漳州、泉州等府发生了水灾。大水不仅冲没了房屋，也使数千人丧生，漳州受灾最为严重，十二月二十日，大学士和珅等人奏报了水灾伤损的具体情况，石码等一厅四县倒塌瓦房 34 868 间、瓦披 8144 间，倒塌草房 10 002 间、草披 2175 间，淹毙男妇大小口共 2874 口，龙溪、南靖、长泰、海澄四县勘实被灾，灾情分数在十分、九分、八分、七分、六分、五分之间的民学并官租田地超过一千五百四十五顷[⑩]。十一月十日，署理福建水师提督印务颜鸣汉奏报："八月间被水淹浸，涸出较

---

① 民国《吴县志》卷五十五《祥异考》，民国二十二年（1933 年）铅印本。

② 光绪《吴江县续志》卷三十八《杂志·灾祥》，清光绪五年（1879 年）刻本。

③ （清）施若霖：《璜泾志稿》卷七《琐缀志·灾祥》，民国二十九年（1940 年）铅印本。

④ 光绪《松江府续志》卷三十九《祥异志》，清光绪十年（1884 年）刻本。

⑤ 光绪《宝山县志》卷十四《志余·祥异》，清光绪八年（1882 年）刻本。

⑥ 同治《湖州府志》卷四十四《前事略·祥异》，清同治十三年（1874 年）刻本。

⑦ 光绪《重修嘉善县志》卷三十四《杂志·祥眚》，清光绪二十年（1894 年）刻本。

⑧ 光绪《平湖县志》卷二十五《外志·祥异》，清光绪十二年（1886 年）刻本。

⑨ 民国《萧山县志》卷五《田赋门·水旱祥异》，民国三十七年（1948 年）稿本。

⑩ 水利电力部水管司科技司、水利水电科学研究院：《清代浙闽台地区诸河流域洪涝档案史料》，中华书局 1998 年版，第 349 页。

迟，收成歉薄，计海澄一县收成三分，龙溪、南靖、长泰三县各收成二分"[1]。遭受水灾及潮灾的州县，人口淹毙，庄稼无收，如龙溪县"八月十一、十二日大水，积至半旬不退，人口淹毙，民居倒塌无数"[2]，连江县"秋八月初八日至十五日，大雨水，田禾被湮"[3]。灾区米价昂贵，发生了饥荒，如漳浦县"秋八月，水灾，七邑同。晚禾不登，米价昂贵"[4]，莆田县"秋海溢，堤溃，禾薯尽没。岁大饥"[5]，澎湖县"秋饥，晚季不熟。次年尤饥"[6]。

湖北由于雨水较多，二十余个州县遭受了水灾，部分州县如云梦、安陆等遭受了旱灾，但以水灾为重。潜江、京山、荆门等州县在水灾中"倒塌房屋，淹毙人口"[7]。各地方志对水灾的情况进行了记载，如钟祥县"秋八月，汉江溢，势汹汹，南门、西门内水深丈余，行舟入城，西南一望浩若海涛，民居没檐，人多穴屋脊而出。至初四日黎明，远近如雷震，则铁牛埂之堤溃，以下潘家桥、降魔殿数处同溃，堤内水灌顶而至，漂溺尤惨"[8]，竹溪县"夏五月，大雨溪涨，沿河市房多漂没"[9]。但各地灾情轻重不一，最重区为五六分或七分，乾隆五十九年（1794年）九月二十四日，湖北巡抚惠龄奏报："京山、潜江、天门、江陵、监利五县成灾较重之处实只七分，其余成灾六分、五分不等。又荆门、沔阳……均只成灾五分，其余皆勘不成灾"[10]。

① 水利电力部水管司科技司、水利水电科学研究院：《清代浙闽台地区诸河流域洪涝档案史料》，中华书局1998年版，第350页。

② 光绪《龙溪县志·祥异》，清光绪五年（1879年）增补重刻本。

③ 嘉庆《连江县志》卷十《杂事·灾异》，清嘉庆十年（1805年）刻本。

④ 光绪《漳浦县志》卷二十一《再续志·灾祥》，清光绪十一年（1885年）补刻本。

⑤ 民国《莆田县志》卷三下《通纪》，民国三十四年（1945年）铅印本。

⑥ 光绪《澎湖厅志》卷十二《旧事·祥异》，清光绪八年（1882年）稿本。

⑦ 《清实录·高宗纯皇帝实录》卷一千四百六十一"乾隆五十九年九月庚子条"，中华书局1986年版，第512页。

⑧ 同治《钟祥县志》卷二十《杂识》，清同治六年（1867年）刻本。

⑨ 道光《竹溪县志》卷二《杂记·水旱》，清道光七年（1827年）刻本。

⑩ 湖北巡抚惠龄：《奏为加倍赏恤灾区事》，《军机处录副奏折·赈济灾情类》，档号：03-0325-036，中国第一历史档案馆藏。

广东发生了春秋旱及夏涝灾害。部分地区发生旱灾，如增城县"春三月旱，夏六月大水，秋九月大旱"[①]，新会县"二月、三月不雨。五月、六月霖雨不辍"[②]，开平县"春二月旱，至四月始雨。六月、七月雨水连绵"[③]，封川县"五月至七月三次大水，田禾尽伤。九月至十二月不雨"[④]。一些地区则由于夏季雨水过多发生水灾，高要、高明、四会、三水、南海等地发生水灾，坍卸瓦土草房共5843间、受灾人口达40 844人[⑤]，番禺、南海等县在水灾中"桑园围溃，害稼伤人坏屋，秋九月水乃退"[⑥]，顺德县"春旱。夏潦，水大至，基围尽坏，自六月至八月退"[⑦]，澄海县"春三月二十有二日，大雨三日，平地水深数尺，早禾不登。秋八月十四日，大水，沟头仙人桥、华富、东湖、渔洲、后洋等堤俱决，水淹邑城内十余日乃退"[⑧]，肇庆府、四会县、高明县等地围基漫决且民房倒塌无数[⑨]。大部分地区"大饥"，粮价高昂，一些灾区如大埔、高州、信宜等县饥荒严重[⑩]。

广西也发生了与广东相类似的水旱灾害。部分地区连续多年发生旱灾，延续至乾隆五十九年（1794年），又发生水灾。如阳朔县"乾隆五十一年丙午，连年大旱，民事山蒜、岭蕨疗饥，至五十九年止。甲寅又大

① 民国《增城县志》卷三《编年》，民国十年（1921年）刻本。
② 道光《新会县志》卷十四《事略·祥异》，清道光二十一年（1841年）刻本。
③ 道光《开平县志》卷八《事纪志》，清道光三年（1823年）刻本。
④ 道光《封川县志》卷十《前事》，清道光十五年（1835年）刻本。
⑤《宫中朱批奏折·乾隆五十九年》第22号，《清代灾赈档案专题史料》第22盘，第630—631页。
⑥ 同治《番禺县志》卷二十二《前事》，清同治十年（1871年）刻本；道光《南海县志》卷五《舆地略》，清道光十五年（1835年）刻本。
⑦ （清）儒林书院：《龙江志略·编年》，清道光十三年（1833年）抄本。
⑧ 嘉庆《澄海县志》卷五《灾祥》，清嘉庆二十年（1815年）刻本。
⑨ 道光《肇庆府志》卷二十二《事纪》，清道光十三年（1833年）刻本；光绪《四会县志》编四《水利》，清光绪二十二年（1896年）刻本；光绪《高明县志》卷十五《前事》，清光绪二十年（1894年）刻本。
⑩ 民国《新修大埔县志》卷三十八《大事志》，民国三十二年（1943年）铅印本；道光《高州府志》卷四《事纪志》，清道光七年（1827年）刻本；光绪《信宜县志》卷八《纪述志·灾祥》，清光绪十七年（1891年）刻本。

水，坏民庐舍数十余村"①。一些地区大雨成灾，如上林县"六月，大雨，思陇诸山多崩，村民死伤者，计凡百余"②，如陆川县等地"春，旱，饥。夏六月，大水"③。灵山县等地冲坏房屋较多，一些地区先后发生了水旱混合灾害，北流县"春旱，饥，盗起。六月，大水，漂没民居无算"④，其余水灾地区的方志中，均有"大水""水"等记载。一些地区长期遭受水旱灾害，发生了饥荒，如兴业县"大旱……岁大饥。至乙卯年三月，斗谷价钱四百文"⑤，郁林州等地"春旱，大饥，盗起。六月大水"⑥。

13. 乾隆六十年（1795 年）直、鲁出现旱蝗灾害及苏、皖、闽、浙、鄂、粤发生水旱灾害

乾隆六十年（1795 年）直鲁两省出现旱蝗灾害，苏、皖、闽、浙、鄂、粤等地发生大面积水旱灾害。此年灾害涉及省份较多，清王朝各地的灾害多为普通的常灾，如直隶、山东等地遭受了旱蝗灾害及地震灾害，江苏、安徽、浙江、福建、湖北、广东南方六省遭受了水旱灾害。此年灾害涉及省区较多，虽然灾荒连片的地区不多，但大部分地区都发生了饥荒，尤其以福建、广东等地的灾荒区域较广、灾情严重，无数饥民在饥荒中饿死。

福建的水灾和旱灾主要集中在漳州、泉州、兴化等府及其所属的州县，其中，漳浦、海澄、诏安、龙溪、惠安、晋江、莆田七县的沿海地区遭受海潮淹浸，这七个县离海较远的地区，以及长泰、南靖、平和、安溪、同安、南安等县却发生了旱灾⑦。虽然各地灾情仅为四分，但沿海的漳浦、海澄、诏安、龙溪、惠安、晋江、莆田七县"被潮淹浸田亩，业已颗

---

①　民国《阳朔县志》卷二《前事》，民国九年（1920 年）石印本。

②　民国《上林县志》卷十六《杂志部·灾祥》，民国二十三年（1934 年）铅印本。

③　民国《陆川县志》卷二《舆地类·祥祲》，民国十三年（1924 年）刻本。

④　光绪《北流县志》卷一《星野·機祥》，清光绪六年（1880 年）刻本。

⑤　嘉庆《续修兴业县志》卷十《杂记》，清嘉庆十九年（1814 年）刻本。

⑥　光绪《郁林州志》卷四《舆地略·機祥》，清光绪二十年（1894 年）刻本。

⑦　《清实录·高宗纯皇帝实录》卷一千四百八十九"乾隆六十年十月乙未条"，中华书局 1986 年版，第 919 页。

粒无收"①，漳浦、海澄、诏安、龙溪四县受灾大小口共七万四千八百九十二人②。从方志记载来看，受灾区域已超过了上述州县，沙县、永定、长乐、德华等县，以及台湾新竹、苗溪等地也发生了水灾③，故受灾州县数应当在二十余个。由于灾区范围较大，粮价上涨，发生了饥荒，同安县米价腾贵，饥荒严重④，饥民流离失所，晋江、金门等县饿殍满道，饥民以糠秕树皮为生⑤，部分灾区如永春等县的饥民"六十年大饥，民有饿死者"⑥。

　　广东由于连年发生灾荒，很多地区民不聊生，乾隆六十年（1795 年）又发生了水灾及雹灾，阳山县"秋七月，大水，入城四尺"⑦，澄迈县"六月，大雨，溪水泛涨，凡金江、瑞溪居近水边者，田禾湮没，多伤民房"⑧，昌江县"夏六月，大水，冲决东、西、北岸两都田，青石岭崩"⑨。很多灾区如大埔等县粮价腾贵⑩，灾区发生了严重的饥荒，"饥""大饥"等记载多次出现在灾区的方志中，如三水等县"大饥"⑪。由于受灾范围广，灾情严重，民不聊生，很多饥民饿死。

　　直隶的沧州、承德府及其所属滦平等县发生了旱灾⑫，十余个州县遭受

<hr>

① 福州将军魁伦：《奏明沿途查勘水旱情形分别办理缘由事》，《军机处录副奏折·赈济灾情类》，档号：03-1071-043，中国第一历史档案馆藏。

② 署理福建巡抚魁伦：《奏为勘明漳泉府属被淹请准蠲免加赈缘由事》，《军机处录副奏折·财政地丁类》，档号：03-0579-065，中国第一历史档案馆藏。

③ 同治《淡水厅志》卷十四《祥异考》，清同治十年（1871 年）刻本；光绪《苗栗县志》卷八《祥异考》，民国年间抄本。

④ 民国《同安县志》卷三《大事记》，民国十八年（1929 年）铅印本。

⑤ 道光《晋江县志》卷七十四《祥异志》，清道光九年（1829 年）稿本；民国《金门县志》卷十二《兵事志》，1959 年油印本。

⑥ 民国《永春县志》卷三《大事志》，民国十九年（1930 年）铅印本。

⑦ 道光《阳山县志》卷十三《事纪》，清道光三年（1823 年）刻本。

⑧ 嘉庆《澄迈县志》卷十二《杂志·纪实》，清嘉庆二十五年（1820 年）刻本。

⑨ 光绪《昌化县志》卷十《杂志·灾异》，清光绪二十三年（1897 年）刻本。

⑩ 民国《新修大埔县志》卷三十八《大事志》，民国三十二年（1943 年）铅印本。

⑪ 嘉庆《三水县志》卷十三《编年》，清嘉庆二十四年（1819 年）刻本。

⑫ 民国《沧县志》卷十六《事实志》，民国二十二年（1933 年）铅印本；道光《承德府志》卷二十四《蠲恤》，清道光十一年（1831 年）刻本。

了蝗灾，如静海县"无麦。秋，蝗蝻为灾，黎民窘饥"①，南宫县"夏，蝗蝻害稼"②。东光县、交河县等地遭受了旱灾及蝗灾，方志中多次出现"旱，蝗"等记载③。乐亭县、天津府等地发生了地震④，"六月二十一日亥刻地大震，移时又震，至秋七月十五日乃已"⑤。

山东日照县、诸城县、邹平县、栖霞县、黄县、历城县、临淄县、平原县、商河县、长山县、桓台县、寿光县、昌乐县、安邱县、昌邑县、平度县、掖县、文登县等二十余个县遭受了旱灾或旱蝗灾害，一些县如诸城县、栖霞县的蝗灾对粮食作物造成了极大危害⑥，一些发生旱蝗灾害的地区发生了饥荒，在方志中，"饥""大饥""民饥"等内容的记载较为普遍。

江苏、安徽、浙江、湖北的部分地区发生了水灾或旱灾，一些灾区发生了饥荒，如江苏宝山、青浦等县出现"民饥"或"岁饥"⑦，上海县等地的饥民"死者相枕藉"⑧。安徽局部地区发生水灾或旱灾，如宿松县"是年邑大水"⑨，个别地区灾情达到八九分，发生饥荒，如五河县"被水，成灾八九分"⑩，广德县"夏旱，饥"⑪浙江也有部分地区发生了旱灾或水灾，如江山县"夏大水，五月二十一日狂雨经昼夜，山水暴涨，坏田地、桥

---

① 同治《静海县志》卷三《灾祥志》，清同治十二年（1873年）刻本。
② 道光《南宫县志》卷七《事异志·灾异》，清道光十一年（1831年）刻本。
③ 光绪《东光县志》卷十一《杂稽志·祥异》，清光绪十四年（1888年）刻本；民国《交河县志》卷十《杂稽志·祥异》，民国六年（1917年）刻本。
④ 同治《续天津县志》卷一，清同治九年（1870年）续修刻本；光绪《乐亭县志》卷三《地理志》，清光绪三年（1877年）刻本。
⑤ 嘉庆《滦州志》卷一《疆理志》，清嘉庆十五年（1810年）刻本。
⑥ 道光《诸城县续志》卷一《总纪》，清道光十四年（1834年）刻本；光绪《栖霞县续志》卷八《祥异志》，清光绪五年（1879年）刻本。
⑦ 光绪《宝山县志》卷三《赋役志·蠲赈》，清光绪八年（1882年）刻本；光绪《青浦县志》卷二十九《杂记·祥异》，清光绪五年（1879年）尊经阁刻本。
⑧ 嘉庆《上海县志》卷五《赋役志·荒政》，清嘉庆十九年（1814年）刻本。
⑨ 道光《宿松县志》卷十《食货志·蠲赈》，清道光八年（1828年）刻本。
⑩ 嘉庆《五河县志》卷十一《杂志·纪事》，清嘉庆八年（1803年）刻本。
⑪ 道光《增补广德州志》卷十六《杂志·祥异》，清道光二十七年（1847年）刻本。

梁、庐舍，淹毙人畜"[1]，象山县等地冬季发生寒冻，"冬大寒，有数百年樟木冻枯不蘖"[2]，东阳县"冬大冻，山中鸟兽多毙，麦苗尽萎"[3]。余姚、临海等地发生了饥荒，"岁饥"[4]，宁海县出现"旱，民饥"[5]。湖北有十余个州县发生水或及旱灾，监利、潜江、天门、沔阳等地由于"五月间大雨后。襄江新涨，水势汹涌"[6]，发生了水灾，分宜县"大水，平地深三四尺"[7]，但灾情不甚严重，"自五月后天气连晴，高阜之处，早已涸出，补种晚禾，即低洼处所，亦均设法疏消，补种杂粮萝卜等项，堪以果腹"[8]。但麻城县等地发生的旱灾就很严重，饥荒较为普遍，饥民死亡较多[9]。

第四节　清前期重大自然灾害的特点

灾荒是自然界发展变化及人类的开发行为导致的各种自然灾难的结果，清代气候处于小冰期时期，是自然灾害群发的重要时期，各种自然灾害都在不同时期和地区暴发过。如果用一句简单的话来概括清前期的灾荒情况，可以用"无年无灾、无年不荒、无省不灾"来形容。从清前期的灾荒情况来看，灾荒发生的特点，主要表现在时间上的经常性、连续性、共时性、季节性和周期性，地域上的普遍性、相对集中性、延伸性和复杂性，灾荒类型上的并发性、群发性和共存性，灾荒程度及后果上的累积性

---

① 同治《江山县志》卷十二《拾遗志·祥异》，清同治十二年（1873年）刻本。

② 道光《象山县志》卷十九《祲祥》，清道光十四年（1834年）刻本。

③ 道光《东阳县志》卷十二《政治志·祲祥》，清道光十二年（1832年）刻本。

④ 积芳：《余姚六仓志》卷十九《灾异》，民国九年（1920年）铅印本。

⑤ 光绪《宁海县志》卷二十三《杂志》，清光绪二十八年（1902年）刻本。

⑥ 《清实录·高宗纯皇帝实录》卷一千四百八十一"乾隆六十年六月己酉条"，中华书局1986年版，第793页。

⑦ 民国《分宜县志》卷十六《杂组志·祥异》，民国二十九年（1940年）石印本。

⑧ 署理湖北巡抚惠龄：《奏为荆门等州县被水请准缓征事》，《军机处录副奏折·财政地丁类》，档号：03-0579-059，中国第一历史档案馆藏。

⑨ 光绪《麻城县志》卷三十八《大事记》，清光绪二年（1876年）刻本。

等特点。当然，其中的很多特点是整个清代乃至中国较长历史时期都存在和延续的。此处仅简单列举几个普遍、常见的特点。

一、时间上的经常性、连续性、共时性、季节性和周期性特点

清前期的灾荒所具有的经常性、连续性、共时性、季节性和周期性特点，主要是从时间层面而言的概念。

第一，经常性特点。清代疆域辽阔，横跨了寒、温、热三个气候带及赤道带、热带、亚热带、暖温带、中温带、寒温带六个温度带，境内地势高低不同，海拔差异较大。加之地形复杂，河流众多，南北各地山脉走向多样，气温、降水的区域组合多种多样，各地与海洋的距离远近不同，季风到达及退出的时间各地不一，既形成了不同年际之间季节气候的差异，也形成了大区域气候之内又包含着类型丰富、差异较大的小区域气候特点。同时，中国气候类型的复杂多样及绝大部分地区受大陆性季风气候的强烈影响，不仅使中国各地的降雨及干湿状况复杂多样，也使各区域气候的年际变化较大，一旦气候反常，降雨的多寡及区域分布的不均衡，就成为旱涝灾害的主要原因。加之全球的季风气候也会受到各种因素的影响和干扰，影响了太平洋季风和印度洋季风锋面的强弱不同，从而也影响了季风到达中国内陆的时间，对中国的气候及降雨就造成极大的影响，旱涝灾害及其由此诱发的各种灾害就频繁暴发。

而季风锋面的强弱变化及季风气候的复杂多变性，使旱灾、涝灾、蝗灾、风灾、雹灾、雪灾、霜灾、瘟疫、地震等成为中国各地经常发生的自然灾害。很多地区由于地理环境及生态环境的变迁，致使某些自然灾害长期、反复发生。因此，中国的自然灾害具有鲜明的经常性（频繁性）及反复性的特点。

第二，连续性特点。气候及降雨量的某种特征发生的变化，常常持续很长时间，有时几个月，有时一两年、三四年，甚至更久的时间。于是，与此密切联系的水、旱、蝗、雹、风等自然灾害在相应的时期如二三年、四五年甚至八九年之内，常常持续发生。如南方的江西、福建、湖南、湖北、江苏、浙江等地，常常连续多年在春夏两季或夏秋两季因暴雨而使山

洪暴发、江河涨溢或决口，或在降雨稀少的年季也会连续出现旱蝗灾害；北方的甘肃、陕西、山西、河南、直隶、山东等地，常常因降雨稀少发生旱蝗灾害，或因降雨集中、黄河决口发生严重水灾，导致这些地区连续多年发生同一类或某几类灾害，有的灾害一旦发生，尤其是大面积发生时，往往持续很长时间，从而使灾情日趋严重，"巨灾"及"重灾"中"人相食"的现象，大多数是在灾荒连续性发生的情况下出现的。因此，清代灾荒具有连续性（或持续性）的特点。有的地区在一年或几年中，会连续遭到多种灾荒的袭击，如道光十一年（1831年），直隶遭遇了水、旱、蝗灾害，春夏遭遇了旱灾、蝗灾，夏季部分地区遭遇了水、旱灾和疫灾，到冬季遭受了寒冻，气候极其寒冷，"冬大雪，井冻，树裂"，或"雪深三尺余"，导致"树多冻死"。

第三，共时性特点。在清代辽阔的疆域内，同类型的气候或季风锋面控制和影响的区域很大，这就使同一种或几种灾害往往在很多邻近的区域同时发生，或是在几个大范围内同时发生不同性质的灾荒，这就构成了灾荒的共时性特点。这个特点在中国表现得尤其突出，如春夏季节或夏秋季节，洪涝灾害常常在南方大部分省份同时发生，在春季或秋季，北方的大部分地区常常同时发生着旱蝗灾害，长城以北地区也常常同时发生雪灾；另一个常出现的共时性特征是不同类型的灾荒往往在南北方同时发生，如南方省份普遍遭受严重的旱涝灾害的同时，北方正经受着剧烈的旱蝗灾害；或是在一些特别的年际，南北方的大部分省份同时遭受旱蝗灾害或洪涝灾害袭击。

第四，季节性及周期性特点。从灾害的发生时间来看，很多灾害还具有季节性及周期性的特点。灾荒的季节性也可看成是时间上的相对集中性，这种集中性的灾荒，常常在一段较长的时期中表现出来，就形成了灾荒的周期性特点。如水灾往往因暴雨形成，其年际变化与年降水量较为一致，尤其是与汛期降水甚至是短时暴雨的分布规律相一致，即水灾的时间分布一般集中在各地区的雨季或汛期，汛期一般是随着雨季的自南向北逐渐移动而形成的，因而带有很大程度的规律性，故水灾时间一般集中在每年的4—9月，其中，华南地区一般在4—6月，长江下游地区一般集中在6—8月，北方一般集中在8—9月，尽管灾荒的形成还与当时当地的社会、政治、经济及防备措施有密切关系，但雨多即水大，水大即致灾却是水灾发生的客观规律[①]。

又比如，旱灾的类型具有季节性，如旱灾分春旱、夏旱、秋旱、冬旱和冬春连旱等，但不同季节的旱灾则分布在不同的地域，如春旱一般分布在北方，尤其是黄河中下游地区，多发生于 3—5 月；夏旱则发生在长江流域的湖北、湖南、江西、江苏、安徽等地，多发生于 7—8 月的盛夏季节，因为此时季风锋面移动到了北方地区，南方降雨稀少；秋旱则发生在 8—9 月，主要集中在珠江流域地区；最为严重的旱灾是冬春连旱，巨灾及重灾一般都是由于连续多年的冬春连旱导致的。

雹灾的发生也具有季节性，云贵、湖广、江西等地的大部分地区及安徽、湖南、广东、四川等地的雹灾，一般发生在 1—2 月，南方沿海地区及四川等地的雹灾发生在 2—3 月，陕西、甘肃、山西、直隶及盛京等地的雹灾一般发生在 4 月，西藏、青海及盛京北部的雹灾一般发生在 5 月，故冰雹危害最严重的季节是春夏两季及早秋时节。

灾荒的周期性特点主要是指灾荒的发生具有一定的规律性，很多灾荒的发生除了受到季节性特点的影响外，还受到宇宙天体运动变化及其引起的地球气候、地壳板块运动的周期性变化，以及区域性气候、生态环境、生物活动异常等因素的影响，这些变化引起、导致了一定规模及程度严重的周期性灾荒。

从清前期灾荒的一般特点而言，其在时间、地域、类型等方面的特点都有所体现。

从时间上而言，在乾隆朝六十年的时间里，几乎每年、每季、每月都有不同类型和不同程度的灾荒发生，有的灾荒持续时间仅几个星期，有的达到一两个月，有的持续四五个月或一两年、三四年，甚至更长的时间。很多同一类型和性质的灾荒，在邻近几个省份或在南北方不同的省份同时发生。因此，清前期的灾荒在时间上也表现出了清代灾荒所具有的经常性、连续性和共时性等一般特点。

总之，清前期发生的大部分灾荒在时间上还表现出了季节性及周期性

---

① 郑功成：《中国灾情论》，湖南出版社 1994 年版，第 50 页。

的特点，与灾害类史料的记载完全一致，如三至五月常发生旱蝗灾害，七至九月份即夏秋季节就常常发生洪涝灾害，十二月至次年一二月即冬季常常发生雪灾或霜灾等。这些灾荒与气候、季节的周期性变动关系密切。

二、空间上的普遍性、相对集中性、延伸性和复杂性特点

乾隆朝灾荒的普遍性、相对集中性、延伸性和复杂性特点，主要是从灾荒的地域分布层面而言的。

在历史研究中，从不同角度观察同一个客体，就能得出不同的结论，看到不同的特征。中国灾荒发生的原因、过程、结果也是一样的，因疆域、气候、地形、地貌及其导致的类型复杂的灾荒，不仅具有时间上的经常性、连续性和共时性等特点，也具有区域上的普遍性、集中性、延伸性和复杂性等特点。

第一，普遍性特点。在清代广袤的疆域中，由于气候类型及地形复杂多变，灾荒类型众多，不仅各种灾荒在不同地域中都有产生的诱因和条件，而且不同地区有不同的灾荒暴发特点，同一地区在不同时间段内会出现不同类型或不同地区出现同一类型的灾荒。如旱蝗灾害和瘟疫往往同时出现，水旱灾害和雹灾、瘟疫等也常常同时出现，霜灾和雪灾同时出现，地震和旱灾、水灾也常常同时出现；有时同一类灾荒在同一个区域或邻近区域反复出现，如河南、安徽、直隶、山东、甘肃、陕西、山西等地常常发生旱蝗灾害或水旱灾害，尤其在昆仑山—秦岭—淮河一线以北的地区，常常发生具有一定周期性特点的旱灾或旱蝗灾害，"三年两头旱，五年一大旱"[①]等成为这些地区经常发生旱灾的写照，湖南、湖北、江西、福建、江苏等地常常发生水旱灾害，广东、福建等沿海地区常常发生风灾、海啸等，云南、四川、甘肃、新疆、河北、山东、台湾等位于地震带的区域则常常发生地震灾害，西藏、青海、贵州、云南、湖南、广西、江西、湖北、四川、陕西、山西、直隶等地常常发生雹灾及与之相伴的风灾；有时则是不同类型的灾荒常常交替出现，如一个地区在春季遭受旱灾，夏季就遭受水灾，秋季

---

① 郑功成：《中国灾情论》，湖南出版社1994年版，第56页。

又有可能遭受雹灾等，或水旱灾害之后往往发生瘟疫，或是旱灾之后发生蝗灾，蝗灾往往能加重旱灾，雹灾往往和风灾、水灾相伴而至；灾荒的分布区域也因气候及季节的差异而各有不同，在不同的区域里，各个季节都有不同类型和性质、程度不同的灾荒发生。

因此，在清王朝的疆域内，几乎所有的省区及府州县都会发生不同类型的灾荒，没有一个不会发生灾荒的区域，即便一些地区由于生态环境良好，在早期很少发生自然灾荒，或有灾荒但因人口稀少对社会未能构成破坏而未能记录，但随着清王朝移民垦殖的进行，以及对边疆地区的深入经营，大部分区域逐渐被移民垦殖，这些地区的生态环境遭到严重破坏后，各种自然灾害频繁发生。所有发生的灾害或多或少都能够对环境造成破坏，而清代疆域内几乎每个地区都能发生不同类型及程度不一的灾荒，尤其是那些程度及后果轻微的灾害更是常常发生，几乎各地均有，"无地无灾"是这种状况的简单概括，虽然个别州县尤其是地理位置、气候带、生态环境较好的地区，也可能一两年甚至多年内不会出现灾害或仅有微灾，但这种情况在时间上及区域上都不具有普遍性和长期性，这就构成了清代自然灾荒的普遍性、多发性特点。

第二，相对集中性特点，主要表现在地域上的相对集中。从灾荒发生的具体区域来看，自元明以后，很多地区生态承载力的逐渐下降，很多程度严重、影响深远的灾荒，尤其是被称为环境灾害的灾荒，常常发生在一些开发历史悠久、生态破坏严重的地区，尤其是那些出现"人相食"情况的水旱蝗巨灾，几乎都发生在以河南、陕西、山西、甘肃、山东、安徽、直隶、江苏、湖北等中原或是环中原的地区，水灾大多发生在黄河、长江、淮河、海河、松花江、珠江等几大河流的中下游地区，尤其是以黄河、长江、淮河、海河等流域最为集中和严重。很多结构性灾荒如地震就常常集中发生在环太平洋地震带及亚欧地震带上，一些区域性灾荒如潮灾、台风等常常发生在邻近海洋的区域，雪灾则常常发生北方尤其是高纬度地区。这就是清代灾荒在地域上存在的相对集中性特点，这个特点在其他历史时期乃至现当代也具有一定程度上的普遍性。

灾荒在地域上出现相对集中性的特点绝非偶然。这既与这些区域所处的气候带、纬度带、地形及其降雨量和蒸发量有密切关系，还与秦汉以来对中原地区的长期开发及其生态环境的退化和破坏有密切关系。后一种原因随着历史的发展，从微不足道的、次要的位置逐渐跃居到主要位置，中原及环中原区，亦即中央王朝的统治中心区，就逐渐成为灾害暴发日趋频繁并且相对密集的重要区域。中原及环中原中心区作为中华文明的起源地，既是政治、经济开发较集中、文化较发达的地区，不仅集中了最多的人口，而且孕育了内涵丰富深厚的中国传统文化，又汇集了对生态环境开发及破坏的各种途径和方式，政治的经营及农业、矿业等经济开发方式，以及无休止的战争，都对生态环境造成了严重的破坏，森林消失、生态物种消失或其生存区域南移，终于使这块吸引了无数英雄豪杰为之摧眉折腰的宝地不堪重负，生态环境发生了巨大变迁。土壤退化，水土流失大面积发生，土壤的蓄水及泄洪功能急剧退化，地下水位日渐降低乃至枯竭，使河流的径流量变得十分不稳定，区域气候也随之发生了变化，降雨量的年均分布、季节分布及区域分布十分不均匀，加重了这些地区水旱灾害及蝗灾、雹灾等的发生频率和灾害强度。

道光十一年（1831 年）五月二十六日，安徽巡抚邓廷桢在奏章中就谈到了水旱灾害发生的人为原因："本年江苏、安徽、江西、湖广等省水漫成灾，如果平日讲求水利，江湖通畅，何至酿成水患，积久未消。如该给事中所称，近年长江一带沙洲日增，多被居民占垦，以致阻遏水道，且地方官所报升科者，不过十之一二，豪强之兼并，奸蠹之侵蚀者，不知凡几。"[①]同年十月五日，湖广总督卢坤在湖北灾情的奏报中，也对此有详细的陈述：

> 湖北荆州、安陆、汉阳等属频年困于水患，不但大水为灾，即常年汛涨亦易受淹。臣等前委候补知府……分赴荆、汉沿江履勘水道通塞，采访舆论，究其病源。据复情形，在昔江面宽阔，支河深通，涨水容纳易消，滨江州县少有水患。迩因上游秦属各处垦山民人日众，土石掘松，山水冲卸，溜挟沙行，水缓沙积，以致江河中流多生淤洲，民人囿于私见，复多挽筑堤垸，占碍水道。而滨江之江陵、公安、监利，下至沔阳、汉川、汉阳，界在江、汉两水之间，

① 水利电力部水管司科技司、水利水电科学研究院：《清代长江流域西南国际河流洪涝档案史料》，中华书局 1991 年版，第 767 页。

以及滨汉之钟祥、京山、潜江、天门及荆门直隶州，向日通流支河水口，近复处处淤塞，每遇大雨时行，汛水涨发，上有建瓴之势，下有倒灌之虞，常致激流泛溢。民修堤岸率多单薄，一处溃口，即数处带淹。一经漫淹，河高垸低，水无所泄，粮田沉水不下数十百垸。虽有监利福田寺、孟兰渊、螺山窑及沔阳之新堤，先后建有泄水闸座，但福田、新堤两闸建自嘉庆十四年（1809年），从前泄水本畅，曾经涸复有效，近因年久损坏，不能畅宣。其孟兰渊等两闸外滩淤高，亦难泄水。是以滨临江、汉各属岁有偏灾。此所勘频年致患之缘由也。[①]

道光十二年（1832年）九月二十八日，道光帝上谕曰："本年江苏、安徽、江西、湖广等省水漫成灾……近年长江一带沙洲日增，多被居民行垦，以致阻遏水道……著陶澍等各饬所属，于滨临江湖地方详细履勘，如有沙洲地亩实在无碍水道者，方准居民认垦。"[②]这些原因在道光年间由朝廷官员在奏章中明确提出，说明这些现象早就已经发生。而到嘉道年间才因逐渐严重的环境灾害引起君臣关注，其产生原因应该在乾隆朝甚至更早的时期就出现了。正是这些原因的存在，使开发集中区成为灾荒频发区。

灾荒的相对集中特点还表现在时间上的相对集中，一些气候性灾害一般情况下都具有明显的季节性地域分布特征，如旱涝灾害、旱蝗灾害一般发生在春夏季节或夏秋季节，雪灾一般发生在冬季或冬末春初等。同时，巨灾、重灾等对社会稳定及发展构成极大影响的重大的水旱灾害、旱蝗灾害等，都是由于在时间上的相对集中及持续，使社会陷入饥荒中，最终酿成后果严重的灾荒。

第三，延伸性特点。灾荒在区域上还具有延伸性的特点。一个或几个地区发生的大灾荒往往延及邻近及周边地区，这与人类活动范围的扩大及环境破坏导致的生态灾害有密切关系。灾荒之所以被称为"荒"，就是因为灾害对人的生活造成了严重的影响，使田园荒芜、饥荒横行、人口减

---

① 水利电力部水管司科技司、水利水电科学研究院：《清代长江流域西南国际河流洪涝档案史料》，中华书局1991年版，第728—729页。

② 水利电力部水管司科技司、水利水电科学研究院：《清代长江流域西南国际河流洪涝档案史料》，中华书局1991年版，第762页。

少。在人类社会发展的早期，人口稀少，居住面积少，即便发生一些地质性的或气候性的灾害，灾害的程度也无法估量，影响也较小，在无人居住区发生的灾害，对人类社会当然也就没有太大的实质性影响。

但随着人口的增加，居住面积的扩大，生态开发的范围随之扩大，一些灾害逐渐对人类社会产生了日益强大的影响，由于人类的开发活动对自然生态环境造成的巨大影响，自然环境对灾害的抗御及恢复能力日渐降低，灾害对社会的影响也日趋增大。因此，人类的开发活动对自然环境的破坏，在很大程度上成为灾荒的引诱和促进因素。人口密集，政治、军事、经济等开发活动较为集中的中原及环中原中心区，逐渐成为历代中央王朝统治的核心地区，这些地区的环境变迁及破坏也最为激烈，由此导致的环境灾害[1]日趋频繁和激烈。

随着中央王朝对周边地区的拓展及经营范围的日益扩大、程度日益加深，大量移民进入边疆民族地区，边疆民族地区逐渐进入了内地化的洪流中，中原传统的农业、矿业等开发方式随之移入这些地区，生态破坏的范围随之向这些地区延伸，环境灾害也不断地从中原中心区向周边地区扩展和延伸，很多生态环境良好、对自然灾害有极大抗御力且自然恢复能力极强的地区，也变成了各种自然灾害频繁光顾的区域，使清代的灾荒在区域上形成了自内地向周边逐渐延伸、扩展的特点。

第四，复杂性特点。由于地形及气候带的复杂，决定了清代辽阔疆域内的灾害类型的复杂性和多样性。从气候的角度来分析，尽管前文已经明确了北方发生旱蝗灾害、水旱灾害，南方发生水旱灾害，沿海发生风灾潮灾，以及台湾、四川、云南等地常常发生地震灾害的重要原因。但很多地区灾害的发生情况及灾害的类型却并不是如此简单和单一的，有的地区既位于水旱灾害频发的季风区和旱蝗灾害常常发生的中高纬度地带，部分地区还位于雹灾常发的地带或地震带上，或是在一个较大范围的地区，同时遭受多种气象灾害和地质性灾害的袭击，这就形成了区域灾害发生的复杂性或多样性特点。

因此，常常出现一个省区或邻近省区，同时或先后遭受水灾、旱灾、

---

① 即因人口活动而导致生态环境变迁，最终导致和加重的自然灾害。

蝗灾和雹灾袭击的情况，或者一些地区在遭受地震、水灾袭击之后，又相继发生了泥石流、塌陷等灾害，沿海的广东、广西、福建、台湾等地在遭受地震袭击的时候，也同时遭受台风、潮灾的袭击。类似的例子几乎在大部分地区都存在，只是某些灾害类型在不同地区不同时间段内的频率及程度会有区别，如有的地区虽然一年之内有数种灾害发生，但主要的、造成重要影响的灾害类型只有一两类或两三类。其余的灾荒在整个灾荒中无论是灾荒区域还是灾荒持续时间都比较少，在灾荒中不会发挥决定性的影响。

又如，乾隆朝六十年间发生的灾荒，在空间上也表现出了普遍性、相对集中性及延伸性、复杂性的特点。很多类型的灾荒，如水、旱、蝗等灾害，在绝大部分省区都普遍、经常性地发生。但这些灾害并非在所有地区都会发生，即便在同一个省区，由于受区域气候、地形、地貌、生物诸因素的影响，某些灾害往往集中在某些相对固定的区域里。比如，在安徽、河南、山西、陕西、山东、直隶、甘肃、江苏等常常发生水、旱、蝗灾害的省区，大部分的灾荒也是集中在一些相对固定的州县。但并不是说在其他区域就不发生灾荒，即便是在灾害程度严重的时期，在一些地区发生巨灾、重灾的时候，很多地区也存在程度或类型不同的灾荒。灾荒所具有的延伸性特点，常常使同样类型的灾荒从一个或几个地区向邻近地区蔓延，如乾隆四十九年（1784年）至乾隆五十二年（1787年）发生在山东、河南、江苏、安徽、直隶等地的巨灾，乾隆十四年（1749年）至乾隆十八年（1753年）发生在安徽、江苏、江西、湖南、直隶等地的大灾就是这样的，灾荒在一个或几个省区发生后，其影响面随着灾荒的持续及其程度的加重不断向周围地区蔓延，越来越多的地区卷入到灾荒中，很多生态环境、灾害韧性强的区域也会在一段时期内成为灾区，使数个省区先后卷入了同一类型的灾荒中。

三、灾荒类型上的共存性、并发性和群发性特点

乾隆朝灾荒的共存性、并发性、群发性特点，主要是从一定时空中灾荒发生类型的角度而言的。

第一，共存性特点。一个地区在不同时间段内，会先后遭遇类型及程

度不同的灾害，这是灾荒的经常性、广泛性特点的典形表现。但不同地区在相同时间内，却常常遭受一类或几类灾害的袭击，或不同等级的灾害在不同地区存在，构成了灾害的共存性（或多样性）特点。

这主要由中国的季风性气候及地形、纬度等因素决定的。这就使得在清王朝辽阔的疆域内，经常在同一个时段内或在不同的地区同时发生性质或程度完全不同的多种自然灾害，这一特点在上述特点的论述中也略有提及，如当季风锋面势力较弱的时候，雨季就长期在长江流域徘徊，造成了长江流域地区如湖南、湖北、江西、江苏、福建等地大范围的水灾，季风不能到达的河南、陕西、山西、甘肃、直隶、山东等地就会发生严重的旱灾或旱蝗灾害；或在安徽、浙江、江苏等地区的南部发生着水灾，北部却发生着旱灾；或在黄河、长江沿岸因决口满溢发生严重水灾的时候，其余远离江河的地区却发生着严重的旱灾，沿海的台湾、广东、广西、福建、浙江等地也有可能遭受台风、潮灾等灾害的袭击；一些位于地震带上的地区，如云南、甘肃、新疆、直隶、台湾等地，也有可能发生地质性或结构性的地震灾害。

如果从灾情的等级来说的话，在部分地区发生巨灾、重灾、大灾的时候，其他地区也不同程度地发生着普灾、轻灾、微灾，这就是清代灾荒等级的共存性特点。

灾荒的这种共存性特点，不分灾情的轻重和种类，在任何时间和空间中都存在。当然，并发性的区域有大有小，某几类灾害有可能是在南北方跨越省际的辽阔地域内同时发生，但也有可能是在一个省区或几个邻近省区的中间区域内同时发生，或仅仅在一个省区、几个府州县范围内同时发生几类灾害。这样有多种灾害同时发生的灾年在清代经常出现，道光以降表现得更为突出，几乎每年都有不同性质和程度不同的大灾荒出现。很多时候，全国各地不会只是发生某一种或某几种灾荒，由于各地的气候、地理、纬度、生物环境的差异，一种灾荒在各地同时或不同时发生，或不同类型的灾荒会在不同的时间或在同一地区交替发生，或是性质或程度、类型不一致的几类灾荒在不同区域内交替发生，既构成了灾荒的复杂性特点，也构成了灾荒的共存性特点。

此外，不同类型及等级的灾害，即巨灾、重灾、大灾以及普灾、轻灾、微灾等都在不同区域同时发生。对于清王朝来说，自乾隆元年

（1736 年）至乾隆六十年（1795 年），几乎年年都有灾荒发生，只是灾情等级轻重的不同及时间长短不同而已，没有灾荒发生的年代是没有的。

第二，并发性特点。灾害的起因及发生往往是因为一种灾害引发了一类或多类灾害，或是由轻灾引发和发展成为重灾，或是不同的地区同时发生一类或几类性质和程度相似的灾害，这就是灾害的并发性特点。并发灾害不仅扩大了灾荒区域，也进一步加大了灾害的危害程度。这类现象在中国历史时期并不少见，在清代丰富的灾荒史中表现得尤其突出。

在众多灾荒史料中，我们经常会看到一类灾荒引发其他类灾荒的现象，如旱灾往往引发蝗灾，河南、安徽、陕西、山西、直隶、山东等地春旱或冬末就延续的旱灾往往会引发蝗灾，一般而言，如果从冬季就开始的旱灾或上年就延续的旱灾到了春夏季节还不能减缓的话，很多地区会发生火灾，更重要的是，大区域的、程度较为严重的蝗灾就随之发生，并在旱灾区迅速蔓延，很多地区常常出现"遮天蔽日""积地尺余""禾稼立尽"等现象，在旱蝗灾害地区，就会出现"赤地千里""饿殍遍野""流移载道"等记录，旱蝗灾害发生之后，其余诸如鼠灾及多种病虫害也随之踵至。在沿海地区，如果发生了持续性旱灾，常常导致河水、井水枯竭，在风暴潮发生时，往往引起海水倒灌，使河水变咸，既影响了灌溉，又导致了土地出现盐碱化。

此外，水灾、蝗灾之后常常引发的灾害就是瘟疫。在水旱蝗灾害中，人口大量死亡，道旁积踵的死尸得不到清理掩埋，各种有害病菌在腐烂的尸体中繁衍，瘟疫乘虚而入，给灾荒中长期处于饥饿状态、抵抗力极度低下的饥民以更为重大的打击，大量从饥荒中死里逃生的人口再次遭到有害病菌的侵袭而纷纷死亡，"村墟皆空"和"里巷无人"的情况就出现了；发生"人相食"的巨灾、重灾、大灾往往都与灾荒的并发性特点有密切联系；地震灾害也常常引发其他诸如水灾、滑坡、塌陷、泥石流等灾害；水灾也常常引发山崩、地陷、坍塌、泥石流等地质性灾害，还能加剧诸如农作物病虫害、鼠灾及其他野生动物危害庄稼[1]的灾害等，这就是灾害的诱发

---

① 宋正海等：《中国古代灾异群发期》第八章"长江中下游历史旱涝灾害链"，安徽教育出版社 2002 年版，第 181 页。

性特点。当然，诱发性特点常常是在灾害的累积性特点基础上暴发的，尤其是在一些集中开发的地区，诱发性特点就更为明显。

第三，群发性特点。某几类灾害或多类灾害往往是在一段时间内表现得较为活跃和频繁，次数较多。换言之，历史时期自然灾害的发生时间及区域虽然是不均衡的，但却会在某个时期内相对集中、频繁地暴发，构成了灾害的群发性特点。

灾害的群发性特点既与生态环境的变迁及破坏、气候的阶段性变化特征有密切关系，也与天象、地球自身的变化有关系，"地球上的自然灾异群发期的形成，应是对全球有重大和广泛影响的因素发生异常，这种因素主要有两方面：一是地球内力的异常，另一是天文环境的异常。天文环境的异常对于地球异常可能有更大的意义，因为宇宙和地球之间物质、能量交流的强度远非同一数量级……天象的明清期异常对讨论整个明清自然灾异群发期不仅有证认价值，更有发生学意义"[1]。

近年来，很多学者对明清宇宙期[2]及其灾异进行了深入的研究及探讨，认为明清时期自然灾异比较集中、暴发频率和次数较多，这种从更广阔的宇宙及地球自身运动变化、气象、水文、海洋、动植物等方面对灾异发生的原因进行深层次、广视角的探讨，结论就更加客观、更具有说服力。"天象、气象和地象在十六、十七世纪期间的相似变化，表明它们可能是由一个或者几个共同因素影响的结果，地球上的气温、海啸、地震等不可能影响到其他天体，因此共同影响因素只能从宇宙中去寻找"[3]。正是由于明清时期陨石、彗星活动频繁及太阳活动微弱、太阳黑子增多、极光活

---

① 宋正海等：《中国古代灾异群发期》第三章"明清宇宙期"，安徽教育出版社 2002 年版，第 91 页。

② 徐道一、李树菁、高建国：《明清宇宙期》（《大自然探索》1984 年第 4 期，第 150—156 页）认为："十六、十七世纪是一个各种天象、气象和地象发生剧烈变化的特殊时期，形成这个特殊时期的原因，很可能是与主要来自太阳系外宇宙空间变化有关，因此有根据可认为这是宇宙作用特别加强的时期，可简称为宇宙期。由于我国历史上对各种自然现象记录较为详尽，尤其明、清两朝表现明显，可将这个特殊时期称为明清宇宙期……以 1500—1700 年作为明清宇宙期的开始到结束时期。"

③ 徐道一、李树菁、高建国：《明清宇宙期》，《大自然探索》1984 年第 4 期，第 150—156 页。

跃等天象的异常，地震在此时期也进入活跃期，地震频繁、大地震较多等地象的异常[1]，使这一时期的各类自然灾害处于频发状态，灾害强度较大。这应当是明清灾荒较多、较频繁的重要原因。

因此，明清时期自然灾害的频发，不仅是地球气候变化的结果，也是自然生态环境长期遭到破坏并日渐累积的结果，还是与地球自身的运动及宇宙天体的运动有密切联系。因此，清代自然灾害具有群发的内部环境及外部因素，使得清代灾荒的群发特点更为突出。

从史料的记载来看，清代的灾害也具有群发的特点。清初顺治至康熙年间（1644—1722 年）及清晚期道光至宣统年间（1821—1911 年）的各种类型的自然灾害及各种程度的灾害集中暴发的时期，这两个时期，由于初期政治粗安、末期政治腐败，制度或不全面或日趋废弛，救济不力，加之战乱的影响，使灾害的危害程度与中期的同类灾害相比大大增强，灾荒延续时间较长，灾害的累积性效应表现较为突出，灾难性后果也较为严重，清代大部分的"巨灾"及"重灾"几乎都发生和集中在这两个时期，"人相食"的悲惨现象在很多灾区发生较多，尤其是在 19 世纪中期以后，就进入了典型的"自然灾异群发期"[2]，不仅灾害发生频次急剧增加，持续时间显著拉长，灾害的地区分布日趋扩散，成灾面积空前广大，各种特大灾害继起迭至，交相并发，具有明显的多样性、群发性和危害整体性等周期性集中暴发的特征[3]。

乾隆朝灾荒的群发性特点也较为明显，即某几类灾害或多类灾害往往是在一段时间内在一些地区或大范围的地区表现得较为明显和突出，或是在一两年内同时在大范围的地区发生灾荒。如乾隆九年（1744 年）全国大

---

① 宋正海等：《中国古代灾异群发期》第三章"明清宇宙期"，安徽教育出版社 2002 年版，第 91—95 页。

② 自然灾异群发期是指"自然灾害和异常的发生及其强度在漫长的自然史中并非均匀的，有着活跃期与平静期的相互交替，自然灾异，特别是大的灾异明显集中于少数几个时期。"宋正海等：《中国古代自然灾异群发期研究》第一编，安徽教育出版社 2002 年版，第 1 页。

③ 夏明方：《从清末灾害群发期看中国早期现代化的历史条件——灾荒与洋务运动研究之一》，《清史研究》1998 年第 1 期，第 70—82 页。

部分地区遭受了不同类型灾害袭击，灾情较严重的灾害主要集中在北方黄河下游、淮河流域及东南沿河地区，部分黄河、淮河流域的地区，如直隶、山东、河南、江苏、安徽等地遭受了旱蝗雹灾害及水灾等混合型灾害的袭击；东南及南方沿海地区主要是指浙江、江西、福建、广东等地遭受了以水灾为主的灾害。这两类灾害范围大、灾情相对较重，除了这些主要的灾害以外，风灾、水灾、疫灾等也在不同地区和时段发生。乾隆朝的灾荒群发性特点还表现在一个地区连续几年或同时发生几种灾害，如乾隆十一年（1746 年）至乾隆十三年（1748 年）山东发生了水旱灾害，乾隆三十一年（1766 年）山东、江苏、安徽水灾，乾隆三十二年（1767 年）安徽、湖北发生水灾，甘肃发生了旱雹灾害，乾隆三十三年（1768 年）全国各地几乎都发生了不同程度的旱、蝗、雹、风等灾害。

四、灾害程度上的累积性特点

清代灾荒的累积性和复杂性特点，主要是从灾荒后果及影响角度而言的。灾荒的累积性特点，亦称灾荒的累积性效应，可分为长期累积性和短期累积性。灾荒的长期累积性特点，往往是短期累积性特点的前奏和基础；而短期累积性特点又是长期累积性特点的结果和反映。

从人对灾害的感知而言，短期累积性特点是容易在短时期内就被人们看到和感知到，长期累积性特点则是缓慢发生的，是一个发展的、动态的历史过程，人们很难在短时段内感知，也是最容易被忽视的。但人们的忽视并非证明不存在，正是人们的忽视及没有采取相应的措施，才使得很多隐形、恶性的致灾因素长期累积而得不到缓解，最终会诱发和加速自然灾害的暴发，加重灾荒的后果。

第一，长期累积性特点。灾害的长期累积性主要是指经过长期历史发展，各种灾荒原因日积月累，很多自然的人为的原因长期积累并且无法消除，还日趋严重，导致灾害后果日趋严重和频次日趋密集。这里所说的人为原因主要还是指对生态环境的破坏导致的各种环境灾害，因为很多地区的生态环境破坏后一直无法恢复。在历史时期，生态环境的开发和破坏在生态意识淡薄的情况下继续进行和加深，灾害成因亦随之处于不断累积的过程中，在社会、政治、经济及战争等方面原因的诱导和加强下，灾害频繁暴发，尤其是在气候反常的时候更是如此，更能导致程度极为严重、影响极为恶劣的灾害，在社会的救灾、备灾措施不能有效运行的时候，巨灾、重灾往往就是在这些地区发生的。

如甘肃、陕西、山西、河南、安徽、直隶、山东、江苏、浙江、福建、湖南、湖北、江西等中央王朝统治中心区，经过长期的经营和开发，很多地区的生态环境破坏较为严重。在清代前中期国力强盛、经济繁荣、社会赈济措施完备且执行得力的时候，对一些强大的灾荒有较强的抵御能力，灾荒造成的后果不甚惨重。但到清代后期，尤其嘉道以降，清王朝不仅面临内忧外患的严峻形势，国力极其虚弱，抗灾、救灾能力也较为弱小，在气候反常的背景下，不仅灾荒次数日益频繁，程度也日趋严重，一些常灾、大灾也往往酿成重灾或巨灾，道光、光绪年间暴发的几次巨灾就是如此。

第二，短期累积性特点。灾害的短期累积性是指一场持续时间较长的灾荒的发展后果而言的。主要是指一些地区最初因为气候反常等原因暴发了一些普通、常见的水旱灾害，灾害程度起初不算很严重，但由于气候继续反常，很多轻微的灾荒暴发后延续了很长时间，加之政治腐败、制度废弛等方面的原因，救荒措施不力，灾害得不到有效的预防和抵御、饥民得不到及时救治，其破坏性后果逐渐累积，日益严重，灾区逐渐从粮价上涨到饥民食树叶草根为生，再到树叶草根食尽后不得不食"观音土"充饥，饥民逐渐在饥荒中死亡，最终不得不"人相食"，酿成了后果严重的灾荒，咸丰、同治年间的巨灾就是如此。

灾害的短期累积时间一般在两三年甚至更长的时间，常常由轻灾、常灾等发展为大灾、重灾，甚至发展为巨灾。这些特点常常出现在灾荒较为集中的黄河、淮河、海河、长江流域等地区。在短期内由于灾荒累积性效应而发展为程度严重的灾荒类型多为水、旱、蝗灾害及瘟疫。

无疑，这些特点在其他朝代或多或少都是存在的，但限于史料，也因为人口及生态承载力尚未严重失衡，使得其他朝代的特点及具体情况不如清代明显。由于清代很多灾荒史料的记载较为全面、保留也较为完整。同时，清代的环境破坏程度更大，其累积性效应也更突出，灾害次数日益增加、程度日趋严重，使清代灾荒的具体情况及其特点也能够清楚地呈现出来。

因此，灾荒所具有的长期累积性及短期累积性的特点，不仅是相对于时空概念而言的特点，也是相对于灾荒后果及灾情程度而言的特点。其长期累积性特点，主要是地球运动、气候及生态变迁导致的灾害致因累积的结果。其短期累积性特点，是由一场小区域的灾荒逐渐发展累积，最终导致一场持续时间很长、灾情严重的灾荒，如乾隆戊巳旱灾就是乾隆朝灾荒短期累积性特点的典型反映，乾隆戊巳旱灾是乾隆四十三年（1778 年）、乾隆四十四年（1779 年）在黄河、淮河、海河、长江流域中下游地区发生的严重旱灾，最早开始于乾隆四十二年（1777 年），受灾区域从北方的甘肃、陕西、山西、直隶延伸到南方的湖北、湖南、江西、广东、广西、四川等地，很多旱灾地区并发了蝗灾，到乾隆四十三年（1778 年）、乾隆四十四年（1779 年）达到极盛，以四川灾情最为严重，赤地千里，饥民死亡无数，发生了"人相食"的悲惨景象。乾隆乙丙旱灾是乾隆四十九年（1784 年）、乾隆五十年（1785 年）、乾隆五十一年（1786 年）、乾隆五十二年（1787 年）河南、江苏、安徽、直隶等地发生的旱蝗灾害，以乾隆五十年（1785 年）、乾隆五十一年（1786 年）的灾情最为严重、涉及范围最广，各地饥民也发生了"人相食"的惨剧。

五、灾荒类型及等级的全面性特点

首先，灾荒类型的全面及丰富，是清代灾荒显而易见的特点。水、旱、蝗、疫、风、雹、潮、雪、霜、地震、火等自然灾害，是中国古代经常发生的灾荒类型。这些灾害，在清王朝二百七十六年的时间中，几乎都在大部分省区发生过。很多类型的灾荒发生的区域，几乎覆盖了清王朝的绝大部分省区，尤其是水、旱、蝗等灾害，发生的区域更广、频率更高，几乎在每一年都会发生，尤其是山东、山西、陕西、河南、直隶、安徽、江苏、浙江等地，更是大范围水、旱、蝗灾害的频发区，几乎绝大部分的巨灾及重灾的灾荒类型，都是以水、旱、蝗灾害为主。

其次，灾荒等级的全面性。清前期发生的灾荒，从最轻微的微灾，到最严重的重灾及巨灾，都发生过。如乾隆朝灾荒极有代表性，主要有 3 次巨灾、5 次重灾、14 次大灾、24 次常灾、3 次轻灾，微灾则无年、无地不发生，严重的灾荒延续的时间往往较长，如 3 次巨灾延续了共 10 年的时间，5 次重灾延续了 7 年的时间。这些灾荒，使直隶、山东、山西、陕西、河南、甘肃、四川、湖南、湖北、浙江、江苏、江西、福建、广东、广西、云南、贵州等中原及周边地区都受到了不同程度的影响，尤其是在巨灾和重灾的打击下，大范围的灾区饥馑遍地、饥民背井离乡，很多灾区发生了"人相食"的人间惨剧。但这个特点是相对而言的。由于对乾隆朝灾荒等级所做的次数统计数据，是一个相对的数字，因为每年统计的灾荒，是以当年发生的情况最为严重、典型的灾种及地区为代表数据统计的，其余一些稍微轻微的灾荒类型和受灾地区未能被详尽地记录下出来。

六、时间及区域分布上的相对集中性特点

从时间分布来看，清前期灾荒表现出日渐加重的特点，尤其是乾隆四十五年（1780 年）以后，灾荒的等级及发生灾荒的年份逐渐增多，在时间上表现出了次数、灾情逐渐加重的趋势。这与乾隆朝后期的国力、吏治、赈济制度和措施的逐渐衰落和弊坏有密切的关系，也与生态环境的过度开发及破坏引发的严重水土流失，以及由此导致水利工程的严重淤塞、堙毁、废弛有密切关系。灾荒往往能破坏经济发展秩序乃至出现危机，国力的衰减、制度的弊坏、环境的破坏，也能促进灾荒的发生、加重灾荒的后果。两者相互促进，就能引发更为严重的社会危机，最终引起农民起义及战争。清王朝的最终灭亡，与清朝末年灾荒的严重、国力、救济制度和措施的弊坏相互作用、影响，促使了清王朝的灭亡。正如李文海先生所言："历史上每一次重大灾荒的发生，都必然要对当时的社会生活产生巨大的深刻的影响。最直接的影响当然是在经济方面。……经济的凋敝必然要冲击社会的稳定。……每一个王朝的更迭，灾荒当然的成了直接的导火线。不仅如此，灾荒还深深的（地）影响着社会生活的各个方面，从统治政策到社会观念，从人际关系到社会风习，这种影响也许是间接而隐性的，但

恰如水银泻地，无孔不入。"①

清前朝的灾荒在暴发时间、类型及其分布地域上相对集中性的特点，既是清代灾荒所共有的特点，也是顺康雍三朝呈现出的特点。

在时间上的相对集中，主要是指某些灾害的发生与季节有密切关系，旱灾及蝗灾常常发生在三、四、五月份，水灾常常发生在七、八、九月等雨季尤其是大暴雨季节时期，江河沿岸发生洪涝灾害的概率极高；在水、旱、蝗灾害之后，常常发生瘟疫；五六月是季风登陆的时期，在沿海地区常常发生风灾及潮灾。

灾荒类型及区域的相对集中，主要是表现在水、旱、蝗灾害主要集中在河南、安徽、直隶、山东、山西、陕西、甘肃、江苏等地，尤其是黄河、长江、淮河沿岸常常发生洪涝灾害，这些地区的丘陵、山区常常发生旱灾；潮灾及台风等灾荒主要集中在山东、浙江、江苏、福建、台湾、广东、广西等沿海地区，尤以山东、浙江、江苏、福建、广东最为突出和严重；地震主要集中在云南、四川、直隶、新疆、陕西、甘肃（尤其是宁夏）等地震带上。

总之，从清前期灾荒等级的数量状况来看，虽然各等级的灾荒都不同程度地发生过，但却呈现出了中间大两头小的"纺锤状"特点，即中间等级的灾荒（一般是大灾及常灾）记录下来的最多，最严重的灾荒（一般是巨灾和重灾）以及最轻微的灾荒（轻灾）数量较少。这个特点也是符合事物发展的普遍、客观规律的，也与清前期救灾制度的建设及措施的完善有密切的关系。这个时期不仅是清代国力逐渐发展到最强盛的时期，对灾荒的救济制度和措施也相对较为完善和及时，赈济物资较为充裕，救灾效率很高，通过赈济，能将大灾、常灾等的影响化解到最小，阻止了灾荒的扩大及蔓延，在很大程度上遏制了灾荒后果的严重化，使灾荒的累积性及蔓延性特点未能充分展现。很多来势很猛的灾荒，经过迅速救济及补救，也能转变为影响更低的灾害。这种情况，在乾隆皇帝的御制诗《遣怀》中就有较好的表现，"豫齐数郡灾，赈赒亟筹画（划）。遥心系淮徐，沙刷幸免

---

① 夏明方：《民国时期自然灾害与乡村社会·李文海序言》，中华书局 2000 年版，第 3 页。

厄。畿南乃波及，民垫为愁剧。关北复遭旱，吾来始沾泽。三辅虽有秋，遏籴非良策，所以黍转贵。天恩殊可惜，一心周九寓，曾无可逸隙。山庄纵自佳，耽佳岂可得"[①]。因此，巨灾及重灾次数少，轻灾影响小，被记录的次数也相对要少一些，大灾及常灾影响较大，通常需要救济，相关史料的数量就相对多一些。

---

① 《乾隆御制诗集二》卷 74《遣怀》，《景印文渊阁四库全书·集部》第 1304 册，商务印书馆 1986 年版，第 392 页。

第　二　章

清前期官赈制度的建设及发展的基础

中国古代历史在一定程度上是灾荒伴生的历史，"天之灾异，无时无之，虽唐虞三代，或不免焉"[①]，历朝历代均很重视对灾荒的赈济，逐渐形成了各具历史及时代特点的赈灾制度和政策措施。每一王朝的赈灾制度及措施，都在前朝和以前历史时期的基础上，进行了改进及发展，逐渐建立起了系统的中国古代赈灾制度史。因此，中国古代的赈灾制度发展到清代，无论是从制度的建设，还是从具体的措施来看，都达到了中国历史上的顶峰时期。

在这里，有必要区分一下荒政与赈济的区别。荒政就是赈济饥荒的政令、制度或措施。中国古代的荒政往往包括了救灾的政策法令及诏谕、规制和措施；救荒制度和措施的内容及贯彻实施的动态过程，就是赈济。尽管荒政及赈济的词义解释和内涵存在差别，但在灾荒救济中所指代的内容是大致相似的，因此，在一定层面上，人们常常将荒政与赈济混用。但荒政是个制度性名词，其指代的救灾法令政策措施都是文字层面上的内容。而赈济则是一个兼具名词及动词特性的词汇，作为动词而言，赈济指代的是救灾中采取的措施及行动，即用钱粮等物资救济灾民的具体步骤；作为名词而言，赈济指代的是救灾的制度、法令、谕旨及政策等。所以，本书在论述灾荒救济的制度、法令、政策及具体措施时，就使用"赈济"作为专有名词。

[①] 李文海、夏明方主编：《中国荒政全书》第一辑，北京古籍出版社 2002 年版，第 14 页。

第一节 灾赈制度建设的背景暨自然灾害的后果

"灾荒"名称的由来，大多源于其"由于自然灾害造成饥馑"的本意，发生了"灾"，就常常会导致"荒"（歉收、饥馑、凶年）。每一次灾荒发生，都会造成严重的后果。灾荒期间，往往发生严重的饥荒，大量人口死于饥荒，灾民背井离乡，外出逃荒，流移外地。对灾民、灾区进行系统管理及控制，以尽快稳定统治，成为灾赈的主要背景。

一、农业或歉收或绝收

灾荒造成了民众房屋、牲畜等财产的巨大损失，粮食减产或绝收，对农业生产造成了无法挽回的损失。从灾荒的程度来说，越高等级的灾荒，造成的后果就越严重，巨灾、重灾、大灾等级别的灾荒，几乎都能够导致人口死亡、财产受损、农业受到严重影响。

中国是个传统的农业社会，灾荒最严重的一个后果，就是对农业生产造成了巨大的冲击及破坏，不仅直接影响到农业生产的正常进行，更重要的是，还对生产成果遭受了毁灭性的破坏。每当灾荒来临，无论是旱灾、水灾、蝗灾，还是雹灾、霜灾、风灾，或是其他灾害，都能够在最短的时间内使农田遭灾毁灭，轻则减产、歉收，重则绝收。其间，一些渐渐发展演变的灾害如旱灾、蝗灾，如果控制及救灾得当，在外在的气候等因素不会持续恶化的情况下，灾害对农业生产的影响就不会太严重。但如果因种种原因，尤其是长期、持续的气候恶化，灾情就会变得无法控制，其后果往往是不可逆转、无可挽回的，通常情况是庄稼颗粒无收、粮食基本无法补种。一些突发性的灾害，如水灾、雹灾、风灾等，对农业的影响是短期的，在灾情严重时，其后果也是不可逆转的，但在一定程度上是可以挽救的，如在雹灾、水灾、风灾过后，若官府组织得当、及时，还可以续种和补种，就不会造成长期严重的饥荒。

从清前期灾荒状况来看，巨灾、重灾、大灾对农业生产造成的影响是最为严重的，在这种灾荒中，粮食基本上没有收成，"绝收""岁连歉"

"大祲""大歉"等记载就常常出现在史籍中。常灾、轻灾也能够导致粮食减产、歉收，"岁歉""民艰于谋食""年失实""民困"等是常常出现的记载。从灾种来看，旱灾、蝗灾、水灾或是水旱蝗交替的灾害，常常是造成严重灾荒的根源，也是导致粮食绝收的灾种，尤其是赤地千里的旱灾、食尽庄稼的蝗灾、长期淹浸的水灾等，是导致大灾、常灾、轻灾的灾种，也能造成减产、歉收。

灾荒对农业的巨大破坏作用，还表现在对土地资源的损毁层面。在对土地资源的破坏方面，水旱灾害之后，主要表现在土壤的沙化或盐碱化，使很多的上则、中则田地成为永久荒地或暂荒地，影响了农业再生产的进行；在水灾中，大量肥沃的良田被水冲埋，粮食减产无收。

巨灾对农业生产的打击最为巨大。如乾隆十二年（1747年）山东旱蝗灾害就是如此，"五月，福山、栖霞、文登旱，六月又霪雨匝月。黄县蝗食谷叶殆尽。七月十五日，福山、栖霞、宁海、文登、荣成烈风拔木，雨复大作，禾稼尽伤"[①]，黄县"夏蝗，蚄（蚄）生，食谷叶殆尽"[②]。次年，高密县"大蝗平地涌出，道路场圃皆满，所过田禾根株无遗"[③]，莱阳县"飞蝗蔽日，食禾麦无遗"[④]。乾隆四十二年（1777年）、乾隆四十四年（1779年）发生在黄河、淮河、海河、长江流域中下游地区的巨大旱灾中，粮食绝收，饥民吃树皮草根充饥，宜山县"岁旱，民无食，剥楮皮以充饥"[⑤]。四川綦江县"从六月起大旱，昼夜风……赤地千里，颗粒无收"[⑥]，湖北江陵县"大旱，田禾无收。九月，大霜，荞麦俱尽"[⑦]，房县"四十三年五月，雨雹，平地积四五寸，山中有大如碗、方如砖者，劈树穿屋，伤人畜无算，苗稼皆平"[⑧]。

---

① 光绪《增修登州府志》卷二十三《食货志·水旱丰饥》，清光绪七年（1881年）刻本。

② 乾隆《黄县志》卷九《纪述志·祥异》，清乾隆二十一年（1756年）刻本。

③ 民国《高密县志》卷一《总纪》，民国二十四年（1935年）铅印本。

④ 民国《莱阳县志》卷首《大事记》，民国二十四年（1935年）铅印本。

⑤ 道光《庆远府志》卷十六《人物志·笃行》，清道光九年（1829年）刻本。

⑥ 道光《綦江县志》卷十《祥异》，清道光六年（1826年）刻本。

⑦ 光绪《续修江陵县志》卷六十一《外志·祥异》，清光绪三年（1877年）刻本。

⑧ 同治《房县志》卷六《事纪》，清同治四年（1865年）刻本。

　　与巨灾相比，重灾灾情程度、范围较小，灾荒延续时间较短，农业生产受破坏的情况轻一些，但歉收、绝收情况常常出现。如乾隆二十一年（1756 年）、乾隆二十二年（1757 年）山东发生水旱灾害，庄稼多被淹没，"今归德府属之夏邑、商邱、虞城、永城，并考城、陈许两属各县，五六月间大雨连绵，以致洼地复有积水，秋禾被淹"①，鄢陵县"三月多雨，夏大水，平地深丈余，麦禾俱坏"②，修武县"六月二十九日山水暴涨，县西白庄等村庐舍秋禾多被水冲"③。

　　大灾中农业生产也受到极大破坏，比巨灾、重灾的破坏程度又要小一些。大部分地区歉收，局部地区出现绝收。如在乾隆六年（1741 年）的江苏水灾中，"海州及所属之沭阳县，夏秋被灾俱重，秋成仅止一分"④。安徽也发生了水灾，署安徽巡抚张楷奏报了安徽遭受水灾惨状："查宿州等处于四月被水之后，复于五月望后，重被涝水淹浸……臣自入宿境，除一线隋堤之外一望汪洋，田畴俱在水底，夏麦秋禾毫无收获。"⑤

　　总之，每次灾荒，无论何种类型的灾荒，都能够对当地的农业造成极大的影响。很多灾害往往会毁坏农田，破坏农业的基础设施，如地震、洪水、潮灾等常常会造成山崩、泥石流，从而压毁农田，使很多肥沃的田地被水冲石埋、沙压。水旱灾害之后，土壤肥力剧减，增加了土地沙化的概率，地力下降，很多上等田地、中等田被水冲沙埋，成为永荒或暂荒田地。一些地区出现严重的水土流失，大片良田变为不毛之地，尤其是在一些滑坡、山洪暴发的地区，灾害常常毁坏农田、桥梁、道路和水利设施，即灾害造成了农业生产资料和基础设施的破坏，尤其是对土地、水资源的破坏，在很大程度上加重了农业危机。

---

　　①《清实录·高宗纯皇帝实录》卷五百四十"乾隆二十二年六月条"，中华书局1986年版，第 836 页。

　　②民国《鄢陵县志》卷二十九《祥异志》，民国二十五年（1936 年）铅印本。

　　③乾隆《修武县志》卷九《灾祥》，清乾隆三十一年（1766 年）增补本。

　　④《宫中朱批奏折·乾隆六年》第 36 号，《清代灾赈档案专题史料》第 28 盘，第 540—541 页。

　　⑤《宫中朱批奏折·乾隆六年》第 5 号，《清代灾赈档案专题史料》第 24 盘，第 1219 页。

二、粮价飞涨，饥荒严重

灾荒破坏农业生产后产生的最直接的严重后果，就会使灾区粮价飞涨，产生严重的饥荒。粮食的价格以平日价格的四五倍、十倍，甚至是百倍、千倍的速度飞涨，灾区陷入了普遍的饥荒中。很多灾民不得不鬻妻卖子以度日，或吃树皮草根，或以观音土充饥。饥荒的程度往往与灾情的程度成正比，灾情等级高的比如巨灾、重灾、大灾等，饥荒就严重，常常出现"饿殍遍野""大饥""饥"等记载；饥荒严重时，人口就会大量死亡和移徙；饥荒程度较轻时，灾民暂时外出逃荒。

在巨灾、重灾、大灾的相关史料中，粮价高昂及饥荒的记载比比皆是，一般来说，粮价高涨、鬻妻卖子、饥荒等情况是伴随而生的，从乾隆年间的几次巨灾、重灾、大灾的有关史料记载中，就可以清楚地了解到这一情况，尤其可以了解到不同灾害等级的饥荒情况的差异。整体上说，以巨灾的饥荒区域最广，程度最重。

例如，乾隆十一年（1746 年）、乾隆十二年（1747 年）、乾隆十三年（1748 年），山东发生了严重的水旱雹灾害，很多地区或发生水灾，或发生旱灾，或先旱后涝，或在水灾过程中又遭受雹灾或风灾的袭击，在这场持续时间较长、程度严重的巨灾的打击下，很多灾区的粮价超过了民众的承受程度，如胶县"连岁饥，斗粟银一两二钱"[1]，栖霞县"次年春，斗米千钱"[2]，高密县"十二年，自去年八月不雨至五月二十八日乃雨，既雨，连月不止，是岁麦禾全无，民大饥"[3]。

乾隆四十二年（1777 年）、乾隆四十三年（1778 年）、乾隆四十四年（1779 年）发生在黄河、淮河、海河、长江流域中下游地区等范围广大、时间延续较长的严重旱灾或旱蝗灾害中，粮价持续高涨，如广东新安县"四十二、三两年大旱，米贵，人多饿死"[4]。广西邕宁县、南宁府等地

---

① 乾隆《胶州志》卷六《大事记》，清乾隆十七年（1752 年）刻本。
② 光绪《栖霞县续志》卷八《祥异志》，清光绪五年（1879 年）刻本。
③ 民国《高密县志》卷一《总纪》，民国二十四年（1935 年）铅印本。
④ 嘉庆《新安县志》卷十三《防省志·灾异》，清嘉庆二十五年（1820 年）刻本。

"大旱，明年米价腾贵。至五十余钱一斤"①。灾民只能以树皮草根充饥，或鬻妻卖子度日，广西灵山县"大饥，民剥树皮，掘草根以食"②，邕宁县、南宁府等地"饿殍枕籍，鬻卖子女者以万计"③，罗城县"颗粒无收，妇孺鬻于楚者数百"④。号称"天府之国"的四川也出现粮价飞涨、卖妻鬻子的情况，营山县"秋旱，次年己亥荒，米斗钱二千文，贫民多食草根树皮"⑤，垫江县"戊戌大旱，米斗钱二千，贫民采野蒿，掘白泥为丸以食"⑥，"乾隆四十三年，蜀中大饥。次年，斗米千余钱。川东郡邑立人市，鬻子女。蜀数称沃土，此岁凶荒为百余年未见也"⑦。

乾隆六十年（1795 年），全国各地普遍发生了水旱灾害，灾区范围较大，导致粮价上涨，饥荒严重，如长乐县"夏大饥，谷贵，每挑价三千六百文"⑧，永定县"大饥，斗米钱至千四五百"⑨，饥民流离失所，以糠稗树皮为生，如晋江县"自春至夏大饥，民多流殍"⑩，宁洋县"四五月，米价腾贵，并无杂处树皮草叶可救，饥者为之剥尽，而死者多人"⑪。

三、人口的大量死伤及流迁

灾荒最直接的后果，就是使大量灾民或直接在灾荒冲击下丧生伤残，或因灾荒导致的饥饿、疾病等而死亡、流移。造成灾民大量死伤及流移的，大多是巨灾、重灾和大灾，尤其以巨灾为重，流移的饥民数量较

---

① 民国《邕宁县志》卷三十六《兵事志》，民国二十六年（1937 年）铅印本；道光《南宁府志》卷三十九《杂志类·祲祥》，清道光二十七年（1847 年）增刻乾隆本。
② 嘉庆《灵山县志》卷十三《杂记·祲祥》，清嘉庆二十五年（1820 年）刻本。
③ 民国《邕宁县志》卷三十六《兵事志》，民国二十六年（1937 年）铅印本；道光《南宁府志》卷三十九《杂类志·祲祥》，清道光二十七年（1847 年）增刻乾隆本。
④ 民国《罗城县志·前事》，民国二十四年（1935 年）铅印本。
⑤ 同治《营山县志》卷二十七《杂类》，清同治九年（1870 年）刻本。
⑥ 光绪《垫江县志》卷十《志余》，清光绪二十六年（1900 年）刻本。
⑦ 道光《安岳县志》卷十五《祥异》，清道光十六年（1836 年）刻本。
⑧ 同治《长乐县志》卷二《星野》，清同治八年（1869 年）刻本。
⑨ 道光《永定县志》卷四《纪事沿革表》，清道光十年（1830 年）刻本。
⑩ 道光《晋江县志》卷七十四《祥异志》，清道光九年（1829 年）稿本。
⑪ 同治《宁洋县志》卷十二《杂事志·祥异》，清光绪元年（1875 年）刻本。

多、时间较长；导致人口短暂流移的灾荒，多为常灾及轻灾，与巨灾、重灾、大灾相比，常灾及轻灾导致的死亡伤残人数较少，死亡者多因为疫灾、地震、飓风等灾害导致。灾民的死伤，给社会及家庭造成了沉重负担。

在灾荒中，人口的流移一般由两方面的原因导致：一是饥民本身外出逃荒造成的流移；二是饥民在生存无门的情况下鬻妻卖子导致的流移。一些强度很大的、突发性的灾荒，如水灾、地震、飓风、疾疫等，往往造成人口的大量伤亡流移，这是灾荒初期就导致的直接后果；旱、蝗等灾害造成了严重饥荒，导致人口死亡流移，这是灾荒延续一段时间才出现的后果。

在巨灾及重灾中，常常出现"人相食"的地区，饥民的死亡流移更为严重。如乾隆十一年（1746 年）至乾隆十三年（1748 年）发生在山东的水旱蝗混合灾害中，饿殍遍野，饥民死亡众多，剩余者纷纷外出逃荒，即墨县"十三年五月，旱蝗，饥疫弥甚，民多逃亡"①。乾隆四十二年（1777年）至乾隆四十四年（1779 年）在黄河、淮河、海河、长江流域中下游地区严重的旱灾中，饥民的死亡流移自灾荒初期开始就出现，并延续到这次灾荒结束，如广西邕宁县、南宁府等地"大旱……饿殍枕籍，鬻卖子女者以万计"②。乾隆四十三年（1778 年），四川严重旱灾使饥荒极其严重，死亡者众多，如邻水县"大旱，次年道殣相望，饿毙者多"③。河南无数饥民纷纷在饥荒中死去，如清丰县"饥，以上屡丰，人无备，死者甚众"④。湖北饥民不得不食观音土，腹胀而死，长阳县"大旱，民食树皮、草根、观音土，死亡相踵"⑤，枝江县"大旱四十八日，秋粮颗粒无"⑥。乾隆四十九年（1784 年）至乾隆五十二年（1787 年）发生在山东、河南、

---

① 同治《即墨县志》卷十一《大事志·灾祥》，清同治十二年（1873 年）刻本。
② 民国《邕宁县志》卷三十六《兵事志》，民国二十六年（1937 年）铅印本；道光《南宁府志》卷三十九《杂类志·襟祥》，清道光二十七年（1847 年）增刻乾隆本。
③ 道光《邻水县志》卷一《天文志》，清道光十五年（1835 年）刻本。
④ 同治《清丰县志》卷二《编年》，清同治十一年（1872 年）刻本。
⑤ 同治《长阳县志》卷七《灾祥》，清同治五年（1866 年）刻本。
⑥ 同治《枝江县志》卷二十《杂志》，清同治五年（1866 年）刻本。

江苏、安徽、直隶等地的旱蝗灾害中，饥民死亡流移的情况也很普遍。乾隆四十九年（1784 年），河南饥民死亡众多，如原阳县"闰三月，原邑旱，饥。二麦枯槁，秋禾未布。民之羸饿以死者相继也"①。

乾隆五十年（1785 年），山东黄县"春，飓风连月，损濒海麦苗。夏六月，大热，人多渴死"②，峄县"春大旱，无麦，大风扬尘晦冥。五月，虫害稼。冬大饥。是岁春夏间多怪风，红黄黑各异色。五月虫生，食禾苗殆尽。至秋乃雨，民始种……荞麦，旋为雹伤，民多饿死"③，安邱县、潍县"春夏大旱，自去年九月不雨至于秋七月。大蝗，蝗飞蔽天日……人有不辨路径，陷入沟渠不能自出，遂为蝗所食者，真奇灾也"④。河南泌阳县"大饥，里多逃亡"⑤，淮宁县"秋大旱，谷价每斗钱三千，人多饿死"⑥，杞县"五十年乙巳，春大旱……夏无麦，地震，秋无禾。冬大饥"⑦。江苏的旱灾及旱蝗灾害也比上年严重了很多，清人顾公燮在《消夏闲记摘钞》中记载了江苏的灾情："今则两湖、山东、江西、浙江、河南俱旱，舟楫不通，贫民在在失业，米贵至四五十文一升，肉价每斤一百五六十文，其他食物，或贵至二三倍，以致死亡相望，白日抢夺……死者日各有千人"，苏州府等地的旱灾在方志中的记载也极其详细："逃至苏城吃施粥者拥挤异常，每朝一厂劫死人数有三四口、七八口之多；若逃至乡村，则三百、四百人作队，谓之吃白饭，亦络绎不绝"⑧，"东南大旱，吴下素称泽国，港底俱涸，近处常、镇诸地粒米无收，米价每斗鼎至七钱。从此乞人满路，饿殍遍野，地方官力为赈济，苏郡粥厂分

---

① 乾隆《新修怀庆府志》卷三十《艺文志》，清乾隆五十四年（1789 年）刻本。
② 同治《黄县志》卷五《祥异志》，清同治十二年（1873 年）刻本。
③ 光绪《峄县志》卷十五《灾祥考》，清光绪三十年（1904 年）刻本。
④ 道光《安邱新志》卷一《总纪》，清道光二十二年（1842 年）稿本。
⑤ 道光《泌阳县志》卷八《人物传·孝义》，清道光八年（1828 年）刻本。
⑥ 道光《淮宁县志》卷十二《五行志》，清道光六年（1826 年）刻本。
⑦ 乾隆《杞县志》卷二《天文志》，清乾隆五十三年（1788 年）刻本。
⑧ （清）章腾龙撰、陈勰增辑：《贞丰拟乘》卷下《杂录》，清嘉庆十五年（1810 年）聚星堂刻本。

为六处，然每日拥挤，老幼践踏死者日以百计"①，"是岁它邑俱遭旱灾……民多饿死"②，高淳县"大旱，山圩籽粒无收……明年春，草食尽，民皆饿倒"③，如皋县"五十年，大旱，大饥，流民载道"④。安徽很多饥民在树皮草根吃完后，因饥饿死亡无数，如宣城县"自夏初至冬不雨，民饥。食草根树皮，死者枕藉于道"⑤，无为州"奇旱……人民饿死者相枕藉"⑥，繁昌县"五十年大旱，民多饥馑，死者无算"⑦，当涂县"旱，死亡枕藉"⑧，广德县"自夏至秋不雨，斗米钱五百文，民食草根木皮几尽。溧阳交界山有土青白色，取和麦粉，藉以救饥，俗呼观音粉，食者或至闷死"⑨。

至乾隆五十一年（1786 年），很多灾区的树皮都被食尽，无数饥民死亡，山东临朐县"饥……老弱妇女死者无数"⑩，诸城县"春大饥，饿死无数。斗粟至银一两五钱"⑪。由于旱灾中死亡人数众多，未及掩埋，尸体暴露，灾区又发生了瘟疫，饥民更是雪上加霜，死亡人数更多。如莘县"五十一年春，大饥，瘟疫时行，人多死者"⑫，菏泽县"春大疫，道途死者相枕藉"⑬，博平县"春大旱，各处瘟疫，人死无数"⑭，峄县"大饥。夏四月，大疫……是岁因连年失收，斗粟万钱，人相食，至夏疫疾传染，死者无数"⑮，莒县"春大饥，斗粟千钱，人相食。夏大疫，死者不可胜

①　（清）柳树芳：《分湖小识》卷六《别录下・灾祥》，清道光二十七年（1847 年）刻本。
②　嘉庆《石冈广福合志》卷四《杂类考》，清嘉庆十二年（1807 年）刻本。
③　民国《高淳县志》卷十二《祥异志》，民国七年（1918 年）刻本。
④　嘉庆《如皋县志》卷二十三《祥祲》，清嘉庆十三年（1808 年）刻本。
⑤　光绪《宣城县志》卷三十六《祥异》，清光绪十四年（1888 年）活字本。
⑥　嘉庆《无为州志》卷三十四《集览志・禨祥》，清嘉庆八年（1803 年）刻本。
⑦　道光《繁昌县志》卷十八《杂类志・祥异》，清道光六年（1826 年）刻本。
⑧　民国《当涂县志稿・人物志》，民国二十五年（1936 年）抄本。
⑨　乾隆《广德直隶州志》卷四十八《杂志・祥异》，清乾隆四年（1739 年）刻本。
⑩　光绪《临朐县志》卷十《大事表》，清光绪十年（1884 年）刻本。
⑪　道光《诸城县续志》卷一《总纪》，清道光十四年（1834 年）刻本。
⑫　民国《莘县志》卷十二《大事志・禨异》，民国二十六年（1937 年）铅印本。
⑬　光绪《新修菏泽县志》卷十八《杂记》，清光绪十一年（1885 年）刻本。
⑭　道光《博平县志》卷一《天文志》，清道光十一年（1831 年）刻本。
⑮　光绪《峄县志》卷十五《灾祥考》，清光绪三十年（1904 年）刻本。

计"①，寿光县"岁大饥，人相食，流亡关外者载道"②，汶上县"大饥，人相食……疫盛行，人死十六七"③。

　　河南灾情在旱灾及疫灾的交相打击下，饥民死亡流移者更多。如密县"大饥，瘟病。饿死者十五六"④，鄢陵县"（乾隆）五十一年春，斗麦千钱，夏秋之间瘟疫遍行，死者无数"⑤，杞县"春大饥，斗粟钱千五百文，死者甚众"⑥，祥符县"春，斗麦千钱。夏秋之交，瘟疫遍行，死者无数"⑦，洧川县"大饥，人多饿死。瘟疫流行"⑧，泌阳县、南阳县等地"春大饥，人相食。夏大疫，死者无数"⑨，固始县"春大疫，死者十之二三"⑩，西华县"旱，大饥。是年斗麦钱三千文……饿死甚众"⑪，郾城县"五十一年，旱，大饥疫……人相食，疫死太半"⑫，柘城县"春，斗米两千，糠秕入市，饿殍相枕藉"⑬。江苏安东县"大饥，斗谷千钱，米倍之，居民食树皮，面肿多死，麦熟时，至无能收获者"⑭，山阳县、淮安府等地"大饥，人相食，夏大疫，人死于道路相枕"，出现了"死者相枕于道"⑮。安徽舒城县"春大饥……道殣相望，卖妻鬻子者无数。

---

① 民国《重修莒志》卷二《大事记》，民国二十五年（1936年）铅印本。
② 民国《寿光县志》卷十五《大事记·编年》，民国二十五年（1936年）铅印本。
③ 宣统《四续汶上县志稿·灾祥》，清宣统年间稿本。
④ 嘉庆《密县志》卷十三《人物志·义行》，清嘉庆二十二年（1817年）刻本。
⑤ 民国《鄢陵县志》卷二十九《祥异志》，民国二十五年（1936年）铅印本。
⑥ 乾隆《杞县志》卷二《天文志·祥异》，清乾隆五十三年（1788年）刻本。
⑦ 光绪《祥符县志》卷二十三《杂事志·祥异》，清光绪二十四年（1898年）刻本。
⑧ 嘉庆《洧川县志》卷八《杂志·祥异》，清嘉庆二十三年（1818年）刻本。
⑨ 道光《泌阳县志》卷三《灾祥》，清道光八年（1828年）刻本；光绪《南阳县志》卷十二《杂记》，清光绪三十年（1904年）刻本。
⑩ 乾隆《重修固始县志》卷十五《大事表》，清乾隆五十一年（1786年）刻本。
⑪ 民国《西华县续志》卷一《大事记》，民国二十七年（1938年）铅印本。
⑫ 民国《郾城县记》卷五《大事篇》，民国二十三年（1934年）刻本。
⑬ 光绪《柘城县志》卷十《杂志·灾祥》，清光绪二十二年（1896年）刻本。
⑭ 光绪《安东县志》卷五《民赋》，清光绪元年（1875年）刻本。
⑮ 同治《重修山阳县志》卷二十一《杂记》，清同治十二年（1873年）刻本；光绪《淮安府志》卷四十《杂记》，清光绪十年（1884年）刻本。

夏大疫，死又什（十）之三，麦熟田中，至有无人收刈者"[1]，无为州"春仍旱，大饥而疫，死者弥望"[2]，宿松县"夏秋大旱，饥……，饿殍相藉，民多远徙"[3]，六安县"春大饥……人相食。瘟疫死者无数"[4]。乾隆五十二年（1787 年），随着灾情的缓和，饥民死亡人数出现下降，相关记载减少，仅直隶万全县等地有"岁大歉，道路死亡相枕藉"[5]的记载。

与巨灾相比，重灾中人口死亡流移的数量要少，相应记载也就少得多。乾隆二十二年（1757 年），在河南水灾中，很多灾民被淹死，"据刘慥奏，卫辉府属之汲县、淇县六月中大雨连绵，山水陡发，城垣民屋，俱有倒塌，并淹毙人口"[6]，"平地水数尺，屋多倾，人死过半"[7]，淮宁县"夏六月，大雨八昼夜，水与城平，漂没庐舍田稼。谷价腾贵，人多饿死"[8]。乾隆二十四年山西旱灾中，饥民不得不食草根树皮，死亡相继，如陵川县"大饥，民间食榆皮草实，饿死流亡者无数"[9]。

大灾中的人口死亡流移数量会少一些，然而，一些大灾的灾区范围大，由于没有出现"人相食"的记载，很多灾情严重的重灾被列入到了大灾中，其伤亡流移人数比重灾更多。乾隆三年（1738 年）甘肃宁夏府等地发生了罕见地震，灾情严重，伤亡较多，以十一月二十四日甘肃宁夏府发生的地震最为严重，震级达到八级，破坏极其严重，死伤数万人，波及陕西、山西等数省，劫后余生的灾民情形极为凄惨[10]。兵部右侍郎班第等于乾隆四年（1739 年）正月十一日奏报乾隆三年（1738 年）甘肃地震的严重状

---

① 嘉庆《舒城县志》卷三《大事志》，清嘉庆十一年（1806 年）刻本。

② 嘉庆《无为州志》卷三十四《集览志·祲祥》，清嘉庆八年（1803 年）刻本。

③ 道光《宿松县志》卷二十八《杂志·祥异》，清道光八年（1828 年）刻本。

④ 嘉庆《六安直隶州志》卷三十二《纪事》，清嘉庆九年（1804 年）刻本。

⑤ 道光《万全县志》卷七《人物志·耆德》，清道光十四年（1834 年）刻本。

⑥ 《清实录·高宗纯皇帝实录》卷五百四十一"乾隆二十二年六月条"，中华书局1986 年版，第 861 页。

⑦ 嘉庆《洧川县志》卷八《杂志·祥异》，清嘉庆二十三年（1818 年）刻本。

⑧ 道光《淮宁县志》卷十二《五行志》，清道光六年（1826 年）刻本。

⑨ 乾隆《陵川县志》卷二十九《祥异》，清乾隆四十四年（1779 年）刻本。

⑩ 刘源：《乾隆三年宁夏府地震史料》，《历史档案》2001 年第 4 期，第 19—24 页。

况：“地土低陷数尺，城堡房屋倒塌无存，户民被压被溺而死者甚多”[1]，镇守宁夏等处将军阿鲁于地震次日，即十一月二十五日就奏报了地震情况：“城中坍塌房屋、被压之大小人口数目及马驼之数，一时不能查明，俟查明实数后再与汉城情形一并具奏。”[2]阿鲁于十一月三十日又奏报了地震伤亡的人数：

> 本年十一月二十五日，臣等曾将二十四日戌时地震，官兵房屋尽皆塌坍，所有压死人数，另行查明具奏。……今查得八旗压毙佐领三员、骁骑校一员、领催前锋披甲人一百九名、步军四十一名、闲散满洲二十七名、余丁幼童三百十九名、另户妇女五百九十二名、家下步军十一名、家下男妇幼童幼女一百十五名、雇工男女幼童三十八名，共压毙人一千二百五十六员名。本日满城四房俱皆倒塌，压死人丁不能悉记。总兵杨大凯、道员钮廷彩，仅能脱身，知府顾尔昌全家俱被压死。烟焰直至三日未息，所存男妇沿街奔走，号哭不绝。[3]

十二月五日，川陕总督查郎阿奏报了地震情况：“子媳并孙，家人男妇因房火烧压已死六口……延至天明……官弁军民马匹被焚压死者甚多……在城房屋并无存留。人民被伤压死者十之四五……兵丁被焚压而死者，十中约有四五，其余亦有受伤者……兵民约计十分之中打死四五，现存者大半受伤。”十二月二十日，查郎阿等又奏报地震损失及伤亡的情况：“臣查郎阿于十二月十八日到宁，查得宁夏府城于十一月二十四日戌时陡然地震……男妇人口奔跑不及，被压大半。……官兵被压死者一千数百名……平罗、新渠、宝丰三县，洪广一营，平羌一堡……民人被压而死者已多，其被溺、被冻而死者亦复不少。……现在郡城内抬埋之压死大小口一万五千三百余躯，此外，瓦砾之中存尸尚多。”[4]

各地方志对这次地震的情况做了更细致的记载：“（乾隆三年）冬十一

① 兵部右侍郎班第：《奏报宁夏新宝等县被灾情形并办理事宜事》，《军机处录副奏折·赈济灾情类》，档号：03-9695-046，中国第一历史档案馆藏。
② 刘源：《乾隆三年宁夏府地震史料》，《历史档案》2001年第4期，第19—24页。
③ 刘源：《乾隆三年宁夏府地震史料》，《历史档案》2001年第4期，第19—24页。
④ 刘源：《乾隆三年宁夏府地震史料》，《历史档案》2001年第4期，第19—24页。

月，靖远、庆阳、宁夏地震。平罗北新渠、宝丰、中卫、香山等处尤甚……压毙官民男妇五万余人"①。从《银川小志》的记载中更能了解此次地震的惨烈状况："十二月二十四日地大震……震后继以水火，民死伤十之八九，积尸遍野，暴风作，数十里尽成冰海。"②乾隆五十九年（1794年），福建发生了水灾、飓风灾、潮灾，漳州、泉州等府发生的大水灾不仅冲没了房屋，而且使数千人丧生，大学士和珅等人奏报了水灾伤损的具体情况，淹毙男妇大口一千八百九十三口，男女小口九百八十一口③。

　　乾隆十二年（1747年），江苏发生了飓风灾害，淹毙伤亡人口达到数万口。如宝山县"七月十四日，飓风海溢，练祁土塘毁，田庐漂没，溺死甚众"④，阜宁县"秋七月，海潮溢，是月十四日至十六日，大风拔木，海潮溢没人畜庐舍"⑤，昆山县等"七月十四日……崇明、太仓、镇洋、宝山、常熟、昭文沿海诸州县人民溺死无算"⑥，崇明县"七月十四夜海溢，溺人无算"⑦，淮安府"七月十五日，大风拔木发屋，海潮为患，盐城所辖之伍佑场，潲毙多人。新兴场次之，阜宁所辖之庙湾场，又次之"⑧，苏州府"七月壬寅，飓风海溢……溺死男女五十三名口"⑨，嘉定县"七月十四日大风雨，老树为拔，溺死无算。岁大祲"⑩，奉贤县"七月十四日，东北飓风，海潮溢岸七八尺，沿海摧拔，屋坍人死甚众"⑪，南汇县"春正月，雨木介。秋七月大风海溢，人民漂没。……上、南两县溺死二万余

①　（清）升允、长庚修，安维峻纂：《甘肃新通志》卷二《天文志》，宣统元年（1909年）刻本。

②　水利电力部水管司科技司、水利水电科学研究院：《清代浙闽台地区诸河流域洪涝档案史料》，中华书局1998年版，第349页。

③　（清）汪绎辰：《银川小志》卷末《灾异》，清乾隆二十年（1755年）稿本。

④　光绪《宝山县志》卷十四《志余·祥异》，清光绪八年（1882年）刻本。

⑤　民国《阜宁县新志》卷首《大事记》，民国二十三年（1934年）铅印本。

⑥　乾隆《昆山新阳合志》卷三十七《祥异》，清乾隆十六年（1751年）刻本。

⑦　光绪《崇明县志》卷五《祲祥志》，清光绪七年（1881年）刻本。

⑧　乾隆《淮安府志》卷二十五《五行》，清乾隆十三年（1748年）刻本。

⑨　光绪《常昭合志稿》卷四十七《祥异志》，清光绪三十三年（1907年）活字本。

⑩　（清）陆立：《真如里志》卷四《祥异》，清乾隆十三年（1748年）刻本。

⑪　（清）佚名：《江东志》卷一《地理志·祥异》，清光绪年间抄本。

人"①。此次水灾的伤亡情况，连乾隆帝都深感痛心："今岁苏松等属沿海地方。猝被风潮……今览安宁所奏，坍塌房屋十万余间，淹毙人民一万二千余口，实非寻常灾祲可比。大抵较雍正十年潮灾相仿，朕心深觉怵惕，更为悯恻。"②

乾隆五十三年（1788 年），江西、浙江、福建、安徽、湖南、湖北、广东、广西、四川等地发生了大面积的水灾和疫灾。在江西水灾中，数百灾民被淹毙，如德兴县淹毙男女大口一百七十八名、小口三十四名③；浙江庆元县"溺死者数人"④；福建晋江县"大疫，死者无数"⑤；安徽徽州府溺死六千余人⑥。湖北因大雨成灾，荆州、汉阳、宜昌、武昌、安陆各府所属州县的水灾灾情较为严重，上万名人口被淹毙，"据图桑阿、陈淮等奏，荆江夏汛泛涨，溃决堤塍，将府城及满城淹浸，冲没人口"⑦，六月二十七日，湖北巡抚姜晟奏报了湖北长阳县的水灾情况及伤亡情况，冲失男妇二十一口，救回全活十九口，淹毙二口，城乡被水贫民共四千四百九十九户，计男妇大小一万五千七百四十一口⑧。七月十日，湖广总督舒常奏报湖北水灾的详细情况："被水之初，居民多赴城上躲避，共有三万余人……城乡内外淹毙大小男妇民人共一千三百六十三名口。"⑨很多方志记载了水灾中人口伤亡的具体情况，从中我们可以理解到此次水灾的具体状况及悲惨景象，如罗田县"大水，田庐漂没，城垣倾圮，人多溺

① 嘉庆《松江府志》卷八十《祥异志》，清嘉庆二十三年（1818 年）刻本。

② 《清实录·高宗纯皇帝实录》卷二百九十八"乾隆十二年九月条"，中华书局 1985 年版，第 895 页。

③ 同治《德兴县志》卷十《杂类志·祥异》，清同治十一年（1872 年）刻本。

④ 光绪《庆元县志》卷十一《杂事·祥异》，清光绪三年（1877 年）刻本。

⑤ 道光《晋江县志》卷七十四《祥异志》，清道光九年（1829 年）稿本。

⑥ 道光《徽州府志》卷十六《杂记·祥异》，清道光七年（1827 年）刻本；道光《祁门县志》卷三十六《杂志》，清道光七年（1827 年）刻本。

⑦ 《清实录·高宗纯皇帝实录》卷一千三百八"乾隆五十三年七月己巳条"，中华书局 1986 年版，第 620 页。

⑧ 湖北巡抚姜晟：《复奏查办长阳被水情形事》，《军机处录副奏折·赈济灾情类》，档号：03-1064-037，中国第一历史档案馆藏。

⑨ 湖广总督舒常：《奏为荆州被水抚恤情形事》，《军机处录副奏折·赈济灾情类》，档号：03-0323-039，中国第一历史档案馆藏。

毙"①，江陵县"夏六月，荆州江决万城至玉路口堤二十余处，冲西门、水津门，两路入城，水深丈余，两月方退。官舍仓库俱没，兵民淹毙无算，登城者得全活，四乡田庐尽淹，溺人畜不可胜纪"②。

每次灾荒过后，由于人口的死亡或流移，导致灾区人口数量的大量减少及人口质量的急剧下降，极大地削弱了社会生产力，对灾区农业生产的恢复及经济的发展也会造成极其不利的影响，必然会影响社会生产力的发展。在古代农业为主的社会条件下，农业生产主要靠人力来进行，青壮劳力在农业生产发展中的作用就显得更加重要。在灾荒中伤亡流移的人口，大多是具有较强劳动能力的生产者，这使灾区丧生了最主要的劳动力，尤其在发生巨灾、重灾、大灾的灾区，常常导致耕作失时、田地荒芜等结果。

一般来说，灾荒等级越高（大），灾情后果就越严重，人口伤亡的数字也越多，对农业生产的不利影响也就越严重。因此，灾区人口的减少，对农业的恢复发展有极大的影响。乾隆十三年（1748 年）三月，乾隆帝在谕旨中也说："盖因地方小有旱涝，而愚民轻去其乡，以致抛弃室庐，荒芜田亩。"③由于灾荒中大量的人口死亡或流亡，造成了农村人口的大量减少。能够外出流亡逃荒的人群，往往是青壮年，很多人一走就极有可能不再返回，这就造成了劳动力的减少，使社会生产力因之受到极大的影响。不仅对灾区的赈济活动，尤其是救灾物资的发放、死亡人口的掩埋、水利工程的兴修等造成不利影响，还对灾后的恢复及重建工作造成极大影响。在灾后重建工作中，在流移人口较多的灾区，不仅对诸如房屋等生存设施的建设也因之延缓或不能实施，也对灾后农业生产的恢复及经济发展造成巨大的影响。

人口的流移，不仅对人口流出地的社会发展造成不利影响，灾后还导致了土地高度集中。由于人口的大量死亡或流移，灾后很多耕地成为无主荒芜的田地，或是有主但无劳力耕种而荒芜，这些土地成为地主、商人、

---

① 光绪《罗田县志》卷八《杂志·祥异》，清光绪二年（1876 年）刻本。

② 嘉庆《湖北通志》卷四十七《祥异志》，清嘉庆九年（1804 年）刻本。

③ 《清实录·高宗纯皇帝实录》卷三百十一"乾隆十三年三月条"，中华书局 1986 年版，第 89 页。

官吏等特权阶层等级吞并的目标，尤其是那些因强壮劳动力或死或流亡的老弱灾民的土地而被豪强吞并，给灾民造成了人为的灾难，灾区出现了土地集中的现象，"地主、富农、商人及官吏等，在灾荒期内贱价收买田地，成为灾区普遍的现象。大批的土地脱离农民，而集中到富有的阶层中去，地价跌落到惊人的程度……淮北农民就有'年头歉一歉，地主圈一圈'的说法。一方面地主等兼并土地，另一方面则是农民失去土地，灾荒成为土地高度集中的杠杆"[①]。土地的日趋集中，为更深刻、更广泛的社会矛盾埋下了隐患。

四、公私建筑及财产的巨大损失

灾荒往往能够给灾区财产造成巨大损失，是重大灾害和毁灭性灾害的直接后果，尤其是一些突发性的灾害，如水灾、地震、风灾、雹灾、潮灾等。一般说来，造成财产重大损失的灾荒，常常是巨灾、重灾、大灾，其损失程度随灾种及灾情改变而变化。

首先，灾荒导致公共设施的破坏。主要是城池、墙垣、书院、兵营、寺院等公共建筑，在水灾、风灾、地震、潮灾等自然灾害中受到损毁。最容易被记载的公共财产就是官廨、城池、书院、慈善机构、营房等。财产的损失因灾种的不同而出现差异，如水灾、潮灾、风灾对财产的损失是不可挽回的，房屋被淹没倒塌、畜类被冲走后，就不可能再找回来，地震灾害后部分财产还可挽救和找回。乾隆三年（1738 年）八月六日、十一月二十四日，甘肃宁夏府等地发生了罕见的大地震，其中以十一月二十四日甘肃宁夏府发生的地震最为严重，震级达到八级，破坏极其严重，城垣房屋倒塌，"今据阿鲁续奏，是日地动甚重，官署民房倾圮"[②]。很多地区因地震塌陷，县城被毁。从各位官员的相关奏报中，可以清楚地了解到这场巨大的地震灾害给灾区带来的无法估量的财产损失，兵部右侍郎班第奏报

---

① 章有义：《中国近代农业史资料》第三辑（1927—1937），生活·读书·新知三联书店 1957 年版，第 724 页。

② 《清实录·高宗纯皇帝实录》卷八十二"乾隆三年十二月辛卯条"，中华书局 1985 年版，第 300—301 页。

了乾隆三年（1738 年）甘肃地震的严重状况，十一月二十四日地震之时，"地土低陷数尺，城堡房屋倒塌无存"，新渠县"城南门陷下数尺，北门城洞仪如月牙，而县堂脊与平地相等，仓廒亦俱陷入地中，粮石俱在水沙之内……四面各堡俱成土堆，惠农、昌润两渠俱已坍塌，渠底高于渠湃"，宝丰县的城郭、仓廒"亦半入地中，户民既无栖息之所"①，镇守宁夏等处将军阿鲁于地震次日（十一月二十五日）奏报了地震伤损的大致情况："所有满兵城中房屋，自臣等衙署以至兵丁房室尽皆塌坍……所有各城楼坍有数处，城垣虽未塌坍，俱皆下陷，以致城门不能开启。"②阿鲁于十一月三十日又奏报说："官兵房屋尽皆塌坍……本日满城四房俱皆倒塌。"③十二月五日，川陕总督查郎阿奏报了地震宁夏地震时房屋城墙官廨的受损情况："一刻官署、民房一齐俱倒。房倒火起，延烧彻夜……被震之后，火势甚炽，三四日来，昼夜不熄。军民既被震灾，复罹火患，衣服口粮尽皆无存。营中军装器械伤损甚多，马匹压死者亦众。遍城皆火，虽竭力经营，无法扑灭……又于亥刻据宁夏洪广营游击杨士超呈称：本年十一月二十四日戌时地震起，至二十六日未止。衙署、仓廒、兵民房屋俱已倒塌，城郭震墁，又遭火烧……甲马打死一半。旗帜、器械火烧无存。"十二月二十日，查郎阿等又奏报地震损失情况："臣查郎阿于十二月十八日到宁，查得宁夏府城于十一月二十四日戌时陡然地震，竟如簸箕上下两簸。瞬息之间，阖城庙宇、衙署、兵民房屋倒塌无存，男妇人口奔跑不及，被压大半……城垣四面塌墁，仅存基址。其满城房屋亦同时一齐俱倒。……城垣亦俱塌墁，且城根低陷尺许。臣到宁阅看，昔日繁庶之所，竟成瓦砾之场……查平罗、新渠、宝丰三县，洪广一营，平羌一堡，阖城房屋亦倒塌无存。而平罗、新渠、宝丰等处……城垣亦大半倒塌。"④兰州巡抚元展成等于乾隆四年（1739 年）正月十一日奏报了宁夏地震时城池塌陷的情况："上年十一月二十四日地震之时，官署兵房倒塌无存，地中泉水带沙上

①　兵部右侍郎班第：《奏报宁夏新宝等县被灾情形并办理事宜事》，《军机处录副奏折·赈济灾情类》，档号：03-9695-046，中国第一历史档案馆藏。

②　刘源：《乾隆三年宁夏府地震史料》，《历史档案》2001 年第 4 期，第 19—24 页。

③　刘源：《乾隆三年宁夏府地震史料》，《历史档案》2001 年第 4 期，第 19—24 页。

④　刘源：《乾隆三年宁夏府地震史料》，《历史档案》2001 年第 4 期，第 19—24 页。

涌，城垣低陷，东南北三门俱不能出入……现在房屋俱已倒塌，城垣俱已坍裂。"[1]各地方志对地震的财产损失情况做了记载："乾隆三年十一月二十四日酉时，宁夏地震……平罗、新渠、宝丰三县城皆塌圮……村堡、堤坝、屋舍，存者寥寥。"[2]"乾隆三年十一月二十四日地震……窑居者多死。"[3]

乾隆十六年（1751年），云南剑川、邓川、鹤庆、浪穹、丽江等府州县同时发生大地震，城垣房屋倾倒，人口牲畜损伤甚多，云南总督硕色等于五月十五日奏报了地震的伤亡情况：剑川州城乡共计倒塌瓦房一万五千五百六十六间、草房一百四十六间，鹤庆城乡共计倒塌损坏瓦房四千一百一十六间、草房四间，浪穹城乡共计倒塌瓦房四百六十九间、草房五十四间，丽江城乡共计倒塌房屋二百四十二间，五月十六日硕色又奏报了地震伤亡更加详细的情况：

> 一切城垣、衙署、仓库、塘汛、兵民房屋尽皆倾倒……人口、牲畜损伤甚多。又大理府属之邓川州同时地震，衙署仓库及远近民居，间有脱落椽瓦、坍塌墙壁之处……又鹤庆府城同时地震，衙署、仓廒及一切庙宇俱震倒过半。城垣、城楼亦有震毁，兵民房屋倒塌不计其数，幸人口、牲畜伤毙尚属无多。又大理府属之浪穹县同时地震，衙署、仓库间有脱落椽瓦、震裂墙壁之处……惟县属之寸木关、大庄、海口等村寨十有余处，共倒塌居民瓦草房并塘房三百数十间，半塌者五六百间，墙壁倒塌者甚多……桥梁倒塌，淹伤男妇三名口，头脚被伤者四十余名口。又丽江府城同时地震。城垣及兵民房屋墙壁，多有倾圮倒裂。

五月二十二日，硕色奏报了地震各地的总体损失情况："剑川地方城乡共倒塌瓦房一万五千五百六十余间、草房一百四十余间；鹤庆城乡共倒兵民房屋二千一百三十余间，损坏歪斜房屋一千九百七十余间；又大理府属之浪穹共倒塌房屋四百六十余间、草房五十余间；又丽江府房屋虽有震倒……邓川州房屋虽有震塌，人口亦无伤损。"

乾隆二十六年（1761 年），云南澂江府两次发生地震，灾情较为严重，民房倒塌较多。第一次地震发生在四月十九日、二十日，地震地区主要是新兴州、江川县，新兴州北古城共有九十一村一千四百三十九户，震倒瓦房一千四百八十四间、草房四百二十五间，江川县普妙乡共计四村三十九户，震倒瓦房十间、土房三十七间[①]。十月七日，江川、新兴州、河阳、河西、通海、宁州等地再次发生地震，新兴州城乡共计震倒瓦房七百七十七间、草房一百九十五间；江州县普妙震倒瓦房二十一间、草房一百零一间；宁州瓦厂等村震倒瓦房一间、草房二十六间；河西县白顺等村震倒瓦房六间、草房三间。此外，新兴州城垣、衙役（署）、仓廒、文庙均有被震倒坏之处[②]。

乾隆五十一年（1786 年）五月六、七日等，四川南部自清溪县至打箭炉等大范围地区发生了大地震，民房公署倒塌，大山崩塌，河流因之湮塞断流，田地房屋淹没，清溪县倒塌城身三十四丈，垛口连墙二百二十六丈，泰宁营现住房三百一十四间内，震塌一百九十二间，又倒塌药局六间；泸定桥头御碑亭墙裂缝，脊瓦脱落，护岸羊圈坍卸十二丈；打箭炉的城垣全行倒塌，不存一雉，文武衙署、仓库、兵房等完善者十之一二，"其三土司穷番碉房平房，共倒塌六百七十一间"；汉源县的城墙倒塌百余丈，县署倾斜，民房墙垣倒塌，大渡河上游山崩，磨岗岭河水断流九日夜，于十五日冲开，河水奔腾汹涌异常，将娃娃营、杨泗营、万工泛等处官署民房"尽行冲没"[③]。

其次，灾荒造成家畜等财产的损失。这可分两种情况来看：一是直接在灾荒中死伤散失，如家畜、农具、房屋、家具、衣物等；二是在灾荒中被饥民自己屠宰损失，由于耕牛等家畜的大量损失，灾民在灾荒中吃尽种子，灾后官府均对灾民借贷耕牛等，以助其恢复农业生产。

---

① 《宫中朱批奏折·乾隆二十六年》第 50 号，《清代灾赈档案专题史料》第 21 盘，第 1061—1063 页。

② 谢毓寿、蔡美彪主编：《中国地震历史资料汇编》第三卷下，科学出版社 1987 年版，第 620 页。

③ 民国《汉源县志·杂志》，民国三十年（1941 年）铅印本。

再次，造成公私财产的毁坏。乾隆三年（1738年）八月六日、十一月二十四日，甘肃宁夏府发生大地震，震级达到八级，对民房的破坏极其严重，房屋倒塌无数，"今据阿鲁续奏，是日地动甚重，官署民房倾圮。"[①]在飓风、潮灾、水灾等灾害中，往往造成公共建筑、房屋、家产、家畜、粮食等被漂没、流失、冲毁。如乾隆十二年（1747年）江苏飓风潮灾害冲没、毁坏房屋数十三四万间，海塘工程被冲毁坍塌五六千丈，造成了公私财产的巨大损失，"七月十四日晚，飓风大作……百余年来从未倾圮，至是塌尽"[②]。乾隆五十三年（1788年），江西南昌、饶州、南康、九江等府属由于雨水过多发生水灾，河边田地房屋被水冲淹，"惟德兴县山水陡发，冲失瓦草房一千一百五十余间"[③]。各地方志对水灾破坏情况进行了记载，如广丰县"房屋多损"[④]，德化县、九江府等地大水，"封郭洲堤溃，近居民房坍塌"[⑤]，玉山县"大水自东城冲出西城，各圮数十丈，坏民居"[⑥]，德兴县溪水骤发，冲坏山场、田地、庐舍、坟墓[⑦]，都昌县大水入城，矶山半庵地忽裂，"蛟出平地，水深数丈，庵崩，瓦砾无存"[⑧]。同年，浙江的遂安、淳安、西安、开化等县雷雨交作，山水骤发，河水漫溢，引发了水灾，严州府所属之遂安县共计冲坍瓦草房屋二千余间，被淹田五百六十余顷，衢州府所属之开化县冲坍房屋一百二十余间，西安县冲坍房屋一百三十余间以上[⑨]。湖南的华容、岳州卫、武陵、龙阳、澧州等地也发生了水

---

① 《清实录·高宗纯皇帝实录》卷八十二"乾隆三年十二月辛卯条"，中华书局1985年版，第300—301页。

② （清）龚炜：《巢林笔谈》卷四《飓风成灾》，钱炳寰点校，中华书局1981年版，第109页。

③ 水利电力部水管司科技司、水利水电科学研究院：《清代长江流域西南国际河流洪涝档案史料》，中华书局1991年版，第493页。

④ 同治《广丰县志》卷十《祥异》，清同治十一年（1872年）刻本。

⑤ 同治《德化县志》卷五十三《杂类志·祥异》，清同治十一年（1872年）刻本；同治《九江府志》卷五十三《杂类志·祥异》，清同治十三年（1874年）刻本。

⑥ 同治《玉山县志》卷十《杂类志·祥异》，清同治十二年（1873年）刻本。

⑦ 民国《德兴县志》卷十《杂类志·祥异》，民国八年（1919年）刻本。

⑧ 同治《都昌县志》卷十六《祥异》，清同治十一年（1872年）刻本。

⑨ 浙江巡抚琅玕：《奏明遂安等县被水轻重情形分别办理缘由事》，《军机处录副奏折·赈济灾情类》，档号：03-1064-025，中国第一历史档案馆藏。

灾，各官衙署，仓廒、监狱、民房均被水淹浸，仓库里存储的粮食也被淹浸漂失，"仓廒五十三间……因水势陡涨，猝不及防，皆被水淹，去地四五尺不等"，仓谷"被水浸湿谷五千六百零八石"，还有两廒坍损，漂失谷九百六十五石；乡城冲塌瓦房共五千三百二十四间、草房三千三百三十四间①。湖北亦因大雨成灾，"六月，荆州大水，决万城堤至玉路口堤二十余处，四乡田庐尽淹，溺人畜不可胜纪……官舍仓库俱没……公安、石首、松滋大水。十九日，枝江大水，灌城深丈余，漂流民舍无数，各洲堤垸俱溃"②。长阳县冲塌瓦草民房共八千二百七十七间③，七月十日，湖广总督舒常奏报了湖北水灾中官廨、民房堤工坍塌的详细情况：六月二十日荆江水势骤涨，漫溃堤塍，冲塌城垣，城乡内外水高一丈七八尺不等，"西门城楼已被冲倒，城墙连溃二处，水由溃口灌入，从北门而出，此时城与火江相通，以致水米全消"，城乡内外坍塌瓦草房屋共四万零八百一十五间，西属汉城被冲甚重，西北、小北、东四"门城俱倒塌"，各处城墙共塌卸二十余处，各宽数丈至二三十丈不等，"余皆臌裂"；沿江堤工漫溃二十余处，各宽十余丈至数十丈不等④，汉川县倒塌房屋难以数计⑤，罗田县在水灾中，"田庐漂没，城垣倾圮"⑥，江陵县"荆州江决万城至玉路口堤二十余处……官舍仓库俱没"⑦，荆门州堤自万城至玉路决口二十二处，"水冲荆州西门、水津门，两路入城，官廨民房倾圮殆尽，仓库积贮漂流一空"⑧。乾隆五十九年（1794年），江苏沿海地区还遭遇了飓风灾害及风潮

① 湖南巡抚浦霖：《奏为勘明溆浦县被水情形及筹办抚恤事》，《军机处录副奏折·赈济灾情类》，档号：03-1064-028，中国第一历史档案馆藏。

② 光绪《荆州府志》卷七十六《灾异》，清光绪六年（1880年）刻本。

③ 湖北巡抚姜晟：《复奏查办长阳被水情形事》，《军机处录副奏折·赈济灾情类》，档号：03-1064-037，中国第一历史档案馆藏。

④ 湖广总督舒常：《奏为荆州被水抚恤情形事》，《军机处录副奏折·赈济灾情类》，档号：03-0323-039，中国第一历史档案馆藏。

⑤ 乾隆《汉川县志·祥异》，清乾隆三十八年（1773年）刻本。

⑥ 光绪《罗田县志》卷八《杂志·祥异》，清光绪二年（1876年）刻本。

⑦ 嘉庆《湖北通志》卷四十七《祥异志》，清嘉庆九年（1804年）刻本。

⑧ 嘉庆《荆门直隶州志》卷十二《水利》，清嘉庆十四年（1809年）刻本。

灾害，吴县"掀坍洞庭山湖滨民房无数……七月壬辰，大风倾屋舍"[1]。福建也发生了水灾及飓风灾、潮灾，"石码等一厅四县……无力贫民倒塌瓦房三万四千八百六十八间……瓦披八千一百四十四间，草房一万零二间……草披二千一百七十五间"[2]。广东高要、高明、四会、三水、南海等地发生水灾，"坍卸房屋共大小瓦土草房五千八百四十三间"[3]，肇庆府损坏民庐舍四千一百九十九间[4]。

总之，灾荒造成了公私建筑及财产的巨大损失，在巨大的经济损失之后，尤其是房屋毁坏坍塌、粮食家什无存、家畜死伤的家庭，基本上丧失了生产能力，对灾后生活及农业生产的恢复、发展造成了严重影响。

五、社会的动荡

灾荒的一个重要后果，就是造成社会动荡，影响地方乃至国家统治的稳定。很多改朝换代的重要历史事件的发生，都与灾荒有密切联系，如导致明王朝灭亡的农民起义、清王朝灭亡的辛亥革命的爆发，就与灾荒有密切的联系[5]。灾荒还能够导致社会动荡，轻则发生饥民抢粮事情，重则导致饥民的聚众反抗，甚至武装起义。

顺康雍乾时期正是清代从统治稳定走向盛世的时期，其灾荒虽然没有引起大的起义，但一些地区在发生灾荒后因赈济不力或官吏腐败，时常发生饥民抢粮的事件，引起了不同程度的社会动荡。

在灾荒中，由于粮价上涨，在饥民无力购买、官府协调不力的情况下，常常发生饥民聚众抢粮或抢夺财物的事件。如雍正八年（1730年）至雍正九年（1731年），在山东、直隶、江苏等地的水灾（重灾）中，山东

---

① 民国《吴县志》卷五十五《祥异考》，民国二十二年（1933年）铅印本。

② 水利电力部水管司科技司、水利水电科学研究院：《清代浙闽台地区诸河流域洪涝档案史料》，中华书局1998年版，第349页。

③ 《宫中朱批奏折·乾隆五十九年》第22号，《清代灾赈档案专题史料》第22盘，第630—631页。

④ 道光《肇庆府志》卷二十二《事纪》，清道光十三年（1833年）刻本。

⑤ 李文海：《清末灾荒与辛亥革命》，《历史研究》1991年第5期，第3—18页。

饥民聚众劫粮，如肥城、莱芜等县"春大祲，饥民聚众劫粮"①。发生民众抢粮或抢夺财物的灾荒，一般是大灾、重灾或巨灾，部分灾情严重的常灾中也会发生这种现象。如乾隆六年（1741年），甘肃发生水、旱、风、雹大灾，很多灾区房屋冲毁、人口淹毙，八月，又发生了风灾，"栉比之家，十室九空"，地方官匿灾不报，灾民得不到任何赈济，在固原、静宁、隆德、泾州、灵台、庄浪等处，以及秦州、阶州、文县、安定、会宁、通渭等灾区，饥民"号寒啼饥，朝不谋夕"，榆皮草根、荞秸莜荄都成为度饥之食，饥民流离失所，"道路之莩，后先相望"，出现了"郊圻村落，馆肆无存，行旅之人，咸以觅食为报"的悲惨景象。很多饥民在生存无门的情况下，不得不铤而走险，抢夺为生，"草窃之徒，肆行无忌，抢夺之风，在在相闻，间有被害之家"②。

乾隆四年（1739年），科给事中朱凤英奏报了河南、山东等地旱涝灾害中饥民抢粮、窃夺财物，甚至抢劫官差的情况："本年河南之南、汝，江南之凤、泗，山东之济、曹，直隶之河间等处，旱涝不齐，收成歉薄，已蒙多方轸恤……近闻有等奸匪混迹游民，偷窃抢夺，村舍骚然。其甚者，通衢塘汛相接，每有十数为群，手持白梃，夜窥商旅孤单，殴夺财物。昨闻南省差人……凶徒突出，棍击坠马，驿卒闻声应护，知系官差，犹敢剥衣而逃。"③

乾隆七年（1742年）至乾隆八年（1743年），安徽、湖北、河南、江西、江南等地发生了水灾，各地都发生了饥民抢粮案。乾隆九年（1744年）十二月，乾隆帝在谕旨中就发出了"乾隆七年之冬、八年之春，湖广、江西、江南等处抢粮之案，俱未能免。而江西尤甚，一邑中竟有抢至百案者"④的惊叹。

---

① 乾隆《泰安府志》卷十八《人物志·孝义》，清乾隆二十五年（1760年）刻本。

② 协理河南道事监察御史李□：《奏报甘省饥馑情形事》，《军机处录副奏折·赈济灾情类》，档号：03-9704-046，中国第一历史档案馆藏。

③ 《清实录·高宗纯皇帝实录》卷一百七"乾隆四年十二月条"，中华书局1985年版，第608—609页。

④ 《清实录·高宗纯皇帝实录》卷二百三十"乾隆九年十二月条"，中华书局1985年版，第974页。

　　乾隆十五年（1750年），江西发生了严重的水灾（大灾），冲塌房屋数千间，淹毙人口数百名，粮价上涨，发生了严重的饥荒，无路可走的饥民开始"掳掠"为生，如崇仁县"大饥，民多掳掠，市鲜行人"①。

　　乾隆二十一年（1756年），浙江发生了水灾及疫灾（大灾），仁和、乌程、归安、长兴、得清、武康、安吉、山阴、会稽、萧山、诸暨、余姚、上虞十三县灾情较重，粮价腾贵，如海宁州石米值五金②，发生了饥荒，饿殍载道，饥民只能以树皮草根充饥，一些地区的饥民聚集起来请求官府赈济，或至富家索取食物，如嘉善县二月初一日发生饥荒，万余饥民"至县请赈"，三月，石米价三千，民间食尽，"拥至富家索食"③。一些饥民以抢劫为生，如湖州府"春大疫，饥民食榆皮草根，甚有抢劫者，饿殍满道"④，桐乡县"石米二千八百，民杂食榆皮，甚有抢攘者"⑤。

　　乾隆三十年（1765年），江西发生了水灾（常灾），谷价腾贵，饥荒极为严重，万载县"春三月，大水荒，民多抢夺"⑥。乾隆四十三年（1778年），在湖南旱灾中，灾区粮价高涨，饿殍相望，一些饥民聚集抢劫，如在城步县旱灾中，"饥民多聚集肆掠"⑦。

　　乾隆五十年（1785年）、乾隆五十一年（1786年）发生了严重的旱灾，饥荒盛行，饥民生存无门，孝感等地的饥民多次到富户家强行抢粮，却被富户活埋。事发后官吏匿不上报，致使案件越来越复杂，酿成了乾隆朝灾荒中因饥民抢粮酿发的轰动朝野的大案，"该处劣衿竟敢纠众逞凶，活埋生命至二十三人之多。似此凶残不法，何事不可为？乃该署县秦朴经巡检禀报，既不严速查拿，并不通行详禀，有心讳匿。而该管道、府及藩、臬、督、抚等亦俱置若罔闻，竟同聋聩。是该省吏治阘冗，废弛已极"⑧。

　　① 同治《崇仁县志》卷十《杂类志·祥异》，清同治十二年（1873年）刻本。
　　② 民国《海宁州志稿》卷四十《杂志·祥异》，民国十一年（1922年）铅印本。
　　③ 光绪《重修嘉善县志》卷三十四《杂志·祥眚》，清光绪二十年（1894年）刻本。
　　④ 同治《湖州府志》卷四十四《前事略·祥异》，清同治十三年（1874年）刻本。
　　⑤ 光绪《桐乡县志》卷二十《杂类志·祥异》，清光绪四年（1878年）稿本。
　　⑥ 民国《万载县志》卷一之三《方舆·祥异》，民国二十九年（1940年）铅印本。
　　⑦ 道光《宝庆府志》卷六《大政纪》，清道光二十九年（1849年）刻本。
　　⑧ 《清实录·高宗纯皇帝实录》卷一千二百六十六"乾隆五十一年十月辛丑条"，中华书局1986年版，第1064页。

案件最后虽然得到了处理，但是从中既暴露了乾隆朝赈济及吏治中存在的诸多问题，也反映了饥荒严重之下，出现的饥民抢粮造成社会动荡的史实。当然，小范围、少部分的饥民抢粮行动，并不能造成社会大动荡，但却为大的、新的动荡埋下了诱因。

总之，由于灾荒中大量的人口死伤、流移，往往能造成社会的剧烈动荡。死者已矣，生者却往往期待逃亡而求得生存之道。而饥民的生存之道，往往非常有限，如果遇到官府举行以工代赈，或其他赈济活动，其生存的可能性就很大。但很多灾民不一定能找到活命之路，往往在走投无路的时候，或聚众抢粮，或流落为盗匪，或掀起武装反抗，"灾荒加剧了匪祸，值得注意的是，灾荒与匪患之间存在着相当密切的互为因果关系。灾荒产生流民，许多流民谋生无门，只好落草为寇……一般大灾过后，土匪势力必将扩大"[1]。流民的大量存在不仅影响了社会秩序的正常维系，对地方的安定及社会经济也能造成巨大的冲击，加深了因灾荒导致的社会危机，各种社会矛盾因之而尖锐或激化。

如果官府重视，对流民有较好的安置办法，还能够化解矛盾，将问题消弭于无形。如果处置不当，就会留下隐患，蕴藏了社会动荡的危机。尤其是在长期、严重灾荒打击下，往往导致流民发动武装起义，危及王朝统治。流民起义往往成为促使旧王朝崩溃的重要力量，这是历史上很多改朝换代的农民军队伍迅速扩大、战斗力越来越强的重要原因之一。因为流民参加起义军，尚有一线生机，如果不参加起义，面临的很可能就是死路一条。因此，以流民（流寇）为主的起义军在绝境中往往能够在很多战场上取得胜利。

总之，灾荒及其导致的众多流民，对社会造成安定造成了巨大威胁，常常成为激化社会矛盾、甚至发生战争的诱因之一。当然，这些问题都是人口流移的目的地所发生的不可避免的社会问题。

六、对自然地理及生态环境短暂或永久性的破坏

灾荒与生态环境的影响往往是双向的，恶劣的生态环境，尤其是受到

---

① 于文善、梁家贵：《民国时期淮河流域的灾荒及其影响——以皖北为中心的考察》，《徐州师范大学学报》（哲学社会科学版）2007 年第 5 期，第 86—90 页。

人为原因破坏的生态环境，往往能诱发自然灾害，并加重灾荒的破坏性后果。而灾荒的发生，不仅对人类的生存环境造成极大破坏，也能对自然生态环境造成重大的破坏和损害。尤其是常发的水、旱、蝗、泥石流、雹、潮等灾害，对生态环境的破坏尤其显著。

清代的大部分灾荒，都是由自然的和人为的原因导致的，灾荒又对生态环境造成了极大的破坏，其中最典型的是对农业生态环境的破坏。对农业生态环境的破坏，以水灾、潮灾、旱灾、蝗灾的破坏力度最大。

水灾发生后，往往带来大量泥沙，淤塞农业，使很多可以耕种的上则田因之变成中则田或下则田，中则田变为下则田。在洪灾严重的时候，带来的泥沙量较大，常常使田地淤废，很多被沙埋石压的田地，几乎不能垦复，成了暂荒或永荒田地，直接导致了耕地面积的缩减及农业生态环境的破坏。海边、河边的田地，在大型的潮灾、水灾之后，大部分田地变成了盐碱地，恢复的时间较长，对农业生产造成了极大的影响，田地无法耕种，水源受到污染，饮用水、灌溉水在很长时期内都会含有咸味。

水灾导致的泥沙淤塞影响的不仅是农田，还有水利设施、河道等。灾荒过后，水利设施及河道被淤塞或冲毁，每年各地都要动用巨额经费进行河道的疏浚维修，否则，河道及河渠闸坝就会埋毁。乾隆六年（1741 年）正月，大学士鄂尔泰、吏部尚书讷亲、直隶总督孙嘉淦、河道总督顾琮奏报了直隶永定河凌汛漫溢导致的河道及民田淤塞情况："永定河凌汛漫溢，由引河浅狭，不能容纳旁流既多，水缓沙停，河身益高，将近下口，水仅数寸，间段淤塞，以致旁溢。河岸西南一带，地名南洼，每岁河淀清水，泛涨而北，直透洼内，引河不能容，趋下之势，亦于此溢出为多。再河身地势，南高北下，中有最洼下处，更易蔓衍，且难消退。"[①]在山区或半山区，发生洪灾时，常常导致严重的水土流失，流失的水土就是淤塞农田、埋毁水利工程的罪魁之一。山区土层经过几年的流失，便岩石裸露，成为不能生长树木的童山。在山洪严重的时候，尤其是在"发蛟""出蛟"的情况下，常常引发泥石流灾害。泥石流对农田、森林的破坏，几乎

---

① 《清实录·高宗纯皇帝实录》卷一百三十五"乾隆六年正月条"，中华书局 1985 年版，第 950 页。

是毁灭性的，发生泥石流的地区，几乎不能耕种，森林也很难恢复，如云南东川小江泥石流区域就是较为典型的代表。

水灾还能导致田地肥力大量的、急剧的流失。大水一过，土壤疏松的表土层随水流流走或被大水冲走，导致了耕地地力的下降。因为水灾之后流下来的，大多是较重的沙砾；不能被冲走的也是较重、较大的土块、石块。水退之后，土地板结，较难耕种。因此，水灾、旱灾、泥石流灾害之后，耕地的地力会急剧下降，很多耕地甚至因此成为不能耕种的荒地。即便能够耕种的土地，表层土壤也需要经过长期的、精心的养护、管理才能够恢复地力，期间农业生产的产量也会受到极大的影响。

旱灾之后，树木杂草等枯死，旱灾区的森林生态环境需要经过很长时期才能够恢复，严重地影响了水源及其相应的自然环境，常常导致水源枯竭，河流径流量大大降低，加大了旱灾重复发生的可能性，造成了灾害的恶性循环。乾隆三年（1738年），江苏发生旱灾，江苏巡抚张渠奏报了镇江府丹阳县下练湖身体变化的情况："因乾隆三年，天时亢旱，湖水干涸，并无鱼草出息。"[1]此外，长期、反复的干旱常常导致耕地肥力的退化，使森林退化成草地、草地退化成沙漠，严重影响了农业生产的顺利进行，也使自然生态环境受到破坏。

蝗灾也能对农业生态环境造成破坏。蝗虫除了能吃光庄稼之外，还能吃光树叶及绿植，从众多蝗灾的记录中可以看到，在很多严重的蝗灾中，蝗虫还能够吃光树叶，乾隆五十年（1785年），在山东旱蝗灾害中，就发生了蝗虫压断树枝、甚至吃人的记载："春夏大旱，自去年九月不雨至于秋七月。大蝗，蝗飞蔽天日，每落地辄数尺，大树多压折，人有不辨路径，陷入沟渠不能自出，遂为蝗所食者。"[2]当然，在蝗灾中被蝗虫破坏的森林数量应当不大，并且这种破坏给森林生态系统带来的威胁不大，森林生态还是能够较快恢复的。但在蝗灾、旱灾中被人为破坏的森林、草地在很多情况下是永久性的破坏，如饥民在旱蝗灾害中，往往以树皮、草根、树根

---

[1]《清实录·高宗纯皇帝实录》卷一百十四"乾隆五年四月条"，中华书局1985年版，第669页。

[2] 道光《安邱新志》卷一《总纪》，清道光二十二年（1842年）稿本。

为食，很多时候树皮、草根、树根被饥民掏挖吃尽，完全破坏了生态环境生长和恢复的基础，经过多次这样的破坏，树木、草地很难长出，生态环境也很难恢复。

因此，在灾荒过后，农业生态环境发生了极大的改变，不仅影响了农业产量，也影响了农作物的种植品种及数量的持续更替，使农业生产规模发生极大的改变，即导致农作物品种分布带（种植带）的推移及同类作物种植面积的改变，如很多能够种植水稻的地区，由于土地沙化、盐碱化程度较高，只能改种其他诸如玉米及薯类作物，加上由于气候及其他因素的影响，水稻等农作物品种的种植带也出现了南移现象，水田演变成旱地。

七、清前期灾荒对传统社会道德及心理的消极影响

（一）灾荒对民心及伦理道德造成的冲击

灾荒常常对受灾地区的农业、财产造成巨大损失，灾区会出现饥荒、饥民流离失所甚至大量死亡等直接后果，但这些立即显现的、短期的后果，也是人们最早感知的、在史料中记载较大的后果。但灾荒除了能够对灾区造成这类短期、直接的后果外，还能造成一些在短期内不易为人们察觉的后果。这些后果长期累积，对社会的稳定及发展、对公众思想道德及社会文化的发展、对生态环境及经济基础都能够造成强烈的影响。这类影响常常是间接表现出来的，同时也是需要经过一段时间，或是经过一定的累积之后才会表现出来的。主要有以下三个方面的表现：

首先，民心不稳。每次灾荒之后，常常出现粮价飞涨及严重的饥荒，甚至因颗粒无收及赈济不力而出现"人相食"的严重后果，灾荒中无数饥民死亡的例子比比皆是。因此，每每在灾荒发生之后不久，就能够对民众的社会心理产生较大的影响，常常出现"民情不安"和"民心不稳"的记载。如果官府处理得当，尤其是赈济及时或灾荒不严重的时候，就能在很大程度上消弭这种情况，使灾民重新投入到灾后的补救工作之中。如果处理不当，不仅会使灾民的担心及恐惧的情绪激化，也能激起灾民哄抢粮食或抢夺其他财物的事件发生。

造成民情不稳的灾荒，一般是常灾、大灾。在发生轻灾或微灾的时

候，由于有收成，灾民一般不会产生恐惧。在发生常灾、大灾、重灾时，由于粮价上涨或财产受到严重损失时，就会发生"民情汹汹"的情况。如在乾隆三十四年（1769 年）江淮水灾（大灾）中，江西南昌、新建、进贤、鄱阳、余干、星子、建昌、德化、德安、瑞昌、湖口、瑞昌、湖口、彭泽十四县发生了严重水灾，灾情分数达到九分、十分，米价腾贵，民情极为不稳，如定南县发生了饥荒，民心为之不安，"大饥，民情汹汹"①。

乾隆五十九年（1794 年），全国十二个省区发生了大范围的水旱灾害（大灾），其中，福建发生了水灾及飓风灾害，数万间房屋倒塌，数万名灾民被淹毙，灾区粮价上涨，发生了大范围的饥荒，民心大为不稳。如铜山在春夏间发生了大旱，"早谷失收"，至八月十一日，又发生了飓风灾害，"风雨损折居屋甚多，漳城内外老幼淹毙者万余人"，从七月开始，米价逐渐昂贵，"日倍一日"，到第二年正月、二月时，每斗粮的价钱增加到了"七八百左右"，灾民对未来产生了极大的担心，出现了"民情大为不安"②的情况。

其次，对传统伦理道德造成巨大的冲击。灾荒对社会造成的最为重要的一个负面影响，就是对传统的伦理道德及人性所构成的巨大冲击。在灾荒尤其是巨灾、重灾中，灾区无粮可食，在树皮草根被饥民食尽的情况下，常常在饥民之间发生"人相食"的悲惨景象。"人相食"现象的出现，是在长时间、大范围的水旱灾害或疾疫雹灾蝗等灾荒背景下出现的，有限的赈济亦不能使饥荒得到根本缓解，饥民生存求告无门，在万般不得已的情况下，不得不去做违背人情和人性、道德良心及伦理纲常的"以人为食"或"易子而食"的事。这是人们在天灾中自救或自保的唯一办法，也是一种对未来既绝望又冀望的行为。与人们明知是死也不得不吃"观音土"的行为相比，这是一种既残忍又充满了血腥气的自救，在某种程度上，也是一种让民族精神和文化丑恶化、让人类灵魂堕落化和罪恶化的行为。

这种同类相食的行为，让人们的心理及精神极端变态、行为极度扭

① 同治《定南厅志》卷六《祥异》，清同治十一年（1872 年）刻本。
② 乾隆《铜山县志》卷九《灾祥志》，清乾隆二十五年（1760 年）刻本。

曲。使人类的文明因灾荒而受到了极大挑战及破坏、崩溃。这种因生存本能而违背人性的丑陋、绝望的自救方式，虽然受到统治者或是其他民众的同情和一定程度的谅解，但还是为社会道德和良知所不齿，并常常引发不同程度的疫灾及其他后遗问题，受到了中国传统文明和文化中自强节俭、仁爱爱人及积贮备荒等思想的修正。在文明传承及文化的感召下，在人性的自觉中，在官府及民间的积极而持续的赈济下，或在饥荒稍有缓解的时候，"人相食"的现象就会停止。尽管这种恶习在巨灾来临时或在生存无门的情况下还是会重复出现，但灾情稍有缓解，就会立即停止。

当然，"人相食"的现象并非在所有灾荒中都会出现，仅仅在特大型灾荒中才会在部分地区上演。在很多地区，尽管灾荒极其严重，甚至在一些灾情持续时间长、受灾范围较广的巨灾地区，绝大部分饥民相继冻饿而死，都没有发生这类现象，这与社会文化的进步及人伦道德的普遍化及其制约有密切关系。因此，一些不愿意骨肉相残的家庭，常常举家自杀而出现"灭门""绝户"的另一幕惨剧。

此外，灾荒对人性及伦理道德的考验和冲击，还表现在灾荒中的"卖妻鬻子""弃子"及人口买卖等现象上。亲情在灾荒中因饥饿而沦丧，面对残酷的生存竞争，一些父母为了减少拖累或冀望孩子能够遇到存活的机会，狠心地抛弃或卖掉孩子，或是发生丈夫卖掉妻子的事情。"鬻妻""卖子"是由亲人进行的特殊的人口买卖现象。

还有另外一种由非亲人，即由亲朋好友或陌生人进行的人口买卖，这种人口买卖与普通的奴婢仆从买卖有极大的不同，其根本区别之一就是二者的买卖目的及动机、时间存在差异，仆役奴婢的买卖不一定在灾荒时期，非灾荒时期也常常进行，当然，灾荒中买卖的人口也有被作为仆役奴婢的，但也有为妻为子而被卖为佣工雇员的，还有看家护院的……，结局不可尽详。在饥荒严重的时候，一些灾区甚至还出现了专门买卖人口的市场。这些对人口买卖的形式，也是人性及社会道德在危机中泯灭，以及社会规范涣散淡漠的表现之一。人们的买卖造成了灾区人口的大量流失，影响了灾区生产的恢复及发展。

再次，滋生了劣根性和惰性。由于官府对逃亡的人员也有资遣、留养等措施，使得一些地区的民众将逃荒作为一种生存及得到更多的救济，甚至是作为了不劳而获的谋生手段，养成了稍有小灾即流亡，或是在无灾时期也定期流亡、"逃荒"的习惯，以期得到官府的资助和救助，久之，成了区域乃至民族的劣根性、惰性。乾隆十三年（1748 年），安徽巡抚纳敏就奏报了安徽凤阳、颍州、泗州等地的居民存在在秋收之后外出逃荒、觊觎官府赈济的锢习，"安省凤、颍、泗一带，民俗好转徙。农佃每毕秋收，扶老携幼，四出觅食，名为逃荒，迨至次年二麦将熟始归。丰年率以为常，虽经劝导饬禁，锢习难返，向来邻省或未深悉。但闻凤、颍、泗等系积歉之区，遇有流民过境，即行照例留养赍送"。因此，在凤阳发生灾荒时，当地官员就急忙奏明灾情，等待官府赈济，请求将安徽的偏灾通传邻近区域，使其留意查察，"本年凤阳等州县虽有偏灾，而通邑原属有收，农佃宜各安业，静候查明给赈。诚恐积惯外出者，仍有觊觎之心。请将安河偏灾各州县情形，密移邻省，留心查察。使游惰不得滥邀恩泽。而实在流民得以全活"①。

（二）灾荒对社会心理的深远影响及塑造

首先，灾荒会对人类社会心理及精神造成负面影响。灾荒中人口的大量死亡流移，导致了无数灾民家破人亡，不仅对家庭的生存及发展造成了极大的破坏，也给这些家庭造成了难以痊愈的精神创伤，在心理上留下了悲伤、不幸的阴影。灾荒对家庭带来这一后果不是短期内就能够消除的，具有长期性效应。而家庭的心理及精神状态，往往能够对区域社会的精神文化及社会心理产生极大的影响。

这种影响最典型的一个表现，就是很多在灾荒中存活下来的人，已经面对和经历了亲人离散死亡的切肤之痛，或者是经历了亲自卖掉妻子儿女的苦痛，甚至经历了食人的恐怖而变态的过程。正是经历了人性、人伦、人情、亲情沦丧的代价，才让其中的很多人得以生存下来，这就常常导致很多人产生了极度的冷漠和麻木，对社会及他人极度缺乏同情心及爱心。久之，特殊时期的冷酷、麻木、人情冷漠就成了某些区域、某个时期、某

---

① 《清实录·高宗纯皇帝实录》卷三百二十七"乾隆十三年十月条"，中华书局 1986 年版，第 414 页。

个阶层或某个群体的普遍特点，甚至是一个时期的社会心态和民族精神面貌。当再次经历社会的重大变化或变革之后，才会对这种特性造成重大冲击而使其发生转变。

其次，灾荒对人们心理上的另一个消极影响，就是灾后人们的心理普遍变得比较消极、保守，对生活的态度也随之变得被动。在一些频繁暴发灾荒的地区，人们对生活及未来的心态是消极、灰暗的，没有积极进取、奋力拼搏的精神及态度，常常是得过且过。因为灾荒让人们觉得，即便再付出多大、多积极的努力，一次灾荒就能够让人重新回到一无所有的状态，让所有的努力及奋斗都付之东流。久之，也造就了具有区域性特点的、普遍的安于现状的惰性心理及民族特性。

正是在这种心理的影响下，才使人们对生活缺乏长远的规划和安排，在灾荒来临的时候，常常把粮食吃完、耕牛及马骡宰杀。有的灾民在灾荒初期的时候，较少积极抗灾，往往坐等官府救济，或是卖掉土地，或是流亡，或是外出逃荒，或是坐以待毙，而不是积极自救、努力抗击灾害。这种畏难、逃避的消极心理及态度，往往导致了区域性的、民族性的自卑心理，以及谨小慎微、故步自封的性格。当然，这些区域性、群体性的特点，也是相对而言的，不是在所有灾区都会绝对出现的。

再次，灾荒带来的另外一个消极的后果，就是依赖心理的形成。因为中国有传统的、相对完备的备荒及救灾措施，灾荒来临之后，官府、皇帝高度重视对灾黎的救治、赈济，要尽快使灾黎早登衽席、共享天伦成了皇帝及官员的救灾目的，在正常状况下，灾荒发生后，灾民都会根据灾情的不同得到不同程度的赈济物资及安置，正是因为官府的赈济，使民众养成了极强依赖的心理，依赖好皇帝、青天大老爷拯救他们于水火之中，其自身的备荒及救灾能力及其薄弱及低下。当然，这个消极的后果是客观上造成和存在的。

（三）对社会经济基础的削弱

灾荒发生之后，除了对土地资源造成极大破坏外，还造成了国家财力、物力及政府职能等社会救济基础的极大削弱。土地资源是人类赖以生存的物质基础，是一切生产过程必不可少的生产资料及生产基础。上文提到，很多灾荒都能够造成土地资源的破坏和退化，导致耕地面积急剧减少，荒漠化面积扩大，水土流失的区域增多、流失程度严重，土地肥力迅速地、大面积地下降，使农业经济基础遭到极大破坏，影响了农业再生产或扩大生产的进行。

灾荒造成社会财富的巨大损失，可以从两方面看：

一是灾荒中直接损失的房屋、牲畜、粮食、银钱等，如在水灾发生时，无数的房屋、田地、货币等都被冲毁；在地震灾害中，无数村庄、城镇的房屋更是在地震中倒塌，牲畜死伤严重；在火灾中，所有家产均付之一炬。

二是间接损失的财富。灾荒发生后，往往要耗费大量的物资、投入大量的人员进行赈济，国家通过各种渠道筹集资金、调集物资，能够动用的粮食、钱币等都投入到了赈济中。但社会财富的数量常常是有限的，物资及钱粮用于赈济后，社会其他经济建设部门所需要的物资也就不得不紧缩或裁剪，这在很大程度上削弱了社会经济基础。反复发生的灾荒，损失及耗费了大量的物质财富，使社会资本的积累周期延长，削弱了国家的经济基础。

此外，灾荒还能导致政府职能部门无法正常运作。在灾荒赈济中，一切工作都以救灾为中心，其余工作不得不被搁置，使得政府其他部门的工作效能因之大受影响。同时，随着灾荒程度及损失程度的加大，政府在减灾、赈济中的地位和作用越来越重要，使民众加大了对官府的期待，但在一些大范围的、程度严重的灾荒中，政府的赈济效能显得非常微弱，成效也很低，随着灾荒中人员伤亡数量的增加，官府职能及其作用丧失殆尽，不仅加剧了灾荒的损失及影响，也导致了官府威信的降低，在一定程度上加重了社会危机。

八、清前期灾荒对社会客观补偿

（一）水利工程的兴修

水旱灾害对农业生产造成了严重的影响，"我国历史上的灾荒，以水旱为最多，而两者的害处也最大。所以历来人们讨论到救荒的根本政策时，无不知道要注重水利"①。为了抗旱泄洪，保障农业生产的顺利进行，修治水利工程成为备荒的重要措施之一，邓拓将其称为"积极的救荒政策"。

当然，水利工程的修建，绝不只有抗灾备荒这么简单的目的。但是，各地大大小小、形式及类型不同的水利工程，确实在水旱灾害中发挥了极大的作用，一些地区由于水利工程兴修及维护不力而在灾荒中受到损失。如乾隆四年（1739年）正月，两江总督那苏图、江南河道总督高斌、江苏巡抚许容上奏请求修建青龙白驹等闸及范公堤时说道："淮扬水利，向无蓄泄，是以旱潦皆能为患。"②乾隆五年（1740年），江苏巡抚张渠奏请动用帑银修筑水利过程时就说："江北水利，关系田功。原任藩司晏斯盛奏准酌量兴修，嗣据各属具报紧要工程，共二百余处，估银四十余万两。窃思水利固为旱涝有备，而中间缓急轻重，必须熟筹审处。"③因此，很多水利工程在很大程度上保障了农业生产的正常进行，同时也在古代农业社会中最大限度地保证了农业收成，诚然，也就减少了灾荒对人们的威胁。

修建水利工程防治灾荒，这个中国古代长期执行的政策及其不断完善推进的措施，在清前期得到了较好的贯彻和施行。乾隆元年（1736年）十月，两广总督鄂弥达上疏，认为沿江围基"关系民田庐舍"，以往土筑围基不甚坚固，请求在广东广州、肇庆二府属、沿江土筑围基改用石头修筑，以在水、潮等灾害来袭时保护民房，"然基围皆系土筑，每年不过增高培厚，险要之地，水大常致冲坍。欲除大患，莫如建筑石堤。请将顶冲险要者，先筑石工，以资捍御。次冲者陆续兴建，并动支运库子盐羡余银两"，工部核议后同意了其请求，"工部议覆……应如所请，将广州所属围基，责令广南韶连道、肇庆所属围基责令肇高廉罗道督率水利各官，即行雇募匠役，分别首险次冲办理"④。

---

① 邓云特：《中国救荒史》，商务印书馆2011年版，第376页。

② 《清实录·高宗纯皇帝实录》卷八十四"乾隆四年正月上条"，中华书局1985年版，第330页。

③ 《清实录·高宗纯皇帝实录》卷一百十七"乾隆五年五月下条"，中华书局1985年版，第715页。

④ 《清实录·高宗纯皇帝实录》卷二十八"乾隆元年十月条"，中华书局1985年版，第599页。

乾隆二年（1737年），乾隆帝给各地督抚下了一道谕旨，告诫督抚修筑水利工程，以防御灾害，"谕直省督抚：自古致治以养民为本，而养民之道，必使兴利防患，水旱无虞，方能使盖藏充裕，缓急可资。是以川泽陂塘，沟渠堤岸，凡有关于农事，豫筹画（划）于平时。斯蓄泄得宜，潦则有疏导之方，旱则资灌溉之利，非可诿之天时丰歉之适①。

在自然条件恶劣，尤其是以往未全面修筑水利工程的边疆地区，乾隆帝更注重水利工程在抗御灾荒中发挥的巨大作用。因此，乾隆四年（1739年）二月，他专门下达了一道修筑云南昭通水道以通广西牛栏江水利工程的谕旨："水利所关农功綦重，云南跬步皆山，不通舟楫，田号雷鸣，民无积蓄，一遇荒歉，米价腾贵，较他省过数倍。是水利一事，尤不可不亟讲也。……凡系水利及凡有关于民食者，皆当及时兴修，不时疏浚，总期有备无患。"②

同时，很多地区在灾荒发生后修筑水利工程，既成为防御灾害的主要举措，又成为地方政府"以工代赈"的主要措施。如乾隆三年（1738年），安徽发生了旱灾，安徽布政使晏斯盛认为，安徽江北各地灾民在灾荒中常常流移他乡，赈济灾民最有效的措施就是修筑淮扬水利工程，"安省上年秋旱，现今采买接济。但江北州县，向多游食之人，每遇歉岁，轻去其乡。惟寓赈于工，大兴工作，人必争趋。查江北凤颍二府，以睢水为经；庐江一府，以巢湖为纬。他如六安州旧有堤堰，滁泗等属亦多溪壑，概应及时修浚。请照淮扬水利，动帑兴工"，经过大学士核议，"均如所请，从之"③。

乾隆九年（1744年）七月，左佥都御史嵇璜奏报直隶的河间、天津等处"现估修城垣，举行水利，以工代赈，加惠穷黎"④。乾隆四十二年

---

① 《清实录·高宗纯皇帝实录》卷四十七"乾隆二年七月条"，中华书局1985年版，第806—807页。

② 《清实录·高宗纯皇帝实录》卷四十"乾隆二年四月条"，中华书局1985年版，第712页。

③ 《清实录·高宗纯皇帝实录》卷九十四"乾隆四年六月条"，中华书局1985年版，第439—440页。

④ 《清实录·高宗纯皇帝实录》卷二百二十一"乾隆九年七月条"，中华书局1985年版，第844页。

（1777 年），乾隆帝在给军机大臣的谕旨中就是专门针对勒尔谨奏报甘肃省水利情形的答复，勒尔谨认为甘肃省"在在皆山，有一分水利之可开，小民即沾一分水利之益"，乾隆帝也认为甘肃"地方高亢，每患雨水短少。如其地有可以疏浚之处，随时挑挖引河，自于生民有益，原不必专于分引黄河。即沟涧细流，果能疏引成渠，农田即可稍资沾润。较之置而不办。靳人事而专藉雨泽者。不少胜乎？"因此，其谕旨强调兴修水利在寓赈于工中发挥了积极作用，"地方多一工作，无论官办民办，总须雇用人工，即或其地偶被偏灾，穷民并可藉以糊口，亦即寓赈于工之意"①。

（二）区域生态环境压力的缓解

灾荒地区尤其是常发生水旱蝗灾害的河南、安徽、山东、山西、陕西、直隶、江苏、浙江、湖南、湖北、江西等地区，都是人口密度较大、生态环境开发较为长久和深入的地区。这些地区发生的日趋频繁和强烈的灾害，虽然绝大部分的原因是自然环境尤其是气候导致的，但在众多的致灾因素中，人口的增加、人为开发导致的生态环境的持续破坏及其生态环境的变迁、环境承载力的逐渐降低，也是诱发自然灾害并强化灾害后果的主要原因。

灾荒过后，灾区人口锐减，生态环境的人为压力在客观上得到了一定程度的减轻，得以在一段时期内缓慢地恢复起来，尤其是部分常常发生导致人口大量死亡的灾荒地区，生态环境的恢复就更为顺利。各个地区的生态环境常常就在灾荒、改朝换代、战争等多种原因导致的人口锐减的循环往复中，经历着破坏—恢复—再破坏—再恢复的变迁方式。但很多地区灾荒过后，人口的增加速度很快，环境承载的压力也越来越大。

总之，生态环境的恢复，绝对不应该是依靠灾荒减人来实现的，生态环境要得到根本的改善，应该从其根源入手，才能从根本上得到解决。

---

① 《清实录·高宗纯皇帝实录》卷一千三十四"乾隆四十二年六月条"，中华书局1986 年版，865 页。

（三）官民关系的改善

灾荒带来的另外一个积极的间接影响，就是灾荒期间的赈济，让灾民实实在在地感受或沐浴到了"皇恩"。救灾民于水火的实际行动，胜过了朝廷及官员的任何说教及宣传，使统治者获取了民心及拥戴，尤其是入关后的满族统治者从中获取了中原士人、汉族官吏及民众的认同和拥戴。

这种信任和拥戴，可以从一个个官员给皇帝的奏章中，多次提到的饥民感戴"皇恩"的言辞中表现出来。如乾隆七年（1742 年）九月，安徽巡抚张楷奏报，安徽凤阳、泗州灾荒之后奉旨进行赈济，"自八月中旬抚恤起，将次完竣"，在赈济过程中，按照"不许一名遗漏"的原则，赈济贫民"大小口共二百二十余万"，在奏章中，张楷也强调了"皇恩"的重要，"至赈济月分，仰蒙皇恩，将最重之凤阳等十三州县于部例月分之外，加展三月；次重之定远等六州县，加展两月。臣即会同督臣德沛通饬晓示"，根据不同的灾荒情况，赈济一共进行了四至七个月，"将正赈加赈，共七个月者，九月赈起；六个月者，自十月赈起；五月四月者，于十一、十二月赈起，统赈至来年三月止。其例不应赈之六分次贫赏赈一月者，于年底给散"，由于赈济实施得当，赈济人口虽然较多，但赈济期限延长，使灾民都得到了不同的赈济，取得了较好的效果，灾民对"皇恩"感戴不一。乾隆八年（1743 年）正月，安徽巡抚喀尔吉善奏报了奉命调抚安徽查询江南赈务时所见的情况，"臣于路过赈厂，见饥民感激欢呼，均称得所，被水地亩，俱经涸出种植"[①]。

同时，灾区社会极为稳定，"此次灾口，虽倍多于上年。但抚恤期早，又多加月分，赈期舒长，贫民感戴隆恩，自古未有，人人安分守法静领赈粮，地方极为宁谧"[②]。乾隆七年（1742 年）九月，江西巡抚陈宏谋奏报了江西减价平粜后灾民感戴皇恩的情况："况近又钦奉恩旨平粜，多减价值，又不拘粜三之数……穷民永感减价平粜之皇恩，官司无赔累之虞，富民无

---

① 《清实录·高宗纯皇帝实录》卷一百八十三"乾隆八年正月条"，中华书局 1985 年版，第 367 页。

② 《清实录·高宗纯皇帝实录》卷一百七十五"乾隆七年九月条"，中华书局 1985 年版，第 257 页。

派买之累，市价不致昂贵，穷民实受其益，所存巢三谷价，不须买补，即可充饷。"[1]乾隆十二年（1747年）十二月，山东发生水灾，巡抚阿里衮在请求赈济的奏报中，就强调"幸荷皇恩赈恤"[2]的意思。乾隆十三年（1748年）九月，给事中同宁、马宏琦，御史沈廷芳、赵青藜等人"由山东查察赈务"返回京城，乾隆帝召见他们，了解山东的赈济情况，"伊等但称皇恩广沛，民庆乐生，岁获有秋，大有起色"[3]。乾隆二十二年（1757年）四月，河南发生水灾，官府借巢兼行，乾隆帝亦想在赈济中表现"朕惠爱黎元、痌瘝一体之意"[4]，这些言行造成了关心黎民疾苦的印象，改善了官民关系。

此外，从皇帝对灾区及灾民的轸念和希望灾民可以"咸登衽席"的关切之情的一道道谕旨，以及不断派遣官员视察灾情、督察赈济落实情况，并且整顿吏治，更换和彻查赈济不力官员等实际行动中，使执行的官吏及饥民在心理上拉近了与最高统治者的距离。如乾隆十三年（1748年）九月，山东水旱灾害后进行了及时的赈济，并派遣了给事中同宁、马宏琦、御史沈廷芳、赵青藜等前往山东督察赈济事务，在召见督察人员的谕旨中，乾隆帝对灾民的殷殷关切之情溢于言表，"山左因连年被灾，百姓饥馑。朕日夜苦心劳思，截漕数百万石，发帑数百万金，以苏沟壑之困。念被灾地方辽阔，恐巡抚一人耳目不能周到，特命大臣及科道等前往查看抚恤。该科道等亲行周历，亦已七八月之久，通省一百余州县"[5]。

乾隆八年（1743年），直隶河间、天津，以及河南、山东等省发生了水旱灾荒，乾隆帝对灾区进行了赈济。乾隆九年（1744年）正月，乾隆帝

---

[1]《清实录·高宗纯皇帝实录》卷一百七十五"乾隆七年九月条"，中华书局1985年版，第258页。

[2]《清实录·高宗纯皇帝实录》卷三百五"乾隆十二年十二月条"，中华书局1985年版，第988页。

[3]《清实录·高宗纯皇帝实录》卷三百二十四"乾隆十三年九月条"，中华书局1986年版，第350页。

[4]《清实录·高宗纯皇帝实录》卷五百三十七"乾隆二十二年四月条"，中华书局1986年版，第777页。

[5]《清实录·高宗纯皇帝实录》卷三百二十四"乾隆十三年九月条"，中华书局1986年版，第350页。

在给大学士的谕旨中，就有要求官员对灾黎要妥善安置的言辞："朕多方赈恤，令该督抚转饬地方官，加意安插，无致流移……务须善为办理，以仰副朕轸念灾黎多方体恤之至意。"①

乾隆十八年（1753 年），江南发生水灾，但庄有恭粉饰灾情，未据实入奏，乾隆帝在给军机大臣的谕旨中就指责庄有恭没有体会他对灾民的轸念之意："扬属正受水之区，灾黎生计，深系朕怀。已明颁谕旨，将该抚从前咨借邻省之米，令各该省运往备赈……庄有恭此奏，显有粉饰。即如被水地方，朕闻所伤人口甚众，何妨据实入告。乃前后所奏情形，俱称并无伤损，殊未能体朕轸念灾黎之意。"②

乾隆二十二年（1757 年），河南发生水旱灾害，乾隆帝在四月及六月下发的谕旨中，就强调了其对灾黎及民瘼的深切轸念之意，"河南夏邑、商邱、虞城、永城等四县被灾情形，经朕遣人密查得实，深为悯恻。业命山东巡抚鹤年由荆山桥就近往豫经理……该护抚于查赈时，一面通行晓谕，一面查明实数，缮折奏闻，用副朕轸念灾黎、勤求民瘼之至意"③，并要求对奏报遭灾的封邱、中牟、阳武、新郑、武陟、原武、辉县、浚县、滑县、新乡、延津、获嘉、许州、长葛等州县"著即速详查。照例抚恤。务俾闾阎均沾实惠。毋致稍有失所。以副朕轸念灾黎之至意"④。

乾隆帝的谕旨往往强调对灾民的赈济要达到"闾阎均沾实惠"的目的，如乾隆三十四年（1769 年），安徽发生旱灾，合肥、凤阳、定远、霍邱、泗州、盱眙、天长、滁州、来安、全椒等地灾情达到九分、十分，乾隆帝谕令对灾区进行加赈，在谕旨中再次表现了他使灾民同享赈济实惠的

① 《清实录·高宗纯皇帝实录》卷二百九"乾隆九年正月条"，中华书局 1985 年版，第692 页。

② 《清实录·高宗纯皇帝实录》卷四百四十八"乾隆十八年十月条"，中华书局 1986年版，第 831—832 页。

③ 《清实录·高宗纯皇帝实录》卷五百三十七"乾隆二十二年四月条"，中华书局 1986 年版，第 779 页。

④ 《清实录·高宗纯皇帝实录》卷五百三十七"乾隆二十二年四月条"，中华书局1986 年版，第 861 页。

思想，"并照屯坐州县。一体查办。该督抚等其董率属员。实心经理。务俾闾阎普沾闿泽。以副朕轸念灾黎至意"。乾隆五十一年（1786 年），乾隆帝对江苏旱灾地区多方赈济，表现了对灾民的轸念之情：

　　谕：上年江苏淮安、徐州、海州所属，雨泽愆期，夏秋二熟，均属失收。江宁、扬州、镇江所属府州县秋成亦多歉薄，业经降旨，分别给赈，并截漕平粜，以资接济。俾灾氓不致失所。第念今春正赈已毕，青黄不接之时，民食恐不无拮据，著再加恩，将被灾较重之徐属萧县、砀山二县，十分灾极次贫民，展赈两个月。其淮安、徐州、海州、江宁、扬州五属之八九分灾极次贫民，展赈一个月。①

　　类似的谕旨及例子还有很多，这里不再一一列举。虽然很多谕旨有格式化的嫌疑和倾向，虽然在很多灾荒赈济中皇帝都颁布有此类内容的谕旨，这些谕旨包含了对灾民的恤悯之意，能够在很大程度上督促官员尽心赈务，官吏在赈济中一次次地对灾民宣布圣恩，灾民也从实际得到的钱粮物的赈济中，感受到了皇帝的恩德。因此，清代统治者对灾民的赈济思想及行动，确实在很大程度上收到了积极的效果，消除了民众界限，增进了中原民众对统治者的认同，从而也就增强了清王朝的统治基础。

第二节　清前期官赈制度的建设及程序

　　中国古代的赈济制度是随着各个历史时期对历次灾荒认识的深入，在无数次的救灾实践中不断深化及完善的，表现出了阶段性、动态的特点。而清代的赈济，也是在历朝历代赈济制度及经验教训的基础上，才得以继续发展并达到巅峰的。

---

① 《清实录·高宗纯皇帝实录》卷一千二百四十六"乾隆五十一年正月己酉条"，中华书局 1986 年版，第 744 页。

一、清代以前官赈制度的发展

自从人类产生并认识、感受到灾荒的危害后，就开始了简单的救济。早在尧舜禹时期，就开始了救灾实践，《孟子·滕文公》记："当尧之时，天下犹未平，洪水横流，泛滥于天下。草木畅茂，禽兽繁殖，五谷不登，禽兽逼人。兽蹄鸟迹之道，交于中国。尧独忧之，举舜而敷治焉。舜使益掌火，益烈山泽而焚之，禽兽逃匿。禹疏九河，瀹济漯，而注诸海；决汝汉，排淮泗，而注之江，然后中国可得而食也。当是时也，禹八年于外，三过其门而不入。"但早期的赈济常常是因荒而救，即发生了灾荒，才急忙筹办赈济之法，虽然效果有限，但却成为中国古代荒政史上宝贵的赈济探索。后人在前人的基础上按照灾荒的种类、程度的不同，进行相应的救荒活动，"《周礼》以荒政十二聚万民，汉唐而降，因时制变之方载在史册者日益详，后人拾其余濡，丝纶陈议，转以循行"[1]，历代推行的赈济措施、赈济经验逐渐积累，最终发展成了独具中国传统统治特点的荒政，"水旱之灾，尧汤不免，使无良策以处之，致民有饥馁之忧、流离之患，如保之怀，啍恝然乎？于是以不忍人之心，行不忍人之政，荒政从之而出矣"[2]。

春秋战国时期，国家对灾荒的赈济，就已经采用了粮赈、物赈、钱赈和工赈等形式，即采用调拨粮食、煮粥、柴薪、布帛、钱财、以工代赈等形式赈济灾民。如齐国因持续十七天的暴雨，导致水灾，晏子请求国君赈济，但齐景公只顾日夜饮酒行乐，晏子谏齐景公发粟赈济灾民，却"三请不见许"，只能自己赈济灾民，"遂分家粟于氓，致任器于陌"，他步行去见齐景公说："十有七日矣！怀宝乡有数十，饥氓里有数家，百姓老弱，冻寒不得短褐，饥饿不得糟糠，敝撤无走，四顾无告。而君不恤，日夜饮酒……故里穷而无告，无乐有上矣；饥饿而无告，无乐有君矣。"[3]齐景公

①　（清）万维翰：《荒政琐言》，李文海、夏明方主编：《中国荒政全书》第二辑第一卷，北京古籍出版社2004年版，第461页。

②　（清）陆曾禹：《钦定康济录》，李文海、夏明方主编：《中国荒政全书》第二辑第一卷，北京古籍出版社2004年版，第234页。

③　吴则虞：《晏子春秋集释》卷一《内篇·谏上》，中华书局1988年版，第13页。

不听，晏子郁愤拜别而出。齐景公醒悟，急追晏子，并照晏子之请，发粟、布、柴薪等物资救济灾民，"公下车从晏子曰：'寡人有罪……寡人请奉齐国之粟米财货，委之百姓，多寡轻重，惟夫子之令。'……晏子乃返，命禀巡氓，家有布缕之本而绝食者，使有终月之委；绝本之家，使有期年之食；无委积之氓，与之薪樵，使足以毕霖雨。令柏巡氓，家室不能御者，予之金；巡求氓寡用财乏者，死三日而毕……吏告毕上：贫氓万七千家，用粟九十七万钟，薪樵万三千乘；怀宝二千七百家，用金三千。"①这是对灾荒进行粮食、柴薪、布帛等实物赈济，以及用货币（钱）来赈济的典型之一，同时，在赈济中也开始注重赈济人员的廉洁，对执行不力者处以死刑，"巡求氓寡用财乏者死，三日而毕，后者若不用，令之罪"。鲁隐公、魏惠王还采用"平籴"等办法赈济灾民。中国古代赈济采取的主要方式在此期已经出现。

汉晋时期，灾荒赈济的制度及措施不断丰富。随着赋税制度的发展，在灾荒发生时蠲免租税，逐渐成为赈济的主要措施而被采用。这项措施中发生的赋税数额虽然是虚拟的，但却是即将在农民的土地上产生的、待实现的数字，并且因其简单易行，得到了官府的青睐，也受到了农业社会中负有沉重的租税负担、被固定在土地上的灾民的欢迎，并在随后的历史时期得到了越来越广泛的应用。为防止不法商人囤积居奇，使饥民得到有效救济，粮食的平价籴粜也成灾赈措施。在粮赈措施中，除了继续实施粮食调运、在灾区煮粥赈济外，将灾区民众迁到非灾的、粮食丰富的地区就食，即移民就粟，也成为救灾的辅助措施得到实施。此外，灾荒捐纳及仓储备灾也开始初露端倪，捐纳成为长期灾荒时期，或是经济衰败的非常时期，由朝廷实施的救灾措施；仓储处于初创时期，时兴时停，但在救灾中的作用日渐为人们所认识。

唐宋时期，在灾荒赈济中，政府开始注重灾前的防备工作，赈济措施及形式日渐丰富。即在备灾工作中启用仓库储存粮食，隋代创立设了义仓，汉代创立的常平仓及其规定逐渐完善，南宋创设了社仓，出现了不少

---

① 吴则虞：《晏子春秋集释》卷一《内篇·谏上》，中华书局 1988 年版，第 13—14 页。

新名目的仓储，如广惠仓、惠民仓、丰储仓等，仓内存储的粮食在灾荒中逐渐发挥了巨大的救灾作用。粮赈（包括粮食调运及煮粥赈济）、钱赈、工赈成为赈济的主要形式。在粮食赈济中，平粜、调粮至灾区，移（灾）民就粟等成为主要救灾手段；在虚拟式的赈济中，蠲免的形式也随着赋税制度的发展而日渐丰富，由最初的免除租赋，发展到了免除调役和积欠、缓征等；随着造船业的发展、隋朝大运河的开凿及其在南北交通运输，尤其是大运河在粮食运输中发挥了日益重大的作用，截漕也开始成了粮食赈济的方式；安辑灾民、借贷、养恤等方式也开始实施并普及起来。这是赈济的形式、内容、措施得到重大发展的时期，赈济的规章制度在救灾过程中逐渐成形[①]。

元朝由于统治时间短、史料少等原因，赈济措施与前代相比，无论是形式还是内容，都显得较为简捷。虚拟赈济中的蠲免赋税是主要的赈济措施之一，并且逐渐制度化。

明代，随着人口的增长、大规模的移民屯垦，城乡居民点、经济开发区域的扩大，灾荒的次数随之增多、灾情程度日趋严重，对社会生产的负面影响越来越大。朝廷较为重视灾后的赈济行动，皇帝常常亲自过问赈济状况，明初严刑峻法，对灾荒赈济中出现的诸如匿灾不报、赈济迟延等行为的惩处极为严厉。救荒的方式、措施、程序更为细致、深入，赈济的制度化特点更为突出，对报灾期限、灾情分数及相应的蠲免分数、赈济灾民的具体标准等，都有明确的规定。如粮赈是明代常常采用的赈济方式，煮粥是其中的重要方式，在粥赈时，就有亲审灾民、遍设粥厂、审定粥长、亲察厂弊、预备米谷、备置柴薪、订立厂规、收养流民、施药等程序及相应的规定，表现了明代的赈济措施已经趋于完备[②]，为清代灾赈机制的建设和完善奠定了重要基础。

二、清代官赈机制的建设及发展

清代的赈济，从赈济主体来看，可以分为两个方面：一是官方主导并

实施的赈济，即官赈；二是民间进行的赈济，称为民间赈济，或是民赈。从官赈与民赈的作用来看，清前期的赈济格局主要是以官赈为主、民赈为辅，并且官赈发挥着主要的、主导性的作用。清后期即道光以后，民间赈济在灾荒救济中发挥了越来越有效的作用，官赈力量衰微，形式虽存，力已不逮，晚清时期义赈成为灾荒救济中的主力军。

前文已经论述过，清代的灾荒，无论是在类型还是等级，都表现出了全面性的特点。以清代盛世乾隆朝为例，从灾荒类型上看，在乾隆皇帝统治的六十年时间中，在中国历史上发生过的绝大部分灾荒类型，如水、旱、蝗、雹、疫、风、潮、雪、霜、地震、火等，都在不同的地区、不同的时间内发生过，其中一些与气候联系密切的灾害，如水、旱、蝗、疫等灾害，几乎年年都会发生；从灾荒的等级上来看，乾隆朝灾荒也表现出了全面性的特点，从影响较小的微灾，到影响严重、发生"人相食"现象的重灾及巨灾都发生过。在对各类灾害进行救济的过程中，逐渐丰富和完善了清代的赈济制度、措施及法令，使乾隆朝的荒政及措施，与政治、经济、文化同步，发展到了清代最高峰。

从清朝在中原的统治过程及结果中，可以发现一个极有意思的现象，即灾荒是其被民众认同并兴起的契机，也是导致其灭亡的重要原因。一个朝代的兴衰与灾荒有密切联系，是中国乃至世界历史发展及更替中常常出现的现象。但对清朝而言显示出其特别性，是因为清朝的统治者是入关后经武力征伐才逐渐获得了统治地位的，大清入关统治的初期，反清排满的民族主义情绪较为高涨，各地的反清义军得到了人民大众的支持。同时，出于战争及镇压反抗的需要，清军在扬州等地进行了大屠杀，全国人民在恐怖的氛围下生活。在这种情况下，要获得中原民众的拥护支持，虽然是很困难的事情，但却是顺治朝急需解决的迫切问题。在定都北京后，在以顺治帝为首的清朝统治者为获取统治合法性而采取各种应对措施的时候，自明末延续下来的旱灾及蝗灾在战乱中影响更为剧烈，受灾范围日益扩大，顺治元年（1644 年）至顺治七年（1650 年）在华北、西北、西南、江南等地发生的水旱蝗巨灾，将全国各地都卷入到这场可怕的灾荒之中，以河南、湖北、四川、广东、贵州、云南等地最为严重，灾区或赤地千里，或遍地汪洋，饥民或食草根树皮，或食泥土苟延性命，"人相食"的惨剧普遍发生。顺治王朝一边稳固统治，一边进行救灾活动，在朝廷的直接指挥下，救灾物资发放及时，人员选派得当，赈济成效显著，虽然其赈济经验不足、制度不完善，以及社会经济因战乱而残破不堪，灾荒延续的时间较长，但朝廷在实施赈济的过程中认真力行，对灾区的钱粮赈济及免除赋税等政策逐渐取得了成效，灾民得到了不同程度的安抚，在朝廷颁布的各种优惠政策下，流移的灾民逐渐返回家乡，使很多灾区民众感受到了从大明王朝那里感受不到的"天恩"，逐渐对新兴政权产生了好感和认同感。因此，在某种层面上可以说，清王朝正是依靠在灾荒中实施的赈济获得了民心，进而在一定意义上获得了统治中原的合理性乃至合法性。

正是由于清王朝在中原统治的兴亡在一定层面上与灾荒赈济有极为密切的关系。在清王朝入主中原之初，竭尽全力地赈济不同程度的灾荒，并在不同地区的赈济中获得了民心和拥护。统治者极为珍视民心，清王朝逐渐平定天下之后，最初的几位统治者，尤其是康熙皇帝和雍正皇帝，都极其珍视获之不易的江山，常常"轸念民瘼"，重视并反省灾荒与"天意"的关系，为了稳定统治基础，把为民谋利、蠲恤灾民等作为施政重点，重视对灾荒的赈济。

经过了顺治、康熙、雍正、乾隆四个朝代持续不断的努力，在救灾实践中逐渐恢复、建立并完善了荒政的各项制度、措施，才使得清代的荒政成了中国历代荒政之最完善者，把报灾、勘灾、禳灾、筹赈、蠲缓、发帑、截漕、捐输、捐纳、赈济、以工代赈、养恤、治蝗、除疫等荒政措施及制度推向了巅峰，使乾隆朝荒政发展到中国古代荒政的全盛阶段。

但是，各项荒政措施的完善并非在一个朝代或一个时期同时完成的，而是在具体实践中，针对不同时期出现的问题逐渐完善的。并且各个朝代发展及完善的重点是有所不同的，经过四个皇帝的努力，各个阶段都取得了很大成就，如报灾、勘灾的具体期限是在顺治、康熙、雍正时期就已经确立了的，其他的大部分程序及其制度在康熙、雍正时期就已经发展得非常成熟了。到乾隆朝时期，各项荒政制度及措施才相继完善、成熟并定型的。

但谈到乾隆朝荒政在整个清代乃至中国古代荒政史上的地位时，大多数学者均未加区分，认为整个乾隆朝的荒政是清代荒政的最高峰。这从理论上说是非常正确的，但从乾隆朝的灾荒及赈济情况来看，并不完全如此。尤其乾隆四十六年（1781年）甘肃布政使王亶望等官员的集体捏灾冒赈案，就是在荒政发展的巅峰阶段，表现出了与荒政发展趋向不和谐的、腐朽衰败的迹象，在清代荒政最华丽的交响乐中出现了尖锐的变音，标志着这首华彩的乐章从此开始在滞重中渐渐出现了杂乱的音符，并且日渐式微，最终出现了器崩乐尽的结果。

自然灾荒与政治、经济、思想文化的关系看似无关，但实际上两者存在着极大的因果关系，在政治、经济、思想文化繁荣的时候，对灾荒的救济态度积极、措施得当，就能够有效制止灾荒的蔓延及扩大，减弱灾荒的消极影响；如果政治腐败，经济衰退，救济不力，则会在很大程度上加重灾荒的影响，使灾荒的灾难性后果在时间上延长，灾民得不到有效救济，进而引发其他类型的灾荒，导致一系列严重的社会问题。乾隆朝后期，随着吏治的腐败，清朝的国力开始出现了衰退的迹象。从灾荒赈济的时间发展上说，乾隆四十年（1775年），是清朝的灾荒赈济随着乾隆朝政治、经济的衰落走向衰败的开始，灾荒次数及灾荒级别都在加重，乾隆朝三次巨灾中的两次就发生乾隆四十二年（1777年）至乾隆五十二年（1787年）之间；大的赈济腐败案件也是发生在乾隆四十年（1775年）以后。

从赈济制度本身的发展来看，清代大部分关于赈济的基本制度，或是有关赈济的主要原则及方向，都是在乾隆四十年（1775年）前就已经颁布或成形了的。因此，乾隆四十年（1775年）是清朝赈济发展史上重要的分水岭，是乾隆朝乃至清代的荒政制度从繁荣走向没落的界域，也是清代政治、经济、思想文化发展史上繁荣到衰落的分水岭。

此后，吏治腐败的现象日趋突出，赈济中的捏灾、冒赈等腐败现象也频繁出现，很多出于良好初衷设立的制度及规定开始成为空文，流于形式，成了清代盛世时期一个个美丽的景象，但实质上却是一个极其虚弱的幌子。在统治阶层内部，自上至下开始不自觉地遗弃了顺康雍时期形成的励精图治、节俭治国、公而废私的主旨及精神，官场被铺张浪费、奢侈享乐、争名急利之风所笼罩，对民生、民情的关注开始成为邀名望利的借口及途径，逐渐成为停留在文字性及表面性层面上的内容，深层的社会危机开始潜伏。

嘉道以降，人们精神及思想中奋发激进、为国为民的内涵，更是被短期成效及利益、被萎靡颓废所取代，军队的战斗力逐渐衰减，国力也在此过程中逐渐消耗和减弱。这使得灾荒赈济措施逐渐不能得到有效地贯彻实施，国家在大范围的灾荒面前开始束手无策，灾荒蔓延，加重了灾荒的损失；而灾荒又在很大程度上消耗了国家的实力，社会经济不能得到有效恢复及发展，两者相互影响，逐渐形成恶性循环的趋势，综合国力急剧衰落及下降，即便一些有远大抱负、怀有安邦治国大志、忧国忧民情怀的皇帝和官员力图扭转乾坤，亦无力挽住江河日下之势，对整个国家的衰败未能有济，使清廷在西方列强的进击下不堪一击。

咸同以后，巨灾、重灾的次数及频率都在增加，在官府赈济无力的状态下，灾荒愈演愈烈，后果日趋严重。民不聊生，饿殍遍野，饥民死亡无数，民变迭起，各地农民起义不断爆发。这又在很大程度上加剧了清朝国力的衰退。在内忧外患中，清廷的江山处于风雨飘摇之中。乾隆四十年（1775年）以前形成的灾荒赈济之法完全弊坏，良策难施，官赈逐渐被义赈、民赈取代。

更为重要的是，西方的赈济力量逐渐在此过程中渗透进来，并在很多地区成为大灾中发挥重要作用的救灾力量。中国基层民众一直具有受恩图报的传统，这些赈济行为无疑在很大层面上改变了民众，甚至是政府对入侵者的态度，在一定程度上强化了灾区民众对西方势力的认同，这既是基督教及其义赈会在很多灾区传播并盛行的原因之所在，也是清廷的民众影响力、号召力、统辖力日渐下滑的重要表现。清廷的国力已衰败不堪，已现大厦将倾之象。

晚清时期，政治腐败，咸同以后，巨灾连年暴发，水旱蝗灾连省跨府，饥疫横行，"人相食"的现象普遍在灾区发生，加之列强的入侵，农民起义不断爆发，政府对灾荒的救治日渐不力，成效极其有限，灾情愈演愈烈，逐渐失去了民心，也失去了统治基础，使其祖先在极其艰难的条件下获得的在中原统治的合法性逐渐散失殆尽，陷入了内外交困的境地，在内乱外侵的局势下，革命力量兴起并形成波澜壮阔之势，最终在孙中山吹响的"驱除鞑虏，恢复中华"的民族号角声中走向了灭亡。

因此，顺康雍时期是清代荒政制度的建设时期，既是中国传统荒政恢复、发展、逐渐完善的阶段，也是清代荒政发展及奠定基础的阶段。在这个阶段，各类灾害持续、频繁地暴发，朝廷要进行赈济，就必须对灾情的具体情况有详细的了解，因此，这一时期的荒政建设主要是在报灾制度方面，先后明确了报灾的时间期限并将其制度化。此外，这一时期，尤其是顺治、康熙年间，战乱频仍，六千多万人口死于战乱及灾荒，田园荒芜，饥民背井离乡，四处流移，为了稳固统治、发展农业生产，安辑流民、蠲免赋税等，赈济就成为顺治、康熙时期的重要措施，并且在实践中逐渐完善。由于清初田地大量抛荒，在很长时期内粮食短缺，在救灾中，大部分以钱赈为主，同时，为了安置饥民，以工代赈也是这个时期经常采取的措施，相关制度也已经较为成熟了。

乾隆朝是清代荒政的完善、定型及成熟时期，此期的荒政实践将清代荒政发展到中国古代荒政的顶峰。经过康熙、雍正时期的励精图治，清代的专制统治、经济、文化已经发展到了高峰，国力雄厚，有实力采取多种形式的赈济措施。如在灾荒赈济时有足够的粮食调运发放到灾区，故此期完善了赈济中粮赈的制度——粥赈（赈粥）；在进行赈济时，确切的灾民数量、灾民的贫富情况及灾情状况、灾情等级，就成为赈济的基础及前提，因此，发生灾荒并将灾情报到朝廷的过程及期限得到解决后，勘定灾情即勘灾，以及核定受灾民户、确定贫富级别即审户，就成为清前期荒政建设及完善的重要制度。与此同时，根据灾情等级的不同及缓急，进行相应的赈济也成为必须解决的重要问题，因此，除继续完善粮赈制度外，根据灾情的严重程度规定及细化赈济的不同等级、时限也成为必须要解决的问题，因此就有了正赈（急赈或普赈）、加赈（大赈）、展赈、摘赈（抽赈）、随赈等灾赈的不同类型。还将对灾民实施的无息或减息借贷固定下来。

但不是所有的赈济措施都是在不同朝代或时期就一次性完成的。上文已经说过，很多措施往往经过了长期的发展过程，到乾隆朝才最后确定下来的；或是很多措施自顺治至乾隆，每个朝代都在不同的灾荒中实施，都在建设和完善，其发展不太可能区分出主次。只是有的措施及制度在不同朝代因条件及背景的不同，受到的关注有多有少，发展及完善的程度也就有差异，使研究者在评价这些制度产生的时间时，就能够产生明显的主次关系。因此，很多赈济措施，如调粟、抚恤、捕蝗等，就是顺治、康熙、雍正、乾隆四个朝代都在实施，并在不断地总结中才逐渐发展、完善起来的救灾措施。但这些措施的不断发展及完善，经历了一个长期的过程，直至乾隆朝，才发展到了最高峰。

总之，清王朝采取的各种不同的赈济措施，在救灾实践中不断发展、丰富及完善，到乾隆朝时期趋于完善，走入了最成熟的阶段。

三、清代官赈的主要程序

清前期的官赈及其措施主要有三个程序：一是赈济的前期准备；二是赈济过程及措施；三是对赈济实施结果及效果的核查、赈济效果的巩固等。

从赈济的前期准备来说，主要是在灾荒发生后，基层乡官或士绅将发生的灾害向地方政府报告，此即告灾。各地官员在基层乡官的基础上再将灾情，尤其是受灾区域大小、被灾田地多少、灾情分数（程度）的大致情况层层上报，此即报灾。灾情申报后，为了进行准确的、有效的救济，有关部门会迅速派遣官吏前往灾区，核实、确估受灾田地、受灾人口等具体数额，确定灾情的程度即受灾分数等具体情况，以便于赈济的实施，此即勘灾。与此同时，也对灾区被灾人口的数量及大小口、男女老幼，以及灾民的家庭财产暨贫富程度等情况进行确查，区分并核定需要赈济的具体人口数，以及灾民的贫富情况，以此作为赈济多寡的根据，此即审户。做好这些工作后，就为赈济的进行和实施，即发赈奠定了坚实的基础。前期准备事实上是一个调查取证的阶段。

从赈济过程及措施来说，主要是依据前期准备工作中得出的各种数据，按照等级，发放赈济的钱粮，即发赈（或放赈）。根据灾情的具体情况，发赈有很多类型。从赈济物资而言，主要有银赈（钱赈）、粮赈（包括粥赈）、工赈（以工代赈）；从赈济的时限而言，主要有正赈（急赈或普赈）、加赈（大赈）、展赈、摘赈（抽赈）、随赈等；从赈济方式及途径，或是赈济物资的来源而言，主要有调粟、发帑、截漕、截饷、仓粮、籴粜、捐输、捐纳、地方筹措等；从赈济的行为手段而言，主要有治蝗、祛疫、恤养、禳灾、救火等；从国家财政收支的宏观调控而言，主要有蠲免、缓征等，这是一种虚拟的、但对于灾民来说却是极其实在的赈济措施，这些措施是在灾荒中安定民心、使灾民不会四出流移的前提及保证，从而也在灾荒中保障了社会的安定，为农业生产尽快恢复奠定基础。

对赈济实施结果及效果的核查，主要是对各种类型及形式实施的赈济进行检查的一道程序，主要是对赈济物资是否按时、按量进行发放，灾情是否得到控制，灾民是否得安置等进行核查，此即核赈，简言之，就是核查赈济落实的具体情况。

当然，赈济程序中还有一项极其重要的工作，就是赈济的后续工作，也可以称之为赈济的收尾工作，这些工作大多是灾荒即将结束或刚刚结束时进行的，也可称为灾后的重建工作。这是为了保证和巩固赈济的成果，尽快恢复正常的生产生活秩序，稳定统治基础而采取和实施的措施，这些措施主要有安辑、借贷、劝农等，对巩固灾荒中已实施的各项赈济措施及其收到的成效而言，具有极为重要的作用，对社会经济的恢复及发展，也具有重要的意义。

灾荒不可能只是一次性的，而是经常性发生的灾难，为了备荒，中国历代王朝都极其重视灾荒的防备工作。无论是为应对水旱灾害、确保收成而进行的水利工程的兴修及维护，以及河道的疏浚与修筑，还是为了防止蝗灾进行的消灭蝗蝻的措施，或是积贮粮食备荒，都取得了较好的成效，获得了丰富的经验。仓储及其建设、管理就是其中较为明显和典型的例子，无论是常平仓、社仓，还是义仓，都有极为悠久的历史，仓储及其制度的建设在清代的备荒及赈济工作也做得极有特色，但不属本书的主要研究范围，就再不作续貂之述。

四、清前期官赈盛极而衰的原因

历史辩证唯物主义及客观规律告诉了人们"物极必反"和"盛极而衰"等真理。清代荒政虽然在乾隆朝达到了巅峰，但很多赈济的制度及措施也在此过程中潜伏了危机，乾隆四十年（1775年）以后，随着政治的腐败及国力的衰退，赈济逐渐呈现出了衰败的迹象，赈济弊端逐渐显现了出来，很多赈济腐败案件加速了荒政的衰落。

制度的存在、发展及其衰落，还与当时的政治、经济、军事、思想文化有密切的联系。稳定的社会局势、正常有序的社会秩序，是赈济顺利实施的重要基础；经济基础是赈济制度及措施顺利实施的重要保障之一；战争常常导致社会的动荡，造成社会财富的耗减，对赈济的顺利实施也能够造成极大的冲击和影响。如果社会动荡不安，战乱频起，经济衰退，国力就会因种种因素开始急剧耗减，赈济款项、赈济物资无从筹措，必然对赈济的顺利实施造成严重阻碍，成为赈济制度衰落、颓坏的直接原因。

更重要的是，并不是有了众多良好的制度，规定完善的救灾程序，人们在灾荒来袭的时候就能够安枕无忧。任何的制度和措施，都只是停留在表面和文字上的内容，具体的执行和实施，还是要依靠具体的人去实施和操作。但只要加进了人的因素，各项措施及制度的贯彻实行，就与文字及制度层面产生了极大的距离。如果统治者积极倡导，执行人员认真做事，就会取得良好的成效；如果统治者主观不重视民生，没有发挥好督促、引导的作用，具体的执行人员草率从事或敷衍了事，就会严重影响赈济的效果，就算国家投入再多的赈济物资，赈济效果也会因此大打折扣。

同时，任何的制度和措施，都不可能尽善尽美，尤其是适用到不同的地区之后，制度与实际情况往往会出现极大的差异，这也与执行者的协调能力，以及执行过程中的灵活机动性密切相关。如果吏治不清、不严，执行者不仅执行不力，并且不忘钻这些制度和政策的空子的话，那就会严重违背朝廷赈济的初衷，也会产生极其严重的社会后果。这个特点在吏治腐败时期，表现得尤其明显。因此，吏治的清明、官员的综合能力也很重要。

从众多的灾荒赈济文献中，我们不难发现一个规律，即最高统治者的言行导向，对制度、措施的具体实施存在极大的影响。当然，这个特点在中国历史时期的政治集权体制下是较容易理解的。在专制主义中央集权的社会中，皇帝的言行对下级官员往往存在着有形无形的潜在影响，官僚集团的行为范式，往往受到皇帝处事方式及风格的影响，尤其是皇帝在言谈举止中流露出的喜好厌憎，往往能够影响各级官僚的价值取向。就算统治者产生了良好的意图并将其制定成具体的制度，但其行为举止及言谈中，既不注意严格要求自己，也不注意对下属进行教诲循导及警示，制度最终也会成为一纸空文。乾隆朝后期赈济制度与实际效果之间出现的逆差，在很大程度上与乾隆皇帝个人好大喜功，以及对臣僚及下属宽柔太过、宠信奸佞有关。乾隆帝的这种行事风格及施政性格，与雍正帝对己对臣的严厉儆惕相比，是个明显的反差，从他们给臣僚的谕旨中，可以明显地发现这一点。其导致的结果虽然有好有坏，但对于国家的法律制度的执行及其效果来说，太多的宽柔虽然能让臣僚放手做事，有助于发挥其积极性及主动性。但从历史唯物主义的角度来看，任何事情的发展都存在过犹不及的客观规律，尤其对吏治的清廉、整肃及严明来说，太多的宽容在一定程度上等同于放纵，绝对是有百害而无一利的。但这并非说乾隆帝对灾荒及赈济不重视，从乾隆帝的个人意旨而言，无疑是重视灾荒救济的，其言谈中常常表现出了他对灾荒赈济的关注及重视，只是其关注的程度及关注之后采取的措施、措施的力度与清代其他皇帝有所不同，最终出现了"上心良苦，下行不肖"的局面。因而，从某种程度上说，乾隆朝赈济制度之所以能从最高峰急速衰落，除了因长期战争耗减国力外，也与政治、经济的衰落有密切关系，更与人为的因素密不可分。

因此，历史的发展就常常出现出乎人良好愿望的结果。乾隆朝后期频频出现的赈济腐败案件，就暴露了制度与实际执行之间存在的巨大距离，也暴露了最高统治者的良好愿望与基层执行官员在实际操作过程中的偏离，导致上下施政结果的不一致、不和谐。这正是完善的政策加进了具体操作的"人"的因素后出现的问题，而这些不和谐的因素，恰恰成为这个最完善的荒政制度弊坏的根源。

第三节　清前期官赈的人员及机构

一、清前期官赈的人员调派及其职能

清代赈济不设专款、专门机构、专门人员。但在灾荒发生时，却能快速调动人员及物资钱粮，对灾民进行有效赈济。这种没有专人专款及专门的部门进行赈济，在赈济中却有各色人等承担并完成了不同的赈济任务，

这些人员及款项都来自不同的职能部门，这是清代赈济的特点之一。

灾荒发生后，赈济的各个工作程序也随之启动。各级政府也就根据具体情况，迅速开始了赈济人员的调派。在每个赈济环节中，都有不同级别的官员担任赈济任务。

灾荒发生后，基层乡官或士民迅速将灾情向地方政府报告，此即告灾，是报灾程序中的第一个阶段。各地官员在接到告灾信息之后，迅速了解情况，将灾情的具体状况层层上报，这个过程就是报灾程序中的第二个阶段。

报灾人员是朝廷任命的官员，一般由巡抚、总督、道抚州县官承担。报灾形式是书面材料，从下级衙门呈报到上级衙门，经督抚奏报朝廷。其中，受灾地点、受灾区域大小、被灾田地多少、受灾村庄（或府州县）和受灾人口的数量、灾情分数（程度）的大致情况等是报灾文字资料中所要反映的主要内容。

而及时将灾情汇报到朝廷，让朝廷迅速掌握灾荒的大致情况，是及时赈济灾民的前提，在为了稳固统治、安定民心为主要施政目的的顺康雍时期，比较重视报灾工作，认为报灾是关系统治稳固与否的关键，"地方遇灾不报。则民隐不上闻。膏泽无由下究。以致道殣相望。盗贼伺目。往往酿成事端"[①]，故报灾被称为"荒政之第一关键"的步骤，因此将报灾列为第一条，"想成周盛时无不恤之灾，由无不报之灾耳。孟子以有司莫告为上慢而残下，甚矣!灾伤之不可讳匿，奏报之不可迟逾，是荒政之第一关键也。为报灾条第一"[②]。

对报灾的时间期限，清朝先后多次做了明确规定，当时称之为"奏报之限"，朝廷再根据历次赈济的实践做出及时调整。报灾之后，就必须派出相应的官员，对灾情的具体情况进行勘察，核实、确估受灾田地数额、受灾人口数，或是受灾房屋财产等情况，最终确定灾情的分数等级，在奏报案策内一一题写明白。勘灾工作不仅较为细致，目的也较明

① （清）杨景仁：《筹济编》，李文海、夏明方主编：《中国荒政全书》第二辑第四卷，北京古籍出版社 2004 年版，第 56 页。

② （清）杨景仁：《筹济编》，李文海、夏明方主编：《中国荒政全书》第二辑第四卷，北京古籍出版社 2004 年版，第 53 页。

确，对赈济的标准及具体实施有极为重要的作用，其客观与否，直接关系到赈济效果，也关系灾后的恢复与重建工作的成效。这是灾荒赈济的第三个程序。

勘灾人员也是朝廷官员，一般是由厅官印官，如巡抚、知府、同知、通判等担任，"又议准：州县地方被灾，该督抚一面题报情形，一面于知府、同知、通判内遴委妥员，会同该州县迅诣灾所，履亩确勘"①，较少委派教官杂职，如康熙十六年（1677 年）规定，报灾地方的督抚应该"遴选贤能道府厅官履亩踏勘，不得徒委州县"②。雍正九年（1731 年）规定了八旗受灾地区进行勘灾的官员及勘灾程序，"各该佐领具结报都统，差旗弁察勘，赴部呈告，部委司官验实具题"③。

勘灾的结果也以书面形式呈报，在勘灾后的文字材料中，无论是核实过的受灾州县数、核实后的受灾人口数，或是受灾田亩数，都必须清楚明晰，因为这是朝廷进行赈济的标准和依据。

在赈济人员中，应该着重提一下侍卫群体的作用。由于种种原因，并不是所有的灾荒都能及时而迅速地呈报到皇帝面前，也不是所有的赈济都能够按照皇帝的意旨进行而不存在任何问题的。从灾赈档案中不难发现，除了六部所辖的职能部门的官员以外，在赈灾中发挥了重要作用的另外一个群体，这就是皇帝身边的侍卫。

侍卫是离皇帝最近的工作人员，直接受皇帝的控制，在群臣及地方官员面前具有很大的权威性，在很多时候往往可以代表皇帝的旨意。同时，他们不受任何行政机构及权力的羁绊和制约，具有极大的独立性，也很少与官员发生利益之争，尤其是不容易参与到官员之间的权力斗争中，其行事独立、自主性较强，在臣僚及地方官员面前，其对待事情的言行具有一

---

① （清）昆冈等修、刘启端等纂：《钦定大清会典事例》卷一百十《吏部·处分例·报灾逾限》，《续修四库全书》编纂委员会：《续修四库全书·史部·政书类》第 799 册，上海古籍出版社 2002 年版，第 731 页。

② （清）允裪等：《钦定大清会典则例》卷五十五《蠲恤》，《景印文渊阁四库全书·史部》第 621 册，商务印书馆 1986 年版，第 751 页。

③ （清）允裪等：《钦定大清会典则例》卷五十五《蠲恤》，《景印文渊阁四库全书·史部》第 621 册，商务印书馆 1986 年版，第 752 页。

定程度的权威性。因此，这个群体在灾荒中往往能起到其他官员不能起到的效果，在救灾过程中发挥了重要作用。

清代的很多次重大灾荒及赈济的情况，就是通过侍卫呈报给皇帝的。如乾隆二年（1737 年）七月三十日，乾清门侍卫马尔拜就上了一道的奏折[①]；乾隆二年（1737 年）八月二十八日、二十九两日，侍卫五十七[②]就上了两道奏章[③]。

很多时候，赈济中的勘灾、核赈等工作，都是由侍卫完成的。如乾隆二年（1737 年）七月十六日，乾隆帝就下了一道谕旨；乾隆三年（1738 年）三月三日，也有一道谕旨；乾隆三十五年（1770 年）闰五月十四日，就下了一道谕旨；嘉庆六年（1801 年）六月十四日，嘉庆帝也下了一道谕旨。类似的奏章、谕旨很多，此处不能一一列举，但从中我们可以看到，侍卫群体在赈济中发挥了积极作用。在特殊时期，他们因为没有私利，可以客观地站在灾民的立场上，能说官员所不能说或不敢说的情况，也能做官员不敢做的事情，对赈济的顺利完成起到了积极的推进作用。

二、清前期官方的赈济"机构"

说到清代官赈的人员选拔及调派，就不能不说到赈济的职能机构，即救灾机构的问题。但这确实是一个很难用一句话就能够说得清楚的话题。因为在清代的行政设置及职官建制中，并没有设置一个专门的机构主持及管理赈济事务。但似乎也不能因此就说赈济的机构不存在，不能简单地用"是"与"否"来一言以蔽之。

虽然朝廷没有设立专管赈灾的实体机构，但在灾荒来临的时候，相关部门及人员却围绕赈灾的每一个程序有效地运转，并发挥着各自不能替代

---

① 乾清门侍卫马尔拜：《奏为查赈永清县被水居民事竣事》，档号：04-01-01-0014-058，中国第一历史档案馆藏。

② 作者按，"五十七"为乾隆帝一侍卫的名字。

③ 侍卫五十七：《奏报直隶平粜漕米情形事》，档号：04-01-35-1104-031，中国第一历史档案馆藏；侍卫五十七：《奏请直隶坝县减价平粜漕米事》，档号：04-01-35-1104-032，中国第一历史档案馆藏。

的赈济作用，组成了一个临时性的、松散而又紧密地联合的"机构"，即这是一个在设置上不存在，但又由具体存在的机构组合而成的，发挥了巨大赈济作用的"机构"，具有应急、松散、联合的特点，在一定程度上，这个临时机构具有"外虚内实"的特点，功能实体化，外形则具有一定的虚拟特点。

（一）机构组成——临时而松散的联合阵营

清代虽然灾荒频仍，但由于灾荒暴发的不确定性、类型的复杂性等特点，加上清王朝疆域辽阔，地理、气候及民族构成较为复杂，要设置一个专门从事赈济的组织机构颇为不易。更重要的是，灾荒赈济涉及的事务极为繁杂，牵扯的机构也很多，从大的方面来说，不仅涉及户部、吏部，也涉及工部、刑部，还涉及内务府、军机处、内阁等，很难成立或组建一个可以统括和指挥这么多部门的赈灾机构。如果真的需要有这么一个机构，其权力就得凌驾于这些机构之上。而在当时，这些机构就是清王朝除了皇帝以外的最高权力统治机构——朝廷。因此，这样的机构和人员，只有一个人才有这种资格和能力，当然，这个人只能是皇帝。

如果真的设立了这样的机构，在地方也就得有相应的分支及派驻机构，就得配置相应的人员及运转经费，不仅会使清王朝的行政体制膨胀，也会增加朝廷的负担。同时，机构及人员设立后，也就只能在救灾的时候才能发挥作用，在非灾荒时期，人员就极有可能处于闲置状态。因此，不使人员闲置、不增添冗员的办法，就是利用现有的人员来做一项具有临时性及重复性特点的工作。

中国传统的专制主义中央集权的政治体制改革，赋予了皇权超越一切的至高无上的权力，凌驾于所有的权力机构之上，他的命令或他的意旨，就是官员行动的准则和方向。才可以调动全国所有的职能部门及人员，因此，他可以在灾荒发生时调动并使用这些人员，利用这些部门的资源来为赈济服务，在灾荒结束之后，各个参与赈济的人员及相关部门又回归到原有的职能机构。既完成了赈济任务，让各部门的官员在做好基础工作的时候，又完成了超出其职能范围的工作，额外节省了人力资源，也没有增设机构的困扰。由于相关部门经常担任赈济的任务，久而久之，赈济就成了这些部门及人员的工作任务之一，在灾荒来临时，这些人员就会自觉地进入相关的工作程序之中。

因此，中国的皇帝通过他至高无上的权力，在灾荒赈济中形成了一个有形的、但在事实上却是无形的临时性的救灾机构，这是一个只有在灾荒赈济时候才出现和存在的、虚拟的机构，皇帝把同一件事情的不同方面交给不同的职能机构和官员去办，自己居中指挥。在赈济结束之后，相关的人员各自回到原来的位置上去，这个虚拟的机构也就马上解体，"消失"得无影无踪。当然，相关的赈济资料会留存在不同的部门里，一旦灾荒来临，这些人员再次集中在以相关部门及官员为中心的虚拟机构里。这个虚拟机构以皇权为中心，通过谕旨、奏章、密折等形式下达命令或上传灾荒及赈济的具体情况而运转的。皇帝在关心民瘼、念切民瘼的口号下，在赈济灾民、使灾民同登衽席、不使一夫失所的旗帜下，把吏部、户部、刑部、工部等几大职能部门的相关人员协调和统筹起来，把平时有目的积累的，或是另有用途但临时征调给赈济所用的钱粮，投入到对灾民的赈济中。

"虚拟"这个看似时髦的现代词汇，用在清代的赈济机构上，应该是很贴切的。称之为虚拟的，就是不存在的，没有正式设立的，但却在灾荒赈济活动中实际而有效地运作。以皇帝为首的官僚群体，各自属于不同的职能部门，但却能围绕"赈济"这条主线运作起来，临时发挥各自的职能作用，他们并没有专门性的机构来管理，也没有主管的领导，有关的官员更不会因此得到相应的俸禄。他们的俸禄就在原来供职的部门领取，或因为赈济有功得到奖赏。在赈济中需要相应的开支，才会产生相应的费用，需要从户部或内务府等部门调拨，不能随意支取。因此，这个临时性的、为了赈济而存在、具有聚合特点的部门，没有实体性的机构，也没有专门的人员，更加没有财权、人事权，但却是一个在赈济时在全国范围内都能感知到的、无形的存在。只要赈济需要，有关部门及人员都得无条件地为之奔走效力，在这个时大时小、随时根据灾情不同而调整的部门中，有参加赈济的大大小小的官员，有为赈济而调拨的钱粮，有为了赈济而兴办的不同的工程等，也有因赈济不力和其他赈济犯罪行为而受到惩罚的事例，也有赈济相关的档册数据资料。因此，这是一个既是无形的但又在人们的思想意识中存在的职能机构，具有典型的"虚拟"特点。

这个联合机构具有"有事而集，无事而散"的特征。各地封疆大吏均听命于皇帝，直接受皇帝控制，对皇帝负有"下情上呈、上移下达"职责的有议政王大臣会议、内阁和军机处等，各地道府州县的官吏则听命于上级主管的官吏如督抚等，乡保、书吏、胥吏等听命于州县官吏。这官吏因为赈济开始而集中在一起，也因为赈济的结束而解散。

这个机构还具有拼凑性的特征。因为各个参加赈济的官员及需要的物资，都是从不同的部门选调拼凑起来的。在赈济过程中，掌天下疆土、田亩、户口、财谷的户部，以及权力延伸到中央政府各个职能机关的内务府等部门，调集相关资料及赈济物资。由于户部的职能是"凡赋税征课之则，俸饷颁给之制，仓库出纳之数，川陆转运之宜"，因此，在灾荒赈济中，户部常常发挥着重要的作用，主要通过户部蠲免荒政钱粮，从各种仓储里籴粜和调集粮食，紧急时截漕等，在某种程度上，户部成为这个虚拟机构的代言人。此外，这个机构从"掌天下文职官吏之政令"的吏部所辖的各级部门调集人员，这些官员在赈济中因品行、功绩而发生的奖惩谪升，即其挑选、考查、任免、升降、调动、封勋等，也由吏部的各清吏司完成。对赈济官员舞弊营私行为的惩罚，则主要由"掌天下刑罚之政令"的刑部完成。各种赈济工程的动工、兴修，赈济物资的调运等，都是由执掌"掌天下造作之政令，与其经费"的工部进行的。由于民族众多、疆域广大、宗教信仰复杂，灾荒赈济还涉及了其他一些与六部并行的中央行政机构，如理藩院、内阁、军机处、议政王大臣会议、内务府、都察院、大理寺等。在灾荒赈济中也能临时集中起来，勘察灾荒、筹办及发放赈济物资，协助朝廷蠲免灾民钱粮，帮助灾民恢复正常的生产生活秩序，彼此相互不熟悉，办事方式及路径上存在极大差异，拼凑性特点较为显著。

因此，赈济这个虚拟的机构，无论从人员的设置及官员的调派规模，还是财务支出的物资费用来说，都是清代一个十分庞大的机构，也是一个在皇帝及其下辖的议政王大臣会议、内阁和军机处直接操控下的，既和各个部门交叉，又与各个部门分离，具有独立的运转体系，但又凌驾于所有职能机构之上的特殊机构。在赈济过程中，只要是赈济需要，机构里的一切人员都要接受其指挥，物资钱财等也要接受其调派运输。这个凌驾于一切职能部门之上的超大虚拟机构，只有在中国古代集权政治体制下才能够运转起来发挥其功效。

根据清代赈济的程序及具体情况，以及各个部门之间的隶属关系，此虚拟机构的层级关系简单列图 2-1 如下：

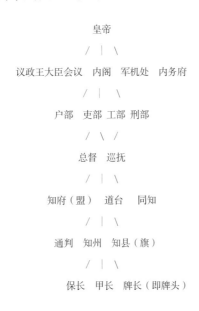

图 2-1　清代赈济机构层级关系图

从辩证唯物主义的角度来考察的话，这种机构的存在，既有其有利和积极的一面，也有其无法克服的弊端。其优势也正是其劣势之所在。

（二）联合机构的优势

由于清代没有专门设置的赈济机构，几乎所有与赈济相关的部门在灾荒发生后都能够以救灾为核心紧急运转，完成赈济任务。因此，清代的虚拟式赈济机构具有专门机构不具备的优势。

一是没有冗官、冗员、冗费等困扰，各机构及人员可以相互监督和制衡。官员在皇帝的直接控制及指挥下，不需要设置专门的实体机构，也不需要设置衙门及专门的官吏，也不需要专门开支官员的俸禄，国家就能够完成对不同程度、不同类型的灾荒的赈济工作。只要赈济需要，就可以调拨众多在各个职能部门奉职的大小官员齐集在其麾下，奔赴赈济前线，当赈济活动一结束，这些人就立即回归到自己原来的职能岗位。

各职能部门及人员是在灾荒赈济时才临时凑集在一起，相互之间不熟悉，也互不统属，没有上下级之间的服从及利益关系，在赈济执行中，有利于相互之间的监督，避免腐败现象的产生。同时，各部门之间在权力方面可以相互制衡，有利于皇帝的控制和调遣。

二是有利于提高官员的综合素质，推进官民的相互了解。各个职能部门的官员，不仅要承担其本职工作，还要有足够的能力应对灾荒中的事务，尤其是在接受调派时，要能够立即熟悉并且顺利完成上司下达的赈济任务。各个官员在此过程中都能够受到不同的锻炼，这些通过读书会考出身的文官，在赈济中接触并了解了民情，熟悉了地方的实际情况，在实践中加深了对地方政治、经济、思想文化，以及风土人情的了解，这是使其快速成长为独当一面的地方大员的一种锻炼途径。

同时，灾民也加深了对这些官员的印象。灾荒中的各项赈济措施的落实，更能使民众对"青天大老爷""救民于水火""施惠于万民"的官员产生较好或较为深刻的印象，加强民众对这些官员的认同感，对官员在地方的施政效果产生积极的影响。因此，通过赈济，不仅使官员有机会接触基层社会，锻炼其实际的办事能力，提高其综合素质，而且对整个官僚群体的办事效率和能力，都能产生积极、有利的推动作用。

三是工作效率高，各职能部门之间具有高度的协调性。在灾荒来临的时候，为了拯救灾民于水火，相互之间互不统属的各部门及官员，为了迅速恢复社会经济，稳定社会秩序，尽快完成赈济，相互配合支持，工作常常达成高度协调一致的趋势。

同时，赈济虽是一项短期的工作，但却能表现出各个官员的综合能力，其工作业绩及工作表现常常能够在很短的时间内得到上级甚至是皇帝的认同，他们也能够借此迅速获得赏识甚至升迁。因此，各个官员在赈济中都会不遗余力地各尽所能来完成工作。也由于赈济工作性质及目的比较单一，各官员均来自不同的部门，只是为赈济而暂时性地汇集在一起，一般很少存在利益之争，为了完成赈济任务，他们在工作中也常常表现出超乎寻常的积极性，较好地统筹、协调有关工作。

当然，这一优势要充分发挥，还得有强有力的皇权、繁荣的经济、清明的吏治及有效的激励机制作为保障。否则，也会出现各种问题。

四是发挥基层管理者的工作积极性。为了防止赈济中出现假冒虚捏、贪污贿赂等弊端，顺康雍三帝都在不同程度上强调赈济事务不得假手下层的胥吏、书役等基层管理者。乾隆帝更是强调督抚要亲自参与赈济，不得假手文职书役人员。但是，在人员不够调用的情况下，在外来的赈济官员不了解地方实际的情况下，基层管理者往往在其中发挥了主导作用。在官员指挥调派得当的时候，基层管理者的工作积极性、参与意识都得到了极大的提高和加强，其公众服务意识和民众认同感也能够在此过程中萌发和强化，一般都能够协助相关官员完成赈济任务。在一定程度上可以说，赈济任务的完成，基层的书役、乡保等管理人员，发挥了重要作用。正是他们在赈济各个环节中的积极工作，才使得赈济能够顺利进行并最终完成，不能因为其中部分人员的恶劣行为及皇帝或官员的排斥，而忽视清代基层管理群体在赈济中的积极作用。

（三）联合机构的劣势

在辩证唯物主义的指导下看待问题，不难发现上述的优点也是相对而言的，是在国家政局稳定、经济基础雄厚、思想文化发达的情况下展现的。在清代，具备这种条件的时代，只有康乾盛世时期。只有盛世时期所具有的优势条件，才使清代赈济制度及措施逐渐发展完善，最终达到中国古代赈济制度史上的最高峰。

当政治、经济、思想文化等方面的强大优势丧失，上述优点也就迅速地转化成了缺点和劣势。嘉道以降，随着皇权式微，经济的衰弱，国力随之削弱，这个庞大的虚拟机构逐渐运转不灵，其"虚拟"的特性使得各个"零件"之间锈迹斑斑，不仅使得赈济不能够顺利进展，也大大影响了赈济的效果。从总体上而言，这种虚拟机构存在以下劣势：

一是指挥权力过于集中，上意与民情不能很好地融通，对赈济的实施及效果产生不利的影响。

赈济的最高指挥权集中在皇帝及其统率的议政王大臣会议、内阁和军机处，他们高处宫廷，不容易接触到实际情况，对各地灾情的理解不是很完全准确，也就影响了赈济的实施。同时，其赈济意旨的贯彻，需要各级官员层层下达及具体执行，等到了基层灾民面前，很容易走样变调，对赈济的影响极为不利。

更重要的是，由于权力过分集中，在皇权强大的时候，命令能够顺利地传达和实施，皇帝对职能部门及官员的调动十分快捷，各部门之间的呼应也非常顺利。一旦皇权削弱，就容易出现呼应不灵，加之没有专门性的机构人员，在灾荒频繁、程度严重的时候，赈济效果就极其有限，对皇帝及官员的威信，都是一个致命的打击，这些恶性的影响效应都会累积性发展，反过来影响了皇权及政府的威信。皇帝的良好意旨不能让基层民众享受及体会，而基层民众的呼声及愿望又不能够及时上达皇帝，导致了以皇帝为首的官僚政权威信的下降乃至丧失，最终葬送了政权的生命力。

二是各职能部门及官员之间的协调，受到皇权、政治、经济、思想文化等单方面的制约，相互之间不受制约，赈济效率因此受到极大影响。

不论是政权体制，还是社会体系，都是一个整体，相互之间都存在着平衡及制约的关系，各个要素之间都呈现出一个动态的发展过程。如果各方面的发展势均力敌，各社会要素之间就能出现一个良性互动的发展态势，但只要其中的一个或几个要素出现了问题，就会影响整个社会的动态发展。赈济这个虚拟的庞大机构的运转，也是这样的。当皇权削弱、政局动荡、经济衰退的时候，人们的思想文化及道德素质也逐渐下滑，各个部门之间顾此失彼、呼应不灵，部门及官员之间更多地考虑到了各自的权益，其协调性及相互之间的配合精神逐渐丧失，赈济过程充满了阻力，效率也因此大受影响。

同时，由于各部门之间没有隶属关系，彼此不受制约，相互之间在权力上是平等的，互不买账，在皇权强大的时候还能够发挥其积极性，如果缺乏一个强有力的统治者及协调者，各部门之间、各赈济官员之间就会出现相互扯皮和推诿，影响了赈济的实施与效果。

三是各机构及成员间容易相互蒙蔽，出现集体性、区域性的灾赈舞弊案件。

这个劣势是该"赈济机构"的特点决定的。由于这个虚拟机构体量庞大，权力过于集中，最高层的决策者往往对各地的具体情况不是很了解，常常是仅听地方督抚的奏报，了解下情的途径过于单一。尽管雍正、乾隆皇帝出于广视听、行明政而实行密折制度，但数量及效果还是极为有限，督抚依然是皇帝与地方沟通的主要桥梁。因此，督抚的权力可大可小，下情上传、上意下传的程度，全在督抚个人的把握及具体操作。同时，集权体制的特点，导致了督抚成为地方上权力最大的人，下层官员的升迁、惩处等，在很大程度上受到督抚的掌控，如果督抚受到区域性、集团性利益的驱动，下层官僚出于各种原因的考虑，往往也会协同督抚一起舞弊。如乾隆四十六年（1781 年）甘肃贪污冒赈案，就是这样出现的。但这类案件，绝不仅仅只是在甘肃发生。

对于基层来说，一旦灾荒发生，皇帝要求督抚及州县官员必须亲临灾区参与赈济工作，严格禁止基层的文书、吏役、乡保参加赈济工作，以防他们群体舞弊。但官员的数量毕竟有限，在大规模的灾荒中，往往不得不动用这些基层管理者。同时，地方的具体情况，也只有这些基层管理者最清楚，即便是在官员数额不短缺、灾荒范围也小的情况下，对地方情况不太了解的州县及以上的官吏到达灾区赈济时，也不得不依靠基层管理者。因此，尽管统治者出于良好的意图，也制定了较好的制度，但在实际操作中往往不能够贯彻执行。反而使基层管理者在赈济中能够发挥导向性的作用，他们引导赈济官员的赈济意图，给集体营私舞弊的行为提供了广阔的空间。

这种情况在盛世时期，在上级官员比较清正廉明、能力较强的情况下，其舞弊的可能性及空间较小。但在上级官员昏聩自私的情况下，基层管理者出现营私舞弊的概率就急剧上升，集团性舞弊的可能性也更大。如果上司也是贪污的官员，就更容易与这些基层管理者沆瀣一气，上下联手共同贪污。给赈济的实际执行及其效率蒙上阴影，造成重大损失。这种情况也使赈济案件中集团性、区域性特点非常显著。

四是赈济物资及资金数额庞大，运作周期较短，一旦监督困难，容易出现贪污虚冒赈济物资款项事件。

对于地方财政，尤其是经济不发达的地区来说，由于灾荒赈济物资的数额比较庞大，其调拨、集中及发放的速度也比较快，物资周转周期较短，赈济物资的确切去向一般很难清查。如果遇到集团性、区域性的贪污腐败，清查的难度就更大。清代也缺乏一个固定的机构和人员来对其进行有效、完整而又长效的监督，尽管也会派出人员检查赈济物资发放的查赈工作，但这种性质的查赈不具有普遍性，也不是像勘灾一样是必不可少的程序，多为临时性的。同时，赈济的整个过程，全在地方督抚及道府州县，以及乡村基层管理者的操控中，他们的社会责任感及道德观，在缺乏长效而严格的监督机制的情况下，在巨大的物质利益的诱惑下，在集团性的舞弊环境中往往会迅速沦丧。这就使得赈济过程中容易出现贪污、挪用、侵吞赈济物资及赈济款项的现象。

但是，由于赈济的机构具有极大的虚拟性，没有固定的机构及人员，赈济一结束，人员就随之解散，即便发生了舞弊营私的现象，如果数额不是很大，赈济过后就会很快被隐没。如果遇到以督抚为首的集团性、区域性的腐败现象，即使数额巨大，在短期内也很难暴露。这就使得赈济物资款项的流向极易出现问题，对清王朝的统治留下了巨大的隐患。

五是赈济工作具有临时性、临事性的特点，缺少固定、长效的激励机制，缺乏长久的生命力，各部门及成员对待赈济难免存在敷衍了事、虚与委蛇的现象，只作表面文章，不求于民有利的官员大有人在。

在皇权削弱、经济衰弱的情况下，赈济物资及款项短缺、调运困难，赈济各环节进展也会很不顺利，清正廉明者看不到升迁的希望，营私舞弊、贪污望利者亦觉无利可图，赈济活动缺少了积极性，变得越来越随意，其严肃性逐渐被敷衍、表面性所取代，赈济灾民于水火、恢复社会救济、稳定社会局势的宗旨逐渐丧失了。赈济的效果大打折扣，从根本上削弱了清王朝的统治基础，最终成为促使清王朝的统治大厦倾毁的推力之一。

此外，民间赈济力量在灾荒赈济中也发挥了不容忽视的、积极的作用，尤其是在官赈力量难以推进的时期和地区，民间赈济力量筹集的物资，在灾荒救济中发挥了重要的作用。

因而，应当以历史唯物主义及辩证唯物主义的方法为标准评价清代的赈济，才能对不同时期、不同区域、不同救灾主体的赈济做出较为客观的评判。本书探讨的重点也主要集中于官赈。下文若非特别指明，所指的赈济就是官赈。

第 三 章

清前期赈前机制——报灾、勘灾制度的建设与完善

清代前期主要是赈济措施及其制度的恢复、建设时期。在官赈进行前，要进行钱粮等物资赈济前要做好各项准备工作，即赈济前的报灾、勘灾等预备工作，故将此工作称之为预赈工作，其相关的制度称为预赈制度。在这项制度建设中，最突出的工作就是完成了报灾勘灾期限、违限处罚、蠲免分数、勘不成灾等制度的建设。

报灾、勘灾、勘不成灾制度是在顺康雍时期建立并逐渐确定下来的，这一时期，清廷对报灾及勘灾的任务、人员、期限等都有了明确规定，并根据实践情况进行了相应的调整及修改，使得报灾、勘灾制度及灾蠲分数更加切近实际，并且更有利于实施。

第一节 清前期报灾机制的建设及完善

清初灾赈制度建设的主要任务，是恢复中国传统灾赈制度与赈济措施，报灾是其中最早恢复和建立的荒政制度。清代报灾制度是在救灾实践中建立、完善起来的。其始建于顺治朝，发展于康熙、雍正朝，完善于乾隆朝。报灾是指灾害发生后，灾区地方官吏逐层上报灾情并请求赈济的行

为，"凡地方有灾者，必速以闻"，主要是将灾情和灾伤损失等信息迅速、如实报告上级官府直至朝廷，以便官府及时采取相应救灾措施。

清前期报灾制度建设最突出的贡献，是完成了报灾期限、违限处罚及冒灾匿灾、告灾不实的处罚等制度建设及调整，建立了卫所、粮庄报灾制，此时确立的原则沿用至清末。完备的报灾程序成为确保康乾盛世灾赈制度顺利执行的基础，凸显了帝制顶峰阶段灾赈制度成效显著的原因。故清前期是中国传统赈济制度恢复建设的重要阶段，也是中国传统灾赈制度承前启后的时期。学界对清代报灾制度及实践已有初步研究，但尚未对该制度的建设、关键节点的推进及其影响进行过系统研究。本节从灾害信息上报制度建设的视角切入，对清前期报灾制度的建设进程、具体内容及其实践等进行系统梳理及研究，以求裨益于当下防灾减灾制度体系的建设，进而建立系统的灾赈预警及灾情信息的绿色上报通道机制，提高自然灾害防治能力是清代报灾制度垂鉴后代的经验。

一、顺治朝报灾制度的初建

（一）重视告灾与告灾不实的处罚

顺康雍时期，在赈济制度的建设中进行的最突出、最有成效的工作，就是初步完成了对报灾期限及违限处罚的规定。

在报灾制度的建设中，最突出的便是对报灾的期限做了明文规定。这项工作的完成，主要与清王朝鼎立中原之初灾荒严重有密切关系，在灾荒及战乱的双重影响之下，饥馑横行，白骨盈野，为了安定、获取民心，稳定统治，急需了解各地灾荒的具体情况，以便于推行有效的赈济。因此，赈济之前最为关键的工作，就是报灾，这是关系采取何种赈济方式、投入多少赈济物资的基础性工作，也是影响赈济效果的前提。

报灾是指地方官员层层上报地方灾情状况，以便朝廷实施赈济的程序，有两个阶段（环节），即基层告灾和官府报灾阶段。

当灾荒发生时，受灾地区的民众（主要是士绅）或乡村基层官吏迅速向地方官府报告受灾情况，这就是通称的告灾，是报灾的前期阶段。告灾的形式有两种：一是口头叙述汇报；二是文字陈述。一般说来，灾情紧急时，一般是先做口头汇报，然后再呈递文字材料，也有两者同时进行的。这是官赈环节中最基础的步骤，也是受灾地区将灾情向官府暨社会公开，并希望官府及社会分担灾害后果的初步行为。告灾也可以纳入报灾的程序中看待，是报灾的基本程序。这是地方官吏了解、掌握灾情，以便准确上报的主要途径。

一般说来，告灾环节都是有灾即告的，不存在不实情况，至多就是灾情状况、灾情严重程度存在一些出入，这是属于正常范畴，也是在预料范围内的情况，正因如此，才有勘灾这个必不可少的环节。但在一些特殊时期或特殊情况下，在一些特殊的社会群体中，为了一己之私利，也会出现告灾不实，虚冒（冒报灾荒）或加重灾情，以图冒领赈济物资、骗取或减免租赋的情况。

在报灾初期就出现虚报灾荒的情况，在康熙、雍正时期确实存在过。为了严正赈济法规，使灾有所赈、赈达灾民，统治者需要符合实际的灾情报告，雍正帝饬令"印委各官详加查察，总期秉公据实，不得丝毫讳捏，庶穷黎咸沾实惠，帑项不致虚糜"①。乾隆十三年（1748 年）八月，山西巡抚兼布政使李敏第奏报了阳高县冒告灾情的情况，乾隆帝就敕令认真办理，"谕军机大臣……李敏第又称：阳高县于七月间少缺雨泽，即有刁民张选擅写传帖纠众赴县具呈告灾，经该县拿获讯究等语。此案情节虽轻，若不认真办理，渐至相习成风"②。

由于最高统治者较为重视，冒告灾荒的情况一般都能够得到及时处理。乾隆十四年（1749 年）九月，乾隆帝给军机大臣的敕谕就反映了这一情况："上下两江历来办赈州县，官役乡保，朋比侵冒。告灾不实，造报不清，弊端百出。今经条奏，果否系实在情形？尹继善久任两江，何以一任属员朦混，漫无觉察？著将原折钞寄，令其阅看，详悉奏闻。"③随后，

---

① 《世宗宪皇帝朱批谕旨》卷二百十六之四"朱批赵弘恩奏折"，《景印文渊阁四库全书·史部·朱批谕旨》第 425 册，商务印书馆 1986 年版，第 544 页。

② 《清实录·高宗纯皇帝实录》卷三百二十三"乾隆十三年八月条"，中华书局 1986 年版，第 332 页。

③ 《清实录·高宗纯皇帝实录》卷三百四十八"乾隆十四年九月条"，中华书局 1986 年版，第 803 页。

两江总督尹继善奏报了两江地区告灾不实的原因及具体情况："江省向来告灾不实，有司不能详核，又惮于查勘，一任乡地书吏，移易增减，捏造花名诡户，混报冒领，而散粮时，吏胥需索册费票钱，摊派侵扣，穷民不沾实惠"①，从中可大致了解当时个别地区告灾不实的情况。由于最高统治者极其重视告灾工作的客观情况，地方督抚大员在处理有关情况时更为用心，对两江地区的工作不实情况，尹继善也做了严密的防范和核查，"臣在两江五载有余，每值各属报灾，俱委员会同该州县履亩查看，处处核实，分别办理。其灾重之区，臣与抚臣亲身前往督察，留心密访。凡稍可自给者，不准入册。而真正穷民，断不许其删减遗漏。……凡遇报灾，必令印委各官亲查。其不成灾之村庄，从未有散赈之时，敢于欺冒争竞者。至造报饥口……户口增减不一，随时审验，户必亲查，口必核实，属员不能朦混造报"②。

当然出现地方官员冒告灾荒的案件，也是有因可循，这多是由于官员赈济无方、处理失当而致。如乾隆二十年（1755 年），由于江苏遭受水灾，昆山县灾情严重，官府未能及时赈济，遂"有愚民告灾，哄挤宅门之事"，泰州、阜宁等县"亦有要挟求赈者"，乾隆帝仔细分析后明确地指出，民族哄闹的原因之一是"官府办理不善"导致的，"州县偶遇偏灾，果其抚恤得宜，民情自必安帖。若使办理不善，以致百姓哄闹"③。这在嘉道以后官赈衰落的过程中表现得尤为明显，如道光三年（1823 年）正月，林则徐提任江苏按察使，江苏在是年夏秋之际大雨成灾，官府救济不力，松江饥民"聚众告灾，汹汹将变"，林则徐亲赴松江安定灾民，立即进行赈济，缓和了一触即发的矛盾。

严格说来，告灾制度的建设是清代历代皇帝都很重视的基础性程序，也是历代都在改进完善的工作。乾隆以后，纠正告灾程序中的腐败现象是

———————

①《清实录·高宗纯皇帝实录》卷三百四十八"乾隆十四年九月条"，中华书局 1986 年版，第 803 页。

②《清实录·高宗纯皇帝实录》卷三百四十八"乾隆十四年九月条"，中华书局 1986 年版，第 803 页。

③《清实录·高宗纯皇帝实录》卷五百二"乾隆二十年十二月条"，中华书局 1986 年版，第 338 页。

朝廷及官员赈济工作的主要目的之一。

（二）顺治十年报灾制度的初步确定

在清代灾荒赈济制度的发展中，顺治十年（1653 年）可以说是清代赈济制度初起的关键时期，清代最基本的赈济法令就是这个阶段确定下来的，虽然此际规定的制度大多粗疏，并且几经修订，但最基本的赈济原则，却是参考、继承了明代的制度，逐渐修改并初步确立下来。

顺治六年（1649 年），朝廷规定了报灾是地方督抚的责任，地方遭受灾荒，督抚大员应立即了解被灾的田地数额及其灾情分数，奏报朝廷，"地方被灾，督抚巡按即行详查顷亩情形具奏"①。然而，虽然朝廷做了官员"有灾必报"的规定，但报灾工作中出现了先后不一的复杂情况，有当年就上报灾荒的，也有次年甚至两三年以后才报灾，不仅影响了赈济工作的进行，也大大影响了赈济的效果，在稳固政局、收揽民心方面的成效极其有限。因此，就有大臣关注报灾期限的问题，科臣季开生提出规定报灾期限的建议受到了朝廷重视。

顺治十年（1653 年）十一月辛亥，户部经过讨论，将报灾的时间期限正式确立了下来，并对违限即迟报灾情的官员进行严厉的惩罚。在此项规定中，夏灾必须于六月底以前上报，秋灾必须于九月底前上报，"户部议覆科臣季开生请立限报灾疏言：夏灾限六月终，秋灾限九月终"，做出此项规定的原因，主要是担心秋收后还有灾变发生，故稍微放宽时限，"抚司道府等官以州县报到之日起算，逾限一例处分。迨后定例夏灾仍以六月为限，秋灾限以九月终句。诚以报灾逾限缓不及事，而秋收则恐临时或有变更，故稍宽其期也"②。

如果报灾违限，将根据违限时间长短进行处罚，超过期限一个月的官员罚俸，违限一个月以上的官员则要降级，违限时间太长的官员就要被革

---

① （清）昆冈等修、刘启端等纂：《钦定大清会典事例》卷二百八十八《户部·蠲恤·奏报之限》，《续修四库全书》编纂委员会：《续修四库全书·史部·政书类》第 802 册，上海古籍出版社 2002 年版，第 596 页。

② （清）杨景仁：《筹济编》，李文海、夏明方主编：《中国荒政全书》第二辑第四卷，北京古籍出版社 2004 年版，第 56—57 页。

职，"先将被灾情形驰奏，随于一月之内，查核轻重分数，题请蠲豁。其逾限一月内者，巡抚及道府州县各罚俸；逾限一月外者，各降一级；如迟缓已甚者，革职。永著为例。报可"①。此后的报灾工作均按照此期限进行，但在实施的过程中，顺治帝对此极为关注，并在随后的时间中对此进行了调整。

相对于此前的报灾工作而言，这是个较严格的规定。但正是这个规定，将清代的报灾期限从随意状态推进到制度化的层面上。因此，顺治十年（1653 年）报灾期限的规定，对于清代的赈济程序来说是个巨大的飞跃。规定报灾期限以后，报灾的开展有据可循。同时，还在报灾之外规定了勘灾的期限，即灾情上报后，需于一个月内勘察灾情，说明顺治时期对赈济措施实施前的工作较为关注，这既与稳定政局、安定民心有关，更与当时社会经济还处于恢复阶段有关。顺治入定中原之初，经济基础还不雄厚，必须把有限的财力及时准确且有效地投放到需要赈济的灾民手中，这当然就必须做好赈济物资发放前的准备工作。顺治十三年（1656 年）二三月，吏科都给事中郭一鹗"以图治贵务实政"为名条奏五事，其中"为目前急务"的"安抚流移"条就明显体现了这个特点，此年，河南临漳等处遭遇了严重的风霜灾害，"麦菜枯槁"，为"从来未有奇灾"，请求安抚，"恐往返查报，必稽时日，百姓畏目前催征，多致逃散。请敕下督抚按凡各处申报灾荒文到日，即行设法安抚。庶饥民不致离散，本固而邦宁矣"②。

当然，在报灾中也存在言过其实的情况，顺治朝因急于鼎定天下、获民心而重视报灾，但对报灾中出现虚冒、夸大等情况也进行严厉处罚，如顺治十一年（1654 年）十一月二十四日，陕西巡抚马之先就参报了陕西省陇西（后改属甘肃省）等县官员因报灾言过其实，请求处分。顺治十二年（1655 年），朝廷就规定了迟报灾荒、勘灾骚扰等弊端的惩罚措施，"灾伤迟报，踏勘骚扰……一切严行禁革。有违犯者，该督抚即行纠参，以凭重

---

① 《清实录·世祖章皇帝实录》卷七十九"顺治十年十一月条"，中华书局 1985 年版，第 623 页。

② 《清实录·世祖章皇帝实录》卷一百"顺治十三年四月条"，中华书局 1985 年版，第 777 页。

处。如督抚徇情庇纵，部院科道官访实劾奏"①。

（三）顺治十七年（1660 年）报灾期限的基本确定

顺治十七年（1660 年），鉴于报灾中存在的问题，朝廷对报灾期限做了调整。此次调整，主要是针对报灾期限进行的，对报灾违限的处罚也做了明确的规定。

此年明确规定：夏灾报灾期限不变，秋灾报灾期限调整为七月底，"直省灾伤，先以情形入奏，夏灾限六月终旬，秋灾限七月终旬"。但鉴于甘肃的地理、气候条件特殊，路程遥远，交通不便，便对甘肃一地的报灾期限做了专门的特别规定，"又，甘肃夏灾不出七月半。秋灾不出十月半"②。

对报灾违限（逾限）官员的处罚规定也更为细致。如违限一月者罚俸时限为六个月，违限一月以外不足两个月者，降一级调离他处任用，违限两个月及两个月以上、三个月以下者，降二级调用，违限三个月以上者革职，"州县官迟报逾限一月以内者，罚俸六月；逾限一月以外者，降一级调用；二月以外者，降二级调用；三月以外者，革职"③。还对报灾的具体起讫日期做了规定，即督抚司道府的报灾期限，以州县报灾之日为起点计算，"督抚司道府官，以州县报到日为始，如有逾限者，照此例处分"④。

此项规定极为细致的第二个原因，是考虑到了交通条件及途中需要时间的因素，故计算期限时，就扣除了程途中花费的时间，这就使规定在严厉中具有了一些人性化的因素，"先将被灾情形题报，仍扣去程途日期，如

① 《清实录·世祖章皇帝实录》卷八十八"顺治十二年正月条"，中华书局 1985 年版，第 693 页。

② （清）昆冈等修、刘启端等纂：《钦定大清会典事例》卷一百十《吏部·处分例·报灾逾限》，《续修四库全书》编纂委员会：《续修四库全书·史部·政书类》第 799 册，上海古籍出版社 2002 年版，第 731 页。

③ （清）昆冈等修、刘启端等纂：《钦定大清会典事例》卷二百八十八《户部·蠲恤·奏报之限》，《续修四库全书》编纂委员会：《续修四库全书·史部·政书类》第 802 册，上海古籍出版社 2002 年版，第 596 页。

④ （清）昆冈等修、刘启端等纂：《钦定大清会典事例》卷二百八十八《户部·蠲恤·奏报之限》，《续修四库全书》编纂委员会：《续修四库全书·史部·政书类》第 802 册，上海古籍出版社 2002 年版，第 596 页。

详报到省在限外，而扣算程途日期，尚未逾限，免其揭参；若到省在限外，而计算应扣之程途，亦已逾限者，即行照例参处。如州县官迟报，逾限半月以内者，罚俸六月；逾限一月以内者，罚俸一年；逾限一月以外者，降一级调用；逾限两月以外者，降二级调用；逾限三月以外，怠缓已甚者，革职"①。在惩罚违限官员时，从州县官到巡抚、布政使到道府官员，均一视同仁，促使各官既受监督，也能自警，"巡抚、布政使、道府等官，以州县报到之日起算，如有逾限者，一例处分"②。

勘灾期限依然规定为一月，"仍限一月内，续将报灾分数勘明，造册题报。各官如有违限者，亦照前定例议处。永著为例"③。这是一个极其明细的规定，无论是报灾的期限，还是处罚的期限，都规定得十分明确。使得执行变得更加方便和有据可依。此后的报灾期限，就以此为准，虽然此后还有更改，但只是做局部调整，以便执行。报灾逾限的规定得到了严格执行，在很长时间中，不同官阶的官员违逾期限，均遭受同样处罚，即便是总督违限，同样会受到严厉的惩处。

从后面历代的执行情况可以看出，顺治十七年（1660 年）确定的有关报灾逾限的惩罚规定，在康熙、雍正、乾隆时期一直在执行。虽然各个皇帝都在以谕旨的方式各自作出规定，但其处罚的形式及内容，都是顺治十七年（1660 年）确立下来的。因此，对于报灾逾限而言，顺治十七年（1660 年）是其正式确立的时间。

总之，顺治年间对报灾的初步建设及相关规定，使灾荒赈济有了程序及法规可以依照，通过多次灾荒救济，大清鼎立之初政局动荡不安、经济残破凋敝的混乱状况逐渐得到了改变，使灾荒赈济开始按照一定的程序开

---

① （清）昆冈等修、刘启端等纂：《钦定大清会典事例》卷一百十《吏部·处分例·报灾逾限》，《续修四库全书》编纂委员会：《续修四库全书·史部·政书类》第799 册，上海古籍出版社 2002 年版，第 731 页。

② （清）昆冈等修、刘启端等纂：《钦定大清会典事例》卷一百十《吏部·处分例·报灾逾限》，《续修四库全书》编纂委员会：《续修四库全书·史部·政书类》第799 册，上海古籍出版社 2002 年版，第 731 页。

③ （清）昆冈等修、刘启端等纂：《钦定大清会典事例》卷二百八十八《户部·蠲恤·奏报之限》，《续修四库全书》编纂委员会：《续修四库全书·史部·政书类》第802 册，上海古籍出版社 2002 年版，第 596 页。

展起来，初步建立起了清代灾荒赈济的基础性法规。

二、康熙朝报灾制度的建设与调整

顺治年间初步制定了报灾及其违限惩处的规定，康熙年间，则在实践的基础上对这些规定进行了确认及调整。

（一）康熙四年（1665年）对报灾违限处罚的重申

康熙四年（1665年）是明确及调整已有法规的重要时期。对报灾延期的处罚自顺治年间规定后，便得到了很好的贯彻实施。康熙年间，继续明确了对报灾违限的处罚规定。

康熙四年（1665年）五月丁酉，由于直隶总督报灾迟延，"照巡抚处分例"[①]。再次重申并明确了布政使与道府州县官的违限处罚等同的原则，"州县以被灾情形申报布政使，如布政使违限，亦照道府州县官例处分"[②]。

这虽然只是对已有法规的重申，但是对于赈济制度的建设而言，此举意义重大，是后继者对前任皇帝法规的再次确认，不仅起到了强化的效果，也使赈济措施朝着制度化的方向又迈进了一步。

（二）康熙四年（1665年）至康熙七年（1668年）旗地报灾、勘灾的调整与补充

顺治年间报灾期限的规定，大多是针对黄河以南汉族聚居的、以农业为主的地区而言的，但对黄河以北以蒙古族、满族等聚居的草原游牧地区来说，灾荒的时间及灾荒类型与南方有极大的差异，草原区域辽阔，政区设置疏阔，如果用南方的报灾期限标准去实施。难免存在如赈济延误等众多问题。因此，清廷专门制定了八旗地区灾荒的考察人员、

---

① 《清实录·圣祖仁皇帝实录》卷十五"康熙四年五月条"，中华书局1985年版，第228页。

② （清）昆冈等修、刘启端等纂：《钦定大清会典事例》卷二百八十八《户部·蠲恤·奏报之限》，《续修四库全书》编纂委员会：《续修四库全书·史部·政书类》第802册，上海古籍出版社2002年版，第596页。

上报期限等。

同时，旗地乃清朝统治者的根据地、大后方，清朝统治者在很多方面对其眷顾有加，予以种种特权。若用同一报灾标准去要求，势必不能兼顾及保全各旗的利益。

早在顺治十八年（1661 年），朝廷就规定了旗地勘灾的人员，也对勘灾中的失误如造报遗漏、勘灾不细等划归了接受处罚的责任人，但勘灾的官员人数众多，程序烦琐。如果旗地每次发生灾荒都要如此指派，对旗地的及时赈济会产生不利的影响。

康熙四年（1665 年），朝廷就根据旗地灾情的大小，减少了勘灾的官员，规定八旗地区遭遇灾荒后，副都统不再参加勘灾工作，只由骁骑校、领催等进行具体勘灾事宜，"八旗遇灾地亩，停遣副都统等勘验。止令骁骑校、领催等详勘保结，送部具题"①。此次调整，减少了旗地勘灾的官员数量，简化了勘灾程序，使旗地灾荒能得到及时赈济。

但旗地的报灾期限却一直未能确定。康熙六年（1667 年），朝廷专门制定了旗地报灾的期限，即旗地报灾期限，一年只有一次限制，最后期限比农业地区的秋灾期限提前了十天，即为每年的七月二十日，"题准：各旗报灾，不得过七月二十日"②。此项规定为旗地灾荒赈济给予了宽松的政策，各赈济官员可以根据情况在灾区进行赈济，但也给官员的疏懒提供了借口。

由于旗地所在草原区域广阔，各旗所在地远近不一，交通不甚便捷，给报灾及勘灾造成了不便，就在规定旗地报灾期限的次年，康熙七年（1668 年）将报灾期限延迟二十天，即延到八月十日，"题准：各旗灾地远近不一，难以查验，准宽至八月初十日，逾期不准"③。

---

① （清）昆冈等修、刘启端等纂：《钦定大清会典事例》卷二百八十八《户部·蠲恤·灾伤之等》，《续修四库全书》编纂委员会：《续修四库全书·史部·政书类》第802 册，上海古籍出版社 2002 年版，第 599 页。

② （清）昆冈等修、刘启端等纂：《钦定大清会典事例》卷二百八十八《户部·蠲恤·奏报之限》，《续修四库全书》编纂委员会：《续修四库全书·史部·政书类》第802 册，上海古籍出版社 2002 年版，第 596 页。

③ （清）昆冈等修、刘启端等纂：《钦定大清会典事例》卷二百八十八《户部·蠲恤·奏报之限》，《续修四库全书》编纂委员会：《续修四库全书·史部·政书类》第802 册，上海古籍出版社 2002 年版，第 596 页。

（三）康熙四年（1665年）至康熙九年（1670年）报灾期限的确定

顺治年间规定的报灾期限，实施几年后就出现不同程度的问题，朝廷就进行了调整，但调整后的报灾期限，也面临新的困难。

康熙四年（1665年），户部题报，将夏灾、秋灾的报灾期限又调整到顺治初年的标准，"户部题：凡被灾地方，夏灾不出六月，秋灾不出九月……从之"①。报灾之后，各灾区的督抚题报灾情，"各抚具题"，并派遣官员前往灾区勘察灾情分数，"差官履亩踏勘，将被灾分数详造册结，题照分数蠲免"②。同时，康熙帝注意到灾区官员往往因为担心考成不合格，不敢照实报灾及蠲免，致使灾民不能得到有效救济，就批准了户部题报的灾区在报灾之后，先将本年的钱粮暂时停征十分之三，在勘灾结束后再正式蠲免的请求："但本年钱粮，有司畏于考成，必已敲扑全完，则有蠲免之名，而民不得实惠。以后被灾州县，将本年钱粮，先暂行停征十分之三，候题明分数照例蠲免，庶小民得沾实惠。从之。"③

这是因为夏灾报灾在六月底、秋灾报灾在九月底，而报灾之后一个月内必须完成勘灾工作。勘灾之时，确定灾情分数是必须完成的工作，而判定灾情分数，一般在粮食未收获的时候最容易分辨。如果粮食已经收割，灾情分数就较难判定，但六月底、九月底报灾以后的勘灾时间，正是粮食收割完毕或接近尾声的时候，勘灾困难重重，也影响了赈济的实施。

同时，六月报夏灾、九月报秋灾到总督、巡抚处，再题报到部，中间就需时日。户部、内务府等再进行核议回复后，巡抚等再用一月时间勘灾以确定灾情分数，勘灾完成后奏报到部，部议应允回复亦需耽搁时日。应允后又转发该（勘灾）巡抚，巡抚再转发各地方官，又需时日。此间即便每个流程都以最快速度办理，也需要两个月或更多时间，超出了颁发流单

---

① 《清实录·圣祖仁皇帝实录》卷十四"康熙四年三月条"，中华书局1985年版，第218页。

② 《清实录·圣祖仁皇帝实录》卷十四"康熙四年三月条"，中华书局1985年版，第218页。

③ 《清实录·圣祖仁皇帝实录》卷十四"康熙四年三月丙申条"，中华书局1985年版，第218页。

的最后时间期限。这必然使赈济效果大打折扣，也容易滋生各种弊端。因此，康熙六年（1667年），大部分巡抚提出了更改报灾期限的请求，"而各抚题报灾伤，夏灾报在六月，秋灾报在九月，计题报到部，又需月日，部中具覆，行查被灾分数，必候该抚查回，部覆奏允，然后行咨该抚，又转行各地方官，虽至速，已至本年十一月十二月及次年正月二月，久已在颁发由单之后矣……奸胥贪官，因此侵冒者不少"[①]。

为了勘灾工作顺利、准确的进行，就有部分官员请求将报灾时间适当提前。康熙七年（1668年）六月辛巳，户部对报灾期限做了调整，提出夏灾报灾期限不能超过五月初一、秋灾不能超过八月初一的建议，如果违限，按照顺治年间的规定惩处，"户部覆：报灾定例，夏灾不出六月，秋灾不出九月。但踏勘于收获未毕之先，始可分别轻重，请嗣后报灾限期，夏灾不过五月初一，秋灾不过八月初一。逾期，仍如例治罪"[②]，但清廷核议后认为，地方州县遭受灾荒后，由于各地距离官府驻远近不同，如果报灾期限制定得过于严苛的话，会对灾民赈济造成极大的不便，因此没有同意户部更改报灾期限的规定，仍然按照顺治年间规定的期限进行，"谕曰：凡被灾州县，有司必先勘察申报，该抚然后具题，地方远近不一，若限期太迫，被灾之民恐致苦累。其仍如旧例行"[③]。

从报灾期限的调整中可以看出，康熙初年，报灾制度依然处于建设及

---

① 清高宗敕撰：《清朝文献通考》卷二《田赋考二》，商务印书馆 1936 年版，第 4864 页。

② 《圣祖仁皇帝圣训》卷二十一《恤民》，《景印文渊阁四库全书·史部》第 411 册，商务印书馆 1986 年，第 387 页。然据《钦定八旗通志》卷二百一记载，巡抚刘殿衡请求更改报灾期限的奏疏中，曾经提到："夏灾不出五月二十日，秋灾不出八月二十日"，与《圣祖仁皇帝圣训》记载有出入。然而我们分析当时的情况，如果朝廷没有这个规定，臣子是不敢随意更改报灾期限的，并且这个期限是在给很多人的奏章中提出的，从这一点上看，康熙七年（1668年）在确定了夏灾在五月一日前、秋灾在八月一日前的规定后，很有可能又进行过一次更改，只是更改日期无从得知而已。同时，从其奏请得到批准的结果来看，他在奏章中提到的这个期限应该也是存在过的。因此，我们可以假设，康熙七年（1668年）六月后至康熙九年（1670年）七月前，报灾期限又做了调整，即调整为"夏灾于五月二十日、秋灾于八月二十日前"。

③ 《圣祖仁皇帝圣训》卷二十一《恤民》，《景印文渊阁四库全书·史部》第 411 册，商务印书馆 1986 年，第 387 页。

逐渐在实践经验中不断完善的过程中，也反映了统治者对灾荒赈济的高度重视。但确立的"夏灾六月终旬、轻灾九月终旬"的报灾期限，却成为以后长期遵守的标准。因此，对报灾期限来说，康熙四年（1665年）可以说是一个具有重要历史意义的时期。

从对报灾"逾限仍如例治罪"的规定中可以发现，康熙年间遵循的是顺治时期的旧制，"如例"即是按照顺治十七年（1660年）的规定办理。虽然只有简单的两个字，但还是体现了康熙时期对待赈济法规的慎重，以及继承前制的特点，反映了清代的报灾工作开始向制度化方向靠近的轨迹。

但制度规定后不久，就因灾荒不定时发生的特点，在实施中表现出了不可行的一面，很多官员由于畏惧遭受报灾逾限的惩处，常常匿灾不报，影响了报灾工作的顺利展开。

康熙九年（1670年）七月，巡抚刘兆麟奏请宽展报灾期限，请求将报灾期限恢复到顺治十年（1653年）的标准，即夏灾报灾期限定在六月终旬，秋灾报灾期限定在九月终旬，得到了康熙帝的批准，"乙亥，户部议覆：浙江福建总督刘兆麒疏言，请展报灾限期。查康熙七年会议，夏灾不过五月、秋灾不过八月。地方官每虑愆期，匿灾不报。应如所请。仍照顺治十七年定例，夏灾不出六月终旬，秋灾不出九月终旬。从之"①。

更改报灾期限，主要是因为夏灾报灾期限定在五月二十日，正处于仲夏时分；秋灾报灾期限在八月二十日，又正处于仲秋时节，距离季末还有四十余日，大部分地区正逢雨季，随时可能发生灾荒，会对农业生产造成巨大影响。但官员担心报灾违限，容易发生匿灾现象，影响朝廷赈济目的。

> （康熙九年）七月，（刘兆麟）疏言："旧定报灾之例，夏灾不出六月终旬，秋灾不出九月终旬。康熙七年，部议改定夏灾不出五月二十日，秋灾不出八月二十日。伏思五月正在仲夏，八月正在仲秋，距季终犹隔四十日，安必遇灾不在限期。后恐有司之不爱民者，藉口定限，壅蔽不报；能爱民者，反以申报违时，枉受参罚。请仍照旧例定限，以遇灾情形先报，即委员勘明

---

① 《清实录·圣祖仁皇帝实录》卷三十三"康熙九年七月条"，中华书局1985年版，第451—452页。

轻重分数，一月内续题，以便部覆，请旨蠲免。"下部议，从之。①

（四）康熙十五年（1676年）对报灾逾限及迟报、瞒报灾情的处罚

顺治年间对报灾逾限的详细处罚规定，康熙年间也继续执行。有了实际期限及处罚规定，报灾工作便显出了较高的效率。但由于灾荒的发生具有极大的偶然性及随机性，其发生的时间是不会依照人们规定的期限进行的，这就给具体的报灾工作带来了极大的困扰，也使得实践与制度规定出现了冲突。

因此，在实际执行中，报灾逾限的情况依然不时发生。康熙十五年（1676年），清廷不得不再次明确重申了地方官报灾逾限，以及迟报灾情分数的处罚，"议准：被灾地方，抚司道府州县官，迟报情形及迟报分数，逾限半月以内者，罚俸六月；一月以内者，罚俸一年；一月以外者，仍照从前定例议处"②。

康熙十五年（1676年）对报灾逾限制度进行的具体规定，再次确认了顺治十七年（1660年）确立的内容及原则，最终将报灾逾限制度确立了下来。雍正时期就沿用了此规定，到了乾隆时期，处罚的方式依旧如此，只是在细节上做了完善，使报灾逾限的处罚制度更加完善。

同时，对瞒报或妄报灾荒、报灾不详的官员，也做了罚俸一年或六个月等处罚规定，"又议准……妄报饥荒，或地方有异灾不申报者，原委官罚俸一年，若止报巡抚、不报总督。及报灾时未缴印结、册内不分析明白者，罚俸六月，督抚照例处分"③。

康熙皇帝对及时报灾极其重视，希望臣下一旦发现灾荒，就要立即上

---

①　《钦定八旗通志》卷二百一《人物志》，李洵等校点，吉林文史出版社2002年版，第3586页。

②　（清）昆冈等修、刘启端等纂：《钦定大清会典事例》卷二百八十八《户部·蠲恤·奏报之限》，《续修四库全书》编纂委员会：《续修四库全书·史部·政书类》第802册，上海古籍出版社2002年版，第596页。

③　（清）昆冈等修、刘启端等纂：《钦定大清会典事例》卷二百八十八《户部·蠲恤·奏报之限》，《续修四库全书》编纂委员会：《续修四库全书·史部·政书类》第802册，上海古籍出版社2002年版，第596—597页。

报，从《圣祖仁皇帝御制文集初集》卷十五《碑文》中关心民瘼的言辞就可以看出："凡直省报灾，朝闻，发不待夕；夕闻，发不待朝。每语近臣，朕蠲租发赈，如救焚拯溺，犹恐灾黎之鲜有济也。彼视民之伤与己若无与者，独何心哉？"

康熙十八年（1679 年），清廷再次对各级官员重申了报灾工作的重要性，将不报告"民生苦情"，即不报灾的官员，也予以处罚，"覆准：州县官不将民生苦情详报上司，使民无处可诉，革职，永不叙用。若州县官已详报，上司不接准题达者。将上司亦革职"[1]。

（五）康熙年间对粮庄报灾的初步规定

顺治及康熙初年规定的报灾期限，主要是针对民田而言的，对清初大量的粮庄田地，一直没有规定期限。但粮庄田地不会因为没有规定就不遭受灾荒。相应政策的缺失，给这些田地的赈济造成了困扰。故康熙初年，在普通田地的报灾工作走入正轨以后，清廷就开始着手粮庄田地报灾及勘灾的相应工作。

康熙九年（1670 年），清廷规定关内粮庄报灾时，官府应该派遣委司官一人、内管领一人，前去勘察灾情的轻重程度，然后再造册上报内务府，作为赈济的主要依据，"关内粮庄，呈报旱涝。即委司官一人、内管领一人往验。分别被灾轻重，造册结报本府。纳粮时，按验册结，开除粮额"[2]。

康熙二十五年（1686 年），清廷规定了粮庄灾荒赈济的初步标准，对一些田地较少的粮庄，尤其是不成灾的田地，规定三顷九十亩以下的田地免去租税，官府也不赈济，用土地上的收入养赡家口；如果受灾田地数额在三顷九十亩以上的，依旧纳粮，"查勘各庄报灾，除被灾地亩外，其余不成灾之地，在三顷九十亩以下者，令其养赡家口；在三顷九十亩以上者，

---

① （清）杨景仁：《筹济编》，李文海、夏明方主编：《中国荒政全书》第二辑第四卷，北京古籍出版社 2004 年，第 57 页。

② （清）昆冈等修、刘启端等纂：《钦定大清会典事例》卷一千一百九十七《内务府·屯庄·粮庄勘灾》，《续修四库全书》编纂委员会：《续修四库全书·史部·政书类》第 814 册，上海古籍出版社 2002 年版，第 530 页。

仍令照例输将"①。

与此同时，还规定了庄田报灾的期限，此期限与旗地报灾类似，报灾分夏灾与秋灾，每年的报灾期限为七月二十日以前，由庄头负责呈报灾情，会计司再派出官员前去勘灾，"（康熙）二十五年，定庄田报灾之例。凡庄田报灾，定例于七月二十日以前，庄头呈报，会计司委员察勘，于定额内酌量豁免。"②并批准庄头报灾、勘灾之后，如果不成灾的田地在六十五晌以下的，就不征收赋税，也不蠲免，用土地上的收入赡养家口；如果成灾田地在六十五晌以下的，照旧当差，"至是题准：庄头报灾，勘得余剩好地六十五晌以下者，给与养赡家口；六十五晌以上者，照旧当差"③。

康熙四十七年（1708 年），规定庄园人承种官地时，如遇水旱灾害，按照民田的例子，灾情分数属于一至四分者，不准报灾，亦不救济，"（康熙）四十七年，内务府奏：所属庄园人等承种官地，如遇旱涝灾歉，俱照民地之例，一分至四分者，不准报灾。其应得口粮之处，概行停止，应一并咨行户部，转行直督等一体遵照办理，从之"④。

三、雍正朝报灾制度的初步确定

雍正帝是个励精图治的皇帝，他对影响国家统治基础的灾荒赈济工作也极其重视，对顺康时期规定的制度进行修正时，更多的是将已实施的各项规定逐渐明确，通过具体的实践，尤其是在对违规官员的处罚过程中，报灾制度被进一步制度化，促进了清代赈济制度的发展。可以说，雍正时期是清代赈济制度经过实践及其发展而渐趋定型的时期。

---

① （清）昆冈等修、刘启端等纂：《钦定大清会典事例》卷一千一百九十七《内务府·屯庄·粮庄勘灾》，《续修四库全书》编纂委员会：《续修四库全书·史部·政书类》第 814 册，上海古籍出版社 2002 年版，第 530 页。

② 清高宗敕撰：《清朝文献通考》卷五《田赋考》，商务印书馆 1936 年版，第 4895 页。

③ 清高宗敕撰：《清朝文献通考》卷五《田赋考》，商务印书馆 1936 年版，第 4895 页。

④ 清高宗敕撰：《清朝文献通考》卷五《田赋考》，商务印书馆 1936 年版，第 4896 页。

康熙年间确立的报灾制度得到了较好的贯彻实施，到雍正年间，绝大部分灾荒基本上都能上报。从雍正三年（1725 年）七月十九日直隶总督李维钧的奏章中就可看到，报灾工作基本上已经制度化了。在灾荒频发的时期，报灾文书纷至沓来，"谨奏：为奏闻事，窃查直属地方六月以来，或被河水漫衍，或被山水冲发，报灾踵至"①。这些实践，促使雍正朝进一步调整报灾制度，并做了重要推进，使其渐趋定型。其中，对违规的处罚、报灾期限的调整是最为重要的内容。

雍正帝是个严厉自省的统治者，尤其是发生灾荒的时候，更是多次反省政事的得失，反省德才操守的优劣、风俗的浇漓与否等，并常常训诫臣僚注意自省。

雍正帝对赈济程序及其措施法规化的实现，主要是通过圣谕，谆谆训诫报灾、勘灾措施的实施，以及对违规官员的严格处罚，并在处罚之后再次进行反省、督促的过程中完成的。这使赈济程序及法规在进一步明确化的同时，确立了基本制度的原则。

雍正五年（1727 年）七月，雍正帝给大学士、九卿的谕旨中就有明显的表现：

> 从来天人感召之理，捷于影响，凡地方水旱灾祲，皆由人事所致，或朝廷政事有所阙失，若督抚大吏不修其职，或郡县守令不得其人，又或一乡一邑之中，人心诈伪，风俗浇漓。此数端者，皆足以干天和而召灾祲，是以朕谆谆训饬……至再至三。而宵旰之时。……近见有司官，平时不能尽爱养之道，民生不厚，民俗不淳，既足上干天谴。及遇水旱，又漠不关心，不知悔过自省。纵事祈祷虚文，不过勉强塞责。

雍正帝还尖锐地指出了很多不肖官员在灾荒出于各自私利，而出现匿灾或捏灾的行径："甚至不肖之员，惟恐报灾蠲赋，已身不得火耗羡余，而隐匿不报者有之；又或本身原有亏空，转冀水旱得邀赈济，以便开销，而百姓从不沾颗粒之惠者有之。似此居心行事，竟将民生疾苦，视同陌路。

---

① 《世宗宪皇帝朱批谕旨》卷十下，《景印文渊阁四库全书·史部》第 416 册，商务印书馆 1986 年版，第 591 页。

则民气郁而不舒，何以弭天灾而召丰穰乎？"

有鉴于此，为了警示各位官员，雍正帝令大学士、九卿详议惩治之法，"其余地方官员，傥有政治不修，化导不力，以致民气不舒，灾祲见告者；或有自顾己私，匿灾不报者，应作何严加处分之处。著大学士九卿详议具奏，如此则人人知敬天勤民之道矣"。

但由于赈济中违法官员较多，雍正帝欲将地方的水旱灾害作为官员考绩标准，后因不切实际，才未作为定例，从中可见最高统治者对灾荒赈济及其法规建设的重视，"朕所降谕旨明白周详，而奉行者如此舛错，皆系愚劣官员，不能领会。且远乡僻壤之地，未曾晓谕周知，此皆地方大吏疏忽之咎。……欲将地方水旱，定为有司考成之处，其事有所不可，故上天垂象以示意耶。其以水旱为考成之处，不必定例"①。

总之，雍正年间对顺康时期报灾的规定进行了调整及修改，使报灾的程序及内容更加完整，尤其对规章制度的严格执行，以及以身作则的反省和对官员的督促，推动了报灾、勘灾、蠲免等制度化的进程，推动了清代赈济制度的发展，为乾隆朝赈济制度的完善奠定了基础，使雍正朝成为清代赈济制度建设中承上启下的重要阶段。

经过顺康雍三代的努力，在不断总结实践经验的基础上，清代的赈济法规逐渐建立、发展起来。随着灾荒赈济成效的日益显著，也随着政治、经济、军事等实力的不断增强，政局日渐稳定，经济逐渐恢复并趋向繁荣，清朝统治者逐渐获得了民心，巩固了统治。在逐步修正、调整赈济法规的过程中，清代赈济制度逐渐发展定型，顺康雍三代成为清代赈济制度史上奠定基础的时期。

四、乾隆朝对报灾制度的完善

一项制度的好坏，不在于其规定是否完整全面和细致，关键在于在执行一些刻板的规制时，是否能根据具体情况进行及时的调整及变通，那种不论实际必须完全照章执行的做法，只会让完好的制度流于形式，成为一

---

① 《清实录·世宗宪皇帝实录》卷五十九"雍正五年七月条"，中华书局 1985 年版，第 903—904 页。

纸空文。

很多学者有一个"共识",即乾隆朝的赈济制度是清代的最高峰。这个"最高峰"应当是指完善而言,并非说其在制度的改革、规定方面做出了超越前代的创新内容。确实,乾隆朝的赈济制度无论是文字的规定,还是具体的实施,都达到了最高的水平。但应该客观地来看待,乾隆朝的赈济制度并不是所有方面都是在乾隆朝才有重大发展的,其中一些内容的发展及调整幅度大;一些内容的调整幅度较小,仅仅是在严格执行前代制度的基础上,对其中不足的、与具体实践有冲突的,或是不合时宜的方面进行适当的调整及补充完善;对一些不能够以全国标准要求的地区,也重新制定了新的标准。尽管只是一些细小的改变,但这些细微的调整和修改,恰恰成为制度改善中最关键的方面。经过调整之后,不仅使制度自身的内容及体系更加完备和丰满,也使僵硬的制度更加具有了人性化的特点,其机动和灵活的特性,既方便了赈济的具体执行,使官员在遵守制度的时候有了实心效力、有效救灾的依据,也使乾隆朝的灾荒赈济卓有成效,达到了较好的社会效果。

乾隆朝的赈济,无论是政策的制定,还是措施的贯彻实施,都是在顺康雍三代探索实践、总结其成败经验的基础上进行的。顺康雍三代的赈济法规,经过多次的调整、修订,也在无数次灾荒赈济过程中,经过了官民的检验。到雍正年间,部分制度从形式到主要内容,都已经大致定型。但这些制度并非已经尽善尽美,随着乾隆朝灾荒类型、规模的不同,赈济人员及其思想的差异,前朝制度中的不足日益凸显。更重要的是,乾隆朝经济繁荣,国力雄厚,为赈济的顺利进行提供了坚实的物质基础,在赈济物资、赈济的灾情分数等级、蠲免数额等方面,均比顺康雍时期有所放宽,赈济的措施及相应的规章制度,在不断调整中趋于完善,才达到了清代乃至中国古代历史上的巅峰。同时,乾隆朝实施的一些赈济措施及其制度,还弥补了顺康雍三朝赈济制度及措施中尚未涉及的方面,使得乾隆朝赈济措施中"完善"的特点越发显著。

乾隆朝对赈济制度的完善,还表现在执行制度规定时的机动灵活,以及细节的调整完善、各环节的衔接等方面,体现了人性化的特点。乾隆朝在报灾程序方面并没有进行大的改革,只做了一些改良。如遵从了雍正帝时期规定的四十五日勘灾造报的期限规定，没有进行大的调整，只是从细微的环节入手，在极为关键的地方完善了原来的法规，使康雍时期规制的各个环节之间能衔接和协调得更好，从而使清王朝的赈济体系能够更好、更有效地运作。

（一）对报灾程序及期限的完善

1. 乾隆三年（1738 年）至乾隆六年（1741 年）对报灾程序的完善

在灾荒赈济中，只有官府及时、准确地理解了灾情，才能采取相应的措施，因此，报灾的快捷成为影响赈济成效的关键因素。正因如此，顺康雍三朝规定并调整了报灾的期限，从另一方面反映了报灾的紧迫性。

乾隆帝也认为，报灾是件十分紧急的工作，于乾隆二年（1737 年）九月规定："凡直省报灾，朝闻，发不待夕；夕闻，发不待朝。每语近臣，朕蠲租发赈，如救焚拯溺，犹恐灾黎之鲜有济也。彼视民之伤，与己若无与者，独何心哉？"[①]

在报灾的期限及按照期限题报的过程中，制度的僵化所带来问题就不断显示。有的官员由于担心逾限不敢报灾，出现了匿灾、讳灾的现象，使灾民得不到有效赈济，危害更大，"至于督抚之报灾，有故为掩饰，不肯奏出实情者；亦有好行其德，希冀取悦于地方者。惟公正之大臣，既不肯匿灾以病民，亦不肯违道以干誉。外此则不能无过不及之失，朕恫瘝在抱，再四思维，匿灾者使百姓受流离之苦，其害甚大"[②]。这无疑会影响赈济的效果，使国家的赈济不能够发挥作用。

因此，乾隆三年（1738 年），乾隆帝在给督抚的谕令中，就明确做出督抚在水灾发生时应立即救助，如有延误，则追究督抚罪责的规定。乾隆帝认为，各省督抚任职地方，是民之父母，对水旱灾害应该迅速访察，不能拖延，相对于逐渐成灾的旱灾来说，水灾乃遽然暴发，应当迅速拯救，

---

① 《清实录·高宗纯皇帝实录》卷五十"乾隆二年九月条"，中华书局 1985 年版，第850 页。

② （清）昆冈等修、刘启端等纂：《钦定大清会典事例》卷二百八十八《户部·蠲恤·奏报之限》，《续修四库全书》编纂委员会：《续修四库全书·史部·政书类》第 802册，上海古籍出版社 2002 年版，第 597 页。

才不致让灾民流离失所，"各省督抚身任地方，皆有父母斯民之责。于所属州县水旱灾伤，自应速为访察，加意抚绥。朕前屡经降旨训示，该督抚等自能仰体朕心，不致玩视民瘼，稽延时日。朕念水旱之灾，同宜赈救，而水为尤甚，旱灾之成以渐，犹可先事豫筹，水则有骤至陡发之时，田禾浸没，庐舍漂流，小民资生之策，荡然遽尽，待命旦夕，尤当速为拯救，庶克安全，不致流移失所"①。但是，各地办理时间不仅无法一致，而且部分地方仍然有拖延的情况出现，因此，乾隆帝强调，以后凡是发生水灾，应该迅速报灾，督抚立即派遣官员前往勘灾，设法救济灾民，一边办理一边奏闻，"其应即行拯救者，原不待部覆。但恐各省办理不一，或仍有拘泥迁延，致灾民不能及时沾惠者。用是再降谕旨：嗣后各该督抚可严饬地方官，凡遇猝被水灾，迅文申报。督抚即刻委官踏勘，设法拯济安置。一面办理，一面奏闻，务使早沾实惠，俾各宁居。以副朕悯念灾黎之至意"②。若地方官办理不力，或懈怠拖延，或是部分官员借机捏灾浮冒，就要追究督抚的责任，"傥或怠玩濡迟，致伤民命。或有司奉行不力，胥役侵蚀中饱，以及藉名捏饰，浮冒开销等弊，该督抚照例严参。倘办理未协，积弊未除，则咎在督抚。将此永著为例"③。

这是一道督抚救灾责任状的谕旨，乾隆帝以"永著为例"的方式，将督抚对灾荒紧急救治的责任永远确定了下来。此后，在皇帝的督促下，督抚将赈济作为行政工作的重要任务，在灾荒期间致力于赈济的各项事务，使灾荒赈济有序、有效地展开。乾隆朝在灾荒赈济制度日趋完善的时候，救灾实践也取得了突出成绩，将灾荒对社会政治、经济等的冲击降到较低的程度，更加促进了乾隆朝政治和经济的发展。一个社会、朝代的繁荣，

① （清）昆冈等修、刘启端等纂：《钦定大清会典事例》卷二百七十《户部·蠲恤·救灾》，《续修四库全书》编纂委员会：《续修四库全书·史部·政书类》第 802 册，上海古籍出版社 2002 年版，第 313 页。

② （清）昆冈等修、刘启端等纂：《钦定大清会典事例》卷二百七十《户部·蠲恤·救灾》，《续修四库全书》编纂委员会：《续修四库全书·史部·政书类》第 802 册，上海古籍出版社 2002 年版，第 313 页。

③ （清）昆冈等修、刘启端等纂：《钦定大清会典事例》卷二百七十《户部·蠲恤·救灾》，《续修四库全书》编纂委员会：《续修四库全书·史部·政书类》第 802 册，上海古籍出版社 2002 年版，第 313 页。

绝不可能是单一原因就能成就的，而是各种因素综合促成的，康乾盛世及乾隆朝赈济制度及措施能够达到清代的最高峰，也是各种发展合力而导致的结果，其中，赈济制度在虽然细小但却极关键的环节中发挥的作用，无疑是乾隆盛世出现的重要原因之一。

乾隆六年（1741）明确谕令，报灾既要遵守制度，但前代对报灾期限所做的规定，是专指具体题报灾荒而言的，报灾不必拘泥于成例，若拘泥于规章制度，就会致使报灾及赈济都会迟误。地方官在发现灾荒端倪之时，就应当早为预筹，"总期先事豫筹，始可有备无患"，可以随时奏报。为了不与制度抵牾，又可及时报灾，可灵活地采用"密奏"的方式，奏明情况，让皇帝随时了解各地灾情动向，早作准备，"向来各省报灾原有定期，若先期题报，便不合例。朕思按期题报者，乃指具本而言。至于水旱情形，为督抚者，察其端倪，早为区画（划），随时密奏。则朕可倍加修省，而人事亦得以有备。若过拘成例，则未免后时矣"[1]。

虽然这种做法于制度规定的严肃性而言，略有所悖，但对赈济及时有效实施，是大为有利的，"违道干誉，虽非正理。以二者较之，究竟此善于彼。宁国家多费帑金，断不可令闾阎一夫失所，此朕之本念也"[2]。但是，我们不能因此就认为，乾隆朝的政策只是注重宽柔。为了更好地发挥政策的效用，严明法纪，在根据具体情况实施改良之后，随后就强调，督抚应在报灾后迅速核实灾情分数奏报，乾隆七年（1742年），"又题准，报灾之法，著令督抚速核分数驰奏"[3]。这是张弛结合的制度和方法，更有利于工作效率的改进和提高。

乾隆朝的报灾期限，仍然执行雍正朝的夏灾在六月终旬、秋灾在九月

① （清）昆冈等修、刘启端等纂：《钦定大清会典事例》卷二百八十八《户部·蠲恤·奏报之限》，《续修四库全书》编纂委员会：《续修四库全书·史部·政书类》第802册，上海古籍出版社2002年版，第597页。

② （清）昆冈等修、刘启端等纂：《钦定大清会典事例》卷二百八十八《户部·蠲恤·奏报之限》，《续修四库全书》编纂委员会：《续修四库全书·史部·政书类》第802册，上海古籍出版社2002年版，第597页。

③ （清）允裪等：《钦定大清会典则例》卷五十五《户部·蠲恤》，《景印文渊阁四库全书·史部》第621册，商务印书馆1986年版，第750页。

终旬的制度。但在实际执行中，一些南方任职的官员就认为此期限过于仓促。乾隆九年（1744）九月四日，江西布政使彭家屏上奏折[1]，请求将南方的报灾期限改在七月内进行，勘灾期限可以不必更改，他认为："夏灾六月报灾之限在南方实为太迫，不免有草率赶办之弊……请嗣后南方夏灾改为七月内具题，再四十五日查清实在情形造报。"此奏折因理论依据及可行性不足，于九年九月初四日被乾隆帝以"此非勤恤民瘼之意，不准行"而被否决。但从其奏折中，可以看到乾隆朝在报灾时间上的机动及灵活，即乾隆朝新订条例，对于夏灾的报灾期限，不必拘于死板的规定，即在夏季遭受灾害之后，如果种植秋禾还能够获得收成，就全部等待收获之后再确定受灾的具体分数，办理有关的赈济事宜，"新定条例：嗣后夏月被灾，如秋禾种植可望收成者，统嗣收获之时确查分数，另行办理"[2]。这个规定，减少了报灾、勘灾的烦琐手续，节约了人力及调派人员的相应费用，使灾情分数的勘定更加准确，可以避免多赈、少赈现象的发生，这也是彭家屏的奏折未被批准的原因之一。

在报灾中存在的另一个问题是，为了给实际的赈济提供准确及详细的数据及依据，报灾、勘灾时间期限多次调整后，到雍正、乾隆时期定型，并且其中的一些不足之处也得到了不断的修正。但却导致另一个弊端的出现，即很多受灾地区报灾之后，为了等待官员前来勘灾，当地官府就不许农民耕种或补种，担心农民重新耕种之后，就没有了凭据，自己在勘灾过程中被冠以"冒灾（冒报灾荒）"或"虚报灾荒"等罪名而受到惩处，"各省遇有水旱成灾地亩，一经报荒之后，即不许种莳，谓之指荒地亩，以待州县勘实出结。又候上司委员查验。若复行种莳，便无可凭"[3]。官府将部分受灾后可以补种的田地作为荒地看待，时称"指荒地亩"，但勘灾正限一般是 30 日，展限时间 20 日，总共 50 日，这无疑会耽误农时，使

① 江西布政使彭家屏：《奏为夏灾六月报灾之限在南方实为太迫请改于七月内等事》，《宫中朱批奏折》，档号：04-01-02-0039-007，中国第一历史档案馆藏。

② 江西布政使彭家屏：《奏为夏灾六月报灾之限在南方实为太迫请改于七月内等事》，《宫中朱批奏折》，档号：04-01-02-0039-007，中国第一历史档案馆藏。

③ 《清实录·高宗纯皇帝实录》卷一百十九"乾隆五年六月条"，中华书局 1985 年版，第 735 页。

田地荒芜，反而更加影响农业生产的恢复及发展，很多时候，可垦复耕种的田地遭受的灾荒不会过于严重，大部分灾情应该在五六分灾之间，但得到的赈济往往只有一分，而耕种的收获，通常是会超过赈济数额的。

因此，很多受灾的民众不愿意报灾，也就不能享受到朝廷蠲免减粜等优惠政策，"而历经查验，动须数月。虽有可耕之时，往往坐废。以此被灾之百姓，常有不愿报灾，以图耕种收获者。而赈恤减粜等恩泽，又俱不得沾受"①。对此，乾隆五年（1740年）六月，乾隆帝严厉督救曰："朕思报灾定例，夏灾不出五月，有司查勘易毕，何至久稽时日？且春田既灾，全赖及时赶种秋禾，以资接济。凡有牧民之责者，正当躬亲督劝，加意经理。若因查灾，反致误其耕种，阻民生计，有司之罪。为不可逭矣。人言如此，甚有关系。各省督抚，务须留心体察。如有前弊，经朕访闻，惟于督抚是问。"②

2. 乾隆十八年（1753年）完善报灾逾限惩罚制并确立卫所报灾期限

乾隆时期，对报灾期限及逾限处罚的主要方式，依旧沿用了顺治十七年（1660年）、康熙十五年（1676年）确立下来的制度。

清代田地类型较多，除民田、庄田、旗地以外，还有卫所田地，由于田地类型不一，管理方式也就存在极大的差别，各类田地的报灾期限、报灾程序也就随之有所不同。在顺康雍时期，主要完成了民田、粮庄报灾勘灾制度的建设，但对卫所田地的报灾勘灾期限，却未有专门的规定。

乾隆十八年（1753年），清廷规定卫所报灾及逾限的时间。此规定主要参照了康熙十五年（1676年）就已经确立了民田报灾期限的制度。在报灾的时间期限上，还是执行"夏灾不逾六月，秋灾不逾九月"的制度。若报灾逾限，"报灾迟延，半月以内者罚俸六月，一月以内罚俸一年，一月以外降一级调用，二月以外降二级调用，三月以外者革职"。但在勘灾人员的派遣方面表现出了机动性，没有派遣专门的官员，而是在报灾后由卫所

① 《清实录·高宗纯皇帝实录》卷一百十九"乾隆五年六月条"，中华书局1985年版，第735页。

② 《清实录·高宗纯皇帝实录》卷一百十九"乾隆五年六月条"，中华书局1985年版，第735页。

官员担任；在勘灾期限上，则是执行四十日内勘报完毕的制度，"卫所被灾田亩，该管官随时详报……其被灾分数于题报情形之后，卫所官限四十日内察明，造册详报，如不依限详报，亦照报灾逾限例议处"①。

同时规定，若出现冒灾、匿灾，就处以罚俸一年的处罚；报灾时如果不报送印结，或在报灾册内不对受灾分数、受灾田地及人口数额等内容进行详细记录及分析，或在呈报灾荒过程中只报告了巡抚但没有报告总督的卫所官员，一律罚俸半年，"又定，至妄报被灾，及有灾不报者，皆罚俸一年。报灾之时，不送印结及册内不分晰详明，或止报巡抚不报总督者，皆罚俸六月"②。乾隆朝对卫所报灾的规定，使清代的报灾制度更为全面和完善。

3. 乾隆七年（1742 年）放宽甘肃等边远地区的报灾期限

乾隆帝对报灾、勘灾制度的完善和期限的适当放宽，还表现在对气候寒冷、庄稼生长迟缓的甘肃等边远地区报灾期限的调整暨延长方面。乾隆帝认为，甘肃地处极边，气候严寒，节候比中原地区晚，发生灾荒的时间也稍晚于内地，如果执行报灾期限的规定，就会使灾赈济工作不能有效进行，应该在规定之外稍作变通，"甘肃省地处极边，节候甚迟。河西一带，尤觉山高气冷，收成更晚，且风气与内地不同。受灾之田不止水旱，兼有冰雹、风沙、虫丹、霜雪之患，应于定例外稍加变通"③。乾隆七年（1742年）二月二日，甘肃巡抚黄廷桂上了《奏为巩昌兰州等府报灾请展限半月事》的奏章④，请求延长甘肃兰州等地的报灾期限。

于是，乾隆帝就根据甘肃不同地区所处的纬度情况及灾荒发生的具体状况，适当调整了甘肃的报灾期限，河东的巩昌、兰州两府，河西的宁

---

① （清）允祹等：《钦定大清会典则例》卷一百十八《兵部·职方清吏司·公式三》，《景印文渊阁四库全书·史部》第 623 册，商务印书馆 1986 年版，第 528 页。

② （清）允祹等：《钦定大清会典则例》卷一百十八《户部·职方清吏司·公式三》，《景印文渊阁四库全书·史部》第 623 册，商务印书馆 1986 年版，第 528 页。

③ （清）昆冈等修、刘启端等纂：《钦定大清会典事例》卷二百八十八《户部·蠲恤·奏报之限》，《续修四库全书》编纂委员会：《续修四库全书·史部·政类》第 802 册，上海古籍出版社 2002 年版，第 598 页。

④ 甘肃巡抚黄廷贵：《奏请巩昌兰州等府报灾请展限半月事》，《军机处录副奏折》，档号：03-1044-002，中国第一历史档案馆藏。

夏、西宁、甘州、凉州四府，直隶的肃州，以及口外的安西、靖逆两个厅，"倘夏秋二禾于六九两月内被灾，仍照定限申报"①；倘若到六、九两个报灾月，庄稼长势很好，却于此后又突然遭遇灾害的，其报灾期限就应当允许适当放宽，批准夏灾和秋灾的报灾期限，各展限半个月，"其有六九两月，田禾在地本属青葱，而此后忽被灾伤者，准其各展限半月。夏灾不出七月半，秋灾不出十月半。即为勘明申报，仍将被灾日期，于题疏内详悉声明。以便查核"②。

乾隆帝对甘肃报灾期限的放宽，无疑是受到顺治十七年（1660 年）政策的影响，其报灾期限，几乎与顺治十七年的规定没有出入，说明乾隆帝在执行政策的时候，能够根据具体情况，总结前代的经验教训，及时调整政策，使本朝规章制度既不违背"先帝古训"，又充满了灵动的特点。

为便于对清代报灾、勘灾期限的发展线索能有完整的理解和把握，现将报灾、勘灾期限及逾限处罚的情况列表 3-1、表 3-2 如下：

表 3-1　清前期报灾、勘灾期限表

时间 ＼ 灾限	夏灾报灾时限	秋灾报灾时限	勘灾时限
顺治十年（1653 年）	六月终旬（不出六月）	九月终旬（不出九月）	一个月内
顺治十七年（1660 年）	六月终旬（不出六月）	七月终旬（不出七月）	一个月内
	甘肃不出七月半	甘肃不出十月半	
康熙四年（1665 年）	六月终旬	九月终旬	
康熙七年（1668 年）	六月终旬（五月初一前的奏请未批）	九月终旬（八月初一前的奏请未批）	
康熙九年（1670 年）	六月终旬	九月终旬	
雍正三年（1725 年）	不出六月底	不出九月底	一月内

① （清）昆冈等修、刘启端等纂：《钦定大清会典事例》卷二百八十八《户部·蠲恤·奏报之限》，《续修四库全书》编纂委员会：《续修四库全书·史部·政书类》第 802 册，上海古籍出版社 2002 年版，第 598 页。

② （清）昆冈等修、刘启端等纂：《钦定大清会典事例》卷二百八十八《户部·蠲恤·奏报之限》，《续修四库全书》编纂委员会：《续修四库全书·史部·政书类》第 802 册，上海古籍出版社 2002 年版，第 598 页。

续表

灾限\时间	夏灾报灾时限	秋灾报灾时限	勘灾时限
雍正六年（1728 年）			四十五日内（正限三十日，展限十五日）
乾隆五年（1740 年）	六月终旬	九月终旬	四十日内
乾隆七年（1742 年）	六月终旬（甘肃七月半）	九月终旬（甘肃十月半）	五十日内（正限三十日，展限二十日）
乾隆十八年（1753 年）	卫所报灾：六月终旬	卫所报灾：九月终旬	四十日内

表 3-2　清前期报灾逾限处罚表

逾限处罚\时间	15 天内	15—30 天	1—2 个月	2—3 个月	3 个月以上
顺治十年（1653 年）		各官罚俸	各降一级（一月以外）		革职（怠缓较甚）
顺治十七年（1660 年）	罚俸六月	罚俸一年	降一级调用	降二级调用	革职
康熙十五年（1676 年）	罚俸六月	罚俸一年	降一级调用	降二级调用	革职
乾隆十八年（1753 年）	罚俸六月	罚俸一年	降一级调用	降二级调用	革职

4. 乾隆十一年（1746 年）、乾隆五十四年（1789 年）对粮庄报灾程序的完善

雍正年间，制定了粮庄勘灾程序及捏报灾情官员处罚的规定。规定粮庄发生旱涝灾荒后，庄头应先将灾情报告地方官，再亲自勘察灾情分数呈报总督，申报档册封送户部，再下转到府之后，再由府派出官员，会同地方官一起勘察，勘察结果与庄头勘察的结果一致的，就可取具印结，再分别蠲免分数等级上奏；勘察结果与庄头勘察的结果不一致，说明庄头捏报灾情，就按照捏报的田亩数及捏报分数处罚庄头。

这是对粮庄田地灾荒赈济的重要规定，但这项规定存在两个明显的弊端：一是与民田的报灾、勘灾相比，庄田的报灾、勘灾过程复杂、烦琐。由于报灾时是由庄头先报地方官，勘灾也由庄头负责，再将灾情报呈总督，再上达户部，之后再返回府，再派遣官员履勘，过程的烦琐延长了时间，肯定影响粮庄受灾田地的及时救济。二是加重了庄头的责任，很多灾

荒的灾情是在不断变化之中的，庄头报灾、勘灾时的灾情分数，很有可能与地方官最后勘灾的结果不一致，庄头往往因畏惧受到处罚而不敢报灾。这无疑会影响了赈济的初衷及效果。

乾隆朝对此进行了完善，大大减免了报灾及勘灾之复杂程序，提高了效率。乾隆十一年（1746 年）规定，停止由庄头先勘灾，再委派司官再次查验粮庄田地灾情的做法。明确规定，灾荒发生后各庄头在将灾情报府存案的同时，也将灾情呈报地方官，再呈报离水灾地区最近的上级官府，由该长官委派邻近州县的官员，会同查勘灾情分数，再将勘灾结果呈报总督，总督将勘灾结果与庄头上报结果核对，如果相符，即行赈蠲，如果不符，再按照捏灾罪处理，"（乾隆）十一年议准，庄园人等，偶遇旱涝，停委司官查验。令该庄头将被灾地亩，一面报府存案，一面报本地方官，申详附近大员，委邻近州县，实时会同查勘。按其被灾分数，详报总督，取具该地方官及邻境委官、册结咨府，核对原报数目。如果相符，所有应行蠲免及应给口粮，均照定例办理。其不符者，按其捏报数目，照例分别治罪。"[①]

这个规定便于实际操作，庄头的报灾、勘灾工作几乎是同时进行，报灾后不久邻近州县的官员就会会同本地官员前来勘灾，灾情分数在短期内不会发生太大变化，减免了庄头开展救灾工作的顾虑。同时，核查勘灾结果由总督进行，只要两项结果相符，就可以立即赈济蠲免，这就将粮庄报灾、勘灾中的复杂过程有所简化，减免了先灾情呈报户部，再由户部下转到府，再由府委派官员勘灾的漫长过程。改革后的粮庄报灾、勘灾到赈济，基本不用惊动户部，在各省的总督手中就可以得到完美解决。这既减省了程序，节省了时间，提高了效率，也减少了户部的工作量。因为粮庄田地与民田相比，其数量较少，是在地方（督抚）就可以解决的问题，根本毋庸户部介入，对粮庄灾荒的及时赈济，有较大的意义。

盛京作为清朝统治者的发源地，其粮庄报灾、赈济与他处有所区别。乾隆十一年（1746 年）还专门对盛京粮庄的旱涝灾害做了规定，即报灾工

---

①　（清）昆冈等修、刘启端等纂：《钦定大清会典事例》卷一千一百九十七《内务府·屯庄·粮庄勘灾》，《续修四库全书》编纂委员会：《续修四库全书·史部·政书类》第 814 册，上海古籍出版社 2002 年版，第 530 页。

作由关防佐领呈报负责，再报内务府总管，再奏请按灾情分数蠲免，"盛京粮庄，如遇旱涝，据掌关防佐领呈报。今由盛京内务府总管分别奏请，亦按被灾分数蠲免"①。

乾隆四十七年（1782年），乾隆帝将关内及盛京粮庄的灾荒蠲免同等对待，针对盛京、锦州等地报灾中存在的所有灾情一律申报的弊端，乾隆帝以民田报灾的基本分数为标准，再次对盛京报灾的灾情级别做出了明确规定，庄头报灾时，五分以下的灾荒，即一至四分灾不算成灾，不准申报赈济，五分以上（含五分）的灾荒，可以依照民田报灾方法的规定来办理，可以免去差役的庄民，就不用再给予口粮，"（乾隆）四十七年奏准：关内及盛京、锦州等处庄头、并投充人等，呈报旱涝，自一分至四分，不准呈报外。其五分以上，准与民地一律办理。照例免其差务，毋庸给予口粮"②。

《皇朝通典》卷二也在针对"庄园人等承种官地"者的报灾条例中，再次重申了一至四分灾算不成灾，不准报灾的规定："报灾之例，凡遇灾歉，俱照民地之例，一分至四分者不准报灾。"这在一定程度上收回了盛京等地作为"龙兴之地"长期以来所享受的赈济特权，反映了乾隆朝时期，民族认同、区域认同的加强，也反映了入关的满族已经与中原汉族融合为一家，不需要再用特殊的优惠政策关照、保护满族的权益了，中华民族多元一体格局得到了加强。

乾隆五十四年（1789年），清廷对盛京庄头呈报灾荒的蠲免分数做了详细规定，灾情分数达到七分的庄田，蠲免粗粮二分；灾情分数达到五六分的庄田，蠲免一分粗粮，不敷支给的口粮及蠲免剩余的粮食，可以折银计算，"（乾隆）五十四年覆准：盛京庄头，嗣后呈报被灾七分者蠲免粗粮二成；五六分者，蠲免一成。其不敷支给辛者库人口粮及闰月加增口粮，

---

① （清）昆冈等修、刘启端等纂：《钦定大清会典事例》卷一千一百九十七《内务府·屯庄·粮庄勘灾》，《续修四库全书》编纂委员会：《续修四库全书·史部·政书类》第814册，上海古籍出版社2002年版，第531页。

② （清）昆冈等修、刘启端等纂：《钦定大清会典事例》卷一千一百九十七《内务府·屯庄·粮庄勘灾》，《续修四库全书》编纂委员会：《续修四库全书·史部·政书类》第814册，上海古籍出版社2002年版，第531页。

每石折银三钱，于盛京房租银两内放给。其蠲剩粮石，亦著按石折银三钱，分作二年带征归款"①。

在乾隆朝以前，对粮庄灾荒报灾、勘灾及蠲免，仅雍正朝予以关注，但不甚完善。乾隆朝多次对粮庄报灾、勘灾及蠲免做了修改、补充，使粮庄田地的灾蠲赈济逐渐与民田趋同。

（二）对火、雹、风等灾害的关注及规定

火灾、雹灾是一种较为常见的灾荒类型，虽然对民众的生产、生活会造成严重的影响，但与水旱蝗灾害相比，其后果及影响的程度又相对轻微一些，虽然顺康雍时期都有发生火灾的情况，也不时有重视防火的谕旨，也有救济火灾的措施，但有关规定亦不多见。

雍正时期，清廷对火灾的赈济极为关注，雍正六年（1728年），谕令各省督抚，在省会及府城，必须仿照京城规例，动用公款制备水桶、水铳、钩镰、麻搭等类的救火工具，分别存放在各个城门，并且规定，选定负责救火的人员，如果地方官救治不力，就依法处置。

> 世宗宪皇帝谕旨，令各省督抚，于省会及府城，仿照京城之例，置备水桶水铳钩镰麻搭之类，分贮各门。令文武官弁，派定人役兵丁，一遇火警，迅速齐集抢救，不使蔓延。并将抢火恶棍查拿，从重治罪。如有司官有赴救不力，具报不实者，该上司严查参劾，加倍议处。其救火器具，动用何项银两制备，不得派累里民。②

乾隆朝也很关注火灾的赈济，并且在实践中做了完善。乾隆元年（1736年）三月，四川华阳县遭受了火灾，大火燃烧了龙神庙、城隍庙，以及中军衙署一所，四川巡抚杨馝奏报了灾情及赈济情况，"被灾贫民。俱各查赈"，乾隆帝做了严厉的批复，督促他加意赈济灾民，勿使灾民失

---

① （清）昆冈等修、刘启端等纂：《钦定大清会典事例》卷一千一百九十七《内务府·屯庄·粮庄勘灾》，《续修四库全书》编纂委员会：《续修四库全书·史部·政书类》第814册，上海古籍出版社2002年版，第531页。

② 《清实录·高宗纯皇帝实录》卷一百六十四"乾隆七年四月条"，中华书局1985年版，第73页。

所，"知道了。看汝居心行事，自不能免如许灾伤。但被灾之民，若再不加意赈恤，苟致一人失所，则汝为不具人心之人矣"①。同年七月，江西赣县两次遭受火灾，江西巡抚俞兆岳奏报灾情后，乾隆帝谕旨中有"地方灾异，岂能保其必无？省愆修行，在所当先。而赈恤难民，勿致失所，尤不可缓"②之言。

乾隆三年（1738 年）七月，福建布政使王士任上奏，建议对民间火灾实施勘灾及救济，"民间凡遇火灾，延烧之户，应令各该督抚确查实在被火情形，分别赈给，仍照定例"。在奏章中，王士任还建议多设救火器具，"倘有火警，立时扑灭"，如果地方官救火不力，就应参处，得到批准，"该管员弁，奉行不力，即照例参处。从之"③。并且详细规定了对火灾灾民的赈济办法和对救灾不力官员的处罚规定："题准：民间起火之家，扑救不力之地方官，照例处分。其延烧之户，该督抚确勘实在被火情形，分别酌给应赈银数。动用存公银，报部查核。"④在谕旨中强调并规定了对救火不力官员的惩罚。

乾隆三年（1738 年），部议通过了一项规定，向各省通行，即凡有被火延烧之户量动存公银两赈恤火灾案，但此时仅规定各省督抚亲临确勘，分别赈恤，对赈济的银粮数目尚未做出具体的规定。

乾隆六年（1741 年），新城县新庄地方被烧二十九户，规定每烧毁房屋一间，赈给银一两；烧毁两间，赈给银三两；烧毁三间者，赈给银四两；烧毁四间以上的，赈给银五两。烧毁棺木者，每具加赈银一两；烧毙人口者，大口赈银二两，小口减半。赈济所需的银两，在"存公银"内动拨给领。此次赈济效果较好，方案也较为便捷可行，被作为此后遵守的规

　　① 《清实录·高宗纯皇帝实录》卷六十五"乾隆元年三月条"，中华书局 1985 年版，第 425—426 页。

　　② 《清实录·高宗纯皇帝实录》卷二十七"乾隆元年九月条"，中华书局 1985 年版，第 592 页。

　　③ 《清实录·高宗纯皇帝实录》卷七十三"乾隆三年七月条"，中华书局 1985 年版，第 162 页。

　　④ （清）昆冈等修、刘启端等纂：《钦定大清会典事例》卷二百八十八《蠲恤·灾伤之等》，《续修四库全书》编纂委员会：《续修四库全书·史部·政书类》第 802 册，上海古籍出版社 2002 年版，第 600 页。

则，"奉部覆准在案"①。

乾隆七年（1742年），清廷强调了雍正六年（1728年）规定的置备救火器具的规定，谕令地方整修救火器具，"辛丑，谕：地方偶遇火灾，若平日救火器见完备，临时又实力抢护，原可早为扑灭。不致延烧多家。……今看各省情形，似有视为具文之意。且器具日久敝坏，亦应随时修整，方有济于实用。著该部行文各省督抚将军等，务遵皇考谕旨，严饬所属，敬谨奉行。倘有怠忽从事者，经朕访闻，必于该管大臣是问"②。乾隆九年（1744年）十二月，福建由于天气干旱，发生了火灾，闽县南台延烧房屋二百余间，霞浦县延烧得十五多至七百余间，乾隆帝对地方官进行了训责："乃闽省数州县，先后不戒于火，且延烧多家，为害颇炽。马尔泰、周学健不能训饬防范于平日，又不能督率属员，抢救于临时，甚属疏忽。著传旨申饬，嗣后毋得仍前怠视。"③

乾隆十五年（1750年），乾隆帝颁布了对火灾的赈济、设置救火器具，以及对救火不力的官员按照城内及乡村损失房屋多少进行处罚的规定："嗣后，延烧之户，确查实在被灾贫民，分别酌给应赈银两，并将量动存公银款报部。仍令恪遵雍正六年定例，多设救火器具。地方倘遇火惊，立即扑灭，毋致蔓延焚烧。起火之家，照例治罪。扑救不力之地方官，分别城内、村庄计间议处。"④这是清代在预防、急救火灾方面的重要规定，落实了火灾责任制，也使火灾中受损的灾民能够快速得到赈济。

此外，乾隆朝对冰雹灾害及其赈济也极为关注，"遇冰雹损坏田禾，一面通报，一面会同委员查勘被雹顷亩，造具成灾分数册结，由委员结

① （清）朱澍：《灾蠲杂款》，李文海、夏明方主编：《中国荒政全书》第二辑第四卷，北京古籍出版社2004年版，第749页。

② 《清实录·高宗纯皇帝实录》卷一百六十四"乾隆七年四月条"，中华书局1985年版，第73页。

③ 《清实录·高宗纯皇帝实录》卷二百三十一"乾隆九年十二月条"，中华书局1985年版，第981—982页。

④ （清）朱澍：《灾蠲杂款》，李文海、夏明方主编：《中国荒政全书》第二辑第四卷，北京古籍出版社2004年版，第749页。对此，乾隆十一年（1746年）曾经规定，火灾中损失房屋十间以上的议处，十间以下免议。此时规定，十间以下仍应议处。

转"①。并且做出相应的规定，这些规定是乾隆朝赈济法规完善的重要内容。以往对冰雹灾害及风灾，大部分是进行借贷，不给予实际的赈济物资，随后又规定，对冰雹灾害及风灾一例进行赈济。乾隆三年（1738 年）再次强调了此项规定，并且注意到冰雹灾害多发生夏季，谕令勘灾的地方官按照夏灾情形办理，"又议准：冰雹为灾，旧例有贷无赈。续经定例，一律赈恤。且损伤禾稼，多在夏月。令地方官查勘情形，统照夏灾定例办理"②。在进行雹灾的勘灾时，地方官员必须在勘灾案册内写清报灾范围"东西长若干里，南北宽若干里"。在对雹灾进行赈济时，一般采用借给的粮食籽种，规定于此年麦收后归还。"一面借给荞麦籽种，令其及时补种。所借种粮，详请于明岁麦后收还，以舒民力。仍照夏灾之例，俟秋获之时，查明分数总计办理。"③但并不是所有的雹灾都进行赈济，"秋禾被雹四分以下，收成牵有六分以上，即不为灾"，这类雹灾就不在赈济范围之内。

　　《清实录》的有关记载更能了解其详细情况，御史李清芳奏称："地方被灾，有夏旱、夏水、遭风冰雹各项。部议谓遭风冰雹，及夏天被水，均不动赈。"大学士等对此进行合议后回复："查夏灾后不能补种秋禾，即与秋灾无异。现在直隶、江南、福建等省，夏灾较重，仍照例加赈。并未著有概不准赈之条。至冰雹灾多在夏月，向例有贷无赈，是以原议，令查勘情形，照夏灾例办理。"④

　　乾隆七年（1742 年），清廷批准了对发生风灾的地区在进行勘灾后，即动用常平仓谷借给籽种，或是进行赈济的规定，"又议准：各处或遇风灾，该督抚等确实勘验。如一时民食艰难，即于常平仓谷内酌借籽种口

---

　　① （清）朱澍：《灾蠲杂款》，李文海、夏明方主编：《中国荒政全书》第二辑第四卷，北京古籍出版社 2004 年版，第 747 页。

　　② （清）昆冈等修、刘启端等纂：《钦定大清会典事例》卷二百八十八《蠲恤·灾伤之等》，《续修四库全书》编纂委员会：《续修四库全书·史部·政书类》第 802 册，上海古籍出版社 2002 年版，第 600 页。

　　③ （清）朱澍：《灾蠲杂款》，李文海、夏明方主编：《中国荒政全书》第二辑第四卷，北京古籍出版社 2004 年版，第 747 页。

　　④ 《清实录·高宗纯皇帝实录》卷一百六十五"乾隆七年四月条"，中华书局 1985 年版，第 84 页。

粮，秋成还仓，免其加息。傥或损伤大田，必需赈济者，即具题请旨遵行"①。对此，《清实录》也记载："其风灾一项，原议令该督抚确勘。如果民食艰难，即于常平仓谷内酌借，倘损伤大田，必需赈济者，即具题请旨遵行。是一切夏月水旱风雹各灾，俱应临时酌筹赈济，使皆归实际。嗣后各省赈务。均照此议办理。从之。"②

乾隆朝经济繁荣，国力雄厚，为赈济的顺利进行提供了坚实的物质基础，不仅在赈济物资、赈济的灾情分数等级、蠲免数额等方面均比顺康雍时期有所放宽，赈济的措施及相应的规章制度，在不断的调整中趋于完善，并达到了清代乃至中国历史上的巅峰。而且在对小灾种的信息上报及赈济制度建设中，也表现出了相应的细致及完善。

但这并非说这些制度已经尽善尽美。由于明清小冰期的气候变化对灾害发生的频次影响越来越大，清代雍正朝以后人口迅速增加，对资源的开发及环境的破坏力度也相应增大，乾隆朝的灾荒类型也呈现出增多趋势，灾害范围也越来越大，灾害影响也随之加重。由于灾害信息上报人员、赈济人员及其思想行为的差异，清前期灾害信息上报制度中也存在很多不足及弊端，诸如捏灾、匿灾等未从制度上予以杜绝，才使乾隆朝的灾赈腐败的大案、要案层出不穷，并达到了清代开国以后的最高峰。

五、清前期灾害信息上报制度的启示

评价一项制度的好坏，不在于其具体规定是否完整、全面和细致，而在于在执行一些僵硬的规制时，是否能根据具体情况进行及时的调整及变通，那种不论实际情况必须完全照章执行的僵硬做法，只会让完好的制度流于形式，成为一纸空文。同时，一个朝代的繁荣，绝不可能是单一原因就能成就的，而是各种因素综合促成的，康乾盛世及灾赈制度、措施能达

---

① （清）昆冈等修、刘启端等纂：《钦定大清会典事例》卷二百八十八《蠲恤·灾伤之等》，《续修四库全书》编纂委员会：《续修四库全书·史部·政书类》第 802 册，上海古籍出版社 2002 年版，第 600—601 页。

② 《清实录·高宗纯皇帝实录》卷一百六十五"乾隆七年四月条"，中华书局 1985 年版，第 84—85 页。

到中国灾赈制度史上的最高峰，也是各种因素合力的结果，其中，赈济制度在虽然细小但却极关键的环节中发挥的作用，无疑是乾隆盛世出现的重要原因之一。

灾害信息上报制度，是灾赈制度存在及实施的基础。清前期在吸收前朝报灾制度的基础上，迅速在灾赈中建设、调整并完善报灾规制，成为清代荒政制度最早建成并推进其他荒政举措逐项落实的基础性措施，是启动救灾应急机制的闸门，对官民拉响了灾情警报，推进荒政实践紧急开展，在灾赈实践中具有举足轻重的地位。

乾隆朝灾赈制度无论是文字的规定还是具体的措施，无疑都达到了古代灾赈的最高水平。但这应该客观看待，因为乾隆朝的灾赈制度，是在顺康雍三代探索实践并总结成败经验的基础上完成的。顺康雍三代的灾赈制度经多次调整、修订，在无数次灾赈实践中，经过官民检验，到雍正朝时，部分制度从形式到主要内容都已大致定型。没有对前朝制度的继承，就不可能有乾隆朝制度的完善。故清代的灾赈制度，应按照前期、中期、后期等稍微粗略的历史时段来分析，才能更明了制度建设不是一蹴而就的，是需要经过历史的积累和积淀才能成就的。

乾隆朝沿用并严格执行顺康雍的灾赈制度，既保证了制度的连续性，还弥补了顺康雍三朝赈济制度及措施中尚未涉及的方面，使得乾隆朝赈济措施中"完善"的特点更加显著，尤其是对其中不足之处、与具体实践有冲突或不合时宜的方面进行的调整及补充完善，对一些不能以全国标准要求的灾区也重新制定了新标准等，此类调整虽然多少不一，有的只是极少的部分，甚至会被认为乾隆朝灾赈制度的建设只是一些细枝末节的改变，但这些细微的调整和修改，恰恰就成为制度改善中最关键的节点。如对"勘不成灾"制度建设就是清代灾赈建设最完美的内容。经过调整之后的制度，不仅使其自身的内容及体系更具加完备和丰满，也使僵硬的制度更加具有了人性化的特点，其在传统制度的僵化刻板中透出的机动和灵活，既方便了赈济措施的推行，使官员在遵守制度的时候有了实心效力、有效救灾的依据，也使制度与实践更能够有效贴合，取得较好的社会效果。

清前期报灾制度的建设及发展，不仅反映了制度重建及继承的重要作用，也反映了入主中原的清朝统治者对中原汉文化及其传统制度的认同、接纳，这是中华民族共同体形成及建构过程中，中华传统优秀文化的魅力及其凝聚力、向心力发挥的实际作用，清前期统治者对此有深入领会并利用灾赈制度建设及赈济实践，建构起了其统治中国的合法性地位，在汉文化区域塑造起了其正统性身份，"中国历代任何族群在夺得大统之际，首要考虑的都是如何确立自身的'正统性'……清朝对获得'正统性'的重视程度反而远高于前代，并希望接续前朝的正统谱系，与之形成一个连续体。" 具体体现在报灾制度的重建中，就是清朝统治者承继并用中原王朝传统灾赈制度，去救济以汉族为主体民族的天下灾黎，获得了底层民众的认同，进而稳定了统治秩序，获取了民心，顺利渡过了政权合法性危机阶段，其政权及统治最终被认可，成为统治中原的合法王朝。因此，灾赈制度及其体系建设，是社会稳定、经济发展、民心向背的基础保障。

清前期报灾制度的建设及其成效，以及当前新冠肺炎预防的成就及前期疫情预警上报通道的欠缺，无疑启迪着现当代建立系统的灾赈预警、灾情信息上报的绿色直通道及机制的必要性及急迫性，这是提高自然灾害防治能力的必要途径之一，也是清代报灾制度垂鉴后代的启示。

第二节 清前期勘灾机制的建立及完善①

勘灾是督抚接到报灾信息后委派官吏亲临灾区，协同基层吏役勘查核实灾情，勘定灾区位置及田地成灾分数、受灾人口数、禽畜财产受损状况，以确定赈济数额、蠲免分数及赈济期限的一系列活动，是赈济程序的肇始，也是灾赈措施推行的前提和依据。作为灾赈的基础性制度，勘灾制度在历朝的赈济实践中不断发展。清王朝极重视灾赈制度的建设，顺治朝于灾荒频仍中开始恢复、建设传统勘灾制度，经康雍两朝灾赈实践的校验、调整、修改及发展，勘灾任务、人员、期限等制度逐渐确立。乾隆朝

---

① 周琼：《清前期的勘灾制度及实践》，《中国高校社会科学》2015 年第 3 期，第63—82 页。后来被中国人民大学报刊复印资料《社会保障制度》2015 年第 7 期全文转载。

顺承其精要，充分吸收臣僚的修正奏议予以改良、补充和修正，制度与灾赈的实际更加贴合，更有利于实施。使康乾盛世时的勘灾制度成为清代君臣共建灾赈制度的典例，体现了独裁帝制下的集权式民主及"嘉惠黎元、体恤灾民之致意"的统治目的的达成，成为专制体制下国家行政效能外显的标志，具有重要的学术价值及现实意义。但迄今为止，学界仅相关论著和学术论文涉及报灾勘灾时有宏观论述[①]，鲜有对清代勘灾制度进行系统、深入研究的成果。在目前各类灾害频发、各地重视防灾减灾能力建设的背景下，重新审视中国帝制顶峰阶段号称灾赈制度史上最完善的乾隆朝勘灾制度，在梳理灾赈史料的基础上，对清代勘灾制度的建设、发展及完善进行分析，对其程序及成效进行系统研究，以期对清代灾赈制度研究的深化及推进有所裨益。

一、顺康雍时期勘灾制度的初建及调整

清王朝定鼎中原之初，战乱频仍，水旱灾害、蝗灾、疫灾频繁发生，为安定、获取民心，稳定刚建立起来的统治，急需赈济灾黎以恢复社会经济秩序。而了解、确定灾情以赈济的措施就是勘灾，这是确定赈济的方式、物资数额的基础，对赈济效果有直接影响。清初继承了明代的勘灾制

---

① ［法］魏丕信：《18 世纪中国的官僚制度与荒政》，徐建青译，江苏人民出版社 2003 年版；李向军：《清代荒政研究》，中国农业出版社 1995 年版；李向军：《清代救灾的基本程序》，《中国经济史研究》1992 年第 4 期，第 154—156 页；李向军：《清代荒政研究》，《文献》1994 年第 2 期，第 131—143 页；李向军：《清代前期的荒政与吏治》，《中国社会科学院研究生院学报》1993 年第 3 期，第 57—62 页；吕美颐：《清代灾赈制度中的"报灾"与"勘灾"》，《文史知识》1995 年第 9 期，第 17—22 页；张兆裕：《明代荒政中的报灾与匿灾》，中国社会科学院历史研究所明史研究室：《明史研究论丛》第七辑，紫禁城出版社 2007 年版，第 41—49 页；鞠明库：《明代勘灾制度述论》，《中国社会经济史研究》2014 年第 1 期，第 50—58 页；倪玉平：《试论清代的荒政》，《东方论坛》2002 年第 4 期，第 44—49 页；阿利亚·艾尼瓦尔：《清代新疆对灾荒的勘灾审户制度研究》，《历史教学》2013 年第 22 期，第 35—41 页；王璋：《灾荒、制度、民生——清代山西灾荒与地方社会经济研究》，南开大学 2012 年博士学位论文；毛阳光：《唐代灾害奏报与监察制度略论》，《唐都学刊》2006 年第 6 期，第 13—18 页；朱浒：《二十世纪清代灾荒史研究述评》，《清史研究》2003 年第 2 期，第 104—119 页。

度，并在顺康雍三朝的灾赈实践中经君臣讨论而调整发展起来。

（一）顺治朝初定勘灾制度

顺治朝勘灾制度建设最突出的工作，是在继承明制的基础上初步规定了勘灾期限及违限处罚的制度。顺治六年（1649 年）规定，勘灾是地方督抚的责任，地方遭灾，督抚大员应立即了解被灾田地数额、确定灾情分数并明确奏报，"地方被灾，督抚巡按即行详查顷亩情形具奏"[①]。灾情上报后一月内勘察灾情并奏请灾赈措施，"先将被灾情形驰奏，随于一月之内查核轻重分数，题请蠲豁"[②]。顺治十七年（1660 年）再次确定，勘灾以一月为限，违限处罚，"限一月内，续将报灾分数勘明，造册题报。各官如有违限者，亦照前定例议处。永著为例"[③]。勘灾期限的确定，提高了赈济的效率。

顺治朝对勘灾制度另一个建设性贡献，是初步制定了八旗勘灾制度。黄河以北的草原游牧区地域广袤，政区疏阔，灾荒时间及类型与南方差异极大，南方的制度及标准并不适用八旗地区。顺治十八年（1661 年），清廷专门对旗地勘灾做了规定：旗地遇灾，需派侍郎以下、副都统以上官员率户部司官、笔帖式到灾区，在佐领、领催协助下勘验灾情，如与造报灾情分数册不符或有遗漏，或冒指受灾地亩、勘灾不细，分别由部院笔帖式、佐领领催及勘灾官员承担责任，即"八旗旱涝地亩，遣各部侍郎以下、该旗副都统以上官，率户部司官、笔帖式至被灾地方，该佐领、领催指明勘验。若造册舛漏，责在部院笔帖式；冒指地亩，责在佐领、领催；其灾伤轻重、地势高下，不详加踏勘，责在差往大僚。事发，照例察

---

① （清）昆冈等修、刘启端等纂：《钦定大清会典事例》卷二百八十八《户部·蠲恤·奏报之限》，《续修四库全书》编纂委员会：《续修四库全书·史部·政书类》第802 册，上海古籍出版社 2002 年版，第 596 页。

② 《清实录·世祖章皇帝实录》卷七十九"顺治十年十一月辛亥条"，中华书局 1985年版，第 623 页。

③ （清）昆冈等修、刘启端等纂：《钦定大清会典事例》卷二百八十八《户部·蠲恤·奏报之限》，《续修四库全书》编纂委员会：《续修四库全书·史部·政书类》第802 册，上海古籍出版社 2002 年版，第 596 页。

议"①。顺治朝对勘灾制度的初步建设拉开了清代勘灾制度建设的序幕，使勘灾程序有法可依。

（二）康熙朝对勘灾制度的调整

康熙朝在实践的基础上，对顺治朝的勘灾制度进行确认及调整。主要有三项措施：一是对旗地勘灾制度的调整与补充。顺治十八年（1661年）规定旗地勘灾人员的处罚制度后，被罚官员人数众多且程序烦琐，影响了赈济措施的推行。康熙四年（1665年）调整后规定，八旗地区遭遇灾荒后，副都统不再参加勘灾，由骁骑校、领催等进行勘灾，"八旗遇灾地亩，停遣副都统等勘验。止令骁骑校、领催等详勘保结。送部具题"②。这大大减少了旗地勘灾官员的数量，简化了勘灾程序，促进了旗地勘灾制度的发展。

二是初步确立了勘灾不当的处罚制度。康熙朝继承了顺治朝勘灾逾限的处罚制度，但在实施中出现了种种问题，进行了相应调整。康熙十五年（1676年）对勘灾官员委派不当及瞒报或妄报灾荒、报灾不详细明确的官员做出了罚俸一年或六个月等处罚规定，"又议准：勘灾不委厅官印官，仍委教官杂职查勘……不申报者，原委官罚俸一年"③。

三是对勋庄粮庄勘灾制度的建设。顺治及康熙初年规定的勘灾制度主要是针对民、旗田地而言，对广泛存在的勋庄粮庄田地的勘灾一直无明确规定，这给粮庄田地的赈济造成了困扰。因此，康熙九年（1670年）就开始了对被前朝忽视的粮庄勘灾制度的建设，规定关内粮庄报灾时，官府应派遣委司官1人、内管领1人前往勘察灾情，造册上报内务府，作为

---

① （清）昆冈等修、刘启端等纂：《钦定大清会典事例》卷二百八十八《户部·蠲恤·灾伤之等》，《续修四库全书》编纂委员会：《续修四库全书·史部·政书类》第802册，上海古籍出版社2002年版，第599页。

② （清）昆冈等修、刘启端等纂：《钦定大清会典事例》卷二百八十八《户部·蠲恤·灾伤之等》，《续修四库全书》编纂委员会：《续修四库全书·史部·政书类》第802册，上海古籍出版社2002年版，第599页。

③ （清）昆冈等修、刘启端等纂：《钦定大清会典事例》卷二百八十八《户部·蠲恤·奏报之限》，《续修四库全书》编纂委员会：《续修四库全书·史部·政书类》第802册，上海古籍出版社2002年版，第596—597页。

赈济的主要依据。康熙二十五年（1686 年）进一步规定，庄头呈报灾情后再派官员前去勘灾，勘灾后不成灾田地在六十五晌以下者赈济钱粮养赡家口，六十五晌以上者照旧当差，"庄头报灾，勘得余剩好地六十五晌以下者，给与养赡家口；六十五晌以上者，照旧当差"[①]。并规定了粮庄灾荒赈济的初步标准，规定不成灾田地数额以三顷九十亩为限，少于此数者免去租税，以收入养赡家口；多于此数者依旧纳粮。

康熙年间建设起来的勘灾制度，几乎完全覆盖了清王朝统治下的所有田地，使受灾的所有田亩及民众都能进入灾赈制度覆盖的范围内。

（三）雍正朝勘灾制度的确定

励精图治的雍正帝对事关国家统治基础稳定的灾赈制度建设极其重视，继承了前朝制度并在实践中逐步修正，将勘灾制度固定化、规范化，推动了清代灾赈制度建设的进程。这是勘灾制度进一步调整及发展定型的时期，是清代勘灾制度在实践校验中确定的重要阶段，对勘灾期限的调整及确立、违限的处罚是雍正朝灾赋制度建设最重要的内容。

一是勘灾期限的调整及其处罚制度的建设。雍正朝承袭了勘灾需在报灾后一月内完成的制度，雍正三年（1725 年）再次确定一月的勘灾期限及违限者处罚的规定，促使其进一步制度化，"先以被灾情形题报其被灾分数，限一月内察明续报，逾限者交该部议处"[②]。但在具体实施中出现了问题，一月内既要勘察灾情分数，又要将勘察结果即灾情具体状况造册上报，时间紧迫，逾期者较多，大部分官员都受过处罚，纷纷奏请展限。雍正六年（1728 年）调整了勘灾期限，总体时间延长十五天，勘灾期限共四十五天，即勘报灾情分数的时间展限十天、查覆上司时间展限五天，"一月内造报被灾分数，为时太迫。嗣后造报分数勘灾之官，宽以十日；查覆上司，宽以五日。总以四十五日为限，其勘灾监赈官所有钦部事件，准照

① 清高宗敕撰：《清朝文献通考》卷五《田赋考》，商务印书馆 1936 年版，第4895 页。

② （清）昆冈等修、刘启端等纂：《钦定大清会典事例》卷七百五十四《刑部·户律田宅·检踏灾伤田粮》，《续修四库全书》编纂委员会：《续修四库全书·史部·政书类》第 809 册，上海古籍出版社 2002 年版，第 318 页。

入闸之例扣限"①。按规定，四十五天是勘察灾情所需时间，不含途程时间，官员在奏报中注明途程花费时间即可。这给了勘灾官员以极大的时限宽容，使勘灾更准确及全面，促进了勘灾的制度化进程，在灾赈制度发展史上具有重要意义。但若还违限，就按顺康两朝的违限规例论处，"各省如有被灾者，其被灾分数限四十五日查明造册题报，照例扣算程途……如不依限造册题报，州县、道府、布政使、巡抚各官亦照前例议处，照报灾逾限例议处"②，并规定了违限官时限的处罚办法，"如逾限半月以内，递至三月以外者，议处"③。勘灾期限的宽缓及违限处罚，保障了质量及效率，使制度既贴近实际又有成效。

雍正朝勘灾制度的细致深入，还体现在对勘灾人员的选拔上。督抚知道灾情并向朝廷题报灾情时，必须从知府、同知、通判等下属官员内遴选出合适人员，到受灾州县与州县长官一同勘察受灾田地、确定灾情分数，在 45 日内将勘查结果题报到部，逾期者按违限制分别论处，"州县地方被灾，该督抚一面题报情形，一面于知府、同知、通判内遴委妥员，会同该州县迅诣灾所，履亩确勘。将被灾分数，按照区图村庄，分别加结题报，其勘报州县官扣除程限，统于四十五日内勘明题报"④。"覆准：各省如有被灾者，其被灾分数，限四十五日查明造册题报。照例扣算程途，将己未

---

① （清）昆冈等修、刘启端等纂：《钦定大清会典事例》卷二百八十八《户部·蠲恤·奏报之限》，《续修四库全书》编纂委员会：《续修四库全书·史部·政书类》第 802 册，上海古籍出版社 2002 年版，第 597 页。《清朝文献通考》卷三十六载："雍正六年增定，勘报之官，宽限十日；奏报之官，宽限五日，统以四十五日为限。"

② （清）昆冈等修、刘启端等纂：《钦定大清会典事例》卷一百十《吏部·处分例·报灾逾限》，《续修四库全书》编纂委员会：《续修四库全书·史部·政书类》第 802 册，上海古籍出版社 2002 年版，第 415 页。

③ （清）昆冈等修、刘启端等纂：《钦定大清会典事例》卷二百八十八《户部·蠲恤·奏报之限》，《续修四库全书》编纂委员会：《续修四库全书·史部·政书类》第 802 册，上海古籍出版社 2002 年版，第 597 页。

④ （清）昆冈等修、刘启端等纂：《钦定大清会典事例》卷二百八十八《户部·蠲恤·奏报之限》，《续修四库全书》编纂委员会：《续修四库全书·史部·政书类》第 802 册，上海古籍出版社 2002 年版，第 597 页。

违限月日分析声明"①。这对准确、完整地勘察灾情并进行赈济无疑意义极大，官员免除了处罚的畏惧而能安心任事。此次调整后，勘灾期限基本确定，此后除进行局部的修改外，没再进行大的改动。

二是勘灾渎职的处罚及边勘边赈制度的建设。雍正朝对部分玩忽职守的勘灾官员进行惩罚，雍正五年（1727 年）规定，沿河州县遭受水灾之后，地方官应陪河道官员亲赴灾区勘灾，官员匿灾就按报灾怠玩例惩处，勘灾不实者按溺职罪论处，"嗣后沿河州县，遇有被淹之处，令地方官会同河员，亲历确勘被淹情由，据实通报。如有隐匿民灾者，照报灾怠玩例议处；查报不实者，照溺职例议处"②。雍正朝对勘灾违限官员的处罚制度，更严明了法纪，使 45 日的勘灾期限成为制度正式确立下来。

雍正朝作为勘灾期限及违限处罚制度确立的重要时期，其制度也在实践中受到了检验，初步确立了边勘边赈的制度，使"申报灾伤，务在急速；给散钱粮，务要及时"成为清王朝强调的赈济原则。雍正二年（1724 年）七月十八、十九等日，江浙大雨成灾，"海潮泛溢。冲决堤岸。沿海州县。近海村庄。居民田庐、多被漂没"，八月，雍正帝谕督抚派遣官员勘灾，动用仓库钱粮速行赈济，"朕即密谕速行具本奏闻赈恤，但思被灾小民望赈孔迫，若待奏请方行赈恤，致时日耽延，灾民不能即沾实惠。朕心深为悯恻，著该督抚委遣大员踏勘被灾小民，即动仓库钱粮，速行赈济，务使灾黎不致失所。其应免钱粮田亩，即详细察明请蠲。凡海潮未至之村庄，不得混行滥冒"③。雍正八年（1730 年）秋月，江苏邳州、宿迁、桃源等处遭受水灾，雍正帝谕令江苏巡抚派遣官员勘灾的同时动支库银赈济，"著巡抚岳浚遴选贤能官员前往查勘，动支库银速行赈济，勿使一

<hr>

① （清）昆冈等修、刘启端等纂：《钦定大清会典事例》卷一百十《吏部·处分例·报灾逾限》，《续修四库全书》编纂委员会：《续修四库全书·史部·政书类》第 802 册，上海古籍出版社 2002 年版，第 415 页。

② （清）昆冈等修、刘启端等纂：《钦定大清会典事例》卷一百三十七《吏部·处分例·河工》，《续修四库全书》编纂委员会：《续修四库全书·史部·政书类》第 802 册，上海古籍出版社 2002 年版，第 761 页。

③ 《清实录·世宗宪皇帝实录》卷二十三"雍正二年八月甲午条"，中华书局 1985 年版，第 373 页。

夫失所"①。

三是粮庄勘灾制度的建设。雍正朝在康熙朝的基础上对粮庄勘灾制度做了补充,推进了粮庄田地灾赈制度的建设。雍正元年（1723 年）规定,山海关外粮庄遭遇旱涝灾害,报灾后由锦州副都统、郎中等官员负责勘灾,"查勘分数呈报"②。雍正三年（1725 年）制定了庄头田地的勘灾制度,规定关内庄头田地受灾后,按成灾分数蠲免;如捏报灾情即予严厉惩处,捏报五顷者鞭八十,捏报十顷者鞭一百;如全系捏报即处以枷两月、鞭一百之刑法;报灾后官府勘灾人员前往,庄头不陪同勘察者,处鞭一百之刑,革除庄头之职,"查勘关内庄头灾地,将成灾分数,按分蠲免,仍于额纳粮内按人给予口粮以资养赡。如有捏报五顷以上,鞭八十;十顷以上,鞭一百;所报全虚者,枷两月鞭一百。至查勘时报灾不到之庄头,鞭一百,革退庄头。"雍正十一年（1733 年）对庄头受灾田地的勘灾制度又做了详细补充,即各庄发生旱涝灾害后,需将灾情呈报地方官,再呈报总督,勘察账册加封送呈户部,再转送内务府,再由内务府委派官员复勘灾情,"各庄遇有旱涝呈报地方官,亲勘成灾分数,申报总督。将原册封送户部,转送到府。由府委官会地方官履亩覆勘,与原册相符者,取具地方官印结,分析蠲免具奏"③。但此制度烦琐耗时,操作起来存在诸多不便。

雍正朝勘灾制度的建设及实践推动了清代灾赈制度的发展,勘灾制度的框架、形式及内容已大致定型,成为清代灾赈制度发展中承上启下的重要阶段。

经过顺康雍三朝在实践中的不断调整修改,清代勘灾法规逐渐建立、发展,奠定了清代赈济制度的基础。随着灾赈成效的日益显著及清王朝政

---

① 《清实录·世宗宪皇帝实录》卷九十六"雍正八年七月己卯条",中华书局 1985 年版,第 288 页。

② （清）昆冈等修、刘启端等纂:《钦定大清会典事例》卷一千一百九十七《内务府·屯庄·粮庄勘灾》,《续修四库全书》编纂委员会:《续修四库全书·史部·政书类》第 814 册,上海古籍出版社 2002 年版,第 530 页。

③ （清）昆冈等修、刘启端等纂:《钦定大清会典事例》卷一千一百九十七《内务府·屯庄·粮庄勘灾》,《续修四库全书》编纂委员会:《续修四库全书·史部·政书类》第 814 册,上海古籍出版社 2002 年版,第 530 页。

治、经济、军事实力的不断增强，清朝统治者达到了通过灾赈逐渐获取民心的目的，经济渐趋繁荣，统治亦逐步稳固。

二、乾隆朝勘灾制度的完善及确立

乾隆朝勘灾制度的建设是在顺康雍三朝的探索实践及其经验的基础上进行的，但随着乾隆朝灾荒类型、区域及规模的变化、勘灾官员认知的差异，前朝勘灾制度的弊端也在凸显。同时，乾隆朝经济繁荣，国力雄厚，为赈济提供了坚实的物质基础，在物资、灾情分数等级识别、蠲免数额等方面均比顺康雍时期有所放宽，赈济措施及其规章制度在不断调整中趋于完善，最终达到了清代乃至中国灾赈制度史的巅峰，勘灾制度也在逐渐改良中弥补了前朝制度尚未涉及的方面，在其完善的过程中，政策尤其机动灵活，对各环节的衔接弥缝方面显得极为突出。多次听取勘灾官员建议进行修正的制度，体现了其人性化及君臣共同建立、完善灾赈制度的特点。乾隆朝勘灾制度的完善及最终确立，主要表现在以下四个方面：

（一）完善勘灾限期，处罚勘灾不力官员

乾隆朝承袭了四十五日勘灾册报的期限，但从两个细微却关键之处进行了改良、完善，使勘灾各环节能更好地衔接协调、更有效地运作。

一是完善勘灾期限及违限处罚制，最终确定勘灾限期。康雍两朝的勘灾制度在实践中逐渐凸显出其僵化刻板性，如雍正朝规定勘灾于四十五日内完成，但不同范围及程度灾害的勘灾时间不一定相同，乾隆五年（1740年）做了修订，改为"按限勘明"，使勘灾期限的制度用语更加精准和贴切、符合实际，"奏准：勘灾限期定以四十日为限，将限一月内察明句，改为按限勘明"[1]。修正后的制度更具机动性及灵活性的特点，勘灾进程更为便捷。

---

① （清）昆冈等修、刘启端等纂：《钦定大清会典事例》卷七百五十四《刑部·户律田宅·检踏灾伤田粮》，《续修四库全书》编纂委员会：《续修四库全书·史部·政书类》第809册，上海古籍出版社2002年版，第318页。

　　因雍正朝勘灾展限时间以是否达到十五日来计算，达到十五日才能展限，不到十五日就不准展限，须在正限三十日内完成，"州县勘报续被灾伤分数，其原报被水被霜被风灾地，续灾较重。距原报情形之日，未过十五日，不准展限，统于正限内查勘请题"①。且风、水、霜等灾害的持续性特点较明显，不可能在正限内勘灾完毕，也不可能恰恰达到十五日的展限期，给勘灾官员造成极大困扰，滋生了新弊端。同时，一些灾害延续时间较长，或旧灾未完又生新灾的地区，在既定期限内几乎没有可能完成勘灾工作。乾隆十一年（1746 年）十二月，湖北布政使严瑞龙奏请，对继续遭受灾害的地区放宽勘灾时限，尤其对灾害影响后延或长期持续的水灾，勘灾时间应展限二十日，"勘灾限内有续经被灾村庄，酌量展限。查续被灾荒，亦应早为勘报。若于正限外加半扣展，反致藉端稽误。请嗣后除旱灾以渐而成，仍照旧例办理外，如查勘水灾限内，有续被水村庄距原报期已过十五日者，方准声明展限二十日"②。朝廷对此做出了迅速反应，同意了其请求，乾隆十二年（1747 年）明确规定，如勘灾时间已超过三十日正限，无论逾限时间是否达到十五日，都可以重新计算日期勘察造报；如已超过十五日还不能完成勘灾工作，可再展限五日，共展限二十日，"十二年议准：十五日以外者，准于正限外展限二十日。如已过正限，均准另起限期勘报"③。

　　严瑞龙还条奏了具体情况具体处置的策略，即勘灾时应以灾区人口、田亩多寡作为是否展限的依据，如户口不多的灾区就不必展限，应在短期内迅速勘察完毕，如灾情严重、户口繁多的地区就依限查报，以免勘灾官员马虎从事，"查报被灾户口，宜与顷亩分数，勒限办理；查蠲免以分数

　　① （清）昆冈等修、刘启端等纂：《钦定大清会典事例》卷二百八十八《户部·蠲恤·奏报之限》，《续修四库全书》编纂委员会：《续修四库全书·史部·政书类》第802 册，上海古籍出版社 2002 年版，第 598 页。

　　② 《清实录·高宗纯皇帝实录》卷二百八十"乾隆十一年十二月辛未条"，中华书局1985 年版，第 658 页。

　　③ （清）昆冈等修、刘启端等纂：《钦定大清会典事例》卷二百八十八《户部·蠲恤·奏报之限》，《续修四库全书》编纂委员会：《续修四库全书·史部·政书类》第802 册，上海古籍出版社 2002 年版，第 598 页。

为凭，赈济以户口为据；如被灾较重而户口繁多者，概令依限查报。恐承办各官草率了事，请嗣后查勘分数限内，除户口繁多，难一时并举者，照例另报外，其户口较简者，即令乘便带查"①，经户部核议后，"从之"。这类采纳勘灾臣僚建议改进制度的典型案例，表现了乾隆朝君臣共同建立、完善灾赈制度的特点。

二是制定了对勘灾不力官员的处罚规定，使勘灾制度更加全面和细致。乾隆三十年（1765 年）规定，州县发生水灾，地方官须亲自查勘，据实奏报；如查勘不实、隐瞒灾情或把成灾谎报为不成灾者题参革职，永不叙用；如查勘不尽心竭力，少报灾情分数者按溺职条例革职，"州县遇有报潦之处，令地方官亲历，确勘被潦根由，据实通报。如有隐瞒不报及将成灾报作不成灾者，俱题参革职，永不叙用。如不实心确勘，少报分数者，照溺职例革职。至沿河州县报潦，令地方官会同河员确勘，如有查勘不实及隐瞒民灾等弊，将河员一并题参。照地方官例，分别议处"②。制度制定后在实践中得到贯彻，踏勘不实或冒灾官员受到严惩。如乾隆四十年（1775 年）十一月，署来安县候补县丞李奉纶因"查报灾赈事务"时"办理不善"，"将县差斗级代书门斗等、概行列入"赈济册内，且"开报外来之人转多于本地民数，并将开铺贸易者，亦并入册，均属违例"，乾隆帝怒斥道："此等劣员，自应据实参革，以示惩儆。"最后，李奉纶"已著革职，交与该抚审拟具奏矣"③。反映了乾隆朝在政策执行中注重宽大、灵活性原则时，也注重法规的严肃性，并在实践中具体推行。

至此，清代勘灾期限及其惩罚制度最终确定，被后代尊承。为便于对清代勘灾期限制度建设过程的理解，列表 3-3 如下：

①　《清实录·高宗纯皇帝实录》卷二百八十"乾隆十一年十二月辛未条"，中华书局 1985 年版，第 658 页。

②　（清）昆冈等修、刘启端等纂：《钦定大清会典事例》卷一百十《吏部·处分例·报灾逾限》，《续修四库全书》编纂委员会：《续修四库全书·史部·政书类》第 799 册，上海古籍出版社 2002 年版，第 731 页。

③　《清实录·高宗纯皇帝实录》卷九百九十六"乾隆四十年十一月甲戌条"，中华书局 1986 年版，第 309 页。

表 3-3 清代报灾、勘灾期限表

灾限 时间	勘灾时限的规定
顺治十年（1653 年）	一个月内
顺治十七年（1660 年）	一个月内
雍正三年（1725 年）	一月内
雍正六年（1728 年）	四十五日内（正限三十日，展限十五日）
乾隆五年（1740 年）	四十日内
乾隆七年（1742 年）	五十日内（正限三十日，展限二十日）
乾隆十八年（1753 年）	四十日内

（二）确立旗地勘灾官员责任制，完善粮庄勘灾制度

清代田地类型较多，除民田、庄田、旗地外，还有卫所田地，各类田地的管理方式存在极大差异，灾赈制度也有所差别。

清朝历代皇帝对旗地灾赈极为关注。乾隆朝对旗地勘灾制度的完善，明确了勘灾官员的职责，推行责任自负的原则。乾隆十八年（1753 年）规定：勘灾官员须由各部侍郎以下、各旗副都统以上的官员担任，率领户部司官及笔帖式到达灾区，各旗地佐领、领催等官员陪同，共同查勘灾情，确定灾情分数，"八旗旱涝地亩，遣各部侍郎以下、该旗副都统以上官，率户部司官、笔帖式，至被灾地方，该佐领、领催指明勘验"[1]。若勘灾失误就追究相关责任人的罪责，如造册题报时发生遗漏和舛错，责任就由部院承担；如笔帖式记录的受灾地亩属"冒指"，责任就由指点受灾田地的佐领负责；如灾情轻重、受灾地区的地势等查勘不详细清楚，就由派往勘灾的侍郎以下、副都统以上的官员承担责任，"若造册舛漏，责在部院；笔帖式冒指地亩，责在佐领、领催；其灾伤轻重，地势高下，不详加踏勘，

---

① （清）允祹等：《钦定大清会典则例》卷五十五《户部》，《景印文渊阁四库全书·史部》第 621 册，商务印书馆 1986 年，第 751 页。

责在差往大僚。事发照例察议"①。这种针对勘灾具体环节责任自负的制度，对减少官员相互推诿、做事不力的现象有极大的推动作用，完善了清代旗地勘灾制度。

粮庄勘灾及捏灾处罚制在雍正朝得到初建，即灾荒发生后，庄头先将灾情报告地方官，再亲自勘察灾情呈报总督，总督申报档册封送户部，再下转到府，由府派出官员会同地方官勘察，如与庄头勘察结果一致即可取具印结，将蠲免分数等级上奏；若与庄头勘察结果不一致，说明庄头捏灾，按捏报的田亩数及灾情分数处罚庄头。这项制度存在两个弊端：一是庄田勘灾过程复杂烦琐，时限较长，效率低下，影响了粮庄灾区的及时救济。二是加重了庄头的责任，很多地区的灾情处于变化之中，庄头勘灾时的灾情很有可能与地方官勘定的结果不一致，庄头往往因畏惧受罚而不敢报灾，影响了灾赈的推行，为庄田勘灾最大之弊政。

乾隆朝对此进行了调整，减免了勘灾的复杂程序，停止了由庄头先勘灾，再委派司官再次勘灾的做法。乾隆十一年（1746 年）规定，灾荒发生后，各庄头在将灾情报府存案的同时呈报地方官，再呈请离灾区最近的上级官府委派邻近州县的官员会同查勘灾情，再将勘灾结果呈报总督，总督将其与庄头上报结果核对，如相符即行赈蠲，如不符再按捏灾罪处理，"议准：庄园人等，偶遇旱涝，停委司官查验。令该庄头将被灾地亩，一面报府存案，一面报本地方官，申详附近大员，委邻近州县，即时会同查勘。按其被灾分数，详报总督，取具该地方官及邻境委官、册结咨府，核对原报数目。如果相符，所有应行蠲免及应给口粮，均照定例办理。其不符者，按其捏报数目，照例分别治罪"②。程序的简化，方便了实际操作，庄头的报灾、勘灾工作几乎同时进行，邻近州县的官员很快会同本地官员前来勘灾，灾情分数在短期内不会发生太大变化，减少了庄头的顾虑。同时，勘灾结果的核查由总督执行，只要两项结果相符就可立即赈济蠲免，

①　（清）允裪等：《钦定大清会典则例》卷五十五《户部》，《景印文渊阁四库全书·史部》第 621 册，商务印书馆 1986 年，第 751 页。

②　（清）昆冈等修、刘启端等纂：《钦定大清会典事例》卷一千一百九十七《内务府·屯庄·粮庄勘灾》，《续修四库全书》编纂委员会：《续修四库全书·史部·政书类》第 814 册，上海古籍出版社 2002 年版，第 530 页。

减少了粮庄勘灾的复杂过程。此后粮庄报灾、勘灾直至具体赈济，基本不用惊动户部，各省总督就可完成。既减省了户部周转的程序，节省了时间，提高了效率，也减少了户部的工作量。

乾隆朝对粮庄勘灾及蠲免的修改、补充，使制度逐渐完善，粮庄田地的勘灾蠲赈逐渐与民田趋同，粮庄勘灾程序简化，这对粮庄灾荒的及时赈济有较大意义。

（三）完善边勘边赈制度，明确勘灾督抚职责

乾隆朝继承了雍正朝的边勘边赈制度，并在实践中推行。乾隆二年（1737 年）七月规定，灾荒发生后，督抚一面报灾，一面选派要员亲到灾区，率当地官员勘灾的同时，据灾荒具体情况及灾民数量，先动用仓廪粮食实施临时赈济，勘灾完毕后在勘灾题报册内填写清楚加赈的钱粮数额，赈济全面结束后再题销赈济过程中消耗的米粮数，"地方偶遇水旱灾伤，督抚一面题报情形，一面遴委大员，亲至被灾地方，董率属官酌量被灾情形。视其饥民多寡，先发仓廪及时赈济，仍于四十五日限内题明加赈。俟赈务告竣之日，将赈过户口需用米粮，造册题销"①。

此项制度是在户部议覆安徽布政使晏斯盛条奏勘灾时先发仓粮赈济的议案中确定的，体现了乾隆朝灾赈制度中君臣共建的特点。该议案规定，只要在四十五日期限内题写"加赈"字样，临时赈济所用的粮食均可题销，"勘灾先宜查报应赈户口，以速赈济。嗣后如遇地方水旱，一面题报情形，一面查明应赈饥口，即先发仓赈济，于四十五日限内，题明加赈等语，应如所奏办理。俟赈务竣日，将赈过户口、需用粮石题销。其被灾顷亩分数及应免钱粮数目，核实造报"②。在勘灾中即对灾民进行赈济的规定，使边勘边赈的制度更能顺利实施，最大限度地保证了勘灾官员行使灾赈权力的合法性和有效性，也使灾民在最危急时得到了官府的快速救

---

① （清）昆冈等修、刘启端等纂：《钦定大清会典事例》卷二百八十八《户部·蠲恤·奏报之限》，《续修四库全书》编纂委员会：《续修四库全书·史部·政书类》第 802 册，上海古籍出版社 2002 年版，第 597 页。

② 《清实录·高宗纯皇帝实录》卷四十七"乾隆二年七月辛亥条"，中华书局 1985 年版，第 815 页。

助，使清王朝的赈济制度及实践更具人性化特点，增强了制度的弹性及有效性。

此制度在随后的灾赈实践中得到了贯彻。乾隆十年（1745 年）八月，山西曲沃、翼城、猗氏、万泉、虞乡、解州、安邑、夏县、绛州、闻喜、垣曲、绛县十二州县发生水灾，巡抚阿里"将乏食贫民先赈一月口粮，其房屋冲塌、人口淹毙者，并酌给修葺痊埋银两"，乾隆帝批复："所奏赈恤之数尚觉过少，不无失所之虑耶，仍应加意办理。"①这些规定重视赈济的轻重缓急，动用仓谷先行赈济灾民的政策，解了灾民的燃眉之急。在此基础上制定了蠲免钱粮数目的呈报期限，即在勘灾中题报了应赈钱粮的数额后，再呈报核实过的应蠲免钱粮数目，将蠲免钱粮数目的造报日期后延两月，"其被灾顷亩分数，即于勘灾之日，核实保结，随疏声明。至应免钱粮数目，于具题请赈之日起。再扣限两月造报"②。即灾害发生后先临时赈济，再将勘灾后应赈数额勘明题报的制度较具人性化，抓住了灾赈的主旨及根本；应蠲免的钱粮数额并非需要立即实行，只是一些虚拟的、需延期进行的工作，无疑给勘察及造报准确的灾情分数与赈济钱粮的数额提供了充裕时间，为勘灾质量提供了保障。

针对勘灾中题报受灾田亩的问题，浙江巡抚顾琮提出了完善建议，他认为勘灾如以亩为标准，就会让一些没有田地但实际上已遭受灾害打击的灾民得不到任何赈济，勘灾时应仔细区分。乾隆十二年（1747 年）十二月批准议覆："查灾赈虽按亩计算，但未经升科之地，不能按亩报灾，而实有被灾户口，无业贫民者，亦令查明一体赈恤，并不在地亩有无。"③这个改良勘灾对象的规定，将赈济对象从表面的田地推进到具体的灾民，超越了历代的灾赈制度及措施，反映了乾隆朝充分吸收勘灾臣僚建议的特点，避

---

① 《清实录·高宗纯皇帝实录》卷二百四十七"乾隆十年八月己巳条"，中华书局 1985 年版，第 193 页。

② （清）昆冈等修、刘启端等纂：《钦定大清会典事例》卷二百八十八《户部·蠲恤·奏报之限》，《续修四库全书》编纂委员会：《续修四库全书·史部·政书类》第 802 册，上海古籍出版社 2002 年版，第 597 页。

③ 《清实录·高宗纯皇帝实录》卷三百四"乾隆十二年十二月戊午条"，中华书局 1985 年版，第 971 页。

免了田地多的富裕者得到赈济，没有田地的佃户、穷民不能享赈的弊端，使僵硬的制度充满了人性及灵活的光彩。

督抚勘灾职责的明确，是在地方官员之勘灾实践及其奏议被采纳后才逐步得到实施，并成为定制。乾隆二年（1737 年）五月，山东发生旱灾，巡抚法敏在条奏赈恤事宜中请求严格选派官员，会同地方官查勘灾情的奏报得到了批准，"若不查明歉收分数，概行赈恤，恐滋冒滥。所奏派委郡守丞倅等官，分路会同地方官履亩踏勘。将被灾几分，亲注门牌，以便分别赈恤……应如所奏行"①。乾隆十一年（1746 年）十二月，湖北巡抚严瑞龙在条陈灾赈事宜中也提出，灾区的道府等官员应亲自督察灾赈，而不只是在题报文书上加盖印章就虚浮了事，督抚应严格督促道府官员亲身勘灾，得到了批准，"本管道府亲督查灾赈。查各省委查灾赈道府，多有止据印委各官印结，加结详报者。应令各督抚严饬道府，务须亲身督察，实力稽查。从之"②。

乾隆十六年（1751 年）进一步规定：勘灾人员只能由各受灾地区最高长官总督和巡抚从地方的道、府、厅等中级行政长官中挑选委派，亲赴受灾地区，率灾区州县长官勘察灾情，"覆准报灾地方督抚遴选贤能道府厅官履亩踏勘，不得徒委州县"③。这就避免州县长官为谋私利而多报、瞒报灾情的弊端，明确了勘灾的严肃性和重要性，保证了勘灾工作的客观真实及高效。同年闰五月的谕旨再次明确了督抚勘灾的职责，"督抚为通省表率，地方之事皆其事。至如水旱震溢，灾及闾阎，尤其最重而最急者"④，要求各地督抚具有体察体恤灾民的情怀，一旦发生灾荒，无论多么偏僻都要亲自前往扶绥，如遇灾区不法人员借机聚众闹赈，督抚应亲自前往弹压，

① 《清实录·高宗纯皇帝实录》卷四十三"乾隆二年五月戊申条"，中华书局 1985 年版，第 760 页。

② 《清实录·高宗纯皇帝实录》卷二百八十"乾隆十一年十二月辛未条"，中华书局 1985 年版，第 658 页。

③ （清）允裪等：《钦定大清会典则例》卷五十五《户部》，《景印文渊阁四库全书·史部》第 621 册，商务印书馆 1986 年版，第 751 页。

④ 《清实录·高宗纯皇帝实录》卷三百九十一"乾隆十六年闰五月丁亥条"，中华书局 1986 年版，第 136 页。

"该督抚即应体朕痌瘝乃身之意，无论偏州下邑，亲往抚绥。或遇不法棍徒，聚众闹赈。最易滋生事端，亦应亲往弹压。此乃职分当然"。他分析了督抚在勘灾中存在不亲行亲为的"偷安""养尊处优"状况，言辞尖锐，"而向来督抚率委属员查勘，并不亲行，名曰镇静，实则偷安。独不念灾黎之辗转沟壑，呼号待拯情状耶？督抚每离治所，必须题报，此亦沿袭虚文。督抚一出，人所共知，何待题报？且督抚同城者居多，一人勘灾，尚有一人居守，携篆护篆惟便。如虑随从员役家人，不无骚扰，此自在该督抚之善于约束耳，又岂可因噎废食？是皆历来督抚养尊处优，耽于逸乐，罔恤民艰，遂成锢习。所谓为天子分忧者固如是乎？"[1]因此，他表扬了河南巡抚鄂容安亲自到武陟、河内等水灾地区勘灾的行为，"如此方克称封疆重寄，甚属可嘉"，严厉指责了一些漠视灾情的地方官，如山西巡抚阿思哈在"所属之凤台、高平等县被水"时，仅"委员查勘，奏报又复稽迟"；云南总督硕色、巡抚爱必达在剑川、鹤庆、丽江发生地震且"伤压甚重"的情况下，"仅委知府查明赈恤"；福建总督喀尔吉善、巡抚潘思榘在宁化、清流等地发生水灾，仅委"知府同知以下等官"前去办理等，认为这些官员"皆非慎重灾伤，矜恤颠连之意，殊属不合"[2]。并明确提出了改变旧例，督抚须亲自勘灾的规定："著通行传谕各省督抚：嗣后不得拘泥往例，凡遇灾伤异常之地，务令亲身前往查察。应行赈恤者，一面赈恤，一面奏闻。则闾阎受惠速而得实济，即以禁奸暴而安善良，其胜委员数倍矣。朕恐民隐不能上闻，省方问俗，尚不惮数动属车。督抚等顾可深居简出，惮跋涉之劳耶？"[3]

此规定不仅明确了督抚亲自勘灾的职责，也将雍正五年（1727年）提出的督抚勘灾的要求及乾隆朝臣僚奏请改良的奏议以"嗣后遵守"的谕旨，上升到了制度化层面，让亲自勘灾、体恤灾民成为督抚的重要工作职

---

①《清实录·高宗纯皇帝实录》卷三百九十一"乾隆十六年闰五月丁亥条"，中华书局1986年版，第136页。

②《清实录·高宗纯皇帝实录》卷三百九十一"乾隆十六年闰五月丁亥条"，中华书局1986年版，第137页。

③《清实录·高宗纯皇帝实录》卷三百九十一"乾隆十六年闰五月丁亥条"，中华书局1986年版，第137页。

责，也让督抚承担解决灾区问题的责任，减轻了基层官员的压力而使其能轻松、放心勘灾，对官府赈济措施的推行发挥了积极作用，也完善了清代的勘灾责任制度。

（四）明确规定了勘灾经费的使用制度

勘灾多由督抚派遣府道官员偕同州县官员进行，具体的勘察户口、田地等工作多由基层"胥役里保"参与及经手，"地方偶有水旱之事，凡查勘户口，造具册籍，头绪繁多，势不得不经由胥役里保之手"①，勘灾过程必然会发生费用，但勘灾制度对此一直没有明确规定，基层官员常常将费用转嫁到灾民头上，加重了灾民的重负，"其所需饭食舟车纸张等项费用，朕闻竟有派累民间，并且有取给于被灾之户口者。若遇明察之有司，尚知稽查禁约。至昏愦庸懦者，则置若罔闻，益滋闾阎之扰矣"②。此弊端在雍正朝就已凸显，如雍正八年（1730）八月十七日，湖广总督迈柱从官侵役蚀包揽案内了解到，原任知州卢振先等官员借"报灾使费"等名目进行派征，雍正帝予以了严惩，"已特疏题参，其余皆系自行首报，仰请暂缓究治，一年追完，如逾限不完，照例治罪"③。到乾隆朝，勘灾费用支出及使用的制度建设势在必行。

乾隆元年（1736）七月谕令，勘灾时造册题报及吃住等费用等都从公存银两内支付，不得再派累灾民，违者从重处罚，"嗣后直省州县，倘遇查勘水旱等事，凡一切饭食盘费及造册纸张各费，俱酌量动用存公银两，毋许丝毫派累地方。若州县官不能详察严禁，以致胥役里保，仍蹈故辙，舞弊蠹民者。著该督立即题参，从重议处。该部即通行晓谕知之"④。这是勘

---

① 《清实录·高宗纯皇帝实录》卷二十二"乾隆元年七月丁酉条"，中华书局 1985 年版，第 520 页。

② 《清实录·高宗纯皇帝实录》卷二十二"乾隆元年七月丁酉条"，中华书局 1985 年版，第 520 页。

③ （清）允禄：《世宗宪皇帝上谕内阁》卷九十七"雍正八年八月十七日条"，《景印文渊阁四库全书·史部》第 415 册，商务印书馆 1986 年版，第 493 页。

④ 《清实录·高宗纯皇帝实录》卷二十二"乾隆元年七月丁酉条"，中华书局 1985 年版，第 520 页。

灾制度建设中具有历史意义的改革，减轻了灾民及勘灾官员的负担，勘灾人员得以轻松勘灾，从本质上关心灾民疾苦。乾隆以"嗣后""通行晓谕"的方式将此规定变成永远遵守奉行的制度固定了下来，是完善、促进清代勘灾制度的重要举措。

此制度随后得到了贯彻实施，乾隆十一年（1746年）六月，奉天府尹苏昌在条陈灾赈事宜中有详细体现："一、查办粮务。一切吏胥纸笔饭食，向无公项，请定以大州县四名，中州县三名，小州县二名，日给银一钱。自勘灾日起，至赈竣止。"[①]勘灾的车马交通费从库贮杂项内动支，"委员车马旅费，亦所必需。请将试用知县、现任经历、州判、教职，每员日给银三钱；准带跟役二名，每名给银五分。巡检、典史，每员给银一钱五分，准带跟役一名。均于库贮杂项内动支。得旨：所议尚属可行……勉之。"[②]苏昌计算精细的奏请得到了批准。正是这些臣僚的奏章及实践，使勘灾费用的使用更加细化和专业化，给每个州县排定固定的勘灾胥吏的名额及其饭食费用的规定，堵住了不法官吏借灾赈中饱私囊的制度漏洞，使勘灾制度更加细致及完善。在传统专制社会中，皇帝的表扬及勉励具有极大的号召力，苏昌在奉天发放勘灾人员费用的方式对其他地区发挥了极大的示范作用。

此制度在乾隆十六年（1751年）清廷批准了浙江巡抚顾琮的奏疏后得到进一步完善。规定各地勘灾费用的使用可据当地财政状况实施，先从各县库银中调拨，赈济结束后再从藩司库中拨补，"勘灾查赈盘费等项先于各县库动拨，事竣于藩司盐道库拨还……各属道府督察赈务，各项动用银米，应定限题销各等语。均应如所请，从之"[③]。

此后，经过不断调整，逐渐形成了对勘灾的教职及县丞佐杂候补试用等基层官吏补贴盘费的制度，"凡查勘地方灾赈，除现任正印及丞倅等官，

---

① 《清实录·高宗纯皇帝实录》卷二百六十九"乾隆十一年六月甲午条"，中华书局1985年版，第506页。

② 《清实录·高宗纯皇帝实录》卷二百六十九"乾隆十一年六月下甲午条"，中华书局1985年版，第506页。

③ 《清实录·高宗纯皇帝实录》卷三百十七"乾隆十三年六月癸酉条"，中华书局1986年版，第206页。

不准支给盘费外，教职及县丞佐杂候补试用等官，俱按日支给盘费（山西、福建二省，委员不支盘费）。所带书吏跟役，口粮杂费均一体支销"①。在具体实践中，各地据财政经济及灾情状况、州县大小情况，形成了不同数额的勘灾费用开支制度，"所查系大州县，准带书役四名，中州县准带书役三名，小州县准带书役二名。凡书役每名日给饭食纸笔银一钱"②。

　　因各地灾害的类型、程度存在差异，经济发展及财政状况不同，勘灾官员、书吏跟役人数及其盘费数额也大不相同，盘费支出有多有少，各地品类不同，无法列成表格。为方便了解，笔者将奉天、直隶、山东、山西、河南、江苏、安徽、湖南、福建、江西、浙江、湖北、陕西、甘肃、云南等省的吏役盘费支出赘引如下，以见此制度详细之一斑。

　　奉天省经历教职等官，每员日给盘费银三钱，准带跟役二名。巡检典史等官，每员日给盘费银一钱五分，准带跟役一名。凡跟役每名日给饭食银五分。……直隶省官每员日给盘费银二钱六分六厘有奇，准带书役四名，每厂准设书役二名、衙役四名、斗级四名，每名日给饭食银四分。给单造册等项纸张，每万户给银七两六钱七分有奇。山东省官每员日给银一钱，跟役四名，每名日给银五分，造册书役每名日给银六分。纸张笔墨等银，按赈谷每一千石给银八钱。山西省委员随带书役人等，每名日给饭食银六分。查造册籍赈票等项需用纸张笔墨等银，事竣核实报销。河南省佐杂教职等官，每员日给盘费银一钱。随带承书一名、跟役一名，正印官随带承书一名、跟役二名，每名均日给饭食银三分。造册纸张，每千户给银六分四厘。赈票纸张，每千户给银八分四厘。缮写册籍，每千户给饭食银三分。江苏、安徽、湖南三省试用候补官，每员日给盘费银三钱，教职佐杂，每员日给盘费银一钱，书役每名日给饭食银五分。给单造册纸张工费，每千户给单费银二钱，造册每页给银二厘。福建省委员随带书役，每名日给饭食银二分。雇倩缮书，每名日给工雇笔资银五分。造册笔墨纸张油烛，核实报销。江西省试用知县佐杂教

---

① （清）汪志伊：《荒政辑要》，李文海、夏明方主编：《中国荒政全书》第二辑第二卷，北京古籍出版社 2004 年版，第 595 页。

② （清）汪志伊：《荒政辑要》，李文海、夏明方主编：《中国荒政全书》第二辑第二卷，北京古籍出版社 2004 年版，第 595 页。

职官，每员日给盘费银一钱。每官一员，随带承书一名，正印官带跟役二名，佐杂官带跟役一名，俱每名日给盘费银三分。造册纸张，每千户给银六分四厘。赈票纸价，每千户给银八分四厘。浙江省官每员日给薪水银一钱，坐船一只，日给船钱饭食银三钱二分。随带经书二名，每名日给饭食银三分。小船一只，日给船钱饭食银二钱。随从人役三名、五名不等，每名日给饭食银三分。船一只，日给船钱饭食银二钱。散给银米厂所书役匠人，俱照例支给。查造册籍纸张，于公费等银内动用，据实造销。湖北省官每员日给盘费银一两，每州县给造册纸张银十两。陕西省派委邻属官员及本州县佐杂，每官一员，日给口食银八分。随带书役工匠人等，每名日给口食银四分。调委隔属官员，每官一员日支口食银一钱。跟役每名日支口食银五分。官役每员名各给骑骡一头，每头每百里给脚价银二钱。查造册籍、印刷赈票、包封赈银封袋等项，所需纸张价值，核实造销。甘肃省官每员日给盘费银一钱。跟役一名，日给盘费银五分。官役各给驮骡一头，每头每百里给脚价银二钱。云南省地方官及委员道府州县每员带书办二名、差役三名、马夫一名，佐杂等官带书办一名、差役一名，每名日给米一京升，盐菜银一分五厘。造册所需纸笔饭食人工等项，每册一页，共给银一分，于司库铜息银内给发。①

　　勘灾人员盘费开支制度的确立及实施是以经济实力为基础，虽然每天仅有几两银子的支出，但每次勘灾，少则三十日、多则四五十日，累计数额就会很多，这还是灾情不甚复杂及严重的地区。若灾区范围较广、灾情严重地区，费用支出就会更多，如当地官府没有条件支付费用时，制度就没有实施的可能，盘费支出会成为地方财政的负担。这是勘灾费用的制度直至乾隆朝才制定的原因之一，即顺康雍三朝处于灾赈制度建立、调整期，问题繁多，勘灾费用与其他灾赈问题相比，还不足以提到制度建设的日程上，到乾隆朝，勘灾制度的建设已初具规模，清王朝已成为政局稳定、国力雄厚的空前统一的国家，完全有能力支付这些费用。同时，各项灾赈制度已确立并按部就班地实施，在灾荒赈济中发挥了积极作用，统治者有了余暇及精力关注民生，有了改良制度、完善现行制度的可能。可以说，乾

---

　　①　（清）汪志伊：《荒政辑要》，李文海、夏明方主编：《中国荒政全书》第二辑第二卷，北京古籍出版社2004年版，第595—596页。

隆朝经济基础的稳固及制度的长期发展，是灾赈制度完善的重要基础及保障。

总之，乾隆帝在勘灾制度上的调整及完善措施，与顺康时期相比较为宽松，与既严酷又宽松的雍正朝相比也显得较为宽大，这极有利于勘灾工作的顺利完成，使制度在实践操作中更为便捷而具有了浓郁的人性化色彩。更重要的是，一项制度的好坏不在于其完整、全面和细致，关键在于在实施这些僵硬的规制时，执行者是否能据具体情况进行及时调整及变通。那些不论实际完全照章执行的做法只会让完好的制度流于形式，成为一纸空文。故清代灾荒史研究者认为乾隆朝荒政是清代荒政最高峰的观点，当指其在制度建设层面的改革、细致面做出了超越前代的创新内容而达到了臻善的层面。确实，乾隆朝赈济制度无论是文字还是措施都达到了最高水平，但这些制度并非乾隆朝建立的，而是在承袭前代制度的基础上，对其中疏漏的、与具体实践有冲突的或不合时宜的方面进行调整及补充完善，为一些不能以全国标准要求的地区制定了新标准，虽然调整幅度有大有小，但很多细微的调整和修改恰恰成为制度改善中最关键的链接点，这些链接点使制度自身的内容及体系更具完备、丰满和灵活，既方便了赈济措施的推行，使官员在遵守制度时有了实心效力、有效救灾的依据，也使乾隆朝对各类灾荒的赈济卓有成效，取得了较好的社会效果。

三、帝制顶峰期勘灾制度的程序及措施

乾隆朝对勘灾制度进行的补充、修正使其从形式到内容，都达到了清代最完善的时期。但制度无论如何完善，都只是一些僵化刻板的文字条款。要体现制度的特点、作用及社会成效，还要看该制度的程序及其实践的检验是否符合客观实际、是否可行。处于封建帝制顶峰时期的乾隆朝，经君臣共建而完善并最终确立了的勘灾制度，主要包含了八道程序。

（一）确定勘灾人员，划定勘灾区域

这是在"州县灾象已成"之时最先做的工作，各级府衙在接到下属报文时，一面将灾情呈报上司，一面确定勘灾人员数额，派委官员到灾区初

步查勘，"照例委员赴县协查"，为随后的勘灾做准备。故选取得当的勘灾人员，确定灾区方位，山东巡抚法敏提出的"踏勘被灾州县，宜分别方隅"①就成为勘灾最基础的环节。担任检验任务的官员及其措施，就成为制度实效最重要的载体及决定因素。勘灾官员主要由以下几个层级的官员构成：

一是督抚是首要的、当然的勘灾成员。在乾隆朝以前，督抚派出勘灾的官员，一般是知府、同知或通判等。乾隆二年（1737 年）、乾隆十六年（1751 年）勘灾制度规定，督抚必须亲临府州县勘灾。故督抚接到府州县灾情报文后，一面向户部、皇帝报灾，一面奔赴灾区，据州县初勘时预估的勘灾人数，迅速选派、调齐勘灾委员，派可靠的厅员印官前往灾区，会同州县官勘灾，在奏报详细灾情时，对灾民进行初步救济，"遇灾伤异常之地，责成该督抚轻骑减从，亲往踏勘。将应行赈恤事宜，一面奏闻。如滥委属员，贻误滋弊，及听从不肖有司，违例供应者，严加议处。凡督抚亲勘灾地，系督抚同城省份，酌留一员弹压；系督抚专驻省份，酌留藩臬两司弹压"②。这些措施在督促官员亲临灾区、了解民情，促进了赈济工作的有效进行，在安抚灾民、稳定民心及社会秩序等方面发挥了积极作用。

二是由道府州县知府、同知、通判等官员组成的、参与具体工作的勘灾委员，统筹指挥、督查勘灾工作。府州县属吏作为勘灾的中坚力量，经督抚的严格遴选及派遣亲往灾区，"地方偶遇灾荒，原应州县亲身踏勘"。一般情况下，委派勘灾委员时，督抚不必遵循邻近佐杂和候补试用的顺序，但须遵循品行端正的用人原则，选诚实可靠者担任，"委员须遴选平日办公诚实可靠之人，方能胜任，似不必拘定本地邻近佐杂及候补试用等官判分先后"③。受委官员各司其职，不得假手他人，"倘假手乡保吏胥，即

---

① 《清实录·高宗纯皇帝实录》卷四十三"乾隆二年五月戊申条"，中华书局 1985 年版，第 760 页。

② （清）汪志伊：《荒政辑要》，李文海、夏明方主编：《中国荒政全书》第二辑第二卷，北京古籍出版社 2004 年版，第 585 页。

③ （清）王凤生：《荒政备览》，李文海、夏明方主编：《中国荒政全书》第二辑第三卷，北京古籍出版社 2004 年版，第 601 页。

行查处，应如所奏行"①。

三是由州县的衙吏书役等基层官员组成并向知府及知县、同知、通判等直接负责的基层勘灾官员，由府州县基层官员从品行端正的衙吏书役即"六房书吏"中严格挑选组成，全程参与勘灾工作。勘灾必须一村一庄仔细进行，需员众多，当大范围灾荒发生，勘灾人员不敷调用时，不得不调用被乾隆帝及很多官员排斥的书役乡吏等最基层、被认为最易滋生弊端的管理人员参加勘灾，"盖地方灾赈，全在清查户口，以杜遗滥。封疆大吏，统驭全省，既难躬亲其事。如被灾之州县，其应办事务实繁，如止一隅偏灾，尚可自行查办，若灾地稍阔，必不能分身兼顾。而本处一二佐杂教职，亦难遍历村庄，势不得不假手于书役乡地"②。尤其发生巨灾、重灾、大灾时，勘灾任务繁重，期限急迫，督抚、道府、州县官员数量有限，"州县所属地方大小不同，小者固易于巡查，而大者则难于猝遍。诚以灾黎待恤，恐稽时日"③，不得已之时，常委派佐杂分头踏勘，逐渐成为勘灾制度实施中不得不经常采取的措施。

州县的衙吏书役对当地情况的熟悉超过了知县等官员，在勘灾中上情下达、下情上报，是灾民能常常见到的衙门"官员"，其品行操守对勘灾及赈济均能产生巨大影响，故选择标准很是严格，须以家庭财产、个人品行及操守等为标准，"身家殷实，为人端整，素推老成持重，并无过犯之人，点取数名"，遵循宁少毋多的原则，选择"署内丁属之能事者"到受灾村庄，"领同前点书一人，再派登记书二人，随役一人，用保正甲长指引，携带鳞册"④，作为勘灾的基层领导者，率领乡保等乡村管理者进行仔细、具体的查勘。

①《清实录·高宗纯皇帝实录》卷四十三"乾隆二年五月戊申条"，中华书局 1985年版，第 760 页。

②（清）姚碧：《荒政辑要》，李文海、夏明方主编：《中国荒政全书》第二辑第一卷，北京古籍出版社 2004 年版，第 745 页。

③（清）姚碧：《荒政辑要》，李文海、夏明方主编：《中国荒政全书》第二辑第一卷，北京古籍出版社 2004 年版，第 745 页。

④（清）姚碧：《荒政辑要》，李文海、夏明方主编：《中国荒政全书》第二辑第一卷，北京古籍出版社 2004 年版，第 744 页。

若督抚及府州县官员恰当驾驭、指挥基层勘灾人员，就能很好完成勘灾任务。如乾隆七年（1742年）后任直隶清河道台、直隶按察使、总督的方观承就如此办理：

直隶向来查办赈务，俱系另委厅印，带同佐杂等官分查，视地方之大小，以定派员之多寡。厅印或一员或二员，佐杂并能办事之教官，或三四员或五六员，各给记号一个，如天地元黄之类。其厅员之才干者，或一员兼管两州县亦可。派员既定，令总理赈务之道员，照议定查户之规条，带同各厅印清查一二日，俾皆领会。厅员又带同派随之佐杂教职清查一二日，俾皆领会。然后各照派定村庄，四出分查。①

因指挥及驾驭有方，勘灾卓有成效，乾隆十六年九月十六日奉上谕：

……近询之直隶总督方观承，据称该省向来俱另委厅印，带同佐杂等官分查，视灾地之大小，以定派员之多寡。其巡查、登籍、散票、给赈诸法，甚属妥协周详。②

四是协勘官员，即本州县人员不够时从邻近州县调拨协助勘灾的官员。若灾情重、灾区范围广大、受灾村庄较多时，勘灾委员缺口很大，在地方官及本地佐杂人员数量有限时，常委派和调派近邻尚未被灾的州县官员及佐杂前来协办勘灾，分路前往灾区查勘，"如被灾地方广阔，村庄繁多，地方官一身难以赶办，该管道府，可以派委邻近不被灾州县官协办，并即分委佐杂教职，分路查勘，以副定限。此系上司所委覆勘厅印官之外，名为协办官是也。但须将办法之法，共同讨论，因其地亦因其时，务必彼此明澈，然后分庄四往。仍将派定村庄，开单禀明上司，以便事竣考核"③。若邻近府州县调派的勘灾人员还是不够，就得禀报院司再从其他地

① （清）姚碧：《荒政辑要》，李文海、夏明方主编：《中国荒政全书》第二辑第一卷，北京古籍出版社2004年版，第746页。
② （清）姚碧：《荒政辑要》，李文海、夏明方主编：《中国荒政全书》第二辑第一卷，北京古籍出版社2004年版，第745—746页。
③ （清）姚碧：《荒政辑要》，李文海、夏明方主编：《中国荒政全书》第二辑第一卷，北京古籍出版社2004年版，第745页。

区调派尚在候补或试用的官员协助勘灾，"挨顺道路，酌量烦（繁）简，计需派委若干员，除本地佐杂若干外，尚少若干，即禀请道府派委邻近佐杂。如仍不敷，再禀院司调发候补试用等官分办"[1]。

由于灾害日趋频繁，从他地选择勘灾官员协勘就成为督抚经常采用的手段，即当"本地佐杂非其所信"时，"不妨迳请院司，指名调发省员，以资得力"[2]。方观承以乾隆七八年（1742—1743 年）直隶旱灾期间广泛、跨地域选取勘灾人员为例，条分缕析了异地调员勘灾的优劣利弊，认为若只用一二教职佐杂人员，就会导致侵冒等弊端，"今年直属之被偏灾者，本处牧令尚可料理。普灾，则其应办之事正多，而城内早暮亦需弹压，何能分身四乡？至一二教职佐杂，更难责以周遍，势不得不假手胥役乡地，而此辈乘机舞弊，任情操纵，甚或浮开诡名，侵冒帑项，仓偬之际，不可究诘"。因此，要慎重地从其他区域选择勘灾人员，"于通省内另派厅印，带同佐杂等员分查。视州邑之大小，厅印或一员或二员，佐杂并能事教官，或三四员，或五六员，各给号记一字，如天地元黄之类。其厅官之才干者，或兼管两州县。派员既定，本道等照议定规条率同各厅印清查一二日，俾皆领会"，之后再派出勘灾官员，"然后各照派定村庄，四出分查，庶可画一"[3]。他强调不能只听信庄保里长的口头报告，须亲自勘察，否则就会影响勘灾的准确性，"勘灾必得按庄挨圩，周历亲查，若性耽安逸，凡陟山涉险及大船不能迳达之处，但凭庄保口报填写塞责，贻误匪浅"[4]。实践证明，此方式在直隶勘灾赈济中，取得了较好成效。

五是乡保里甲长等乡村基层管理者组成的全程勘灾成员，负责带领第三、四层级的基层官员进村入户及进行实际勘查。衙吏书役一般选拔户籍

---

① （清）汪志伊：《荒政辑要》，李文海、夏明方主编：《中国荒政全书》第二辑第二卷，北京古籍出版社 2004 年版，第 567—568 页。

② （清）王凤生：《荒政备览》，李文海、夏明方主编：《中国荒政全书》第二辑第三卷，北京古籍出版社 2004 年版，第 601 页。

③ （清）方观承：《赈纪》，李文海、夏明方主编：《中国荒政全书》第二辑第一卷，北京古籍出版社 2004 年版，第 508 页。

④ （清）王凤生：《荒政备览》，李文海、夏明方主编：《中国荒政全书》第二辑第三卷，北京古籍出版社 2004 年版，第 601 页。

管理、赋税征收人员，以及乡保里甲长牌头等乡村主要管理者担任，"乡地所管数村或一二十村户籍，贫富应赈不应赈，大概皆知。牌头只管数甲，此数十家之丁口大小，更无不周知熟悉"①。他们熟悉灾区情况，对受灾田地、灾户人口及极贫、次贫情况了然于胸，经过对人品、操守、行为等的考察后，录用品行俱佳者作为基层力量全程参与勘灾，是勘灾委员的前锋及勘灾的主要力量，对勘灾的进展及效果能发挥重要作用，成为勘灾工作有效进行的前提及保证，"然保甲分地承充，该处田亩之有灾无灾，与灾民之有力无力，早已熟悉于胸中。户书管理征粮册籍，与粮户声气相通，情形尤所深知。一官之耳目几何，岂能舍若辈而独自踏勘乎？此际全在用人得当也"②。

但乡村基层管理者品行往往鱼龙混杂，若牌头甲保选择不好，极易滋弊混③，且基层勘灾官员与乡保里甲长平素便熟识，很容易在挑选时上下其手混进勘灾队伍，很多乡保牌头的行为具有不可掌控性，常出现冒灾、冒赈的情况，影响勘灾结果的真实性及客观性，为灾赈腐败埋下隐患。方观承提醒勘灾官员选拔乡保里甲勘灾时，尤要重视品行，不能相信牌头乡保的一面之词，如查出这些人员有虚冒情况，就予以严厉制裁，"一经察出，即将胥役乡地枷责示众。牌甲代人瞒官不实报者，重杖以惩"④。

勘察官员确定后，即分派各管勘察的具体地区，"如甲日丁役查勘东庄，则乙日印官亲勘东庄；乙日丁役查勘西庄，则丙日印官亲勘西庄"，遇到位置偏远的村庄，人员不够时，可选派臣簿检役等人勘灾，"其窎远村庄，许委丞簿巡检等员分勘，以副定限。一如前法，轮流无间，便无迟误之

---

①（清）方观承：《赈纪》，李文海、夏明方主编：《中国荒政全书》第二辑第一卷，北京古籍出版社2004年版，第524页。

②（清）姚碧：《荒政辑要》，李文海、夏明方主编：《中国荒政全书》第二辑第一卷，北京古籍出版社2004年版，第744页。

③（清）姚碧：《荒政辑要》，李文海、夏明方主编：《中国荒政全书》第二辑第一卷，北京古籍出版社2004年版，第745页。

④（清）方观承：《赈纪》，李文海、夏明方主编：《中国荒政全书》第二辑第一卷，北京古籍出版社2004年版，第524页。

虑"①。勘灾区域一经划定，督抚选拔并率领勘灾官员，会同州县官员奔赴灾区，汇集灾区选拔出的属吏及基层管理者，开始正式的灾情勘察。

（二）查造草册

草册是在报灾后、勘灾前各受灾州县及乡保进行灾情初勘而迅速制成的各村庄受灾的初步图册。草册上须标明灾区地理位置、大致范围、灾情状况及分数、灾区人口等情况。这是与选拔勘灾官员先后进行的工作，作为勘灾的初步依据。草册查造主要有以下几个步骤：

第一，填写门单，确定灾区位置及范围。草册中首先要明确的是灾区位置及地理状况，即确定某省某府、某州某县，或某乡某村、某庄某甲、某牌某圩等发生灾害，其地理情况尤其"地势高下"、江河水道及道路交通等情况须明确填写于草册中，以便于勘灾及赈济的进行。顺治十八年（1661 年）规定，勘灾官员如对"地势高下"不详加踏勘，就要受处罚，"责在差往大僚，事发，照例察议"②，尤其在蝗灾勘察及赈济中，地势高下情况一确定，地方官就可督率民夫，挑挖宽深俱约二三尺的长壕或圆壕，预备好布幛，徐徐驱蝻入壕，消灭蝗蝻。草册中要标明的另一个内容是受灾范围，"勘灾之法，第一在划清疆界，方可免挪东掩西、指鹿为马之弊"，即明确受灾地区东起何地、西至何方、南至某乡某村、北到何州何县，大致有多少州县受灾等。

第二，确定受灾田亩并于田地旁插签立牌，填写受灾村庄数及其田亩数。确定受灾村庄数量及田地的数量与户主，由村圩保长等村吏进行，"晓谕各灾户，将被灾田亩，自用竹签，插立田界，开注号段亩分姓名"③，并在受灾田地旁插签立竿，悬牌标明灾情数字，以便勘灾官员到达时一目了

① （清）姚碧：《荒政辑要》，李文海、夏明方主编：《中国荒政全书》第二辑第一卷，北京古籍出版社 2004 年版，第 745 页。

② （清）昆冈等修、刘启端等纂：《钦定大清会典事例》卷二百八十八《户部·蠲恤·灾伤之等》，《续修四库全书》编纂委员会：《续修四库全书·史部·政书类》第 802 册，上海古籍出版社 2002 年版，第 599 页。

③ （清）姚碧：《荒政辑要》，李文海、夏明方主编：《中国荒政全书》第二辑第一卷，北京古籍出版社 2004 年版，第 744 页。

然，"如一县之中被灾处某乡内有几区，某区内有几庄，某庄内有几圩，该圩内被灾田亩，饬圩保于委员临勘之先，用竹片削签，填写花户亩分，按亩遍插，兼于每庄每圩竖立高竿一枝，于竿上悬挂木牌一块，书写某庄某圩额田若干亩字样，俾委员到时得以了然心目。如敢不遵，即将该圩保重处，仍责令即日赶办齐全"①。受灾田地的标签立牌是报灾后基层村、庄、圩等吏役对灾情的初步认定，只有经基层村吏圈定、确认后写入草册的田地才能进入勘灾范围，只有经勘灾官员勘察确定后的田地及人户才能得到赈济。故草册制作中的标签立牌，是灾民能否享受赈济的标志，灾民也愿意配合田地的标签工作，"在各花户田亩既经报灾，未有不愿标签求勘者"②。

第三，填报灾区图册。在圈定受灾田地并立牌标记时，以村为单位，造报灾区基本情况图，填入估算的受灾田地数、灾情分数、户主信息等，造成灾区图册。户主信息包括田地主人、住址及田地是佃种或租种等性质，"凡州县查勘灾田，须凭灾户呈报坐落亩数，应先刊就简明呈式"③。村、庄是图册的基本单位，造报图册时挨村勘察造册，查完一村造一本图册，再查造下一村。故每村都有一本灾情简便表册，作为呈交州县的"私册"，"查得某庄某甲某户某圩某号田若干亩，或系佃种，则注明佃户某人，住居村庄，种植何项，被灾似有几分，随即登簿。田则按圩按号，挨段踏查，又考以鱼鳞图册。查一村庄毕，得一草册，作为地保初报到官之私册，呈缴州县"。以此为底本，制成四五份复本，"另缮印册四五本，以备道府及委员覆勘时查取，并备案诸用。委员又照该州县勘定之册，再加增删酌改，自然确实无弊矣"④。这为灾情的顺利勘察奠定了基础。

第四，张贴门单。灾区图册做完后，为防遗漏、重复，让灾户明白受

① （清）王凤生：《荒政备览》，李文海、夏明方主编：《中国荒政全书》第二辑第三卷，北京古籍出版社 2004 年版，第 601—602 页。

② （清）王凤生：《荒政备览》，李文海、夏明方主编：《中国荒政全书》第二辑第三卷，北京古籍出版社 2004 年版，第 602 页。

③ （清）汪志伊：《荒政辑要》，李文海、夏明方主编：《中国荒政全书》第二辑第二卷，北京古籍出版社 2004 年版，第 567 页。

④ （清）姚碧：《荒政辑要》，李文海、夏明方主编：《中国荒政全书》第二辑第一卷，北京古籍出版社 2002 年版，第 744 页。

灾情况，各乡保牌头遂在各家各户门上张贴门单，或在墙壁上用草灰写明户主姓名、人口数量等，"查毕之后，或给门单实贴门首，或于墙上灰书姓名口数，以防遗漏重复影射之弊"①。门单的内容仅反映户主、人口等简单情况，填写也较简单。

村吏初步清查具体灾情并标识给灾户的门单，起到了初步确定灾情、安抚灾民的作用。虽然此时的标识离勘灾时填发的赈票还有很大距离，但在灾荒初起的慌乱中，此标识事实上是以一种直接的方式向灾民发布官府的赈救通告，起到了安定民心、稳定社会的积极作用。方观承在直隶赈济时就强调，贴门单虽然只是基础工作，却对勘灾及赈济有极大作用，"此时即应飞檄各州县督令该管乡地，先按村、按户、按口开造草册，无许遗漏。届期移送委员，察其应赈者，填入格册。其不应赈与外出之户，俱就草册内注明，以草册为赈册之根，又以本有之门牌为草册之根"②。

第五，晓谕灾民勘灾时间。草册制造初步完成后，各委员的勘灾区域也基本划定，最后程序，就是带领各地乡保牌头等基层管理人员前往各村庄，通知灾民勘灾时间，等候勘灾，"既有草册，然后印委及同城佐杂各官轻骑减从，带同乡保，分路查点。仍将某月日查某村庄先行示期，以免灾民外出"③。

造报草册是勘灾的前奏，草册囊括了勘灾的主要内容，成为勘灾的基本依据，故勘灾委员到灾区后的第一件事，就是"先令乡保查开被灾户口草册"，尤其是查清"有产有艺极贫次贫户首何人、男女大小几口，俱行注明"，一家作为一户计算，不论户口多寡，"总以一家为一户，不许以父子祖孙分报、重报。"④对田地的标识、圈定、户主、数额等就是勘灾的底册，是勘灾的重要线索。草册填报完毕后，各州县将其订成表册后分呈各

① （清）万维翰：《荒政琐言》，李文海、夏明方主编：《中国荒政全书》第二辑第一卷，北京古籍出版社 2004 年版，第 470 页。

② （清）方观承：《赈纪》，李文海、夏明方主编：《中国荒政全书》第二辑第一卷，北京古籍出版社 2004 年版，第 508 页。

③ （清）万维翰：《荒政琐言》，李文海、夏明方主编：《中国荒政全书》第二辑第一卷，北京古籍出版社 2004 年版，第 470 页。

④ （清）万维翰：《荒政琐言》，李文海、夏明方主编：《中国荒政全书》第二辑第一卷，北京古籍出版社 2004 年版，第 470 页。

勘灾委员。但草册的数据只是州县吏役及乡保牌头等基层管理者初步勘察、估算的结果，不十分准确，且很多灾情随时都在变化，故这些数据不能公布，勘灾委员只作为底册私下使用，故草册也称"私册""密册"，不具有法律效力，只有在勘灾中逐步核实后造报的表册，才是官府进行赈济的最终依据。

（三）造报舆图、勘定灾情分数

灾荒赈济的速度是衡量灾赈成效的主要标志，赈济越快损失就越小，故勘灾期限才作为制度确定下来。为了不逾限，勘灾委员名单一经确定，就分发草册给各勘灾委员，"凡委员赴庄查勘时，该州县即按其所查村庄，将前项钉成灾册，分交各委员带往，按田踏勘"①。勘灾委员拿到草册后即随身携带奔赴灾区，"该牧令亲带此册，履勘确切。冒入者删除，遗漏者增补，轻重不当者更改"②。各员在勘灾中须遵循"查灾给赈，不可预有成见"的原则，不受草册影响、也不能以草册数据为最终结果，而是据实际情况确定灾情分数，"就其被灾之轻重为定"。勘灾委员"若有心博宽大之名"，就会导致"日后刁民控告，书役乡保乘机混冒，无所不至，临时亦难裁汰"的结果；"若有心为节省之计，一任删减"，也会导致灾民"哗然不服，更且哀鸿载道，辗转沟壑，大可伤心"③的结局。故认真勘察、客观确定受灾田地数量及灾情分数才是目的所在，主要做好以下工作：

首先，造报受灾地区舆图。即填报受灾地区的山川道路里程等明晰情况的地图，图上标明受灾村庄处所及被灾位置、灾害类型（旱灾用红色标注，水灾用青色标注）、灾区的山川道路情况等，以备核查，官员调运赈济物资时据此决策，"并将本邑地舆绘画全图，分注村庄，将被灾之处，水

---

①　（清）汪志伊：《荒政辑要》，李文海、夏明方主编：《中国荒政全书》第二辑第二卷，北京古籍出版社2004年版，第568页。

②　（清）姚碧：《荒政辑要》，李文海、夏明方主编：《中国荒政全书》第二辑第一卷，北京古籍出版社2004年版，第744页。

③　（清）万维翰：《荒政琐言》，李文海、夏明方主编：《中国荒政全书》第二辑第一卷，北京古籍出版社2004年版，第470页。

用青色，旱用赤色，渲染清楚，随折并送，以便查核"①。

其次，确定受灾田地的户主、属地及受灾数额。这既是勘灾呈册上需要填写的首要内容，也是勘灾最初的工作，故勘灾官员赴各村庄查勘时，"首行开列灾户姓名、住居村庄"，随后才勘察核实受灾田地数额及其坐落位置，"次行即列被灾田亩若干，坐落某区某图，或某村某庄"②。勘灾时，虽有州县最初呈报的灾区位置、灾情、受灾田地户主等情况的草册，但只作参考，不能受此左右，应据实际勘察结果，最终确定灾情分数，把各项数据在勘灾册内标记明白，原册缺少者补充，原册多报者减去，"将勘实被灾分数田数，即于册内注明。如有多余少报，以及原系版荒坑坎无粮废地，又有只种麦不种秋禾名为一熟地者，逐一注明扣除。其勘不成灾，收成歉薄者，亦登明册内。若原册无名，临勘报到者，勘明被灾果实，亦注明灾分，附钉本庄册后"③。

再次，以村为基本单位，核查、确定灾情分数。委员据受灾田地的收成确定被灾分数，以为赈济依据，"查赈先在勘准地亩灾分轻重，轻重一错，后来核办户口，剧难调剂"④。故勘灾委员对灾情分数的准确把握、定位十分重要。但较严重的灾情如九分灾、十分灾容易辨别确定，而七分灾与八分灾，六分灾与五分灾之间的差别不是很容易辨别，尤其六分与五分、四分与五分⑤的差别也很小，但却是决定是否赈济的关键因素。因此，勘灾官员的裁定对灾民是否能享受赈济的影响十分巨大，"然九、十分重灾易勘，而七、八分与六分递轻之等，所辨已微，至六分与五分，赈否攸关，尤当审慎"。方观承主张确定灾情分数时，宁可偏重也不能偏轻，若

---

① （清）汪志伊：《荒政辑要》，李文海、夏明方主编：《中国荒政全书》第二辑第二卷，北京古籍出版社 2004 年版，第 568 页。

② （清）汪志伊：《荒政辑要》，李文海、夏明方主编：《中国荒政全书》第二辑第二卷，北京古籍出版社 2004 年版，第 567 页。

③ （清）汪志伊：《荒政辑要》，李文海、夏明方主编：《中国荒政全书》第二辑第二卷，北京古籍出版社 2004 年版，第 568 页。

④ （清）方观承：《赈纪》，李文海、夏明方主编：《中国荒政全书》第二辑第一卷，北京古籍出版社 2004 年版，第 506—507 页。

⑤ 乾隆三年（1738 年）规定，灾赈起赈等级从六分灾降为五分灾，即五分灾列入赈济灾等。

偏重还可在核户时调整，若偏轻就不能列入勘灾范围，就没有办法补救了，"大旨与其畸轻，毋宁畸重。重则可于核户时伸缩之，轻则无挽补法矣"①。这是清代强调慎重选择"身家殷实""老成持重""品行端整"者勘灾的重要原因之一。

因各地灾情程度不均衡，给灾情分数的勘定造成了极大困难，故规定基本勘灾单位以一村一庄计算，"灾分轻重，应照被灾村庄实在情形，不得以通县成熟田地统计分数，致灾区有向隅之苦……第州县之中，每一地方，即有数十村庄，及百余村不等"。勘灾单位被分割为村寨后，失误率就相对降低，这对灾情分数的准确划定有极其重要的意义。但单位过小也带来烦琐耗时之弊，故强调以村庄为单位勘灾时划分不必过细，"至一村一庄之中，大抵情形相仿，不必过为区别，致有纷繁零杂，难以查办，且易滋高下其手之弊。……查勘灾分，应就一村一庄计算，不得以数十村庄之一大地方，统作分数，以致偏陂（颇）不均"②。因此强调勘灾时以各田地的实际收成数额作为确定灾情分数的主要依据。由于灾情状况及程度在各地甚至在同一乡村都不尽相同，应仔细划分确认，使勘灾结果尽可能符合客观实际，"成灾分数不可牵匀计算，应以各田地实在被灾分数为准。如一村之中有田百亩，其九十亩青葱茂盛，独十亩禾稼荡然，则此十亩即为被灾十分；其中有一分收成者，即为被灾九分；二分收成，即为被灾八分；有三分、四分、五分收成，即为被灾七分、六分、五分。以此定灾核算，蠲数方为确实"③。

最后，核定、调整灾情分数。确定灾情分数时，应考虑到灾情的复杂及其变化的特点，在填入表册前，应据实际情况经常及时地核实和调整。如一些地区勘灾时灾情不重，或田里还有秧苗，灾情定级过轻，但勘灾后就可能枯槁殆尽颗粒无收，灾情分数呈报后又不能更改，灾民就得不到赈济，对其生活造成严重影响，"至于委员，不过临时一过，取其白地而十

---

① （清）方观承：《赈纪》，李文海、夏明方主编：《中国荒政全书》第二辑第一卷，北京古籍出版社2004年版，第507页。

② （清）汪志伊：《荒政辑要》，李文海、夏明方主编：《中国荒政全书》第二辑第二卷，北京古籍出版社2004年版，第568页。

③ （清）万维翰：《荒政琐言》，李文海、夏明方主编：《中国荒政全书》第二辑第一卷，北京古籍出版社2004年版，第466—467页。

分、九分之，视其苗之长短疏密而七八分之、五六分之，岂知十日半月之后之一槁而同归于尽也。反是者，则前无雨而后忽有雨，此有雨而彼仍无雨，局已下变，而泥于委员报文之已上，不为更正，则错到底矣"。乾隆八年（1743 年）直隶旱灾，勘灾中对灾情分数的准确勘定具有重要意义，"今岁成灾州县，九、十分者居多，所报六、七分灾者，似亦拘于成例，若报灾不可少二层焉者，其实收成未必果有三分、四分也。幸蒙天恩优厚，凡六、七、八分灾村，比较常年九、十分灾民得食还多，否则其时六分之极贫、七八分之次贫，止食一赈，民其不支矣。此事责成，全在地方官其勘报轻重之间。不惟核赈以此为根据，即钱粮之蠲缓分数亦因之，诚为办赈第一要义也"①。一般说来，成灾九分、十分的村庄，灾情分数一般不会有太大变化，"固难率为删除"；八分以下的灾情变化可能性加大，应"加意斟酌"②。经雍乾年间的不断调整，乾隆中后期开始按不同时段确定灾情分数，分别赈济"被灾各属，六月间俱已得雨，且多深透之处。即夏禾业已成灾，尚可翻种晚秋，究有秋成可望。其中成灾分数，最宜详慎确查，分别办理。如夏禾无收，晚秋又未翻种者，为最重。夏禾无收，晚禾虽已翻种，尚未长发者次之。晚禾虽未长发，而夏禾尚有薄收，及夏禾虽属无收，而晚禾可望有收者，又次之。其夏禾收成在五分以上，及夏禾收成不及五分，而所种晚秋较多，现已畅茂者，俱不得滥报成灾"③。成灾分数确切核实并按村注明后，由勘灾委员携带保存，作为赈济的主要依据，故核定灾情分数的过程又被称为"查灾"。

（四）制定勘实成灾分数表册结式、造报灾区舆图

勘定受灾田地的数额及其收成、核实并确定灾情分数后，重新填写灾情详细情况图册，将查灾结果按一定样式记录清楚，写清受灾地区及时

---

① （清）方观承：《赈纪》，李文海、夏明方主编：《中国荒政全书》第二辑第一卷，北京古籍出版社 2004 年版，第 507 页。

② （清）方观承：《赈纪》，李文海、夏明方主编：《中国荒政全书》第二辑第一卷，北京古籍出版社 2004 年版，第 524 页。

③ （清）那彦成：《赈记》，李文海、夏明方主编：《中国荒政全书》第二辑第二卷，北京古籍出版社 2004 年版，第 708 页。

间、灾荒类型及分数、田地数额等，按不同灾害等级将五分以上灾荒的田地数额分别列出，制成表册，即"勘实成灾分数结式"，呈报州县府等衙门。这是勘灾官员向朝廷呈报灾情的依据，也是赈济的文本依据。填写勘灾表册后，未被灾的村庄或未达赈济等级的灾情就被排除，"勘毕，将原册缴县汇报。其余未被灾之村庄，不许滥及"①。很多留存至今的勘灾表册保留了各灾区详尽的灾情状况、人户及财产数额的真实资料，为研究清代勘灾制度及程序乃至清代人口提供了最重要翔实的文本及案例依据。

呈报勘灾分数的表册，各衙门均有固定格式，县有县册、府有府册，委员有委员的册式。

各地勘灾结果汇齐后，府州县勘灾印官就将其集合造册，将灾情轻重、被灾田地是否达到蠲免或缓征标准等情况一同结册禀报（表 3-4），"州县印官，一俟委员勘齐灾田，一面核造总册，一面先将被灾村庄轻重情形及灾田钱粮内，如漕项河工岁夫漕粮等项，非奉题请例不蠲缓者，一并妥议，应否蠲缓，分别开折通禀"②。

表 3-4　田地勘实成灾分数册样式③

浙江某府某县

呈为某事。今将卑县某年份被旱成灾田亩，勘实轻重分数，造具简明清册，呈送查核施行，须至册者。

今开：

原勘被旱共若干都庄内，除某某都庄报后得雨薄收，不致成灾外，所有某都起至某都止共若干都庄，俱系勘实成灾。内

原勘被灾田共若干顷亩，

今除勘实不致成灾田若干顷亩外，实在勘实成灾共田若干顷亩。内

五分成灾田若干

六分成灾田若干

七分成灾田若干

八分成灾田若干

九分成灾田若干

---

① （清）汪志伊：《荒政辑要》，李文海、夏明方主编：《中国荒政全书》第二辑第二卷，北京古籍出版社 2004 年版，第 568 页。

② （清）汪志伊：《荒政辑要》，李文海、夏明方主编：《中国荒政全书》第二辑第二卷，北京古籍出版社 2004 年版，第 568 页。

③ （清）姚碧《荒政辑要》，李文海、夏明方主编：《中国荒政全书》第二辑第一卷，北京古籍出版社 2004 年版，第 840 页。

十分成灾田若干
　　以上共成灾田若干
某都庄
勘实成灾共田若干。内
　　几分灾田若干
　　几分灾田若干
余仿此。

各衙署呈报的"受灾地区舆图"及各式结册，是最后确定受灾田地数额及灾情分数并将结果报告官府的文本案册，成为调遣赈济物资数额最为主要的依据。这样，从督抚到朝廷六部乃至皇帝就基本掌握了灾区的实际状况。

（五）审户——查造受灾户口，区别贫富等级①

勘灾是清代官赈制度中最为重要且不可或缺的环节，是赈灾顺利推行、官府达到赈济目的并取得良好赈灾成效的重要保障。审户则是勘灾程序中的重要步骤之一，对官府及时掌握灾民情况、调集钱粮赈灾发挥着积极作用，是灾后钱粮赈济的重要依据之一，对赈济的有效实施及赈灾效果产生了直接影响。勘灾审户的原则及制度，在顺康雍时期就已经在前朝的基础上恢复、修订并逐渐确定下来。在多次赈灾实践的基础上，乾隆朝又对这些内容及规定进行了补充、修正及完善，使清朝的勘灾制度发展到巅峰，每个环节都彰显出完整、缜密的特点。但学界迄今为止对此缺乏专门深入的研究，本书在对明清荒政书进行细致梳理的基础上，综汇《清实录》及《清会典》等制度史的基本史料，首次尝试对清代勘灾程序中的重要环节——审户程序进行论述，以期在自然灾害频发的当代社会，对官方及民间的救灾工作起到积极的借鉴作用。

1. 清前期审户制度的建立

勘灾是与报灾同时进行的一道较为细致和完善的赈灾措施，审户是勘灾中的重要步骤之一，在灾赈中占有极为重要的地位，因直接关系到官赈

---

① 周琼：《清代审户程序研究》，《郑州大学学报》（哲学社会科学版）2011 年第 6 期，第 117—122 页。

措施的实施及官赈效果的发挥而受到了历代统治者的重视。灾荒发生后，要使灾民得到赈济、尽快恢复灾区正常的生产生活秩序，首要的工作就是在最短时间内勘实灾情、明确灾民情况，以确定赈济物资数额及赈期，即审户的结果是确定赈济物资及期限的重要依据。

作为勘灾中最重要环节之一的审户又被称为"查灾""核户"，主要是查报受灾户口，确定受灾人户的贫困等级（极贫、次贫）及大小口数额、确定灾民财产损毁及人口伤亡情况，以便官府及时按等赈灾。但审户又是个难度较大的工作，明代林希元在《荒政丛言》中评价了审户的艰难及重要价值："闻救荒有二难，曰得人难，曰审户难……审户难者，盖赈济本以活穷民，夫何人情狡诈，奸欺百出，乃有温饱之家滥支米食，而穷饿之夫反待毙茅檐。寄耳目于人，则忠清无几树，衡鉴于上，则明照有遗，此审户所以难也……审户何难之有？惟夫土著之民饥饱杂进，真伪莫分，此其所以难也。"

清朝顺康雍时期，荒政制度的恢复重建及具体实践，是在承袭明制的基础上进行变通修缮并加以改进发展而成，后经乾隆朝的完善后发展至顶峰时期。勘灾及其主要步骤之一的审户，在清代也经历了恢复、发展、完善的过程。

顺康雍时期，审户沿用明制及其惯例，并加以适当的变通，主要是查报灾户情况并据灾户贫困情况进行赈济。此期，灾户贫困等级的划分、大小口数额的确定等，都还没有统一的标准，也没有上升到制度的层面。到了乾隆年间，随着赈灾实践的增多，审户的重要性逐渐受到重视，审户的各项措施也逐渐程序化、制度化。在审户程序制度化的过程中，审户的具体措施在顺康雍三朝具体实践的基础上逐渐细化，并得到了修正和完善。同时，对审户涉及的各项内容也做出了严格的规定，如灾户贫困等级的确定、大小口数额统计、受灾伤亡人户及其财产情况审核，并须制作细致且层层上报的表册等。审户的结果日益深广地影响着赈灾的效果，制定的规章制度还为后世所沿用，并在赈灾中发挥了积极的影响。

审户制度建立后，审户的结果就成为确定赈灾时限及物资数额的依据及标准，"惟有审其力量，以口数为伸缩。若不谙治体，始而善念勃发，谓宁滥毋遗，及见需费浩繁，痛加删削，以至灾民失所，络绎道途，然后复为增益，刁民又妄生觊觎。此皆不体察地方实情，而但以意为轻重也"①。其标准在嘉道以后继续得到贯彻实施。

审户既是官赈物资发放的基本依据，也是确定各个灾区赈济期限的重要根据，关乎赈济的成败。乾隆朝直隶总督方观承强调的"地方灾赈，首在清厘户口，以杜遗滥"等思想，就成了各勘灾官员在审户中自觉或不自觉遵守的主要工作准则之一。

2. 清代审户的步骤

审户首要的工作是查造、确定受灾户口情况及其数额，以为赈灾依据，避免奸恶欺冒赈灾物资。《康济录》记："盖保甲不行，则审户不实。无论恩施之大小，悉为奸人冒破侵欺，鳏寡孤独以致嗷嗷待食者，仍绝对粒而填于沟壑也，保甲顾不重哉。"

受灾户口的查报工作，主要由勘灾委员在勘定田地成灾分数的同时进行。查造受灾户口时，勘灾委员亲自挨户考察灾民的田产及经济情况，判定其当赈与否，"查报饥口，例应查灾之员随庄带查。向凭地保开报，固难凭信，即携带烟户册查对，其中迁移事故，亦难尽确。在有田灾户，尚有灾呈开报家口，其无田贫户，更无户口可稽。况人之贫富，口之大小，必得亲历查验，方能察其真伪"②。为了避免灾民外出而影响勘灾工作，在勘灾前，各地乡保就先行通知勘灾日期，"仍将某月日查某村庄先行示期，以免灾民外出。逐户按册挨查极贫次贫大口小口，如有未符，即于册内核正，无滥无遗，全在此时着实"③。并"令地方官赴乡，先查户口，分别极贫次贫，并就近晓谕不可离乡外出"④。在勘察过程中，那些"有牛、有畜、有仓庾、有生业"的人户，将其"暗记册内"，待日后"有混行告赈

---

① （清）万维翰：《荒政琐言》，李文海、夏明方主编：《中国荒政全书》第二辑第一卷，北京古籍出版社 2004 年版，第 470 页。

② （清）汪志伊：《荒政辑要》，李文海、夏明方主编：《中国荒政全书》第二辑第二卷，北京古籍出版社 2004 年版，第 572 页。

③ （清）万维翰：《荒政琐言》，李文海、夏明方主编：《中国荒政全书》第二辑第一卷，北京古籍出版社 2004 年版，第 470 页。

④ 《清实录·高宗纯皇帝实录》卷一百九十五"乾隆八年六月条"，中华书局 1985 年版，第 511 页。

者"时可以"查明驳饬"。如灾民已外出，但存有空房的，查出其姓名、丁口，另行登记在册，"日后闻赈归来，查册补赈"①。如勘灾期间外出的灾民不及时返回，就不能进入赈册；若在灾情勘定后，如有灾户返回，地方须随时禀报，将返回灾户的情况随时记入赈册，以便灾民获得赈救，"查定户口，或有出外投奔亲戚，或已亡故，或有远归，皆令乡保随时禀报，查明增删。如前册内未开而实系该村贫民，查明取结，一体入赈"②。

清代的审户程序主要有以下四个环节：

（1）确定灾民贫困等级。在查造户口时，最重要的一项工作是甄别并确定灾民的极贫、次贫或又次贫等贫困等级状况，以便确定赈济期限及赈济物资数额，明代林希元《荒政丛言》曰："救荒有三便，曰极贫之民便赈米，曰次贫之民便赈钱，曰稍贫之民便转贷。"清代官赈中的极贫、次贫或又次贫的等级，是在乾隆朝的赈济实践中确定下来的。

清代赈灾的贫困等级一般分为极贫和次贫二等，一些地区也分极贫、次贫、又次贫三等。贫困等级是决定赈济物资多少的关键因素，在顺康雍时期就按照前朝惯例做了初步划分。乾隆二年（1737年），山东巡抚法敏在条奏赈恤事宜中曾说："查造户口，宜分别极贫次贫，豫给印票，以定赈数。……所奏委员查造户口，分别极次，豫给印票，交该户收执。以免移换添改等弊。俱属应行。应照所奏办理。"③法敏将灾户分别极贫、次贫的奏请，得到了乾隆帝的批准，明确了顺康雍时期的规章制度。乾隆三年（1738年），乾隆帝在给督抚的谕旨中屡次强调救灾按"成例"分别极、次贫以便赈济的重要性，"现在成例，分别极贫次贫"，"分别极贫次贫等项，按月加赈口粮"④，"各省督抚身任地方，皆有父母斯民之责，于所

---

① （清）万维翰：《荒政琐言》，李文海、夏明方主编：《中国荒政全书》第二辑第一卷，北京古籍出版社2004年版，第470页。

② （清）万维翰：《荒政琐言》，李文海、夏明方主编：《中国荒政全书》第二辑第一卷，北京古籍出版社2004年版，第470页。

③《清实录·高宗纯皇帝实录》卷四十三"乾隆二年五月条"，中华书局1985年版，第761页。

④《清实录·高宗纯皇帝实录》卷八十一"乾隆三年十一月条"，中华书局1985年版，第284页。

属州县水旱灾伤，自应速为访察，加意抚绥……现在成例分别极贫次贫，其应即行拯救者，原不待部覆"①。因此，明确划分灾民极贫、次贫等级的制度，就成为乾隆朝及以后赈灾的重要依据。

清代极贫、次贫的划分标准主要据家产情况而定，"贫民当分极、次，全在察看情形。如产微力薄，家无担石，或房倾业废，孤寡老弱，鹄面鸠形，朝不谋夕者，是为极贫。如田虽被灾，盖藏未尽，或有微业可营，尚非急不及待者，是为次贫"②。但不是所有灾民都能进入极贫、次贫行列，若灾户属"富家业主"，或另有"山场花果桑麻烟豆等项出息，或渔商生理、手艺工作可以营生，不借力田活命者"，就不属"贫"，"概不列入赈册"③。

不同地区极贫、次贫的划分标准也存在极大差别，如浙江等省"向来查赈规条"对此就有详细规定，把有无田地、房屋等作为划定极贫、次贫等级的标准之一。极贫户主要有三类：一是"被灾穷民并无己田，又无手艺营生、山场别业，向系佃种为活"，或"佃田十五亩以下、己田十亩以下全被灾伤"者；二是"佃田十五亩以上之户，虽无己田"，但田地全部被灾者；三是已经被灾但"无己田己屋，佃田耕种全荒"，或"无己田己屋"，但"佃田成灾过半、家口众多"或"外乡迁居耕种田已全荒、无力佣工"者。次贫户也有三类：一是有己田十五亩以上、佃田十五亩以上，但"被灾过半，又无山场别业"者；二是虽无自己的田地却尚有房屋、牲畜，但"佃田全荒"，或既无田地也无房屋及"佃田半属有收，而家口无多"者；三是"自种己业，仅止数亩全荒"，或仅有少许收成而家口众多，或"搭寮居住，耕种外乡别邑农民佃田，荒已过半，无力佣工"④者。

---

① （清）昆冈等修、刘启端等纂：《钦定大清会典事例》卷二百七十《户部·蠲恤·救灾》，《续修四库全书》编纂委员会：《续修四库全书·史部·政书类》第 802 册，上海古籍出版社 2002 年版，第 313 页。

② （清）汪志伊：《荒政辑要》，李文海、夏明方主编：《中国荒政全书》第二辑第二卷，北京古籍出版社 2004 年版，第 572 页。

③ （清）万维翰：《荒政琐言》，李文海、夏明方主编：《中国荒政全书》第二辑第一卷，北京古籍出版社 2004 年版，第 469 页。

④ （清）万维翰：《荒政琐言》，李文海、夏明方主编：《中国荒政全书》第二辑第一卷，北京古籍出版社 2004 年版，第 469 页。

在区分极贫、次贫等级时，按"酌中分别"原则进行。若灾户有田地被灾伤，但还有山场果木柴炭渔盐等"各种花息"，并有手艺生业者和"有力之家"，均不准进入"贫"的行列开报。故能列入极贫、次贫范围的灾户，是那些"并无己田，又无手艺营生山场别业，佃种田地十五亩以下，及虽有己田而为数不及十亩，自耕自食"的贫困灾民。如这些灾民的田地被灾达到八九分的，就将其列作"极贫"户；如"己田十亩以下自耕，被灾六七分，及己田十亩以上至二十亩自耕，被灾八九分，并佃田十五亩以上，被灾六七分者"，就将其列作"次贫"户。但那些将己田出佃给其他人耕种的"出佃者"、已得到蠲免钱粮的灾户也不能进入赈册，"自系无藉耕种为活之人，已得蠲缓钱粮，不许入赈冒混者，应严查删除"①。如灾户有田地，且自己耕种十亩以上至二十余亩，以及佃田十五亩以上、被灾六七分，家里尚有老病的父母和幼小子女的贫户，"虽丰收尚不敷用，今被灾更属可悯"，应该将其列作"极贫"户。那些既无田地也无房屋，佃种的田地成灾过半、家口繁多的灾户，以及从外乡新迁而来、耕种的田地全荒、无力佣工的人户，也判入"极贫"户。虽无田地但尚有房屋牲畜、佃种田地全荒的人户；或无田地房屋，佃种田地仅一半收成、家口无多的人户；或耕种自己田地但数量较少，虽未全荒但家口甚多的人户；搭寮居住耕种、来自外乡别邑，佃种田地荒芜过半的人户，都列入"次贫"。若佃种的田地有四五亩，虽遭全荒，却是单身壮丁、能佣工度活的人，不准进入赈册。所有情况的判定及具体措施的执行，全在地方官临时细加察看、平心办理，"例定加赈月分多寡不同，承办官员最宜详细查审，切勿任令经胥随意填注为要"，才能做到"无遗无滥"②。如果审户不清，会造成严重的不良后果，使奸滑之徒发灾荒财，灾民也不能享受相应的赈济。《康济录》载："奸人得之已可恨，贫户失之更可怜"，极大地影响赈济的成效。

此标准在浙江一带长期执行，从规定的内容来看，已较为详细及完备。但实际情况千差万别，"虽已行成案，亦只言其大概"，在具体执行中，还

---

① （清）姚碧：《荒政辑要》，李文海、夏明方主编：《中国荒政全书》第二辑第一卷，北京古籍出版社 2004 年版，第 749 页。

② （清）姚碧：《荒政辑要》，李文海、夏明方主编：《中国荒政全书》第二辑第一卷，北京古籍出版社 2004 年版，第 750 页。

是会出现众多规定之外的情况，"临时酌看情形，因地制宜，妥协办理，毋致遗滥，不可过于拘泥"就成为具体执行时的一个重要原则。

又如，山西、湖广、贵州等省份在勘灾审户时就没有极贫、次贫的区分，"原不分别极贫次贫"；山东、陕西等省却有极贫、次贫两等，"止分别极贫次贫，皆按月给赈"；浙江、安徽等省有极贫、次贫、又次贫三等，但在具体执行中，次贫和又次贫的界限不易区分，随后就将又次贫划入到次贫行列中，"惟江南、浙江等省，原分为极贫、次贫、又次贫三项。但被灾待赈，每至数千户，分为极贫、次贫，易于查验。至又次贫一项，与次贫相去无几，不便酌减赈恤，致有偏枯（怙）。且逐一查案分析，未免耽延赈期，徒滋胥役烦扰。应止分为极贫、次贫，其又次贫，即列于次贫之内，一例办理"[1]。乾隆七年（1742 年）以后，极贫、次贫的划分标准大致确定下来，"又次贫"不再列入灾赈等级，极贫、次贫享受不同期限及数额的赈济，如乾隆十一年（1746 年），"山东省被灾较重之寿光等八州县，例赈之外，极贫加赈两月，次贫加赈一月"[2]。

为使勘灾结果更与实情相符，清代对极次贫的判定不是仅凭一时证据，而是平日就注意观察和积累，据灾民的长期财产情况判定。田少而家口多者"属无力，未可概为极贫"；田少且收获少，即便丰年也不能养数口之家者，"自应除不藉田亩生计者不赈外，其余实系穷苦者，将年力壮盛可以食力者删除，不过酌量予赈。若计口授食，是歉岁获邀赈恤，反过于丰收矣"[3]。

因极贫、次贫等级会随灾情的发展而变化，"虽目前勘是次贫，正恐迟一二月后，又成极贫矣（贫家老弱多而壮丁少、妇女多而男丁少者，均当从宽查办）。如被灾六分尚有四分收成者，又当防其冒入极贫（被灾六分

---

① （清）昆冈等修、刘启端等纂：《钦定大清会典事例》卷二百七十一《户部·蠲恤·赈饥一》，《续修四库全书》编纂委员会：《续修四库全书·史部·政书类》第 802 册，上海古籍出版社 2002 年版，第 331 页。

② （清）昆冈等修、刘启端等纂：《钦定大清会典事例》卷二百七十《户部·蠲恤·救灾》，《续修四库全书》编纂委员会：《续修四库全书·史部·政书类》第 802 册，上海古籍出版社 2002 年版，第 333 页。

③ （清）万维翰：《荒政琐言》，李文海、夏明方主编：《中国荒政全书》第二辑第一卷，北京古籍出版社 2004 年版，第 469 页。

村庄，只赈极贫，不赈次贫）"。故对极贫、次贫等级的判定，是在勘灾官员亲赴灾区准确勘察灾民实情后才最终确定，并在勘灾册内详细记录户主贫困情形，"凡贫户，一切生业室庐器具情形，均于册内注明，愈详愈有益也"①，"嗣后著各该学政，转饬各学教官确查极贫次贫，造具花名细册，于按临之日投递，该学臣核实"②。

极贫、次贫等级是分派赈济物资数额的重要根据，"已将被灾民人，一一确查。分别极贫次贫，核实散给米粮，并加添折赈米价"③。一般而言，赈济时极贫户给予的物资多、期限长，次贫户物资稍少、期限也短，"极贫则无论大小口数多寡，俱须全给。次贫则老幼妇女全给，其少壮丁男力能营趁者酌给"④。故乾隆初年直隶总督方观承就强调，在次贫户内，老幼数口"俱入赈"，"壮丁无庸滥给"，勘灾人员需当面"晓谕"，晓谕后次贫壮丁还可以说出其特殊困难，则再酌情入赈，"须当面明白晓谕，仍于册内注明（极贫，例不减，只虽壮丁，亦当与赈。惟次贫壮丁不得滥给，向来查户有应减之口，常不令知之。今必谕以应减之故，使之心折。假令彼有言而委员不能夺之，即仍入应赈。如此则委员不致任情率办）"⑤。如乾隆八年（1743 年）直隶旱灾的赈济就是按极贫、次贫等级确定赈济钱粮数额的，"查明应赈极贫次贫口数，共约大小口一百八十九万余口，约共折大口一百五十八万余口，合普赈加赈月分，银米兼赈，约共需米五十七万五千余石，银八十六万余两"⑥。

---

① （清）方观承：《赈纪》，李文海、夏明方主编：《中国荒政全书》第二辑第一卷，北京古籍出版社 2004 年版，第 524 页。

② 《清实录·高宗纯皇帝实录》卷二百四十六"乾隆十年八月上条"，中华书局 1985 年版，第 176 页。

③ 《清实录·高宗纯皇帝实录》卷二百三十四"乾隆十年二月上条"，中华书局 1985 年版，第 21 页。

④ （清）汪志伊：《荒政辑要》，李文海、夏明方主编：《中国荒政全书》第二辑第二卷，北京古籍出版社 2004 年版，第 572 页。

⑤ （清）方观承：《赈纪》，李文海、夏明方主编：《中国荒政全书》第二辑第一卷，北京古籍出版社 2004 年版，第 524 页。

⑥ 《清实录·高宗纯皇帝实录》卷二百一"乾隆八年九月条"，中华书局 1985 年版，第 589 页。

　　极贫、次贫等级还是决定赈济期限的重要依据，但其间差别极大。如实施加赈时，极贫加赈两月，次贫仅加赈一月。乾隆八年（1743 年）山东省陵县等地"被灾十二州县"，就于例赈之外，"将成灾六七八九分之极贫者，加赈两月；七八九分之次贫者，加赈一月……又议准：江南省海州、赣榆二州县灾民，极贫加赈四十日，次贫加赈三十日"。乾隆九年（1744年）复准直隶省天津、河间、深州所属被灾较重之贫民，"于例赈外，次贫加赈一月，极贫加赈两月"；乾隆十一年（1746 年）复准山东省被灾较重之寿光等八州县，"例赈之外，极贫加赈两月，次贫加赈一月"①。乾隆十六年（1751 年）两江发生水灾，宿州、灵璧、虹县、五河、宿迁、邳州、睢宁、海州、沭阳等处成灾最重，凤阳、临淮、怀远、凤台、寿州、霍邱、清河、桃源、安东等处为成灾次重之区，在进行赈济时，也是按照极贫、次贫等级确定再赈的期限，"壬寅谕，据黄廷桂折奏，上下两江，去年被水……已普沾存济，而冬末春初，赈期已毕，青黄不接，民力犹恐难支等语。着再加恩将被灾最重之州县，极贫加赈三个月，次贫加赈两个月。次重之州县，无论极贫次贫，俱加赈两个月。其贫生饥军等，随所在地方一体赈给"②。又如乾隆三十五年（1770 年），江西、湖北、江苏等地水灾，也按不同灾等及极次贫户等确定赈期。

　　再加恩将南昌等县被灾九分十分之极贫加赈两月，次贫加赈一月。……去年湖北汉阳黄州府属夏雨稍多，江水漫溢，所有被灾较重之区，著再加恩将成灾九分之极贫，加赈两月；其九分之次贫，与七分、八分之极贫次贫，均加赈一月。……江苏各府属州县上年雨水过多，间有偏灾，著再加恩将被灾九十分之极贫，加赈两月；九十分之次贫、八分之极贫，均加赈一月。又谕：安徽各属，上年因春夏雨多，或江湖泛涨，被有偏灾，著再加恩将怀宁等十四州县被灾九十分之极贫，加赈两月；九十分之次贫、八分之极贫，俱加赈一月。其安

<hr/>

① （清）昆冈等修、刘启端等纂：《钦定大清会典事例》卷二百七十一《户部·蠲恤·赈饥》，《续修四库全书》编纂委员会：《续修四库全书·史部·政书类》第 802 册，上海古籍出版社 2002 年版，第 333 页。
② 《清实录·高宗纯皇帝实录》卷三百八十"乾隆十六年九正月条"，中华书局1986年版，第 3 页。

庆各属均随屯坐州县一体加赈。①

总之，极贫、次贫户等的勘定关系赈济期限及赈济数额，意义至为重要。清代对极贫、次贫的灾荒赈济标准几乎与官赈相始终，只是不同时期的赈济标准及措施有所不同而已。

但在极端灾害突然发生时，极贫、次贫等级的划分就显得没有价值。因为，此类灾荒发生后，几乎所有灾民都遭受着类似的打击，无论贫富，生存都面临绝境，在勘灾的同时就必须进行赈济，一般也不可能再去区分极贫、次贫，赈期及数额都是相同的。如乾隆十一年（1746年）对上年江苏水灾较重之州县，就采取不分极贫、次贫一体赈济的办法，"闻上年被淹之后，至今淖深数尺，尚难耕种，麦收已复无望。著将被灾民户、灶户，无论极贫次贫，于停赈之后，再行普赈一个月。俾穷黎接济有资，不致乏食"②。乾隆四十一年（1776年）山东水灾，民房大部分坍塌，居民露宿，给灾民发放搭盖棚户费时，不可能再分极贫、次贫，"山东省水冲民房，露宿之时，不论极贫、次贫、又次贫，按户先给搭棚银五钱"③。

但在灾民初步安定下来后的赈济中，极贫、次贫的划分则成为确定赈济期限及数额的主要依据。如乾隆四十一年（1776年）山东水灾后，给予灾民搭棚费后不久，就按极贫、次贫标准给予维修房屋的费用，"验给修费银，极贫每户一两五钱，次贫每户一两，又次贫每户五钱"④。又如乾隆四年（1739年），因江南上年歉收进行赈济，"据部臣与该督定议赈济之

①　（清）昆冈等修、刘启端等纂：《钦定大清会典事例》卷二百七十二《户部·蠲恤·赈饥》，《续修四库全书》编纂委员会：《续修四库全书·史部·政书类》第802册，上海古籍出版社2002年版，第343页。

②　《清实录·高宗纯皇帝实录》卷二百六十二"乾隆十一年闰三月条"，中华书局1985年版，第398页。

③　（清）昆冈等修、刘启端等纂：《钦定大清会典事例》卷二百七十《户部·蠲恤·救灾》，《续修四库全书》编纂委员会：《续修四库全书·史部·政书类》第802册，上海古籍出版社2002年版，第315页。

④　（清）昆冈等修、刘启端等纂：《钦定大清会典事例》卷二百七十《户部·蠲恤·救灾》，《续修四库全书》编纂委员会：《续修四库全书·史部·政书类》第802册，上海古籍出版社2002年版，第315页。

例，极贫户口赈四月，次贫者赈三月，又次贫者赈两月……下江地方，著将极贫之民加赈一月，上江去岁歉收，较下江为甚，著将被灾五分以上之州县，加赈极贫、次贫者二月；被灾四分以下之州县，加赈极贫者一月。该部可即行文该督抚，豫先筹办米谷，并饬有司实力奉行，俾闾阎均沾实惠"①。又如乾隆六年（1741 年）对江南江浦、六合、海州、沭阳等地的极贫灾民"加赈两月"，次贫灾民"加赈一月"；清河、桃源、安东、铜山、沛县、宿迁等地的极贫灾民"加赈两月"②。

在具体实施中，极贫、次贫的赈济期限及数额，也据灾情的具体情况而适当变通。在一些灾情程度类似的地区，如十分灾时就区分极贫、次贫，但在灾情次重地区却不分极贫、次贫，如乾隆十一年（1746 年），"上下江被灾州县，例赈之外，将灾重之宿州等十三州县，极贫加赈两月，次贫加赈一月。被灾次重之泗州等八州县，无论极贫、次贫，均加赈一月"③。

有清一代，对极贫、次贫的灾荒赈济几乎年年都在进行，不胜枚举。尽管各地、各年的标准不尽一致，但极贫、次贫却一直是确定赈济期限及数额的标准。一般来说，被十分灾，极贫给赈四个月，次贫给赈三个月；被九分灾，极贫给赈三个月，次贫给赈两个月；被七八分灾，极贫给赈两个月，次贫给赈一个月；被六分灾，极贫给赈一个月；被六分灾之次贫及五分灾民，例不给赈，止准酌借口粮，春借秋还，"其酌借月份，或银或米，随时酌定详给"④。乾隆五年（1740 年）定例，成灾六分者，极贫加赈一个月；成灾七八分者，极贫加赈两个月，次贫加赈一个月；成灾九分者，极贫加赈三个月，次贫加赈两个月；成灾十分者，极贫加赈四个月，

---

① （清）昆冈等修、刘启端等纂：《钦定大清会典事例》卷二百七十一《户部·蠲恤·赈饥》第 802 册，上海古籍出版社 2002 年版，第 328—329 页。

② （清）昆冈等修、刘启端等纂：《钦定大清会典事例》卷二百七十一《户部·蠲恤·赈饥》第 802 册，上海古籍出版社 2002 年版，第 329 页。

③ （清）昆冈等修、刘启端等纂：《钦定大清会典事例》卷二百七十一《户部·蠲恤·赈饥》，《续修四库全书》编纂委员会：《续修四库全书·史部·政书类》第 802 册，上海古籍出版社 2002 年版，第 333 页。

④ （清）汪志伊：《荒政辑要》，李文海、夏明方主编：《中国荒政全书》第二辑第二卷，北京古籍出版社 2004 年版，第 575 页。

次贫加赈三个月，每大口日给米五合，小口二合五勺，扣除小建，银米兼放①。此后的赈济就以此为标准，如乾隆六年（1741 年），江苏省山阳、阜宁、清河、桃源安东五县因水灾"两次失收"，次年（1742 年）"夏麦又被淹"，赈济时就据极、次及大、小口标准进行，"极贫之民，除先行抚恤一月外，应加赈两月；次贫之民，普赈一月。极贫从七月至八月，次贫以八月，动用常平仓储，每大口月给米一斗五升，小口七升五合，谷则倍之"②。

（2）确定灾民大小口数额。在对灾区户口进行勘定时，对灾民年龄即大口、小口的勘查及审定，也是审户的一个重要内容。

大口、小口是发放赈济物资的标准，即因灾民众年龄段的不同，享受赈济的数量也就有所不同。乾隆七年（1742 年）江南水灾后，乾隆帝就强调勘灾时必须明确区分大、小口，并严厉斥责了裁减赈济人口数的官员：

向来外省地方灾荒，有司办理不善。每将应赈人数，有意裁减，以致人多赈少。国家虽沛恩膏，而小民仍有不免饥馁者。今年江南被水甚重，且当连年灾荒之后，更非寻常可比。凡属应赈灾民，务须将大小口数据实造册。不得仍踵前弊，致有遗漏。可速传谕钦差大臣及该督抚加意稽察，转饬有司实力奉行。③

一般说来，十六岁以上为大口，十六岁以下至能行走者为小口，襁褓婴儿不算入赈济的范围。大、小口不同，赈济标准也就不同。小口的赈济数额仅是大口的一半或更少一些，如康熙四十年（1701 年），甘肃省河州所属土司发生旱灾，就照内地标准，每大口月给米一仓斗，小口月给五仓

---

① （清）姚碧：《荒政辑要》，李文海、夏明方主编：《中国荒政全书》第二辑第一卷，北京古籍出版社 2004 年版，第 751—752 页。
② （清）昆冈等修、刘启端等纂：《钦定大清会典事例》卷二百七十一《户部·蠲恤·赈饥》，《续修四库全书》编纂委员会：《续修四库全书·史部·政书类》第 802 册，上海古籍出版社 2002 年版，第 329—330 页。
③ （清）昆冈等修、刘启端等纂：《钦定大清会典事例》卷二百七十一《户部·蠲恤·赈饥》，《续修四库全书》编纂委员会：《续修四库全书·史部·政书类》第 802 册，上海古籍出版社 2002 年版，第 330—331 页。

升；康熙四十二年（1703 年），江南省亳州等州县赈济饥民，"大口每名日给米五合，小口日给二合"①。但不同地区、不同时期对大小口的划分也是不一样的，如直隶对大小口划分的标准以十二岁为限，浙江则以十六岁以上为大口，能行走者为小口②，而赈济的标准也就依据当时当地大小口划分的标准进行。

对特殊形式或损失相似的灾荒，赈济时就不一定按大小口标准进行，如乾隆二十八年（1763 年）十一月，云南江川、通海宁州、河西、建水等五州县发生地震，"倒坏房屋"，次年（1764 年）赈济时规定："压毙人口，每大口给银一两五钱，小口给银五钱。压伤不论大小口，每口给银五钱。现存被灾各户，每口赈谷一石，幼者赈谷五斗，折色谷每石折银五钱。"③

受灾户口、极次贫等级及大小口数额的初步划分，也是乡保等基层管理者在做勘灾前期准备工作时完成的工作，这些最初的数据呈给州县后，列入州县官最初呈报给勘灾委员的草册内，"仍将各庄被灾分数、极贫次贫大小男女名数汇造简明册，申送上司查阅"④。勘灾委员再以草册为基础，以村庄为单位，亲自挨家挨户地进行勘察核实，"嗣后委员查赈，务必挨户亲查，详察情形，参考原册，查照后开规条，酌分极次，查明大小口数，当面登册，填给赈票。勿怠惰偷安，假手地保书役代查代报，致滋混冒"。因勘察是以村庄为单位进行的，勘灾委员每查完一庄，就将数据进行总结，填报到表册内，再查下一村，"即行结总，再查下庄"。每日将查完村庄的"赈册票根固封缴县，仍将查过村庄饥口名数，或三日，或五

① （清）昆冈等修、刘启端等纂：《钦定大清会典事例》卷二百七十一《户部·蠲恤·赈饥》，《续修四库全书》编纂委员会：《续修四库全书·史部·政书类》第 802 册，上海古籍出版社 2002 年版，第 325 页。

② （清）万维翰：《荒政琐言》，李文海、夏明方主编：《中国荒政全书》第二辑第一卷，北京古籍出版社 2004 年版，第 469 页。

③ （清）昆冈等修、刘启端等纂：《钦定大清会典事例》卷二百七十《户部·蠲恤·救灾》，《续修四库全书》编纂委员会：《续修四库全书·史部·政书类》第 802 册，上海古籍出版社 2002 年版，第 314 页。

④ （清）万维翰：《荒政琐言》，李文海、夏明方主编：《中国荒政全书》第二辑第一卷，北京古籍出版社 2004 年版，第 470 页。

日，开折通禀查核"①。"乡村之僻小者易于稽察"，"如村大人众，又有
劣衿棍徒串通把持，弊端百出"，外来委员在勘察中极难把握标准，在勘
灾中"尤宜加意清厘，责重乡地牌头按户实报"②。

（3）勘定灾户财产损毁情况及其人口伤亡的数量。各勘灾委员在进行
实地勘灾时，除了对灾区位置、受灾田地的成灾分数、受灾的人（大小）
口数量等方面进行确勘外，灾民财产的损失情况、人口死亡数等也是其确
勘的重要内容之一。

对于灾民财产损失情况的勘察，主要包括三个方面的内容：一是灾民
房屋的存剩情况，即灾民房屋是否倒塌损毁。房屋的存留与否，直接关系
着灾民能否安居。清代的赈济，无论是制度层面或是具体实践，对此都比
较重视。若房屋受损，无论是否成灾，也无论贫次情况、人口数额，官府
都会在最短的时间内，先行赈给灾民银两以修缮或搭盖新房。这是清代赈
济中较具人性化的法规和措施，真正把灾民的生存基础放在考虑和解决的
首要位置，也把各位皇帝"念切民瘼"和"俾穷民不致失所"等思想落实
到了救灾实际中。二是灾民房屋内财产受损情况，即粮食、家具、什物、
衣物等损毁程度及状况、数额等都在委员勘察的范围之内，并把结果详细
记录在册，以为赈济、蠲免、缓征或借贷、抚恤的依据。三是灾民主要生
活及生产来源等财产的损失，即家禽、家畜的伤亡情况。如灾户是否有
鸡、鸭、鹅、鸽等飞禽，是否有猪、狗、猫等家畜，是否有牛、马、驴等
牲口，若有，则将原数、现余数、死亡数等一一记录于图册内。作为灾民
的主要生产力及交通工具的牲畜，既是主要财产，也是基本生活来源之
一，其伤亡对灾民的生产生活将造成极大影响，成为灾后恢复重建的重要
影响因素，是官府关注的重点，成为审户时财产勘察的重要内容之一，也是
灾赈时蠲免和借贷的重点关注对象。如春耕时除借贷籽种外，还借贷或赏给
耕牛，或采取禁止宰杀耕牛的措施等。雍正三年（1725 年），直隶发生水
灾，除"发太仓之贮，运奉天之粮，分遣官员，察视赈济"外，为保证春耕

---

① （清）汪志伊：《荒政辑要》，李文海、夏明方主编：《中国荒政全书》第二辑第
二卷，北京古籍出版社 2004 年版，第 572 页。

② （清）方观承：《赈纪》，李文海、夏明方主编：《中国荒政全书》第二辑第一
卷，北京古籍出版社 2004 年版，第 523—524 页。

所需耕牛，"被水之区，官给耕牛，令其及时播植"①。

（4）填报审户图册。勘定清楚了受灾户口、极贫次贫等级、大小口数之后，就完成了审户中较为重要的前期工作，之后就进入审户的最后一个环节——将勘察结果填入表册，即填报审户图册。册内须将户名、极贫次贫等级、大小口数额、家产情况等填写清楚，呈报府州县及督抚，作为发放赈票、制作赈簿、填报勘灾结册，以及确定赈济期限及等级的依据。

审户图册的装订及填写有一定的格式，每页刊列号数，看填写需要及方便，数十页装订为一册。表册首先以天地元黄等字样为委员号记，"人占一字，印于册面"，并从勘查村庄名字中摘写一字，编为册内号数，委员执册挨户登注灾民姓名口数，并与州县最初呈报的草册查对，验看两者是否相合，"如某项口无，则填以圈，按户注明极次字样"。查完一个村庄，就合计男女小口的总数，注明于册后；若一日查过数个村庄，那就通计数个村庄男女小口的总数，亦注明于册后，"封送总查之厅印官覆核，移交地方官办理"②。故图册中的每个数据都是经勘灾官员亲自勘察后确定的，有较高的客观性。

3. 清代审户制度的历史意义

经过查造灾户数额、确定灾民贫困等级及大小口数额、勘定财产损毁及人口伤亡数、填报审户图册等工作后，审户工作即宣告结束，其后即进入勘灾的其他流程及赈济过程中。

审户所确定的极贫、次贫等级及大小口数额、财产损毁及人口伤亡情况等，就成为发放赈济物资、确定赈济期限的重要标准。从这一层面而言，审户的意义极为重大，对灾民的生活、灾区社会生产恢复和发展都能产生巨大影响。尤其在对程度严重、范围较广的灾荒进行初期赈济时，主要就是依据审户确定极次贫、大小口以及灾情分数、等级等标准进行的，并在实践中取得了较好效果。如乾隆二年（1737 年）山东旱灾

---

① 《清实录·世宗宪皇帝实录》卷四十五"雍正四年六月条"，中华书局 1985 年版，第 667 页。

② （清）方观承：《赈纪》，李文海、夏明方主编：《中国荒政全书》第二辑第一卷，北京古籍出版社 2004 年版，第 526 页。

后，法敏就以审户图册中极贫、次贫和大、小口数额进行赈济，"查造户口，宜分别极贫次贫……将极贫赈三个月口粮，次贫两个月口粮；大口每月给谷三斗，小口谷一斗五升，统于六月为始"①。又如乾隆七年（1742年），江苏发生了严重水灾，对山阳、阜宁、安东、清河、桃源、铜山、沛县、邳州、宿迁、睢宁、海州、沭阳十二个灾情较严重的州县进行赈济时，就以"极贫之民，先抚恤一月"为标准；在对甘泉、高邮、兴化、宝应、泰州、盐城等灾情严重的六州县进行赈济时，"不分极贫次贫，皆先抚恤两月。极贫自十月起，赈四月；次贫自十一月起，赈三月"；对灾情次重的六合、江都两县，"极贫自十一月起，赈三月；次贫自十二月起，赈两月"。灾情稍轻的江浦、丰县、砀山、赣榆四县，"极贫自十一月起，赈两月；次贫自十二月起，赈一月"②。

总之，清代各灾区在灾后实施赈济时，绝大部分灾区能够顺利推行赈灾措施，并取得了良好的赈灾成效，反映了审户图册数据的准确性及重要性。现当代救灾得益于发达的交通及通信技术，灾情得以及时上传、救灾物资及时运达发放，在很大程度上减弱了灾害的危害程度，产生了积极的社会影响。但很多地区的救灾及其成效也存在一些不尽如人意之处，与地方政府、救援团体及民众对灾情、灾民的具体情况了解不细致、不准确有极大关系。从这个层面上看，清代的勘灾及审户就具有了极大的现实借鉴意义。

（六）确认家产损毁及人口伤亡数

灾民的财产损失、人口死伤等情况是勘灾时要确定的另一项重要内容。

首先，确认灾民房屋的存剩情况。即核勘灾民的房屋是否倒塌（地震、塌陷等）冲毁（水灾、泥石流、滑坡等）或其他方式的损毁（火、风等灾），房屋存剩与否，灾民能否"安居"等。若房屋受损，则在最短时

---

① 《清实录·高宗纯皇帝实录》卷四十三"乾隆二年五月条"，中华书局 1985 年版，第 761 页。

② （清）昆冈等修、刘启端等纂：《钦定大清会典事例》卷二百七十一《户部·蠲恤·赈饥》，《续修四库全书》编纂委员会：《续修四库全书·史部·政书类》第 802 册，上海古籍出版社 2002 年版，第 330 页。

间内赈给银两，以修缮或搭盖新住房。

其次，确认人口伤亡情况，这是勘灾的主要内容，也是边勘边赈时的赈济依据。勘灾过程中最先实行的赈济被称为散赈，如有人口伤亡的灾户，就能在散赈中得到官府给予的钱粮物等方面的接济，如赈给丧葬烧埋银两、治病疗伤银两若干等。在勘灾呈册中详细记录死亡情况，初赈时给予的钱物也记录在册，以便作为日后是否续赈及确定续赈数额的依据，也作为是否蠲免或缓征借贷的依据。

（七）发放赈票，填报赈簿

发放赈票及制作赈簿，是勘灾委员在勘灾过程中的重要工作，更是灾民领赈及官府发赈的重要依据，对灾赈的顺利进行具有重大意义。

首先，发放赈票。勘灾官员在填报审户图册表的同时，就据勘灾结果给灾民发放赈票。灾民手握赈票，安心等候官府赈济，户口册既定，即预备双联印票，填明村庄、姓名、户内男妇应准口数、应赈月份，与灾户收执，静候赈期。这不仅是将勘灾结果向灾民公布、向社会公示的重要举措，在某种程度上也是代朝廷及官府给灾民做出的救济承诺，亦是赈济过程中官、民双方共同持有的直接凭证，时称"赈前散票"，灾民可凭之领取官府发放的赈济物资，"委员查造户口，分别极次，豫给印票，交该户收执，以免移换添改等弊"①。

赈票册式是事先刻印准备好的，"赈票应用两联串票，该地方官预先刊刷印就，每本百页，编明号数。其应用查赈户口册，每页两面各十户，亦即刊刷钉本用印，每本百页"②。勘灾委员即将赴灾区勘察时，就据草册初勘出的村庄及灾民数量发赈票若干本，"凡委员赴庄查赈时，即按其所查村庄户口之多寡，酌发册票若干本，登记存案"③。赈携须盖有印信及标

---

① （清）汪志伊：《荒政辑要》，李文海、夏明方主编：《中国荒政全书》第二辑第二卷，北京古籍出版社 2004 年版，第 575 页。

② （清）汪志伊：《荒政辑要》，李文海、夏明方主编：《中国荒政全书》第二辑第二卷，北京古籍出版社 2004 年版，第 575 页。

③ （清）汪志伊：《荒政辑要》，李文海、夏明方主编：《中国荒政全书》第二辑第二卷，北京古籍出版社 2004 年版，第 575 页。

注有各委员身份的号记，"委员各带赈票多张，票用本州县印信，加用委员号记，见票即知为某委员所查"①。在勘灾过程中，陆续将勘察结果即极贫次贫情况、大小口数填写于赈票上，"各委员即赍带册票，按户查明应赈户口，即将所带联票，随时填明灾分、极次、户名、大小口数"②，"委员清查时，于票上填明级次贫户大小口数"③。府州县官员在巡历灾区时，据簿册记录随时随地进行抽查和核查，及时修正错误及补充遗漏的数据，如灾情发生变化时也能予以修正、及时调整，"被灾地方村庄户口，派委佐杂各员分查，全在总辖之厅印官复核得实，务无遗滥参差"④。

赈票的填写有固定的程序及方法，"临时填注，先写村名户名，某户务农，灾地几何，应赈；某户何项营生，不给赈。其应赈者，查明大几口、小几口，随写连二票，一为照票，一为对票，随时填册，随时写票"。填写完毕后，就将盖有当地州县印信及勘灾委员号记的票纸于中缝处分开，"即于二票骑缝处，钤印书押分开，当下将照票散给，令候示领赈"⑤，一半发给灾民、一半留存为底，"将一票截给灾民，其票根留存比对，册亦照票填明。填完一庄，即将用剩册票，朱笔勾销，封交该州县收存，为放赈底册"⑥，一边勘察一边发放，"随查随即按户散给"⑦，"总须查清一村，

①（清）方观承：《赈纪》，李文海、夏明方主编：《中国荒政全书》第二辑第一卷，北京古籍出版社2004年版，第508页。

②（清）汪志伊：《荒政辑要》，李文海、夏明方主编：《中国荒政全书》第二辑第二卷，北京古籍出版社2004年版，第575页。

③（清）方观承：《赈纪》，李文海、夏明方主编：《中国荒政全书》第二辑第一卷，北京古籍出版社2004年版，第508页。

④（清）方观承：《赈纪》，李文海、夏明方主编：《中国荒政全书》第二辑第一卷，北京古籍出版社2004年版，第526页。

⑤（清）那彦成：《赈记》，李文海、夏明方主编：《中国荒政全书》第二辑第二卷，北京古籍出版社2004年版，第709页。

⑥（清）汪志伊：《荒政辑要》，李文海、夏明方主编：《中国荒政全书》第二辑第二卷，北京古籍出版社2004年版，第575页。

⑦（清）方观承：《赈纪》，李文海、夏明方主编：《中国荒政全书》第二辑第一卷，北京古籍出版社2004年版，第508页。

即散给一村之票，官民两便"①。

赈票一般用厚韧的、容易保存及使用的纸张制作而成，纸中间填写票号并加盖官印来区分，"票用厚韧之纸，制如质剂状，当幅之中，填号钤印而别之"。票首填写勘灾委员的号码及印记，按格册内所列具的极次贫、大小口等要求填充，"票首用委员号记，依格册内所开极次贫户大小口数填注，如某项口无，则填以圈"。填完后从中剖开，一半存留官府为凭，一半给灾户收存，"一存官，一给本户收执"，领赈时以此为凭，"于赴厂时，监赈官点名验票相符，令执票领米，银随米给"。每赈一次，监赈官就加盖图记一次，赈济结束后就收回赈票，"监赈官另制普赈并各加赈月分图记，普赈讫，则于票上用'普赈一月讫'图记，加赈则于票上用'加赈某月讫'图记，按月按次用之，赈毕掣票"②。

赈票虽然主要记录受灾村庄名称、灾民极贫次贫等级、大口小口数额等内容，但各地赈票的样式因地方基层行政编制及习惯的不同略有差异。

勘灾委员一般挨村挨户勘察，每村中各户的极次贫状况及大小口数勘察清楚后，当即就在村中依次公开填发赈票，以免妇幼人口多次混领，"官与民皆便。但村大户多刁民，往往于给票后，妇女小口又复混入，则应俟一村查完后，于村外空地以次唱名给票，其老疾寡弱户口，仍当下填给"。外出归来之灾户经勘察查明后补入赈册，填发赈票，"一例填给小票。如适值放米时归来者，即就厂查明一册内前后户及某之左右邻，询问得实，添入册内，给发小票，一体领赈"③。但不是给所有灾民都发给赈票，而是据实情散给，并留好存根，以防不法灾户多领，或在灾民间相互攀比时作为凭证，"应赈月份，自照被灾分数，惟名口多寡，须看灾户情形，随时权衡，不能按口尽给。若于挨查时即行给票，恐有刁民一时争多

① （清）那彦成：《赈记》，李文海、夏明方主编：《中国荒政全书》第二辑第二卷，北京古籍出版社 2004 年版，第 709 页。

② （清）方观承：《赈纪》，李文海、夏明方主编：《中国荒政全书》第二辑第一卷，北京古籍出版社 2004 年版，第 527—528 页。

③ （清）方观承：《赈纪》，李文海、夏明方主编：《中国荒政全书》第二辑第一卷，北京古籍出版社 2004 年版，第 527 页。

较少，喧闹纠缠，不如另行查填散给，其票根存县备查"①。

　　其次，制作赈簿。勘灾委员在填发赈票时，须重新制作一本红格的赈簿，把一天之内勘察的各村庄成灾分数、各户极次贫情况及大小口数详记于内，再将总户、总口数额标注于后，"另用红格赈簿，将一日内所查村庄成灾几分、某户极贫、某户次贫、大几口、小几口，逐一登记。又按一日所查共若干户，若干口，总注于后，钤用本员印信图记"②。"其册开之极次贫大小名口，应结具总数，按页钤用印记，以杜抽换增添之弊"③，有了赈簿的记录，各村各户灾情及灾害等级就不会混淆。一天的勘灾结束后，委员将每天勘察的赈簿集结综合在一起制作各村庄的赈簿。为方便了解，据史料将赈簿样式制作表 3-5 如下。

　　各村庄勘灾结束后将村庄赈簿汇集成册，制作成州县的赈簿图册，即县府赈簿。府州县官员照册统计各州县应该赈济的钱粮数额，呈交"厅印复核钤印"。再将县府赈簿结册向督抚呈报，再经督抚向户部、皇帝奏报勘灾结果。勘灾官员至此才算完成任务，若无违限，就可回返原任履职，"转饬各委员，将查过村庄户口实册，俱由厅印复核钤印，移交地方官照办。统俟通一州县事竣，除详留监赈外，其余各回本任。厅印官仍将各员事竣回任日期报查，并将原发号记缴销"④。加盖印信后，赈簿图册就具有官府正式认可、可依之为标准赈济的官方底册。这是比草册更为精准的赈济依据，具有了合法性、权威性，也在很大程度上具有了相对的公正性。为便于了解，以浙江为例，将清代县府勘灾结册样式列表 3-6 于下。

---

　　① （清）万维翰：《荒政琐言》，李文海、夏明方主编：《中国荒政全书》第二辑第一卷，北京古籍出版社 2004 年版，第 470—471 页。

　　② （清）方观承：《赈纪》，李文海、夏明方主编：《中国荒政全书》第二辑第一卷，北京古籍出版社 2004 年版，第 508 页。

　　③ （清）方观承：《赈纪》，李文海、夏明方主编：《中国荒政全书》第二辑第一卷，北京古籍出版社 2004 年版，第 526 页。

　　④ （清）方观承：《赈纪》，李文海、夏明方主编：《中国荒政全书》第二辑第一卷，北京古籍出版社 2004 年版，第 526 页。

表 3-5　各村庄赈簿填写样式①

　　　　　县
浙江某府某学
　　　　　场
　　　　　　　　　　　穷民
呈为某事。今将将查实被灾各村庄乏食贫生户口，造具细册，呈
　　　　　　　　　　灶丁
送查核施行，须至册者。
　　今开：
　　　　水　　　　　亩
　　被　成灾几分田　，应赈几个月。
　　　　旱　　　　　地
　　　穷民
　　极贫生若干户，内：
　　　　灶丁
　　　大口若干
　　　小口若干
　　　穷民
　　次贫生若干户，内：
　　　　灶丁
　　　大口若干
　　　小口若干
　　以上通共若干户，内：
　　　　大口若干
　　　　小口若干
　某都某图
　某村庄
　　　水　　　　　亩
　　被　成灾几分田　，应赈几个月。
　　　旱　　　　　地
　　极　穷民
　　次贫生若干户，内：
　　　　灶丁
　　　大口若干
　　　小口若干
　　一户某人，大口几口
　　　　　　　小口几口
　　一户某人，大口几口
　　　　　　　小口几口
各都庄仿此。

---

　　① （清）姚碧：《荒政辑要》，李文海、夏明方主编：《中国荒政全书》第二辑第一卷，北京古籍出版社 2004 年版，第 842—843 页。

表 3-6　县府赈簿呈报结册样式[1]

县
浙江某府某学　今于
场
委员
与印结为全注语
县
水　　　　亩
事。结得某学乾隆某年偶被　灾，查实被灾几分田　，应赈几个月，
旱
场　　　　亩
穷民
极贫生若干户，内大口若干，小口若干。被灾几分田　，应赈几个
灶丁
穷民　　　　　　委员
月，次贫生若干户，内大口若干，小口若干。会同　　　亲赴被灾地
印官
灶丁
穷民
方，逐户挨查，俱系实在被灾乏食贫生，并无假捏重复遗漏，印结是实。
灶丁

结册赈簿内的灾情分数、极次贫户数及大小口数等，与灾民手中赈票上的数额、与审户赈簿的数额一致。它不仅是户部、皇帝了解灾情的基本依据，也是赈灾物资调拨及发放的依据。因此，勘灾委员及县（州）府所做的结册呈报是灾情属实、最终且合法的勘察报告及证明，朝廷的赈济物资及其他赈济措施就根据这份各级衙门认可的报告及赈簿数据实施。当赈济物资到达时，按赈簿记录及灾民手中的赈票，两相验证（验票）后发赈，"于查完之日，通计一州县户口应赈确数，一报上司察核，一送本州县照册计口，验票给赈"[2]。至此，勘灾官员的工作及赈票、赈簿的功能就能圆满完成。

勘灾工作全面结束后留下两种簿册：一是来自基层乡村吏役、未经官府认可也不具有法律效力的对灾情状况初步统计的草册；二是经勘灾委员勘察后据灾情分数、贫穷等级、口数大小等情况填写的具有法律效力的正式簿册——赈簿。草册是赈簿的原始底本，是勘灾的基础性材料；赈簿是

---

① （清）姚碧：《荒政辑要》，李文海、夏明方主编：《中国荒政全书》第二辑第一卷，北京古籍出版社 2004 年版，第 842 页。

② （清）方观承：《赈纪》，李文海、夏明方主编：《中国荒政全书》第二辑第一卷，北京古籍出版社 2004 年版，第 508 页。

对草册中的数据进行核实、修订后的官府资料。一般而言，草册与赈簿的内容有的相符，但有的数据在勘查中修正核实后更准确客观。从这个层面而言，赈簿既有对草册及基层管理者初期工作认可的意义，也对其中粗糙不实及因灾情变化而改变的数据进行校订、修正和调整。显然，在两者数据吻合方面，隐藏了勘灾委员及基层吏役上下联手腐败的可能性及诸多契机，因"上下舞弊""贪冒侵蠹"而产生了系列的社会问题，使完善的制度流于形式。这也是乾隆朝再三强调勘灾人员选拔及调派要得当、不允许基层胥吏插手勘灾工作的重要原因，"至于本处胥役，惟委员随一二名以供缮写，使令不许干预核户之事"，才能使"户口无从弊混，民沾实惠，而官亦鲜后患矣"①。

（八）分别处置勘灾结果

勘灾结束后，督抚及朝廷对各地灾情已一目了然。勘灾一般有两个结果，一是"勘实成灾"，手握赈票的灾民列入赈济范畴，享受赈济。朝廷据赈簿里的灾情分数、灾民极次贫状况及大小口数等，调集相应物资开始实施赈济。

二是勘不成灾，即经过勘灾委员踏勘核实之后，灾情分数在五分以下、达不到赈济蠲免等级的灾荒，勘灾委员在簿册中以"勘不成灾"记录在案。历代对"勘不成灾"的灾害均不予救济，清初也是"题明销案"。因"成灾"与"不成灾"的标准极为复杂，影响灾情等级评判的因素很多，且很多达不到赈济标准的"勘不成灾"的灾荒，依然对灾区的社会经济、灾民生活造成极大冲击及影响，尤其是一些接近灾赈等级如介于四分或五分，或三分、四分之间的灾情使灾区再生产能力遭到削弱，加重、扩大了灾荒的消极影响。同时，也存在很多事实上达到了灾赈等级，但因各种原因不能进入赈济范围的灾荒。尽管各勘灾官员被要求在勘灾的每个环节都要极其慎重和仔细，但误判、错定灾等的情况依然无法避免，这对灾赈成效及灾后重建造成了极大影响。

注重灾赈效果的雍乾两朝对"勘不成灾"进行了制度建设，在雍、乾

---

① （清）方观承：《赈纪》，李文海、夏明方主编：《中国荒政全书》第二辑第一卷，北京古籍出版社2004年版，第508页。

两朝社会经济得到巨大发展、赈济物资充裕的情况下，对灾情稍重却划入"勘不成灾"的灾荒予以不同的赈济并逐渐制度化，采取诸如缓征、分年带征、折征及就地抚恤、酌量赈给银米、蠲免积欠钱粮、借贷、以工代赈等赈济措施。对原本不能享受赈济的灾区经济的恢复及社会的稳定产生了积极的作用，促成了清代赈灾制度的外化，并使其发挥了较好的社会效用，是促使清代灾赈制度走向中国传统灾赈制度巅峰的重要因素，也成为清王朝灾赈制度外化的主要表现因素[1]。嘉道以降，随着社会政治局势及经济状况发生的巨大变化，"勘不成灾"成为地方官员为个人耗羡等私利、逃避赈济义务的理由或借口，此制度开始衰落。

显然，从勘灾程序及措施中确实不能否认乾隆朝勘灾制度的高度完善性特点，也不能否认魏丕信关于 18 世纪中国在赈济中表现出"国家所具有的积极精神，在管理经济方面的高度组织能力、权威性和效率性"[2]观点的正确性。但因灾情类型、分布及其程度在各地甚至同一地区存在的巨大差异，勘灾结果也不可能完全客观真实，加之勘灾过程是由具体的、不同的人来实施，其结果既会受到操作者主观因素的影响，也会受灾情以外的人为的不定因素的影响，这也是勘灾及赈济弊端与腐败滋生的根源，这在传统社会及其制度下是无法避免的。

第三节　"勘不成灾"制度与制度外化[3]

制度外化是指制度在建设与发展过程中，其原则及规范的使用范围或

---

① 详见周琼：《清代赈灾制度的外化研究——以乾隆朝"勘不成灾"制度为例》，《西南民族大学学报》（人文社会科学版）2014 年第 1 期，第 10—17 页。此限篇幅，略。

② ［法］魏丕信：《18 世纪中国的官僚制度与荒政·内容提要》，徐建青译，江苏人民出版社 2003 年版。

③ 参阅周琼：《清代赈灾制度的外化研究——以乾隆朝"勘不成灾"制度为例》，《西南民族大学学报》（人文社会科学版）2014 年第 1 期，第 10—17 页。同时，因参加学术会议，本文又刊于阿利亚·艾尼瓦尔、高建国主编：《从内地到边疆：中国灾荒史研究的新探索》，新疆人民出版社 2014 年版，第 238—251 页。

制度的核心内涵向外转化、适用范畴随之扩大的现象，即将制度的模式及措施扩展应用到原本不属于制度范畴的事物中，将非制度的政策措施转化为制度范型甚至将其变为制度的现象。自古及今，制度的内化及外化现象时常发生，制度内化受到了学界重视，外化却鲜有关注。这反映了学界乃至现实政治对制度外化及其社会作用的忽视，使制度外化及其成效、经验未得到充分发掘及深入研究，学术经世致用的社会功能未能充分发挥。在诸多制度外化的案例中，清代"勘不成灾"制度经历了从忽视到重视并逐步建设的过程，成为中国灾赈制度外化最典型的个案。

"勘不成灾"是指经官府勘察后不能达到灾赈等级的灾荒，清以前均不予赈济。但此类灾害依然对灾区的社会经济、灾民生活造成极大冲击及影响，虽然影响程度、范围存在差别，尤其是一些接近灾赈等级但不能享受赈济的灾区，灾民赋税负担依旧，再生产能力遭到削弱，加重、扩大了灾荒的消极影响，这是传统社会"天灾人祸"的典型代表，彰显出传统灾赈制度的刻板及固有缺陷。清代在总结历代灾赈的基础上，对灾赈制度进行了改良及完善，传统灾赈制度逐渐外化，即灾赈范围向制度外转化，扩大了覆盖面、降低了灾赈等级（六分降到五分），据具体情况赈济"勘不成灾"灾民。清代对"勘不成灾"的赈济经历了由忽视到关注再到重视的过程，雍正朝的实践使"勘不成灾"开始了制度外化的历程，乾隆朝的完善措施完成了赈灾制度的外化过程并发挥了较好的社会作用。清代灾赈制度的外化现象，使接近赈济等级的灾区重建及经济恢复能迅速完成，检验和校正了灾赈制度的成效，成为促使并体现清代灾赈制度走向传统灾赈制度巅峰的代表。但长期以来学界对此重视不够，迄今尚无相关研究。本节以清代"勘不成灾"制度的建设及其赈济为例，对清代灾赈制度的外化及其成效进行探讨，以期促进清代"勘不成灾"制度及区域荒政研究的深入开展，亦作引发学界探讨及研究中国历史上制度外化之"砖"。

一、清代灾赈制度外化历程：乾隆朝"勘不成灾"赈济制度初建

历代灾荒赈济，只有经勘灾官员勘定为"成灾"（六分灾及以上）等级的灾情才能享受官府赈济，勘灾委员踏勘后达不到赈济等级的灾荒，勘

灾簿册就以"勘不成灾"的方式记录在案，不属灾赈制度范畴，不能享受官赈。"勘不成灾"的标准因时而异，清代以前，五分及以下灾情都划入"勘不成灾"行列，这使介于五至六分之间或四分、五分的对社会生产及生活造成较大影响的灾荒被排斥在灾赈范畴之外，对社会的稳定及经济恢复极为不利。清代对灾赈制度进行改良及完善后，"勘不成灾"开始进入制度建设及改良的范畴。

清代灾赈制度的建设发展及其外化多在雍、乾时期进行并完成，"勘不成灾"赈济作为灾赈制度外化的典型代表亦如此。清代"勘不成灾"赈济制度的建设起步于雍正朝，即开始扩展灾赈制度的使用范畴，重视到灾情稍重的"勘不成灾"灾荒并进行赈济，使"勘不成灾"赈济逐渐向制度化迈近。乾隆朝完善、确定了"勘不成灾"赈济的制度，并将其作为常设制度沿用，完成了灾赈制度的外化。

首先，顺康时期是灾赈制度初建时期，"勘不成灾"未受到关注。顺治时期，社会尚未稳定，经济基础薄弱，赈济钱粮也不充分，大部分灾赈制度都模仿或沿用明代制度，灾赈制度处于初建阶段，被列入"勘不成灾"的、不在传统赈济范围的灾荒并未引起统治者关注，也理所当然地被排除在赈济范围（制度）外。故此期未受赈济的灾情即不被作为"灾荒"看待，档案、实录、会典等史料中相关记载就很少。

康熙初期，社会经济虽然得到了极大恢复，但清王朝还处于统一全国、进行平叛战争的阶段，府库空虚，赈济钱粮依然短缺，就沿用了顺治时期的赈济标准。即便是最严重的十分灾（全部绝收）也仅蠲免十分之三的赋税，"勘不成灾"更不可能得到赈济。康熙二十年（1681年）后，清王朝统治地位逐渐稳固，经济迅速发展，统治者对不同等级灾荒的影响有了清晰认识，把八至十分灾由一个赈济等级划分为两个等级，不久又将九分灾与十分合并、八分灾与七分灾分别并为两个赈级，但赈济灾等依然是六分灾起赈，五分及以下灾荒列入"勘不成灾"，"被六分灾之次贫及五分灾，例不给赈"或"被灾六分以下，不作成灾分数"①。此期，因受经济基

---

① （清）琦善：《酌拟灾赈章程疏》，（清）盛康：《皇朝经世文续编》卷44《户政十六·荒政上》，文海出版社1972年版，第4747页。

础限制，对"成灾"范围内的灾荒的蠲免都很少，"勘不成灾"灾荒对社会的影响被统治者完全忽视，就更不会得到赈济了。

其次，雍正朝开始关注"勘不成灾"并予以赈济，灾赈制度开始外化。雍正初年，依旧沿用康熙时期六分及以上灾等方为成灾的制度，五分及以下等级的"勘不成灾"就不享受赈济，"勘不成灾之地方，旧无蠲赈之例"①。但随着社会经济渐趋繁荣，灾赈物资逐渐充裕，社会救济条件有了极大改善，雍正二年（1724 年）十月四日，署浙江巡抚印务河南巡抚石文焯在《为谨陈沿海赈济事宜恭慰圣怀事臣》的奏章中呈报了浙江沿海水灾地区"勘不成灾"州县的情况，"臣即飞饬沿海州县，确查被水灾民户口……查原报被水之仁和等一十六县，并海宁卫所内有平湖、奉化、定海、嵊县、永嘉、海宁卫所俱勘不成灾，止仁和等十一县各被灾分数不等"②。但此时虽然重视，却未提到对"勘不成灾"的处理办法。

"勘不成灾"的赈济最早出现在谕旨中的时间是雍正三年（1725年），采取的是"量赈一月"的措施，"直隶省霸州等七十二州县厅所，秋禾被水，散赈三月。大兴等四县虽勘不成灾，小民被水乏食，亦量赈一月"③。说明雍正帝对"勘不成灾"极为关注，并在赈济奏章及谕旨中将其作为一种灾荒类型看待。此后，就开始了"勘不成灾"的赈济及制度化建设，地方官员开始据灾情轻重对"勘不成灾"灾情另疏题报，对灾情稍重者进行赈济，会典、圣谕、档案、实录中的相关记载随之增多。如雍正五年（1727 年）闰三月二十七日，署理广东巡抚印务常赍奏报，广东惠潮两府上年秋季发生水灾，"成灾之县，现饬将仓谷发赈"，对"勘不成灾"的州县，则"另疏题赈，此外各县仍饬照粜三例，减价平粜"④。

---

① 《清实录·高宗纯皇帝实录》卷五十"乾隆二年九月条"，中华书局 1985 年版，第857 页。

② 《世宗宪皇帝朱批谕旨》卷30，《景印文渊阁四库全书·史部》第417册，商务印书馆 1986 年版，第 747 页。

③ （清）昆冈等修、刘启端等纂：《钦定大清会典事例》卷二百七十一《户部·蠲恤·赈饥》，《续修四库全书》编纂委员会：《续修四库全书·史部·政书类》第 802册，上海古籍出版社 2002 年版，第 327 页。

④ 《世宗宪皇帝朱批谕旨》卷40，《景印文渊阁四库全书·史部》第418册，商务印书馆 1986 年版，第 209 页。

为促使地方官重视"勘不成灾"并采取赈济措施，雍正帝谕令地方督抚，授予酌情处理"勘不成灾"赈济的权力。雍正五年（1727年）九月戊辰谕："大凡地方小有水旱之事，勘不成灾，于例不应题本者，该督抚当就近酌量料理，并具折奏闻。务令朕得知地方情形，无丝毫隐匿，方不负封疆大臣之任。"①这赋予了督抚极大的赈济权力，他们不用事先奏报就可自主采取赈济"勘不成灾"的措施，只需事后题报即可。

雍正六年（1728年），雍正帝就对灾蠲分数做了大幅度调整和改革，提高了蠲免力度，十分灾的赋税蠲免提高到七分，并细化了不等灾等的赈济标准，对六分至十分的每个灾情等级都制定了相应的蠲免分数，改变了顺康时期将两三个灾等合并为一个赈济等级的模糊做法，使每个灾等都得到相应赈济，"勘不成灾"自此作为清代赈济专用名词之外的勘灾结果开始得到广泛重视，并享受到了制度之外的赈济。此后，各地督抚开始关注"勘不成灾"并予赈济，很多划入此行列的灾荒得到了相应赈济。如雍正十年（1732年）十二月戊辰，大学士等议覆漕运总督性桂："江南苏松等州县潮溢为灾，内有勘不成灾之处，或经风雨虫伤，所产稻米颗粒不齐，易致霉变。请酌留漕粮四十万石，于明年平粜……应如所请，从之。"②

雍正朝对"勘不成灾"的赈济措施及解决方案，使其逐渐发展成了一系列非灾等赈济的规例。如雍正八年（1730年）十二月二十二日，缓征了"勘不成灾"州县的漕粮，"谕将山东不成灾州县漕粮停征明岁收成之后令百姓照数交官"。雍正朝对"勘不成灾"的救济，使传统灾赈制度发生转变，灾赈的范畴扩大，原来不属灾赈的灾害开始进入制度的边缘。但此期的措施多是赈济钱粮或缓征，赈济的制度及措施到了乾隆朝才得以完善。

再次，乾隆时期的完善措施促成了清代灾赈制度外化的完成。通过顺康雍三朝的制度建设，积累了丰富的灾赈经验，社会经济也有了长足发展，府库渐渐充裕，经济更为繁荣，赈济物资更加充足，除赈济成灾地区

---

① 《世宗宪皇帝圣训》卷二十三《理财》，《景印文渊阁四库全书·史部》第412册，商务印书馆1986年版，第306页。

② 《清实录·世宗宪皇帝实录》卷一百二十六"雍正十二年十二月戊辰条"，中华书局1985年版，第656页。

外，对灾情稍重但未列入赈济等级的灾荒实施赈济也具备了条件。乾隆朝就开始对赈济制度做进一步的改革及完善，不仅五分灾被列入赈济灾等，很多"勘不成灾"的灾荒可据具体灾情享受不同的赈济，雍正朝以来的制度外赈济逐渐合法化、规范化。

乾隆元年（1735年）规定，被灾五分准蠲免十分之一，即将五分灾也作为成灾对待后，正式进入赈济行列，成灾分数的起点下移，灾赈范畴被扩大，四分及以下的灾荒被视为"勘不成灾"。一些灾情轻微的、在勘灾中逐渐恢复属"勘不成灾"的灾荒就不再赈济。但统治者已清醒地认识到，不是所有"勘不成灾"的灾荒都无须赈济，很多介于四分与五分之间或三分、四分灾荒的影响依然较大，进行适当赈济是必要的。

乾隆朝对部分"勘不成灾"灾荒的赈济及实践，使赈济措施逐渐规范化，有了相应的规定及措施，制度逐渐完善。为了根据具体灾情进行相应的赈济，规定报灾后，即委员勘察确定灾等，每勘察一村、每勘察一天都做出详细记录，并填报灾情状况表，勘实成灾者填写簿册（赈册）；被定为"勘不成灾"的地区，各县府及各勘灾委员要填写相应的表册（"结式"），以示灾荒勘察工作结束，并对灾区是否享受赈济、享受多少数额的赈济做出结论。清人姚碧在《荒政辑要》中对此做了详细记载。本书以浙江为例，将清代"勘不成灾"的县、府、委员的结式列表 3-7、表 3-8、表 3-9 于下，以便了解。

表 3-7　浙江"勘不成灾"县结式①

浙江某府某县　今于
与印结为全注语
虫
水
事。结得卑县某年原报被　村庄田亩，会同委员某知县某履亩
旱
风
确勘，实系秋成有收，不致成灾，并无扶同捏混情弊，印结是实。

---

① （清）姚碧：《荒政辑要》，李文海、夏明方主编：《中国荒政全书》第二辑第一卷，北京古籍出版社 2004 年版，第 841 页。

表 3-8　浙江"勘不成灾"府结式

浙江某府　今于

　　　与印结为全注语

事。结据某县知县某结称云云（照县结全备）等情到府，卑府复核无异，理合加具印结是实。

表 3-9　"勘不成灾"委员结式

浙江某府某县　今于

　　　与印结为全注语

事。结得某县某年原报被 虫/水/旱/风 村庄田亩，奉委会同某县知县某履亩

确勘，实系秋成有收，不致成灾，并无扶同捏混情弊，印结是实。

经过各级勘灾部门填报"勘不成灾"册式之后，对被列入"勘不成灾"范围的灾荒据灾情轻重予以适当赈济，不同的灾情有不同的赈济标准。并在"勘不成灾"的赈济实践中，不仅完善了对"勘不成灾"赈济的制度建设，而且也扩展了灾赈制度的适用范围，使灾赈制度功能的外化最终完成。

二、灾赈制度的外化：乾隆朝"勘不成灾"赈济的制度化及措施

乾隆时期，灾荒赈济制度日趋完善，对"勘不成灾"的赈济不仅较多地在赈济中凸显出来，有关记载也相应增多，从督抚等官员处理灾荒的奏章来看，乾隆朝对"勘不成灾"的处理主要是根据灾情轻重，参照各地成灾赈济的情况酌情赈济。这一时期对"勘不成灾"进行规范的制度化建设，使相关划分及赈济的措施日益完善，最终完成了灾赈制度的外化过程。

但要注意的是，乾隆朝对"勘不成灾"灾荒的处理，并非不区别灾害等级全部予以赈济，而是根据具体情况予以应对，对灾情轻微的地区，依然实施"毋庸赈济"的措施。若一些发生时程度严重但持续时间短、未造

成重大影响的灾荒，勘灾时被定为"勘不成灾"的灾荒，或是影响较轻微的灾荒如一二分灾，不必进行任何赈济，灾区也能够很快恢复生产，故此类灾荒一例不予赈济。很多官员奏折的名称就反映出这一点，如乾隆六年（1741年）十二月五日，苏州巡抚陈大受上了《奏为常熟等处勘不成灾毋庸抚恤事》①的奏折；乾隆二十八年（1763年）十月十七日，浙江巡抚熊学鹏上了《奏明温台沿海一带被风勘不成灾事》②的奏折；乾隆三十四年（1769年）六月五日，广西巡抚宫兆麟上了名为《奏为查明北流县勘不成灾无（毋）庸再赈并勘明兴安县等处被水照例抚恤事》③的奏章；乾隆四十九年（1784年）八月十五日，广东巡抚孙士毅上了《奏为广州肇庆被水各属勘不成灾毋庸抚恤事》④的奏折；嘉庆六年（1801年）十一月十一日，步军统领明安等上了《奏为遵旨查明大兴县属勘不成灾例不应赈业经出示晓谕事》⑤的奏折。

对需要赈济的"勘不成灾"灾荒，则据灾情予以赈济，主要措施及制度性规定有五项：

（1）实施就地抚恤，酌量赈给银米的措施，或按灾赈制度规定的期限及标准行赈。这是对灾情稍重的"勘不成灾"地区实施的赈济，也是经常采取的措施，督抚有权随时随地酌量灾情进行，只要奏报的灾情属实、赈济措施得当，一般都能够获准。这项措施早在雍正朝就已经实施，如雍正五年（1727年）八月，福建旱灾，十月三日福建布政使沈廷正奏报曰："今虽勘不成灾，但恐被水人户寒冬无以资生，又详明督臣委员往永定被

---

① 苏州巡抚陈大受：《奏为常熟等处勘不成灾毋庸抚恤事》，《宫中朱批奏折·内政》，档号：04-01-02-0038-013，中国第一历史档案馆藏。

② 浙江巡抚熊学鹏：《奏明温台沿海一带被风勘不成灾事》，《军机处录副奏折》，档号：03-0818-078，中国第一历史档案馆藏。

③ 广西巡抚宫兆麟：《奏为查明北流县勘不成灾无（毋）庸再赈并勘明兴安县等处被水照例抚恤事》，《宫中朱批奏折·乾隆三十四年》，档号：04-01-02-0053-009，中国第一历史档案馆藏。

④ 广东巡抚孙士毅：《奏为广州肇庆被水各属勘不成灾毋庸抚恤事》，《军机处录副奏折》，档号：03-1059-033，中国第一历史档案馆藏。

⑤ 步军统领明安：《奏为遵旨查明大兴县属勘不成灾例不应赈业经出晓谕事》，《军机处录副奏折》，档号：03-1618-057，中国第一历史档案馆藏。

灾之处，查明乏食穷民，或银或米，酌量抚恤，俾免失所。"^①雍正六年（1728 年）九月，江西发生旱灾，但各地灾情分数各不相同，江西布政使李兰臣用仓谷进行赈济，并奏请进行采买邻省米粮准备接济，李兰臣奏报了抚恤情况：

> 吉安府属之永丰县勘不成灾，未便题报。但细查其中，间有山乡穷民引领待哺者，臣亦经详动节备仓谷二千石散赈在案。其余各县收成，凡有歉薄之处，臣现在设法抚恤。但目今虽不至于乏食，而米价总未能平减，将来青黄不接之时，恐致市价更昂。臣随详请署抚臣借动库银三万两，赴邻省采买米石，以备平粜之需。^②

乾隆朝继续奉行对"勘不成灾"就地赈济银米的措施。乾隆帝刚即位就谕令地方督抚对"勘不成灾"州县进行赈济，雍正十三年（1735 年）十一月，福建巡抚卢焯奏报了福建临河州县发生水灾，但各地均"勘不成灾"，帝即谕令加意赈恤，并强调要立即处理，不用等待奏报，督抚即可就地实施赈济，并谕令永远遵行，相关官员务必恪尽职守，"被水各属虽不成灾，仍须加意赈恤，毋使小民失所。此等赈恤事件，务须一有水旱，立即赈恤，然后民得实惠。若待奏报后，俟朕批谕，然后奉行，则无及矣。朕之此谕，亦所以戒尔等于将来也"^③。

此后，"勘不成灾"就以银米就地赈济，成了与灾等赈济并行的赈济制度，在实践中常常采用，直接抚恤灾民，成为一项经常性、普及性的赈济措施，一直实施到清末。如乾隆二十一年（1756 年）七月，江西龙泉县大雨成灾，对沿河"勘不成灾"的灾民给银抚恤，"江西巡抚胡宝瑔奏：龙泉县地方于六月大雨，蛟水骤发，溪河漫溢，勘不成灾，所有冲损人口、坍

---

① 《世宗宪皇帝朱批谕旨》卷45，《景印文渊阁四库全书·史部》第418册，商务印书馆 1986 年版，第 326 页。

② 《世宗宪皇帝朱批谕旨》卷64，《景印文渊阁四库全书·史部》第418册，商务印书馆 1986 年版，第 326 页。

③ 《清实录·高宗纯皇帝实录》卷七"雍正十三年十一月条"，中华书局 1985 年版，第 295 页。

塌房屋及低田间有淤壅，各给银抚恤，均已得所"①。乾隆二十二年
（1757 年）七月，河南水灾，就截留应上缴的税粮以为次年平粜之用，
"其勘不成灾、被水尚轻者，所征本色米豆，即截留本省，为冬春平粜
之用"②。乾隆二十八年（1763 年）九月，广西大雨成灾，赈恤"勘不成
灾"地区，"广西象州猺山地方，七月初旬，连日大雨，山水骤发，大
樟等村庄庐舍间有被淹。抚臣冯钤已前往查勘抚绥，并称所伤田禾无
几，勘不成灾，毋庸再予赈恤等语。今岁粤西早稻丰收，晚禾亦俱长
发，象州一隅被水，虽据该督抚查明，所伤田禾无几，实不成灾。但仓
猝被水之后，小民口食未免拮据，除已照例抚绥外，如有贫乏不能自存
之户，仍著查明，加恩赈恤，务俾得所"③。嘉庆二十四年（1819 年）八
月二十二日，陕甘总督长龄奏报："甘肃礼县等州县被水被雹勘不成灾
并妥为抚恤。"④

对一些"勘不成灾"的地区还按普通灾赈的期限及标准赈济。如乾隆
二十七年（1762 年）直隶水灾，次年对"勘不成灾"地区赈济一个月，
"上年直隶各属雨水过多，所有被灾稍重之极、次贫民及被灾稍轻之极贫
各户业已加恩展赈，以示惠养。更思被灾稍轻之次贫及勘不成灾与毗连灾
地之贫民，虽不在定例应赈之内，而其中实在不能自存，有类极贫者……
著格外加恩，将大兴等二十八州县内之六分灾次贫及毗连灾地之五分灾贫
民，其中酌量极贫户口，一体给赈一个月，以溥渥泽"⑤。

（2）实施缓征、分年带征、折征等措施。对"勘不成灾"地区的钱粮
进行缓征、分年带征及折征的措施自雍正朝开始实施，乾隆朝广泛推行，

---

①《清实录·高宗纯皇帝实录》卷五百十七"乾隆二十一年七月条"，中华书局 1986 年
版，第 536 页。

②《清实录·高宗纯皇帝实录》卷五百四十二"乾隆二十二年七月条"，中华书局
1986 年版，第 863 页。

③《清实录·高宗纯皇帝实录》卷六百九十四"乾隆二十八年九月条"，中华书局
1986 年版，第 781 页。

④ 陕甘总督长龄：《奏为查明甘肃礼县等州县被水被雹勘不成灾并妥为抚恤》，《宫
中朱批奏折·嘉庆二十四年》，档号：04-01-02-0081-014，中国第一历史档案馆藏。

⑤《清实录·高宗纯皇帝实录》卷六百七十八"乾隆二十八年正月条"，中华书局
1986 年版，第 583 页。

嘉道以后衰微，很多应当赈济的灾荒均被列入"勘不成灾"的行列不能得到赈济，致使官赈的作用日趋微弱。

乾隆朝在有灾等的灾荒赈济之外，常对农业生产造成极大影响的"勘不成灾"地区采取缓征、分年带征、折征等赈济措施。

缓征的实施最为频繁和普遍，如乾隆九年（1744年）正月，缓征了寿州、凤台、凤阳、怀远、临淮、桐城、泗州、盱眙八州县遭受水灾后"勘不成灾"田地的钱粮，"俱缓至本年麦熟后征。"①乾隆九年（1744年）十二月，缓征了浙江水灾后勘不成灾地区的额征钱粮，"并缓征勘不成灾之金华、汤溪二县及鸣鹤、下砂头二三场新旧额征。"②乾隆十年（1745年）三月，缓征了浙江水灾后"勘不成灾"的金华、汤溪二县，以及仁和、钱清、曹娥、金山、石堰五场，湖州、衢州、严州三所的课赋，"应完地赋场课，统请缓征。得旨：依议速行"③。乾隆二十一年（1756年）缓征了江南九州县"勘不成灾"地区的芦课，"并勘不成灾之句容、常熟、武进、无锡、江阴、靖江、丹徒、江都、通州等九州县芦课，均予缓征"④。乾隆二十五年（1760年）四月，缓征了山西旱灾"勘不成灾"地区的钱粮，"己亥谕：晋省各属内上年间有秋收歉薄州县……并勘不成灾之浑源、广灵、天镇、左云、右玉、平鲁、祁县、徐沟、文水等九州县，及秋收歉薄之偏关、神池、忻州、定襄、繁峙、五台、平定、乐平、太原、太谷、交城等十一州县，所有新旧民借仓粮，俱缓至本年秋成后征收还仓，以纾民力。该部遵谕速行"⑤。乾隆二十六年（1761年）十月九日，山东巡抚阿尔泰就上了《奏为勘不成灾之地丁等

① 《清实录·高宗纯皇帝实录》卷二百九"乾隆九年正月条"，中华书局1985年版，第693页。

② 《清实录·高宗纯皇帝实录》卷二百三十"乾隆九年十二月条"，中华书局1985年版，第970页。

③ 《清实录·高宗纯皇帝实录》卷二百三十七"乾隆十年三月条"，中华书局1985年版，第50页。

④ 《清实录·高宗纯皇帝实录》卷五百十一"乾隆二十一年四月条"，中华书局1986年版，第454页。

⑤ 《清实录·高宗纯皇帝实录》卷六百十一"乾隆二十五年四月条"，中华书局1986年版，第867页。

银请缓征事》①的奏章，缓征了山东滨州水灾后"勘不成灾"地区的赋税钱粮，"今秋山东滨河州县因堤岸漫溢，田禾不无被淹之处……其勘不成灾者，定例不在蠲缓之内。但念该处被水歉收，民力究属拮据，著加恩将德平、陵县、平阴、宁阳、堂邑、博平、茌平、清平莘县、高唐、高苑等十一州县勘不成灾地亩及齐河等四十三州县所内被灾五分以下地亩，应征本年未完地丁银两及各年未完银谷籽种等项，一体加恩，缓至明年麦收后起征，以示体恤。"②类似缓征"勘不成灾"地区钱粮的案例，在乾隆朝的受灾地区比比皆是，如乾隆六十年（1795年）九月二十二日，署理两江总督苏凌阿上了《奏为查明勘不成灾之州县请准缓征事》③、两淮盐政苏楞额上了《奏为场灶一隅被水勘不成灾恳请缓征折价钱粮事》④的奏章。

一些灾情稍重的"勘不成灾"的灾区在缓征之后，灾民生活依旧拮据，乾隆帝又再行缓征之政。

谕：上年江省成灾地方，业经发帑赈恤，暨将应征钱粮分别蠲缓。次重、较轻及勘不成灾之各州县所有新旧应征银米，亦俱加恩于麦收后催纳。又念该处灾祲之余，元气未复，特降旨该督抚等查明，再行展缓。今据尹继善等分别查明奏覆。朕思现在麦收虽属丰稔，民力犹未免拮据。著再加恩，将阜宁等二十七州县所有本年麦收应征之新旧地丁漕折各项，以及借欠籽种口粮等一概缓至九月秋收后开征，以纾民力。⑤

同年，还缓征了江苏"勘不成灾"地区的钱粮，"其勘不成灾田地应与

① 山东巡抚阿尔泰：《奏为勘不成灾之地丁银请缓征事》，《军机处录副奏折》，档号：03-0540-076，中国第一历史档案馆藏。

② 《清实录·高宗纯皇帝实录》卷六百四十六"乾隆二十六年十月条"，中华书局1986年版，第234—235页。

③ 署理两江总督苏凌阿：《奏为查明勘不成灾之州县请准缓征事》，《军机处录副奏折》，档号：03-0579-057，中国第一历史档案馆藏。

④ 两淮盐政苏楞额：《奏为场灶一隅被水勘不成灾恳请缓征折价钱粮事》，《军机处录副奏折》，档号：03-0579-058，中国第一历史档案馆藏。

⑤ 《清实录·高宗纯皇帝实录》卷五百十六"乾隆二十一年七月条"，中华书局1986年版，第514—515页。

灾轻之安东、砀山、丰县等三县本年应征漕项银米及旧欠漕项银米、借欠籽种口粮，并灾缓漕粮，均缓至来年麦熟后征输"[①]。

一些"勘不成灾"地区的钱粮缓征后，为尽快恢复灾区正常的生产生活，又无息借贷籽种给灾民，如乾隆五年（1740 年）八月，山东水灾，缓征了"勘不成灾"地亩的钱粮，"勘不成灾地亩钱粮有未完者，亦缓至辛酉年麦熟后征收"[②]；乾隆二十年（1755 年）十一月二十七日谕内阁缓征济宁等"勘不成灾"州县钱粮，"著将济宁等州县毗连灾地'勘不成灾'处所民欠新旧钱粮仓谷等暂缓至明年"；乾隆二十三年（1758 年），缓征了在福建旱灾中"勘不成灾"地区的钱粮，"福建福州等府属之长乐等八县，入秋以来雨泽未能普遍，间有歉收之处，虽勘不成灾，滨海贫民生计未免拮据。著加恩将福州府属之长乐、福清，泉州府属之晋江、南安、惠安、同安，漳州府属之漳浦、诏安等八县歉收田亩应征钱粮五万二千余两、米四千余石，缓至明年麦熟后征收……至此内如有实在无力农民，著该地方官于社仓内借给麦本，以资力作，俟来年秋收后免息还仓，以示加惠滨海贫黎至意"[③]；乾隆二十四年（1759 年）十月，直隶水灾，停缓了"勘不成灾"地区的应征钱粮，"直属景州一带地方，秋初间有得雨过多之处，滨水洼地淤积未消。地方官以附近田亩通计分数，并不成灾，所有新旧钱粮未便破格奏请。但念该处收成既已歉薄，生计未免拮据，著该督方观承董率原勘各员，于各州县各村庄内详细确查，将应征之粮加恩并予停缓。又如束鹿、宝坻等滨河地亩，虽勘不成灾，并著查明一体停缓，以示优恤。"[④]类似缓征事例不胜枚举。

折征、分年带征也是"勘不成灾"地区常采取的赈济措施。如乾隆三

---

① 《清实录·高宗纯皇帝实录》卷五百二十三"乾隆二十一年闰九月条"，中华书局1986 年版，第 595 页。

② 《清实录·高宗纯皇帝实录》卷一百二十四"乾隆五年八月条"，中华书局 1985年版，第 821 页。

③《清实录·高宗纯皇帝实录》卷五百七十五"乾隆二十三年十一月壬寅条"，中华书局1986 年版，第 315 页。

④《清实录·高宗纯皇帝实录》卷五百九十九"乾隆二十四年十月条"，中华书局 1986年版，第 692 页。

年（1738 年）十二月，折征了浙江孝丰、东阳二县的南米，"有南米之孝丰、东阳二县虽勘不成灾，究非成熟，一例折征"①。乾隆四年（1739 年）三月，安徽旱灾，灾情轻重不一，乾隆帝谕令对"勘不成灾"地区实施豁免或分年带征的措施，"至成灾之太平、铜陵等二十六州县卫内，虽尚有勘不成灾之地亩，而收成亦属歉薄，且农民工本，较之常年，自必多费。所有旧欠钱粮，现在催征，小民未免苦累。著该抚查明，一并豁免。其未经被旱及勘不成灾之各州县，虽稍有收成，而介于成灾之区，仍不免于物力艰难。所有催征旧欠钱粮，亦著加恩，分年带征，以纾民力"②。同年（1739）三月，乾隆帝谕令将直隶水灾"勘不成灾"地区缓征的钱粮分三年带征，"若将新旧同时并征，民力未免竭蹶。为此特颁谕旨，著将从前部议成灾五分、六分二年带征之处及勘不成灾地方缓征之项，俱分作三年带征"③。十月，江南海州、赣榆二州县发生水灾，乾隆帝亦谕令将两地"勘不成灾"最小的钱粮折色征收，"至被水而勘不成灾之处，著将本年应纳之漕粮，并上年缓征之漕粮，俱准折色。免其购运，以纾民力"④。

当然，很多"勘不成灾"地区的赈济措施并非以单一形式出现，而是以多种措施同时并举，缓征、折征或分年带征同时进行。乾隆五年（1740 年）九月，缓征、折征了河南上年水灾时应征漕米，"豫省上年被水州县内，有勘不成灾地亩，未完漕米七万八千八百一石有奇。前经题准，缓至乾隆五年麦熟后或折征银两，或折收麦石，临时酌定"⑤。

（3）蠲免赋税或积欠钱粮。蠲免（豁免）积欠钱粮是乾隆朝开始对

---

①　《清实录·高宗纯皇帝实录》卷八十二"乾隆三年十二月条"，中华书局 1985 年版，第 289 页。

②　《清实录·高宗纯皇帝实录》卷八十八"乾隆四年三月条"，中华书局 1985 年版，第 369 页。

③　《清实录·高宗纯皇帝实录》卷八十九"乾隆四年三月条"，中华书局 1985 年版，第 376 页。

④　《清实录·高宗纯皇帝实录》卷一百二"乾隆四年十月条"，中华书局 1985 年版，第 541 页。

⑤　《清实录·高宗纯皇帝实录》卷一百二十六"乾隆五年九月条"，中华书局 1985 年版，第 847 页。

"勘不成灾"州县实施的主要赈济措施。雍正十三年（1735 年）十一月，四川巴县、江津、长寿、綦江、涪州、泸州、璧山、合江、永川九县发生旱灾，收成稍薄，但灾情轻重不一，勘不成灾，不能进入蠲免行列，乾隆帝谕户部："岁收既歉，民间纳赋未免艰难，朕心深为轸念。查各省旧欠钱粮，朕已降旨通行蠲免。而川省民风淳朴，历年输将，恐后并无逋欠之项，得邀赦免之恩。此巴县等九处本年未完钱粮，著即全行豁免，以惠吾民。"[①]乾隆元年（1736 年），安徽旱灾，次年（1737 年）谕令蠲免"勘不成灾"州县的钱粮，"未经被旱及勘不成灾之各州县，所有催征旧欠钱粮，力不能完，应行豁免者，一并遵照办理"[②]。

赋税钱粮的豁免使"勘不成灾"地区保存了再生产的能力，对社会经济的恢复与发展起到了积极的促进作用。此项乾隆初年确立的制度，是据灾情后果及皇帝轸念灾民的初衷制定的，较好地反映了乾隆朝灾赈制度外化的特点。如乾隆六年（1741 年）十一月，上江太平、铜陵等二十六州县发生水灾，豁免了"勘不成灾"地区的旧欠钱粮，"其勘不成灾之地，奉旨豁免旧欠钱粮，其缓漕亦应遵旨一体豁免"[③]。乾隆二十一年（1756 年），蠲免了浙江十三个遭受水灾县的积欠钱粮，"户部议覆浙江巡抚周人骥奏：仁和、乌程、归安、长兴、德清、武康、安吉、山阴、会稽、萧山、诸暨、余姚、上虞十三县被水成灾，暨勘不成灾地亩应完漕米漕项及蠲剩旧欠银米，应如所请分别蠲缓"[④]；乾隆二十四年（1759 年）正月初二的上谕档中就有"谕内阁甘省上年偏灾及勘不成灾各州县着豁除蠲免历年积欠未完籽种等项"的谕旨：

①《清实录·高宗纯皇帝实录》卷六"雍正十三年十一月条"，中华书局 1985 年版，第 268 页。

② （清）昆冈等修、刘启端等纂：《钦定大清会典事例》卷二百七十八《户部·蠲恤·蠲赋》，《续修四库全书》编纂委员会：《续修四库全书·史部·政书类》第 802 册，上海古籍出版社 2002 年版，第 434 页。

③《清实录·高宗纯皇帝实录》卷一百五十四"乾隆六年十一月条"，中华书局 1985 年版，第 1203 页。

④《清实录·高宗纯皇帝实录》卷五百八"乾隆二十一年三月上条"，中华书局 1986 年版，第 413 页。

甘省远处边陲，地方寒瘠……将甘省上年被有偏灾及勘不成灾各州县未完籽种粮九万六千余石……又折给银五千八百余两；又各属被旱被水被雹处所内勘不成灾地亩，原借籽种粮一万一千三百余石，又折给银二千五百余两；口粮一百余石，又折给银四千七百余两……普行蠲免。其乾隆元年至二十二年带征民欠未完各官养廉公费银三万九千二百余两，粮一十二万三千二百余石，并雍正十三年未完耗羡银两、粮石，均属连年积欠，概予豁除。①

这充分反映了蠲免积欠赋税及钱粮已成为乾隆朝在"勘不成灾"地区常设的赈济措施，凸显了"勘不成灾"赈济作为灾赈制度外化的特点。

（4）实施借贷。一些"勘不成灾"的灾荒对灾民的生活及生产造成了极大影响，为了尽快恢复正常的生产生活秩序，官府常以借贷口粮或籽种、耕牛等形式，对"勘不成灾"灾民实施赈济。如乾隆二年（1737 年）九月，直隶、山东等地发生水灾，除了对勘明成灾的州县进行赈济以外，乾隆帝也很关注对"勘不成灾"州县的赈济，九月十日，乾隆帝给内阁下发了一道名为"谕内阁着直督等确查直隶山东勘不成灾州县酌加借贷"的上谕：

乙未，谕总理事务王大臣：今岁直隶、山东有被水之州县，民食艰难……勘不成灾之地方……二麦既旱，秋成又薄，难保贫民无乏食之虞，亦当酌量加恩，以资力作。或应贷与社仓谷石，或应借给籽种银两，著直隶总督、山东巡抚转饬地方官，体访详确，实力奉行。②

乾隆五年（1740 年）九月，对济宁、鱼台、滕县等地"勘不成灾"的地区贷给籽种播种，借给仓谷为食，"济宁、鱼台、滕县等处被水，虽勘不成灾，恐贫民不无拮据。现饬借给社谷，接济民食。至被水田亩，有缺籽种者，亦饬地方官每亩给银，督令广行播种，丰收还项……徐沟县被水饥

---

① 中国第一历史档案馆：《乾隆朝上谕档》第三册，档案出版社 1991 年版，第 284 页。
② 《清实录·高宗纯皇帝实录》卷五十"乾隆二年九月条"，中华书局 1985 年版，第 857—858 页。

民，已开仓散赈，其勘不成灾州县有无力贫民，酌借社谷"①；乾隆十年（1745年）十二月，甘肃发生水旱灾害，灾情轻重不一，狄道、金县、渭源、陇西、西和、伏羌、通渭、平凉、崇信、华亭、泾州、灵台、固原、镇原、真宁、阶州、山丹、镇番、平番、西宁、碾伯等州县之村堡"勘不成灾"，户部请求借籽种口粮给灾民，"应借籽种口粮者，酌借接济。得旨：依议速行"②；乾隆十五年（1750年）八月为助耕作，借贷籽种给"勘不成灾"地区的灾民，"本年各省间有水旱偏灾地方，除勘明成灾者照例题请蠲缓外，其勘不成灾地亩，各该督抚饬令州县官查明，实在无力贫民酌量借助，以资耕作"③；乾隆三十年（1765年）上谕云："济南、武定等属间有被水地亩，或勘不成灾，或分数轻减，现将无力贫民照例借给麦本。"④

乾隆五十一年（1786年），湖北江夏、山东发生水旱灾害，对"勘不成灾"州县也采取借给口粮、籽种的措施，"勘不成灾之州县卫所军民，俱加恩分别赏借口粮籽种，以资耕作"。同年，谕令对山东、直隶、江苏等地"勘不成灾"州县实施酌借口粮籽种：

江苏淮安、徐州、海州所属雨泽愆期……江宁、扬州、镇江所属，秋成亦多歉薄，其七分灾以下及勘不成灾地方，所有实在乏食农民，著酌借籽种口粮，俾艰食者得资糊口，乏种者无误翻耩……陕西朝邑等州县因河水涨发……其被灾较轻之华阴县及勘不成灾各县，有拮据贫民，著加恩酌借口粮，以待春田成熟。又山东沂、曹、济等属被旱成灾，其六分灾之贫民及勘不成灾之德州等二十九州等县卫，著查明实在无力农民，酌借一月口粮……上年直隶被水成灾之大名等十六州县内……其勘不成灾之正定

① 《清实录·高宗纯皇帝实录》卷一百二十七"乾隆五年九月条"，中华书局1985年版，第868页。
② 《清实录·高宗纯皇帝实录》卷二百五十四"乾隆十年十二月条"，中华书局1985年版，第295页。
③ 《清实录·高宗纯皇帝实录》卷三百七十"乾隆十五年八月条"，中华书局1986年版，第1090页。
④《清实录·高宗纯皇帝实录》卷七百四十七"乾隆三十年十月条"，中华书局1986年版，第218页。

等七州县及成灾五分以下各村庄，有需酌借籽种口粮者，一并察看情形，分别办理①。

　　乾隆朝对"勘不成灾"地区实施的借贷籽种口粮的措施，被作为一项常设的赈济制度得到了长期的贯彻执行。如嘉庆七年（1802 年），江苏省海州、沭阳等州县因上年"被水被旱"，"节经加恩分别给赈蠲缓，小民自可无虞失所，但念今春青黄不接之时，恐民力不无拮据。著加恩将海州、沭阳、砀山、萧县、铜山、丰县、沛县等七州县被灾六分、五分及勘不成灾地方贫民，并清河、桃源、安东、邳州、宿迁、睢宁、句容、江浦、六合、山阳、盐城、阜宁、东台、兴化、赣榆等州县勘不成灾地方贫民，均借给籽种口粮，以资接济"，嘉庆九年（1804 年），山东省续被水淹，给"勘不成灾之寿张、东阿、平阴、东平……城武、钜野并坐落各州县卫所村庄暨盐河下游各州县籽种口粮"②。嘉庆十二年（1807 年）八月二十四日，河南安阳等县发生水灾，巡抚马慧裕奏报："遵旨委员查明安阳等三县被水村庄勘不成灾请分别酌粮并缓征事"③；嘉庆二十五年（1820 年）五月十九日，江苏巡抚陈桂生奏报："上年勘不成灾各属无力耕种酌借籽种口粮银两以资接济事。"④

　　（5）实施"以工代赈"措施。对"勘不成灾"地区采取"以工代赈"的措施也始于乾隆朝，这是乾隆朝灾赈制度外化的又一个典型案例。此后很多"勘不成灾"的地区在赈济物资短缺或灾区有工程需要完成时便采

　　①（清）昆冈等修、刘启端等纂：《钦定大清会典事例》卷二百七十六《户部·蠲恤·货粟》，《续修四库全书》编纂委员会：《续修四库全书·史部·政书类》第 802 册，上海古籍出版社 2002 年版，第 352 页。

　　②（清）昆冈等修、刘启端等纂：《钦定大清会典事例》卷二百七十六《户部·蠲恤·货粟》，《续修四库全书》编纂委员会：《续修四库全书·史部·政书类》第 802 册，上海古籍出版社 2002 年版，第 414 页。

　　③ 河南巡抚马慧裕：《奏为遵旨委员查明安阳等三县被水村庄勘不成灾请分别酌借籽粮并缓征事》，《宫中朱批奏折·水利》，档号：04-01-05-0272-020，中国第一历史档案馆藏。

　　④ 江苏巡抚陈桂生：《奏报上年勘不成灾各属无力耕种酌借籽种口粮银两以资接济事》，《军机处录副奏折》，档号：03-2061-027，中国第一历史档案馆藏。

取此措施，获得了一举两得之功效①。如乾隆五十九年（1794 年）六月十六日，湖南永州府属零陵祁阳两县发生水灾，巡抚姜晟就采取了此项措施，他奏报了"永州府属零陵、祁阳二县偶被山水勘不成灾并办理修葺事"②。乾隆二十七年（1762 年）直隶水灾，对"勘不成灾"地区除给予赈济一个月的优厚待遇外，还在灾区兴办以工代赈工程，"上年直隶各属雨水过多……被灾稍轻之次贫及勘不成灾与毗连灾地之贫民……均著于现在兴修工作之处，准令赴工就食，俾资糊口……该部遵谕速行"③。

在具体实践中，"勘不成灾"赈济往往多种措施并举，灾情稍重的"勘不成灾"赈济，就采取借贷籽种或蠲缓、以工代赈等措施交替或同时举行，产生了较好的社会效果，如乾隆二十五年（1760 年）甘肃旱灾，就缓征了"勘不成灾"地区借贷的籽种，同时举办以工代赈工程，缓解灾荒影响，使灾民渡过灾荒期：

> 甘省上年夏田秋禾均被偏灾……其灾轻之渭源等十七厅县，亦经照例蠲缓赈恤，并于春初借粜兼行，以资接济。惟念勘不成灾处所，夏田被旱，改种秋禾，小民已费工本，未免拮据。著再加恩，将所有春借籽种牛价缓至麦熟后征还，仍于青黄不接之时，酌借籽种口粮，俾得尽力耕作。至该省被灾等处，尚有无业贫民艰于觅食者，并著饬令地方官或设厂煮赈，或开工佣作，俾资糊口，以示体恤④。

这项与成灾区多种赈济并举制度一致的措施，体现了"勘不成灾"作为灾赈制度外化的鲜明特点。

---

① 灾赈中"以工代赈"的措施及成效，见周琼：《乾隆朝"以工代赈"制度研究》，《清华大学学报》（哲学社会科学版）2011 年第 4 期，第 66—79 页。

② 湖南巡抚姜晟：《奏报永州府属零陵祁阳二县偶被山水勘不成灾并办理修葺事》，《宫中朱批奏折·水利》，档号：04-01-05-0259-003，中国第一历史档案馆藏。

③《清实录·高宗纯皇帝实录》卷六百七十八"乾隆二十八年正月条"，中华书局 1986 年版，第 583 页。

④《清实录·高宗纯皇帝实录》卷六百四"乾隆二十五年正月条"，中华书局 1986 年版，第 779—780 页。

三、灾赈制度外化的成效：乾隆朝"勘不成灾"制度的影响

"勘不成灾"虽然不是清王朝灾赈制度范围内的灾荒，但却作为灾赈制度外化的建设措施，即灾赈制度的适用范畴扩展，并据具体灾情将灾赈的部分原则及措施在"勘不成灾"地区实施，进行不同形式的赈济，产生了不同的影响。

（一）积极的影响

"勘不成灾"作为灾赈制度外化的建设及成效，充分显示了清代灾赈制度建设及发展的成就，在中国灾赈制度史上产生了积极影响。

首先，使灾民顺利渡过灾荒带来的危机，保存了再生产的能力。制度外化的成功及顺利实施，使一些在灾荒中遭受损失但不能列入赈济灾害等级的灾民成为该项制度的实际受惠者，他们的赋税钱粮或被蠲免，或被缓征，再生产所需要的籽种口粮甚至是牛耕，都得到官府借贷，保存了灾民再生产的能力，劳动力剩余的家庭，还能够在官府举办的"以工代赈"中得到佣金。这对灾区的重建尤其是社会生产的迅速恢复注入了活力及动力，使灾民很快走出灾害的阴影，对稳固"勘不成灾"地区的社会秩序产生了积极作用，这是清代灾赈制度达到巅峰时期、成为历史上最完善灾赈制度的极好证据。

其次，促进了灾区社会经济的恢复。雍正朝以后据具体灾情将部分"勘不成灾"地区纳入到赈济范畴，实施钱粮赈济及蠲免赋税等措施，使灾民顺利度过灾荒期，"济南、武定等属间有被水地亩，或勘不成灾，或分数轻减，现将无力贫民照例借给麦本等语。该省被灾洼地，虽仅属一隅，且业已分别抚绥，小民自不致失所"[①]。这对灾区经济的迅速恢复及社会稳定产生了积极影响，使最高统治者"以副朕轸念边氓之至意""以示省方施惠之意""以纾民力""俾闾阎得沾实惠""俾农民耕作有资，不致拮据，用示体恤""以示加惠滨海贫黎至意""俾得均沾渥泽""务俾得

---

①《清实录·高宗纯皇帝实录》卷七百四十七"乾隆三十年十月条"，中华书局 1986 年版，第 218 页。

所""以溥渥泽"等惠民的初衷，得到了最大程度的实施及体现，不仅保证了传统社会秩序的稳步发展，也对清王朝灾赈制度的建设及社会的稳定、经济的发展发挥了积极的作用。

降旨将天津府阖属，本年应征钱粮蠲免十分之三。兹翠华临莅，小民扶老携幼欢迎道左，爱戴之忱倍切，朕心深为喜悦。著再加恩，将天津府属节年尾欠及上年勘不成灾缓征银七万三千二百余两、屯谷三千四百余石，又节年因灾出借旧欠及上年被水出借谷十三万一千一百余石，普行蠲免。俾海滨蔀屋，益庆盈宁，共安乐利①。

再次，使传统灾赈制度的外化得以顺利完成。对部分"勘不成灾"灾荒进行不同形式的赈济，使清代乃至中国传统灾赈制度的外化完成并在实践中充分地体现，不仅丰富、完善了清代灾赈制度的内涵，而且也使被历代灾赈制度忽视的空白领域得到了建设。这在传统灾赈产生积极社会成效的案例及中国传统制度外化史上具有重要意义。

（二）消极影响

任何制度都存在弊端，都存在其消极的影响，"勘不成灾"虽然是灾赈制度外化而成的制度，但也毫不例外地存在各种传统制度无法避免的弊端。

首先，"勘不成灾"的赈济容易受到地方官员个人意志的影响及左右，易使勘察结果失实、措施失当。由于灾情类型、分布及其程度在各地甚至在同一地区存在巨大差异，勘灾结果不可能完完全全做到客观真实，勘灾过程是由具体的人来进行，其结果也会受操作者主观印象与判断的影响，亦会受灾情以外的人为的、不确定因素的影响，勘灾结果及相关的赈济措施也会随之受到相应的影响。

同时，因"勘不成灾"的赈济不属于正式的灾赈范畴，具体赈济完全由地方督抚负责实施，所需的钱粮、借贷的籽种口粮及蠲免赋税的数

---

① 《清实录·高宗纯皇帝实录》卷七百八十"乾隆三十二年三月条"，中华书局 1986年版，第 580—581 页。

额等多为临时调拨和决定，赈济额度、时间长短也完全看地方财政及官员对灾荒的了解、判断及决定，若官员廉洁奉公，地方灾情了然于胸，"勘不成灾"的赈济就能顺利实施取得较好成效，若官员贪残，庸碌无为，赈济无方，赈济就会失当甚至滋生多种弊端。故地方官员个人操守及其思想高度，是一个无形的、无法用制度固化及约束的因素，成为直接影响制度成效最重要的因素，这是传统制度乃至现当代制度中最应当反思及改善之处。

其次，官员勘察不明，致使"勘不成灾"地区失赈。以朝廷、地方乃至上级官员的意愿为主的赈济，存在着无法避免的缺陷，一些"勘不成灾"的地区因地方官员勘察不明，影响了赈济措施的实施及成效的发挥，如乾隆二十年（1755年）浙江水灾后，灾情严重，但官员勘察不明，将灾情严重区勘定为"勘不成灾"区，影响了官府的及时赈济，灾民的生产生活受到极大影响，直至朝廷了解实情后才于次年补赈，"上年浙江勘不成灾之杭、嘉二府所属地方，收成均多歉薄，地方官办理失之过刻。且该处一带与江南松江灾地毗连，又势处下游，商舶不能辐辏，粮价未免昂贵。此时距麦秋之期尚早，青黄不接，小民口食拮据，亟为画（划）划接济。著传谕喀尔吉善，令其即行详查，现在实在贫乏之户，应作何设法筹办，俾穷黎不致失所之处"①；乾隆二十九年（1764年），甘肃发生雹灾，朝廷欲对"勘不成灾"地区实施赈济，"甘省被灾各州县处，地土瘠薄，灾后民食未免拮据，业经降旨加意抚恤"。但因官员勘察不明，影响了赈济的及时实施。

今据奏称，灾重地方十四处、稍重地方十五处、灾轻者七处。其狄道、镇原等十州县，据称尚未勘覆，该十州县秋禾既偏被雹水，是否勘明成灾暨被灾轻重情形如何，及灾重灾轻各州县现在作何分别抚恤加赈之处，折内俱未经声叙。再河州、狄道、碾伯三州县，既称俱已改种秋禾，续经勘不成灾，而又将河州、碾伯列入夏秋偏被雹水灾轻之七州县内，狄道一州列入尚未勘

---

① 《清实录·高宗纯皇帝实录》卷五百八"乾隆二十一年三月条"，中华书局1986年版，第419页。

覆之十州县内，所奏亦未甚明晰①。

乾隆帝只好传谕总督杨应琚将具体情节及明春"应行展赈并酌量予赈各州县"情况"速即查明具折奏闻"，随后却接到了成灾区给予赈济、"勘不成灾"地区不予赈济的奏报：

明春应将灾重之皋兰、金县等十四处展赈两月，稍重之固原、张掖等十五处展赈一月，至狄道等八州县勘不成灾，惟泾州、华亭二处系一隅偏灾，按例抚恤，无庸加赈。又河州、狄道、碾伯等三州县前奏列入灾轻及未勘覆之内，另指夏秋间别有被灾田亩，非即改种秋禾勘不成灾之地②。

乾隆帝对这种赈济失宜的奏报，未像其他灾赈奏报一样以"从之"结束，而以"届时有旨"作为批复，后于次年重新颁布谕旨，责令官员实心办赈，"去岁甘省夏秋偶被偏灾各州县，业经降旨，令该督等加意抚绥，照例给赈……无论极次贫民，概行展赈一个月。该督其董率属员实心查办，毋食胥吏侵蚀中饱，务俾贫民均沾实惠"③。

再次，导致了灾赈吏治的腐败。由于"勘不成灾"地区的赈济由地方官员意志决定，很多不法官员以此作为贪污腐化、博取政绩的巧途。最高统治者也意识到了其中的弊端，如雍正十三年（1735 年）十一月、乾隆二十一年（1756 年）二月蠲免"勘不成灾"赋税的谕旨就反映了这种情况："该督抚等务宜实心奉行，严饬地方官详查办理，勿使吏胥滋弊中饱"④，"其有上年秋收稍歉者虽勘不成灾，而农民生计究属拮据，著统前蠲免十分之五，该督抚其严饬属员，详悉查明，分别办理。毋致不肖胥吏，侵渔

① 《清实录·高宗纯皇帝实录》卷七百二十六"乾隆三十年正月戊申条"，中华书局 1986 年版，第 1074 页。

② 《清实录·高宗纯皇帝实录》卷七百二十四"乾隆二十九年十二月条"，中华书局 1986 年版，第 1074 页。

③ 《清实录·高宗纯皇帝实录》卷七百二十六"乾隆三十年正月戊申条"，中华书局 1986 年版，第 2 页。

④ 《清实录·高宗纯皇帝实录》卷六"雍正十三年十一月条"，中华书局 1985 年版，第 268 页。

中饱"①。

乾隆帝对贪污赈济钱粮的行为进行了严厉谴责及制裁，如乾隆二十四年（1759 年），严惩了江苏自乾隆二十年（1755 年）以来在赈灾中连续对"勘不成灾"赈济筹办不力、推脱责任的官员：

> 乾隆二十年江省被灾，朕多方赈恤，格外加恩，并于勘不成灾例无抚恤之江宁等三十五州县，亦令一体酌借口粮以资接济。今此各州县于二十一二等年既连获丰收，又非淮、徐、海等属之连年被灾者可比。吴嗣爵以特恩擢任藩司乃莅任之初，并不告知抚臣，托缓征之名，实卸己之过，且为催征不力各员图免处分，具折渎请，可谓不知朕恩，何以居方面大员之任？本应交部严加议处，但念其尚习河务，姑从宽发往江南河工，以河务同知补用。②

嘉道以降，随着社会政治局势及经济状况发生的巨大变化，出现了"勘不成灾"灾荒数额急剧上升的现象，与这一时期灾荒频繁、灾情程度严重、灾民继续赈济的实际状况形成了鲜明的对比。这与很多地方官员利用手中可以掌控"勘不成灾"赈济大权之便以谋求私利的动机密切相关，出现了将严重的灾荒降低为勘不成灾，或将较轻的灾荒升级为该赈济的"勘不成灾"现象。"勘不成灾"制度在一定层面上演变成了地方官员谋取个人耗羡等私利及美化政绩、逃避赈济义务的理由或借口，很多应赈济的成灾灾荒被不法官员冠以"勘不成灾"的帽子，或敷衍了事鱼肉灾民，或以此为借口调拨、截留地方钱粮，为贪污及中保私囊开方便之门，"勘不成灾"制度开始泛滥及衰退。换言之，乾隆朝灾赈制度外化的一个结果是导致了吏治的腐败，成为赈济弊端及吏治腐败滋生的温床，给社会生产恢复及社会经济发展带来了恶劣影响，成为促使清王朝的赈济制度乃至统治走向衰落的动因之一。

当然，"外化"与"内化"无疑是一对相对意义上的概念。但制度外化

---

① 《清实录·高宗纯皇帝实录》卷五百七"乾隆二十一年二月条"，中华书局 1986 年版，第 400 页。

② 《清实录·高宗纯皇帝实录》卷五百六十一"乾隆二十三年四月条"，中华书局 1986 年版，第 117—118 页。

的表现则更为丰富，外化的制度对社会政治、经济、文化的发展都产生了极为重要的影响，让制度文明的原则、内涵更深广地渗透到社会生活的方方面面，影响并规范着人们的行为乃至思想。传统灾赈制度在发展过程中的外化，从对"勘不成灾"赈济的制度性建设及其完善、发展中充分体现，让灾荒赈饥济困扶危的社会救助功能在更深广的层面上体现出来，取得了极好的社会成效。

故雍、乾两朝灾赈制度建设的最大成效就是完成了传统灾赈制度的外化，将一些接近灾赈等级的"勘不成灾"灾荒纳入赈济范畴，扩大了灾赈范围，并将其作为传统制度之外的制度进行建设及完善，使"勘不成灾"灾区得到了相应的赈济，将中国传统灾赈制度推向了巅峰，谱写了灾赈制度外化的完美音符。这既是中国传统灾赈制度发展的必然，也是雍、乾两朝社会稳定、经济发达、国力雄厚的大背景下出现的必然，成为传统制度外化并取得成效的极好案例。

乾隆朝"勘不成灾"赈济的措施及实践，体现了荒政制度走向巅峰，即完备制度及其制度外化的完成并顺利实施的根本动因，使中国传统专制体制下最高统治者发挥了积极的引领、促进作用，使建基于中国传统灾赈制度内化基础上的制度外化能依靠自上而下的专制政治的力量顺利完成。应对当时勘灾及赈济制度的完善及社会成效的良好状况予以客观、积极的评价，肯定官方灾赈覆盖范围的广泛性及赈济的高效性。

"勘不成灾"作为清代灾赈制度外化的表现体，亦即乾隆朝完善灾赈制度的外在体现者，其赈济措施及社会成效足以改变学界长期以来只关注制度内赈济而忽视制度外赈灾机制及其实践客观存在的状况，使这种边缘性制度良好的社会效果在历史长河中熠熠生辉。尽管其在实践中出现了传统政治制度无法避免的种种弊端，反映出传统灾赈制度的设计及结构、运行机制、制度的执行力等还存在进一步完善及发展的空间，如何抑制制度的劣化也是该制度的制定者需要反思之处，但不影响研究者对这种外化制度的社会成效及其贴近大部分无助民众需求的人性化特点做出积极评价。

总之，"勘不成灾"是达不到赈济标准的灾荒，历代均不予救济，凸显了传统赈灾制度的缺陷。清代在总结传统灾赈制度的基础上对"勘不成灾"进行赈济并将其制度化,雍正朝开始对"勘不成灾"制度进行建设,乾隆朝予以完善,促成了清代赈灾制度的外化并使其发挥了较好的社会效用,如缓征、分年带征、折征及就地抚恤、酌量赈给银米、蠲免积欠钱粮、借贷、以工代赈等赈济措施,对原本不能享受赈济的灾区的经济恢复发挥了促进作用,成为促使清代灾赈制度走向中国传统灾赈制度巅峰的重要因素。

第　四　章

清前期官方的赈中机制

灾害发生后，官方对灾区的灾情进行了勘察，确定了灾害等级、极贫次贫的等级、应赈户口数额及其灾蠲分数之后，就进入了在赈济的具体过程中，实施赈济的各项措施，即将筹集到的钱粮发放到灾民手中，并蠲免缓征灾区赋税。

赈济措施一般分为两类：一是从微观方面进行的赈济，称为物资赈济，即针对灾民的户数、人口数、极贫次贫的不同等级，将钱粮发放给灾民，给灾民兑现赈票上的钱粮数额，通俗言之，就是用筹集到的钱粮去赈济灾民，主要有各种方式及期限的赈济、抚恤等。二是从宏观方面进行的赈济，即赈济的措施是针对受灾区域来实施，但这种方式的赈济是从受灾区域入手，最后也要具体落实到各家各户，主要的措施是蠲免或缓征灾区的赋税钱粮、捕除蝗蝻（除害）、安辑流民（安辑、留养）等。

第一节　清前期官方的钱粮灾赈机制

清代的赈济类型及措施，堪称历代最详细具体者。仅从赈济类型来看，其名称就有正赈、急赈、普赈、加赈、大赈、展赈、摘赈、抽赈、续赈、折赈、补赈、分赈、散赈等十余种之多，如果按照赈济形式，还有粥赈（煮赈）、银赈、赈贷等。然而，尽管名称、具体措施不同，但很多类型的实质是一样的，或是其措施是一样的，如在很多情况下，朝廷进行的很多赈济不分类型，仅以"赈××地××灾"的形式出现，这种情况一般就是散赈；粥赈、煮粥、煮赈、粥厂、赈厂、饭厂等名称虽异，但其实质就是煮粥赈济灾民。下面分别对赈济制度的类型、形式及具体措施进行论述。

一、赈济区域的扩展及大小口赈粮标准的确定

赈济灾民的钱粮数额，最早是针对八旗灾民制定的。这是因为顺治即位之初，天下尚未完全底定，其赈济的对象，也只能是其统治下的八旗及蒙古地区。因此，顺治二年（1645年）专门规定了这些地区的赈济标准，八旗遭受水灾的田地，每六亩给米二石，其中，王、贝勒、贝子、公等府属人役地亩被潦田地，赈米照例支给，但投充之人带来的田地受灾，则不给赈米；口外蒙古八旗地亩被灾，按照饥民的名口折给米银，允许在沿边地区籴米，但不得进入内地关口买米；八旗游牧的地区被灾，灾民每人每月给米一斗，张家口地区的牧民给米，古北口时期的牧民给银。顺治五年（1648年）规定，派驻各直省驻防的官员田地遭受水灾，也发给赈米，如有留京家口，就在京支给；如随带家口，则在驻所支给。顺治十年（1653年），规定了自各王府属佐领以下、至所属旗人田地受灾后的赈济年龄，即赈恤旱潦地亩时，先令该旗都统确查受灾人口数，规定七岁以上为一口，六岁以下、四岁以上为半口，投充及雇佣人口不得享受赈济[1]。顺治十一年（1654年）规定，八旗被潦田地"赈给到通漕米"，蒙古地区的被涝田地，佐领以下给仓米二百石，汉军佐领以下给仓米百石，都统酌量散给；"八旗旱地每六亩给米二斛，本折各半，折色照时价支给"[2]。顺治十四年（1657年），对八旗灾地的赈济标准进行了调整，规定八旗被灾地

---

① （清）昆冈等修、刘启端等纂：《钦定大清会典事例》卷二百七十一《户部·蠲恤·赈饥》，《续修四库全书》编纂委员会：《续修四库全书·史部·政书类》第802册，上海古籍出版社2002年版，第323页。

② （清）昆冈等修、刘启端等纂：《钦定大清会典事例》卷二百七十一《户部·蠲恤·赈饥》，《续修四库全书》编纂委员会：《续修四库全书·史部·政书类》第802册，上海古籍出版社2002年版，第324页。

亩，每六亩给米一斛①。

　　随着清军入关及其征战的节节胜利，清王朝顺利确立了在中原地区的统治。在长期战乱及灾荒的打击下，中原经济凋敝，饥民遍野，清王朝的赈济对象从八旗地区扩大到了中原汉族地区，顺治六年（1649 年）规定，地方被灾，督抚一定立即详查受灾顷亩的分数具奏朝廷。在这项制度的督促下，顺治八年（1651 年），开始了对直省地区灾荒的赈济，山东、江浙等省发生水灾，灾民亟须赈济，刑科给事中赵进美上奏表示，浙江乃财赋重地，今岁"荒涝异常"，山东"洪水肆虐，民不堪命"，应当用各省备赈的仓谷以及养士的学田"速为赈发"②，雨水就发仓谷"赈穷民"，用学租"赈贫士"③。规定灾荒发生时各官员应当"通粜平价、劝施煮粥"，敕令抚按等官员选择廉能之官"专董其事，巡历查访，不时举报"，将对灾荒的举报及赈济作为"有司考成"的依据。此时由于新的报灾、勘灾制度尚未建立起来，赵进美认为如果灾荒发生时按照旧例勘明灾伤分数，部、督抚按、监司府州县"文移往来，动经时月"，会贻误赈济的进行，请秋饬令各地抚按，根据道里的远近，严格制定限期，"早报早覆，违者追究"④。

　　此后，随着清王朝直接控制疆域的扩大，各直省发生的水旱蝗等灾荒，以直隶为始，逐渐进入了顺治王朝的赈济范围，如顺治九年（1652年），直隶、山东等地水灾，"发米九百石、银四百余两，赈京城饥民"⑤。次年，设力粥厂，"赈济京师饥民"，同时，还免除了直隶通密、永平、

---

　　①（清）昆冈等修、刘启端等纂：《钦定大清会典事例》卷二百七十一《户部·蠲恤·赈饥》，《续修四库全书》编纂委员会：《续修四库全书·史部·政书类》第 802 册，上海古籍出版社 2002 年版，第 324 页。

　　②《清实录·世祖章皇帝实录》卷五十九"顺治八年八月条"，中华书局 1985 年版，第 464 页。

　　③（清）昆冈等修、刘启端等纂：《钦定大清会典事例》卷二百七十一《户部·蠲恤·赈饥》，《续修四库全书》编纂委员会：《续修四库全书·史部·政书类》第 802 册，上海古籍出版社 2002 年版，第 323 页。

　　④《清实录·世祖章皇帝实录》卷五十九"顺治八年八月条"，中华书局 1985 年版，第 464 页。

　　⑤《清实录·世祖章皇帝实录》卷七十"顺治九年十二月条"，中华书局 1985 年版，第 555 页。

易州、井陉、昌平、霸州等所属州县卫所的"本年分（份）水灾额赋"①。顺治十一年（1654年）二月，发后宫银四万两、帑银二十四万两赈济直隶各府遭受水灾的饥民，"昭圣慈寿恭简皇太后闻知，深为悯恻，发宫中节省费用并各项器皿，共银四万两。朕又发御前节省银四万两，共二十四万两，差满汉大臣十六员分赴八府地方赈济，督同府州县卫所各官量口给散。务使饥民均沾实惠。仍设法清查，毋滋奸弊，八府所辖州县，多寡不同，被灾轻重亦异，须酌量妥确，通融散给"②。随后，赈济范围逐渐扩大到山东、浙江、湖北等地。

康熙统治时期，天下平定，专制主义中央集权统治在全国范围内建立起来，不仅对各类灾荒的钱粮赈济数额做了日趋细致的规定，对直省地区的赈济也逐渐建立起来。其中，朝廷依旧重视对八旗地区的赈济。康熙元年（1662年）规定，八旗地区灾荒的赈济米粮数额，"被水灾地，每六亩给米二斛；蝗雹灾地，每六亩给米一斛"。康熙十一年（1672年）规定，八旗遭受旱灾的田地，每六亩给米二斛，本色、折色各一半，"折色照时价支给"③。

康熙九年（1670年），在重视八旗地区赈济制度建设的同时，清王朝也较为重视中原汉族地区的赈济，直隶、江苏、山东等地成为赈济的重点，赈济地区扩展到西部的陕西等地。此时赈济的钱粮，大多是动支"正

①《清实录·世祖章皇帝实录》卷七十八"顺治十年十月条"，中华书局1985年版，第619页。

②《清实录·世祖章皇帝实录》卷八十一"顺治十一年二月条"，中华书局1985年版，第638—639页；《清实录·世祖章皇帝实录》卷八十二"顺治十一年三月条"，中华书局1985年版，第643页载："敕谕赈济直隶大臣巴哈纳等曰：直隶各府系根本重地。去年水潦为灾，人民困苦，饥饿流移。深轸朕怀，昼夜焦思，不遑寝食。特命发户、礼、兵、工四部库贮银十六万两，圣母昭圣慈寿恭简皇太后闻之恻然。特发宫中器皿、并节省银共四万两，朕又发内府节省银四万两，通共银二十四万两，分给赈济。兹命尔等赍银前往各府地方，督同该道、府、州、县、所等官，计口给赈。须赈济如法，及时拯救，毋论土著流移。但系饥民，一体赈济，务使均沾实惠。"

③（清）昆冈等修、刘启端等纂：《钦定大清会典事例》卷二百七十一《户部·蠲恤·赈饥》，《续修四库全书》编纂委员会：《续修四库全书·史部·政书类》第802册，上海古籍出版社2002年版，第324页。

项钱粮"。康熙九年（1670年），江苏发生水灾，派遣部院堂官"往勘淮扬水灾"，谕令用凤阳的仓米麦及捐输米谷，"尽数赈给"，如果仍不敷赈济，就动用"正粮接济"；康熙二十八年（1689年），调拨户部库银三十万两，交给直隶巡抚赈济直隶地区灾民。康熙四十年（1701年），清廷的赈济范围扩大到了土司地区，此年甘肃省河州所属土司统辖地区发生旱灾，就按照内地每大口月给米一仓斗、小口月给五仓升的标准进行赈济[①]。

康熙十年（1671年），在江苏水灾赈济中，确立了小口的赈济标准是大口一半的赈济原则，此原则确立下来后，被历代沿用。在康雍时期，不同地区、不同时期，根据灾荒的具体情况，赈济标准也略有调整，大口、小口的年龄划分略有调整，但小口赈济数额减半的原则却被沿用下去，此时，六岁以下的儿童不能享受任何形式的赈济。同时，开始采取截漕粮赈济的办法，使得赈济粮食的来源突破了仓粮的局限，此后，截漕赈济逐渐成为河道沿岸赈济的主要方式。派遣"部院堂官"会同江南督抚，"截留漕米并凤徐各仓米，赈济淮扬灾民"，在具体实施时，按照每名给米五斗，六岁以上、十岁以下给半的数额，在"各处同日散给"，并在江南省淮扬府各州县分设米厂，散发米粮给饥民，每人每日给米一升，三日散发一次，"部差司官每府一人。协同地方官亲验给放"[②]。康熙二十五年（1686年），派遣大臣前往凤阳、徐州等地，调发凤阳仓的银米，并动支附近州县的正项钱粮，赈济灾民。康熙四十二年（1703年），山东发生大水灾，在赈济山东饥民时，派遣户部官员"驰驿速往"，截留漕运尾船米五十万石，派八旗官员拨支库银三千两前往山东，"会同地方官赈济饥民"[③]。

康熙三十年（1691年），陕西西安、凤翔等府所属的二十七个州县发

①　（清）昆冈等修、刘启端等纂：《钦定大清会典事例》卷二百七十一《户部·蠲恤·赈饥》，《续修四库全书》编纂委员会：《续修四库全书·史部·政书类》第802册，上海古籍出版社2002年版，第325页。

②　（清）昆冈等修、刘启端等纂：《钦定大清会典事例》卷二百七十一《户部·蠲恤·赈饥》，《续修四库全书》编纂委员会：《续修四库全书·史部·政书类》第802册，上海古籍出版社2002年版，第324页。

③　（清）昆冈等修、刘启端等纂：《钦定大清会典事例》卷二百七十一《户部·蠲恤·赈饥》，《续修四库全书》编纂委员会：《续修四库全书·史部·政书类》第802册，上海古籍出版社2002年版，第325页。

生灾荒，"陕西省西安府属被灾二十四州县所。凤翔府属被灾三县"，除了调拨"正项钱粮"赈济外，开始采用"邻省协济"的措施，即调用邻省钱粮进行赈济，从山西拨发银二十万两，"解赴陕西赈济"，派遣部院堂官一人前往，"亲行验给，务使饥民均沾实惠"。在具体赈济中规定，实施大口、小口赈济数额减半的原则，每个大口每天给米三合，小口每天给米一合五勺（减半），"照时价折银散给"，赈济一直持续到次年四月底才停止①。同年，直隶井陉等十四州县被灾，用积谷赈济，大口每天给米四合，小口每天给米二合。康熙三十三年（1694年），直隶霸州、文安等十州县灾荒，调发各州县现储的备赈米粮，委派道员按日给发，大口每日给米三合，小口每日给米一合五勺，赈济期限自二月初一日起，至四月终止②。康熙四十三年（1704年）湖广省监利县的赈济中，就调用常平仓谷赈济，每个大口日给谷一升、小口日给六合③，康熙五十三年（1714年），赈济陕西、甘肃两省的灾民时，每大口日给米三合，小口日给米二合④。

雍正八年（1730年），山东发生水灾，在赈济饥民时，规定大口每月给谷三斗，小口每月给谷一斗五升，各赈给三月；甘肃省西宁府发生夏旱，用粟米进行赈济，大口每天给粟米六合，小口每天粟米三合⑤。

① （清）昆冈等修、刘启端等纂：《钦定大清会典事例》卷二百七十一《户部·蠲恤·赈饥》，《续修四库全书》编纂委员会：《续修四库全书·史部·政书类》第802册，上海古籍出版社2002年版，第325页。

② （清）昆冈等修、刘启端等纂：《钦定大清会典事例》卷二百七十一《户部·蠲恤·赈饥》，《续修四库全书》编纂委员会：《续修四库全书·史部·政书类》第802册，上海古籍出版社2002年版，第325页。

③ （清）昆冈等修、刘启端等纂：《钦定大清会典事例》卷二百七十一《户部·蠲恤·赈饥》，《续修四库全书》编纂委员会：《续修四库全书·史部·政书类》第802册，上海古籍出版社2002年版，第325页。

④ （清）昆冈等修、刘启端等纂：《钦定大清会典事例》卷二百七十一《户部·蠲恤·赈饥》，《续修四库全书》编纂委员会：《续修四库全书·史部·政书类》第802册，上海古籍出版社2002年版，第326页。

⑤ （清）昆冈等修、刘启端等纂：《钦定大清会典事例》卷二百七十一《户部·蠲恤·赈饥》，《续修四库全书》编纂委员会：《续修四库全书·史部·政书类》第802册，上海古籍出版社2002年版，第327页。

　　从中可知康雍年间的赈济大小口的米谷数额，由于赈济所用粮食品种不同，米谷标准多有变动，大小口所得数额也时有变动，造成了标准多样化的情况，"各省赈济的米数，每名日支三四合，或至七八合不等，其闲数目参差，现无成规"，在具体实施中多有不便。

　　乾隆五年（1740 年），在沿用了康雍年间小口赈济标准是大口的一半的基础上，对赈济粮食的品种专门作出规定，即以后赈济粮食以大米计算，大口日给米五合，小口二合五勺，"嗣后大口日给米五合，小口日给二合五勺"[1]，并以此为定例，将赈济大小口赈济的数额最后确定下来。这个标准是在康雍年间赈济实践的基础上确定的，其数额"多少适中"，各地的赈济有了明确统一的标准，方便了赈济的具体实施，在很大程度上杜绝了因赈济标准不同而出现侵赈、冒赈的现象。

二、顺康雍时期官方灾赈类型的雏形

　　对于赈济的期限，顺康雍三朝均没有明确规定，对于极贫、次贫的赈济，多依据具体灾情进行，各地也没有统一的标准，以勘灾时确定的极贫、次贫为依据，确定赈济期限，是乾隆年间完成的。赈济期限是赈济过程中最重要的一个指标，将各地的赈济期限制定了统一的标准，更有利于赈济的具体实施，增加了各地赈济钱粮支出的透明度，对稳定灾区民心、整顿赈济吏治起到了积极作用。

　　对于赈济形式，顺康雍时期也没有具体的规定及详细分类，大多是根据大小口的标准及灾情、饥荒的具体情况采取相应的赈济措施，如康熙九年（1670 年）五月底，淮、黄暴涨，湖水泛溢。淮扬二府的田地庐舍被淹；七月，江南江西总督麻勒吉疏请赈济，户部议覆："正项不便动支，应将凤阳仓存贮及捐输扣存各项银米，交贤能官员散赈。"[2]康熙四十三年

---

　　① （清）昆冈等修、刘启端等纂：《钦定大清会典事例》卷二百七十一《户部·蠲恤·赈饥》，《续修四库全书》编纂委员会：《续修四库全书·史部·政书类》第 802 册，上海古籍出版社 2002 年版，第 329 页。

　　② 《清实录·圣祖仁皇帝实录》卷三十三"康熙九年七月条"，中华书局 1985 年版，第 450 页。

（1704 年）湖广省监利县的赈济期限是自十一月起，至次年二月止①。康熙五十三年（1714 年），赈济陕西、甘肃两省的灾民时，按照大小口的标准，赈济期限是自二月起至六月止②。

在顺康雍时期，赈济形式及措施尚不完善的时候，就常常采取散赈的方式赈济灾区，如康熙五十九年（1720 年），陕西歉收，户部议定将西安、延安、兰州分为三路，"差大臣三员，部院满汉贤能司官十二员，动户部帑银赈济。兰州二十万两、延安十五万两、西安十五万两，由驿递运送散赈地方。又会同督抚等率领地方官，将陕属常平仓存贮粮六十九万二千石、甘属常平仓存贮粮六十七万二千石酌量动用。自散赈之日起至麦收之日，银粮兼赈，令百姓均沾实惠"③。康熙六十一年（1722 年）六月，山东发生旱灾，直隶总督赵弘燮疏曰："今岁直隶亢旱，已奉旨将常平仓米谷散赈平粜，以济穷民。"④雍正元年（1723 年），命太仆寺少卿须洲等前往山东，调发司库银二十三万四千两散赈济南、兖州、东昌、青州、莱州等府"旱灾饥民"⑤。雍正元年（1723 年），江苏发生水灾，次年（1724 年）三月，署江苏巡抚何天培疏请赈济，"江苏等属去岁秋禾水淹，穷黎乏食，业经题请散赈，民因未苏。请于本年正月起至二月止，令各州县添设粥厂，广为煮赈"⑥。雍正五年（1727 年），署湖广总督福敏上奏请求赈济湖南饥民，"今因饥民停赈，恐青黄不接，易致乏食，即以存银

---

① （清）昆冈等修、刘启端等纂：《钦定大清会典事例》卷二百七十一《户部·蠲恤·赈饥》，《续修四库全书》编纂委员会：《续修四库全书·史部·政书类》第 802 册，上海古籍出版社 2002 年版，第 325 页。

② （清）昆冈等修、刘启端等纂：《钦定大清会典事例》卷二百七十一《户部·蠲恤·赈饥》，《续修四库全书》编纂委员会：《续修四库全书·史部·政书类》第 802 册，上海古籍出版社 2002 年版，第 326 页。

③ 《清实录·圣祖仁皇帝实录》卷二百八十九"康熙五十九年十月条"，中华书局 1985 年版，第 817 页。

④ 《清实录·圣祖仁皇帝实录》卷二百九十三"康熙六十年六月条"，中华书局 1985 年版，第 846 页。

⑤ 《清实录·世宗宪皇帝实录》卷八"雍正元年六月条"，中华书局 1985 年版，第 154 页。

⑥ 《清实录·世宗宪皇帝实录》卷十七"雍正二年三月条"，中华书局 1985 年版，第 291 页。

买米散赈"①。

雍正年间，煮赈、散赈、大赈、加赈、补赈等赈济形式逐渐在各次灾荒赈济中得到了越来越多的实施。这些赈济实践，为乾隆时期赈济制度的完善奠定了基础。如雍正三年（1725年），江南睢宁、宿迁两县发生水灾，动支积谷赈济，赈济期限自十月一日始，煮粥散赈五个月；赈济直隶省霸州等七十二州县厅所的水灾时，散赈三月，大兴等四县"勘不成灾"地区的饥民"亦量赈一月"②。雍正八年（1730年），赈济山东水灾饥民时，按照大小口的标准，各赈三月③。雍正九年（1731年），江南邳州等处发生水灾，赈济三月。雍正十一年（1733年），江南沿海的常熟、华亭等二十九个州县发生水灾，进行大赈三次，每次以一月为期，次年二三月间，雍正帝认为时值"正青黄不接之时"，为了"资其力作"和"无误春耕"，命令再加赈四十日，并先前可以糊口但"目下力不能支者"，亦将其增入补赈的范围之内，被灾之盐场灶户也按照贫民例加赈一月④。

在具体的赈济中，因各地极贫次贫的情况、遭受灾荒的程度、受灾时间长短各不相同，按照大小口数进行赈济，无法应对不同灾荒的赈济要求。因此，到了乾隆年间，在不同区域及类型的灾荒赈济中，逐渐明确并完善了不同赈济类型的期限及标准，将清代赈济的类型及标准推进到最细致、最完善的程度。

---

① 《清实录·世宗宪皇帝实录》卷五十四"雍正五年三月条"，中华书局1985年版，第822页。

② （清）昆冈等修、刘启端等纂：《钦定大清会典事例》卷二百七十一《户部·蠲恤·赈饥》，《续修四库全书》编纂委员会：《续修四库全书·史部·政书类》第802册，上海古籍出版社2002年版，第327页。

③ （清）昆冈等修、刘启端等纂：《钦定大清会典事例》卷二百七十一《户部·蠲恤·赈饥》，《续修四库全书》编纂委员会：《续修四库全书·史部·政书类》第802册，上海古籍出版社2002年版，第327页。

④ （清）昆冈等修、刘启端等纂：《钦定大清会典事例》卷二百七十一《户部·蠲恤·赈饥》，《续修四库全书》编纂委员会：《续修四库全书·史部·政书类》第802册，上海古籍出版社2002年版，第327页。

三、乾隆朝钱粮赈济类型的确立及表现形式

在这里，首先要明确一下钱粮赈济中"钱"与"粮"的关系问题。钱赈是一种比较快捷、方便的赈济方式，但对灾民而言，这却是一种最不实惠的赈济，因为如果没有粮食，灾民手中即便有钱，也买不到粮食，同样还是处于饥饿之中。因此，在灾荒赈济中，粮食是灾民最急的物资，也是首先采取的重要赈济方式，除非在粮食不够的情况下，才兼用银钱赈济，即所谓的银米兼用，"赈务首重在米。米有不敷，乃兼用银"[①]。

但在有的灾荒中，只用粮食赈济是不能完全解决问题的，必须辅以银赈才能缓解危机，尤其是发生范围较大、程度较严重的灾荒时，如大水灾、飓风、海潮、泥石流、地震等灾害，灾区田地、民房、财产都会损失殆尽，给灾民赈济了粮食解决生存问题之后，必须提供银钱让其修建房屋、置办生活用品及进行再生产的保障，灾民才能顺利地进行灾后重建工作，重新开始新的生活。乾隆四年（1739年）四月，苏州、泰州、镇江卫发生雹灾，睢宁县发生旱灾，安东、铜山、丰县、沛县、萧县、砀山、邳州、徐州卫、海州等十州县卫五六月发生水灾，巡抚张渠题报，将灾区极贫户"先行抚恤一月，每大口给米一斗五升，小口七升五合，谷则倍之。瓦房每间给修葺银七钱五分，草房四钱五分。极贫者以八月起，加赈四个月。次贫自九月起，普赈三个月。又次贫自十月起，普赈两个月"[②]。因此，在大范围严重灾荒发生时，朝廷常常一边调运粮食，一边发帑银赈灾，这是截漕粮、发帑银同时并重的原因。

在具体赈济时，是赈粮还是赈银，都应据当时、当地的具体灾情而定，"放给赈粮，虽有银米兼放之例，然须视地方情形酌办"。若只是部分、小范围灾荒，一省内几个府州县发生灾荒，周围地区丰收，米价较低，赈济这些小区域灾荒就应赈给银钱，把米粮留下来以备不时之需，"如系一隅偏灾，四围皆熟，米充价贱者，则给赈银，留米以备急需"。

---

① （清）方观承：《赈纪》，李文海、夏明方主编：《中国荒政全书》第二辑第一卷，北京古籍出版社2004年版，第501页。

② 《清实录·高宗纯皇帝实录》卷九十七"乾隆四年七月条"，中华书局1985年版，第469页。

但如果发生大范围、长时间的灾荒，不仅灾区粮少，周围地区的米粮也很少，就应多赈米粮、少赈银钱，"如系大势皆荒，米少价贵之处，则多给赈米，少给赈银，庶几调剂协宜"。如果是银米共赈，那就应该将银、米分开在不同月份（时间）进行，"至于银米兼放厂分，须将粮米预为运贮，以便应期散放。但一厂之中，务须分断月分，若此月应放本色，则全放米粮，若放折色，则全放银封，切不可二厂之中，同时银米兼放，致滋饥民争执"①。

清王朝根据不同地区灾荒的具体情况，逐渐建立并完善了赈济的类型、标准及赈济期限。此按赈济的时间顺序，将清前期确立的各种赈济类型及形式分述如下：

（一）正赈

清前期的正赈，是与一个散赈相对而言的、从赈济时间层面上的赈济方式的泛称，在不同的语境中，分别指代着包括展赈前的摘赈、普赈、续赈、加赈、大赈等几类赈济方式。

1. 摘赈

摘赈是乾隆朝灾荒赈济中最先进行的赈济方式，是在灾荒发生后对贫苦无依靠人群进行的赈济。此后，随着灾区户口的查验，才进行普赈、续赈和大赈等。

在普赈之前，一些极其贫困的灾户在灾荒的打击下更无生存之计，于是有针对性地对这些贫困群体进行钱粮赈济，这就是摘赈，"摘赈者，于查验普赈户口之时，遇有老病孤苦，情状危惨，非急赈之不生者，或钱或米，先行摘赈，然而不过百中之一二，所用钱米，另册请销"②。摘赈的人群由于灾情严重、极为贫困，其赈济需求更为急迫，如果不给予救济，就面临着不能存活的困境，"更有急不能待者，则立给钱米以救之，是

---

① （清）杨景仁：《筹济编》，李文海、夏明方主编：《中国荒政全书》第二辑第四卷，北京古籍出版社 2004 年版，第 107 页。

② （清）吴元炜：《赈略》，李文海、夏明方主编：《中国荒政全书》第二辑第一卷，北京古籍出版社 2004 年版，第 676 页。

名摘赈"①。

乾隆三十三年（1768 年）直隶发生水、雹灾害，直隶总督杨廷璋疏奏，请求对灾情最重的霸州、保定、安州、静海四州县进行普赈，"先给一月口粮"，之后对文安、大城、永清、东安、正定、晋州、宁晋等八州县的极贫民户进行摘赈②。

乾隆三十五年（1770 年）八月，顺天府发生水灾，对下属武清等六县在八月内普赈一个月，霸州、固安、蓟州及天津府属之天津、静海等五州县灾情也较严重，"穷民待哺，若待冬月给赈，为期尚远"。因此，对这五个州县的被灾村庄，"不分极贫次贫，亦均于八月内，先行普赈一月。至九十两月，摘赈极贫"③。

乾隆五十八年（1793 年），直隶发生水灾，沧州情形虽然较轻，"但该处贫民究难待至大赈"，因此，官府就将此地的孤苦贫民"于九十两月，一体摘赈，接至大赈之期"。此举得到了乾隆帝的称赞："今该督于九十两月办理摘赈。使鳏寡孤独之民得资安顿，所办是。"④

摘赈并非针对灾情严重的地区实行，之所以称为摘赈，是对赈济地区有针对性、有重点、有选择性地进行赈济，在一些灾情程度不均的地区，尤其是对灾情虽轻，但其中的极贫灾户生计维艰，也对其进行摘赈。乾隆十二年（1747 年）八月，直隶发生水灾，天津、静海、文安、大城、霸州、永清、武清、津军厅八州县厅灾情较重，进行了一个月的普赈，成灾较轻的河间、任邱、南皮、青县、沧州、庆云、宝坻七州县虽然"毋庸普赈"，但对其中"口食维艰"的"极贫下户"，进行了抚恤一个月口粮的

①（清）方观承：《赈纪》，李文海、夏明方主编：《中国荒政全书》第二辑第一卷，北京古籍出版社 2004 年版，第 544 页。

②《清实录·高宗纯皇帝实录》卷八百二十"乾隆三十三年十月条"，中华书局 1986 年版，第 1136 页。

③《清实录·高宗纯皇帝实录》卷八百六十六"乾隆三十五年八月条"，中华书局 1986 年版，第 620 页。

④《清实录·高宗纯皇帝实录》卷一千四百五十九"乾隆五十九年八月条"，中华书局 1986 年版，第 482 页。

摘赈，"应请一例摘赈，抚恤一月口粮"[①]。

同时，由于摘赈是对一些特别穷困的人群实行的救济。因此，其实行的时间，也有极大的灵活性，既能在普赈之前进行，也可在普赈之后或与普赈同时进行，尤其是有皇帝的谕旨"加恩"的时候，这些特别贫苦的人户，就可以得到更长期的救助，其享受赈济的时间，也就可以在普赈之后实施。如乾隆三十五年（1770 年）八月，直隶发生水灾，顺天府的霸州、固安、蓟州，以及天津府属的天津、静海等五个州县的灾情较重，乾隆帝特别"加恩"，将这五个州县被灾村庄的人户不分极贫、次贫，在八月先进行为期一个月的普赈之后，"至九十两月，摘赈极贫"[②]。又如乾隆四十年（1775 年），京畿南部地区因七月间雨水过多，部分低洼的村庄被淹浸，保定、文安等四十七州县厅成灾，在对这些灾区"照例抚恤赈济"（即普赈）的时候，将此次被灾较重的霸州、永清、新城、雄县、安州、新安六州县"于九十两月"进行摘赈，"摘出赈给，贫民已可不致失所，第念此等摘赈各户，尤系灾黎中穷乏之民"[③]。

2. 普赈

最先实行的赈济是普赈，又称为急赈或先赈。这是在突发性灾害及灾情损失严重的情况下进行的赈济，如发生严重的水灾、旱灾、潮灾、飓风灾害等，大水、大风冲淹席卷了灾民的田庐，发生严重的旱灾时赤地千里，颗粒无收，灾民无食无依之时，"小民望恩幸泽几于刻不可缓"[④]，此时，不分极贫、次贫灾户，均急需赈济，故称急赈，"灾黎甫行被灾，仓皇无定，如大水淹漫，室庐荡然，被灾最为惨烈，自应急赈"。发生此类紧急的、巨大的灾荒时，无论是极贫还是次贫的灾民，所受的打击及损失都

① 《清实录·高宗纯皇帝实录》卷二百九十七"乾隆十二年八月条"，中华书局 1985 年版，第 890 页。

② 《清实录·高宗纯皇帝实录》卷八百六十六"乾隆三十五年八月条"，中华书局 1986 年版，第 620 页。

③ 《清实录·高宗纯皇帝实录》卷九百九十二"乾隆四十年十月条"，中华书局 1986 年版，第 260 页。

④ （清）万维翰：《荒政琐言》，李文海、夏明方主编：《中国荒政全书》第二辑第一卷，北京古籍出版社 2004 年版，第 472 页。

是一致的，灾民均处于无衣无食或无房的状态中，急需赈济，"普赈者，因旱灾以渐而成，高下同一无收，故不分极次之贫，以救其急。故又曰急赈，亦曰先赈"①。几乎所有灾荒发生后的赈济都极为紧急，都急切地要救灾民于水火危急之中，即所有赈济都紧急，都要按照制度规定的数额拨发钱粮，紧急的事情常常做，也就成为普遍意义上的紧急了，是故急赈也就成为普赈。

灾荒发生后，官府一边报灾、勘灾，一面就在勘灾结果尚未出来的时候对所有的灾民进行赈济，所有灾民得到的赈济钱粮数额是相同的，即均给予一个月口粮，故称之为普赈，"穷民无食无依之时，则有急赈……不分极贫、次贫，总与一月口粮"②，又由于此类赈济是最早、最先采取的措施，故又称为先赈。

进行急赈的灾荒，一般发生于夏末秋初的八月，即青黄不接之时，赈济期限是一个月，按一个月三十天的标准给予钱粮，不扣除小建。赈济钱粮议案须在八月内分发完毕，"普赈者……须在八月分散给"③。乾隆三十五年（1770年），顺天府属的武清、东安、宝坻、宁河、永清、香河等六县发生水灾，就在八月内了普赈一个月，"以资接济"，霸州、固安、蓟州以及天津府属的天津、静海等五州县灾情较为严重，"穷民待哺，若待冬月给赈，为期尚远"，乾隆帝就"加恩"将这五个州县被灾的村庄，"不分极贫次贫，亦均于八月内，先行普赈一月"④。

普赈虽然是以一个月为限，但在一些灾情较为严重的地区，普赈的时间也会常常进行相应调整，一般情况下，普赈期限常常增加，如乾隆二年（1737年），江苏高淳、句容、金坛、溧阳、盐城、安东、萧县、铜山八

---

① （清）吴元炜：《赈略》，李文海、夏明方主编：《中国荒政全书》第二辑第一卷，北京古籍出版社2004年版，第676页。

② （清）万维翰：《荒政琐言》，李文海、夏明方主编：《中国荒政全书》第二辑第一卷，北京古籍出版社2004年版，第472页。

③ （清）吴元炜：《赈略》，李文海、夏明方主编：《中国荒政全书》第二辑第一卷，北京古籍出版社2004年版，第676页。

④ 《清实录·高宗纯皇帝实录》卷八百六十六"乾隆三十五年八月条"，中华书局1986年版，第620页。

县发生水灾，灾情稍重，两江总督庆复奏请普赈三个月，上元、江宁、江浦、溧水、阳湖、无锡、宜兴、荆溪、江阴、丹阳、泰州、高邮、宝应、丰县、海州十五州县"被水稍轻"，奏请普赈两个月①。又如，乾隆七年（1742年），江苏、安徽省发生水灾，对江苏灾情最重的山阳、阜宁、安东、清河、桃源、铜山、沛县、邳州、宿迁、睢宁、海州、沭阳十二州县的极贫之民"先抚恤一月"，甘泉、高邮、兴化、宝应、泰州、盐城六州县"不分极贫次贫，皆先抚恤两月"；对安徽凤阳、临淮、怀远、定远、宿州、虹、灵璧、凤台、寿州、阜阳、颍上、霍邱、亳州、蒙城、太和、泗州、盱眙、天长、五河十九州县"被夏灾饥民，于七月抚恤；被秋灾饥民，于八月抚恤。夏秋连灾者，抚恤两月"②。

3. 续赈

普赈实行一个月之后实施的赈济就是续赈，又称接赈，时间多在九十月。

普赈结束之后，灾民所得的口粮已经吃完，但正式的、大规模的赈济（大赈）是自十一月一日开始。普赈结束之时，时令才到九月，很多极贫灾户，以及"老病孤寡全无依倚"的人，生活又陷入绝境之中，如果不对其进行赈济，这些人群就不能生存，"一经停赈，即难存活者"，应当对其进行新的赈济，使他们的生活可以延续到大赈开始的时候。而此时勘灾工作基本结束，灾民的极贫次贫情况、大小口数额、灾情分数情况等都已经基本勘察清楚，可以作为进行下一步赈济的依据。因此，对这些生活无着落的人继续进行为期两个月（九月、十月）的赈济，故称为"续赈"，"续赈者，因被灾过重，极贫内之老病孤寡，全无倚依，一经停赈，即难存活，于八月普赈之后，仍续赈九、十两月，俾接至大赈"③。乾隆二十二年

---

①《清实录·高宗纯皇帝实录》卷五十三"乾隆二年闰九月条"，中华书局1985年版，第898页。

②（清）昆冈等修、刘启端等纂：《钦定大清会典事例》卷二百七十一《户部·蠲恤·赈饥》，《续修四库全书》编纂委员会：《续修四库全书·史·政书类》第802册，上海古籍出版社2002年版，第330页。

③（清）吴元炜：《赈略》，李文海、夏明方主编：《中国荒政全书》第二辑第一卷，北京古籍出版社2004年版，第676页。

（1757 年），直隶魏县、漳河水涨，城乡居民的房屋被冲塌，田禾多被淹浸，乾隆帝下旨续赈"嗷嗷灾黎"，"所有被水贫民，著照乾隆八年之例，于急赈一月后，按月给予续赈。银米兼发，用资生计"①。

续赈的赈济数额，一般是按日给发，"八月普赈之后，按成灾分数以定加赈月分，次贫视极贫递减，常例也。即不拘常例，亦无分极次，一再加赈而止，是岁以九十两月。茕独老疾之不自存也，按日以给，是名续赈"②。

续赈的灾民，很多是灾情发生变化，一般是往严重的方向发展后，给灾民造成了更为严重的影响，饥民只能以树皮草根充饥。这些灾民不继续进行赈济，是没有办法维持生计的，"又被灾最重村庄生计尤艰，次贫之户转瞬便成极贫，其极次之间须倍加审酌填写。又极贫户内有久不得食、惟藉野菜草根糠秕为活者，色见恒饥，家无余物"的灾民，就必须进行"续赈"，这个时候的赈济对饥民就显得尤其重要，方观承告诫委员"毋得偶有遗忘"③。

续赈目的是让孤苦无依的灾民能够将生活维持到大赈的时候，"应请于八月普赈后，仍续赈九十两月，俾接至大赈"④。乾隆八年（1743 年）直隶发生旱灾，直隶总督高斌奏请对当地极贫户内的老弱孤病者在普赈后、加赈前进行续赈，"但先经奏明十一月开赈，届赈期尚有三月余，贫民实有迫不及待之势。应请照先赈一月之例，每于查明一州县之后，即先赈一月，以安民心。其极贫内之老弱孤寡羸疾，量加续赈"⑤。经过在天津、河间、深州、冀州等地的普赈及续赈，取得了较好的效果，救活贫病灾民无数，很多流亡在灾民也返回家乡，"俱于八月内户口查完之日开赈，先普赈一

---

① 《清实录·高宗纯皇帝实录》卷五百四十一"乾隆二十二年六月条"，中华书局 1986 年版，第 849 页。

② （清）方观承：《赈纪》，李文海、夏明方主编：《中国荒政全书》第二辑第一卷，北京古籍出版社 2004 年版，第 544 页。

③ （清）方观承：《赈纪》，李文海、夏明方主编：《中国荒政全书》第二辑第一卷，北京古籍出版社 2004 年版，第 545 页。

④ （清）方观承：《赈纪》，李文海、夏明方主编：《中国荒政全书》第二辑第一卷，北京古籍出版社 2004 年版，第 502—503 页。

⑤ 《清实录·高宗纯皇帝实录》卷一百九十六"乾隆八年七月条"，中华书局 1985 年版，第 525 页。

月，银米各半。其极贫内之孤寡老疾尤困苦者，计至十一月大赈前。俱按日续赈，全活甚多。从前外出流民，闻赈纷纷回籍"①。

4. 加赈

普赈或续赈之后进行的所有赈济，就是加赈。因此，加赈是内涵及外延都很宽泛的赈济词汇，很多类型的赈济，都可以算入加赈的行列中，如下文提到的大赈、展赈、摘赈等。

普赈之后，灾区的基本情况已经勘察明晰时进行的赈济类型就是加赈。此时，灾民手中已经有赈票，勘灾人员及官员已将灾情层层禀报，赈济所需的大量米粮几乎都已经运到灾区，大规模的、全面赈济的条件已经完全具备。

在进行加赈时，根据不同地区、不同时期灾情轻重、极贫次贫情况、大小口数额等具体情况，来确定赈济期限、赈济数额等。一般说来，对八分以下灾情的赈济，次贫赈济的期限是极贫期限的一半，九分以上巨灾、重灾的赈济，次贫的赈济期限比极贫的期限少一个月，这就更能说明勘灾过程中强调准确划定极贫、次贫户的主要原因。

普赈、续赈之后进行的加赈，赈济期限根据灾情的轻重，有相应的规定，如果灾情是六分灾，极贫加一个月，次贫不加赈；如果七分、八分灾，极贫加两个月，次贫一个月；如果是九分灾，极贫加三个月，次贫两个月；如果是十分灾，极贫加赈四个月，次贫三个月②，这个规定是乾隆七年（1742 年）制定的，"（乾隆七年）又议准：地方如遇水旱，即行抚恤，先赈一月，再行查明户口。被灾六分者，极贫加赈一月，连抚恤共两月。被灾七八分者，极贫加赈两月，连抚恤共三月；次贫加赈一月，连抚恤共两月。被灾九分者，极贫加赈三月，连抚恤共四月；次贫加赈两月，连抚恤共三月。被灾十分者，极贫加赈四月，连抚恤共五月。次贫加赈三

①《清实录·高宗纯皇帝实录》卷二百一"乾隆八年九月条"，中华书局 1985 年版，第 589 页。

②（清）方观承：《赈纪》，李文海、夏明方主编：《中国荒政全书》第二辑第一卷，北京古籍出版社 2004 年版，第 502 页。

月，连抚恤共四月"①。乾隆六年（1741 年）覆准，江南江浦、六合、海州、沭阳等地的"极贫灾民，加赈两月；次贫灾民，加赈一月"，清河、桃源、安东、铜山、沛县、宿迁等地的极贫灾民，加赈两月②。

一般来说，赈四个月期限的，从十一月赈起；赈三个月期限的，从十二月赈起；赈两个月者，从次年正月赈起；赈一个月者，从次年正月或腊月中给赈，"计普赈之后，各处户口查毕，米粮运到，原需两月之期，其常例加赈月分，更宜施之于冬寒岁暮之时。应请定于十一月初一日开赈，按月散给"③。

很多时候，如果被灾较重的地区，因皇帝的恩谕，四分灾地区的灾民也可以得到加赈一月的干钱粮赈济，乾隆四年（1739 年）上谕云：

> 上年江南地方，收成歉薄，民食维艰……据部臣与该督定议赈济之例，极贫户口赈四月，次贫者赈三月，又次贫者赈两月，皆以本年二月为止。朕思三四月间，正青黄不接之际，在官仓虽有平粜之米，而无力穷民，仍苦籴买无资，难以糊口，良可轸念。下江地方，著将极贫之民加赈一月；上江去岁歉收，较下江为甚，著将被灾五分以上之州县，加赈极贫、次贫者二月，被灾四分以下之州县，加赈极贫者一月。④

加赈在实施中也具有极大的灵活性，根据灾情的不同，加赈期限可以随时调整，极贫次贫的灾民既有可能得到相同的加赈期限，如乾隆四年（1739 年）覆准："直隶省被灾地方，于定议赈恤之外，将灾重之地，各户

① （清）昆冈等修、刘启端等纂：《钦定大清会典事例》卷二百七十一《户部·蠲恤·赈饥》，《续修四库全书》编纂委员会：《续修四库全书·史部·政书类》第 802 册，上海古籍出版社 2002 年版，第 331 页。

② （清）昆冈等修、刘启端等纂：《钦定大清会典事例》卷二百七十一《户部·蠲恤·赈饥》，《续修四库全书》编纂委员会：《续修四库全书·史部·政书类》第 802 册，上海古籍出版社 2002 年版，第 329 页。

③ （清）方观承：《赈纪》，李文海、夏明方主编：《中国荒政全书》第二辑第一卷，北京古籍出版社 2004 年版，第 502 页。

④ （清）昆冈等修、刘启端等纂：《钦定大清会典事例》卷二百七十一《户部·蠲恤·赈饥》，《续修四库全书》编纂委员会：《续修四库全书·史部·政书类》第 802 册，上海古籍出版社 2002 年版，第 328—329 页。

加赈一月；灾轻之地，老弱贫民，加赈一月。……直隶省天津、河间、文安、静海、大城、雄县积水未涸之地，内有将来易涸之一百十四村庄，加赈一月；其深洼难涸之一百三十二村庄，加赈两月"①，乾隆五年（1740年）覆准，安徽省泗、亳、宿三州，灵璧、虹、阜阳、颍上、蒙城各县的极贫、次贫灾民，以及又次贫的灾民，均"加赈一月"②。极贫、次贫灾民的灾赈期限也有可能略有差别，如乾隆八年（1743年）议准："江南省海州、赣榆二州县灾民，极贫加赈四十日，次贫加赈三十日。"③

此外，在一些灾荒范围不大或一个地区内灾情程度不同的灾户，加赈期限也会相应地调整，如十分灾的加赈期限为两个月，六分灾的赈济也不分极贫次贫均加赈一个月，如乾隆十二年（1747年），"江南省猝被潮灾"，灾情最重的崇明，"极次贫民，加赈三月"，灾情次重的太仓、镇洋、宝山、上海，以及南汇的浙盐场，"极次贫民灶户，"均加赈两月"，灾情又次重的常熟、昭文极次贫民"加赈一月"；同年，淮北所属地区被水成灾，"虽较江以南稍次，但系积歉之区，其灾重之海州等九州县内，被灾九分、十分者，极次贫民加赈两月；被灾七八分者，极次贫民加赈一月。两淮盐场灶户，被灾十分之莞渎，九分之板浦、徐渎、中正、临洪、兴庄，七分之伍佑等场，极次贫民，加赈两月；六分之新兴场，极次贫民，加赈一月；五分之刘庄、庙湾场，极次贫民，加赈一月"④。

---

① （清）昆冈等修、刘启端等纂：《钦定大清会典事例》卷二百七十一《户部·蠲恤·赈饥》，《续修四库全书》编纂委员会：《续修四库全书·史部·政书类》第 802 册，上海古籍出版社 2002 年版，第 329 页。

② （清）昆冈等修、刘启端等纂：《钦定大清会典事例》卷二百七十一《户部·蠲恤·赈饥》，《续修四库全书》编纂委员会：《续修四库全书·史部·政书类》第 802 册，上海古籍出版社 2002 年版，第 329 页。

③ （清）昆冈等修、刘启端等纂：《钦定大清会典事例》卷二百七十一《户部·蠲恤·赈饥》，《续修四库全书》编纂委员会：《续修四库全书·史部·政书类》第 802 册，上海古籍出版社 2002 年版，第 332 页。

④ （清）昆冈等修、刘启端等纂：《钦定大清会典事例》卷二百七十一《户部·蠲恤·赈饥》，《续修四库全书》编纂委员会：《续修四库全书·史部·政书类》第 802 册，上海古籍出版社 2002 年版，第 334 页。

　　加赈的起始时间也会在实践中根据灾情的不同有所调整，如乾隆七年（1742 年），江苏、安徽发生水灾，在赈济江苏灾情较重的山阳、阜宁、安东、清河、桃源、铜山、沛县、邳州、宿迁、睢宁、海州、沭阳、甘泉、高邮、兴化、宝应、泰州、盐城等灾区时，"极贫自十月起赈四月，次贫自十一月起，赈三月"，灾情次重的六合、江都二县，"极贫自十一月起、赈三月；次贫自十二月起，赈两月"，灾情稍轻的江浦、丰县、砀山、赣榆四县，"极贫自十一月起，赈两月；次贫自十二月起，赈一月"，安徽省被灾最重的凤阳、临淮、怀远、定远、宿州、灵璧、凤台、寿州、阜阳、颖上、霍邱、亳州、蒙城、太和、泗州、盱眙、天长、五河等地，"极贫之民抚恤毕，即于九月起，赈四月；次贫于十月起，赈三月。次重之地，极贫于十一月起，赈二月；次贫于十二月起，赈一月"①。

　　如果灾情较轻、在普赈或续赈之后就有好转的地区，如五分灾、在秋季受灾的地区，就不需要加赈，"秋月被灾五分者，来春酌借口粮，毋庸加赈"②。但在灾情发生变化，使一些原来勘定为次贫的灾民转变为极贫灾民后，就对这些灾民加赈一月，如乾隆七年（1742 年），江苏铜山、沛县、邳州、宿迁、桃源、清河、安东、海州、沭阳等九州县继续发生水灾，沛县近城一带地区"原报次贫者，转成极贫，应先加赈十月一月"③。在一些灾情较重的地区，六分灾的次贫也能享受一个月的加赈，如乾隆十二年（1747 年）上谕云："山东被灾州县，朕已叠次施恩，加展赈恤月分，即春月青黄不接之时，灾黎均得糊口。惟是被灾六分之次贫，上年虽薄有收获而春来势渐艰窘，但格于定例，不在加赈之内，不免向隅之苦。著将寿光、乐安、博兴、金乡、鱼台、汶上、济宁、东平、郯城等九州县内被灾

　　① （清）昆冈等修、刘启端等纂：《钦定大清会典事例》卷二百七十一《户部·蠲恤·赈饥》，《续修四库全书》编纂委员会：《续修四库全书·史部·政书类》第 802 册，上海古籍出版社 2002 年版，第 330 页。

　　② （清）万维翰：《荒政琐言》，李文海、夏明方主编：《中国荒政全书》第二辑第一卷，北京古籍出版社 2004 年版，第 472 页。

　　③ （清）昆冈等修、刘启端等纂：《钦定大清会典事例》卷二百七十一《户部·蠲恤·赈饥》，《续修四库全书》编纂委员会：《续修四库全书·史部·政书类》第 802 册，上海古籍出版社 2002 年版，第 330 页。

六分之次贫，加恩给赈一月，以资接济。"①

由于加赈是按月计算，赈济期限较长，到二三月才截止，而二月一般是小月（小建之月），故赈济过程中对大小口赈济时，就要扣除小建，即每月按照三十日赈济，大口每日给米五合，小口减半，仍扣除小建。小建的扣除方法，一般是大口全扣一日银七厘五毫，小口全扣一日银三厘七毫五丝，赈米不扣除②。赈济时如果是用谷赈，则谷的数额是米的一倍，如乾隆七年（1742 年），江苏省的山阳、阜宁、清河、桃源、安东五县连续发生水灾，"今夏麦又被淹，即补种杂粮，秋成尚早。极贫之民，除先行抚恤一月外，应加赈两月；次贫之民，普赈一月。极贫从七月至八月、次贫以八月，动用常平仓储，每大口月给米一斗五升，小口七升五合。谷则倍之"③。

加赈在具体实施的过程中，还有一些变通的办法，将一些特殊的人群，按照受灾灾情进行赈济，如乾隆十六年（1751 年），浙江省咨部覆准，"将贫寒士子及鳏寡孤独疲癃残疾之人，照被灾七八分之例，一体加赈两个月"④。

5. 大赈

加赈期限到三个月以上的，赈济所用物资、投入人员都是最多的，故将加赈期限较长的赈济，称为大赈，是加赈中最高级别的赈济方式。这是期限最长、赈济钱粮数额最多的赈济方式，故名其为"大赈"，是在普赈、续赈完成之后进行的，"大赈者，即普赈后照例加赈。自十一月为始，

① （清）昆冈等修、刘启端等纂：《钦定大清会典事例》卷二百七十一《户部·蠲恤·赈饥》，《续修四库全书》编纂委员会：《续修四库全书·史部·政书类》第 802 册，上海古籍出版社 2002 年版，第 333 页。

② （清）方观承：《赈纪》，李文海、夏明方主编：《中国荒政全书》第二辑第一卷，北京古籍出版社 2004 年版，第 533 页。

③ （清）昆冈等修、刘启端等纂：《钦定大清会典事例》卷二百七十一《户部·蠲恤·赈饥》，《续修四库全书》编纂委员会：《续修四库全书·史部·政书类》第 802 册，上海古籍出版社 2002 年版，第 329—330 页。

④ （清）万维翰：《荒政琐言》，李文海、夏明方主编：《中国荒政全书》第二辑第一卷，北京古籍出版社 2004 年版，第 471 页。

按被灾分数，别极次之贫，定加赈月分之多寡办理"①。

大赈是在灾情严重、灾荒持续时间较长、后果较严重的灾荒中进行的，时间一般从十一月一日开始，到次年的二三月结束。对一些灾荒加赈之后再加赈，如乾隆十一年（1746 年）山东发生水灾，对被灾州县不仅继续了普赈，还进行了加赈，"已加恩赈恤，又经分别加赈，以济民食"，但寿光、乐安、博兴、金乡、鱼台、汶上、济宁、东平八州县受灾较为严重，"于岁内支领赈粮。尚可糊口。来春去麦收尚远，食用未免艰难"，乾隆帝下旨，"于例赈之外，极贫再加赈两个月，次贫再加赈一个月，于来岁二三月间，按月给发。务使贫民均沾实惠"②。

但大赈的赈济期限也往往根据灾情的具体情况有所调整，尤其是在巨灾发生的时候，由于灾区范围较广，灾情持续时间达到两三年甚至更长的时间，邻近地区相互协济的可能性几乎丧失，仅进行三四个月的赈济，根本不可能恢复灾区的生产及生活。在这种时候，朝廷常常就会将赈济期限延长到五六个月、七八个月甚至更长的时间，在这种时候，极贫与次贫的赈济期限也是相差一个月，如果极贫加赈五六个月，次贫就加赈三四个月；极贫加赈七八个月，次贫就加赈五六个月，乾隆七年（1742 年）规定："地方连年积歉，抑或灾出非常，将凡属应行赈恤事宜，该督抚因时因地妥议题明，除偶被偏灾照例赈济外，其有不能照常办理者，或将极贫加赈自五六月至七八月不等，次贫加赈自三四月至五六月不等。"③在赈期延长的时候，灾情起始时间也随之调整，提前到十月或九月。

同时，一些灾情严重、继续赈济的地区，也根据具体的情况，常常将大赈开始的日期提前到十月举行，如乾隆四十年（1775 年），京畿南部地区因七月间雨水过多，部分低洼的村庄被淹浸，保定、文安等四十七州县

---

①　（清）吴元炜：《赈略》，李文海、夏明方主编：《中国荒政全书》第二辑第一卷，北京古籍出版社 2004 年版，第 676 页。

②　《清实录·高宗纯皇帝实录》卷二百七十八"乾隆十一年十一月条"，中华书局1985 年版，第 630—631 页。

③　（清）昆冈等修、刘启端等纂：《钦定大清会典事例》卷二百七十一《户部·蠲恤·赈饥》，《续修四库全书》编纂委员会：《续修四库全书·史部·政书类》第 802 册，上海古籍出版社 2002 年版，第 331 页。

厅成灾，对这些灾区进行了普赈，对被灾较重的霸州、永清、新城、雄县、安州、新安六州县在九十两月进行了摘赈，但由于大赈定期是在十一月，适逢闰月，"今年孟冬，适当置闰"，被灾贫民在摘赈完毕以后，距大赈还有一个月的时间，"尚需待哺一月，未免糊口无资"，乾隆帝在"深为轸念"之中，加恩将受灾较重的霸州等六个州县应进行的大赈，提前到闰十月开放，"俾得接济无缺"①。

6. 清代"正赈"考辨

在初步了解摘赈、普赈、续赈、加赈、大赈之后，可以解释"正赈"所包含的内容了。之所以要专门提出来考辨：一是因为现在的研究者大多认为正赈就是普赈、急赈；二是因为正赈在文献的不同地方出现所指代的不同内容，容易引起专业研究者及普通读者的混乱，为还原清代所指的"正赈"以准确、全面的内容，有必要厘清其准确的内涵，才能正确引导推进清代的灾赈制度及具体表现形式、措施研究的进一步开展。

目前的研究者一般认为正赈就是普赈（急赈、先赈），但清代的赈济条例及相关的荒政文献中，都没有对正赈的范围给予界定。"正赈"的文字解释是"旧时指用国库的钱粮救济灾民"，但作为灾荒史的专业研究文章，对赈济名称的解释，就不能如此简单和模糊。并且，从实录、会典及其他史料的记载来看，正赈并非只是普赈，而应当是包括摘赈、普赈、续赈、加赈等赈济形式在内的赈济方式的统称。如乾隆五十八年（1793年），在针对陕西咸宁、长安等州县上年发生旱灾，在乾隆帝的赈济谕旨中，就有正赈之后再对一些重灾区进行展赈的安排："第念今春正赈已毕，青黄不接之时，小民生计维艰，口食恐不无拮据。著再加恩，将成灾八分之醴泉极次贫民，展赈两个月；其成灾六分之咸宁、长安、乾州三州县极贫，并成灾七分之兴平、泾阳、三原、高陵、韩城、蒲城、武功七县极次贫民，俱展赈一个月"②，《清实录》中类似的赈济谕旨及记载较多，如

<hr>

① 《清实录·高宗纯皇帝实录》卷九百九十二"乾隆四十年十月条"，中华书局 1986 年版，第 260 页。

② 《清实录·高宗纯皇帝实录》卷一千四百二十"乾隆五十八年正月条"，中华书局 1986 年版，第 1—2 页。

"臣即会同督臣德沛、通饬晓示，将正赈加赈共七个月者，自九月赈起。六个月者，自十月赈起。五月四月者，于十一十二月赈起，统赈至来年三月止"①，"第念今春正赈已毕，青黄不接之时，小民生计维艰，口食恐不无拮据，著再加恩，将……被灾九分极次贫民，于正赈之外，加赈两个月；其七分、八分极次贫民，俱展赈一月，以资接济"②，"护抚印布政使晏斯盛题请、将极贫、次贫二等饥民。于正赈之外，加赈三月一个月"③，从中不仅可以发现，正赈绝非仅仅是普赈这么短暂的期限和简单的内容，同时还反映出正赈是在展赈之前进行的赈济方式。

从不同的荒政记载，甚至是同一部荒政文献，或是同一个作者的荒政记录中，或是《清实录》的不同记载语境里，我们都可以毫不费力的发现，正赈是一个既用来指代灾荒发生后先行赈济一个月的普赈（急赈），也用来指代加赈、大赈等赈济形式的、泛指的赈济名称，"凡遇灾祲，向有先行抚恤一月之例，原不在正赈之内。故奉部定，按照灾田分数、赈恤月份，亦有加赈字样。夫加字之义，乃属已有而再添之词也"④。因此，我们可以这样认为，正赈是与散赈相对而言的一个范围宽泛的、有相应赈济期限的、包含多种赈济方式的、具有统括性质的赈济名称。

首先，正赈在很大程度上具有普赈的含义，甚至在某些赈济中等同于普赈，但其具体措施有别于普赈。今田地被灾，庐舍犹存，人口无恙者，除极贫照例抚恤一月，其余应俟勘明成灾分数，再定起赈月份办理外，若田庐俱已无存，搭棚露处乏食之民，非赈不能存活者，前给一月口粮不敷接济，即于正赈数内再给一月赈粮，此处的"正赈"明显可以看出是给一月口粮的普赈，但再给的口粮连同之前的一月口粮，就属于正赈的范畴了。

---

① 《清实录·高宗纯皇帝实录》卷一百七十五"乾隆七年九月条"，中华书局 1985 年版，第 257 页。

② 《清实录·高宗纯皇帝实录》卷一千三百七十"乾隆五十六年正月条"，中华书局 1986 年版，第 378 页。

③ 《清实录·高宗纯皇帝实录》卷一百八"乾隆五年正月条"，中华书局 1985 年版，第 614 页。

④ （清）佚名：《赈案示稿》，李文海、夏明方主编：《中国荒政全书》第二辑第二卷，北京古籍出版社 2004 年版，第 107 页。

"民田秋月水旱成灾，该督抚一面题报情形，一面饬属发仓，将乏食贫民，不论成灾分数，均先行正赈一个月"①，"民田秋月水旱成灾，该督抚一面题报情形，一面饬属发仓，将乏食贫民不论成灾分数，均先行正赈一个月，仍于四十五日限内按查明成灾分数，分晰极贫次贫，具题加赈。"②乾隆四年（1739 年），江南歉收进行的正赈，也是普赈，"因江南上年收成歉薄，正赈毕后，将下江极贫民加赈一月。上江歉收较下江为甚，将被灾五分以上之州县，加赈极贫者二月；四分以下之州县，加赈极贫者一月"③。乾隆四十六年（1781 年），"因安徽等处上年被淹，正赈后将成灾七八九分之极次贫军民，概行加赈一月"④。"于地方遇水旱等灾，将贫民普赈一月，不论成灾分数，不分极贫次贫，是曰抚恤，即为正赈。及查明分数，区别极次，具题加赈，是为大赈"⑤。

其次，正赈指代加赈及大赈，即展赈之前进行的时间较长的赈济方式，刻于嘉庆七年（1802 年）的《钦定辛酉工赈纪事》中对正赈的一个记载，就反映了正赈的这一指代性内涵："该县素仗麦收，今地亩既不能涸出，无从栽种二麦，深为轸念。陈大文仍遵昨旨，或将来年该县应征钱粮奏请蠲缓，或于正赈之后再请展赈，悉心筹酌具奏"⑥，"被灾贫民，虽例应先行抚恤一月，仍须酌看情形，或被灾较重，或连遭歉薄，民情拮据，应行先抚后赈者，即行照例将抚恤一月口粮，先于正赈之前开厂散给汇报"⑦。"灾

① （清）汪志伊：《荒政辑要》，李文海、夏明方主编：《中国荒政全书》第二辑第二卷，北京古籍出版社 2004 年版，第 589 页。

② （清）杨西明：《灾赈全书》，李文海、夏明方主编：《中国荒政全书》第二辑第三卷，北京古籍出版社 2004 年版，第 483 页。

③ （清）杨景仁：《筹济编》，李文海、夏明方主编：《中国荒政全书》第二辑第四卷，北京古籍出版社 2004 年版，第 114 页。

④ （清）杨景仁：《筹济编》，李文海、夏明方主编：《中国荒政全书》第二辑第四卷，北京古籍出版社 2004 年版，第 115 页。

⑤ （清）杨景仁：《筹济编》，李文海、夏明方主编：《中国荒政全书》第二辑第四卷，北京古籍出版社 2004 年版，第 91 页。

⑥ （清）庆桂等：《钦定辛酉工赈纪事》，李文海、夏明方主编：《中国荒政全书》第二辑第二卷，北京古籍出版社 2004 年版，第 375 页。

⑦ （清）汪志伊：《荒政辑要》，李文海、夏明方主编：《中国荒政全书》第二辑第二卷，北京古籍出版社 2004 年版，第 571 页。

赈州县，务于正赈未满一两月前，先将地方赈后情形察看明确。如果灾重叠祲之区，民情困苦，正赈尚不能接济麦熟者，应剖晰具禀，听候酌办。"[1]

"查饥民等虽因偶被水灾，散赴东省就食，屡蒙皇上浩荡深恩，于直隶正赈之外复加展赈"[2]。"其淮扬正赈、展赈连前抚恤，共银一百五十九万四千八百八十余两"[3]，"查十分灾极贫正赈四个月，已放过一赈，尚应领三个月，今定给米两个月，给银一个月。其十分灾次贫同九分灾极贫各正赈三个月，除已放过一赈，尚应领两个月，今定一月放米，一月放银。至九分灾次贫正赈亦系两月，今定各放本色一月，折色一月"[4]。这里所指的正赈，则明显是指大赈，又如"抚赈月分。十分灾极贫抚恤一月、正赈四月，次贫正赈三月；九分灾极贫抚恤一月、正赈三月，次贫正赈二月。今奉恩旨加赈月分，卑职业经通禀，现候各宪通盘筹画（划），饬知遵办"[5]；"本年被灾各镇，勘定十分、九分二等。十分灾者，极贫抚恤一月、正赈四个月，次贫赈三个月。九分灾者，极贫抚恤一月、正赈三个月，次贫赈两个月。"[6]

最后，正赈指代普赈结束后、加赈开始前的续赈，"抚恤、正赈、加赈灾民灾军既毕之后，即应查造报销简细二册。如简明册，应将被灾分数列于册首，将抚恤、正赈、加赈按照月份大小，分晰灾分、极次、大小口数逐赈开造"[7]。

---

① （清）汪志伊：《荒政辑要》，李文海、夏明方主编：《中国荒政全书》第二辑第二卷，北京古籍出版社 2004 年版，第 577 页。

② （清）庆桂等：《钦定辛酉工赈纪事》，李文海、夏明方主编：《中国荒政全书》第二辑第二卷，北京古籍出版社 2004 年版，第 490 页。

③ （清）汪志伊：《荒政辑要》，李文海、夏明方主编：《中国荒政全书》第二辑第二卷，北京古籍出版社 2004 年版，第 537 页。

④ （清）杨西明：《灾赈全书》，李文海、夏明方主编：《中国荒政全书》第二辑第三卷，北京古籍出版社 2004 年版，第 562—563 页。

⑤ （清）杨西明：《灾赈全书》，李文海、夏明方主编：《中国荒政全书》第二辑第三卷，北京古籍出版社 2004 年版，第 569 页。

⑥ （清）杨西明：《灾赈全书》，李文海、夏明方主编：《中国荒政全书》第二辑第三卷，北京古籍出版社 2004 年版，第 577 页。

⑦ （清）汪志伊：《荒政辑要》，李文海、夏明方主编：《中国荒政全书》第二辑第二卷，北京古籍出版社 2004 年版，第 579 页。

（二）展赈

在大赈完毕之后，往往是次年的三四月份，此时距离麦收还有一定时间，灾民生计依然艰难，只有继续进行赈济，灾民才能继续生存，此时的赈济，具有赈济期限延长的性质，故将其称为展赈，"（大赈）赈毕后或系连年积歉，或当年又有重灾，临时又奏请再加赈恤，或奉恩旨，轸念穷民青黄不接，特再加赈，是为展赈"①，从不同的记录中，我们对大赈之后、青黄不接之时给予的赈济方式——展赈就会有更加深刻的理解，"已告竣②，逆虑其去麦秋尚远，取二三四五月有加无已，统名之曰展赈"③，"展赈者，因灾重之区，于常例大赈之后，去麦秋尚远，其极贫终难存活，奏蒙恩旨，再行加赈几月之谓也"④。

展赈的目的，是在正赈结束之后，在"春月青黄不接之时"，使没有依仗的灾黎"均得糊口"⑤。如乾隆十一年（1746年），直隶发生水旱灾害，乾隆十六年（1751年），很多灾民生计艰难，乾隆帝就谕令直隶总督"照例加意抚恤"，"将十二月内应止赈各户，加恩展赈一月，贫民虽不致失所。但今东作方兴。被灾贫民。未免仍属拮据……著再加恩将被灾七八分之极贫、九十分之极次贫民，各加赈两月；被灾六分之极贫、七八分之次贫，各加赈一月"⑥。此处的加赈，显然是属于展赈的范畴。如乾隆四十三年（1778年）正月，对甘肃旱灾灾情较重的皋兰、渭源、安定、会宁、

---

① （清）杨景仁：《筹济编》，李文海、夏明方主编：《中国荒政全书》第二辑第四卷，北京古籍出版社 2004 年版，第 91 页。

② 此处当指正赈（大赈、加赈）已经告竣。

③ （清）方观承：《赈纪》，李文海、夏明方主编：《中国荒政全书》第二辑第一卷，北京古籍出版社 2004 年版，第 544 页。

④ （清）吴元炜：《赈略》，李文海、夏明方主编：《中国荒政全书》第二辑第一卷，北京古籍出版社 2004 年版，第 676 页。

⑤ （清）昆冈等修、刘启端等纂：《钦定大清会典事例》卷二百七十一《户部·蠲恤·赈饥》，《续修四库全书》编纂委员会：《续修四库全书·史部·政书类》第 802 册，上海古籍出版社 2002 年版，第 333 页。

⑥ （清）昆冈等修、刘启端等纂：《钦定大清会典事例》卷二百七十一《户部·蠲恤·赈饥》，《续修四库全书》编纂委员会：《续修四库全书·史部·政书类》第 802 册，上海古籍出版社 2002 年版，第 336—337 页。

平番、泾州、平凉七个州县进行了展赈，"开春正赈既毕，民食未免拮据，著加恩各展赈一月，用敷春泽"①。

"展赈"的赈济期限根据灾情及灾民的具体情况而定，有展赈十日、十五日、二十日的，也有展赈一个月、两个月的，当然，展赈一个月的较为常见，如乾隆三十六年（1771年），直隶发生水灾，宛平、良乡、涿州、东安、永清、固安、霸州、文安、大城、通州、宝坻、香河、武清、新城、雄县、天津、静海、宁晋及被灾次重之保定、三河、蓟州、宁河、丰润、玉田二十四州县灾情较重，乾隆三十七年（1772年），就对这些州县内自六分极贫至七、八、九、十分的极贫和次贫灾户，"均著加恩，于本年三月，再行展赈一月，俾青黄不接之时，小民口食有资，得以安心力作"②。乾隆四十七年（1782年）正月，对发生水灾的陕西朝邑县被淹浸的村庄进行了正赈之后，又进行了一个月的展赈，"但今春正赈已毕，尚届青黄不接之时，民食不无拮据。著加恩将该县被灾较重之极贫户口，再行展赈一个月，以资接济"③。

在灾情严重、持续时间长的地区，也有展赈至三个月、四个月，甚至五六个月的，如乾隆四十八年（1783年），对江苏发生水灾地区的展赈就持续到五六月份，"据萨载等奏，分别办理展赈情形一折。内称，有退涸最早，种麦有收者，农民口食有资，先经饬令展赈至三月底停止。其退涸较迟，止种秋粮者，距秋收之期尚远，应展赈至五月底停止。其甫经退涸，尚难施犁翻耕，秋收无望者，应展赈至六月底停止"④。乾隆四十八年（1783年），江苏发生水灾，徐州府属的铜山、丰县、沛县、邳州四州县一些位置低洼的地区，一直被水淹浸，在大赈结束展赈至六月底，由于水

① 《清实录·高宗纯皇帝实录》卷一千四十八"乾隆四十三年正月条"，中华书局1986年版，第1页。

② 《清实录·高宗纯皇帝实录》卷九百"乾隆三十七年正月条"，中华书局1986年版，第1页。

③ 《清实录·高宗纯皇帝实录》卷一千一百四十八"乾隆四十七年正月条"，中华书局1986年版，第392页。

④ 《清实录·高宗纯皇帝实录》卷一千一百八十二"乾隆四十八年六月条"，中华书局1986年版，第834页。

未退缩，田地继续被淹，又展赈五个月，"徐属四州县地方，被水较重，前降旨加恩展赈至六月止。今该处尚有未经涸出地亩，秋成失望……贫民无以糊口。所有铜山等四州县被灾较重之地，即著照山东之例，加恩展赈五个月"①。乾隆四十九年（1784 年）正月，乾隆帝就对陕西榆林府属的榆林、葭州、怀远、府谷、神木、绥德州及其所属的米脂、吴堡的所有被灾的极贫户口，"著展赈四个月，次贫户口，展赈两个月，以资接济"②。

如果一次展赈之后灾情还不缓解，就进行第二次甚至第三次展赈，如乾隆五十年（1785 年），河南等地发生了严重的旱灾，对卫辉府所属被旱最重的汲县、辉县、新乡、淇县、获嘉五县就进行了两次展赈，"于新正加恩展赈之后，再行展赈两月"，展赈两月之后，至五月底，旱灾依然持续，"但该处至今未得透雨，二麦无收，大田未种民生拮据，深堪悯念"，乾隆帝又加恩进行了为期三月的展赈，"不拘极次贫民，再赈三月，俾资接济"③。此时的赈济属第二次展赈，乾隆帝在随后的谕旨中强调了此次赈济的性质是展赈，"谕：豫省被旱最重之汲县、辉县、新乡、淇县、获嘉五县，昨已降旨，再行展赈三个月"④。

（三）抽赈

对勘不成灾的地区，以及毗邻巨灾、重灾、大灾的灾区，抽取部分受灾严重的灾户进行赈济，就是抽赈。抽赈的对象是极贫户，其灾情程度达到五分灾的，按照六分灾来进行赈济，"抽赈者，以不成灾之区，有蠲无赈，以其毗连灾村之五分灾内无地极贫，酌量抽赈，照六分成灾定例，查

① 《清实录·高宗纯皇帝实录》卷一千一百九十"乾隆四十八年十月条"，中华书局1986 年版，第 912 页。
② 《清实录·高宗纯皇帝实录》卷一千一百九十六"乾隆四十九年正月条"，中华书局1986 年版，第 1 页。
③ 《清实录·高宗纯皇帝实录》卷一千二百三十"乾隆五十年五月条"，中华书局1986 年版，第 502 页。
④ 《清实录·高宗纯皇帝实录》卷一千二百三十"乾隆五十年五月条"，中华书局 1986年版，第 505 页。

办造报"①。

由于灾荒区域分布较为复杂，即便是同一个区域，灾情程度也不一定完全相同，由于五分灾不进行赈济，一些灾情处于五分至六分之间的地区，未能进入赈济行列；或由于五分、六分灾情的勘定略有起伏、出现偏差的，使本来应该是六分灾的地区，却勘定成了五分灾，五分灾的地区被勘定成了六分灾，即灾害等级的勘定出现了失误，这就对灾区民众的生活造成了极大影响；或是一些勘不成灾的地区，常常是"有蠲无赈"，但很多地区由于毗邻巨灾或重灾、大灾灾区，这些地区的灾情也较为严重，这些受邻区严重灾荒影响的灾民，看到巨灾、重灾区的饥民享受到超过常规的赈济，当然希望享受官府的赈济，否则会导致灾区民心不稳，甚至发生抢粮等活动，从而危及地方统治秩序。

为了使灾民"均沾实惠"，也为了维持地方社会的稳定、恢复农业生产，官府常抽取其中受灾较重（灾情等级一般需达五分灾）的极贫灾户，按照六分灾的赈济标准进行赈济，以安民心，"定例五分灾无赈，六分灾只赈极贫一月。第五分、六分村落毗连，一赈一不赈，调剂常难。是年灾重十六州县六分灾之极次贫亦加赈至五个月、四个月，逾于常格数倍，而同邑连界之五分灾村曾无颗粒之及，小民不胜其希冀之念，每至滋生事端，故议抽赈以安之"②。

因这些灾民是从极贫灾户中选取出来的，只有部分极贫灾户可以享受赈济，故名"抽赈"。考虑六分灾的灾民也只能是极贫户才能享受一个月的赈济期限，因此规定抽赈的期限也是一个月，"然究属例不应赈之区，难任滥邀旷典。惟照六分灾，极贫加赈一月之例查办"③。

杨景仁在《筹济编》中记载了实行抽赈的背景，"至成灾五分，例惟蠲缓无赈，但五分与六分相近，恐勘报稍有不确，或气凉霜早，分数减变，

---

① （清）吴元炜：《赈略》，李文海、夏明方主编：《中国荒政全书》第二辑第一卷，北京古籍出版社 2004 年版，第 676 页。

② （清）方观承：《赈纪》，李文海、夏明方主编：《中国荒政全书》第二辑第一卷，北京古籍出版社 2004 年版，第 546 页。

③ （清）方观承：《赈纪》，李文海、夏明方主编：《中国荒政全书》第二辑第一卷，北京古籍出版社 2004 年版，第 546 页。

均未可定。应照乾隆三年直隶旧案，将五分灾内无地极贫酌量抽赈，照六分成灾定例查办造报，有地次贫不给"①。

（四）补赈

上述赈济都是针对留居灾区的灾民而进行的。但很多灾民在灾荒来临之后、官府未及勘灾之时，就外出逃荒，流移他乡，在官府进行赈济（急赈、普赈）时未能领到相应的赈济物资，在流亡过程中听到家乡进行赈济赶回的灾民，官府也按照勘灾时另行登记的数额及极贫、次贫等级，补给其相应数额的赈济物资，"再有先经外出存有空房者，查其姓名丁口另行登记。日后闻赈归来，查册补赈"②。

当然，补赈能够顺利实施，与勘灾中的细致工作是分不开的，在勘灾过程中，勘灾委员遇到村庄内"有因灾挈眷外出，存剩空房"的人户，就要"另簿记之，作为外字号"，并在该灾户的门、墙上用灰书写上灾户的名字、受灾大小口数等，在"本人闻赈归来"的时候，就可以凭借门、墙上的记录，查验补赈③，并且明确规定："闻赈归来贫户，应请一体赈恤。地方官责令地保乡约，随时据实举报。其大小名口与外字号册内所开相符者，即令地保并见赈之户出具保结，一体给赈"④，倘若"外字号册开载偶有不全"，但确实是本村外出的贫民，在"取有保结"的情况下，也立即给赈；如果所取保结不实，"地保责惩究追，赈户革赈"。补赈所需要的外字号户口银米数目，"另册申报稽核"。

灾民可以享受补赈的最晚期限，是在十一月大赈实施以前。闻赈即能归来的灾民，多在八九月就能够到达，能够补上普赈给予的一个月钱粮数

———————————

①　（清）杨景仁：《筹济编》，李文海、夏明方主编：《中国荒政全书》第二辑第四卷，北京古籍出版社2004年版，第104页。

②　（清）万维翰：《荒政琐言》，李文海、夏明方主编：《中国荒政全书》第二辑第一卷，北京古籍出版社2004年版，第470页。

③　（清）万维翰：《荒政琐言》，李文海、夏明方主编：《中国荒政全书》第二辑第一卷，北京古籍出版社2004年版，第470页。

④　（清）方观承：《赈纪》，李文海、夏明方主编：《中国荒政全书》第二辑第一卷，北京古籍出版社2004年版，第503—504页。

额，但一些灾民归来较晚，就根据灾民归来的时间不同，对补赈有相应的规定，如果灾民在十月以前归来者，只是错过了八月的普赈，但仍然允许补赈一月，"虽过八月普赈而未及十一月大赈，仍补赈一月"①，"其闻赈回籍之民，愈宜加意安顿。……如各属饥民在十月以前归来者，查明户口，均照例一体加恩补赈一月口粮"②。

如果灾民归来的时间较晚，在十一月以后才回来的，此时已经错过了补赈的期限，就不再补给普赈的钱粮。但十一月后返回的灾民正是大赈进行的时间，就可以将其并入大赈的名额中，享受相应的赈济③。

为了防止不是因灾而外出的村民冒领赈济，"外出之民，其遗易办，其冒难稽"，就规定，只有发生灾荒后外出有返回的人户，才能享受补赈和大赈，如果不是因灾外出的本村人户，就得仔细考察确定。"即如八年，旱在六月，必系六月因旱而出者始为灾民，应赈。如在五六月以前，则是因他事而出，非转徙之灾民矣。但实是土著而适于凶年言归，此中又须体察。"④

在具体实施中，地方常常根据具体的情况，决定灾区归来的贫民是否享受赈济，一般情况下，只要返回的灾民，都能够得到不同的赈济，如乾隆八年（1743 年）至乾隆九年（1744 年），直隶发生旱灾，就规定对所有外出归来者进行赈济，即便是灾前外出谋生者，也给予赈济，"至各属贫民有先经外出谋生闻赈归来者，查明户口，一体赈恤。如在十月以前归来者，仍补行赈给一月口粮，另册报销"⑤。乾隆十七年（1752年）三月，官府对浙江发生旱灾后在展赈结束后才归来的灾民进行补赈，

---

① （清）方观承：《赈纪》，李文海、夏明方主编：《中国荒政全书》第二辑第一卷，北京古籍出版社 2004 年版，第 504 页。

② （清）方观承：《赈纪》，李文海、夏明方主编：《中国荒政全书》第二辑第一卷，北京古籍出版社 2004 年版，第 515 页。

③ （清）方观承：《赈纪》，李文海、夏明方主编：《中国荒政全书》第二辑第一卷，北京古籍出版社 2004 年版，第 504 页。

④ （清）方观承：《赈纪》，李文海、夏明方主编：《中国荒政全书》第二辑第一卷，北京古籍出版社 2004 年版，第 504 页。

⑤ （清）方观承：《赈纪》，李文海、夏明方主编：《中国荒政全书》第二辑第一卷，北京古籍出版社 2004 年版，第 511 页。

"二麦菜豆畅茂，近普展赈一月，足资接济……其有闻赈归来之户，一体补赈"①。

此外，补赈的对象还有在赈济时遗漏的灾户，或是勘灾时尚可维持生活，后来却不能维持生活的灾户，如雍正十年（1732 年），江南沿海地方发生水灾，对加赈时遗漏的灾民，就进行补赈，"其有从前遗漏贫民，并前可糊口，而目下力不能支者，俱著查明，添入补赈之内"②。

（五）散赈

临时性、分散性的赈济活动，称为散赈。散赈往往是根据灾情及灾民的具体情况进行的，没有时间及期限的限制。

散赈与加赈一样，是一项形式宽泛、实施灵活的赈济措施。在一定程度上，这是一种没有固定期限，可以根据灾荒情况选择合适地点及决定适度赈济数额的赈济方式。散赈还是一种在各类赈济活动中、在各地不同灾等的灾荒中都常常出现和存在的赈济形式，换言之，散赈是在正赈、展赈、抽赈、补赈等赈济形式不能及于的地区、时间举行的赈济方式，如雍正八年（1730 年），山东发生水灾，雍正帝谕令："转饬司道府等官，仰体朕心，按户速行散赈，务令均沾恩泽。其无力修理房屋者，著赏给银两，速行修葺，俾得安堵栖身，勿使一夫失所。至于赏给口粮，著于两月之外，增添一月。"③或是灾荒区域相对较小，或是按照灾情等级不能举行正赈、展赈、抽赈、补赈等赈济措施的地区及时间采取的赈济方式，如乾隆元年（1736 年）四月，贵州镇远、思州、黄平、施秉、余庆、青溪、玉屏等府州县的部分地区发生水灾，"虽山溪水涨，涸不待时，冰雹所过，仅一二里，而此一带之田亩民房，多遭伤损。已委员星赴各处查勘，动拨银

---

① 《清实录·高宗纯皇帝实录》卷四百十"乾隆十七年三月条"，中华书局 1986 年版，第 373 页。

② 《清实录·世宗宪皇帝实录》卷一百二十七"雍正十一年正月条"，中华书局 1985 年版，第 665 页。

③ 《清实录·世宗宪皇帝实录》卷九十六"雍正八年七月条"，中华书局 1985 年版，第 294 页。

两，即行散赈，竭力抚绥"①。

在赈济类型及其相应的规定没有建立及完善之前，散赈成为常常采取的赈济方式，这也是顺康雍时期散赈较多的原因之一，乾隆五年（1740年），甘肃发生旱灾，大学士等遵旨勘查后奏报道：

> 查各省凡遇旱灾，按限题报，并勘明被灾分数，将本年钱粮暂停征收，俱系照例办理。惟灾民应赈济者，向来各省，或请散赈，或请借赈，或秋苗虽经得雨，而麦收不足接济，仍请散赈。总因赈济未有定例，是以从前各省督抚，有将情形入告请赈者，亦有未经奏请。奉旨赈恤者，或动正项，或捐俸工或动存公银两，办理俱不画一。请交部将夏灾秋灾，应如何分别加赈及应给应借籽种，补种秋禾，并秋禾虽经得雨，而待食艰难，应否仍行接济，俱斟酌定例。详悉议奏，从之。②

散赈举办的时间非常灵活，可以在勘灾审户即将结束或在普赈进行之前随时随地举行，也可以在普赈、续赈、大灾或抽赈、摘赈、展赈的同时或过渡期间举行。如乾隆四年（1739年）十一月，由于江淮发生水灾，乾隆帝"俟冬底，再降谕旨"曰："今闻散赈之期将满，而被灾有轻重之不同，应分别加赈之期，以待来年耕种。贫民始不至于失所。"③乾隆五年（1740年）上谕曰："上年两江地方，均有被灾歉收之州县，其江苏所属如安东、邳州、宿迁、睢宁等处，除秋冬散赈安插外，又分别轻重，加赈四个月、两个月、一个月不等，可以接济至今年三月矣。"④散赈还也可以在展赈结束后，但个别灾区依然处于青黄不接的时候进行。

赈济期限完全根据灾情的具体情况及赈济物资的情况来决定，可以是

---

① 《清实录·高宗纯皇帝实录》卷二十二"乾隆元年七月条"，中华书局1985年版，第523页。

② 《清实录·高宗纯皇帝实录》卷一百二十三"乾隆五年七月条"，中华书局1985年版，第807—808页。

③ 《清实录·高宗纯皇帝实录》卷一百五"乾隆四年十一月条"，中华书局1985年版，第577页。

④ 《清实录·高宗纯皇帝实录》卷一百八"乾隆五年正月条"，中华书局1985年版，第614页。

十日、二十日，也可以是三十日或四十日，或是更长的时间。可以在一个地区连续举行，也可以间断性举行，或是在不同的灾区间轮回举行。如乾隆元年（1736 年），署陕甘督抚事刘于义奏称："上年固原等处歉收，蒙恩轸恤穷民……比据许容奏称，于散赈三个月之外，再加赈两个月。是前后共应赈给五个月口粮矣……其赈过五个月者，仅有二百八户，其余俱不过一月，或三月不等。并不遵照奉旨之数给发"①，虽然期间涉及许容等人赈济执行不力的情况，但从中可以了解到散赈的时间期限是不固定的。

当然，进行散赈的灾荒，其灾情均不甚严重，多为六分以下的灾荒，由于六分以下的灾荒不能享受赈济，因此，对六分以下尤其是五分灾或四分灾，即常灾、轻灾的地区，为了防止灾民流离他乡，也为了尽快恢复灾区的生产及生活秩序，就以散赈的方式对灾民进行赈济，如乾隆五年（1740 年）六月，御史张重光奏称："州县散赈，多系稽其田亩，实系农夫，然后……请将闲散贫民，得与力田之民，一体与赈。"②大学士对此议覆，令直省各督抚饬令地方官，"凡遇年岁灾歉，州县散赈，通省阖属贫民，均行赈济，不可区别遗漏。并于查明被灾处所，早为出示，以安众心，使咸知就赈有期，不致复蹈流移之苦"③。因此，在常灾、轻灾区进行赈济时，赈济的物资数额及时间就可以灵活机动地把握。

但在很多巨灾、重灾、大灾地区，也进行散赈，此时的散赈一般是在普赈未及实施之前，在物资允许的情况下，对部分情况危急的灾民进行的赈济。或在展赈结束后，对一些不能维持正常生活的灾民进行的后续性、零散性的赈济。或是在普赈、续赈、大赈、展赈中，部分地区因交通等方面的原因，未能赈济到的地区，即赈济遗漏的地区，就对其以散赈的方式进行小范围的、短期的赈济。

此外，由于普赈、续赈、加赈、大赈、展赈等都是指代秋灾而进行的

---

① 《清实录·高宗纯皇帝实录》卷十九"乾隆元年五月条"，中华书局 1985 年版，第482 页。

② 《清实录·高宗纯皇帝实录》卷一百十九"乾隆五年六月条"，中华书局 1985 年版，第 736 页。

③ 《清实录·高宗纯皇帝实录》卷一百十九"乾隆五年六月条"，中华书局 1985 年版，第 736 页。

赈济，这与秋灾的灾情较为严重有主要关系。但是，很多灾荒，尤其是旱蝗灾害、疫灾、雹灾、霜灾等灾害，受灾范围、程度稍小，或是灾情分数的不确定性，旱蝗灾害则常常发生在春季或春末夏初，疫灾常常发生在水、旱、蝗灾害之后，这些灾害常常是渐渐发展而成，灾情处于不断变化的过程中，赈济的期限不能确定，也就不能按照急赈、大赈等方式进行赈济。在这类灾荒中，就主要以散赈的方式进行赈济。如雍正三年（1725年）江南睢宁、宿迁两县发生了水灾，就动支积谷，进行散赈，赈济期限从十月初一日为开始，"煮粥散赈五月"①。乾隆五年（1740年），陕西葭州、怀远、绥德、米脂、吴堡、榆林六州县"本年被灾歉收，应准其改谷给银，即行散赈。"②

散赈还常在已经进行过普赈、大赈、展赈，但局部地区又发生新灾荒的地区进行。由于原给的赈济物资只能够度过和抗击原有的灾荒，这些新发的灾害，对灾民再次造成了打击，无异于雪上加霜，在这种情况下，只能再次以散赈的方式，对这些地区进行临时性的赈济。

由于散赈的范围及期限是根据灾区的大小、灾情的严重情况，以及灾民的多少、赈济物资的情况决定的，其特点是灵活性，可以随时随地进行，因此，除了官方组织的赈济外，民间赈济力量也常常采取这种赈济的方式来救济当地灾民，如乾隆七年（1742年）九月，户部给侍郎蒋溥条奏江省被灾地方赈恤事宜的议覆中就有如下条款："散赈地方，或有本籍绅士及殷实之户，能出己资，分任赈务，实心效力者，系本地人，自能熟悉本地情形，应令地方官核实详报，分派各村镇办赈。如果有益灾黎，请照乐善好施之例，酌量分别议叙。"③

散赈的物资，可以是米，可以是银，也可以是谷，但各有数额规定，

---

①　（清）昆冈等修、刘启端等纂：《钦定大清会典事例》卷二百七十一《户部·蠲恤·赈饥》，《续修四库全书》编纂委员会：《续修四库全书·史部·政书类》第802册，上海古籍出版社2002年版，第326页。

②《清实录·高宗纯皇帝实录》卷一百三十一"乾隆五年十一月条"，中华书局1985年版，第912页。

③《清实录·高宗纯皇帝实录》卷一百七十五"乾隆七年九月条"，中华书局1985年版，第248页。

一般说来，赈谷是赈米的一倍，散赈时，常常是银米兼赈，"散赈大口日给米五合，谷则倍之，小口减半。银米兼支，升米折银一分五厘。一月三十日，大口月给赈米七升五合、银一钱一分二厘五毫，小口月给赈米三升七合五勺、银五分六厘二毫五丝。普赈、大赈，俱按月放给。普赈一月，不扣小建。加赈，小建之月，大口全扣一日银七厘五毫，小口全扣一日银三厘七毫五丝，米不再扣"①。

散赈地点以便民为要，各州县、各乡广泛设置赈厂，乾隆八年（1743年）七月上谕曰："据沈廷芳条奏三折，其一折内开赈恤之法……一曰散赈宜各处设厂。"②散赈地点一般是选择在灾民一日可以往返的路程为宜，如果赈厂较少，离灾民聚居地较远，就应该增设赈厂，"散赈定例：州县本城设厂，四乡各于适中处所设厂，俾一日可以往返。倘一乡一厂相距仍远，天寒日短，领赈男妇栖托无地，地方官宜勿拘成例，勿惜小费，更多设一二厂，以便贫民"，以使领赈的灾民能够早出晚归，以免累民病民，"务使妇女老弱辰出晚归，毋致寒天竭蹶，露宿单行，不但累民，复恐滋事"③。

此外，在一些特定的语境条件下，散赈还是一个泛称的名词及赈济方式，在一定程度上也可以指代普赈、加赈、展赈等赈济形式。如乾隆五年（1740 年）正月的谕旨中，就提到了对江苏、安徽水灾州县进行的散赈及加赈，此时所指的散赈，就是普赈，兹赘引其文于下：

又谕：上年两江地方，均有被灾歉收之州县，其江苏所属如安东、邳州、宿迁、睢宁等处，除秋冬散赈安插外，又分别轻重，加赈四个月、两个月、一个月不等，可以接济至今年三月矣。其安徽所属宿州、灵璧、虹县、泗州、阜阳、颍上、亳州、蒙城等八州县，被灾较重，已经护抚印布政使晏斯盛题

---

① （清）方观承：《赈纪》，李文海、夏明方主编：《中国荒政全书》第二辑第一卷，北京古籍出版社 2004 年版，第 532 页。

② 《清实录·高宗纯皇帝实录》卷一百九十七"乾隆八年七月条"，中华书局 1985年版，第 531 页。

③ （清）方观承：《赈纪》，李文海、夏明方主编：《中国荒政全书》第二辑第一卷，北京古籍出版社 2004 年版，第 535 页。

请，将极贫、次贫二等饥民，于正赈之外，加赈三月一个月。朕思此八州县，被灾既重，其又次贫民，亦须照下江之例，加赈一个月，庶不至于失所。朕又闻庐江、凤阳、怀远、临淮、盱眙、五河、太和七县及凤阳、泗州、长淮三卫虽被灾稍轻，但值连岁歉收之后，民食未免艰窘，今当青黄不接之时，应将极贫、次贫之民，加赈三月一个月，以资其力作。①

同时，很多灾荒的发生，虽然有强烈的季节性特点，比如水灾、潮灾等灾害常常在夏秋季节，一般称之为秋灾；在春季或春末夏初季节常常发生旱灾、蝗灾、雹灾、风灾或水灾，一般称之为夏灾。灾害影响最大的当为正在收获的秋季发生的灾害，夏灾发生后，如果及时补种庄稼，秋禾还可望有收，一般就等到秋收后，再勘定灾情分数，可以并入秋灾一并进行赈济。因此，以上所说到正赈（摘赈、普赈、续赈、加赈）、展赈、补赈等，都是以秋灾为主要赈济对象而言的。但是，很多灾害的发生常常不具有季节性，这些灾害就不能并入秋灾的时序中进行赈济，但官府对各类灾荒又都负有赈济的义务和责任，这种类型的赈济，就归入散赈的行列进行。

对夏灾进行的散赈，也要根据各地的具体情况进行，如果夏灾之后播种较晚者，就必须进行接济，酌量借给籽种口粮，俟秋收后免息还仓；如果遭受夏灾的地区只能播种一季，夏灾之后就无法补种，就按照秋灾的灾例办理，只有在能够播种两季的地方，已遭夏灾有不能补种秋禾的，就按照秋灾的标准进行赈济。

对一些紧急性灾害，如地震、飓风等，由于其发生的时间也具有极大的不稳定性，常常也以散赈的办法进行赈济，根据灾情的轻重及大小，决定赈济的时间及钱粮数额。如果灾情严重者，适当延长赈济期限或进行加赈，当然，这个时候进行的"加赈"，其内涵就不是秋灾赈济中的加赈了②。

①《清实录·高宗纯皇帝实录》卷一百八"乾隆五年正月条"，中华书局 1985 年版，第 614—615 页。

② 我们在实录、档案中常常发现有加赈或其他名的赈济形式，但在实际上，其所指代的赈济形式，往往不是其名字所包含的内容，一般要根据语境及上下文的意思来决定其具体的内涵。

（六）旗地、官庄及站丁的赈济期限

以上所说的赈济类型及其具体的赈济标准，在大部分情况下是指代以汉族为主要聚居民族的直省地区。但在对待作为清王朝的"龙兴之地"的盛京的八旗灾户，或是官庄、站丁受灾的田地，赈济的期限一般比其他民族的田地更宽松。

直省受灾后，一般情况下，不论成灾分数，对灾区的"将乏食贫民"先进行为期一个月的普赈。但盛京旗地、官庄地受灾后，先借粮一个月，"于加赈月份内扣除"，不做正赈，如若盛京地区的民地受水灾，正赈的方式与直省相同。

待勘明具体的被灾分数之后（四十五日之后）进行加赈，直省灾地按照成灾分数及极贫、次贫进行赈济。盛京旗地、官庄地及站丁地在加赈时却不分极贫、次贫。在赈济期限上，直省灾地被灾十分的极贫户加赈四个月、次贫户加赈三个月，但盛京旗地被灾十分灾、九分灾者就赈济五个月，八分灾及七分灾的，就赈济四个月，六分、五分灾的赈济三个月。

官庄则将八分灾并如十分灾的等级进行赈济，其余灾害等级相继往上提，即等十分灾、九分灾、八分灾的地区赈济五个月，七分灾、六分灾的灾户就赈济四个月，五分灾的地区就赈济三个月。站丁受灾的赈济期限就更长，受灾七分至十分的站丁，赈济九个月，六分、五分灾的站丁，赈济五个月。如嘉庆十五年（1810 年），因吉林发生水灾，赛冲阿查明了旗民地亩成灾分数，嘉庆帝谕旨曰："著加恩将被灾旗地，加赈四个月；官庄义仓等地，加赈五个月；站丁加赈九个月。自本年八月起，按照大小口分别赈给。"[1]

应赈的每口米数，直省每大口日给米五合，小口二合五勺，按日合月进行，盛京旗地官庄地、站丁地的应赈米数，大口月给米二斗五升，小口减半。但对于民地的灾赈，米数例与直省同[2]。

① （清）昆冈等修、刘启端等纂：《钦定大清会典事例》卷二百七十三《户部·蠲恤·赈饥》，《续修四库全书》编纂委员会：《续修四库全书·史部·政书类》第 802 册，上海古籍出版社 2002 年版，第 371 页。

② （清）汪志伊：《荒政辑要》，李文海、夏明方主编：《中国荒政全书》第二辑第二卷，北京古籍出版社 2004 年版，第 590 页。

总之，以上各种类型的赈济方式及其制度、措施，主要是在乾隆朝的时候逐渐发展、确立下来的。这些赈济的措施及制度，从文字的层面看，几乎对所有应该赈济的灾情、灾区、灾民，都给予了相应的钱粮赈济。经过实践，乾隆朝将灾荒赈济的措施丰富化、完善化，并且制度化，从而将清代的赈济制度推向最高峰。并且从文字的层面来看，清代以皇帝为中心的官府，在灾荒的赈济上确实是竭尽全力，也取得了较大的成效，魏丕信提出的清代政府救灾卓有成效的论断，在理论层面、文字层面或是制度层面来说，都极其正确。

但在实际的操作及具体执行中，在一些特殊的时期及不同的执行者身上，很多措施的贯彻实施并不完全像制度规定的那样尽善尽美，因种种原因出现了很多弊端，引发了严重的社会问题，当然，这是下文即将论述的内容。

第二节　清前期官方的粥赈制度①

粥赈又称煮粥、赈粥、煮赈，主要是官府、富户在固定区域设厂煮粥，赈济灾民或贫乏饥民，粥赈所在地称粥厂、赈厂、饭厂。因粥赈具有简单易行及见效快、收工速的特点备受统治者青睐②，在赈灾及济贫缓饥中产生了积极效果。中国古代粥赈受到研究者极大关注，以明清粥赈的研究成果最显著，如邓拓、李文海、周源、孙绍骋、李向军③等人在相关论著中

---

① 周琼：《乾隆朝粥赈制度研究》，《清史研究》2013 年第 4 期，第 55—65 页；周琼：《制度与成效：乾隆朝粥赈制度研究》，高岚、黎德化主编：《华南灾荒与社会变迁——第八届中国灾害史学术研讨会论文集》，华南理工大学出版社 2011 年版，第 151—165 页。

② 明嘉靖十七年（1538 年）兵部右侍郎席书疏："作粥一法，不须防奸，不须审户，至简至要，可以救人……辰举而民即受惠，三四举而即可安辑，其效速，其功大，此古遗法。扶颠起毙，未有先于此、急于此者。"

③ 邓云特《中国救荒史》（北京出版社 1998 年版），李文海、周源《灾荒与饥馑（1840—1919）》（高等教育出版社 1991 年），孙绍骋《中国救灾制度研究》（商务印书馆 2004 年版），李向军《清代荒政研究》（中国农业出版社 1995 年版）、《中国救灾史》（广东人民出版社、华夏出版社 1996 年版）。

对粥赈及其作用进行了研究，龚小峰、段自成、鞠明库①等人对明代粥赈原因、管理、形式及成效，王林、谢海涛、吴滔②等人对清代粥赈形式及经费等进行了研究，但从制度史视角研究粥赈的成果不多，清代粥赈制度尚未受到重视。

粥赈作为粮食赈济的重要方式，是灾赈与贫赈的辅助措施，经历朝实践及改良，明代完成了粥赈制度化、规范化的建设。清承明制，经顺康雍时期的建设及发展、乾隆朝的改良与完善，中国粥赈制度达到顶峰。本书在对乾隆朝粥赈制度的建立及其措施、成效等进行初次探讨的基础上，探究完备制度与社会成效的关系，揭示制度的完善与社会成效的不对等，即因制度过于烦琐具体，未考虑因时、因地制宜而丧失了灵活性，使执行者机械地一刀切，使完善的制度变得刻板，加之管理缺陷、吏治腐败、制度监督的缺乏等弊端，影响了粥赈的社会效果，孕育了深层社会危机；粥厂京畿多、地方少、城镇多、农村少的区域分布不均格局，使粥赈出现失位现象；饥民依赖官方及民间无偿施粥的思维方式，对中国传统社会心理产生了消极影响，反映了完善制度客观上存在的缺陷，出现了制度完善与成效逆差的悖论。

一、清代粥赈制度建立的背景

粮食赈济因其在最短时间内体现成效而受到统治者的青睐，其便捷性

---

① 龚小峰《论明代的赈粥》（《东南大学学报》2003 年第 4 期）研究了明代施赈的对象、赈粥方法、粥粮来源、粥厂管理及其影响、弊端等；段自成、张运来《明后期煮赈浅探》（《殷都学刊》1997 年第 3 期）研究了明代后期赈粥方式的变化、管理监督及煮赈对社会稳定的重要作用；鞠明库、李秋芳《论明代灾害救济中的粥厂》（《防灾科技学院学报》2007 年第 4 期）关注明代粥厂的设立、运行与管理、利病得失等。

② 王林《清代粥厂述论》（《理论学刊》2007 年第 4 期）认为清代粥厂有日常隆冬煮粥、灾后赈济两种，其有救死和防止灾民流动的双重功能，其开设和管理要经报批、择地、发筹、领粥、稽查和弹压、安置或遣散等程序，经费由官府拨付、官员捐廉和绅商富户捐输及动用仓谷，发挥重要的救荒作用；谢海涛《清代煮赈略述》（《北方民族大学学报》2009 年第 6 期）认为清代煮赈分官赈、民赈、官督绅赈三种，官赈分常设和应急两类，以弥补其他赈济之不足，是花最小代价获取最大效果的救济方法；吴滔《清至民初嘉定宝山地区分厂传统之转变：从赈济饥荒到乡镇自治》（《清史研究》2004 年第 2 期）认为在清初救荒活动中，以市镇为核心的"厂"辖区演变成事实上的地方行政区划。

特点及效果的迅速性特点，使其成为饥荒中的主要措施代代相传。粮赈是属于米、谷等非熟食形式的赈济，粥赈则是以熟食形式进行的特殊形式的粮赈，因其即赈即食、立竿见影的赈饥成效受到官府及饥民的欢迎，成为最必要、最具成效的赈饥措施。作为少数民族建立的政权，清代迅速建立并在救灾实践中普遍推广粥赈制度，主要是粥赈具备了以下两个方面的条件：

（1）清初战乱纷杂、政局动荡，粥赈是刚刚定鼎的清王朝收揽民心、稳定政局最快捷的措施。清初，经过长期战乱之后立国的清王朝，经济残破凋敝，各种经济恢复措施刚刚起步，各地水旱灾害频仍，饥民流离失所，亟须赈济。传统赈济制度及措施处于逐步恢复及建设的过程中，由于朝廷财力不敷，传统粥赈刚好具备简单易行、钱粮成本相对较低的赈饥特点，成为清王朝救灾助困时经常采取且不可或缺的赈济措施。

在清代荒政中，粥赈不属于正赈，也不能代替正赈，属于赈外之赈的散赈措施，是临时采取、机动性较强且必不可少的辅助性赈饥方式，受重视的原因主要有五个：

第一，粥赈是灾情中下等区域常采用的赈饥措施。在很多灾级仅为三四分灾，达不到赈济灾级的地区，粥赈成为因歉收出现饥荒而流离失所或外出逃荒的灾民渡过危机的良策。或在灾荒初发，灾情严重，但正赈尚未开始，摘赈、普赈亦未及实施，或是交通不便赈粮不能及时运抵，饥民无以为生之时，粥赈就成为救急济民的重要赈济方式。

第二，灾后发赈后，由于种种原因，如赈粮不足、未能全额发放，或流民人口较多人数不能确定时，粥赈就成为善后的措施被广泛采用。尤其在赈粮较少，不能按普赈、大赈等标准发赈，饥民嗷嗷待哺，甚或连草根树皮殆尽的情况下，粥赈就成为存活饥民的有效赈济措施被采取，"一粥虽微，得之则生，勿得则死"[1]。

第三，勘灾时灾情不重，勘灾定级后灾情严重化，赈粮不敷穷民维生，且新的赈粮未能及时补齐运达时，煮粥赈饥就成为救民活命的重要措

---

[1] （清）周存义：《江邑救荒笔记》，李文海、夏明方主编：《中国荒政全书》第二辑第四卷，北京古籍出版社 2004 年版，第 573 页。

施被采用，"救荒银米兼赈可以无饥，而未发赈以前，有窘迫而不能久待者；已加赈之后，有艰难而不能接济者，则赈粥之不可废也明甚"①。此外，灾荒初起，勘灾失误或勘灾不实，将极贫户误判为次贫户，赈济中按照实际灾情放赈，导致赈粮不够时，就采用粥赈救急，发挥了救济饥民、稳定社会秩序的重要作用。

第四，当灾情程度严重、灾荒持续时间长、受灾范围大，或青黄不接之际，饥民逃荒流离，居无定所，人数无法稽查，赈粮不能按时按户发放，官府或绅商富民就在流民较集中的地区搭盖屋舍，设置饭厂、粥厂，煮粥赈济饥民，使流徙无依的饿殍免于死亡，"灾黎未赈之先，待哺孔迫，既赈之后，续命犹难，惟施粥以调剂其间，则费易办而事易集。又如外至流民，户口难稽，人数无定，非煮粥曷济乎?此不独富厚耆硕，宜行之乡里，即有司亦当行之郡邑，而不可废也"②。

第五，展赈实施后，在灾区粮食尚未有收成的情况下，饥荒成为威胁地方统治最为重要的根源，粥赈就在饥荒中发挥了积极作用，"贫民当积歉之后，嗷嗷待哺，设粥赈赡，较之散给银米，尤为有益。但现在夏麦无收，待至秋成，为时尚早，灾黎藉粥糊口"③。

清人周存义在江邑救荒实践中，记录了更为直观形象的感受："煮粥赈济，只可行于灾户猝遭水患，仓卒待食之时，抑或因地方穷苦，虽城市无灾之地，无业茕民难以糊口，故于赈外复为此举。若即以此准赈，断不可行。"④故粥赈就成为饥荒中常被官府及绅商富户采取的赈荒措施，雍正元年（1723 年）二月，直隶、山东、河南连年歉收，雍正帝谕户部煮粥赈饥，"至于京师，每年自十月初一日起至三月二十日止，五城设立粥厂，令

---

① （清）杨景仁：《筹济编》，李文海、夏明方主编：《中国荒政全书》第二辑第一卷，北京古籍出版社 2004 年版，第 119 页。

② （清）杨景仁：《筹济编》，李文海、夏明方主编：《中国荒政全书》第二辑第四卷，北京古籍出版社 2004 年版，第 132 页。

③ 《清实录·高宗纯皇帝实录》卷八百八十五"乾隆三十六年五月条"，中华书局1985 年版，第 858 页。

④ （清）周存义：《江邑救荒笔记》，李文海、夏明方主编：《中国荒政全书》第二辑第四卷，北京古籍出版社 2004 年版，第 573 页。

巡视五城御史煮粥赈饥。今尚在青黄不接之时，著展期一月，煮粥散赈，至四月二十日止"①。乾隆二十六年（1761 年）河南水灾，巡抚常钧奏请以米谷"煮粥散赈，并作现给口粮之用"②。乾隆三十六年（1771 年），甘肃皋兰、金县、安定、会宁、静宁、隆德、泾州等地连续发生旱灾，地方官煮粥赈饥，"春麦不能及时下种，民食维艰。各地方官自去冬捐备米粮煮粥散赈"③。

（2）粥赈作为一种较为灵活便捷的赈济措施，不受赈济条规如灾情分数、极贫次贫等制度的限制，粥赈因其机动效速，能在最快时效内发挥"救饥活民"的作用而被大力提倡，"上曰：此何足言，大抵遇有凶年，除蠲粮、发粟、赈粥三者之外，别无奇策"④。

粥赈的灵活便捷，表现在煮赈钱粮的数额及煮赈时间可随灾情轻重、灾民人数多寡随时调整及变动。此外，粥赈主体的来源及构成灵活多样，即粥赈主体除了官府外，还有官员、士绅、地主、商人等富裕个体。官府赈粥，以便于饥民就食为准，常在固定的地区设粥厂、饭厂，相距或四五里，或二三十里不等，"虑灾民之艰于跋涉也，则应以厂就民，凡集镇大村皆可设厂"⑤。但在官府粥赈力所不周、不及之时，民间粥赈就发挥了极大作用，且私人粥赈可以不限时间地点，还可量力而行，有则多煮多赈、少则少煮少赈，既可在公共场合施赈，也可在自己家里施赈，或派人担粥四处行走，见饥即赈，使一些饥饿但不能赶到公共场合领赈的饥民得到救济。

同时，粥赈并非只是特殊的赈灾措施，而是一种经常性的散赈措施，

①《清实录·世宗宪皇帝实录》卷四"雍正元年二月条"，中华书局 1985 年版，第 101 页。

②《清实录·高宗纯皇帝实录》卷六百四十四"乾隆二十六年九月条"，中华书局 1986 年版，第 203 页。

③《清实录·高宗纯皇帝实录》卷八百八十五"乾隆三十六年五月条"，中华书局 1986 年版，第 857 页。

④《清实录·圣祖仁皇帝实录》卷二百三十六"康熙四十八年正月条"，中华书局 1985 年版，第 361 页。

⑤（清）周存义：《江邑救荒笔记》，李文海、夏明方主编：《中国荒政全书》第二辑第四卷，北京古籍出版社 2004 年版，第 573 页。

既针对灾民，也针对非灾荒时期的贫困穷乏民众，粥厂赈济的穷民中甚至还有乞丐。这才有了官方粥厂、饭厂、米厂地点固定化的相应规定，也才有了官方号召富裕的士绅商人按力煮赈的各种形式的谕旨告示，形成了有灾救灾、无灾救贫的粥赈惯例。如雍正四年（1726 年）正月，在五城设饭厂赈济穷民，"壬戌，命增给五城饭厂米石，并于东直、西直、安定、右安、广宁五门，增设饭厂，以惠穷民"①，四月，直隶霸州、保定等五州县发生水灾，就给饭厂增加米粮并增设饭厂赈饥，"去年近京地方雨水稍多，收成歉薄，穷民乏食，朕心轸念……又念失业之民，觅食来京者多。故于五城饭厂两次加添米石，又于五门增设饭厂五处，俾穷民得以养给"，"直隶近京地方，去岁被水歉收，朕已叠沛恩膏，毋使失所。其觅食来京者，又复增给米石，添设饭厂，俾穷民得以养给"②。

二、清代粥赈制度的恢复与建立

煮粥赈饥起源很早，早在春秋战国时期就已被采用，如卫国发生饥荒，公叔文子"为粥与国之饿者"。此后，历代皆在灾荒中行煮粥之政，积累了丰富经验，并因其"活民"众多而在灾荒赈济中占有重要而不可替代的位置，为历代统治者奉行不衰。清王朝建立后，在传统专制制度的恢复及重建中，粥赈也作为荒政中成效显著的制度受到重视，在顺治、康熙朝就将其作为荒政制度进行重建，经康熙晚期及雍正朝的建设发展，粥赈制度逐步固定下来，经过乾隆朝的完善，将粥赈制度推进到中国荒政史上最完善的程度。

第一，顺康时期粥赈多沿明制，清代煮粥制度处于初步恢复及建立时期。清王朝建立后，粥赈在救济饥民中发挥了积极作用。早在顺治年间就被作为赈济饥民的主要措施而常常采用，尤其是水、旱灾害之后，饥荒严重，饥民盈野之时，官府及民间富户就开始经常性地采用煮赈的方式赈

---

① 《清实录·世宗宪皇帝实录》卷四十"雍正四年正月条"，中华书局 1985 年版，第601 页。

② 《清实录·世宗宪皇帝实录》卷四十一"雍正四年二月条"，中华书局 1985 年版，第 606 页。

济饥民。如顺治十年（1653 年）十月乙酉，"命设粥厂，赈济京师饥民"①，顺治十二年（1655 年），户部奏言："今年虽云小丰，而京师尚有饥民，请照十年例，每日每城发米二石、银一两，自本年十二月至次年三月，煮粥赈饥，用广皇仁。"②顺治朝的粥赈多是临时而设，在实施中沿用了明代粥赈的具体做法，这些实践措施将清王朝的粥赈制度推进到了恢复、初建的阶段。

康熙时期，粥赈在灾荒赈济中被经常性地实施，清王朝的粥赈制度进入建设阶段，典型表现是赈粥期限逐渐在实践中固定下来。如康熙十九年（1680 年）二月进行粥赈时还没有明确规定粥赈时间，"命五城煮粥，赈济流移饥民"③，到康熙二十八年（1689 年），在五城实行的煮赈赈济中，粥赈期限延长到了三个月，并在粥赈中实行了展赈，即延长粥赈的期限，还令官员亲自到粥厂赈济，"户部题：冬月五城煮粥赈济，应照例行三月。得旨：今岁年谷不登，民人就食者必多，朕深为轸念。煮赈银米著加一倍，展限两月。专差官员，亲身散给，俾贫民得沾实惠"④。康熙四十三年（1704 年），增加了粥厂数量，"爰于今岁正月，命八旗王、贝勒、大臣、内务府官员，并汉大臣官员，设厂数十处，煮赈一月有余"⑤。

康熙年间，粥赈地点开始扩散到农村。江苏常熟人蒋伊于康熙十年（1671 年）在家乡赈荒，在乡村设三个粥厂、城里设两个粥厂实施赈济，在赈济中发现，乡村粥厂赈济人数多，但所需费用比城里较少，于是就梳理、总结出粥厂分散设置有利于赈济的心得及经验，并于康熙十八年（1679 年）编为《敬陈分赈之法疏》，建议分县、分乡设厂煮粥，赈济饥

---

① 《清实录·世祖章皇帝实录》卷七十八 "顺治十年十月条"，中华书局 1985 年版，第 619 页。

② 《清实录·世祖章皇帝实录》卷九十六 "顺治十二年十二月条"，中华书局 1985 年版，第 751—752 页。

③ 《清实录·圣祖仁皇帝实录》卷八十八 "康熙十九年二月条"，中华书局 1985 年版，第 1117 页。

④ 《清实录·圣祖仁皇帝实录》卷一百四十二 "康熙二十八年十月条"，中华书局 1985 年版，第 562—563 页。

⑤ 《清实录·圣祖仁皇帝实录》卷二百十七 "康熙四十三年十月条"，中华书局 1985 年版，第 199 页。

民^①，"务令县各为赈，而不可聚之于一郡；乡各为赈，而不可聚之于一城；人各为赈，而不可委之于一吏"^②。

康熙三十五年（1696 年），粥赈进入制度化建设的转折阶段，开始关注煮赈期限，规定每年十月朔开始煮赈，据饥民多寡确定粥赈期限，适当延长赈期，进行展赈，"谕巡城御史等：隆冬煮粥赈贫，定例自十月朔起至岁终止，今岁歉收，饥民觅食犹艰，著展限两月"^③。

第二，雍正朝粥赈制度的定型及制度建设的完成。雍正年间，为进一步稳定地方统治，继续煮粥赈济饥民，粥赈依然是官方经常性采用的散赈措施，如雍正元年（1723 年），浙江富阳等县发生旱灾就实施粥赈，"乏食饥民，按口煮赈，至来年麦熟停止"^④。雍正朝在具体粥赈实践中逐步完成了具体制度的建设，对粥赈期限及地点设置的规定，使粥赈成为散赈的主要形式被固定下来。雍正朝粥赈制度的定型及制度建设的完成，主要体现在以下两个方面：

首先，按口煮赈，固定并据实际情况适当延长粥赈期限。雍正年间，经济得到了极大恢复，国家财力逐步厚实，为灾荒赈济提供了基础，就据灾荒的具体情况制定了按口煮粥、延长粥赈期限及酌情增加赈饥米粮的制度，将粥赈期限初步固定下来，粥赈时限也从康熙时期的一至三个月延长到了四五个月，如雍正三年（1725 年），江南睢宁、宿迁两县发生水灾，就动支积谷，规定自十月一日始煮粥散赈五月。雍正四年（1726 年），安徽省无为、望江等州县发生水灾，饥民"寒冬乏食"，煮赈五个月，需要米谷从邻近州县积谷内拨给^⑤。

---

① 王林：《清代粥厂述论》，《理论学刊》2007 年第 4 期，第 111—115 页。

② （清）贺长龄、魏源等：《清经世文编》卷四十二《户政·荒政》，中华书局 1992 年版。

③ 《清实录·圣祖仁皇帝实录》卷一百七十八"康熙三十五年十二月条"，中华书局 1985 年版，第 916 页。

④ （清）昆冈等修、刘启端等纂：《钦定大清会典事例》卷二百七十一《户部·蠲恤·赈饥》，《续修四库全书》编纂委员会：《续修四库全书·史部·政书类》第 802 册，上海古籍出版社 2002 年版，第 326 页。

⑤ （清）昆冈等修、刘启端等纂：《钦定大清会典事例》卷二百七十一《户部·蠲恤·赈饥》，《续修四库全书》编纂委员会：《续修四库全书·史部·政书类》第 802 册，上海古籍出版社 2002 年版，第 327 页。

　　雍正朝还根据饥民常于青黄不接之际逃荒的规律，将粥赈开始时间定为每年十月一日，据京师就食饥民众多的情况，增加粥赈的银米数额。雍正元年（1723 年）二月，雍正帝给户部的谕旨中对京师粥赈期限做了规定："治天下要道，莫过安民……至于京师、每年自十月初一日起，至三月二十日止，五城设立粥厂，令巡视五城御史，煮粥赈饥。今尚在青黄不接之时，着展期一月，煮粥散赈，至四月二十日止。但四方穷民，就食来京者颇多，著每日各增加银米一倍，务使得沾实惠。"粥赈于十月初旬开始、三月下旬结束的主要原因是因为此期间正处于青黄不接之时，十月草根树皮已无处寻觅，如不及时粥赈，饥民就面临死亡；三月初旬，万木复苏，果木萌发，饥民存活有赖，"凡赈粥，当在十月初旬为始，此际草根树皮，无从得觅，无粥则有死而已。其止当在三月初旬，此时草木既已萌芽，饥者或有赖于一二也"①。这项符合饥民赈济实际情况的煮赈期限的规定被确定下来，成为制度性措施被后代沿用。

　　其次，改进了粥厂数量及设厂地址及距离，并将每个灾区相距二十里选择场址设置粥厂作为制度固定了下来。在雍正朝之前，各地虽然设置了赈厂、粥厂，但粥厂距离无明确规定。雍正六年（1728 年）规定：凡赈济饥民，近城之地仍设粥厂，其远在四乡，于二十里之内各设米厂一所，照煮赈米数按口一月一领。雍正十二年（1734 年）就按此标准在江南煮赈，"江南通州滨海地方上年秋收稍歉，现今米价昂贵……著署总河高斌，即将通州盐义仓存贮之谷酌拨数千石，委员分运各场，设厂煮赈"②。

　　第三，对赈期及粥厂数量进行调整及固定，清代粥赈制度进入稳定及完善期。经康、雍两朝的建设及积累，乾隆朝的国力有了极大增长，给灾赈提供了较好的物质基础。粥赈继续成为乾隆朝赈饥的重要措施被采用，此期最重要的制度建设，就是据各地灾荒的具体情况，继续对粥赈期限做出了相应调整及完善，增加了粥厂数量，不仅强化了粥赈的灵活性特点，也突显了济灾活民的赈济宗旨。

---

　　① （清）汪志伊：《荒政辑要》，李文海、夏明方主编：《中国荒政全书》第二辑第二卷，北京古籍出版社 2004 年版，第 635 页。

　　② 《清实录·世宗宪皇帝实录》卷一百四十"雍正十二年二月条"，中华书局 1985 年版，第 769 页。

乾隆元年（1736年）九月，乾隆帝将雍正元年（1723年）规定的十月一日起赈，三月二十日截止的粥赈期限作为基本制度固定了下来，"定例十月初一日起，至次年三月二十日止，臣部交五城官员煮粥赈济，御史亲临监看"，并强调官员亲自散粥、都察院官员亲临督察的要求，"煮赈银米，著五城御史亲身散给，务使贫民得沾实惠，勿致胥役侵蚀中饱。仍着都察院堂官不时察看"①。

在具体粥赈实践中，还据灾荒情况对粥赈期限进行及时调整，将粥赈开始时间提前，使粥赈更能及时发挥赈饥活民的作用。如乾隆二年（1737年），规定闰年粥赈时间延长半个月，即煮粥开始时间提前半个月，"丁未定，闰年饭厂增半月之例。谕总理事务王大臣，京师辇毂之下，民人众多，更有外省失业之民来京觅食者，定例于十月初一日，五城设立饭厂十处，以济贫乏。朕思今年适值岁闰，天寒较早，闰九月十五日便是立冬节令，恐待哺贫民不无冻馁之患。著加添半月之期，于闰九月十五日，即行开厂，不必拘十月初一之例。都察院堂官可督率五城御史，稽查经理，实心任事。务令小民均沾实惠"②。

乾隆朝对煮粥期限的一再延长、粥粮的一再增加，除反映其雄厚的财力物力外，还反映了在社会繁荣、政局稳定时期统治者对民生的极大关注，最高统治者希望民无所饥、饥有所养，在赈饥活民上取得了较好效果。此期确立的粥赈制度得到了以后历代统治者的尊奉，虽然清末因国力衰败而使很多制度不能顺利实施，粥赈弊端也一再地凸显，但此期粥赈制度的建设及实践，还是把中国粥赈制度推向了高峰。

三、乾隆朝粥赈制度的完善

经康、雍两朝的建设及积累，乾隆朝国力有了极大增长，为灾赈提供了较好的物质基础，粥赈继续作为赈饥的重要措施被采用。此期最重要的

①《清实录·高宗纯皇帝实录》卷二十七"乾隆元年九月条"，中华书局1985年版，第584页。

②《清实录·高宗纯皇帝实录》卷五十一"乾隆二年九月条"，中华书局1985年版，第864页。

制度建设，就是据各地灾荒的具体情况，对粥赈期限做出相应调整及完善，进一步增加了粥厂，并对赈厂数量及厂址的选择、粥赈人员的挑选与奖惩，以及领粥、食粥的顺序及方法等影响粥赈效果的重要因素都做了详细规定，具备了人性化特点，强化了粥赈的灵活性，突显了济灾活民的赈济宗旨，把该制度推进到中国粥赈制度史上的顶峰，最大程度达到了赈饥养民的目的。

1. 规制粥厂地点及数额，确定粥粮、柴薪数额

赈厂地点的选择是粥赈最重要的基础工作，乾隆朝沿用了雍正六年（1728 年）规定的近城之地设粥厂，乡村每相距二十里设一个米厂，按月领米的制度①，并在此基础上做了改进，即乡村除米厂外也设粥厂，粥厂附近饥民领粥，离厂较远者折给米粮，五日领米一次，"其远者，势不能为一盂粥行数里路，应大口折给米二合，小口减半。……远村民人愿总领五日米者，即连用五日戳记，免其连日奔走"②。还规定粥厂须选在宽敞的庙廊屋宇之下，"城四门择空旷处为粥厂，盖以雨棚，坐以矮凳。绳列数十行，每行两头竖木橛，系绳作界"③。州县乡村粥厂选在人口较易集中的集镇及大村庄。乾隆八年（1743 年）对州县赈粥地点做了进一步规定："州县煮赈，本城设厂一处，再于四乡适中之地分设数处。"④

为避免饥民聚集引发事端或瘟疫，就增设粥厂以分散饥民，规定大州县设厂数百、小州县设厂百余个，每厂饥民最多不能超过百人，"众聚则乱，散处易治……又多设粥厂。今议州县之大者，设粥厂数百处，小者亦不下百余处，多不过百人，少则六七十人，庶金爨便而米粥洁，钤束易而

① （清）昆冈等修、刘启端等纂：《钦定大清会典事例》卷二百七十一《户部·蠲恤·赈饥》，上海古籍出版社 2004 年版，第 327 页。

② （清）万维翰：《荒政琐言》，李文海、夏明方主编：《中国荒政全书》第二辑第一卷，北京古籍出版社 2004 年版，第 476—477 页。

③ （清）汪志伊：《荒政辑要》，李文海、夏明方主编：《中国荒政全书》第二辑第二卷，北京古籍出版社 2004 年版，第 634 页。

④ （清）方观承：《赈纪》，李文海、夏明方主编：《中国荒政全书》第二辑第一卷，北京古籍出版社 2004 年版，第 583 页。

实惠行"①。粥厂数量据灾情及饥民数量酌情增减，乾隆二年（1737 年），直隶旱灾粥赈时，谕令在内城加设粥厂："向来赈厂专在外城地面，一时赴食之民，道路远近不均。今米石既经加给，应并于内城酌量分厂，一体通融散给，俾得均沾实惠。"②乾隆八年（1743 年）直隶旱灾中，方观承在通州、良乡增设饭厂，"京师四达之地，贫民之北来者虽经各路遮留，究难概行阻绝。若不于近京州县妥计抚绥，不特贫民奔走道路，或至冻馁，且聚集京城人多，春融恐有时疾，应请于京东之通州、京西之良乡，分设饭厂二处，搭盖席棚窝舍，俾续来流民得以就食栖宿……依议速行，钦此！"③乾隆二十六年（1761 年），河南水灾，就在各乡设立粥厂，"于被灾较重州县，各按四乡分设粥厂，俾得就近糊口，不致失所"④。

还规定了粥赈米粮、柴薪的数额，在饥荒严重时实行展赈。以五城粥赈米粮数额的渐增为例，乾隆二年（1737 年）和乾隆三年（1738 年）均规定："于九月十六日起每城日增米一石，柴薪银五钱。俟春融人少，将所增米数停止。"乾隆八年（1743 年）规定："今外来贫民日众，五城十厂，每厂日增米二石，柴薪银一两，煮饭散赈。自十月初一日起至次年三月二十日止。"⑤"前因京师被水穷民急须抚恤，因令五城地方设立饭厂煮赈一月，现各处河道尚未兴工，即动工之时，其老弱残废之人，亦不能力作。著再展赈一月，俾灾黎藉资糊口。"⑥

① （清）陆曾禹：《钦定康济录》，李文海、夏明方主编：《中国荒政全书》第二辑第一卷，北京古籍出版社 2004 年版，第 429 页。

② 《清实录·高宗纯皇帝实录》卷五百九十九"乾隆二十四年十月丙申条"，中华书局 1986 年版，第 693 页。

③ （清）方观承：《赈纪》，李文海、夏明方主编：《中国荒政全书》第二辑第一卷，北京古籍出版社 2004 年版，第 582 页。

④ 《清实录·高宗纯皇帝实录》卷六百四十二"乾隆二十六年八月己巳条"，中华书局 1986 年版，第 170 页。

⑤ （清）昆冈等修、刘启端等纂：《钦定大清会典事例》卷一千三十《都察院·五城·饭厂》，《续修四库全书》编纂委员会：《续修四库全书·史部·政书类》第 812 册，上海古籍出版社 2002 年版，第 384—385 页。

⑥ （清）昆冈等修、刘启端等纂：《钦定大清会典事例》卷二百七十二《户部·蠲恤·赈饥》，《续修四库全书》编纂委员会：《续修四库全书·史部·政书类》第 802 册，上海古籍出版社 2002 年版，第 363 页。

粥厂据饥民数量出米煮粥，一千人日领米三四石，分五次煮成，饥民到厂后，令其进入绳栏圈好的位置等待领粥。乾隆八年（1743年）直隶旱灾煮赈时照此办理，"通州交仓场侍郎办理，良乡交直隶总督派委道员料理，米石柴薪照五城例支给"①。

2. 确立领粥制度

为防止领粥时发生拥挤、哄抢及其他意外事故，规定了纪律，给饥民发放筹签及粥票，凭签、票按序领粥，并提醒饥民食粥方法。

首先，给饥民分发筹签。男、女分队，按先女后男、先残废老弱后少壮的顺序，持签按序领粥，"厂外搭盖席棚，签桩约绳为界。先期出示晓谕，男女各为一处，携带器皿，清晨各赴某地，或寺或棚齐集，以鸣金为号，男妇皆入。金三鸣门闭，只留一路点发，禁人续入。制火印竹筹二三千根，点发时人给一筹，先女后男，先老后少，依次领筹。出至厂前，男左女右，十人一放，东进西出。每收一筹，与粥一杓。有怀抱小口者增半杓。得粥者即令出厂，以次给放，自辰及午而毕"②。"厂内两廊分别男左女右，自外验票给筹，鱼贯而入。有老弱不能上前者，拨役照料，免致拥挤。"③有关记载形象反映了饥民领粥情景："饥民至……挨次坐定，男女异行，有病者另入一行，乞丐者另入一行。预谕饥民各携一器，粥熟鸣锣，行中不得动移。每粥一桶，两人舁之而行。见人一口，分粥一杓，贮器中，须臾而尽。分毕，再鸣锣一声，听民自便。"④《赈略》再现了饥民围缸逐一领粥的场景："辰时起二鼓催集领粥之人，巳时起三鼓放人入厂。先女后男，即令书办点数，以秫秸劈半，掐痕记数，庶可核计增添粥数。放入之时，令男女分立挡木之内，衙役把守木外门空处。俟人放入厂完

---

① 《清实录·高宗纯皇帝实录》卷二百五"乾隆八年十一月己酉条"，中华书局1985年版，第646页。

② （清）方观承：《赈纪》，李文海、夏明方主编：《中国荒政全书》第二辑第一卷，北京古籍出版社2004年版，第583—584页。

③ （清）万维翰：《荒政琐言》，李文海、夏明方主编：《中国荒政全书》第二辑第一卷，北京古籍出版社2004年版，第477页。

④ （清）汪志伊：《荒政辑要》，李文海、夏明方主编：《中国荒政全书》第二辑第二卷，北京古籍出版社2004年版，第634—635页。

竣，仍先女后男，先残废老弱后少壮，逐名传谕，由门空处鳞次走出，沿粥缸而行。持杓之人，分别大小，各给粥一杓，不许越次争前紊乱。"规定不守秩序、翻墙入内者不发粥，"领赈之人，亦知须早到厂，不致再迟矣。其有逾墙入厂者，即系应赈，亦逐出以儆"①。

其次，对农村尚未逃荒的饥民，在勘灾后都发给印票，凭票按月按日领粥领米，每领一次，加盖印记，"示仰被灾各村居民及乡保人等知悉：凡例应赈济之极次贫民，业已查明，散给印票，令本户亲赍赴领。至期遵照派定日期，该乡保率领，蚤（早）赴厂所，听候挨顺唱名，收票给米，不得喧哗拥挤"②。粥场内预置初一至三十日的木戳，每领一日，即加戳印于票上，"预备印票……票内写明县分、村庄、姓名、大小口，厂内预刻初一至三十日木戳。凡赴厂领米领粥，赍票出验，即以本日木戳印记票内，给与粥筹米筹，入内交筹，给粥给米而出。次日亦然，已有本日戳记及无印票者，概不准给"③。对一些外出逃荒、途中听到赈济消息回乡的饥民，也一并列入粥赈人户内发赈。

最后，为避免久饥之人过量吃粥、吃热粥致死，于粥锅旁张贴"饿久之人，若食粥骤饱者，立死无救；若食粥太热者，亦立死无救"等布告，令人在粥厂高唱，"令人时时高唱于粥厂之中，使瞽目者与不识字之人皆知之，庶可自警"④。该制度彰显了传统荒政中的人性化特点。

3. 严明粥赈吏治

规定了粥厂的管理制度，慎选负责人。粥赈官吏一般要据品行实施奖惩，遵循据品行选择粥赈人员的原则，以忠厚老实、稳重善良者任粥长，"数百贫民之命，悬于粥长之手，不得其人，弊窦丛生。务择百姓中之殷

---

① （清）吴元炜：《赈略》，李文海、夏明方主编：《中国荒政全书》第二辑第一卷，北京古籍出版社 2004 年版，第 693 页。

② （清）吴元炜：《赈略》，李文海、夏明方主编：《中国荒政全书》第二辑第一卷，北京古籍出版社 2004 年版，第 692 页。

③ （清）万维翰：《荒政琐言》，李文海、夏明方主编：《中国荒政全书》第二辑第一卷，北京古籍出版社 2004 年版，第 476、477 页。

④ （清）陆曾禹：《钦定康济录》，李文海、夏明方主编：《中国荒政全书》第二辑第一卷，北京古籍出版社 2004 年版，第 433 页。

实好善者三四人为正副而主之，即富郑公用前资待缺官吏之意也"①。
"城内委官主之，四乡择乡官贡监之有行者主之。"②

奖励及犒劳尽心效力的粥长，给予冠带匾额或物质奖赏，"饥民群聚，
易于起争，粥长约束，任劳任怨……故宜许其优免重差，特给冠带匾额。
近则又有一法，半月集粥长于公堂，任事勤劳者，以盒酒花红劳之；惰者
量行惩戒，以警其后"③。

为严明吏治，规定官员必须亲自散粥，都察院官亲临督察，"臣部交五
城官员煮粥赈济，御史亲临监看"，"煮赈银米，著五城御史亲身散给，务
使贫民得沾实惠，勿致胥役侵蚀中饱。仍着都察院堂官不时察看。"④ "都
察院堂官可督率五城御史，稽查经理，实心任事。务令小民均沾实惠。"⑤
此制度为后代尊奉，保障了粥赈的顺利进行。

4. 确立官粥为主、民粥为辅的制度

官方粥厂是清前期粥赈的主力军，发挥着主要的赈饥作用，是粥赈制
度顺利推行的保障。但官府力量毕竟有限，朝廷就通过颁发各种旌奖的方
式，鼓励、劝喻民间富豪士绅富户煮粥赈饥，以补官方粥赈之不足。方观
承任职直隶时，乾隆发布命令，确立了私人粥赈的原则及方法，"固安令魏
得茂栗，与永定河道暨同城各员捐俸，并劝谕绅士合力煮赈，外来贫民就食
称便。……倡率富民，诚心劝谕，不可丝毫勒派"⑥。饥荒中地方士绅积
极、自愿粥赈者大有人在，但并非所有富户都愿粥赈。官府对不愿出赈的

---

① （清）陆曾禹：《钦定康济录》，李文海、夏明方主编：《中国荒政全书》第二辑
第一卷，北京古籍出版社 2004 年版，第 429 页。

② （清）方观承：《赈纪》，李文海、夏明方主编：《中国荒政全书》第二辑第一
卷，北京古籍出版社 2004 年版，第 583 页。

③ （清）陆曾禹：《钦定康济录》，李文海、夏明方主编：《中国荒政全书》第二辑
第一卷，北京古籍出版社 2004 年版，第 429 页。

④ 《清实录·高宗纯皇帝实录》卷二十七"乾隆元年九月甲寅条"，中华书局 1985
年版，第 584 页。

⑤ 《清实录·高宗纯皇帝实录》卷五十一"乾隆二年九月丁未条"，中华书局 1985
年版，第 864 页。

⑥ （清）方观承：《赈纪》，李文海、夏明方主编：《中国荒政全书》第二辑第一
卷，北京古籍出版社 2004 年版，第 583 页。

富户采取一定的强制措施，"有司谋设粥，粥米按户索。上不遗荐绅，士庶均见迫"①，反映了官方对士民绅商粥赈作用的肯定，也反映了官府对民间粥赈的依赖，这成为清末民间赈济力量强大的深层原因之一。

此后，粥赈主体的来源及构成开始灵活多样，除官府外，还有据自身财力随时参与的官员、士绅、地主、商人等民间粥赈群体，在官府粥赈力所不周、不及之时，量力而行，有则多煮多赈、无则少煮少赈，发挥较好的赈饥作用；粥赈地点的选择相对机动灵活，官府以便民就食为准，在固定地区设粥厂饭厂、固定时间开赈散粥，"以厂就民，凡集镇大村皆可设厂"②。私人粥赈不限时间地点，可在公共场合、私人宅院施赈，或担粥四处行走，见饥即赈，使不能赶到粥厂的饥民得到救济，形成了官方粥厂（饭厂、米厂）在交通要道及城市墟镇等人群易集之所、私人粥赈散布于穷乡僻村的格局，呈现出官赈为主、民赈为辅的粥赈态势，形成了有灾救灾、无灾济贫的惯例，成为不可取代的辅助赈饥措施，并受到推重。

四、清前期粥赈制度的成效

乾隆朝粥赈吸取了历代粥赈弊端及经验教训，制定了极为完善的粥赈制度，在灾荒赈饥中发挥了积极作用，取得了较好的赈饥效果，但再完善的制度亦会存在弊端及缺陷。因制度过于完善及细致，导致具体实践中刻板化和教条化特点不断凸显，不利于实际操作执行，不可避免地出现了许多弊端，使统治者的粥赈初衷及成效大打折扣，监督机制的缺失也从侧面反映了制度本身存在的缺陷，使号称最完善的制度与社会成效之间出现了逆差。

1. 赈粥的积极效果

首先，在救荒拯饥、活民济民过程中发挥了积极作用。在实践中不断

---

① （清）周正：《散粥行》，（清）张应昌：《清诗铎》卷十六，中华书局 1960 年版，第 539 页。

② （清）周存义：《江邑救荒笔记》，李文海、夏明方主编：《中国荒政全书》第二辑第四卷，北京古籍出版社 2004 年版，第 573 页。

改良、延续善法以广救灾活命之功效，成了乾隆朝粥赈的根本宗旨，"虽云一粥，是人生死关头，须要一番精神勇猛注之，庶几闹市穷乡，皆沾利益。……谓煮赈为尽善之仁术可也！"①饥民借之得以苟延性命，在最大程度及范围内保存了传统生产力，保障了灾后重建及经济恢复的主要力量而被颂扬，"人当饥馑之时，得惠一餐之粥，即延一日之命。此后得遇生机，皆此一餐之力矣。故为力少而致功大"，"粥虽数碗，能活饥人，岂可小视？""饥时一口，胜如一斗，死在须臾，即能行走，粥厂之妙，言难尽述"②。故粥赈的最大成效就是"全活饥民无算"，如乾隆八年（1743 年）直隶旱灾中粥赈救济了数十万饥民，良乡县赈过京外流民大小口 11 752 口、通州 66 053 口、固安县 35 213 口、永清县 219 468 口、东安县 135 532 口、武清县 145 216 口、文安县 237 624 口……共赈 664 890 余户、2 106 690 口，救济流民 944 020 口，赈济米谷共 1 100 720 石，银 1 105 476 两③；嘉庆六年（1801 年）京畿水灾，直隶大多数被灾州县设粥厂赈饥，每县二三厂至十五六厂不等，每厂每日赈饥民二三千至六七千人不等④。

其次，及时救济、安抚饥民，减少了流民数量及其由此引发的社会动乱，维护了社会秩序，稳定了灾区局势。灾后或青黄不接时，在其他赈济措施来不及施行或不能覆盖的地区，如城镇、乡村广泛设置粥厂，以更直接快捷的方式、在最大范围内救助了饥民，使饥民安心度荒，不至于流离失所，避免了灾民盲目流徙对社会治安造成的冲击，减少了流民的数量，也避免了大量饥民涌入城市造成治安、卫生及生存压力。施粥虽然只是救灾的权宜之计，且相对于众多嗷嗷待哺的饥民而言，显然是杯水车薪，却

① （清）杨景仁：《筹济编》，李文海、夏明方主编：《中国荒政全书》第二辑第四卷，北京古籍出版社 2004 年版，第 133—134 页。
② （清）陆曾禹：《钦定康济录》，李文海、夏明方主编：《中国荒政全书》第二辑第一卷，北京古籍出版社 2004 年版，第 334 页。
③ （清）方观承：《赈纪》，李文海、夏明方主编：《中国荒政全书》第二辑第一卷，北京古籍出版社 2004 年版，第 639—641、617 页。
④ （清）庆桂等：《钦定辛酉工赈纪事》，李文海、夏明方主编：《中国荒政全书》第二辑第二卷，北京古籍出版社 2004 年版，第 461 页。

极大缓解了民食维艰的困窘状况，成为全活饥民较多的赈济方式，"一粥虽微，得之则生，勿得则死"①，"贫民当积歉之后，嗷嗷待哺，设粥赈赡……尤为有益"②。很多处于生存危机中的饥民得以苟活性命，不至于铤而走险，消弭了社会动乱的根源，为饥荒后的生产恢复及社会重建保存了基础及力量。

最后，促使了民间义赈力量的兴起。由于官府一直鼓励私人粥赈，其规章制度为后代遵循，富民绅商举办的民间粥赈就在官府力量不及之区、官府存粮不敷之时发挥了极大的作用，成为官府饥荒赈济中必不可少的辅助力量，官府颁发的矜奖鼓励促进了私人救济力量的发展。如乾隆六十年（1795年）浙江余姚县遭遇飓风，次年灾民掘蕨根、采榆皮以食，"濒于死亡者数矣"，知县戴廷沐与士绅商议捐资煮粥济民，先捐官俸300石米后，绅士踊跃捐输，得粥款两万余贯，设粥厂9处，粥赈38天，就赈者云集，每厂贫民自五六千至七八千不等，"连日每厂领粥之人，竟至较前加倍，每日需米二百六十七石。查绅士原捐仅一万二千余贯……不敷经费有八千余贯。城乡董事虽现又持簿劝捐，各乡士民尚知好义，并有并未待劝，自行赴局输捐者"③。湖北钟祥士绅胡靖国在乾隆四十四年（1779年）饥荒中"捐数千石，纠同乡有力者，设粥厂，先食饿人，全活甚众"。民间富户士绅自愿粥赈活民的做法扩大了粥赈的积极影响，成为清末民间赈济力量强大、义赈会纷纷兴起的原因之一。

2. 清前期赈粥制度的缺陷

乾隆朝粥赈制度虽然在赈饥济民的实践中取得了较好效果，但也未能克服传统粥赈执行和管理不善引发的诸多弊端，有"粥厂素称弊薮"④之

① （清）周存义：《江邑救荒笔记》，李文海、夏明方主编：《中国荒政全书》第二辑第四卷，北京古籍出版社2004年版，第573页。

② 《清实录·高宗纯皇帝实录》卷八百八十五"乾隆三十六年五月壬戌条"，中华书局1986年版，第858页。

③ （清）张廷枚：《余姚捐赈事宜》，李文海、夏明方主编：《中国荒政全书》第二辑第二卷，北京古籍出版社2004年版，第85页。

④ （清）陆曾禹：《钦定康济录》，李文海、夏明方主编：《中国荒政全书》第二辑第一卷，北京古籍出版社2004年版，第429页。

说，造成了极坏的社会影响，受到时人及研究者批判。清人惠士奇认为荒政弊端有四，粥赈居弊端之首。乾隆朝粥赈制度尽管极其完善，却也未能克服传统粥赈诸如吏治腐败、因管理不善而发生闹赈及饥民死亡等弊端，衍生了严苛的粥赈刑法，粥厂区域分布不均致使粥赈失位等，反映了完善制度在实际操作中的不完善，社会成效因之出现逆差。

第一，粥赈吏治的贪污腐败达到极限，影响了粥赈效果，使官府大失民心。乾隆朝粥赈制度的完备达到中国古代荒政史上的顶峰，但吏治的腐败也达到了巅峰，其中最典型、最令人深恶痛绝的腐败，就是不法粥赈官吏克扣、侵吞粥赈钱粮，"虑胥役之侵蚀克扣"[1]，为了不使赈粮斤两短少以蒙蔽上司，就在粥中掺石灰、拌糠稗、掺沙、掺水，"赈恤多虚，撩以石灰，揉以糠核，名为活人，其实杀之。又壮者得歠，而不能及于细弱羸老之民，近者得餔，而不能遍于深谷穷岩之域。活者二三，而死者十七八矣"[2]，"况重以吏胥侵蚀，撩以石灰，杂以糠秕，嗟尔嗷鸿，活者二三，而死者十六七矣"[3]。

粥赈胥吏私换粥粮，以次换好，以霉变腐败之粮抵换赈饥米粮的行为，导致饥民食粥后大批死亡，"将粗米抵换官米，以致粥不可食"，"私易米色，通同侵蚀者"[4]，"管粥者克米，将生水搀稀，食者暴死"[5]。这都使官府粥赈活民的初衷成为笑柄，败坏了官府的诚信及威望，"饥民腹未饱，城中一月扰。饥民一箪粥，吏胥两石谷"[6]。

① （清）周存义：《江邑救荒笔记》，李文海、夏明方主编：《中国荒政全书》第二辑第四卷，北京古籍出版社 2004 年版，第 573 页。

② （清）贺长龄：《清经世文编》卷四十一《户政十六·荒政一》，（清）魏源：《魏源全集》第十五册，岳麓书社 2004 年版，第 308—309 页。

③ （清）杨景仁：《筹济编》，李文海、夏明方主编：《中国荒政全书》第二辑第四卷，北京古籍出版社 2004 年版，第 132 页。

④ （清）汪志伊：《荒政辑要》，李文海、夏明方主编：《中国荒政全书》第二辑第二卷，北京古籍出版社 2004 年版，第 594 页。

⑤ （清）汪志伊：《荒政辑要》，李文海、夏明方主编：《中国荒政全书》第二辑第二卷，北京古籍出版社 2004 年版，第 634 页。

⑥ （清）郑世元：《官赈谣》，（清）张应昌：《清诗铎》卷十六，中华书局 1960 年版，第 540 页。

粥厂开赈时，要雇用许多厂役，不少官吏借机安插亲信，致使人浮于事，夫役费用比散粥赈米的费用还多，使官府良好的粥赈初衷变成了胥吏贪污腐化的巧途，粥赈效果因此大打折扣。典型案例是乾隆三十八年（1773 年）广东粥粮贪污案，是年广东发生风灾，朝廷救济粮运到后向各府州发出告示，官府在东门附近校场、西门附近寺庙设置粥厂施赈，在市内相宜地点增设两厂。因监察管理出现漏洞，秩卑者对秩尊者的监察形同虚设，胥吏煮粥时有官员监督，却无人监督官员，故吏役克扣米粮时官员可以制裁，官员吞没稻米时衙役却不敢管，"煮粥吏，监粥官。吏侵米，法不宽；官侵米，吏无权，侵米一斛十万钱"，导致粥粮被赈官侵吞贪污，"初煮粥以米，再煮粥以白泥，三煮粥以树皮"，饥民"嚼泥泥充肠，啮皮皮有香"，饥民食粥后大量死亡，"东门煮粥在较场，白骨累累青冢荒。……嚼泥啮皮缓一死，今日趁粥明日鬼"①。

粥赈吏治如此腐败，与制度条文形成了极大反差，制度的宗旨在实践中发生了严重背离，致使制度形同虚设，这与都察院的监督失位有极大关系。粥赈制度规定官员必须亲自散粥、都察院堂官及御史亲临督察，但都察院几乎没有发挥其职能，即官员到了粥赈现场，也是流于形式。

第二，因管理不善发生闹赈，促生了严苛的粥赈法制，产生了消极影响。闹赈是因饥民不能分到赈粥而哄闹粥厂的事件，是历代粥赈中因管理不善出现的现象。乾隆朝粥赈制度虽然完善，也无法避免此类事件。主要因管理不当出现冒领及缺领，一部分饥民重复领粥，另一部分饥民领不到粥，"强者数次重餐，弱者后时空返"②，"市镇脚夫乞丐无不混迹其间，希图冒领，既未经查造于先，岂能拒绝于后……于费则多糜，于民甚无益"③。为防冒领，规定迟到者例不发粥，"得粥之人，即催出门。既散之后，纵有到迟赶不入厂者，亦不准补给，致启已领之人重复冒领

① （清）陈份：《煮粥歌》，（清）张应昌：《清诗铎》卷十六，中华书局 1960 年版，第 540—541 页。陈份序："癸巳岁饥，广州煮粥以赈，扶老挈幼就食。陈子过而哀焉。"

② （清）杨景仁：《筹济编》，李文海、夏明方主编：《中国荒政全书》第二辑第四卷，北京古籍出版社 2004 年版，第 132 页。

③ （清）周存义：《江邑救荒笔记》，李文海、夏明方主编：《中国荒政全书》第二辑第四卷，北京古籍出版社 2004 年版，第 573 页。

之弊"①。或因饥民多、粥厂少或是赈粥少，不能周遍所有饥民，或赈粮被胥吏贪污后无粮煮粥，致饥民大量死亡，长途奔波到粥厂却无以为生的饥民哄闹赈厂的事件屡屡发生，使法良意美的制度在实践中屡遭挫折，社会成效受到影响，"诚恐例不应赈之民，妄听刁徒煽惑，致犯宪章，身命不保，不死于天时之水旱，反死于刁猾之诱哄，实有不忍见者，合行出示严禁"②。

为防止闹赈，官府制定了严厉制裁的法律制度，乾隆七年（1742 年）规定："凡闹赈厂胁官者，执法严处。"但闹赈是粥赈管理无方的结果，不从管理的源头上寻找化解之道，仅制定严苛的法律来制裁饥民，无异于鲧之治水，闹赈事件依然不断。乾隆十三年（1748 年）又规定了更严苛的法制："嗣后直省刁恶之徒，因事聚众逞闹者斩决。"并出示榜文晓谕饥民遵守法纪，违者严惩，"至例不应赈之民，并闲杂人等，概不许无故入厂嚷挤，违者重惩。倘有劣衿刁棍，号召乡愚，藉端闹赈者，定行锁拿严究，通详正法，决不轻恕"③。赈饥惠民的制度及措施成为挣扎于死亡线上的饥民犯罪的渊薮，迫使官方采取极端措施对最无助、最弱势的被救济群体处以极刑。这反映了粥赈法制本末颠倒的本质，不处罚贪污及管理无方的官吏，反而制裁饥民，使民怨加剧。一项良好的救济制度转变成严厉的制裁，逆转了统治者赈饥惠民的良好初衷，使结果偏离了制度的预期，暴露了传统专制体制下官本位制及法制面前官民不平等的特点，也暴露了号称中国荒政史上最完善制度本身无法避免的缺陷。

第三，粥厂管理无方导致饥民大量死亡，社会影响恶劣，"此究非法

①　（清）吴元炜：《赈略》，李文海、夏明方主编：《中国荒政全书》第二辑第一卷，北京古籍出版社 2004 年版，第 693 页。

②　（清）吴元炜：《赈略》，李文海、夏明方主编：《中国荒政全书》第二辑第一卷，北京古籍出版社 2004 年版，第 692 页。

③　（清）吴元炜：《赈略》，李文海、夏明方主编：《中国荒政全书》第二辑第一卷，北京古籍出版社 2004 年版，第 692 页。

之弊也，乃行法者之弊也。夫苟行之而不善，虽良法皆成弊薮"①。粥厂饥民的死亡大致可分为三种情况：一是饿死；二是食粥后胀死或病死；三是疾疫流行导致饥民死亡。

粥厂往往成为饥民的葬身之地，随处可见饿死饥民的尸体骸骨，有粥赈"活者二三，死者十六七"②之说。饥民为赶到粥厂往返奔波，"疲癃纷扶藜，媚妪远负褓。伶俜走鸠鹄，踽蹰聚夔魖"③，"煮粥之弊实多端，即粥厂势难多设，穷乡僻壤，老幼妇女奔走数十里之遥，日图一粥，去而复来，枵腹之余，岂胜跋涉？"④大批饥饿之人因虚弱、拥挤践踏而死，有的饥民勉强支持到粥厂，挨不到领粥就冻饿而死，老弱病残者领粥就更不易，"东舍絜男西携女，齐领官粥向官府。……片席为庐蔽霜雪，严寒只有风难遮。道逢老叟吞声哭，穷老病足行不速。口不能言惟指腹，三日未得食官粥"⑤。乾隆十五年（1750 年）直隶、河南、安徽、山东等地旱灾中粥厂门前饥民接连冻饿而死，"霜威似刀风似镞，五更齐趁赈厂粥。厂犹未开冷不支，十三人傍野垣宿。……岂知久饿气各微，那有余温起空腹！天明过者赫然骇，都做僵尸尚一簇。……掩埋方悲无敝帷，有人又剥尸上衣"⑥。

由于粥赈胥吏不学无术，对管理及技巧不加留意，不总结经验教训，不宣喻劝解食粥饥民，致饥民大批死亡。如饥民长期饥饿不得饱食，肠胃萎缩，消化功能减弱下降，突然得粥，进食过多过饱，胥吏致使撑破肚肠

① （清）杨景仁：《筹济编》，李文海、夏明方主编：《中国荒政全书》第二辑第四卷，北京古籍出版社 2004 年版，第 132 页。

② （清）杨景仁：《筹济编》，李文海、夏明方主编：《中国荒政全书》第二辑第四卷，北京古籍出版社 2004 年版，第 132 页。

③ （清）陈文述：《粥厂》，（清）张应昌：《清诗铎》卷十六，中华书局 1960 年版，第 544 页。

④ （清）周存义：《江邑救荒笔记》，李文海、夏明方主编：《中国荒政全书》第二辑第四卷，北京古籍出版社 2004 年版，第 573 页。

⑤ （清）谢元淮：《官粥谣》，（清）张应昌：《清诗铎》卷十六，中华书局 1960 年版，第 549 页。

⑥ （清）胡忆肖选注：《赵翼诗选》，中州古籍出版社 1985 年版，第 134 页。

而死，"久饥之人，肠胃枯细，骤饱即死……久饥食饭，有立死者"①。新锅煮粥致饥民暴毙之事屡见不鲜。新锅杂质及毒素较多，清洗及除毒除污不力，急切煮粥饲民，死者众多，"新锅煮粥、煮饭、煮菜，饥民食之，未有不死者"②。饥民急食热粥致胃肠膜破损而死亡者比比皆是。粥刚出锅，温度较高，饥民饥饿难忍，急切吞食，烫伤食道及胃肠膜而致破损、溃烂、出血，重者即刻死亡，"饥人食滚粥，往往致死"③，《康济录》曰：

> 人食热粥，方毕即死，每日午后，必埋数十人……粥方离锅，犹沸滚器中，饥人急食之，食已未百步而即死者无异。……其所以必死之故……凡食粥者，身寒腹馁，必然之势。身寒则热粥是好，腹馁则饱餐自调，殊不知此皆杀身之道，立死无疑④。

饥民大量聚集于粥厂，无相应的卫生防疫措施，常引发瘟疫致饥民大量死亡，"率数千人而行粥于市，则气之所蒸，将成疠疫"，"萃数千饥馁疲民于一厂中，气蒸而疫疠易染"⑤。

第四，粥赈区域分布不均，长期存在粥厂设置重视京城及其附近州县、城镇，忽视饥民群体众多、区域广大的乡村，粥赈出现了严重的失位现象。

清代粥厂的设置存在京城及其附近州县多于各省，省府城镇多于州县乡村的情况。虽然城镇是饥民较易集中的场所，也是赈饥厂址最佳的选择，但灾荒影响最大、急需救助的大部分饥民主要分布于农村。乾隆朝粥

① （清）陆曾禹：《钦定康济录》，李文海、夏明方主编：《中国荒政全书》第二辑第一卷，北京古籍出版社2004年版，第634页。

② （清）汪志伊：《荒政辑要》，李文海、夏明方主编：《中国荒政全书》第二辑第二卷，北京古籍出版社2004年版，第634页。

③ （清）劳潼：《救荒备览》，李文海、夏明方主编：《中国荒政全书》第二辑第二卷，北京古籍出版社2004年版，第53页。

④ （清）杨景仁：《筹济编》，李文海、夏明方主编：《中国荒政全书》第二辑第四卷，北京古籍出版社2004年版，第433页。

⑤ （清）杨景仁：《筹济编》，李文海、夏明方主编：《中国荒政全书》第二辑第四卷，北京古籍出版社2004年版，第132页。

厂的设置一般是城镇多于乡村，不仅导致饥民大量涌入城镇带来的治安、粮食供应、医疗卫生等方面的巨大冲击，也使粥厂分布格局呈现出极不均衡的态势，暴露统治者重京畿轻地方的灾赈观念及行为，反映出传统社会长期存在的赈济失位问题。即赈济资源集中在统治者驻守的京畿城镇，而地域面积广大、受灾严重且急需赈济的大部分农村成为粥赈的空白区，使统治者自诩的救饥民于水火的粥赈措施流于形式，即便是享有最完备荒政制度美誉的乾隆朝，也出现了严重的赈济失位现象。

位于京城的五城粥厂是历次皇恩的集中承受地，也是最高统治者示恩于民的展现地，不仅康、雍两朝屡次加粮、延长赈期，乾隆朝更是三番五次延长赈期、增加粥厂及赈粮。乾隆元年（1736 年）、乾隆二年（1737 年）都重申增加粥粮、延长时限的谕旨，乾隆三年（1738 年）谕令粥赈开始时间提前到九月十五日，"每年十月京师五城设厂煮粥，以济贫民。今岁米价昂贵，恐小民乏食者多，著照常年设厂早半月之期，于九月后半月举行"①。乾隆八年（1743 年）又将赈期提前到八月十五日开始，并增拨粥粮，"向例五城设饭厂十处，自十月初一日起，三月二十日止。今因河间等处旱灾，外来贫民日众，且闰年天气早寒，请改期于八月望后，每厂日添米二石。嗣以赴厂就食者日多，复经五城御史奏请每厂日添米五石，五城十厂日煮米五十石……于京东之通州、京西之良乡分设饭厂二处，搭盖席棚窝舍，俾续来流民得以就食栖宿"②。乾隆六十年（1795 年）又将粥赈截止日期后延一个月，"京师五城饭厂定例应放五个月零二十日，本年系闰二月，应于闰二月二十日停止。但现在天气尚寒，距麦收之期较远……所有本年五城饭厂，著加恩展至三月二十日停止，以示朕施惠贫民"③。

京城设置五厂赈粥的惯例早在康雍时期就已确立，乾隆朝不时增加粥

①《清实录·高宗纯皇帝实录》卷七十六"乾隆三年九月癸亥条"，中华书局 1985 年版，第 207 页。

②（清）杨景仁：《筹济编》，李文海、夏明方主编：《中国荒政全书》第二辑第四卷，北京古籍出版社 2004 年版，第 132—133 页。

③《清实录·高宗纯皇帝实录》卷一千四百七十一"乾隆六十年二月辛巳条"，中华书局 1986 年版，第 660 页。

厂数量，如乾隆二十七年（1762 年）直隶水灾中粥厂增加到八十九处，每二十里设一处，"直属毗连灾地各州县共设粥厂八十九处，系官民乐输，年内足敷接济。拟于来春二三月，另议动拨官米。于各处适中地方，不越二十里外，增添粥厂，使贫民日可往返"①。乾隆三十六年（1771 年），直隶再次发生水灾，在五厂外添设四厂，每厂相距三四十里，"京师五城，每岁设立粥厂，每厂日给米一石，赡给贫民……第念今年秋间雨水稍多，近京间有被涝之处，收成不无歉薄。其距京稍远，乡民艰于赴厂，未免向隅。著加恩于近京四方地面，约计三四十里许，再行添设四厂"②。乾隆五十七年（1792 年），直隶旱灾，又添建五个粥厂，"著加恩照乾隆二十七年之例，于五城例设各厂外，在离城三四十里镇集处所添设五厂……至就食人数既多，所有每日额支米石，恐不敷用，并著加恩每厂每日各加米一石……俾赴食者均沾实惠"③。

粥赈期限的延长、粥粮及粥厂之增加，确实表现了统治者赈济饥民的良好意愿，众多饥民因之免于死亡，但这种情况仅见五城赈区，是乾隆朝乃至中国历史上的特殊个案。远离京畿的省府及乡村，如此粥赈的时限及粥粮数额极少出现，这既与最高统治者能亲见亲闻灾情有关，也与统治者稳定京畿统治的动因有关。赈期延长及粥厂增加虽反映了乾隆朝国力的雄厚，却透露出康乾盛世蕴藏的统治危机外显的消极信息，即饥民人数的众多折射出天灾人祸的频繁及严重，动摇着清王朝的统治支柱，使清王朝的衰败迹象以特殊方式呈现出来。

第五，粥赈在客观上对中国传统的社会心理产生了消极影响，使饥民养成了被动依赖官府及民间力量无偿救济的惰性心理。灾赈成效的好坏是中国传统政治成败及皇帝、官员是否称职的衡量、考校标准之一，饥荒无赈既能使统治者丧失民心、加速王朝灭亡，又能使统治者收揽民心复兴政

① 《清实录·高宗纯皇帝实录》卷六百七十六"乾隆二十七年十二月壬寅条"，中华书局 1986 年版，第 567 页。

② 《清实录·高宗纯皇帝实录》卷八百九十四"乾隆三十六年十月丙子条"，中华书局 1986 年版，第 1012 页。

③ 《清实录·高宗纯皇帝实录》卷一千四百七"乾隆五十七年六月丙申条"，中华书局 1986 年版，第 917—918 页。

权，故赈饥纾困成为统治者的重要施政目标，并收到了救济饥民、稳定社会秩序、促进社会经济恢复发展等成效。无数饥民确实在一次次饥荒中依赖官府或民间无偿赈济的钱粮渡过危机，仰赖皇恩赈饥纾困也就成为饥民的习惯乃至理想，由此产生了诸多消极影响。最典型的是使饥民养成了对统治者的盲目信任及依赖心理，强化了传统民族精神中坐等外援的心理期待，这种"等""靠""要"的饥荒救济模式，无意识中泯灭了灾民奋发自救的思想，淡化了灾民以群体力量积极主动救灾的行动，成为促生灾民惰性的心理原因之一。

故灾荒来临时饥民不是想办法自救和减轻灾荒损失，而是习惯性依赖皇帝和官府恩典的救助钱粮。若真遇到好皇帝和清官，尚能侥幸度过危厄，但在传统专制统治孕育的腐败吏治大背景下，即便有了体恤民生的好皇帝和好官，官员们也不可能完全把皇帝"轸念民瘼"的意图贯彻执行下去，再好的政令执行到地方时往往与初衷大相径庭。若遇到贪财官吏，政令就成为空文，赈灾物资落入胥吏之手，使官方赈济有名无实，很多对官府持有信赖及依赖心理的饥民或死于赶粥路上，或死于粥厂旁，皇帝成为失败政策的替罪羊而丧失民心。故陈份《煮粥歌》曰："人鬼满前谁是真，人与鬼共受皇仁。呜呼，人与鬼共受皇仁！"康熙年间举人郑世元亦哀叹："黄须大吏骏马肥，朱旗前导来赈饥。……我皇盛德仁苍生，官吏慎勿张虚声。"[1]这是完善制度对中国传统社会公共心理及王朝政治最深远的影响。

总之，粥赈是中国重要的灾荒赈济措施，也是传统荒政制度的重要组成部分。作为清代灾荒的辅助性赈济措施，粥赈在灾荒及贫民赈济中发挥了积极作用。乾隆朝制定了较完善的粥赈制度，发挥了积极的赈饥功效，也因吏治腐败、制度刻板及管理缺陷引发了诸多弊端，导致饥民大量死亡，粥厂分布不均也在客观上影响了粥赈的社会效果，无偿粥赈对社会公共心理产生了消极影响，使最完善的荒政制度出现了极大的成效逆差。

---

① （清）张应昌：《清诗铎》卷十六，中华书局1960年版，第540页。

第三节　清前期官方的“以工代赈”制度①

“以工代赈”是重要的、辅助性的救灾举措，简称“工赈”，历史上又称“寓工于赈”或“寓赈于工”。这是在灾荒时或灾后重建中，为达既赈济灾民、又让灾民自主自救，同时完成社会公共工程建设的目的，根据各灾区的具体情况，或由官府出面，举办诸如修建城池衙署、庙宇学堂，或是疏浚河渠、修筑堤坝等工程，或由私人富户进行地方公共建设或私人性质的土木建设工程，使“年力少壮者佣趁度日”，灾民从中获得钱粮等物资，达到间接救灾即“兴工作以助赈”之目的。这是与钱粮赈济相辅相成、救灾与建设相结合的重要赈济举措，“盖所谓兴工代赈者，其工原属不必兴者，第为灾黎起见，既受赈之后，因以修举废坠，俾得藉以糊口”②。与赈济钱粮的“钱赈”和“粮赈”相比，工赈是一种较积极、主动的救灾措施，是一种恢复及推动灾区经济发展、促进社会进步的有效行为，在灾荒赈济及灾后重建中起了积极作用，受到了历代统治者的重视。明嘉靖间佥事林希元曰：“云凶年饥岁，人民缺食，而城池水利之当修，在在有之。穷饿垂死之人，固难责以力役之事；次贫稍贫人户力能兴作者，虽官府量品赈贷，安能满其仰事俯育之需？故凡圯坏之当修、淤塞之当浚者，召民为之，日受其直，则民出力以趁事，而因可以赈饥；官出财以兴事，而因可以赈民。是谓一举而两得也。”③乾隆二年（1737年）上谕亦强调：“常念水土为农田之本，而救荒之政，莫要于兴

---

① 周琼：《乾隆朝“以工代赈”制度研究》，《清华大学学报》（哲学社会科学版）2011年第4期，第66—79页；中国人民大学报刊复印资料《明清史》2011年第11期全文转载；中国高校系列专业期刊《历史学报》2011年第4期收录。此文初稿参加学术会议，曾经发表于郝平、高建国主编：《多学科视野下的华北灾荒与社会变迁研究》，北岳文艺出版社2010年版，第307—338页。

② 《清实录·高宗纯皇帝实录》卷四百四“乾隆十六年十二月条”，中华书局1986年版，第312页。

③ （清）陆曾禹：《钦定康济录》，李文海、夏明方主编：《中国荒政全书》第二辑第一卷，北京古籍出版社2004年版，第351页。

工筑以聚贫民。"①

历史上的工赈制度及其措施，在自然灾害频发的今天具有极为重要的现实意义，但学界对中国古代历史时期"以工代赈"的关注较少，研究成果也极缺乏。清代总结了中国传统社会"以工代赈"制度并加以完善，在一定程度上是中国工赈制度的集大成时期，乾隆朝又是清王朝"以工代赈"制度发展的巅峰时期，然灾荒史学界对此问题的研究也显得较为薄弱②。本节对乾隆朝"以工代赈"制度的建立及具体措施、成效等进行初步探索，以期对现当代"以工代赈"的救灾机制起到积极的借鉴作用。

一、清前期官方"以工代赈"制度的建立

"以工代赈"早在春秋战国时期就在救灾中被采用，晏子兴"路寝之台"以济饥民，取得了较好的赈灾效果，"三年台成而民振"，此后历代救荒均沿用此办法。宋朝以降，"以工代赈"措施逐渐普及，成了官府及民间常用的救灾措施。到明代，"以工代赈"更是被广泛应用，并形成了一定的规章制度，"万历间，御史钟化民救荒，令各府州县查勘该动工役，如修学、修城、浚河、筑堤之类，讨工招募，以兴工作，每人日给米三升。借急需之工养枵腹之众，公私两利"③。河北、湖广、河南、怀庆、扬州等地

---

① 《清实录·高宗纯皇帝实录》卷五十"乾隆二年九月条"，中华书局 1985 年版，第 850 页。

② 目前仅牛淑贞对乾隆朝工赈进行了专门的研究，详见牛淑贞：《试析 18 世纪中国实施工赈救荒的原因》，《内蒙古大学学报》（人文社会科学版）2005 年第 4 期，第 68—72 页；牛淑贞：《清代中期工赈工程之地域分布》，《兰州学刊》2009 年第 6 期，第 208—210 页；牛淑贞：《清代中期工赈救荒资金的筹措机制》，《内蒙古大学学报》（哲学社会科学版）2009 年第 5 期，第 108—112 页；牛淑贞：《18 世纪中国工赈救荒中的领导与管理措施》，《内蒙古社会科学》（汉文版）2004 年第 1 期，第 32—35 页；牛淑贞：《18 世纪清代中国之工赈工程建筑材料相关问题探析》，《内蒙古社会科学》（汉文版）2006 年第 2 期，第 52—55 页；牛淑贞：《浅析清代中期工赈工程项目的几个问题》，《内蒙古大学学报》（哲学社会科学版）2008 年第 4 期，第 48—51 页，其余有关清代工赈的研究成果，多在相关研究中提及。

③ （清）陆曾禹：《钦定康济录》，李文海、夏明方主编：《中国荒政全书》第二辑第一卷，北京古籍出版社 2004 年版，第 351 页。

都在赈灾中采取了工赈措施。

到了清代，"以工代赈"成为一种辅助性的、间接的救灾措施，其制度及措施在前朝的基础上逐渐改良及完善，通过雇佣灾民修建城池宫墙、庙宇楼阁、水利沟渠、堤坝等建设性工程，发放钱粮，使佣工者得以资生，既达到了赈济的最终目的，也兴建了基础设施，促进了经济的繁荣及发展。青壮年灾民投身工程建设，还大大减少了社会的不稳定因素。

顺治时期，"以工代赈"开展较少，这与清初的政治、经济局势有密切关系。在清代定鼎之初，政局尚未完全稳定，国家财力微弱，无更多费用举办工赈，同时，清代的灾赈制度尚处于恢复及初建期，赈灾多停留在钱粮赈济的层面上。

康熙时期是清代"以工代赈"的初始阶段。康熙十九年（1680年），作为江苏苏州、常州等府河水出江要道的常熟县白茆港、武进县的孟渎河淤塞处甚多，江宁巡抚慕天颜上奏请求兴建水利，招募饥民佣工，既可修筑水里工程，又达赈济灾民之目的，"请动正帑银十万四千两，开深建闸，不惟水利克修，饥民亦得赴工觅食。寓赈于工，数善俱备"，得到了康熙帝批准，"应如所请。从之"①。此后，清代的"以工代赈"逐渐展开，康熙五十二年（1713年），令陕西各州县修城，"俾穷民得佣工度日"②。

雍正年间，"以工代赈"逐渐普遍，清代的工赈制度在实践中逐渐建立起来。此间最为重要的工赈制度建设措施，是确定了工赈费用从正项钱粮中开支的原则。此期的工赈工程主要是修筑城工及民埝，因效果良好，工赈逐渐在灾区普及。如雍正三年（1725年）夏秋之交，直隶因雨水过多发生水灾，雍正帝"恐秋禾歉收，穷民乏食"，谕令地方官"详查赈济"，并明确谕令修理城工，使灾民得依佣工度日，"有城工应修理者，即行修理，俾穷民佣工，藉以养赡，更为有益"③。雍正四年（1726年），山东发

---

① 《清实录·圣祖仁皇帝实录》卷九十三"康熙十九年十一月条"，中华书局 1985年版，第 1176 页。

② （清）杨景仁：《筹济编》，李文海、夏明方主编：《中国荒政全书》第二辑第四卷，北京古籍出版社 2004 年版，第 203 页。

③ 《清实录·世宗宪皇帝实录》卷三十五"雍正三年八月条"，中华书局 1985 年版，第 532 页。

生水灾，就疏浚大清河，使乏食百姓得以力役之资度日，"朕轸念东省被水穷民粒食惟艰，特允山东巡抚之请，于大清河兴疏浚之工，令乏食小民得力役之资，为糊口之计"①。雍正十二年（1734 年），直隶发生水灾，兴工助赈，修筑民埝堤坝，"今年秋被偏灾民力不支，除所用物料动帑备办外，请令地方官各酌给米粮，以工代赈"②。直隶总督条奏运河应行事宜时，就请求实施工赈措施，"直隶之故城县与东省之德州，并武城县地界毗联，系河流东注转湾之处，向未筑有堤埝防御。一遇水发，弥漫流溢。请劝谕民间，攒筑土埝量给食米，以工代赈"③。

乾隆时期，政治稳定，经济繁荣，国库充实，为各项灾赈措施的顺利实施提供了强有力的后盾，也为工赈的实施奠定了坚实基础。乾隆帝较为关注"以工代赈"在灾荒赈济中的作用，沿用了雍正朝确立的工赈费用从正项钱粮开支的制度，并在各灾区广泛实施工赈措施。因此，乾隆朝成为清代开国以来实施工赈最多的时期，工赈真正成了清代钱赈或粮赈之外的重要辅佐性赈灾方式。如乾隆元年（1736年），江南发生水灾，"淮扬一带各州县低洼田亩，有被水淹漫者"，乾隆帝"恐民穷失所"，遂谕令督抚等官员在"加意赈恤，俾获安居"的同时，采取相应的工赈措施，在宿迁、桃源、清河、安东、高邮、宝应等州县对"应行挑浚之河道"进行疏浚，让饥民"于冬春之交，再令佣工，以资力作，更为有济"，拨银二万二千余两疏浚安东旧盐河，再拨银十二万余两疏浚宿、桃、清、高、宝等地的河道，"著于今冬明春，次第兴工，即令雇募民夫，及时挑浚。则于紧要河道，既得深通。而寓赈于工，穷黎更得藉以养赡，于地方民生大有裨益"④。

---

① （清）杨景仁：《筹济编》，李文海、夏明方主编：《中国荒政全书》第二辑第四卷，北京古籍出版社 2004 年版，第 203 页。

② 《清实录·世宗宪皇帝实录》卷一百三十九"雍正十二年正月条"，中华书局1985年版，第 766 页。

③ 《清实录·世宗宪皇帝实录》卷一百三十九"雍正十二年正月条"，中华书局1985年版，第 767 页。

④ 《清实录·高宗纯皇帝实录》卷二十八"乾隆元年十月条"，中华书局1985年版，第 600 页。

乾隆二年（1737 年）是清代工赈史上最重要的时期，乾隆帝在全国范围内颁布了发生灾荒时修建城郭以赈灾的谕旨，标志着"以工代赈"在统治者的重视及提倡下得以确立，其措施在全国范围内得以普及实施，规定了地方预先调查、规划工赈项目，以便灾荒时从容开展工赈的制度，"工程之修举，在先事豫筹，别其缓急轻重，则遇灾欲办工赈，无难次第举行"①。

该制度的确立是乾隆二年（1737 年）直隶、山东等地旱灾赈济实践的结果。乾隆帝谕令直隶总督"查有应兴工作，俾小民得藉营缮，以糊其口"，令山东巡抚法敏"悉心计议，如开渠筑堤，修葺城垣等事，酌量举行，使贫民佣工就食，兼赡家口，庶可免于流离失所"。在工赈中，鉴于"年岁丰歉难以悬定，而工程之应修理者，必先有成局，然后可以随时兴举"，乾隆帝认为，地方直省工程之最大者，"莫如城郭"，令地方官平日勘察清楚城郭应行修理的地方，在发生灾荒时，招募灾民佣工，以济饥民，"地方以何处为最要，要地又以何处为当先，应令各省督抚一一确查，分别缓急，预为估计，造册报部。将来如有水旱不齐之时，欲以工代赈者，即可按籍而稽，速为办理，不致迟滞，于民生殊有裨益"②。

乾隆帝将此谕旨通告全国督抚，"并将此谕通行各省督抚知之"③，从此奠定了以工代赈在灾赈中的地位，使工赈成为地方救灾的常规措施。

此后，各地灾区普遍按照这一制度举办工赈。乾隆朝几乎每年都有以工代赈的记录，其赈济次数、花费的银两、达到的效果，均达到了清代开国以来的最高峰，其在实践中规定的制度及具体措施，为嘉道以后工赈的实施奠定了良好的基础。

---

① （清）杨景仁：《筹济编》，李文海、夏明方主编：《中国荒政全书》第二辑第四卷，北京古籍出版社 2004 年版，第 204 页。

② 《清实录·高宗纯皇帝实录》卷四十六"乾隆二年七月条"，中华书局 1985 年版，第 794—795 页。

③ 《清实录·高宗纯皇帝实录》卷四十六"乾隆二年七月条"，中华书局 1985 年版，第 794—795 页。

二、清前期官方"以工代赈"制度的内容

通过乾隆朝六十年的工赈实践，不仅将清代的工赈制度确定下来，对工赈工程项目、资金预算及筹集发放、工赈过程中的监督机制等方面进行了细化，发展、完善了"以工代赈"制度。使工赈成为此后灾荒赈济中的重要举措，既达到了赈灾功效，又为地方兴建了公共设施。乾隆朝的工赈制度主要包括了以下几个方面内容：

（1）规定灾前预先勘察各地应修的工程项目及费用，预先做出修筑计划，以便发生灾荒时及时兴工赈济。乾隆二年（1737年）确立的预先调查、规划工赈项目、计划工赈费用等制度，在一系列的工赈实践中得到了贯彻实施。如乾隆三年（1738年）三月二十七日，甘肃巡抚元展成对兰州上年受灾群众举办工赈，给老弱残疾之人发赈，将能劳作的青壮年灾民登记造册，每日募集两三千人筑城，每人每天发给工赈银六分，二十日更换一批，大部分灾民得以修城度日，"甘肃巡抚元展成奏：前奏准兰城兴筑，寓赈于工。……兰州应赈灾民共十五万余口，其老弱残废不能力作者，止令领赈。现将年力精壮可就力役者，另册登注。每名每日给银六分，每二十日一更换。使事育有资，均得受惠"①。

同年十月，江苏发生旱灾，按照乾隆二年（1737年）制定的制度，预算了三十余万两的工赈费用，筹集、调度库存银及正项银两修建城垣。

乾隆二年曾奉谕旨，令各省督抚将城郭工程，豫为估报，遇有水旱，即可以工代赈。今查江苏被灾县内，并沿江沿海紧要处所，应修城垣，确估共需银三十一万一千余两。除可缓银十七万八千余两，急需工料银十三万三千余两。并前咨准部覆，各属已经发修城工。应找银九万八千三百余两，共急需银二十三万一千三百余两。将存库匣费尽数支给，尚缺银一十六万余两，请拨发正项，及时兴修。工竣后，仍于匣费内陆续归还。②

---

① 《清实录·高宗纯皇帝实录》卷六十九"乾隆三年五月条"，中华书局1985年版，第115页。

② 《清实录·高宗纯皇帝实录》卷七十九"乾隆三年十月条"，中华书局 1985 年版，第248—249页。

乾隆八年（1743年），直隶发生大旱，在加赈、大赈、展赈期满后，灾情仍未缓解，在青黄不接时，就在沧州、景州修筑土城以赈饥民。方观承先行奏报了拟实施的工赈计划，"本年河津两郡旱灾，荷蒙优恤，极次贫户俱加赈至明春二三月，无忧失所。惟次贫户内壮丁及偏灾处所无地可耕佣工为活之人，或例不应赈，或赈期已满，此等贫民交春之后不免日食艰难，念惟地方兴举工作，则远近趋集，寓赈于工，实为安顿良法"①。据乾隆二年（1737年）修筑城工应预先勘察及呈报计划的规定，方观承调查了沧州、景州应修城垣的情况，预算了修城费用，于十一月二十九日请旨修筑。

将残缺城垣随时劝用民力徐为粘补，以期渐次修复。又见在沧州改筑土城，春融兴工，可于趁食灾民有益。……今查河间府以南冲要城垣，如献县、阜城皆以次修筑。阜城之南……土城坍塌，从前估报册内原定为要地当先之工。今献、阜业经修举，景州转任残缺……本年景州又值被灾最重，实与他处城工可缓者不同，请将景州土城亦于开春与沧州城工并举，则河、津两属青黄不接之时乏食壮口，俱得佣趁自给，以工代赈，正与从前所奉谕旨相符。兹估计景州城垣土工约需银三万四千余两②。

其请求得到了乾隆帝批准，"以工代赈，其应为者"③。

这一制度在乾隆朝后被沿用下来，《钦定大清会典事例》卷八百六十七《工部·城垣》曰：

乾隆二年谕：今年春夏之交，直隶山东雨泽愆期，二麦歉收，虽屡降谕旨，蠲赈平粜，恐间阎尚有艰食之虞。著巡抚悉心计议开渠筑堤修葺城垣等事，酌量举行，使贫民佣工就食，兼赡家口，庶免流离。再，年岁丰歉难定，

---

① （清）方观承：《赈纪》，李文海、夏明方主编：《中国荒政全书》第二辑第一卷，北京古籍出版社 2004 年版，第 580 页。

② （清）方观承：《赈纪》，李文海、夏明方主编：《中国荒政全书》第二辑第一卷，北京古籍出版社 2004 年版，第 581 页。

③ （清）方观承：《赈纪》》，李文海、夏明方主编：《中国荒政全书》第二辑第一卷，北京古籍出版社 2004 年版，第 581 页。

而工程之修理者，必先有成局，然后可以随时兴举，一省之中，工程之最大者，莫如城郭。而地方以何处为最要，又以何处为当先，应令各督抚确查，分别缓急，豫为估计，造册送部。将来如有水旱，欲以工代赈，即可按籍速为办理，于民生殊有裨益。①

然而，并非所有的工程都可以在赈灾中举办，为了区分在不同时期修筑的工程，乾隆朝的工赈制度对此做了特别的规定，即对一些费用低、耗时短或必须急速兴修的工程，就不能列入工赈项内修筑；对花费较多、较大的工程，也要区分缓急情形办理，将一些可以暂缓的工程安排到灾荒期间，按以工代赈的办法修筑，"城垣些小坍塌，地方官应照例随时苫补。如工程浩大，必需动帑者，查明系可缓工程，详请咨明，俟水旱不齐之年，以工代赈。若工程紧急，不能缓待者，仍照例估报题修"②。

（2）规定官府分摊工赈费用，即官府承担修筑民堤民埝费用的一半的数额。所需费用从公项支出，承担数额比前朝有了提高，即从十分之三提高到一半。乾隆朝"以工代赈"的工程性质主要有两种类型：一是官修；二是民修。"凡城垣、桥梁、道路、河渠、塘堤各项工程，分别官修民修，详请奏明办理"③。修筑民堤、民埝，向来是民间自筹经费，官府不给工价。乾隆朝规定，修筑民堤、民埝的费用由官府负担一半。

此制度确立于乾隆初年，源于直隶民修堤埝及疏浚河渠。雍正十三年（1735年）规定，在歉岁民食维艰之时，照钦工例酌给十分之三，筑堤实土一方连夯硪，给米三升九合；开河旱土，每方给米三升，水方给米四升五合，"俱以米一石折银一两。事竣核实报销，于公项下动拨"④。乾隆七

① （清）昆冈等修、刘启端等纂：《钦定大清会典事例》卷八百六十七《工部·城垣·直省城垣修葺移建》，《续修四库全书》编纂委员会：《续修四库全书·史部·政书类》第810册，上海古籍出版社2002年版，第526页。
② （清）姚碧：《荒政辑要》，李文海、夏明方主编：《中国荒政全书》第二辑第一卷，北京古籍出版社2004年版，第813页。
③ （清）姚碧：《荒政辑要》，李文海、夏明方主编：《中国荒政全书》第二辑第一卷，北京古籍出版社2004年版，第812—813页。
④ （清）万维翰：《荒政琐言》，李文海、夏明方主编：《中国荒政全书》第二辑第一卷，北京古籍出版社2004年版，第474页。

年（1742 年），又做了进一步规定，即直隶及各省地方修筑民堤民埝时，给予官河官堤土成价一半的修筑费用，"遇偏灾歉收之年，该督抚查明应修工段，实在民力不敷者，照例具题。兴工代赈，照依修筑官河官堤土成工价，准给一半"①。

经雍正末年、乾隆初年的实践及努力，官府负担民修工赈工程的费用从十分之三提高到一半（十分之五），"定例一切工程，凡系官修者，虽于代赈案内兴修，俱照各省河工定例准给。至民堤民埝，原应民间自行修筑之工，遇偏灾之后，以工代赈。自雍正十三年以后，照例准给官价十分之三。自乾隆七年以后，照例准给官价一半。凡估题代赈工程，应将官修民修遵照何例办理之处，逐一声叙"②。此制度虽以直隶民堤民埝的修筑为基础制定，但也应用于直省地方，"各省修河筑堤，土方多寡，微有不同。民堤民埝，应照各省官河官堤土方工价给予一半。自雍正十三年以后，给官价十分之三。乾隆七年以后，给官价一半"③。以此为基础，制定了各直省民堤民埝及民房田地修筑费从公项支出的制度，"各省民堤民埝，有关民舍田庐应行修筑而民力实不能办者，照以工代赈例动用公项，酌量兴修"④。

在具体执行中，大部分灾区的工赈费用均按此办理，但在特殊情况下，也能因地制宜，采取特殊办法解决，即一般以皇帝谕旨的方式，拨给相应费用。这种在皇帝特殊"恩沛"下划拨的费用，常常超过了制度规定的数额，表现了乾隆朝经济实力的雄厚，也表现了其灾荒赈济的特点。如乾隆十三年（1748 年），山东修筑沂河两岸堤工，"部议照以工代赈之例，土方价准给一半"，但乾隆帝考虑到山东灾情严重，土方价格按全价给予，"念东省被灾甚重，民情艰窘，非他处可比，将土方工价按数全

---

① （清）杨西明：《灾赈全书》，李文海、夏明方主编：《中国荒政全书》第二辑第三卷，北京古籍出版社 2004 年版，第 505 页。

② （清）姚碧：《荒政辑要》，李文海、夏明方主编：《中国荒政全书》第二辑第一卷，北京古籍出版社 2004 年版，第 813 页。

③ （清）万维翰：《荒政琐言》，李文海、夏明方主编：《中国荒政全书》第二辑第一卷，北京古籍出版社 2004 年版，第 475 页。

④ （清）万维翰：《荒政琐言》，李文海、夏明方主编：《中国荒政全书》第二辑第一卷，北京古籍出版社 2004 年版，第 474 页。

给。此又破例之殊恩也"①。

很多时候，修筑水利的费用也据具体情况，以漕粮垫支。如乾隆二十五年（1760 年），直隶兴修河渠时，就以漕粮抵作工赈的支出，"直属有应修河道沟渠等工，将上年截留北仓漕米所存十万石，作为修浚河渠以工代赈之用"②。

（3）规定工赈中河工修筑者所获的工时费，按工作性质及工作量的差异支付，如挑河疏浚、筑堤土方等人费用各不相同。乾隆朝不仅详细规定了挑河疏浚人夫的价银数额，还详细规定了不同情况下拖河泥及车水人工的费用。按照这一规定，拖河泥上岸者的工费银为八分、车水银一分；如果河面过宽，再加车水银五厘；如若河面宽度超过百丈，需用船运送河泥的，就再加船夫银六分、挑送河泥上岸夫银三分，每方土共需银一钱六分。如若河泥在就近的空地上堆积，每方给银一百文；如若要远送到江滩空地堆积，每方河泥连带车水银共给一百四十文。杭州城疏浚河泥时就遵照此规定施行。

杭城挑河，就近拖送上岸堆积，给银八分，外加车水银一分。河面宽六七丈者，再加车水银五厘。百丈之外，用船装送，再加船夫银六分，又加挑送上岸夫价银三分，每方共银一钱八分五厘。次远者，加船夫银四分，又加挑送上岸夫价银三分，每方共银一钱六分。就近空地堆积，每方给钱一百文，计银一钱二分五厘。远送江滩，每方连车水给钱一百四文，计银一钱三分。③

对筑堤土方的佣工费用，也有详细规定，每方给银四分八厘，"各省民堤民埝……所需土方，照浙省大嵩塘挑河之例，每方准银三分八厘，加夯

---

①　（清）杨景仁：《筹济编》，李文海、夏明方主编：《中国荒政全书》第二辑第四卷，北京古籍出版社 2004 年版，第 204 页。

②　（清）杨景仁：《筹济编》，李文海、夏明方主编：《中国荒政全书》第二辑第四卷，北京古籍出版社 2004 年版，第 204 页。

③　（清）万维翰：《荒政琐言》，李文海、夏明方主编：《中国荒政全书》第二辑第一卷，北京古籍出版社 2004 年版，第 475 页。

碛银一分，共给银四分八厘"①。

在各地水利工程的具体修筑过程中，一些官员奏请将挑河泥的土方价格及筑堤土方价格分开计算，进行适当调整。乾隆帝本着各地给价公平的原则，居中指挥调拨，如乾隆三年（1738年），河南抚臣尹会一奏请："每土一方，给银四分，则每夫一名，每日止得银一分有零，安能赡及家口？臣恳恩每挑河土一方，准给银七分二厘，筑堤土一方，准给银九分六厘，以资养赡"，乾隆旨曰："此系法敏错办者，朕若降旨允行，是豫省旧岁被灾，较之东省尤甚，而受惠反轻，其可乎？"②乾隆五年（1740年）三月，山东发生旱灾，就雇募饥民挑浚河土，巡抚硕色奏报："东省上年偶被偏灾，奏明以工代赈。查乾隆二年，东省雨泽愆期，蒙恩旨命前抚臣法敏酌行，使贫民佣工就食，兼赡家口……每土一方，给银四分。"③

修筑一些灾情严重、关系重大的水利工程，清代募工费用向来只给半价，乾隆朝规定，可根据实际情况适当请旨增加，"被灾深重，所议工程又系有关蓄泄机宜，及召募兴修，而奋作之人，未必即系应修之人，给发半价，恐尚有不敷。应将实在情形，并作何悉心筹画（划）酌议办理之处，于疏内分晰声叙，请旨遵行"④。

乾隆朝对以工代赈工程兴修的工程费用、人夫费用、工程规格等均做了详细规定，使后代在工赈中有章可循，并根据具体情况适当变更，如对一些大的工赈工程也因地制宜地制定措施，如道光年间娄江的刘河、七浦、朱泾、漕漕口闸等支流河段的修筑就是典型的例子⑤。

（4）规定佣工度日者在灾荒期间可参加工赈活动，获得相应费用维持

① （清）万维翰：《荒政琐言》，李文海、夏明方主编：《中国荒政全书》第二辑第一卷，北京古籍出版社2004年版，第474页。

② 《清实录·高宗纯皇帝实录》卷一百十三"乾隆五年三月条"，中华书局1985年版，第666页。

③ 《清实录·高宗纯皇帝实录》卷一百十三"乾隆五年三月条"，中华书局1985年版，第666页。

④ （清）姚碧：《荒政辑要》，李文海、夏明方主编：《中国荒政全书》第二辑第一卷，北京古籍出版社2004年版，第813页。

⑤ （清）顾嘉言等：《娄东荒政汇编》，李文海、夏明方主编：《中国荒政全书》第二辑第三卷，北京古籍出版社2004年版，第658—678页。

生计。按照清代赈济惯例，帮佣之人因享受雇主发给的佣工费，没有田地，不会遭受灾荒的直接打击，因此一般在灾荒中不能再享受官府赈济的钱粮。但是灾荒发生后，大部分雇主尚且不能自保，何况佣工者？虽然佣工者因为没有田地而不会受到灾害的直接影响，但其平日既靠佣工维持生计，家无蓄积，在灾荒中更无度日之资，其维持生计比雇主更为艰难。因此，乾隆朝对此进行了调整，规定靠佣工度日者可以在灾荒期间参加工赈活动，以获取佣工费维持生计，"佣工度日之人并不力田，原不给赈。时当俭岁，难以存活，惟有寓赈于工。查明城垣、桥梁、浚河诸事详估，奏准兴工，可令食力"[①]。

此制度在乾隆二年（1737 年）的灾赈活动及措施中就被明确规定下来："被灾农民，既分别赈恤，而佣工度活之人，时逢俭岁，民间工作不兴，米珠薪桂，何以存活，是以有以工代赈之例。"[②]此制度的颁布实施，使佣工者在灾荒中有了活命的机会，在一定范围内免除了灾荒带来的消极影响，减少了灾害损失，对稳定社会秩序也能够产生积极作用。

（5）规定了工赈工程的规格、范围及规模。对以工代赈的各类工程，尤其是取土筑坝的工程，仔细规定了建筑及用材规格，不仅对堤坝的高度、长度等规制有明文规定，还规定了所需人夫及其工费银数额，以及具体情况具体办理的原则："筑坝每道，取土填筑，每方银八分，每丈用长八尺松桩十二根，每根银五分。每丈用夹坝，高四尺，长八尺，松板一丈，每丈银六钱。每丈用安钉桩、攀缆夫十六名，每名银四分。每道用柴花篓三百二十八条，每百条银五分。筑坝两头各有乱石泊岸，拆移空处，以便筑坝。俟工完仍行整砌。每道用夫十名，每名银四分。各处工程报销不同，临时查办。"[③]

与此同时，还规定了按照工程轻重缓急次第修筑，以及按照河工成规全行支给土方工价银两的原则："惟是以工代赈，向例较之河工成规，给价

---

①　（清）万维翰：《荒政琐言》，李文海、夏明方主编：《中国荒政全书》第二辑第一卷，北京古籍出版社 2004 年版，第 474 页。

②　（清）姚碧：《荒政辑要》，李文海、夏明方主编：《中国荒政全书》第二辑第一卷，北京古籍出版社 2004 年版，第 812 页。

③　（清）万维翰：《荒政琐言》，李文海、夏明方主编：《中国荒政全书》第二辑第一卷，北京古籍出版社 2004 年版，第 475 页。

转少……自应循照往例，若实系紧要工程，亟应兴作，又当照原价给与。此项减河修浚工程，所有土方工价银两，著照河工成规全行支给……嗣后各省以工代赈之处，俱令分别工程缓急，照此办理。"①

为了避免工赈工程过于泛滥，就明确规定了工赈工程的规模，即修筑经费必须在一千两以上的大工程，才能列入以工代赈的工程范畴内。工程修筑费在一千两以下，则划入小工程的范畴，这类工程应在平时就修筑完成，"工程一千两以上者，俟水旱不齐之年，动帑兴修，以工代赈。一千两以下者，酌用民力，分年修理"②。

（6）规定慎选工赈管理人员、就近招募工赈人员。为避免下层官吏在工赈中贪污中饱，严肃工赈吏治，乾隆七年（1742 年）规定，基层工赈官员必须从有收入之家，即生活尚能维持的人中选择，佣工者必须就近招募饥民，以达到迅速兴工的目的，"查赈饥以分散为上，即以工代赈，亦必各处兴工为上。应择有收地方，派干员分管饥民若干户口，就近兴工，其工价比常例多给，俾足养赡妻孥"③。

乾隆二十六年（1761 年）规定，参加工赈的人员必须是熟练的匠人，贫民可服杂役，"以工代赈如堤坝、河渠、道路等项，饥民可以力作之工，许其一面奏闻，一面乘时兴举。其砖料城工，匠役必熟习之人……并严行稽查，不使承办工员，任听匠头人等包揽射利。除需用熟习匠工之外，一应杂作夫工，贫民皆可应役，于赈务实有裨益"④。

三、清前期官方"以工代赈"的具体措施

乾隆朝在"以工代赈"活动中的措施有很多，主要是疏浚河道、修筑

---

① 《清实录·高宗纯皇帝实录》卷四百四"乾隆十六年十二月条"，中华书局 1986 年版，第 312 页。

② （清）万维翰：《荒政琐言》，李文海、夏明方主编：《中国荒政全书》第二辑第一卷，北京古籍出版社 2004 年版，第 474 页。

③ 《清实录·高宗纯皇帝实录》卷一百七十八"乾隆七年十一月条"，中华书局 1985 年版，第 303 页。

④ （清）姚碧：《荒政辑要》，李文海、夏明方主编：《中国荒政全书》第二辑第一卷，北京古籍出版社 2004 年版，第 813—814 页。

堤坝等水利工程，以及修筑城墙、道路、衙署等，"以工代赈最有益于贫民者，首惟挑河，次筑堤，次修土城，又次修砖城。盖挑河，无论丁壮老幼男妇，均可赴工抬土；筑堤，有夯碾泼水等工，多须丁壮、城工；则土城雇用夫工为多，砖城备办灰砖料物，工匠为多。虽所用夫工于穷民亦有益，但未若挑河抬土，民易趋赴"①。

（1）兴修和疏浚河道、修筑堤坝等水利工程。中国是一个传统的以农业立国的国度，水利工程成为历代王朝极为重视的农业基础设施，这些设施在抵御水旱灾害侵袭、保障农业生产顺利进行，甚至在抗灾保收中，都发挥了极为重要的作用，"自古致治，以养民为本，而养民之道，必使兴利防患，水旱无虞，方能使盖藏充裕，缓急可资"②。

但随着农业垦殖的深入发展，水土流失现象逐渐严重，水利设施常常被泥沙淤塞甚至被淤毁。如不加以疏浚，水利工程的功效就不能正常发挥，农业生产也就得不到保障，"浚治河川，乃消弭水患之根本办法。水旱既弭，则农民可安于畎亩，而努力生产；所产既多，自有积蓄，即遇有亢旱蝗雹等其他灾害，亦可免于饥荒流离，不致受殃"③。

清代是山区半山区开发最为深入的时期，水土流失也比前朝更为严重，水利工程的淤塞也随之严重起来，河患频仍，疏浚任务极其繁重，"河患频仍，积荒数千里，浚治维艰"④。因此，修复及疏浚水利工程，就成为清代地方政府的重要任务之一，也成了以工代赈工程的重要项目。

在灾荒中招募饥民来兴修或疏浚水利，既可使农业生产的基础设施得到加强，又能使灾民得到佣金或粮食以度饥荒。故兴修或疏浚水利作为工赈工程的首选项目，受到了统治者的重视，"水土为农田之本，而救荒之政，莫要于兴工筑以聚贫民。遂博求海内水利，修川防，俾各省河渠湖

---

① 《清实录·高宗纯皇帝实录》卷二百十四"乾隆九年四月条"，中华书局 1985 年版，第 744 页。

② 《清实录·高宗纯皇帝实录》卷四十七"乾隆二年七月条"，中华书局 1985 年版，第 806 页。

③ 邓云特：《中国救荒史》，商务印书馆 1993 年版，第 480 页。

④ 邓云特：《中国救荒史》，商务印书馆 1993 年版，第 483 页。

泽，岁久或淤塞，为连州比郡农商害者，咸开浚之"①。更重要的是，在灾荒中修建各项水利设施，工费较平时低，成效却极为迅速。这是因灾荒时饥民众多，多愿意佣工为生，劳力既多且廉，官府以低于平时的工价就能雇募到佣工人员，"小民至困苦中，工力必贱"。

在朝廷的大力支持及地方官员的积极努力下，乾隆朝在各地举办了众多的、以兴修水利工程为核心的工赈活动，在全国范围内兴修了众多的水利设施，对各地的农业生产产生了积极的影响，也在一定程度上减少了水旱灾害的损失。

乾隆朝多次采取工赈措施，取得了较好的成效。如乾隆四年（1739年）发生灾荒时，河道总督白钟山据此前奏报的增修黄河大堤的计划，实施工赈，"现在分别最要、次要，逐段查估兴修"②。乾隆七年（1742年），淳安县发生水灾，进行加赈。

乾隆十二年（1747年），山东巡抚阿里衮奏报，沂州府兰山、郯城两邑的河道淤塞，堤埝塌颓，"为累年被水之由，应动帑疏筑"，乾隆帝认为疏筑堤埝为利民之举，因为两邑河道的淤塞导致当地屡次发生水灾，实施工赈"实属应行"，令阿里衮周密计划，"将上源下委，审度周详，然后可以兴举"，并令大学士高斌在江南查赈事竣时"便道查看，将应行疏筑之处，悉心妥酌，勘实奏闻"③。乾隆十六年（1751年），大学士高斌等人会勘南北两运减河后，奏请"酌筹修浚"，预算修浚河堤桥坝各工约需银十二万一千余两，"今请于停赈之时，照兴工代赈旧例给价，共约估需银九万一千余两，俾小民得以力作糊口"，乾隆帝立即同意，并谕令按河工成规全行支给所需费用，以后工赈工程以此为例，"武清、宝坻、宁河、天津、青县、沧州诸境，今岁皆值偏灾，寓赈于工，自于小民有益。惟是以工代赈，向例较之河工成规，给价转少……自应循照往例，若实系紧要工程，

---

① 《清实录·高宗纯皇帝实录》卷五十"乾隆二年九月庚寅条"，中华书局1985年版，第850页。

② 《清实录·高宗纯皇帝实录》卷一百一"乾隆四年九月癸酉条"，中华书局1985年版，第533页。

③ 《清实录·高宗纯皇帝实录》卷二百九十八"乾隆十二年九月条"，中华书局1985年版，第894—895页。

亟应兴作，又当照原价给与。此项减河修浚工程，所有土方工价银两，著照河工成规全行支给……嗣后各省以工代赈之处，俱令分别工程缓急，照此办理"①。

乾隆十八年（1753 年），黄河漫溢，"策楞所奏黄河漫溢情形看来，现在高宝堤工，既皆危险，东省山水复发，以致运河骤涨"。乾隆帝谕军机大臣开挖引河，同意实施以工代赈的措施赈济灾民，"拆开清口东坝及启放高邮南关坝，以泄水势之处，悉可随势相度，权宜办理。但正溜已经全掣，究以亟开引河为要。徐属灾民，嗷嗷待哺，或即令伊等开挖，以寓以工代赈之意"②。

乾隆二十一年（1756 年），江苏发生水灾，乾隆帝担心被灾各县属"将来青黄不接之时，闾阎糊口维艰"，谕令实施工赈，修筑、疏浚水利工程以济灾民，"向来以工代赈，亦救荒之一策。现在下河及芒稻河等处，并他项工程，有应行疏浚修筑者，随宜兴举，俾小民得趁工觅食。而水利堤防，均有利赖，洵为一举两得，著交与尹继善、庄有恭、富勒赫悉心相度，筹议奏闻"③。

乾隆二十二年（1757 年），江南河道总督白钟山、河东河道总督张师载奏请采取工赈措施，疏筑淮徐河湖以赈饥民，"再四筹划，其黄河南岸应加堤工，北岸应堵支河，迫不及待急宜攒筑。至下游骆马湖堤工，俟上游工少就绪，即接续攒办"，乾隆帝同意了他们的奏请，"朕观骆马湖堤工，亦非可缓待之事，过宿迁时，贫民甚多，以工代赈，亦不虑无人应募也"④。

乾隆四十七年（1782 年），河南省青龙冈堵筑漫口，"下游居民经黄水淹浸，民食维艰"，就实施工赈，修筑堤岸以济灾民，"另筹开挑引河，

改建堤岸，俾江南、山东两省附近灾黎赴工授食"①。

乾隆五十六年（1791 年），直隶总督梁肯堂奏报，清河道所属之千里长堤、潴龙河堤、大清河及芦僧河等堤，大名道所属之卫河红花堤、天津道所属之宣惠河、通永道所属的还乡、蓟运、黑龙、小泉等河坝、堤埝各工"均关水利，民田庐舍，必须亟筹，以资防护宣泄"，请求按照工赈之例修筑，得到了批准，"每土一方，给米一升、银一分。其工要土松者，照历年成案，每方酌给减半夯硪银一分八厘三毫，乘春融上紧赶办，并令该道等实力督查"②。

总之，乾隆朝实施的"以工代赈"措施，使各地的堤埝、塘坝、河渠等水利工程逐渐得到修建和疏浚，达到既赈济灾民又推动水利建设或保障水利设施发挥功效的双重作用，取得了良好的社会效果。

（2）修筑城墙。各地坍塌城墙的修筑复建是乾隆朝工赈措施的重要内容。传统城墙多为黄土分层夯打或砖石砌成，无论是版筑夯土墙、土坯垒砌墙，还是青砖砌墙、石砌墙或砖石混合砌墙，都常在水灾中坍塌，或因年久失修而破损。乾隆帝令各省地方官员平日仔细勘察应修应补之处，在灾荒中次第维修。故修筑城墙成为乾隆朝工赈中举办最多的工程之一。

实施工赈时，常预先区分出各工程的紧急、重要程度，按轻重缓急的顺序修筑。如乾隆九年（1744 年）直隶发生旱灾，总督高斌奏请估修直属各城，以工代赈，"查冀州城垣颓缺，武强前岁被灾，均请列为要工。其深州、任邱、肃宁三处，请列为缓工。又，天津府属之庆云县，现以偏灾查赈，亦请列为要工"③。

筑城时，一般将费用多、费时大、需要人役较多的工程，留待工赈救灾时修筑。如乾隆九年（1744 年），河南修筑城垣救灾，巡抚硕色奏报了修筑计划："豫省应修城垣，现在估需工料二百两以内者，限一年修

---

① （清）杨景仁：《筹济编》，李文海、夏明方主编：《中国荒政全书》第二辑第四卷，北京古籍出版社 2004 年版，第 204 页。

② 《清实录·高宗纯皇帝实录》卷一千三百七十三"乾隆五十六年二月条"，中华书局 1986 年版，第 428 页。

③ 《清实录·高宗纯皇帝实录》卷二百二十五"乾隆九年九月条"，中华书局 1985 年版，第 913—914 页。

竣。二百两以外至四百两者，二年修竣。四百两以外至六百两者，三年修竣。六百两以外至八百两者，四年修竣。八百两以外至一千两者，五年修竣。俱令各州县于额设公费内动用，至工料在一千两以外者，存俟水旱不齐之年，以工代赈，得旨：知道了。亦应不时察查，勿致累民也。"①在这种制度下，乾隆年间在各灾区修筑、补修了不少城墙。

乾隆十年（1745年），安徽发生水灾，前署安徽巡抚准泰奏请修筑徽州府郡城，以及歙县、休宁、婺源、绩溪等县城，宁国府郡城以及南陵、泾县、芜湖县城，"前经题请兴修，今各属俱被水灾，实与以工代赈之例相符"，请求在司库修城本款匣费银内，先给八分工料银，及时购料兴工，"统限两月内办料"，徽州府郡城，歙县、婺源、绩溪、南陵、芜湖六处"统限四个月完竣"，休宁"限六个月完竣"，宁国府郡城"限八个月完竣"，泾县"限一年完竣"，得到了批准："应如所奏办理，从之。"②同年（1745年），河南也发生水灾，鹿邑、柘城、永城、商邱等地城垣坍塌，河南巡抚硕色奏请实施工赈，修筑城垣，也得到了批准："被灾地方，宜以工代赈。应如所请……动项兴修……依议速行。"③

乾隆十一年（1746年），山西巡抚阿里衮疏称，大同、朔平两府所属州县上年发生旱灾，已题请朝廷赈恤，将新旧钱粮分别蠲缓带征，又于闰三月时加赈了一月，但因此处气候寒冷，收成较晚，饥民众多，应州、大同、山阴、灵邱、阳高、天镇、朔州、马邑八州县城垣破损严重，均应修葺，"地近塞垣，砂土瘠薄，气候较迟，麦收须俟六七月，秋获则在八九月，值灾歉后，谋食艰难。该州县地处边疆，城垣自宜修整"，请求举办工赈，"若以工代赈，地方民生，均有裨益"，得到了乾隆帝批准："饬令各州县，务于四月初旬，同时兴举。该道府稽查、催攒完竣，庶灾地穷

①《清实录·高宗纯皇帝实录》卷二百二十七"乾隆九年十月条"，中华书局1985年版，第940—941页。

②《清实录·高宗纯皇帝实录》卷二百三十九"乾隆十年四月条"，中华书局1985年版，第73页。

③《清实录·高宗纯皇帝实录》卷二百五十一"乾隆十年十月条"，中华书局1985年版，第240页。

黎，糊口有资，边方城郭，乘时修葺巩固。得旨，依议速行。"①

乾隆二十一年（1756 年），山东发生水灾，鱼台等县的土城墙被浸塌，杨锡绂奏请修筑新城赈饥，"今秋被水淹浸，地势低洼，现在城内尚有停水，该县逼近微山湖，将来夏秋稍有漫涨，即难保其不再被淹。请于高阜处所，另建土城。以资保障"，得到了批准："鱼台屡被水患，迁城高阜，系因时权宜之计，且兴建城工，亦可以工代赈，于灾黎自属有益。"②

乾隆二十七年（1762 年），河南省祥符、中牟、淮宁、兰阳、汜水、睢州、河内、武陟、原武、偃师十州县发生水灾，采取寓工于赈的措施修筑城墙，"城垣护堤被水冲塌，急需修葺。动用拨备工程赈济银两，以工代赈"③。

乾隆五十七年（1792 年），直隶发生旱灾，乾隆帝敕令保定、天津、河间以及顺德、广平、大名等府兴修城垣，"乘此兴修，并查明各该州县城工，如有应行急修之处，赶紧勘估，奏明办理"④。

（3）修筑水陆交通要道。在灾荒发生后，尤其是水灾、潮灾、风灾发生后，交通道路往往会受到极大的破坏，如道路、桥梁常常在水灾中被冲毁淤塞，救灾物资不能顺利运输。故在工赈中，修筑并尽快恢复水陆交通，就成为保障灾荒赈济物资畅通、便于商民往来的一项极为重要的工程，受到了各地的重视，各灾区也在工赈中修复了很多水路交通要道。

如乾隆十六年（1751 年）夏，浙江萧山、会稽一带发生了旱灾，导致了河流水位下降，河道淤塞，船只难行，但该地又无其他旱路可通，救灾粮食不能顺利运抵灾区，致使米价不断上涨。八月二十六日，乾隆帝就下令疏浚河道，兴工赈灾，"朕今岁南巡浙江，见萧山、会稽一带河道甚为浅

① 《清实录·高宗纯皇帝实录》卷二百六十四"乾隆十一年四月条"，中华书局 1985 年版，第 422—423 页。

② 《清实录·高宗纯皇帝实录》卷五百二十九"乾隆二十一年十二月条"，中华书局 1986 年版，第 658 页。

③ （清）昆冈等修、刘启端等纂：《钦定大清会典事例》卷八百六十七《工部·城垣·直省城垣修葺移建》，《续修四库全书》编纂委员会：《续修四库全书·史部·政书类》第 810 册，上海古籍出版社 2002 年版，第 527 页。

④ （清）杨景仁：《筹济编》，李文海、夏明方主编：《中国荒政全书》第二辑第四卷，北京古籍出版社 2004 年版，第 204—205 页。

窄。后闻夏旱之时，河流淤涸，舟楫难行，又别无旱路可通，以致米价顿昂，较他处更甚。朕思疏浚河道，本以便民，若乘此时以工代赈，开通深广，足垂永久之利。该督抚即行相度估计，奏闻办理。此就朕所经临亲见者为之筹画（划）外，此或有当疏浚兴工之处，该督抚次第酌量修举，俾贫民得资糊口"①。

乾隆二十七年（1762 年），直隶城德胜门外至清沙一带连日大雨，道路泥泞坑洼，车马往来不便，运输困窘，物价上涨，乾隆帝认为："京城为辇谷重地，轮蹄辐辏，并属通衢，修治最关紧要"，于是敕令步军统领派员将该地道路修治为石道，其余各门不平坦的道路，也令查勘酌办，"近来朝阳、广宁等门，缮修石道，官民均为便利。惟德胜门外，至清河一带，地势低洼，一遇大雨时行，遂多泥泞。此时积水虽消，而车马往来，尚多未便。现在物价较昂，未必不由于此。著步军统领衙门会同兆惠、舒赫德、和尔精额、倭赫选派贤能司员，详加相度，妥协修治。其余各门，距从前修理之时，亦属年久，或有未能平坦，不便行旅之处，并著查勘奏明，酌量办理，多兴土功，亦所以养穷民也"②。

乾隆五十七年（1792 年），山东发生旱灾，饥民众多。巡抚觉罗吉庆查勘后得知，山东的驿路壕沟"向系民间按亩出夫挑挖"，就奏请修筑山东驿道，以工代赈，将济南、东昌两府所属中路自长清县起，从齐河、禹城、平原至德州一段，东路自茌平县起，由高唐、恩县至德州一段，雇觅灾区贫民将所有大路的壕沟一律挑宽四尺、加深二尺，每挑土一方，按直隶奏定的规章条例，给米一升、银一分，"所需银两，即于司库贮存工程银拨支"③。

（4）修建衙署、监狱、仓库、庙宇、学堂及军事设施等。中国位于环太平洋地震带和亚欧地震带上，是地震频发的国家，每当发生地震，各地

① 《清实录·高宗纯皇帝实录》卷三百九十七"乾隆十六年八月条"，中华书局 1986 年版，第 221 页。

② 《清实录·高宗纯皇帝实录》卷六百七十二"乾隆二十七年十月条"，中华书局 1986 年版，第 510 页。

③ 《清实录·高宗纯皇帝实录》卷一千四百十四"乾隆五十七年十月条"，中华书局 1986 年版，第 1026 页。

的建筑及公共设施都会遭到不同程度的毁坏。各灾区土筑的衙署、监狱、仓库、庙宇、学堂、军事设施等常在水、风、潮等灾害中毁坏坍塌，对地方统治的稳定，社会经济、文化的发展，军事据点的稳固等，都会带来不良影响。

因而，衙署、监狱、仓库、庙宇、学堂及军事等设施都是迅速稳定及恢复灾区社会秩序的重要标志性建筑，是灾后急需恢复重建的项目。故修建灾害中被毁坏的建筑及公共工程，就成了各地灾区实施工赈的重要举措之一。如乾隆五十九年（1794年），漳州府发生水灾，衙署、仓库、监狱等被洪水冲塌，"因遇大雨，潮水涨发，漫溢城乡。衙署、仓库、监狱及兵民房屋，多被冲塌"，乾隆帝谕令："该处衙署、仓库、监狱、兵房等项，著即速动项兴修，俾得以工代赈。"[①]

四、清前期官方"以工代赈"的社会效果

"以工代赈"是灾荒赈济的一种特殊形式，虽然寓赈于工存在较多弊端，但其发挥的巨大救灾作用还是不能忽视的，如乾隆帝认为："朕思地方既有偏灾，即不用其力，尚且多方抚恤。乃因寓赈于工，转致减价给发，于理未协。即该地方已经给赈，而赴工之人，未必即系领赈之人，亦无从区别"[②]，由此可见，"以工代赈"在地方社会的发展稳定中发挥了积极影响。

（1）增强灾民自力更生的能力及自救意识。工赈与钱粮赈济有极大的不同，钱粮赈济一般都是无偿给予，但工赈却是需要灾民通过付出劳动及努力才能够得到所需的钱粮。故工赈虽然劳民，但却是利民的措施。清人对此也有明确的认识：

> 荒岁役民，出于不得已，未始非良法也。浚河筑堤诸务，受其直，救目前之饥荒，藉其劳，救将来之水旱。他如修城垣以资保障，葺学校以肃观瞻，

---

① 《清实录·高宗纯皇帝实录》卷一千四百六十二"乾隆五十九年十月条"，中华书局1986年版，第540页。

② 《清实录·高宗纯皇帝实录》卷四百四"乾隆十六年十二月条"，中华书局1986年版，第312页。

皆工程之大者。即缮完寺观，似非急务，而用财者无虚糜之费，就佣者无素食之惭，劳民而便民，非良法乎？①

灾民在灾荒中无偿从官府或民间赈济团体中得到赈济的钱粮，对稳定灾区社会秩序、救济濒死饥民、促进社会经济的恢复发展都产生了积极影响，但也因此带来了诸多消极影响，即在客观上培养了灾民的惰性及依赖心理，泯灭了灾民奋发自救的思想及精神。这就使得中国的民众精神中多了一分惰性、少了一分自力更生、积极进取的韧性。灾民惰性的养成，导致很多灾民在饥荒来临的时候，不是想办法自救和减轻灾荒损失，而是依赖皇帝和官府"轸念民瘼"的恩典，依赖好官和清官"体恤民生"的救助物资。如果真有明君清官，很多灾民无疑可以得救，但若吏治腐败，灾民的等待换来的只会是更严重的饥荒甚至死亡。

以工代赈的制度、具体的措施和实践，在很大程度上是对这种惰性的一个修正，使灾民通过自己的劳动获得报酬，从而获得在灾荒中生活的资源及生存的成本，是生产自救的一个重要途径，能够提升灾民自力更生的能力，增强其抗灾自救的意识，也使国民精神中积极进取的成分得到了提升和强化。

（2）具有救灾及增强社会基础设施的双重效应。工赈兴建的工程，无论是水利工程还是城池道路、监狱、衙署，无论是官修工程还是私修工程，绝大多数都是社会基础设施，是维持社会稳定、保障经济文化持续发展的基本工程。在灾赈中修筑这些工程，既通过有偿的方式使灾民得以度过饥荒，也使灾区的基础设施得到兴建和修复，"借急需之工，养枵腹之众，公私两利"②，从而收到一举两得的良好效果，"生齿繁，一遇荒歉，虽多方赈救，而常恐不能接济。是以复兴土功，俾穷黎就佣受值，则食力者免于阻饥，程工者修其废坠，一举两得，洵合古人恤民之精意，而不泥

---

① （清）杨景仁：《筹济编》，李文海、夏明方主编：《中国荒政全书》第二辑第四卷，北京古籍出版社2004年版，第203页。

② （清）汪志伊：《荒政辑要》，李文海、夏明方主编：《中国荒政全书》第二辑第二卷，北京古籍出版社2004年版，第604页。

其迹者也"①，"倘前项工程之外，有应举行者，即照以工代赈之例，随宜兴作，俾灾黎得以稍资生计，亦一举两善之道也。"②

有关工赈带来的赈济与修废并举的双重的积极作用，清代官民有明确认识："以工代赈，原为接济饥民，兼完工作之意"③，文人议论也多，如惠士奇就说："宋汪纲知兰溪县，会岁旱，躬劝富民浚堰筑塘，大兴水利，饥者得食其力，全活甚众。此开渠之法也。……俾废者修、浅者浚而益深焉，则贫富两以为便。救一时之患，而成数百年莫大之功。"④

此外，工赈在发挥兴修工程及救济饥民的双重作用时也各有侧重，即工赈的根本点、着眼点是赈饥，各项工程是以赈济灾区饥民为目的举办的，即兴工的最终目的还是为了"赈"。乾隆二十六年（1761 年）安徽巡抚奏请取消原来勘定的以工代赈案，就明显地反映了兴工为赈的特点。安徽省预先勘明待修工程有二十处，其中题明按工赈方式修筑的潜山、太湖两县工程，是乾隆二十四年（1759 年）秋季遭受偏灾时题请在加赈案内请修的工程，但却拖延至乾隆二十六年（1761 年）才开始请帑兴工，灾荒已过，不能产生赈饥效果，故巡抚就请求取消此工程。《荒政辑要》载："今时移事过，岁获丰登，藉代赈之虚名，轻动十余万之帑项，殊非慎重钱粮之道。臣愚以为此等代赈之工，应请停止。潜山、太湖二县城垣，另行勘估妥办"⑤。工部核议后认为，工赈工程之所以在灾荒中举办，是因其负有济荒救民的重要责任，"查代赈城工，原因年岁丰歉难定，小民谋食维艰，是以特颁谕旨，令各该督抚将应修城工，分别确查，预行报部。遇有水旱不齐之年，藉为以工代赈之举……各该督抚自宜恪遵办理，遇有歉收地

① （清）杨景仁：《筹济编》，李文海、夏明方主编：《中国荒政全书》第二辑第四卷，北京古籍出版社 2004 年版，第 200 页。

② 《清实录·高宗纯皇帝实录》卷三百十四"乾隆十三年五月条"，中华书局 1986 年版，第 148 页。

③ （清）姚碧：《荒政辑要》，李文海、夏明方主编：《中国荒政全书》第二辑第一卷，北京古籍出版社 2004 年版，第 813 页。

④ （清）汪志伊：《荒政辑要》》，李文海、夏明方主编：《中国荒政全书》第二辑第二卷，北京古籍出版社 2004 年版，第 605 页。

⑤ （清）姚碧：《荒政辑要》，李文海、夏明方主编：《中国荒政全书》第二辑第一卷，北京古籍出版社 2004 年版，第 813 页。

方，即将应修城工随时兴举，俾小民力作，以谋口食"。但灾荒中应修筑的工赈工程延迟未修，完全失去了以工代赈的本意，"若不将代赈之工及时兴举，迨时移事过，始行请帑兴修，殊非以工代赈之本意"①。工部在查明潜山、太湖两县工程延修的原因后，相关官员受到了处罚，"所有安省乾隆二十四年被灾案内题请以工代赈之潜山、太湖二县城工，何以不即兴举，接济饥民，及迟至二十六年始行请帑兴修之处，应令该抚据实查参，并将该二县城垣原估银二十二万二千余两，另行确查办理，报部查核"②。因此，工部再次强调乾隆二年（1737 年）规定的以工代赈的章程，即工赈工程必须在赈灾时按期举办，才能达到救济饥民的根本目的，"至以工代赈，地方官果能乘时妥办，于被灾贫民实属有济……查乾隆二年钦奉上谕：原令各省预为估计造报，以便按籍而稽，速为办理，不致迟滞。如遇水旱灾伤，应行代赈之时，当于加赈案内附疏题明，照例兴举。或因事在至急，具折奏明亦无不可。总宜及时兴工，使灾黎得以力作谋食，弗稍迟误为要"③。

因此，"以工代赈"既达到了救灾的积极效果，又用最少的费用，完成了地方基础设施的修建，收到了一举两得的功效。

（3）减少了社会动荡因素。在灾荒中，常发生饥民抢粮及暴乱事件，"是时饿莩甚多，比户离徙，奸民杂出……民命在于旦夕，若必待编审事定，民何以堪?"，"米珠薪桂，人皆自顾不暇，何处恳求?官长若不救全，老弱死而壮者盗，必然之势"④，灾荒期间潜伏的饥民暴乱危机，使灾区的社会治安及稳定受到严重威胁。

在灾区采取"以工代赈"的措施，把绝大多数年富力强的年轻人吸引

①（清）姚碧：《荒政辑要》，李文海、夏明方主编：《中国荒政全书》第二辑第一卷，北京古籍出版社 2004 年版，第 814 页。

②（清）姚碧：《荒政辑要》，李文海、夏明方主编：《中国荒政全书》第二辑第一卷，北京古籍出版社 2004 年版，第 814 页。

③（清）姚碧：《荒政辑要》，李文海、夏明方主编：《中国荒政全书》第二辑第一卷，北京古籍出版社 2004 年版，第 814 页。

④（清）陆曾禹：《钦定康济录》，李文海、夏明方主编：《中国荒政全书》第二辑第一卷，北京古籍出版社 2004 年版，第 332 页。

到工程中来，让他们能够通过自己的劳动维持生计。《清史稿·郑敦允传》记："湖北襄阳知府以水灾对壮者以工代赈，筑石堤护水，民得其利"，减少了因饥饿而掳掠或聚众反抗的概率，"惟食以粥，则所赈皆贫民，奸猾渐散"[①]，在很大程度上减少了社会动荡因素。

同时，灾荒发生后饥民常常背井离乡，迁移流转，"失业之人，不知所往，加以饥寒逼迫，不就死于沟壑，必创乱于山林，势所必至，何也？丰年尚有通那（挪）之处，歉岁断无告贷之门"[②]。工赈工程兴建后，就近吸收大量饥民参加建设，很多灾民因此不会外出流移，减少了流民的数量，从而减少了社会不稳定的因素，《清史稿·刘大绅传》记，乾隆四十八年（1783年），山东曹县知事刘大绅以灾集夫万余人，修赵王河决堤，"以工代赈，两月竣事，无疾病逃亡者"[③]。因此，采取"以工代赈"的措施，既稳定了社会秩序，也有利于灾后户籍管理及赈济措施顺利有效地实施，达到了统治者常常鼓吹的"令彼穷人不暇于为非，全家赖之而得食，恩施万姓，名著千秋"[④]的功效。

（4）不断培养新的建筑工程技术人员，传承和传播了中国古代工程建筑的技艺，对近现代工赈制度产生了积极的影响。无论是兴修水利工程，还是修筑城墙、交通要道的工程，或是修建衙署、庙堂，都需要一定的技术才能完成。中国古代的建筑技艺经过千百年的发展及传承，到了清代，技术水平在相对程度上达到了中国建筑史上的最高峰。虽然这些技术的传承和传播方式是多种多样的，但工赈工程的开展及进行，无疑对技术的传承及传播起到了积极的推动作用。由官府主导进行的工赈工程的普遍实施，在很大程度上打破了工程技艺为少部分工匠垄断的局面，使掌握工程

---

① （清）陆曾禹：《钦定康济录》，李文海、夏明方主编：《中国荒政全书》第二辑第一卷，北京古籍出版社 2004 年版，第 333 页。

② （清）陆曾禹：《钦定康济录》，李文海、夏明方主编：《中国荒政全书》第二辑第一卷，北京古籍出版社 2004 年版，第 351 页。

③ 赵尔巽等：《清史稿》卷二百七十七《刘大绅传》，中华书局 1977 年版，第 13032 页。

④ （清）陆曾禹：《钦定康济录》，李文海、夏明方主编：《中国荒政全书》第二辑第一卷，北京古籍出版社 2004 年版，第 351—352 页。

技艺的群体出现了扩大化趋势，工程技艺也出现了普及化的状况。

同时，以工代赈还打破了中国传统的士、农、工、商等阶层的严格界限及行业的垄断和划分。在灾荒期间举办的工赈工程中，无论是士人还是农民，无论是工匠还是商人，都有可能为了生存而投身于工赈工程中，在官府的统一调度安排下劳作，打破了阶层和等级的划分。

在工赈中，很多前来兴工维持生计的劳力没有任何建筑技艺，也有可能从来没有从事过建筑工作。但为了完成工程任务，熟悉工程技术的人就有责任将技术传授给其他人员，这就使工匠垄断或专擅技艺的局面有了改变。从而在更大程度上为技艺的传播、传承提供了条件及空间。很多参加工赈的人在兴工的过程中，几乎都能够学会并掌握一两门技艺，这在客观上培养了新一代的建筑艺人，也扩大了传统建筑工艺队伍。

很多建筑工艺在传承及传播的过程中，各地工匠还会因时因地进行调整、改变，甚至改良和发展建筑技艺，这在一带程度上推动了建筑技艺的发展、进步和完善。因此，工赈活动在很大程度上成为丰富、传承中国建筑文化并推动其发展的重要方式之一。

乾隆朝的工赈制度和具体措施，对近现代以工代赈的制度及措施产生了积极的影响，尤其是工赈工程的内容、规模、费用等，对近现代工赈制度及具体措施起到了很大的借鉴作用。工赈工程的举办，还能够形成官民共同经历、感受灾害的共患难形势，增强了灾民对官府的认同感，在一定程度上提高了政府的形象，一些非灾荒时期形成的官民之间的矛盾，也能够在工赈中得到一定程度的缓解。既有利于安定民心，也有利于社会的稳定和发展，同时更有利于增强民族凝聚力。

（5）工赈工程中的弊端及影响。历史时期实施的任何制度和措施，都不可能是尽善尽美、毫无弊端的，乾隆朝的工赈制度及措施也是一样的。我们在看到乾隆朝以工代赈工程的巨大影响及积极作用的同时，也不能忽视其消极、不利的影响。

在工赈工程实施中，官府在事实上形成了对灾民的严重剥削。因为灾荒中进行的工赈工程，其发给佣工者的费用往往比平时低廉，饥民为了糊口维生，只要能有一点点微薄的报酬、有一口饭食充饥，都会愿意屈就。因此，官府常常只要付出平时一半甚至不到一半的费用，就能够完成相应的工程修筑任务。同时，很多灾民为了维持生计，往往廉价处理那些不能解决饥寒的建筑材料和物资，官府也乘机廉价收购建筑材料，实际上降低了工程修筑费用。因此，工赈工程固然是一种对灾民的怜悯和赈济，能让灾民得以佣工维生度过危机，但实际上也是官府利用灾荒完成新建或修复维持统治所需的基础设施、公共工程，达到稳固统治目的的一种手段，即官府利用了灾民的廉价劳动力，以最少的付出、最廉价的成本，获得了最大的回报和收益。

在工赈中，很多工程往往是辗转、层层承包，极易导致贪污腐败的发生。从表面上看，工赈工程的实际获利者是官府，实际获利的人往往是经手工程的官吏和承包商，常常形成官员、承包商或建筑商共同渔利的局面，他们克扣工人工钱、偷工减料，使佣工的灾民蒙受损失，也造成了工程质量问题，从而导致很多工程短期内就得重修，刚刚修建或修复的工程在下一次灾害中就被毁坏的情况时有发生。因此，最终受害的还是代表国家和朝廷的官府，因为工赈层层转包，费用层层盘剥，到了实际做工者手中时，费用往往所剩无几，建筑者只能偷工减料以完成任务，导致工程出现质量问题，出现年年重复投资修筑的情况，清代河堤工程的修筑在某种程度上就是这种原因导致的。故清代工赈工程往往在耗费了大量的社会财产后，却没有真正收到功效，最终遭殃的还是下层民众。从乾隆帝的一道批复中可窥知这一笔端的情况："得旨：好，知道了。虽云以工代赈，亦不可听不肖属员，冒销侵蚀，则工不固而民亦鲜得实惠，将两无功矣。"[①]

此外，由于费用分派及对工赈工程勘估标准不一，在佣工费上还存在地区不均衡的情况，因各种原因，常常出现灾情重的地区费用低、灾情轻的地方佣工费多的情况。如乾隆三年（1738年）河南抚臣尹会的奏章及乾隆帝的谕旨中就反映了这一情况："每土一方给银四分，则每夫一名每日止得银一分有零，安能赡及家口？臣恳恩每挑河土一方，准给银七分二厘；筑堤土一方，准给银九分六厘，以资养赡。得旨：此系法敏错办者，朕若降旨允

---

① 《清实录·高宗纯皇帝实录》卷二百二十五"乾隆九年九月条"，中华书局 1985年版，第 914 页。

行。是豫省旧岁被灾，较之东省尤甚，而受惠反轻，其可乎？"①

总之，"以工代赈"是清代重要的赈济措施，始于康熙时期，发展于雍正时期，繁荣及完善于乾隆时期。乾隆朝工赈制度规定，官府承担修筑民堤民埝费的一半，佣工者可参加工赈，提高了工赈人员的佣金，工赈工程须有一定的规格、范围及规模。"以工代赈"主要采取兴修及疏浚水利、修筑城墙及水陆通道、衙署、监狱、仓库、庙宇、学堂及军事工程等措施。工赈制度及相关措施的实行，增强了灾区重建、灾民自力更生的能力及自救意识，发挥了救灾助困、解救灾民危急及建设、增强社会基础设施的双重功效，减少了社会动荡的因素，使灾区迅速走出困境，恢复正常的社会生产生活，具有极大的社会意义。

---

① 《清实录·高宗纯皇帝实录》卷一百十三"乾隆五年三月条"，中华书局 1985 年版，第 666 页。

第　五　章

清前期赈后机制——蠲免、缓征与借贷

蠲免，即免除赋（租）税劳役，在史料中出现的名称还有豁免、豁除。清代的蠲免政策无论是其形式还是内容，都是集历朝之大成者，蠲免的数量和力度达到了中国古代蠲免史上的鼎盛阶段，主要有普蠲普免、灾蠲灾免、恩蠲恩免等多种类型。我们这里要讨论的主要是灾蠲灾免，即因灾蠲免赋役，"减岁租以苏民困"，也就是灾荒发生后，朝廷对灾区实施蠲免该年（灾荒年）赋税的措施，这是清代救荒的主要措施之一。

缓征即暂缓征收赋税，是将受灾地区应交的赋税暂停或缓期至次年或三四年后征收，或是将灾年的赋税分别在灾后若干年内征收完毕（带征），这是与蠲免相辅相成的赈济措施。

从对灾荒的赈济来说，用钱粮以摘赈、普赈、续赈、加赈、展赈、抽赈、散赈或粥赈等赈济灾民的方式，是较为迫切的、直接的方式，这类赈济是将钱粮直接发放到灾民手中，因此，我们可以将其称为直接赈济。但蠲免、缓征的是赋税，是受灾田地里尚未收获的粮食，这些完全绝收或是收成较少的粮食，都只是一些灾民应该负担的空虚数字，而非实物，虽然这种赈济方式对灾民的负担有极大地减轻，对灾区再生产的尽快恢复有较大的作用，但灾民享受到的赈济实惠是间接的，因此，我们将其称为间接赈济。

借贷是对无力进行再生产的灾民进行的救济措施，与赈济、蠲免、缓征的灾情相比，享受借贷的灾民，其遭受的灾情程度较为轻微，其灾情分数一般为五分灾；或是在赈济、蠲免或荒政之后，对仍然未能恢复再生产能力的灾民采取的救济措施；或是经加赈、展赈之后，在青黄不接但必须耕种的时候，对无力进行生产的灾民采取的措施，一般是在灾区进行重建时候实施。

第一节　清前期官方的蠲免机制

蠲免虽然是在对灾民进行直接的钱粮赈济之后才采取的赈济措施，但对于灾民的救助也是较为重要的，"饥馑不蠲，民安得活?但蠲而不得其当，徒归揽户，良善无恩。惟有停征本年，舒万姓剜肉之苦，免其来年，全四境易纳之人，顽户拖欠，空延日月，良民肯纳，来岁无征，此外别无善法"①。蠲免对灾民度过饥荒后的生产及生活，更是起着举足轻重的作用，"以灾伤而令老成图治，复请禁酿酒，免差税，广赈济，皆饥年之要务"②。灾区一年的赋役或三四年，甚至是四五年的积欠都能得到蠲免，灾民就可以卸去极大的赋役压力和负担，轻松投入再生产，对社会经济的恢复具有极大的促进作用。

从清代的蠲免与赈济的关系来看，由于清代建国初期的经济处于恢复及发展中，国力不强，蠲免赋税是一种不用直接从国库中提取钱粮的赈济方式，成了当时首选的赈济措施，"加意百姓，蠲免征收，裕其衣食。不待有司之报，先事豫图，一闻奏请之章，准给恐后，庶几天灾不害，而民有保聚之乐矣"③。也由于清代的整个赈济制度均处于恢复及初建的过程中，因此，顺康时期的赋税蠲免多于钱粮赈济。进入乾隆朝后，经过长期的积累及发展，清王朝的经济实力已经较为雄厚，有了充裕的经济实力对灾民

① （清）陆曾禹：《钦定康济录》，李文海、夏明方主编：《中国荒政全书》第二辑第一卷，北京古籍出版社 2004 年版，第 347 页。

② （清）陆曾禹：《钦定康济录》，李文海、夏明方主编：《中国荒政全书》第二辑第一卷，北京古籍出版社 2004 年版，第 347 页。

③ （清）陆曾禹：《钦定康济录》，李文海、夏明方主编：《中国荒政全书》第二辑第一卷，北京古籍出版社 2004 年版，第 344 页。

进行直接的钱粮救济，赈济的钱粮数额及赈济的次数就比蠲免的数额、次数多了起来。

一、顺康雍时期蠲免机制的建立及发展

正是由于清初的蠲免措施较多，其实践经验也较丰富，在各次蠲免出现弊端及执行官员奏请的基础上，进行了调整。顺治时期，进行的蠲免较多，但对蠲免制度的建设方面，除了对灾蠲分数制度进行过初步规定外，没有进行更多的制度建设。但康熙时期除了进行大量的蠲免实践以外，还进行了深入详细的制度建设。因此，清代蠲免的基本制度，尤其是奖惩制度，在康熙时期就陆续经过对不法蠲免官员的处罚条例确定了下来。乾隆朝时期，对蠲免制度只是做了完善性的工作。

1. 顺治时期对灾蠲分数的初步确定

清代的蠲免实施较早，自清王朝定鼎中原的次年就开始实施蠲免，顺治二年（1645 年）八月，朝廷就蠲免了直隶真定、顺德、广平、大名四府的"本年分水灾额赋"①，十月，朝廷免了山西太原等处的"灾荒额赋"②。顺治三年（1646 年）四月，朝廷蠲免了河南睢州、祥符、陈留、柘城等县的"水灾本年额赋"③。此后，在灾荒中不断采取蠲免措施，但蠲免的分数还没有确定下来。

随着报灾、勘灾及赈济制度的发展及完善，灾荒蠲免制度也逐渐建立。勘定灾情分数等级的过程，就决定了灾民可以享受的蠲免分数。清王朝各个朝代的蠲免数额都不一样，但总的说来，初期蠲免数额少，随着经济的发展，国库的充裕，蠲免的数额随着蠲免制度的调整及改革而越来越多，蠲免力度越来越大。

---

① 《清实录·世祖章皇帝实录》卷二十"顺治二年八月条"，中华书局 1985 年版，第 176 页。

② 《清实录·世祖章皇帝实录》卷二十一"顺治二年十月条"，中华书局 1985 年版，第 184 页。

③ 《清实录·世祖章皇帝实录》卷二十五"顺治三年四月条"，中华书局 1985 年版，第 215 页。

顺治十年（1653年），江南、浙江等地发生了旱灾，在初步勘察灾情等级之后，朝廷就制定了与之相符的蠲免租赋的数额标准，赈济的灾情等级自十分灾到五分灾，乃至四分者均进行赈济。这个标准再次突出地表现了顺治初年以赈济收揽民心、稳定政局的目的。更重要的是，这个目的表现了清初社会的政治、经济状况，经过长期战乱，社会经济残破不堪，一遇灾荒，即便是常年普通的轻灾，其后果也相当于比同等级的正常灾荒严重，民众均无自救能力，只有仰靠救济活命的社会现实状况。因此，顺治朝便参考或沿用了明代的制度[①]，初步规定了赈济的数额："江南、浙江等省各属旱灾，被灾八九十分者，免十分之三；五六七分者，免十分之二；四分者，免十分之一。有漕粮州县所，准令改折。"[②]

但从中可看出，尤其是与明代的蠲免及乾隆朝的赈济蠲免对比后就可发现，此规定有其明显的粗疏之处。尽管依据的是雍正六年（1728年）谕旨说的"凡被灾之地，或全免，或免半，或免十分之三，以被灾之轻重，定蠲数之多寡"[③]的原则，但对饥民赈济的规定不够缜密，在宽松程度上既不能与明代相比，也不能与雍正、乾隆时期相比，如十分灾，已经是极为严重的灾荒了，灾民已经处于颗粒无收的境地，生存无门，史料中饿殍千里的记载就是这类灾荒的常用形容词，饥民朝不保夕，但蠲免的钱粮数额却仅仅只是免了十分之三，对灾民负担的减轻和生产的恢复发挥不了太大的作用，在实施中也不断出现问题。

然而，顺治朝对蠲免分数的规定，比较符合当时的社会经济情况。清王朝刚刚鼎立中原之处，立足未稳，正在进行统一战争，反清复明的势力还在各地频繁活动，政局动荡，经济凋敝，国家财力微薄，府库无余，根

[①] 早在明朝洪武年间就规定，凡地方发生水旱灾害，税银即予蠲免，到成化年间又规定："被灾之地以十分为率，减免三分"，弘治年间又规定："全荒者免七分，九分者免六分，以是递减，至被灾四分，免一分而止。"

[②] （清）昆冈等修、刘启端等纂：《钦定大清会典事例》卷二百八十八《户部·蠲恤·灾伤之等》，《续修四库全书》编纂委员会：《续修四库全书·史部·政书类》第802册，上海古籍出版社2002年版，第368—369页。

[③] （清）昆冈等修、刘启端等纂：《钦定大清会典事例》卷二百八十八《户部·蠲恤·灾伤之等》，《续修四库全书》编纂委员会：《续修四库全书·史部·政书类》第802册，上海古籍出版社2002年版，第369页。

本没有充实的物资用于赈济。如果规定的赈济数额太多，府库及财政根本没有办法凑足赈济的数额，不仅对清王朝的声威及形象有损，也影响对灾民的赈济。因此，顺治朝只能做出了这个符合新朝廷财政收支状况的规定了。

但是，顺治朝做了另外一个在清代绝无仅有的规定，就是将四分灾纳入成灾范围，进行相应的赈济。既表现了顺治朝赈济范围的宽泛，即其赈济重点是使绝大部分灾民都享受到新政府在灾荒赈济方面的福利，也表现了在当时战乱频仍的背景下，即便是四分灾，其灾害程度相对而言也是极其严重的，其影响及后果也能够达到五分灾甚至六分灾的程度，如不进行赈济，灾民根本无力恢复生产，也无力恢复正常的生活秩序。这项措施在很大程度上确实达到了恢复生产、稳定局势、招揽民心的功效，为清王朝顺利在中原地区的统治奠定了重要基础。

在清代政权巩固之后，社会逐渐稳定，经济逐渐恢复发展，旧的赈济逐渐不能完全应对各类灾荒，具体的蠲免分数也就到了需要调整的时候，这就是灾蠲分数不断调整的原因之一。

2. 康熙年间灾蠲分数的调整及处罚制度的确立

顺治年间规定的灾蠲分数在实践中存在较多问题，处于不断地修正和调整中。到康熙年间，随着政局的逐渐稳定和经济的逐渐恢复，同一等级灾荒的影响力也在减弱，对不同等级的灾荒后果逐渐在实践中得到了更加清晰的了解："赋从田出，田荒则赋无所出，灾民救死不赡，而犹责以输将，徒重其困耳。为之施旷荡之恩，损上益下，民说无疆矣!而蠲之分数，仍按灾之轻重以为差。"[1]

康熙统治初期，天下尚未完全平定，百废待兴，国库空虚，灾情后果严重、灾荒持续时间较长、灾区范围较大的巨灾及重灾常常在这一时期频发，在灾区饥民流离失所、嗷嗷待哺的时候，蠲免赋役就成了清王朝赈济灾民、恢复灾后生产的主要措施，"凶年之苦，折屋伐桑，难存皮骨；卖妻鬻子，不足充饥。故虽任尔千般锻炼，总难上纳分厘，是不蠲亦蠲矣，何

---

① （清）杨景仁：《筹济编》，李文海、夏明方主编：《中国荒政全书》第二辑第四卷，北京古籍出版社 2004 年版，第 107 页。

若蠲之而民心犹在也……岁当饥馑，小民颠沛流离，非急下蠲租之诏，频颁济困之恩，庶民何由而康济乎？"[1]因此，康熙时期，相继制定了蠲免的制度及其惩罚的规章制度，灾荒蠲免的分数根据灾情的不同发生了改变。

康熙四年（1665 年）是清代蠲免制度史上重要的时期，对灾蠲制度做出了重要调整及规定。三月己亥，工部尚书傅维鳞疏请改变蠲免成例，谈到了对最为严重的灾荒蠲免较少情况的看法，并提出了自己的建议，他认为蠲免分数应按照灾情分数确定，即灾情分数是几分就蠲免几分，"向来定例，荒至十分者，止免三分；八九分者，免二分；六七分者，免一分。此皆朝廷德惠。然而灾至十分则全荒矣，田既全荒，赋何由办？臣请此后灾伤几分，即免几分"[2]，从中可以看出，至迟到康熙四年（1665 年），五分灾已不在蠲免的范围之内，更遑论四分灾了。

傅维鳞还认为在报灾、勘灾至蠲免的过程中，迁延时久，存在诸多弊端，尤其是到蠲免的时候赋税已经完纳者不能在次年顺抵，州县官吏依旧催科私饱己囊，"报灾之疏，复下督抚，取结取册，动经岁月。及奉旨蠲免，而完纳已久，不得不于次年流抵。迨至次年，照旧催科，徒饱官吏之腹"，因此请求督抚在勘灾后，应该将册结一起上奏，按照分数蠲免，使灾民得到实惠，"凡遇灾伤，督抚即委廉能官确勘，并册结一同入奏，该部即照分数请蠲，庶小民受实惠，而官吏无由兹弊"[3]。他的奏疏"下部议"。

在随后（六月）的谕旨中可发现，他的奏请起到了效果，即蠲免了山西大同等地的旱灾钱粮，"前因山西大同、太原及山东济南等府地方，旱灾民饥。特将康熙四年应征钱粮尽行蠲免"，进而规定，在蠲免钱粮的时候，如果赋税已经完纳者，可以在抵补次年的钱粮，或动支其他的钱粮补给，这就保证了灾区蠲免的公正性，真正使灾民受惠，同时强调官员不能

① （清）陆曾禹：《钦定康济录》，李文海、夏明方主编：《中国荒政全书》第二辑第一卷，北京古籍出版社 2004 年版，第 347、348 页。

② 《清实录·圣祖仁皇帝实录》卷十四"康熙四年三月条"，中华书局 1985 年版，第 219 页。

③ 《清实录·圣祖仁皇帝实录》卷十四"康熙四年三月条"，中华书局 1985 年版，第 219 页。

在蠲免过程中侵吞肥私，否则对有关官员从重治罪。

> 今思有司或以已征在官者，乘机肥己，使小民不沾实惠，亦未可知。著该督抚即严行各地方官将康熙四年已征在官钱粮，按册逐名尽行给还。其给还花名银数明白造册具奏，不得分厘侵扣。如有侵扣肥己情弊，督抚即行察参。督抚不行严察，或科道纠参，或地方民人首告，大小各官定行从重治罪，决不饶恕。其有已经解部者，或即抵来年钱粮，或动何项钱粮补给，尔部议奏。仍著地方官速刊告示，通行晓谕。[①]

到雍正六年（1728 年），朝廷对灾蠲分数再次做了明确的规定，能被蠲免的灾荒分数，被限制在了六分灾以上，议定六分灾免十分之一，七八分灾免十分之二，九分、十分灾免十分之三，"歉收地方，除五分以下不成灾外，六分者免十分之一，七分、八分者免十分之二，九分、十分者免十分之三"[②]。

康熙帝把八至十分的灾情等级由一个赈济标准划分为两个标准，不久又将九分灾与十分灾、八分灾与七分灾合并为同一个赈济标准，把赈济的灾荒分数等级提高到六分灾，五分以下的灾荒不再赈济。此规定在康熙年间长期遵行，一直沿用到了雍正年间，虽然中间有所损益修改，但五分以下不成灾的惯例却一直遵循了下来。在雍正六年（1728 年）的上谕中，就有"此例现在遵行，凡此多寡不同之数。或旋减而旋增。皆因其时势为之。亦非先后互异。意为损益也"[③]的内容。

我们还是发现，清代前期灾荒蠲免与明代相比，其蠲免数额还是较少的，并且在顺康雍时期都延续了下来，这主要有两个方面的原因：一是与

---

①　《清实录·圣祖仁皇帝实录》卷十五"康熙四年六月条"，中华书局 1985 年版，第233 页。

②　（清）昆冈等修、刘启端等纂：《钦定大清会典事例》卷二百八十八《户部·蠲恤·灾伤之等》，《续修四库全书》编纂委员会：《续修四库全书·史部·政书类》第 802册，上海古籍出版社 2002 年版，第 599 页。

③　（清）昆冈等修、刘启端等纂：《钦定大清会典事例》卷二百八十八《户部·蠲恤·灾伤之等》，《续修四库全书》编纂委员会：《续修四库全书·史部·政书类》第 802册，上海古籍出版社 2002 年版，第 599 页。

清代立国之初，经济基础薄弱，国用不敷有密切的关系，虽然康熙时期的社会经济得到了极大的恢复及发展，但这个时期还处于进行大的统一及平叛战争的阶段，国家的财政收入大部分都投入到了战争中，府库仍然空虚，国家依然没有更多的钱粮用于灾荒赈济，只能维持顺治时期的赈济标准，"而特未曾更改旧例者。盖恐国家经费或有不敷。故仍存成法，而加恩于常格之外耳"[①]。因此，即便是最严重的十分灾，也只是蠲免十分之三。二是与清代官员的耗羡有密切的关系，很多地方官顾及自身的利益，常常也不愿意蠲免太多，这就成了蠲免腐败的根源之一，在雍正六年（1728 年）的上谕中，也有"尝见地方有司。每不愿蠲免太多者。盖恐蠲免并减其耗羡。不利于己耳。此贪吏之见也。朕尝谓若于蠲免之时有所吝惜。而平日不能禁官吏之侵渔。是将灾黎之脂膏。饱奸贪之欲壑矣"[②]的评论。

尽管有了这些明确的规定，但在具体实施中，在遵照规定蠲免的时候，康熙帝也以皇恩广溥的形式，于法规之外对灾荒进行更大额度的蠲免，在一些灾荒严重的年景，全额蠲免了灾区的地租，或是遇到节日庆典，就蠲免赋税，或是在不同时间中遭遇了严重的灾荒，就相继蠲免各地的租税。在雍正六年（1728 年）的上谕中，就将此作为皇恩竭力进行了颂扬，"数十年来，虽定三分之例，然圣祖仁皇帝深仁厚泽，爱养斯民。或因偶有水旱，而全蠲本地之租。亦且并无荒歉，而轮免天下之赋。浩荡之恩。不可胜举"[③]。

由于蠲免主要是针对田赋进行的，这就出现了一个较为严重的问题，即很多下层贫穷的灾民是没有土地的，尤其是极贫次贫的灾民有土地的就

①　（清）昆冈等修、刘启端等纂：《钦定大清会典事例》卷二百八十八《户部·蠲恤·灾伤之等》，《续修四库全书》编纂委员会：《续修四库全书·史部·政书类》第 802 册，上海古籍出版社 2002 年版，第 599—600 页。

②　（清）昆冈等修、刘启端等纂：《钦定大清会典事例》卷二百八十八《户部·蠲恤·灾伤之等》，《续修四库全书》编纂委员会：《续修四库全书·史部·政书类》第 802 册，上海古籍出版社 2002 年版，第 599 页。

③　（清）昆冈等修、刘启端等纂：《钦定大清会典事例》卷二百八十八《户部·蠲恤·灾伤之等》，《续修四库全书》编纂委员会：《续修四库全书·史部·政书类》第 802 册，上海古籍出版社 2002 年版，第 599 页。

更少，因此，没有土地的灾民就不能享受到蠲免的实惠。康熙九年（1670年）九月，吏科给事中莽佳在奏章中就说到了这一问题，请求在蠲免田赋的时候，也蠲免田租，得到了批准，成为以后蠲免制度中的主要内容，"遇灾蠲免田赋。惟田主沾恩，而租种之民，纳租如故，殊为可悯。请嗣后征租者，照蠲免分数，亦免田户之租，则率土沾恩矣。应如所请。从之"①。

实施蠲免措施时，如何有效地蠲免灾区赋役、避免惠政流于形式也成为施政者关注的重要目的，"然蠲而不得其法，等于不蠲耳。给事之疏，搜剔利弊，一目了然。奏蠲者所当急效也"②。故康熙时蠲免制度的建设，极其重视对蠲免营私舞弊官员的处罚，规定极其细致，并追究官员的连带责任，尤其是追究州县官吏的上司，包括府道官员、布政使、督抚等连带罪责，既强化了蠲免制度的法治化色彩，也使各级官吏都对蠲免予以高度重视，不敢掉以轻心，使蠲免成为清代赈济实践中弊端较少、在各受灾地方得以贯彻实施的措施之一。

康熙六年（1667年），为了避免州县官出现阳奉阴违、朦上剥下的弊端，户部批准了山东道御史钱延宅在灾区收取里长蠲免册结，并将其收藏在该地，作为查对依据的奏请："命各督抚于奉蠲处所，每图取见年里长结，收存该地方，并分缴部科查对。应如所请。"同时，还批准了他在受灾地区进行蠲免时"详议处分条例"的疏请，"被灾地方，蠲免钱粮，恐州县官有阳奉阴违、朦上剥下之弊，请详议处分条例。"即对州县官员在蠲免中出现六种弊端进行处罚：一是州县官员在蠲免过程中不按照规章制度进行，尤其是对在蠲免时已经征收赋税却不准其抵次年赋税。二是未征赋税，但不扣除蠲免数额却按照原额征收。三是将蠲免赋税混同起来侵吞赋税，使灾民未能享受蠲免实惠。四是在督抚题报灾情时先蠲免了十分之三，但到部覆题定灾情分数后，却不将蠲免情况通告灾民。五是只蠲免起运的钱粮，却不蠲免存留的钱粮，灾民实际上只是享受到了一半的饥民实惠。六是只在蠲免清单内扣除蠲免数额，但实际蠲免的数额达不到清单数

---

① 《清实录·圣祖仁皇帝实录》卷三十四"康熙九年九月条"，中华书局1985年版，第456页。

② （清）陆曾禹：《钦定康济录》，李文海、夏明方主编：《中国荒政全书》第二辑第一卷，北京古籍出版社2004年版，第347页。

额。这些舞弊行为都使灾民不能够完全享受到蠲免的实惠，都要进行严格的处罚，以"违旨侵欺论罪"，如果上司不纠察或察出不参者，则受到降级调用的处罚，"以后被灾州县卫所，凡奉蠲钱粮，有已征在官，不准抵次年者；有未征在官，不与扣除蠲免；一概混比侵吞者；或于督抚具题之时，先停征十分之三，及部覆之后，题定蠲免分数，不将告示通行晓谕者；或止称蠲起运，不蠲存留，使小民仅沾其半者；或于由单内扣除，而所扣不及蠲额者；州县各官俱以违旨侵欺论罪"。如果州县官员出现上述种种弊端，但其府道上司没有察觉的，就将府道官员降三级调用，督抚、布政使官员降一级调用；如果主管官员纠察出来但是不进行参劾，被科道官员纠察参劾或被旁人首告的，就按照徇私庇护罪论处，"上司不行稽察，道府俱降三级调用，督抚布政使都司降一级调用"①。

康熙八年（1669 年），朝廷规定了直省发生灾荒蠲免赋税时，不能将所有的田地都蠲免，只能按照实际受灾的田亩及其灾情分数来蠲免，"题准：直省州县灾伤，不得以阖境地亩总算分数，仍按区、图、村庄地亩被灾分数蠲免。"②

康熙十五年（1676 年），朝廷具体规定了地方官员在蠲免过程中营私舞弊行为的处罚措施，对将蠲免钱粮的数额私自进行增减造册的州县官员，给予降二级调用的处罚，其上级管理的府道官员给予罚俸一年的处罚，督抚罚俸半年；如果受灾后没有经过题免，就擅自在报册内填入蠲免的官员，罚俸一年，其府道管理上司罚俸半年，为了使题报的蠲免数额准确，自开始题报请赈的时候起再加两个月造报题违的期限，如果再延迟，就按例处分，"康熙十五年奏准：官员将蠲免钱粮增减造册者，州县官降二级调用，该管司道府官罚俸一年，督抚、罚俸六月。如被灾未经题免之先，报册内填入蠲免者，州县官罚俸一年，该管上司皆罚俸六月。今增为蠲免钱粮数目，于具题请赈之日起，再扣两个月造报题达，如有迟延，照

①《清实录·圣祖仁皇帝实录》卷二十一"康熙六年正月条"，中华书局 1985 年版，第 291 页。

②（清）昆冈等修、刘启端等纂：《钦定大清会典事例》卷二百七十八《户部·蠲恤·蠲赋》，《续修四库全书》编纂委员会：《续修四库全书·史部·政书类》第802册，上海古籍出版社 2002 年版，第 426 页。

造报各项文册违限例分别议处"[1]。

康熙十八年（1679 年）规定，在蠲免钱粮的时候，州县官员如果出现借蠲免饥民肥私的情况被揭发出来，这些官员就按照贪官惩处例革职拿问，其上级督抚、布政使、府道等不认真稽查，任由州县官员侵蚀蠲免钱粮的都予以革职的处罚，后又增加了对督抚管理职责的处罚规定，即如果督抚不将侵冒的官员题请拿问的，就降三级调用，"十八年覆准。蠲免钱粮，州县官有借民肥己，使民不沾实惠等弊，或被旁人出首，或受累之人具告，或科道查出纠参，将州县照贪官例，革职拿问。其督抚、布政使、道府等官，不行稽察，令州县任意侵蚀者，皆革职。今增为督抚不将侵冒之员照例题请拿问者，降三级调用"。与此同时，还规定州县接到蠲免部文后，应立即通告灾民，并且刊刻蠲免清单，按照户头付给清单，对那些不给付蠲免清单，或是给了蠲免清单但单内不填写蠲免实际数额的官员，就给予革职的处罚；对蒙混隐匿灾情和蠲免实数、借机需索的胥吏失察的官员，将降二级调用，对知道蒙混情弊却纵容的官员，给予革职的处罚，"又议准：州县于接奉蠲免之后，即应出示晓谕，刊刻免单，按户付执。若不给免单，或给单而不填蠲免实数者，革职。系失察胥役蒙混隐匿及藉端需索者，降二级调用。知情纵容者革职"[2]。

至此，蠲免中可能出现的弊端，几乎都制定了明确的规章制度进行相应处罚。有了制度可循，蠲免措施的执行就顺利得多。但很多制度常常是在实践中通过具体的措施将固定及规范下来，使其更进一步的巩固及完善。如康熙三十三年（1694 年），山西平阳府泽州、沁州所属的州县由于在此前发生了严重的旱蝗灾害，"民生困苦，已经蠲免额赋，并加赈济"，但是考虑"被灾失业之众，犹未尽睹盈宁"，就将康熙三十年（1691 年）、康熙三十一年（1692 年）未完纳的共约五十八万一千六百余

① （清）昆冈等修、刘启端等纂：《钦定大清会典事例》卷一百十《吏部·处分例·蠲缓》，《续修四库全书》编纂委员会：《续修四库全书·史部·政书类》第799册，上海古籍出版社 2002 年版，第416页。

② （清）昆冈等修、刘启端等纂：《钦定大清会典事例》卷一百十《吏部·处分例·蠲缓》，《续修四库全书》编纂委员会：《续修四库全书·史部·政书类》第799册，上海古籍出版社 2002 年版，第416页。

两、米豆二万八千五百八十余石的地丁钱粮"通行蠲豁，用纾民力"，在蠲免的过程中，户部行文该山西巡抚，严厉地重申了对营私舞弊的府州县官员的处罚制度，"严饬该府州县官悉心奉行，务俾人沾实惠。倘有已完在官，捏称民欠，及已奉蠲免，仍复重征，官吏作奸侵渔中饱，一有发觉，定以军法从事，遇赦不宥"①。

这种对犯罪官员绝不宽宥的处罚行动，加强了蠲免法制的严肃性，也以实际的事例给其他官员以警戒，如康熙五十九年（1720 年）下诏，如果地方发生灾荒，结果勘察属于蠲免赋役的地区，如果有司不遵例进行蠲免，仍然肆意征收；或是蠲免了一些条件较好人户的赋役，但真正贫穷的人户却不能享受到蠲免实惠的官员，坚决予以严厉制裁，"钦奉恩诏，地方灾伤，已经察勘蠲免赋役者，有司不遵，仍行滥征。及但免有力之家，致穷民不沾实惠者，事发决不饶恕"②。

总之，顺康时期，主要是在各次蠲免实践的基础上，制定出来的蠲免制度，以及蠲免中对营私舞弊官员的惩罚制度，几乎已经囊括了蠲免制度的主要方面。从某种程度上说，康熙时期在蠲免制度上进行的建设，已经起到了奠定基础的重要作用，清代蠲免制度的主要内容在此康熙朝就已经确立。

3. 雍正朝在蠲免制度上的承前启后

雍正朝是一个承前启后的朝代，在政治、经济、文化等方面继承和保持了康熙朝继续发展的态势，又在某些方面通过实践的措施加以改进，为乾隆盛世奠定了坚实的基础，这一特点在赈济制度的建设及发展中表现得尤其明显。

清代顺康年间的灾蠲分数较少，与清初经济基础的薄弱有密切关系。雍正年间，经过顺康两朝的休养生息之后，尤其是经过康熙朝时期的积累

---

① （清）昆冈等修、刘启端等纂：《钦定大清会典事例》卷二百七十八《户部·蠲恤·蠲赋》，《续修四库全书》编纂委员会：《续修四库全书·史部·政书类》第802册，上海古籍出版社 2002 年版，第 428 页。

② （清）昆冈等修、刘启端等纂：《钦定大清会典事例》卷二百七十八《户部·蠲恤·蠲赋》，《续修四库全书》编纂委员会：《续修四库全书·史部·政书类》第802册，上海古籍出版社 2002 年版，第 431 页。

及发展，社会稳定，经济呈渐趋繁荣之象，府库日渐充裕，救灾物资也随之得到充实，这为清朝灾荒赈济的顺利实施提供了物质保障，蠲免等级因经济基础的丰厚得到了极大地提高，也为赈济法规的改进、健全奠定了物质基础。

雍正六年（1728 年），虽然依旧沿用了康熙时期五分以下不成灾的制度，但在吸取顺康两朝灾蠲分数的基础上，雍正帝大力调整了灾蠲的分数，主要是提高了灾蠲的分数，将十分灾的蠲免提高到七分，以此类减，即对每一个等级的灾荒都规定了不同等级的蠲免标准，九分灾蠲免六分，八分灾蠲免四分，七分灾蠲免三分，六分灾蠲免一分，"朕即位以来，清理亏空，剔除弊端。数年之中，库帑渐见充裕。用沛特恩，将蠲免之例加增分数，以惠蒸黎。其被灾十分者，著免七分；九分者著，著免六分；八分者，著免四分；七分者，著免二分；六分者，著免一分。将此通行各省知之"①。这个规定彻底改变了顺康时期将两个甚至三个灾害等级合并在一个等级里进行蠲免的模糊做法，而是每个灾害等级都有一个蠲免的分数等级，使灾害等级的划分有更实际的价值及意义，从另外一个方面监督强化了勘灾程序的严肃性及有效性。这个制度固定下来以后，就一直沿用了下去。

可以说，雍正帝对蠲免等级进行大幅度提高，可谓前无古人，不仅是清代救灾史上的一个突破和飞跃，也是中国古代赈济史上的巨大突破，真正体现了雍正帝自己标榜和强调的"以民为本"和"关心民瘼"的思想。此标准被确立下来以后，在雍正、乾隆、嘉庆等皇帝统治时期得到了实施。即便是乾隆朝经济更为繁荣、国力更强大的时期，用于赈济的物资也更充裕，但也只是对其进行了完善性的处理，即将五分灾也列入蠲免灾害等级的行列。因此，雍正朝对灾蠲分数的调整及规定，对社会经济的恢复及发展，稳定政局，巩固统治基础，都有积极的意义。

这是普通灾荒年景的蠲免标准，但在节日庆典或皇帝欲加恩于百姓的

---

① （清）昆冈等修、刘启端等纂：《钦定大清会典事例》卷二百八十八《户部·蠲恤·灾伤之等》，《续修四库全书》编纂委员会：《续修四库全书·史部·政书类》第 802 册，上海古籍出版社 2002 年版，第 600 页。

时候，也不以此为限，常常是全行蠲免。更重要的是，在灾情颇为严重的时候，也实行全行蠲免，"然灾情重者，率全行蠲免"①。

蠲免制度制定下来后，就得到了认真地执行。雍正朝还是一个以整顿吏治、严刑法纪出名的朝代，雍正帝对贪官污吏的惩处、对吏治清廉的提倡及重视，都对康熙朝制定的法律起到了较好的巩固和推进作用。这一特点在赈济制度方面的典型表现，就是对康熙朝制定的蠲免制度之继承，并进行了坚定不移地贯彻及实际执行。在雍正朝一次次的蠲免实践中，不仅重申了康熙朝蠲免制度的权威性，也将制度所规定的内容再次固定和传承了下来。

又如雍正四年（1726 年），湖北发生水灾，很多州县收成歉薄，次年（1727 年），很多州县又发生水灾，武昌府所属的咸宁、蒲圻、嘉鱼三县，武昌武左两卫，汉阳府所属的汉阳、汉川两县，荆州府所属的江陵县、荆州卫，黄州府所属的黄陂、黄梅两县等地"皆系滨江之地，田亩有被水之处，米价渐昂"，雍正帝就蠲免了这些地方的赋役，并且重申，如果蠲免时部分地方的赋役已经完纳，就将其抵作第二年即雍正六年（1728 年）应该缴纳之项，"朕心深为轸念，著该地方官加意抚恤。朕又思此县卫数处，既经被水，若仍令其输纳钱粮，民间未免竭力。著将今岁钱粮全行蠲免。倘有已经完纳者，准作雍正六年应完之项"②。严令地方官严格遵守制度，如果查出有侵隐假借之处，将严厉制裁，"此朕格外施恩，该地方大小官吏，务须实力奉行，使小民均沾惠泽。倘有丝毫侵隐假借之处，一经察出，定从重治罪"③。

雍正八年（1730 年），江苏邳州、宿迁、桃源等处发生水灾，雍正帝

---

① 赵尔巽等：《清史稿》卷一百二十一《食货志二·赋役》，中华书局 1977 年版，第3552 页。

② （清）昆冈等修、刘启端等纂：《钦定大清会典事例》卷二百七十八《户部·蠲恤·蠲赋》，《续修四库全书》编纂委员会：《续修四库全书·史部·政书类》第802 册，上海古籍出版社 2002 年版，第 431 页。

③ （清）昆冈等修、刘启端等纂：《钦定大清会典事例》卷二百七十八《户部·蠲恤·蠲赋》，《续修四库全书》编纂委员会：《续修四库全书·史部·政书类》第802 册，上海古籍出版社 2002 年版，第 431 页。

除了"动支藩库银数万两速行赈济"外，还蠲免了赋税钱粮，并且沿用了康熙时期的已征灾蠲赋役的流抵制度，即如果江苏水灾蠲免区的钱粮已经完纳的，就抵作明年的额征数额，"其被灾之处，今年额征钱粮。著悉行蠲免。傥有已经完纳者。准作明年额征之数"①。通过此类蠲免实践，雍正帝在很大程度上巩固了康熙时期就制定下来的将已征灾蠲钱粮抵做次年额征来征收的流抵制度。

但在蠲免制度实施的过程中，也出现了一些流弊，如有的灾区将已经征收的赋税匿为民欠，希望额外得到官府全部蠲免的实惠。为了避免类似弊端的出现，就于雍正六年（1728 年）规定以后将全免州县的额赋改至次年轮免，受灾之年的钱粮就在本年蠲免，"雍正六年覆准：州县被灾，或将已征在官者，匿为民欠，希图蠲免。嗣后，应将全免之州县作次年轮免，其被灾本年之钱粮即于本年征纳"②。这就使部分蠲免的额赋及全免的民欠之间，在执行的时间上区别明显，使不法官吏不能作弊，更重要的是，也使积欠的蠲免更加合法化。

此后各地累积多年的积欠往往在借灾荒蠲免的机会，得到了合法的豁除，在更大程度上减轻了灾区的负担。如雍正十三年（1735 年），雍正帝就将各省旧欠钱粮通行蠲免，当四川省没有积欠可免时，就将遭受轻灾的巴县未完的钱粮全部蠲免，"川省并无欠项邀免，将雨水较少之巴县等处本年未完钱粮全行豁免"③。

雍正七年（1729 年），雍正帝做出了一个重要的规定，即将灾蠲的范围从正赋扩大到了耗羡，使灾区因灾蠲免的赋役数额更多，更加减轻了灾区的负担，以后各省凡是发生灾荒进行蠲免的年份，其随正赋的耗羡银两也按照灾蠲的分数一律予以蠲除，"各省凡灾蠲地丁正赋之年，其随征耗羡银两，按照被灾分数一律蠲除"。雍正七年（1729 年）的这个规定，在清

---

① 《清实录·世宗宪皇帝实录》卷九十六"雍正八年七月条"，中华书局 1985 年版，第 288 页。

② （清）杨景仁：《筹济编》，李文海、夏明方主编：《中国荒政全书》第二辑第四卷，北京古籍出版社 2004 年版，第 215 页。

③ （清）杨景仁：《筹济编》，李文海、夏明方主编：《中国荒政全书》第二辑第四卷，北京古籍出版社 2004 年版，第 215 页。

代蠲免制度发展上具有极其重要的意义，不仅承认了康熙时期制定的各项蠲免制度，并且还在康熙朝蠲免制度的基础上，扩大了蠲免的范围。

二、乾隆时期蠲免制度的定型及完善

清代对于灾荒蠲免的分数，是在调整中逐渐发展、改进和提高的。顺治时期的规定较为模糊，八分以上灾仅蠲免三分，五分以上至七分灾蠲免二分，四分灾蠲免一分。康熙时期的规定逐渐细化，十分灾免三分，八分、九分灾免二分，六分灾免一分，五分灾及其以下灾不再蠲免。雍正时蠲免等级有了极大提高，十分灾蠲免七分，九分灾蠲免六分，八分灾蠲免四分，七分灾蠲免三分，六分灾蠲免一分。

但是赈济等级是先上调后再下调的。顺治时期，四分灾也算成灾，蠲免一分。但到了康熙、雍正时期，五分灾及其以下灾已经列入了不成灾的范围，赈济等级仅从六分灾开始。

乾隆帝即位后，对赈济制度进行的最具有历史意义的改良，是将灾荒赈济分数的等级做了下调，虽然没有恢复顺治时期的四分灾也算成灾的标准，但却将五分灾作为"成灾"看待，纳入了赈济范围。乾隆三年（1738年）[1]五月十五日，乾隆帝在给内阁的谕令中就明确规定："各省地方偶有水旱，蠲免钱粮……朕思：田禾被灾五分，则收成仅得其半，输将国赋，未免艰难。所当推广皇仁，使被灾较轻之地亩，亦得均沾恩泽。嗣后，著将被灾五分之处，亦准报灾。地方官查勘明确，蠲免钱粮十分之一。永著为例。"[2]对此，《乾隆朝上谕档》的记载与此相同。

其他等级的蠲免使用雍正时的标准，"雍正年间，我皇考特降谕旨：凡

---

① 《清实录·高宗纯皇帝实录》卷六十八（第 102 页）记载时间也为乾隆三年（1738年）五月上。但《大清会典事例·户部三》卷二百八十八《蠲恤二三·灾伤之等》，以及《大清会典则例》卷五十五记载的时间为乾隆元年（1736 年）。然《乾隆朝上谕档》的时间也是乾隆三年（1738 年）五月十五日，故疑颁布谕旨的时间为乾隆三年（1738 年）。此外暂无其他证据，录此存疑，待考。

② （清）昆冈等修、刘启端等纂：《钦定大清会典事例》卷七百五十四《刑部·户律田宅·检踏灾伤田粮》，《续修四库全书》编纂委员会：《续修四库全书·史部·政书类》第 809 册，上海古籍出版社 2002 年版，第 322—323 页。

被灾十分者，免钱粮十分之七，九分者免十分之六，八分者免十分之四，七分者免十分之二，六分者免十分之一，实爱养黎元，轸恤民隐之至意也……钦此！"

乾隆帝此次将五分灾列入赈济等级的调整，在清代赈济史上具有划时代的意义。使很多原来受到灾荒打击但有不够赈济标准的五分灾区的灾民，可以在灾荒中免于饥馑和流移，对社会秩序的安定及经济恢复具有积极的促进作用。同时，此次调整以"永著为例"的方式，将此措施固定了下来，使后世永远遵照施行。

在一定程度上可以说，这种将清代赈济的灾情分数用圣谕的方式固定了下来的做法，起到了后世不可更改的法律作用。同时也终结了顺康雍三朝以来进行赈济的灾情分数，以及因灾而进行赈济分数的修改和调整。在将清代报灾、勘灾的具体指标定格的时候，也把清代报灾、勘灾的制度、措施推到了巅峰阶段。为便于了解，现将清代的灾蠲分数列表 5-1 如下：

表 5-1　清代顺治至乾隆年间灾情蠲免分数表

灾蠲 \ 时间	十分灾	九分灾	八分灾	七分灾	六分灾	五分灾	四分灾
顺治十年（1653 年）	免十分之三				免十分之二		免十分之一
康熙四年（1665 年）	免十分之三	免十分之二		免十分之一			
康熙十七年（1678 年）	免十分之三		免十分之二		免十分之一	不成灾	
雍正六年（1728 年）	免七分（灾重时全免）	免六分	免四分	免三分	免一分		
乾隆三年（1738 年）	免七分（灾重时全免）	免六分	免四分	免三分	免一分	免一分	不成灾

1. 对灾蠲分数及灾蠲制度的完善

顺治十年（1653 年），顺治帝初步确定了灾情分数及其灾蠲等级，在康熙、雍正时期，朝廷均从灾荒赈济及蠲免的实践中，对灾蠲分数进行了调整。

乾隆时期，朝廷对灾蠲分数进行了最后的调整，使之趋于完善。乾隆三年（1738 年），朝廷最后确定了蠲免的灾等制度，最低灾荒蠲免的分数等级是五分灾，即五分灾可享受六分灾一样的蠲免待遇，可免一分的钱粮，七分灾免钱粮二分，八分灾免钱粮四分，九分灾免钱粮六分，十分灾免钱粮七分，"凡水旱成灾，地方官将灾户原纳地丁正赋作为十分，按灾请蠲。被灾十分者，蠲正赋十分之七；被灾九分者，蠲正赋十分之六；被灾八分者，蠲正赋十分之四；被灾七分者，蠲正赋十分之二；被灾五六分者，蠲正赋十之一"[①]。此制度还被乾隆帝以"永著为例"的方式规定了下来。蠲免分数就被最后确定了下来，在嘉道以后一直沿用。

乾隆时期在灾蠲制度的完善方面做的最为重要的事，就是在乾隆二年（1737 年）规定，摊入地亩的丁银在灾荒中应一律蠲免，"丁银摊入地亩均征之后，设有灾荒，应一例酌免。行令各省遇灾减免钱粮，即将丁粮统入地粮内核算蠲免"[②]。

此制度将雍正六年（1728 年）实施摊丁入亩制度后，在灾荒蠲免中导致摊入地亩的丁银不能蠲免的后果纠正过来，使得灾区的地丁银可以享受蠲免的权力，再次扩大了灾蠲的范围，使灾蠲制度逐步完善起来，使灾民进一步享受到了蠲免的实惠，加强了灾民灾后重建的基础。

2. 对蠲免处罚制度的完善

康熙朝颁布一系列规章制度出现的蠲免处罚制度，经过雍正朝的继承及具体的执行，到乾隆朝的时候，蠲免制度已经建立起来，乾隆年间在蠲免制度方面所做的工作，是对其中的细节做了补充性的规定，使蠲免处罚制度的内容更加完善。

如乾隆四年（1739 年）规定，若地方发生灾荒，在赈济蠲免中基层不法官吏进行克扣冒领，但州县官吏未能察觉的，就将州县官降二级调用；如果在平粜过程中州县官吏不尽心稽查，导致书役包买渔利、抑勒出入的，州县官吏就降一级调用；如果书役等基层官吏出现上述情弊，州县官

---

① （清）杨西明：《灾赈全书》，李文海、夏明方主编：《中国荒政全书》第二辑第三卷，北京古籍出版社 2004 年版，第 474 页。

② （清）杨景仁：《筹济编》，李文海、夏明方主编：《中国荒政全书》第二辑第四卷，北京古籍出版社 2004 年版，第 215 页。

吏已经察觉但却纵容隐瞒者，就给予州县官员革职的处罚，"覆准：地方时值偏灾，民食匮乏，蠲免赈济。傥有不肖书役，于蠲免赈贫之时，暗中扣克，诡名冒领，该州县漫无觉察者，降二级调用。至平粜借谷，原因地方收成歉薄，米价腾贵，藉以惠济小民，如地方州县官不实力稽察，以致书役包买渔利，抑勒出入者，将该地方官降一级调用。如胥役人等有前项等弊，州县官既已觉察，而故为容隐者，将该州县官革职"①。

3. 制定了入官旗地的灾蠲制度

入官旗地的灾蠲，在乾隆朝之前没有做出相应的规定。到乾隆二年（1737 年），才规定了入官旗地的灾蠲制度。可以说，乾隆朝是入官旗地灾蠲制度的建立时期。

根据这个制度，旗地受灾后，将灾户的原租银计算为十分，按照灾情分数进行相应蠲免，十分灾就蠲免租银五分，九分灾就蠲免租银四分，八分灾就蠲免租银二分，七分灾就蠲免租银一分，六分以下的灾荒，不纳入蠲免的行列，"又议准：入官旗地被灾，该管官将灾户原租银作为十分，按灾请蠲。被灾十分者蠲免租银五分，九分者蠲免租银四分，八分者蠲免租银二分，七分者蠲免租银一分，被灾六分以下不作成灾分数。其原纳租银。缓至来年麦熟后启征"②。

这就将入官旗地也纳入蠲免的范畴中，扩大了灾蠲的范围。至此，清代绝大部分民地、旗地、入官旗地受灾后，都切实享受到了官府的蠲免实惠。

4. 乾隆朝灾蠲册结格式

当然，乾隆时期的各种类型的灾蠲，其蠲免的分数、蠲免的钱粮数额，均需上报。上报的"公文"就有一定的格式，即要填写呈报给各级府

---

① （清）昆冈等修、刘启端等纂：《钦定大清会典事例》卷一百十《吏部·处分例·赈恤》，《续修四库全书》编纂委员会：《续修四库全书·史部·政书类》第 799 册，上海古籍出版社 2002 年版，第 417 页。

② （清）昆冈等修、刘启端等纂：《钦定大清会典事例》卷二百七十八《户部·蠲恤·蠲赋》，《续修四库全书》编纂委员会：《续修四库全书·史部·政书类》第 802 册，上海古籍出版社 2002 年版，第 433 页。

衙的册结，并作为蠲免的依据及案底。

在册结中，一般要填写清楚受灾蠲免的具体地点、位置和受灾村庄数额，成灾的各类田地数额，标明应该蠲免的钱粮数额，如地丁银若干、租银若干。尽管如此，各地的册结也会因当地的具体灾情状况及蠲免情况，存在一些差异，因为其下文有小字注曰：“此系乾隆十六年浙省民田地被灾颁发册结式，存此备查。场地册结式，不另载。且折给籽种册结，各有不同，应随时酌办”①。但基本内容应该大致一样。

清人吴元炜在《赈略》中记录了按照蠲免册结的格式保留下来的一份包含了蠲免的田地数额、地丁银及租银数额等具体资料的册结，从中更能了解清代蠲免制度的详细情况，也可看到乾隆朝年间蠲免范围的宽泛。为了便于更深入的了解及研究，兹录《详送蠲免粮租册结》的全文于下：

> 为详请题报偏灾分数情形事。窃照卑县韩家埝等处漫蛰，水淹西、北两乡。又安州漫水下流，归宿卑县南乡马家寨等村，被淹共计三十七村庄，成灾民地五百九十四亩，回赎民典旗地三十六顷九十八亩零，回赎家奴典地七顷四十三亩，公产旗地四顷一十亩零，入官旗地二顷二十八亩，庄头退出旗地二顷六十亩零，地粮项下划出旗退地七顷七十九亩零，业经会同委员定兴县刘令勘明成灾，分别轻重，造具册结，加具勘结，会详在案。其各村应赈户口并贫士、穷旗，亦经开册详报在案。所有前项民地，共应蠲免地丁银五百七十三两零，分年带征银八百六两零；回赎民典旗地共应免租银二百二两零，分年带征银四百五十九两零；回赎家奴典地共应免租银六十五两零，分年带征银一百七两零；公产旗地共应免租银一十八两零，分年带征银四十七两零；入官旗地共应免租银七两零，分年带征银十一两零；庄头退出旗地共应免租银八两零，分年带征银十二两；地粮项下划出旗退地共应免租银一十两零，分年带征银十五两零。拟合分款造具册结，关取委员勘结，具文详请宪台俯赐汇转，除径送藩宪外，为此云云②。

---

① （清）万维翰：《荒政琐言》，李文海、夏明方主编：《中国荒政全书》第二辑第一卷，北京古籍出版社 2004 年版，第 485 页。

② （清）吴元炜：《赈略》，李文海、夏明方主编：《中国荒政全书》第二辑第一卷，北京古籍出版社 2004 年版，第 689—690 页。

在册结中，各种蠲免的田地数额，以及给了田地的地丁银、带征银、免租银等的数额，都清楚明了，即可上呈官府，下告灾民，也可作为备查的依据。当然，如此细致的蠲免条例，只在清代的蠲免制度下才存在。

三、乾隆朝流抵机制的建立及完善

1. 顺康时期流抵制度的确定

蠲免在清代是非常适时普遍的赈济措施，但由于蠲免不只是灾荒蠲免，还有普免[①]和恩免[②]，"蠲赋之典，有不必遇荒举行者。国家绥丰屡告，赐复天下一年，计远迩为先后，三年而周，乃旷典也！恭遇万寿，普天胪庆，通蠲各直省钱粮，允为盛事。至于清跸所临，或蠲十之三，或蠲十之五，省方施惠，休助载歌"[③]。正是由于蠲免的类型多、实行的普遍化，常常导致各类型的蠲免在实行的过程中，在时间上常常发生冲突，尤其是与灾蠲冲突。由于受灾之后，饥民的生存及灾区生产的恢复发展，与蠲免有较为重要的关系，灾蠲比普蠲及恩蠲写得更为紧急和迫切，"若乃一方告饥，有司察实奏报，议蠲尤急焉"[④]。

对与灾蠲相配套的流抵制度也经过了建立及完善。早在顺治八年（1651年），朝廷就初步规定了流抵的制度及处罚措施，即蠲免后地方官府应该按照蠲免的分数，给予灾民蠲免清单，如果灾蠲年份的额赋已经征收，就允许抵作次年的正额赋税，但是官府应该给予流抵的凭据，如果胥吏不给流抵凭据的，就按照违旨论处，"灾伤题蠲后，州县以应免分数，

---

① 即对全国各州县，不分受灾或是丰歉，一律进行的蠲免，康熙时期，对全国进行了三次普免。

② 即因皇帝恩准实行对全国各地或是某些地区进行的蠲免，一般而言，在皇帝、皇后、皇太后等人寿辰时，或是皇帝、皇后、皇太后巡幸时经过的地区，或是重大军事行动经过地或战场所在地，常常会得到皇帝的特别恩准，颁布谕旨，实行恩蠲恩免。或是特大灾荒发生时，皇帝为敬天而激励自己，常常加恩蠲免天下赋税钱粮。

③ （清）杨景仁：《筹济编》，李文海、夏明方主编：《中国荒政全书》第二辑第四卷，北京古籍出版社2004年版，第213—214页。

④ （清）杨景仁：《筹济编》，李文海、夏明方主编：《中国荒政全书》第二辑第四卷，北京古籍出版社2004年版，第214页。

刊刻免单颁发。已征在官者，准抵次年正额。官胥不给单票者，以违旨计赃论罪"①。康熙四年（1665年），朝廷就根据这个制度，灵活地蠲免了灾区的租赋及旧欠钱粮，"康熙四年，遣部员往勘山西灾荒，现年租赋并旧欠概行蠲免。"②

康熙六年（1667年），鉴于蠲免时很多灾区赋税已经征收的情况，朝廷就制定了蠲免的赋税可以流抵的措施。所谓灾蠲的流抵制度，就是在蠲免当年因种种原因，不能按照规定进行蠲免的地区，就将要蠲免的钱粮往后顺延，抵做次年或再次年的赋役数。在进行灾蠲的流抵时，需要在由单（即事情缘由的清单）中填写清楚，如果是本年蠲免的钱粮，就将蠲免数额填写在下年由单的开头；如果本年赋税已经征收者，可以将其抵在下年征收，那么在填写由单的时候，就应该顺延填写至第三年由单的开头，"又题准：蠲灾流抵，如本年蠲免者，填明次年由单之首；如流抵次年者，填明第三年由单之首"，如果州县官员在由单中不明确记载蠲免的确切数额，就要受到相应的处罚，"州、县、卫、所官不开载确数者，议处"③。

康熙十八年（1679年），康熙帝再次明确规定了应蠲钱粮已征时的流抵制度，如果所蠲免的赋税已经征收的，就给予红票为据，到次年按照红票上的数额抵蠲，"又覆准：凡流抵钱粮，应蠲已征者，给予红票，次年按数抵免"④。

灾蠲及其流抵制度，虽然是损上即减少国家赋税收入的措施，但却是一个益下即使灾民受惠的行为，使灾民的利益得到了保障，从而也保证了灾后再生产的顺利进行。

---

① （清）杨景仁：《筹济编》，李文海、夏明方主编：《中国荒政全书》第二辑第四卷，北京古籍出版社2004年版，第214页。

② （清）杨景仁：《筹济编》，李文海、夏明方主编：《中国荒政全书》第二辑第四卷，北京古籍出版社2004年版，第214页。

③ （清）昆冈等修、刘启端等纂：《钦定大清会典事例》卷二百七十八《户部·蠲恤·蠲赋》，《续修四库全书》编纂委员会：《续修四库全书·史部·政书类》第802册，上海古籍出版社2002年版，第426页。

④ （清）昆冈等修、刘启端等纂：《钦定大清会典事例》卷二百七十八《户部·蠲恤·蠲赋》，《续修四库全书》编纂委员会：《续修四库全书·史部·政书类》第802册，上海古籍出版社2002年版，第427页。

　　有了制度可依，执行灾免或加免时就更加顺利，康熙年间在山西、浙江、江苏、河南等地实行了很多次加免。如康熙三十三年（1694 年），山西平阳府发生旱灾，虽然已经蠲免了额赋，但康熙帝还是实行了额外的加免，将康熙三十年（1691 年）、康熙三十一年（1692 年）未完的地丁钱粮全行蠲免，其中，饥民额赋银 58 万余两，蠲免米豆 2800 余石，"（康熙）三十三年，山西平阳府旱灾，已蠲额赋，复将三十年、三十一年未完地丁钱粮五十八万六百余两及米豆二万八千五百八十余石，通行蠲豁"①。

　　康熙四十六年（1707 年），江浙发生旱灾，除了正常的蠲免以外，"按数减征，豁免漕欠，并分截漕粮散赈"。还实行了大规模的、数额较高的额外蠲免（加免），首先是蠲免了次年即乾隆四十七年（1782 年）江南、浙江的人丁银 696 600 多两，其次还蠲免了江苏、安徽的地亩银 1 975 200 余两，粮食 392 000 余石，蠲免浙江的地亩银 961 500 余两、粮食 392 000 余石，"复谕将四十七年江南、浙江通省人丁银六十九万七千七百余两悉予蠲免。其本年被灾安徽巡抚所属七州县三卫、江苏巡抚所属二十五州县三卫地亩银一百九十七万五千二百余两、粮三十九万二千余石，浙江二十州县一卫地亩银九十六万一千五百余两、粮九万六千余石，与四十七年分并行免征。所有旧欠带征银米，亦暂停追取"②。

　　康熙四十八年（1709 年），江南淮安、徐州、扬州发生水灾，朝廷蠲免其本年的赋税钱粮后，又谕令将康熙四十九年（1710 年）淮扬徐三属的邳州等约十九个州县三卫的地丁银共约 593 800 两蠲免，"江南淮安、徐州、扬州水灾，免本年钱粮。复谕将四十九年淮扬徐三属邳州等十九州县三卫地丁银五十九万三千八百余两通行蠲免"。同时，河南归德府所属商邱等六县，以及山东兖州府所属济宁等四州，"或被夏灾，或被秋灾"，各自按照灾情分数进行了蠲免，除"依分数例免额赋"之外，又将康熙四十九年（1710 年）河南地丁银 202 400 余两、山东地丁银 146 600 余两全部蠲免，"商邱等地丁银二十万二千四百余两、济宁等州县地丁银十有四万六千

---

　　① （清）杨景仁：《筹济编》，李文海、夏明方主编：《中国荒政全书》第二辑第四卷，北京古籍出版社 2004 年版，第 215 页。

　　② （清）杨景仁：《筹济编》，李文海、夏明方主编：《中国荒政全书》第二辑第四卷，北京古籍出版社 2004 年版，第 215 页。

六百余两通行蠲免"①。

有时还根据具体情况预先蠲免，如康熙三十二年（1693年），顺天府因大雨成灾，就预先将次年的地丁银米全部蠲免，并豁除了旧欠，"（康熙）三十二年，顺天等府雨水过溢，预将来岁三十三年地丁银米通行蠲免，旧欠亦予豁除"②。

2. 康熙年间的额外加免

加免，即在灾免或普免之外，额外增加的蠲免，蠲免原因及类型很多，但主要是针对灾情严重或灾荒长期持续的地区，此制度在康熙时期确立了下来。

在灾情极为严重的时候，也实施额外加免，如康熙九年（1670年）十月，山东曹县牛市屯决口，冲没了金乡、鱼台、单县、城武、曹县、临清等地的村庄、房屋、田土，山东巡抚袁懋功上疏说，此次水灾"非寻常水旱灾荒可比"，请求破格蠲恤，"查定例、被灾九分、十分者，全蠲本年额赋；被灾七分、八分者，于应蠲外，加免二分。并令该抚发常平仓谷赈济。从之"③。康熙十一年（1672年）十二月，由于江南兴化等五县，以及大河等地连年发生灾荒，康熙十一年（1672年）的水灾分数达到十分，请求"将应征本年分地丁银及漕粮漕项，并带征康熙十年分漕粮漕项，一并蠲免"，邳州、沭阳等五州县由于"连年灾荒，较兴化等县稍减"，就对这些地区进行了加免，即将本年分被灾十分、九分的地区，"于蠲免定例外，加免二分，作五分蠲免；八分、七分者，于蠲免定例外，加免二分，作四分蠲免"④。

对连续发生灾荒的地区，全行蠲免灾荒期间所有赋税，如康熙八年

---

① （清）杨景仁：《筹济编》，李文海、夏明方主编：《中国荒政全书》第二辑第四卷，北京古籍出版社2004年版，第215页。

② （清）杨景仁：《筹济编》，李文海、夏明方主编：《中国荒政全书》第二辑第四卷，北京古籍出版社2004年版，第215页。

③ 《清实录·圣祖仁皇帝实录》卷三十四"康熙九年十月条"，中华书局1985年版，第462页。

④ 《清实录·圣祖仁皇帝实录》卷四十"康熙十一年十二月条"，中华书局1985年版，第541页。

（1669 年）至康熙十一年（1672 年），山东沂水县相继发生地震灾害及水灾，就全部蠲免灾荒期间的地丁额赋，"以山东沂水县康熙八年地震之后，兼被水灾，命将康熙八年起至十一年止，逃亡四千四百余丁、荒地八百七十六顷有奇，一应额赋悉行蠲免"①。

3. 乾隆时期流抵制度的完善

顺康时期就已经制定了灾区赋税钱粮的流抵制度，如康熙六年（1667年）规定，对蠲免时已征收赋役的地区，就将蠲免赋税流抵到次年征收；康熙十八年（1679 年），再次规定，应蠲钱粮在流抵时，以给予的红票为据，到次年按数抵蠲。

乾隆朝对灾蠲流抵制度进行了完善。如灾年钱粮如果于未被灾之前就已经完纳，或上半年完纳赋役，下半年才遇灾，可以抵作次年的正赋，"其已完应蠲之银，名曰长完，例应抵作次年正赋"，并且应该在实征册内逐一查注；如过本年已完的赋银之期限，有应缓、应带之银，"名曰预完，亦于实征册内查注"②。

乾隆三十六年（1771 年），清廷针对灾蠲与普免冲突的情况，又规定了新的流抵制度，如果在普免之年发生灾荒，就将灾蠲州县的钱粮，延展至次年补蠲，"各直省普蠲钱粮，向当轮免之年，适遇灾歉，即不复再议重蠲，此固恩无屡邀之理。第念甘肃省地瘠民贫，兼以连岁歉收，与他省情形迥异。而各州县得雨较迟处所，因地气早寒，不能补种，兹特加恩将该省本年钱粮普行蠲免外，其因灾议蠲各州县，著展至明年补行按分酌免"③。这就充分保障了灾区享受蠲免的权益，也保障了灾区与其他地区在普免与灾免上的公平性。

---

① 《清实录·圣祖仁皇帝实录》卷三十九"康熙十一年五月条"，中华书局 1985 年版，第 517 页。

② （清）吴元炜：《赈略》，李文海、夏明方主编：《中国荒政全书》第二辑第一卷，北京古籍出版社 2004 年版，第 674 页。

③ （清）昆冈等修、刘启端等纂：《钦定大清会典事例》卷二百六十六《户部·蠲恤·赐复》，《续修四库全书》编纂委员会：《续修四库全书·史部·政书类》第 802 册，上海古籍出版社 2002 年版，第 252 页。

4. 乾隆时期的加免

乾隆朝在康熙朝的基础上，在恩免之外还进行加免。乾隆二十四年（1759 年）规定，如果灾蠲的时候遇到恩蠲，将应该灾蠲的钱粮数额在次年应征钱粮内扣除，即于次年钱粮内抵消，"被灾之岁，设遇恩蠲全免之年，将应行灾蠲之钱粮，于次年应征银内扣蠲"[1]。如乾隆二十七年（1762 年），乾隆帝南巡经过直隶、山东等地，就对经过的地区加恩进行了蠲免，但随后这两个地区发生了灾荒，就对发生灾荒地区的赋税进行蠲免十分之五的加免，"朕此次南巡，所有经过直隶、山东地方，本年应征地丁钱粮，俱著加恩蠲免十分之三。此内该二省上年偶被偏灾处所，著免十分之五"[2]。

四、清前期官方蠲免事例

灾蠲是清代采取的最主要的赈灾措施，乾隆时期在灾蠲制度上继承了康熙时期确立下来的制度，在一些方面进行了完善之后，就应用到了具体的灾荒实践中。但灾蠲措施的实施是以制度建立的康熙时期为最多，作为灾蠲制度较完善时期的乾隆朝，虽然进行的灾蠲实践较多，但已进入到发生灾荒就按章执行的阶段。

灾蠲是按照分数进行的，但灾蠲的类型就有很多，有直接蠲免正耗赋役钱粮的，有蠲免漕粮的，有的是兼蠲漕项银米的，也有并蠲历年逋欠的；从蠲免方式来说，就有免还仓谷的，免还籽种牛具碾磨银两的，有免学租、和租及屯租的，也有芦课灶地草荡丁粮的，名目繁多，但都对灾区再生产的继续进行起到了积极的作用。可以说，清代的蠲免，达到了中国古代的最高峰，"按被灾之轻重，而蠲数之多寡以分，所蠲系本年地丁正耗钱粮也。而亦有蠲漕粮者，有兼蠲漕项银米者，有并蠲积年逋欠者。或由

---

① （清）吴元炜：《赈略》，李文海、夏明方主编：《中国荒政全书》第二辑第一卷，北京古籍出版社 2004 年版，第 674 页。

② （清）昆冈等修、刘启端等纂：《钦定大清会典事例》卷二百六十六《户部·蠲恤·赐复》，《续修四库全书》编纂委员会：《续修四库全书·史部·政书类》第802册，上海古籍出版社 2002 年版，第 248 页。

督抚奏请，或出自特恩。其所蠲之项，又有免还仓谷者，有免完借出籽种牛具碾磨银两者，有免学租河租屯租者，有免芦课灶地草荡丁粮者。又如免陕西之牲畜税银，免甘肃之银粮草束，免四川穷番之荞粮，各因乎地，因乎时，视其所赋，随其所贷，量予豁除。足民藏富，沦浃垓埏。盖自生民以来，未有如本朝之盛者也！"[1]蠲免类型众多，此仅举几例较有代表性的蠲免事例。

一是蠲免额赋银，乾隆四年（1739年）三月，蠲免直隶、江苏、安徽三省的额赋银，这是乾隆朝一次性蠲免区域额赋银两数额较多的事例之一，"将直隶总督所属，今年地丁钱粮蠲免九十万两；苏州巡抚所属，今年地丁钱粮蠲免一百万两；安徽巡抚所属，今年地丁钱粮蠲免六十万两。该督抚务将朕旨，家喻户晓，俾闾阎均受实惠。"[2]乾隆二十六年（1761年），直隶发生严重的水灾，受灾区域较广，就蠲免了固安、永清、东安、武清、霸州、保定、文安、大城、宛平、宝坻、蓟州、宁河、滦州、清苑、新城、博野、望都、蠡县、祁州、雄县、安州、高阳、新安、河间、献县、肃宁、任邱、交河、景州、东光、天津、青县、静海、沧州、南皮、盐山、庆云、津军厅、平乡、广宗、钜鹿、唐山、任县、永年、邯郸、成安、曲周、广平、鸡泽、威县、清河、磁州、开州、大名、元城、南乐、清丰、东明、长垣、西宁、蔚州、丰润、玉田、冀州、南宫、新河、武邑、衡水、隆平、宁晋、深州、武强、定州、曲阳等七十四州县厅乾隆二十六年的额赋[3]。这是蠲免灾区州县数较多的事例之一。

二是蠲免田地额赋。乾隆二十七年（1762年），安徽发生水灾，就蠲免受灾的寿州、凤台、凤阳、怀远、灵璧、阜阳、颍上、亳州、太和、泗州、盱眙、天长、五河、凤阳、长淮、泗州十六州县卫乾隆二十六年

---

① （清）杨景仁：《筹济编》，李文海、夏明方主编：《中国荒政全书》第二辑第四卷，北京古籍出版社2004年版，第214页。

②《清实录·高宗纯皇帝实录》卷八十九"乾隆四年三月条"，中华书局1985年版，第377页。

③《清实录·高宗纯皇帝实录》卷六百六十四"乾隆二十七年六月条"，中华书局1986年版，第429页。

（1761 年）的"被水田地二万五千三百九十六顷有奇额赋"[①]。

三是恩蠲之外的灾蠲流抵。乾隆三十年（1765 年），因皇太后四次巡幸江浙地区，就对巡幸地实施了恩免，"皇太后安舆，四巡江浙。东南黎庶，望幸情殷，宜布渥恩，用光盛典，前此三经临幸，恩旨迭领。所有江南省积欠地丁等项，蠲免至二百余万两"。还在恩免之外对灾区实施了"加免"，即一次性蠲免了灾区多年的积欠银两及粮食，将江苏、安徽乾隆二十五年（1760 年）以前"节年因灾未完"的"蠲剩河驿俸工"等款银，还有乾隆二十六年（1761 年）至乾隆二十八年（1763 年）"因灾未完"的地丁河驿等款银，以及乾隆二十八年（1763 年）以前"节年因灾未完漕项"、因灾出借的籽种口粮和备筑堤堰等的银两共约一百四十三万余两，因灾借出的籽种口粮内米麦豆谷十一万三千余石，全部予以蠲免。将浙江省乾隆二十六年（1761 年）至乾隆二十八年（1763 年）三年额赋中因灾未完的地丁银两，以及乾隆二十七年（1762 年）的屯饷沙地公租，乾隆二十六年（1761 年）至乾隆二十七年（1762 年）两年未完漕项等银约计十三万二千五百余两，还有乾隆二十八年（1763 年）借给籽种本谷约计一万三千七百余石，全部加恩蠲免，"将江苏、安徽乾隆二十五年以前，节年因灾未完、蠲剩河驿俸工等款，并二十六、七、八三年，因灾未完地丁河驿等款，以及二十八年以前，节年因灾未完漕项，暨因灾出借籽种口粮、民借备筑堤堰等银一百四十三万余两。又籽种口粮内，米麦豆谷十一万三千余石，概予蠲免。至浙江一省额赋，本较江南为少，其积欠亦属无多。著将乾隆二十六、七、八三年因灾未完地丁银两，并二十七年屯饷沙地公租，二十六、七两年未完漕项等银十三万二千五百余两。又二十八年借给籽本谷一万三千七百余石，加恩悉行蠲免，以均惠恺"[②]。谕令督抚"董率所属，实力详查妥协"，强调对借机营私舞弊官员将从重治罪的处罚规定，"倘有不肖胥吏。从中舞弊，影射侵渔，察出，即与严参，从重治罪"。

---

① 《清实录·高宗纯皇帝实录》卷六百六十六"乾隆二十七年七月条"，中华书局 1985 年版，第 445 页。

② 《清实录·高宗纯皇帝实录》卷七百二十六"乾隆三十年正月条"，中华书局 1986 年版，第 1—2 页。

乾隆三十六年（1771 年），因皇帝巡幸，又对灾区实施了恩免之外的特别"加免"措施，乾隆帝一次性蠲免了巡幸所经之地多年的积欠。由于乾隆帝在乾隆三十六年（1771 年）路过天津巡幸山东等地，考虑到天津等地在乾隆三十五年（1770 年）夏季发生严重的水灾，就将沧州、青县、静海、盐山、庆云、天津六个州县乾隆三十四年（1769 年）常借未完的粮食全行蠲免，还将巡幸经过的东安、交河、景州、东光四个州县自乾隆二十二年（1757 年）至乾隆三十四年（1769 年）所有未完的因灾借欠粮食，以及宝坻、宁河、永清、霸州、蓟州等五个州县自乾隆二十五年（1760 年）至乾隆三十四年（1769 年）所有未完的因灾借欠粮食全行蠲免，"乾隆三十六年又谕：朕恭奉安舆，巡幸山东。因念去岁夏闲天津等处雨水过多，被灾较重，著将沧州、青县、静海、盐山、庆云五州县三十四年因灾借欠，及天津县三十四年常借未完谷石，概行蠲免。至经由之东安、交河、景州、东光四州县所有未完二十二年至三十四年因灾借欠谷石及宝坻、宁河、永清、霸州、蓟州五州县未完二十五年至三十四年因灾借欠谷石，亦著全行蠲免"。乾隆帝对那些没有积欠的像武清县一类的地区，由于不能享受到蠲免积欠的恩惠，就加恩蠲免了十分之三至十分之五的地丁银，"其顺天府属之武清一县，向无积欠，未能一体沾恩。前已降旨，将经过各州县，蠲免本年地丁十分之三。著加恩将武清一县，蠲免十分之五"。乾隆帝对巡幸的山东地区的蠲免，主要是蠲免因灾借欠的常平仓谷及因灾缓征的地丁银、因灾借粮的本钱银，"又蠲免山东省济南各属乾隆二十八年至三十四年未完因灾借欠常平仓谷，东平州东平所三十四年未完灾缓地丁银两。又蠲免山东省乾隆三十年、三十一年济南武定两府属，并三十五年济南、武定、兖州、曹州、东昌、青州六府属灾借麦本银两"①。这类恩蠲之外的特别性加免也是存在的，在乾隆三十二年（1767 年）皇帝巡幸天津时就进行了一次，只是蠲免的规模及数额没有这么多。乾隆五十二年（1787 年），乾隆帝南巡山东，又将山东省积年因灾出借之缓征、带征未

---

① （清）昆冈等修、刘启端等纂：《钦定大清会典事例》卷二百六十六《户部·蠲恤·赐复》，《续修四库全书》编纂委员会：《续修四库全书·史部·政书类》第802册，上海古籍出版社 2002 年版，第 252—253 页。

完的米谷，概行蠲免[1]。

四是蠲免漕粮杂项。乾隆六年（1741 年），蠲免江苏未完的正项银米豆草并杂项租谷的积欠，以及浙江未完的漕项银米豆麦。乾隆九年（1744 年），蠲免甘肃乾隆五年（1740 年）旱灾时借出的籽种粮米，"甘省屯田五年分旱伤鼠食，原借籽种粮米准豁"[2]。

总之，乾隆朝时期，清代的蠲免制度已经完全确立下来，具有蠲免类型丰富、蠲免范围宽的特点，充分展现了"损上益下"传统蠲免的特点。从蠲免的类型来看，不仅有灾蠲、加免，还有普免、恩免及灾蠲时已经征纳的流抵；从蠲免的范围来看，不仅有正赋，而且还有丁银、积欠、杂项。从蠲免的田地上来看，不仅有民地、旗地，还有入官旗地。从蠲免的时间上来看，不仅有灾荒发生当年，还有次年预蠲，也有数年并免的。这些制度，大部分是在康熙朝确立的，雍正朝在蠲免制度上起到了承上启下的作用，乾隆朝将其更加完善。尤其是历朝都注重对蠲免流弊的查处，注重蠲免惩罚制度的建设，使得清代的蠲免制度及蠲免数额成了历代蠲免之最。

第二节　清前期的缓征机制

与蠲免性质类似并同时或先后实施的赈济措施，就是缓征。即将应该征收的赋税暂缓至次年或三四年甚至五六年后征收，在进行钱粮直接赈济的同时或之后进行。很多时候，缓征往往与蠲免同时进行。

一、顺康雍时期缓征制度的发展

清代的缓征在顺治时期就开始了，但顺治时期还没有什么明确的规定。只是在顺治八年（1651 年）做了一个模糊性的规定："勘过被灾地

---

① （清）杨景仁：《筹济编》，李文海、夏明方主编：《中国荒政全书》第二辑第四卷，北京古籍出版社 2004 年版，第 216 页。

② （清）杨景仁：《筹济编》，李文海、夏明方主编：《中国荒政全书》第二辑第四卷，北京古籍出版社 2004 年版，第 216 页。

方，暂停征比，以俟恩命。"①顺治十年（1653 年），工科给事中张王治在条奏救荒四事时说到了"缓征之令宜下"②。但具体的"令"却没有实质性的规定。

康熙年间，朝廷就开始了缓征制度的建设过程。第一，缓征灾区钱粮，康熙四年（1665 年）规定，灾荒发生后，在督抚题报灾情的时候，就开始缓征钱粮，缓征额度是十分之三，"遇灾地方，督抚题报，即行令州县停征钱粮十分之三"③。

第二，缓征漕粮。康熙七年（1668 年），扩大了缓征的范围，即将灾区征收的漕粮也纳入到了缓征的范围内，实行带征，"江南省淮扬二府属被灾九分、十分田地漕粮漕项。于八九两年带征"。康熙九年（1670 年），缓征了山东漕粮，"山东省金乡等县九年分漕粮，于后三年带征"。康熙二十三年（1684 年），将江南、江西、浙江、湖广等地自康熙十三年（1674 年）至康熙二十二年（1683 年）逋欠的漕项钱粮，从自康熙二十三年起"每年带征一年"④。

第三，缓征灾区的积欠，即将一些受灾地区的积欠，先停征，再分年带征。如康熙十一年（1672 年），由于江南连年发生水旱灾害，就将旧欠钱粮"一并停征"，还将康熙十一年（1672 年）带征的康熙八年（1669 年）至康熙九年（1670 年）两年的"漕项漕白银米，悉暂停征"。康熙十八年（1679 年），江南邳、宿、徐、萧、砀山五州县发生水旱灾荒，就将这些地区的逋欠"分作五年带征"，康熙十九年（1680 年），由于江南省

① （清）昆冈等修、刘启端等纂：《钦定大清会典事例》卷二百八十二《户部·蠲恤·缓征》，《续修四库全书》编纂委员会：《续修四库全书·史部·政书类》第802册，上海古籍出版社 2002 年版，第 475 页。

②《清实录·世祖章皇帝实录》卷七十八"顺治十年十月条"，中华书局 1985 年版，第 618 页。

③ （清）昆冈等修、刘启端等纂：《钦定大清会典事例》卷二百八十二《户部·蠲恤·缓征》，《续修四库全书》编纂委员会：《续修四库全书·史部·政书类》第802册，上海古籍出版社 2002 年版，第 475 页。

④ （清）昆冈等修、刘启端等纂：《钦定大清会典事例》卷二百八十二《户部·蠲恤·缓征》，《续修四库全书》编纂委员会：《续修四库全书·史部·政书类》第802册，上海古籍出版社 2002 年版，第 475 页。

赋税繁多，"积欠追比累民"，就将康熙十三年（1674 年）至十六年的钱粮，从康熙十九年（1680 年）始"分年带征"①。

在清前期，一个地区的缓征，常常是由具体灾情而决定的，有时一个地区受灾，既缓征钱粮，又分年带征积欠，如康熙六十年（1721 年）浙江省仁和、钱塘等县被灾，就将康熙五十四年（1715 年）至康熙五十六年（1717 年）三年的钱粮，在康熙六十一年（1722 年）带征，将康熙五十七年（1718 年）至康熙五十九年（1720 年）三年的旧欠，"挨次分三年带征"②。

第四，缓征盐课、渔课等。康熙四十九年（1710 年），两浙地区灶地连续发生水灾，就将康熙四十七年（1708 年）至康熙四十八年（1709 年）两年未完的盐课，从康熙四十九年（1710 年）开始起，分三年带征。康熙五十四年（1715 年），直隶由于雨水过多，发生水灾，就将顺天府的宝坻、河间府的任邱等十四州县，以及武清境内芦渔课地的"今岁未完钱粮一并缓征"③。

雍正年间，按照康熙时期制定的制度，对灾区进行缓征，其缓征的内容，主要有赋税钱粮、漕粮、积欠等。但是雍正朝在缓征制度建设中，实行了一个重要的推进措施——"再缓"和停征，即对一些已经实行了缓征，但还是不能完纳赋税的地区，或是积欠长期未完的地区，进行再次缓征，事实上就是延长带征期限，如雍正三年（1725 年），河南、山东发生了旱灾，但雍正元年（1723 年）七月的时候已经对灾区实行了一次缓征和停征，即曾经将河南康熙五十九年（1720 年）至康熙六十一年（1722 年）、山东省康熙五十八年（1719 年）至康熙六十一年（1722 年）

---

① （清）昆冈等修、刘启端等纂：《钦定大清会典事例》卷二百八十二《户部·蠲恤·缓征》，《续修四库全书》编纂委员会：《续修四库全书·史部·政书类》第802册，上海古籍出版社 2002 年版，第 475 页。

② （清）昆冈等修、刘启端等纂：《钦定大清会典事例》卷二百八十二《户部·蠲恤·缓征》，《续修四库全书》编纂委员会：《续修四库全书·史部·政书类》第802册，上海古籍出版社 2002 年版，第 476 页。

③ （清）昆冈等修、刘启端等纂：《钦定大清会典事例》卷二百八十二《户部·蠲恤·缓征》，《续修四库全书》编纂委员会：《续修四库全书·史部·政书类》第802册，上海古籍出版社 2002 年版，第 476 页。

的"带征未完钱粮","均着停征一年",到了雍正二年（1724 年），考虑到灾后民力不逮，就将这些地区的民欠分三年带征，"复念二省去岁收成虽稔，百姓元气方复，旧欠新征，恐难兼顾。谕令该抚将实在民欠，分作三年带征，以纾民力"。两省发生旱灾之后，只能将原来已经实行过缓征年份的钱粮，再次实施缓征，即将河南康熙五十九年（1720 年）至康熙六十一年（1722 年）的带征钱粮，以及雍正元年（1723 年）未完的民欠，"从雍正二年起限，宽作五年带征"；山东省康熙五十八年（1719 年）至雍正元年（1723 年）的带征钱粮数额更多，"著从雍正二年起限，宽作八年带征"①。又如，雍正四年（1726 年），因直隶南部上年发生水灾，将雍正四年（1726 年）全省钱粮"均令缓征"，并缓征了"从前未完"的积欠，"凡一应旧欠钱粮，一概缓征"。同年，缓征了江苏水灾地区的漕粮。江苏省地广人稠的苏、松、常、镇四府的漕兑共约一百四十余万石，居七省漕粮的三分之一左右，但发生水灾后，"恐小民输纳匪易"，就将成灾五分以上地亩的"应出漕米缓征一半"，缓征的漕米于雍正五年（1727 年）秋收后带征②。

二、乾隆时期缓征制度的最后确立

乾隆朝时期，继续采用了康雍时期缓征的类型，即缓征的对象还是赋税、积欠、漕粮等，但乾隆朝也对缓征进行了较大的、推进性的改革，制定了完善而又切合实际的缓征措施。乾隆期扩大了缓征的范围，如缓征籽种、牛具、银两和仓粮等，"其所缓之项，自地丁钱粮以及漕粮漕项银米，与夫灶地盐课、河租芦课、屯粮刍草之属，皆得缓其输纳。而常平、社仓

① （清）昆冈等修、刘启端等纂：《钦定大清会典事例》卷二百八十二《户部·蠲恤·缓征》，《续修四库全书》编纂委员会：《续修四库全书·史部·政书类》第802册，上海古籍出版社 2002 年版，第 477 页。

② （清）昆冈等修、刘启端等纂：《钦定大清会典事例》卷二百八十二《户部·蠲恤·缓征》，《续修四库全书》编纂委员会：《续修四库全书·史部·政书类》第802册，上海古籍出版社 2002 年版，第 477 页。

粮石之借给者，亦许迟完焉”①。乾隆朝时期的缓征制度，从期限到数额方面，都表现得较为细致。

首先，实行的一个重要措施是，根据灾情轻重，即灾情分数的大小，决定缓征钱粮的时限，“其缓之之期，有至次年麦熟后或秋成后征收者，有分作两年或三年或五年带征者”②。这个规定是在乾隆元年（1736 年）和乾隆三年（1738 年）逐步确定下来的。

乾隆元年（1736 年）规定，如果灾情分数不到五分的地区，就按照缓征惯例，将钱粮缓征至次年征收，但是如果灾情较重，就将钱粮分做三年带征，灾情稍轻的，分作两年带征，“谕：各省缓征钱粮，例于下年带征以完国课。朕思年谷荒歉，有分数多寡不同，若本年被灾尚轻，次年幸值丰收，则带征尚不致竭力；若本年被灾较重，则民闲元气已亏，次年即遇丰收，小民既完本年应输钱粮，又完从前带征之项，必致竭蹶。著勘明被灾不及五分者，缓至次年征收；其被灾较重者，分作三年带征；被灾稍轻者，分作二年带征，以纾民力”③。

乾隆三年（1738 年）的缓征规定，是对乾隆元年（1736 年）制度的补充，将缓征期限规定得更为具体，即如果灾情分数在五分以下的灾区，缓征到麦收或秋收后征收，如果受灾之年（旱灾）到了冬季才下雨雪，或是水灾地区到了冬季积水才消退，其钱粮就缓至秋收后征收，“其五分以下不成灾地亩钱粮，有奉旨缓征及督抚题明缓征者，缓至次年麦熟以后，其次年麦熟钱粮递行缓至秋成。若被灾之年深冬方得雨雪及积水方退者，该督抚另疏题明，将应缓至麦熟以后钱粮再缓至秋成以后，新旧并纳”④。尤其是灾情分数在三四分的勘不成灾地区，税粮就缓至次年麦收后征收，“带

---

① （清）杨景仁：《筹济编》，李文海、夏明方主编：《中国荒政全书》第二辑第四卷，北京古籍出版社 2004 年版，第 222 页。

② （清）杨景仁：《筹济编》，李文海、夏明方主编：《中国荒政全书》第二辑第四卷，北京古籍出版社 2004 年版，第 221 页。

③ （清）昆冈等修、刘启端等纂：《钦定大清会典事例》卷二百八十二《户部·蠲恤·缓征》，《续修四库全书》编纂委员会：《续修四库全书·史部·政书类》第802 册，上海古籍出版社 2002 年版，第 478 页。

④ （清）杨西明：《灾赈全书》，李文海、夏明方主编：《中国荒政全书》第二辑第三卷，北京古籍出版社 2004 年版，第 474 页。

征之项于被灾之次年起限，俟年满稽核完欠（缓征，麦熟后启征，至下年奏销扣满）"①。若灾情分数在八分以上（八至十分），带征期限为三年，五至七分灾的地区，带征期限为两年，"各省偶遇水旱，勘明被灾不及五分缓征者，仍照例分别缓至麦后及秋后征收外。如本年被灾八九十分者，该年缓征钱粮，分作三年带征；其被灾五六七分者，该年缓征钱粮，分作二年带征"②。

对缓征期限按照灾情轻重决定的规定，表现了统治者已经关注到灾后民众承担并完纳赋税的能力，制定了相应细致的、更符合灾民实际情况的政策，在一定程度上可以说，这是统治者赈济政策另一个较富有人性化的政策。

尽管其缓征的最高期限是三年，但在一些连续发生灾荒积欠较多且一时无法完成的地区，缓征时间往往超过了三年。如乾隆八年（1743 年），甘肃省兰州府所属的皋兰、狄道、靖远、金县，平凉府所属的平凉、泾州、灵台、固原、盐茶厅、镇原、静宁、华亭，庆阳府所属的安化，宁夏府所属的中卫、花马池，甘州府所属的张掖等地，"旧欠地丁银"，从乾隆元年（1736 年）起一直到乾隆七年（1742 年）的地丁银都在拖欠，数额较大，比一年的正额赋税还多，"积算其数，较之一岁正额，几至加倍"，"若责令一时输将，民力实为竭蹶"，最后只能将皋兰等十五州县及盐茶厅"节年旧欠"的地丁银粮，分作四年带征③。

乾隆十年（1745 年），朝廷对山东济南、武定、东昌、青州四府缓征的钱粮也实行了再缓征收，并且将再缓的期限延长到了五年，对四府属积欠钱粮的州县，除了乾隆四年（1739 年）至乾隆五年（1740 年）未完交纳

① （清）吴元炜：《赈略》，李文海、夏明方主编：《中国荒政全书》第二辑第一卷，北京古籍出版社 2004 年版，第 672 页。

② （清）昆冈等修、刘启端等纂：《钦定大清会典事例》卷二百八十二《户部·蠲恤·缓征》，《续修四库全书》编纂委员会：《续修四库全书·史部·政书类》第 802 册，上海古籍出版社 2002 年版，第 478—479 页。

③ （清）昆冈等修、刘启端等纂：《钦定大清会典事例》卷二百八十二《户部·蠲恤·缓征》，《续修四库全书》编纂委员会：《续修四库全书·史部·政书类》第 802 册，上海古籍出版社 2002 年版，第 480 页。

的上述钱粮照例征收外，乾隆六年（1741年）至乾隆十年（1745年）"被灾案内"的缓带钱粮，"自十一年起，分作五年带征。每年征完一年之欠，其节年出借口粮籽种，亦著分年分案征收"①。山东再缓征案的具体时间措施，表明乾隆朝在缓征制度的具体实践及应用方面灵活机动，以及从灾区实际情况出发的特点。

其次，对官借籽种、牛具、银两的缓征。在灾后农业生产恢复过程中，官府常常对无力进行农业生产的灾户，采取借给籽种、牛具等赈济措施，但很多灾户出于种种原因，不能按时归还银两，乾隆帝就对其进行了缓征，如乾隆二十三年（1758年），朝廷缓征了河南卫辉等府所属上年灾荒中所借的籽种、牛具、银两，缓征期限为三年，"所有官借牛具籽种银两，著加恩缓作三年带征"②。这是缓征范围扩大的一个典型表现，也是乾隆帝关注灾民疾苦的表现。

再次，对仓粮的缓征。仓粮的缓征，主要是在灾荒期间对不能按时按量征收常平仓谷的地区，酌情缓征。如乾隆二十三年（1758年），缓征了陕西米脂等八州县的"民欠新旧常平仓粮"，由于米脂等地在上年又发生了灾荒，粮食歉收，虽然正届征收仓粮之期，"但该处去秋收成歉薄，虽勘不成灾，而间阎究属拮据"，因此，将仓粮的一半缓至次年征收，"所有应征一半之常平仓粮，著加恩缓至本年秋成后征收"。同年，山西交城等四十州县由于"去秋歉收"，将所有借出给灾户的社仓及义仓的谷"著分别缓征"③。

对一个地区缓征的各种钱粮，也规定了不同的缓征期限，再次从一个侧面表现了乾隆朝缓征制度的细致，如乾隆二十三年（1758年），陕西省

---

① （清）昆冈等修、刘启端等纂：《钦定大清会典事例》卷二百八十二《户部·蠲恤·缓征》，《续修四库全书》编纂委员会：《续修四库全书·史部·政书类》第802册，上海古籍出版社2002年版，第481—482页。

② （清）昆冈等修、刘启端等纂：《钦定大清会典事例》卷二百八十二《户部·蠲恤·缓征》，《续修四库全书》编纂委员会：《续修四库全书·史部·政书类》第802册，上海古籍出版社2002年版，第484页。

③ （清）昆冈等修、刘启端等纂：《钦定大清会典事例》卷二百八十二《户部·蠲恤·缓征》，《续修四库全书》编纂委员会：《续修四库全书·史部·政书类》第802册，上海古籍出版社2002年版，第485页。

延、榆、绥三府"今岁偶被偏灾"，除了将其成灾地亩的钱粮"照例蠲缓"外，还"加恩"将勘不成灾地区的积欠钱粮缓至征次年麦收后征收，"未经成灾神木等县上年旧欠钱粮，缓至明年麦熟后征收"；本年应征的钱粮缓至次年秋收后征收，"于明年秋后启征"；对借欠的仓粮，就区别新旧情况缓征，"著一并分别新旧次第征收"①。

此外，乾隆朝依然对一些灾荒后果严重的地区实行再缓征。如乾隆二十八年（1763年）谕令，因直隶上年"偶被偏灾，屡经降旨分别蠲缓"，将缓征、带征的钱粮项目一概缓至本年秋成后征收，考虑"小民当积歉之余，元气未复，若令新旧并征，闾阎仍不免拮据"，因此，乾隆帝就"再加恩"，将至期应征收的乾隆二十七年（1762年），以及"节年缓征、带征未完银粮"，再缓至来年麦熟后按数征收②。

然后，对旗地钱粮的缓征。对于旗地灾区钱粮的缓征，给予的期限都较长，如乾隆三十八年（1773年），盛京各城旗人"积欠余地租银六万余两"，担心"一时并征，恐不免稍形拮据"，就加恩将其分作六年带征③。清代钱粮缓征的期限为六年，超过了民地缓征五年的期限，说明了在赈济制度中，乾隆朝依然执行着对旗地旗民的"加恩"和"惠顾"政策。

最后，对漕粮再缓征做了详细的规定。民田的漕粮一般在受灾的时候都会得到不同的缓征，这在康熙时期就制定了相应的制度，乾隆时期制定了分年带征或是与地丁钱粮一同蠲免，以及分年压带补征的制度。对于民田内应征漕粮及漕项银米，在被灾之年，"或应分年带征，或与地丁正耗钱粮一律蠲免，该督抚确核具题，请旨定夺"，对于已经带征的漕粮，如果带征的时候又发生灾荒，那么，上年带征的粮食，就可以延后缓征，并

① （清）昆冈等修、刘启端等纂：《钦定大清会典事例》卷二百八十二《户部·蠲恤·缓征》，《续修四库全书》编纂委员会：《续修四库全书·史部·政书类》第802册，上海古籍出版社2002年版，第485页。

② （清）昆冈等修、刘启端等纂：《钦定大清会典事例》卷二百八十二《户部·蠲恤·缓征》，《续修四库全书》编纂委员会：《续修四库全书·史部·政书类》第802册，上海古籍出版社2002年版，第486页。

③ （清）昆冈等修、刘启端等纂：《钦定大清会典事例》卷二百八十二《户部·蠲恤·缓征》，《续修四库全书》编纂委员会：《续修四库全书·史部·政书类》第802册，上海古籍出版社2002年版，第487页。

可以分开征收，"凡漕粮已经带征，遇带征之年复又被灾，其上年带征之粮，准其分年压征带补"①。

此外，对受灾租地的租银，乾隆朝也进行了缓征，乾隆四年（1739年）根据直隶制度孙嘉淦的奏疏，对勘不成灾的地区的地租银也予以缓征，"拨补地亩租银，于乾隆四年直督孙咨部覆准，未成灾（指勘不成灾而言）村庄地亩租银，一体缓征，仍于受补州县地粮奏册内扣明缓征分数"②。

从乾隆朝细致的缓征政策中，我们可以看到其对灾民的体恤及宽松，不仅尽情地表现了乾隆帝"体恤灾黎"和"轸念民瘼"的"加恩于民"的思想，也使灾区能够有充裕的物力及财力进行灾后再生产，对社会秩序的稳定、社会经济基础的恢复，都有积极的意义。同时，缓征使一些灾情稍轻不能进入蠲免及钱粮赈济范畴的灾荒，尤其是那些"勘不成灾"的灾区，享受到了朝廷间接赈济的实惠，"夫时值歉年而非大歉，境连灾地而不成灾，国家经费有常，岂可概行议蠲?而遽急催科，则艰难可念，为纡其期，无误惟正之供，稍纾拮据之力，一停待间而受赐多矣。而分年带输，则视灾之轻重，以定等差焉"③。

同时，乾隆朝缓征、带征、停征的赋役方式很多，在康雍时期缓征的基础上，在缓征实践中不断充实及完善，使乾隆朝的缓征，真正对灾区，尤其是一些勘不成灾、达不到赈济及蠲免条件的受灾地区，享受到了朝廷的实惠。很多灾区，常常是根据灾情具体状况实施不同程度的缓征、停征、带征，如乾隆十年（1745年）直隶由于连续多年发生旱灾，"直隶省节年本年民借口粮籽种工本等项，数至万石以上者，共二十处"，其中，盐山、庆云两县是民欠最多的地区，将所借米谷"分作三年带征"；河间府所属的河间、故城、宁津、献县、景州、任邱、吴桥，天津府所属之沧州、

---

① （清）杨西明：《灾赈全书》，李文海、夏明方主编：《中国荒政全书》第二辑第三卷，北京古籍出版社2004年版，第474—475页。

② （清）吴元炜：《赈略》，李文海、夏明方主编：《中国荒政全书》第二辑第一卷，北京古籍出版社2004年版，第674页。

③ （清）杨景仁：《筹济编》，李文海、夏明方主编：《中国荒政全书》第二辑第四卷，北京古籍出版社2004年版，第220页。

南皮、静海，保定府所属之雄县、新城等州县的民欠数额，自万余石至两万石以上不等，就将新旧借项"均作二年带征"；交河、阜城、青县、威县、清河等县，以及深州等地的民欠也在万石以上，就将"本年借项征还，其节年旧欠，分作二年带征"；宣化府自上年"阖属被灾之后"，本年也有很多的地区发生了冰雹灾害，"将所欠均作二年带征"①。

对于停征的钱粮数额，有的是停征十分之三，有的是全部停征，还有停征积欠钱粮的，"其所缓之数，有将额赋停征十分之三者，有全行停征者，有并停征积年未完之项者"②。在不同的地区，钱粮的缓征期限达到五六年，还停征了数年的积欠，这种对钱粮缓征、停征的力度达到了中国古代赈济史上的最高峰，"缓征之典，可谓溥博而周详，用宏休养，不扰追呼矣！"③当然，能够实施如此高数额的停征、缓征，与乾隆朝稳定的政治局势、雄厚的经济实力有密不可分的联系，"庶几道洽政治，三登庆而百室盈，无不遂之民生，自有常充之国课，安在劳于抚字者，必拙于催科也哉！"④

三、蠲免与缓征制度的"相辅相成"

在清前期，蠲免与缓征不是单独进行的，常常是一起进行，即一个地区在发生灾荒之后，常常是根据灾情的具体情况，既实行蠲免，又实行缓征，或是先蠲免再缓征，将蠲免后剩余的钱粮进行缓征，"缓赋以恤民，尚矣！缓与蠲相表里，有先缓而后蠲者，有即蠲剩而后缓者"⑤。

---

① （清）昆冈等修、刘启端等纂：《钦定大清会典事例》卷二百八十二《户部·蠲恤·缓征》，《续修四库全书》编纂委员会：《续修四库全书·史部·政书类》第802册，上海古籍出版社2002年版，第482页。

② （清）杨景仁：《筹济编》，李文海、夏明方主编：《中国荒政全书》第二辑第四卷，北京古籍出版社2004年版，第222页。

③ （清）杨景仁：《筹济编》，李文海、夏明方主编：《中国荒政全书》第二辑第四卷，北京古籍出版社2004年版，第225页。

④ （清）杨景仁：《筹济编》，李文海、夏明方主编：《中国荒政全书》第二辑第四卷，北京古籍出版社2004年版，第225页。

⑤ （清）杨景仁：《筹济编》，李文海、夏明方主编：《中国荒政全书》第二辑第四卷，北京古籍出版社2004年版，第221页。

蠲缓自清初就开始实施，如康熙三十六年（1697 年），江南省淮、扬、徐、泗等地在康熙三十五年（1696 年）发生水灾，这些地区受灾年的"一应钱粮，已经蠲免"，康熙三十四年（1695 年）未完的钱粮"于（康熙）三十七年带征"①。

到乾隆时期，由于经济实力得到增强，对同一个灾区实施蠲缓更有了可能，因此，蠲缓就得到了更为普遍的实施。

如乾隆元年（1736 年），朝廷就蠲缓了山西、安徽等地的额赋，"赈山西朔州等四州县被雹灾民，蠲缓本年分额赋有差"②，"蠲缓安庆泗州卫屯田、长芦庆云县灶地本年分水灾额赋有差"③。乾隆二年（1737 年），"赈恤奉天锦县、宁远州被水灾民，分别蠲缓额赋"④。

乾隆十一年（1746 年），直隶发生水旱灾害，当年的地丁钱粮"已全行蠲免"，庆云、盐山两县应征的灶课银，"例不在蠲免之内"，但是"念二县当积歉之后，民力未免拮据"，就将庆云、盐山两县本年应征的灶课，"暂缓征纳，俟秋收丰稔，该督奏明开征"⑤。

蠲免与缓征的措施同时并举，对灾情严重或是受灾程度不均衡，或是灾荒类型不一样的地区，就能够做到采用不同的措施及时处理。如乾隆三年（1738 年），江南发旱灾，歉收的州县较多，成灾的漕粮就"照条银之例，按其分数，悉予蠲免"，蠲剩的漕米，就缓至次年麦熟后改折征收，对于"该年江南有收之田"，由于在未经得雨以前，"小民并力车戽，工本

---

① （清）昆冈等修、刘启端等纂：《钦定大清会典事例》卷二百八十二《户部·蠲恤·缓征》，《续修四库全书》编纂委员会：《续修四库全书·史部·政书类》第802册，上海古籍出版社2002年版，第475页。

② 《清实录·高宗纯皇帝实录》卷三十二"乾隆元年十二月条"，中华书局1985年版，第639页。

③ 《清实录·高宗纯皇帝实录》卷三十三"乾隆元年十二月条"，中华书局1985年版，第644—645页。

④ 《清实录·高宗纯皇帝实录》卷五十六"乾隆二年十一月条"，中华书局1985年版，第918页。

⑤ （清）昆冈等修、刘启端等纂：《钦定大清会典事例》卷二百八十二《户部·蠲恤·缓征》，《续修四库全书》编纂委员会：《续修四库全书·史部·政书类》第802册，上海古籍出版社2002年版，第482页。

倍于往昔，劳费加于平时"，也分别"折征"；苏州府所属三处"折征十分之三"；江、常、镇、淮、扬、通、海七府州所属四十三处"折征十分之五"；"以上系三次遵奉谕旨办理。乃因地方灾伤过甚，于常例之外，破格蠲免"①。

又如乾隆十二年（1747 年），江苏发生水旱灾害，在滨临江海地方"飓风骤雨，潮水冲决"，常熟等十七个州县，以及苏州、太仓、镇海、金山四个州县人民的屯沙洲田禾花豆全被冲没；一些地区因"夏秋雨泽愆期"而发生了旱灾，其中，上元等十二县，以及扬州、仪征、镇江三个地区的灾情较重，遭受旱灾。对受灾地区的地丁银米，朝廷就根据灾情分数，分别进行了蠲免；蠲免剩余的钱粮，就进行了缓征，"蠲剩银米，按被灾轻重，分年带征"，缓征的办法是将乾隆十三年（1748 年）的新赋，"缓至秋成后启征，各年旧欠地丁银米，缓至来年麦熟后征输"；对勘不成灾、收成歉薄的地区，其应征的本年地丁银米、借欠籽种"亦缓至来年麦熟后征收"；受灾田地应该征收的漕粮漕项进行了蠲免，"所有被灾较重"的上海、镇洋、宝山、常熟、昭文、太仓、通州各州县，以及苏州、太仓、镇海、金山四个州县的灾田，按照灾情蠲免银米；南汇、嘉定、上元、江宁、句容、六合、丹阳、甘泉八县"所有本年灾田漕粮，均缓至明冬带办，漕项银与地丁一例缓征"②。同年，乾隆帝谕旨蠲免、缓征、加缓了山东受灾田地的钱粮，"朕思，本年齐河等州县被灾田亩应完钱粮，已照例蠲缓。其勘不成灾及不被灾之处，与灾地毗连者，收获未能丰裕。著将应征未完钱粮，于奉到谕旨之日加恩停缓，展至十四年带征"③。

———————————

①　（清）姚碧：《荒政辑要》，李文海、夏明方主编：《中国荒政全书》第二辑第一卷，北京古籍出版社 2004 年版，第 772 页。

②　（清）昆冈等修、刘启端等纂：《钦定大清会典事例》卷二百八十二《户部·蠲恤·缓征》，《续修四库全书》编纂委员会：《续修四库全书·史部·政书类》第 802 册，上海古籍出版社 2002 年版，第 483 页。

③　（清）昆冈等修、刘启端等纂：《钦定大清会典事例》卷二百八十二《户部·蠲恤·缓征》，《续修四库全书》编纂委员会：《续修四库全书·史部·政书类》第 802 册，上海古籍出版社 2002 年版，第 483 页。

第三节　清前期官方灾赈中的借贷制度①

中国传统荒赈制度都能对农耕社会的复兴与发展发挥积极作用，不同层面及内容的制度、社会效用往往不同。在传统农业社会中，既能发挥复苏农业的功用，又能塑造民众诚信品行作用的灾赈制度，首推借贷制度。作为清代荒政制度的重要组成部分，借贷也是集中国历代制度于一体，成效与弊端毕集。清代灾荒借贷分官方及民间两类，学界对清代民间借贷进行了不同视角的研究②，但官方的借贷尤其制度建设及实践，迄今尚无系统研究的成果。

清代官方借贷是针对农耕进行的最能促进社会经济恢复、最具社会诚信塑造效应的官赈制度。官府在春耕夏种、青黄不接即民间"乏食""缺种"之际，向饥民借贷籽种钱粮、耕牛农具等恢复农耕所需的基本物资。官方借贷是灾后农业生产及传统社会的经济秩序迅速恢复并获得持续发展的基本保障，成效良好，不仅加强了民众对清朝统治的认可，稳定了地方统治，也塑造了民众的诚信行为，对清代基层社会结构的稳定起到了积极作用。本书对清前期官方借贷制度的建立、完善与社会效应进行初步探讨，以期对清代官赈制度的研究稍有裨益。

借贷是灾荒发生后，以钱粮直接赈济灾民之后，在春耕夏种、青黄不

---

① 周琼：《农业复苏及诚信塑造：清前期官方借贷制度研究》，《清华大学学报》（哲学社会科学版）2019 年第 1 期，第 44—59 页，后被中国人民大学报刊复印资料《明清史》2019 年第 5 期全文转载。

② 毕波：《清代前期民间借贷主体的法律规制》，《兰台世界》2014 年第 15 期，第 15—16 页；周翔鹤：《清代台湾民间抵押借贷研究》，《中国社会经济史研究》1993 年第 2 期，第 61—71 页；柏桦、刘立松：《清代的借贷与规制"违禁取利"研究》，《南开经济研究》2009 年第 2 期，第 141—152 页；陈志武、林展、彭凯翔：《民间借贷中的暴力冲突：清代债务命案研究》，《经济研究》2014 年第 9 期，第 162—175 页。近年也有硕士学位论文进行研究，如杨贞：《清代前期民间借贷法律研究》，河北大学 2011 年硕士学位论文；顾玉乔：《清代以来徽州乡村民间借贷研究——以〈徽州文书〉中收录的收借条为中心》，安徽大学 2014 年硕士学位论文；徐钰：《清至民国时期清水江流域民间借贷活动研究——以〈天柱文书〉为中心》，贵州大学 2016 年硕士学位论文。

接，民间乏食缺种时，向无力进行再生产的灾民实施的重要赈济措施之一，"农民遇年歉失所，朝不保夕，则其救济之法，自以保命为先，故须急赈。迨生机既有延续之可能，为欲维持生计，须恢复农业生产。然灾后农民，赤手空拳，何来农本？历代论者胥以为有放贷之必要，据此，则生放贷之策。放贷之种类颇多，主要者即贷种食、牛、具等农本，今之所谓农贷者是也"[1]。

借贷是灾荒赈济的最后一个步骤，但却是农业生产恢复及发展的最为重要和关键的一步，"丰时敛之，凶时散之，其民无者从公贷之。据公家为散，据民往取为贷"[2]，灾民在得到钱粮救济、度过饥荒危机得以保存性命之后，就得进行生产自救，进入灾后的重建工作之中。这个阶段，各种形式的钱粮赈济大致结束了，但在一些地区，却因灾情严重、持续时间较长，时令正届青黄不接的时候，很多灾民还处于饥饿状态，或是灾民虽然已经有糊口之粮，但却无耕种之资，或是缺乏籽种，或是缺乏牛具，这些都对农业生产的恢复起到了极大的阻碍作用，"幸而残冬得度，东作方兴，若不预为之所，将来岁计，复何所望？"[3]"残冬已过，东作方兴，若不急令耕耘，将来困苦必倍于前者，力尽人疲故也。"[4]

因此，灾荒借贷的口粮、籽种、牛具等是灾民进行灾后重建的重要保障，"大抵赈恤之余波，而耕耘之早计也"[5]，也是农业生产顺利进行、国家赋税得以征收的基础，"有可耕之民，无可耕之具，饥馁何从得食，租税何从得有也？"[6]

---

① 邓云特：《中国救荒史》第三编"历代救荒政策之实施"，商务印书馆1993年版，第396页。

② （清）杨景仁：《筹济编》，李文海、夏明方主编：《中国荒政全书》第二辑第四卷，北京古籍出版社2004年版，第187页。

③ （清）杨景仁：《筹济编》，李文海、夏明方主编：《中国荒政全书》第二辑第四卷，北京古籍出版社2004年版，第193页。

④ （清）陆曾禹：《钦定康济录》，李文海、夏明方主编：《中国荒政全书》第二辑第一卷，北京古籍出版社2004年版，第374页。

⑤ （清）杨景仁：《筹济编》，李文海、夏明方主编：《中国荒政全书》第二辑第四卷，北京古籍出版社2004年版，第187页。

⑥ （清）陆曾禹：《钦定康济录》，李文海、夏明方主编：《中国荒政全书》第二辑第一卷，北京古籍出版社2004年版，第377页。

一、清前期借贷制度的起源与初建

农耕借贷是钱粮赈济进行到一定阶段，随着灾区农业生产恢复的需要、灾民垦复困难等问题的凸显而提上灾赈议事日程的，是传统农业经济秩序恢复及稳定发展的基本保障，深受灾民欢迎，社会效果良好，被认为是清代官赈中积极影响后代的措施。

（一）清前期农耕借贷的原因

清代灾荒中官府实施的急赈、加赈、大赈、粥赈、展赈、以工代赈等措施，使灾民及时得到官府的钱粮救济，度过了饥荒。但随后灾区进入生产自救及灾后重建阶段，面临传统社会经济秩序恢复的任务。借贷就成为灾荒官赈的最后步骤，"大抵赈恤之余波，而耕耘之早计也"，也是官民皆便的必然措施。

清代的农耕借贷别称"农借"或"农贷"，"借"指农本拥有者向贫乏者出借物资的行为（借方），"贷"指农本缺乏者向官方借入物资的个人负债行为（贷方）。在中国传统经济活动中，"贷"事实上具有"借"的内涵，"借"与"贷"联称，特指可以生息的经济行为，自秦汉以后，"借贷"就具有了债务的内涵。在灾后的农业生产恢复中，借贷就成为物资掌握者与物资需求者之间经常发生的经济行为，"灾后农民，赤手空拳，何来农本？历代论者胥以为有放贷之必要，据此，则生放贷之策。放贷之种类颇多，主要者即贷种食、牛、具等农本，今之所谓农贷者是也"[①]。灾荒借贷自汉唐以来就不断被官方及民间采用，清代无疑是灾荒借贷制度建设最成熟的朝代，当时虽有不同形式的民间借贷存在，但官府给急需再生产的灾民借贷钱粮、籽种、耕牛、农具，借偿公平，有制度保障，官方借贷一般成为农耕借贷的主要来源，"丰时敛之，凶时散之，其民无者从公贷之。据公家为散，据民往取为贷"[②]。与其他荒政制度一样，清代灾荒借贷制度

---

① 邓云特：《中国救荒史》第三编"历代救荒政策之实施"，商务印书馆 1993 年版，第 396 页。

② （清）杨景仁：《筹济编》，李文海、夏明方主编：《中国荒政全书》第二辑第四卷，北京古籍出版社 2004 年版，第 187 页。

也经历了起源、发展与完善的过程。

恢复灾区经济秩序、稳定统治是农耕借贷的动因。在灾情严重、灾荒持续时间及恢复周期较长的地区，急需补耕补种，但很多灾民无力筹办籽种牛具进行再生产，"迨生机既有延续之可能，为欲维持生计，须恢复农业生产"，"幸而残冬得度，东作方兴，若不预为之所，将来岁计，复何所望?"①"残冬已过，东作方兴，若不急令耕耘，将来困苦必倍于前者，力尽人疲故也"②。有的灾民或已下种、庄稼长成后又遇灾害，也陷于钱粮籽种无着落、耕牛缺乏、农具不足之困境。给灾民借贷粮食籽种或耕牛农具钱物等，就成为维持农业生产正常进行的必要措施，"倘间有偏灾处所，或应酌量抚恤，或应借给籽种口粮，令其补种晚禾"③。灾民因而具备了恢复农业生产、顺利进行灾后重建的能力，"或贷口粮，或贷籽种，或贷麦种，或贷牛具"④。这是一项促进灾后传统农业生产顺利进行、稳定灾区统治、保证地方赋税收入最重要的措施，"有可耕之民，无可耕之具，饥馁何从得食，租税何从得有也"⑤。

清代官方农耕借贷物资主要是钱粮、籽种、耕牛、农具等生存及再生产的基本需求，官府往往从仓储、府库、截漕、发帑、邻近区域调集籽种、器具、耕牛等基本生产资料，按照灾害等级及灾户的实际需要进行借贷，"以谷贷民，多取给常平、社仓，平时春贷秋还，年荒大资接济，亦有筹款借给，用银折色者"⑥。特殊情况下也动用省府州县捐纳的钱粮借

① （清）杨景仁：《筹济编》，李文海、夏明方主编：《中国荒政全书》第二辑第四卷，北京古籍出版社 2004 年版，第 193 页。

② （清）陆曾禹：《钦定康济录》，李文海、夏明方主编：《中国荒政全书》第二辑第一卷，北京古籍出版社 2004 年版，第 374 页。

③ 《清实录·高宗纯皇帝实录》卷六百十五"乾隆二十五年六月条"，中华书局 1986 年版，第 921 页。

④ （清）杨景仁：《筹济编》，李文海、夏明方主编：《中国荒政全书》第二辑第四卷，北京古籍出版社 2004 年版，第 187 页。

⑤ （清）陆曾禹：《钦定康济录》，李文海、夏明方主编：《中国荒政全书》第二辑第一卷，北京古籍出版社 2004 年版，第 377 页。

⑥ （清）杨景仁：《筹济编》，李文海、夏明方主编：《中国荒政全书》第二辑第四卷，北京古籍出版社 2004 年版，第 187 页。

贷，康熙三十年（1691 年）贷给山西灾民捐米、康熙三十一年（1692 年）贷给陕西灾民的捐银就来源于捐纳。

清代官方灾荒借贷与其他官赈最大的差别，是借贷对象不分贫次等级，"不分极、次贫民，俱补给一月口粮。俟水涸，再借给籽种补种"①，并据灾情分数决定借贷与否、借贷数额。只要灾情分数达到三至五分灾，在遵守按期偿还、偿付利息等规定后，就可申请借贷；也根据实际情况或是按收成决定还贷日期、是否收取利息等，"该处上年秋成，虽有六七分，而无地贫民，尚或未免拮据。今东作方兴，雨泽未降，或应平粜仓谷以资接济，或应借给籽种以惠耕畂"②。故很多"勘不成灾"范畴③的灾荒、不同灾等及贫级的灾民也得到官府借贷救济，"附近村庄如猝遇冰雹，例不成灾，农民有缺乏口粮籽种者，准其将谷借给"④。这在实质上扩大了清代官赈的范畴。

（二）康熙朝借贷制度的起源与实践

清前期的荒政如报灾、勘灾、以工代赈，或粥赈、大赈、蠲免等制度，大多在顺治朝就开始建设实施，但灾荒借贷制度的建设直至康熙朝中期才开始，在实践中边实施边进行制度建设，制度的发展期是在雍正朝，制度与实践同步推行。

康熙朝的借贷主要在灾后农业播种或复种、补种时进行，主要针对蠲赈后元气尚未完全恢复、灾后无粮维持生计、缺乏籽种耕牛的灾民，多用仓储粮食或漕粮、捐谷捐银等借贷。制度初建于康熙朝中期并在实践中实施，借贷制度边建设边实践的特点在康熙朝极为凸显。

---

① 《清实录·高宗纯皇帝实录》卷二百五十五"乾隆十年十二月条"，中华书局 1985 年版，第 310 页。

② 《清实录·高宗纯皇帝实录》卷二百八十四"乾隆十二年二月条"，中华书局 1985 年版，第 700 页。

③ 周琼：《清代赈灾制度的外化研究——以乾隆朝"勘不成灾"制度为例》，《西南民族大学学报》（人文社会科学版）2014 年第 1 期，第 10—17 页。

④ （清）昆冈等修、刘启端等纂：《钦定大清会典事例》卷一百九十三《户部·积储·义仓积储》，《续修四库全书》编纂委员会：《续修四库全书·史部·政书类》第 801 册，上海古籍出版社 2002 年版，第 215 页。

康熙朝最早的确切官方借贷记录发生在康熙三十年（1691年），山西发生旱蝗灾害，"五台崞县将储米借给平阳府岳阳等八州县灾民，太原、大同二府属买存的捐米借给平阳府闻喜等十五县灾民"作为度荒的口粮；康熙三十一年（1692年），山东省存储的二十八万九千余石捐谷借给穷民"接济春耕"，陕西省州县捐银借给西安、凤翔两府所属旱灾灾民，作为"籽种之用"；康熙三十五年（1696年），直隶"宝坻等州县被水，今年钱粮业已免征，无可蠲恤，该府责成贤能地方官，确查实系穷民，借支仓米，务令均沾实惠，不致流离失所"。康熙五十九年（1720年），陕西、甘肃两省夏秋旱灾，次年春耕时"拨解库银二十万两，借给籽种"；康熙六十年（1721年），直隶大名府的长垣等四州县因黄沁水溢，秋禾被淹，"贫民乏食"，谕令各州县"将存仓米谷借给，如有不敷，于截留漕米内动支"[1]，予以赈济。

纵观康熙朝的借贷措施及制度，借贷物资多是生活及耕种所需钱粮籽种，虽然对灾区农业生产的恢复起到积极的促进作用，但很多极贫户、重灾户缺乏耕牛、农具，制约了农耕借贷的社会成效。因此，康熙朝的借贷制度及其实践，有待进一步的建设及完善。

（三）雍正朝借贷制度的发展

雍正朝继续进行制度建设，也是边实践边进行借贷制度的推进建设。首先，明确规定了当面贷给及秋后按户归还的制度，先将仓米借贷给饥民作为口粮。雍正八年（1730年），陕西省西安府及直隶省蔚州等地发生旱雹灾害，"居民乏食"，"蔚州并动用存储晋省兵米，酌量借给"[2]。同时强调灾年借贷米谷于秋后征还，每石加息一斗，"出借米谷，务令各州县官按名面给，秋熟之后，按户缴还"。

---

① （清）昆冈等修、刘启端等纂：《钦定大清会典事例》卷二百七十六《户部·蠲恤·货粜》，《续修四库全书》编纂委员会：《续修四库全书·史部·政书类》第802册，上海古籍出版社2002年版，第406页。

② （清）昆冈等修、刘启端等纂：《钦定大清会典事例》卷二百七十六《户部·蠲恤·货粜》，《续修四库全书》编纂委员会：《续修四库全书·史部·政书类》第802册，上海古籍出版社2002年版，第406页。

其次，制定了严格的借贷腐败惩罚制度，最突出的建设成就，是与雍正朝吏治改革同步的措施，即严肃借贷吏治，惩治了借贷中出现的冒贷、匿贷等腐败行为，整顿借贷吏治，开始规范借贷、归还等制度。按规定，若出现冒贷冒领、匿贷不贷、滥借滥贷的腐败行为，"胥吏蒙混捏名虚领"、诈冒领给，致追欠无着落的，就依法处罚官吏，立即将捏领冒贷的胥吏从重治罪，逋欠之数由州县官名下追还，并论以失察之罪；若借贷灾户出现有借无还的失信行为，不按合约期限及规定偿还借贷物资，追欠无着落者，所管官员要受到相应处分，"其所欠米谷，即于该州县官名下追还。并照失察例治罪"。[①]

雍正朝对借贷吏治腐败惩处及民众失信追责官员的制度，严肃了借贷吏治，规范了借贷法纪。但其借贷物资仅限于钱粮，未在物资类型及制度建设方面取得突破性进展。

康雍时期的借贷，无论是借贷次数，还是钱粮数额，都远不能与乾嘉时期相比。这不仅与制度建设及发展阶段的探索及实践有关，也与当时的政治、经济状况密切相连。清王朝初建时期，传统社会经济秩序处于恢复及重建阶段，国库物资储备尚未充裕，大部分钱粮被用于清初平定天下的战争，统治者忙于巩固政权及稳定、统一疆域的战争，无暇进行与农业生产恢复相关的诸如解决耕牛、农具及籽种等细节性问题，制度的建设也需要有一个逐步推进的过程，灾荒中先能解决饥民的温饱、保障灾区具备恢复再生产的能力，就已彰显出了清王朝在荒政建设上的社会成效，以及清初官赈解决饥民温饱、稳定统治、获取民心的救灾观念。

二、乾隆朝借贷制度的完善与实践

经过康雍时期的建设及积累，国力逐渐强盛，府库充裕，赈济物资富裕，借贷经验不断积累，灾荒借贷制度的建设在乾隆时期得到了进一步发展，开始了系统、全面地建设及完善，能更多地根据灾民的实际需求制定

---

① （清）昆冈等修、刘启端等纂：《钦定大清会典事例》卷二百七十六《户部·蠲恤·货粜》，《续修四库全书》编纂委员会：《续修四库全书·史部·政书类》第802册，上海古籍出版社2002年版，第406页。

政策，但依然继续实行一边进行制度建设，一边在实践中推行并补充、改良，使其臻于完善的制度建设特点，借贷原则及标准也在具体实践中进行微调。故清代灾荒借贷制度的确立及定型完成于乾隆朝，将中国传统灾荒借贷制度推向了新高峰。主要表现在以下五个方面：

（一）仓谷借贷的收息、免息制度的完善与实践

乾隆朝借贷最能体现制度公平性及特殊性互补的措施，是灾荒借贷的收息及免息制度。

首先，确立了据年岁丰歉决定收息或免息的制度，平年及丰年执行不同的收息标准。乾隆二年（1737年）规定平年借贷是常规借贷，借贷仓谷须加收谷息，"各省出借仓谷，于秋后还仓时，有每石加息谷一斗之例。如地方本非歉岁，循例出陈易新，则应照例加息"①。各地收息标准可以不同，有的借贷收息，有的不收息或收部分息，丰年年结的加收利息，"福建省出借谷石，向不收息；广东省止收耗谷三升；河南、山东丰年加息……浙江常平仓谷春间出借，秋后照数收完，其社仓谷石例应加息征还；直隶常平仓谷借作种者不加息，余亦加一收息。各处办理不同"②。虽然各地灾赈借贷及标准不尽一致，但平年借贷收息、丰年加息的原则得到认可，被各地借贷官员及灾民接受。

其次，完善了口粮借贷制度。在灾后农业恢复中，规定灾民除了能借贷籽种外，也能借贷口粮，五分灾以下的灾民不仅享受"勘不成灾"制度的赈济，还能享受借贷免息制度的援助。这使加赈、展赈等措施停止后不

---

① （清）昆冈等修、刘启端等纂：《钦定大清会典事例》卷二百七十六《户部·蠲恤·货粟》，《续修四库全书》编纂委员会：《续修四库全书·史部·政书类》第802册，上海古籍出版社2002年版，第406页。《清实录·高宗纯皇帝实录》卷四十四"乾隆二年六月条"，中华书局1985年版，第777页记："谕总理事务王大臣：朕闻各省出借仓谷，于秋后还项时，有每石加息谷一斗之例。朕思借谷各有不同，如地方本非歉岁，只因春月青黄不接。民间循例借领，出陈易新，则应照例加息。若值歉收之年，其乏食贫民，国家方赈恤抚绥之不遑。所有借领仓粮之人，非平时贷谷者可比，至秋后还仓时，止应完纳正谷，不应令其加息。将此永著为例，各省一体遵行。该督抚仍当严饬有司，体恤民隐，平斛收量，毋得多取颗粒。如有浮加斛面，额外多收及胥吏苛索等弊，著该督抚严惩治罪。"

② （清）万维翰：《荒政琐言》，李文海、夏明方主编：《中国荒政全书》第二辑第一卷，北京古籍出版社2004年版，第465页。

能生存及进行再生产的灾民，可以依贷维持生计，并有了恢复农业生产的能力。乾隆七年（1742年），安徽上江地区的凤、颍、泗三府所属"连年被潦，民困为甚"，就对三府所属的"已赈贫民"给予再借一月口粮的赈济；一些在正月就停止赈济的灾区，因"去麦秋尚远"，给"最贫之民，借予口粮两月"；对五分灾以上未被赈济的灾民借贷口粮，"定例于春月酌借口粮，统于秋成还仓"①。

各地官员也很重视对灾民籽种的借贷，如乾隆二年（1737年），山东旱灾，山东巡抚法敏就给灾民借贷籽种工本银，"民间麦收多藉为种植秋禾之工本，倘得雨再迟，则秋种无资，应令地方确查实在穷民，量贷籽种工本银两，俟秋收后还项"②。乾隆三年（1738年），湖南旱灾，给灾民借贷籽种，"借给籽种亩五升"③。乾隆八年（1743年），直隶旱灾，对灾民借贷籽种，"牛具子种，灾民无力营措，均须预为筹画（划）。臣见在动项，委员采买麦种，分贮被灾州县，查明贫户畜有牛具者，按亩五升借给。如欲自买麦种，每亩借银一钱"④。

再次，完善并确立了灾年借贷的免息制度，即因灾借贷口粮籽种可以免除利息。乾隆朝极为重视灾赈的社会效果，乾隆帝即位初年就颁布了灾歉之年借贷免息的政策："今闻外省奉行不一……借常平仓谷者，遇歉收之年，仍循加息之成例，似此则非朕旨之本意矣！嗣后无论常平、社仓谷石，但值歉收之岁，贫民借领者，秋后还仓，一概免其加息，俾蔀屋均沾恩泽，将此永着为例。钦此"⑤。

---

① （清）昆冈等修、刘启端等纂：《钦定大清会典事例》卷二百七十六《户部·蠲恤·货粟》，《续修四库全书》编纂委员会：《续修四库全书·史部·政书类》第802册，上海古籍出版社2002年版，第407页。

② 《清实录·高宗纯皇帝实录》卷四十一"乾隆二年四月条"，中华书局1985年版，第744页。

③ 《清实录·高宗纯皇帝实录》卷八十"乾隆三年十一月条"，中华书局1985年版，第256页。

④ （清）方观承：《赈纪》，李文海、夏明方主编：《中国荒政全书》第二辑第一卷，北京古籍出版社2004年版，第506页。

⑤ （清）杨西明：《灾赈全书》，李文海、夏明方主编：《中国荒政全书》第二辑第三卷，北京古籍出版社2004年版，第499页。

乾隆朝借贷免息制度体现了永久实施的稳定性特点，这个规定在不同形式的官方政策中出现。乾隆二年（1737 年）明确规定，灾荒借贷免谷息，秋收或到期后偿还借谷，并作为永久性制度确定下来，"若值歉收之年，国家方赈恤之不遑，非平时贷谷者可比？至还仓时，止应完纳正谷，不应令其加息。将此永著为例"①。在给各地官员的谕旨中还以不同方式再次强调，如乾隆三年（1738 年）二月上谕云："乾隆元年六月内，朕曾降旨，各省出借仓谷与民者，旧有加息还仓之例。在此青黄不接之时，民间循例借领，则应如是办理；若值歉收之年，岂平时贷谷可比？至秋收后，只应照数还仓，不应令其加息。此乃兼常平、社仓而言也。"乾隆帝对各地不能执行灾年借贷免息制度的官员及地区，也谕旨切责，企图达到天下灾民均沾借贷实惠的灾赈目的。

免息借贷制度在实践中逐步实施，"惟歉收之岁出借贫民，各省一概免息"②。乾隆三年（1738 年），广东水灾民众在借社仓米谷时"概行停止加息"，将应加耗谷"一并免其交仓"，"各省出借仓谷，仍照旧例，分别年岁丰歉，收息免息。至广东福建等省向不收息者，令照旧办理"③。

灾民免息借贷是乾隆朝在借贷制度建设上的重大突破，对急需恢复农业生产的灾民给予切实有效的救济，对灾区社会经济的恢复、灾民生产能力的提高发挥了积极作用。乾隆五年（1740 年）还规定，夏旱灾害发生后补种较晚的灾民可无息借贷籽种口粮，"各省夏月间或有得雨稍迟，布种较晚，必需接济者，酌借籽种口粮，秋后免息还仓"④。对水灾后需要补种

① （清）昆冈等修、刘启端等纂：《钦定大清会典事例》卷二百七十六《户部·蠲恤·货粟》，《续修四库全书》编纂委员会：《续修四库全书·史部·政书类》第802册，上海古籍出版社 2002 年版，第 406 页。

② （清）万维翰：《荒政琐言》，李文海、夏明方主编：《中国荒政全书》第二辑第一卷，北京古籍出版社 2004 年版，第 465 页。

③ （清）昆冈等修、刘启端等纂：《钦定大清会典事例》卷二百七十六《户部·蠲恤·货粟》，《续修四库全书》编纂委员会：《续修四库全书·史部·政书类》第802册，上海古籍出版社 2002 年版，第 406 页。

④ （清）昆冈等修、刘启端等纂：《钦定大清会典事例》卷二百七十六《户部·蠲恤·货粟》，《续修四库全书》编纂委员会：《续修四库全书·史部·政书类》第802册，上海古籍出版社 2002 年版，第 407 页。

秋禾的地区，也免息借贷籽种口粮。如乾隆七年（1742年）江苏省江浦、六合、山阳、阜宁、清河、桃源、安东、淮安、大河、兴化、铜山、邳州、宿迁、睢宁、沭阳等十八个州县发生水灾、雹灾，麦苗受损，大部分地区在上年发生水灾，就用仓谷免息借贷补种所需的籽种口粮，"雨雹水溢，伤损二麦秧苗。除兴化一县外，其余各州县卫，皆系上年被水之后，平民补种秋禾，俱属艰难。应于常平仓项下，或动米谷，或动采价，借给籽种口粮。所借仓粮，秋成免息还仓"[①]。

最后，在实践中推行据灾情分数确定借贷是否免息的制度，进一步完善了借贷免息制度。灾年借贷免息制度得到了灾民欢迎，达到了迅速恢复社会经济秩序的效果，但就很快出现了显而易见的弊端，即借贷时没有考虑不同灾害等级、借贷数量不同的情况，导致借贷制度在不同灾害等级地区出现无法推行或借贷成效良莠不齐等情况。

一些微小的、局部区域的灾害，灾情一般只有一二分灾，民众大多有八九分收成，生产生活受到的影响较小。即便是"勘不成灾"的三四分灾区，灾情程度也不等同，且乾隆朝后"勘不成灾"地区也有相应赈济，这些区域的借贷免息过于宽泛。故乾隆四年（1739年）对此做了补充规定：只有灾情分数达到三至五分、不能享受赈济的灾民才免收借贷利息，二分以下的微灾按旧例每石加收一斗的谷息，"议准：出借米谷，除被灾州县毋庸收息外，如收成九分、十分及收成八分者，仍照旧每石收息谷一斗。其收成五分、六分、七分者，免其加息"[②]。据灾害等级大小调整借贷收息免息的制度，推动了清代灾荒借贷制度的建设进程。

因此，乾隆朝在借贷制度完善方面的另一个重要进步，就是确立了据收成分数决定偿还期限、是否收息的原则，即借贷以八分收成为限，以上收息、以下免息，"又议准：出借米谷，如本年收成五分者，缓至来年秋后

---

① （清）昆冈等修、刘启端等纂：《钦定大清会典事例》卷二百七十六《户部·蠲恤·货粟》，《续修四库全书》编纂委员会：《续修四库全书·史部·政书类》第802册，上海古籍出版社2002年版，第407页。

② （清）昆冈等修、刘启端等纂：《钦定大清会典事例》卷二百七十六《户部·蠲恤·货粟》，《续修四库全书》编纂委员会：《续修四库全书·史部·政书类》第802册，上海古籍出版社2002年版，第407页。

征还；收成六分者，本年先还一半，次年征还一半；收成七分者，本年秋后，免息征还；收成八分、九分、十分者，本年秋后，加息还仓"①。

（二）借贷期限及借贷数额制度的确立与实践

乾隆朝对灾民借贷籽种口粮的归还期限及数额做了详细的规定，根据收成情况决定还贷时间。借贷偿还期限的制度主要包含以下三种情况：

首先，确立"春借秋还、秋借春归"的基本制度，根据灾情分数确定偿还日期。灾荒借贷一般是在大赈或钱粮蠲缓后青黄不接、春秋耕种之时，在灾民或无粮食维持生计、亦无耕种之本的情况下进行的，主要是为了帮助灾民度过饥荒、按农时完成耕种任务，"其赤贫衰老之人，借给口粮；有地无力之人，借给籽种"②。有借就需有还，清代灾荒借贷的时间一般是春耕时借出贷出，秋收后连本带息一并归还，"所借籽种口粮，春贷秋偿"③，"准其将谷借给，每年春借秋还"④。

常规灾情借贷期限一般是半年，按"春借秋还、秋借春归"的原则实施，但不同灾情的借贷期限也不同。对五分及以下灾情的借贷于次年秋收后或一年内归还，五分灾的借贷缓至次年秋收后征还，四分灾的借贷于本年归还一半、次年归还一半，三分灾须在本年秋收后全部归还，二分灾及以上的借贷于当年归还，归还时还要征收息，若出现借贷米谷不敷，照例用银折借。

若灾荒时间过长、灾情严重、地瘠民穷、灾民无力偿还的地区，一般会延期一两年或分期征还，故缓征也在借贷制度实践中推行。如甘肃省"山土硗瘠，风气苦寒，民力艰难，甚于他省。一遇歉收，所有应征钱

---

① （清）昆冈等修、刘启端等纂：《钦定大清会典事例》卷二百七十六《户部·蠲恤·货粟》，《续修四库全书》编纂委员会：《续修四库全书·史部·政书类》第802册，上海古籍出版社2002年版，第407页。

② 《清实录·高宗纯皇帝实录》卷二百八十四"乾隆十二年二月条"，中华书局1986年版，第700页。

③ 《清实录·高宗纯皇帝实录》卷一百九十一"乾隆八年闰四月条"，中华书局1985年版，第457页。

④ （清）昆冈等修、刘启端等纂：《钦定大清会典事例》卷一百九十三《户部·积储·义仓积储》，《续修四库全书》编纂委员会：《续修四库全书·史部·政书类》第801册，上海古籍出版社2002年版，第215页。

粮，往不能按期完纳"，乾隆八年（1743年）将皋兰、狄道、金县、靖远，平凉府所属平凉、泾州、灵台、固原、盐茶厅、镇原、静宁、华亭，庆阳府安化，宁夏府花马池，甘州府张掖等灾区"本年借贷籽种口粮"及"从前借欠籽种口粮，已分作六年带征"①；乾隆二年（1737年）直隶发生水灾，锦县、宁远等地还发生虫灾，就给此两县灾民"出借籽种谷石"，次年（1738年）两县未发生虫灾的地区秋收后"照数催取还仓"，遭虫灾无力归还籽种的农户，"所借籽种谷石请缓至乾隆四年为始，分作三年带征还仓。均应如所请行，从之"②。乾隆七年（1742年）安徽凤阳、临淮等州县发生水灾，上谕云："上江凤、颍、泗三属连年被潦，民困为甚……其正月止赈之处，去麦秋尚远，最贫之民借与口粮两月。至五分灾不赈者，定例于春月酌借口粮，统于秋成还仓。"③被淹田地涸出后，灾民无力自备籽种补种，就从邻近的河南省购买籽种借给灾民，待丰收后分两年还清。乾隆二十三年（1758年），上谕云："去岁河南卫辉等属被灾，所有官借牛具籽种银两，著加恩缓作三年带征。"④

　　部分灾区的借贷物资也因各种原因被蠲免。如逢皇帝巡幸，皇帝、皇太后等皇亲寿辰或其他隆重节日庆典，在全国性实行恩免之际，灾民借贷的籽种、口粮、牛具等就会被列入"恩免"、豁免行列，不用归还。

　　夏灾及秋灾借贷的偿还期限也有明确规定。乾隆十七年（1752年）规定，借贷籽种口粮的归还期限分夏、秋灾办理，夏灾借贷，秋后免息偿还；秋灾借给，于次年麦熟后免息归还；夏、秋灾都扣限一年造报，"自十

　　① 《清实录·高宗纯皇帝实录》卷一百九十一"乾隆八年闰四月条"，中华书局1985年版，第457页。

　　② 《清实录·高宗纯皇帝实录》卷九十七"乾隆四年七月条"，中华书局1985年版，第477页。

　　③ （清）昆冈等修、刘启端等纂：《钦定大清会典事例》卷二百七十六《户部·蠲恤·货粟》，《续修四库全书》编纂委员会：《续修四库全书·史部·政书类》第802册，上海古籍出版社2002年版，第407页。

　　④ （清）昆冈等修、刘启端等纂：《钦定大清会典事例》卷二百八十二《户部·蠲恤·缓征》，《续修四库全书》编纂委员会：《续修四库全书·史部·政书类》第802册，上海古籍出版社2002年版，第484页。

七年为始，扣限造报，以昭画一"①。"因灾出借籽种口粮，凡夏灾借给者，本年秋成后启征；秋灾借给者，次年麦熟后启征。均免加息，扣限一年催完。限满不完，将经征官议处，遇灾仍照例停缓，均于仓粮奏销案内造报"②，使各地籽种口粮的借贷期限逐渐统一起来，推进了乾隆朝借贷制度的建设进程。

其次，确立了灾情严重时实施全部或半数免除借贷籽种的制度。该制度明确规定，灾情严重或灾荒持续时间较长的地区，借贷无力偿还者予以部分或全部免除。"各省偏灾地方，节年出借未完籽种口粮牛具等项，查明实在力不能完者，取具册结，送部保题豁免"③。该制度在实践中实施后成效显著，乾隆五年（1740 年），朝廷给甘肃等地因地震及水灾发生饥荒的灾民借贷籽种，次年，"伏羌、陇西去年秋冬及今春，借过籽种口粮，请全予豁免。秦州、通渭，并恳豁免一半……从之"④。乾隆十六年（1751 年），浙江省灾民借贷的籽本也被豁免，"则以被灾五六七分者，每亩赈给籽本谷三升；八九十分者，每亩赈给籽本谷六升，俱不取偿。此变通办法"⑤。

随着康乾盛世的到来，国家政局稳定，财力日渐宽裕，各省府州县的仓储制度逐渐建立并完善起来，仓粮储备较为丰足，府库及储仓里有足够的粮食保障借贷所需，政府也无须通过收取利息来增加收入，就对康熙、雍正朝的借贷政策进行了调整及变通。乾隆二年（1737 年）谕令，将灾民借贷与一般官方借贷（即贫困借贷）区别开来，规定粮本银借贷是否收

① （清）昆冈等修、刘启端等纂：《钦定大清会典事例》卷二百七十六《户部·蠲恤·货粟》，《续修四库全书》编纂委员会：《续修四库全书·史部·政书类》第802册，上海古籍出版社 2002 年版，第 409 页。

② （清）杨西明：《灾赈全书》，李文海、夏明方主编：《中国荒政全书》第二辑第三卷，北京古籍出版社 2004 年版，第 498 页。

③ （清）杨西明：《灾赈全书》，李文海、夏明方主编：《中国荒政全书》第二辑第三卷，北京古籍出版社 2004 年版，第 498 页。

④ 《清实录·高宗纯皇帝实录》卷一百五十四"乾隆六年十一月条"，中华书局 1985 年版，第 1205 页。

⑤ （清）万维翰：《荒政琐言》，李文海、夏明方主编：《中国荒政全书》第二辑第一卷，北京古籍出版社 2004 年版，第 466 页。

息，根据丰歉情况决定。遭受夏旱的灾民每亩借给籽本银一钱，遭遇秋灾者借给补种豆荞等籽本银五分，"于存公耗羡内动支造报"，若灾民缺乏口粮，则借粮度日、秋后免息归还，"伏秋盛暑之月，力作穷民艰于粒食，动常平仓谷酌借口粮，秋后免息还仓。籽本有借必还，惟加息、免息视乎丰歉"[1]。此后，一般情况下灾民借贷的钱粮，都是只需要还本，无需收利息的。

再次，明确规定限制灾户借贷籽种的数量及田地的数额。即根据田亩数额决定借贷数额："被灾后晓谕农民及时补种，如无力穷民不能置买籽粒者，作速按亩借给米谷。俟来岁丰收，免息交还。"[2]借贷的粮食，一般按照先麦后谷、先陈后新的顺序借给，并在保结手续齐全之后当面借给，"各省常平仓谷，如遇灾歉必须接济之年，准详明上司借给。仍查明借户果系农民，取具的保，先麦后谷，先陈后新，按名平粜面给"[3]。

北方地区借给麦种，"查明实种麦地，按亩借种五仓升"，因民间田地不完全种麦，各地种植数也不同，"秦雍之地，种麦者十之七；直隶广平、大名等府，麦地居十之五，正定、保定、河间、天津等府，麦地居十之三；永平、宣化、遵、蓟等府州，麦地不过十之一二"。因此，按实际种麦的田地总数，按一定比例贷给籽种，"官借麦种有地百亩者，准借三十亩；地十亩者，准借三亩。乃实种之地也"[4]。若该地有麦种可买，每亩贷银一文。此后，这个办法成为各地籽种借贷的基本制度准则。

按照这个制度，灾后迅速查明被灾地亩数额，十亩以下借谷三斗，二十亩以下借谷五斗，三十亩以下借谷八斗。为限制大地主的投机借贷，限定了田地借贷的最高限额，受灾田地达三十亩以上甚至五六十亩的人户，"虽应

①　（清）万维翰：《荒政琐言》，李文海、夏明方主编：《中国荒政全书》第二辑第一卷，北京古籍出版社 2004 年版，第 466 页。

②　（清）万维翰：《荒政琐言》，李文海、夏明方主编：《中国荒政全书》第二辑第一卷，北京古籍出版社 2004 年版，第 465 页。

③　（清）杨西明：《灾赈全书》，李文海、夏明方主编：《中国荒政全书》第二辑第三卷，北京古籍出版社 2004 年版，第 498 页。

④　（清）方观承：《赈纪》，李文海、夏明方主编：《中国荒政全书》第二辑第一卷，北京古籍出版社 2004 年版，第 505 页。

量为增益，总不得过一石之数"。借贷口粮"亦仿照此例"，一户之内，一两口人借谷二斗，三四口人借谷四斗，五六口人借谷六斗，七八口及以上借谷八斗，但总数"不得逾于一石之数"。若借贷的是米，数额就减半，"务须总核应借确数，统于详借文内声明等因"①。

最后，雹灾灾民可同时借贷籽种及口粮。乾隆十八年（1753 年），定州发生雹灾，就按耕种地亩数借贷籽种数额，据户口数确定出借口粮数量，"查出借籽种，原为禾苗被伤，酌筹补种之计，自应按所伤地亩之多寡，以定应借之数。而出借口粮，则为农民接助口食起见，当以户口之繁简，分别酌定借数，庶灾民受补助之益，而仓储亦不致虚糜。应请通饬各州县，嗣后出借被雹地方民人籽种，统照定州之例"②。

（三）兵丁借贷饷银米粮缓期归还制度的确立及实践

灾荒发生后，驻防兵丁也会受到影响，驻军的稳定是地方政局稳定的基础。故清代的灾荒借贷还适用于驻防各地受灾的八旗兵、绿营兵，形成了系统的兵丁借贷制度。

第一，确立了受灾兵丁从司库内借支饷银、扣饷还款的制度。乾隆七年（1742 年），"江南淮扬徐凤颖泗等五府一州，上年水灾甚重，兵丁食用艰难。准在司库借支一季饷银"，次年分四季扣还饷银。乾隆十六年（1751 年），"浙省被旱成灾，米粮昂贵。著加恩将浙省被灾各标协营绿旗兵丁，每名借给米二石。俟各省协济米运到，及截有漕米之日，该督抚分次借给。于十七、十八两年内，扣饷归款"。

第二，确立了兵丁借贷偿还期限为两年，分季偿还或据灾情延期偿还的制度。这与民间借贷偿还期限一致，灾情严重地区兵丁借贷的粮饷，两年内分季扣还。乾隆八年（1743 年），江南灾荒持续，兵丁饥荒未解，"朕闻各省粮价渐增，若再扣还借项，则食用更苦。著将前借一季饷

---

① （清）吴元炜：《赈略》，李文海、夏明方主编：《中国荒政全书》第二辑第一卷，北京古籍出版社 2004 年版，第 704 页。
② （清）吴元炜：《赈略》，李文海、夏明方主编：《中国荒政全书》第二辑第一卷，北京古籍出版社 2004 年版，第 704 页。

银，缓至本年秋成后散给冬饷时扣起，作四季扣还"①。灾荒持续的地区，再给兵丁借贷饷银，分季扣还，乾隆十六年（1751年），上谕："朕因浙省宁绍等属歉收米贵，曾降旨将被灾各标、协、营兵借给米粮，以资接济。念该省今年旱灾稍重，各属米粮一例昂贵。著再加恩将浙江通省兵丁每名借给一季饷银，于司库内动项借给，俟明年夏季后，分作四季扣还。"②

兵丁借贷偿还期限超过了普通灾民借粮一月或遵守春借秋还的期限，表现了兵丁借贷宽于民众借贷的特点。这对军队度过灾荒危机较有成效，既保障了兵饷，又恢复了屯军农业生产秩序，最终稳固了地方统治。

（四）借贷耕牛粮草与禁宰耕牛制度的确立与实践

在传统的农耕社会，耕牛对灾区再生产的恢复具有极为重要的作用，唐代诗人周昙在《晋门愍帝》中有"耕牛吃尽大田荒，二两黄金籴斗粮"之句，反映了耕牛对农业生产的重要性。清代统治者对耕牛极为重视，"有田无牛犹之有舟无楫，不能济也。……买牛而给与贫民，获救荒之本"③，"民以贫而田不能多，再以田少而牛无所给，是困而益困，贫而益贫矣。岂哀多益寡之道欤?视其田之多寡，共给耕牛，当为至法"④。耕牛借贷是乾隆朝灾荒借贷制度中较为关键的措施，这与耕牛在传统农业社会中的重要作用密不可分，"然非耕牛则农功不能兴举"⑤，"时将白露，一经得雨，即应及

① （清）昆冈等修、刘启端等纂：《钦定大清会典事例》卷二百七十六《户部·蠲恤·货粟》，《续修四库全书》编纂委员会：《续修四库全书·史部·政书类》第802册，上海古籍出版社2002年版，第407页。

② （清）昆冈等修、刘启端等纂：《钦定大清会典事例》卷二百七十六《户部·蠲恤·货粟》，《续修四库全书》编纂委员会：《续修四库全书·史部·政书类》第802册，上海古籍出版社2002年版，第408页。

③ （清）陆曾禹：《钦定康济录》，李文海、夏明方主编：《中国荒政全书》第二辑第一卷，北京古籍出版社2004年版，第374页。

④ （清）陆曾禹：《钦定康济录》，李文海、夏明方主编：《中国荒政全书》第二辑第一卷，北京古籍出版社2004年版，第375页。

⑤ 《清实录·高宗纯皇帝实录》卷一百八十一"乾隆七年十二月条"，中华书局1985年版，第344—345页。

期种麦，全赖牛犁足用”①。耕牛借贷制度如下：

首先，确立给灾民借贷耕牛及草料的制度。为保障灾民在灾荒中有能力饲养耕牛，由官府给灾户借给牛草。乾隆七年（1742 年）规定："江南被灾之后，著有司劝谕灾民，爱护耕牛，官借给草价以资牧养。"②清代耕牛借贷有三种：

一是官府到邻近地区采买耕牛，借给灾民耕种田地，按田地多少决定借给耕牛的数量及时间。耕牛借贷制度在实践中取得了不错的效果，乾隆十年（1745 年），直隶庆云县发生旱灾，就到邻近地区购买耕牛借给灾户，"直隶省庆云县地瘠民贫，被灾之后，耕牛甚少。应给银三千两，令天津府知府委官前赴张家口采买耕牛，送交庆云县，散给无力贫民。田多者每户给予一牛，田少者两三户共给一牛。俾得尽力南亩，广行播种"③。

乾隆朝给灾民借贷耕牛耕种的制度经过实践完善后逐渐确立。乾隆十一年（1746 年），陕西大地震，西安等州县灾情较重，"每岁粜三谷内，除出借给外，其余粮米尽数出粜，交价府库，以为次年借给出口种地穷民牛具之需"。乾隆十三年（1748 年），山东发生水灾，就按直隶庆云县耕牛借贷办法赈灾，"山东莱州府属之高密、平度、胶、昌邑、即墨五州县，当积歉之后，本年复被水灾，民间耕牛不敷犁种。若不豫为筹画（划），更恐坐误春耕。著照乾隆十年直隶庆云等县之例，于东省库贮本年赈济用剩银内，动拨购买耕牛赏给，俾小民力作有资，以示惠济穷黎之意"④。

二是借给灾民蓄养耕牛的"牧养费"。灾荒发后，灾民"因旱乏草有

---

①　（清）方观承：《赈纪》，李文海、夏明方主编：《中国荒政全书》第二辑第一卷，北京古籍出版社 2004 年版，第 505 页。

②　（清）昆冈等修、刘启端等纂：《钦定大清会典事例》卷二百七十六《户部·蠲恤·货粟》，《续修四库全书》编纂委员会：《续修四库全书·史部·政书类》第 802 册，上海古籍出版社 2002 年版，第 407 页。

③　（清）昆冈等修、刘启端等纂：《钦定大清会典事例》卷二百七十六《户部·蠲恤·货粟》，《续修四库全书》编纂委员会：《续修四库全书·史部·政书类》第 802 册，上海古籍出版社 2002 年版，第 408 页。

④　（清）昆冈等修、刘启端等纂：《钦定大清会典事例》卷二百七十六《户部·蠲恤·货粟》，《续修四库全书》编纂委员会：《续修四库全书·史部·政书类》第 802 册，上海古籍出版社 2002 年版，第 408 页。

牛而不能牧养者，不免轻为卖弃"①。为了让灾民有能力畜养耕牛，规定官府给灾民借贷耕牛牧养费，避免灾民因无钱无粮而卖掉耕牛，保障了灾区耕牛不会外流，"本人耕种之余，仍可出雇。计一日之牛力，可种地六七亩，约得雇值二钱。彼此相资，民所乐从"。有牛灾户出借耕牛给无牛灾户耕田的行动，在更广泛的基础上实行灾民之间的互助。

当然，在借贷牧养费给灾民时，先派人调查灾区耕牛的具体情况，登记耕牛的毛色及牙齿（即牛龄），若耕牛缺乏属实，才予以借贷，"应令即委各员于赴村查赈时，察视贫民小户牧养无资者，官为借给八九两月牧费，按月银五钱，验明毛齿登记"，每年八、九两月，每月借给蓄养银五钱，"所借牧费，宽期于明岁麦后还半，大秋全完"。乾隆八年（1743年），直隶旱灾借贷时，就依据该制度借贷，"今贫民因旱乏草卖牛者多，来春生计所关，不得不为多方筹画（划）"，"令各员查赈之便，验民属实，登注毛齿，于八九两月，每月借银五钱，以资饲养。……所借牧费雇价，俱于来年麦秋两季分限还官"②。

三是灾民雇佣耕种田，由官府借给雇资。规定："无牛贫民，谕令向牛力有余之家雇用，照详定之例，每亩代发雇值制钱二十五文，收成时还官。如地主外出，借种邻右承种。俟本户回籍，按其月日迟早，官为酌分子利。已奉奏明，应通饬灾地一体遵行。如本户不归，即听全收还种。"该制度不断被运用于实践中，乾隆八年（1743年），直隶旱灾，"缺乏牛力者，谕令雇用"，官府每亩借给雇价钱二十五文，"本户自用耕种并附近有地无牛者雇用，官为代发雇值，收成时照数还官"③。

其次，确立了禁卖、禁宰耕牛的制度，对执行禁卖、禁宰令不严格的官员进行严惩。为保障农本，清王朝禁止贩卖、偷盗、屠宰耕牛，制定了详细的处罚条例："至于禁宰耕牛，以耕牛为农田所必需，垦田播谷，实藉

---

① （清）方观承：《赈纪》，李文海、夏明方主编：《中国荒政全书》第二辑第一卷，北京古籍出版社2004年版，第506页。

② （清）方观承：《赈纪》，李文海、夏明方主编：《中国荒政全书》第二辑第一卷，北京古籍出版社2004年版，第506页。

③ （清）方观承：《赈纪》，李文海、夏明方主编：《中国荒政全书》第二辑第一卷，北京古籍出版社2004年版，第505页。

其力。世间可食之物甚多，何苦宰牛以妨稼事乎？"①

有明确记载的清代禁止屠宰、私卖及偷窃耕牛的制度是雍正五年（1727年）制定的，对违反者照条例治罪，"嗣后宰卖偷窃耕牛，五城司坊官严行禁止。违者，严拿照例治罪"②。雍正七年（1729年），再次强调禁宰耕牛的制度，"如有违禁私宰耕牛，及造为种种讹言，希图煽诱者，立即锁拿，按律尽法究治。如该管官不实力严查，致有干犯者，定行从重议处"。禁宰耕牛制度取得了较好效果，"自禁宰耕牛之后，而农家向日数金难得一牛者，今已购买易而畜牧蕃矣。可见利益民生之事，亦既行之有效"③。因此，乾隆朝继续执行禁宰耕牛的制度。

乾隆朝还补充制定了荒歉及农耕时不得无故买卖耕牛的制度。耕牛是灾荒中最易受伤、死亡的财产，一当发生水旱、地震灾害或疫灾，耕牛数量就会大规模减少，对农业生产造成致命打击。灾荒中耕牛饲养成本较高，很多灾民在旱灾、水灾等自然灾害中没有足够的草料饲养耕牛，常贱价卖出，"今贫民因旱乏草卖牛者多……乡民弃牛，亦出于万不得已。设法存之，俾无误种麦。八九两月，正其时也"④。这使灾后无牛犁田，农业生产恢复任务不能及时完成，阻碍灾后重建的正常进行。因而，乾隆朝明确制定灾荒时不能贱卖、宰杀耕牛，如有违反即行严惩。乾隆八年（1743年），江南发生水灾，水退后急需耕牛补种，"江南水灾之后，幸冬间地亩涸出者多，明春耕种，刻不容缓……小民于荒歉之时，喂饲艰难，往往贱价鬻卖，甚至私宰者有之……今正当春融播种之际，著该督抚转饬有司，劝谕灾民爱护牛只。或照陈大受所奏，借给草值，以资喂养。倘有图一时

---

① 《清实录·世宗宪皇帝实录》卷八十二"雍正七年六月条"，中华书局1985年版，第91页。

② （清）昆冈等修、刘启端等纂：《钦定大清会典事例》卷一千三十九《都察院·五城·马匹耕牛》，《续修四库全书》编纂委员会：《续修四库全书·史部·政书类》第812册，上海古籍出版社2002年版，第426页。

③ 《清实录·世宗宪皇帝实录》卷八十二"雍正七年六月条"，中华书局1985年版，第91页。

④ （清）方观承：《赈纪》，李文海、夏明方主编：《中国荒政全书》第二辑第一卷，北京古籍出版社2004年版，第505页。

之利，轻鬻耕牛者，即行惩治"①，并告诫官员不得因为耕牛的买卖及屠宰是民间的小事而忽视，"毋得以为民间细事，淡漠置之"。

雍正朝对违背耕牛保护条例者进行处罚，"此条系原例"，但与乾隆朝的处罚相比还比较宽松，对罪行的界定及处罚较为模糊，很多时候将不同的罪行等罪处理，"凡宰杀耕牛，并私开圈店，及知情贩卖牛只与宰杀者，俱问罪，枷号一月发落"；若再犯或累犯，处以在犯罪地附近充军的处罚，"再犯累犯者，免其枷号，发附近充军"；若偷盗并宰杀耕牛、将盗窃耕牛贩卖的人，不分初犯再犯，均处以枷号一月的处罚，"若盗而宰杀及货卖者，不分初犯再犯。枷号一月，照前发遣"②。显然，这条法令对罪刑的认定及处罚均较为模糊，将不同的犯罪行为同等量刑。因此，乾隆朝专门制定了对宰杀、贩卖耕牛的详细处罚制度，既包括了对宰杀、贩卖者的处罚，也包括了对知情不报者的处罚，以及对宰杀耕牛地区官吏的处罚，并严格按照宰杀、盗窃、买卖耕牛的数额，处以枷号、杖刑、充军、流放等刑法。

乾隆朝对禁宰耕牛令执行不力官员的惩罚逐渐仔细、严格。除对贩卖、盗卖、宰杀、盗杀耕牛者处以惩罚外，还对该地方官以失察罪论处，乾隆十三年（1748年），朝廷规定："凡失察私宰耕牛之地方官，照失察宰杀马匹例，交部分别议处；若能拿获究治者，免其处分。"③乾隆三十年（1765年），朝廷规定："地方有私宰耕牛，该管官不行查拿，将该州县照失察宰杀马匹例，一二只者，罚俸三月；三四只者，罚俸六月；五只以上者，罚俸九月；十只以上者，罚俸一年。三十只以上者，降一级留任。若能

①《清实录·高宗纯皇帝实录》卷一百八十一"乾隆七年十二月条"，中华书局 1985 年版，第 344—345 页。

②（清）昆冈等修、刘启端等纂：《钦定大清会典事例》卷七百七十七《刑部·兵律厩牧·宰杀马牛》，《续修四库全书》编纂委员会：《续修四库全书·史部·政书类》第 809 册，上海古籍出版社 2002 年版，第 533 页。

③（清）昆冈等修、刘启端等纂：《钦定大清会典事例》卷七百七十七《刑部·兵律厩牧·宰杀马牛》，《续修四库全书》编纂委员会：《续修四库全书·史部·政书类》第 809 册，上海古籍出版社 2002 年版，第 534 页。

拿获究治者，均免其处分。"①

再次，确立了严罚偷盗耕牛者的制度。民间禁止私宰耕牛后，出现了私自买卖、盗卖耕牛的不法群体，耕牛暗中的非法买卖及宰杀在民间长期存在，他们设立牛圈和店铺，囤积居奇，在农忙时控制耕牛，高价售卖，很多无牛农户无法耕种田地，对农业生产造成了极大的负面影响，也不利于官府的管理及法制的推行。

与宰杀耕牛罪的处罚相比，偷盗和贩卖耕牛者的处罚就轻了很多。雍正五年（1727年），在"钦定盗牛则例"的基础上制定了据盗窃耕牛数额的不同处不同处罚的制度，乾隆朝沿用。乾隆五年（1740年）、乾隆十三年（1748年）、乾隆二十一年（1756年）分别对其中的一些条款进行了修改、补充，按不同犯罪量刑不同的原则，推行根据盗牛数量不同，枷号的处罚时间期限也不同的制度，同时还处以不同的杖刑。盗窃数额达到四头及其以上的，就处以不同期限的徒刑（强制服劳役）。按照此制度，盗牛一只，枷号一月，杖八十；盗牛二只，枷号三十五日，杖九十；盗牛三只，枷号四十日，杖一百；盗牛四只，枷号四十日，杖六十，徒一年；盗牛五只，枷号四十日，杖八十，徒二年；盗牛五只以上者，枷号四十日，杖一百，徒三年。②

乾隆朝执行据罪行不同处不同刑罚的量刑原则。据人体承受程度将杖刑最高数额确定为一百杖，据罪行轻重来增加徒刑的时间期限，制定了对再犯人员的处罚，"再犯者，杖一百，流三千里"；"累犯者，发边瘴充军，仍俱照窃盗律刺字"；"十只以上，绞监候"，这是中国古代重农思想最集中的体现。还对窝藏、知情不报者予以处罚，"窝家知情分赃者同罪，不分赃者杖一百；若窝窃牛之犯至三人，牛至五只者，杖一百，徒三年；

---

① （清）昆冈等修、刘启端等纂：《钦定大清会典事例》卷一百三十三《吏部·处分例·私宰耕牛》，《续修四库全书》编纂委员会：《续修四库全书·史部·政书类》第800册，上海古籍出版社2002年版，第284页。

② （清）昆冈等修、刘启端等纂：《钦定大清会典事例》卷七百七十七《刑部·兵律厩牧·宰杀马牛》，《续修四库全书》编纂委员会：《续修四库全书·史部·政书类》第809册，上海古籍出版社2002年版，第533页。

若人至五人，牛至十只者，发边瘴地充军"①。

乾隆朝对宰杀、偷盗耕牛者包括私开牛圈店铺、贩卖兼宰杀者的处罚制度，是在雍正朝制度的基础上进行改革、细化的结果，部分处罚沿用雍正朝的制度，但处罚条款比雍正朝合理得多，量刑也能根据具体罪行来决定，"其宰杀耕牛、私开圈店，及贩卖与宰杀之人，初犯，俱枷号两月，杖一百；再犯，发附近；累犯，发边，俱充军"。但对盗杀及盗卖耕牛者的处罚较重，"盗杀及盗卖者，初犯，枷号一月，发附近；再犯，枷号一月，发边；累犯，枷号一月，发烟瘴地方，各充军"。对宰杀自家耕牛者按盗牛例来治罪；故意宰杀他人耕牛者，按律令杖七十、服一年半徒刑；宰杀数量多于盗者，按盗杀例治罪，"俱免刺，罪止杖一百，流三千里"②。

（五）完善借贷失信处罚制度及实践

乾隆朝完善灾荒借贷制度的典型表现，是对借贷腐败及不诚信行为的处罚，尤其是对有借无还、滥借滥贷等行为的处罚，制度极为严格。致使很多官员担心受罚或受牵连，出现了"怠政"和"懒政"现象，州县官员在灾荒借贷中不作为、不敢借贷，对必须借贷的灾民也"慎重筹踌，不敢轻借"，极大地影响了灾赈借贷制度的推行，"所有籽种银两，向年借数动盈数万，迨至催追，不克全完，不特徒累处分，且非慎重帑项之意"③。对此，乾隆朝进行了改进，并制定了对借贷钱粮数量及借贷不实予以处罚的制度。

首先，限定了灾民钱粮借贷的数量，规定夏灾每亩借籽本银钱，秋灾

①　（清）昆冈等修、刘启端等纂：《钦定大清会典事例》卷七百七十七《刑部·兵律厩牧·宰杀马牛》，《续修四库全书》编纂委员会：《续修四库全书·史部·政书类》第809册，上海古籍出版社2002年版，第533页。

②　（清）昆冈等修、刘启端等纂：《钦定大清会典事例》卷七百七十七《刑部·兵律厩牧·宰杀马牛》，《续修四库全书》编纂委员会：《续修四库全书·史部·政书类》第809册，上海古籍出版社2002年版，第533页。

③　（清）杨西明：《灾赈全书》，李文海、夏明方主编：《中国荒政全书》第二辑第三卷，北京古籍出版社2004年版，第566页。

需补种豆荞等杂粮，按亩借给银钱。该制度在实践中推行，乾隆十六年（1751 年），浙江受灾五、六、七分的州县，每亩借籽本谷三升，受灾八分、九分、十分者，借籽本谷六升[①]；乾隆十八年（1753 年），江苏沭阳县水灾，无力购买籽种之灾户，四十亩内每亩借银二分，四十亩外者借银一分，最高限额为一顷，灾民所需购买牛草之资概不借予。[②]

此外，朝廷还规定，有牛具、贩册的有名之户，对有适宜种麦的受灾田地，准许"麦地一亩，借种五升；有欲自置种者，每亩借银一钱"；有地无牛之民，每亩借制钱作雇牛之费，"缺乏牛力者，每亩借雇价二十五文"[③]，但只能是土地面积在一顷以下、确实可种麦者方准借贷麦种五升。

其次，规定借贷失信的处罚制度。清代的借贷失信不时出现，一些投机取巧的灾民借贷后，即便年成较好、有能力还贷时也拖欠不还；有些无须借贷的灾民，也想方设法借贷钱粮，并希冀与其他灾民一起得到豁免等行为，不仅失信于乡里，也失信于官府。对此，规定对失信地的乡保等官员实施连坐惩罚，"倘地非宜麦及领回不即耕种者，查出加倍罚追，乡保并坐"[④]。这在很大程度上限制了一些经济境况稍好，但拖延偿还、企图多贷的灾民的不良借贷行为，有利于需要小额借贷度过危机的贫困灾民，对灾后恢复再生产提供了有力保障。

同时，该制度也使雍正朝借贷处罚制度只针对官员，导致官员担心灾民失信不敢冒险借贷而影响灾赈的懒政、怠政等弊端得到了改进，使不遵守借贷制度的官、民都受到制约及处罚，完善了中国灾赈借贷的法律处罚制度。

---

① （清）吴元：《荒政琐言》，李文海、夏明方主编：《中国荒政全书》第二辑第一卷，北京古籍出版社 2004 年版，第 466 页。

② （清）杨西明：《灾赈全书》，李文海、夏明方主编：《中国荒政全书》第二辑第三卷，北京古籍出版社 2004 年版，第 569 页。

③ （清）方观承：《赈纪》，李文海、夏明方主编：《中国荒政全书》第二辑第一卷，北京古籍出版社 2004 年版，第 591 页。

④ （清）方观承：《赈纪》，李文海、夏明方主编：《中国荒政全书》第二辑第一卷，北京古籍出版社 2004 年版，第 591 页。

三、清前期官方借贷制度的社会效应

灾荒借贷措施对灾民的生存及社会生产的恢复、对地方社会秩序的稳定，起到了积极的作用，这也是中国传统官方灾赈中官民同心抗灾减灾的重要实践，不仅帮助灾民进行生产自救，失信惩罚的实施在客观上也培养了灾民诚信意识。换言之，该制度塑造了民众灾害自救、诚信自助的文化传统及社会心理。具体社会效应表现如下：

（一）促进灾区农业的复苏及经济秩序的恢复

清代的借贷制度是传统经济恢复最有效的保障，稳定了社会秩序，维护了传统专制统治。

首先，灾民的再生产能力得到保障，达到了收揽民心、稳定地方统治秩序的效果。灾荒借贷制度的确立即顺利实施，使所有受灾民户，不分极贫、次贫，只要三分灾以上的地区均可免息借贷，当年或次年秋后归还，保障了灾民在农业生产恢复期间的生产能力。另外，灾民不会离乡流亡，减少了社会的不安定因素，统治者不使灾民"失所"的灾赈理想得到了一定程度的体现，保障了社会秩序的稳定及农业经济的恢复和发展，巩固了清王朝以灾赈收揽民心、巩固专制统治的政治目的。

兵丁借贷是借贷制度中对社会稳定最有效的措施。各地驻防兵丁是统治稳定的保障，也是社会混乱的根源。兵丁的灾荒借贷制度表现出了军队借贷偿还期限宽于地方的特点，兵丁借贷饷银、米粮数额、偿还日期及据具体情况及时调整的制度，使兵丁衣食无忧，不与百姓争抢粮食，安心驻防，有利于平抑市场粮价、稳定地方社会秩序。

其次，促进灾后农业生产顺利恢复，重建社会经济秩序。灾民积极耕种复种，灾区农业生产才能恢复，"臣并饬地方官亲诣四乡，劝谕雨后广为布种，务无后期，无旷土。此时民情皆有恋土之意，外出者亦渐次归来，资以牛力，秋麦春麦接种无误，则来春生计有资，民气可望渐复"①。

---

① （清）方观承：《赈纪》，李文海、夏明方主编：《中国荒政全书》第二辑第一卷，北京古籍出版社 2004 年版，第 506 页。

灾后借贷籽种、农具、钱粮是最为重要的赈济手段，"春借秋还、秋借春归"的制度在更大范围内发挥了灾赈作用，农业生产得以按农时迅速耕种，"借资毋律误春耕"的借贷效应得到了较好体现。

借贷促进灾民进行再生产的积极作用，统治者有明确认识，认为灾后应给"无力之民"提供籽种，"以助来岁春耕"①，对农业恢复有积极作用，是最重要的救灾措施，"八九月正值普种秋麦之时，民间多种一亩，来春获收一亩，尤为补救要务"②。有了制度的保障，灾区籽种口粮的借贷才会有序进行。乾隆五十一年（1786 年），"江苏淮安、徐州、海州所属，雨泽愆期，夏秋二熟均属失收。江宁、扬州、镇江所属，秋成亦多歉薄。其七分灾以下及勘不成灾地方，所有实在乏食农民，著酌借籽种口粮。俾艰食者得资糊口，乏种者无误翻犁"③。

再次，用制度、法律的方式再次巩固并保护农业资源即是保存国本的传统观念。耕牛借贷及禁宰、禁盗制度是清代农本思想的典型表现，官府给灾户借给耕牛或贷给牛具费用的制度，对农业生产及时有效进行起到了促进作用，强化了国本观念。乾隆八年（1743 年），直隶发生旱灾，直隶总督高斌等官员就依照借贷规定，帮助灾民蓄养耕牛，取得了较好的赈济效果。因此，春耕秋种之际的借贷对灾民是最直接和有力的援助，籽种及时下种，不误农时，稳定了社会经济秩序。

清代把耕牛保护制度上升到刑罚的程度，盗卖、盗杀耕牛数额达 10 头的罪犯就发配边疆地区或烟瘴地区充军的制度，成为耕牛借贷顺利推行的保障，"自奉文以后，限一个月严行禁止，如仍违者，即行严拿。照此定例治罪可也"④。烟瘴充军是清代对重刑犯的处罚措施，这个用刑罚保障农耕

① 《清实录·高宗纯皇帝实录》卷三十"乾隆元年十一月条"，中华书局 1985 年版，第617 页。

② （清）方观承：《赈纪》，李文海、夏明方主编：《中国荒政全书》第二辑第一卷，北京古籍出版社 2004 年版，第 506 页。

③ （清）昆冈等修、刘启端等纂：《钦定大清会典事例》卷二百七十六《户部·蠲恤·货粟》，《续修四库全书》编纂委员会：《续修四库全书·史部·政类》第802 册，上海古籍出版社 2002 年版，第 411 页。

④ （清）允禄等：《世宗宪皇帝上谕八旗·谕行旗务奏议》卷五"雍正五年闰三月十一日条"，《景印文渊阁四库全书·史部》第 413 册，商务印书馆 1986 年版，第 516 页。

资源的良性制度，反映了清王朝对农耕资源的高度重视，成为稳定统治的重要措施。

最后，禁止盗卖宰杀耕牛的刑罚在一定程度上阻止了耕牛的流失，使耕牛数量能保持相对稳定。保障了官府及民间有充足的耕牛调配、协调，也保障了借贷资源的充裕，使救灾物资的筹备得以有效进行，保障了灾区经济秩序的顺利进行，这也是重农思想及其政策在灾赈中的体现，也保证了官赈目标的实现。

（二）借贷免息、豁免制体现了专制统治的温情特点

清代借贷免息及豁免制度，减轻了灾民的负担，官府成为贫困灾民恢复正常生产生活的依靠，使冷酷、专制的封建君主在制度层面上表现出关心底层民众的温情。

首先，免息借贷是传统灾赈中体现专制统治温情面纱的制度。清前期免息借贷制度及措施，使不同灾等的民户都得到了救济，在文字表述层面表现出了官府没有遗漏受灾民众的制度优势，使专制政权蒙上了一层温情脉脉的面纱，民众更认同、接受官府的统治，缓和了官民关系，统治者更加顺利地获取、稳定了民心，其入主中原的政权合法性得到了进一步巩固。

三分灾以上地区的无息借贷，使很多局部性、短时性灾荒也在借贷制度的覆盖范畴内。乾隆九年（1744 年），四川省发生水灾，冕宁县"被水不及十分之四"，属"勘不成灾"地区，"于来岁青黄不接之时，酌借仓谷，以纾民力"；西昌县水灾民众、泸宁县雹灾民众"均借给仓谷，秋后免息还仓"，南江县雹灾稍重的灾户所借仓谷"俟来岁秋后免息还仓"①。免息借贷籽种的制度使灾民能迅速地补种庄稼，弥补了农业经济的损失，对灾后农业的恢复具有促进作用，是灾后重建工作中成效较大的官赈制度。

---

① （清）昆冈等修、刘启端等纂：《钦定大清会典事例》卷二百七十六《户部·蠲恤·货粟》，《续修四库全书》编纂委员会：《续修四库全书·史部·政书类》第802册，上海古籍出版社 2002 年版，第 407 页。

其次，因节庆、皇恩、战争等原因豁免借贷钱粮的制度，体现了传统专制统治中不规律的、人为制造的灾赈"温情"。从清前期免除借贷的案例可知，连年被灾、地瘠民贫、皇帝巡幸、普免积欠、被雹灾、战乱等是免除借贷的原因。在传统专制统治体制下，常颁布免除处罚、赦免罪犯的特赦令，以达统治者显示皇恩浩荡的"惠民"之"至意"。而免除灾民借贷的籽种、口粮和购雇耕牛之资不必偿还，再次凸显了专制统治的"温情"特点。一些连年灾荒或地瘠民贫或二者兼有的灾民，在规定期限内无力偿还者也被免除归还。乾隆三年（1738 年）甘肃宁夏府大地震，官府给灾民借贷钱粮，但灾后一直无力归还，乾隆十年（1745 年）只得将灾民无力偿还的所借一万余两白银全部豁免。①

乾隆朝国力强盛，乾隆帝好大喜功，因节日、庆典或其他形式的皇恩等进行恩赏类的减免借贷的措施时常推行，其制度的温情特点表现极为突出。如乾隆二十七年（1762 年）江苏宿迁县发生水灾，时逢乾隆帝南巡至此，便对该县破例借贷籽种；乾隆四十二年（1777 年）正月，乾隆帝谕令将河南被旱州县的常平仓谷"尽数出借"，并加恩允许其三年带征还仓。②

减免战争地区的借贷也是赈济温情的另一种体现方式。如乾隆二十三年（1758 年）至乾隆二十四年（1759 年）平定大小和卓叛乱，乾隆帝将甘肃贫民所借籽种、口粮、牛本等共粮 168 000 石、银 33 500 两全部豁免；乾隆四十一年（1776 年），乾隆帝免除金川之役中承办兵差之直隶所属州县因灾所借之谷、米、麦，不用归还；免除山东因灾所借谷、耕牛银、籽种等，不用归还。③

类似豁免借贷的史料在清前期的奏章及档案里比比皆是，反映了灾赈温情的普遍性。乾隆四年（1739 年），因山西连年被灾，免除了自雍正十

① 中国科学院地震工作委员会历史组：《中国地震资料年表》，科学出版社 1956 年版，第 507 页。

② （清）彭元瑞：《清朝孚惠全书》卷三十九《偏隅赈借》，北京图书馆出版社 2005 年版，第 590 页。

③ （清）彭元瑞：《清朝孚惠全书》卷六十一《蠲除积逋》，北京图书馆出版社 2005 年版，第 621 页。

二年（1734 年）至乾隆二年（1737 年）灾荒借贷但无力归还的常平仓谷 5774 石、米 5612 石；乾隆六年（1741 年），免除福建所属州县风灾后所借未完谷 5774 石、银 1286 两；乾隆七年（1742 年）二月，甘肃"连遭亢旱"，免除甘肃自雍正六年（1728 年）至乾隆六年（1741 年）灾民所借之积欠粮食 1 140 000 石；乾隆八年（1743 年），直隶旱灾 31 州县所借麦种、牛力银、制钱奉旨豁免，"以纾民力"[1]，同年，免除直隶之武邑、庆都、静海、冀州 4 州县灾民于雍正十二年（1734 年）前所欠米谷 11 900 石[2]；乾隆九年（1744 年），直隶 31 州县由于连续两年旱灾，乾隆帝担心灾民"元气一时未复"，准许将其所借麦种、牛力、牧费、制钱等全行豁免；乾隆二十二年（1757 年），江苏徐州、淮安、海州等所属州县"受水患有年"，灾民无力偿还，将"积年借欠籽种口粮，不分新旧，概予豁免"[3]；乾隆二十七年（1762 年），山东金乡、鱼台、济宁等县连年被灾，官府免除了这些州县乾隆十年（1745 年）至乾隆二十四年（1759 年）借贷的籽种、麦本、牛具银两，俾积欠之区民力宽裕，体现乾隆帝对受灾黎民的加恩休养之至意[4]。

兵丁的借贷也在恩免之列。乾隆九年（1744 年），官府免除了当年被灾州县，同时也免除连年被灾的甘肃灾区兵丁所借未还之银。冰雹灾害对农业生产影响最大，补种补耕借贷量大，借贷也常被豁免。清人彭元瑞《孚惠全书》记载了因雹灾免除灾民借贷钱粮籽种的诸多案例，如乾隆十一年（1746 年）四月，安徽、江苏 6 州县，直隶宣化等地遭受雹灾袭击，"打伤二麦秋禾"，官府对灾民"照例借出籽种口粮"，因借贷量过大，帝谕令将所借 1 个月口粮当作抚恤粮食，"免于征还"；乾隆十二年（1747

---

① （清）方观承：《赈纪》，李文海、夏明方主编：《中国荒政全书》第二辑第一卷，北京古籍出版社 2004 年版，第 606 页。

② （清）彭元瑞：《清朝孚惠全书》卷五十八《蠲除积逋》，北京图书馆出版社 2005 年版，第 527 页。

③ （清）彭元瑞：《清朝孚惠全书》卷五十九《蠲除积逋》，北京图书馆出版社 2005 年版，第 556 页。

④ （清）彭元瑞：《清朝孚惠全书》卷五十九《蠲除积逋》，北京图书馆出版社 2005 年版，第 573—574 页。

年），江苏沛县、铜山雹灾，帝谕令将灾民多借的 1 个月口粮作抚恤之资，"免其秋后还项"；乾隆十七年（1752 年）四月，浙江金华、兰溪雹灾，"麦菜被伤"，官府立即给补种的灾民"借给口粮籽种"，鉴于该地"上年被灾较重，全赖春花以资接济"，遂谕令将"所有借给口粮籽粒，即著加恩赏给，免其照例征还"。

再次，官民矛盾的暂时缓和。灾区借贷及其豁免是清代灾赈中最宽松、最显温情的制度。灾民借贷钱粮的免除，在最大程度上减轻了灾民负担，尤其连年被灾的灾民保存了再生产能力，体现了统治者"体会黎元疾苦之至意"，也在最大程度上缓解了官民关系，官府获得了民众拥戴。因借贷豁免是针对整个灾区实施的，一些灾害等级不一致或灾情不重的灾民都能享受借贷豁免的政策，与灾荒刚发生时须经审户后严格按灾害等级、贫困等级施钱粮赈济的制度相比，显出了浓厚的人性化特点，制度的温情特点更为彰显。使灾民切实地感受到官府关注民众的生存及生产生活，在灾难来临时官民共同为抗灾减灾进行的切实努力，使"来自官府的关照"成为无助中的灾民最强有力的依靠，让承平年代的灾民不会感受到被官府抛弃的危机，暂时缓解了官民矛盾及专制统治危机。

最后，官方借贷及豁免，实现了官民同心抗灾、减灾的官赈目标。官方借贷及借贷减免利息、豁免借贷物资制度在全国范围内的推行及实施，官府及民众就成为区域抗灾减灾中的两个参与主体，官府主导推动救灾，民众努力自救，官民共同努力进行减灾活动，达到了官民同在并同心抗灾减灾的积极效果，减少了灾荒的消极影响，尤其是豁免借贷物资的制度，达到了官府急灾民所急、想灾民所想的社会效应，强化了借贷制度的温情特点。

这种对底层民众在遇到灾害打击、无力维持生计时的赈济及其彰显出的社会经济恢复能力，提高了官府的公信力，使"皇恩"在更大层面上被认可，专制体制的残酷被借贷豁免制度及措施的"温情"之面而掩盖，缓和了尖锐的社会矛盾，使传统社会中民众对"好皇帝""清官"群体的赞同及期待被放大、普及，在一定程度上扩大了灾赈温情化的特点，维持了专制统治的持续性及稳定性，使其统治的合法性获得了更大层面的认可。

（三）塑造了民众的诚信行为及其互助自救的心态

中国传统灾赈中的很多赈济方式尤其是无偿赈济钱粮的措施，使灾民度过了危机，达到了拯灾民于水火、稳定社会统治、缓解或化解社会危机的重要作用，但却让灾民养成了"等待""仰靠"皇帝、官府无偿救济的依赖心理，加重了灾荒中不积极自救的"惰性"传统，成为极易让灾民流亡或陷于危机甚至死亡绝境的糟粕文化传统。但借贷制度却发掘了灾民积极自救、互助、官民合作共渡难关的传统文化中的积极内涵，成为可与"以工代赈"相媲美且能促进灾民自立奋发、互助自救等优良社会行为的灾赈制度。

首先，借贷偿还日期、数额等制度及相关措施的实施，塑造了民众的诚信心态及行为。借贷制度对借贷钱粮的数量、归还时间等都有明确详细的规定，大部分灾民到期都能偿还，长期受灾确实无力偿还因"皇恩"等被蠲免，这种制度长期执行，凝成并培养、塑造了传统社会中"有借有还"的诚信行为及文化心态，是中华民族传统文化及传统社会心理塑造及形成中较为有益、值得提倡的制度及措施。这种诚信不同于民间借贷或其他社会行为的诚信，是官方与民众双方共同构成的诚信整体，是处于弱势的民众对掌握国家政权的官府的负责行为，虽然其间会有个别民众因种种原因失信，但绝大多数民众都因为得到官府信任度过危机，就有了保存基本诚信的能力，能按期、按量偿还借贷物资，逐渐树立起了淳朴守信的借贷原则。

因为有借贷违规惩罚及对失信者制裁的制度保障，尤其借贷失信及腐败行为的罪责都由官员承担，确立了清代借贷制度"罪责官负"的原则。如雍正朝规定灾民借贷粮食不能按期征还，官员须受追责处分，"州县每年春间借出谷石，自秋收后勒限征比，务于十月内尽数完纳，造具册收送部。……逾限不完，或捏造册收，即行揭参议处，仍令欠户照数完纳。如该管上司不行揭参，照徇庇例议处"[1]，使官员成为失信行为的承担者，激励了官员促使民众守信的本能及责任意识，使官民在更广泛的层面上结成

---

[1]　（清）姚碧：《荒政辑要》，李文海、夏明方主编：《中国荒政全书》第二辑第一卷，北京古籍出版社 2004 年版，第 783 页。

了诚信互动的联盟。

无论这种联盟存在何种形式的差异及区域、时代特点，但其对失信的处罚逐渐在实践中融汇到民众的自觉行动中，使"有所许诺，纤毫必偿，有所期约，时刻不易"等诚信内涵成为中华优秀传统文化重要的组成部分，也使传统社会中"民有求于官，官无不应；官有劳于民，民无不承"的官民互动有了存在及实施的基础，也使灾民的自我诚信行为、官员的责任诚信传统在实践中得到推广。因此，借贷官员负责制或问责制的顺利推行，在清代官赈制度建设中起到了积极的促进作用。

其次，借贷的"罪责官负"原则及对失信官民的惩罚，促进了官、民之间相互诚信模式的建立，达到了缓解社会矛盾的积极效果。"夫国非忠不立，非信不固"，诚信对统治基础的巩固，起着积极的作用。清代灾赈借贷制度通过灾荒中官方借贷提供了恢复农耕所需要的基本资源，对借贷官员道德操守的制约，基本达到并塑造了官方对民众的诚信行为，同时也达到了对借贷者诚实守信的人格塑造作用及社会整合的作用，使官民之间的关系得以建立在诚信的基础上，化解了紧张的官民关系，提高了官府的公信力，"不信不立，不诚不行"，在潜移默化中逐渐建立和产生巨大的社会凝聚力和向心力，达到了《管子·枢言》倡导的"诚信者，天下之结也"的社会效果。

该制度的实施，还在客观上抑制和阻碍了高利贷分子趁灾荒之年向灾民发放高利贷、增加灾民负担的不法行为，使灾民增加了对官府信赖力，更重要的是，借贷制度的持续推行及具体实践，还达到了社会道德的示范及传承等积极作用，对中国传统文化的建构与延续起到了积极的推动作用。

再次，塑造了灾民积极自救自助的传统行为及积极心态。官府的灾赈措施不可能解决全部问题，需要激发灾民积极进行生产自救的集体行为，才是灾赈之道，也是灾区经济恢复最根本的办法，"民无种谷，将来之口粮，何从取给？赈之固不胜其赈，而所赈之米粟并且难支，为民务本计者，肯恝然乎？"①只有农业生产顺利进行，赋税才有所出，统治基础才能稳固，"有可耕之民，无可耕之具，饥馁何从得食，租税何从得有也"②。

因此，促进灾民自救是灾赈制度最合理、向上的社会目的。清前期的借贷措施无疑增强了灾民再生产的能力，给了灾民积极自救的基础及物资保障，是塑造灾民奋发自救、自强互助等传统文化心态的良性制度，值得当代防灾减灾制度建设者资鉴。

总之，制度建设来源于实践、又回归实践承受检验的过程，清代的农耕借贷是中国灾区传统农业社会恢复及重建过程中成效最好的官赈制度，尤其借贷利息的减免或蠲免制度，进一步减轻了灾民的负担，援助了缺乏农业恢复条件的灾民，迅速重建灾区正常的经济秩序，稳定了区域统治秩序。有借有还的借贷实践，在客观上塑造了民众的诚信行为，激发了灾民生产自救自助的能力。灾荒借贷中的官员问责制，使借贷双方都受到制度的制约，既使官员受到监督，又约束了借贷灾民，官民之间的相互监督，不仅促进了借贷制度的深入发展，也在客观上推动了官民诚信行为的养成。

但任何制度的推行都存在利弊的两面性。清代灾赈借贷制度的建设及成效，确实达到了中国传统灾赈借贷制度的巅峰，人性化的温情特点在制度实施中随处可见。但制度在执行中难逃利弊均现的桎梏，不同类型的灾赈制度及其影响层面是多维的，制度与效应不一定完全吻合。清代借贷制度不一定完全能达到统治者灾赈的初衷，也存在灾情畸轻畸重地区灾民借贷不均的状况，借贷中也存在腐败及诸多失信行为，制度在一些地区存在不能落实或是徒有虚文的情况，但良性、诚信的行为占大多数，制度在全国境内的大部分地区都能顺利实施，其对社会诚信道德的影响是正向的；在传统专制社会下，借贷制度的实施无疑对传统文化及社会心态、公众行为的塑造起到积极、进步的影响，社会需要相对稳定

① （清）陆曾禹：《钦定康济录》，李文海、夏明方主编：《中国荒政全书》第二辑第一卷，北京古籍出版社2004年版，第376页。

② （清）陆曾禹：《钦定康济录》，李文海、夏明方主编：《中国荒政全书》第二辑第一卷，北京古籍出版社2004年版，第377页。

的制度，这是规范社会良性行为的基础约束力，是社会秩序正常运转及人类文明维系的基本保障，具有显而易见的多维性特点。清前期的借贷制度及其实践与社会效应，是中国传统官赈制建设与发展过程中多维性特点最凸显的制度，其间的时代及地区差异性也将成为学界孜孜探求的动力及源泉。

第　六　章

清前期官方的灾赈物资

在很大程度上，乾隆朝完善的赈济制度的制定及措施的实施，都是与多次对水、旱、蝗、雹、风、霜、雪等灾害的赈济实践分不开的，而赈济实践之所以能够进行，主要原因就是赈济物资能够及时调运到灾区。因此，赈济物资的充裕与否、物资调运的顺利与否，是赈济成功与否的关键因素。

第一节　清前期官方灾赈物资的形式及运输

虽然每次救荒都是钱粮共用才能使灾民得救，灾区生产生活得以顺利恢复。但赈济钱粮，却不是在一个部门或地区就可以筹备齐全的，赈济所需钱粮分属于不同部门，每次灾赈都要通过不同部门、地区之间的协调，所有的赈济物资，都是钱从库调、粮从仓征。因此，需要无数官员、民众、人役的共同努力，才能将需要的钱粮顺利运抵灾区，完成救灾任务。

一、官方赈济物资的形式

赈济物资分为两类：一种是实物形式（主要是粮食）；另一种是货币形式。

1. 实物赈济

实物形式的赈济物资，有很多类，其中最为首要的就是以米（谷）、麦等为主的粮食赈济，这是饥荒中最能够发挥作用、也是最受饥民欢迎的赈济形式。

粮食赈济的措施在具体实施和分发的过程中，也分为几种形式：一是米麦等粮食的直接发放，这是灾民尚未流移时候按户、按大小口给予的赈济，也是一种制度化的、长效的赈济方式。二是以食物方式给予的赈济，常常赈济的食物就是粥，这是在灾荒极其严重、饥民流离失所时采用的应急的、临时性的赈济，赈济的时间、地点一般是根据饥民聚集的情况临时选定的，如一般在交通路口、码头、市场等地方。

当然，粮食的发放，得有一些基础的条件才能顺利进行，如水路或陆路交通便利、灾区或邻近地区建有仓储等，才能有粮食发放给灾民，因为粮食赈济需要的运输成本较大。

另外就是籽种和耕牛、农具，这种方式的赈济，往往是在灾荒结束后，由官府组织灾民返乡并进行灾后的恢复及重建生产时采用的方式。

2. 货币赈济

货币赈济即采用银、铜等货币形式进行的赈济，也是灾荒中较为重要的方式，尤其是在交通不便、粮食储备不足及灾荒范围大的情况下经常采取的措施。对于嗷嗷待哺的饥民来说，银钱不如粮食来得实惠，成效也不如粮食能够很快呈现，或者是即便有了银钱在手，当手里的银钱数额根本无法赶上灾荒中飞速上涨的粮价时，货币发挥的赈济作用就极为有限。但是，如果在粮食赈济与货币赈济兼行、灾区仓储丰备或粮食调运及时的情况下，货币的救灾作用就极为明显，在灾荒也能够发挥极大的作用。

与物资赈济的方式相比，货币赈济是最为便捷的赈济方式。因为运输钱币的成本，比运输粮食要小很多倍，与交通便利与否的关系不是很大。同时，货币赈济的使用极其灵活和方便。赈济的货币，除了可以购买粮食度过灾荒以外，灾民还可以将其用到其他救灾活动中，在果腹以外发挥了粮食不能替代的作用。

与粮食赈济一样，货币赈济也有相应的规定，对大口、小口的赈济数额不同，对极贫、次贫灾民的赈济数额也有差异，对灾情轻重、灾情类型不同的地区的赈济数量也存在极大的不同。

二、官方赈济物资的筹集

由于灾荒的突发性及救灾的临时性特点，虽然各地都建有仓储备荒，但在灾荒赈济中，无论是发放实物还是银钱，都是需要筹集的。

赈济钱粮的筹集途径，主要有四个：一是朝廷调拨；二是灾区筹措；三是邻省协济调运；四是个人捐纳。

朝廷调拨的赈济款项，主要有三个来源：一是国库拨款，主要是从户部、内务府库房拨支，即所通称的帑银，这部分款项主要发往直隶、河南、山东等邻近京畿的灾区。二是关税；三是盐课。从粮食筹集来看，主要有以下几项，一是常平仓谷，这是最主要的赈济粮食的来源；二是截漕，漕粮遍及全国八个省区，贯通南北，在灾荒发生时调运最为便捷，在河南、江苏、山东、安徽、浙江等灾荒常发省区的赈济中发挥了极大的作用；三是采买平粜，采买粮食一般在灾荒邻近区域进行，以方便调运。

灾区筹措的款项，主要有五个来源：一是各地征收应解的地丁银，这是地方筹集的款项中最为主要的部分，尤其是灾荒发生地的赈济款项就主要是来源于此；二是本省的存留，各省征收的赋税额课，按照规定，一般要报解户部，但报解的款项（起运部分）并非地方征收款项的全部，而是有一定比例的，不同时期地方存留款项的比例各不相同，大致在 16%—22%，在灾荒发生时，地方常常动用这份款项进行赈济；三是各省存留的协济银两，由于灾荒频仍，朝廷还专门规定，在报解户部款项之中，专门存留一部分给地方，作为灾荒赈济时"协济邻省"的费用，但在特殊时期，这部分款项也常常用于本省的赈济。四是各省的贮封银，这是为了应付地方紧急需要而存留的银两，灾荒赈济确属紧急情况，因此常常调用这部分款项。五是地方的闲杂款项，这是地方行政开支之外的盈余款项，即各州县杂项开支的剩余部分，这是州县可以自主支配的款项，不用核销，饥荒中地方的粥赈、栖流等费用就常常动用这部分款项。看到地方赈济款项的来源这么多，会有一种视觉上的误解——地方的赈济款项很多，赈济数额也就相应的会很多，其实，地方征收的税收等各种款项，大部分是要解报户部的，地方余留的款项数额还要用于其他开支，用于赈济的款项数额事实上微乎其微，正是因为各种款项都不多，才需要从各种途径来筹措，用"七拼八凑"形容这部分款项，应该是贴切的。尽管如此，地方筹措的款项在赈济中也发挥了积极作用，尤其是在朝廷款项未能到达之前，更是在急赈中发挥了较大作用。

灾区赈济粮食主要来源于地方仓储，主要有义仓、社仓、惠民仓、广惠仓、丰储仓、平粜仓等储存的粮食。在灾荒发生时，常常动用地方及民间仓储储存的粮食用于赈济。

邻省协济调运是灾荒发生时常常采取的赈济方式，其款项及粮食来源，无非与灾区款项及粮食来源类似，但用于调运的钱粮，一般是由朝廷负责协调，是可以对调和弥补的，如康熙三十三年（1694 年）正月户部议覆："盛京户部侍郎阿喇弥疏言：盛京地方歉收，奉旨运山东省米石至三岔口以济军民。今山东运来之粮，现由金州等处海岸经过，请将所运粮米，酌量截留，减价发卖。"①

捐纳即捐资纳粟以换取官职、官衔的简称，又称捐例，是清代在面临一些急需解决的重要事项，但国库又没有款项支付的情况下，采取筹集物资的措施。朝廷往往在重大灾荒发生，府库无钱无粮、财政窘困的情况下，不得不采取向民间聚集钱粮的捐纳措施，以达到解决经济困难、赈济灾民、恢复生产的目的。在很多时候，捐纳的钱粮对赈济灾荒确实起到了积极作用。但是，由于捐纳自身存在的劣根性，常常导致吏治腐败，"造成了官僚行政体制与官吏铨选的混乱，而这种混乱也为吏治的腐败创造了条件"②。

---

① 《清实录·圣祖仁皇帝实录》卷一百六十二"康熙三十三年正月条"，中华书局1985 年版，第 771 页。

② 刘凤云：《清康熙朝捐纳对吏治的影响》，《河南大学学报》（社会科学版）2003 年第 1 期，第 6—11 页。

三、官方灾赈物资的运输

粮食及银钱筹备好了以后，面临的重要问题，就是如何把钱粮运到灾区，以便及时发放到灾民手中。因此，灾赈物资的运输，往往成为灾赈活动能否顺利完成的重要关节点，成为灾民能否得到赈济、灾区能否恢复再生产的重要保障。但这个最重要的关节点，虽然当时最高统治者极为重视，"朕欲发帑采买，以济直隶之急，不知陕省之麦，足供何许？运输之道若何？卿宜悉心详议，速行议奏"[1]。但很少受到当代研究者的重视，也没有受到荒政记录者的关注，这就使得清代的灾赈机制中存在一个极易被忽视的主要步骤，从而影响灾赈效果。

在清代的交通条件下，赈济物资的运输主要有水运及陆运两种。陆运主要有车运、骡马驮运、人夫背运等，在交通方便的地区，常常采用车运，在交通不便的地区，骡马驮运及雇佣人力肩挑背扛的运输，就成为主要的运输方式，尤其是在一些"舟楫难通、陆运多山"和"地势极险、运粮无路"之地，灾赈钱粮的运输，就更为艰难。如康熙三十七年（1698年）十二月丙午，户部议覆："查蔚州、灵邱、广灵、广昌四州县距右卫四五百余里，俱在万山之中，岭高路狭，运粮甚难"[2]。针对灾民运粮赈济，康熙曾经颁布谕旨曰："朕念运粮赈济，事不可缓。乘今日顺风，尔作速回清江浦，料理转运截留漕粮，差官前往山东散赈。"[3]

水运主要是漕运、河运，部分地区还有海运。比如，对近海灾区的赈济物资，就需要从海上运达，远海省区赈济物资的运输，有时也走海路运输。但运输路遥远，艰难万状，《清实录·圣祖仁皇帝实录》卷五十一记，康熙十三年（1674年）十二月癸丑谕曰："山西运粮，水路则有黄河汾渭之险；陆路输挽，道远劳费，民不能堪。"

---

① 《清实录·高宗纯皇帝实录》卷四十"乾隆二年三月戊午条"，中华书局1985年版，第708页。

② 《清实录·圣祖仁皇帝实录》卷一百九十一"康熙三十七年十二月丙午条"，中华书局1985年版，第1025页。

③ 《清实录·圣祖仁皇帝实录》卷二百十一"康熙四十二年二月壬午条"，中华书局1985年版，第142页。

因此，灾荒产生了另外一个客观上的积极后果，即为了灾赈运输的需要，也促进了部分地区交通路线的修筑及路况的改进。当然，运输赈济物资的时候，会产生大量的运输费用。因此，越远地区的物资调运，赈济的成本也就越高。

灾赈物资在运输中的耗减、折损，也是常见的现象，有时在水运途中还常常遭到风灾、潮灾，使赈济物资受湿腐败或是倾毁于一旦，"凡有水旱，无不恤赈，运输给价，防其蚀侵"[①]，有时灾赈物资尚未运达灾区，就已经折损，使灾赈无法举行，或是被贪污官吏侵克挪移撮借，或是被运粮官侵渔、解粮官役自用，甚或被盗贼劫夺，或是途中遭遇火烧水溺等，致使长途运输灾赈物资困难重重。因此，灾赈运输，备受官员重视，委派专管运粮的河道大臣，平时督率各属挑浅疏通河道、修筑铺平道路等，康熙十九年（1680 年）十一月丁酉，兵科给事中额伦疏言："各省漕粮，应令道员押运。上谕大学士等曰：此言极当，自宜允行。运粮为国家要务，今河道狭浅，恐误运务。著遣大臣一员，将通州以南水浅处察勘挑浚。尔等可传谕工部。"[②]

因而，交通不变地区的灾赈活动存在运输成本多、运输时间长的弊端，影响了灾赈的顺利进行，这也是边远地区赈济物资较少、灾赈效果有限的一个重要原因。即便灾赈物资最后能够克服千难万险抵达灾区，尤其是边远灾区时，灾民或死或逃，已经找不到可赈之人，或是灾荒已过，无须赈济了，灾赈物资已经不能对灾荒发挥实际的赈济作用了，这无疑影响了灾赈的效果。

四、交通影响下的赈济物资分配不均

交通运输路线及其状况的不同，对赈济物资的分配具有极大的影响。官府修筑的官道、运河等交通干线沿路发生的灾荒，往往最先受到关注，

---

① 《清实录·高宗纯皇帝实录》卷五百九十九"乾隆二十四年十月辛丑条"，中华书局 1986 年版，第 707 页。

② 《清实录·圣祖仁皇帝实录》卷九十三"康熙十九年十一月丁酉条"，中华书局 1985 年版，第 1180 页。

一般都能得到及时、快捷的物资赈济。

如京畿附近的交通是全国最好的交通，灾赈物资发放较全国其他地区迅速，这不仅仅是因为最高统治者能够及时了解灾区情况，更是因为交通方便快捷，统治者的钱粮赈济指令能够迅速得到贯彻实施，督抚乃至皇帝也能随时到灾区了解情况，及时调整物资的数量。又如运河附近的区域是灾赈最便利的地区，一旦发生灾荒，朝廷就能迅速截漕粮赈济灾区，免去了灾赈粮食的筹集过程，在理论上使灾民能够迅速得到赈济物资的援助，减少了灾民死亡的数量，也使灾区再生产的基础得到保存及延续，为灾区社会经济的恢复输入新力量。

但很多地区尤其是边疆地区，由于交通条件、统治基础薄弱等原因限制，不仅灾赈的种种"福利"措施不能实施，很多情况下，即便筹集到了灾赈物资，往往也不能够顺利送达，既影响了对灾民的及时救济，也削弱了赈济的社会效果。即便是在一些远离京畿但不算边疆的地区，朝廷关注灾情及赈济的概率，也因为信息不能畅通而相对降低，其得到的灾赈物资也会相应减少，更何况在一些边疆民族地区，交通更是不便，其灾荒信息通达最高统治者的概率更低，得到朝廷直接拨发的灾赈钱粮的数额相对就更少，使最高统治者赈济灾民的初衷大打折扣。

因此，在交通滞后的边远地区，灾赈物资一般是自己筹备或从邻省调运，很少能得到朝廷物资的直接支持。尤其是在重大灾荒中，就算有官员上奏呼吁、最高统治者也想发帑发粮救济灾民，但路途遥远，灾赈物资钱粮根本无法在短期之内运达，灾民也不能几个星期甚至是几个月坐等救济物资。如果地方灾赈物资筹措不及时，或是根本没有灾赈物资的情况下，灾民因救济不及时而死亡者比比皆是，这也是在很多巨灾中多次出现"人相食"惨剧的重要原因，这是由自然灾害引发的人为原因导致的恶劣后果的典型表现。

第二节　官方灾赈粮食的来源

乾隆朝赈济粮食的来源，最主要的是常平仓、社仓、义仓等粮仓中储备的粮食，其次是从漕粮截取而得的粮食，然后才是邻省地区调拨的粮食。

此外，还有捐纳、捐输、捐监的粮食，也在赈济中发挥了积极的作用。同时，在灾荒赈济中，官府还往往鼓励商贾运输粮食到灾区贩卖，缓解灾区的缺粮危机。有时还截用军饷赈济，或是私人在灾荒中自出己粮煮粥赈济。这些不同来源的粮食，常常在同一次灾荒中交互使用，或以其中的某几类粮食为主。

一、仓储

设立仓储的一个重要目的，就是救灾备荒。仓储的粮食在非灾荒时期常常在推陈出新或青黄不接的时候平价卖出，行使着平抑物价的职能，并且仓储在救灾济荒中，依然发挥了无法替代的重要作用。尽管在仓储的运营中，存在和滋生着不同的弊端，也造成了很多消极的影响，但其救灾的积极意义及历史作用，却是不能抹杀的，"备豫不虞，善之大者。岁逢灾祲，鸠形鹄面，待哺嗷嗷，欲有以济之于临时，必先有以储之于平日。此常平仓所由立也。社仓、义仓相辅而行，平日随时敛散，荒年即以散给穷黎，备灾恤患，法莫良焉"①。

中国历代皇帝都比较重视仓储的备荒作用，而清代的灾荒赈济制度，是在中国历史上荒政的基础上建立及发展起来的，各位皇帝重视仓储的积贮备荒的思想也极为浓郁，并在灾荒赈济屡次动用仓谷赈济。

乾隆帝即位后，也继承了中国重视仓储的积贮备荒思想及施政方针，在其施政理念中，有异常浓郁的积仓储以备灾歉的思想，先后多次下达圣谕，强调仓储积贮的重要性，如乾隆五年（1740年）上谕曰："地方积谷备用，乃惠济穷民第一要务……各省奏报年谷顺成者颇多……皆当乘时料理积贮之事。"②

---

① （清）杨景仁：《筹济编》，李文海、夏明方主编：《中国荒政全书》第二辑第四卷，北京古籍出版社2004年版，第429页。

② 《清实录·高宗纯皇帝实录》卷一百二十二"乾隆五年七月条"，中华书局1985年版，第799页。

　　乾隆六年（1741 年）六月二日，乾隆帝又下达了灾前先事筹备仓储的谕旨："德惟善政，政在养民。以天下之大，天时固有不齐，地形又复不一，雨泽稍愆，则高阜之地防旱。雨水既足，则低洼之地虑淹。总期先事豫筹，始可有备无患。言念及此，虽当丰稔之年，而朕宵旰忧勤，实不敢暂释于怀也。"①

　　乾隆九年（1744 年）正月，乾隆帝又在上谕中强调仓储在灾荒赈济及平粜中的主要作用，谕令各地官吏注重积贮。他认为：

　　积贮民食所关，从前各省仓储，务令足额。原为地方偶有水旱，得资接济。是以常平之外，复许捐贮，多方储蓄，无非为百姓计。后因籴买太多，市价日昂，诚恐有妨民食，因降旨暂停采买，俾民间米谷自相流通，价值平减，亦无非为百姓计也。乃近闻各省大吏竟以停止采买为省事，州县等官又多素畏积谷之累，因而仓贮缺少，不思常平之设，不特以备荒歉，即丰稔之年，当青黄不接之时，亦得藉以平粜，于民食甚有关系。②

　　平时有备，荒歉之时就能调用济饥。清代仓储在历次灾荒赈济中发挥了极大作用。早在顺治八年（1651 年），山东、浙江等地发生水灾，朝廷就以仓谷赈济饥民，"山左、江浙等省水灾，亟须赈济。以仓谷赈穷民，以学租赈贫士"③。康熙五年（1666 年）正月，广东旱灾，动用仓谷赈济，"庚寅，以广东旱灾，命动支通省见在积谷六万八千二百余石散赈"④。康熙十九年（1680 年）二月，湖南发生水旱灾害，动用仓谷赈济，"甲戌，以湖广、武昌等府兵兴后频遭水旱，命该抚动支积谷一万一千余石，

---

　　① 《清实录·高宗纯皇帝实录》卷一百四十四 "乾隆六年六月条"，中华书局 1985 年版，第 1069 页。

　　② 《清实录·高宗纯皇帝实录》卷二百九 "乾隆九年正月条"，中华书局 1985 年版，第 690 页。

　　③ （清）昆冈等修、刘启端等纂：《钦定大清会典事例》卷二百七十一《户部·蠲恤·赈饥》，《续修四库全书》编纂委员会：《续修四库全书·史部·政书类》第 802 册，上海古籍出版社 2002 年版，第 323 页。

　　④ 《清实录·圣祖仁皇帝实录》卷十八 "康熙五年正月条"，中华书局 1985 年版，第 258 页。

速行赈济"①。雍正时期动用仓谷赈济的事例也很多，如雍正四年（1726年）十一月，广东归善、博罗等十一县的滨海地区发生水灾，"除先拨广西桂梧等六府存仓捐谷三十万石，运至广东收贮备赈外……现今被灾之归善、博罗等十一县，应令该抚将各县存仓谷石，确查散给，务使各沾实惠"②。

乾隆时期，应用仓谷赈济的事例更多。荒赈时，首先动用常平仓谷，其次是社仓和义仓粮食，但在具体赈济中，因灾情千变万化，各地粮仓存贮粮食情况不一，尤其在巨灾、重灾发生时，饥馑横行，饿殍遍野，往往将各类仓储的积谷全都调出，也还不敷支用，常常截漕粮或从邻区调用仓粮接济，如乾隆二年（1737年）八月，陕西发生旱灾，粮价高昂，"西、同二府，邠、乾二州及其所属的三十余州县禾苗乏雨，粮价日贵"，当地常平仓谷不够支用，就从邻区调用，"该处常平仓谷，并道仓兵粮，将来借粜，恐不敷用。惟凤翔府属一州七县仓储尚多，应令由渭河运至省城，以供分厂平粜。再请照雍正十一年例。敕豫省偃师等七州县，将仓谷碾运赴陕，以备冬春借粜之用"③。乾隆三年（1738年）九月，江苏、安徽发生旱灾，各地仓储不敷赈济，只得从邻省调集仓谷三十万石、截漕十万石协济赈灾，"上江被旱各属，存贮米谷不敷赈粜之用。查闽省拨运江楚仓谷三十万石，不过为弥补仓储，非被灾急需者可比。请于三十万石内，将十万石仍运闽省备用，改拨二十万石，截留两江赈济。应如所请。得旨：依议速行"④。

在清前期一次次具体的灾赈案例中，不难发现，积贮备荒的思想及实践，确实在赈济饥民、平抑粮价、恢复灾区农业生产等救灾活动中发挥了重要作用。如乾隆十三年（1748年）八月，山东巡抚布政使唐绥祖奏报了

① 《清实录·圣祖仁皇帝实录》卷八十八"康熙十九年二月条"，中华书局1985年版，第1116页。

② 《清实录·世宗宪皇帝实录》卷五十"雍正四年十一月条"，中华书局1985年版，第753页。

③ 《清实录·高宗纯皇帝实录》卷四十八"乾隆二年八月条"，中华书局1985年版，第824页。

④ 《清实录·高宗纯皇帝实录》卷七十七"乾隆三年九月条"，中华书局1985年版，第218—219页。

常平仓谷借粜存确数及其赈济、平粜的作用，"并陈东省频年灾歉，迭蒙截漕协拨，较常平额谷倍多，所有连年出借现存米谷，可资常平补额。合计与雍正七年定额不亏，其现存以备今冬加赈，明春借粜之用"①。乾隆十六年（1751 年）八月，湖南巡抚杨锡绂疏称，湖南长沙、善化、湘阴、益阳、湘潭、宁乡、浏阳七县发生旱灾，"五月雨泽愆期，早禾被旱"，随后于六月中得雨，"无庸急赈"，但长沙等县"业经被旱在前，恐有贫乏农民，无力糊口，缺少籽种"，乾隆帝就敕令巡抚在常平仓内借贷籽种给灾民耕种，"仍饬该抚，在各县常平仓谷内，酌量借给，以资耕作。"②

总之，仓储积贮的粮食，在灾荒赈济中发挥了积极作用，不仅在灾荒中，在普赈、加赈、大赈、展赈或是摘赈、抽赈、散赈、粥赈等赈济中也发挥了积极作用，使无数饥民免于死亡流离，在很大程度上稳定了社会秩序，还在灾荒结束后的生产重建中，借贷籽种给农民，为农业生产的迅速恢复及社会经济的正常发展产生了积极作用，"在有储积，谷米常流通于城乡之际，禁猾吏之侵渔，杜豪民之干没，虽逢水旱，赈不外求，固备荒经常之制也。不幸奇荒积歉，必须请帑劝分，仍可临几裁度，而既有常平社仓以为根柢，亦不至繁费无纪矣……而厪百年经久之谟，蓄积多而备先具，密于钩稽，谨于出纳，以防岁祲，以济民艰"。

二、截漕

漕粮，是从水路往京师运送的税粮简称，清代的漕粮主要是从东南七省征集，通过大运河运往京城的通州，供应皇室及王公的日用食粮，以及京籍百官和驻京军队的俸禄和兵饷，也用于赈济灾荒、平粜以稳定粮价，还用于支付京城各衙门吏役、各部工匠等群体的食粮③。

赈济灾荒是清代漕粮的一项重要支出，清代从东南八省岁征漕粮 400 万

① 《清实录·高宗纯皇帝实录》卷三百二十三"乾隆十三年八月条"，中华书局 1986年版，第 315 页。

② 《清实录·高宗纯皇帝实录》卷三百九十六"乾隆十六年八月条"，中华书局 1986年版，第 206 页。

③ 吴琦：《清代漕粮在京城的社会功用》，《中国农史》1992 年第 2 期，第 18、60—62 页。

石，在赈灾中发挥了极其重要的作用。漕粮赈灾有两种形式：一是漕粮运达目的地，在京师发挥赈济作用。二是常常在运输途中，就因离灾区较近，而被中途截下运达灾区。故此，把河运的漕粮在途中被截往灾区赈灾的行动，称为截漕。当然，截漕的粮食除了用于救灾外，还用于充实仓储、平粜以平抑物价等。但是，从清代截漕的目的及数额来看，赈灾是其最为主要的目的。

截漕赈灾的实现与漕粮的按时征集、运输联系密切，但也与政治制度有密切的联系，只有在中国传统的专制主义中央集权的行政体制下，在皇帝、漕运总督、各省督抚及基层官吏的层层控制、指挥下，通过各级官员的相互协调、共同努力，才能够完成这种大规模的、有组织的、长期的粮食运输。也正是这种高度集中的集权体制，才使得在灾荒赈济中，随时可以通过皇帝的行政命令，将已经运输、将要运输的漕粮截往灾区赈济饥民。

此外，截漕赈济能够实现，还与漕粮的征集地主要在山东、江苏、安徽、浙江、湖北、湖南、江西有密切关系。因为截漕后，只有将漕粮顺利运抵灾区，才能完成救灾任务，在以人畜为主要运输劳力的清代，赈粮运输是最艰巨的任务之一，缩短运输路线是完成任务的最好办法。这是灾荒赈济中使用截漕的主要原因之一，因为灾荒的频发区，就在漕运区或是邻近漕运的地区。从清代灾荒的具体情况来看，直隶、山东、安徽、河南、山西、陕西、江苏、浙江、湖南、湖北、江西等地是水旱蝗潮风等灾害密集暴发的地区，而这些灾害群发地大部分就集中在漕运地附近，灾荒中截漕赈济就成为解决灾区粮食来源的主要方式。

因此，在清代灾荒赈济中，截漕成为赈粮的主要来源之一。清代截漕赈济的措施，在康熙时期就已经开始广泛实施，如康熙十年（1671年）四月，江苏发生旱灾，户部拟拨银六万两赈济，康熙帝认为："饥民待食甚迫，与银无益"，就谕令截留漕粮六万石，以及各仓米四万石，派遣侍郎田逢吉"并贤能司官二员，会同该督抚赈济散给"[1]。康熙五十三年（1714年）十一月，在康熙帝给户部的谕旨中，就谈到了截漕赈灾的具体漕粮数

---

① 《清实录·圣祖仁皇帝实录》卷三十五"康熙十年四月条"，中华书局1985年版，第478页。

额："乙卯，谕户部……江浙地方，年来颇有歉收州县，应酌量截留漕米分贮各处。江宁原留五万石，今再截留十万石；苏州原留八万石，今再截留二万石；安庆截留十万石；杭州原留十万石，今再截留十万石；皆于本年起兑内，就近截留。令地方官加谨收贮。"①

雍正时期，依然用截漕的办法赈济饥民。如雍正三年（1725年）十二月，直隶水灾时就截漕赈灾，"今岁直隶地方被水，小民乏食，朕轸念维殷，已截漕发粟，多方赈恤"②。雍正九年（1731年），截漕赈济山东济南、兖州、东昌三府水灾饥民，"小民粒食维艰，再发仓谷二十万石，截留漕米二十万石，重赈两月"③。

乾隆时期的截漕赈济，在区域漕粮赈济及相对时间段内截漕赈济的数额方面，都达到了清代的最高峰，这从乾隆二十三年（1758年）正月的谕旨中可以反映出来："谕：据吉庆奏，近年截漕过多一折，称康熙年间共截过漕粮二百四十万石，雍正年间亦不过二百九十余万石。今已截至一千三百二十余万石等语。"④

乾隆朝赈济数额较多，与单次截漕数额多有关，一次性截漕的数额少时常常数万石，多时达到数十万石，有多达八十余万石。如乾隆二年（1737年）七月，直隶发生水旱灾害，直隶总督李卫奏请截漕赈济，先后将截漕达五十万石之多，"前因直属春夏少雨，请于天津北仓，截留南漕三十万石，以备赈济，准行在案。嗣又因连日大雨，山水陡发……惟是前项截留漕米，恐不敷支给，现在尾帮漕粮，尚未抵天津。请再截留二十万石，以备急需"⑤。

---

① 《清实录·圣祖仁皇帝实录》卷二百六十一"康熙五十三年十一月条"，中华书局1985年版，第571页。

② 《清实录·世宗宪皇帝实录》卷三十九"雍正三年十二月条"，中华书局1985年版，第579页。

③ 《清实录·世宗宪皇帝实录》卷一百三"雍正九年二月条"，中华书局1985年版，第358页。

④ 《清实录·高宗纯皇帝实录》卷五百五十五"乾隆二十三年正月条"，中华书局1986年版，第30页。

⑤ 《清实录·高宗纯皇帝实录》卷四十六"乾隆二年七月条"，中华书局1985年版，第800页。

　　乾隆十一年（1746 年）十二月，谕令截漕三十万石赈济江苏水灾饥民，"今岁上下两江，因水灾备赈截留漕粮三十万石"①。乾隆十二年（1747 年）五月，山东上年发生旱灾歉收，先后截漕二十六万石"以资接济"②。

　　乾隆朝截漕赈济数额较多，既与乾隆帝统治时间较长、灾荒较多有关，也与赈粮发放时灾民得到的粮额数字增多有关。赈济钱粮数额发放多，与乾隆朝时期府库充裕、乾隆帝个人好恩与民的心理有关。如乾隆十三年（1748 年）的上谕，就表现了乾隆朝截漕赈济的这一特点，"山左因连年被灾，百姓饥馑，朕日夜焦心劳思，截漕数百万石，发帑数百万金，以苏涸辙之困"③。乾隆十六年（1751 年）八月，在给军机大臣的谕旨中说道，在赈济浙江旱灾时，截漕八十万协济，"至该省所需赈恤米石，前既协济截留……漕粮至八十万石，自可通融济用"④。还可从乾隆二十三年（1758 年）正月的谕旨中反映出来："谕：据吉庆奏，近年截漕过多一折……今已截至一千三百二十余万石等语。所奏固亦慎重京庾之意，但朕偶遇偏灾……初亦不计截漕之数，遂至如此之多。"⑤

　　乾隆朝的截漕赈济，对灾民的救助及灾区生产的恢复，发挥了重要作用，乾隆十九年（1754 年）正月的上谕就反映了这一点："谕：江南淮、扬、徐、海及灵、虹、睢、宿一带地方，上年被灾甚重。经朕降旨截漕拨帑，增给赈银，多方筹办……灾户俱已得所，其积水渐消之地，亦皆次第

---

　　① 《清实录·高宗纯皇帝实录》卷二百八十"乾隆十一年十二月条"，中华书局 1985 年版，第 656 页。

　　② 《清实录·高宗纯皇帝实录》卷二百九十一"乾隆十二年五月条"，中华书局 1985 年版，第 810 页。

　　③ （清）昆冈等修、刘启端等纂：《钦定大清会典事例》卷一千二十五《都察院·各道·出差通例》，《续修四库全书》编纂委员会：《续修四库全书·史部·政书类》第 812 册，上海古籍出版社 2002 年版，第 297 页。

　　④ 《清实录·高宗纯皇帝实录》卷三百九十七"乾隆十六年八月条"，中华书局 1986 年版，第 215 页。

　　⑤ 《清实录·高宗纯皇帝实录》卷五百五十五"乾隆二十三年正月条"，中华书局 1986 年版，第 30 页。

补种，二麦可望有收。"①

乾隆朝的截漕赈济，有几种形式，一是临灾截漕，即在灾荒发生时候，根据灾区需要粮食的情况截漕运往。这类赈济的事例很多，但截漕的数额不多，多为五六万、一二十万石，如乾隆十九年（1754 年）十二月丙辰的上谕，就是淮扬等地发生水灾后，截漕粮赈济的，"谕：本年淮扬所属高宝等处，因雨水过多，被淹成灾。加恩降旨截留漕粮十万石，以备赈恤"②。乾隆二十年（1755 年）八月，淮扬水灾依然持续，再次截漕十五万石赈济，"谕：今年淮扬等属下游居民被水，急需赈恤。已降旨截留漕粮十五万石"③。乾隆二十年（1755 年）十月，乾隆帝谕曰："浙省杭、嘉、湖等府所属州县，今年秋雨过多，亦间有偏灾之处。已经屡降谕旨，令该督抚等善为抚绥，并截留漕粮以资赈恤。"④乾隆二十二年（1757 年）七月上谕曰："前因河南归德等属秋禾被淹，积水骤难消涸，亟宜豫为筹备。已降旨将该省本年应解漕粮截留十万石，分贮州县，以裕民食。"⑤但在灾情严重、漕粮数额减少的情况下，赈济数额也有达到五十万石的，如乾隆二十二年（1757 年）七月，河南发生水灾，刘慥上奏赈济粜粮需要漕粮接济，疏请将山东、江南二省应运漕粮截留五十万石，"运赴开、归、陈、许等属，以济赈粜之需"⑥。

二是灾前或灾后截漕，积贮灾区仓储中，遇灾即发粮赈济，这类截漕的事例也很多，但数额就比临灾截漕要大，常常是二三十万甚至五六十万

---

①《清实录·高宗纯皇帝实录》卷四百五十四"乾隆十九年正月条"，中华书局 1986年版，第 916 页。

②《清实录·高宗纯皇帝实录》卷四百七十八"乾隆十九年十二月条"，中华书局1986年版，第 1178 页。

③《清实录·高宗纯皇帝实录》卷四百九十四"乾隆二十年八月条"，中华书局 1986年版，第 207 页。

④《清实录·高宗纯皇帝实录》卷四百九十九"乾隆二十年十月条"，中华书局 1986年版，第 281 页。

⑤《清实录·高宗纯皇帝实录》卷五百四十二"乾隆二十二年七月条"，中华书局 1986年版，第 863 页。

⑥《清实录·高宗纯皇帝实录》卷五百四十二"乾隆二十二年七月条"，中华书局 1986年版，第 870 页。

石。如乾隆七年（1742 年）十月，根据直隶总督高斌的奏报，江南所需赈粜拨补之米，应将下江癸亥年起运漕粮，截留八十万石，并截东省漕运粟米二十万石，共足一百万石之数。之后用二十万石存贮于淮、扬、徐、海等地，"留备明春减价平粜"，用六十万石凑同各案米谷，"为灾地冬春赈济"，剩下的二十万石，按照一米二谷的惯例，"补还前借苏、松等处四十万石仓谷"，"即将原借各州县征收漕粮，照数截存归款，再上江通额正耗漕米，仅二十五万余石。除被灾州县应行蠲缓外，其余请全数截留，拨运灾属等语，应如所请行"[1]。

乾隆二十年（1755 年）九月，淮扬的水灾后，截漕二十万石备赈，"淮扬各属被水成灾，朕屡降旨加恩抚恤，并截漕备赈。尹继善等现今查办，但念该处岁被灾浸，民情艰苦，著将江苏省本年应运漕粮再行截留二十万石，为赈粜之需"[2]。

乾隆二十七年（1762 年）六月，直隶水灾，为了备赈，先后两次截漕共三十万石储备于天津北仓，"谕：前因直隶雨水稍多，低洼地亩，不免有积水被灾之处。曾经降旨，于天津以南附近水次州县，截留漕粮二十万石，以备拨用。但念现在被水各属，收成不无歉薄，将来需米之处尚多，前次所截粮石，恐不敷用。著再加恩，于抵津各帮内，截留十万石。一并存贮北仓备用，该部遵谕速行"[3]。

三、邻省调粟协济

在灾荒赈济中，本地的钱粮常常不敷使用，尤其是在巨灾、重灾、大灾中，灾荒持续时间长、受灾区域广大，仓储的积贮数量是有限的，不可能无限地支放粮食，至仓廪空乏、漕粮不继的时候，除了从外地采买粮食协济赈济外，还依靠外省仓储粮食的调运赈济，这也是人们常常说的移粟

---

[1]《清实录·高宗纯皇帝实录》卷一百七十六"乾隆七年十月条"，中华书局 1985 年版，第 266 页。

[2]《清实录·高宗纯皇帝实录》卷四百九十六"乾隆二十年九月条"，中华书局 1986 年版，第 227 页。

[3]《清实录·高宗纯皇帝实录》卷六百六十五"乾隆二十七年六月条"，中华书局 1986 年版，第 440 页。

就民，这是在中央集权的国家权力的指挥及协调下，在灾荒期间相互援助、共渡难关的典型表现。在一定程度上，截漕也可以归入调粟的范畴之下，但此处的调粟主要是包含采买及仓粮的运输接济。调粟救灾减少了灾民的流移，缓解了灾区的粮食危机，避免或弱化了灾区粮荒的出现，从而稳定了灾区的社会秩序，对灾区农业生产的恢复也起到了积极的促进作用。

清代邻省调运粮食协济的事例很多，在康雍时期就在实施，如康熙二年（1663 年）题准，苏、松、常、镇四府协济寿、淮、扬、镇等地的仓米麦银，"此等漕项钱粮，均取在地亩银米内支用备办"[1]。雍正三年（1725年）秋，福建发生水灾及风灾，次年（1726 年）十月，福建米价上涨，各地出现抢米风潮，急忙从江西调粮、从江苏安徽等地截漕运到福建接济，"江西协济闽省谷石，俟明年秋后补运……应令江苏安徽巡抚，截留漕米十万石，从海运赴闽。至明岁秋收时，即以江西应运之米补还"[2]。

乾隆年间，中央集权统治更加深入，邻省调粮接济灾区的情况也更为普遍。如乾隆元年（1736 年）十一月，安徽发生水灾，粮价上涨，"高邮等州县被水灾后，米价涌贵"，江南提督南天祥疏请将附近州县的存仓积谷"运往协济平粜"，得到批准，"应如所请，从之"[3]。乾隆二十年（1755 年），署湖广总督硕色、湖北巡抚张若震奏："兹准浙江抚臣周人骥咨称，浙省歉收，选商赴江汉采买等语。臣等思邻封理宜协济，自应听其籴运。"[4]乾隆二十一年（1756 年）十一月，"缘上年各属加赈，暨今岁淮徐正赈不敷，先后支用无存，并未归补原借运关等项。是以本年加赈

① （清）昆冈等修、刘启端等纂：《钦定大清会典事例》卷二百八《户部·漕运·仓漕奏销》，《续修四库全书》编纂委员会：《续修四库全书·史部·政书类》第 801 册，上海古籍出版社 2002 年版，第 421 页。

② 《清实录·世宗宪皇帝实录》卷四十九"雍正四年十月条"，中华书局 1985 年版，第 743 页。

③ 《清实录·高宗纯皇帝实录》卷三十"乾隆元年十一月条"，中华书局 1985 年版，第 616 页。

④ 《清实录·高宗纯皇帝实录》卷五百三"乾隆二十年十二月戊辰条"，中华书局 1986 年版，第 352 页。

银，不得不再请于邻省通融协济”①。

乾隆帝较为重视协济粮食在赈济的重要作用，乾隆十三年（1748 年）三月，在谈到山东灾荒赈济时，乾隆帝强调：“朕因山东被灾甚重，日夜焦劳，沟壑流离之惨，曾经目睹。……古称救荒如救焚拯溺，早一日，得一日之济。各该督抚等，其曲体朕怀，共以拯患恤灾为急，不可稍存此疆彼界之分，以副疴瘝一体至意。”②因此，乾隆时期的邻省调运协济，比康雍时期要多。

调运也分省内和省外的调运协济，在一些交通不便的地区，调粟接济，不是短期内可以完成的，有的两三年才完成调粟任务。如乾隆六年（1741 年）福建粮荒，进行了省内、省外的调运协济。乾隆六年（1741 年）三月，闽浙总督宵室德沛等人奏报福建调粟协济时，因交通不便、运费昂贵而不得不分年运输接济粮食，“汀州府属之永定县旧存仓谷，因上年散赈，余贮无多。汀府有实存监谷，可酌拨协济。惟是永定处万山中，不通舟楫，陆运脚费繁重。碾米运往则费省，而到县即可平粜。第弹丸之地，全数拨运，一时不能粜完余米转致徽沮。议自本年始，分三年碾运，每二三月间，运往接济。每石定价银一两二钱二分，以一两作买谷二石价值。于秋收时，采买贮仓。余作为脚费，扣还汀库”③。乾隆六年（1741 年）七月，署江西巡抚陈宏谋奏报了江西省常平仓谷运拨福建的情况：“江省常平仓谷于乾隆三、四两年，先后拨运闽省，并碾米协济江南，共五十一万八千八百一十八石。”④

省内及省外的调粟协济，在不同的灾荒灾情下各有侧重。在巨灾、重灾、大灾中，省内储藏的粮食基本不够用时，必须通过省外协济才能完成

① 《清实录·高宗纯皇帝实录》卷五百二十七“乾隆二十一年十一月庚戌条”，中华书局 1986 年版，第 634 页。

② 《清实录·高宗纯皇帝实录》卷三百十一“乾隆十三年三月条”，中华书局 1986 年版，第 91 页。

③ 《清实录·高宗纯皇帝实录》卷一百三十九“乾隆六年三月条”，中华书局 1985 年版，第 1013 页。

④ 《清实录·高宗纯皇帝实录》卷一百四十六“乾隆六年七月条”，中华书局 1985 年版，第 1104 页。

赈济，而一些灾情不严重、受灾区域不大的常灾、轻灾，就以省内的协济为主。如乾隆八年（1743年）十月，河南发生了旱灾，但灾情不重，协济就以省内调运为主，这从河南巡抚硕色奏陈的"祥符等二十七州县旱灾加赈事宜"中就可以看出来，"被灾各县仓储不敷，请于怀庆府仓拨七千石，协济修武。河南府仓拨四万石，分运阳武、洛阳、郑州各一万石，孟县、孟津各五千石。光山、鄢陵二县仓各拨给罗山、长葛三千石，密县仓拨给新郑五千石，又于陈留、杞县仓各拨三千石，兰阳县仓拨四千石，运至详符赈济"①。

乾隆十一年（1746年）十一月，江苏发生水灾，由于灾情严重、受灾范围大，省内粮食不敷赈济，就从邻近的浙江等地调运粮食接济，"己亥，谕：今岁江南上下江被水等处，现在加赈，需米之处甚多，恐仓储不敷所用。浙江连年丰稔，今秋又获有收，著将永济仓旧存谷石动拨十万石，协济江南"②。次年（1747年）八月，江苏部分地区获得了丰收，江苏布政使安宁奏报秋禾情形折内称："大江以北，除被水之宿迁等十三州县外，余俱可望丰收，大江以南，惟沿海猝被潮灾，其腹内并各属秋禾，俱属畅茂。"③乾隆帝对其奏报很是不满，认为上报内容含混不清，就谕令从省内调集粮食协济，"所奏殊觉牵混，夫救荒原无奇策，惟在随时随事，善为区画（划）。著传谕安宁，既云别属可望丰收，或于各州县内悉心筹酌，量拨米石，前往灾属，以裨赈恤，无致失所"④。随后，安宁又奏报了省内协济的粮食数额，"江苏被灾州县，应需赈济米谷，现于成熟州县内，酌量派拨协济。崇明县拨江、苏、常等府属仓谷十九万余石，镇洋县拨苏、常、镇等府属仓谷三万余石，宝山县拨苏州府属仓谷一万石，海州拨淮、扬等府属仓谷五万余石。沭阳县拨镇、扬等府属仓谷二万五千石"①。

乾隆十八年（1753 年）十月，江苏发生了严重的水灾，立即从邻近的山东、河南、湖南、浙江等地调米三十五万石到江苏协济赈济，随后又不断调运，截留本省漕粮及外省协济的粮食，投入到赈济中的粮食就达到了一百万石，外省协拨赈济的钱款也达到了五百万两，乾隆帝又谕曰：

> 淮、徐被水，办赈需米，朕迭经降旨。昨又拨运山东、河南、湖南、浙江米三十五万石，协济备赈。今据伊等奏请截漕，其时原尚未奉到拨运之旨，但恐需米必多，仍著准其所请，截留二十万石。如有不敷，著再行据实具奏……江南被水成灾，既将本省漕粮先后截留，又将河南、山东、湖广、浙江、四川、江西等省米拨运协济，共一百数十万石，各处协拨备赈银又不下五百万两。②

这是一次数额及规模都较为庞大的外省协济的事例，投入协济的省区达到四个，数额上百万，对江苏灾区的稳定发挥了积极作用。乾隆二十二年（1757 年）七月上谕曰："江西、湖北与豫省舟楫可通。乾隆四年，豫省被灾，曾转运楚米协济，甚为妥便。此次应拨粮石，著交江西、湖北巡抚，在于该省相近河南各州县，仓贮内酌定数目。"③

调集协济的灾赈物资，不仅仅只是限于钱粮物品，还有救灾中的人力、杂佐等协济，"谕军机大臣等：山东德州卫第三屯地方，运河水漫。淹及景州，此系南北往来大路，亟应将漫口速行堵筑。……已谕饬令方观承，于直隶河员及地方佐杂将弁内谙练工程者，就近调拨协济。该抚其实心筹办，毋稍歧视，俾积水消涸，以拯灾黎，以便行旅。可将此速行传谕知之"④。

---

① 《清实录·高宗纯皇帝实录》卷二百九十六"乾隆十二年八月条"，中华书局1985年版，第 882 页。

② 《清实录·高宗纯皇帝实录》卷四百四十八"乾隆十八年十月条"，中华书局 1986年版，第 882—833 页。

③ 《清实录·高宗纯皇帝实录》卷五百四十二"乾隆二十二年七月丙申条"，中华书局 1986 年版，第 870 页。

④ 《清实录·高宗纯皇帝实录》卷五百四十三"乾隆二十二年七月己酉条"，中华书局 1986 年版，第 896 页。

当然，这种调运，也只有在清王朝集权体制的掌控及指挥下，在政治高度稳定、经济高度发达的情况下才有可能完成。这种赈济方式，在古代的交通及通信条件下，也算是达到了世界灾荒赈济史上的巅峰水平。

第三节　官方灾赈银钱的来源

虽然清代的灾荒赈济没有专门、固定的经费，但是，在灾荒发生的时候，能够调动的资金，几乎都会迅速调集出来投入赈济，如康熙四年（1665 年）对山西进行赈济的调款思想，就反映了清代灾荒赈济中调动一切可用物资救济灾民的基本原则：

户部议覆：查得山西省赎锾等实在仓库谷米二万六千八百六十石零、银五百两零应动支外，仍议将该省见征在库，不拘何项钱粮，发六万两，令赈济官同督抚亲赴被灾地方，酌量轻重，赈给饥民。如再不敷，著该督抚及地方官设法拯救。①

进行钱赈时，首先国库资金是最主要的来源。灾赈中常看到的发帑银、帑金或库帑，就是国库储藏的资金。其次是捐纳、捐输、捐监的资金，当然，捐纳、捐输、捐监活动中捐出的钱粮，很大一部分用在粮仓中储存粮食，但也有一部分是上交到户部、工部库房的钱款，这些费用在灾荒赈济中也发挥了积极作用。再次是朝廷及地方暂时不用的闲款，还有皇室成员及官吏私人的捐款等。

一、发帑

帑银（帑金），即户部、工部、礼部、兵部等府库储藏的银两，亦即通俗所言的国库资金，是灾荒赈济最主要的资金来源。在整个清代的

---

① 《清实录·圣祖仁皇帝实录》卷十四"康熙四年三月条"，中华书局 1985 年版，第215 页。

灾荒赈济中，只要发生灾荒，都会调发不同数额的帑银赈济饥民。

清代立国之初，在灾荒赈济中就采取调发帑银赈济灾民的措施。天聪元年（明天启七年，1627 年）六月，"时国中大饥，斗米价银八两，人有相食者。……上恻然，谕曰：今岁国中因年饥乏食，致民不得已而为盗耳……仍大发帑金散赈饥民"①。顺治十年（1653 年），直隶等地水灾，次年二月，就发帑银十六万赈济，"去年水荒特甚尤为困苦。朕夙夜焦思、寝食弗宁、亟宜拯救，庶望生全。但荒政未修，仓廪无备，若非颁发内帑，何以济此急需？兹特命户、礼、兵、工四部察发库贮银十六万两……差满汉大臣十六员分赴八府地方赈济，督同府州县卫所各官，量口给散"②。

康熙以后，随着府库的逐渐充实，发帑赈济灾荒的次数日渐增加，赈济的帑金数额也不断增加。如康熙八年（1669 年）四月辛卯，上谕直隶督抚曰："获鹿、柏乡二县去年水灾，虽经赈济，饥民尚多。著动支公帑，再赈一月。"③康熙十一年（1672 年）十一月庚寅，由于浙江杭、嘉、湖、绍四府连年被灾，"命发帑银赈济"④。康熙十八年（1679 年）七月二十八日，直隶顺天府发生了八级大地震，户部、工部遵照康熙帝速行赈济的谕旨，计划给地震倾倒房屋、无力修葺的灾民，按照"旗下人房屋每间给银四两，民间房屋每间给银二两，压倒人口不能棺殓者，每名给银二两"的标准进行赈济，但康熙帝认为赈济的数额太少，谕令调发十万帑银赈济，"得旨：所议尚少，著发内帑银十万两，酌量给发"⑤。康熙二十年（1681 年）二月，在赈济山西旱蝗灾害的时候，调发帑银二十万赈济，

---

① 《清实录·太宗文皇帝实录》卷三"天聪元年六月条"，中华书局 1985 年版，第 49—50 页。

② 《清实录·世祖章皇帝实录》卷八十一"顺治十一年二月条"，中华书局 1985 年版，第 638 页。

③ 《清实录·圣祖仁皇帝实录》卷二十八"康熙八年四月条"，中华书局 1985 年版，第 394 页。

④ 《清实录·圣祖仁皇帝实录》卷四十"康熙十一年十一月条"，中华书局 1985 年版，第 539 页。

⑤ 《清实录·圣祖仁皇帝实录》卷八十二"康熙十八年七月条"，中华书局 1985 年版，第 1052 页。

"山西巡抚穆尔赛疏言：请发帑银二十万赈济饥民。户部议给其半。上曰：闻太原、大同等处百姓甚饥，朕心深为悯恻。亟宜赈济，俾各得所。著照该抚所请，发银二十万两。遣郎中明额礼等速往分行赈给"①。康熙二十九年（1690 年）二月，康熙帝在给内阁九卿詹事科道等人的谕旨中说："昨岁畿辅荒歉，朕虑民食维艰，或至流离失所，既蠲除其田租矣，复特发帑金三十万两，并动支常平等仓粟，令该抚遍行赈贷。盖期灾黎得所，毋使离散也。"②康熙五十九年（1720 年）十月，陕西发生旱灾，饥荒严重，调发五十万两户部帑银赈济，"差大臣三员，部院满汉贤能司官十二员，动户部帑银赈济。兰州二十万两，延安十五万两，西安十五万两，由驿递运送散赈地方"③。次年（康熙六十年，1721 年）康熙帝还提到了发帑五十万赈济的事情："今春雨泽甚少，备荒要紧，著发帑银五十万两，差大臣往山陕地方买米赈济。"④

雍正年间，也发帑金赈济灾民，如雍正五年（1727 年）八月，湖南沔阳、潜江、监利等地发生水灾，雍正帝调发帑银二万两赈济，"朕因轸念楚省穷民，已发帑银二万两，令该督抚加意赈恤"⑤。

乾隆年间，随着府库的充裕，乾隆帝对灾民饥黎的抚恤就更为优厚，调发府库帑金赈济灾荒的次数更为增多，数额也比康雍时期大大增加，每次动发帑银的数额从数十万至数百万不等，如乾隆三年（1738 年）七月，江苏、安徽发生旱灾，"下江之江、苏、常、镇、扬五府所属及上江之六安等十余州县，因六月内雨泽愆期，各处田禾被旱"，两江总督那苏图奏请

---

①《清实录·圣祖仁皇帝实录》卷九十四"康熙二十年二月条"，中华书局1985年版，第1193页。

②《清实录·圣祖仁皇帝实录》卷一百四十四"康熙二十九年二月条"，中华书局1985年版，第589页。

③《清实录·圣祖仁皇帝实录》卷二百八十九"康熙五十九年十月条"，中华书局1985年版，第817页。

④（清）昆冈等修、刘启端等纂：《钦定大清会典事例》卷二百七十一《户部·蠲恤·赈饥》，《续修四库全书》编纂委员会：《续修四库全书·史部·政书类》第802册，上海古籍出版社2002年版，第326页。

⑤《清实录·世宗宪皇帝实录》卷六十"雍正五年八月条"，中华书局1985年版，第925页。

调发帑银三十万两，"前往江广采买米石，以为将来赈粜之用，并平粜常平仓谷以济民食"①。

又如，乾隆七年（1742年）十一月，江苏、安徽发生水灾，乾隆帝急发帑银赈济，乾隆帝在给大学士等的议覆中说到近年赈济的帑银数额，已至八百余万两："上下两江被水州县，应令及时疏浚……即秋田亦不能种，国家发帑赈济。已至八百余万。"②到水灾结束时，前后赈济的帑银数额已逾千万两，乾隆十年（1745年）六月，乾隆帝在上谕中说："数年以来，直省偶有水旱，朕加恩赈济，多在常格之外。如前年江南被水，抚绥安插，计费帑金千余万两。"③

乾隆十六年（1751年）七月，浙江发生旱灾，调发帑银三十余万赈济，浙东八府被旱颇重，浙江巡抚永贵奏请借拨楚谷，并动帑三十余万"委员分赴江楚采买"④。

乾隆二十三年（1758年）正月，乾隆帝在谈到给上年赈济河南灾荒时，四次调发帑银，数额达到三百余万，"谕：去岁豫省卫辉等府，被灾地方，屡降恩旨，将应征钱粮蠲免，并于普赈一月之外，迭予加赈四次，计费帑金三百余万"⑤。

乾隆四十三年（1778年）七月，河南等地发生水旱巨灾，此次灾荒持续时间长、受灾地区广，朝廷竭力赈救，赈济所费帑银多达一百余万两，"此次被水地面较宽，现已节次拨帑一百万两，截漕三十余万"⑥。在此

---

① 《清实录·高宗纯皇帝实录》卷七十三"乾隆三年七月条"，中华书局1985年版，第169页。

② 《清实录·高宗纯皇帝实录》卷一百七十八"乾隆七年十一月条"，中华书局1985年版，第302页。

③ 《清实录·高宗纯皇帝实录》卷二百四十二"乾隆十年六月条"，中华书局 1985年版，第120页。

④ 《清实录·高宗纯皇帝实录》卷三百九十四"乾隆十六年七月条"，中华书局1986年版，第179页。

⑤ 《清实录·高宗纯皇帝实录》卷五百五十四"乾隆二十三年正月条"，中华书局1986年版，第1页。

⑥ 《清实录·高宗纯皇帝实录》卷一千六十三"乾隆四十三年七月条"，中华书局1986年版，第217页。

次中赈济中，还举办了以工代赈工程，发帑达到一百六十余万，乾隆四十四年（1779 年）正月，乾隆帝在给军机大臣的上谕中就提到了以工代赈所费帑银的数额："豫省昨岁被灾亦重……已派大学士公阿桂前往豫省，查勘善后各工，是否必须如此办理……朕非因伊等估需十余万金，心存惜费……朕于利益民生之事，从不靳多费帑金。即如豫省此次工赈，已发帑一百六十万两。"①

乾隆四十九年（1784 年），河南、山东、直隶、江苏、安徽等地发生了长达四年的特大旱灾，朝廷急忙调集帑银、截漕赈济，至乾隆五十一年（1786 年），赈济所用帑银的数额就已经达到了一千四百余万两，"因上年各省荒旱赈恤所需，用去帑银一千四百余万两"②。发给湖北的帑金就达五百余万两，"因思湖北因灾发帑至五百余万，为赈济饥民之用，即有所不足再请亦所勿靳也"③。在乾隆五十一年（1786 年）十一月的赈济中，乾隆帝再次强调了此次赈济旱灾户部所用的帑银数额，"上年湖北被旱成灾，朕不惜五百万帑金，加恩赈恤"④。

乾隆五十七年（1792 年）八月，因直隶等地发生旱灾，户部截漕发帑赈济，所用帑金多达八十余万两，"及应赈户口，尚不敷米二十万石、银八十万两等语。著照所请，即于通仓内再行赏拨漕米二十万石，户部库帑内拨给银八十万两，交该督收贮，以备赈济之用"⑤。

乾隆朝赈济的帑银，无论是从单次灾荒的赈济还是在一段时间内赈济所用的帑银总数，都到达了清代的最高峰，这除了与乾隆帝希望通过赈恤灾黎使其咸登衽席的意识，以及灾民对其恩惠歌功颂德的思想导致的大发

---

① 《清实录·高宗纯皇帝实录》卷一千七十五"乾隆四十四年正月条"，中华书局 1986 年版，第 427 页。

② 《清实录·高宗纯皇帝实录》卷一千二百六十一"乾隆五十一年闰七月条"，中华书局 1986 年版，第 964 页。

③ 《清实录·高宗纯皇帝实录》卷一千二百六十七"乾隆五十一年十月条"，中华书局 1986 年版，第 1094 页。

④ 《清实录·高宗纯皇帝实录》卷一千二百六十九"乾隆五十一年十一月条"，中华书局 1986 年版，第 1106 页。

⑤ 《清实录·高宗纯皇帝实录》卷一千四百十"乾隆五十七年八月条"，中华书局 1986 年版，第 957 页。

赈济物资有密切关系外，还与乾隆朝国力的强盛，尤其是府库的充裕有密切关系。经济基础永远是统治者各项施政措施顺利实施的关键因素，如若国库调发不出钱粮，就算是统治者有再好的愿望，再悲天悯人，也发挥不了任何作用。

二、捐纳

捐纳是中国古代中央集权的封建王朝采取的以授予官职（虚衔或实衔）取得捐资的办法。简言之，就是个人通过向国家（朝廷）捐资纳粟的办法，以换取官职、官衔的简称，又称捐例。

捐纳的类型有很多，主要有两类：一是临时进行的，即中央王朝在面临一些急需解决的重大事项，但国库又没有款项支付的情况下，才被迫采取筹集物资的措施。这种类型的捐纳，常常是临事而捐、事毕而止的应急性措施，主要办法是向个人收取一定数额的钱粮，再根据钱粮的数额给予出资者相应级别的官衔。这类捐纳时间的决定全掌握在朝廷（很多）手中，当国家需要钱粮的时候就应时举行。二是随机进行的，授予的多是虚衔和封号，根据捐纳人捐资的时间举行，这种捐纳时间的主动性掌握在捐资者手中，根据捐资者的条件及需要、捐纳的时间，随时举行，这类捐纳所得的银谷，也用于灾荒赈济。

捐纳的原因及用途有很多，救灾就是清代常常实施捐纳的主要动因之一。在朝廷财政匮乏、粮食短缺的时候，捐纳的粮款在灾荒赈济中发挥了积极作用；但由此也产生了极大的后患，尤其是导致了吏治腐败[1]，但这不属本书论述的范畴。这里仅集中论述捐纳与灾荒赈济的关系。

清代的捐纳与灾荒赈济相联系的记载，始于康熙年间，但康熙帝始终不同意用捐纳款项的方式赈济灾荒。因此，终康熙一朝，都没有以捐纳钱

---

① 关于捐纳与吏治等其他问题，目前已经有很多学者做过相应的研究，其中，较有代表性的研究有刘凤云：《清康熙朝捐纳对吏治的影响》，《河南大学学报》（社会科学版）2003 年第 1 期，第 6—11 页；姜守鹏：《清代前期捐纳制度的社会影响》，《东北师大学报》（哲学社会科学版）1985 年第 4 期，第 47—54 页；王胜国：《清代捐纳制度及其影响新论》，《松辽学刊》（社会科学版）1990 年第 3 期，第 16—20、25 页。

款来赈济灾荒的事例。只用捐纳于粮仓里的粮食赈济饥民，但捐纳于仓储中的粮食，用途很多，赈济灾荒只是其中之一，也用于平抑粮价等，即捐纳存仓的粮食只是部分用于灾荒赈济。因此，谈到捐纳粮食的用途时，应该区分其是否用于赈灾。

康熙年间与灾荒有关的捐纳记载，始于康熙九年（1670 年）七月，江南江西总督麻勒吉上疏说，淮、扬二府在五月终旬的时候，由于淮河、黄河暴涨，发生了水灾，百姓的田地庐舍被淹，"应亟行赈济"，但却无赈济的钱粮，"各属积谷已为上年赈给之用"，因此请求暂时挪用正项钱粮赈济，俟捐纳之后再补还正项之内，"俟劝输捐纳补还正项"[①]。康熙十一年（1672 年），由于江南安庆等七府、滁州等三州连年发生水灾及蝗灾，淮安、扬州饥民流离载道，就动用捐纳的粮食赈济灾民，"命该督抚将现存捐纳米石，并宁国、太平等府存贮米谷，檄令各府州县，照民数多寡，速行赈济"[②]。

康熙二十三年（1684 年）三月，由于赈济直隶、河南灾荒，九卿等议奏，请求在米谷不敷赈济的时候，开捐纳之例，"除将存仓米谷，令各该抚确查赈给外，如米谷不敷，请暂开捐例，限三个月停止"，但是没有得到康熙帝的批准，"得旨：捐纳事例无益，不准行"[③]。这是第一次以制度性质出现因灾欲捐的记载，但显而易见的是，康熙帝并不赞同用捐纳来赈济灾荒，因此未能实施。

到康熙四十六年（1707 年）十月，浙江杭州、嘉兴等处旱灾，由于"常平仓积谷无多"，浙江巡抚王然上疏，请求开捐纳之例赈济灾民，但康熙帝认为赈济饥民不能用捐纳的物资，坚持截漕赈饥，"上谕大学士等曰：浙省被灾州县，亦照江南，著总漕桑额亲身会同该抚，于被灾各州县

---

① 《清实录·圣祖仁皇帝实录》卷三十三"康熙九年七月条"，中华书局1985年版，第450页。

② 《清实录·圣祖仁皇帝实录》卷三十九"康熙十一年五月条"，中华书局1985年版，第517页。

③ 《清实录·圣祖仁皇帝实录》卷一百十四"康熙二十三年三月条"，中华书局 1985年版，第189页。

截留漕粮，赈济饥民，何必捐纳？尔等传谕户部"①。因此，捐纳钱款赈饥的措施，始终没有在康熙朝实施。

雍正时期，也没有直接用捐纳物资进行灾荒赈济，只是用捐纳的仓谷进行赈灾。雍正九年（1731年），四川总督黄廷桂等上疏说，四川省存贮的米谷只剩四十万石，请求将常平仓的捐例，从捐谷改为捐银，这样就可以随时籴买，"并酌开捐纳事例，将银买谷存贮"，致力于吏治整顿的雍正帝坚决反对捐纳改银，"得旨：川省乃产米之乡，积贮易于为力。该督抚请开捐纳误矣。况改谷折银，又复将银买米，徒滋弊端，更属背谬"②。雍正十三年（1735年）十月明确谕令，禁止捐银，以免滋生弊端，"特降谕旨：以为乐善好施者，大都由地方之水旱饥馑，捐资赈助。即平常无事时，或置义仓、义田及养老、育婴等事，必出于本人之诚心，而又能亲身料理。始可以惠乡间而收实效。石麟于地方现无应办之事，而乃奏绅衿士民，捐银以备公用，直是另开捐纳之条。而胥吏土豪，乘此得以侵蚀，与所降原旨不合，曾经严加申饬。并令向后不得无故捐银交官"③。雍正十三年（1735年）广东发生水灾，巡抚杨永斌具奏地方情形八条事，其中有"赈恤潮水浸溢居民"的请求，雍正帝在谕旨中明确禁止捐纳，"捐纳之事，必应禁止者"④。故雍正时期，在灾荒赈济中没有直接开捐赈银，只是用捐谷进行赈济，即雍正八年（1730年）实施的"捐纳监谷以实仓储"⑤。

乾隆时期，捐谷赈饥的事例逐渐增多，乾隆帝也鼓励捐谷积仓，以备赈济，因此，捐纳粮食存仓，就成为乾隆朝救灾粮食的一个重要来

---

① 《清实录·圣祖仁皇帝实录》卷二百三十一"康熙四十六年十月条"，中华书局1985年版，第310页。

② 《清实录·世宗宪皇帝实录》卷一百八"雍正九年七月条"，中华书局1985年版，第441页。

③ 《清实录·高宗纯皇帝实录》卷五"雍正十三年十月条"，中华书局1985年版，第239页。

④ 《清实录·高宗纯皇帝实录》卷五"雍正十三年十月条"，中华书局1985年版，第255页。

⑤ 《清实录·高宗纯皇帝实录》卷一百二十二"乾隆五年七月条"，中华书局1985年版，第799页。

源。如乾隆三年（1738 年）十二月，乾隆帝就同意捐谷赈济安徽被灾州县，按照江苏减三收捐的办法办理，并允许非灾区的"生俊"向灾区捐谷，捐纳范围扩大，"所有本省捐纳谷石，请照现在江苏之例，一体减三收捐。未被灾州县生俊，向被灾处所纳谷者听。又江苏减三收捐，原议来年四月麦熟停止，东南麦收，非西北可比，来年四月，谷价恐未平减，请宽期两月，以新谷登场为止"①。由于一些地区捐纳粮食不踊跃，为了增加捐纳粮谷的数额，采取很多措施，如允许商人捐纳等，扩大了捐纳的人群。因此，乾隆时期各地捐纳的粮食数额很多，如乾隆五年（1740 年）九月，根据署福建布政使乔学尹奏报，福建省"存仓谷石"中，历年平粜四十二万五千余石，"今陆续采买，岁内可以全完，至捐纳监谷，已收捐二十余万石"②。同时，各地方官还采取各种变通措施，增加捐纳粮食的数额，乾隆九年（1744 年）九月，江西歉收，江西巡抚陈宏谋奏请就地捐监，以增加捐纳粮谷的数额，"准将江西省捐监谷价，原定四钱者，今酌增每石五钱，俾本省之人，稍为踊跃。就近纳谷捐监，各处之捐监者多，则仓谷自可充裕。即如本年自正月起，至八月止江西之在户部陕西捐监者几二千人，若移捐于本省，不及一年，便可得谷四十余万石"。

尽管捐纳弊端重重，且各地捐纳的数额不尽一致，很多官员奏请停止捐纳，乾隆帝根据情况停止了部分捐纳款项，但还是保留了捐监，可见乾隆帝依然坚定地实施着捐纳积谷以备赈济的原则：

朕思纳粟贮仓，原为备荒发赈，豫为筹画（划）之计。外省捐谷繁难，且有弊窦，不若在部投捐之易。诚如海望所奏，朕亦知之，嗣后仍准在部收捐折色。至于外省收捐本色之例，亦不必停。在内在外，悉听士民之便。地方积谷，不厌其多。赈恤加恩，亦所时有。正未易言仓储充盈，既系士民两便之举，将来亦不必奏请停止。朕看州县有司，往往虑及霉变赔补，

---

① 《清实录·高宗纯皇帝实录》卷八十三"乾隆三年十二月条"，中华书局 1985 年版，第 311—312 页。

② 《清实录·高宗纯皇帝实录》卷一百二十七"乾隆五年九月条"，中华书局 1985 年版，第 867 页。

以多积谷石为忧。其如何酌量定例，俾其从容不至赔补之处，交与该部另议具奏。如此则有司不以积谷为苦，而仓廪渐次可实，不至亏缺，于民食大有裨益矣。①

　　同时，乾隆朝在捐纳实践中，形成了"在部捐银，在外捐谷"②的惯例。因此，捐纳给户部的多为钱银；地方捐纳，以粮谷为多。如乾隆九年（1744 年），为了弥补以工代赈的费用，就在户部开捐，"今直属迭被灾伤，赈恤工作，需帑浩繁。该副都御史请照例开捐，弥补工赈之费，实权宜应行之举……江赈所无者，酌量添入，另定条款，照营田粮运之例，在户部收捐"③。这些措施实施后，导致部分官吏捐纳的思想更为"远大"，甚至想以捐纳银钱代替捐谷，如乾隆十年（1745 年），署湖广总督鄂弥达在其筹捐监事例的奏疏中，就认为"捐谷不如捐银"，其原因就是"银有定数，谷无成价，此贵彼贱，一百八两之数，势不能准照无差，倘易捐谷之例捐银，库贮既充，即偶遇荒歉，原可动支购买。现在已收之谷，留为平粜之用，粜后将银贮库，毋庸买补"④。但是，广东道监察御史李清芳上疏认为鄂弥达的方法不妥，他认为："采买之例既停，监谷已通其变，若如湖督所奏，将监谷捐银，粜出者不用买补，仓廪空虚，良规渐废，势难举行"⑤，同时指出，若只是捐银而不纳谷，当灾荒发生时，即便有钱而无处买谷赈济的后果，"且一概准收折色，不特仓储难期足额，一遇歉岁，必致赈粜无赀。纵动支库银购买，在本地市价既腾，在邻封亦转运不易，均于民食有碍。况捐监已收之谷，皆属额贮之项，若粜后不行买补，仓廪既

---

① 《清实录·高宗纯皇帝实录》卷一百三十六"乾隆六年二月条"，中华书局 1985 年版，第 960—961 页。

② 《清实录·高宗纯皇帝实录》卷一百七十五"乾隆七年九月条"，中华书局 1985 年版，第 258 页。

③ 《清实录·高宗纯皇帝实录》卷二百十七"乾隆九年五月条"，中华书局 1985 年版，第 799 页。

④ 《清实录·高宗纯皇帝实录》卷二百四十二"乾隆十年六月条"，中华书局 1985 年版，第 127 页。

⑤ 《清实录·高宗纯皇帝实录》卷二百四十二"乾隆十年六月条"，中华书局 1985 年版，第 127 页。

空，小民何所倚赖？"①因此他反而认为仓廪不可空虚，应该根据实际情况，停户部捐银的惯例，以捐谷为上，得到了乾隆帝批准："银有定数，谷无成价，恐谷价多于银数，捐者寥寥。应令各省督抚，按时价斟酌得中，奏准办理，查采买既妨市价，而仓储不可虚悬。是以停户部捐银之例，令生俊于本地出余粟以报捐。庶仓储渐充，而市价不昂……所有该御史李清芳奏请，令督抚斟酌，时价得中，奏准办理之处，亦毋庸议。从之。"②

在灾荒赈济中，为了筹集赈济物资，乾隆朝常常进行捐纳，尤其是急需米谷的时候，会将部捐改为地方捐纳，如乾隆十三年（1748 年），山东发生水灾，"截漕拨运"赈济灾区，"但灾地既广，赈借需用米谷，为数繁多"，就将部捐改为本省捐纳，"东省捐纳贡监，著停其在部收捐，俱归本省本折兼收。其捐本色者，准减二收捐，于该省积贮，当为有益，该部即遵谕行"③。

捐纳的粮食一般存于常平仓和社仓内，也有存在捐于义仓的情况。乾隆十二年（1747 年），山西士民捐纳的粮谷就存于义仓，且按捐纳粮谷的多少分别记功，俟机升调，灾荒时提取仓谷赈济或借贷给灾民，在借贷时，遵照"春借秋还"的原则：

山西省义仓，士民捐谷，分别奖励，照直省社仓之例，其所收杂粮，按照米谷时价，折算奖赏。其州县能捐俸急公，首先倡率捐五十石者，记功一次；百石者，记功二次；百五十石者，记功三次；三百石以上者，别行注册。每逢奏报案内，并别有政绩卓越，遴选升调，别作一条事实，汇册送部察核。先予记功三次，三百石以上者，于现任内纪录二次。至义谷，照直省之例，

① 《清实录·高宗纯皇帝实录》卷二百四十二"乾隆十年六月条"，中华书局 1985 年版，第 128 页。

② 《清实录·高宗纯皇帝实录》卷二百四十二"乾隆十年六月条"，中华书局 1985 年版，第 127—128 页。

③ 《清实录·高宗纯皇帝实录》卷三百七"乾隆十三年正月条"，中华书局 1986 年版，第 19 页。

分乡收储。①

尽管捐纳存在种种弊端，是导致吏治腐败的渊薮之一，造成了严重的社会后果。但通过捐纳得到的钱粮，还是在灾荒赈济中发挥了积极作用，尤其是在国库空虚、调运不及的时候，捐纳的钱粮在赈灾过程中确实发挥了极大作用。

但与捐纳导致的诸多社会问题相比，从历史发展的长期性来看，捐纳在国家精神文化层面留下了很多消极的隐患，其对灾荒赈济的作用，显得十分有限。

三、捐输

捐输的物资，是灾荒赈济的重要来源之一，但学界对此少有研究。故此处仅在史料的基础上对这一问题进行简单的论述。

捐输，是个人向官府捐献钱粮等财物的一种方式，与捐纳相比，具有极大的普遍性。与捐纳不同的是，捐输者的目的及得到的报酬，不一定都是官衔。因为捐输的性质含有了无偿性奉献的意思，在当时具有"报效"朝廷或是皇恩的意思。因此，捐输者得到的多是具有荣誉性质的待遇及称号，比如，根据捐输钱粮及财物的数额多少，可以得到花红、匾额、顶戴，得到了顶戴的捐输者，才有可能获得议叙的资格。奖给捐输人的花红、匾额、顶戴及议叙的标准，在乾隆二十年（1755 年）做了明确的规定：

士民捐输社仓稻粟，捐至十石以上，捐资修城。银十两以上，给以花红。谷三十石以上、银三十两以上，奖以扁（匾）额。谷五十石、银五十两以上，申报上司，递加奖励。捐谷三四百石，银三四百两，据实奏请，给以

---

① （清）昆冈等修、刘启端等纂：《钦定大清会典事例》卷一百九十三《户部·积储·义仓积储》，《续修四库全书》编纂委员会：《续修四库全书·史部·政书类》第 801 册，上海古籍出版社 2002 年版，第 215 页。

八品顶戴。如本有顶戴人员，于奏请时声明，听部另行议叙。①

　　与捐纳相比，捐输的钱粮数额，可多可少，没有一定的限制，但无论多少，都能够得到相应的荣誉称号，还可以勒碑记名，以资纪念和鼓励，"其有捐资不及十两者，与出资较多之人，无论捐资多寡，将其姓名、银数，统行勒石，以垂永久"。其原则是少者旌奖、多者议叙，"绅衿士民，有盖藏丰裕，乐于捐输者，按其捐数多寡，大者题请议叙，小者量加旌奖"②。如果捐输的数额很多，可以题报议叙，"捐至一二千两及三四千两者，题请从优议叙"③。议叙的程序，必须是先经过督抚核实、造册题报后，根据捐输钱粮的用途及类别，分别到相应的部进行议叙，如赈济累报户部、工程类报工部，分别参加议叙，"至应行议叙之员，该督抚务须核实具题。并饬令地方官，出具并无胥吏侵渔浮冒印结，一并咨部。仍将捐助动用数目，逐一造册具题。系赈济则报户部，系工程则报工部，核实确查。如果相符，会同吏部分别议叙"④。对于可以议叙而得到了顶戴的捐输人员，督抚在题报的时候，需要调查并在题报清册内，填写清楚其三代的履历、籍贯、年龄、样貌等，将题报清册送到户部或工部填写执照，封发给督抚转给捐输之人，如果遇到开捐事例，就可以将他们与捐纳的人一道报捐，给予官衔，"其议叙顶戴人员，令该督抚查明年貌籍贯三代履历，造具清册。送部填写执照，封发该督抚转给该员收执。遇有开捐事例，准其

---

　　①　（清）昆冈等修、刘启端等纂：《钦定大清会典事例》卷七十七《吏部·除授·好善乐施议叙》，《续修四库全书》编纂委员会：《续修四库全书·史部·政书类》第 799 册，上海古籍出版社 2002 年版，第 314 页。

　　②　（清）昆冈等修、刘启端等纂：《钦定大清会典事例》卷七十七《吏部·除授·好善乐施议叙》，《续修四库全书》编纂委员会：《续修四库全书·史部·政书类》第 799 册，上海古籍出版社 2002 年版，第 313—314 页。

　　③　（清）昆冈等修、刘启端等纂：《钦定大清会典事例》卷七十七《吏部·除授·好善乐施议叙》，《续修四库全书》编纂委员会：《续修四库全书·史部·政书类》第 799 册，上海古籍出版社 2002 年版，第 314 页。

　　④　（清）昆冈等修、刘启端等纂：《钦定大清会典事例》卷七十七《吏部·除授·好善乐施议叙》，《续修四库全书》编纂委员会：《续修四库全书·史部·政书类》第 799 册，上海古籍出版社 2002 年版，第 314 页。

照捐职人员之例，一体报捐"①。由于题报的人得到的荣誉及报酬相对较为丰厚，因此，乾隆帝强调督抚在题报时一定要实事求是，如果有虚报少报的，地方官就会受到严厉的惩处，"倘有抑勒捐助及以少报多者，或经人首告，或科道纠参，除本人不准议叙外，将题请之督抚，申明之地方官，一并交部议处"②。

同时，捐纳是"款归户部、粮归仓储"，只是用于救灾、军费、修治河工等国家进行较为重大的开销。而捐输的物资，除了用于赈济灾荒外，还用于修城、筑堤、建学修庙、建筑仓储等公共性、公益性的建筑和设施，"各省地方，遇有收成歉薄及修城、筑堤、义学、社仓等项公事"③。在国家庆典、皇帝巡游、工程建设、筹集军饷等重要事情时，若国帑不敷支用，也会允许或劝谕富民捐输，"大抵劝输之事不一端，助赈而外，凡设粥、平粜、辑流民、收幼孩、施衣、施药、施棺等项皆是也"④。

从清代捐输者的社会阶层来看，多为经商致富的商人，他们为了种种目的而捐输钱粮，尤其是在灾荒的时候，捐输更多，在社会评价体系内，他们是属于乐善好施的人群。因此，在灾荒中，他们往往成为望赈饥民等待救助的救星，也成为官府鼓励捐献的对象。

当饥荒之岁，安富必早安贫，斯有力皆须努力，是在良有司之善劝矣。积至诚以感之，而不临以贵势；分清俸以倡之，而非谕以空言。牖之以懿好之良，人虽愚而易晓；动之以厚德之报，民虽啬而易从。怵以饥民劫掠之可

① （清）昆冈等修、刘启端等纂：《钦定大清会典事例》卷七十七《吏部·除授·好善乐施议叙》，《续修四库全书》编纂委员会：《续修四库全书·史部·政书类》第 799 册，上海古籍出版社 2002 年版，第 314 页。

② （清）昆冈等修、刘启端等纂：《钦定大清会典事例》卷七十七《吏部·除授·好善乐施议叙》，《续修四库全书》编纂委员会：《续修四库全书·史部·政书类》第 799 册，上海古籍出版社 2002 年版，第 314 页。

③ （清）昆冈等修、刘启端等纂：《钦定大清会典事例》卷七十七《吏部·除授·好善乐施议叙》，《续修四库全书》编纂委员会：《续修四库全书·史部·政书类》第 799 册，上海古籍出版社 2002 年版，第 313 页。

④ （清）杨景仁：《筹济篇》卷十《劝输》，李文海、夏明方主编：《中国荒政全书》第二辑第四卷，北京古籍出版社 2004 年版，第 174 页。

虞，则分财以拯荒，为保家之至计；歆以今典褒旌之可慕，则树德以受赏，为荣身之令图。分多寡而量其力，未尝强以所难，戢刁悍以定其心，俾勿牵于所虑。鼓之舞之，亦克用劝，何庸抑勒哉？①

在各种形式的煮赈、散赈中，他们常常根据自己的能力，或出粮食，或出衣物，或出棺木，或施医药，成为民间赈济或官民联合赈济的主要力量，在救灾中发挥了极大作用。尤其是盐商，财力雄厚，捐输数额常常非常大，如雍正四年（1726 年）正月，盐商一次捐银就达二十四万两，"据两淮巡盐御史噶尔泰奏称，众商感戴赈恤蠲免之恩，今盐丰课裕，商业已隆，情愿公捐银二十四万两，备交运库。又噶尔泰名下有应得银八万两，亦愿报部拨解等语"②。又如，乾隆二十四年（1759 年）正月，据盐政高恒奏称："两淮商众以西北荡平，远人向化，屯田塞上，中外一家，愿捐银一百万两，少抒服役之诚等语。"③

捐输物资用于灾荒赈济，在清代立国之初就开始了。顺治十二年（1655 年），直隶、山西、陕西、河南等地发生了严重旱蝗灾害，官民捐输赈济饥民，"广西道监察御史白尚登条奏，京师设厂煮赈，饥民全活甚众。请敕各省地方官，照例遵行。事竣，仍将捐输官民姓名，并银米数目，汇册题报，分别议叙。应如所请，从之"④。康熙以后，捐输在灾荒赈济中应用更加普遍，如康熙四年（1665 年）四月，命山东总督祖泽溥发常平仓粟，"给济南、兖州二府被灾贫民，并谕地方官捐输赈济"⑤。康熙二十九年（1690 年），在给户部的谕旨中，康熙帝就强调了积贮备荒及劝谕

---

① （清）杨景仁：《筹济编》，李文海、夏明方主编：《中国荒政全书》第二辑第四卷，北京古籍出版社 2004 年版，第 174 页。

② 《清实录·世宗宪皇帝实录》卷四十"雍正四年正月条"，中华书局 1985 年版，第 595 页。

③ 《清实录·高宗纯皇帝实录》卷五七八"乾隆二十四年正月条"，中华书局 1985 年版，第 370 页。

④ 《清实录·世祖章皇帝实录》卷九十六"顺治十二年十二月条"，中华书局 1985 年版，第 753 页。

⑤ 《清实录·圣祖仁皇帝实录》卷十五"康熙四年四月条"，中华书局 1985 年版，第 223 页。

捐输的作用，"谕户部：朕抚御区宇，夙夜孜孜……重念食为民天，必盖藏素裕，而后水旱无虞。曾经特颁谕旨，著各地方大吏督率有司，晓谕小民，务令多积米粮。俾俯仰有资，凶荒可备……其各省遍设常平及义仓、社仓，劝谕捐输米谷，亦有旨允行"①。因此，凡有重大灾荒，几乎都行"劝谕捐输"之令。

雍正年间，亦常行捐输之法，并且在雍正帝的奖励之下，灾荒捐输的人及捐输赈济行为越来越多，如雍正十一年（1733 年）七月，江南发生水灾，绅商士民积极捐输，救助灾民，"丙戌谕内阁，闻上年秋月，江南沿海地方，海潮泛溢。苏、松、常州近水居民，偶值水患。其本地绅衿士庶中，有雇觅船只救济者，有捐输银米煮赈者。今年夏间，时疫偶作，绅衿等复捐施方药，资助米粮。似此拯灾扶困之心，不愧古人任恤之谊，风俗淳厚，甚属可嘉。著该督抚宣旨褒奖，将捐助多者，照例具题议叙。少者给与匾额，登记档册，免其差徭。并造册报部"②。

乾隆年间，捐输更是普遍，捐输钱粮的数额更多，在灾荒赈济中发挥了积极作用，由此得到旌表的绅商也更多。如乾隆四年（1739 年）七月，浙江巡抚卢焯题奏报，金华府通判张在浚见地方歉收，"不惜多金，运米二万三千石，计资八千四十七两零捐输。请照原衔，从优议叙。下部议。寻议：加一级，纪录二次。从之"③。同年八月，江苏江、常、镇、淮、扬五府及海、通二州"岁歉谷贵"，署江苏巡抚许容奏请照原捐款，减三收捐，各地绅商纷纷捐输钱粮，据许容报，徐州府捐输人员 138 人，计捐谷粟21 371 石；苏州府属捐输生俊 41 人，捐米 2368 石，谷 2310 石；松江府属报生俊 1 人，捐米 77 石④。

---

① 《清实录·圣祖仁皇帝实录》卷一百四十四"康熙二十九年正月条"，中华书局1985 年版，第 583 页。

② 《清实录·世宗宪皇帝实录》卷一百三十三"雍正十一年七月条"，中华书局1985年版，第 716 页。

③ 《清实录·高宗纯皇帝实录》卷九十七"乾隆四年七月条"，中华书局 1985 年版，第 474 页。

④ 《清实录·高宗纯皇帝实录卷九十九"乾隆四年八月条"，中华书局 1985 年版，第495 页。

同时，乾隆朝时期，各地在康熙年间捐输奖励制度的基础上，进行了一些修改，注重表彰的形式，对不同数额捐输者享受不同级别的官府的表彰，使捐输者的荣誉感及行为得到更大力度的宣传，在一定程度上也起到了鼓励、示范的作用。乾隆六年（1741 年）八月，户部议准了原任浙江巡抚卢焯奏陈的社仓捐谷奖励之法：

> 请于前例稍为变通，士民捐谷至十石以上者，州县给花红，鼓乐导送。三十石以上，州县给匾。五十石以上，详报知府给匾。八十石以上，详报巡道给匾。一百石以上，详报布政使给匾。一百五十石以上，详请督抚二院给匾。年久乐输多至三四百石者，照例题请，给八品顶带（戴）荣身。如捐至千石以上，又系有职之员，奏闻，分别职衔大小，酌量议叙。捐输杂粮，亦照谷石之数，画一奖励。从之。①

同年九月，户部又议准了原任江苏巡抚徐士林奏称的"社仓捐输奖励之处"，徐士林认为，康熙十四年（1675 年）的定例虽然"已极分明"，但"八十石至二百石，差等稍觉相悬。而藩司为通省钱谷总汇，不行给匾，亦似遗漏"。因此，他建议将绅衿捐谷一百五十石，即比富民多二十石者，"令藩司给匾"；他还认为雍正二年（1724 年）定例的捐谷三四百石者，并无定数。"今应酌定，如捐谷四百石者，给以八品顶带（戴）。凡捐小麦、粟米、大米，算作二谷，诸色杂粮，俱作谷数计算。从之。"②同年十月，户部又议准了广西巡抚杨锡绂"议捐输社会奖励之法"，杨锡绂认为，雍正二年（1724 年）定例满十石以上给以花红，三十石以上奖以匾额，三四百石者奏闻，给八品顶戴的规定在广西不合适，因为"粤西地瘠民贫，捐输者少。如未及十石，不加奖励，无以示激劝"，请求对捐至五石以上者，令州县"犒以酒食"，不及五石者"将所捐之数，详登收簿。如下年再捐，准一并计算，按数加奖"，因广西杂粮价有时比稻谷还贵，"其捐输加奖，请与稻谷一例。粤西地湿，杂粮极易朽腐，请令州县官照

① 《清实录·高宗纯皇帝实录》卷一百四十八"乾隆六年八月条"，中华书局 1985 年版，第 1133—1134 页。

② 《清实录·高宗纯皇帝实录》卷一百五十"乾隆六年九月条"，中华书局 1985 年版，第 1153—1154 页。

依时值变价，采买稻谷，一并贮仓。从之"①。

通过这些更加符合各地实践的改革措施，乾隆朝捐输的人数及捐输的钱粮数额大大增加，受到奖励及表彰的人也日益增多。其捐输的钱粮，在灾荒赈济中无疑产生了积极的作用。如乾隆十六年（1751年），浙江发生严重的水旱灾害，这场灾害持续时间较长，灾情面积大，饥民流离失所，乾隆十七年（1752年）二月，"省城士商捐银二万余两，在城外分厂煮赈，贫民就食者数千人"②。

尽管捐输在实施的过程中也生产和存在着不少的弊端，但绅商捐输的钱粮，在灾荒赈济中却发挥了积极的作用，拯救无数饥民于死亡境地。不仅他们本人受到了饥民的感谢及朝廷给予的褒奖及议叙，得到了"好善乐施"的名声，而且其捐输的物资，在减少饥民流亡、稳定灾区局势，帮助灾民进行生产自救、恢复灾区社会经济秩序等方面，也发挥了积极作用，"每日领粥后，或肩挑背负，或手艺营生，近天暖不便煮赈，已于三月底停止。其外来贫民，按名给与八九日食米，令趁农务方兴，各归工作，此即觅食民人稍多之故"③。对于捐输在灾荒赈济的积极作用，清代的杨景仁有这样评价：

> 太平之世，遇歉岁而民不饥，盖不独损上以益下也，抑民间有自相补助之道焉。历代助赈，皆有优奖之典，诚以施期于当厄，多一人输，即多数人食，多劝一人输，即多活数人命也。圣朝偶遇灾荒，赈贷蠲缓，百方筹画（划），不惜千万亿帑金，何藉涓流之挹注？然乡党好施者例加奖励，此劝善之良谟，实救荒之仁术也。④

① 《清实录·高宗纯皇帝实录》卷一百五十二"乾隆六年十月条"，中华书局 1985 年版，第 1179 页。

② 《清实录·高宗纯皇帝实录》卷四百十"乾隆十七年三月条"，中华书局 1986 年版，第 372—373 页。

③ 《清实录·高宗纯皇帝实录》卷四百十"乾隆十七年三月条"，中华书局 1986 年版，第 373 页。

④ （清）杨景仁：《筹济编》，李文海、夏明方主编：《中国荒政全书》第二辑第四卷，北京古籍出版社 2004 年版，第 170 页。

四、捐监

在乾隆朝的灾荒赈济中，捐监得到的钱粮，也是赈济物资的一个重要来源。学术界对此研究也较少。捐监与灾荒赈济有极为密切的关系。

捐监，就是平民或生员（生童）通过捐纳钱粮，获得国子监监生资格的做法，又称为例捐。捐监的目的、方式与捐纳及捐输不同，虽然也不可避免地存在各种弊端，但其所捐钱粮，很大一部分用作赈济灾荒，尤其是捐谷入仓、仓廪充实，在灾荒赈济中发挥了积极的作用，这一点从乾隆三年（1738 年）直隶总督的奏章中就可以看出："常平捐监，以实仓廪，积贮之计，莫便于此。"①

捐监的具体制度及措施几经改革，但几乎一直没有间断地实施着。乾隆初年，将各类捐纳尽行停止，但尚留捐监一项，同时，原来捐监需将所捐之款至京城交于户部办理，为了更有利于赈济，乾隆帝实行了变通的办法，将捐监改为纳谷，在各省办理，这就减少了捐监的途程往返，提高了赈济的效率。

> 向有常平捐监之例，后因浮费太多，捐者甚少，遂渐次停止，归于户部。乾隆元年，朕将捐款尽停，而独留捐监一条者，盖以士子读书向上者日多，留此以为进身之路。而所捐之费，仍为各省买谷散赈之用。所降谕旨甚明，今再四思维，积谷原以备赈，与其折银交部，至需用之时，动辄采办，展转后期，不能应时给发。曷若在各省捐纳本色，就近贮仓，为先事之备，足济小民之缓急乎。②

乾隆三年（1738 年），翰林院编修李锦条奏"直省捐监银谷事宜"疏，他认为捐监在灾荒赈济中发挥重要作用，"捐监所以备赈，请遇有歉岁，银谷兼施"，但直省士子"云集五城"，有随任、游学、教授、依亲等项，"该生俊等乡试不得入场，各馆不得效力，考职不得与试。欲回本

---

① 《清实录·高宗纯皇帝实录》卷六十二"乾隆三年二月条"，中华书局 1985 年版，第 24 页。

② 《清实录·高宗纯皇帝实录》卷六十一"乾隆三年正月条"，中华书局 1985 年版，第 7 页。

籍，一时未便，长途往返，有误试期"，请求继续采取捐监措施，得到批准，"请将户部捐监之例，不必停止，俱应如所请。从之"①。

各地的捐监，由于米价不同出现了数额方面的不平衡。因此，乾隆三年（1738 年）二月，直隶总督李卫奏请州县的捐监数额，应该根据物价的不同来决定。

> 米粮价值，各处不同，若任其随便报捐，则必择贱处购买交收。而米贵之处，无人上纳，仓困仍虚，势必拨运协济，于官又增脚费。且聚捐既众，争买长价，亦有未便。请照州县大小，酌定每处收捐米谷几万石，约计地方，贱价，捐谷二百石；中价，捐谷一百八十石；贵价，捐谷一百六十石。米各减半。并先在本籍捐纳，捐满后，方许向附近邻邑报捐，庶无此盈彼绌之虞。得旨：依议速行。②

据各生员捐钱粮数额的不同，授给监生的级别也有差异。乾隆三年（1738 年）五月，直隶总督李卫疏奏"直属常平捐监七事"，首先一项就是根据捐资多少决定等级，得到了户部的同意："酌量州县之大小，别积谷之多寡，按照部库捐监之例，计银入谷。并区别各属谷价贵贱，以定廪增、附生、青衣之等差。"③

因此，捐监制度长期得以实行并在不断修改完善中，尽管弊端及隐患不少，但捐出钱粮的生员都能得到不同等级的生员头衔，鼓励了生员捐钱捐粮的积极性，捐监所得的钱粮数额，也较为巨大。如乾隆四年（1739 年）四月，贵州总督兼管巡抚事务张广泗疏称，贵州六十八个府厅州县应捐监的谷数是二十四万七千石④；乾隆五年（1740 年）三月，原任川陕总督

---

① 《清实录·高宗纯皇帝实录》卷七十一"乾隆三年六月条"，中华书局 1985 年版，第 144 页。

② 《清实录·高宗纯皇帝实录》卷六十二"乾隆三年二月条"，中华书局 1985 年版，第 24 页。

③ 《清实录·高宗纯皇帝实录》卷六十九"乾隆三年五月条"，中华书局 1985 年版，第 105 页。

④ 《清实录·高宗纯皇帝实录》卷九十一"乾隆四年四月条"，中华书局 1985 年版，第 404 页。

鄂弥达疏称，甘肃陆续报捐的粮石共有二十万八千余石①；乾隆七年（1742 年）十二月，四川巡抚硕色奏称，四川省"连年丰稔，统计常平捐监社仓，现共贮谷二百六十余万石"②；乾隆八年（1743 年）二月，据闽浙总督那苏图奏称，"各府厅州县收捐监谷共一百六万四千石"③。

尽管捐监存仓的粮谷及交部的银钱，不一定全部用于灾荒赈济，但其中很大一部分还是在灾荒赈济中派上用场，发挥了积极的作用。

五、其他捐款及闲款

在灾荒赈济的款项中，除了发帑及捐纳、捐输、捐监的资金之外，在一些持续时间较长、灾情严重的地区，帑金及捐纳资金亦不敷使用的情况下，就动支其他暂时不用的款项进行赈济，或是统治阶级捐出自己的俸禄赈济。

动支闲款赈济灾荒，也是在清代立国之初就采取的措施，尤其是在府库空虚的时候，闲款的动支数额更多。如康熙十四年（1675 年）二月，在赈济湖北旱灾中，就动用了节年存贮谷米银钱，"壬子，免湖广武昌等七府康熙十三年分旱灾额赋有差，并命动支节年存贮谷米银钱赈济"④。康熙十八年（1679 年）十月，山东、河南、安徽、直隶、山西等地发生了旱蝗巨灾，安徽抚臣徐国相亲往凤阳赈济，"得旨：凤阳临淮民饥，深轸朕怀。该抚不拘何项钱粮，速行动支赈济，务令得所，毋致离散"⑤。

① 《清实录·高宗纯皇帝实录》卷一百十三"乾隆五年三月条"，中华书局 1985 年版，第 660 页。
② 《清实录·高宗纯皇帝实录》卷一百八十"乾隆七年十二月条"，中华书局 1985 年版，第 330 页。
③ 《清实录·高宗纯皇帝实录》卷一百八十五"乾隆八年二月条"，中华书局 1985 年版，第 383 页。
④ 《清实录·圣祖仁皇帝实录》卷五十三"康熙十四年二月条"，中华书局 1985 年版，第 689 页。
⑤ 《清实录·圣祖仁皇帝实录》卷八十五"康熙十八年十月条"，中华书局 1985 年版，第 1079 页。

雍正五年（1727 年）七月，湖南发生水灾，就动支公用银两赈恤[1]，雍正帝在谕旨中也提出，除了用帑银赈济之外，在赈济帑银不敷的情况下，也可用买谷备用银等闲款进行赈济，"朕因轸念楚省穷民，已发帑银二万两，令该督抚加意赈恤。此银倘有不敷，湖北现有买谷备用之银六万两，即将此项银两动支，于应用之州县，分给赈恤，务令均沾实惠"[2]。

乾隆朝时期，也用闲款或卖粮进行赈济。动用的闲款中，主要有地丁银、买谷备荒银、田房税羡银、关税盈余银、盐课银。耗羡银、平粜价银等等，可以说，在灾荒几乎能够动用的银两，都被调派为灾荒赈济服务。以下按照闲款的类型及时间顺序，略列乾隆朝动支闲款赈济的事例。如乾隆二年（1737 年），江苏仓储空虚，就用地丁银买谷备荒，"江苏巡抚邵基奏：淮、扬、徐、海等属仓廪空虚，拟动支地丁银两，遴员买运足贮"[3]。乾隆七年（1742 年）十月，湖南也动支地丁银赈灾，"户部议准湖南巡抚许容奏称，前被灾各属内，茶陵州已赈给一月口粮，在乾隆七年地丁银内动支"[4]。

乾隆三年（1738 年）十一月，大学士前总理浙江海塘管总督事嵇曾筠疏言，归安、乌程二县发生雹灾，就动支该县库项按亩赈济；江南南汇县下沙头二三场、五团至九团等处"秋间风雨交作，摧折草屋，禾豆均被损伤"，就"动支道库余平银，先与修葺"[5]。与此同时，乾隆三年（1738 年）十一月，安徽凤、庐两府，以及邻境的颍、六、滁、泗各府州"水旱频闻，收成歉薄"，就动支关税秋季盈余银两，浚修沟洫，进行以工代赈，

---

① 《清实录·世宗宪皇帝实录》卷五十九"雍正五年七月条"，中华书局 1985 年版，第 904 页。

② 《清实录·世宗宪皇帝实录》卷六十"雍正五年八月条"，中华书局 1985 年版，第 925 页。

③ 《清实录·高宗纯皇帝实录》卷三十九"乾隆二年三月条"，中华书局 1985 年版，第 706 页。

④ 《清实录·高宗纯皇帝实录》卷一百七十六"乾隆七年十月条"，中华书局 1985 年版，第 269 页。

⑤ 《清实录·高宗纯皇帝实录》卷八十"乾隆三年十一月条"，中华书局 1985 年版，第 257 页。

"即少壮饥民，亦可就食于工"①。

乾隆三年（1738年）十二月，广东惠州府北门外五眼桥被水冲坍，就动支本年各属田房税羡银给修②。同年，江苏发生秋旱，署理苏州巡抚许容疏请动拨两淮存贮盐课银六十万两，"以备赈恤被灾军民。从之"③。

雍正七年（1729年）十月，湖北由于连年发生水灾，湖广总督孙嘉淦就动支汉商公项余银二万二千两修理堤坝，使受灾民众可以参加官府的以工代赈工程，"百姓现被水灾，力有不胜，若欲酌给口粮，以工代赈……动支雍正七八等年汉商公项余银二万二千两，借给修理，于明秋征追还项"④。

乾隆十年（1745年）十月，广东发生飓风灾害，房屋坍塌无数，就动用旗营生息余剩银赈济，广州将军锡特库奏报了灾情，"因飓风急雨，坍塌房垣，动支旗营生息余剩银，酌借修葺"⑤。乾隆十一年（1746年）六月，奉天府府尹苏昌条陈灾赈事宜时，也说到了赈济银费"均于库贮杂项内动支"⑥。乾隆十二年（1747年）十月，在河南水灾赈济中，就动用了充公闲款赈济，从乾隆帝的批复中，我们可以看到，乾隆帝非常赞同动支充公款项进行赈济："河南巡抚硕色奏：豫省归、陈二府所属州县，叠遭水旱，今岁又被偏灾，仓储屡赈久空……至水陆脚价，现有各属盐当规礼，系提解藩库充公闲款，应即于此项内动支。得

---

① 《清实录·高宗纯皇帝实录》卷八十一"乾隆三年十一月条"，中华书局1985年版，第283页。

② 《清实录·高宗纯皇帝实录》卷八十二"乾隆三年十二月条"，中华书局1985年版，第299页。

③ 《清实录·高宗纯皇帝实录》卷八十二"乾隆三年十二月条"，中华书局1985年版，第302页。

④ 《清实录·高宗纯皇帝实录》卷一百七十七"乾隆七年十月条"，中华书局1985年版，第282页。

⑤ 《清实录·高宗纯皇帝实录》卷二百五十一"乾隆十年十月条"，中华书局1985年版，第248页。

⑥ 《清实录·高宗纯皇帝实录》卷二百六十九"乾隆十一年六月条"，中华书局1985年版，第506页。

旨：甚妥。"①

乾隆十四年（1749 年）三月，山东赈济上年蝗灾地区时，就动支耗羡项发给捕蝗灾民，"又谕：准泰奏称，东省上年蝗蝻生发之处，不无遗子入地，现在劝民挖掘，每蝗子一斗，给钱三百文。所有登、莱两属，应动价值，请于本年耗羡项下动支"②。乾隆十六年（1751 年），在赈济直隶上年水灾饥民时，就从营田生息、书院膏火、余存银中动支赈给灾民修筑营田围埝③。

总之，乾隆朝时期，只要能够调动的款项，都在灾后的赈济中投入使用，部分很多闲款使用后可以得到补足。这些闲款在灾荒赈济中发挥了积极作用，尤其是在巨灾、重灾中，在帑银仓粮不能按时、按量运抵灾区的时候，闲款就发挥了极大的赈济作用。但应该看到，用作赈济的闲款，其数额一般说来都不多，因此，闲款在大灾荒中的赈济作用，与帑金库银相比，作用就没有那么突出。但在常灾、轻灾的赈济中，或是在小范围（局部）区域的赈济中，闲款的赈济作用就非常突出。有了闲款的赈济，几乎就可以不用再拨帑金。

除了动支闲款赈济外，在重大灾荒发生、府库无钱赈济的时候，皇室成员往往从体恤灾民、稳定统治的角度出发，将个人结余银两捐出，以赈济饥民，如顺治十年（1653 年），直隶等地发生水灾，次年二月，除了发帑银十六万赈济之外，皇室成员自皇太后、皇帝等人率先捐出自己的生活费八万两，赈济灾民，"昭圣慈寿恭简皇太后闻知，深为悯恻，发宫中节省费用并各项器皿，共银四万两。朕又发御前节省银四万两，共二十四万两，差满汉大臣十六员分赴八府地方赈济，督同府州县卫所各官，量口给散，务使饥民均沾实惠"④。皇室成员的赈济行动，在

---

① 《清实录·高宗纯皇帝实录》卷三百一"乾隆十二年十月条"，中华书局 1985 年版，第 944 页。

② 《清实录·高宗纯皇帝实录》卷三百三十六"乾隆十四年三月条"，中华书局 1986 年版，第 621—622 页。

③ 《清实录·高宗纯皇帝实录》卷三百八十五"乾隆十六年三月条"，中华书局 1986 年版，第 65 页。

④ 《清实录·世祖章皇帝实录》卷八十一"顺治十一年二月条"，中华书局 1985 年版，第 638 页。

赈灾捐助中发挥了极大的示范作用，也对民心的安定起了重要作用。更重要的是，在清王朝入主中原之初，皇室成员的捐赈无疑在很大程度上增强了民众对这个"异族"统治者的认同感，对巩固清王朝的统治发挥了积极作用。

此外，在赈济款项不够的时候，也从邻省调拨协济，这是与粮食的调拨类似的措施。如乾隆七年（1742年）九月，高斌等奏称："江苏赈济，需费甚繁，请将邻省拨银一百万两协济。其拨协之项，统俟乐善好施、出资备赈案内，收有成效，归补还项。"①

第 七 章

清前期的民间灾赈机制

　　民间灾赈是灾后基层社会的救灾行为，指灾荒发生后部分家庭或家族经济殷实的士绅、地主、富户自愿拿出钱粮财物甚至房产、田地，无偿捐献、赠予或以有偿借贷、兴办工程等方式救济灾民，是基层社会以个体或群体形式自发自愿进行的灾荒赈济，是官赈尚未实施或不能遍及地区不可或缺的补充性灾赈。其形式灵活，官员、士绅、富户及民间团体是民间赈济的主要组成人员，募集、捐赠、捐纳、借贷、施衣、施棺、建家、建宅、建田、借屋、租地，以及修筑堤坝、桥梁等，都是民间赈济的主要形式。民间赈济是在中国古代灾赈中与官赈并行的主要辅助性赈济行为，发挥了迅速、灵活赈灾并维护区域社会经济秩序稳定的作用。既是赈济者具备传统道德及慈善本心的实践，也是士绅、富户为免遭饥民抢劫、暴动或杀害等危害的自保行为，通过这些赈济活动，赈济者赢得了行善乡里、拯救灾黎的美名，获得了乡民的敬重和爱戴，奠定了地方士绅、富户等赈济群体的基层决策威信及话语权，逐渐塑造起了其地方领袖的地位。清前期（1644—1795 年）的民间赈济实践及社会成效，就是基层灾区非官方精英阶层主动自保、建立地方信誉及权威的最佳途径及结果。也是民间力量不断在中央及地方权力的制衡及夹缝中求生存并实现自我认同、自我超越的理性行为，更是中国灾赈体系及专制统治得以延续、发展并实现自我更新的内在逻辑。学界对区域尤其江南的民间赈济实践及案例进行了系列研究①，以吴滔的研究较为深入②，但较少有学者从制度层面关注清代民间赈济的建立及其社会效应，本节对此进行初步研究，冀望有益于清代灾赈机制的研究。

第一节　清前期民间灾赈兴起的原因

所谓的民间赈济，就是在灾荒发生后，灾区基层社会中那些家庭或家族经济殷实的缙绅、地主、富户③自愿拿出钱粮，以无偿捐献或有偿借贷的方式救济灾民，或举办工程进行的灾荒救济活动。这是一种纯个体的、自

---

① 胡卫伟、刘利平：《明前期民间赈济的初步考察》，《江西师范大学学报》（哲学社会科学版）2003 年第 6 期，第 78—83 页；赵昭：《论明代的民间赈济活动》，《中州学刊》2007 年第 2 期，第 160—162 页；刘宗志：《从清代社仓与义仓之差异看民间社会救济之增长》，《中国农史》2018 年第 2 期，第 98—105 页，段伟、邹富敏：《赈灾方式差异与地理环境的关系——以清末苏州府民间赈济为例》，《安徽大学学报》（哲学社会科学版）2018 年第 4 期，第 115—122 页；汪志国：《自救与赈济：近代安徽民间社会对灾荒的救助》，《中国农史》2009 年第 3 期，第 66—80 页；张帆：《民间赈济：一九三四年浙江旱灾中的甲戌全浙救灾会》，《绍兴文理学院学报》（哲学社会科学版）2015 年第 1 期，第 111—116、120 页；刘泽煊：《清代潮州民间救济体系初探——以水灾为例》，《韩山师范学院学报》2013 年第 4 期，第 68—73 页。涉及民间赈济的还有部分博士、硕士学位论文：张祥稳《清代乾隆时期自然灾害与荒政研究》，南京农业大学 2007 年博士学位论文；黄静：《清代自然灾害救助法制州县实践研究》，西南政法大学 2016 年博士学位论文；董林生：《清前期的浙江民间赈灾研究》，2008 年西南大学硕士学位论文；江芦：《清代粮食救济政策及其在地方的实施——以广西为例》，广西师范大学 2012 年硕士学位论文等。

② 吴滔：《清至民初嘉定宝山地区分厂传统之转变——从赈济饥荒到乡镇自治》，《清史研究》2004 年第 2 期，第 1—16 页；吴滔：《清代嘉定宝山地区的乡镇赈济与社区发展模式》，《中国社会经济史研究》1998 年第 4 期，第 41—51 页；吴滔：《明清时期苏松地区的乡村救济事业》，《中国农史》1998 年第 4 期，第 30—38 页；吴滔：《清代江南地区社区赈济发展简况》，《中国农史》2001 年第 1 期，第 45—50、90 页；吴滔：《清代江南社区赈济与地方社会》，《中国社会科学》2001 年第 4 期，第 181—191 页；吴滔：《宗族与义仓：清代宜兴荆溪社区赈济实态》，《清史研究》2001 年第 2 期，第 56—71 页。

③ 林文勋：《宋代富民与灾荒救济》（《思想战线》2004 年第 6 期，第 96—102 页）中称为富民，认为富民在宋代灾荒救济中发挥了积极作用。

发的、纯粹民间的灾荒赈济行为。他们虽然没有官方赋予的头衔或封号，但他们却在地方及基层事务处理中具有较强的影响力、号召力和组织能力，同时也因为其经济实力和在社会危机应对中具有较强的责任、担当意识，就灾荒发生后、在官府无力赈济的区域，自发行动起来，捐钱、捐米、捐房，以不同形式赈济灾民。历代民间赈济兴起及存在的原因各不相同。清前期民间赈济的出现原因，主要有以下五个方面：

一、官赈缺失区需要民间赈济的补充

在官赈力不能及的灾区，需要民间赈济发挥辅助及补充的作用。清代官赈制度及措施的建设、完善达到历史以来的最高峰，一直在灾赈中居于主导地位。但因地理、交通、基层控制力等原因，依然存在很多官赈制度、赈济力量及物资不能遍及的地区，使官赈之外的赈济成为灾后处于困境中的灾民及亟待恢复的社会经济秩序所急需，民间赈济适时适地产生并逐渐发展起来。

具体说来，清前期官赈缺失区民间赈济兴起的原因主要有六个：一是一些灾区因享受上年蠲免或冒灾受罚等原因未能进入官赈范围，但无力自救，需借助第三方赈济才能度过荒年。二是一些灾情虽重，但地方官吏出于升职或陋规收入等实际利益考虑，匿灾现象普遍，灾民得不到赈济。三是官员在勘定灾等、审户、发赈时，胥吏舞弊营私，人为降灾降赈、漏户漏赈或贪污物资，灾民得不到有效赈济，无法生存和进行再生产，"豫省连岁丰稔，今不过数处歉收，自可支持度日，不致困穷失所，是以未遣专官前往查赈，今闻祥符、封邱等州县乏食穷民沿途求乞，而村镇中更有卖鬻男女……朕闻之深为骇异"。四是灾区地处僻远，报灾、勘灾工作无法进行，官府不明灾情，也无法送达救灾物资，不能及时、有效赈济。五是灾等判定上发生错漏，一些原本可得到赈济的六分灾错判为五分或四分，得不到政府的任何赈济。六是受灾程度、灾情轻重不均，达不到赈济标准，部分受灾严重的民众生活无着落。

对以上各种原因造成的赈济"盲区"，加重了灾荒的人为负面后果，灾区经济的恢复及社会秩序的稳定就会受到极大影响。灾区或邻近灾区的个人或富户、退隐官员、乡绅等民间力量自发行动，出钱出粮，或部分人联合起来筹集物资救助灾民，使大部分得不到或不在官赈范围内的灾民，得以渡过难关。如顺治元年（1644年）至顺治三年（1646年），江南青阳县三年连旱，十五都人王正绳"每年出谷二百石赈饥"①；顺治十二年（1655年），福建沙县"四月至六月大饥，斗米银五钱，饿殍相枕。知县盛交施粥二日为倡，富者相继出米，共赈四十余日，民赖以活"②；康熙三十五年（1696年），直隶献县"岁饥，纪钰出米为粥，以食饿者，全活甚众"③；康熙四十九年（1710年）、康熙五十三年（1714年），合肥县"大水旱。（王履纬）出米赈其乡，全活甚众。雍正五年，水，复赈如前"④；雍正九年（1731年），江西新建县"岁歉，（邓里仁）出谷赈贷。乾隆四年亦如之"⑤。

清前期的民间赈济，除了灾赈钱粮之外，无论是衣物、药材、房产等捐赠，还是乡绅、富户、官员个人等出资兴修道路、桥梁、水利工程等以工代赈形式的赈济，都属于个人行为，不具备持久性、规模性及组织性，一般是灾来即兴、灾消即撤。救助者的目的除了救济灾难外，更多的是行善积义、扶弱助困的传统思想。与晚清的民间赈济有极大不同，无论是赈济人员的构成力量、赈济钱物的数量，或赈济的组织性、区域性等，与官赈相比，都是有限的，延续了传统社会民间赈济处于从属、辅助地位的模式。与清末义赈相比，其势弱力孤、缺乏后继性的特点显而易见。因此，清前期的民间赈济，是以官赈的附属、补充身份出现的。

二、官方对民间赈济的鼓励与支持

中国传统社会对民间赈济给予奖劝、封官衔等鼓励政策。灾害发生

---

① 光绪《青阳县志》卷四《人物志·懿行》，清光绪十七年（1891年）活字本。
② 康熙《沙县志》卷十一《杂述志·灾祥》，清康熙四十年（1701年）刻本。
③ （清）佚名：《献县乡土志书·耆旧》，清光绪末年抄本。
④ 嘉庆《合肥县志》卷二十四《人物传》，清嘉庆九年（1804年）刻本。
⑤ 道光《新建县志》卷四十五《人纪·任恤》，清道光十年（1830年）刻本。

时，救助灾民成为第一要务，调动一切力量救灾，成为地方统治者的首要工作。而不需要官方付出任何代价和成本的民间助赈活动，统治者不仅欣然接受，还通过赐诏、赐绶带等方式鼓励奖劝。

劝励富户出资出物赈济灾民，早在宋代就已经开始受到官方的鼓励和提倡，董煟《救荒全法》记："救荒之法不一，而大致有五。常平以赈粜，义仓以赈济，不足则劝分于有力之家。又遏籴，有禁抑价，有禁能行五者，庶乎其可矣。"明代继续鼓励富户的灾赈行为，"直隶大名、真定等府水涝，人民缺食，朝廷虽已遣官赈济，然所储有限，仰食无穷。先蒙诏许南方民出谷一千石赈济者，旌为义民，其北方民鲜有贮积，乞令出谷五百石者，一体旌异优免"①，景泰三年（1452年）九月，"巡抚江西右佥都御史韩雍奏：江西各府州县少储积，倘遇水旱无以赈济，请劝富民出谷入官备用，给冠带以荣其身。户部覆奏：先因达贼犯边，召人纳粟官带则例太轻，今宜重定山东、山西、顺天等八府每名纳粟米八百石，浙江、江西、福建、南直隶每名纳米一千二百石，苏州、松江、常州、嘉兴、湖州五府每名纳米一千五百石，各输本处官仓，有纳谷、麦者，每石准米四斗，纳完通关缴部，给冠带以荣其身"②。明代对民间赈济的旌奖形式，对清前期的政策有极大影响。

清代沿用明代的政策，对民间赈济一直持积极肯定及支持的态度，"示劝乡间殷户先行借贷接济"③、"劝各绅富捐金发粟任恤"④，朝廷甚至在灾荒中发布告谕敕令，鼓励基层社会力量的赈灾活动。顺治十一年（1654年）诏曰："钦命赈济广平府……永年县故宦陈良贵妻郭氏捐输小麦十石、黄豆十石、高粱五石，俱分赈饥民，已遵谕给牌匾、羊、酒旌表。"⑤雍正二年（1724年）规定："奉公乐善，捐至十石以上，给花红，

---

① 《明实录·英宗实录》卷六十三"正统五年春正月辛酉条"，"中央研究所"历史语言研究所1962年版，第1202页。

② 《明实录·英宗实录》卷二百二十"景泰三年九月庚寅朔壬子条"，"中央研究所"历史语言研究所1962年版，第4767—4768页。

③ 同治《苏州府志》卷一百四十九《杂记》，清光绪八年（1882年）刻本。

④ （清）龚文询：《唐市补志》卷下《杂记》，清乾隆五十七年（1792年）刻本。

⑤ 《清代灾赈档案专题史料》第69盘，第920—925页。

三十石以上给匾奖义，五十石以上褒加奖励，其年久数多至三四百石……该督抚题请八品顶戴。"①官方的劝奖无疑是民间赈济兴起进行的原动力。各地方官对获得民间赈济旌奖的个人及行为，给予极高的尊崇及荣誉，不仅从官方角度肯定民间赈济的合法性及有效性，也极大地激励了后来者。

很多官员为激劝民间赈济行动，带头捐赠钱粮赈灾，尤其是基层官员或是受惩罚希望戴罪立功的官员，成为个人灾赈的主要成员，"奉差赈济山西饥民都察院左都御史朱轼条奏：一、被参司道以下贪劣官员请从宽留任，仍令养活饥民以责后效。一、请令富户出银，协同商人，往南省贩运粮食……至地方绅士，愿赈者，按其多寡，从优议叙"②。顺治十三年（1656 年）二月，浙江发生水旱，民间赈济广泛展开，奖劝也在此地开展：

> 鼓劝好义士民人等计十有四日，通计用过米一百六十二石、柴四万五千斤，就食饥民日计千余不等。今已二麦告登，资生有继矣……其有乡官富民尚义出粟全活贫民百人以上者，该地方官核实具奏，分别旌劝……至于在事效劳，如生员裘多艺竭诚劝募，况兼孝友著闻，……（耆民）或管收柴米，或给筹散粥，各著月余，勤劳俱经卑职分别给匾外，统冀宪批一语之褒，以彰劝善之典。③

随着奖励、题叙灾荒捐赠的案例不断增多，民赈逐渐普及，顺治十四年（1657 年）十月二十日题报："顺治十三年八月内，顺天府属被灾……其绅衿商民，有能好义捐输周恤者，奉有察明奖叙之上谕，随该分赈各部。臣将顺天府属捐赈绅衿人等造册回奏……一体照例优叙，以为好义者劝也。"④顺治十五年（1658 年），湖南发生旱灾，布政使黄志遴题报了自己率市民捐赠并请求题叙的情况：

①　（清）顾震涛：《吴门表隐·附集》，清道光十四年（1834 年）刻本。
②　《清实录·圣祖仁皇帝实录》卷二百九十三"康熙六十年六月甲寅条"，中华书局1985 年版，第 847 页。
③　《清代灾赈档案专题史料》第 69 盘，第 1261—1274 页。
④　《清代灾赈档案专题史料》第 70 盘，第 956—961 页。

详北按院批示，流入武汉地面者当速行议赈，本院首捐谷六百石，仍立簿劝输此缴，蒙此。又蒙湖北李按院批据前详，蒙批灾民流移堪悯，亟宜拯恤受灾荆民，入营力役救荒，已批据该府申详该司，仍行知照，至赈救急着，如详立簿劝赈，本院首捐谷五百石，即严饬武汉二府实心举行，完日造册详报题叙，缴簿并发，蒙此……除檄知荆州道府照行外，仰司速行武汉两府，并立簿呈请各衙门任意捐输，可也……除职捐谷六百石之外，劝谕官绅士庶任意输助，有督臣李荫祖、抚臣张长庚、湖北按臣李□松、提督柯来盛各倡先捐先捐输钱米司道府厅县士民商贾，共捐助过米一万二千二百四十三石三斗五升，又动支武汉二府积谷做米共一千七百九十八石六斗五升，又督抚提臣另捐铜钱八十五万文，计期于武汉两地捐助百日共赈活过饥民三十七万九千二百零二名口，此皆仰体皇仁如天好生视民如伤之仁，故官绅士庶皆一时好义之诚督抚诸臣急公倡率于前，属员观感继起于后，俾数十万之灾黎俱免作沟中之莩矣。职再有请者湖南辰、靖、岳、辰等府州属十六年旱魃情形，业经抚臣与职具疏入告，但湖南之民向苦于贼，今罹于旱，早稻晚禾尽成乌有，茕茕遗黎惟有束手待毙而已。职见今另捐谷石置簿分发各府属劝输，俟赈恤完日，取具花名细数另疏上闻外，仰祈皇上敕部立赐蠲恤，庶汤火孑遗得以苟延残喘于不朽矣。其濮阳府赈过饥民，应听湖北按臣奏报。今据该司遵将武昌府赈过饥民一十一万三千二百五十六名口，并各官捐助钱米数目，及武汉两府动支谷石造册前来。除将各册呈都察院咨部外，所有捐助各官民应否分别纪劝，统俟部覆定夺。职谨会同……合词具题，伏乞皇上敕部核议施行。①

雍正二年（1724 年）规定："奉公乐善，捐至十石以上，给花红；三十石以上给匾奖义；五十石以上褒加奖励。其年久数多至三四百石……该督抚题请八品顶戴"②，这对激励更多民间富户、乡绅、地主、商人等积极参加赈济活动，无疑是具有很积极的正面引导作用。如雍正八年（1730 年），山东发生水灾，"河水泛涨，潆没田禾，米价腾贵。（昌邑

---

① 《清代灾赈档案专题史料》第 70 盘，第 974—983 页。
② 吴滔：《明清时期苏松地区的乡村救济事业》，《中国农史》1998 年第 4 期，第 30—38 页。

邵）美恒出粟数十石周济里党，冬施棉衣煮米粥，恤寒赈饥……邑侯周详请建旌善坊以美之"①。山东日照李宾"慷慨好施，年饥出粟济贫，鬻产以给，全活多人。上宪以'一乡善士'旌之。"②山东峄县褚安民"乾隆丙午岁大饥，安民出粟赈乡里多所全济，邑侯程表其门。"③

嘉庆二十二年（1817 年），黄河在河南武陟马营坝决口，为了尽快堵筑决口，赈济灾民，河南按察使琦善出示晓谕各府州县，鼓励绅士乡民捐资助赈，"黄河两岸漫口数处，大工需用浩繁，国家经费有常，尔等绅衿富户谊关桑梓，如能急公好义，捐资助工，即各报明银数，解工应用，将来大工合拢，据实奏闻，仍可赏给官职"④。河南仪封县国学生刘永毅"凡事关阖邑利弊"，都会慨然前往，县东刘家楼堤北旧河时常在夏秋汛涨之际，常传决溢，"湮没田畴"，雍正四年（1726 年），刘永毅个人出资，临河筑坝，水患始得平息，村庄及良田"均保无恙"，官府表彰他"义卫桑梓""惠流乡社"⑤。

在官方的鼓励、支持下，在地方官员以身作则的示范、带动下，在灾荒中拿出家财、粮食等赈济灾民的个人日渐增多，增强并巩固了民间灾赈的社会效果。如康熙三十三年（1694 年），"会昌县大饥，城中赖方勃、方度、方岳承、周美帛、萧云烈煮粥赈饥，民全活甚众"⑥。乾隆二十二年（1757 年），灵山县"旱，秋大饥。邑人张所传助赈，知府陈准旌之"⑦。乾隆四十一年（1776 年），江苏溧水县"因四十年秋旱，蠲赈并施，知县凌世御详奏上宪，劝喻城乡绅士捐米煮粥，至麦熟停止"⑧。

因此，清代由基层社会力量发起并承担的民间赈济，就在官方的鼓励支持及民间士绅富户自发行动的基础上发展起来，并在历次救灾济贫的活

---

① 乾隆《昌邑县志》卷六《人物》，清乾隆七年（1742 年）刻本。
② 光绪《续修日照县志》卷八《人物》，成文出版社 1976 年版，第 28 页。
③ 光绪《峄县志》卷二十一《乡贤列传·耆旧》，清光绪三十年（1904 年）刻本。
④ 民国《河南通志稿·舆地志稿》，民国十九年（1930 年）抄本。
⑤ 乾隆《仪封县志》卷十《人物志》，清乾隆二十九年（1764 年）刻本。
⑥ 乾隆《会昌县志稿》卷三十四《杂志》，清乾隆十五年（1750 年）刻本。
⑦ 道光《廉州府志》卷二十一《事纪》，清道光十三年（1833 年）刻本。
⑧ 乾隆《溧水县志》卷五《蠲赈》，清乾隆四十二年（1777 年）刻本。

动中发挥了不可替代的重要作用，"在社会的灾荒救济中发挥着越来越重要的作用……在社会发生危机的情况下，不仅为救灾提供了大量的物资，而且直接参与政府的仓储管理和灾民安置。这种情况表明，富民不再是救灾的外在力量，而是越来越多地取代政府的职能，变成灾荒救济的主角，成为挽救社会危机的中坚力量"[①]。官方的鼓励及奖劝支持态度，对吸引更多赈济士绅加入、扩大民间赈济的主体力量，起到了较为积极的促进作用，"这既提高了地方士绅在乡里的威望，又激励了他们的救灾义举，从而保障黄河水患来临时河南地方社会秩序的稳定起到了很大作用。……对于官本位思想体制深入骨髓的清王朝以及当时众多有功名而无实职的地方士绅而言，授予官职无疑具有极大的诱惑力和号召力"[②]。

三、中国传统文化中助弱扶贫、积善行义思想的影响

中国传统社会扶弱济困、行善积义等文化思想对民间赈济的影响及促动很大。官方对民间赈济中个人赈灾行为的旌奖，只是一种鼓励性的措施，对捐赠者而言，旌奖也只是一种荣誉，是官方对个体社会行为的肯定，并不代表任何官方的政令，也没有法律的强制效力。但每到灾荒发生的时候，民间赈济就在不同区域以灾民最需要的方式发挥作用，究其原因，虽然崇尚道德、希图名利是驱动因素之一，但中国传统文化中扶弱济困、行善积义思想及意识的影响，是个体灾赈行为发生的主要动因之一。

梳理民间赈济的资料，不难发现，灾荒中的个人捐赠行为虽然历朝历代都有，人数也有很多。但是，如果将捐赠的人数与当时富裕的人数做个比较的话，可以清楚看出，捐赠钱粮的官员、绅士等占富户比例是极少的，总数应该不到5%，清朝鄱阳人程直伋在《荒政论》中说："富家之好施者十中一二，悭吝者十居八九。"[③]因为富民也面临灾荒，其对灾害的承受性也是有限度的，他们也同样会面临饥饿的威胁，"真正甘心情愿无偿捐

---

① 林文勋：《宋代富民与灾荒救济》，《思想战线》2004年第6期，第96—102页。

② 吴小伦、王文君：《清代河南黄河水患中的民间自救》，《郑州航空工业管理学院学报》（社会科学版）2010年第3期，第37—40页。

③ 同治《饶州府志》卷二十八《艺文志》，清同治十一年（1872年）刻本。

献或是有偿借贷或是为了博得旌褒奖励和免除徭役而助官赈济的富户可谓屈指可数"①。因此，促动私人灾赈捐赠的诸多因素中，行善积德、仗义疏财、济困扶危的传统思想，就成为民间赈济行为发生的原因之一，《周易·坤文言》"积善之家，必有余庆"的记载，以及《国语·晋语六》"夫德者，福之基也"的论述，甚至《荀子·宥坐篇》"为善者，天报之以福；为不善者，天报之以祸。为善者，天报之以福；为不善者，天报之以祸"等内涵，这些都成为影响、促动中国传统社会个人积善助困的最大驱动因素。

虽然很少一部分在灾荒中出资出粮赈济灾民的个人，也有怀着捐赠助困可以化解灾祸、赎罪的愿望，更少的一部分人企图以行善作为增福长寿的途径，但这些个别动因，不影响民间赈济主导思想的传统及正义性，且无论其动因如何，其达到的客观实际效果，却是行善、助困的正面形象，"地方社会的一些固有观念如积善延寿昌后等都能激发人们投入救灾实践的热情，而多次救灾实践又不断加深和培养了这一观念，以至于一旦遇有灾荒它便自动运行，好像事先被编好程序似的。地方官也有意利用乡饮和旌表等软手法来培养这种观念，使之在灾荒中发挥最大作用，从而降低行政费用，反过来又促进了它的完善"②。

这类救灾活动，也因为士绅较为了解灾区、灾民的具体情况，就能根据灾情轻重采取较为切合实际需求的措施，如乾隆五十年（1785 年），余杭大旱，黄湖里人陈绍翔"平粜近村，赖以全活者无算"③。因此，民间赈济往往能够取得较好的效果，"尽管绅民的自救范围多局限于乡里亲族，但在实际的救灾活动中，他们的救济行为却具有自身的优势，如民间自救规模较小，行动灵活，施救迅速便捷；地方绅民对灾后当地的实际情况较为了解，能够实施切实有效的救济措施，更有利于解决灾民的实际

---

① 胡卫伟、刘利平：《明前期民间赈济的初步考察》，《江西师范大学学报》（哲学社会科学版）2003 年第 6 期，第 78—83 页。

② 赵家才：《清代山东民间社会的灾害救济》，《内蒙古农业大学学报》（社会科学版）2006 年第 3 期，第 311—314 页。

③ 嘉庆《余杭县志》卷二十八《义行传》，清嘉庆十三年（1808 年）刻本。

需要"①。

嘉庆十六年（1811 年），处州府旱灾，商人吕载扬平粜煮粥，"吕载扬……善货殖，少服贾。……嘉庆十六年，旱，出金赴旁县买粟，贵籴贱粜，贫民赖以存，活者甚众，亏资以千计不顾也。二十五年，旱，又出米二百石，煮粥食饿者"②。这类进行民间灾赈的人，一般都被乡民赋予"德行高洁"的美名而受到称颂。

此外，倡导节俭救人，也是民赈宣传的主要精神。

> 荒年珠粒，仅有此数，不在饥民腹中，则在宦家富室仓庾中。今闭一石不发，必有一人死者矣；闭十石不发，必有十人死者矣；闭百石千石不发，必有百人千人死者矣。然则宦家富室除正供日用外，其余仓庾中陈陈堆积者，皆堆积死人皮骨血肉脑髓也。夫省一筵宴之费，可活几人？省一交际之费，可活几人？省一呼卢之费，可活几人？省一土木之费，可活几人？省一簪珥衣被之费，可活几人？省一摩挲古玩之费，可活几人？省一供给游狎客之费，可活几人？省一布施庸俗僧道之费，可活几人？夫以种种活人之物，而糜费之无用之处，以为豪举娱乐。则是合数十百千死人皮骨血肉脑髓罗列目前，以为豪举娱乐也。清夜寻思，理上说得过否？心上打得过否？纵然他说理上硬得过，心上瞒得过，自有天帝鬼神与他算账，不知究竟硬得过、瞒得过否？③

言辞虽然啰嗦繁琐，但其劝诫富户节约资财食粮，不得浪费，以赈济灾荒穷困，道理浅显易懂，也深入人心，在劝诫富户勤俭节约赈济灾民的行动中，起到了积极作用，成为民间赈济的传统精神。

尽管乡绅富户的自救范围有限，但往往灾起即兴、因地而起，灾赈物资也能够根据受灾者的不同需求而异，赈济范围及对象多局限于乡里亲族，赈济规模也相对较小，但灵活性强，随时随地都可赈济。更重要的是，赈济物资直接面对面送达受赈者手中，使灾民能够迅速得到救济，尤

---

① 吴小伦、王文君：《清代河南黄河水患中的民间自救》，《郑州航空工业管理学院学报》（社会科学版）2010 年第 3 期，第 37—40 页。

② 光绪《缙云县志》卷九《人物》，清光绪二年（1876 年）刊本。

③ （清）朱轼：《广惠编（上）》，李文海、夏明方、朱浒主编：《中国荒政书集成》第二册，天津古籍出版社 2010 年版，第 1161 页。

其是地方士绅商人对灾情及灾民情况较为熟悉，能根据灾民的需要筹集赈济物资，有针对性地赈灾，短期内就能取得较好的社会效果，辅助官府安抚民心，稳定灾区的社会秩序。

四、地方精英通过灾赈控制地方和展现社会责任感

地方士绅在灾荒中自发赈济灾民的出现及存在，除上述原因外，也有士绅富户想通过赈济行动，提高自己在地方社会中的乡望及威望，塑造良好的社会形象，并提高其在地方事务中的发言权、话语权、决策权。当然，地方精英所具有的中国传统社会责任感及担当精神，也是民赈不绝如缕的主要原因之一。

首先，基层社会中地方精英群体对地方权力控制的需求。地方精英群体往往在基层社会中享有良好的信誉及权威，在地方事务决策中也享有较高位置，他们在灾荒中也希望通过灾赈活动增强自己及家族在地方的影响力。他们一般是通过捐出长期积蓄的、属于私人所有的钱粮房物等资产，拯救处于危机中的民众，获取民众的好感及认可，从而扩大自己在地方社会中的影响力，提高自己的社会地位，增加自己在基层社会事务中的发言权及决策权，获得控制地方社会的权力。"作为乡村社会实际统治者的地方士绅，并不满足于仅仅统治自己的族人，他们更热衷于大范围的社区整合。"[①]合法而又合理、并且能够享有美誉的获取基层权力最有效的方式，就是通过在灾赈活动中进行捐赠。

其次，传统社会中的官吏、地方士绅、富户及商人等精英群体所具有的社会责任感。退任的官僚及其亲属、受过教育的地主等人群是中国传统社会中占有一定地位、发挥一定功能、拥有一定数量财富的特殊阶层，在区域社会中拥有较高的名望，作为基层社会的精英，对地方文化的建构、发展导向起着积极的作用。他们也往往以乡里楷模的身份自处，依靠由传统知识及文化的特权构建起来的道统，影响地方政统、规范地方社会文化的发展方向。

---

① 吴滔：《宗族与义仓：清代宜兴荆溪社区赈济实态》，《清史研究》2001 年第 2期，第 56—71 页。

　　士绅群体也往往以乡里楷模的身份自处，依靠由传统知识及文化的特权构建起来的道统影响地方政统、规范地方社会的发展。在灾荒来临的时候，很多人秉承道统，认为对灾荒肩负着使命感及责任感，往往尽己之力，出资出粮出力，赈济灾民。形成了其肩负地方社会的安宁稳定、庇护乡邻民众的社会责任感。

　　再次，基层社会组织中绝大部分的士绅、富户、商人等深受儒家传统思想影响，大多怀有"修身、齐家、治国、平天下"的人生理想及奋斗目标，"绅士作为一个居于领袖地位和享有各种特权的社会集团，承担了若干社会职责。他们视自己家乡的福利增进和利益保护为己任"①。因此，每当灾荒发生时，灾区绅民往往以拯危救溺为己任，如乾隆元年（1736年）武陟县黄河决溢，城南居民受水围困，无处逃生，又值深夜，城门紧闭而不能入，监生徐钧出钱雇人树长梯、缒长绳，"俾男妇自下而上皆得攀援入城，拯溺之功甚大"②。"他们对维护地方社会秩序有一种责无旁贷的使命感，其专致善举的行为同样能起到加强社区内聚力的作用。从这些没有功利目的的举动背后，我们可以发现有一种传统的'济贫安富'的思想在指导着。其内容核心在于'惟减富方可济贫、亦惟济贫始能安富'。……在中国传统社会中民间有'济贫'和'崇善举'的行为"③。

　　最后，很多士绅在灾荒发生之后，往往以收恤灾民为己任，光绪《柘城县志》记，乾隆五十八年（1793年），黄河决口，兰阳、睢州遭受水灾，很多村落漂没，邑人张燕凡遇逃至其门者，"每见收恤"。乾隆二十年（1755年），"岁大祲，奉旨施赈，珠里粥厂设旧城煌祠，里中富室亦各出藏粟施惠乡党"。④乾隆五十一年（1786年）饥，乍浦人钱洪"潜行村落，以钱谷赈贫乏，俾无舍业延里中"⑤。这种责任感使民间灾赈的行为及救济

---

　　① ［美］张仲礼：《中国绅士——关于其在 19 世纪中国社会中作用的研究》，李荣昌译，上海社会科学院出版社 1991 年版，第 54 页。
　　② 道光《武陟县志》卷二十八《义行传》，清道光九年（1829 年）刻本。
　　③ 吴滔：《明清时期苏松地区的乡村救济事业》，《中国农史》1998 年第 4 期，第 30—38 页。
　　④ （清）周郁宾：《珠里小志》卷十八《杂记》，清嘉庆二十年（1815 年）刻本。
　　⑤ （清）许河：《乍浦续志》卷五《人物》，清道光二十三年（1843 年）刻本。

案例在史料中不绝如缕，使地方社会维持着灾而不乱的稳定局面。

五、地方绅商富户为避免灾民暴乱抢劫而主动赈灾以自保

灾荒期间，饥民流离失所，朝不保夕，各朝农民起军主力多由灾民构成。对灾民而言，饥寒交迫与背井离乡的结果都是死亡，求告无门时落草为寇、抢掠为生，也是不得已的选择和出路，灾民"谋生不得之时，正盗心易起之候"[①]。故灾荒期间，灾民或三五成群、或一二为伍，敲诈、勒索、偷盗、抢劫大户甚至发生暴动、变乱者比比皆是。富户、米行、商铺、典当行甚至官方平粜机构，都成为灾民抢掠的首选目标，勒索和偷盗之风盛行，劫夺钱粮的事件此起彼伏，与富户、官方的对抗行为风起云涌[②]，相关记载在史籍中不绝如缕。

如雍正八年（1730年）、雍正九年（1731年）山东、直隶、江苏等地发生水灾，山东饥民聚众劫粮，如肥城、莱芜等县饥民聚众劫粮。发生民众抢粮或抢夺财物的灾荒，一般是大灾、重灾或巨灾，部分灾情严重的常灾中也会发生这种现象。乾隆四年（1739年），科给事中朱凤英奏报了河南、山东等地旱涝灾害中饥民抢粮、窃夺财物，甚至抢劫官差的情况：

> 本年河南之南、汝，江南之凤、泗，山东之济、曹，直隶之河间等处，旱涝不齐，收成歉薄，已蒙多方轸恤……近闻有等奸匪混迹游民，偷窃抢夺，村舍骚然。其甚者，通衢塘汛相接，每有十数为群，手持白梃，夜窥商旅孤单，殴夺财物。昨闻南省差人赍送本章，凶徒突出，棍击坠马，驿卒闻声应护，知系官差，犹敢剥衣而逸[③]。

乾隆六年（1741年），甘肃发生了水旱风雹大灾，很多水灾区发生了房屋冲毁、人口淹毙的现象，到八月，又发生了风灾，"栉比之家，十室九

[①] 官箴书集成编纂委员会：《官箴书集成》第九册，黄山书社1997年版，第719页。

[②] 张祥稳：《民生与乱象：天灾视野中的晚清安徽重大社会危机初探》，《滁州学院学报》2016年第3期，第18—22页。

[③] 《清实录·高宗纯皇帝实录》卷一百七"乾隆四年十二月条"，中华书局1985年版，第608—609页。

空"，地方官匿灾不报，灾民得不到任何赈济，在固原、静宁、隆德、泾州、灵台、庄浪等处，巩属之秦州、阶州、文县、安定、会宁、通渭等广大范围的地区，饥民"号寒啼饥，朝不谋夕"，榆皮草根、荞秸莜荄都成为饥民的度饥之食，饥民流离失所，"道路之莩，后先相望"，出现了"郊圻村落，馆肆无存，行旅之人，咸以觅食为报"的悲惨景象。很多饥民在生存无门的情况下，不得不铤而走险，抢夺为生，"草窃之徒，肆行无忌，抢夺之风，在在相闻，间有被害之家"①。乾隆七年（1742 年）、乾隆八年（1743 年），安徽、湖北、河南、江西、江南等地发生了水灾，各地发生了饥民抢粮案，乾隆九年（1744 年）十二月，乾隆帝谕旨中就发出了"乾隆七年之冬、八年之春，湖广、江西、江南等处抢粮之案，俱未能免。而江西尤甚，一邑中竟有抢至百案者"②的惊叹。乾隆十五年（1750年），江西发生了严重的水灾，冲塌房屋数千间，淹毙人口数百名，粮价上涨，饥荒严重，无路可走的饥民以抢掠为生，如崇仁县"大饥，民多掳掠，市鲜行人"③。

乾隆二十一年（1756 年），浙江发生了水灾及疫灾（大灾），仁和、乌程、归安、长兴、得清、武康、安吉、山阴、会稽、萧山、诸暨、余姚、上虞十三县灾情较重，粮价腾贵，如海宁州一石米值五金④，发生了饥荒，饿殍载道，饥民只能以树皮草根充饥，一些地区的饥民聚集起来请求官府赈济，或至富家索取食物，如嘉善县二月一日发生饥荒，万余名饥民"至县请赈"，三月，石米价三千，民间食尽，"拥至富家索食"⑤。一些饥民以抢劫为生，如湖州府"春大疫，饥民食榆皮草根，甚有抢劫者，饿殍满道"⑥，桐乡县"石米二千八百，民杂食榆皮，甚有抢攘者"⑦。乾隆三

---

① 协理河南道事监察御史李□：《奏报甘省饥馑情形事》《军机处录副奏折》，档号：03-9704-046，中国第一历史档案馆藏。

② 《清实录·高宗纯皇帝实录》卷二百三十"乾隆九年十二月条"，中华书局 1985 年版，第 974—975 页。

③ 同治《崇仁县志》卷十《杂类志·祥异》，清同治十二年（1873 年）刻本。

④ 民国《海宁州志稿》卷四十《杂志·祥异》，民国十一年（1922 年）续修铅印本。

⑤ 光绪《重修嘉善县志》卷三十四《杂志·祥眚》，清光绪二十年（1894 年）刻本。

⑥ 同治《湖州府志》卷四十四《前事略·祥异》，清同治十三年（1874 年）刻本。

⑦ 光绪《桐乡县志》卷二十《杂类志·祥异》，清光绪十三年（1887 年）刻本。

十年（1765 年），江西发生了水灾（常灾），谷价腾贵，饥荒极为严重，万载县"春三月，大水荒，民多抢夺"①。

乾隆四十三年（1778 年），四川、河南、湖南、湖北、江苏、安徽等地发生了极为严重的旱灾（巨灾），这场旱灾从乾隆四十二年（1777 年）开始，延续到乾隆四十四年（1779 年）。河南的水旱灾害对灾区造成了巨大的打击，很多地区粮食绝收，饥荒逐渐在灾区蔓延，范县"春旱，无麦"②，部分灾区的饥民常常聚集，形势较为紧张，如滑县"大旱，饥民聚于太和村，势叵测"③。乾隆四十三年（1778 年）湖南发生旱灾，湘阴、巴陵、临湘、华容、平江、武陵、桃源、龙阳、澧州、安乡、安福、长沙、善化、浏阳、岳等地的灾情较为严重，灾区粮价高涨，饥荒日趋严重，饿殍相望，一些灾区的饥民聚集抢劫，如城步县旱灾中，"饥民多聚集肆掠"④。次年（1779 年），湖北的水旱灾害还在继续，很多地区的饥民只能"掘观音土及榔树皮、葛根充食"⑤，一些灾区的饥民也在酝酿抢劫，如房县"春饥，民欲行劫"⑥。乾隆五十九年（1794 年），广西发生了水旱灾害（大灾），很多灾区发生了严重的饥荒，饥民沦落为盗，如郁林州、陆川县等地"春旱，大饥，盗起。六月大水"⑦……类似案例多不胜数。

灾荒发生后，命悬一线的灾民为解决温饱、求得生存，抢劫、盗掠、抢粮、抗捐、闹灾等叛乱活动不断出现，很多灾区市场发生抢粮风潮，灾情比较严重的地区，灾民甚至揭竿而起，社会矛盾极为尖锐，社会秩序混乱动荡，"饥馑之年，天下必乱"。这种情况持续到清末，光绪十四年（1888 年），"吉林上年六七月间阴雨连绵，江河并涨，田禾被淹成灾，遍地素鲜盖藏……吉林府长春厅近边贫民甚有分食大户之事"⑧。宣统二年

---

① 民国《万载县志》卷一之三《祥异》，民国二十九年（1940 年）铅印本。

② 民国《续修范县志》卷五《人物志·义民》，民国二十四年（1935 年）铅印本。

③ 民国《重修滑县志》卷十八《人物志·义行》，民国二十一年（1932 年）铅印本。

④ 道光《宝庆府志》卷六《大政纪》，清道光二十九年（1849 年）刻本。

⑤ 同治《枝江县志》卷二十《杂志》，清同治五年（1866 年）刻本。

⑥ 同治《房县志》卷六《事纪》，民国二十四年（1935 年）铅印本。

⑦ 光绪《郁林州志》卷四《舆地略·機祥》，清光绪二十年（1894 年）刻本。

⑧ 水利电力部科技司、水利水电科学研究院：《清代辽河、松花江、黑龙江流域洪涝档案史料》，中华书局版 1998 年，第 118 页。

（1910 年）五月，盛京安东"乡镇四区所属汤池子一带，日前曾有聚众分粮重案，顷闻有贫民百余人，又欲结队来安挨户蚕食"[①]宣统二年（1910年），"辽阳去岁河西一带水灾甚巨，现闻大沙岭黄泥洼小北河等处一带饥民，白日蛰居而夜间即四出而偷窃，现该一带颇称不安"[②]。

对于富户绅商而言，灾荒中乱象频生，社会秩序极不稳固，财产甚至是生命随时随地都有可能处于被灾民哄抢、劫杀的境地。与其落得一个"为富不仁"的名号而被盗窃、抢掠、劫杀，不如先散家财救济灾民以求自保自安，主动拿出自己的钱粮财物赈济灾民，既可免于家毁人亡的涂炭结果，也可获取赈灾济饥、行善积仁的好名声。据《东方杂志》记载：

> 四区汤池子又聚众二百余人，集议盘查各家，均分粮食。该处议员劝其解散，谓如乏粮，可向富户按照官价直接购买，多少随便，贫民不听。各富户闻之，以彼辈恃众行强，遂亦集聚二百余人，各持木棍以待之。其后，忽由官中发出公文，严谕乡董议员，中有云：贫民乏食，待哺嗷嗷，到滋纷扰，该乡董等事先既不能防范，事后又不能补救，殊非寻常疏忽之可比，特谕该董等转谕区内粮户，将所余挤粮速行分给贫而无力者，以资接济，不然酿成巨患，亦不能独拥富厚。若不顾公益，即是为富不仁，王章具在，当行严惩。贫民亦不得接口生风，以滋事端云云。故该处近来已任贫民盘查照分，一般粮户只有忍气吞声以听之而已。

在灾民抢粮、闹灾、抗捐、盗掠等暴力威慑下，富户绅商粮行等或主动或被迫拿出钱粮、衣物、房产等赈济灾民，取得了较好的社会效果。从主观或客观动因上看，从事民间赈济的富户、绅商等，多少都含有主动自保或被动自救的因素在内。这不仅是中国传统社会中睦邻仁爱、慈善乡民等文化的内融性表现，也是中国基层社会尤其是民间传统生存智慧和生活技艺的外在表现，更是处于最底层、无权无势而又求救无门的灾民与基层社会中的"富贵"阶层长期博弈的结果——经过了饥民暴动、抢劫、勒索、偷盗、起义等暴力行为后，民间"富贵"阶层及其家族，逐渐感悟并

---

① 《贫民又起风潮》，《盛京时报》，清宣统二年（1910 年）五月初十日。

② 《饥民偷窃》，《盛京时报》，清宣统二年（1910 年）三月二十九日。

形成了给饥民留有余地及活路的生存道德，"周文襄忧云：民不可以势驱，而可以义动。故有出粟助赈、煮粥治人者，上也。有富民趁丰籴谷，归里平粜"①。

对此，程峋在《劝捐赈谕》中有明确细致的描述曰：

今日旱蝗妨稼。贫民苦饥，此正富室市义种德之秋也。同是编氓，而尔等得称富有，今日殷殷劝赈，不独为枵腹之民图目前，实为殷富之家图久远。凡人之财，决无永聚不散者，顾所散何如耳。悭贪者，其散一败不救；好施者，其散累世食报。此理数之必然者也。……则殷殷劝赈，又不独为尔等图久远，实为尔等图目前。众怒难犯，此我所不敢出诸口者，人人知之，尔富民岂独不知之？此又时势之必然者也。②

这类自保型的行为，也是其在乡间甲保间赢得良好口碑，塑造起仁义形象，并以此掌控地方社会的处世法则。

第二节　清前期民间灾赈制度的建立与发展

民间赈济作为官赈必不可少的补充性、辅助性灾赈形式，自宋代以来就没有间断过，是不可低估的灾赈力量。大部分民间赈济者经济殷实，虽然没有官方赋予的头衔或封号，却在社会危机应对中具有较强的责任、担当意识，在官府无力赈济的灾区，自发捐出钱米物资房产等进行救灾，逐渐在地方及基层决策中具有了较强的影响力、号召力和组织能力。

一、清前期民间灾赈制度的建立

在朝廷及地方官员共同推动下，清代民间赈济的奖劝制度逐渐建立并

---

① （清）杨景仁：《筹济编》，李文海、夏明方主编：《中国荒政全书》第二辑第四卷，北京古籍出版社 2004 年版，第 166 页。

② （清）朱轼：《广惠编（上）》，李文海、夏明方、朱浒主编：《中国荒政书集成》第二册，天津古籍出版社 2010 年版，第 1159 页。

发展起来。在顺治十一年（1654 年）直隶旱灾中，巡抚王来用题报"首倡捐赈事宜"可以反映出清初民间赈济制度的建立及官方实施的情况，不仅提倡对民间赈济的奖劝方法，"朝夕焦思几忘寝室，意惟有倡率捐输，或可以济目前之急，于是出臣之积俸，搜括赃赎，每州县先发百金或三五十金，视灾伤之轻重、地方之广隘为银数之等差。计畿东有四十余处，共发银三千余两"，也提出了民赈的奖励细则及具体措施，"畿南郡邑亦行道府查明，酌请以为各属倡，又各发劝输印簿，令其沿门持钵登记愿输姓名、银数，事完缴送核叙"。官方的奖劝，产生了积极的激励效果："未几，而果有天津镇臣……青州分司……各先捐银五十两，又报有生员……捐资六百两，商首……独任捐米一千石，见任大学士高尔俨父高攀桂过客江南学臣杨义各捐银五十两，其余商铺士民争先输赈，难以枚举。夫天津一镇如此，则他处宁独无慷慨急公好义而乐输者乎？以此推之，亦庶几可望挽救于万一也。"对赈济者的具体奖励，也有详细筹划："其各属输助之数目、赈济之多寡，以课有司之殿最，容事竣之日，分别汇题……臣等更有请者，张尔鉴以子矜而首捐银六百两，王辏等以醝商而任捐米一千石，为数颇盈，皆不易得，倘蒙特赐叙录，则将来各属闻风而起者，益输助争先慕义恐后矣。统乞圣鉴施行。"[①]

顺治十三年（1656 年）二月七日，浙江水旱灾害中的民间赈济活动，反映了清初的民赈已渐具规模，相关措施及旌奖制度也粗具雏形。户部尚书戴明说的奏报，反映了民间赈济制度的实施情况："鼓劝好义士民人等计十有四日，通计用过米一百六十二石、柴四万五千斤，就食饥民日计千余不等。今已二麦告登，资生有继矣"，对赈济者的奖劝，建成章法，"各地方官有能赈恤食活五百人以上者，核实纪录，千人以上者即与题请加级，其有乡官富民尚义，出粟全活贫民百人以上者，该地方官核实具奏，分别旌劝"，上奏奖劝者名姓俱列："以弹丸穷邑绝无富室巨商，除独任二日者贡生张……独任一日者本县典史倪……生员陈……乃为义助之最，其他虽零星升斗，在穷檐凶岁，颗粒维艰，难泯其好义之诚，通行列册呈乞……统冀宪批一语之褒，以彰劝善之典。"当然，官员带头捐赈，依然是民赈

---

① 《清代灾赈档案专题史料》第 69 盘，第 852—856 页。

的重要组成部分，"台邑凶荒饥困，卑职捐设柴米，并劝募好义士民零星乐助煮粥赈饥，随将输助花名及用过柴米赈过饥民细数追册，并将效劳人等申送等因，据此案照……适当水旱，民不聊生，非菜色充途，即鸠形载道，本官出自诚心，身先捐资，复行鼓劝，全活饥民得免流离之苦，良可风也。既经造册申请，相应呈乞宪台俯准题叙，庶好义咸知激劝。"①

此类奖励、题叙灾荒捐赠的旨意，不断在实践中被提及、强调，说明民赈已经普遍实施，民赈人员名单被题报旌表，表现了清初民赈制度迅速建立并依章施行的史实。顺治十四年十月二十日（1658 年 1 月 23 日）题：

顺治十三年八月内，顺天府属被灾……其绅衿商民，有能好义捐输周恤者奉，有察明奖叙之上谕，随该分赈各部。臣将顺天府属捐赈绅衿人等造册回奏，已经臣于十四年三月内查明汇题……臣董天极推广皇仁，将十三年直隶八府捐资煮赈各官并士民人等，造册题叙前来。查抚臣册内所开捐赈银米等项，与赎银赎谷并开一册，而所赈饥民文册，有备开花名者；有止开赈济饥民总数若干，并无花名细册者，事关题叙。臣部难以轻议，相应请敕。该抚按将赎银赎谷另疏奏销，并饥民花名，逐一确查明白，据实造册具奏，以凭核覆。可也。顺治十四年十一月十六日题，本月十七日奉旨依□行，钦此。②

当然，清初对民赈的奖劝，并非仅据个别官员题报就进行，而是经过多次核实，才题报准行，如上文提到的顺治十四年（1657 年）十一月十六日题报的奖劝者，也进行了核查，"续据霸州等九道各造册呈报到职，据此，该职看得捐输赈济例有奖叙之典，所以昭恩纶而励后效也。部臣以原册花名间有未备，复请敕职等查报，诚慎之也。今查取到道，册内花名细数与各官升迁事故，俱分析已明，应听部臣覆核。"对有疑问的捐赈及人员，驳回核实，多次复核。

惟原疏内有抚宁县知县雷腾龙捐独多。职□□□□驳行严核，仍无确据，且本官已经前按臣参革提问，无庸再议。又案查，先准部院咨，据□平道呈

---

① 《清代灾赈档案专题史料》第 69 盘，第 1261—1274 页。
② 《清代灾赈档案专题史料》第 70 盘，第 956—961 页。

□□义县申报，顺天府学□□□□□捐积粮□□一十石。又据宛平县□□□，天府学生员娄肇龙捐米四百石，俱详请察叙，移□□□后，经行道查明，实收赈济在案。因报有先后，未获汇疏，对查既明，应与原疏内生员范贤等捐输全活多命，一体照例优叙，以为好义者劝也。除另册咨部外，职谨会同顺天按臣董国兴合词具题，伏乞睿鉴敕下该部议覆施行。[①]

从相关案例可知，清顺治年间，民间赈济制度已经初步建立。经过康、雍朝的实践及补充，清前期的民间赈济制度，逐渐在官方的主导及控制下，渐趋完善，成为官赈的重要补充，从而形成了清代官赈为主、民间赈济为辅的赈济模式，使中国传统的官、民结合的赈济路径更加清晰。

二、清前期民间灾赈的主体

一是官员，他们往往捐出个人的俸禄，用于灾赈。清代的官赈制度及赈济物资的发放，有一套极为严格的程序及规定，如果灾荒发生后不经过报灾、勘灾、审户等程序，不确定灾害等级，救灾物资不可能发到灾民手中。即便仓储就在灾民身边，没有谕旨，官员也不敢擅自把救灾物资发放给灾民，更不可能调拨赈济物资去赈济灾民。因此，在灾荒刚刚发生，或是一些灾情稍轻不可能进入赈济灾害等级的地区，地方官员为了地方社会秩序的稳定、使灾民渡过饥荒，尽快恢复再生产的能力，官员往往自己出资，赈济灾民。

尽管官员是官方的人员，但是他在无力调动灾赈物资的情况下，拿出自己私人的积蓄赈济捐助灾民的行为，不属于官方行为，在实质上也是一种民间的个体行为，因此也属于民间赈济的一种特殊类型。

官员出资出粮赈济灾民的情况，在有清一代的灾荒赈济中极为常见。如雍正十一年（1733年），礼部尚书恩国泰奏报了赈济捐资赈济的情况，反映了官员个人捐资赈济灾民，在清前期是极为普遍的现象，兹赘录相关奏章，以了解官员在灾赈中的个体行为：

臣于去冬抵任，即捐银一千两分发各属，用示首倡……继准部咨，该督

---

① 《清代灾赈档案专题史料》第70盘，第956—961页。

臣李荫祖疏，请动积谷煮粥赈饥，又节经诸臣条奏，以捐输之多寡分别旌叙，俱奉有俞旨，钦遵通行在案……先经督臣捐银四百一十两分发大名、天津，与臣多方鼓捐，嗣饥民闻风率至，日益众多，苦其不敷，臣继输一百两发天津道、一百两发河间县并天津镇，臣甘应祥捐银二百二十余两，分社三厂养济。至于大名、真定、河间、沧州、永平，皆地当冲要，贫民载道，倍宜收养，以及诸郡邑城堡效法举行，全活甚众……今事告竣，捐输者例当汇叙。而动过积谷米石与官银数目均应报销。查见任天津道副使梁应元捐银六百九十六两，永平道副使王廷宾捐银四百两，井陉道副使陈安国捐银九十五两、米一石八斗，蓟州道副使马登科捐银一百两，升任大名道副使程之璿捐银一百两，长芦运使李兆乾捐银一百两，天津饷司主事李溥捐米一百零一石，河间知府焦世名捐银五百两，永平府知府罗廷玙捐银四百三十余两，保定府今参革知府马呈祥捐银二百两、米一百一十石，大名府病故知府刘翰明捐银一百八十两，青州分司今参革同张安豫捐米二百零九石，沧州发司通判张文灿捐银四百五十余两，山海管关通判白辉捐银四百五十余两，祁州知州高向极捐银七百余两、钱十六万文，易州知州张道南捐银六百三十七两，深州知州韩志道捐米二百石、银三十两，蓟州知州黄家栋捐银一百五十两、米一百石，大兴县知县吴一位捐银一千二百两、米八十石，丰润县知县李尔蕙捐银八百两，行唐县知县王秉直捐银四百五十两，宛平县知县兰一元捐银四百二十两，浚县行取知县李荣宗捐银四百两，博野县参革知县柯荣捐银四百两，河间县知县田作泽捐银三百七十八两、制钱一十万二千三百文，献县知县李廷桥捐银三百四十两，雄县知县黄鼎鼐捐银三百两，曲阳县知县葛绥捐米二百一十四石，栢县知县李文举捐米二百二十五石。乡绅则有刑部侍郎袁懋功捐发香河县赈济银三百两，雄县在籍御史赵如瑾捐米四百二十二石、钱一十九万九千四百文零，户部郎中袁懋德捐发香河县赈济米一百石，江南学道张能麟发天津赈济粮二百石，其余捐银自一百两以至二百两、捐米五十石以至二百石者，则有原人易州道被参副使许可用……河间府推官张蜇省、永平府推官尤侗、济州知州刘汉杰、昌平州知州郭启凤、通州丁忧知州师佐、涿州知州郑玉、定州知州王弘仁、沧州知州王羽、赵州知州陶鼎铉、迁安县升任知县张自涵、卢龙县知县熊一龙、抚宁县知县雷腾龙、乐亭县知县韩望、饶阳县知县刘大章……除以上职官外，则有天津贡生叶方至捐米二百石，回南贡生叶士龙捐养天津贫民银五百两，丰润县生员董纯毅捐银一千两，沧州生员刘起鳌捐银七百七十六两，天津生员刘起蛟、继儒张世绍各捐米二百石，生员刘文誉，捐银一百两，饶阳县生员苑昆捐粮五十石，边鸿裁捐粮六十石，沧州盐商张文元等捐银四百六十四两，天津盐商王辏武、高龄、许庄等捐银二百余两、米三百石，天津乡民朱天成捐米二百石，呈守义捐米一百石，此贡矜商民应与职官均当，照例核叙，用励将来，此特为捐输而言也。至于处荒残冲疲之地，拮据劳瘁，倡率劝输，则有元城县知县姜希辙、河间县知县田作泽、卢龙县知县熊一龙、运同张安豫、运判张文灿，如甫经新任，即捐金效义，赈养饥民，泽有井陉道副使陈安国、长芦运司李兆乾以乡绅而谊州桑梓，则有袁懋功、赵如瑾等，以青衿而慷慨捐输，则有刘起鳌等，以羁旅而顷（倾）囊相济则有叶士隆，应与输金独多之知县唯一位、李尔蕙，生员董莼、胡一体，破格优叙作养者也。此外捐银不及百两、米不及五十石者，职名烦琐，难以备列，统计臣属八府，臣与督臣、镇臣及文武等官乡绅士民，共捐银并动过砂税牌坊库贮赎缓等银三万二千七百九十六两二钱九分四厘，共捐钱并动过赃钱五百八十万二千五百四十六文，共捐粳小米并动过赈剩等米八千六百五十六石八斗九升三合，共捐谷豆并动过赎谷赈剩等谷一万一千九百五。[①]

　　从上文中可以看到，在这场后果严重的灾荒赈济中，大部分基层官员都能心怀灾黎，率先捐赠俸禄以拯救灾民。而基层官员在灾荒中率先捐钱捐粮捐物赈济灾民，灾民因此获救维生的情况，在很多官员的奏章、地方志中极为常见。如顺治八年（1651年），江南水灾，江宁巡抚土国宝"乃率属会集绅廉议各捐米，于陆门外设厂煮粥赈济饥民"[②]，康熙十一年（1672年）春，江西省鄱阳县"草木实俱食尽，民大饥，颠仆者相望。巡抚董公卫国捐谷六百石分赈贫民，巡道贾廷兰、知府王泽洪暨别驾赵□、知县邓士杰、参府杨鸣凤，乡绅史虑古、王用佐等各捐米有差，作粥以食饥者，人赖全活"[③]。康熙十七年（1678年）五月，广东南雄县等地发生了水灾，"知府姚昌廷暨二县（南雄、始兴）赈饥，时米价腾贵，民采茶充

① 《清代灾赈档案专题史料》第70盘，第610—619页。
② 《清代灾赈档案专题史料》第69盘，第106—109页。
③ 康熙《饶州府志》卷三十六《杂志志·祥异》，清康熙二十二年（1683年）增刻本。

饥。知府姚昌廷率文武官于保昌长春庵施粥；始兴令缪荣祖亦捐米赈粥，存活甚众"①。康熙二十三年（1684 年），四川巫山县"天旱，知县向登元捐谷赈恤，不成灾"②。康熙二十九年（1690 年），直隶发生旱灾，"岁旱，捐谷六百余石，炊粥赈饥，存活无算"③。

乾隆七年（1742 年）六月，河南许昌县大雨，"夏水虽不为灾，而秋禾歉获，路有流民。知州甄汝舟倡捐赈粥，设厂于北关外玉皇庙，当时有兵部司务韩茂林捐米百石，贡生范绳仁捐米五十石，盐商王之佐捐米三十三石、薪一千五百束。自是年腊月朔起，至次年正月底止，全活颇多"④。同年，湖南攸县发生水灾，"是年，饥，知县涂延年捐米，于北城证果寺施粥，生员朱世荣捐米于城隍庙施粥一月。"⑤乾隆三十五年（1770 年），直隶望都县"秋被水灾……是年邻邑飞蝗入境……本县陈捐米三百余石，资民夫扑灭，禾稼得以无伤。"⑥

而官员在灾荒中的个体赈济行为，在劝励更多个人投入到灾赈活动中发挥了极好的动员、示范作用，成就了中国古代无数的循吏、良吏，成为中国传统灾赈文化中最激励、告慰民众，并以实际行动促使民众信任官府最重要的方式。如雍正十年（1732 年）七月，江苏常熟、昭文"飓风海溢，滨海田庐被水，溺毙人口。督粮道姚孔鍸、常熟县知县张嘉论、昭文县知县劳必达率绅商士民共捐米四千二百石，银五百四十两，共振饥民六万九千六百口。"⑦乾隆二十三年（1758 年），广东阳春县"春不雨，谷贵。知县姜山开仓平粜，复捐俸倡赈，城乡绅士刘世槐、杨祖焘等七十四人并捐米接济"⑧。乾隆四十年（1775 年），江苏常熟"西乡秋旱。知县刘沅率绅商士民共捐米三千一百二十四石三斗六升五合。每石折足钱二千

①　道光《直隶南雄州志》卷三十四《编年》，清道光四年（1824 年）续修刻本。
②　康熙《巫山县志·灾异》，清康熙五十四年（1715 年）抄本。
③　光绪《重修天津府志》卷四十四《人物》，清光绪二十五年（1899 年）刻本。
④　乾隆《许州志》卷十《祥异》，清乾隆十年（1745 年）刻本。
⑤　乾隆《攸县志》卷三《祥异》，清乾隆十二年（1747 年）刻本。
⑥　光绪《望都县新志》卷七《祥异》，清光绪三十年（1904 年）重刻本。
⑦　民国《重修常昭合志》卷七《荒政志·蠲赈》，民国三十八年（1949 年）铅印本。
⑧　民国《阳春县志》卷十三《事记》，民国三十八年（1949 年）铅印本。

文，散给西乡各图共六千七百九十八户。"①这也是古代官府公信力建立及存在的基础之一。

二是士绅富户的捐助及赈济。民间赈济的主体成员，主要是基层社会中的士绅、地主、富户，他们以私人钱粮财物进行的赈济是民间赈济中最普遍、最广泛存在的方式，在救灾活民中发挥了较为积极的作用。如康熙二十四年（1685 年）盛湖发生灾荒，岁饥，监生王旅"出米数百石，就家设局，人给五六合，历三月余"②；康熙四十八年（1709 年）海宁州发生水灾，次年（1710 年）又发生大旱，陈世仿"倡义赈粜，存活无算，尤虑族人不给，以祭产所赢分上中下三科，计口而授，法甚简而人遍德焉"③。乾隆六十年（1795 年），南汇士绅周焕"于劝赈外捐赀独赈一乡，凡邻里就食，计日给钱者两阅月"④。

乡绅富户的灾赈行动带动了一些尚在观望者加入到赈济的行列中。如雍正三年（1725 年）春，浙江嘉善县连发水旱，"湖郡饥民流集。知县张镛同士民捐米四十八石六升，共赈饥民一万六千二百二十口"⑤。雍正四年（1726 年）福建连江县夏旱，"饥，知县刘良壁捐米赈粥"⑥。

很多富户在官方的鼓励下，常常在灾荒中出资捐粮，赈济灾民，如乾隆十七年（1752 年）四月，江苏秋旱，石庄、洪必学等捐米煮粥⑦。乾隆四十二年（1777 年）、乾隆四十三年（1778 年），四川荣县"刘元桐捐米赈荒"⑧。乾隆五十年（1785 年），江南旱灾情形严峻：

江南旱魃为虐，几至赤地千里，较之二十年尤甚，与康熙四十六年仿佛。二十年，不过苏属偏灾，尚有产米之区源源接济；今则两湖、山东、江西、

---

① 民国《重修常昭合志》卷七《荒政志·蠲赈》，民国三十八年（1949 年）铅印本。

② （清）仲廷机纂、仲虎腾续纂：《盛湖志》卷九《义行》，民国十四年（1925 年）刻本。

③ 道光《海昌陈氏家谱》卷四，清道光十九年（1839 年）刻本。

④ 嘉庆《松江府志》卷六十《古今人传》，清嘉庆二十三年（1818 年）刻本。

⑤ 雍正《续修嘉善县志》卷五《食货志·恤政》，清雍正十二年（1734 年）刻本。

⑥ 乾隆《连江县志》卷十三《杂事·灾异》，清乾隆五年（1740 年）刻本。

⑦ 嘉庆《如皋县志》卷五《赋役志》，清嘉庆十三年（1808 年）刻本。

⑧ 道光《荣县志》卷三十《人物志·行谊》，清道光二十五年（1845 年）刻本。

浙江、河南俱旱，舟楫不通，贫民在在失业，米贵至四五十文一升，肉价每斤一百五六十文，其他食物，或贵至二三倍，以致死亡相望，白日抢夺。中丞闵公鹗元劝绅士捐米赈粥，齐盘、荇门、王路庵、木渎各设一厂，每厂日有万余人，死者日各有千人。至五十一年三月停厂，物价渐平，民心稍安，时钱串九十，此自康熙四十五年以来未有之奇荒也。是年太湖水涸，在在有井露出，俱系砖砌，上镌晋太康年间制，吴某监造，未知何故。[①]

乾隆五十八年（1793 年），陕西富县"上宪以同州荒歉，檄鄜州民输仓谷助赈"[②]。在这些捐助活动中：

无论倡议、组织或出资，地方绅富往往在乡村救济网络中扮演着领袖的角色。……每一个赈济单位，均构成独立的社区。在社区内部，绅富起着举足轻重的作用，他们通过捐输或直接参与赈济，使分散于民间的积储能应一时之急，从而丰富了乡村救济网络的内容。尽管他们的影响力一般只能限于较小的范围内，主要是自己所在的社区内，但如此不仅可以减少中间环节，利用地理上的优势，使救济钱粮迅速惠及灾民，从而降低救济管理成本，而且可以防止胥吏从中舞弊渔利，提高振济水平。[③]

三是民间赈济组织或团体的赈济。这是为了抵御天灾人祸，由一地或邻近区域的乡绅富户联合组成的临时性松散的组织或团体，或是依靠家族、宗族势力组建起来的组织，由发起人及参与者各自按照一定的比例及数额，将钱粮等物资拼凑、集合在一起，在灾荒饥年之时，即可调用物资进行赈济。与清后期的民间灾赈组织及团体不一样，这是一种朴素、简单的合作互助或救助穷困灾民的小团体或是组织，多在乡邻、亲友、宗族中，经人发起、有人附和，自觉自愿临时或定期组合起来的。

---

① 张德二主编：《中国三千年气象记录总集·清代气象记录》，凤凰出版社、江苏教育出版社 2004 年版，第 2599 页。

② 张德二主编：《中国三千年气象记录总集·清代气象记录》，凤凰出版社、江苏教育出版社 2004 年版，第 2652 页。

③ 吴滔：《明清时期苏松地区的乡村救济事业》，《中国农史》1998 年第 4 期，第 30—38 页。

其中最重要的一种形式，就是建立义仓。义仓是一种民间发起的储粮备荒的传统灾赈措施，康熙十八年（1679 年）题准："地方官劝谕官绅士民捐输米谷，乡村立社仓，市镇立义仓，照例议叙。"①康熙二十八年（1689 年）正月壬寅，谕户部："著各地方大吏，督率有司，晓谕小民，务令多积米粮，俾俯仰有资，凶荒可备，已经通行。其各省遍设常平及义仓、社仓，劝谕捐输米谷，亦有旨允行。"②。

因此，在很多灾荒区，乡村富户绅士甚至是联合集资建造义仓，以备灾年，"江南地区一些地区自发地出现了一些民间仓储，这些仓储在社区赈济中能够发挥一定作用"③。如康熙年间，善绅士柯崇朴、沈辰坦等二十人"仿朱子社仓法为广仁会"，"历年积民二百五十石，以二百石助济饥民"。

这种民捐、民办、民营的义仓，其储存的仓粮主要用于灾荒严重时的紧急救灾，在官赈物资尚未发放的时候赈济重灾民户，或是在灾情不太严重的时候，义仓采取平粜、出借的方式赈济灾民。因此，义仓建立的基础，是以地域、以有户籍限制的固定人群（一般以血缘宗族为基础）为捐赠及服务对象，达到控制、整合基层社会的目的，"就清代而言，乡绅往往通过建设义仓以达到社区整合的目的，建构对于地方社会支配权，从而集中地反映了地方权力体系及基层社会与国家关系的演变"④。

清前期义仓处于初步发展、完善的过程中，各地义仓积谷在区域灾害救济中发挥了积极作用，稳定了社会秩序和民心，维持了地方文化的持续发展态势。"创立义仓预防凶饥，以予所闻见凡三四家"，"储君计家资可四万金，乃析其三，授之子，而斥其一为义仓，岁饥则散之族中贫

---

① （清）允祹等：《钦定大清会典则例》卷四十《积贮·义仓积贮》，《景印文渊阁四库全书·史部》第 621 册，商务印书馆 1986 年版，第 252—253 页。

② 《清实录·圣祖仁皇帝实录》卷一百四十四"康熙二十九年正月条"，中华书局 1985 年版，第 583 页。

③ 吴滔：《清代江南社区赈济与地方社会》，《中国社会科学》2001 年第 4 期，第 181—191 页。

④ 袁海燕：《清代江西的家族、乡绅与义仓——新城县广仁庄研究》，《中国社会经济史研究》2002 年第 4 期，第 40—47 页。

乏者"①。

清代中期以后，随着灾荒类型及灾害影响程度的加深，清王朝多次下发诏令，鼓励民间人士参与地方仓储的建设及经营，乾隆帝在南巡苏州时，还亲自去范氏义庄，察看范仲淹祠堂，并赐其园曰"高义"，亲书匾额，赏赐范氏后裔以貂币。毫无疑问，乾隆皇帝的这个行为，激励并促进了各地士绅富户及其家族、宗族建设义仓、赈济灾民的热情。很多义仓及相关的灾赈组织，成为乡绅富户控制基层社会的管理机构及权力中心，每一次的灾赈活动，都能提升其在基层社会的声望，广泛地获得了民众的支持，进一步稳固了其在区域社会中的决策职能。但是随着义仓的发展，其性质及运营发生了极大变化，但部分义仓直至清末都还在灾荒中依然发挥部分赈灾的功能。

此外，还有一些灾荒发生时在物质上、经济上相互帮助的群体，这些小型组织或群体在各地的名称虽然不一致，但性质及功能是一致的，又有合会之称，"合会（亦称集会）是民间合股凑集资金获取利息的形式"，在苏松地区，农家如"有需财之事，则醵资于众，或五六人，或七八人，曰合会"②，"将农民组织成为一个互助的整体，共同抵御天灾人祸。……常常能起到社仓、义仓无法起到的作用"③。在后来的发展中，出现商人出资出粮组建商会筹集资金、粮食的情况，虽然商会在后来的发展中其性质及职能发生了极大变化，但其非官方的特点及运营方式，在灾荒赈济中发挥了极大的作用。

三、清前期民间灾赈的主要形式与救灾实践

第一，募集、捐赠。这是个人及宗族在灾荒中募集、捐赠的钱、粮。民间捐助的赈济物资，主要是钱、粮等，这是清前期民间赈济物资的主要

---

① 吴滔：《宗族与义仓：清代宜兴荆溪社区赈济实态》，《清史研究》2001 年第 2 期，第 56—69 页。

② 民国《昆新两县续补合志》卷一《天文·风俗》，民国十二年（1923 年）刻本。

③ 吴滔：《明清时期苏松地区的乡村救济事业》，《中国农史》1998 年第 4 期，第 30—38 页。

类型，成为官赈物资的辅助及重要补充。个人捐助的大部分是资金，在严重的饥荒中，很多人拿出粮食分发给灾民，或设厂煮粥赈饥，这也是民间赈济最常见的方式。这种类型的各地方志及修改史料中有较多的记载。如康熙四十六年（1707年），浙江频繁发生水旱灾害，仁和人陆凤翥"谋赈济，率家人于里门分给贫民，每口日给米半，凡三匝月……全活无数"①。乾隆十三年（1748年）、乾隆二十一年（1756年），江南发生水旱灾害，米价翔踊，海宁州太学生章兆"以家食捐济里中，复按户给钱，赖以存活"②。乾隆三十二年（1767年）岁大荒，常州府城施粥赈饥，龚朝栋"所居新塘乡去城八十里，民就赈者多道弊，朝栋与人为体仁会，设赈如城中，活者甚众，及岁稔，会仍不废"③。

官绅富户直接拿出钱、粮赈济灾民，是灾荒赈济中最直接、最有效也是最受灾民欢迎的方式，灾民往往能够仰赖救济，渡过危机，同时也对乡里的士绅、富户心怀感激，增进了乡邻族里的感情，及时缓解了危机，也稳定了区域社会秩序。

如康熙十年（1671年），江西上饶县发生旱灾，"夏五月至秋七月不雨。虫食禾稼尽，则食木叶。民采蕨拾橡以食，至冬，蕨橡亦尽，民益得食无所。次年春，抚部院首倡捐赈……又请发常平仓暨捐谷七千六百余石，分赈饥民，赖以全活"④。雍正十一年（1733年）南汇县先发生旱灾，随后又发生大疫，南汇县二区旧五团乡贡生华昌朝"给佃户钱米"⑤；乾隆二十年（1755年），宜兴县大饥，诸生王赋元"捐赀入邑中赈局，复为粥食族中饿者，宗党咸称叹"⑥；乾隆四十年（1775年）宜荆发生旱灾，宜荆国子监生尹景叔"家非素裕，而称贷以给族人，煮糜食众，后遇凶

---

① 民国《杭州府志》卷一百四十二《人物·义行》，民国十一年（1922年）铅印本。
② 乾隆《海宁州志》卷十二《义行》，清乾隆四十一年（1776年）刻本。
③ 光绪《武进阳湖县志》卷二十五《人物·义行》，清光绪五年（1879年）刻本。
④ 乾隆《新修上饶县志》卷十一《祥异》，清乾隆九年（1744年）刻本。
⑤ 储学洙：《南汇二区旧五团乡志》卷五《户口》，民国二十五年（1936年）铅印本。
⑥ 嘉庆《新修宜兴县志》卷三《人物志·行谊》，清嘉庆二年（1797年）刻本。

歉率以为常，饥民赖以生活者不下千余人"①；乾隆五十九年（1794年），四川简阳县"邑人贺才升捐米二百石赈饥"②。

这种赈济传统随后也被继承、延续了下来，在灾赈中发挥着较好的社会作用。如嘉庆六年（1801年），直隶南宫县"大水，知县阎抢阁详准被水成灾大周家庄等九十二村设厂煮赈，邑人齐世松捐米五百石"③。

第二，捐纳④所得银米（钱粮）。在重大灾荒发生之时，尤其是当国家赈济经费不足、私人捐赠不敷用度的时候，也常常采用捐输的办法筹集灾赈物资。这种财富与权力地位的交易是在"急公好义"的美誉下进行的，较之有"势爵"之嫌的捐纳制度更合乎士大夫阶层的道德规范，因而很受绅商的欢迎⑤。且绅商从事公共事业不光是出于保护自己私人利益的动机，也在国家权力与乡村利益间充当中间调节力量，对许多绅士特别是已有功名的绅士来说，灾赈中利用捐输的方式，是其谋求乡村社会控制权活动的途径之一，通过捐输取得某种准官僚的资格，使其对地方社会拥有更大的控制权和影响力⑥。

由于捐纳赈灾是个隐患极大的措施，故其实施并非一帆风顺。康熙二十三年（1684年）三月，九卿等议奏凯捐纳赈灾，但没有获得批准，"赈济直隶、河南，除将存仓米谷令各该抚确查赈给外，如米谷不敷，请暂开捐例，限三个月停止。再移咨豫抚：本年钱粮于秋收后征收一半，次年带征一半。得旨：捐纳事例无益，不准行。著户部贤能司官一员前往，会同

---

① 道光《重刊续纂宜荆县志》卷七之一《宜兴人物志·行谊》，清道光二十年（1840年）刻本。

② 民国《简阳县志》卷二十三《编年篇·纪事》，民国十六年（1927年）铅印本。

③ 道光《南宫县志》卷七《事异志·灾异》，清道光十一年（1831年）刻本。

④ 有关捐纳的研究，参阅韩祥：《近百年来清代捐纳史研究述评》，《西华师范大学学报》（哲学社会科学版）2013年第4期，第42—47页。此处仅就捐纳与灾赈关系进行初步探讨。

⑤ 陈春声：《清代广东社仓的组织与功能》，《学术研究》1990年第1期，第76—80页。

⑥ 吴滔：《明清时期苏松地区的乡村救济事业》，《中国农史》1998年第4期，第30—38页。

该抚，鼓励地方官员，设法散赈"①。康熙三十五年十二月二十四日（1697 年 1 月 16 日），江南、江西总督臣范承勋奏请开捐纳之例："为恭陈被灾之民困苦可怜，仰请圣主特颁谕旨全行蠲免事……伏乞皇上特颁谕旨，全行蠲免淮、扬、徐州所属州县及泗州之地丁钱粮、漕运粮米，开常平仓捐纳之例赈济，则万万之民皆蒙圣主再造养育之恩，感激无穷矣。"并没有得到明确、肯定的答复："朱批；尔所奏都知道了，朕将另有旨。"康熙四十六年（1707 年）十月壬寅，浙江巡抚王然疏请捐纳，依然没有被批准："杭州、嘉兴等处今岁少雨无收，请截留漕粮五万石，以备驻防兵粮。又奉命赈济，查常平仓积谷无多，请照山东例，于常平仓开例捐纳。上谕大学士等曰：浙省被灾州县亦照江南，著总漕桑额亲身会同该抚，于被灾各州县截留漕粮，赈济饥民，何必捐纳？尔等传谕户部。"②

随着灾害的增多及赈济钱粮的缺乏，捐纳不断被官员提及，才逐渐被朝廷接纳。康熙三十一年十二月二十一日（1693 年 1 月 26 日），总督佛伦奏请捐纳，"为奏明巡察被灾州、县，无限瞻念天颜事。窃升奴才为四川、陕西总督后，继颁格外温旨，命从速乘驿赴任……尚不知陕西省致（至）于如此残破，乃使佟昌等赴商州视河道，并令将更改捐纳例捐银之处，转行口奏"③。康熙三十六年（1697 年）十一月十日，江南、江西总督范承勋又奏请捐纳，康熙帝对此没有明确批示，"为请旨事。窃臣看得，江南捐纳、积储二项之米，以及省城所存之米，除去年赈济外，所余者不多。经臣会同巡抚宋荦，奏请仍开常平仓捐纳之例，以补所支本项，不分省、府、州、县，概准捐纳。等情……为此谨奏。请旨。江南、江西总督臣范

---

　　① 《清实录·圣祖仁皇帝实录》卷一百十四"康熙二十三年三月癸巳条"，中华书局 1985 年版，第 189 页。

　　② 《清实录·圣祖仁皇帝实录》卷二百三十一"康熙四十六年十月条"，中华书局 1985 年版，第 310 页。

　　③ 中国第一历史档案馆：《康熙朝满文朱批奏折全译·川陕总督佛伦奏报亲临踏查被灾州县情形折》，中国社会科学出版社 1996 年版，第 36 页。

承勋。朱批：具题"①。

到雍正元年（1723 年），捐纳在灾赈中才开始正式施行，"八月初二日，山西巡抚臣诺岷谨奏：为效力者祈请施恩，以励众人事。窃臣前奏报张出告示，宣谕各州县家殷之人各养乡里饥民，其赈养人口及用米数目报官造册具奏，照捐纳之例议叙。等情。一折内奉御批：好。钦此"②。雍正二年（1724 年）的谕旨，更说明了捐纳赈灾的合法化：

> 九月二十二日谕河南巡抚石文焯：河南居四方之中，地广民庶，为幅员要区，素封之家，常喜储藏米谷，以被居积之利，比年连遇荒歉，民食维艰，贫者逃亡颇众，朕夙夜廑怀，思所以安全拯济之道，前特遣官往赈，务令实心奉行，俾穷黎得安衽席。河以南数郡虽已得雨，河北三府时逾麦秋，尚未沾足，诚恐小民势难耕种，该府即预为筹画（划），俾富室之粟皆得流通，出粜于官，以为赈恤之用。③

雍正二年（1724 年）对捐纳赈灾做了明确的具体规定："奉公乐善，捐至十石以上，给花红，三十石以上给匾奖义，五十石以上褒加奖励，其年久数多至三四百石……该督抚题请八品顶戴。"④雍正三年（1725 年）十月二日，图理琛的奏请，表明捐纳救灾已经成为常态："为奏闻事。民系国本粮为天，务必平时积储，偶遇荒年，方不致窘困。圣主洞鉴是情，念切民生，特谕各省设立社仓，自愿捐纳，不行摊派，不予强迫，官吏衙役不可干预，不必过急，当慢慢推进，鼓励而行。钦此。"⑤

此后，捐纳在灾赈资金的筹措中确实发挥了一定的积极作用，"上谕：

---

① 中国第一历史档案馆：《康熙朝满文朱批奏折全译·两江总督范承勋奏请各省开捐纳之例折》，中国社会科学出版社 1996 年版，第 189 页。

② 中国第一历史档案馆：《雍正朝满文朱批奏折全译·山西巡抚诺岷奏请嘉奖各州县效力人员折》，中国社会科学出版社 1996 年版，第 261 页。

③ 《清实录·世宗宪皇帝实录》卷七"雍正元年五月条"，中华书局 1985 年版，第 147—148 页。

④ 吴滔：《明清时期苏松地区的乡村救济事业》，《中国农史》1998 年第 4 期，第 30—38 页。

⑤ 中国第一历史档案馆：《雍正朝满文朱批奏折全译·陕西巡抚图理琛奏报推行社仓之事折》上册，黄山书社 1998 年版，第 1221 页。

雍正六年内，湖南布政使赵城折奏：湖南现贮仓谷共计六十余万石之多，又有捐纳事例改收谷石，本省可云有备"①。因此，在很多灾荒赈济中，个人捐纳的钱粮在官赈力量不能给予的地区及尚未来得及进行的时候，发挥了拯救灾黎的救灾济荒的作用。

捐纳使捐输者获得了更高的社会地位及其需要的虚衔、虚职等，"民间捐输是出于传统的'保乡'、'睦族'观念，以地方利益为核心，系一种无偿捐献。但实质上这是财富与政治权力的一种互惠性交易，捐输者可由此得到更高社会地位和各种优免特权"②。

这种形式的灾赈，也在很大程度上缓解了官府赈济资金、赈济粮食不足的困难，也充分调动了民间赈济资源，缓解灾荒危机，达到了稳定地方社会秩序的作用。更重要的是，提供捐纳赈济灾民，掩饰了捐纳买官卖官的丑恶面目，使一部分希望通过捐纳钱粮晋升身份的商人、富户、士绅等获得了机会，"以捐纳作为乡村救济的主要来源，除了解决地方仓储系统仓谷不足的困难局面外，更重要的功能就在于它为各个阶层利益集团提供了一条上升到较高社会阶层的社会流动机会，从而扩大了政权的统治基础。这种财富与权力地位的交易是在'急公好义'的美誉下进行的，较之有'鬻爵'之嫌的捐纳制度更合乎士大夫阶层的道德规范，因而很受绅商的欢迎"③。

但捐纳在实质上就是卖官鬻爵，只是由于灾赈缓解了捐纳的消极影响，卖官鬻爵的部分费用用于赈济灾民，深得社会及民众的认可，但捐纳弊多利少，捐纳中的贪腐极为严重，官绅勾结、勒捐平民、侵吞捐款、共同分肥等弊端日益凸显出来，在乾隆朝后期官赈衰落之后，就越来越显现出其巨大的社会副作用。

第三，借贷。民间赈济的借贷，主要是灾荒中个人或宗族、团体向灾民借贷钱粮、籽种、农具、耕牛等的行为。官赈也有借贷行为及措施，但

① 《清代灾赈档案专题史料》第 90 盘，第 944—946 页。
② 吴滔：《明清时期苏松地区的乡村救济事业》，《中国农史》1998 年第 4 期，第 30—38 页。
③ 吴滔：《明清时期苏松地区的乡村救济事业》，《中国农史》1998 年第 4 期，第 30—38 页。

官赈的借贷是重大灾荒发生后大范围针对大部分灾民统一进行赈济的措施。但对一些灾情不严重或是灾情不均衡的地区，部分受灾较重的灾民得不到相应赈济的时候，民间小额、小数量的借贷，对这部分灾情严重、极其贫穷的灾民渡过灾荒危机，就有极为重要的作用。

民间借贷类型的赈济活动，在地方志里记载较多，"淳化县王御风任潼关卫训导。时康熙三十一年，值大荒歉，捐俸以助祭典，又贷粟赈恤灾黎，越三岁卒于官"[①]。康熙四十八年（1709 年），江苏青浦县"大水，岁饥。邑人陆祖彬贷粟五百余石赈之，全活无算"[②]。雍正九年（1731 年），江西新建县岁歉，邓里仁出谷赈贷。乾隆四年（1739 年）亦如之。乾隆十三年（1748 年）十月，陕西省三原县"岁饥，（刘恩悖）出粟赈贷里民，赖以存活者数百家"[③]。

民间灾荒借贷的数额、规模较小，一般以宗族、邻里为基础，灾后即可归还，一般借贷双方都能够维持较好的信誉。民间借贷的存在，确实发挥了对官方借贷力所不及的地区及灾民赈济的补充及辅助作用。

第四，施衣、施棺、建义冢、建义宅、建义田及借屋租地等形式。民间赈济的另外一种特殊形式，就是个人或是私人出资出物进行的由地方财力殷实之人组成的小型松散的团体或组织，或是亲朋、宗族等成员群体出资出物，对重大灾害后生活无着落的灾民给予衣服、钱粮等生活必需品的救济。如乾隆十一年（1746 年），山西潞城县吴楚"出粟赈饥，施衣庇寒"[④]。

很多富户在灾荒中或是修建义宅，或是提供房屋社院，给灾民提供暂时居所；或通过是租田地给灾民耕种等方式救灾；对死于饥荒、疾病且无人掩埋者，捐给棺木，建义冢，帮助下葬。如康熙五年（1666 年），广东潮阳县"岁荒，哀鸿遍野，（赵举鹏）平粜，复煮粥赈饥，施棺掩骨，远还称之"[⑤]。康熙五十二年（1713 年），云南霑益等地发生地震，"守备梁

---

① 乾隆《淳化县志》卷二十《士女志》，清乾隆四十九年（1784 年）刻本。
② 乾隆《青浦县志》卷十一《荒政》，清乾隆五十三年（1788 年）刻本。
③ 光绪《三原县新志》卷六中《人物志·孝义》，清光绪六年（1880 年）刻本。
④ 光绪《潞城县志》卷四《忠义·孝弟录》，清光绪十年（1884 年）刻本。
⑤ 嘉庆《潮阳县志》卷十六《人物志·义行》，清嘉庆二十四年（1819 年）刻本。

名望，陕西人……五十二年地震，施棺以殓暴露之骸"①。

这类私人发起的民间赈济行为，对官方无暇周济到的饥民灾民救济、对地方社会的稳定起到了积极的弥合、促进作用，常常受到官府的鼓励及倡导。如乾隆十七年（1752 年），安徽发生旱蝗灾害，官府倡导捐助棺木，"饥，疫，倡捐赈米施棺"②。这类民间赈济措施，带有近现代浓厚的慈善性质。但这些行为却是灾荒期间的基层社会发生的私人性、宗族性、区域性的行为。在清代巨灾、重灾的赈济中发挥着日益重要的作用，很多时候甚至还超过了官赈的作用及影响。

此外，在众多民间赈济的形式中，还广泛存在着施药施医的赈济。这种类型的赈济，在各地灾赈活动中都存在，尤其是疫灾发生的时候，施药送医的救灾手段，常常能够发挥巨大的社会作用，"多所全活"等词语，常常见诸地方志的记载。

第五，修筑堤坝桥梁等类似以工代赈性质的工程。以工代赈是官赈的主要措施，但民间赈济中也常常采用这种方法救济灾民，官吏个人捐赠或是士绅提供工程修筑的资金或粮食，既救济了饥荒人群，又完善了地方社会的基础设置，一举两得。取得了很好的效果，深受民间救济者及被救济群体的欢迎。

如康熙二年（1663 年），潮州饶平县隆都乡绅陈廷光，因忧患隆都与海阳县交界的土堤连年被洪水冲决，民众田庐屡遭破坏的严重状况，雍正六年（1728 年）水灾后出资修筑堤坝，救济灾民，"用蜃灰筑堤四千余丈，计费六千六百九十有奇，悉解囊橐，以资保障"③。乾隆年间，潮州惠来邑西十五里有三桥，"相距百余丈，岁久桥圮，两旁俱深坑，夏秋水涨，一片汪洋，行人迷失，道多淹毙"，当地监生蔡之基于"乾隆辛巳冬，捐资修复三桥，虽严寒犹扶杖督工罔懈，工竣逾月而殁，年九十有四"④。类似兴修堤坝、疏浚河流等水利工程，或是修筑道路、桥梁等工程的款项，往往

---

① 康熙《寻甸州志》卷五《官师·秩官》，清康熙五十九年（1720 年）刊本。

② 乾隆《广德直隶州志》卷三十六《人物志·义行》，清乾隆五十七年（1792 年）周耕厓所著书本。

③ 乾隆《潮州府志》卷二十八《人物·循吏》，清乾隆二十七年（1762 年）刻本。

④ 乾隆《潮州府志》卷三十《人物·耆德》，清乾隆二十七年（1762 年）刻本。

由地方士绅出具，在灾荒年景修筑，以赈济灾民。

这类民间形式的以工代赈，有的由官府、官员倡导，民间出资；有的是民倡民捐。类似情况在清代地方志里，有较多的记载。成为中国传统时期以工代赈过程的重要组成部分。

第三节　清前期民间灾赈的奖惩与成效

一、清前期民间赈济的特点

清代民间赈济的形式及其发挥的不同作用，应分不同的历史时期来看，嘉道以前的民间赈济与咸同以后的民间赈济，在赈济时间与地点、赈济形式、赈济阶层、赈济资金、赈济动机等方面都存在极大的不同。

第一，形式灵活多样，以便民为第一目的。赈济时间及地点的选择较为随意，主要以便民为主。或设在交通要道，或设在村庄、街道等地；在赈济的时间上也较为随机，随灾随赈，不用层层报请，只要赈主同意就可在一定的时间及区域进行。从赈济形式方面来说，形式多种多样，不拘一格，主要是粮食赈济，多设粥厂，其次钱赈，部分是招收灾民做佣工或是租种土地。

第二，富裕的地方士绅及士大夫是进行民间赈济的主要力量。从赈济的组成力量来看，救济者主体多是当地士绅，或是家有余资者，或是心系桑梓的官吏、绅士、商民等，很少有外来的民间力量。从赈济资金来看，嘉道以前，赈济阶层及资金的主要来源有四个方面：一是地主，其救灾资金主要来源于土地及其收入所得；二是商人，资金为其经商所得；三是地方士绅，资金为其家庭财产；四是官员，资金为其俸禄。

从赈济动机来看，嘉道以前的民间赈济，中国传统的思想及文化意识要浓厚一些；咸同以后，从事民间赈济的主体阶层在保留中国传统思想文化意识的同时，也逐渐接受了西方的赈济思想意识。

一般说来，在传统社会中，自然灾害往往是民众无法应对的危机，一且危机来临，为了维护统治、社会秩序及地方社会经济的再生产能力，赈济灾民成为官方及民间力量的首选之策，在各地的民间赈济中，"救灾的类型多种多样，有地方精英和富户为求得良好的社会声望而主动救灾，也有的是明哲保身而被动救灾，有乡族势力凭借已有的族田和义田而救灾，亦有下层民众的真情互救。它们相互联系，共同构成了民间的非官方制度化救灾网络结构。在这个结构中，官员、绅士、商人与下层民众共同构成网络有机体"①。

第三，民间赈济与官方赈济互为补充，相辅相成。民间赈济与官赈是相辅相成的，官府在灾荒中常常提倡及鼓励民间赈济，地方士绅也常常出于各种动机积极参与救灾活动。但两者的主次在不同历史时期是不同的，往往是存在彼强此弱、彼弱此强的情况。

国家及政府的赈济力量强的时候，往往是国家的政治、经济实力较强的时候，官赈就占有主导的地位，发挥着主要的作用；但当国力衰减、经济实力下滑，尤其是地方官府财力微薄之时，国家财富往往集中在私人尤其是绅商官员等群体的手中，官赈往往力不从心，覆盖面极为有限，民间的个体赈济或地方社会、经济群体，或是地方文化精英阶层，就采取了以个人或是联合赈济的行为，发挥弥补官赈缺位和稳定地方秩序的作用。他们对灾民实施的钱粮，在灾后社会经济及文化的恢复与发展中发挥了重要作用，也对社会秩序的稳定产生了积极影响。

清前期民间赈济的存在及缓慢发展，与官赈的系列救灾活动，成了一对具有明显相互促进、相互补充关系的稳定的救灾共同体，在某些区域、某个历史时期，双方的作用及功能存在着显而易见的互补性、促进性特点。

第四，民间赈济在清代中期后的社会巨变中发生了转型。民赈、义赈等名目的民间赈济，无论是从形式到实质，都逐渐丰富并发展壮大起来，并随着西方势力的入侵，带有浓厚西方慈善主义、宗教色彩的救济势力也在不同的时间及空间渗透了进来，在一些地区，尤其是在官赈无力、民赈

---

① 赵家才：《清代山东民间社会的灾害救济》，《内蒙古农业大学学报》（社会科学版）2006 年第 3 期，第 311—314 页。

匮乏的地区，逐渐改变了中国传统救灾的模式及格局，占据了中国救灾的主要阵地，中国传统的民间赈济，无论是赈济方式、赈济手段、赈济来源、赈济组织及主体等，都在社会及灾荒的变迁中发生了极大的转型，"直到光绪初年，随着社会政治生活和经济生活的新的变化，才开始兴起了一种'民捐民办'，即由民间自行组织劝赈、自行募集经费，并自行向灾民直接散发救灾物资的'义赈'活动"①。

首先，一个很重要的特点是义赈普遍、迅速的兴起，无论义赈的力量、资金来源、组织等，以不同于传统灾赈的模式及特点，出现了与以往截然不同的发展局面：

> 以往那种零散的、小规模的民间赈灾活动，具有很大的地区局限性。某个地方发生了灾荒，就在该地区范围内进行募捐活动，至多也只是扩展到旅居个别大城市的本籍同乡范围。募捐的赈款自然也限于赈济本地的灾民。可以想见，这种地区的局限，必然极大地限制了赈灾活动的规模和成效。光绪初年兴起的义赈，则完全突破了狭隘地区的局限，赈济对象，往往是全国最突出的重灾地区，募捐的范围，涉及广泛的社会阶层，而且募捐活动往往遍及全国各地，甚至扩展到海外的爱国华侨。②

其次，西方宗教势力、慈善组织的进入及其救灾活动的普遍开展。虽然这些救济势力在晚清时期持续不断的特大灾荒中发挥过很多积极的作用，但如果反思历史的话，当时很多西方救济集团的进入，或多或少是带有其侵略、渗透的目的，灾民在走投无路中接受了他们的救济，在很大程度上他们就成了有知恩图报传统心理的中国基层民众的救命恩人，这些灾民此后在生活、信仰、思想等方面都受到其有意无意、有形无形的影响，使西方的意识形态及宗教信仰大量涌入，并对中国社会的发展产生了极大的影响。

当然，这里并非说涌入的东西都是坏的。我们从客观唯物主义的立场看问题的话，西方的民主、革新等近代思想文化意识不可否认地对中国产生了

---

① 李文海：《晚清义赈的兴起与发展》，《清史研究》1993 年第 3 期，第 27—35 页。
② 李文海：《晚清义赈的兴起与发展》，《清史研究》1993 年第 3 期，第 27—35 页。

积极的、良好的影响，在内外交困的种种危机中，中国发生了翻天覆地的变化，最终推翻了帝制，但这不是本书所要表述的主要内容。这里要强调的是，我们在承认其积极作用的时候，也要看到，在新思想、新文化传进来的同时，很多损害国家主权及利益的内容也在此过程中入侵和渗透了进来。

无可辩驳的是，在灾荒中西方慈善救济力量深入及其产生的影响，是晚清政府始料未及的。灾民在接受其医疗、粮食等物质及其他方式的救济以后，在言行上对西方多了很多认同。很多灾民顺便还信仰了基督教等，西方广泛地赢得了民心，其救灾行为在最大的范围及层面上产生了积极的影响。下层民众，无论是否接受过其救济，在一定层面而言，对西方代言人的慈善机构或人物产生认同、感恩思想的时候，对救灾不力的晚清政府的排斥甚至是抱怨增多了，使得政府在民众中的影响力逐渐丧失。

同时，由于清末政治统治的衰败及吏治的腐败、外交的软弱被欺、经济的落后及国际形象日益严重的跌落，灾荒中赈济不力甚至不赈济，或是人为制造灾难的种种劣迹，更加深了民众对晚清政府的失望情绪，专制主义中央集权的统治基础也在此过程中逐渐被销蚀，君权的神圣及权威也受到了冲击并逐渐降低，最终导致了帝制的崩溃。因此，在一定层面上可以说，正是晚清政府丧失了对灾荒救济的主导权，才促使其丧失了民心，最终导致其丧失了国家统治权。

二、清前期民间灾赈的作用及影响

第一，民间赈济很好地发挥着辅助、补充官赈的作用。民间赈济是清代灾荒赈济中一支不能忽视的赈济力量。在灾荒赈济中，政府的赈济发挥了极大的作用，但在一些政府的赈灾力量不能给予的地区，或是政府力量未能及时进行的时候，民间的赈济就发挥了极大的辅助、补充的作用，甚至在很多地方发挥着弥缝地方统治缺陷的作用，"民间力量参与到赈济活动中，能够在最短的时间内利用当地的资源来救济灾民，在特定的时期内对地方上的灾民渡过灾荒起了不容忽视的作用，同时也在很大程度上缓解了官方赈济系统的压力，弥补了官方赈济系统的不足"①。

虽然民间赈济在灾赈中不可能取代官赈的职能及作用，在灾赈中官赈一直居于主导的、主要的地位及作用，且清前期的民间赈济没有也不可能真正解决灾赈中的全部社会问题，其赈济范围也仅仅局限在乡里亲族等狭小的空间范围内。但是，在国家力量无法完成、不能承担起各类灾害赈济任务的时候，朝廷及地方官府通过发动、劝励民间赈济力量参与救灾，调动民间私人掌握的钱财及人力物力等方式，介入、参与具体的赈济活动，顺利完成控制基层社会力量、渡过社会危机的任务，"倡导地方绅富捐钱助赈，一直是国家荒政的一项重要内容。劝赈的结果能增强政府的救济能力，最终亦使灾民受惠。这种体制提供了地方士人以合作的方式长期为乡民解决生活困难的机会"②。民间灾赈的这种作用，自宋明以来，都是如此，"民间赈济的范围较小，一般是以施赈者所在地的血缘关系即宗族内部或是地缘关系即所谓的乡里、间邻为基础进行的，但是其灵活性大，见效快，能在最短的时间内整合当地的资源来实现救济，确实对地方上的灾民应对灾荒起着不容忽视的作用"③。

随着民间赈济力量的发展及壮大，官方对民间赈济力量、赈济方式及相关事务的介入及监控在具体赈济活动日趋减弱，但清前期的民间赈济一直扮演着官赈的辅助、补充角色的地位及任务。一些区域性特点突出的民间赈济实践，也彰显了民间的辅助及补充作用，"民间赈济活动以其及时性、多样性、公益性、持续性等特征，弥补了官方赈灾工作的不足，成为灾害来临之际最重要的救助途径。赈灾过程中，纵然存在各种利益矛盾，但通过官民之间的互动，官、绅、民追求的目标最终渐趋一致。地方官员一方面希望

①　胡卫伟、刘利平：《明前期民间赈济的初步考察》，《江西师范大学学报》（哲学社会科学版）2003年第6期，第78—83页。

②　吴滔：《明清时期苏松地区的乡村救济事业》，《中国农史》1998年第4期，第30—38页。

③　胡卫伟、刘利平：《明前期民间赈济的初步考察》，《江西师范大学学报》（哲学社会科学版）2003年第6期，第78—83页。

通过士绅的善举来补充官方赈济力量的不足"①。

第二，民间赈济实现了地方精英对基层社会的控制。士绅、富户、商人等民间精英人士通过不同类型的灾赈活动，逐渐凸显了自己在基层社会及社区中的力量，取得了民众的信任，提升了其在基层社会的影响力和在区域社会中的发言权、决策权。

不同区域的民间赈济具体措施的实施，逐渐把民间灾赈主体凝聚起来，成为基层社会中较为稳定的中坚力量。地方士绅、富户、商人等精英群体，在救灾济民、安定地方社会秩序等原属政府职能的地方公务中，发挥了更大的作用，"地方精英是农村基层社会事务的组织者和管理者。在许多事务上都拥有发言权和实际领导权，他们之所以能够维护统治，在于他们能够发挥保护当地社区和农民的功能以及保持与农民的直接的人际关系。如此不仅填补了国家权力在基层社会的真空，而且还延伸了中央集权对民间社会的控制"②。这种基层社会控制模式随着民间赈济的发展而逐渐合法、深入，并在潜移默化中改变了中国传统基层社会的性质及发展模式、发展方向。

尤其是一些在民间赈济中提供捐纳方式进行赈济互动的士绅及商人、富户等群体，提供捐纳达到了对基层社会的控制，提升了自己的社会地位，"绅富从事公共事业不光是出于保护自己私人利益的动机，同时又在国家权力与乡村利益之间充当中间调节力量。对于许多绅富特别是已有功名的绅士来说，捐输往往只是谋求乡村社会控制权活动的一部分。通过捐输取得某种准官僚的资格，并且具有一定的司法豁免权，固然使其对地方社会拥有更大的控制权和影响力"③。

清前期民间赈济的兴起、具体进程及结果，逐渐在潜移默化中完成了中国传统社会中地方政治权力体系的建构历程，这是一个在基层社会中官

① 刘泽煊：《清代潮州民间救济体系初探——以水灾为例》，《韩山师范学院学报》2013 年第 4 期，第 68—73 页。

② 吴滔：《清代嘉定宝山地区的乡镇赈济与社区发展模式》，《中国社会经济史研究》1998 年第 4 期，第 41—51 页。

③ 吴滔：《明清时期苏松地区的乡村救济事业》，《中国农史》1998 年第 4 期，第 30—38 页。

方、民间利益的相对平衡格局及体系构建的主要过程。

这种基层社会控制权的逐渐下移，促使民间形成相应的自我管理机制，并且推动了各种社区组织的普遍发展和基层社会结构的全面调适及重新整合。与此相应，社区赈济的空间布局多与村社等地缘性实体或者都图里甲这样的基层社会编制相重合。和村社等自然社区相比，基层社会编制需适应各种复杂的社会关系，通过调整其外在形态以发挥赈济职能，从而与村社共同体相融合甚至成为其组成部分。两者之间相互消长的过程，折射出基层社会组织自治化倾向不断加强的轨迹。①

第三，民间赈济传承中国救贫扶弱的传统美德。在民间灾赈活动中，基层政府及官员力图通过个人的示范作用，带动士绅、商人、富户等捐赠钱粮的赈济方式，达到了既补充官方灾赈力量、灾赈资源缺乏及不能维系的问题，又能通过对捐钱捐粮的赈济士绅的表旌及封赠，传承、倡导着中国传统社会救弱扶贫、互助互救的社会风气及传统，起到了安定地方社会秩序、恢复区域社会经济的目的，"通过对士绅的表旌，倡导一种良好的社会风气，安定地方社会秩序，从而实现其对基层社会的控制。地方士绅作为联结官府和百姓之间的中间阶层，在赈灾过程乐善好施，且亲力亲为，这无疑起着调和官民之间矛盾的作用"②。

地方士绅作为联结官府和百姓的中间阶层，在赈灾过程中扮演乐善好施的角色，且给灾民一种亲力亲为的印象，这无疑起着调和官民矛盾、稳定传统统治秩序的作用。"在乡绅阶层的倡导和支配下……社区性的救灾机构和粮食储备系统，而且广泛资助各种慈善事业与公共事务，对社区生活实行了全面的干预……可以视为社区权力中心……中央政府对地方的管理由垂直控制转向地方协调。"③

---

① 吴滔：《清代江南社区赈济与地方社会》，《中国社会科学》2001 年第 4 期，第 181—191 页。

② 刘泽煊：《清代潮州民间救济体系初探——以水灾为例》，《韩山师范学院学报》2013 年第 4 期，第 68—73 页。

③ 袁海燕：《清代江西的家族、乡绅与义仓——新城县广仁庄研究》，《中国社会经济史研究》2002 年第 4 期，第 40—47 页。

同时，乡绅富户的灾赈行动，在很大程度上具有表率乡里、激劝同辈的引领、示范作用，也能够帮助乡邻度过危机、加强亲族邻里的感情，进而发挥巩固地方社会的凝聚力、亲和力乃至起到巩固地方政权稳定的作用。这些表率行为，使一些在灾荒发生后持观望态度的士绅富户，受到激励纷纷加入民间灾赈群体，对灾区社会经济的恢复及社会稳定，起到了积极的促进作用，"一方面地方官兼用乡饮和旌表等柔性控制手段来培养和加强地方上的好善救灾风气，同时也激励了其他民众；另一方面下层民众在官与绅的带动影响下进一步接受了积善延寿的观念，从而使救灾得到普及，以至于富裕的寡妇老人也参与进去"①。

民间赈济在客观上达到了自保及树立地方信誉的目的。更为重要的是，地方士绅、富户等被称为精英的人群，也通过灾荒中私人出资、出粮、出棺等行为，获取了民心，得到了基层社会的拥护，在一定程度上成为基层社会中最有发言权的人，拥有了决断地方事务、控制并主导着地方社会发展的权利，在提供赈灾稳定地方社会秩序的同时，也攫取了地方社会运行的实际控制权。

> 地方精英取得了厂董的合法身份，从而有了控制地方社会的合法权威，位于社区的权力核心。……无论起作用的地域范围还是职能种类，对社区共同体凝聚力的形成均起到了举足轻重的作用。虽然他们只是参与了准政权组织，或者附属于政权组织，不属正式权力机构。但却实际支配着分布广泛结构严谨的赈济社区网络，精心照料着官方移交的社会管理事务。②

第四，这些由地方乡绅士人组织及进行的民间赈济活动，在很大程度上化解了因灾荒引发的社会危机，起到了缓和民怨、稳定社会的积极作用。一般说来，在士绅救灾比较普遍的地区，很少发生灾民抢米抢粮的事件，也很少引发农民起义。这种在客观上达到的社会效果，强化了士绅在

---

① 赵家才：《清代山东民间社会的灾害救济》，《内蒙古农业大学学报》（社会科学版）2006 年第 3 期，第 311—314 页。
② 吴滔：《清代嘉定宝山地区的乡镇赈济与社区发展模式》，《中国社会经济史研究》1998 年第 4 期，第 41—51 页。

地方事务中的能力，其起到的示范作用推动了民间赈济的发展。如乾隆十六年（1751年）昌化县岁荒，"众议向殷户劝赈"，有盐商"慨然捐米一十五石，由是闻风而愿输者数十家，两社穷民存活无数"①。这使民间赈济力量及相关组织在清代中后期以后蓬勃兴起。

三、清前期民间灾赈的社会效应

民间赈济者的灾赈行为，既是他们主动积极参与地方事务及地方管理中的行动，是一种社会品德上行的慈善，但从另一方面说，主动的赈济，也是一种为了避免灾民在因饥饿贫困发生暴动或是抢劫的自保行为，在为富不仁被抢劫屠杀与主动分出家产救助灾民以自保相比，相信绝大部分富户乡绅，都会选择这种既能使全家周全又能获取美名的行动。一般而言，有民间赈济存在的地方，是灾民变乱较少发生的地区，基层社会得以稳定发展，能迅速、及时地对急需赈济的灾民实施救助，使基层社会顺利渡过灾荒危机，缓解了官方赈济不能遍及给地方统治带来的压力，弥补了官赈机制的不足。因此，民间灾赈行为是乡绅富户在灾荒危机中自保的智慧行为。很多民间赈济行为的方式，虽然有官方的鼓励，甚至是强制的色彩，更有很多忧国忧民、富有家国天下担当责任意识的乡绅富户主动拯救灾黎的因素，但也不乏其主动出击以求自保的心理。

地方精英阶层通过对灾民给予钱粮及其他物资的救助方式，奠定了他们在地方决策或是家族事务处理中的话语权和权威性。从而增强了民间灾赈主体在地方事务中的发言权，也加大了地方精英阶层在地方决策中的能动性作用。捐出钱粮进行赈济的个人及群体，得到了基层乡民的支持和拥戴，增强了民间赈济团体或乡绅的公众信誉，也提高了地方利益与官方进行博弈的资本。灾赈者也为自己博得了行良德善、慈民爱乡的好名声而留名青史，在循良、慈善（善举）等方志记载中占有一席之地，成为乡村话语权的代表及基层社会的领袖，逐步掌握了乡村公共事务的决策权及主导权，在中国传统道德文化的塑造及基层控制中发挥了

---

① 道光《昌化县志》卷十五《人物志·义行》，清道光三年（1823年）钞本。

积极的作用。

民间赈济的实践及其良好的社会效应，顺利实现了官府、士绅富户和村民在灾荒中救灾图存、稳定社会秩序的三位一体的目标，成为清代中后期义赈普遍兴起并得到认同的社会及民众基础。

第　八　章

清前期灾赈机制的社会效应

从历史辩证唯物主义的立场看待历史问题，我们都能看到，任何历史事件，都能够带来积极的和消极的两种结果。清前期对各地不同类型、不同程度灾荒的赈济也是一样，既达到了稳定灾区社会秩序、救民于水火的目的，也对灾区社会救济的恢复及发展起到了积极的作用，从而巩固了清王朝的统治。但也带来一些消极的影响，使很多灾民在灾荒来临时不是积极自救，而是等待皇帝、官府及善人的无偿救助，在一定程度上养成了依赖的民族心理及民族性格，这种性格在一定程度上成为束缚社会发展的桎梏。

同时，赈济过程也存在诸多不可避免的弊端，如赈济吏治的腐败导致了国家赈灾钱粮的大量流失，肥了贪官的私囊，却掏空了国库，直接影响了社会经济的发展；赈济管理制度的疏漏，以及各地官员出于不同的私利，出现了捏灾、匿灾、冒赈、索赈等现象，一些心存侥幸的不法灾民想方设法冒领、多领救灾物资，使真正需要救助的灾民无粮可领，辗转于绝境，最终导致了灾民抢粮、暴动，影响了地方社会的稳定，动摇了统治基础，最终成为导致清王朝衰败的原因之一。

同时，在这里需要指出的是，赈济的积极与消极后果之间，往往是一个既一致、又相互冲突的紧张关系，一个现象从不同的角度着眼，就会有不同的后果，或是一个现象既能带来积极的影响，也能导致消极的后果。但是，历史研究的任务，就是客观地展现历史现象的不同侧面，发挥历史的资鉴作用，使人们能够从历史的经验教训中，制定出完善的政策，权衡

及选择出合理的行动方式，建立起既适合人类和谐发展，又符合地方实际
的制度。

第一节　清前期赈济机制的社会影响

在灾荒发生后，区域社会经济遭受了空前的破坏，尤其是发生巨灾、
重灾、大灾的区域，社会经济几乎处于崩溃的境地，经济凋敝，田园荒
芜，灾民流离失所，饿殍遍野，死尸枕藉于道，甚至出现了人相食、绝户
绝村的悲惨景象。在这个时候，赈济就对灾区社会政治、经济的稳定及发
展起到了积极的推动作用，也培养了人们相互救助、同舟共济的民族性
格，使中华民族免于被灾荒吞没的危险，不仅保障了各民族人口的延续，
也推进了民族文化长期绵延的发展态势，即保持了中国传统文化的系统性
和完整性。

一、清前期赈济机制的积极影响

清前期灾赈机制的建立及其实践，对入住中原的清王朝获取民心，进
而获得统治合法性、稳定政局等政治层面的影响，是最为有效的；对灾区
社会救济的恢复、重建的正向作用，也是显而易见的。灾赈对基层灾民的
安抚也减少了流移现象的发生，使民能安于乡，地亦能尽其利，最终开创
了康乾盛世，彰显了中国传统社会中复杂但主线清晰的发展脉络在政治层
域的张力，对目前中国进行的防灾减灾能力的建设及其体系的构建、现代
化推进，提供经验及历史案例的支持。

（一）政治层面的积极影响

赈济对于清王朝来说，最重要的影响，应该是其政治层面的积极影
响。简言之，由于灾荒赈济的成功，在一定层面上奠定了清王朝在中原地
区的统治地位，成为促进清代中华民族认同发展进程的重要原因之一，即
加速了汉民族对清王朝的认同及其进程，也加快了满族融入中华民族的步

伐。这使清王朝的统治者在恤民、轸念民瘼的外衣下，得到了民众对其恩情的感念，巩固了统治基础，在中原立住了脚跟，真正成了中国历史上天下共主的一分子。

当然，其政治层面的影响，应该是分阶段来看的。在顺康时期，清王朝主要面临的是击破明末农民起义军的残余势力，镇压各地风起云涌的反清复明起义，找到其入主及统治中原的合法性，尽快得到中原汉民族的认同，真正成为中国合法的"天子"。要做到这一点，对于清朝统治者来说，是极其困难的，尤其是其为了征服中原而进行的大屠杀，强化了中原民众对其固有的排斥性，也对清朝统治集团昭示了一个显而易见的结果，即武力不是万能的，有比武力更深厚、更强大的东西对其统治起到至关重要的作用，这就是民心及民族的认同。在整个统治者集团左冲右突、冥思苦想，并且为此在做各种努力的时候，对从明末就开始并一直延续发生在中原地区的范围广大、灾情严重水旱蝗巨灾进行赈济，成了其合法性得到认同的契机之一。

明末发生在陕西、山西、山东、河南、安徽、四川、江苏等地的严重旱灾、蝗灾、水灾及由此引发的疫灾，对明王朝的社会统治基柱予以了致命的一击。由此引发的大规模农民起义，成为促使明王朝统治溃亏的重要原因之一。在明末清初的政治鼎革中，战乱、灾荒、瘟疫交相袭击着中原大地。就在顺治帝入关定鼎之际，中原大地已是满目疮痍，人口锐减，白骨露野。灾荒引发了战争，战争也加剧了灾荒的影响，使其严重后果延续下来，自顺治元年（1644 年）开始至顺治七年（1650 年），水旱蝗巨灾就在直隶、陕西、山东、河南、安徽、浙江、江西、湖广、四川、广东、广西等地区中大范围蔓延、加剧。各地都相继出现了"人相食"的情况，人口急剧减少，十室九空。在这种情况下，一方面顺治王朝进行着稳定天下、扩大战果的战争；另一方面竭尽所能，对灾区濒临死亡的灾民进行赈济，这才出现了皇太后、皇帝捐出节省的用度以赈济灾民的举动。虽然赈济的制度、措施不完善，赈济的力度与赈济的需要相比还有很大差距，但其赈济行动本身，就已经得到了灾民的感念及颂扬。虽然其赈济中是否具有"博天下臣民之感颂"的动机不得而知，但是赈济灾民、稳定统治的目的却是显而易见的，并且在客观上也收到了积极的、预期的效果。随着赈济数额的增加，敌对的情绪逐渐在基层民众尤其是灾民、饥民中减弱，"天下士子之感颂"的声音也逐渐增多，如康熙二十九年（1690 年）二月，由于蠲免钱粮，得到了江南百姓的勒碑感念，康熙帝还谕令官员不得借此扰累百姓，"江南江西总督傅拉塔疏言：江南百姓感戴圣恩，起造龙亭，建立石碑，其碑文进呈御览。上曰：蠲免钱粮，原欲使小民物力稍舒，渐登殷阜……嗣后地方官员不得借端修葺碑亭，以滋扰累"①。山东巡抚佛伦也奏报了山东民众感念蠲免的情况，"东省康熙二十九年分地丁钱粮尽行蠲免，百姓莫不感戴"②。康熙四十二年（1703 年）十二月，直隶、山东发生了水旱蝗巨灾，出现了人相食的现象，康熙帝发帑、截漕进行赈济，山东巡抚王国昌疏报了山东民众的感念之情，"东省蒙皇上截漕发帑，差官赈济，万姓欢呼，吁请代题谢恩"③。尽管这类由官员奏报的感戴多有粉饰或夸大的成分，但民众对官府在灾荒中蠲免钱粮的赈济措施心存感念，应该是事实，清朝统治者也借此笼络了民心。此后，随着清军在各个战场上的节节胜利，清王朝也逐渐在中原站稳了脚跟。因此，顺康时期对灾荒的赈济，无疑起到了扩大清王朝的统治基础。

雍正时期，清王朝的统治基础已经奠定，雍正帝锐意改革，整顿吏治，惩办贪污，使朝纲为之一肃。但是，雍正帝的改革并非刚猛不厚，他在改革中还是沿袭了顺康时期赈济灾民的"体恤灾黎"的特点，从社会经济实力增强、府库渐趋充裕的特点出发，调整了灾荒蠲免的分数，使同等灾情享受的赈济物资增多，灾民更加感受到了清王朝的宽恩厚惠。因此，雍正时期的赈济，起到了加强和巩固统治的作用，同时，也因为"民众"的感恩心理，部分商民加大了捐输的数额，改变了清王朝出多入少的赈济局面，府库及仓储中私人的捐输数已经增多，既减轻了国家的负担，也在灾荒赈济中发挥了作用。如雍正四年（1726 年）正月，两淮巡盐御史噶尔

---

① 《清实录·圣祖仁皇帝实录》卷一百四十四"康熙二十九年二月条"，中华书局1985 年版，第 591—592 页。

② 《清实录·圣祖仁皇帝实录》卷一百四十七"康熙二十九年七月条"，中华书局1985 年版，第 630 页。

③ 《清实录·圣祖仁皇帝实录》卷二百十四"康熙四十二年十二月条"，中华书局1985 年版，第 174 页。

泰奏报了因蠲免盐课，两淮盐商感恩捐输库银的情况，"众商感戴赈恤蠲
免之恩，今盐丰课裕，商业已隆，情愿公捐银二十四万两备交运库"①。次
年（1727 年），雍正帝谕令用其捐款建盖了盐义仓，积贮备荒，更得到了
称颂：

> 谕户部：两淮巡盐御史噶尔泰奏称，乙巳纲商人呈称感戴皇恩抚恤，盐
> 丰课裕家足户盈，情愿公捐银二十四万两，以充公用，以达微忱等语。朕轸
> 恤盐商，是以减除浮费，加添盐斤。种种施恩之处，无非欲使众商均沾利益，
> 资本饶裕，并不计其感激报效也。伊等上年公捐银两，朕因其既已捐出，难
> 于退还，故令即于本地方建立盐义仓，以裕积贮，备地方之用……若遇歉岁，
> 即以此为赈贷之资，济其困乏。②

因此，雍正时期的灾荒赈济，是在政治局势逐渐稳定的背景下进行
的，其在赈济制度方面的改革及赈济措施，在政治上达到了巩固政权、加
强统治基础的积极作用，为乾隆赈济制度的完善奠定了基础。

乾隆时期，对赈济制度进行了全面改革、建设及完善，其赈济措施，尤
其是在赈济数额上比康雍时期宽大，赈济期限延长，赈济灾情的分数下调，
这为他博得了超乎前人的声誉。随着经济实力的增强及统治基础的稳固，中
央集权体制也达到了高峰，也为他在赈济方面的统一指挥、协调各地奠定了
基础。因此，在一次次灾荒赈济中，他能够运用高度集中的权力，在全国范
围内迅速调集赈济物资，完成了一次次赈济任务，使无数饥民得到赈济实
惠，灾民的感恩之情，在史料中随处可见。如乾隆七年（1742 年）九月，安
徽巡抚张楷奏报，安徽凤阳、泗州两个灾区为期两个月的赈济已经完成，
"自七月抚恤起，已报完竣"；颍州府"自八月中旬抚恤起，将次完竣"，
共赈济贫民大小口共二百二十余万，赈济期限延长，得到了灾民的感戴：

> 至赈济月分，仰蒙皇恩，将最重之凤阳等十三州县，于部例月分之外，加

---

①　《清实录·世宗宪皇帝实录》卷四十"雍正四年正月条"，中华书局 1985 年版，第
595 页。

②　《清实录·世宗宪皇帝实录》卷五十二"雍正五年正月条"，中华书局 1985 年
版，第 787—788 页。

展三月；次重之定远等六州县，加展两月。臣即会同督臣德沛通饬晓示，将正赈、加赈共七个月者，自九月赈起；六个月者，自十月赈起；五月、四月者，于十一、十二月赈起。统赈至来年三月止。其例不应赈之六分次贫赏赈一月者，于年底给散。此次灾口虽倍多于上年，但抚恤期早，又多加月分，赈期舒长。贫民感戴隆恩，自古未有。人人安分守法静领赈粮，地方极为宁谧。①

乾隆时期，各地受灾民众感受的皇恩较多，不仅蠲免、缓征的钱粮数额较多，捐输钱粮的数额也随之大大增加。乾隆七年（1742 年）九月，从上谕中可知，江西自本年正月起至八月止，在户部陕西捐监者几乎有两千人，"若移捐于本省，不及一年，便可得谷四十余万石"②。

由于大力赈济、普施恩惠所产生的积极效果，官民对皇帝的称颂及太平盛世的景象，也达到了顶点，如乾隆十三年（1748 年）九月，给事中同宁、马宏琦，御史沈廷芳、赵青藜等从山东查察赈务回京复命时得到乾隆帝召见，他们就转达了灾民称颂皇恩的情况："朕召见询以东省情形，伊等但称皇恩广沛，民庆乐生，岁获有秋，大有起色。"③

故乾隆帝灾荒赈济的实践完善了赈济制度及政策，赈济制度又规范了赈济行为，但具体的赈济又常常能根据具体情况灵活运用和调整。随着他一次次大范围调运赈济物资、大规模调拨赈济人员，完成了一次次重大灾荒的赈济，在政治上产生了较为积极的效果，不仅稳定了灾区的统治秩序，强化了中央集权的统治基础及统治能力，彰显了其盛世的显著特点。但也由此暴露了弊端，耗竭了国力及统治实力，使清王朝灾荒的赈济，无论是制度，还是具体的实践措施，都在后来时期没有了超越的实力和能力，清代国力及其代表的制度也由此日趋下滑和崩坏。因此，乾隆时期的赈济也成了清代乃至中国古代巅峰时期的代表。

---

① 《清实录·高宗纯皇帝实录》卷一百七十五"乾隆七年九月条"，中华书局 1985 年版，第 257 页。

② 《清实录·高宗纯皇帝实录》卷一百七十五"乾隆七年九月条"，中华书局 1985 年版，第 258 页。

③ 《清实录·高宗纯皇帝实录》卷三百二十四"乾隆十三年九月条"，中华书局 1986 年版，第 350 页。

嘉道以后，赈济多沿用乾隆时期制定的制度及措施。但由于国力衰落，已不能维持乾隆时期繁盛的景象了，制度的空壳下是力所不逮的没落景象，加大了民众对皇恩厚望之下的失落及怨懑，民众的拥护也逐渐散失了，从而动摇了统治基础，削弱了统治力量，导致了官府力量的没落及义赈势力的兴起。再加上国际局势的变化越来越不利于清王朝的专制统治，统治者在灾荒赈济中日益严重的无能行为。在清末长期、大范围的巨灾打击下，灾民死亡无数，人相食的现象更为普遍，清王朝的统治基础丧失殆尽，最终成为导致清王朝统治崩溃的重要原因之一。

此外，灾荒赈济在政治上产生的另外一个积极作用就是稳定了统治基础。灾荒中官府的有力赈济，使大部分灾民都能够得到钱粮救济，在灾荒后期还能够得到无息的籽种、口粮、牛具的借贷，对恢复生产产生了积极作用，更使灾民投入到生产劳动中，减少了流离的可能。而流民的减少，对社会的稳定就产生了积极作用。

赈济措施的得当，减少了灾民因饥荒而走投无路之下的抢粮、暴动及起义的可能性。尤其以工代赈措施的普遍实施，使青壮年灾民可以依靠佣工为生，既增强了社会基础设施建设，又将社会的不安定分子吸引到了工程建设中，降低了社会变乱发生的可能性。对统治秩序的安定、统治基础的巩固，无疑是有积极作用的。

（二）社会经济层面的积极影响

1. 对农业经济发展及灾民生活的影响

赈济对社会经济产生的巨大影响，主要表现在对灾荒地区农业生产的恢复及发展的促进，以及社会经济秩序的稳定等方面。

灾荒往往对社会经济造成了严重的破坏，灾荒之后，田地荒芜，灾后实施的赈济措施，既减少了农民大量死亡及流离的可能性，在增强社会稳定因素的同时，使之继续固着在土地上，使农业经济的恢复有了生产力基础，也使灾后农业生产的重建有了可能。

同时，赈济后期给灾民无息借贷籽种牛具的措施，也使农业生产的恢复有了可能，使大部分刚刚度过饥荒危机，但又无力筹措籽种牛具的灾民，有了从事生产的机会和可能，对灾区农业生产的迅速恢复及发展注入了动力，也使粮食能够及时播种，不误农时，农业生产及时、顺利地进行，从而保障了农业的收成。

农业生产得到恢复及发展，就能积累丰富的赈济物资，为下一次灾荒赈济的顺利进行提供保障。在中国古代社会，农业是全社会最为基础及重要的经济支柱行业，只要农业发展起来了，整个社会的经济基础就随之增强，府库才能充裕，国力才能强盛。因此，赈济在灾区乃至整个社会经济的恢复及发展中，发挥了重要作用。

此外，赈济的主体是人，是大量生活无着落的穷困群体，尤其是那些等待赈济的无粮、无钱、无房的灾民。朝廷在赈济中投入的大量钱粮，对灾民的生活产生了积极的影响，保存了灾区的生产力。

首先，在灾荒不同阶段进行类型不一的赈济，如灾荒开始时的普赈（急赈、先赈等），可以使灾民从最初的惊慌中迅速稳定下来，减少流离的可能。其次，再根据灾情的轻重，进行时间长短不同的加赈，长的达到六七个月，短的达到三四个月或是一两个月，让灾民得以度过灾后漫长的饥荒时期。再次，在加赈、大赈结束的时候，如若遇到青黄不接的时候，还实行展赈和借贷籽种口粮牛具等，使灾民得以从灾荒的打击中逐渐恢复过来。最后，还有各种类型和形式的散赈，在流民、饥民多的地区，常常进行粥赈。从这些方面来看，赈济的措施确实较为完备，考虑到了灾民在各个阶段会遇到的困难，并制定相应的赈济措施。

因此，一般情况的灾荒，如大灾、常灾、轻灾，甚至是重灾、巨灾，有了官府的赈济，灾区的生产生活可以稳定地持续下去，灾民的生活得到极大的保障及改善。使绝大部分灾民得以度过饥荒，可以有粮吃、有房住，有籽种牛具。很多房屋在灾荒中受到损害的，还给发修盖房屋的资金，使灾民享受到实实在在的实惠，如乾隆二十年（1755 年）"又覆准：江南省上元等州县，乾隆十七年夏秋水旱风潮，田禾被灾，共赈济灾民银七千七百六十六两六钱，又赈恤倒房银二千八百九十八两各有奇"①，"又

---

① （清）昆冈等修、刘启端等纂：《钦定大清会典事例》卷二百七十一《户部·蠲恤·赈饥》，《续修四库全书》编纂委员会：《续修四库全书·史部·政书类》第 802 册，上海古籍出版社 2002 年版，第 338 页。

覆准：安徽省泗、盱等州县，乾隆十九年秋禾被水，赈过贫民、贫军银一万八千八百六十六两六钱有奇"①。

2. 对商业的影响

在灾荒赈济中，由于官府鼓励外省商人运送粮食到灾区贸易，无疑是在重农抑商的政策下，为商人在闷窒的房间中打开的一扇可以透气的窗户，成为鼓励商业在农业社会发展的契机，也使其商业行为披上了合法及慈善的外衣，对商业的发展无疑起到了积极的促进作用。

此外，商人在灾区进行的粮食贸易，往往与官府赈灾粮食的采买密不可分。很多时候，官府的粮食采买是由专门指派的人负责，但更多的时候，是委派商人承担，这就使商人的商业化行为更多地与政府的行政行为密切联系起来，在客观上提高了商人的社会地位。

由于中国古代是重农抑商的社会，士农工商的地位排列顺序，使商人的社会地位长期以来较为低下，即形成了低下的社会政治地位与雄厚的经济实力严重脱节（或剥离）的现象，这也是形成中国传统社会中商人常常要购买大量土地成为农民而不是成为更大的、更专业的商人的主要原因之一，这是导致中国传统社会中很少出现专业、世袭商人的重要原因。也因为商人的从业时限及时效受到集权政治的极大影响，使中国古代的商业长期从属于政治，成为政治的附庸，商人也就没有了在仕途上晋升的机会。

但灾荒赈济给了商人改变社会地位的机会，他们在经商致富后，利用官府捐输、捐监、捐纳的机会跻身于政治舞台。清代规定了捐输不同数额的钱粮，可以得到不同的荣誉称号及议叙的资格，在有缺的时候可以实授，这就使商人获得了与官员平起平坐的机会。虽然很多捐纳、捐输、捐监得到的官衔是虚衔，即便是得到了实衔也往往被人看不起，与通过科举获取的功名不能等同，但在形式上，他们还是得到了官府的认可，有了花红、有了顶戴，也有了议叙的资格，甚至在实授官职后可以入朝为官。

① （清）昆冈等修、刘启端等纂：《钦定大清会典事例》卷二百七十一《户部·蠲恤·赈饥》，《续修四库全书》编纂委员会：《续修四库全书·史部·政书类》第802册，上海古籍出版社2002年版，第338页。

赈济制度中对商人的这种认可是可以量化的，其收益对所有的商人都是一样的，无论捐多捐少，都能够得到相应的称号及封赠。而商人经济实力的强弱及其目的性，往往决定了其捐输数额的多少。当然，多捐的得到的荣誉及地位就高，因此，这在一定程度上成为商业发展动力，刺激了商人更加积极地经商，商人为了提高自己的社会地位及声誉，就可以不断地把经商所得的钱粮，源源不断地捐献到官府的府库及仓廪中。很多地区的商业，也因此出现了繁荣的景象。

此外，赈济也是商人改变社会形象的重要机会。在中国传统社会中，"奸商""无商不奸"等词汇，使商人的社会声誉较低。但灾荒赈济却使商人获得了改变形象的机会，其在赈济中捐出钱粮，举办赈厂，赈济饥民的行动，使很多商人获得了"善人""从善"的称誉，在饥民饥寒交迫之中雪中送炭的实际行动，使很多商人获得了高度的认可和信任。而良好的声誉对商业的发展而言，能够起到极大的推动作用，因此，灾荒赈济对商人所从事行业的繁荣，也能够起到促进作用。

3. 对传统建筑工程业的影响

灾荒赈济中常常采取以工代赈的措施，对清代建筑工程的发展起到积极推进的作用。这个推进表现在工程数量的增多及技艺的提高、从业的专业人群数量的增加等方面。

在灾荒赈济中，统治者常常招募青壮年参加修筑城墙、疏浚及修筑水利工程，或是修筑府衙、修建庙宇学堂等，凡是能够兴工的工程，都在灾荒中举办，使灾民可以佣工糊口，达到一举两得的效果。然而，以工代赈在客观上达到的效果却远远超过了统治者的初衷，其最大的一个客观效果，就是通过一次次的工赈活动，培养了一批专业的建筑工程群体。这些群体虽然不是长期的，也不具有行业的稳定性特点，但是他们散落民间，一有需要，他们就能够集中起来完成建筑工程任务。这就提高了中国农民整体性的工程技术水平，提高了整个农民阶层的技能素养。因此，在评价古代农民素养的时候，不能忽视赈济造成的这个结果，同时，只是简单地说中国古代的农民愚昧、落后、保守的观点，应该予以修正，起码在建筑技术层面上，应该有客观和公正的评价。

由于各地工赈的项目不同，形成具有区域性特点的建筑工程人群，因此，中国民间也就散落了很多技能很高的工程技术人员。他们的技能常常成为世袭的谋生依靠，其中很多人在机会合适的时候，也就成为专业的建筑人员或手工业者，使他们的行业发生了改变，不仅造成了职业群体数量的改变，也在一定程度上促进了手工业的发展。

同时，工赈还是流芳后世的活动。首先，通过以工代赈活动，使清代的各项建筑工程纷纷兴建起来，亭台楼阁、城墙庙宇、学堂路桥等，都给后人留下了很多物质文化成果。其次，工赈中兴建的许多工程，不仅在当时，也在后来的历史发展中发挥着实际的作用，如河工是工赈中最重大、历时最长久的工程项目，虽然其间的问题也很多，但在防御水旱灾患方面还是发挥了积极的功效，很多坚固的堤埝堰坝，一直应用到现当代。许多在工赈中疏浚和修筑的河渠沟渠，也在后世的农业生产中发挥了积极的作用，成为长期沿用的水利设施。

4. 对传统交通运输业的影响

赈济物资要运输到灾区，交通是决定赈济任务是否顺利完成的关键因素。

赈济物资的运输常采用陆路运输，漕粮运输则是水路。在沿海地区，还常从海路运输物资。很多时候，陆路运输不便的时候，也改从海运，雍正四年（1726 年）十月，要从江西调运粮食到福建接济，但由于运输路线不畅通，截留的漕粮就改从海运，"户部议覆江西巡抚汪漋疏言，江西协济闽省谷石，俟明年秋后补运。查闽省积贮最为紧要，而运道稍觉回远，应令江苏安徽巡抚截留漕米十万石，从海运赴闽。至明岁秋收时，即以江西应运之米补还，从之"[①]。

清代的统治阶级比较关注赈济物资的运输，这在很大程度上了促进了运输路线的修筑，对交通情况的改善和发展起到积极的促进作用。如乾隆二年（1737 年）三月，乾隆帝在川陕总督查郎阿、陕西巡抚硕色奏报陕西丰收的情况后，上谕曰："陕省麦田，既大有秋。则登场之时，其价必贱。

---

① 《清实录·世宗宪皇帝实录》卷四十九"雍正四年十月条"，中华书局 1985 年版，第 743 页。

朕欲发帑采买，以济直隶之急。不知陕省之麦，足供何许？运输之道若何？卿宜悉心详议，速行议奏。"①

在水路运输中，运道也时常因河流淤浅而不能行船。因此，河道常常得到疏浚及修筑，在客观上促进了水路交通的发展。如康熙十六年（1677年）二月，冀如锡等上疏修筑黄河堤工时说："河道水性靡常，全赖堤工捍御……其清口一带沙淤及运河见受黄流淤淀之处，亦应疏浚……查黄运两河关系运道民生，自应修治。但所费浩繁，一时难以并举。应令新任河臣酌量要紧处，先行修筑。其归仁堤未完工程亦速令催完。从之。"②雍正三年（1725年）六月，雍正帝在上谕中，就从漕运的归属地不明确对粮食运输产生的重要影响出发，建议调整河南州县的归属权，雍正帝又谕曰：

> 直隶大名府属之滑县、浚县、内黄县为河南漕运所经，地虽接壤，而属则隔省，闻多有呼应不灵之处，以致河南粮艘年年迟误，且大名府所属计一州十县，彰德府所属只一州六县，卫辉府所属只六县。若以滑、浚、内黄三县分隶彰德、卫辉，则多寡既均，而于运道得专责成，亦有裨益。著九卿速议具奏。寻议：浚、滑为古汲郡地，内黄为唐相州地，本均属河南省，请以浚、滑二县隶卫辉府，内黄县隶彰德府，运道粮艘咸资裨益。从之。③

州县的隶属关系改变之后，对运道的畅通产生了重要影响。

乾隆时期，常常利用以工代赈的机会修筑河道，以便粮食的运输，这对河道交通运输的发展，也有极大的促进作用。如乾隆四年（1739年）正月，军机大臣议覆两江总督那苏图、江南河道总督高斌、江苏巡抚许容奏请的疏浚淮扬河道以利运道的奏疏，请求用以工代赈的方法维修。

> 淮扬水利向无蓄泄，是以旱潦皆能为患，兹勘得江都县之扬子桥、沙坝

---

① 《清实录·高宗纯皇帝实录》卷三十九"乾隆二年三月条"，中华书局 1985 年版，第 708 页。

② 《清实录·圣祖仁皇帝实录》卷六十五"康熙十六年二月条"，中华书局 1985 年版，第 838 页。

③ 《清实录·世宗宪皇帝实录》卷三十三"雍正三年六月条"，中华书局 1985 年版，第 508 页。

河、董家沟三处，系上游通江之道，高邮州之通湖桥、头闸二处及所历运盐、车路、白涂、串场等河，宝应县之子婴河、山阳县之渔滨河及所历湖荡等处，并为下流入海之道，日久淤塞，亟宜挑浚。他若山阳县之泾河闸引河，高邮州之南关大坝、五里中坝、车逻大坝、引河，盐城、兴化、泰州、通州、如皋、泰兴之盐河，亦宜逐段疏通，再创建盐邑之天妃闸，修筑兴邑之青龙白驹等闸，沿海之范公堤，统计各工，除淮商捐挑盐河银三十万两外，尚需请拨银七十万两，小民青黄不接之时，以工寓赈，实为一举两得。查前项工程，经该督等勘商，均与运道农田有益……俟到工之日，覆行勘估，次第兴修，从之。①

（三）文化思想方面的积极影响

灾荒赈济在文化思想方面的典型表现，是灾荒赈济丰富了思想文化的内容，产生了与灾荒赈济有关的诗歌及文学作品、荒政文献等。如乾隆七年（1742 年），担任直隶总督、太子太保的方观承，就以直隶赈济事务为核心，留下了总结赈灾得失经验及其规章制度的《赈纪》。其他文人也留下了丰富的有关灾荒赈济的文献，这些文献大部分收集在李文海、夏明方先生主编的《中国荒政书集成》中，这对我们研究清代的赈济制度、措施，以及清代的赈灾思想，都具有极大的学术价值。

此外，各地官员留下了许多赈济灾荒的诗歌，或是撰写了办赈日记、笔记等，丰富了中国古代文学史的内容。乾隆帝也写了很多关于赈灾的诗歌，《御制诗集》中记载了他很多有关赈灾的诗歌，如在一首题名为《雨》的诗中就有"赈灾恤贫尽人事，毋为饰隐敦勤宣"的句子，在《引怀堂》诗中也有"引怀今日昔书堂，今日引怀昨岁长。祭使回称南府旱，抚臣严饬赈灾忙"的句子。此外，施闰章《学余堂文集》就收录了一首名为《蠲赈灾民》的诗："帝德歌风动，王猷懋日跻。悯时频减膳，耕籍每扶犁。荒政蠲田赋，军储急鼓鼙。何当分内帑，特遣恤遗黎。沧海嗟无岁，黄河旧决堤。炊烟寒不举，蔀屋远含凄。饥啮榆皮尽，愁看鹄面黧。林空

---

① 《清实录·高宗纯皇帝实录》卷八十四"乾隆四年正月条"，中华书局 1985 年版，第 330 页。

难捕雀，野旷绝鸣鸡。莫馨监门绘，谁怜转壑迷。"

同时，灾荒赈济还产生了众多反映赈灾的绘画作品，如有关煮粥的图画、赈灾粮食图等是较为常见的赈灾作品，这些以灾荒赈济为主题的绘画作品，丰富了中国绘画艺术史的内容。在中国绘画艺术史的研究中，甚至可以因此形成灾赈绘画史的研究领域。

灾荒赈济还加速区域之间思想、文化的交流，在灾荒赈济过程中，区域之间人员的流动性大大增强，促进了区域文化的交流。同时，灾荒赈济中，人们之间同甘苦、共患难及相互扶助的精神得到了加强，在一定程度上弘扬了中华民族仁人爱人的民族精神。当然，与此相对的是人相食的血淋淋的人性沦丧的行为。这也是同一个问题在不同的阶段、不同区域所表现出来的不同点。

灾赈制度在文化思想方面的另一个积极积响，是对中国传统民族心理的塑造及引导。如在灾赈制度推行及具体实践中，塑造了一批批具有循良高义、扶持弱小等品行高洁的救济灾民的社会道德楷模；鼓励了民间在灾荒危机中的自救及互助行为，以自力更生、坚韧不拔的积极心态面对灾荒，进行灾后重建及社会秩序的恢复，在无形中强化了灾害的韧性，塑造并强化了优良的民族精神；官方的大力救助制度及行为，让灾民感受到生命被保障的安全和依靠，在一定程度上强化了中华民族传统文化中的凝聚力及向心力。

清前期灾赈机制还塑造、传承了中国传统的应对、防备灾害的一系列文化内涵，孕育了中国传统文化的独特文化类型——灾害文化，包含人们对待灾害的态度、思想、理念、行为、经验、习俗。具体说来，灾害文化是一个国家（地区）或民族在长期与灾害共存的过程中形成并建立起来的，包括人们对待灾害的态度、思想、理念、习俗、惯例、规范、禁忌及系列应对的行为、制度、措施，还包括人们对灾害的认知、记忆、神话传说、知识体系和用文字影音等形式记录的灾害现象及其经验价值等内容，从不同侧面、以不同方式传承了不同的防灾抗灾减灾的技能、方法及救助措施甚至是制度，丰富了传统文化的内涵①。

---

① 周琼：《灾害史研究的文化转向》，《史学集刊》2021 年第 2 期，第 4—10 页。

二、清前期赈灾机制的消极影响

清前期各项赈济措施的推行极其顺利，灾民从中享受到了极大照顾。同时，也因为乾隆朝国力逐渐强盛，经济基础雄厚，每每施行赈济，均以赈灾救黎为重，对社会生产的迅速恢复发挥了积极作用。但也由此在客观上产生了一些不利的影响。尤其是从历史辩证唯物主义的角度看问题的话，灾荒赈济在存在积极影响的时候，也有其消极、不利的影响存在。

首先，清前期赈灾机制的消极影响在经济方面的主要表现，就是救灾物资的浪费。在乾隆朝表现较为突出，这与乾隆帝奢华排场的生活习惯及好大喜功的作风有密切关系，即乾隆帝在灾荒赈济中常常延长赈济期限、额外增加赈济物资数量的做法，虽然在一定程度上起到了使灾民咸登衽席的目的，但却在灾荒赈济中也造成了铺张浪费的现象。如很多可以赈济三十日的灾荒，乾隆帝往往延长赈济四十日；一些只用蠲免三分钱粮的灾荒，往往增加蠲免至五分，虽然表现了对灾黎的体恤，也使灾民在其中感受到了皇帝的天高地厚之恩。但灾荒无穷时，物资有尽日，无数次的赈济，使大量府库仓储积储的物资在赈济的铺张中被不必要地耗费掉，这在很大程度上削弱了乾隆朝的社会经济基础。到了乾隆朝晚期的赈济活动中，就不时出现了捉襟见肘的现象。这在很大程度上是其前期无节制的耗费导致的，这种耗费的行为，完全抛弃康雍时期确立的节俭备荒的思想及行为。随着社会经济基础的严重削弱，也埋下了嘉道以后官赈空有制度的外壳，却无赈济物资可调度的赈灾危机，加快了清代官赈的全面衰落。

为了解决赈济物资匮乏的危机，乾隆帝加大了捐纳、捐输、捐监进行的力度，虽然确实起到了增加赈济库银及仓储量的效果，但却在客观上造成了公开的卖官鬻爵的现象，既影响了朝廷的威信，也败坏了吏治，完全葬送了康熙、雍正帝竭心尽力进行的吏治改革的成果。

乾隆帝铺张奢华的赈济作风，是源自其赈济的指导思想。他将关心民情视为是皇帝自上而下降给小民的恩惠，因此，施恩的心态及喜欢听到灾民对其恩德的颂扬，是导致他在赈济中尽力放宽期限及数额的根源，这就彻底改变了雍正帝提倡赈济适中的原则。雍正帝是以民生民瘼为重的皇帝，并且以轸念民瘼为上，认为这是皇帝的本分，在其上谕中常常认为，灾荒是上天对皇帝及臣子的警示，全体官员应该儆惕悚励，恪意奉公，自我反省，"大凡地方水旱，沴不虚生，或朕朝政阙遗，或尔等封疆大吏治理纰缪，或小民习尚浇漓之所致。消弭之道，当应之以实，不应之以文。惟返躬修省，克己改过，然后斋肃吁恳。则天人交感之际，潜孚默契，有如响之应声"①。雍正帝对赈灾一直兢兢业业，认为应该尽力赈济灾民，才能无愧于心，"在朕心以为敬天勤民，励精图治之意。至真至切，可以自信，无少愧歉于中……今夏二麦登场之时，适值连雨，目前虽晴，尚未开霁，朕为小民深切轸念……朕因此反躬自省，不能无疑，或用人行政之间"②。但乾隆帝对待灾荒赈济的态度却是"惟应尽人事以应天，不可因过于望雨之切，而有过中之念，与夫信左道以祈雨也"③。彰显其赈济理念的被动性特点，当然也有向民众施恩之意，"朕自即位二十四年，至今爱民之心，有如一日。凡所以为百姓虑者，无一事不极其周详，无一时或释诸怀抱。统计各省蠲赈之需，不啻数千万，此亦天下臣民所共知者。而恩膏下逮，常如不及"④。

因此，乾隆帝以这种思想及方式对待灾荒赈济，势必造成国家赈济资源的逐渐枯竭，也耗减了社会的整体经济资源，对以后的赈济也产生了消极的影响。因为乾隆朝确立的赈济制度措施，是在经济高度发展、国力十分强盛的时候制定及完善的，很多措施是以需要经济实力为后盾才能够实施的，如赈济的灾情分数下调到五分，就需要多支出赈济钱粮。但乾隆朝以后，经济衰落，国库日益空虚，再支付庞大的赈济费用，就十分艰难，加之以后灾荒更为频繁，巨灾、重灾次数更多，国库大部分的资金都用于赔款及军费开支，在灾荒赈济中能够投入的经费就更为有限，这就必然导致了官赈的衰落。可以说，清王朝官赈没落的根源，早在乾隆朝时期就已

---

① 《清实录·世宗宪皇帝实录》卷三十二"雍正三年五月条"，中华书局 1985 年版，第 483 页。

② 《清实录·世宗宪皇帝实录》卷四十五"雍正四年六月条"，中华书局 1985 年版，第 666 页。

③ 《清实录·高宗纯皇帝实录》卷九十三"乾隆四年五月条"，中华书局 1985 年版，第 432 页。

④ 《清实录·高宗纯皇帝实录》卷五百八十七"乾隆二十四年五月条"，中华书局 1986 年版，第 515—516 页。

经埋下了隐患。

其次，对民族性格的消极影响，使民族养成了消极望赈的依赖心理，塑造了民族性格中一个侧面，即安于贫困的惰性。赈济虽然救济灾民、活民无数，赈济灾荒也是中国传统的施政思想及措施，对减少灾区人口的死亡、保存生产力方面起到了积极的作用。但赈济却又在另外一个层面上导致了消极的结果，即由于官府的赈济措施较为完备，使灾民在不同时期都能够得到钱粮上的赈济，民众每次遇到灾荒，都得到官府不同程度的赈济，长期以来，培养了中国古代民众对官府、皇帝的依赖心理。

每当遇到灾荒的时候，灾民不是想办法积极自救，而是等待和盼望着好皇帝、官员的怜恤和救济。如果官府救济及时，就能够度过危机，如果赈济不力，灾民就只有辗转于沟壑或趋向死地，这是典型的对自己的生命不负责任的依赖习惯，将身家性命寄望于或托付给不一定能够得到依靠的个人或群体身上，最终的结果就可想而知。

同时，一旦灾荒来临，灾民常常都能够得到赈济，这就导致了灾区民众缺乏危机意识，也缺乏奋发图强的意识，得过且过，安于现状。因为他们的生命和灾难，自有皇帝和朝廷、官员操心，同时，"民心向背"常常是好皇帝、好官员的一个评判标准，而灾荒赈济中抚恤流离、拯救灾民、活民济困的行动，就是获得民心与否的关键因素。

因此，很多灾民在无意识中利用了自己的感恩对皇帝及官员的评判，即用其作为"民心"一分子的资本，等待和盼望着皇帝及官员的赈济，在得到赈济之后，就及时抛出他们对皇恩的感激和颂扬，只要几句感激颂扬的话语，对灾民来说是一件很容易的事情，就能够让官员及皇帝等施恩者的心态得到极大满足。这在客观上强化了国民的依赖、安贫性格。从个人生活的角度、从人性的生存之道来说，原本这种性格也不存在什么优劣，但是作为民族性格的一个组成部分，在世界民族生存、竞争的发展舞台上，就不能不说是一种遗憾。

好在这种性格也在赈济中被以另外的方式减弱，即赈济中以工代赈的措施，又在另外一个侧面培养了灾民自救的意识及能力。很多消极的结果也被弱化，使这种惰性没有成为民族性格的主流，只是其中的个别瑕疵。这也是中华民族历经困厄，却依然存有奋发图强之士走在前列，引领我们的民族奋发图强，并为民族的解放及存亡进行不懈斗争的原因之一。

因此，作为慈善的一方进行积极的赈济活动，却在客观上导致了消极的后果，不能不说这大大背离了赈济活动的目的。应该说，赈济助困、困者仰之以谋求自救之道，才是赈济目的之所在。

第二节　清前期灾赈机制的弊端

清前期的赈济，无论是从制度还是措施，或是具体的救灾实践，都达到了极其完善的程度，给后人留下了很多积极的有益经验。但也因为各种主观或客观的原因，尤其是赈济物资数额较大，从调动到发放，时间较为短促，赈济的每个步骤，时间也很仓促，加上参加赈济的人员繁多，目的也各不相同，就在赈济过程中产生了诸多的弊端。

同时，赈济是一个面对全社会的行为，不仅在官员中存在各式弊端，在普通民众中，也因为对赈济物资的冀望，存在种种的弊端。这些弊端，使乾隆朝的赈济及效果大打折扣，成为导致乾隆盛世转衰的原因之一，亦成为清代荒政衰落的主要原因。故乾隆朝的赈济弊端，不仅在官府及民众中有所表现，也在赈济的各环节如报灾、勘灾、发赈、蠲免、荒政、借贷等环节中，都有集中而突出的体现。

一、清前期官赈机制导致的弊端

各级官员的灾赈弊端，主要是官员出于自身经济利益的考虑、对赈济物资的贪婪并欲将其据为己有而采取的种种不法行为，主要有捏灾冒赈、匿灾讳灾等。

（一）捏灾与冒赈

1. 乾隆朝的捏灾与冒赈

捏灾即假捏灾伤的简称，又称冒灾，即冒告灾伤。主要是在灾荒赈济中，部分不法胥吏出于各自不同的目的，尤其是想多得赈济物资，就捏报、虚报灾情。即不法官吏乘其他地区发生灾荒的时机，将没有发生灾荒的地区捏为有灾，或将灾情分数低的灾荒报为灾情分数高的灾荒，从而希冀得到官府的赈济物资。

冒告灾荒的情况，乾隆朝以前就出现过，如雍正十二年（1734 年）七月六日江南总督赵弘恩奏报："有等地棍劣衿刁军恶佃，动辄串捏诡名，架砌重情，号召乡愚，纷纷告灾，意在抗赋、冒赈、减课、骗租，此等积习，两江尤甚。"①

捏灾、冒灾的最终目的，就是冒赈。因此，捏灾、冒灾与冒赈名异实同，是在赈济过程中出现的常见弊端之一，其方法就是利用赈济制度及措施中存在漏洞，谎报灾情，骗取官府钱粮，满足个人的贪欲。无论是捏灾还是冒赈，都是一个官员不能完成的，因为清代的赈济程序，不是一个官员就能够完成的，从报灾开始，在四十多天的时间中，要经勘灾官员的层层申报，由州县、道府、督抚，再到户部、军机处、皇帝，其间只要有一个过程出现问题，冒赈的目的就会落空。

一个成功的捏灾冒赈案，就是一个典型的集团（群体）犯罪案，犯罪群体之间能够达成高度的一致，或是其目的动机极其相似，欺上瞒下，并且这不是普通的案件，因为案犯是朝廷官吏，其作案的目标（作案对象）是朝廷、皇帝。在专制集权的统治体制下，普通官吏是不敢对皇帝行此"大逆不道"的欺骗之事，要欺骗皇帝，需要具备一定的"胆识"，具有高度的号召及协调能力，才能将犯罪过程中需要的不同官阶的同犯拉拢并胁迫其参与作案才能够完成。

最初捏报灾情后，就要经过勘灾官员这一关。一些勘灾的官员在勘灾过程中，由于受到种种因素的影响，如受到基层捏报灾情的官员共同蒙蔽而未能勘实灾情，或是被捏报者收买，与其一起作弊，共同捏报或虚报灾情。虽然自康熙帝以后，对捏灾行为有所警觉后，就相继制定了对捏灾者的处罚措施，因此，以整顿吏治著称的康熙、雍正时期，没有出现大型冒赈案件。但是，到了乾隆朝时期，由于乾隆朝对待属下的宽疏，以及在赈

---

① 《世宗宪皇帝朱批谕旨》卷二百十六之四"朱批赵弘恩奏折"，《景印文渊阁四库全书·史部》第 425 册，商务印书馆 1986 年版，第 544 页。

济物资发放方面常常具有加恩于灾民的思想支配下出现多发赈济物资的
"大方"特点，被一些官员利用，他们在利益的驱动之下，以身试法的官
吏就很多。可以说，乾隆朝的赈济取得了极好的效果，得到万民发自内心
的称颂也是最多的。但是，由于乾隆帝的宽纵及主观上的不重视，以及他
在赈济中执行的"宁滥毋遗"的原则，导致赈济发放时常常出现"浮开滥
给"的现象，就给捏灾冒赈者以希冀和可乘之机。

对此，虽然乾隆帝本人有所察觉，但他始终未像雍正帝一样严厉执
法，如乾隆十四年（1749 年）五月，辰垣具奏米粮复税后奏请对冒赈者从
重治罪，"偏灾例应赈恤者，当多委干员及道府确查。若非真正乏食贫
民，不许滥给；官员邀誉市恩，查报不实者，即行揭参。刁民幸灾冒赈，
吏役串通作奸者，从重治罪"，但乾隆帝在给军机大臣的上谕中，谈到冒
赈时流露的思想，就表明了他对待冒赈者言厉实宽的风格，明显地表现了
他在赈济物资方面不用过于"撙节"的思想：

> 此乃偏灾赈恤定例当然，即朕宁滥毋遗之旨，亦正指乏食贫民而言，令
> 其加意赈恤。辰垣所陈诸弊，自由该地方官办理不善所致。朕初不谓官员查
> 赈，可浮开滥给。而刁民胥吏，可冒领营私，任其作弊也。设如辰垣所奏，
> 江省现在民风情形，当略为变通撙节办理，乃似新定条例，令督抚遵行。在
> 督抚等误会其意，必至倚于一偏，遇有偏灾，过于拘泥。俾泽不下究，所关
> 匪浅。且如黄廷桂，或以帑项为重，一意撙节查办，将不免于过严。而雅尔
> 哈善好名之徒，必以辰垣此奏为刻薄。而辰垣则以业经奏明为得计，将来偶
> 值歉收，抚藩办理各持意见，龃龉不合，殊无裨于赈务。著将辰垣原奏钞寄
> 该督抚，并详细传谕伊等三人，俾知和衷共济持平酌中之道。[①]

正是乾隆帝这种对待冒赈口头上强调严厉惩办，实际措施却依然宽疏
的言行，使冒赈之徒看到了希冀，也使得乾隆朝的冒赈案件开创了清代立
国以来之最。可以说，乾隆朝的冒赈案，大部分是由于乾隆帝本人主观意
识及行事风格导致的。虽然很多捏灾冒赈的小案事后均能告破，案犯也受

---

① 《清实录·高宗纯皇帝实录》卷三百四十"乾隆十四年五月条"，中华书
局 1986 年版，第 701 页。

到相应的惩罚，如乾隆三年（1738 年）十一月，怀宁、潜山、东流等三县续报旱灾，但经过查实，属捏灾望赈者所为，"查系捏报，妄希蠲赈"①。乾隆朝时期也严厉惩办一批捏灾的官员，如乾隆七年（1742 年）正月，崇明、靖江、丹徒、宝应等地就发生了捏灾的情况，犯人受到了制裁，"拿究崇明、靖江、丹徒、宝应捏灾藉赈、赖租冒蠲、罢市抗官之犯"②。乾隆十二年（1747 年）十一月，原任浙江巡抚常安疏报了一起捏灾案件的原因："本年八月间，德清县典史濮标通详，德清县知县施念曾捏报平粜折收捐监案内，据称该县与藩司素好，恃势侵渔等语。经臣饬该司查审，止将该县捏报平粜一节，具详题参……。"③

但这些小案件还是没有使乾隆帝充分警觉和重视捏灾冒赈的严重性，也没有促使其制定相应赈济监督机制及措施，只是乾隆三十六年（1771 年）六月，署陕甘总督文绶上奏甘肃省赈务时，奏请"现申明定例，立法稽查，以专责成，以除弊窦"，并提出了具体的惩办建议："州县侵冒赈务，本管道府皆有革职处分，难免回护，必得邻封道府大员，往来抽查，互相纠举。现派道府各员分查"，但是乾隆帝对此未置可否，仅下旨曰："诸凡详妥。交吴达善尽心实力为之。"

乾隆帝的这种态度，在一定程度上壮了贪官的胆，最终酿发了甘肃王亶望利用捐监捏灾冒赈巨案。此案始自乾隆三十九年（1774 年）四月，甘肃布政使王亶望与甘肃通省官员通同舞弊，利用捐监捏灾冒赈，贪污金额达二百八十余万两，涉及官员二百余人，为清代开国以来贪污案之最，也是清代集体性犯罪涉及官员最多的大案。乾隆四十六年（1781 年）结案时，乾隆帝才下决心彻底清查："前以甘省私收监粮折色一事，明系捏灾冒赈，上下一气，通同舞弊，不可不彻底严查……总之甘省冒赈之弊。断不

---

① 《清实录·高宗纯皇帝实录》卷八十一"乾隆三年十一月条"，中华书局 1985 年版，第 283 页。

② 《清实录·高宗纯皇帝实录》卷一百五十九"乾隆七年正月条"，中华书局 1985 年版，第 15 页。

③ 《清实录·高宗纯皇帝实录》卷三百二"乾隆十二年十一月条"，中华书局 1986 年版，第 947 页。

可不办。"①

乾隆四十三年（1778 年），广西发生了梧州府经历谭应麒谎报柳城县受灾的案件，"署柳城县事梧州府经历谭应麒先报该县收成八分，及批司确查，即禀改实止七分。又忽报被旱八百余村，臣因该县不过八百余村，如全县被灾，因何不早具禀？"因此派人前往勘察。但结果证实，柳城县根本没有发生过灾荒，相关官员受到了惩处，"即饬委该道府等，亲往各乡确勘。所属田禾，均已全行收割，并无歉收之象，出具勘不成灾印结"。因此，地方官员奏请将有关的官员惩办，"该署县亦自行禀请销案，似此游移反复，办事不实之员，请旨革职"。但乾隆帝的宽大风格再次在此次案件中展现无遗，认为他即位后从来没有因报灾过重处分过官员，担心处罚官员会让其他官员因过分害怕，反而出现有灾不报的"匿灾"现象，"谭应麒查办该县丰歉情形，并不核实呈报，反复更改，固有应得之咎。但朕自临御以来，于有司玩视民瘼，从不肯因报灾过重，加以处分。今若照吴虎炳所参，将谭应麒革职，恐无知之徒，妄生揣度，致启讳匿灾伤之弊，于事甚有关系"②。故乾隆谕旨的处罚极其轻微，只将谭应麒撤换，将其上司吴虎炳交部议处，"谭应麒转可毋庸置议（疑），但须将该员彻回，另选妥员接署。至谭应麒办事如此，其人之无能可知。柳城本任知县，系属何人，因何委署，况柳城在粤西，较为要缺。该抚理应遴选干员署理，何得率以庸劣之人，令其承乏？且谭应麒于勘灾情节，既属支离。吴虎炳即应迅派大员，及早查出。因何俟桂林檄令藩司等往勘，并据实奏闻。该抚始为此奏塞责，殊属不合。吴虎炳着交部议处"③。

因此，在很大程度上，赈济中出现的弊端，与乾隆帝惩办轻微有极大的关系。

---

① 《清实录·高宗纯皇帝实录》卷一千一百三十五"乾隆四十六年六月条"，中华书局1986 年版，第 162 页。

② 《清实录·高宗纯皇帝实录》卷一千七十"乾隆四十三年十一月条"，中华书局1986 年版，第 355 页。

③ 《清实录·高宗纯皇帝实录》卷一千七十"乾隆四十三年十一月条"，中华书局1986 年版，第 355 页。

2. 灾赈贪腐之极——甘肃王亶望捏灾冒赈案

此案开始于乾隆三十九年（1774 年）四月，陕甘总督勒尔谨以"仓储究不能全行足额"为由，奏请"重开口内外捐监例"，乾隆帝鉴于甘肃地远民贫"边陲地瘠民贫，应令仓储充裕，以备赈恤之用"，因此"复经允行，乃开例之始"①，并将浙江布政使王亶望调任甘肃布政使，"尹嘉铨著来京，补授大理寺卿。其甘肃布政使员缺，著王亶望调补"②，主持捐监事宜，希望他能与勒尔谨一道整顿甘肃捐监弊端，对他寄予极高的众望：

> 甘省捐监一事，上年止准令肃州以西，收捐本色……业经部议，准令本色报捐。仍饬该管上司核实稽查，勿使滋弊，业已允行。第念此事，必须能事之藩司实力经理，方为有益。尹嘉铨谨厚有余，而整饬不足。是以改擢京职，特调王亶望前往甘省。王亶望自必来京陛见，俟其到时，朕当面为训示，交令妥办。但董饬稽查，乃总督专责。著严切传谕勒尔谨，于王亶望到任后，务率同实心查办，剔除诸弊。③

但王亶望就任后，与勒尔谨联合起来，狼狈为奸，将原定各州县办理的捐监，统归于省府办理，控制了全省的捐监，将乾隆谕定征收的本色私自改为折色，向朝廷虚报灾情，大量发放捐监名额，"报捐监生，除填给空名，诈称实收"，并私自侵吞捐监银两，再向朝廷谎称银两已用于赈灾。因捐监名额由王亶望决定，地方希望获得更多捐监名额，纷纷向他行贿。王亶望为满足贪欲，不论地方官员所说灾情是否属实，甚至明知州县官员是冒赈报销银两，也照样发放捐监名额。

对于甘肃大肆捐监的情况，乾隆三十九年（1774 年）十一月，乾隆帝就有所察觉，他在给军机大臣的上谕中，就谈到了王亶望所奏捐监事宜折内的四大可疑之处，且对甘肃的地方民情深为熟悉，对捐监的数额及原因

---

① 《清实录·高宗纯皇帝实录》卷一千一百三十六"乾隆四十六年七月条"，中华书局1986 年版，第 184 页。

② 《清实录·高宗纯皇帝实录》卷九百五十五"乾隆三十九年三月条"，中华书局1986 年版，第 939 页。

③ 《清实录·高宗纯皇帝实录》卷九百五十七"乾隆三十九年四月条"，中华书局1986 年版，第 969 页。

分析得头头是道，颇为深刻，为了便于了解，兹录其分析于后：

> 称现在收捐之安西州、肃州及口外各属，扣至九月底止，共捐监一万九千十七名，收各色粮八十二万七千五百余石等语。固属承办认真，其情理多有不可解处。甘肃人民艰窘者多，安得有二万人捐监？若系外省商民，就彼报捐，则京城现有捐监之例，人何以舍近而求远？其不可解者一也。且甘省向称地瘠民贫，户鲜盖藏，是本地人民食用，尚且不敷，安得有如许余粮，供人采买？若云商贾系从他处搬运，至边地上捐，则沿途脚价所费不赀，商人利析秋毫，岂肯为此重费捐纳？若收自近地，则边户素无储蓄，又何以忽而丰赢？其不可解者二也。况以半年收捐之监粮，即多至八十余万，若合一岁而计，应有一百六十余万，若年复一年，积聚日多，势必须添设仓廪收贮，而陈陈相因，更不免滋霉湿之虞，且各处尚有常平仓谷，统计数复不少，似此经久陈红，每年作何动用？其不可解者三也。若云每岁春间，出借籽种口粮，需费甚多，设无捐项，势不得不藉采买，约岁需价百余万金，然此项究系购自民间，与其敛余粟归之于官，复行出借，何如多留米谷于闾阎，听其自为流转乎？或以为盖藏之内，多系富户，而出借种粮，皆属贫民，贫富未必相通，不得不官为经理，则又何如于春时多方劝谕富户，减价平粜，以利贫民，转需多此一层转折乎？其不可解者四也。勒尔谨既因该省民食筹办经费，自应将各种情形通盘筹画（划），使于民生有实济而无流弊，方为妥善[①]。

因此，乾隆帝谕令勒尔谨将他体会的四大可疑之处"逐一详细查核，据实明晰覆奏"[②]。

　　勒尔谨随后一一奏报，但从其奏章中可见，他对乾隆帝的疑惑竭力掩饰，证明王亶望奏报属实，并且将谎报的灾情说得证据确凿：

> 寻奏甘省报捐监生多系外省商民，缘新疆开辟，商贾流通，兼路远物稀，

---

① 《清实录·高宗纯皇帝实录》卷九百七十一"乾隆三十九年十一月条"，中华书局1986年版，第1258页。

② 《清实录·高宗纯皇帝实录》卷九百七十一"乾隆三十九年十一月条"，中华书局1986年版，第1258页。

获利倍厚。安西、肃州又为边陲门户，商民无不经由，近年粮价平减，伊等以买货之银，就近买粮捐监，较赴京实为捷便，是以倍形踊跃。甘省向称地瘠民贫，盖藏原少，连年收成丰稔，殷实之家，积粮日多，实系本地富户余粮，供捐生采买，并非运自他处。至收捐监粮，原因常平仓储不足，开捐弥补，如果足敷贮额，即当奏明停止，无虞霉浥。再每春出借籽种口粮，原取之捐项并采买内，实皆系民粟。但劝谕富人减价平粜，势难一律遵行。今报捐之例，在捐生出余赀买粮上捐，固所乐从，而本地富户粜粮得价，亦无勉强，虽敛粟归官，实复散之于民，均称利便①。

在得到这种答复后，乾隆帝并未进行深究，"得旨：尔等既身任其事，勉力妥为之可也"②。

由于乾隆帝这种宽纵、不究细节、不依规制办事的风格，使王亶望的贪欲越来越大，冒赈灾赈钱粮的数额也越来越大。勒尔谨及王亶望两人伙同起来，通同口径，向乾隆帝奏报甘肃发生大旱，夸大灾情。王亶望此后就大量发放捐监名额，并伙同其他官员假造报灾及勘灾账册，却将捐监银两私自侵吞。他们将谎报的灾情描绘得活灵活现，如乾隆四十年（1775 年）七月，勒尔谨奏报表示，甘肃自五月中旬以来，"省城以西各属，得雨未能一律沾足，而皋兰等十四处已有受旱情形，现在设坛祈祷"。常常以关心灾民是否已登衽席的乾隆帝一看奏折，异常担心，就对只奏捐监事宜、不奏旱情的王亶望及臬司图桑阿起了疑心，斥责他们不尽地方官员的职责，谕令其报告灾情。

该省夏间雨泽较稀。省西各属已露旱象。此时得雨若何，朕心实深廑念。乃本日藩司王亶望只奏捐监交代等事，虽所办尚好，而于地方雨水情形未经奏及。臬司图桑阿亦只循例奏报回任交代，无一字及于雨水，殊不可解。甘省现在如已成旱象，自应据实奏明。即或续得优膏，亦当附折具奏，以慰朕念。藩臬为地方大员，于通省雨旸水旱情形，例得随时入告。况有奏事之便，

---

① 《清实录·高宗纯皇帝实录》卷九百七十一"乾隆三十九年十一月条"，中华书局1986 年版，第 1258—1259 页。
② 《清实录·高宗纯皇帝实录》卷九百七十一"乾隆三十九年十一月条"，中华书局1986 年版，第 1259 页。

更无难随折附陈，乃竟不着一语，岂以此事为总督专责，与伊等毫无关涉耶？王亶望、图桑阿俱著传旨申饬，仍著将近日曾否得雨，或尚觉缺雨，各属有无偏灾之处，详悉据实覆奏。①

在乾隆帝的切责之下，王亶望不久急忙上奏了捏报的灾情，"六月二十六七等日，省城及附近地方得雨，而为时较迟。皋兰等处俱成偏灾。七月中旬后各属得雨一二寸至深透不等"，图桑阿也奏报："六月下旬，兰州等处始经得雨，各属不免旱灾。七月望后陆续俱已得雨。报闻。"②从他们的奏章中，可以看出奏报口径几乎是惊人的一致，这只能有两种可能：一是情况确实如此；二是他们已经联合起来欺骗乾隆帝。而从当时的情况看，就是后者。但是捏报毕竟不等于是事实，其奏报也会露出马脚，十月，乾隆帝就说："（勒尔谨）近日办事、甚属胡涂……恐于捐谷事宜亦未能实心查察。"③

由于王亶望前已奏报甘肃捐监粮食数额较多，但却继续奏请开捐，就引起了乾隆帝进一步的疑惑，谕令勒尔谨查办甘肃的捐监情况，言辞开始严厉起来，"著传谕勒尔谨等务须严切稽查，不可稍涉大意。如办理略不尽心，或复颟顸了事，任属员从中弊混，将来经朕访知，或别经发觉，惟勒尔谨、王亶望是问，恐伊等不能当其罪也。仍著将现在收捐情形据实覆奏，并著将此谕令王亶望知之"④。勒尔谨随后急忙奏报：

至自乾隆三十七年口外开捐，暨三十九年内地开捐，截至本年十月止，共捐监生五万七千五十七名，共收粮二百六十五万四千余石，除动用粮一百四十五万二千余石外，现应存粮一百二十万二千石零。据各道府盘查结报，

---

① 《清实录·高宗纯皇帝实录》卷九百八十六"乾隆四十年七月条"，中华书局1986年版，第164—165页。

② 《清实录·高宗纯皇帝实录》卷九百八十六"乾隆四十年七月条"，中华书局1986年版，第165页。

③ 《清实录·高宗纯皇帝实录》卷九百九十三"乾隆四十年十月条"，中华书局1986年版，第263—264页。

④ 《清实录·高宗纯皇帝实录》卷九百九十三"乾隆四十年十月条"，中华书局1986年版，第264页。

均属实贮在仓，并无亏缺报闻。①

乾隆四十二年（1777 年）七月，乾隆帝察觉勒尔谨与王亶望在甘肃为政相互维护，觉得查办不易，就将王亶望调任浙江巡抚，将王廷赞擢任藩司，接任王亶望的工作。

> 收捐监粮原以备赈济粜借之用，该省自开捐以来，积存粮数，赈恤案内，前后动用若干，每年节省正项银两若干，于灾赈有无裨益及各属监粮，是否实贮在仓，所办有无流弊，著传谕勒尔谨详悉查明，据实覆奏。至甘省捐监一事，本责成王亶望董率妥办，今王亶望升任浙江巡抚，因王廷赞在甘年久，人亦能事，是以擢任藩司，令其接办。王廷赞能否力任其事，妥协经理。并著勒尔谨据实覆奏。将此由五百里传谕知之。②

但王廷赞接任后，继续与勒尔谨合谋，沆瀣一气，进行捏灾冒赈的勾当，使这件捐监冒赈案件继续沉没。虽然王亶望已经离开甘肃，但乾隆帝却暗中关注这件事。

乾隆四十六年（1781 年），甘肃爆发了撒拉族人苏四十三领导的撒拉族、回族起义，在处理冲突的过程中，勒尔谨由于处理不力被革职查办，时任甘肃藩司的王廷赞也受怀疑。为了摆脱困境，王廷赞奏请自认缴银四万两"以资兵饷"。此举引起了乾隆的警惕，认为一个小小的藩司能够积累如此丰厚的财富，一定与甘肃捐监过程中的漏洞有密切的关系。与此同时，升任浙江巡抚的王亶望因"忘亲越礼"而被革职"留工效力"，由于担心与王燧贪纵不法案有"交通情事"而受牵连，自动呈请罚银五十万两以作为修建海塘的公费。乾隆帝据此断定王亶望的巨额财产必定来自甘肃任内，觉得此事的查办已经水到渠成了，决定彻查这个已经拖延了七年之久的案件。五月，乾隆帝寄谕钦差大学士阿桂、陕甘总督李侍尧严查甘肃在捐监及散赈过程中存在的弊漏，阿桂等访查后奏报了甘肃雨水情形，乾

---

① 《清实录·高宗纯皇帝实录》卷九百九十三"乾隆四十年十月条"，中华书局 1986 年版，第 264 页。

② 《清实录·高宗纯皇帝实录》卷一千三十六"乾隆四十二年七月条"，中华书局 1986 年版，第 886 页。

隆在震惊之余，谕令彻查此案。

　　甘省如此多雨，而历来俱谎称被旱，上下一气，冒赈舞弊若此，安得不受天罚？现命提讯勒尔谨及王廷赞，令其据实供吐。阿桂、李侍尧务将此案彻底严查，不可稍存瞻顾也……是从前所云常旱之言，全系谎捏。该省地方官竟以折收盐粮一事，年年假报旱灾冒赈，作弊已属显然。勒尔谨久任总督，王廷赞亦久任道府藩司，何以从前俱以雨少被旱为词，岂有今年甘省雨独多之理？著传谕留京办事王大臣前赴刑部，会同该堂官提出勒尔谨，当堂讯问。并将王廷赞传至刑部，一并质讯，令其据实供吐，录词具奏。并著刑部堂官将王廷赞派员在衙门看守，俟阿桂等覆奏到日再降谕旨。[①]

　　经过彻查审理，这个持续七年之久的甘肃全省官员捐监冒赈的集体侵贪案，终于水落石出，冒赈贪污数之巨、涉及官员之多，为清代立国之所未见。乾隆四十六年（1781 年）七月，乾隆帝在上谕中就说：

　　甘省收捐监粮一事，原因边陲地瘠民贫，应令仓储充裕，以备赈恤之用，是以复经允行，乃开例之始。即公然私收折色，至通省大小官员，联为一气，冒赈分肥，扶同捏结，积成弊薮。既经败露，自不得不彻底根究。现据阿桂等陆续查奏，历年积弊，俱已水落石出。是竟以朕惠养黎元之政，作为官吏肥橐之资，实属憼不畏法，为天理所不容。[②]

　　涉及官员多达二百余人，除三十余人身故、监故、战殁或事发后自缢以外，惩处了一百七十余人，由于犯案官员众多，乾隆帝不忍全部严惩，就按照其贪污数额的不同，进行了处决。处决的具体办法，在乾隆四十六年（1781 年）九月的上谕中有详细的规定：

　　据阿桂等查奏，甘省折收冒赈一案酌议条款：将侵蚀银数至一千两以外者六十六员均拟斩监候等语。此等侵冒各犯，其情罪本无可贷。但一千两以

<hr />

①《清实录·高宗纯皇帝实录》卷一千一百三十五"乾隆四十六年六月条"，中华书局 1986 年版，第 160—161 页。

②《清实录·高宗纯皇帝实录》卷一千一百三十六"乾隆四十六年七月条"，中华书局 1986 年版，第 184—185 页。

上者，一律问拟斩候，则各犯内侵蚀一千数十两至数万两者无所区别，且问拟斩候人数，未免太多，朕心有所不忍……李侍尧即当遵照前降谕旨，其赃私入已至二万两以上者，问拟斩决；二万两以下者问拟斩候，入于情实，并将其入己银两数另开清单，于各该犯名下注明；其自一万两以下亦应问拟斩候，请旨定夺。候朕酌核情罪轻重，分别办理。至折色冒赈各犯内，如有得赃本多，又复借添建仓廒侵蚀公帑，则其罪更重，即使折收冒赈，得赃较少，而又借建仓侵蚀者，亦应从重问拟。①

此后就对案犯进行了惩处，处斩五十六人、免死发遣四十六人、革职杖流十人、革职回籍永不叙用十八人、革职留用追缴银两四十余人②。

至此，甘肃捏灾冒赈案终于落下帷幕。造成此案的原因，与乾隆朝吏治的腐败有密切关系，更与赈济制度的不完善，尤其是在钱粮赈济中缺乏监督机制有很重要的关系。同时，在储备赈济物资的时候，实行的捐纳、捐输、捐监等公开卖官鬻爵的措施，是导致冒赈案件产生的根源。此外，报灾及勘灾制度中存在的疏漏，也是冒赈得以肆行的重要原因。

虽然说案犯都受到了不同的惩罚，但此案给时人及后人留下了极大的反思余地，尤其是在研究乾隆朝赈济制度的时候，对人们众口一词所称道的乾隆朝的赈济制度是最完善的提法，应该持慎重态度，观点应该留有余地，只有从不同的角度看问题，对制度、措施及其后果进行全面分析，才能够得出客观的结论。

当然，除了王亶望贪污案以外，乾隆朝的冒赈案还有很多，此不一一

---

① 《清实录·高宗纯皇帝实录》卷一千一百四十"乾隆四十六年九月条"，中华书局1986年版，第260页。

② 处置的具体人员名单，详见《清实录·高宗纯皇帝实录》卷一千一百四十"乾隆四十六年九月条"，中华书局1986年版，第271—273页。另，屈春海《乾隆朝甘肃冒赈案惩处官员一览表》（《历史档案》1996年第2期）据中国第一历史档案馆珍藏军机处上谕档及乾隆朝朱批奏折中有关史料编制了受惩官员名单；卢经《乾隆朝甘肃捐监冒赈众贪案》（《历史档案》2001年第3期）对此案进行了深入、细致分析；王雄军《从甘肃捐监冒赈案反思清朝乾隆时期的吏治腐败成因》（《巢湖学院学报》2004年第5期）对此案也进行了研究。对以王亶望为首的捐监冒赈案，许多学者从不同角度进行了研究，成果也较多，此不赘列。

列举。虽然很多冒赈的规模、数额、涉案人员都无法与王亶望的案件相比，但是其侵吞的依然是朝廷用于赈济灾民的钱粮。大量赈济钱粮被贪污，使灾民的利益受到了极大的侵犯，也使广大积储备荒的民众的利益受到危害，使真正发生灾荒的地区得不到足够的赈济，严重危害了清王朝的统治基础。

总之，捏灾、冒赈等赈济弊端的出现，对乾隆朝的灾荒赈济产生了极其不利的影响，不仅直接影响了官府赈济的严肃性，导致了大量府库资金及粮食的非法外流，动摇了乾隆朝的经济基础。更重要的是，清王朝逐渐丧失了康雍时期建构起来民众对官府的信任，好皇帝及清官的形象逐渐在民众心目中坍塌，朝廷与下层民众之间出现了信任危机。尤其是导致嘉道以后官赈力量削弱，一些发生巨灾的地区，民众不再消极地等待官府救济，而是常常采取一些极端的自救措施，如抢粮、聚众围攻官衙，甚至是揭竿而起。

（二）匿灾

与捏灾冒赈相对应的赈济弊端，就是匿灾，又称为讳灾，即地方官为了种种原因，故意隐匿、隐瞒、掩饰灾情的做法。

捏灾冒赈的出现，是由于官员贪望赈济钱粮导致，是与利益有密切关系，匿灾的出现，也与官吏的经济利益、仕途升迁有密切的关系。所不同的是，捏灾冒赈是将没有发生灾荒的地区，谎报为发生灾荒，骗取朝廷的赈济物资。匿灾则是不上报灾情，将成灾地区作为无灾地区上报，即通称的将荒（凶、灾）年报为丰（有、稔）年，"易灾祲而为丰稔"[①]；或是将灾情分数高的灾荒谎报为灾情分数低的灾荒，即当时通称的降低或删减灾情分数。虽然其做法与捏灾冒赈刚好相反，但其目的是相同的，即能够损害灾民的利益，又可以最大限度地满足自己升官发财的私欲。

匿灾、讳灾的原因有很多。首先，一个重要原因是担心报灾逾期受到惩罚，即为了"自免处分起见"，地方官就干脆将有灾报为无灾。由于

---

① 《清实录·高宗纯皇帝实录》卷一百六十一"乾隆七年二月条"，中华书局 1985 年版，第 32 页。

匿灾的情况常常出现，自康熙到乾隆年间，不断对报灾期限进行调整，如康熙九年（1670 年）七月，江福建总督刘兆麒疏请"展报灾限期"，即康熙七年（1668 年）规定，报灾期限是夏灾不过五月、秋灾不过八月，"地方官每虑愆期，匿灾不报"，因此将报灾期限仍按照顺治十七年（1660 年）规定的期限，即夏灾不出六月终旬、秋灾不出九月终旬①。

其次，地方官不愿意失去应得的火耗银。一个地方发生的灾荒不太严重时，朝廷常常采取蠲免地方赋税的办法救灾。但一旦灾区赋税被蠲免了，那灾区的火耗就不能征收，地方官的额外收入就化为乌有了，"朕曾以地方官匿灾不报之故，询之于民。据云，民一罹灾，朝廷即蠲岁赋，赋一蠲，则火耗无征。故地方官隐而不报也。自古弊端，匿灾为甚。诚预为奏报，即设法赈济矣，民岂遽至饥馑耶？"②。很多官员为了一己私利，不愿意让朝廷知道灾情，匿灾不报。

匿灾的现象，在康雍时期就有发生，故意雍正十三年（1735 年）才谕令："若有贫苦乏食者，汝当加意赈济，毋使一夫失所。从前匿灾恶习，宜切戒之。"③

乾隆年间，匿灾现象更多，朝廷规定了严厉的匿灾处罚措施。乾隆四年（1739 年）上谕曰："夫民瘼所关，乃国家第一要务。用是特颁谕旨，通行宣示。嗣后督抚等，若有匿灾不报，或删减分数，不据实在情形者，经朕访闻，或被科道纠参，必严加议处，不少宽贷。该部即遵谕行。"④乾隆十三年（1748 年），上谕再次强调："有司匿灾不报者，朕必重其处分，而抚绥乏术者，督抚亦必加参处。"⑤

① 《清实录·圣祖仁皇帝实录》卷三十三"康熙七年七月条"，中华书局 1985 年版，第 452 页。

② 《清实录·圣祖仁皇帝实录》卷二百十九"康熙四十四年二月条"，中华书局 1985 年版，第 212 页。

③ 《清实录·高宗纯皇帝实录》卷五"雍正十三年十月条"，中华书局 1985 年版，第 254 页。

④ 《清实录·高宗纯皇帝实录》卷九十"乾隆四年四月条"，中华书局 1985 年版，第 391 页。

⑤ 《清实录·高宗纯皇帝实录》卷三百十四"乾隆十三年五月条"，中华书局 1986 年版，第 152 页。

但匿灾现象还是常常发生，如乾隆六年（1741 年），监察御史李愼奏报："甘省平凉、巩昌两属夏秋叠灾，州县各员讳匿不报，饥馑载道，抢劫成风。"①

对于匿灾不报的官员，乾隆帝常常下令严惩，如乾隆六年（1741 年）十月，广东发生水旱灾害，春旱秋涝，部分沿海地区发生飓风灾害，"琼州所属为尤甚"。但是署崖州知府陈士恭一味粉饰灾情，捏报崖州有八分收成、感恩县有七分半收成，还伙同乡保一起出具丰收的证明，"经道府等屡次驳查，而陈士恭押令乡保出具，实有六七分收成，不为成灾之甘结"，乾隆帝下令严加惩治，"似此匿灾病民之员，若不据实纠参，何以使玩视民瘼者知所儆戒"②。乾隆十八年（1753 年），武清县知县朱馥因"讳匿蝗蝻，欺蔽狡饰"，乾隆帝谕令将朱馥"著革职，仍留该处，押令随同署员亲身扑捕"③。

但即便有处罚，不少官员还是以身试法，如乾隆二十二年（1757 年），河南归德府的夏邑、永城等县"连被水灾"，但是地方官"玩视民瘼，有心讳匿"，等待乾隆帝降旨抚恤，仍然绘饰，不认真救灾，"及降旨赈恤，仍不实心经理，一任灾黎流离失所，殊负牧民之任"④。

如果说捏灾冒赈是对国家的经济利益造成直接损害、对下层民众的利益造成间接损害的话，那么，匿灾则是对灾民利益造成的损害是直接的，使灾民因此得不到赈济物资，在饥荒在挣扎，流离失所，或是死于饥馑，雍正十三年（1735 年）匿灾就是这样："即如前年匿灾不报，百姓至于流离。"⑤

① 《清实录·高宗纯皇帝实录》卷一百四十四"乾隆六年六月条"，中华书局 1985 年版，第 1075 页。

② 《清实录·高宗纯皇帝实录》卷一百五十三"乾隆六年十月条"，中华书局 1985 年版，第 1188 页。

③ 《清实录·高宗纯皇帝实录》卷四百四十一"乾隆十八年六月条"，中华书局 1986 年版，第 737 页。

④ 《清实录·高宗纯皇帝实录》卷五百四十"乾隆二十二年六月条"，中华书局 1986 年版，第 832 页。

⑤ 《清实录·高宗纯皇帝实录》卷七"雍正十三年十一月条"，中华书局 1985 年版，第 282 页。

乾隆帝也强调匿灾对灾民的危害，"匿灾者使百姓受流离之苦。其害甚大"①，"倘实属灾荒。而讳匿不报。以致小民流离失所。弱者转乎沟壑。强者流为盗贼。其为害甚大"②。因此，在乾隆四十六年（1781 年）王亶望冒赈事件处罚后，乾隆帝担心官员因此案而"过犹不及""因噎废食"，因此谕令："甘省捏灾冒赈一案，经阿桂等查明历年积弊，俱已水落石出，不可不彻底查办。但恐各省督抚误会朕意，匿灾不报，则大不可。因屡次宣谕，严切申诫。"③"尚恐将来通省各属，间有一二歉薄之处，该督仍当悉心查察，据实具奏，毋得稍存讳饰。朕念切民瘼，务使一夫不致失所。该督自当仰体朕意，不可因甘省向有捏灾积弊，遂尔因噎废食，转致匿灾不报也，将此谕令知之。"④

（三）勘灾时冒报或私改受灾户口及其贫困等级

官吏在赈济中的贪污行径，还表现在勘灾过程中确定受灾户口、确定灾民的极贫、次贫等级方面。在勘灾过程中出现的冒赈，一般是基层的胥役、书役等基层勘灾人员。由于基层管理者的品行往往鱼龙混杂，一些品行不端的牌头甲保常常会做出冒灾、冒赈的行为，为赈济中的贪腐行径埋下了隐患。方观承列举了乾隆初年乡保牌头在报灾勘灾中出现的虚冒现象：

> 有冒赈者，不先谋之乡地牌头不能也。乡地牌头串合分肥，一家冒，一村皆冒，以致远近闻风，无不欲冒者。或一户两分，或捏合眷属，或妆点空房穷状，或妇幼前后重复，或奴役作为另户，或诡称外出，或假作新归，或

① 《清实录·高宗纯皇帝实录》卷一百四十四"乾隆六年六月条"，中华书局 1985 年版，第 1069 页。

② 《清实录·高宗纯皇帝实录》卷一百五十三"乾隆六年十月条"，中华书局 1985 年版，第 1188 页。

③ 《清实录·高宗纯皇帝实录》卷一千一百三十八"乾隆四十六年八月条"，中华书局 1986 年版，第 224 页。

④ 《清实录·高宗纯皇帝实录》卷一千一百五十五"乾隆四十七年四月条"，中华书局 1986 年版，第 473 页。

藏匿粮糇牛具，变幻叵测，千态万状，未易悉数。①

首先，私改受灾户口的数额或等级。一些勘灾官吏常常串通起来，在申报水灾户口及确定灾民极贫、次贫等级的时候，或出于私利，将次贫冒报为极贫，多报需要赈济的户口数额，或是将小口改为大口，以达到多领赈济钱粮的目的。这种冒领赈济钱粮的做法，与捏灾冒赈有类似之处，但手法比捏灾冒赈要隐晦，不易被发觉，也比较容易达到目的。

在这种情况下，官吏胥役往往把赈济钱粮私吞私分。乾隆十四年（1749年），乾隆帝在给军机大臣有关两江总督尹继善被弹劾的上谕中就说：

> 上下两江，历来办赈州县，官役乡保，朋比侵冒，告灾不实，造报不清，弊端百出。今经条奏，果否系实在情形？尹继善久任两江，何以一任属员朦混，漫无觉察……江省向来告灾不实，有司不能详核。又惮于查勘，一任乡地书吏，移易增减，捏造花名诡户，混报冒领。而散粮时，吏胥需索册费票钱，摊派侵扣，穷民不沾实惠。②

其次，增加无法统计清楚的外来人口数额，或是把不应该赈济的商铺人户列入赈册。在勘灾的过程中，部分勘灾官员还故意增加外来人口的数量，或将开铺贸易的人也列入赈册内，以达到多领赈济钱粮的目的。乾隆四十年（1775年）十一月，署来安县候补县丞李奉纶因查报灾赈事务办理不善革职处分的谕旨中，乾隆帝就指出了李奉纶擅自增加赈济人口的不法行为，"李奉纶查办赈务，辄将县差斗级代书门斗等概行列入，且开报外来之人转多于本地民数，并将开铺贸易者，亦并入册"③。

再次，在勘灾时向灾户需索贿赂。在勘灾过程中，为了从灾民那里索取贿赂，或是出于虚荣为了获得灾民的感激，部分官吏在勘灾的时候常常

---

① （清）方观承：《赈纪·办赈事宜八条》，李文海、夏明方主编：《中国荒政全书》第二辑第一卷，北京古籍出版社 2004 年版，第 524 页。

② 《清实录·高宗纯皇帝实录》卷三百四十八"乾隆十四年九月条"，中华书局 1986 年版，第 803 页。

③ 《清实录·高宗纯皇帝实录》卷九百九十六"乾隆四十年十一月条"，中华书局 1986 年版，第 309 页。

欺骗灾民，向其虚许诺言，给灾民承诺超过灾情可得的赈济数额，但等到按例查办的时候，灾民的希望落空，常常发生哄闹公堂的事件，"又如散赈一事，被灾之始，或大吏踏勘，冀邀声誉。每至，以必不可得之数，虚为慰藉。愚民无知，信为实然。迨地方按例查办，绝不如前，而哄闹之端起"①。或是很多灾区灾情严重，但是官吏呈报不及时，发生哄闹事件，却转而将责任推给灾民，认为是灾民骄纵所致，"又或被灾已重，待哺甚急，有司不能实时申报，以致民情惶怖，而哄闹之端亦起。又或有司防范未周，徒役刁难，民鲜实获，吏多中饱。及至仓猝，不能镇抚，则亦曲饰其说，以为民骄之故"②。

最后，在勘灾过程中，官吏在填报受灾户口、确定极贫次贫等级的时候，往往借端需索，常常向灾民索取贿赂，如果要求得不到满足，或是为了借机泄私愤、报复，常常私自压低赈济标准，如将极贫填为次贫，或私自减少应赈户口数额，将大口改填为小口……种种弊端，都是因为灾民无钱贿赂所致。经过官吏的改动，灾民更加得不到相应赈济，很多灾民只能流落他乡，或饥饿而死。这类吏治腐败较普遍地存在于基层官吏中，防不胜防，也很难查办。

（四）放赈过程中克扣赈济钱粮

在发赈过程中，很多不法官吏也因利用权力，多方克扣、贪污赈济钱粮，使灾民不能得到足额的赈济钱粮。

一是擅自缩短赈济时间，比如，若官府加赈的时间是四十日，则擅自减少五日或十日，将赈济钱粮私吞。

二是克扣粥赈的米粮。在粥赈的时候，不法赈济人员往往将米粮贪污，在粥里掺沙子，或是多加水、少放米，使粥清稀如水，得不到赈济效果，或是擅自减少粥厂，将减少粥厂的米粮私吞。

---

① 《清实录·高宗纯皇帝实录》卷二百五十"乾隆十年十月条"，中华书局 1985 年版，第 233 页。

② 《清实录·高宗纯皇帝实录》卷二百五十"乾隆十年十月条"，中华书局 1985 年版，第 233 页。

三是减等发放赈济钱粮，将剩余钱粮私吞。如将极贫户的赈济数额按照次贫户给予，次贫又按"又次贫"等级给予，或是大口按照小口的数额给予。或是缩小发赈的器量，使灾民领不到相应的粮食，如若发生灾民哄闹事件，又鞭打镇压无辜灾民。如乾隆六年（1741 年）十一月，乾隆帝在给军机大臣的上谕中，就提到了金都御史彭启丰奏称的赈济弊端：

> 臣由江南入都，经过凤阳属之宿州，勘得地亩被水全荒。该知州许朝栋素性胡涂，恝视民瘼。于四月间匿灾不报，及至散赈之时，又不实心办理。每按饥民册籍，减去口数。又听甲长衙役需索钱文。至于给发之际，又用轻戥，以致百姓聚哄，不能弹压，辄加鞭扑，怨声载道。①

对于赈济中基层官吏存在的这些弊端，乾隆帝也有所了解，乾隆十六年（1751 年）七月，在确定河南水灾的普赈分数中，乾隆帝就提及了各种在基层官吏中存在克扣灾民赈济钱粮的现象：

> 伏思办理灾伤，州县类皆先差衙役里保往查，继则责之书吏，取结造册。再委佐杂踏勘，印官则安居衙署，积旬逾月，始往抽查。而详禀又率两可其词，窥探上司意指，以致贫民不能久待，多有流亡。迨散赈时，户口已经入册，仍借给赈之名，将银谷悉入奸胥之手。州县不肖者，亦恐不免暗中分肥。若州县果办理迅速，胥役虽善舞弊，而猝不及备，灾黎得即邀恩。②

总之，官府及官员在赈济中存在的种种弊端，不一而足，影响了灾赈的社会效果，也使灾民心怀怨恨，使官府的公信力大打折扣，为社会危机留下了隐患。

二、清前期灾赈弊端对灾民及社会的冲击

对物质利益的贪婪及奢望是人性的弱点之一，既存在于官员中，又存

---

① 《清实录·高宗纯皇帝实录》卷一百五十四"乾隆六年十一月条"，中华书局 1985
年版，第 1205 页。
② 《清实录·高宗纯皇帝实录》卷三百九十五"乾隆十六年七月条"，中华书局 1986
年版，第 200 页。

在于民众中。因此，对于赈济物资的觊觎，不仅是官员中存在的现象，在基层民众中也存在不同的"冒赈"和"索赈"等行为。

（一）冒领赈济物资的影响

很多官员在地方发生灾荒的时候，担心赈济减少而讳灾，或删减灾情分数，但是一些灾民却希望得到更多的物资，这就出现了很多希冀通过赈济获取更多钱粮的诈赈、冒赈的行为，主要有以下三种：

一是无灾求赈。即很多乡民在没有发生灾荒的时候，就"积极"到官府告灾，希望赈济，"即如今年江南地方，初夏未雨，即纷纷具呈告赈。是不以赈为拯灾恤困之举，而以赈为博施济众之事矣"①。

二是地棍流氓借灾荒赈济之机敲诈勒索乡民。一些乡里游手好闲的地棍无赖，常在邻境发生灾荒之机，向乡民谎称要向官府报灾，挨户向民众收取"报灾"费。而很多地区的乡民，尽管本地没有发生灾荒，却希冀得到赈济物资，往往听从其操控，"更有一种刁民，非农非商，游手坐食，境内小有水旱，辄倡先号召，指称报灾费用，挨户敛钱。乡愚希图领赈蠲赋，听其指挥。是愚民之脂膏，已饱奸民之囊橐矣"②。

三是多开灾户冒领赈济钱粮。灾荒发生后，在州县进行勘灾的过程中，地痞无赖常常串通乡保，在呈报州县的册结中，多开受灾户口，从中冒领赈济物资，"迨州县踏勘成灾，若辈又复串通乡保胥役，捏造诡名，多开户口。是国家之仓储，又饱刁民之欲壑矣"③。

上述类型众多的冒赈行为，使灾民的财产和国家的救灾物资被某些官吏非法占有，既影响了灾赈的效果，又影响了官府的形象与信誉，"刁民既

---

① 《清实录·高宗纯皇帝实录》卷九十九"乾隆四年八月条"，中华书局 1985 年版，第 504 页。

② 《清实录·高宗纯皇帝实录》卷九十九"乾隆四年八月条"，中华书局 1985 年版，第 504—505 页。

③ 《清实录·高宗纯皇帝实录》卷九十九"乾隆四年八月条"，中华书局 1985 年版，第 505 页。

得滥邀，则贫民转至遗漏。是不但无益于国，并大有害于民"①。

（二）"不法乡民"闹赈的后果

在灾荒赈济中，很多乡民或无赖由于榨取赈济物资不得，私欲未足，便常常纠集不明真相的乡民，到官府进行"闹赈"。

一是勘不成灾后的闹赈。"勘不成灾"的结论确定，赈济希望落空，在勘察是否应该赈济时，一些冀望得到赈济物资的人眼看赈济无望，更怕被定为不应赈地区，就聚集乡民到官府闹赈，"迨勘不成灾，或成灾而分别应赈不应赈，若辈不能遂其所欲。则又布贴传单，纠合乡众，拥塞街市，喧嚷公堂。甚且凌辱官长，目无法纪。以致懦弱之有司，隐忍曲从。而长吏之权，竟操于刁民之手"②。

二是在青黄不接之际抢粮。灾荒抢粮行为有很多种，第一种是灾民确实无粮可吃，尤其是地方官匿灾不报，灾民得不到赈济，在生存无路、求告无门时，富户为富不仁，灾民借粮无望，不得已而抢粮度日。这种情况下抢粮的灾民，往往是只要粮食能够度日，就停止抢粮行动。第二种是部分无赖穿梭并联合灾民到富户家里假言借粮，胁迫不得，就开始抢粮，这种情况下灾民进行的抢粮。常常发展为习惯性的抢劫钱粮财物等。第三种是灾民确实求告无门，未发生抢粮行动，但在部分希望借灾荒得到更多钱粮的灾民的蛊惑下进行的抢粮。

但无论是何种方式的抢粮行动，大部分参与抢粮者，多是无辜的灾民、穷民，抢粮后常引发各种事端，导致各种不良后果，或是受到官府制裁，或是被富户报复，最后遭殃的，还是这些无辜的灾民。如乾隆五十一年（1786年）湖北孝感发生的饥民抢粮而被富户活埋的震惊朝野的大案就是这样。对这种情况，乾隆帝也有了解：

再者荒岁冬春之际，常有一班奸棍，召呼灾民，择本地饶裕之家，声言

---

① 《清实录·高宗纯皇帝实录》卷九十九"乾隆四年八月条"，中华书局1985年版，第505页。

② 《清实录·高宗纯皇帝实录》卷九十九"乾隆四年八月条"，中华书局1985年版，第505页。

借粮，百端迫胁。苟不如愿，辄肆抢夺。迨报官差缉，累月经年，尘案莫结。在刁猾之徒，尚可支撑苟活，而被诱之愚民，多至身命不保。是灾民不死于天时之水旱。而死于刁民之煽惑者，又往往然也。①

（三）工赈中偷工减料的恶劣影响

灾荒赈济中的以工代赈，对灾区生产、社会的恢复、对灾民的自救发挥着积极的作用，也为地方兴修了不少的公共设施，但这多停留在理论层面上，虽然在很多灾区的实践中也取得了这样的效果，但在一些灾区，却因为不法灾民，而使工赈工程的质量得不到保障。

一是偷工减料。工赈工程在部分灾区被一些不肖灾民承包，这些承包人也零星招募灾民建筑工程，但是在建筑工程的过程中，常常偷工减料，"亦或有不肖工员，虽零星雇募，按名发银，而土方则以广为狭，挑挖则以深为浅，论价则是，计工则非。及民力不支，大工弗集，则曲饰其说，以为民骄之故"②。这就使工赈工程的质量得不到保障，很多工程年年修复，但不久又都出现各种问题需要重新修筑，既浪费了国家的赈济物资，又使工程不能投入使用，最终使灾民的利益得不到保障，很多水利工程正是由于质量太差和疏浚不善，才在水灾旱灾中起不到明显的作用。

二是承包人骗取、套用或挪用赈济工程的款项。很多工赈工程款下发后，被一些不法的承包人承揽，但其领取工程拨付的钱粮后，就将公款花销殆尽，使工程得不到修筑，最终使需要佣工自救的灾民无以为生，生活无着落，"即如工程一事，有种无赖之徒，平时串通胥吏，遇有兴修，谋为包揽。又或蠢役自领帑金，捏名包作。地方官利其省便，遂不加深求。一经发帑，转手花销。迨动工之时，拮据莫措，遂不得不为逃避之计"③。"今岁苏松等属沿海地。猝被风潮……今览安宁所奏，坍塌房屋十万余

---

① 《清实录·高宗纯皇帝实录》卷九十九"乾隆四年八月条"，中华书局 1985 年版，第 505 页。

② 《清实录·高宗纯皇帝实录》卷二百五十"乾隆十年十月条"，中华书局 1985 年版，第 233 页。

③ 《清实录·高宗纯皇帝实录》卷二百五十"乾隆十年十月条"，中华书局 1985 年版，第 233 页。

间，淹毙人民一万二千余口，实非寻常灾祲可比。大抵较雍正十年潮灾相仿，朕心深觉怵惕，更为悯恻。"[1]偷工减料的行为，使灾赈工程的质量得不到保证，不仅影响了工赈的社会效果，也逐渐破坏了传统的诚信美德，并在日积月累中塑造了中国民众传统的短暂获益及投机取巧的心态。

总之，乾隆朝灾荒进行的赈济，既存在着积极的影响，减少了灾民的死亡率，使灾民在灾后迅速得到了不同形式的赈济，对灾民生活的稳定、社会经济的恢复及稳定、统治秩序的稳固等方面，都起到了积极的推动作用。但是，因受到政治、经济、文化、心理等方面的影响，尤其是吏治、法制等方面的影响，出现了很多弊端，这些弊端影响了赈济的整体效果，不仅使灾民的利益受到损害，也使朝廷的经济基础受到极大的影响，最终成为导致清代赈济制度衰落的重要原因。尽管如此，纵观灾荒赈济的社会效果，还是利大于弊。

第三节　底层认可与天下同治：清代流民收容与管理

中国传统荒政中的钱粮赈济、赋税蠲免、粮种借贷和农具租借等，是对定居及在籍居民进行的主要赈济方式，是灾民认可及依赖、受统治者及历史学家称道的主流赈济形式，"古者以保息养万民，岁有不登则聚之以荒政，国家频赐天下租税，鳏寡孤独者有养，其保息斯民者至矣"[2]，学术成果丰硕。但一些被忽视、对灾民及穷困民众发挥了积极救济作用的辅助性官赈，如育婴堂、恤嫠、义冢、施衣馆、施医馆（局）、施棺所（堂、局）、普济堂（局）、养济院、栖流所、清节堂、善堂、清节堂、漏泽园等处于边缘状态的非主流赈济措施，在维护社会稳定、救助穷困民众、阻断传染病源、保存人力资源等方面发挥了巨大作用，但成果寥寥。其中最

---

[1] 《清实录·高宗纯皇帝实录》卷二百九十八"乾隆十二年九月条"，中华书局1985年版，第895页。

[2] （清）允祹等：《钦定大清会典》卷十九《户部·蠲恤》，《景印文渊阁四库全书·史部》第619册，商务印书馆1986年版，第160页。

不受关注者，首推管理流民并对社会稳定发挥极大作用的栖流所。

栖流所是清代官方举办、安抚流民的救济机构，属非主流及辅助性的官赈措施，是一项较为成功管理及控制流民并稳定社会的措施，在清王朝统一控制的疆域内广泛存在。就连"僻处天末"之边疆民族地区的云南也建立了栖流所并实施了官方的系列制度，真正实现了历代统治者"天下同治"的理想。栖流所的建立不仅在边疆治理及社会控制中发挥了稳定民心、稳固地方统治、安抚民众及巩固边防的积极作用，也再次表明底层民众的支持接纳，对王朝及其统治命运的转向起到了不可忽视的积极作用。栖流所沿用清代官赈机制，进入栖流所的流民数量有限，很难达到救济穷黎的目的，故清代官方基层救济的社会效应较为有限。

检索赈济史的研究成果，迄今尚无专门研究栖流所的论著，遑论对栖流所起源、发展、社会效应及区域特点进行研究的成果，仅在灾荒史、慈善史、流民史等论著和文章中有所涉及[1]。本书在梳理清代栖流所起源及其制度、社会影响等问题的基础上，以云南栖流所的设立运营为案例，探讨清代官赈的社会影响及清王朝成功实施的管控流民的策略，表明了清朝统治者入主中原后快速领会并抓住、运用了中国传统文化"惠民爱民方得民心"的统治内涵，不仅避免了历代王朝因流民起义而灭亡的宿命，也因为在短期内得到了底层民众的认可及接纳，迅速确立其统治的合法性，在一定层域中实现了天下同治、海内一家的政治理想，从另一种层面上诠释了中国传统荒政的精髓，即除了对清王朝统治具有意料之外的强有力支持外，还证明了一个被历代统治者、政治家挂在嘴上但却未认真实践过的"民惟邦本，本固邦宁"的历史真理——"得天下者得其民也，得其民者得其心也"。

---

① 李文海、周源：《灾荒与饥馑（1840—1919）》，高等教育出版社1991年版，第302页；江立华、孙洪涛：《中国流民史（古代卷）》，安徽人民出版社2001年版，第318—319页；梁其姿：《施善与教化——明清的慈善组织》，河北教育出版社 2001 年版，第 288—291、328—331 页；［日］高桥孝助：《沪北栖流公所之成》，《宫城教育大学纪要》第 19 卷，1984 年。以栖流所为题的论文仅黄鸿山在《清代江浙地区栖流所的运营实态及其近代发展》（《史学月刊》2008 年第 2 期）中进行过研讨，其余均为相关慈善研究论文略有涉及。

一、清代流民问题的解决：栖流所的起源及制度建设

清代官方实施的对灾荒、战乱、贫困及其他原因流亡民众进行赈济的非主流赈济制度，其方式、名称、途径虽然多种多样，但也将传统的辅助性荒政推向了巅峰。其救济对象有灾民也有贫穷鳏寡孤独病弱无助者，与灾赈相比，具有经常性、长期持续性特点，场所及经费相对固定，由官方提供，派有专门的管理人员。因场所固定，就用传统建筑及居所中"堂""院""所""局""馆"等命名救济机构及组织，在清前期具有官方慈善的性质及特点，清中晚期后随着民间赈济的兴盛及力量的增强、组织的增多，赈济者、赈济资金开始有了民间、私有的性质及特点。

（一）清代栖流所的起源及发展

栖流所，亦称流栖所，文献繁体字记为"棲流所"，顾名思义，乃流民（难民）栖息、容身之所。从机构设立的官方动因及目的来看，是收留、栖容流民或难民的场所或机构，由官方修筑房舍，并提供粮食、衣被、柴薪等生活用品，以及医疗、丧葬等费用，使其免于饥寒流徙陷入死亡的绝境。灾害、战乱、贫困等是流民产生的自然、社会原因，对流民的安置、慰抚则是历代王朝稳定社会秩序、获取民心的重要措施。故栖流所的措施、运营及社会成效，成为展现王朝统治力、社会控制力的重要途径和外在表现形式之一。

栖流所的名称最早见于《钦定大清会典事例》，即最早使用该名称的时间是清顺治十年（1653年），"议准：五城建造栖流所，交司坊官管理，俾穷民得所"①，因此，这是清代兼具慈善及灾赈性质的机构。"五城"是指分布在京城五个方位的栖流所："中城栖流所，设永定门内厨子营。东城栖流所，设崇文门外米市口东。南城栖流所，设崇文门外平乐园。西城栖流所二：一设宣武门外罐儿胡同；一设西便门内砖儿胡同。北

---

① （清）昆冈等修、刘启端等纂：《钦定大清会典事例》卷二百六十九《户部·蠲恤》，《续修四库全书》编纂委员会：《续修四库全书·史部·政书类》第 802 册，上海古籍出版社 2002 年版，第 302 页。

城栖流所，设正阳门外西河沿。"①

　　清初设立栖流所的原因，与明朝亡于流民起义的教训有关，也与明末农民起义及明末清初中原地区严重的旱蝗灾害、鼠疫等传染病流行造成的凋敝的社会经济，以及流离动乱的社会秩序有密切关系。顺治初年，清代统治者定鼎中原后，流民四窜、经济凋敝，社会尚处离乱之中，为收揽民心，尽快稳定统治、恢复经济秩序，朝廷遂设立专门的官方机构管理流民，"俾流寓穷民无所栖止者归焉，以免失所"②。并由官方负担栖流所的费用，"五方之民多聚京师，有贫病无依者，五城各设栖流所以收养之。日给钱米有差，隆冬酌给棉被，所佣一人扶持之。病故者给棺以瘗，标识其处，以待其家访寻者，其费由部关支"③。刚入主中原就由官方设立前朝甚至中国古代荒政中从未明确的专门收容流民的机构，是这个尚处年轻王朝稳定乱局的统治措施中的重大创见，除了稳定统治秩序外，尽快获取民心以稳固刚建立的满族政权的合法性，应该是专设栖流所最直接的政治目的。

　　因此，清代栖流所是官办的、具有浓厚的慈善及救济性能的机构。无论是房舍的建构、生活经费与医疗救助的拨付、救济人员的选择及薪资支付等，都由官方统一负担。其公办性质自设立开始就被确定，即便到清末民间救助力量兴起后出现私人性质的栖流所，官方栖流所依然存在并运营，进入栖流所的官、民并存期直至清王朝崩溃时止。

　　清初官方慈善及救助机构多集中在统治者能听到、见到或关注到的区域，其救济机构的数量及经费都比其他地区丰富。如京城或邻近京城的省府就是慈善及救助活动常惠及之区，这是历代灾荒中饥民首选入京的原因之一。栖流所的设置及经费分配也是一样，最早设立的区域也是北京，自

---

①　（清）昆冈等修，刘启端等纂：《钦定大清会典事例》卷一千三十六《都察院》，《续修四库全书》编纂委员会：《续修四库全书·史部·政书类》第 812 册，上海古籍出版社 2002 年版，第 392 页。

②　（清）允裪等：《钦定大清会典》卷七十二《工部·府第》，《景印文渊阁四库全书·史部》第 619 册，商务印书馆 1986 年版，第 668 页。

③　（清）允裪等：《钦定大清会典》卷十九《户部·蠲恤》《景印文渊阁四库全书·史部》第 619 册，商务印书馆 1986 年版，第 161—162 页。

顺治十年（1653 年）在京城五个流民集中地设栖流所安置各地涌入的流民后，"凡栖流所，中、东、南、北城各一，西城二。流民无依及衢巷卧病者，总甲即报指挥，悉令入所。日给薪米，病给医药，冬给絮衣布被，病故者给棺木。巡城科道以时亲察，勿致屯膏"①。对地方救济起到了积极的示范作用，各地效仿并开始积极推广。此后，作为安置及收容流民，并为收容的患者提供医疗救助、掩埋亡故者的官赈常设机构，栖流所一直承担着安抚及收揽民心、在一定程度上承担了稳定及重建社会秩序的责任，其社会效应得到了官民的认可。

从清代栖流所的设置状况看，顺治年间是栖流所的初建时期，"工部议覆……每城拨八间增置栖流所"②。康雍年间是栖流所从京城到地方推行及普及的阶段，康熙二十五年（1686 年）三月戊午，"命巡城御史修理五城栖流所，安插就赈流民"③。乾隆年间是栖流所制度建设及措施推行最好的时期，各项制度相继完善，发挥着管理流民、凝聚民心、稳定社会的积极作用，很多基层县府都相继在县城或流民聚集区设栖流所，一时之间，栖流所成为官府经济穷民最有成效的标志之一，"（乾隆）六年……又大修城郭、坛庙、学舍。广置栖流所，收行旅之病者。益囚粮。冬寒，恤老疾嫠孤之无衣者"④。

嘉道以后，栖流所在全国的设置更为普遍，"（嘉庆）二十三年，擢广西巡抚……缮城浚河，广置栖流所，并取给焉"⑤。但随着清代国力及官赈体系的式微，民间赈济逐渐兴起，随着经济的衰退、社会动乱的频繁，流民日渐增多，栖流所收留及容纳流民人数有限，绝大多数的流民无法得到

---

① （清）允裪等：《钦定大清会典》卷八十一《都察院》，《景印文渊阁四库全书·史部》第 619 册，商务印书馆 1986 年版，第 762 页。

② 《清实录·世祖章皇帝实录》卷七十九"顺治十年十一月戊午条"，中华书局 1985 年版，第 624 页。

③ 《清实录·圣祖仁皇帝实录》卷一百二十五"康熙二十五年三月戊午条"，中华书局 1985 年版，第 324 页。

④ 赵尔巽等：《清史稿》卷四百七十七《陈德荣传》，中华书局 1977 年版，第 13004—13005 页。

⑤ 赵尔巽等：《清史稿》卷三百七十九《赵慎畛传》，中华书局 1977 年版，第 11600 页。

救助，尤其道光朝以后栖流所经费几乎得不到保障且常被挪用，其社会效应大打折扣，私人捐助的栖流所开始兴起。朝廷对此持支持及鼓励态度，如道光二年（1822 年）十一月二十七日，在加封皇太后徽号时颁布设立栖流所的"恩诏"，令地方官酌设栖流所①。此后，私人栖流所开始在奉恩诏的名誉及旗号下兴办，如道光初年杭州盐商吴恒聚等人奏请捐资建立杭州栖流所，"浙省士商情殷向慕，欲仿照苏、松、常、镇各郡栖流所成案"②。

咸同以后，变乱四起，社会动荡不安，流民人数大增，"流离满道"，官办栖流所更无法容纳，其栖流作用形同虚设，尤其是流民管理及控制的作用几乎完全丧失。随之而起的是私人尤其士绅、官员、商人捐资捐房捐粮捐物建立的栖流所纷纷兴起，如光绪七年（1881 年），前兵部主事、扬州绅士史大立为了在务本堂下增设栖流所发起募捐，以"收养流民流丐，并为贫民戒烟、客民养病之地"③为目的。民办栖流所无论是经费来源或是容纳人数，都比官办栖流所发挥了更大范围的救助作用，得到了更广泛的认可。

（二）清代栖流所的制度建设

对一个逐渐推广并正在发挥着稳定社会秩序及获取民心等积极作用的赈济机构，清王朝采取机构建设与制度建立同时推进的办法，与清代其他官赈制度的建立途径及方法类似。从顺治朝到乾隆朝，栖流所制度逐渐完善起来。

首先，确立访查、巡察流民并引导进入栖流所的制度。栖流所制度建设中最基础、最主要但却容易被忽视的内容，即访查、发现并报告流亡移徙、适合栖流的民众并将其引入所内的制度。该制度规定，官府若发现有人流亡尤其老弱病残无家可归者，就尽快报告，将其引入栖流所内安置或遣返，

---

① 《清实录·宣宗成皇帝实录》卷四十五"道光二年十一月二十七日条"，中华书局1986 年版，第 808 页。

② （清）丁丙：《乐善录》卷五，清光绪二十七年（1901 年）刻本。

③ 光绪《江都县续志》卷十二下《建置考》，清光绪十年（1884 年）刻本。

"栖流所在百岁坊巷内，如有异乡人生病无家可归者报到，所中设有房间床铺，医药调治痊好，给钱二百文，出所自便，死则材葬之"①。主要由官府派出栖流所管理及经营者在民间访查或搜集流民信息，并引导其进入栖流所，如乾隆二年（1737 年），又议准："令五城御史，转饬司坊官责令各铺总甲，每日下午分在于各所管地方，遍行察看。如有贫民冻卧道旁，无所栖身者，即就近引赴普济堂、栖流所等处宿歇，饬掌管之人加意照看，次早仍令赴厂就食，俟来岁春融，听其去就。"②

该制度避免了流民刚进入流亡地时因人生地不熟而遭遇其他意外及发生不必要骚乱的可能性，便于官府迅速了解、掌握流民的具体状况，尤其是人数、人员年龄、来源地等信息，快速制定安置、遣返及救济等应对措施，"各府州县原无栖流所者，均令设法觅建，实力举行，具文通报"③。尤其在引领流民进入栖流所方面尤为关注，如乾隆二年（1737 年），"以冬月五城贫民就食者多，虑有冻馁于道者，令各铺总甲，每日分巡各该管处所，遇即引赴普济堂或栖流所，晚就栖宿，日出就赈，春融听其去留"④。

其次，栖流所场地暨房屋的官建及管理制度。清代栖流所房产一般来源于籍没的官屋、废弃的寺院及私人宅院，部分是官方新建，如顺治十年（1653 年）"覆准，每城造栖流所屋二十间，交五城查管，俾穷民得所"⑤。一般说来，清初栖流所的房屋多是籍没的犯官房产，这是清初犯官房产处置中最得民心之处，"工部议覆御史高尔位疏言：籍没官屋，每城

①　（清）范祖述：《杭俗遗风·乐善类》，上海文艺出版社 1989 年版，第 37 页。

②　（清）允祹等：《钦定大清会典则例》卷五十三《户部·蠲恤》，《景印文渊阁四库全书·史部》第 621 册，商务印书馆 1986 年版，第 672 页。

③　（清）陈宏谋：《弭盗议详（八条录二）》，（清）徐栋：《牧令书辑要》卷九，同治七年（1868 年）江苏书局刻本。

④　清高宗敕修：《清朝文献通考》卷 46《国用考》，商务印书馆 1936 年版，第 5297 页。

⑤　（清）昆冈等修、刘启端等纂：《钦定大清会典事例》卷八百六十九《工部》，《续修四库全书》编纂委员会：《续修四库全书·史部·政书类》第 810 册，上海古籍出版社 2002 年版，第 539 页。

拨八间增置栖流所，以处饥民，报可"①。康雍年间，栖流所房屋多来源于废弃的寺院庵堂或无主的、捐赠的私人宅院、祠堂等，"公奏：'僧道皆无告之穷民，寺庙皆养济、栖流之院落'"②。这些房屋看似属于私产，但却是先由官方收管后再统一拨给栖流所，就具有了明确的官方性质。这个时期，也有很多官方新建的栖流所房屋，康熙二十五年（1686年）"三月戊午，命修栖流所"③。乾隆朝以后，栖流所几乎都是官方新建。这与社会的稳定及经济秩序的建立密切相关，府库充盈，赈济费用也很充裕，栖流所建筑及修缮经费就能够得到保障。

这项由官方出资为流民建造房屋以容其栖身生存的制度，自初建阶段确立后就一直被延续了下来，各朝对此都很强调，如道光朝明确规定："各省民人，有孤贫残疾、无人养赡者，该地方官加意抚恤。如无室庐栖处，该地方官酌设栖流所，以便栖处。"④

再次，栖流所管理及杂役的官方任命或委派制度。栖流所的管理人员一般由官方委派或任命，按规定，管理人员一般是 1 个栖流所由 1—2 人组成，并据栖流所规模雇佣相应的杂役人员。管理人员的薪俸统一由官方支付，雍正十一年（1733 年）题准，"中东南北四城各设栖流所一处，西城设立二处。各所夫一名，月各给工食银五钱，均于栖流所存公银内支领"⑤，雍正十三年（1735 年）议准，"再召募本城诚实民人一名，月给工食银五钱，令其看守房屋，料理流民"⑥。

---

① 《清实录·世祖章皇帝实录》卷七十九"顺治十年十一月戊午条"，中华书局 1985 年版，第 624 页。

② （清）袁枚：《吏部侍郎留松裔先生传》，王英志主编：《袁枚全集》第二集《小仓山房集·小仓山房文集》卷三十三，江苏古籍出版社 1989 年版，第 607 页。

③ 赵尔巽等：《清史稿》卷七《圣祖本纪二》，中华书局 1977 年版，第 219 页。

④ 《清实录·宣宗成皇帝实录》卷二百五十九"道光十四年十月癸丑条"，中华书局 1986 年版，第 947 页。

⑤ （清）允裪等：《钦定大清会典则例》卷一百五十《都察院》，《景印文渊阁四库全书·史部》第 624 册，商务印书馆 1986 年版，第 709 页。

⑥ （清）昆冈等修、刘启端等纂：《钦定大清会典事例》卷一千三十六《都察院》，《续修四库全书》编纂委员会：《续修四库全书·史部·政书类》第 812 册，上海古籍出版社 2002 年版，第 393 页。

然后，栖流所日常生活费用官方负责制。该制度规定，栖流所生活费用由官方统一拨给，或临时赏赐或灾赈剩余物资拨付。栖流所费用有两个部分：一是日常的伙食、医疗及服装被褥置办费；二是房屋修缮、棺木及入殓等费用。

雍正年间对官方支付栖流所日常费用的做法做了制度化、常规化的规定，被沿用至清末。雍正八年（1730 年）上谕曰："五城赈济贫民饭食银米，著都察院堂官不时查看，钦此。遵旨议定，五城赈济，各设循环簿登记所赈数目，一日一换。平粜设簿亦如之，五日一换，均由院察核。其赈粥米粮柴薪，及粜米数目，并栖流所用银，均报明户部核销，由院确察转送。"[①]雍正十三年（1735 年）做了详细的补充，制订了栖流所粮食医药费用的细则，"嗣后五城栖流所，每年令该司指挥估计修葺。如遇无依流民及街衢病卧者，令总甲扶入所内，报明该司，发记循环簿，留心察看。每名日给小米一仓升，制钱十五文……如有患病者，即具报该司拨医药饵调治。冬月无棉衣者，给布棉衣一件"[②]，还对栖流者的衣服柴薪被服及丧葬等细则作出规定："凡栖流所贫民，日给柴薪等费制钱十五文，折仓米一升，制钱六文。立冬后人各给布棉袄一件，价银六钱，布棉被一条，价银一两。病故者各给棺木及殓埋银一两，其道路无名尸，棺木殓埋银亦如之，亦于栖流所银内报销，均该司指挥管理。"[③]

乾隆朝沿用了雍正朝的制度并做了完善，乾隆六年（1741 年）议准，"五城栖流所，每年用过钱文，照时价核定库平，据实报销"[④]。此后，栖

---

① （清）昆冈等修、刘启端等纂：《钦定大清会典事例》卷一千十九《都察院》，《续修四库全书》编纂委员会：《续修四库全书·史部·政书类》第 812 册，上海古籍出版社 2002 年版，第 232 页。

② （清）昆冈等修、刘启端等纂：《钦定大清会典事例》卷一千三十六《都察院》，《续修四库全书》编纂委员会：《续修四库全书·史部·政书类》第 812 册，上海古籍出版社 2002 年版，第 393 页。

③ （清）昆冈等修、刘启端等纂：《钦定大清会典事例》卷一千三十六《都察院》，《续修四库全书》编纂委员会：《续修四库全书·史部·政书类》第 812 册，上海古籍出版社 2002 年版，第 393 页。

④ （清）昆冈等修、刘启端等纂：《钦定大清会典事例》卷二百六十九《户部·蠲恤》，《续修四库全书》编纂委员会：《续修四库全书·史部·政书类》第 802 册，上海古籍出版社 2002 年版，第 303 页。

流所经费及开支制度越来越详细完整，几乎日常开支的所有费用都有明细规定，如嘉庆十五年（1810 年）规定了栖流所费用的盈余、转用及收留流民数量上限的制度等。

嘉庆十五年栖流所备用银两，每年五城准领银二千六百两。如有赢余，留于下年备用，不得任意滥支，以归核实而昭慎重。其每城应就银二千六百两数内分支银若干两之处，请旨令都察院就各城收养人数多寡，分别酌定，报部立案。自此次酌定之后，不准再逾此数。如偶遇偏灾，实不敷用，令都察院自行奏明加增。丰稔之年，仍不得援以为例。至支销银两散给章程，仍照向例办理。①

嘉庆二十二年（1817 年），清廷规定了栖流所办公经费的领取、分配及报销制度：

各城地方流丐，多寡不同。于西北二城额定银内，各划出五十两，分给中城四十两、南城六十两，量为调剂。凡栖流所内应需口粮、油、菜及修房备棺等费，中城岁支银四百两，东城岁支银四百七十两，南城岁支银五百三十两，西城、北城各岁支银六百两，令正指挥赴部承领支销。如有赢余，留于下年备用，不得逾额多支。如遇偏灾实不敷用，都察院奏明加增。丰稔之年，不得援以为例。按年造册报部，其用过易银钱文，照时价折合库平银数，据实报销。②

栖流所的经费，也有特殊情况特殊处理的特例，如皇帝视栖流所内流民的具体情况，加恩赏赐所需费用，如同治元年（1862 年）议准："北城在安定门外大福院，其搭盖席棚、添设锅炉等件，由施药赢余银两，奉旨

---

① （清）昆冈等修、刘启端等纂：《钦定大清会典事例》卷一千三十六《都察院》，《续修四库全书》编纂委员会：《续修四库全书·史部·政书类》第 812 册，上海古籍出版社 2002 年版，第 393 页。

② （清）昆冈等修、刘启端等纂：《钦定大清会典事例》卷二百六十九《户部·蠲恤》，《续修四库全书》编纂委员会：《续修四库全书·史部·政书类》第 802 册，上海古籍出版社 2002 年版，第 303 页。

赏给栖流所项下提用。"①道光四年（1824 年）又谕曰："以春夏收养流民较多，加赏五城栖流所银二千六百两。"②

最后，栖流所费用与灾赈费用在特殊时期相互调拨补充使用的制度。主要有两个内容：

一是在灾赈中筹集栖流所物资费用于援助救灾的制度。由于栖流所经费是固定拨付、不会短缺的，其费用及粮食等常被官府用于救急所需，如在灾荒赈济中，当灾赈粮食不敷使用时，常从栖流所费用中支取，故栖流所在特殊时期担负着特殊赈济主体的作用。如乾隆二年（1737 年）谕准："如有贫民冻卧道旁，无所栖身者，即就近引赴普济堂、栖流所等处宿歇，饬掌管之人加意照看，次早仍令赴厂就食，俟来岁春融，听其去就。"③同治元年（1862 年），"于附近内城门外，每城各设饭厂一处。中城在正阳门外高庙，东城在东直门外普贤寺，南城在崇文门外偏吉三固山公所，西城在西直门外广通寺，北城在安定门外大福院，其搭盖席棚、添设锅炉等件，由施药赢余银两，奉旨赏给栖流所项下提用"④。

二是灾赈费用及物种转拨栖流所的制度。朝廷常常将赈灾剩余米粮赏赐给栖流所，作为栖流所日常开支：

> 御史程焘采奏，五城停止饭厂，请将赏拨余米分给栖流所，以养老弱流民一折。本年京城内外赴厂就食流民甚众……实系老弱流民，势难各回乡里，若任其在京觅食，糊口无资，情形殊为可悯。据该御史奏称，各城俱于栖流所筹画（划）经费，暂为收养，并派觅空房使之居住。请将五城十厂前经赏

① （清）昆冈等修、刘启端等纂：《钦定大清会典事例》卷二百六十九《户部·蠲恤》，《续修四库全书》编纂委员会：《续修四库全书·史部·政书类》第 802 册，上海古籍出版社 2002 年版，第 304 页。

② 《清实录·宣宗成皇帝实录》卷七十一"道光四年闰七月癸丑条"，中华书局 1986 年版，第 140 页。

③ （清）允祹等：《钦定大清会典则例》卷五十三《户部·蠲恤》，《景印文渊阁四库全书·史部》第 621 册，商务印书馆 1986 年版，第 672 页。

④ （清）昆冈等修、刘启端等纂：《钦定大清会典事例》卷二百六十九《户部·蠲恤》，《续修四库全书》编纂委员会：《续修四库全书·史部·政书类》第 802 册，上海古籍出版社 2002 年版，第 304 页。

拨未领余米一千五百石，分给五城栖流所。每城各领三百石，照放赈之例，大口五合，小口减半，逐日分别散给……将该流民等籍贯姓名，询明注册，给予戳记签牌，随时稽查。①

二、流民赈济的效应：栖流所制度建设的社会影响

作为一项承平时期实施的收揽与稳定民心的灾赈制度，栖流所及其制度建设，既有积极的社会效应，又在实施中凸显其消极的影响。

（一）清代栖流所的积极效应

栖流所的设置及其制度建设，对刚鼎立的清王朝发挥了凝聚民心、稳定社会、迅速获得统治合法性等较为积极、正向的社会作用，反映出清王朝的统治能力及统治智慧，比此前的几个极为强大的王朝在处理流民问题上更成熟、稳健的特点，这可从以下五个方面来看：

第一，栖流所对社会秩序的稳定，尤其是会导致社会动乱的流民的安置及管理、控制方面发挥了积极作用。雍正十二年（1734年）以对流民归入栖流所安置为由，制定了栖流所只是容纳老弱病残者，其余遣返离境，"现在苏城之三县六门，均设有栖流所，维时专为安置乞丐得所起见，故止许老疾残废者入所栖止……至于外来流丐，向有查明驱逐之议。但此辈随地觅食，各处皆然，概行驱逐本境，已不胜查送之烦，回籍之后仍然乞食，仍须安插，而此境送去，彼境送来，徒滋扰无裨"②。这是一种巧妙处置青壮年流民的办法，老弱病残者于栖流所内安身，减少了社会不稳定的因素，也是统治者希望尽快恢复流民流出区社会经济的强制措施，"外来流丐，保正督率丐头稽查，少壮者递回原籍安插。其余归入栖流等所管束"③。青壮年流民返乡耕种后，恢复并促进了流民产生区的社会经济

---

① 《清实录·宣宗成皇帝实录》卷六十八"道光四年五月辛巳条"，中华书局1986年版，第85页。

② （清）陈宏谋：《弭盗议详（八条录二）》，（清）徐栋：《牧令书辑要》卷九，同治七年（1868年）江苏书局刻本。

③ 赵尔巽等：《清史稿》卷一百二十《食货志》，中华书局1977年版，第3482页。

发展，"现在灾黎既无室庐栖止，势必流离四散，全在地方官妥为安置。若任其转徙他方，或数十人一起，或数百人一起，诚恐人数众多，良莠不等。弱者转于沟壑，强者且去而为盗，横行滋扰，别生事端，甚至混入私枭，尤为地方之害。著各该督抚严饬地方官亲身履勘，凡系实无居处者，即择境内未经淹没之处，或栖流公所，或空阔庙宇，令其暂为栖止，计口给赈"①。

青壮年流民在被遣返安置后，最大限度地消弭了社会动乱的根源，保障了社会稳定，"其余少壮仍使自食其力，不许入所。今既于养丐之中寓弭盗之意，则少壮之丐尤当令其入所，庶有约束"②。咸丰三年（1853年），规定了外城稽查流民章程："沿街栖止贫民，人数众多。若概逐出城外，恐滋事端，拟编立册籍，随宜安插。至老幼残废以及妇女，分别于栖流所、普济堂安置。如有面目凶悍，形（行）踪诡秘之人，立即拿办。"③这种以慈善救济的方式化解社会矛盾的途径，比用武力弹压的效果要好，更易被流民接收，也容易获得社会各界的认同。

这是清代虽有多次农民起义，但大多被控制在一定区域内、没有延续太久而影响统治根基，且最终都被镇压下去的主要原因，使清王朝避免了中国历史上大部分王朝统治终结于流民起义的宿命，"许老疾残废者入所栖止……如有逃亡归籍，丐头于朔望回风日报官开除，以杜藏匿为匪之弊……敢养一人即可少一人为窃，亦弭盗之一端也"④。这从同治五年（1866年）的谕令中可见一斑："翰林院检讨董文焕奏：京师五城地面，穷民结群，白昼抢夺，平民商贾，均受其累，并有假装厮仆，撞骗财物，请饬妥为弹压安置……其老弱困苦者，迫于饥寒，情殊可悯，著栖流所、养

---

① 《清实录·宣宗成皇帝实录》卷一百九十三"道光十一年七月乙亥条"，中华书局1986年版，第1053页。

② （清）陈宏谋：《弭盗议详（八条录二）》，（清）徐栋：《牧令书辑要》卷九，同治七年（1868年）江苏书局刻本。

③ （清）昆冈等修、刘启端等纂：《钦定大清会典事例》卷一千三十三《都察院》，《续修四库全书》编纂委员会：《续修四库全书·史部·政书类》第812册，上海古籍出版社2002年版，第375页。

④ （清）陈宏谋：《弭盗议详（八条录二）》，（清）徐栋：《牧令书辑要》卷九，同治七年（1868年）江苏书局刻本。

济院等处，酌加经费，妥为抚恤，用副朝廷除莠安良至意。"①

第二，栖流所不自觉地发挥了灾害及战争后社会心理疏导及抚慰的社会作用，使灾荒及战争导致灾民的心理创伤得到某种程度的医治，进一步稳固了清王朝统治的合法性。栖流所让很多因灾、贫、病及战争等原因流亡的民众在心理上有了安定感和对官府的信赖感，"京师五城各设栖流所一处，安顿贫病流民。其修理房屋工料及衣食药饵之资，每年每城动支户部库银二百两备用。如有不敷，许其赴部具领。如或有余，留于下年备用"②，若栖流所收容的人生病、亡故，官府还提供医疗救助、帮助安葬等费用，在很大程度上体现了传统专制制度的温情及人性化特点。如乾隆九年（1744 年）议准："云南省栖流所收养路过贫病之人，每名日给米一京升，盐菜柴薪钱十二文，药饵每剂销银二分五厘，病愈起程。按原籍程途远近，每日给银一分，资送回籍。如或病故，该地方官一面申报，一面备棺掩埋，标其姓名，俟其亲属认领。抬埋之费，每名给银一两，并床席等项，于司库留办公件银内拨给。"③大部分得到救济的流民对官府、皇帝感恩戴德，为官府赢得良好的统治声誉，在客观上成为抚慰流民、疏导社会心理的必要措施。

清王朝的统治及其政权主体因此得到了贫民的广泛认同及支持，政权合法性问题随着救济范围的扩大逐渐确定下来。而栖流所是一种在短期内能迅速稳定流民群体、收揽民心并稳固社会统治最有效的救济措施，在中国官方传统赈济中，是一种成本小、收效高的政治经济投资。经过栖流所的访查、安置、遣送及管理，官方对各地流民的来源、数量、人口构成等有了大致准确的了解与掌握，便于有效控制，从而巩固栖流救济的社

---

① （清）昆冈等修、刘启端等纂：《钦定大清会典事例》卷一千三十六《都察院》，《续修四库全书》编纂委员会：《续修四库全书·史部·政书类》第 812 册，上海古籍出版社 2002 年版，第 394 页。

② （清）昆冈等修、刘启端等纂：《钦定大清会典事例》卷七百五十三《刑部·收养孤老》，《续修四库全书》编纂委员会：《续修四库全书·史部·政书类》第 809 册，上海古籍出版社 2002 年版，第 314 页。

③ （清）昆冈等修、刘启端等纂：《钦定大清会典事例》卷二百六十九《户部·蠲恤》，《续修四库全书》编纂委员会：《续修四库全书·史部·政书类》第 802 册，上海古籍出版社 2002 年版，第 303 页。

会效果。

第三，栖流所在流民管理及控制，在保存人力资源方面发挥了积极作用。栖流所在一定程度上成为国家在社会稳定的特别时期，管理、遣返、处置流动人口的中转站，成为名副其实的流民管理与控制的官方机构。那些因灾难及变故的无家可归、生存无着落的流民因为栖流所的存在，免除了死亡危险得以生存下来，客观上保留了国家的人力资源，"各省民人有孤贫残疾、无人养赡者，该地方官加意抚恤。如无室庐栖处，该地方官酌设栖流所，以便栖处"[①]。年轻力壮者由官府遣送或安置，一些人在返回家乡后成为原住地的主要劳动人口，客观上保留了农村的农业劳动力资源，有一技之长的流民还有机会佣工为生，"其年力精壮原能手艺可以佣工之人，或因自己本无营业他人不肯雇佣不得已而为乞丐者，应问明本人，即谕该地邻乡保为之觅主佣作，并即令乡地邻族公同立契，如有事犯，不得连累雇主，则雇主无所顾忌，肯为雇用"[②]。

在具体实施中，很多官员认识到劳动力资源的可贵，多次上奏对栖流所等机构的人员进行妥善处置：

> 体我朝会典所载十有一，而振茕独、养幼孤、收羁穷尤加意焉。……比岁民政部疏言，各项善堂善局，率多重养轻教，聚无数不耕不织、非士非商之民，纷然待哺于官吏，不惟国家财力未逮，亦为世界公理所无。拟令各省官绅，就育婴堂附设蒙养学堂，养济院、栖流所附设工艺厂，庶款不虚糜，事可经久，诚哉是言。[③]

朝廷对此不断调整，直到清末依然较为注重对栖流人员的控制，光绪三十三年（1907 年）民政部奏请：

---

① 《清实录·宣宗成皇帝实录》卷二百五十九 "道光十四年十月癸丑条"，中华书局 1986 年版，第 947 页。

② （清）陈宏谋：《弭盗议详（八条录二）》，（清）徐栋：《牧令书辑要》卷九，同治七年（1868 年）江苏书局刻本。

③ （清）刘锦藻：《清朝续文献通考》卷八十三《国用考·赈恤·恤茕独》，商务印书馆 1936 年版，第 8417 页。

饬各省督抚，严饬地方官会同该处绅士，查明善堂善局若干，收养人数若干，岁出岁入若干，官费公费若干。无论官办、绅办俱注明管理人姓名、籍贯、官阶，并办法章程，造册咨部，以凭核办。并令责成地方官绅，以育婴堂附设蒙养学堂；养济院、栖流所、清节堂附设工艺厂，统计原有经费，妥为办理。其有官绅把持公产，抗不服查者，从严参办。①

由于栖流所使大量人口尤其劳动力渡过难关继续生存，保存了传统社会的人力资源，"穷丐本司愚见，此等乞食穷民，何分此疆彼界，现在此处乞食，即应收于此处栖所，听其随处资生，毋庸驱逐……倘栖流所房间不敷安顿，即为量增"②，最大限度地保存了社会再生产的能力，使社会的继续发展有了基础。这类史料大量存在于涉及栖流所的记载中，"今五城改设栖流所，西城二处，余四城每城各一处，俱在外城，每年动支户部银两，安插贫病无依之人"③。"命加赏五城十厂赈米，并给栖流所收养穷民棉衣。"④

这是每次大灾大疫或战争之后，中国传统经济能够很快恢复、社会迅速稳定的主要原因之一，很多当时的士绅文人在奏疏及时政论述中，都称赞这种利国利民的举措。兹赘引其文，以观栖流所受时人推崇的程度：

夫国以民为本，而民以食为天。故饥困流离之众，有时而起盗心，实由无术以谋生计，必不得已挺（铤）而走险耳……近虽设有养老院、育婴堂等处，然皆限有定制，难以兼收，以致贫无所归者，小则偷窃捉骗，大则结党横行，攫市土之金钱，劫途中之商旅。事虽凶暴，实迫饥寒，每因憨彼无知，辄至酿成大祸。欲弭隐微之祸，须筹安置之方。曷若募集巨资，庶可抚留若

---

① （清）刘锦藻：《清朝续文献通考》卷八十三《国用考·赈恤·恤茕独》，商务印书馆1936年版，第8418页。

② （清）陈宏谋：《弭盗议详（八条录二）》，（清）徐栋：《牧令书辑要》卷九，同治七年（1868年）江苏书局刻本。

③ （清）于敏中等：《日下旧闻考》卷五十《城市》，北京古籍出版社1985年版，第791页。

④ 《清实录·仁宗睿皇帝实录》卷九十"嘉庆六年十一月甲戌条"，中华书局1985年版，第184页。

辈，每省设局取名栖流，拣举能员派为总办，多置田产，藉给饘粥之资，广葺茅庐，俾免风霜之苦。容留无赖，拘束流民，教以耕耘，课之织造，各称其力，俾习其工，则病有所养，贫有所资。懦良者固无庸乞食市廛，强畏者亦不至身罹法网，非徒革面，直欲洗心。至于驯良之辈，少壮之人，督令开垦荒田，给以耕资农器，自食其力，俾立室家，庶边地不至荒芜，而国家亦增赋税，岂非一举而备数善哉。①

栖流所还对疏散安置短期聚集的流亡人口发挥了积极作用，避免了因人口集中引发传染病、流行病而导致更多人死亡或引发其他严重的统治危机等不利后果，"多置空所，所以处流民而严其法，大荒之时有他郡流民走徙就食者，若处之不得其道，则流民立死，且或生乱。有司当择寺观、公廨一切空所，分别安插，每处设一人管其事，立法以绳之。诸如卧有所定，出入有时"②。从某种程度上充当了传统社会中非常时期疾疫流行的化解器的作用。

第四，栖流所运营中体现了清王朝赈济制度具有良好的联动机制。值得强调的是，清代栖流所的存在及运营并非独立，而是与其他救灾机构及措施共同联合并行的。如栖流所往往与施棺所（会、堂）、收骸堂等机构的运营相辅相成，如栖流所的流民因病因灾死亡者，由施棺所等机构出棺埋葬等，其管理制度及措施较为严密，"自立栖流所之后，禀明当道官长勒石禁止，如遇倒毙之人，责令地保到所报告……材头注明字号，有知死者姓名，亦记之。……如贫户欲乞材者，亦须报明。如有嫌材薄者，贴其钱二千文……此事惟济仁堂行之，其他有愿施舍者，亦皆附属于此"③。表明清王朝官办救济机构之间具有较高程度的协作性。

这是中国帝制晚期对流民管理及处置中较能体现官方机构具有较好联动性的典型案例，"余乃将省城各善举定为四大善举：所有普济堂则收养残废，散放月米，清节堂、栖流所皆在其中，而义学附焉；同善堂则给与医

---

① （清）陈忠倚：《清经世文三编》卷五十九《刑政·治狱》，清光绪二十八年（1902 年）上海书局石印本。

② （清）贺长龄、魏源等：《清经世文编》卷四十一《户政·荒政》，中华书局 1992 年版。

③ （清）范祖述：《杭俗遗风·乐善类》，上海文艺出版社 1989 年版，第 37—38 页。

药，施散棺木，掩埋局、牛痘局皆在其中，而义学又附焉；至于育婴堂则专司其事外，有崇文义塾为世家子弟无力读书而设，遂一并兴复"①。对这种联动性的救济机制，各地制定了相关制度予以保障，制度条规较为细致完整，如清末杭州昌化县的栖流所运营即如此：

栖流所报验规条……一查栖流所前办报验经费出四所商人按引捐提充用，今盐纲未复，准照董事议请于同善堂业捐提助项下匀出支用，仍另立栖流所报验款目，按季造报。一栖流所报验事宜，现附同善堂办理，应由该堂施材、掩埋，两局董事互相经理，另派司事一人以资臂助……将从前栖流所应办相验事务附堂办理，并据援照旧章，并纂新条议，呈抚宪批核……查章程内载，凡有路毙浮尸，实系无伤无故，并无尸属出认者，仍照同善堂施材掩埋章程，由地保报堂，给棺殓埋，毋庸请验。②

第五，较好地体现了底层民众认可及支持的强大潜力尤其是对王朝统治的巨大影响，实现了清王朝天下同治、海内一家的政治统治意图。栖流所制度不仅在京畿及内地清王朝直接控制的区域实施，即便在边疆及民族地区，地方官也积极实力地推行，虽然因地区不同而有差异，但其官办的基本原则是各地奉行的，即便在僻远的、较晚直辖王朝专制统治的区域，各府州县也积极推广栖流所及其制度。这从客观上表明，心怀民众并具有济世情怀的政府及其制度，符合人类政治统治的终极目的，能得到官民尤其是底层民众的一致拥戴，也能因此稳固统治。

这在一定程度上反映了清王朝善于利用荒政赈济穷困、收揽民心的政治智慧，这是一种比其他制度及途径更快捷、更易被接受及认同的危机管理及应急方式，使其竭力鼓吹的"普惠灾黎"和"为民生纾困"的统治口号更容易得到认可，更顺利地在全国境内推行其他政治、经济、军事及文化教育等专制制度。这种通过底层认可及接纳进而稳定统治地位的做法，应当是清王朝尽管在统一天下的战争中屠杀无辜、采取过很多极端的暴虐

① （清）戴盘：《筹办杭省各善举经费记·杭嘉湖三府减漕记略》，清同治两浙宦游纪略本。
② 民国《杭州府志》卷七十三《恤政》，民国十一年（1922年）铅印本。

措施，但依然能稳定大局、掌控天下的原因，是清王朝迅速建立统治合法性的最重要、最深刻的根源。

这正是被众多清史研究者乃至中国古代史，或是政治史、经济史、军事史学者不自觉就忽视了的因素。很多人更愿意去从清朝强大的军事战斗力及明王朝的腐败与自取灭亡，或是出现了类似吴三桂、范文程等汉人的支持，以及从国内外目前热议的新清史视角去寻找原因，或是纠结于一个落后的在马背上和丛林中讨生活的游牧民族在短时间内统一并驾驭了有几千年文明史的泱泱大国等问题的自然、气候原因探讨，并力图找出具有创新性的证据，或是沉迷于得出新观点、提出新理论，却不愿意从民心向背、从社会底层的认可及接纳程度方面去思考政局的走向。这应当是栖流所这类赈济机构及其措施、制度、社会成效的研究长期被学界忽视的主要原因。如果研究者的思路能够从赈济及慈善活动对民心向背及其后果等角度出发，去探讨底层力量对政局稳定、天下兴亡的巨大潜在影响力的话，相信赈济制度及相关的研究一定不会是目前的沉寂状态，新清史的很多问题及争议，也会有不一样的结论。

当然，这还反映清王朝统治智慧、能力及边疆内地化因素加强，通过推行赈济制度在另一种层面上实现了历代政治家"天下同治、海内一家"的统治理想，"该地方官酌设栖流所……布告天下，咸使闻知"[1]。

（二）栖流所的弊端及本质

由于专制统治的特点及传统荒政自身不可克服的流弊，栖流所在运营中不可避免地出现弊病，尤其当清王朝的政治、经济衰退开始走下坡路时，这些弊端日益凸显并发挥着消极影响。

首先，栖流所经费的管理不善及贪腐形象。清中后期社会动乱、灾荒加剧后，流民、乞丐增多，因经费管理不善导致栖流所的管理及救济效能低下，"中国生齿日繁，生机日蹙，或平民失业，或乞丐行凶，或游手逗留，或流民滋事。近虽设有栖流所、施医局、善老院、育婴堂诸善举，然

---

① 《清实录·高宗纯皇帝实录》卷五十八"乾隆二年十二月乙未条"，中华书局 1985年版，第 947 页。

大抵经理不善，款项不充，致各省穷民仍多无所归者"①。

栖流所一切费用由官方负担，在经费开支中出现了清代荒政中常见的贪腐现象，"设栖流所……该城御史督率司坊等官实心办理。如有虚冒侵蚀等弊，照例交部治罪"②。虽然栖流所经费的数额原本不多，能被贪污的经费也不会太多，但对于按名额下发的被栖流的民众而言，每一两银子、每一千克粮食都是一一对应的，一旦费用或粮食被贪污，就意味着有等着救急活命的流民会因此陷入饥饿冻馁的境地，或是因此再次流亡或是陷于绝境，甚至是因此死亡，最终使栖流所的积极效应大打折扣。

很多栖流所管理者还伙同其他灾赈人员上下其手进行贪腐，"已革候补巡检左日康，查知张辰垣等私分赈米，听从入伙分肥。该革员系在栖流所办事，粥厂赈米非其经管，与家丁孟升、段福并无主守之责，自应照常人盗仓库钱粮加等问拟"③。

其次，栖流所的管理公职成为巧取者调剂肥私的源泉。栖流所的管理人员属于官府的基层管理者，栖流所成为部分官员安置亲信及尸位素餐者的腐败部门，"在当时诚为要事，今则徒事縻费，不过藉以调剂人员而已。酌提若干以助不足……至其章程，若何克臻美备，亦不外乎教养兼施而已矣"④。因此，时人建议私人出资修建、运营栖流可以避免此弊，"蒙以为世有当道，及富绅自愿立此功德，宜即诸堂诸局诸公所以为基，而更变其章程，则经费省矣。不足则设法劝募，中土人心好善，甚于泰西，观乎历年灾荒，一经诸善士说法，无不立沛仁浆，岂有慷慨于彼而吝啬于此者乎？"⑤

———————————

　①　（清）陈忠倚：《清经世文三编》卷三十九《礼政》，清光绪二十八年（1902 年）上海书局石印本。

　②　（清）昆冈等修、刘启端等纂：《钦定大清会典事例》卷七百五十三《刑部·收养孤老》，《续修四库全书》编纂委员会：《续修四库全书·史部·政书类》第 809 册，上海古籍出版社 2002 年版，第 314 页。

　③　（清）潘文舫：《监守盗仓库钱粮》，《新增刑案汇览》卷五，清光绪十六年（1890 年）紫英山房刻本。

　④　（清）陈忠倚：《清经世文三编》卷三十九《礼政》，清光绪二十八年（1902 年）上海书局石印本。

　⑤　（清）陈忠倚：《清经世文三编》卷三十五《户政》，清光绪二十八年（1902 年）上海书局石印本。

这是清王朝以极小的经济成本取得最大化收益的、最有正面效益以博取口彩的、超越前代灾赈制度的措施，暴露了清代赈济制度的虚伪性特点，"有若婴堂、粥厂、栖流所、药局、医院、官渡、清节堂，皆官为设，惠民局……于事并无实济……如婴堂、栖流所、清节堂，万不可令其酣豢终日，致坏有用之身"①。

再次，栖流所救济的贫民数量极为有限。栖流所容纳的贫民，只是众多流民中的一小部分，每个栖流所日常拨付的费用只能供养十余人，最多百余人。如遇灾荒、战争及其他原因导致的大规模流民，栖流所虽能起到名誉上的救死扶伤的社会效果，但容留数量有限，很多无法进入栖流所的流民，大多辗转流徙而死于非命，"中国各省所设普济堂、改过局、自新局、栖流公所，皆所以收养贫民，则势亦有所不必。不知各省之堂之局之公所，有养而无教，以中国乞丐之众，游民之多，而欲以区区之地，养以终身，无惑乎其力之不足也"②。故栖流所救助的流民数额较少，很多青壮年流民根本不可能进入栖流范围，很多青壮年流民往往迫于灾荒或战乱无法生存不得不背井离乡，官府将其遣送回籍，无异于再次将其送入更加贫困及生存无告的境地，从本质上丧失了栖流的社会救助功能。

最后，部分基层官吏对栖流所的收养职能进行狭义曲解，在执行中只收养那些濒临死亡且无人料理的病茕，很多栖流所只注重表面效应，只救助垂死病人，故"专为沿途垂毙病茕而设""专恤沿途垂毙无告病茕""专为病茕流落而设"等记载不时出现在文献中。很多真正无家可归、需要救助的流民无法进入栖流所，加重了其生存危机，大失民心，导致设立栖流所的统治目的本意丧失，失去了朝廷救助各种流亡贫病之人的设置初衷，使顺康雍三朝皇帝一直在灾赈中强调的体恤饥民的统治宗旨流于形式，甚至成为民间笑谈。

---

① （清）陈虬：《治平通议》卷二《经世博议·保民》，清光绪十九年（1893 年）瓯雅堂刻本。

② （清）陈忠倚：《清经世文三编》卷三十五《户政》，清光绪二十八年（1902 年）上海书局石印本。

三、清代流民赈济的天下同治：栖流所的边疆共行

云南的赈济及制度是清代荒政中的重要组成部分，尽管文献较少，但云南的赈济措施却表现出了较强的内地化特点①，存在既推行王朝的统一制度及措施，也因区域性、特殊性而变通、调适的现象。故云南在一定程度上成为清代边疆民族地区救济机制的典型代表。栖流所资料尽管不多，尤其是栖流所容纳流民的数量、分布及位置也不准确，无法进行更精准、系统的研究。但这项清王朝境内统一推行的慈善官赈制度，依然能粗略反映云南执行官方赈济制度的状况及边疆地区完全处于官赈制度的覆盖范围，这表明清代专制统治在边疆民族地区日渐深入和边疆控制逐步加强。

清代云南栖流所的设置晚于京畿内地，大量见于文献记录的云南栖流所是在乾隆年间，即在内地栖流所设置及运营较为成熟的时期，边疆民族地区的栖流所才开始兴建。这与康熙朝平吴三桂定云南、雍正朝完成武力改土归流后流民众多，以及云南绝大部分地区匆匆才全面纳入专治制度有密切关系。当四海一统、天下共赋的统治目标初步达成后，在内地实施较成熟的官赈制度及措施才在云南全面推行，栖流所就是在这样的背景下普及起来的。

（一）乾隆朝后云南栖流所制度建设

乾隆年间，云南的部分府县相继建立了栖流所，认真执行由官方负责栖流所费用的制度及措施，以达"仰体天地好生之德，俯顺舆情之至意"的统治目的。如丽江府推行的栖流所制度，就是根据乾隆九年（1744 年）颁布的栖流所米、粮、医药及棺木丧葬等费用官方支付的制度，"议准云南省栖流所收养路过贫病之人……于司库留办公件银内拨给"②。各府州县方志中留下的记载与中央王朝的政令几乎如出一辙，如给栖流所内的流民

---

① 有关云南边疆民族地区的内地化概念，详见拙文《清代云南内地化后果初探——以水利工程为中心的考察》，《江汉论坛》2008 年第 3 期，第 75—82 页。

② （清）昆冈等修、刘启端等纂：《钦定大清会典事例》卷二百六十九《户部·蠲恤》，《续修四库全书》编纂委员会：《续修四库全书·史部·政书类》第 802 册，上海古籍出版社 2002 年版，第 304 页。

统一配给米粮、医药费等，这与《清会典》的相关记载大致相同。推行这些制度及措施的目的与内地一致，也是为了使"往来无依、贫寒无告"的"穷黎"及鳏寡孤独者能有"容留栖止"之所。

乾隆初年云南总督张允随奏请在云南 32 个府州县建立 76 间栖流所房屋，以安抚流移，得到批准。"云南总督张允随疏称，昆明、嵩明、宜良、罗次、富民、寻甸、宣威、霑益、邱北、弥勒、建水、宁州、阿迷、嶍峨、镇沅、宝宁、元江、他郎、思茅、宁洱、宾川、永平、腾越、鹤庆、剑川、中甸、姚州、和曲、元谋、大关、镇雄、永善各府厅州县，请建栖流所房屋七十六间。所需工料，并口粮、药饵、棺木、抬埋，以及资送回籍等项，俱于司库公项银内动支，从之。"[1] 奏请中设置栖流所的地方，有云南政治经济文化中心的昆明及附近的嵩明、宜良、罗次、富民等地，也有如宁州、阿迷、嶍峨、镇沅、宝宁、元江、他郎、思茅、宁洱等彝、傣、景颇等由土司、土目控制的多民族聚居的边缘区域。这在政治、经济、文化发展程度差异较大的边疆民族地区，推行同一的制度并得到官民尤其土著与流入者的认可，只有在灾赈这种以救济民众、稳定统治为主要目的的制度中才能实现。

这是云南栖流所最能体现海内一体、天下同治特点之处，即栖流所不仅在云南汉族等移民人口为主且汉文化占据绝对优势的腹里地区设置，还在边远的、土司控制的民族地区设置，反映了云南官赈制度浓重的内地化色彩，也反映了栖流所在很大程度上已成为清王朝经营、控制边疆的主要工具，以及王朝制度及政令在全国境内的顺利推行状况，间接反映了清王朝社会控制力及边疆治理能力的提高及加强。

嘉庆年间是云南栖流所建设较多也是较繁荣的时期，"栖流所二处：一在新甸台，一在新店子。每处房屋三间，并无经费，历任县令捐给口粮。遇有贫苦疾病之人按名支给"[2]。

因此，清中期后云南各府州县无论是边地还是腹里地区，大多都有设

---

① 《清实录·高宗纯皇帝实录》卷二百十四"乾隆九年四月辛亥条"，中华书局 1985 年版，第 746 页。

② 嘉庆《永善县志略》卷二《赏恤》，清嘉庆年间抄本，第 11 页。

置栖流所的记载，如黎县"养济院在城隍庙右，栖流所在城西"①，宁州
"养济院在城隍庙右，栖流所在城西"②，即便是滇西北这类从雍正朝改土
归流后才奉行内地制度的藏传佛教地区，也积极推行栖流所赈济制度，
"维邑虽假在边陲……雍乾道咸间，亦屡奉恩诏，或蠲免正项地丁钱粮，
或抚恤鳏寡孤独，或给赏年高绢米酒肉，或设栖流所，或设养济院，孤贫
口粮、囚犯口粮遇水旱偏灾即发款赈济，均载各县署档册"③。

（二）"天下同治"背景下清代云南栖流所的发展

清代云南的栖流所建设及发展与云南历史发展阶段相吻合，呈现出天
下同治背景下的典型区域历时性特点，即有三个重要的建设阶段：乾隆
朝、道光朝、光绪朝。乾隆朝的栖流所多是初建，道光朝的栖流所是增
建，光绪朝修复、新建，文献记录也较多。

首先，初建期。乾隆年间云南栖流所开始推广，与雍正朝改土归流有
密切关系。同时，流官进驻后为加强对云南的控制，采取了移民垦殖开矿
等措施，很多内地流民也进入云南，有必要建立栖流所收容流移人口。随
着土司控制区相继纳入流官专制控制范围，天下同治、万众归心的统治局
势成为这个时期最值得称道的"文治武功"。但由于边疆民族地区得不到
朝廷调拨的栖流所专用经费，地方官府往往无力承担栖流所兴建、运营的
费用，于是在遵循经费官出的原则下进行因地制宜的变通，即官员及士绅
捐资修建栖流所，如镇南州栖流所"在州西三十五里沙桥驿。乾隆六年，
知州葛庆曾建"④。这与内地大部分地区的栖流所在同期费用完全官办的情
况大不一样。

乾隆朝云南才开始出现栖流所的记录，这与此前云南地方志撰修及留
存数量较少有关，留存的只有康熙及雍正年间纂修且分量较少的两部省
志，栖流所在当时变乱频仍的云南，还是个新鲜事物。乾隆、嘉庆朝都没

---

① （清）佚名纂修：《黎县志·建置》，民国五年（1916年）铅印本。
② 嘉庆《宁州志·建置》，民国年间抄本。
③ 民国《维西县志》卷二《民政·蠲恤》，民国年间抄本。
④ 光绪《镇南州志略》卷三《建置略》，清光绪十八年（1892年）刻本。

有纂修省志，栖流所的建设及运营记录较少，很多相关记录往往是后代补记的结果，影响了我们对当时栖流所运营的评估及相关研究。

此外，还与雍乾年间云南铜、铁、铅锌等矿的开采冶铸的发达密切相关。因矿冶业进入云南的移民人口较多，有的矿冶区多则聚居数万或数十万人，少则数千、数百人，大多是来自内地的汉族移民。因矿产冶铸行业竞争大、风险大，破产倒闭者比比皆是，矿民常常朝不保夕，流离失所，栖流所成为稳定地方社会秩序的重要途径。各地栖流所相继建成，如云南府宜良县栖流所在城外西北隅[1]，曲靖府南宁县栖流所在打油街。[2]

其次，增建期。嘉道年间玉米、马铃薯等高产农作物进入云南并开始在高寒、土壤瘠薄的山区推广，使大量开垦山地及移民大批量的本土化成为可能，内地流民、棚户纷纷入滇，既带动了云南社会经济的发展，也增加了边疆控制的难度。尤其乾隆朝征缅及各地暴发的民族起义、矿冶业的开采和持续性农业垦殖，以及气候变化及环境变迁等引发频繁的水旱冰雪灾害，社会动荡不安，入滇流民陡增，建立栖流所收容无家可归的流移人口，成为地方社会发展过程中的重要措施。一些边远府县尤其邻近矿冶区、屯垦区的民族地区也开始设置栖流所，此期栖流所的建设较前朝相对增多。但多为官员捐的养廉银所建。

最后，修缮新建期。咸同回民起义后，经济凋敝，流民增多，在社会重建中，栖流所成为安抚、稳定边疆社会的重要机构受到官民的重视。此外，这一时期地方官员或士绅、商人等捐资建造栖流所成为风尚，这类私人捐资兴办的栖流所成为清末云南民间赈济兴起的起源及基础，在更大范围内发挥了稳定地方社会秩序的功效。

（三）清代云南栖流所的特点

清代云南栖流所的建设及运营，既具有内地普通栖流所的职能及特点

---

[1] 光绪《续云南通志稿》卷二十六《地理志》，清光绪二十七年（1901 年）刻本，第3 页。

[2] 光绪《续云南通志稿》卷二十七《地理志》，清光绪二十七年（1901 年）刻本，第22 页。

如官营官管，也具有边疆民族性特点。

第一，栖流所房产经费系官办私助。场所、来源、职能等是清代云南栖流所运营中较复杂的问题，清王朝规定的栖流所一切费用均由官府报户部核销的制度，只能在京畿及邻近的直隶、山东、河南、安徽、山西等能保障经费及人力物力的地区执行，稍远的区域尤其是边疆地区，制度及经费的执行都会大打折扣。一般而言，每项制度执行到边疆地区时，往往只留有制度的表面形式，实施制度需要的场地、经费、人员等几乎没有保障。因此，云南栖流所建设及运营经费是不可能得到朝廷拨付的，从一个侧面反映了清王朝境内同一个制度因区域不同存在不同执行标准的现象。

云南栖流所资产经费有两个主要来源，即籍没的犯官资产及官员捐助。一般是将犯官的部分房屋充做栖流所用房，犯官资产用于购买田产交付栖流所管理，资金不够时官员捐资添银购买田产。如开化府栖流所田产就是籍没的官员资产，"栖流所在西门外牛羊坡侧，正房三间左右，厢房各四间，平门一道，大门一道，公田三分。一追出前任府县原典，平坝、法古二寨，田价银六十五两。前县王令捐添银一百四十五两，共银二百一十两……一追出前任原典扳枝花寨田价银五十两、前县王令捐添银二两零，买备工料建盖铺面五间，给铺户开张，年收租银十五两"[①]。

因此，云南栖流所经费等具有浓厚的官办私助特点。即栖流所多由官员捐资、捐俸、捐廉建盖房屋，购买田产而成，或捐资重修、重建，与内地费用完全官府支付大有不同，这与朝廷拨款不到位、地方财力不足有密切关系。如云南府宜良县栖流所"乾隆十年知县张日旼建"。昆明县栖流所"在城外咸宁巷。清道光六年候选盐课提举司浙人张壎、晋宁州监生张登龙等捐资建设。咸丰丁巳年兵燹毁。光绪六年总查城外委员恩纶请款重建于东寺街侧，就前便宅遗址改置"[②]。这是云南栖流所初建时最大的特点，即既不能得到朝廷拨款，又不可能得到皇帝恩赏，在地方官府又无力筹措并承担栖流所建设运营时，就由官员及绅商捐资修建，如曲靖府南宁县栖流所"清乾隆五十八年邑人杨瑜捐置"，永昌府保山县栖流所"旧在

---

① 道光《开化府志》卷二《建置·院所》，清道光九年（1829 年）刻本。
② 民国《新纂云南通志》卷四十四《地理考》，民国三十八年（1949 年）铅印本。

养济院旁，久废。清道光五年知府陈廷焴捐廉重建"，昭通府永善县栖流所"在城外，清光绪七年署知县安宝宸捐赀重修"①。

由于修建及运营多靠官员捐资维系，导致很多地方栖流所就因官员离任或经费不济、房屋倒塌等原因而废弃。这种专制统治下财力物力区域分配不均导致的赈济不均现象，反映了边疆民族地区在灾赈制度体制内的弱势及被忽视的状况，"（保山县）栖流所旧在养济院旁，久废。道光五年知府陈廷焴捐廉重建瓦房十间，今废"②。

第二，栖流所拥有维持生计的田产。在专制统治及当时的交通运输通信条件下，地方的具体情况不可能都能呈到最高统治者面前，影响了决策者对地方相关情况的了解及政策的制定、经费的拨付，边远或边疆地区的赈济，尤其是处于非主流地位诸如栖流所等运营往往受制于经费不足的影响。但栖流所既已建立，地方官就负有使其运营并产生良好社会效益的责任，为维持其生存及发展，只能为其置备固定的可以不断产出的资产。在当时的社会经济条件下，田地无疑是能养活栖流所并源源不断产出的最佳固定资产。于是，云南很多府州县就由官员或绅商捐俸捐资购买田地房产，以田地所产维持栖流所运营，成为清代初期栖流所官营中特殊的案例。

因而，清代云南的栖流所一般都有相对固定的田地，田地收入供栖流所日常开支使用。远在云南与安南交界地带的开化府栖流所也有公田地，乾隆年间的文献记录中，反映出其田产数量有限，"栖流所在西门外，公田三分。一在法古寨，一在平坝寨，一在扳枝花，年收京石租谷四十三石八斗"③。到道光年间的栖流所运营中，就有相对详细的管理措施及制度，田产明显数量增多，位置明确，"栖流所……买得王弄里住民李若桂粮田三分，坐落该里尾列，可寨额粮一斗八升，均归佃户完纳，每年实收京斗租谷三十六石……买备工料建盖铺面五间，给铺户开张，年收租银十五两。以上田租、房租年收租银三十三两，作内外孤贫、染病、药饵、病故棺殓

---

① 民国《新纂云南通志》卷四十七《地理考》，民国三十八年（1949 年）铅印本。
② 光绪《永昌府志》卷十五《建置志·仓库》，清光绪十一年（1885 年）刻本。
③ 乾隆《开化府志》卷二《建置·院所》，清乾隆年间抄本。

严寒制给棉衣、布裤之用"①。开化府栖流所的存在及其田地的运营，不仅反映了清代灾赈制度的天下一统及万民同治的史实，也反映了在清代民族国家形成及发展过程，边疆民族地区以无可辩驳的制度建设及实施史实，证明了边疆与内地在制度建设及国家认同上的趋同状态，也是多民族聚居的云南在国家重构过程中较重要的救济实践。

第三，云南存在特殊形式的栖流所——军流所。清康雍年间经云南中甸进讨西藏罗卜藏丹津等人的叛乱、乾隆朝征伐缅甸，以及云南边境的防卫等，都有军队源源不断进入云南，战争中或战后大量军籍人员因各种原因流移。使云南栖流所设置时根据实际情况进行变通，设立了专门收容军籍流亡人口的军流所。从所见史料来看，作为特殊形式的栖流所，军流所的设置地点主要出现在军队经过的交通要道、战略要地或边境地区，诸如保山、楚雄、车里等地。如楚雄府镇南州军流所"在吏目署内"②，永昌府保山县军流所"在典史署左，道光六年知县高垩捐廉买置民房，修葺以栖军流"③，"军流所旧无，道光六年知县高垩捐廉买置民房一所三进七间修葺，以栖军流。在典史署左，今废"④。

清末云南军流所的设置及长期存在，说明清中后期云南军籍流亡人口的持续存在，从一个侧面反映了 18 世纪以后，清王朝面临日益凸显的边防危机时部署军队应对的措施。

四、栖流所的社会历史影响

栖流所作为清代较成功的官方非主流的、辅助性救济措施，发挥了很好的管理、控制流民及稳固地方社会秩序，使清王朝迅速获取民心并取得了入主并统治中国的合法性的作用。这种底层民众认可及接纳产生的成功入主国家的结果，从某种程度上是清初占人口绝大多数的基层民众用另一种方式表达了几千年来基层民众的意愿，即用几乎不易察觉的事实让统治

---

① 道光《开化府志》卷二《建置·院所》，清道光九年（1829 年）刻本。
② 光绪《镇南州志略》卷三《建置略》，清光绪十八年（1892 年）刻本。
③ 光绪《续云南通志稿》卷二十七《地理志》，清光绪二十七年（1901 年）刻本。
④ 光绪《永昌府志》卷十五《建置志·仓库》，清光绪十一年（1885 年）刻本。

者明白"得民心者得天下"的绝对真理。这个不断被重复的政治口号或治国理念没有一个统治者及政治家愿意去实践，但清初立国史却让人明白了一个千古不变的政治真相——底层民众对最高统治者的集体认可与接纳，成为最终决定统治合法性的关键因素，这个被中国历史学家及政治家、思想家在无意识中忽视了的底层民众的政治影响力的案例，以无须雄辩的事实证明，任何统治者都必须遵守"得其民有道"的治国原则，对普通民众唯有"得其心"，才能"得其民"，才能"终得天下"，即"得其心有道，所欲与之聚之，所恶勿施尔也"。清初统治者无疑是"善用民心"的高手，其用民心的切入点就是赈济。这应该是清代历朝统治者重视荒政并渐次完善，最终将其推向荒政巅峰的动因之一。

此外，栖流所作为增强官方正面形象的措施而被推广到清王朝的疆域内，包括云南这样的边疆民族地区，也在乾隆朝后期大力建立栖流所，确实达到了稳固改土归流及镇压民族起义成果、消弭了动乱根源并在边疆治理及社会控制中发挥了稳定民心、安抚民众及巩固边防的积极作用，反映了清王朝"天下同治"状态下较好管控流民的能力及其因之出现的稳定状态。虽然栖流所运营中不可避免地存在贪腐及其他不良后果，但不影响清代栖流所在中国救济史上、在底层民众的人心向背上对最高统治权的奠定方面所发挥的积极作用。

结　语

　　清朝的政治、经济、思想文化、社会生活等的发展水平及相关的制度建设，都是康雍乾时期奠定、建立起来的，达到了清代乃至中国古代历史上的最高峰，不仅把康乾盛世推向了巅峰，也将中国历史带入又一个发展与危机并存的高潮阶段。这个承上启下的盛世时代，既继承了中国传统文明的优秀成果，也在摧毁中国部分传统文化的基础上创造了新的文化高潮，融合并传承为中国文明史的重要组成部分，代表了中国历史上政治、经济、军事、思想文化、社会、法律制度等方面的最高成就。因此，这个时代的方方面面，都备受史学研究者的高度关注，各个领域的研究成果，在现当代社会的发展中，发挥了较好的资鉴作用。

　　在中国灾害史上，清前期是一个极为重要的时期，中国历史上几乎所有重大的自然灾害都在不同地区、不同时期先后发生。这一时期建立起来了清代的救灾机制，不仅集成了中国历史灾赈机制的优点，也集中暴露了系统灾赈机制的种种弊端。在各类灾害频繁发生的现当代、在防灾救灾能力建设中，本书的研究可以提供资鉴，也能够展现传统灾赈机制应该传承的内涵。

一、清前期的自然灾害在中国灾害史上的普遍性及代表性

　　无疑，在自然生态环境变迁加剧，全球气候波动较大的今天，自然灾害依然与人类社会紧密相关，并时常与人类拥抱的时候，现实需要的，不仅仅是伸出我们热情而饱含爱心援助的双手，我们还需要做好应对灾荒的各种准备工作，建立健全的灾荒应对机制。因此，抗灾、防灾、救灾，成为我们这个时代面对灾荒时的主旋律。作为康乾盛世巅峰阶段建立起来的

灾荒应对机制，代表了中国救灾史上的最高水平。其制度、措施及对具体灾荒的赈济，无疑对当今的救灾、防灾和抗灾起到极大的资鉴作用。而学术界对清前期灾荒应对的制度、措施的研究，虽然有学者涉足，并且取得了不菲的研究成果，但相对于这个代表清代乃至中国救荒史上最高水平的王朝的赈济机制而言，目前的研究成果，无论是研究的广度还是深度，都还远远不够，还有很多可以开拓和深入的空间。同时，清前期的灾荒，无论是灾荒的类型，还是灾荒的影响及后果，都可以成为清代灾荒的缩影及代表。因此，对清前期的灾荒及其赈济进行深入的研究，就成为灾荒史研究中具有重要学术价值及现实意义的研究课题。

在全面、丰富的史料基础上，根据中国史料以文字叙述为主的记录特点，真实、客观地反映清前期灾荒的全貌及其特点，展现清前期灾赈机制建立和实施的必要性，就成为本书的基本任务之一。因此，根据灾情分数、受灾区域、受灾时间、受灾人口数及灾害损失情况等因素，将灾荒划分为巨灾、重灾、大灾、常灾、轻灾、微灾六个等级。乾隆朝共发生了三次巨灾、五次重灾、十四次（年）大灾、二十四次（年）常灾、三次（年）轻灾。

只有在全面了解重大自然灾害的基础上，才能探索并研究清前期赈济的过程，包括赈济制度的建立及发展情况，赈济的具体过程、步骤的梳理和措施的实施情况，以及赈济机构及人员的组成，赈济物资的来源等。最后探究灾赈结果，包括赈济产生的社会后果及影响，赈济过程中出现的各种弊端，再分析弊端产生的政治、经济及社会原因，总结清前期灾赈机制的经验教训。

清代灾荒是中国古代灾荒史中重要的组成部分，既具有中国古代灾荒史的一般特点，又具有清代自身的特点。清前期是清代统治秩序确立的重要时期，其间发生的灾荒，能代表及反映出清代灾荒的大致状况，既能全面展现具有清代灾荒史的普遍性特点，又能独具时代特点。换言之，清代发生的灾荒类型在清前期几乎都发生过；清代发生过的各种灾荒等级，都在这一阶段发生过；清代灾荒的特点及后果、影响，都能在这一时期得到完整的体现，因此，在某种程度上，清前期的自然灾害，就是清代灾害的缩影。研究清前期的灾荒，就能起到以小见大的作用。

　　自然灾害的发生，往往与气候、地形、地质构造有密切的关系，也与自然生态环境及各地所处的地理位置有密切的联系。清代是中国历史上疆域面积最广大的时期之一，横跨寒温热三个气候带，地形极其复杂，东面临海，西面是广大的高原山地，地形自西往西呈现梯级下降，是典型的大陆性季风性气候。各地的降雨量直接受季风气候及地形的影响及控制，常常引发水、旱、蝗、潮、风等自然灾害。大致而言，内陆地区常常成为水、旱、蝗灾害的频发地，沿海地区成为飓风、潮灾等灾害的频发地，内陆高原区常常成为雹灾、旱灾、水灾、霜灾等灾害的频发区。由于中国位于亚欧板块与太平洋板块的交接地带，地震灾害极其频繁，这些灾害类型在中国各个历史时期都发生过，在清代也是最为常见和发生频率较高的灾害，也是清前期常见的灾害类型，其大致的分布区域反映了清代乃至中国灾荒分布区域的特征。

　　但很多灾荒不仅是自然原因导致的，还与政治、经济开发及军事活动、人们的生产生活方式及习惯等人为原因有密切的关系，人为的原因常常导致生态基础的改变，进一步导致区域气候、地形及地质构造的改变，从而引发生态灾害。

　　清前期的灾荒类型较为全面，但以水、旱、蝗、雹、风、潮、地震、瘟疫等灾害为主，还有雪、霜、泥石流、火等灾害，有时几类灾害常常在一个地区或不同的地区发生，某个阶段常常又发生某几类灾害，具有共存性、并发性、群发性的特点。很多灾害在各地的暴发又具有极大的区域性特点，很多地区由于其所处的地理位置及气候带的原因，常常成为某几类灾害集中暴发地区，如河南、直隶、安徽、山西、陕西、山东、江苏、浙江、江西、湖北、湖南等地，常常是水、旱、蝗灾害集中发生的地区；在江河流域附近，常常因河流径流量的变化及降雨量的变化，而发生水旱灾害，很多类型的灾害发生后还常常向邻近的区域扩散和辐射。因此，清前期的重大自然灾害在地域上具有相对集中性、普遍性、延伸性、复杂性的特点。季风锋面的强弱变化及季风气候的复杂多变性，使旱灾、涝灾、蝗灾、风灾、雹灾、雪灾、霜灾、瘟疫、风灾、地震等成为中国各地经常发生的自然灾害，其中某些灾害常常因气候及降雨量的某种特征或变化，常常持续很长时间，有时经年累月，或是三四年甚至五六年、七八年。有时同一种或几种灾害往往在很多邻近区域同时发生，或是在几个大范围内同时发生不同性质的灾荒，很多灾荒的发生往往跟季节有密切关系，还具有一定的规律性。因此，清前期的灾荒在时间上还具有连续性、经常性、共时性和季节性、周期性的特点。一个地区发生了灾荒，邻近地区相继卷入，不仅加重了灾荒的后果及影响，也引发了其他的灾害及生态后果，使几种灾害先后在几个区域发生，一场小灾荒往往能够引发程度及影响严重的灾荒，因此，灾害在后果及影响上还具有并发性、累积性的特点。

从清前期具体的灾荒等级而言，清前期的灾荒等级呈现纺锤状的特点，即严重的灾荒（巨灾、重灾）及轻微（轻灾）的灾荒数量要少，中间程度的灾荒（大灾、常灾）数量相对较多一些。同时，清前期的灾荒，从其时间分布来看，表现出了日渐加重的特点，越到后期，尤其是乾隆四十五年（1780 年）以后，灾荒的等级及发生灾荒的年份逐渐增多。

总体而言，清前期全国境内很少有不发生灾荒的年份，灾荒造成了严重的后果，导致了农业的减产歉收或绝收，对农业生产造成了无法挽回的损失，灾区粮价飞涨，饥荒严重；饥民背井离乡，死亡的饥民成千上万，一次灾荒死亡的饥民数量甚至达到十余万或是二三十万，出现了绝户、绝村的情况，致使很多繁华的村庄、城市凋敝衰败。灾荒还造成灾区财产的巨大损失，造成了社会的动荡，发生饥民抢粮等事件，影响了地方乃至国家统治的稳定，在灾荒严重的地区，甚至孕育着新的、威胁王朝统治的危机。同时，对公众思想道德及社会文化的发展、对生态环境及经济基础都能够造成强烈的、甚至是致命的影响。

二、清前期灾赈机制的承前启后特点

清前期的赈济制度及具体措施，是在继承了明代灾赈机制的基础上，经过了顺康雍三朝制度的建设及其赈济实践，发展、完善并最后确定下来起来的，并且将之推进到清代赈济制度及实践的巅峰状态。因此，研究清前期的赈济，不仅能够了解顺康雍时期赈济的发展状况，也更能展现清前期在完善及推进赈济制度过程中所发挥的作用。从中剖析大家都未进行深入研究的赈济机构组成情况、赈济人员构成状况，仔细梳理赈济的各个程序，清晰地展现赈济过程中的各个步骤，将容易造成大家认知误区或理解混乱的问题，如赈济开始时报灾、勘灾的具体进程，赈济开始后实施普赈、加赈、大赈、粥赈、展赈、以工代赈的具体时间及措施等问题进行开创性的深入梳理及研究，对蠲免、缓征、借贷制度的发展及确立进行深入研究，再系统地展现赈济物资的来源、赈济的积极影响和消极影响、赈济的弊端及经验教训等。

从这些研究中，客观剥析出清前期的各项赈济制度在清代赈济制度中的地位及作用，说明对清前期的赈济制度，应该在全面分析研究的基础上客观地、从不同的侧面来具体看待，不能简单地以"乾隆朝的赈济是清代最高峰"等类一言以代之的观点作为结论。清前期赈济制度不同方面的发展及其作用，在各个阶段是不同的，一些制度的基本原则和内容其实在康雍时期就已经确立，乾隆朝只是做了修补及完善的工作；一些制度则是在乾隆朝才开始建设并快速完善起来的；一些制度则是经康雍两朝的建设及发展，并在其实践经验的基础上，乾隆朝对其进行了促进及完善。

为了防止灾民的流离及死亡，发挥天子"轸念民瘼"和"念切民依"的职责和统治功能，为了挽救濒于崩溃的社会经济，也为了巩固统治基础和稳定统治秩序，以乾隆皇帝为首的统治集团紧急行动起来，投入到救灾济困的赈济活动中。很多与救灾有关的部门，包括吏部、户部、工部、刑部等机构及其官员，在皇帝的居中指挥及调控下，调集库银帑金，截漕发仓，将钱粮紧急运往灾区。清前期从灾荒发生着之日起，就按照不同的期限，进行相应的赈济准备工作及具体的钱粮赈济工作，并在赈济实践及前朝制度和经验的基础上，进行着赈济制度的推进和确定、完善的工作，最终形成了清王朝最完备的赈济制度。

为了有助于统治集团及时地了解和掌握全国境内灾荒的情况，规定了各级地方官吏负有报灾的责任。为了不延误赈灾时机，乾隆朝在顺康雍三代报灾期限的基础上，规定灾荒发生后必须及时报灾，夏灾必须在六月终旬以前、秋灾必须在九月终旬以前报灾。逾限者将受到处罚。对逾限的惩罚规定，乾隆朝沿用顺康雍时期的制度，即逾限 15 天者罚俸 6 个月，逾限 30 天者罚俸 1 年，逾限 1 个月以上者降一级调用，逾限 2 个月以上者降二级调用，逾限 3 个月以上者革职。从报灾制度及报灾逾限处罚制度的发展过程来看，基本的制度早在顺康雍时期就已经确定下来了，乾隆朝只对其中的细节进行了调整及完善。

为了将赈济物资准确无误地发放到需要的灾民手中，对不同灾情分数、不同贫困级别的灾民实施恰当的赈济，朝廷接到报灾奏报后，就要委派官吏（选定勘灾人员）及时赶赴灾区。勘灾官员一般是由督抚选拔、委派，督抚一般在道府人员即知府、同知或通判等官员中选派"老实稳重"和"品行忠厚"之人后，由督抚亲自率领勘灾官员前往灾区，勘察受灾州县的数额（划定受灾区），分派各官员的勘灾区域。

此后，各勘灾人员就要在一定期限内〔顺康雍时期定为三十日，雍正六年（1728 年）改为四十五日即正限三十日、展限十五日，乾隆朝确定为四十日为限〕，先勘定受灾的地区具体位置及地理状况，即水灾村庄位于某省某府、某州某县，或是某乡某村、某庄某甲、某牌某圩，确定灾区疆界，勘定受灾的村庄数量和受灾田地的大致数额，标示受灾田地。之后再以村为单位，初步估算受灾田地的数额、灾情分数，明确户主，填报灾区图册，填写并张贴写有户主的姓名、人口数量的门单。随后，勘灾人员以草册及门单为基础，勘定受灾田地的数量，根据受灾田地的实际收成，确定灾情分数，制定灾情分数表册。随后就进行具体的审户即查报受灾户口，确定受灾人户的极贫次贫等级、大口小口数额等工作。最后，再将勘察好的灾情分数等级、极贫次贫等级、大口小口数、家产情况等填入表册，即填报审户图册，同时给灾民发放赈票，灾民据此等候官府赈济，按票领取赈济物资。

此后就按照勘灾的结果，对灾民进行以钱粮为主要物资的赈济。清前期的赈济是根据灾荒时间及灾情分数的不同，划定赈济的起始时间、赈济的期限、赈济的数额等，即划分并确定赈济种类，这在康雍时期尚未明确，到乾隆时期才最后确立。主要有包括摘赈、普赈、续赈、加赈、大赈在内的正赈，以及展赈、抽赈、补赈、散赈、粥赈、以工代赈等形式。各种名目的赈济，都有一定的赈济时间及期限。

清前期建立并实施的各类方式，是中国历史上传统灾赈的集大成，将中国传统灾赈机制推向了巅峰。如摘赈是清前期灾荒赈济中最先进行的赈济方式，是在灾荒刚刚发生时对一些极其贫困的、急不能待的无依靠的人群进行的钱粮赈济。之后再对所有灾民（一般是灾情严重的秋灾）普遍进行数额等同的、为期一个月的钱粮赈济，这就是普赈（急赈、先赈）。普赈结束之后，如果灾情尚未缓解，新的赈济措施尚未全面展开的时候，就对一些老病孤寡全无依倚且停赈即难存活者的人群继续进行为期两个月的赈济，即续赈，赈济的钱粮是按日发放。普赈或续赈之后，先根据灾情分数的轻重，以及极贫次贫的情况、大小口数额等，确定赈济的期限、数额等，这就是加赈。不同的灾情有不同的加赈期限，六分灾时极贫加一个月、次贫不赈，七分、八分灾时极贫加两个月、次贫一个月，九分灾时极贫加三个月、次贫两个月，十分灾时极贫加赈四个月、次贫三个月。加赈中期限最长、赈济钱粮数额最多的赈济方式，就是大赈，这是在灾荒持续时间较长、后果较为严重的灾荒时进行的赈济，从十一月一日开始至次年二三月结束，期限长达五个月，灾情严重时还会延长赈济期限，有时延长到五六个月、七八个月甚至更长的时间。大赈完毕之后，往往是次年的三四月份，正值春季青黄不接之时，只有继续延长赈济期限，这就是展赈，赈济期限据灾情及灾民的具体情况而定，以一个月较为常见。但在灾情严重、灾荒持续时间长的地区，展赈期限也有延长至三四个月，甚至五六个月的。如果一次展赈之后灾情还不缓解，就又进行第二次甚至第三次展赈。对勘不成灾及毗邻巨灾、重灾、大灾的灾区，抽取部分受灾严重的极贫灾户进行赈济，即抽赈，其灾情程度达到五分灾的，按照六分灾来进行赈济。对一些在灾荒之后就外出逃荒、后又返回的灾民，或是赈济时遗漏的灾户，或是灾情及贫苦等级发生变化的灾民，就按照其大小口数额及极贫、次贫等级，补给予相应数额的赈济物资，就是补赈。

在清前期的赈济中，还有一种常常实施的赈济形式——散赈。散赈没有固定期限，可以据灾荒情况选择赈济地点及赈济数额，是在正赈、展赈、抽赈、补赈等赈济形式不能及于的地区、时间举行的赈济方式。煮赈是粮赈的特殊形式，又被称为粥赈（赈粥）、煮粥，属于赈外之赈，但不属于正赈，不能代替正赈。这是正在灾情程度较为严重、灾荒持续时间较长、受灾范围较大的时候，饥民逃荒流离，人数无法稽查，在流民比较集中的地区或路边设置饭厂、粥厂，以煮粥赈济饥民；或灾荒初发，灾情严重，但摘赈、普赈未及实施之时，粥赈就成为对无法生存的穷民救急的赈济方式；或在发赈后，赈粮不够维持生存，或赈济粮食较少，不能按照普赈、大赈等标准发放，煮粥就成为暂时存活饥民的一种有效的赈济方式。灾荒赈济中一项重要的辅助救荒举措，就是以工代赈，这是一种与钱粮赈济相辅相成、救济与灾荒建设相结合的特殊方式的赈济措施。即在灾荒发生后举办诸如修建城池衙署、庙宇学堂，或是开展疏浚河渠、修筑堤坝等工程建设，使灾民从中获得钱粮等救灾物资。

清代灾赈机制中最成功、前无古人的案例是确立了"勘不成灾"赈济的制度。"勘不成灾"是达不到赈济标准的灾荒，之前历代均不予救济，凸显了传统赈灾制度的缺陷。清代在总结传统灾赈制度的基础上对"勘不成灾"进行赈济并将其制度化，雍正朝开始对"勘不成灾"进行制度建设，乾隆朝予以完善，促成了清代赈灾制度的外化并使其发挥了较好的社会效用，如缓征、分年带征、折征及就地抚恤、酌量赈给银米、蠲免积欠钱粮、借贷、以工代赈等赈济措施，对原本不能享受赈济的灾区的经济恢复发挥了促进作用，成为促使清代灾赈制度走向中国传统灾赈制度巅峰的重要因素。

在对灾民进行钱粮的直接赈济以解决了其生存问题的同时，为了减轻灾民的负担，尽快恢复灾区的生产生活，还对灾区实施蠲免、缓征赋税的措施。在春耕夏种、青黄不接、民间乏食缺种时，向灾民借贷口粮籽种牛具。借贷是灾荒赈济的最后一个步骤，但却是农业生产恢复及发展的最为重要和关键的一步。到灾民成功下种之后，对灾荒的赈济基本可告结束。而从赈济制度的内容来看，从灾民甚至之日起到布耕下种的漫长时间中，都安排了不同期限、不同类型的赈济方案。对不同情况的灾民，包括极其贫苦、孤苦无依、年轻力壮者、流亡及返回者，或虽未受灾但邻近受灾地区的灾民，都能够享受到官府不同形式的赈济。赈济方式从钱粮到赋税，从煮粥到兴办工程，凡是能够为灾民解危济困的措施，都采取并且付诸实施。从灾民的角度、从国君的立场来看，其用意及出发点的良好是毋庸置疑的，其对国家统治的稳定所做尽心竭力的谋划，也是极为全面和完善的。用"法良意美"一词形容和概括清前期的赈济制度，当不为过。

因此，清前期的赈济制度及措施，确实是达到清代乃至中国历史上最为完备的程度。其中的很多措施及其规定，无论是对赈济的官员，还是享受赈济的灾民，都充满了浓厚的人性化的色彩，处处显示着乾隆帝对臣民及灾黎的宽仁体恤，我们可以将其看作是古代帝王对臣民的"人文关怀"。正是有了这些完备的制度，以及执行的君主具备的"仁德体恤"的品德，使得清前期的赈济达到了清王朝乃至中国赈济史上的最高峰。

实施的赈济措施也取得了较好的效果，在很多灾区的赈济中，由于赈济人员选派得当、措施适宜，赈济钱粮能够及时到位，赈济的效率较高，灾区政治稳定、经济逐渐恢复，灾民逐渐务本。官民对皇帝无数的感戴皇恩、称颂皇恩的话，在很大程度上是发自真心的，并非完全是官员奉承皇帝的虚言，一如魏丕信在《十八世纪中国的官僚制度与荒政》一书中评价一样，是符合当时的现实情况的。最起码，这是切实享受到赈济实惠的灾民，对官府的赈济措施及行动是认同的。因为绝大部分灾区的灾民，确实是得到了赈济钱粮，这也是清前期的赈济效率较高的原因，得到魏丕信等学者的称颂为也是情有可原的。

同时，由于清前期时期经济的繁荣，府库的充裕，使赈济物资也较为丰富，乾隆帝在赈济及物资的发放方面所一贯坚持的"宁揽勿遗"的原则，使所有灾民得到的赈济物资的数额，享受的赈济期限，都大大超过了以往的王朝。

对于清前期赈济制度及其措施的肯定性评价，是研究者在众多史料及当时稳定的统治、繁荣的经济、发达的文化成就中，应该得到的客观结论。因此，乾隆朝的繁盛，是表现在方方面面的。灾荒赈济制度及具体措施的建设及发展过程，与当时的繁盛是同步的。我们从制度史、从理论的层面，甚至是在赈济的效果方面，都不应该吝啬我们的溢美之词。

清前期的赈济制度及其采取的措施，绝不仅仅是上述几类。清前期的赈济措施极其丰富，针对不同性质的灾荒，产生了不同的赈济措施及制度。如还有对因灾流离的灾民的安辑、遣送，在粮食赈济中的平籴平粜；还有在各种突发性灾害，或灾情严重、持续时间较长的灾荒赈济中，采取的不同的抚恤措施及其制定的制度，尤其是对另一类影响及后果极其严重灾荒——蝗灾的赈济，采取了很多捕蝗、治蝗的措施，以及对捕蝗、治蝗不力官员的惩罚措施，这些都是清前期赈济制度及措施中不可或缺的重要内容。

但是，这些丰富的内容，绝不是一篇论文就可以涵盖或研究完的。对这些问题的研究，是一个长期的、需要更多学者关注及深入研究的过程，任重而道远。在目前自然灾害不断发生的时期，我们更加需要历史时期更多的救灾经验来为现实服务，即在需要历史学资鉴作用之时，灾荒赈济的研究，尤其是对集历代救荒制度和措施之大全的清王朝荒政的研究，就显得更加迫切，对清代荒政相对较完备的清前期赈济的研究，更加具有重要的现实意义。

三、灾赈机制是清王朝获取统治合法性的政治智慧的体现

清代灾害文献丰富，记录了清前期不同类型及等级的自然灾害，梳理巨灾、重灾、大灾等重大自然灾害，重现清前期重大自然灾害的具体情况、自然灾害频发的区域及时段，揭示自然灾害的原因、后果及社会影响。清前期频繁的自然灾害造成了严重的社会影响，灾民的生命财产蒙受了巨大损失，农业生产受到严重影响，粮食歉收或绝收，粮价飞涨，无数灾民死亡流移，人相食的人间惨剧常常在巨灾地区发生，加重了社会危机，威胁着地方统治秩序，冲击着传统的伦理道德，对社会心理造成极大影响，还对生态环境造成了极大破坏，凸显清前期灾赈机制建立的背景及紧迫性。

清前期的自然灾害，无论是类型还是影响，在中国灾害史上都具有典型的普遍性及代表性。清前期的灾赈机制极为完善、细致，具有承前启后的特点，将中国灾赈机制推向了最完善的阶段。但这种繁盛也使一切美好的或丑陋的东西和品质都一并得到了"繁荣"和肆意的绽放，酝酿了制度登峰造极后必然出现衰败，暴露了清前期集权体制下灾赈机制无法避免的漏洞，也暴露了专制王朝体制的弊端，更隐示了清王朝的统治基础在日益走向腐败的吏治中逐渐被侵蚀的史实。

在明代灾赈制度的基础上，清前期的灾赈机制经历了顺康时期的初建、雍正朝的修正补充、乾隆朝的完善定型，使清代灾赈机制达到了历史以来最完备的高度，把报灾、勘灾、襄灾、筹赈、蠲缓、发帑、截漕、捐输、捐纳、赈济、以工代赈、养恤、治蝗、除疫等赈济措施及制度的优势

发展到极致。制定了"夏灾不逾六月，秋灾不逾九月"的报灾期限，调整勘灾期限，确定报灾后四十日完成勘灾任务，逾限严惩；勘灾人员须确定灾情分数、统计受灾人口、查实灾民的极贫次贫等级，给灾民填发赈票、向朝廷填报审户图册等制度。确定对五分以上、勘实成灾的地区，据灾情分数及大小口数、极贫次贫情况进行相应的钱粮赈济，对"勘不成灾"的灾害具体情况进行赈济，使清代灾赈机制成为中国古代灾赈史上的典范。赈济类型主要有正赈、展赈、抽赈、补赈、散赈五个赈济程序及阶段，正赈又包括摘赈、普赈（急赈、先赈）、续赈、加赈、大赈五类；在饥荒中还煮粥赈济饥民，形成了完备的煮赈制度；招募年轻力壮的灾民，采取修筑水利工程、修缮城墙、修建水路交通要道及修筑衙署、监狱、仓库、庙宇、学堂等公共设施的措施，实施"以工代赈"。在钱粮赈济结束后，对青黄不接的灾民进行口粮及籽种、牛具的借贷，以尽快恢复灾区的农业生产及社会生活；蠲免及缓征灾区的赋税钱粮，形成了蠲免与缓征相辅相成的官赈格局；对勘不成灾的地区也据灾情状况，给予相应的钱粮赈济或适当的蠲免、缓征。栖流所等专门针对流民进行赈济的制度，获得了底层民众的认可，在一点程度上达到了"天下同治"的目的。

面对灾荒的袭击，官府及民间建立并形成了相对完善的应对机制，形成了以官赈为主、民间赈济为辅的灾赈格局。其灾赈物资主要来源于库帑、仓粮、截漕、邻省协济，以及捐纳、捐输、捐监等。灾赈物资的筹集、调运、及时发放，显示了集权体制及其资源统筹能力的优势在灾荒赈济中的社会效应。同时，稳定了灾区的统治秩序，笼络了民心，树立了官府的威信，促进了灾区社会经济的恢复及发展，丰富了中华民族思想文化的宝库。但因集权体制的弊端，尤其吏治的腐败和赈济监督机制的不完善，灾赈工作弊端重重，最终导致了清王朝官赈制度的衰落及民赈（义赈）的兴起。

清前期完善的灾赈机制是清朝统治者获取统治合法性的政治智慧的体现。清前期的灾赈机制及其实践，是入主中原的清朝统治者迅速获取民心、稳定统治的最佳捷径，通过不同的钱粮赈济措施，使饥寒交迫的饥民渡过危机，保存了再生产的能力，给灾后重建储备了人力资源及经济基础，获得了民众尤其被救济灾民的认可。这是清朝统治者吸取传统汉文化精髓，统治方式迅速汉化并获得统治合法性的统治智慧，很快凝聚民心、稳定了社会秩序，积累了经济基础，最终奠定了康乾盛世的基础。

清前期灾赈机制在很多侧面凸显出了细致化、刻板化及人性化的特点。制度因其细致、完备，往往是僵化及刻板产生的温床，在灾赈实践中灵活性在更大程度上丧失，不一定能够完成制度范畴内的赈济目标，以及希冀良好的效果。

因此，清前期灾赈机制建立及发展的过程，就是清前期入主中原的清朝统治者通过不同类型的赈灾实践，逐步稳定社会秩序、获取民心，最终获取统治合法性的历程，再现了清朝统治者入主中原后，迅速汲取中原传统政治智慧的优秀内涵并内化到统治措施及制度建设中，也反映了中国传统专制王朝政权具有较大的自我修复能力。

四、号称最完善的灾赈制度的局限

作为最基础的灾赈制度，清前期在政治制度与其他各项政治制度的建设及发展一样，成为封建帝制顶峰阶段传统制度最完善的一个标志，其巨大的社会成效博得了诸多赞誉，一度掩盖了实施中产生的清代立国以来最严重的灾赈腐败案的消极影响。因此，这种集最佳成效及最大弊端于一身的制度，颇值得玩味及反思。下面以乾隆朝的勘灾制度为例进行分析。

第一，积极的历史作用及王朝覆亡危机的掩饰。康乾盛世时期的勘灾制度是在明代勘灾制度的基础上恢复、重建后经顺康雍三朝的发展、乾隆朝的补充及完善建立起来的，将制度及其程序、措施推进到了中国传统灾赈制度的巅峰阶段。成为稳定社会、收揽民心的保障，无论是勘灾期限及违限处罚、灾情核实及灾等、勘灾费用的确定，或审户、赈票发放、赈册赈簿的填报等，都达到了传统勘灾制度的顶点，使灾赈措施得以顺利推行，成为康乾盛世出现、维系的保障之一，对灾后重建及其经济秩序的恢复、社会的稳定、专制统治的巩固等发挥了积极作用，为传统灾赈制度的建设发展也做出了贡献，为近现代灾赈制度的转型奠定了基础。这已有无数成果为其歌功颂德，此不赘论。

此处要强调的是被大多数研究者所忽视了的完善制度的表面效应在客

观上对封建帝制覆亡的掩饰作用。勘灾程序及其措施将制度在实践中渐次推行，灾民因而安居乐业，使官府在一定层面上获得了民心，巩固了帝国的统治基础及统治秩序，使高度专制、集权的帝制在一定层面上似乎更具有了合法性及权威性，从表象上最大化地掩盖了其在世界近代化浪潮中因未能改变发展方向、未能变更制度及未从根本上解决官民的生存危机，而使江河日下的王朝大厦虚弱蚀空的状况，掩饰了制度高效下因弊政而积怨累计的大背景下暗潮涌动的、已经开始动摇的社会基础，这才是完善制度的表象及掩饰而导致的危机——尽管这不是唯一、根本的原因，但却是深层原因之一。

第二，传统制度本身存在难以超越的弊端。虽然乾隆朝的勘灾制度从文字层面上确实无可挑剔，还规定了勘灾委员须品行端正、廉洁奉公，但实际上几乎没有可能得到贯彻实施。在中国传统吏治终将走入腐败怪圈的惯性背景下，很难选择到、也很难做到清廉公正的官吏。传统社会中的基层官吏尤其边疆地区的吏役握有的、可分配的资源较少，帝王及官府的恩惠很难周遍基层吏役，灾赈是他们与官府发放的生存资源接触的机会，很多基层胥吏很难不心生贪念。勘灾及其数据的确定、造报是其实现贪腐的第一步，这就增大了勘灾委员及基层吏役上下其手，伪造数据甚至做出冒灾、匿灾等大胆行径的可能性，这也是中国历史灾赈案件中冒（捏）灾、冒（捏）赈层出不穷的根本原因。

因此，在乾隆朝最完善的灾赈制度下连连发生特大灾赈腐败案，虽然灾赈腐败是制度及实践操作层面无法避免的漏洞而导致的，历朝历代都存在。在太平盛世、政局稳定时，其弊端不易凸显，灾赈制度还能在实践中发挥救民及稳定政局的积极作用。但一旦发生危机，制度中哪怕是微小的瑕疵及漏洞，就会引发大贪腐、大混乱而动摇政局甚至葬送王朝统治。这也是康乾盛世时期的灾赈制度多么完善、多么难以超越，也不能改变专制帝制覆灭命运的原因。此外，也就不难理解，在制度最完善、国力最雄厚的盛世，却于乾隆四十六年（1781 年）发生了一起震动朝野的地方大吏勾结冒灾、折收监粮、肆意侵吞的甘肃王亶望特大冒赈案，直隶、盛京、江苏、浙江、云南等省的总督、布政使及道、府、州、县官员 113 人联手，侵贪 281 余万两灾赈银两。这件"从来未有之奇贪异事"，是制度的共同制定者即最高统治阶层，以及实施制度的官员给全国开出的始料未及的玩笑，给了公认的"最完善制度"一记响亮的耳光。

此外，中国自古及今，在政府官僚机构的建设中从来没有固定、专门从事灾赈的机构及人员。由于灾荒在时间及地域上的不确定性，使重视办事效率与经费支出的统治者无法设立一个专门机构，也无力豢养一批专门的官僚，使灾赈成为一种荒来则聚、赈后即散的临时性的靠零散成员执行的行为。灾赈官员往往身兼数职，既不可能专心进行灾赈的每项细致工作，也不可能仔细揣摩及思考弊端的原因及更好的改良办法。更重要的是，在传统专制体制中，各地官员往往只负责及解决辖区内的问题，不敢僭越思考全国的制度及其建设问题，缺乏全局思考的眼光。另外，很多制度的存在及运行不可能是单一的，与其他制度存在方方面面的联系及制衡，仅对一种制度或某种制度中某个方面的改良、完善，不可能从根本上改变制度整体上的弊端。这就使制度从根源上就具有无法超越及克服的障碍。这是重视灾赈的集权统治者及其制度的无奈，但也暴露了统治者灾赈的根本目的只是维护其统治的本质。

第三，制度实践中公平原则不自觉的时空失序。灾赈制度的社会成效，是对灾赈公平原则在时空范畴中是否得到体现的一个考量。清代灾赈制度在实践中，区域公平及长期持续公平原则得不到遵守，在清王朝统治疆域的不同地区、不同时期，无论是勘灾制度还是钱粮的赈济蠲免制度，其实施标准、赈济数额及发赈时限都存在极大差异。

在京畿及腹里地区，人口稠密，政区、户籍及土地等制度已经系统化、专门化，便于管理及自上而下地顺利推行，同类性质及同等损失程度的灾荒，赈济物资数量较大，赈济次数也相对较多，发赈时限较长，灾后恢复速度也就较为迅速；在边疆及民族地区，交通不便，民族众多，大部分制度只能在汉化区推行，灾情报告及勘察迟缓，朝廷对灾荒状况及信息掌握不全面，赈济物资调运、分配不便，赈济物资的数量、次数也较少，发赈时限较短，影响了灾后重建。一般而言，赈济物资的数量及次数，存在从以京畿为核心的区域逐渐向四周区域减少的现象，这就使王朝统治边缘区域的灾害损失程度存在人为加重的状况。这是历朝农民起义多发生在大灾大疫之后，多在远离京畿统治中心的边远地区爆发的原因之一。

在王朝统治前期，朝廷注重安抚流移，招徕民心，社会渐趋稳定，国力逐渐强盛，国家有足够、充裕的物资用于灾荒赈济，灾后重建迅速，灾区经济很快就能恢复；王朝统治中后期，国力衰减，经济衰落，府库空虚，赈济物资及次数逐渐减少，加重了灾荒损失，灾后恢复及重建难见成效，加剧了社会的动荡。尤其是在王朝统治的末期，一旦覆盖区域大、持续时间长的重大灾荒来临，府库空虚，灾赈制度流于形式，措施无法推行，官府赈济无方，哀鸿遍野，饥民流氓汇聚，成为覆灭王朝的主要力量。历朝历代覆亡于灾荒的教训，应该使灾赈制度在时空上的公平性原则得到重视及体现。

第四，制度建设没有极限。至此就引发了新思考：学界几乎一边倒地肯定及称颂的乾隆朝是传统灾赈制度中最完善者的结论，有无重新界定的空间？如用辩证唯物主义的观点，当然会出现"不能因实践中的腐败就否定灾赈制度及其历史作用"的结论，那在肯定其积极作用时应该想到的是，制度本身还存在漏洞，还有克服及完善的可能和空间。

康乾盛世时期的很多特大灾赈贪腐案，表面上看是官员的贪婪和下级官员对上司依附及盲从的弊端导致。但从深层次看，是清朝的赈灾制度及其相关的诸如捐监制度在实践中暴露了专制集权政治及文化传统所固有的弊端。也许有人会说，只有不断完善的政治制度才能预防贪腐。但制度的疏密及其妥当，在不同的历史条件下，其效果往往不一，如为此制定一项防治腐败的更细致的规章制度，难免会使制度走入僵化、刻板、故步自封且不易实施的绝境。因此，从制度发展本身而言，用"没有最好，只有更好"来界定乾隆朝的勘灾制度，应当更为确切。这就更易明白，虽然在勘灾制度建设中体现了君臣共建的专制集权式的民主特点，并将中国灾赈制度推向了历史以来的新高峰，却最终未能克服制度本身的缺陷，不断出现历史以来贪腐手段及数额最大的灾赈腐败案，达到中国传统灾赈贪腐最高峰。这些累计的贪腐及民怨成为清王朝覆亡的推手之一。因此，不可能存在没有漏洞及缺陷的制度，社会制度尤其是救济制度、保障制度的建设是没有极限的。

要让制度的功效最大化，不是只从制度的文字内容着眼，也不仅是在某一项制度的制定及不断完善等层面下功夫。虽然制度的不断完善是必需的，但最应该重视的正是一直被研究者忽视了的最根本核心的因素——具体的人。从勘灾制度来说，就是参与勘灾的各级官员及承受制度的底层民众。制度是人制订的，执行制度的是各怀目的、具体的人，承载制度的也是怀有不同期待的人，避免及改变漏洞及弊政的关键点，就要锁定官、民这两个不同阶层的"人"，"在这项事业中，缺少'认真'的办事人员始终是一个重要问题，而对于那些企图尽可能多地获得赈济钱粮的农民来说，好话并不足以克服他们的这种本性"①。虽然乾隆朝的制度对此做了规定及预防，即选择人品老成持重、家世小康无须贪腐来维持生存的勘灾官员。但往往因人手不够，不得不把连皇帝都认为不可靠的底层书吏胥役充入勘灾队伍，使选择人员的制度标准形同虚设，仅靠对官员品行操守做一些虚无的、表面化的规定及要求，没有实质性的改变措施及配套的制度与社会环境，无论多么完善的制度也会沦为摆设，根本不可能达到统治者期待的目的。这就涉及下一个问题的主旨——完整的社会保障机制。

第五，在当代灾赈能力的建设中链接历史。在灾荒中稳定社会，减少与缓冲灾害打击、尽快恢复社会经济秩序，是统治集团进行灾赈最重要的目的，现当代灾害救助的目的也是如此。当前是各类灾害频繁暴发、同类同等灾害后果及损失加大的时期，在救济中总结历史经验，制定更适合的制度、找到更有效的措施，提升政府的执政能力及民众在危机中对政府的信任度，成为现代国家治理成效的重要指标。但灾赈不是孤立存在的制度，需要社会其他制度、部门、人员及资源的支持、配合才能完成的危机拯救链环。

首先，要有稳定的社会秩序，积累丰富的公共财富，为灾赈提供充足的物资储备，这在传统社会或现当代社会，都是灾赈的支柱及基础。若社会动荡不安，赈济物资不充分，赈济也就无从谈起，灾荒引发社会动荡的可能性就会大大增加。因此，从统治秩序、物资储备等方面为灾赈做好准备，是国家责任及执政能力的重要组成部分。

其次，建造一个完整而系统的能保障官民生存及发展的社会机制及协

---

① ［法］魏丕信：《18 世纪中国的官僚制度与荒政》，徐建青译，江苏人民出版社2003 年版，第 100 页。

调体系。这个机制及保障系统能解除官民对生存及发展的危机感。如果官员及其亲属、僚属没有生存及对未来的危机感，其贪腐的动机才能消弭。比起仅靠虚无的品行操守来约束的传统制度，为现当代各阶层的人提供一个实实在在的、对生存及发展提供保障的长效制度及系列措施，是一种更为可靠的、更为现实的能够解除后顾之忧的机制。传统社会不可能建立配套的社会、政治、经济、教育文化等保障制度以化解、分担、防范社会成员的生活风险，也不能消除各阶层的生存及发展危机，灾赈及其他领域贪腐也就不可避免，越是完善的制度，贪腐也越严重。乾隆朝完善的勘灾制度及其引发的冒赈、冒灾腐败案件，就是其最好的注脚。

中国是个家国同构、等级差序、官本位等传统思想意识浓厚的国家，传统灾赈制度及其影响下形成的灾赈理念，依旧对当代中国灾赈制度的建设及实践发挥着影响。在国际化趋势日趋明显的现当代，在充分吸收及借鉴传统的灾赈制度及其经验，总结不同时期的灾赈模式及其适用特征，探索现当代灾赈制度及灾赈能力建设进程中的普遍规律及其独特性，建立起一套完整的、具有现代意识及国际视野的灾赈机制，以及与之相配套的更完善、系统且透明的保障体系，才是制度建设的根本主旨。只有如此，才能使各级官员在这个体系的保障下无须靠贪腐谋生存及发展，底层民众也能有生存发展保障及对政府的信任感，在灾难来临之时能自救互救，建立一套完善的、应对风险及灾难的集约应对机制的理想才能实现。这就是从现实延伸、链接历史制度并发现制度背后的传统文化及相关因素相互影响的现实意义，"理性的制度安排只能在对历史的深刻把握并认真吸取其经验教训的基础上才能产生。如果缺乏对社会保障思想和实践的历史借鉴，就无法全面准确地理解当前社会保障制度建设所面临的问题和困难，也无法设计出符合社会保障发展规律和社会传统文化的合理制度"①。

最后，建立专门的灾赈机构。中国传统社会及现当代社会也没有专门的灾赈机构及人员，都是临时抽调相关部门及人员参与，目前灾害的预防、预报及救灾，分散在民政部门及政府其他部门，如水利部门的防旱抗

---

① 郑功成：《中国社会保障制度演进的历史逻辑》，《中国人民大学学报》2014年第1期，第10页。

旱指挥中心，民政部门的防灾减灾办公室，地震局，气象局等，不同的灾害赈济往往是抽调相关部门的人参与，这就造成了灾赈制度的虚浮及体系的分散性及低效性特点。现当代是一个自然灾害与环境灾害频发的时代，虽然也存在灾害在时间及区域上的不确定性，但因现当代人口分布的区域及其密集型已远远超过古代社会，灾害的类型及数量、规模、影响及后果也远远超过古代社会。建立一个专门的、集中处理各类灾害的部门，将政府部门中相关的机构、人员合并精简，集传统的报灾勘灾及钱粮赈济、蠲免，以及现当代的灾害新闻报道、协调社会救助力量及其救助措施等功能于一身，各部门由专人负责，不仅可以避免机构的臃肿及冗官、冗费、冗员的弊端，也可以提高灾赈效率，利于监管，真正发挥灾赈制度调配灾赈措施的作用。

五、清前期灾赈机制凸显的细致化及刻板性、人性化特点

灾赈制度的最终目标是拯救灾黎，其具体实践常彰显出专制体制下罕见的人性温情的光辉，如将部分"勘不成灾"的灾荒纳入赈济范畴，是清代乃至中国古代荒政制度中最富人性化的内容。换言之，清前期的灾赈机制，之所以被誉为中国灾赈机制的巅峰，与其制度的详细、完备有密切关系，也与其人性化特点的彰显相关。但完备的制度往往导致僵化及刻板，给具体执行及措施的实施带来不必要的羁绊。

首先，因其细致、完备，往往会使管理者利用其漏洞贪腐，且贪腐程度也往往能够达到极致。由于"完备""细致"贯穿了灾赈制度的每一个部分，使灾荒中每一个需要赈济的对象、每一种需要赈济的灾荒，都能在制度的范畴内得到赈济。但是，物极必反是世界万物运行的客观规律，一项无论如何缜密、完备的制度，都不可能面面俱到，都存在其无法避免的弊端，尤其是在中国古代官场腐败吏治的大氛围中，往往出现上有政策下有对策的状况，中下层的执行官吏，总能从各种制度中找到漏洞并从中渔利，或是贪污，或偷换米粮，或是捏灾、冒赈，或是匿灾，每一场灾赈腐败案，都达到了中国灾赈腐败的巅峰，其中最令人发指、最典型的，就是乾隆朝甘肃王亶望的冒赈案。

其次，完备制度往往会产生刻板的副产品，换言之，完备往往是僵化及刻板产生的温床。过于完备的制度，必然有其不完备之处，中国幅员辽阔，民族众多，区域差异极大，灾赈制度不能覆盖每一个区域的每一种赈济状况。但是官吏在执行及实际操作中，为避免危险，往往照搬刻板制度，如果所有灾赈活动，都用已有制度去套用，不一定适合制度规定的实际赈济，不进行实际变通，僵化、刻板照搬制度，灾赈效果必然大打折扣，必然影响灾赈的时间效应。

再次，专制制度并非毫无人情，尤其是最高统治者及其制定的制度是为了拯救灾黎时，制度也往往能够彰显出其专制中的人性温情和光辉。

最后，灾赈制度的人性化特点，在清代灾赈中是最为突出的。这一特点主要在"勘不成灾"制度中表现出来历朝历代都制定了灾赈的最低分数，一般低于六分灾或是五分灾的灾荒，都不列入朝廷的灾赈范畴，但在很多勘不成灾的灾荒中，并非所有灾荒都不需要救济，尤其是一些靠近灾赈等级的灾荒，对社会经济及灾民的影响极大，如果不予赈济，对灾后社会生产的恢复极为不利。在清前期的灾赈制度中，对一些灾害损失程度接近灾赈等级、灾害损失不均匀的勘不成灾的灾荒给予赈济，使一些损失严重的灾民能够得到稍低于灾赈等级的物资救济，得以度过危机，尽快恢复再生产，对社会秩序的稳定起到积极的作用。这是历朝历代的灾赈制度都没有能够达到的，即便时至今天，我们也无法否认这些制度的人性化优势。

六、清前期灾赈机制臧否并存的社会效应

虽然本书花费大量篇章梳理了清前期各项赈济制度的建立及完善、灾赈实施措施，但由于每个赈济措施是单独论述，可能会造成一个解读误区，即赈济各项制度及措施是单独进行的。事实上，钱粮赈济、煮粥赈济、以工代赈、借贷等各项赈济措施之间，有密不可分联系，上述措施互相补充，相辅相成，缺一不可。

更多的时候，不同的灾赈措施在同一个受灾地区的不同阶段，常常是同时采用的。在遭逢重大灾荒时，无论是钱粮赈济，还是以工代赈，或是

借贷，都必须同时实行才能救灾民于水火，只是各项措施的侧重点在不同阶段、不同地区各有不同而已。很多时候，即便是兼用多类赈济方案，都不一定能完全取得较好功效。

在一个地区同时发生几类灾荒的时候，更是交相采用不同的赈济措施，如水、旱、蝗灾害常常在河南、陕西、山东、山西、安徽、直隶等地同时或交互发生，很多时候，这些地区的灾荒都是巨灾、重灾、大灾，灾情极其严重，赤地千里，饿殍遍野，流民塞途，饥民死亡无数。为了尽快恢复生产，在灾荒赈济中，钱粮赈济、煮粥赈济、以工代赈、捕蝗、治蝗、安辑流民、抚恤灾黎、借贷口粮籽种牛具等措施，几乎都在各灾区实施过。

虽然每次灾荒发生后，尤其是在发生巨灾、重灾、大灾的时候，饥民死亡无数，在巨灾及重灾中还常常出现"人相食"的悲惨情况，赈济似乎没有发挥过实质性的作用，尤其是在面对众多饥民以树皮草根为食、以观音土充饥，甚至是因饥饿而抢粮暴动的史料时，赈济的效果往往显得苍白。

灾荒发生的种种严重后果，有很多自然的、社会的原因，其中有很多是人力因素所不能控制的。我们不能因此否认赈济在救灾济民、稳定社会秩序、恢复生产等方面发挥的积极作用。正是由于赈济所发挥的积极影响，以及无数饥民因之活命，重返家乡并进行灾后重建，农业生产得以顺利进行，使得惨烈的灾荒造成的残酷的、甚至是人性因之沦丧的血淋淋的可怕后果，都因皇帝的焦急及运筹指挥、无数官员在救荒途中的奔走吁请、无数人夫在筹集及调运赈济物资的尽心竭力和劳累的行动及画面，显得生动和温馨起来。也使中华民族经受住了一次次残酷无情的巨大天灾的打击，从上古的文明世界中迤逦走来，不断地传扬着中华民族的物质文明和精神文明，这与历代统治者重视救灾，各民族在灾荒赈济中同心协力，各个地区相互的援助和接济有密切的关系。

然而，18 世纪的中国的官府赈济，不是所有地区和所有灾荒都能够取得像乾隆八年（1743 年）至乾隆九年（1744 年）的直隶赈济那么好的效果。因为魏丕信忽略的问题是，方观承不仅是一个官员，也是一个务实的、注重著述的学者，他能够用官吏的敏锐领会到皇帝的意图，也能够灵活地将制度运用到具体的赈济实践中，还能够用文人的思维对自己的实践进行记录、反思和总结，使自己的赈济不断完善。同时，直隶是首善之区，是京畿重地，其赈济效果的好坏，是皇帝可以轻易了解和掌握的，赈济的官员，不能不尽心竭力；赈济物资往往也是全国最为充裕的地区，对灾民的赈济，往往是"恩外加恩"和"赈外加赈"，灾民得到的赈济物资及实惠，自然是实实在在的，效果自然毋庸赘言，灾民能不称颂？称颂还能够不发自真心？

但是，在京畿直隶以外的地区，不仅灾赈物资调运的艰难，赈济受到各种人为及自然因素的干扰，赈济执行者的才识也不可能都能够同方观承一样，既了解地方实际，又能独立施展才干且也有灾赈所必需的充足钱粮可以调配，这就使赈济的效果在一定程度上打了折扣。因此，完美的赈济制度下的措施及其实践的效果，应该分地区、分时段、分实际执行者来看，既要考虑执行者的个人原因，也要考虑到地方的经济实力，更要考虑到上级部门及官员乃至皇帝的支持及重视与否。不同地区、不同时段、不同官员进行的赈济，效果是不同的。此外，乾隆帝对待赈济物资方面一味地宽松，不加节制地使用赈济物资，府库的帑金、仓储的米粮在赈济中大量投入，成为不断侵蚀赈济基础的重要原因之一，也成为诱发官吏贪污的主要原因。

更重要的是，繁盛的时代，彰显的不仅仅是优秀的东西，一些污秽的、丑陋的东西，尤其是人性贪婪的劣根性，也往往在这个时候勃发出来。可以说，一个王朝的繁盛，不仅是政治、军事、经济、思想文化、社会生活等方面的强盛，也是其社会包容性达到极致的另一面的表现。这种繁盛的时代及氛围，使一切美好的或丑陋的东西和品质，都一并得到了"繁荣"和肆意的绽放。如果社会的约束机制及道德引导机制较好的话，如果国力强盛，政治继续稳定，经济继续良性繁荣，如果社会氛围中道德及自律的部分较受重视的话，繁盛的局面就是正态和良性的；反之，丑陋的部分就会弥漫扩散，最终淹没并击倒繁荣的"大厦"。清前期赈济制度的繁荣及衰退就是这样的，衰退的时间标志，应该可以乾隆四十年（1775 年）为限。

在清前期，良性的成分是主流，各项制度及思想道德文化中优秀的部分极其强势，乾隆帝的雄才大略及康雍两朝积累的政治、经济、文化基础，在把康乾盛世推向了高峰的时候，也一并把赈济制度及其措施推向了巅峰。由于赈济物资数额较大、流动较快，部分人贪婪自私的本性也在这个宽松的环境中和在以宽大著称的君主治理的国家中，格外地凸显出来，并且在很大程度上是以群体的、明目张胆的方式显示出来，捏灾冒赈、匿灾冒领、克扣赈济物资、工赈中偷工减料等弊端，在灾荒赈济中逐渐增多，促成了赈济的衰败。这是双刃剑效应在灾荒赈济中的反映。

乾隆四十年（1775 年）以后，灾荒赈济中的弊端越发凸显，贪污的钱粮数额、贪污的官员越来越多，乾隆四十六年（1781 年）甘肃王亶望的捏灾冒赈案，将清前期的赈济腐败案推向了最高峰。不仅暴露了赈济制度的弊端，也暴露了王朝体制的弊端，更隐示了王朝的统治基础在腐败的吏治中逐渐被侵蚀。随着盛世光环在各种危机中的逐渐隐退，赈济的黄金时代也逐渐逝去。

随着经济实力的下滑，赈济实力不再，赈济已经难以维系以往的繁华景象，由于赈济物资的日渐匮乏而造成的掣肘，使赈济成效下跌，影响了灾后的恢复及重建，加重了灾荒的后果，在一定程度上成为灾荒延续很久的诱因之一。因此，乾隆朝末期，巨灾、重灾频繁暴发。严重的灾荒，不仅耗损经济基础，在另一种程度上也成了加剧王朝衰退的因素之一。

乾隆朝以后，国家经济的衰退及下滑趋势明显，赈济制度及其内容逐渐成为空文，赈济体系也逐渐成为一具空壳，官赈因此逐渐退出了主导地位。民间赈济主导并发挥着日益重要的社会作用的时代，就在官赈的没落中粉墨登场了。

清前期对灾荒进行赈济，从顶峰迅速衰落，留下了许多值得反思及借鉴的东西。吏治的腐败、监督机制的缺乏，是其中最为主要的原因。此外，遵守赈济法规，不以人治废法，不因人废法，也是值得重视的，乾隆帝常常以格外施恩的方法，改变他自己确立的赈济标准，多发赈济物资，延长赈济期限，虽然得到了万民的感恩，但也给了贪官污吏以可乘之机和觊觎之望，同时也浪费了社会资源，破坏了法制的严肃性。同时，乾隆帝灾赈意愿的良好，并不等于灾赈结果都与他的意愿一致，也不等于官员就能领会或准确无误地执行其意旨；制度的完善不等于得到措施能够实施，也不等于措施能有效实施。完备的制度与实际执行之间常常存在极大距离，如何缩短差距，需要政策制定者及实施者之间的切实配合、共同努力。如何使立法的目的很好地贯彻实施，使制度切实落实，并能够保持得到认真、长效的执行，是任何时代都需要的。

更为重要的是，增强国家的经济基础，保持社会的稳定及繁荣，提高人们的道德修养及精神素养，加强人们尤其是领导者在面对赈济物资时的自律能力，不仅是救灾、抗灾、防灾工作中的重要内容，也是全社会的责任。

制度是措施和实践的基础，中国历代赈济制度是灾荒措施得以实施的重要依据。任何灾赈制度都不是凭空产生的，都是经过历史经验的积累才得以发展完善的，清前期建立并完善的"以工代赈"制度就是这样。这项制度产生于先秦时期，发展于宋元时期，成熟于明清时期。"以工代赈"是中国古代及现当代救灾中常采用的重要措施，发挥了较好的社会影响，对近代工赈产生了重要影响，对当今的工赈实践起到了有益的资鉴作用。

研究清前期的工赈制度，既要看到其积极的作用，也要对各次工赈实践进行认真细致的考察，才能得出客观的结论。但制度与措施不一定是吻合的，再完善的制度也不可能面面俱到，更不可能涵盖一切。清代幅员辽阔，各地具体情况不尽相同，乾隆朝工赈制度虽是传统社会中最完善的，但也存在一些明显的漏洞和弊端，在实施中出现了很多实际问题，如一些过于笼统或死板的制度，不利于清代刻板官僚体制下行事缺乏灵活的官员的具体实践及操作，从而延误赈济，加重了灾害的后果及影响。

清代实施"以工代赈"措施的区域较广，中央王朝设置府州县治所的地方，几乎都在灾后举行过工赈。各地因具体情况不同，工赈工程的种类也较繁多，既有自然毁坏的工程，也有因灾害毁坏的工程；既有水利工程，也有城墙、交通要道，还有衙署、监狱、仓库、庙宇、学堂及军事设施等；参与工赈的灾民数量也较多，一些灾区多次举办工赈工程，一些同类性质的工程也多次因工赈而兴办。乾隆朝的工赈实践逐渐促成了较完善的工赈制度，制度的完善又反过来推动了实践的不断深入及发展，产生了良好的社会效果。因此，清代的工赈制度在发展及实践中积累了众多对后代极富启迪作用的经验，也因失误留下了众多的教训。

随着当代自然生态环境的恶化及环境危机的凸显，各种自然灾害、环境灾害频繁暴发，虽然因发达的通信、交通、科技等因素而使现当代的救灾措施及救灾方式呈现出了多样化的特点，救灾物资也因之丰富化、及时化，救灾人员的专业化特点也日益凸显，在救灾中发挥了积极的作用，产生了较好的社会影响。但在汶川地震、玉树地震、舟曲泥石流、姚安地震及其重大灾害发生后举办的很多工赈措施，如能资鉴历史经验，则会取得更好的社会效果。很多在灾害发生过程中或是灾后未举办工赈的灾区，大多未注意到工赈工程在防灾、抗灾、救灾中的重要性，还在采取和实施中国传统的无偿给予钱粮的赈济措施。虽然钱粮赈济在重灾区，尤其是在灾民已经丧失了生活基础及能力的情况下是必需的，但在这种赈济方式生效，以及在灾民的救灾能力得到一定恢复后，很多地区依然没有充分发挥和调动灾民抗灾救灾的自觉能力，这无形中传承和助长了国民固有的依赖习性，丧失了自主救灾的积极性和能动性，在一定程度上既浪费了救灾物资，也使救灾的实际效果在客观上打了折扣。在实施了工赈工程的灾区，官民同时参与到灾后重建及恢复的工作中，同心协力，共渡难关，在融洽官民关系的同时增强了灾民独立自救的意识。

不可否认的是，现当代很多工赈工程取得了良好、积极的效果，但也存在诸多值得讨论和改善之处。若能从乾隆朝的工赈制度、具体措施的成败中得到启迪，适时适地在灾区举办妥当的工赈工程，对推动现当代灾区的重建及社会经济的恢复、发展，无疑具有极为重要的意义，这才是研究清代灾赈制度的现实意义之所在。

七、制度不是万能的，但制度保障是必需的

制度不是万能的，但没有制度是万万不行的；清前期的灾赈机制，"没有最好，呼唤更好"的说法更为恰当。清前期百废待兴、灾害频仍，没有灾赈制度的制约，灾赈无从进行，哀鸿遍野，清朝统治者深切体会到了制度是灾赈措施实施基础，证明制度的保障在任何时候、任何社会的灾赈中都是必不可少的。清代的灾赈制度号称中国历史上最完善者，但依然存在无法避免及克服的局限性与漏洞，往往会使管理者利用其漏洞贪腐，很多贪腐案例达到极致，部分灾赈存在制度不能给予保障之处。正是这些缺憾，给民赈及清代后期的义赈以产生、存在及发展的空间与机会，给中

国传统专制社会的自我更新及修复提供了契机。清前期灾赈机制的社会效应有好有坏，发展到顶峰后迅速衰落，留下了许多值得反思及借鉴的教训，对中国社会历史的发展方向发挥着极大影响。

从以上各项细致的制度规定中，我们不能不承认清代灾赈制度的完善，也不能不认可魏丕信有关 18 世纪中国在赈济中表现出来的"国家所具有的积极精神，在管理经济方面的高度组织能力、权威性和效率性"观点的正确性。但是，由于灾情的类型、分布及其灾害程度在各地甚至在同一地区存在的巨大差异，勘灾结果也不可能完完全全做到客观真实，加之勘灾过程是由具体的人来进行的，其结果也会受操作者主观印象的影响，也会受灾情以外的人为的、不确定因素的影响，这对勘灾结果也能造成极大影响，成为赈济弊端及其腐败滋生的根源。但这也是任何制度及措施在执行过程中不能完全避免的，因此，我们在评价勘灾乃至赈济的时候，只能以历史唯物主义的方式，客观分析赈济的效果及其社会影响。

我们的论述进行到现在，从清前期的灾赈制度中，我们很容易就能够得出这个结论：制度不是万能的，即便完备到清代的灾赈制度，都存在遗漏、都存在遗憾、都有制度不能给予的保障。但是，在国家及社会的运行中，制度却是必须存在的，如果一个没有内部控制、外部协调系统及制度的国家，其存在、运行及发展的基础及保障也必然会丧失。

如清前期确立的、最受灾民欢迎及感恩的，莫过于粥赈机制。作为建基于中国传统粥赈制度基础上、克服了历史上粥赈制度诸多弊端并在实践中改良及完善的乾隆朝粥赈制度，以全面完备、具体缜密的特点达到了中国粥赈制度史的巅峰。从制度的文字内容看，皇帝及各级官员几乎都是民之父母，关心饥民疾苦及其生死存亡，为使饥民遍沾皇恩屡屡延长粥赈期限、增加粥厂及粥粮，活民无算，成为乾隆朝羲乐祥和的盛世的重要表征。但任何制度都不是万能的，且制度离开了有效监管就会成为流于形式的空文，将会不断暴露其缺陷。乾隆朝完善的粥赈制度因监管徒具虚名，粥赈官员利用制度的刻板和疏漏，极尽所能地贪污粥赈钱粮，手段无所不用其极，如往粥里掺水掺泥掺沙的行径令人发指。故制度的完备并不一定导致实践及其结果的完善，在一定层面上，完备、具体的制度导致的一刀切特点，意味着实践过程中灵活性在更大程度上的丧失，监管机制的缺陷使刻板制度沦为官吏贪污腐化的合法外衣，酝酿了更深层次的赈灾弊端及社会危机。这值得现当代灾赈政策、制度的制定者及实践者反思借鉴，警惕并彻底根除灾荒救济中贪污群体以更新更现代化的方式贪污赈款、挪用救灾物资等腐败行径，尤其要警惕、惩治制止一些救灾部门及个别未受监督的违法官员把持独揽捐赠物资的使用权并借机贪饱私囊的现象，才能使一项完好的制度落实到具体实践中，成为良好社会成效的根本及保障。

中国传统社会是一个专制社会，清代是封建专制发展的巅峰时期，其制定的一切法律及制度，都是围绕着巩固皇权和封建专制这个目的进行的，其在灾赈中设置的监察官员及其措施的实施与否，是与最高统治者的贤明与昏庸，也与执行官员的个人品质和才干密切联系在一起的，灾赈制度的实施及其社会效应，事实上是与传统社会浓重的人治氛围密不可分的，正因如此，专制体制下的灾赈监察制度（其他制度也是如此），是不可能从根本上解决贪赈冒赈问题和灾赈吏治腐朽弊端的。

因此，清前期的灾赈制度虽然发展得比较完备，在维护清王朝的专制统治和巩固皇权方面发挥了积极作用，但执行制度的灾赈官吏是由协调社会中的官僚群体所组成，其自身必然随着传统社会整体制度的日益衰败、统治集团的日益腐化而蜕化变质，逐渐沦为统治集团内部各利益派别争权夺势、谋取利益的工具，逐渐失去了稳定统治的积极作用。因而，清代完备的灾赈制度并没有使专制王朝的统治能够长期稳固，也没有使各类灾荒得到彻底赈济，更没有使中国传统灾赈官吏获得永久的免疫力，清代灾赈制度及官员的腐败，是中国传统社会中专制制度必然的结果，也是清代号称最完善的灾赈制度自身无法避免的悲哀。因此，正如世界上的一切事物都不可能是万能的一样，制度当然也不是万能的，传统社会中的任何社会制度，更不可能是万能的。

当然，这样说绝非要走向无政府主义。虽然制度不是万能的，但是制度却是可以不断修补及完善的，也是可以不断进步及调适的，因为社会的进步及发展，最终靠的就是制度的改善及其带来的保障。从这个层面上说，制度又是万能的。灾赈制度也是如此，不论是在清代，还是在现当代，都需要制度保障。如果能把有效的监督、奖惩作为提高制度控制的保障，明确政府责任，构建合理、高效的管理体制，同时，注重立法规范、推进部门配合和确保相关政策、部门的协调，也是当代灾赈及其他相关制度建设中必须注意解决的问题，只有这样，制度所无法避免弊端的才能消弭，社会的稳定及持续发展，才有可能实现。中国现当代灾害救治及社会保障制度的建设，尤其应如此。

八、清前期灾赈机制的启示

历史时期的灾荒应对措施及其经验将在现实生活及政策导向中将发挥极其重要的资鉴作用。清前期灾赈机制，给现当代中国防灾减灾体系及能力建设，抗灾救灾等法规、政策、措施的制定，对灾害突然降临时的应急反应，尤其资金调配、人员调派、对灾民的救济及安抚等，具有重要的借鉴意义。尤其对现行防灾、抗灾、救灾等制度建设及政策制定具有极大指导价值，对"一带一路"倡议中跨区域灾害防御及救济体系的建立及推广，提供资鉴。当然，也给我们留下了较好的启示：

第一，防灾减灾体系及能力建设势在必行。自然灾害是突发的，损失是无法避免的，只有增强国家的经济基础，完善灾赈体系及社会保障制度，保持社会的稳定及繁荣，提高人们在道德及精神上的社会责任及担当自觉，加强人们尤其是领导者在调剂赈济物资时的自律能力，才能在救灾、抗灾、防灾工作中取得切实成果。

第二，法良意美的制度需要选择良好的实施者。完备的制度与实际执行之间存在极大距离，如何缩短差距，需要政策制定者及实施者之间的切实配合、共同努力。如何使立法的目的很好地贯彻实施，使制度切实落实，并能够保持得到认真、长效地执行，是任何时代都需要的。

第三，灾赈监督必不可少。任何完善的制度，如果监管机制存在缺陷，必将使刻板制度沦为官吏贪污腐化的合法外衣，酝酿更深层次的赈灾弊端及社会危机，值得现当代灾赈政策、制度的制定者及实践者反思借鉴。警惕并彻底根除灾荒救济中贪污群体以更新更现代化的方式贪污赈款、挪用救灾物资等腐败行径，尤其要警惕、惩治制止一些救灾部门及个别未受监督的违法官员把持独揽捐赠物资的使用权并借机贪饱私囊的现象，把有效的监督、奖惩作为提高制度控制的保障，才能使一项完好的制度落实到具体实践中，成为良好社会成效的根本及保障。

第四，完善政府执政能力及公信力。建立一套完善的、行之有效的制度体系是必需的，只有提高、巩固政府执政能力及公信力，才能最大程度消弭制度无法避免的漏洞及弊端，社会的稳定及可持续发展才有可能实现，这是国家及社会内部运行及控制的基础保障，只有建立一套在内部进行有效控制、在外部合理协调的保障制度，才能增强政府抵御政治统治风险的能力。

参 考 文 献

一、基本史料

国家档案局明清档案馆：《清代地震档案史料》，北京：中华书局 1959 年版。

（清）贺长龄：《皇朝经世文编》，中华书局 1992 年版。

《钦定大清会典事例》，上海古籍出版社 2002 年版。

《清实录》，中华书局 1985—1986 年版。

《清史稿》，中华书局 1977 年版。

（清）盛康：《皇朝经世文续编》，文海出版社 1972 年版。

中国第一历史档案馆编：《嘉庆道光两朝上谕档》，广西师范大学出版社 2000 年版。

中国第一历史档案馆编：《康熙朝汉文朱批奏折汇编》，档案出版社 1985 年版。

中国第一历史档案馆编：《康熙朝满文朱批奏折全译》，中国社会科学出版社 1996 年版。

中国第一历史档案馆编：《明清宫藏地震档案》，地震出版社 2005 年版。

中国第一历史档案馆编：《乾隆朝上谕档》，中国档案出版社 1998 年版。

中国第一历史档案馆编：《雍正朝汉文谕旨汇编》，广西师范大学出版社 1999 年版。

中国第一历史档案馆编：《雍正朝汉文朱批奏折汇编》，江苏古籍出版社 1991 年。

二、古籍整理成果

陈高佣：《中国历代天灾人祸表》，上海书店 1986 年版。

重庆图书馆：《历代四川各地灾异提要索引》，重庆图书馆 1956 年版。

福建省文史研究馆：《福建省历史上自然灾害纪录》，福建省文史研究馆 1964 年版。

广东省文史研究馆：《广东省自然灾害史料》，广东省文史研究馆 1963 年版。

火恩杰、刘昌森主编：《上海地区自然灾害史料汇编：公元 751—1949 年》，地震出版社 2002 年版。

李文海、夏明方、朱浒主编：《中国荒政书集成》，天津古籍出版社 2010 年版。

李文海、夏明方主编：《中国荒政全书》，北京古籍出版社 2004 年版。

陆人骥：《中国历代灾害性海潮史料》，海洋出版社 1984 年版。

水利部长江水利委员会：《四川两千年洪灾史料汇编》，文物出版社 1993 年版。

水利水电部水管司、水利水电科学研究院：《清代海河滦河洪涝档案史料》，中华书局 1981
　　年版。

水利水电部水管司、水利水电科学研究院：《清代淮河流域洪涝档案史料》，中华书局 1988
　　年版。

水利水电部水管司、科技司，水利水电科学研究院：《清代黄河流域洪涝档案史料》，
　　中华书局 1993 年版。

水利水电部水管司、水利水电科学研究院：《清代辽河、松花江、黑龙江流域洪涝档案史
　　料、清代浙闽台地区诸流域洪涝档案史料》，中华书局 1998 年版。

水利水电部水管司、水利水电科学研究院：《清代长江流域西南国际河流洪涝档案史料》，
　　中华书局 1991 年版。

水利水电部水管司、水利水电科学研究院：《清代珠江韩江洪涝档案史料》，中华书局 1988
　　年版。

天津市档案馆：《天津地区重大自然灾害实录》，天津人民出版社 2005 年版。

温克刚主编：《中国气象灾害大典·云南卷》，气象出版社 2006 年版。

于德源编著：《北京历史灾荒灾害纪年：公元前 80 年—公元 1948 年》，学苑出版社 2004
　　年版。

云南省地震局：《云南省地震资料汇编》，地震出版社 1988 年版。

张波等：《中国农业自然灾害史料集》，陕西科学技术出版社 1994 年版。

张德二主编：《中国三千年气象记录总集》，江苏古籍出版社 2004 年版。

中国地震历史资料编辑委员会总编室：《中国地震历史资料汇编》，科学出版社 1983
　　年版。

中国气象局气象科学研究院主编：《中国近五百年旱涝分布图集》，地图出版社 1981 年版。

中国社会科学院历史研究所资料编纂组：《中国历代自然灾害及历代盛世农业政策资料》，
　　农业出版社 1988 年版。

三、今人研究论著

1. 著作

卜风贤：《农业灾荒论》，中国农业科学出版社 2006 年版。

蔡勤禹：《民间组织与灾荒救治：民国华洋义赈会研究》，商务印书馆 2005 年版。

曹树基：《田祖有神——明清以来的自然灾害及其应对机制》，上海交通大学出版社
　　2007 年版。

陈桦、刘宗志：《救灾与济贫：这个封建时代的社会救助活动（1750－1911）》，中国人民
　　大学出版社 2005 年版。

戴逸主编：《18 世纪的中国与世界·经济卷》，辽海出版社 1999 年版。

邓云特：《中国救荒史》，生活·读书·新知三联书店 1958 年版。

范宝俊主编：《灾害管理文库》第二卷《中国自然灾害史与救灾史》，当代中国出版社 1999 年版。

复旦大学历史地理研究中心主编：《自然灾害与中国社会历史结构》，复旦大学出版社 2001 年版。

高建国：《中国减灾史话》，大象出版社 1999 年版。

高文学主编：《中国自然灾害史》，地震出版社 1997 年版。

郭涛：《四川城市水灾史》，巴蜀书社 1983 年版。

康沛竹：《灾荒与晚清政治》，北京大学出版社 2002 年版。

李文海、周源：《灾荒与饥馑（1840—1919）》，高等教育出版社 1991 年版。

李文海等：《近代中国灾荒纪年》，湖南教育出版社 1990 年版。

李文海等：《近代中国灾荒纪年续编》，湖南教育出版社 1993 年版。

李文海等：《中国近代十大灾荒》，上海人民出版社 1994 年版。

李向军：《清代荒政研究》，中国农业出版社 1995 年版。

李向军：《中国救灾史》，华夏出版社 1996 年版。

梁其姿：《施善与教化——明清的慈善组织》，北京师范大学出版社 2013 年版。

刘仰东、夏明方：《灾荒史话》，社会科学文献出版社 2000 年版。

孟昭华编著：《中国灾荒史记》，中国社会出版社 1999 年版。

宋正海等：《中国古代自然灾异动态分析》，安徽教育出版社 2002 年版。

宋正海等：《中国古代自然灾异群发期》，安徽教育出版社 2002 年版。

宋正海等：《中国古代自然灾异相关性年表总汇》，安徽教育出版社 2002 年版。

宋正海等：《中国古代自然灾异整体性研究》，安徽教育出版社 2002 年版。

宋正海主编：《中国古代重大自然灾害和异常年表总集》，广东教育出版社 1992 年版。

孙绍骋：《中国救灾制度研究》，商务印书馆 2004 年版。

汪汉忠：《灾害、社会与现代化——以苏北民国时期为中心的考察》，社会科学文献出版社 2005 年版。

王振忠：《近 600 年来自然灾害与福州社会》，福建人民出版社 1996 年版。

魏光兴、孙昭民主编：《山东省自然灾害史》，地震出版社 2000 年版。

魏丕信：《十八世纪中国的官僚制度与荒政》，江苏人民出版社 2006 年版。

夏明方：《近世棘途——生态变迁中的中国现代化进程》，中国人民大学出版社 2012 年版。

夏明方：《民国时期自然灾害与乡村社会》，中华书局 2000 年版。

谢永刚：《中国近五百年重大水旱灾害——灾害的社会影响及减灾对策研究》，黑龙江科学技术出版社 2001 年版。

尹钧科等：《北京历史自然灾害研究》，中国环境科学出版社 1997 年版。

袁林：《西北灾荒史》，甘肃人民出版社 1994 年版。

张崇旺：《明清时期江淮地区的自然灾害与社会经济》，福建人民出版社 2006 年版。

张文：《宋朝社会救济研究》，西南师范大学出版社 2001 年版。

张祥稳：《清代乾隆时期自然灾害与荒政研究》，中国三峡出版社 2010 年版。

张艳丽：《嘉道时期灾荒与社会》，人民出版社 2008 年版。

中国社会科学院历史研究所资料编纂组：《中国历代自然灾害及历代盛世农业政策资料》，农业出版社 1988 年版。

周秋光：《近代中国慈善论稿》，人民出版社 2010 年版。

朱凤祥：《中国灾害通史·清代卷》，郑州大学出版社 2009 年版。

朱浒：《地方性流动及其超越：晚清义赈与近代中国的新陈代谢》，中国人民大学出版社 2006 年版。

2. 论文

包红梅：《清代内蒙古地区中国成因分析》，《前沿》2004 年第 4 期。

包庆德：《清代内蒙古地区灾荒研究状况之述评》，《中央民族大学学报》（哲学社会科学版）2003 年第 5 期。

卜风贤：《中国农业灾害史研究综论》，《中国史研究动态》2001 年第 1 期。

卞利：《论清初淮河流域的自然灾害及其治理对策》，《安徽史学》2001 年第 1 期。

陈桦：《清代防灾减灾的政策与措施》，《清史研究》2004 年第 3 期。

陈业新：《近五百年来淮河中游地区蝗灾初探》，《中国历史地理论丛》2005 年第 2 辑。

池子华、李红英：《晚清直隶灾荒及减灾措施的探讨》，《清史研究》2001 年第 2 期。

冯贤亮：《清代江南沿海的潮灾与乡村社会》，《史林》2005 年第 1 期。

高升荣：《清代淮河流域旱涝灾害的人为因素分析》，《中国历史地理论丛》2005 年第 3 辑。

高升荣：《清中期黄泛平原地区环境与农业灾害研究——以乾隆朝为例》，《陕西师范大学学报》（哲学社会科学版）2006 年第 4 期。

谷文峰、郭文佳：《清代荒政弊端初探》，《黄淮学刊》（社会科学版）1992 年第 4 期。

哈恩忠：《乾隆朝富户活埋抢粮农民案》，《紫禁城》2002 年第 1 期。

华林甫：《清代以来三峡地区水旱灾害的初步研究》，《中国社会科学》1999 年第 1 期。

黄忠恕：《长江流域历史水旱灾害分析》，《人民长江》2003 年第 2 期。

江太新：《清代救灾与经济变化关系试探——以清代救灾为例》，《中国经济史研究》2008 年第 3 期。

李文海：《〈康济录〉的思想价值与社会作用》，《清史研究》2003 年第 1 期。

李文海：《进一步加深和拓展清代灾荒史研究》，《安徽大学学报》（哲学社会科学版）2005 年第 6 期。

李文海：《劝善与募赈》，《光明日报》2005 年 9 月 20 日，第 7 版。

李文海：《晚清诗歌中的灾荒描写》，《清史研究》1992 年第 4 期。

李文海：《晚清义赈的兴起与发展》，《清史研究》1993 年第 3 期。

李向军：《清代前期的荒政与吏治》，《中国社会科学院研究生院学报》1993 年第 3 期。

李向军：《清代前期荒政评价》，《首都师范大学学报》（社会科学版）1993 年第 5 期。

李向军：《清前期的灾况、灾蠲与灾赈》，《中国经济史研究》1993 年第 3 期。

李向军：《试论中国古代荒政的产生与发展历程》，《中国社会经济史研究》1994 年第 2 期。

李向军：《清代荒政研究》，《文献》1994 年第 2 期。

李向军：《清代救灾的制度建设与社会效果》，《历史研究》1995 年第 5 期。

梁希哲：《乾隆朝贪污案与惩贪措施》，《吉林大学社会科学学报》1991 年第 4 期。

刘峰、王庆峰：《论清代玉米种植对救荒事业的影响》，《安徽农业科学》2006 年第 1 期。

刘沛林：《历史上人类活动对长江流域水灾的影响》，《北京大学学报》（哲学社会科学版）
　　1998 年第 6 期。

卢经：《乾隆朝甘肃捐监冒赈众贪案》，《历史档案》2001 年第 3 期。

鲁克亮：《清代广西蝗灾研究》，《广西民族研究》2005 年第 1 期。

吕美颐：《略论清代赈灾制度中的弊端与防弊措施》，《郑州大学学报》（哲学社会科学
　　版）1995 年第 4 期。

吕小鲜：《乾隆三年至三十一年纳谷捐监史料（上）》，《历史档案》1991 年第 4 期。

吕小鲜：《乾隆三年至三十一年纳谷捐监史料（下）》，《历史档案》1992 年第 1 期。

马波：《清代闽台地区主要灾种的时空特征及其与人类活动的关系述论》，《中国历史地理
　　论丛》1997 年第 2 辑。

马万明：《明清时期防治蝗灾的对策》，《南京农业大学学报》（社会科学版）2002 年
　　第 2 期。

马雪芹：《明清黄河水患与下游地区的生态环境变迁》，《江海学刊》2001 年第 5 期。

倪玉平：《清代水旱灾原因初探》，《学海》2002 年第 5 期。

倪玉平：《试论清代的荒政》，《东方论坛》2002 年第 4 期。

倪玉平：《水旱灾害与清代政府行为》，《南京社会科学》2002 年第 6 期。

牛淑贞：《18 世纪清代中国之工赈工程建筑材料相关问题探析》，《内蒙古社会科学》（汉
　　文版）2006 年第 2 期。

牛淑贞：《18 世纪中国工赈救荒中的领导与管理措施》，《内蒙古社会科学》（汉文版）
　　2004 年第 1 期。

牛淑贞：《浅析清代中期工赈工程项目的几个问题》，《内蒙古大学学报》（哲学社会科学
　　版）2008 年第 4 期。

牛淑贞：《清代中期工赈工程之地域分布》，《兰州学刊》2009 年第 6 期。

牛淑贞：《清代中期工赈救荒资金的筹措机制》，《内蒙古大学学报》（哲学社会科学版）
　　2009 年第 5 期。

牛淑贞：《试析 18 世纪中国实施工赈救荒的原因》，《内蒙古大学学报》（人文社会科学
　　版）2005 年第 4 期。

祁磊：《明清时期平民的救荒意识》，《宝鸡文理学院学报》（社会科学版）2007 年第 2 期。

屈春海：《乾隆朝甘肃冒赈案惩处官员一览表》，《历史档案》1996 年第 2 期。

任德起：《乾隆朝福建仓库亏空案》，《审计理论与实践》2002 年第 5 期。

邵永忠：《二十世纪以来荒政史研究综述》，《中国史研究动态》2004 年第 3 期。

苏全有：《民国初年灾荒史研究综述》，《防灾技术高等专科学校学报》2006 年第 1 期。

陶用舒：《陶澍对苏皖水灾的处理》，《镇江师专学报》1993 年第 1 期。

王彩红：《清代康雍乾时期洪涝灾荒研究——以直隶地区为例》，《山西师范大学学报》
　　（哲学社会科学版）2002 年第 4 期。

王曙明：《试论乾隆三年宁夏府大地震的荒政实施》，《西安电子科技大学学报》（社会科学版）2007 年第 4 期。

王晓艳：《清代河南的自然灾害述论》，《河南理工大学学报》（社会科学版）2005 年第4 期。

王雄军：《从甘肃捐监冒赈案反思清朝乾隆时期的吏治腐败成因》，《巢湖学院学报》2004年第 5 期。

王业键、黄莹钰：《清代中国气候变迁、自然灾害与粮价的初步考察》，《中国经济史研究》1999 年第 1 期。

魏珂、刘正刚：《清代台湾疫灾及社会对策》，《中国地方志》2006 年第 5 期。

魏章柱：《清代台湾自然灾害对农业的影响和救灾措施》，《中国农史》2002 年第 3 期。

吴滔：《建国以来明清农业自然灾害研究综述》，《中国农史》1992 年第 4 期。

吴滔：《明清时期苏松地区的乡村救济事业》，《中国农史》1998 年第 4 期。

吴滔：《清代嘉定宝山地区的乡镇赈济与社区发展模式》，《中国社会经济史研究》1998年第 4 期。

吴滔：《清代江南地区社区赈济发展简况》，《中国农史》2001 年第 1 期。

吴滔：《清代江南社区赈济与地方社会》，《中国社会科学》2001 年第 4 期。

吴滔：《清至民初嘉定宝山地区分厂传统之转变——从赈济饥荒到乡镇自治》，《清史研究》2004 年第 2 期。

吴滔：《宗族与义仓：清代宜兴荆溪社区赈济实态》，《清史研究》2001 年第 2 期。

武艳敏：《五十年来民国救灾史研究的回顾与展望》，《郑州大学学报》（哲学社会科学版）2007 年第 3 期。

夏明方：《救荒活民：清末民初以前中国荒政书考论》，《清史研究》2010 年第 2 期。

夏明方：《中国灾害史研究的非人文化倾向》，《史学月刊》2004 年第 3 期。

谢义炳：《清代水旱灾之周期研究》，《气象学报》1943 第 Z1 期。

徐建青：《清代康乾时期江苏省的蠲免》，《中国经济史研究》1990 年第 4 期。

徐心希：《清代闽台地区自然灾害及其救治办法研究》，《自然灾害学报》2004 年第 6 期。

徐钟渭：《中国历代之荒政制度》，《经理月刊》1936 年第 1 期。

徐国利：《清代中叶安徽省淮河流域的自然灾害及其危害》，《安徽大学学报》（哲学社会科学版）2003 年第 6 期。

许靖华：《太阳、气候、饥荒与民族大迁徙》，《中国科学》1998 年第 4 期。

闫文博：《清代仓储制度研究述评》，《中国史研究动态》2011 年第 2 期。

阎永增、池子华：《近十年来中国近代灾荒史研究综述》，《唐山师范学院学报》2001 年第1 期。

晏路：《康熙、雍正、乾隆时期的赈灾》，《满族研究》1998 年第 3 期。

晏路：《康熙、雍正及乾隆朝的蠲免》，《满族研究》1999 年第 1 期。

杨明：《清朝荒政述评》，《四川师范大学学报》1988 年第 3 期。

杨鹏程：《古代湖南荒政之赈源研究》，《湖南城市学院学报》2003 年第 1 期。

杨鹏程：《中国古代赈灾研究——以湖南为例》，《阴山学刊》2003 年第 4 期。

叶依能：《清代荒政述论》，《中国农史》1998 年第 4 期。

叶志如：《乾隆朝米粮买卖史料（上）》，《历史档案》1990 年第 3 期。

叶志如：《乾隆朝米粮买卖史料（下）》，《历史档案》1990 年第 4 期。

于志勇：《清代内蒙古西部地区的荒政初探》，《内蒙古师范大学学报》（哲学社会科学版）2004 年第 1 期。

余新忠、杭黎方：《道光前期江苏的荒政积弊及其整治》，《中国农史》1999 年第 4 期。

余新忠：《1980 年以来国内明清社会救济史研究综述》，《中国史研究动态》1996 年第 9 期。

张崇旺：《明清时期江淮地区的疫灾及救治》，《中国地方志》2008 年第 2 期。

张崇旺：《明清时期江淮地区频发水旱灾害的原因探析》，《安徽大学学报》（哲学社会科学版）2006 年第 6 期。

张国雄：《清代江汉平原水旱灾害的变化与垸田生产的关系》，《中国农史》1990 年第 3 期。

张家炎：《江汉平原清代中后期洪涝灾害研究中若干问题刍议》，《中国农史》1993 年第 3 期。

张建民：《饥荒与斯文：清代荒政中的生员赈济》，《武汉大学学报》（人文科学版）2006 年第 1 期。

张丽芬：《近十年来国内明清社会救济史研究综述》，《历史教学问题》2005 年第 5 期。

张莉：《乾隆朝陕西灾荒及救灾政策》，《历史档案》2004 年第 3 期。

张天周：《乾隆防灾救荒论》，《中州学刊》1993 年第 6 期。

张祥稳：《试论清代乾隆朝中央政府赈济灾民政策的具体实施——以乾隆十一年江苏邳州、宿迁、桃源三州县水灾赈济为例》，《清史研究》2007 年第 1 期。

张颖华：《清朝前期湖南赈灾初探》，《船山学刊》2001 年第 3 期。

赵家才：《清代山东民间社会的灾害救济》，《内蒙古农业大学学报》（社会科学版）2006 年第 3 期。

赵经纬、赵玉坤：《元代赈灾物资来源浅述》，《河北师范大学学报》（哲学社会科学版）1998 年第 2 期。

赵晓华：《清代的因灾恤刑制度》，《学术研究》2006 年第 10 期。

周琼：《环境史视野下中国西南大旱成因刍论——基于云南本土研究者视角的思考》，《郑州大学学报》（哲学社会科学版）2014 年第 5 期。

周琼：《乾隆朝“以工代赈”制度研究》，《清华大学学报》（哲学社会科学版）2011 年第 4 期。

周琼：《乾隆朝粥赈制度研究》，《清史研究》2013 年第 4 期。

周琼：《清代审户程序研究》，《郑州大学学报》（哲学社会科学版）2011 年第 6 期。

周琼：《清代赈灾制度的外化研究——以乾隆朝“勘不成灾”制度为例》，《西南民族大学学报》（人文社会科学版）2014 年第 1 期。

周琼：《清前期的勘灾制度及实践》，《中国高校社会科学》2015 年第 3 期。

周琼：《云南历史灾害及其记录特点》，《云南师范大学学报》（哲学社会科学版）2014 年第 6 期。

周琼：《灾害史研究的文化转向》，《史学集刊》2021 年第 2 期。

周琼：《走出人类中心主义——环境史重构下的灾害》，《中国社会科学报》2014 年 7 月 9 日。

周秋光：《中国古代慈善事业的发展》，《中国减灾》2008 年第 8 期。

周炜：《从西藏灾异档案看清代以来中央政府对西藏的援助—兼论藏汉官道所反映的藏汉关系》，《民族研究》1991 年第 6 期。

朱浒：《"丁戊奇荒"对江南的冲击及地方社会之反应——兼论光绪二年江南士绅苏北赈灾活动的性质》，《社会科学研究》2008 年第 1 期。

朱浒：《"范式危机"凸显的认识误区——对柯文式"中国中心观"的实践性反思》，《社会科学研究》2011 年第 4 期。

朱浒：《从插曲到序曲：河间赈务与盛宣怀洋务事业初期的转危为安》，《近代史研究》，2008 年第 6 期。

朱浒：《从赈务到洋务：江南绅商在洋务企业中的崛起》，《清史研究》2009 年第 1 期。

朱浒：《地方社会与国家的跨地方互补——光绪十三年黄河郑州决口与晚清义赈的新发展》，《史学月刊》2007 年第 2 期。

朱浒：《地方系谱向国家场域的蔓延——1900—1901 年的陕西旱灾与义赈》，《清史研究》2006 年第 2 期。

朱浒：《二十世纪清代灾荒史研究述评》，《清史研究》2003 年第 2 期。

朱浒：《江南人在华北——从晚清义赈的兴起看地方史路径的空间局限》，《近代史研究》2005 年第 5 期。

朱浒：《辛亥革命时期的江皖大水与华洋义赈会》，《清史研究》2013 年第 2 期。

索 引

A

哀鸿遍野　121

B

保障　129
报灾　84
弊端　276

C

成效　76
成灾　57
筹集　259

D

地方精英　635
地震　59
帝制顶峰　293

E

饿殍　71

F

发帑　264
防灾　68
富户　250

G

工赈　267
官方　74
官赈　86
管理　228

H

旱灾　58
合法性　271
后果　57
缓征　78
荒政　65
蝗灾　59
火灾　117

J

饥荒 70

积善行义 632

减灾 259

建设 85

奖惩 284

截漕 264

借贷 245

救灾 69

救灾机制 477

局限 415

捐监 586

捐纳 268

捐输 271

蠲免 72

K

勘不成灾 113

勘灾 271

康熙 63

抗灾 68

L

冷冻 47

粮食 67

邻省协济 416

伦理 254

M

冒灾 293

民间 67

N

泥石流 60

匿灾 127

农民起义 63

O

偶然 193

P

贫穷 383

Q

栖流所 708

启示 325

乾隆 56

确立 271

R

人相食 76

S

上报 128

审户 274

实践 66

士绅 275

霜灾 77

水灾 61

顺治 84

T

特点 56

调整 279

统治 56

W

完善 56

X

相对 56

相辅相成 70

心理 56

Y

义赈 86

易子而食 255

影响 57

雍正 67

运输 269

Z

灾后 65

灾情上报 297

臧否 755

展赈 198

赈济 71

政治智慧 725

职能 258

制度 56

制度外化 385

重大 56

重建 76

粥赈 269

主体 269

自然灾害 56

后　记

　　一直羡慕做学问时具有的"十年磨一剑"的境界。然而这部书稿从写作到出版，已经有十六年了。但书稿的修改，依然没有达到理想的状态。在漫长的修改过程中，随着学习的渐进和阅历的加深，深感学无止境。不仅很多内容未能系统地展开，也缺乏认真仔细的考量及理论上的提升，或未能将史实与理论进行更完整系统的融通，有的论述多属浅尝辄止，语言表达亦有辞不达意之处，遗憾甚多。

　　2006年9月，我到中国人民大学清史研究所，跟随深受学界景仰的近代灾荒史奠基人李文海先生做博士后研究。李先生在我初入灾荒史领域左右彷徨时，指导我确定了"乾隆朝官赈"为研究方向，并引导我参与"清史·灾赈志"项目"官赈"的工作，最基础的工作之一就是与研究生一起录入清前期的灾赈档案史料。那是个虽然紧张但于我又是学术提升、视域扩大、思维开始立体的阶段。两年半的博士后在站经历，李先生的言传身教，让我终身受益。李先生是个威严但慈祥、对学术严格要求的好老师，每次在清史所、在神州数码大厦 1201 室清史编委会办公室汇报论文进度时，听着他对学生学术人生规划的教诲点拨，深刻感受到老师的良苦用心；在听他讲课、小组讨论及师门聚会闲谈中，看到了一位严肃律己、严谨豁达、高远宽厚的长者风骨。

　　在学术氛围浓厚、名师云集的清史所，我认认真真地再当了一回学生。除了跟随李先生听课学习、跟随夏明方教授作灾赈志、环境史研究外，还随同其他研究生一起，系统听了所里刘凤云、黄爱平、成崇德等老师的课。当然，号称清史所"四驾马车"的黄兴涛、杨念群、夏明方、张世明等著名学者的课也是必听课程。当时的学习，打开了自己的视野，看到了学术的另一层域和高度。

2009 年 1 月仓促完成出站报告《乾隆朝官赈研究》后出站，回昆明前跟李先生保证：一定在云南大学培养出一批灾荒史研究的青年学生，弥补学界西南灾荒史研究阙如的遗憾。次年，我请求他赐字，他很快给我邮寄来他手书的横幅墨宝"锲而不舍"，我知道这是老师对学生的再一次教诲，我将其装裱后挂在西南环境史研究所我座位上方的墙上，作为自己坚守学术的座右铭，时时警醒。

时光匆匆，李先生离开我们已经九年了。我答应过他尽快修改书稿出书的诺言一直没有兑现。他去世前三四年的时间中，几乎每年都两三次敦促我修改稿子，并叮嘱我修改后赶紧发给他，他给我写序。当时以为他身体尚好，以为他家有长寿基因，他的哥姐九十余岁还健健康康，他一定会健康长寿的，书稿的序，他一定是有机会给我写的……只是我们大家都没想到，意外这么快就来了。2013 年 6 月 8 日，在猝不及防中听到老师病逝的噩耗时，才知道，知道了什么叫作后悔，什么叫作愧疚……

李先生开创的灾荒史研究，因现实需求及学人们的学术与社会责任感，渐成星火之势。他带领的灾荒史研究团队，也在夏明方教授的坚守和引领下，佳绩频传，新人辈出。李先生的思想及学术情怀，还在绵延……我们知道，先生其实一直都在，他就在我们每个学生的身边，在我们每个学生的心里。对每个学生而言，来自师门的情谊和互助，是每个学生最珍贵的财富。

2009 年 5 月，云南大学西南环境史研究所成立，我大部分的时间、精力，开始耗费在研究所建设和学生的培养之中。研究所在学校的支持下，逐渐建成了本科、硕士、博士、博士后等人才培养系列。

在教学和科研工作中，清代灾荒史一直是我重点关注的领域。2009年，我以出站报告为基础，扩大时空范围，以"清前期重大自然灾害与救灾机制研究"为题，申报国家社科基金并有幸获得立项，开始了对清前期灾荒及荒政制度史的进一步思考。2015 年项目结项后，开始带领团队进行生态文明研究（我将生态文明当成了当代环境史来研究），2017 年承担国家社科基金重大项目以来，工作量似乎更大了，更不能完全集中时间和精力进行书稿的修改了。有时想趁假期集中修改，也因项目调研或住院而多次中断。心情长期处于不安、焦虑中，深切感受到，时间精力的合理分配，才是学者最重要的任务，也是学术成果产出的基础，可惜我醒悟得太晚了。

一直以来，我所敬仰的博士生导师林超民先生和环境史领域引路指导的老师尹绍亭先生，一直给予了无私的支持和帮助。我们每次举办的学术研讨活动或学术会议上，都有两位老师渊博厚重、敏锐犀利的创新性研究思考让大家受益无穷，也有他们幽默风趣的学术风采让大家折服。每个参与活动的师友，都感受得到两位德高望重的老先生对后辈、对学生帮助扶持的情谊。云南省社科院杜娟研究员是一个善意但能给人正能量的知心大姐姐，多次在我迷茫沮丧时指导鼓励，对研究所的科研工作给予无私的帮助和支持，情谊无价，珍藏于心。其他不能一一述及的校内外师友同仁的鼓励、帮助和扶持的点点滴滴，都珍藏在了心底，这些情谊陪着我走过每一个清晨和黄昏。

在学习灾害史的过程中，中国地震局地质研究所的高建国先生、中国灾害防御协会灾害史专业委员会的徐海亮先生，以及其他未能一一提及的学界师友们，给予了诸多的理解、帮助和支持，他们身上所具有的纯粹学者的宽宏大气影响着学界每一个认识他们的人。

在对师友们心怀感激之情时，我另一份特别的感恩之情，是献给我敬爱的母亲王华兰女士的。七年来，每次想到母亲，一种浓郁的深入骨髓的怀念和依恋的情感，让我泪流满面。一如这些年每次听到"子欲养而亲不待"的话，都忍不住悲伤痛悔而泪如雨下。母亲是她那个时代少有的读过初中的女性，严格说来，她是我的启蒙老师，也是我们这个几代单传家庭的核心和顶梁柱，知书达理，坚韧智慧，和父亲一起含辛茹苦地供我们读书，没有因为我是别人眼中迟早要嫁出去的女儿就放弃我。在九十年代我读研时，母亲父亲无论如何艰难都坚持给我带儿子，让我能安心学习。在博士后学习阶段，2007 年上半年，我带着父母亲到了北京和我挤住在一起，那是他们最幸福的时光。母亲说她终于看到了毛主席站过的北京天安门，游了颐和园和圆明园，看到了北京大学和清华大学。当时母亲看到我录档案资料、修改文章，头凑过来看着电脑说：读书真不容易，看你把两只眼睛都熬成了四只眼睛了。一个春节回家，看到母亲戴着老花镜看我发表在《清华大学学报》上的论文，我大为惊讶："妈，那是学术论文，你看得懂吗？"她笑呵呵地抬头："看不懂我也要看啊，这是我姑娘写的文章。"幸福的感觉还没有好好享受和品味，猝不及防的噩耗就来了，2014年3月24日晚上接到弟弟的电话，说母亲脑溢血住院。赶回家中，妈妈已完全昏迷，我无论如何叫她，住在ICU病房里的她，都没有再答应过我一声。4月5日凌晨，妈妈永远离开了我。我坐在县医院那个简陋的太平间里，感觉着她温热的手逐渐变冷……她一直希望读到她姑娘写的书的愿望，最终没能实现。此后，这世间，还有谁，会认真读我写的文字，即便看不懂，也会因为是我写的而要去读？

失去母亲后，陪伴我的，是一直支持、理解我的儿子和丈夫。二十余年来我一直持续读书无暇顾及家务，也错过了儿子成长的关键时期，好在儿子自己很努力。修改稿子时枯坐电脑前的一个个日夜，总有温热可口的饭菜让我感受到家的温暖；深夜从办公室回来，总有那盏等我回家的灯亮着。无论我在史海里走多久，我的这个小家，其实就是我栖息依赖的港湾，是我可以任性、放松的安全场所。

我有个坚强善良、通情达理的婆婆，她事事都为儿女着想，在我和丈夫因为琐事争吵的时候，她永远都是无条件站在我这边。在我读博士后写出站报告时，她还来到昆明家里，帮忙照顾正在小升初的儿子，对此我一直都心怀感激。现在她正在病中，希望这本书的出版，作为对她康复的祝福。

由于2009年国家社科基金项目的支持，让我能继续进行档案资料及地方志等相关史料的查阅、搜集，也有更多参与灾害史学术研讨会的机会，有了听取开题专家点评及宝贵指导意见的机会。由于项目研究的中期成果在2013年获得了云南省社科成果一等奖，2015年项目以"免于鉴定"的方式顺利结项。随后，断断续续地把项目成果中的部分内容修改成单篇论文发表，并申报了国家哲学社会科学成果文库，有幸获得了2019年国家哲学社会科学成果文库资助。即将付梓的书稿，就是得益于成果文库出版基金的资助。书稿的部分内容，选取了发表单篇论文时的定稿，有的因发表时篇幅所限有压缩，就选用了压缩前的内容。但凡发表过的篇章，都在脚注里做了标注。尽管书稿在项目结项、文库申报时，做了多次的核校、修改、审订，但深感学海无涯，并非所有自己觉得重要的问题都按照心愿进行了打磨，有待深入的内容还有很多。因此，如履薄冰、诚惶诚恐的感觉更强了，在忐忑中禁不住自责：如果自己再努力一点、再抓紧一点，遗憾和疏漏是不是就可以少一点？书稿中若有不当之处，恳请批评指正。

科学出版社的编辑任晓刚老师、杨静老师为书稿的出版付出了诸多辛苦，每个进程都有他们的心血。此番情谊，感激于心！书稿出版前，云南大学西南环境史硕士、博士研究生杜香玉、聂选华、张丽洁、徐艳波、曾富城、梁轲、王慧平、隆杰等人帮我核对史料，他们的辛苦付出，让我减少了出错的概率。书稿修改历时弥久，要感激的情谊亦多，未能一一在此提及，敬请海涵。

灾害总是与人类的历史如影随形，既给人类带来了灾难和痛苦，也让人类为了避免、抵御这种灾难，不断进行技术及制度、措施、文化上的革新及改良，从而推动着人类社会的进步。因此，灾害史是个历史与现实交重、制度与人性博弈的特殊研究领域。面对清前期灾害及赈济机制的这段历史，思维还停留在纵横交错的时空中，时而赞赏钦佩，时而扼腕叹息，感悟着清代官民在面对不可抗拒的重大自然灾害时的不同表现，无数的官民士绅，出于不同的目的，在不同的时空中，演绎了那一幕幕的足以资鉴后人的灾赈历史剧。虽然那些因灾赈而闻名，却已逝去的人与事，已经永远成为中国灾赈史上的重要篇章，但历史的经验和教训，更应该成为后人警醒的依据和动力，也应该是当下防灾减灾救灾体系建设需要资鉴的宝库。

周　琼

2021 年 4 月 5 日凌晨于云南大学西南环境史研究所